- Visual Program의 이해
- PLC의 기초 및 응용
- C-net/FEnet을 이용한 제어장치 운영
- Monitoring 화면의 설계 및 응용

스마트공장 구현을 위한
AI 디바이스 활용

신현성 · 김광호 · 김기용
지음

머리말

Physical AI 모델이 시뮬레이션에서 원하는 동작을 성공적으로 수행하면 보상을 제공하여, 모델이 지속적으로 적응하고 성능을 개선하게 만든다. 반복적인 강화 학습을 통해 오토노머스 머신(Autonomus Machine)은 결국 새로운 상황과 예측하지 못한 문제에도 적절히 대응할 수 있게 되며, 실제 환경에서 운용을 가능하게 한다. AI(Artificial Intelligence) 학습을 통해 오토노머스 머신은 상자를 깔끔하게 포장하거나, 차량 제작을 지원하거나, 스스로 환경을 탐색하는 등 실제 응용 분야에 필요한 정교한 제조 기술을 개발할 수 있다.

이러한 오토노머스 머신의 제조 현장에서 자료취합은 AI 디바이스에 의해 수행되며 이를 응용할 수 있는 산업용 제어기 설계 및 운영 기술 교육이 필요하다.

최근 산업현장에서 3D업종의 기피현상에 따라 생산공정의 자동화(무인화)의 필요성이 증대되고 있어 "제품의 기획 설계, 생산(제조 공정), 유통 · 판매" 등 전 과정을 AI 기술로 통합하여 최소 비용과 최소 시간으로 고객 맞춤형 제품을 생산하는 공장인 스마트 공장을 요구하고 있다. 또한 자동화를 통한 제조 공정의 균일화 및 표준화가 요청되고 생산된 제품의 품질수준의 관리를 위해 계측자동화설비가 구축되고 생산된 제품의 고급화가 요청되며 생산공정의 최적화를 통한 생산원가의 절감을 요구하고 있다.

이러한 공장자동화에 필요한 기술에는 공정 설계 기술, 하드웨어 설계 및 제조 기술과 제어 기술인 위치 제어 모듈 또는 전용 제어기의 응용 기술 및 PLC 적용 기술 등이 활용되고 있으며 상용화된 제어 장치에 PLC 제어기가 주류를 이루고 있다.

PLC의 구조를 보면 마이크로프로세서 및 메모리를 중심으로 구성되어 인간의 두뇌 역할을 하는 중앙처리장치(CPU), 외부 기기와의 신호를 연결해 주는 입출력부, 각 부에 전원을 공급하는 전원부, PLC 내의 메모리에 프로그램을 기록하는 주변기기 등으로 구성되어 있으며 제조사마다 제공하는 프로그래밍 소프트웨어가 각기 달라서 기업에 맞는 프로그래밍 작업을 위해 별도의 교육을 받아야 하나, 기본적인 PLC 언어의 구조는 동일하므로 기존제품 사용자는 쉽게 적용할 수 있는 장점을 가지고 있다.

모니터링 시스템에서는 오퍼레이션 기능과 데이터베이스 기능이 수행되는 HMI(Human Machine Interface)는 어떠한 네트워크 구축환경에서도 다양한 네트워크를 안정적으로 지원하는 시스템이 제공되며 플랜트나 시설의 최적 통합 관리 해결책이 지원된다.

통합 관리 방법에는 MMI(Man Machine Interface) 프로그램 제작사에 의해 제공되는 Cimon, Top 등으로 GUI 방식에 의해 손쉽게 모니터링 프로그램을 작성할 수 있으나 응용성에 한계를 가진다.

이러한 응용 한계를 벗어나기 위해 프로그램 개발 도구가 사용되며 사용되는 개발 도구에는 Visual Basic, Visual C++, Delphi, Power Builder, LabView 등을 이용하여 최적의 모니터링 프로그램을 작성할 수 있다.

이 교재는 LS산전의 PLC 제어기를 이용한 PLC 프로그램의 작성 및 응용 과정을 Visual Basic 2022와 LabView 2020을 이용하여 각종 제어기를 모니터링할 수 있는 능력에 학습 목표를 두었으며, 교재의 전개 순서는 다음과 같다.

- Visual Program의 이해
- 유 · 무접점을 이용한 기초 시퀀스의 이해
- PLC 제어장치의 기초 및 응용
- C-net/FEnet을 이용한 제어장치의 운영
- 모니터링 화면의 설계 및 응용

특히 MASTER-K 및 GLOFA-GM의 경우 오래된 S/W와 제어기지만 현재에도 많은 기업에서 활용되고 있어 내용을 보강하고 본 교재의 최종 목표인 자율 교정을 위한 인지형 스마트 디바이스/센서 기술로 산업 환경에서 제조 기기의 자율적 동작 교정을 통하여 제조 상황에 대한 조절, 생산의 차질을 최소화 및 불량률을 최소화할 수 있도록 비정상적 상황을 검출하고 감시하는 인지형 스마트 디바이스 기술에 접목하고자 한다.

마지막으로 본 교재 Visual Basic 프로그램에 도움을 주신 (주)로엔비즈의 김기용 사장님, LabView 프로그램을 지원해 주신 (주)엔아이스퀘어 박준도 사장님께 감사드립니다. 또한 기전연구사 나영찬 사장님과 직원 여러분들께도 감사드립니다.

알기 쉬운 자동화 설계의 좋은 결실을 기대하며 본 교재에 관한 궁금한 사항이나 의견 주시면 성심성의껏 답변해 드리겠습니다.

2026년 3월

빛고을에서

차 례

AI 제조시스템의 개요

CHAPTER 01

1.1 제조시스템의 발전

제조시스템은 주위 환경 변화에 적응하여 생존을 위한 경쟁력을 확보하고자 하는 형태로 발전을 거듭했다. 이러한 발전 과정에 영향을 주는 주변 환경은 시대에 따라 매우 다양한 형태로 변화되고 있다.

그림 1.1에서와 보는 바와 같이 제한된 지역 내에서 극소수의 장인들에 의해 여러 종류의 다목적 제품을 소량 생산하는 대장간과 같은 수작업 생산시스템에서 증기엔진의 발명과 전기에너지 활용이 본격화되는 20세기에 이르러 기계의 동작을 기계적, 전기적으로 자동화함으로써 소품종 대량생산의 제조시스템으로 발전하였다.

19세기 후반에서 20세기 중반에 이르는 시기에는 동일하거나 유사한 제품을 대량 생산할 수 있도록 모든 작업자에게 주어진 간단한 단위작업만을 담당하였으나 생산설비에서 컨베이어 시스템을 기반으로 생산량이 증대되어 제품의 생산비용이 대폭 줄어 많은 수요를 창출하게 되었다. 반면에 이러한 규모의 경제성 전략에 맞서 생산 제품을 다양화하고자 하는 전략에 맞추어 유연성을 갖는 생산시스템 등이 함께 사용되고 있으며, 최근에는 Physical AI 모델이 시뮬레이션에서 원하는 동작을 성공적으로 수행하면 보상을 제공하여, 모델이 지속적으로 적응하고 성능을 개선하게 만든다. 반복적인 강화 학습을 통해 오토노머스 머신(Autonomus Machine)은 결국 새로운 상황과 예측하지 못한 문제에도 적절히 대응할 수 있게 되며, 실제 환경에서 운용을 가능하게 한다.

AI(Artificial Intelligence) 학습을 통해 오토노머스 머신은 상자를 깔끔하게 포장하거나, 차량 제작을 지원하거나, 스스로 환경을 탐색하는 등 실제 응용 분야에 필요한 정교한 제조 기술을 적용할 수 있다. 이러한 오토노머스 머신의 제조 현장에서 자료취합은 AI 디바이스에 의해 수행되며 이를 응용할 수 있는 산업용 제어기 설계 및 운영 기술 교육이 필요하다.

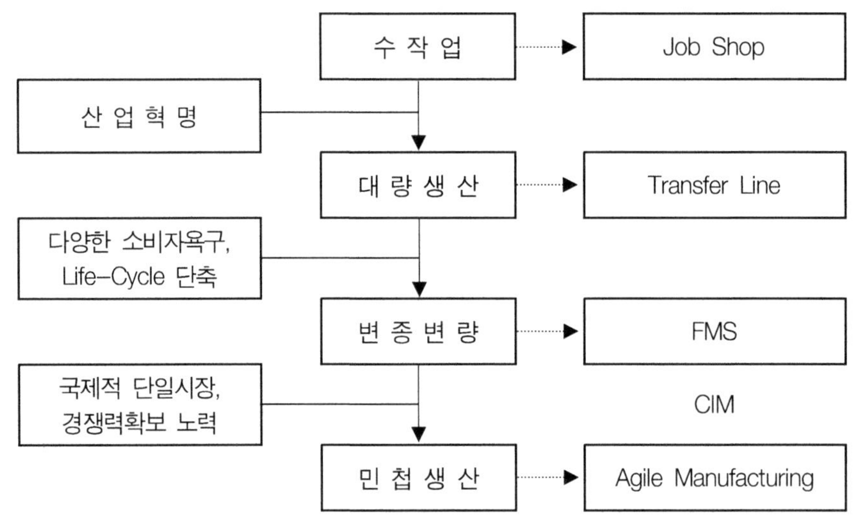

그림 1.1 스마트 제조시스템의 변화 단계

20세기 중반에 컴퓨터와 NC 장치 등의 등장으로 제품의 생산설비는 제조공정의 변화에 대하여 유연성을 갖는 자동화가 이루어지게 되었다. 이에 따라 자동화된 많은 생산설비는 다양한 제품의 제조공정을 처리할 수 있게 되고 자동화된 물류시스템의 제어가 가능하게 되었으며 1960년대 말 영국에서 처음으로 FMS(유연생산시스템)가 "System24"라는 이름으로 등장하게 되었다.

점차 고객의 요구가 다양해지고 제품의 라이프 사이클이 짧아짐에 따라 생산시스템도 이에 대응하여 변종, 변량을 지원하는 형태의 생산시스템이 등장하게 되었다. 1990년 이후의 대부분 생산시스템은 제품의 변화에 대응할 수 있는 유연성을 갖춘 형태로 운영되고 있다. 21세기에는 인터넷과 정보통신기술(IT) 등의 새로운 패러다임으로 이에 대응하는 새로운 개념인 AI 제조(Artificial Intelligence Manufacturing)를 지원하는 제조시스템이 등장하고 있다.

이와 같이 제조시스템의 주변 환경의 변화에 따라 각 제조시스템은 새로운 경쟁력(납기, 품질, 비용, 유연성, 서비스 등)을 확보하는 방향으로 지속적인 발전이 이루어지게 된 것이다. 따라서 제조시스템의 자동화 수준은 점차 높아지는 추세이고 이러한 과정에서 단위 설비의 자동화에서 셀 단위의 자동화를 거쳐서 시스템 단위의 자동화로 발전하고 있다. 자동화의 범위가 단위 설비 중심에서 셀과 시스템 단위로 확대되면서 시스템 단위의 제어시스템 비중이 더욱더 증가하게 되었다.

그러므로 단위 설비의 동작이 연속하여 이루어지게 하는 형태의 제어(시퀀스 제어)에서 여러 단위 설비별 동작이 동기 또는 비 동기화 되어 운전되는 시스템 제어에 대한 중요성이 확산하고 있다.

1.2 AI 제조시스템 자동화의 목표

우리는 생산성을 높이고 제품의 품질을 균일화하기 위하여 제조시설과 공정을 기계화(mechanization) 또는 자동화(automation)해야 한다고 흔히 말한다. 기계화와 자동화라는 두 용어 사이의 확실한 구분은 없으나 Automation이라는 용어를 처음 사용한 미국의 경제학자 John Debold는 두 어원 사이의 관계를 다음과 같이 정의했다.

「If the machine carry out the work of human beings, this is mechanization. If the machine also controls this work, this is Automation.」

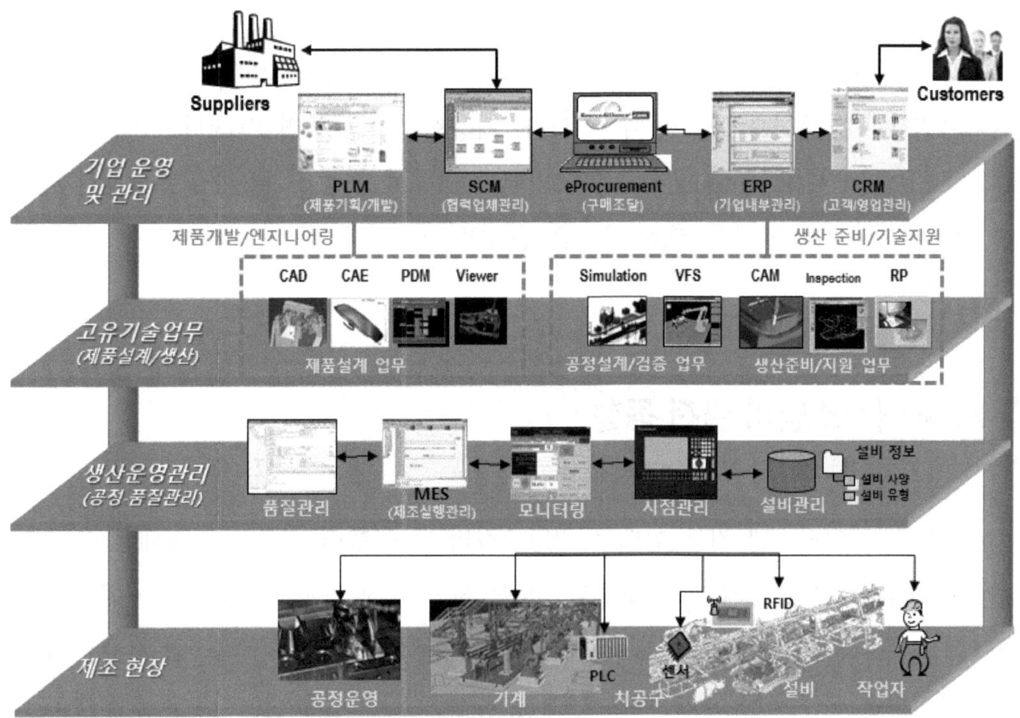

그림 1.2 스마트 공장 기술개발 로드맵

일반적으로 우리가 알고 있듯이 자동화의 목표는 생산성을 향상해 원가를 절감하여 이익을 극대화하고 제품의 품질을 균일하게 하는 데 있다. 생산성을 향상하기 위해서는 단위 시간당의 생산량이 증가하고 투입된 노동력이 적어야 한다. 또한 생산된 제품의 생산 단가는 총투입 비용을 생산량으로 나눈 것이 되기 때문에 투입비용이 적을수록 생산량이 많을수록 원가절감의 효과를 거둘 수 있게 된다. 그러나 일반적으로 생산시설을 자동화하게 되면 높은 시설투자비가 들게 되고 자동화된 설비의 운영과 유지·보수에 예기치 못할 높은 비용이 드는 수가 있어 역효과를 거두게 될 수도 있다. 품질의 균일화는 일정한 규격 내의 제품을 산포도가 가장 적도록 생산하는 것이 중요하며 품질의 균일화를 보장할 수 없는 품질의 고급화는 예술품일 수는 있어도 공산품일 수는 없다.

이밖에 자동화는 비인간적인 단순 작업이나 위험하고 나쁜 작업환경으로부터 작업자를 해방하는 데에도 목적을 둬야만 하나 자동화를 하게 되면 다음과 같은 몇 가지 단점이 있다.

첫째, 높은 비용이 들게 된다. 자동화에 따른 비용은 크게 시설투자비와 운영비로 나눌 수 있다. 일반적으로 시설투자비는 우리가 예측할 수 있는 비용인 데 비하여 운영비는 예측할 수 없다는 데 문제가 있다. 자동화의 내용을 알지 못하면서 동종업체 또는 외국으로부터 자동화된 장비를 일괄도입방식(Turnkey Base)으로 도입하게 되면 자동화된 장비의 고장으로 인해 발생한 문제는 제조업체에 의존해야 하므로 높은 운영비가 들게 된다.

둘째, 높은 기술 수준을 요구한다. 자동화하기 전보다 설계, 설치와 유지 · 보수 등에 높은 기술 수준이 요구되며 특히 기기 설계 수준의 유지 · 보수를 담당할 고급 기술자가 필요하다.

셋째, 생산 탄력성이 부족하다. 미래는 제품의 Life-Cycle이 짧고, 개성이 다양한 소비자의 욕구를 만족시켜야 하며 하나의 기계로 한 가지만 생산해서는 안 되고 여러 가지의 제품을 생산할 수 있어야 한다. 그러나 자동화란 한 기계가 범용성을 잃어버리고 전문성을 갖게 되므로 생산에 탄력성을 잃어버리는 단점으로 자동화를 포기할 수는 없다. 자동화는 가능하면 FMS(Flexible Manufacturing System) 화와 LCA(Low Cost Automation)가 고려되어야 하며 그림 1.2는 산업통상자원부의 스마트공장 기술개발 로드맵으로 기업의 제조 활동을 설명한 그림이다.

1.3 AI 제어시스템의 발전 동향

AI 제조시스템의 제어시스템 기본 형태는 경영조직의 발전 형태와 유사한 형태를 보인다. 즉 중앙집중형에서 분산형으로 발전되고 있으며 앞으로는 계층적 구조에서 네트워크 구조를 갖는 자율, 홀론(holon)으로 대표되는 제어시스템으로 발전될 것이다. 초기에는 호스트 컴퓨터나 대형 PLC를 사용하는 중앙집중형 제어시스템 형태에서 현재는 복수 대의 PLC로 제어기능을 분산하고 PLC들을 컴퓨터로 연결하여 통제하는 분산형 제어시스템으로 구축되고 있다. 앞으로는 제어시스템의 모든 구성요소가 네트워크로 연결된 구조를 가지면서 PC등 개인용 전산기기가 주 제어기로 하는 구조로 발전될 것으로 보인다.

그림 1.3에서와 같이 단위 기계에서 전체 프로세스 제어까지 산업 환경을 효과적으로 운영하기 위한 다양한 자동화 해결책이 제공되며 기기를 효과적으로 제어하는 PLC, 모터의 속도를 변환하는 AC Drive, 기기를 정밀하게 제어하는 Servo, 기기의 실시간 모니터링이 가능한 HMI 등의 AI 디바이스가 적용된다.

또한 공장자동화 해결책을 바탕으로 사용자가 필요로 하는 맞춤형 IT Solution을 Platform 형태로 개발, 효율적인 사업 운영을 가능하게 하는 AI 제조설비가 해결책으로 예측된다.

그림 1.3(a)은 대규모 수처리 프로세스를 위한 대용량 PLC 메모리 지원하며 중앙 감시/제어 모니

터링 소프트웨어를 통해 실시간 데이터 취합 및 획득자료의 처리 결과 등의 기능이 요구된다.

또한 다양한 산업용 필드 버스 통신 규약 지원을 통해 온도, 압력, 유량, 밸브 및 센서 등의 다양한 장치와 통신이 가능하도록 Profibus, DeviceNet, Modbus 등의 지원이 요구되며 국제 표준 기반의 실시간(real-time)과 링(ring) 제어, 신뢰성 높은 통신 네트워크가 지원되어야 안정화된 수처리 시설 운영이 가능하다.

그림에서와 같이 Ring Network 기반의 RAPIEnet 네트워크로 고 신뢰성 네트워크 구축이 가능하다.

그림 1.3(b)은 HVAC(Heating, Ventilation & Air Conditioning) 시스템은 난방, 환기, 냉방 등의 효율적인 제어를 통해 사용자에게 쾌적한 실내 환경을 제공함과 동시에 에너지 절감 효과도 함께 제공하는 공조시스템을 의미한다. 외부 환경 변화에 안정적인 HVAC 시스템 제어를 위해 Soft Fill 운전, 기동 및 정지 기울기 조정, 밸브 감속 시간 결정, 멀티 모터 컨트롤, 스케줄링 운전 등의 다양한 기능 지원을 통해 HVAC 시스템의 안정적인 운영이 지원되어야 한다.

또한 설치된 드라이브의 기능 설정 및 주파수 변경 등을 전용 장치를 이용하여 손쉽게 조작할 수 있어야 하며 HVAC에서 일반적으로 사용되는 BACnet 통신 기본 내장 장치가 지원되어야 한다.

그림 1.3(c)은 선박에는 다양한 시스템에 PLC, 드라이브, HMI 등의 자동 제어용 단위 장치로부터 항로 프로세스 제어에 이르기까지 최적의 자동화 해결책이 요구된다.

선박의 안정적인 시스템 운영에 필요한 HMI를 통한 자료관리/처리 및 운항 성향 관리와 고성능 PLC를 통한 각종 연산 및 PID 기능 제어가 요구되며 선박 네트워크를 위한 통신지원, GPS 통신 지원(NMEA-0183 규약)과 AMS 및 다양한 계측장비와의 통신(Modbus RTU/TCP) 규약을 적용된 AI가 적용된 제어 장치가 요구된다.

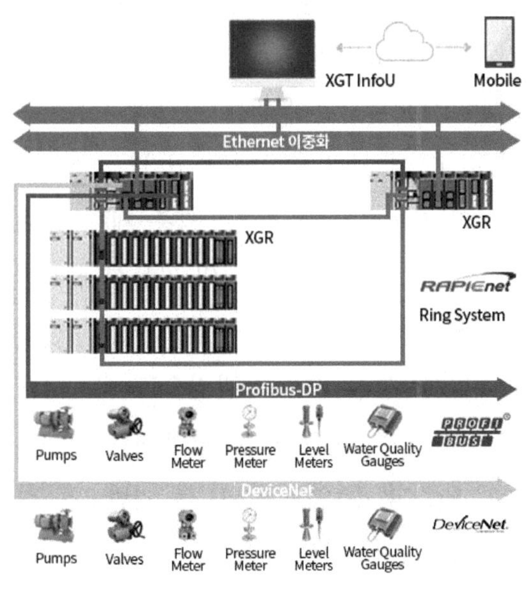

(a) 수처리 솔루션 구성도

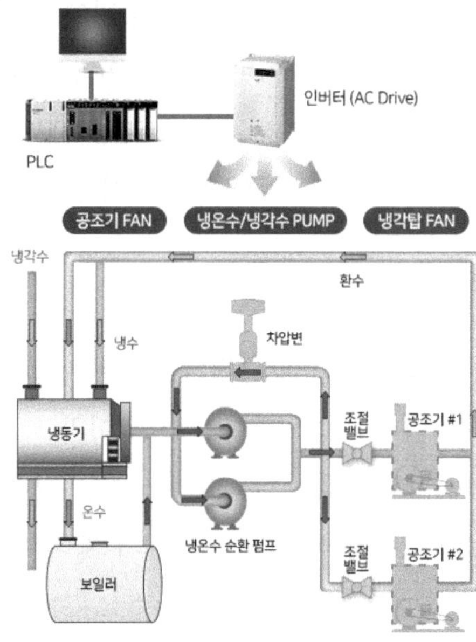

(b) HVAC 솔루션 구성도

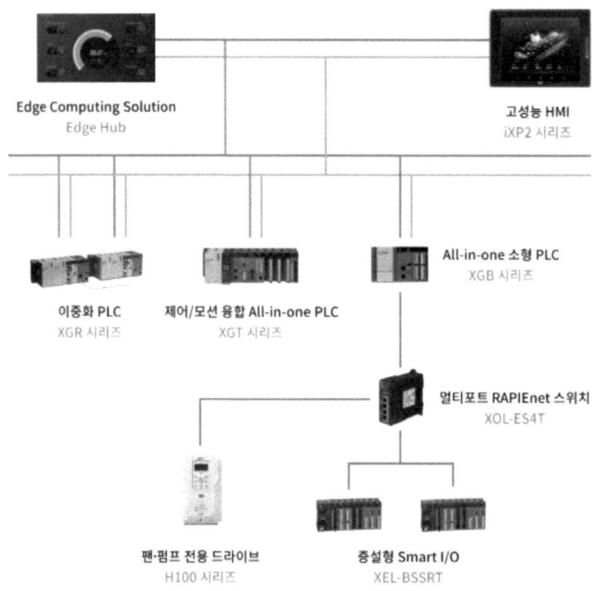

(c) 선박 솔루션 구성도

그림 1.3 AI 디바이스가 적용된 제어 장치의 구성도

또한 선박의 안정적 운항을 위한 이중화 PLC 해결책과 CPU, Power, 통신, 증설 드라이브 이중화와 선박 SCADA(Supervisory Control and Data Acquisition) 시스템 전용화가 요구된다.

이러한 제어시스템은 PLC 하드웨어 및 PLC의 프로그래밍까지 표준화가 이루어지고 있다. IEC 61131 표준에서 PLC 간의 호환성과 래더 다이아그램 등의 PLC 프로그래밍 언어들의 호환성에 관하여 규정하고 있어 국내외의 PLC 메이커에서는 IEC 61131 표준에 준하는 PLC를 생산하고 있다.

AI가 적용된 생산시스템의 네트워크는 하위에 필드 버스(Profibus), 상위에는 Ethernet 네트워크에 TCP/IP 프로토콜 및 MMS 프로토콜 등을 사용하게 된다.

필드 버스는 생산 현장의 자동화에서 필수적인 네트워크 통신 기술로서 공장자동화 현장에 설치된 각종 센서, 드라이버, 액추에이터, PLC와 CNC 장치 등의 AI 디바이스 장치에서 생성되는 각종 데이터의 실시간 통신 기능을 제공하고 있다. 하위 제어 네트워크로서 필드 버스의 사용이 증가할 것으로 예상되며 국내에서도 이미 물류 자동화 설비 및 FA에 널리 적용되고 있다.

최근 구축되는 대부분 생산시스템은 어느 수준 이상의 자동화가 필요하며 각종 제어 장치(Relay 제어반, NC, PLC, PC와 제어 네트워크 등)의 기술 발전으로 단위 장치 중심의 자동화에서 단위 장치를 통합한 시스템 단위의 AI 제어시스템으로 발전하고 있다.

특히 인터넷의 일반화, 하드웨어와 소프트웨어의 개방화, 통신 기술의 발전으로 시스템 단위의 생산시스템 제어는 더욱더 확산하고 있다. 초창기 생산시스템의 시퀀스제어를 위하여 사용되는 릴레이제어 중심의 제어시스템에서 제어프로그램을 쉽게 변경할 수 있도록 PLC를 기반으로 하는 제어시스템으로 발전하여 현재 중소 규모의 자동화 라인의 주 제어기로 사용되고 있다. 대규모 자동화 라인의 경우에는 하부에는 PLC를 제어기로 사용하며 상부에는 생산시스템 운영자가 더욱 쉽고 빠른 정보전달을 위한 MMI를 컴퓨터상에 구현하여 AI 제어시스템을 구축하고 있다.

그러므로 제어시스템의 발전 동향을 제어시스템 구성요소 중에서 제어기, 제어 네트워크와 제어 프로그램 작성용 소프트웨어 등으로 나누어 살펴보고자 한다.

1.3.1 제어기의 발전 동향

제조설비 자동화를 위한 제어기는 초창기에는 주로 릴레이 기반의 Hard Wired 제어기가 사용되었으나 1960년 말부터 프로그래밍할 수 있는 제어기인 PLC가 개발되기 시작하면서 PLC 기반의 제어시스템으로 일반화되기 시작하였다.

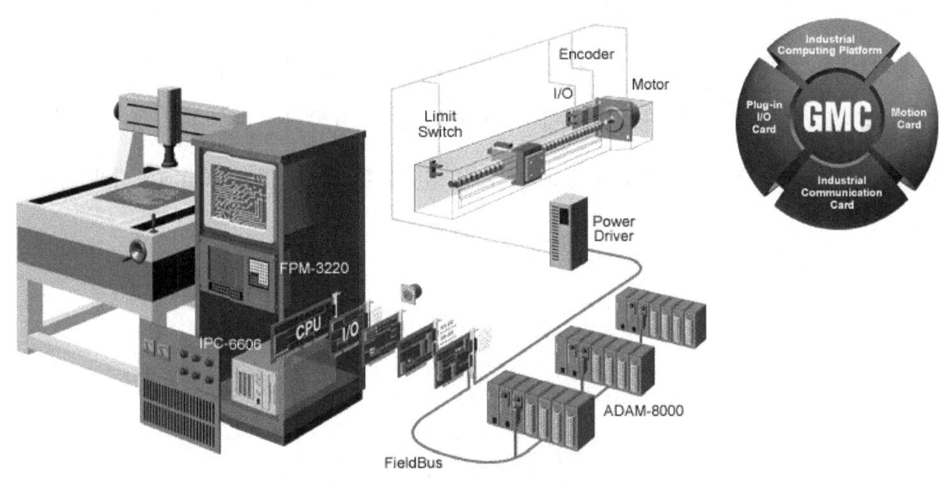

그림 1.4 PC를 이용한 3축 가공기의 제어 장치 적용

현재까지도 단위 설비 또는 소규모의 자동화 라인의 제어기로 PLC를 대부분 사용하고 있다. 자동화 설비의 동작 모니터링을 위한 MMI가 요구될 때는 PC에서 MMI 시스템을 구축하고 하위에는 PLC를 적용하여 제어시스템을 구축하는 방법이 일반화되어 있다. 또한 PC 상에서 실시간 제어(Hard Real-time Control)를 지원되는 운영체제인 MS사의 O/S상에서 실행이 가능하고 도입비 용도 저렴해지고 동시에 PC 성능이 매우 고성능화되어 PC 기반의 제어시스템(PC-Based Control System)을 도입하여 사용하고 있다. 특히 대규모의 생산시스템에서는 PC와 워크스테이션 기반의 통합제어 시스템 구축이 필수적인 관계로 PC 기반의 제어시스템이 적용된다.

그림 1.4는 3축 가공 장비의 체계도이며 PC 기반의 제어시스템으로 구성은 산업용 PC, 내장형 I/O 카드, 모션 카드와 통신 카드로 구성된다.

1.3.2 제어 네트워크의 발전 동향 및 응용 사례

생산시스템의 제어를 위한 제어 네트워크는 신뢰성과 고성능화가 필수 요인이며 다양한 자동화 기기들의 통합을 위해 제어 네트워크의 개방화는 필수적인 요소로 이미 인식되어 있으며 최근에 도입되는 많은 제어시스템에는 제어 네트워크의 개방화가 필수적인 요인이다.

초창기 제어 네트워크는 제어시스템의 제작사별로 전용화된 네트워크에 의해 통신 기능과 통신 거리가 제한되며 신뢰성에 한계가 있는 통신방식으로 구성되었다. 그러나 각종 통신 하드웨어 및 소프트웨어의 기술 수준 향상과 더 넓은 범위의 통합제어에 대한 수요가 증가함에 따라 개방화에 필요한 기술개발이 1990년대 이후부터 일반화되었다. 따라서 필드 버스는 각종 단위 사업장 내 제어 네트워크를 개방화하고 높은 신뢰성, 우수한 통신 성능과 저렴한 구축·운영비용 등에서 매우 유리한 하위 네트워크로 평가받고 있다.

또한 인터넷의 일반화로 인하여 제어 네트워크는 Ethernet과 필드 버스로 결합한 형태로 구축되는 것이 앞으로의 추세인 것이 분명하다. 제어 네트워크의 변화로 인하여 각종 신호정보의 통신을 위한 프로토콜(Ethernet 상에서의 TCP/IP, Profibus, 필드 버스에서의 Profibus-DP 등)도 개방화의 추세에 맞추어 개발되고 있다.

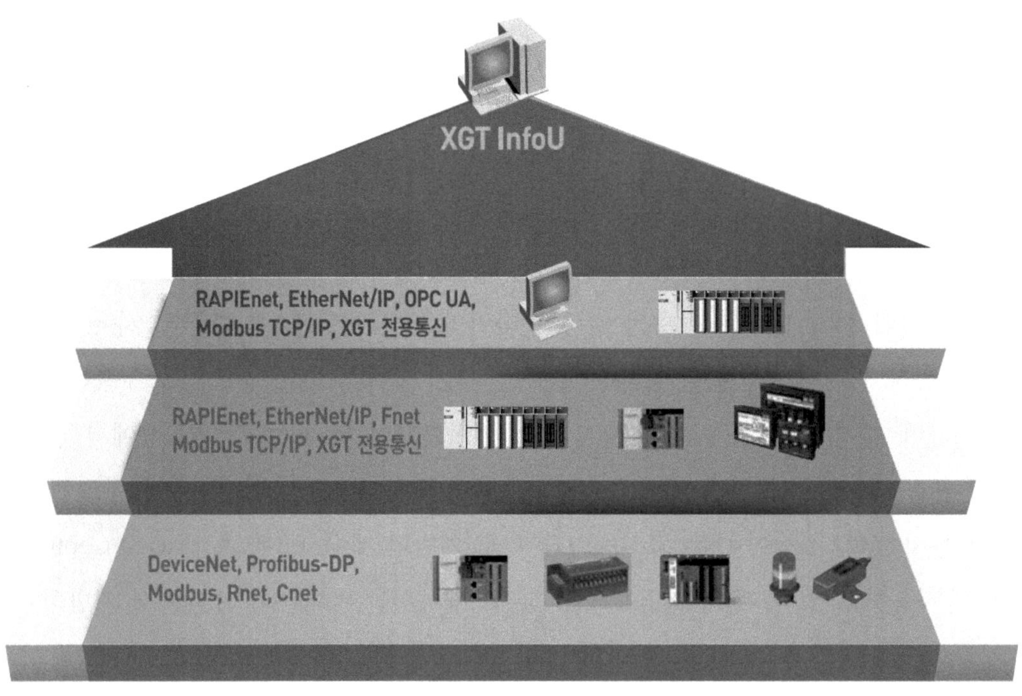

그림 1.5 XGT PLC 시스템의 네트워크 계층

그림 1.5는 LS산전의 네트워크 구성 계층을 설명한 자료이며 Open Network 기반의 System Solution이 제공된다. 최상위 구성에는 Ethernet 기반의 고속 PLC 네트워크와 Profibus-DP, Device-Net 등의 다양한 Fieldbus 통신이 가능하며 PLC 시스템은 상위 정보처리부터 하위 필드 레

벨까지 최적의 자동화 네트워크 해결책이 제공된다.

또한 CIM(Computer Integrated Manufacturing) 기반의 자동화에서 실시간성(Real-time)과 링 제어 국제표준 기반의 산업용 이더넷 RAPIEnet 통신에서 범용성 Modbus TCP/IP, EtherNet/IP 통신 기술을 하나로 통합된 혼합형 통신 솔루션이 요구된다.

표 1.1 XGT PLC 시스템에서 지원되는 통신방식

구 분	산업용 이더넷 통신 필드버스 통신				필드버스 통신				
	RAPIEnet	EtherNet/IP	Modbus TCP/IP X	XGT전용	Cnet	Fnet	Profibus-DP	XGL-DMEB	XGL-RMEB
마스터/클라이언트 모듈명	XGL-EFMTB, XGL-EFMFB, XGL-EFMHB				XGL-C22B, XGL-C42B, XGL-CH2B	XGL-FMEA	XGL-PMEB	XGL-DMEB	XGL-RMEB
슬레이브/서버 모듈명	XGL-DBDT, XGL-DBDF, XGL-DBDH						XGL-PSRA, XGL-PSEA		
속도	100/1000Mbps				300~115,200 bps	1Mbps	Max.12 Mbps	Max.500 Kbps	1Mbps
거리	100m(Tp) 2Km(Fiber Optic)				Max.1.2 km (422/485)	750m (Seg당) Max.5.25 km	Max.1.2km	Max.500m	750m (Seg당) Max.5.25 km
고속링크	64국	64개	64개	64국 (고속링크) 16채널 (Server)	32국	64국	32국 (Seg당) 128국	64국	64국
Protocol	RAPIEnet	EtherNet/IP	Modbus TCP/IP	XGT 전용 (LS전용)	Modbus RTU/ASCII	Fnet (LS전용)	Profibus-DP	DeviceNet	Rnet (LS전용)
서비스 고속링크	●	-	-	●	-	●	●	●	●
서비스 P2P	●	●	-	●	●	-	-	-	-
서비스 XG5000 서비스	●	●	-	●	●	-	-	-	-
서비스 E-Mail 송수신	-	-	-	●	-	-	-	-	-
Configuration Software	XG5000								
장착대수	총 24대 장착(고속링크 서비스는 12대, P2P 서비스 8대 까지)								

본 교재에서는 Cnet(computer link system), RS-232C/422/485 통신과 모뎀통신의 이용 및 PLC 전용 범용 프로토콜인 Modbus-RTU/ASCII(FEnet)를 지원하는 주변 기기와의 통신 기능을 학습할 수 있다.

표 1.2 XGT PLC에서 Cnet 카드의 성능규격

<table>
<tr><th colspan="2" rowspan="2">구 분</th><th colspan="3">내 용</th></tr>
<tr><th>XGL-C22B</th><th>XGL-CH2B</th><th>XGL-C42B</th></tr>
<tr><td rowspan="4">시리얼 통신채널</td><td>RS-232C</td><td>2채널</td><td>1채널</td><td rowspan="2">-</td></tr>
<tr><td>네트워크 구성</td><td colspan="2">1 : 1</td></tr>
<tr><td>RS-422/485</td><td rowspan="2">-</td><td>1채널</td><td>2채널</td></tr>
<tr><td>네트워크 구성</td><td colspan="2">1 : 1, 1 : N, N : 1</td></tr>
<tr><td colspan="2">모뎀 접속기능</td><td colspan="2">모듈에 외장형 모뎀을 접속하여 공중 전화망을 통해 외부기기와 원거리 통신</td><td>-</td></tr>
<tr><td rowspan="2">동작모드 (포트별 개별 동작 정의)</td><td>P2P</td><td colspan="3">XGT 클라이언트, 모드버스 ASCII/RTU 클라이언트, 사용자 정의 통신</td></tr>
<tr><td>서버</td><td colspan="3">XGT 서버, 모드버스 ASCII/RTU 서버, 스마트 서버</td></tr>
<tr><td rowspan="4">데이터 형식</td><td>Start Bit</td><td colspan="3">1</td></tr>
<tr><td>Data Bit</td><td colspan="3">7 또는 8</td></tr>
<tr><td>Stop Bit</td><td colspan="3">1 또는 2</td></tr>
<tr><td>Parity</td><td colspan="3">Even / Odd / None</td></tr>
<tr><td colspan="2">동기방식</td><td colspan="3">비동기 방식</td></tr>
<tr><td colspan="2">에러 검출</td><td colspan="3">CRC 16, BYTE SUM 2'S COMP, BYTE SUM 1'S COMP, 7BIT SUM, 7BIT XOR, CRC 16 IBM, CRC 16 CCITT</td></tr>
<tr><td colspan="2">전송속도(bps)</td><td colspan="3">300/600/1,200/1,800/2,400/3,600/4,800/7,200/9,600 /19,200/38,400/57,600/64,000/76,800/115,200 bps 중 선택 가능</td></tr>
<tr><td colspan="2">국번설정</td><td colspan="3">설정 : 0~31까지 설정하여, 클라이언트를 포함한 최대 국 수 : 32</td></tr>
<tr><td colspan="2">진단기능</td><td colspan="3">LED와 XG5000 진단 서비스로 확인 가능</td></tr>
<tr><td colspan="2">모뎀통신</td><td colspan="2">RS-232C만 가능</td><td>-</td></tr>
<tr><td colspan="2" rowspan="2">전송거리(m)</td><td colspan="2">RS-232C : 최대 15</td><td>-</td></tr>
<tr><td>-</td><td colspan="2">RS-422/485 : 최대 1,200</td></tr>
<tr><td colspan="2">소비전류(mA)</td><td>420</td><td>480</td><td>520</td></tr>
<tr><td colspan="2">중량(g)</td><td>121</td><td>119</td><td>116</td></tr>
</table>

(1) Cnet의 적용 사례

① 검사시스템의 구조

자동화 제조설비에서 제작된 제품을 자동으로 검사하는 장치로 측정 결과를 온라인으로 제공된다.

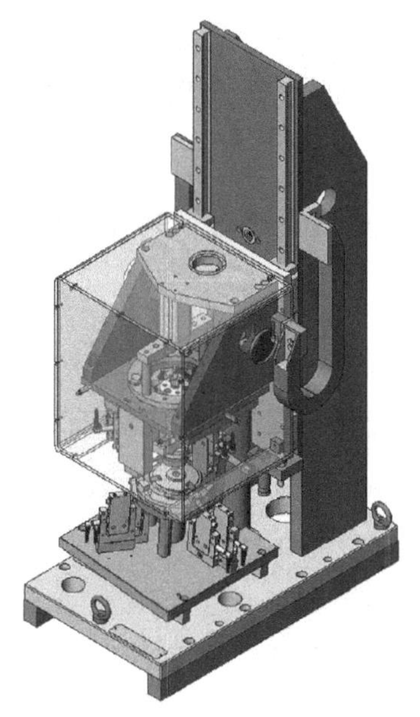

검사장비의 모형화 자료

제조 물품의 검사

그림 1.6 치수 및 위치 계측을 위한 자동화 설비(Mahr사 제공자료)

② 검사시스템의 측정 기능

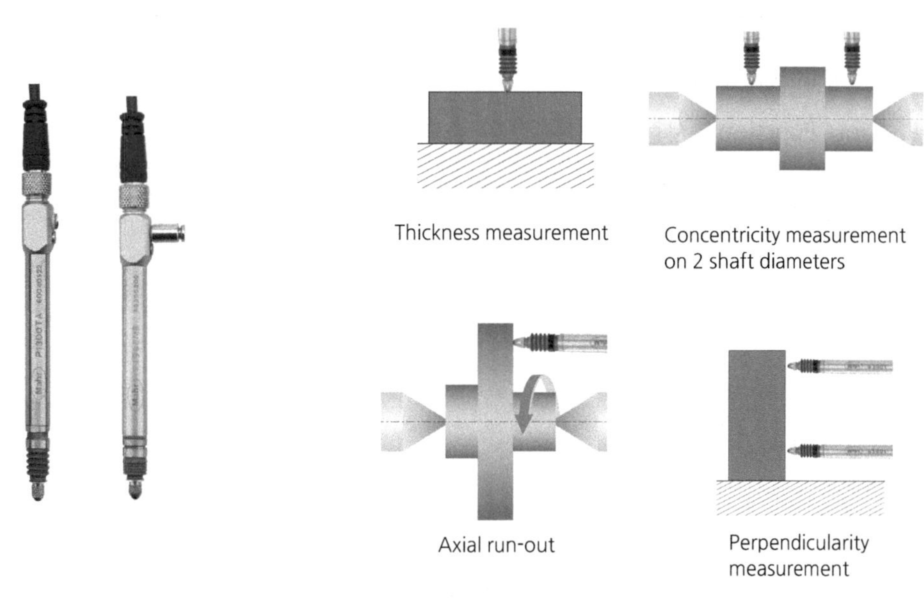

Length Measuring Probes

Applications with Probes

그림 1.7 프로브에 의한 계측 적용 사례

길이 계측 프로브를 이용하여 두께(지름)의 측정(thickness measurement), 동심도의 측정(concentricity measurement), 축의 흔들림(axial run-out), 직각도의 측정(perpendicularity measurement) 등의 측정 방법을 응용하여 제품의 제작 정밀도를 측정할 수 있다.

③ 검사시스템에서 네트워크 기능의 적용 사례

그림 1.8은 다 측정(multi-point measurement)에 따른 시스템구성도이며 Mitutoyo 사는 RS Link Function에 의해 구성된 프로브의 계측값을 수집한다.

RS Link Function은 측정 명령 및 계측 결과를 RS-232C 통신을 이용하여 컴퓨터에 제공한다.

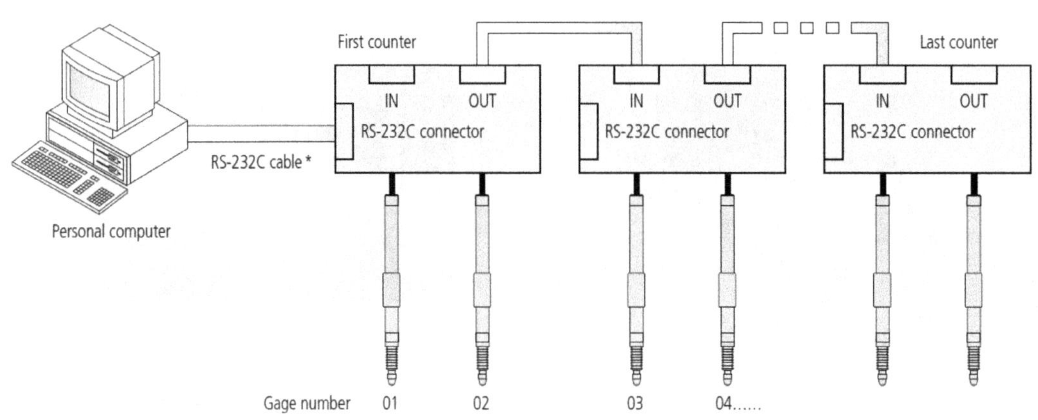

그림 1.8 다 측정 프로브에 의한 계측장치의 구성(Mitutoyo사 제공자료)

그러므로 그림 1.6과 같이 하드웨어의 움직임은 PLC를 이용하여 순차제어(sequence control) 할 수 있으며 PLC에 설치된 Cnet(computer link system)카드에 RS-232C 케이블을 연결하여 측정 결과에 따른 순차제어를 수행한다.

또한 RS Link Function에서는 아래와 같은 출력 방식이 제공된다.

- Open Collector Output
- Relay output
- Digimatic Code
- BCD Output
- RS-232C Output

1.3.3 제어 프로그램 작성용 소프트웨어 발전 동향

PLC 기반의 제어시스템을 구성하는 제어 프로그램은 IEC61131-3에서 규정하고 있는 5종류의 PLC 프로그래밍 언어(ST : Structured Text, FBD : Functional Block Diagram, LD : Ladder Diagram, IL : Instruction List, SFC : Sequential Function Chart)를 이용하여 작성된다.

PLC 프로그램을 보다 쉽고 빠르게 작성할 수 있도록 PLC 메이커와 소프트웨어 개발 전문업체에 의해 상용화 소프트웨어를 개발하고 있다.

예를 들면 LS산전에서는 생산 제품인 XGT PLC 모델의 PLC 프로그래밍을 위하여 XG 5000 소프트웨어를 제공하고 있으며 MPMP(Multi PLC Multi Programming)환경에서 한 프로젝트에 여러 개의 PLC를 포함시켜서 연동되는 PLC시스템을 동시에 편집, 모니터, 관리할 수 있다.

특히 ISaGRAF와 같은 소프트웨어는 통합 자동화 솔루션을 만드는 데 사용되는 자동화 소프트웨어 기술이며 확장 가능하고 휴대하기 쉽게 설계되어 소형 컨트롤러와 대규모 분산 자동화 시스템의 개발에 적합하다.

ISaGRAF는 원하는 하드웨어 플랫폼과 운영체제를 유연하게 사용할 수 있도록 함으로써 특정 요구 사항을 충족하는 자동화 제품을 개발하는 데 도움을 줄 수 있으며 ISaGRAF는 개방형 자동화, 전통적인 자동화, 임베디드 제어 및 소프트 로직 시장을 위한 소프트웨어 기술이며 ISaGRAF는 휴대성이 뛰어나고 견고한 SoftPLC 제어 엔진(Runtime)과 직관적인 애플리케이션 개발 환경(Application Workbench)을 제공한다.

SCADA는 현장 네트워크 상황에 맞는 다양한 Web기능의 지원과 Mobile을 이용한 원격제어는 대규모 시스템을 통합하기 위한 ODBC 기능을 표준 SQL로 지원하므로 각종 범용데이터베이스와 자유롭게 연결할 수 있다. 또한 편리한 그래픽 작성 환경, Visual Basic 스크립트 지원, 풍부한 라이브러리 등 사용자 중심의 편리한 기능들을 제공하여 산업현장에서 최고의 성능을 발휘할 수 있도록 지원한다.

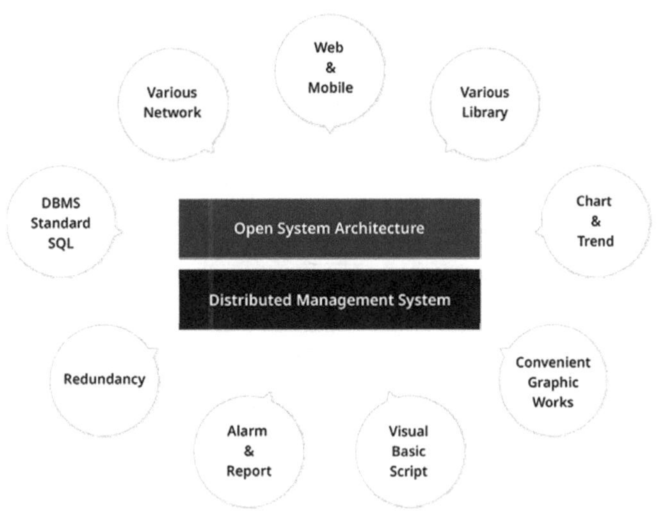

그림 1.9 SCADA 시스템의 구조

또한 PLC 제어에서 생산시스템의 동작을 감시하기 위한 HMI 소프트웨어가 널리 사용되고 있으며 상용화된 소프트웨어에는 Autobase, Cimon, AVEVA와 LabView 등이며 그림 1.10은 HMI 소프트웨어가 구성되고 작도되는 내용에 대한 설명자료이다.

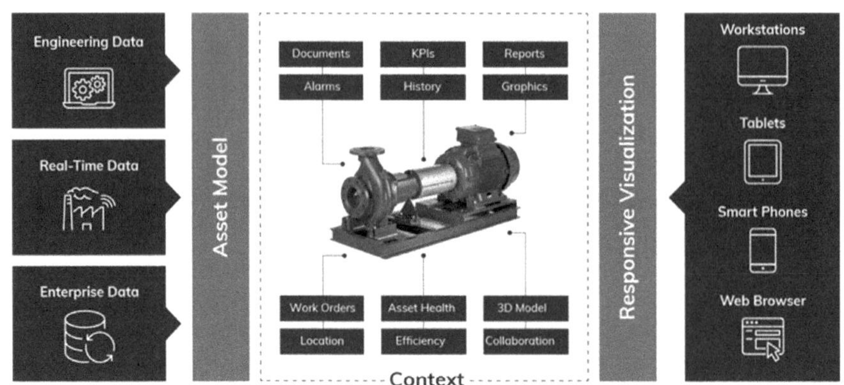

그림 1.10 HMI 작성 프로그램으로 구성 내용

이 외에도 컴퓨터를 이용한 가상환경에서 제어대상 시스템을 모형화하여 PLC 제어프로그램 작성과 작동을 함께 수행할 수 있도록 지원하는 Automation Studio, V-HPS, V-MECHA 등의 소프트웨어를 이용할 수 있으며 PC-Based Control이 점차 확산하면서 PC 상에서 PLC 기능을 구현한 Soft-PLC, PC 환경과 확장된 Flow-Chart 방식의 프로그래밍을 지원하는 소프트웨어(VLC : Visual Logic Controller, VFL : Visual Flowchart Language) 등이 개발되어 있다.

앞에서 설명한 MMI 소프트웨어는 제어시스템의 모니터링 능력의 한계가 있어 개발자는 프로그램 개발 도구를 이용해 제어프로그램을 작성하여 사용하고 있으며 개발 도구에는 Visual Basic, Visual C++, Delphi, Power Builder 등이 이용되고 있다.

그림 1.11은 미쓰비시사의 HMI 화면이 적용될 그래픽 오퍼레이션 터미널의 구성이다. 본 교재에서는 모니터링에 필요한 개발 도구인 Visual Basic에 의한 응용과정과 LabView를 이용한 모니터링 방법을 설명한다.

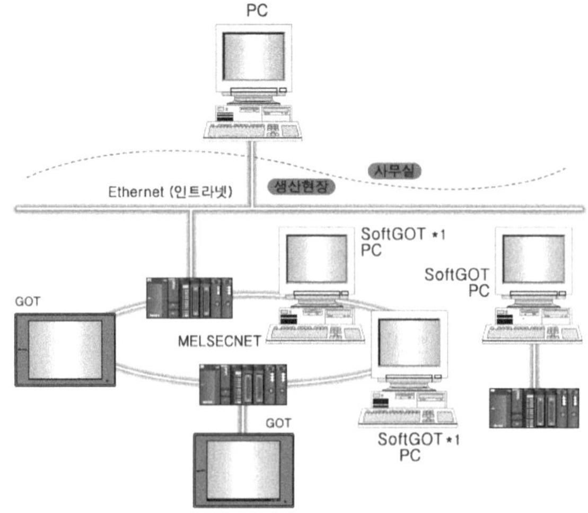

그림 1.11 그래픽 오퍼레이션 터미널의 적용

1.4 AI 공장의 기술개발 로드맵

1.4.1 AI 공장이란?

"제품의 기획 · 설계, 생산(제조 · 공정), 유통 · 판매 등 전 과정을 ICT 기술로 통합하여 최소 비용과 최소 시간으로 고객 맞춤형 제품을 생산하는 공장"

- 스마트 기계/설비 : 똑똑해지면서 생산 네트워크에 연결
- 스마트 분석 : 공장이나 주변 환경에서 수집된 생산 빅데이터의 분석 및 시각화
- 스마트 관리 : CPS 기반의 생산 운영 도구(dynamic planning, predictive maintenance, modeling & simulation 등)를 사용하여 좋은 의사결정 수행
- 스마트 통합 : 전체 제조 프로세스를 통합하고 일관된 형태로 정보관리
- 스마트 협업 : 다른 공장들과의 협업 수행

※ CPS(cyber physical systems)
사이버 세계(cyber world)와 물리적 세계(physical world)의 통합 시스템으로 사물들이 서로 소통하며 자동적, 지능적으로 제어되는 시스템을 말한다. 연산, 통신, 제어가 결합하고 융합된 복합시스템이다.

1.4.2 제조 단계별 AI 화 이슈

표 1.3은 제조공정의 분야별 기술개발의 목표를 제시하였으며 제품개발 관리, 공급업체 관리, 생산 자원관리 및 고객관리를 통해 단계별 AI 화를 실현할 수 있다.

표 1.3 제조시스템의 단계별 AI 화 목표

기획/설계	제품 제작 전에 가상공간에서 시뮬레이션하여 제작 기간 단축이나 소비자 맞춤형 제품 개발
생 산	설비–자재–관리 시스템 간의 실시간 정보교환으로 다양한 제품생산 및 에너지 · 설비효율 제고
유통/판매	생산 현황에 맞춘 실시간 자동 발주로 재고비용이 감소하고 품질 · 물류 등 전 분야 협력 가능

그림 1.12는 생산 부문의 기술개발 주요 이슈를 나타낸 그림으로 4M를 기반으로 품질 향상, 원가절감, 납기 단축을 통한 생산성 향상이 생산부분의 기술개발 최종 목표이다.

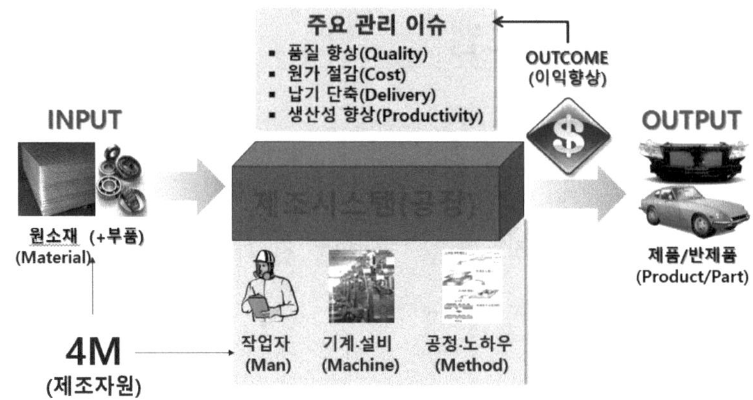

그림 1.12 AI 제조시스템의 기술개발 주요 이슈

그림 1.13은 기업의 개발, 생산, 운영관리를 통해 AI를 적용한 제조 환경을 구축하고 스마트폰, PC, 자동차, 냉장고, 세탁기, 시계 등 모든 사물이 인터넷에 연결되는 것을 사물인터넷(Internet of Things)이라 한다. 이 기술을 이용하면 각종 기기에 통신, 센서 기능을 장착해 스스로 데이터를 주고받아 이를 처리해 자동으로 작동하는 것이 가능해진다. 교통상황, 주변 상황을 실시간으로 확인해 무인 주행이 가능한 자동차나 집 밖에서 스마트폰으로 조정할 수 있는 가전제품이 대표적인 구현 사례이다.

이미 삼성전자, LG전자, 구글, 아우디 등 세계 각 분야의 기업들은 사물인터넷 서비스 개발하여 상용화하고 있다. 구글은 스마트 온도조절기 업체인 네스트 랩스를 인수해 스마트홈 시장에 뛰어든데 이어 최근에는 무인 차 개발에 나섰다고 밝혔다. 삼성전자와 LG전자도 사물인터넷 기능이 들어간 생활가전 제품을 대거 개발해 시장에 선보였다. 이를 통해 앞으로 터치 한 번, 말 한마디면 모든

그림 1.13 제조공정의 기술개발 주요 이슈

것을 조정할 수 있다. 그림 1.13에서와 같이 모든 제조공정은 사물인터넷(IoT)에 의한 통합 관리가 실행되어야 한다.

1.4.3 제조 단계별 AI 화에 의한 기대효과

표 1.4 제조시스템의 단계별 AI 화에 따른 기대효과

구분	기대효과
생산성	• 설비 디지털화, 데이터 집계 자동화, 공정 물류 관리를 통한 사무 업무의 생산성 향상 • 공정 물류체계 유연화와 설비 자동제어로 작업 생산성 향상 • 공장 실시간 분석 및 계획 수립으로 통합 생산성 향상
품 질	• 물리적 불량 관리, 이력 추적, 품질통제, 상관분석 및 원인추적, 불량 예방 설계를 통한 품질 향상
원 가	• LOT 단위 원가분석, 개별원가 집계, 원가통제, 원가 발생원인 및 통제를 통한 원가절감
매 출	• 과학적 실시간 운영계획에 의해 대고객 납기의 신뢰도 향상, 품질 신뢰도 향상, 공장 실시간 분석 및 계획 수립을 통한 주문 맞춤 생산, 대량 맞춤형 자동화를 통한 생산능력 향상에 의한 매출 향상

그림 1.14는 CIMON사의 PLC와 SCADA 시스템을 이용한 AI 팩토리 구축 제안 내용이며 시스템 통합(SI) 작업을 수행하는 엔지니어들을 위한 다양한 편리한 기능이 요구된다. 또한 다양한 통신 기술을 바탕으로 현장 자료를 수집하여 신뢰성 높은 빅데이터를 구축하고, 수집된 현장 데이터를 의미 있는 자료로 가공하며 강력한 필드 네트워크 솔루션이 지원되어야 한다.

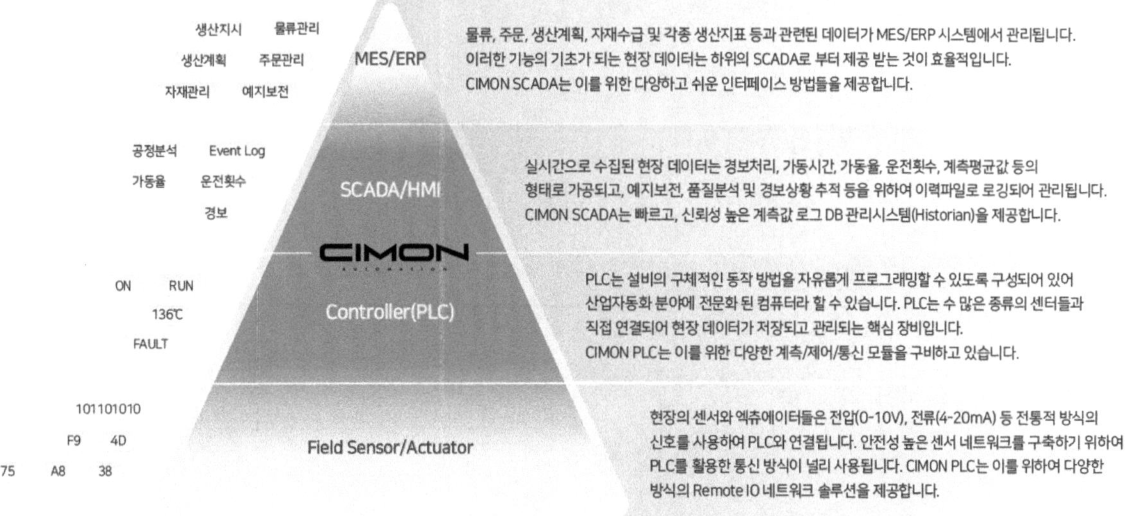

그림 1.14 AI 팩토리에 필요한 시스템 통합(SI) 과정의 설명자료

제어프로그램의 기초 I

(Visual Basic 2022의 활용)

CHAPTER 02

2.1 비주얼 베이식이란

2.1.1 비주얼 베이식 이해하기

마이크로소프트 비주얼 베이식을 사용하면 마이크로소프트 윈도즈용 응용프로그램을 아주 빠르고 쉽게 만들 수 있다. 비주얼 베이식은 경험 있는 전문가나 윈도즈 프로그램의 초보자 모두가 응용프로그램을 빠르고 쉽게 개발할 수 있도록 완전한 도구를 제공한다.

비주얼 베이식의 "Visual" 부분은 사용자 그래픽 인터페이스(GUI : Graphic User Interface)를 만드는 데 사용하는 방법을 의미하며 인터페이스 구성요소의 위치와 모양을 설명하기 위해 수많은 줄의 코드를 작성하지 않고 미리 작성된 개체를 화면의 위치로 끌어오기만 하면 된다. 윈도의 프로그램에서 제공하는 "그림판"이라는 그림 그리기 프로그램을 사용한 적이 있다면 효과적인 사용자 인터페이스를 만드는 데 필요한 기술을 이미 알고 있는 것과 같다.

"Basic" 부분은 컴퓨터 역사상 프로그래머들에 의해 다른 언어보다 더 많이 사용된 언어인 BASIC (Beginners All-Purpose Symbolic Instruction Code) 언어를 의미한다. 비주얼 베이식은 원래의 BASIC 언어에서 발전하여 지금은 수백 개의 문, 함수, 키워드를 가지고 있고 그중 많은 부분이 Windows GUI와 직접 관련되어 있다. 즉 초보자들은 키워드 몇 개만 배우면 유용한 응용프로그램을 만들 수 있고 프로그래머들은 다른 윈도즈 프로그래밍 언어를 사용하여 하고자 하는 제어프로그램을 작성할 수 있다.

비주얼 베이식 프로그래밍 언어는 비주얼 베이식에만 한정된 것은 아니다. 비주얼 베이식 프로그래밍 시스템은 마이크로소프트사의 엑셀, 액세스, 워드프로세서 제품에서도 같이 언어를 사용할 수 있다. 인터넷 프로그래밍의 비주얼 베이식 스크립트(VB Script) 또한 비주얼 베이식 언어의 일부이기도 하다.

비주얼 베이식은 개인이나 작업그룹을 위한 작은 유틸리티를 만들 수도 있고 기업의 전체 시스템 또는 인터넷을 통해 전 세계에 분산된 응용프로그램을 만들 수 있는 것으로 작업은 크기와 관계없이 필요한 모든 기능을 포함하고 있다.

또한 데이터 액세스 기능을 사용하여 마이크로소프트 SQL 서버 혹은 다른 데이터베이스에 대한 사용자 인터페이스 응용프로그램과 클라이언트와 서버의 구조 설계에도 이용할 수 있다.

완성된 프로그램은 비주얼 베이식 가상기계를 사용하는 실행 파일(.exe) 형식으로 자유롭게 배포할 수 있다.

2.1.2 비주얼 베이식의 기초

1) 이벤트 위주의 프로그래밍

비주얼 베이식에서 작성된 응용프로그램은 이벤트 위주(Event Driven) 방식으로 이벤트 위주의 프로그래밍은 절차적인(Procedure) 프로그래밍과 비교하면 훨씬 더 이해하기가 쉽다.

(1) 절차적인 프로그래밍과 이벤트 위주의 프로그래밍

절차적인 언어로 작성된 프로그램은 프로그램 코드 전체를 한 번에 코드 한 줄씩 논리적으로 진행해 실행한다. 논리 흐름은 GoTo, GoSub, Call 명령문을 통해 일시적으로 프로그램의 다른 부분으로 이동하면서 프로그램의 시작에서 끝으로 진행된다.

반대로 이벤트 위주의 응용프로그램에서는 프로그램 명령문이 특정 이벤트에 지정된 코드의 부분을 호출하여 실행된다. 이벤트는 키보드 입력, 마우스 동작, 운영체제 또는 응용프로그램 코드에 의해 일어난다. 예를 들면 사용자가 폼에 Button이라는 명령 단추를 누를 때 무엇이 일어날지를 생각해 보면 마우스 클릭(Click)은 하나의 이벤트로서 클릭 이벤트가 일어날 때 Button_Click 이란 이름의 Sub 프로시저의 코드가 실행된다. 그 코드의 실행이 끝나면 비주얼 베이식은 다음 이벤트를 대기한다.

① 절차적인 프로그램 : 주 프로그래밍이 사용자의 입력된 정보에 의해 제어된다.

② 이벤트 위주의 프로그램 : 이벤트 위주의 프로그램은 폼을 사용자에 의해 임의의 순서로 입력할 수 있고 사용자는 행동에 가장 근접한 코드 단위를 호출하여 실행한다.

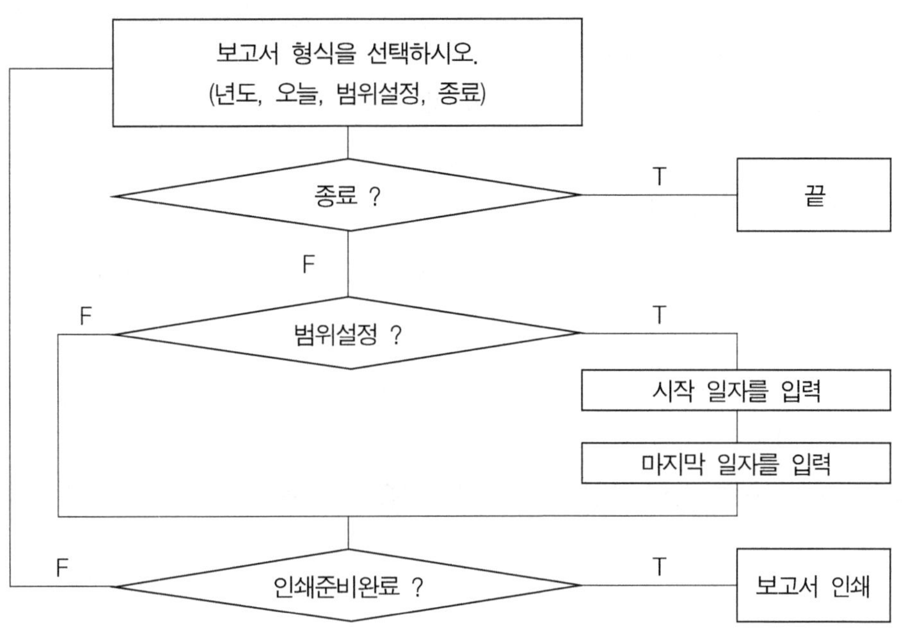

그림 2.1 절차적 프로그램의 흐름

2) 비주얼 베이식에서 프로그램 작성

비주얼 베이식은 다른 유형의 단순한 논리와 질서가 필요하다. 예를 들어 비주얼 베이식에서 인터페이스를 만들기 위해 빈 폼에 개체와 컨트롤을 그려야 하며 대부분의 절차적인 언어로 그래픽 개체를 만들어 내는 프로그래밍 노력이 필요하나 비주얼 베이식은 필요한 코드 작업이 아주 적다.

비주얼 베이식에서 응용프로그램을 작성하는 데 필요한 7가지 기본 단계는 다음과 같다.

(1) 사용자 인터페이스 만들기

응용프로그램의 인터페이스를 작성하려면 먼저 폼 디자이너에서 컨트롤과 개체를 폼 위에 놓거나 작도한다.

(2) 인터페이스 개체의 속성 설정

일단 폼에 개체를 추가했다면 디자인 모드에 속성을 설정하거나 실행 모드에 속성을 설정할 코드 명령문을 작성한다.

(3) 이벤트에 대한 코드 작성

폼과 그 위에 놓인 개체의 초기속성을 설정한 후 이벤트에 응답하여 실행할 코드를 추가할 수 있다. 이벤트는 컨트롤이나 개체에 서로 다른 행위가 수행될 때마다 일어난다. 예를 들면 명령 Button의 Click 이벤트는 사용자가 마우스를 누를 때 발생한다.

(4) 프로젝트 저장하기

다음으로 프로젝트에 유일한 의미의 이름을 만들어 저장한다. 프로젝트에 코드를 추가할 때마다 프로젝트를 저장하면 폼과 코드 모듈까지 더불어 저장된다.

(5) 응용프로그램 테스트와 디버그

프로젝트에 코드를 추가하고 실행해서 작동이 잘 되는지를 검증할 수 있으며 비주얼 베이식은 응용프로그램을 디버깅할 수 있도록 다양한 디버깅 도구를 제공한다.

(6) 실행 파일 만들기

프로젝트를 완성하면 실행 파일을 만든다. 프로그램을 구성하는 여러 가지 내용을 실행 파일로 컴파일한다.

(7) 설치 프로그램 작성하기

응용프로그램을 실행하려면 사용자는 보통 DLL 파일이나 응용프로그램 작성에 사용된 사용자 컨트롤 파일(.ocx) 같은 이외의 파일이 필요하다. 비주얼 베이식은 설치 프로그램을 자동으로 생성해 주고 사용자에게 필요한 모든 파일을 가졌는지 확인해 주는 설치 마법사가 제공된다.

2.1.3 .NET Framework란?

.NET Framework는 Windows에서 애플리케이션으로 빌드하고 실행하기 위한 소프트웨어 개발 Framework이다.

.NET Framework는 .NET의 최초 구현체이며 Windows에서 웹 사이트, 서비스, 데스크톱 앱 등을 실행하는 것을 지원한다.

.NET Framework의 아키텍처는 두 가지 구성 요소는 공용 언어 런 타임과 .NET Framework 클래스 라이브러리이다.

① 공용 언어 런타임(CLR)은 실행 중인 애플리케이션을 처리하는 실행 엔진으로서 스레드 관리, 프로그램 정리, 형식 안전성, 예외 처리 등의 서비스를 제공한다.

② 클래스 라이브러리는 일반적인 기능을 위한 API 및 형식 집합을 제공하고 문자열, 날짜, 숫자 등에 대한 형식을 제공한다. 클래스 라이브러리에는 파일 읽기 및 쓰기, 데이터베이스에 연결, 그리기 등을 위한 API를 포함하고 있다.

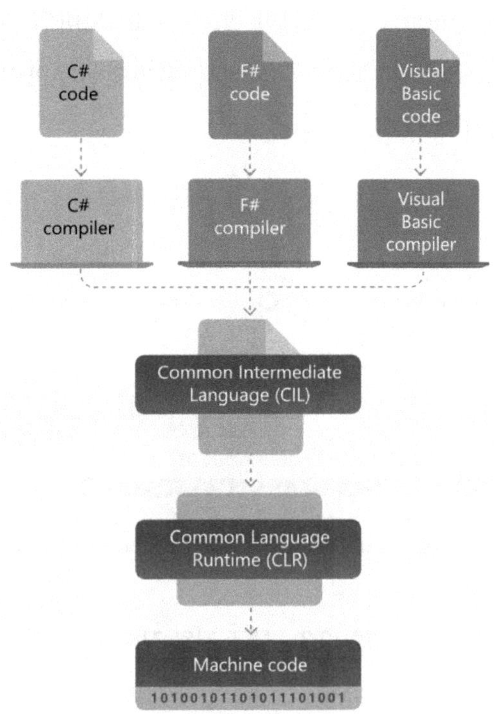

그림 2.2 .NET Framework의 아키텍처

.NET 애플리케이션은 C#, F# 또는 Visual Basic 프로그래밍 언어로 작성되며 코드는 언어에 관계없이 CIL(공용 중간 언어)로 컴파일된다. 컴파일된 코드는 .dll 또는 .exe 파일 확장명으로 어셈블리 파일로 저장된다.

앱이 실행될 때 CLR은 어셈블리를 가져와 JIT(Just-In-Time Compiler)를 사용하여 앱이 실행 중인 컴퓨터의 특정 아키텍처에서 실행할 수 있는 기계어로 변환한다.

.NET은 도구, 프로그래밍 언어 및 다양한 유형의 애플리케이션을 구축하기 위한 라이브러리로 구성된 개발자 플랫폼이다.

.NET은 오픈 소스이며 .NET은 오픈 소스 및 플랫폼 간에 GitHub는 Microsoft 프로그램과 .NET 커뮤니티에서 유지 관리한다.

.NET은 Cloud Native Computing Foundation에서 추정한 대로 2017년 이후 가장 활발한 오픈 소스 프로젝트 상위 30위 안에 꾸준히 이용되고 있다.

.NET의 모든 측면은 클래스 라이브러리, 런타임, 컴파일러, 언어, ASP.NET Core 웹 프레임 워크, Windows 데스크톱 프레임 워크, Entity Framework Core 데이터 액세스 라이브러리 등을 포함하는 오픈 소스이다.

.NET에는 다양한 구현체가 있으며 각 구현체를 통해 .NET 코드를 Linux, macOS, Windows, iOS, Android 등 다양한 환경에서 실행할 수 있다.

.NET은 Windows, Linux 및 macOS에서 웹 사이트, 서비스 및 콘솔 앱을 실행하기 위한 플랫폼 간 구현체 이고 .NET은 GitHub의 오픈 소스로 이전에 .NET Core라고 한다.

Xamarin/Mono은(는) iOS 및 Android를 포함한 모든 주요 모바일 운영 체제에서 앱을 실행하기 위한 .NET 구현이며, .NET Standard는 .NET 구현에서 공통적인 API의 공식 사양으로 동일한 코드와 라이브러리를 다른 체계에서 운영할 수 있다.

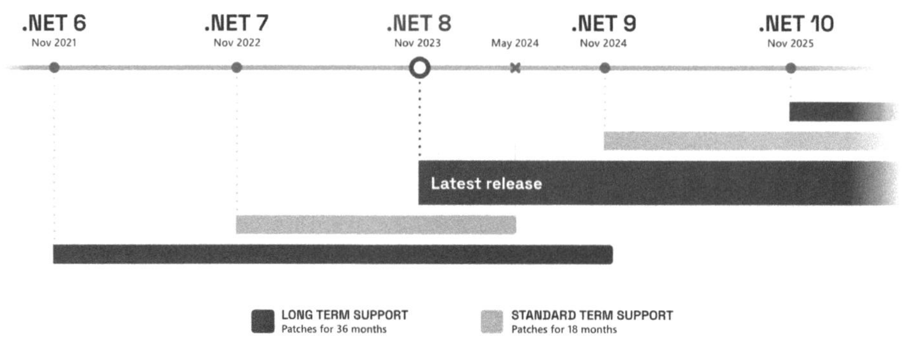

그림 2.3 .NET 지원 정책

2.2 비주얼 베이식의 개발 환경

비주얼 베이식 2022의 개발 환경은 다음과 같다.

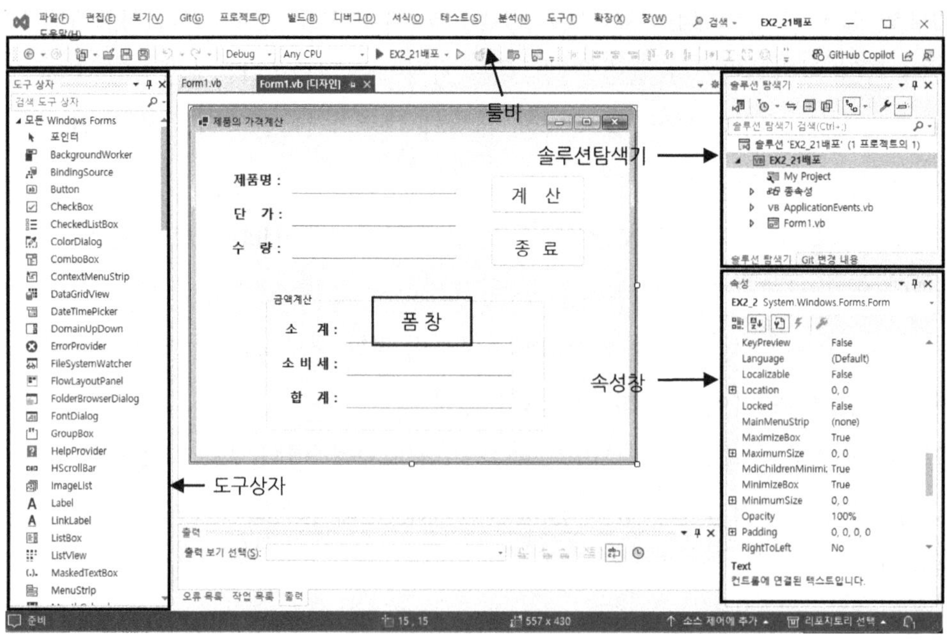

그림 2.4 비주얼 베이식 2022의 개발 폼

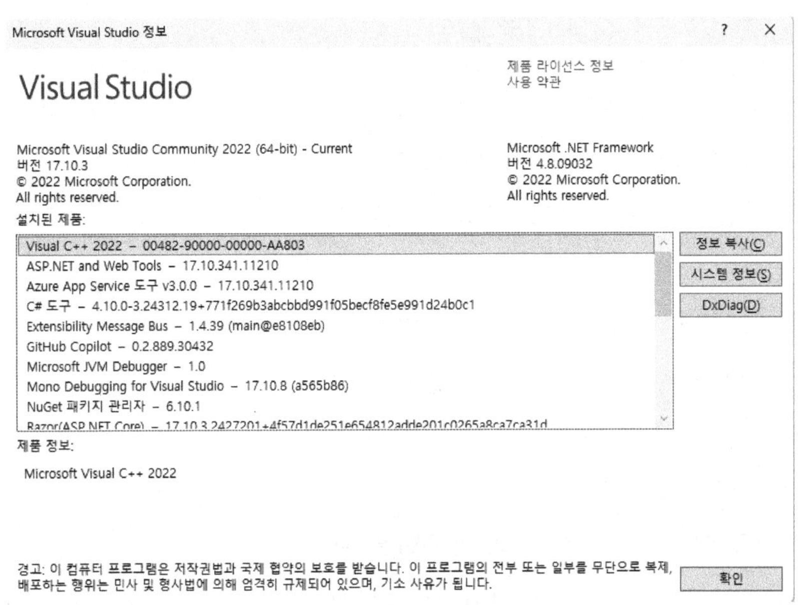

그림 2.5 비주얼 베이식 2022의 개발 환경

1) 폼(Form) 디자이너 창

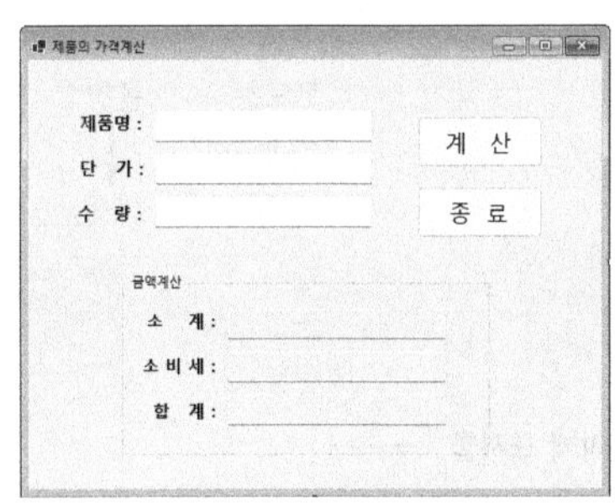

폼 디자이너 창

응용프로그램이나 사용자로부터의 정보를 모으는 데 사용하는 대화상자로서 사용자가 정의 가능한 인터페이스 창이다.

응용프로그램의 인터페이스 창인, 폼 작성을 위해 비주얼 베이식은 디자인 모드 상태에서 폼에 제공되는 모든 컨트롤을 포함하는 폼 디자이너 창을 제공한다.

2) 솔루션 탐색기 창

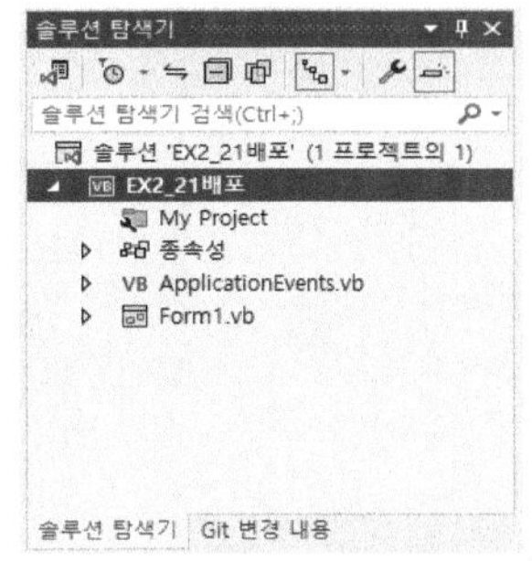

프로젝트 탐색기 창

솔루션 탐색기 창은 응용프로그램을 만드는 데 사용되는 폼, 클래스, 모듈, 컴포넌트 등의 파일 모음을 열거한다. 이러한 파일 모음을 프로젝트라고 한다.

3) 속성 창

속성 창에는 선택된 개체나 프로그램이 편집되는 동안 수정할 수 있는 컨트롤의 속성목록이 나열된다. 속성 창에는 나열되지 않는 속성은 프로그램의 실행시간 동안 수정할 수 있다.

속성은 각각의 컨트롤에 따라 다르게 나열되며 일반적으로 크기, 제목, 색상과 같은 개체의 특성을 의미한다. 속성 창은 사전 순 혹은 항목별 탭을 눌러 알파벳 순 이나 항목별로 속성을 정렬할 수 있다.

현재 선택된 개체를 열거하며 활성 폼의 개체만을 보여주고 다중 개체를 선택하는 경우 첫 번째 선택된 개체를 기본 유형으로 개체의 설정에 공통되는 속성이 [속성목록] 탭에 나타난다.

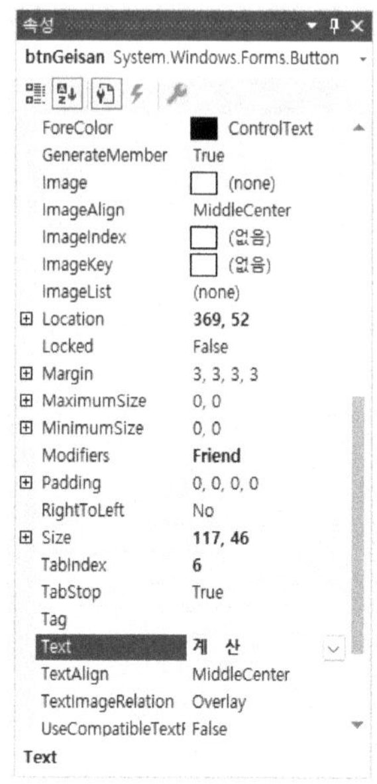

속성 창

4) 코드창

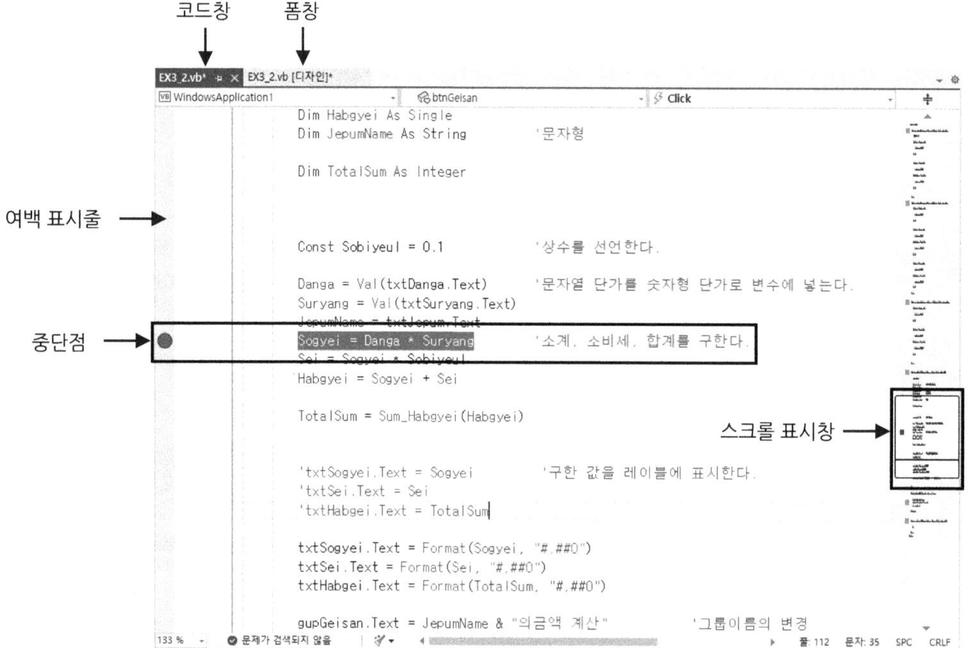

그림 2.6 비주얼 베이식의 코드창

(1) 개체 목록상자

선택된 개체의 이름이 나타나며 폼과 연관된 모든 개체의 목록을 표시하려면 목록상자의 오른쪽 역삼각형을 누르면 선택할 수 있다.

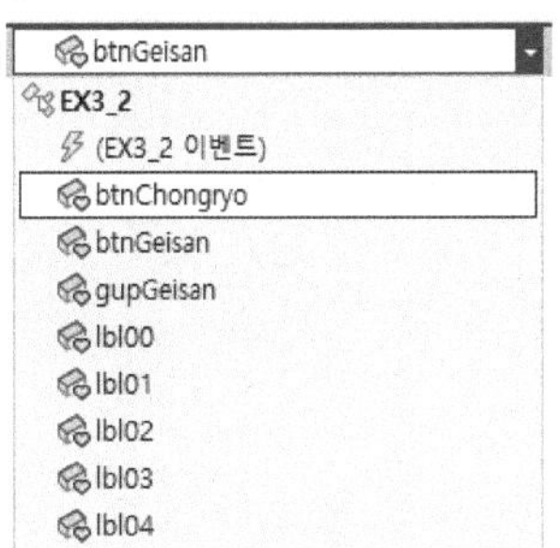

개체 목록상자

(2) 프로시저/이벤트 목록상자

개체상자에 나타난 폼이나 컨트롤이 인식하는 모든 이벤트를 열거한다. 이벤트를 선택하는 경우 [코드] 창에 그 이벤트 이름과 연관되는 이벤트 프로시저가 나타난다. 개체상자에 일반이 나타나면 프로시저 상자는 폼에 대해 만들어진 모든 선언과 모든 일반프로시저를 나열한다. 모듈에 있는 코드를 편집 할 경우 이 코드는 모두 일반프로시저를 나타낸다. 위의 두 상황에서 이벤트 프로시저와 일반 프로시저 상자에서 선택한 프로시저가 [코드] 창에 나타난다. 모듈의 모든 프로시저는 이름이 알파벳순으로 정렬되며 이동 가능한 순차적인 목록으로 나타난다. [코드] 창의 상단에 있는 늘어진 목록상자를 이용하여 프로시저를 선택하면 사용자가 선택한 프로시저 코드의 첫 줄로 커서가 이동된다.

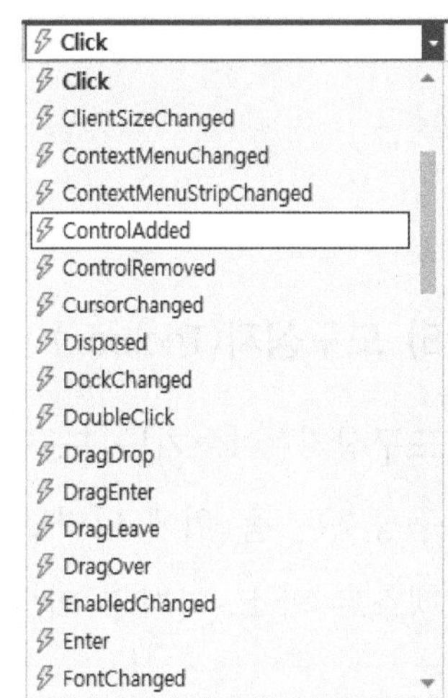

프로시저/이벤트 목록상자

(3) 여백 표시줄

여백 표시줄은 [코드] 창의 왼쪽 연회색 영역이며 [코드] 창의 [표시기 여백] 안에 나타난 아이콘에 따라 디버깅할 때의 의미가 달라지고 여백 표시줄은 코드를 편집할 동안의 시각 정보를 제공하여 준다.

표 2.1 여백 표시줄 기능의 설명

여백 표시줄	여백 표시줄 이름 설명
● 중단점	[디버그] 메뉴에서 [중단점 설정/해제] 명령을 사용해서 중단점의 설정을 표시한다. 마우스 포인터를 여백 표시한 줄 영역에 놓고 눌러서 중단점을 설정/해제할 수 있다.
▶ 계속(C)	다음에 실행될 코드 줄을 표시한다. 여백 표시한 줄의 실행 중에 현재 줄을 유효하지 않은 영역이나 줄로 끌어가면 아무 일도 발생하지 않고 표시한 줄의 원래 위치로 되돌아간다.
➡ 호출 스택 표시	현재 호출 스택이 있는 줄을 표시한다. 호출 스택 표식은 중단 상태에서만 나타난다.

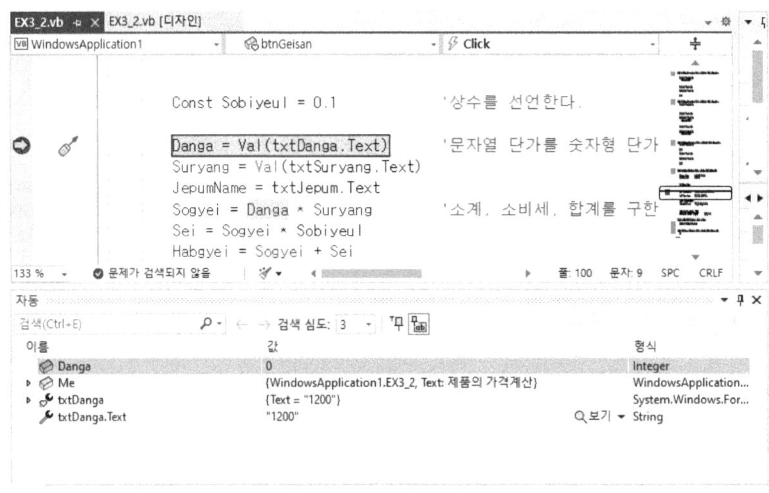

그림 2.7 중단점의 적용과 호출 스택 표시

5) **도구상자**(Toolbox)

도구상자는 [보기]-[도구상자]를 지정하면 나타나고 기본적으로 지정되어 왼쪽에 나타난다. 또한 도구상자는 폼 위에 나타낼 수 있는 컨트롤과 컴포넌트로 구성되어 있다.

텍스트 박스, 라디오 버튼 그리고 콤보 박스 등의 컨트롤은 폼 위에 드래그하여 연결할 수 있다.

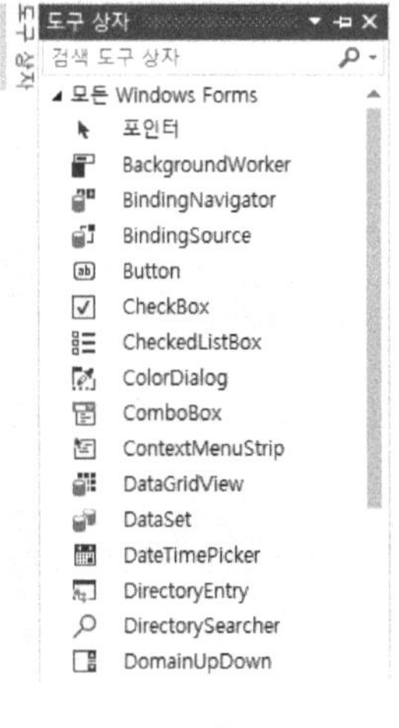

도구상자

2.3 화면디자인의 기초

아래와 같은 순서로 화면디자인을 연습하고 다음 순서별 지시된 프로그램을 작성한다.

Step.1 폼(Form) 크기설정 [Form Size]

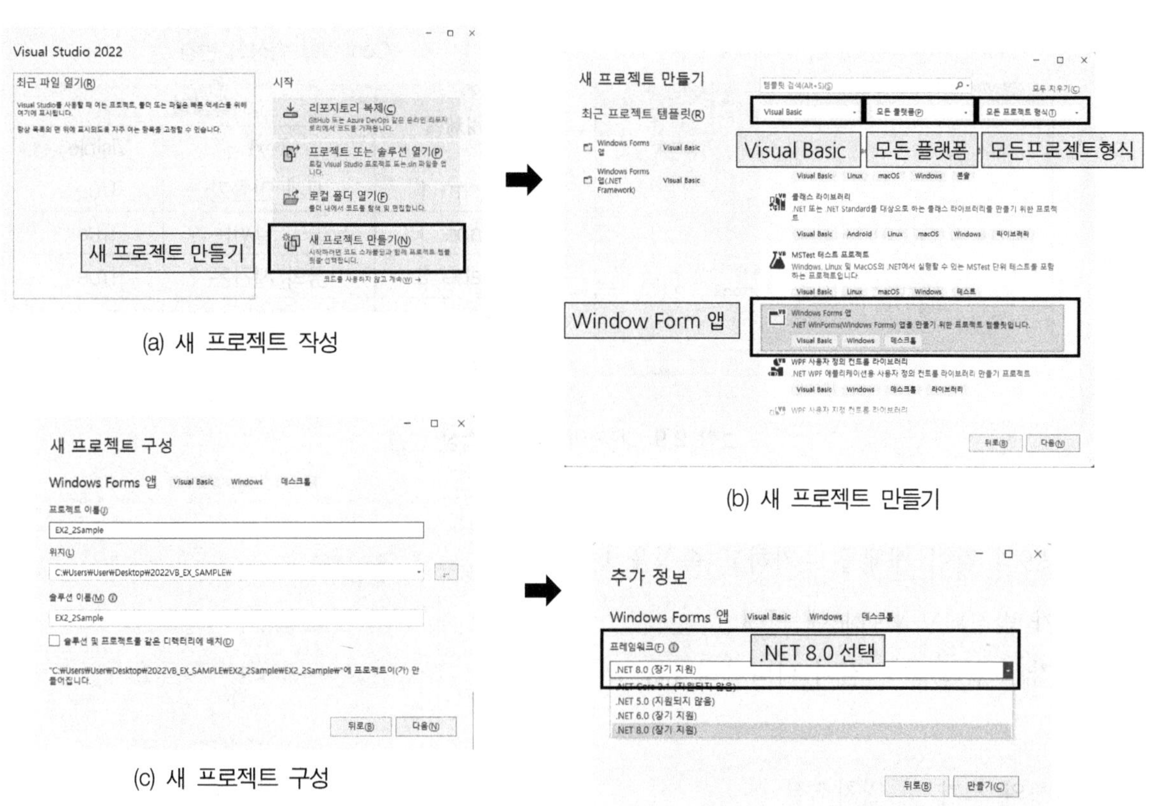

(a) 새 프로젝트 작성

(b) 새 프로젝트 만들기

(c) 새 프로젝트 구성

(d) 프로젝트 추가 정보

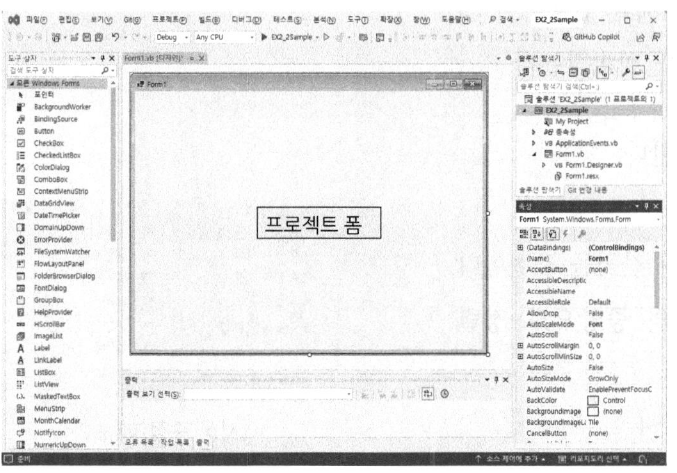

속성
Form1 System.Windows.Forms.Form
(DataBindings) (ControlBindings)
(Name) Form1
AcceptButton (none)
AccessibleDescriptic
AccessibleName
AccessibleRole Default
AllowDrop False
AutoScaleMode Font
AutoScroll False
AutoScrollMargin 0, 0
AutoScrollMinSize 0, 0
AutoSize False
AutoSizeMode GrowOnly
AutoValidate EnablePreventFocusC
BackColor Control
BackgroundImage (none)
BackgroundImageLa Tile
CancelButton (none)
CausesValidation True
ContextMenuS
ControlBox True
Cursor Default

작성된 속성 창

그림 2.8 초기 폼의 작성

VB를 시작하면 그림 2.8(b)의 새 프로젝트 작성에 Window Forms 앱이 장기적으로 기술지원이 가능한 .NET 8 Framework를 이용하여 초기 폼을 작성하고 폼의 크기는 Width 및 Height 속성을 개별적으로 설정하며 폼의 너비와 높이는 Pixel 단위로 설정할 수 있다.

Step.2 개체의 첨부와 조정

① 개체(Control)의 추가

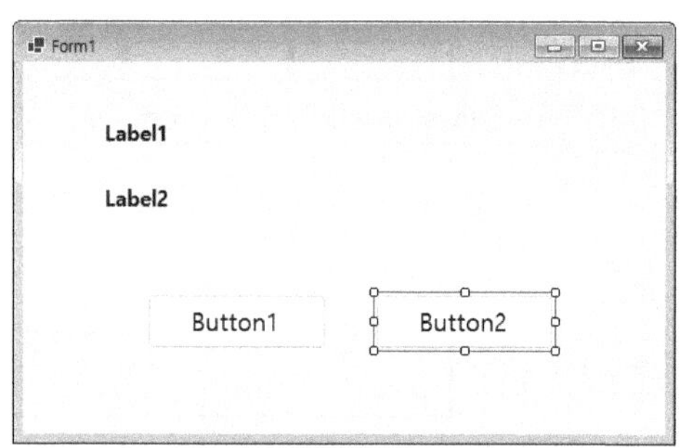

Control별 속성의 변경

개체명	속성명	
	Text	Visible
Form 1	시계 만들기	True
Label 1	오늘의 날짜는 ?	True
Label 2	지금의 시간은 ?	True
Button 1	확인	True
Button 2	종료	False

그림 2.9 개체의 추가와 속성 변경

그림 2.9와 같이 개체를 추가하고 속성을 변경하여 보면 Text가 변경되고 Visible에 의해 ▶ EX2_1_Sample [시작]에서 Button2가 그림 2.10과 같이 나타나지 않는다.

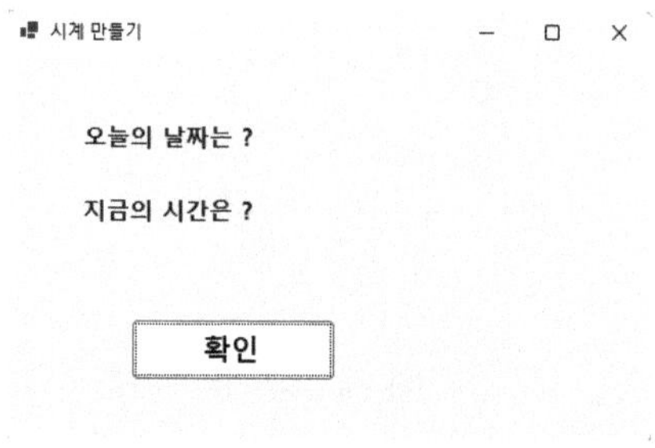

그림 2.10 개체의 속성 확인

② 개체의 크기 및 위치조절

선택된 개체들의 크기와 정렬 위치를 조절할 수 있으며 수정 개체의 선택은 Ctrl , Shift 키로 개체를 선택하며 개체의 특성은 처음 선택된 개체의 특성을 상속받는다.

- 맞춤 : 선택개체의 정렬방식을 결정한다.
- 같은 크기로 : 선택개체를 같은 크기로 설정한다.
- 가로/세로 간격 조정 : 선택된 개체의 간격을 조절한다.
- 폼의 가운데 맞춤 : 선택개체를 폼의 중앙으로 정렬한다.
- 컨트롤 잠그기 : 개체의 수정을 제한한다.

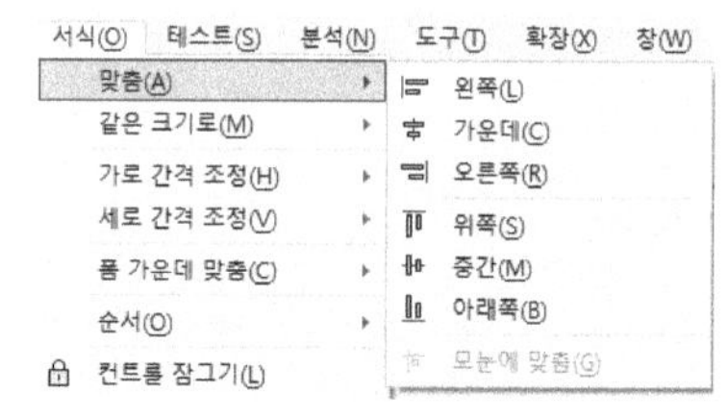

서식 수정 메뉴

Step.3 이벤트에 대한 코드작성(Coding)

Form 개체를 더블클릭하거나 프로젝트 창의 툴바의 보기를 선택하여 다음 코드를 입력할 수 있다.

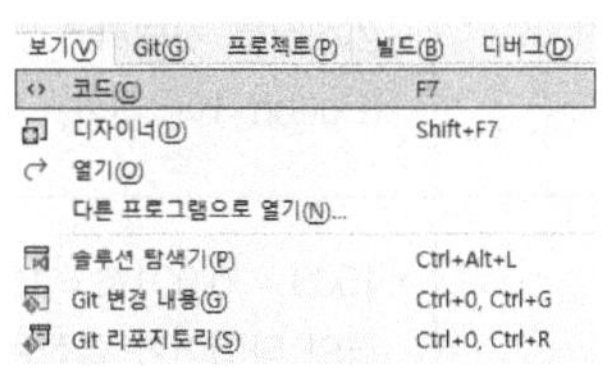

툴바에 의한 코드 입력

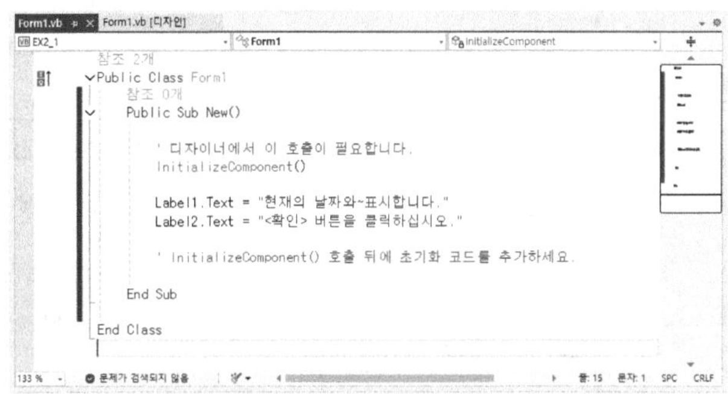

프로젝트 창의 코드 보기

코드 작성	개체의 이벤트
Public Class Form1 Public Sub New() InitializeComponent() Label1.Text = "현재의 날짜와~합니다. " Label2.Text = "〈확인〉 버튼을~시오." End Sub End Class	폼이 실행되면 Label의 Text가 변경된다.

※Button2의 개체속성 창에서 Visible을 True로 변경한다.

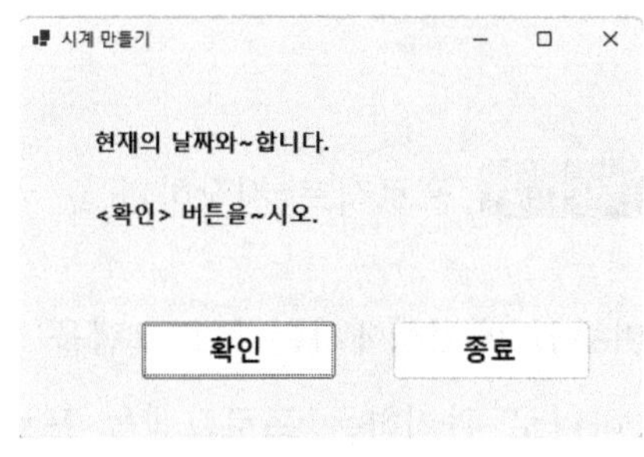

시작 실행 결과

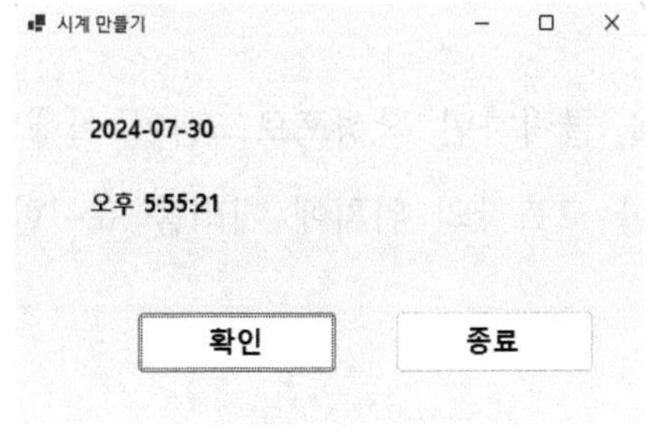

확인 실행 결과

코드작성	개체의 이벤트
Private Sub Button1_Click() Label1.Text = Date.Today Label2.Text = TimeOfDay End Sub	Button1을 클릭하면 Text에 Date/Time 함수를 표시한다.
Private Sub Button2_Click() End End Sub	프로그램 실행을 종료한다.

위의 코드 작성으로 Button 1을 클릭하면 Label 1의 Text에 날짜와 현재 클릭한 시간이 Label 2에 표시되며 시간의 변경을 표시하기 위해 아래와 같은 Timer를 이용하여야 한다.

※ Timer의 이용

비주얼 베이식에서 이벤트를 갖지 않는 개체가 타이머이며 타이머는 일정 시간마다 특정한

처리를 실행하는 개체이다. 비주얼베이식에서는 1msec Interval의 타이머가 지원되며 아래의 Button 1의 클릭으로 타이머의 실행 간격을 실행한다.

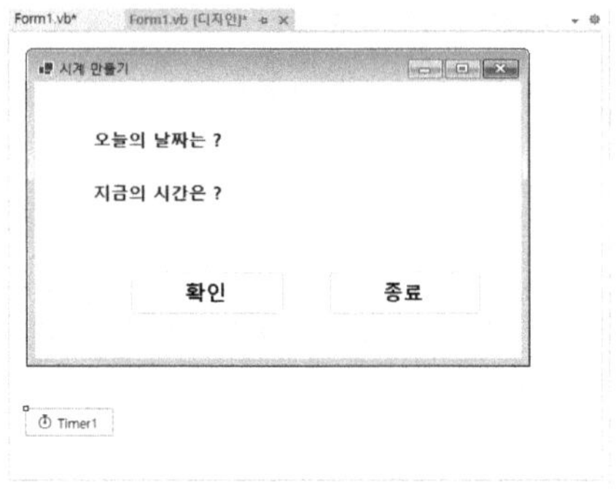

Timer 1의 도구 추가

코드작성	개체의 이벤트
Private Sub Button1_Click() Timer1.Enabled = True End Sub	• 타이머를 작동한다. (Button 1에 추가)
Private Sub Timer1_Tick() Timer1.Interval = 1000 Label1.Text = Date.Today Label2.Text = TimeOfDay End Sub	• 1000 × 0.001초 = 1초 간격의 타이머가 설정된다. • 1초 간격으로 날짜와 시간이 표시된다.

시간 간격 표시를 5초 간격으로 표시하고자 하면 Timer 1의 Interval은 1msec 타이머로 5,000 (5,000×0.001초=5초)으로 설정한다.

Step.4 프로젝트 저장하기

비주얼 베이식에서는 프로그램을 여러 가지의 속성 파일로 나누어 저장되고 이러한 여러파일들을 하나로 관리하는 프로그램을 프로젝트라고 하며 저장은 [저장 아이콘] : Form1.vb 저장(단축키 : Ctrl+S) 아이콘이나 [모두저장 아이콘] : 모두저장(단축키 : Ctrl+Shift+S) 아이콘을 이용한다.

Step.5 응용프로그램의 실행

프로그램 도구모음에 있는 ▶ EX2_1_Sample [시작] 실행아이콘을 클릭하면 작성프로그램이 실행되며 문법적 오류가 있다면 에러 메시지가 표시되고 에러가 발생한 코드창의 위치에 에러를 표시한다.

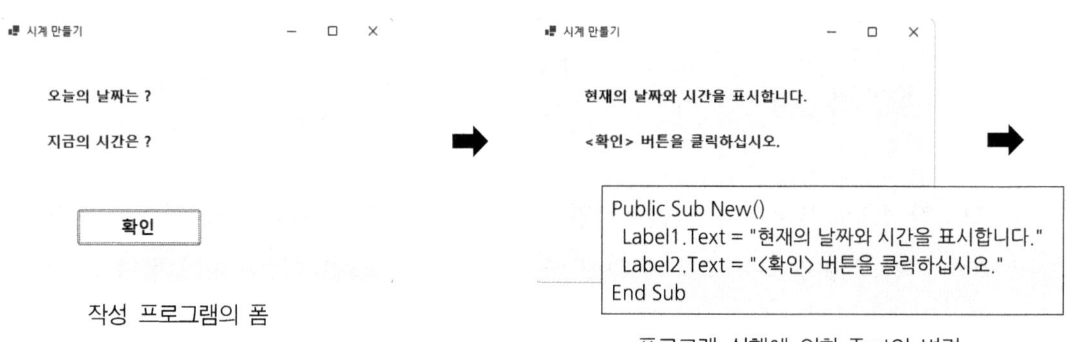

작성 프로그램의 폼

```
Public Sub New()
  Label1.Text = "현재의 날짜와 시간을 표시합니다."
  Label2.Text = "<확인> 버튼을 클릭하십시오."
End Sub
```

프로그램 실행에 의한 Text의 변경

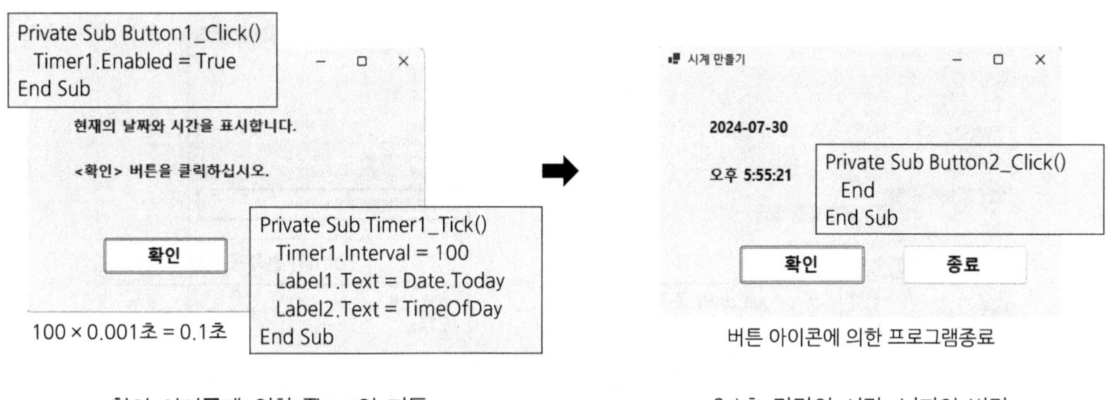

확인 아이콘에 의한 Timer의 기동　　　　0.1초 간격의 시간, 날짜의 변경

그림 2.11 작성 프로그램의 실행흐름

Step.6 실행 프로그램 사용하기

비주얼 베이식을 기동하지 않은 상태에서 실행이 가능한 파일을 작성한다. 또한 솔루션을 만들 때 디버그 및 릴리스 빌드 구성 및 해당 기본 플랫폼 대상은 솔루션에 대해 자동으로 정의된다. 이러한 구성을 사용자가 지정하거나 직접 만들 수 있다.

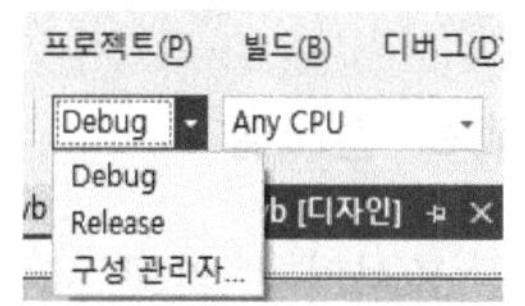

Debug 또는 Release의 선택

빌드 구성은 빌드 형식을 지정할 수 있으며 빌드 플랫폼은 응용 프로그램을 구성하는 운영체제를 지정한다.

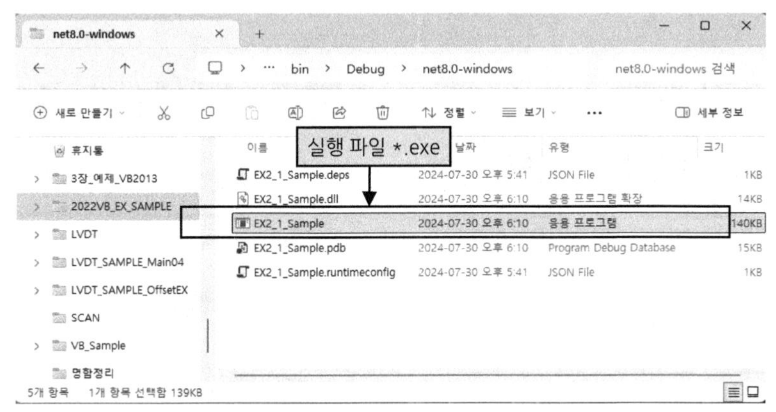

실행 프로그램의 경로

파일경로 : D:\솔루션이름\솔루션이름\bin\Debug\net8.0-windows

※ 실행 화면에서 폼의 크기와 위치는 속성 대화상자에서 수정이 가능하고 표시위치는 속성 대화상자의 Start Position에 의해 정의된다. Manual의 경우 Location 위치 Pixel 값에 의해 폼의 시작 위치가 결정된다.

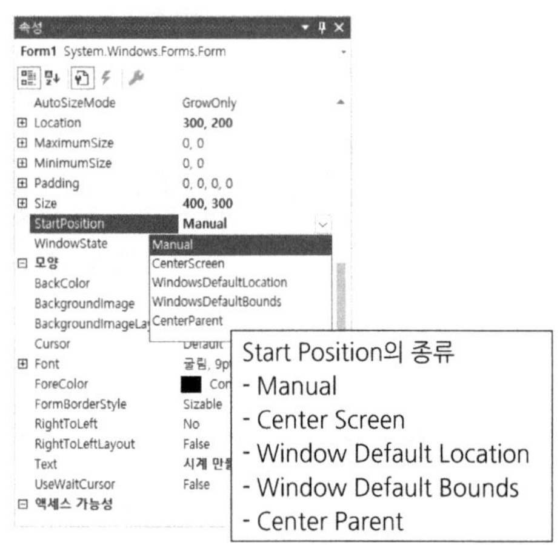

Form의 Start Position의 선택

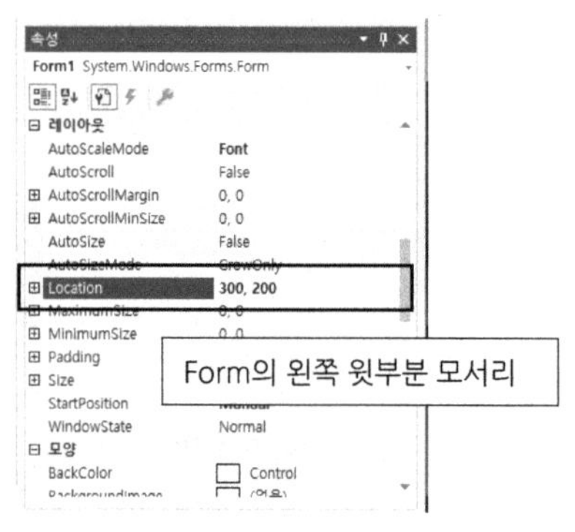

모서리 위치 정의(Manual)

2.3.1 개체속성의 이해

1) Label 컨트롤

문자를 표시하기 위해 사용되고 프로그램 사용자가 편집할 수 없다.

① 개체 이름 : 개체의 이름붙이기 규칙은 아래와 같이 정의한다.

- 이름 처음 문자는 대문자 A에서 Z까지 영어의 알파벳이어야 하며 실행할 때 Focus를 받을 수 없다.
- 사용할 수 있는 문자는 알파벳, 숫자, 언더 스코어 "_"이며 기호나 전각문자 등은 사용할 수 없다.

표 2.2 개체의 접두어 붙이기

개체종류	접두사	개체종류	접두사
Form	Frm	Label	Lbl
Button	Btn	Textbox	Txt
RadioButton	Rbtn	ListBox	Lst
CheckBox	Chk	TreeView	Trv
CheckListBox	Clb	MainMenu	Mnu
ComboBox	Cbo	PictureBox	Pic
GroupBox	Gup	Timer	Tmr
ContextMenu	Conmenu	HScrollbar	Hbar

Label 이름 표시 방법

② Text Align : Label 개체의 문자맞춤을 설정한다. (AutoSize : False)

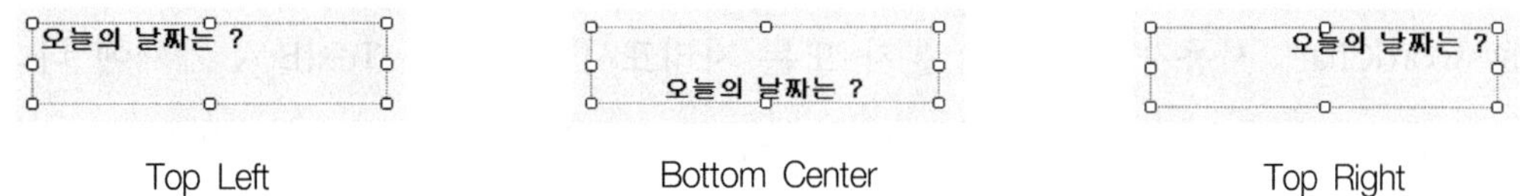

Top Left　　Bottom Center　　Top Right

③ Text : Label 개체에 표시되는 문자열을 정의한다.

④ Autosize : Label 문자가 개체의 너비를 초과하면 문자열은 다음 행으로 넘어가며 설정높이를 초과하면 문자가 잘리게 된다. 그러므로 Autosize는 문자열에 의한 크기를 자동으로 조정한다.

2) Text Box 컨트롤

Text Box 개체는 사용자로부터 정보를 얻거나 응용프로그램이 제공하는 정보를 표시할 수 있다. Label의 정보는 프로그램 사용자가 편집할 수 없으나 Text Box의 정보는 수정 또는 변경시킬 수 있다.

① Text : TextBox 한 줄의 텍스트를 입력으로 표시하거나 입력을 허용하는 기능으로 사용된다. Scroll Bars 속성을 사용하여 Multiline 여러 줄의 텍스트를 표시하거나 입력할 수 있으며 Accepts Tab 및 Accepts Return 속성을 True 설정하여 여러 줄 TextBox 컨트롤에서 많은 텍스트를 조작할 수 있다.

② MaxLength : TextBox 개체에 입력되는 문자의 수를 정의할 수 있으며 설정값이 0으로 설정되어 있어 최대길이(32767자)를 허용한다.

③ Multiline : TextBox 개체의 여러 줄의 텍스트를 받아들여 출력 여부를 나타내는 값을 설정하거나 반환한다.

※ 기본명령 단추가 없는 폼의 경우 여러 줄의 TextBox 개체에서 Enter↵ 키를 누르면 포커스가 다음 줄로 이동하고 기본명령 단추가 설정되어 있다면 Ctrl + Enter↵ 를 눌러 다음 줄로 이동한다.

④ WordWarp : Label 문자가 개체의 너비를 초과하면 문자열은 다음 행으로 넘어가며 설정높이를 초과하면 문자가 잘리게 된다. 그러므로 Autosize는 문자열에 의한 크기를 자동으로 조정한다.

⑤ ScrollBars(수평/수직 이동 줄) : Text 개체에 수평 또는 수직 스크롤 막대를 나타내는 값을 설

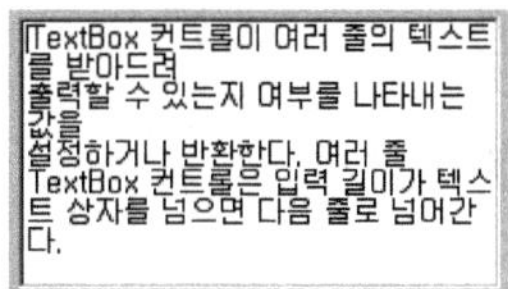

Scrollbars : None

Horizontal

Vertical

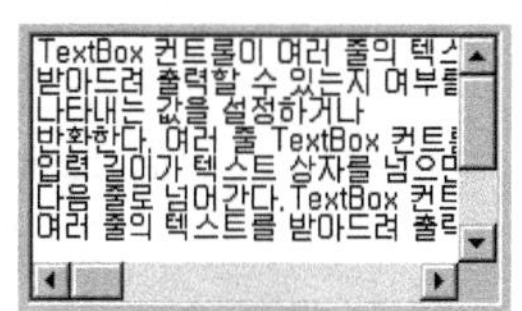

Both

정한다. 설정값은 Horizontal, Vertical 또는 Both로 정의할 수 있으며 TextBox개체의 Multiline 속성을 True로, WordWarp 속성을 False로 설정하여야 한다.

⑤ PasswordChar : 사용자가 입력한 문자 또는 자리표시자 문자가 TextBox 개체에 나타내는 값을 설정하거나 반환하며 이 속성을 이용하여 대화상자의 암호 입력란을 만들어 준다. 어떠한 문자라도 사용할 수 있으나 대부분의 Windows 기반 응용프로그램들은 별표 "*"[Chr (42)]를 사용한다.

3) Button 컨트롤

Button은 사용자가 단추를 클릭할 때 사용자가 의도하는 대로 작업을 수행시킨다. Button 개체를 사용하여 작업을 시작 또는 중단하거나 종료할 수 있으며 이 컨트롤의 가장 일반적인 이벤트는 Click이다.

① AutoSizeMode : 설정값을 가져오거나 버튼이 자동으로 크기를 조정하는 상태를 설정한다.
② BackColor : 설정값을 가져오거나 컨트롤의 배경색을 설정한다.
③ BackgroundImage : 설정값을 가져오거나 컨트롤에 표시할 배경 이미지를 설정한다.
④ DialogResult : 클릭할 때는 Button에 할당된 값을 제어는 DialogResult 속성의 Button에 할당되는 DialogResult 는 폼의 속성이다.
⑤ ForeColor : 설정된 색상을 가져와 컨트롤의 전경 색을 설정한다.
⑥ Image : 설정된 이미지를 가져와 Button 컨트롤에 표시되는 이미지를 설정한다.
⑦ Text : Button 컨트롤의 표시 텍스트를 설정한다.
⑧ Tab Index : 프로그램의 시작에서 ⇥(Tab) 키에 의한 이동 순서를 정의하며 그림 2.12의 (a)와 같은 순서로 정의하면 ⇥ 키에 의해 (b)의 순서와 같이 순환된다. 역순환은 Shift 키를 이용한다. (Tab Index의 확인 : [보기] – [탭 순서])

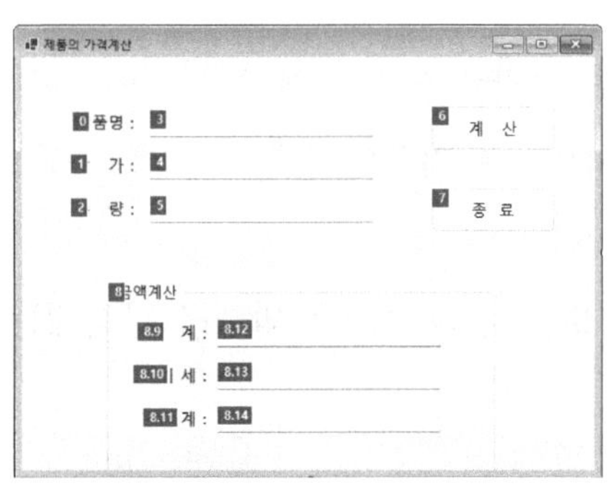

(a) TabIndex의 설정

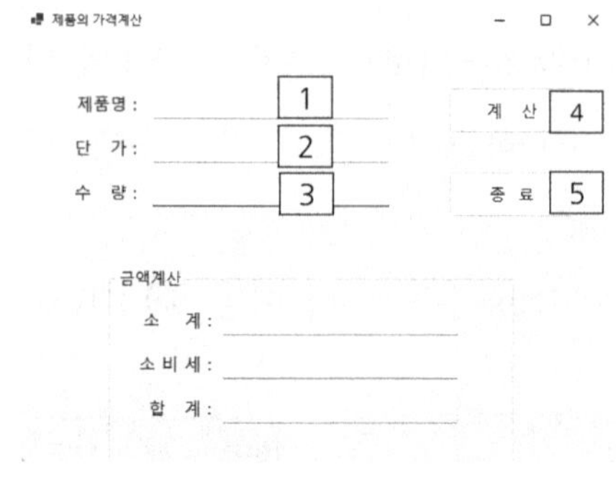

(b) ⇥ 키의 실행결과

그림 2.12 TabIndex의 실행 특성

아래의 제품가격계산 프로그램을 순서별로 작성하시오.

Step.1 프레임 설계 및 인덱스

(a) TabIndex의 순서

순	개체명	속성명
		Text
0	Lbl00	제품명
1	TxtJepum	
2	Lbl01	단가
3	TxtDanga	
4	Lbl02	수량
5	TxtSuryang	
6	GupGeisan	금액계산
7	Lbl03	소계 :
8	TxtSogyei	
9	Lbl04	소비세 :
10	TxtSei	
11	Lbl05	합계 :
12	TxtHabgei	
13	BtnGeisan	계산
14	BtnChongryo	종료

(b) 개체별 속성정의

그림 2.13 프레임 설계와 배열설정

Step.2 Enter↵ 키를 이용한 텍스트상자의 이동은 프로시저 상자에서 KeyDown 이벤트를 선택한 후에 다음 코드를 입력한다.

```
Public Class EX3_2

    Private Sub TxtJepum_KeyDown(sender As Object, e As KeyEventArgs)

        '//엔터키의 이동

        If e.KeyCode = Keys.Return Then

            SendKeys.Send("{tab}")

        End If

    End Sub
```

```
    Private Sub TxtDanga_KeyDown(sender As Object, e As KeyEventArgs)
        If e.KeyCode = Keys.Return Then
            SendKeys.Send("{tab}")
        End If
    End Sub
    Private Sub TxtSuryang_KeyDown(sender As Object, e As KeyEventArgs)
        If e.KeyCode = Keys.Return Then
            SendKeys.Send("{tab}")
        End If
    End Sub
    Private Sub BtnGeisan_Click(sender As Object, e As EventArgs)
        TxtJepum.Focus()    '제품명 텍스트박스에 커서를 위치한다.
    End Sub
    Private Sub BtnChongryo_Click(sender As Object, e As EventArgs)
        End
    End Sub
End Class
```

Step.3 ↑ 상, ↓ 하 이동키를 이용하여 자료를 입력할 수 있도록 한다. 텍스트상자의 이동은 프로시저 상자에서 KeyDown 이벤트를 선택한 후에 다음 코드를 입력한다.

```
Public Class EX3_2
    Private Sub TxtJepum_KeyDown(sender As Object, e As KeyEventArgs)
        '//엔터키의이동
       ...........
        '//상하키의이동
        If e.KeyCode = Keys.Down Then
            SendKeys.Send("{tab}")
        ElseIf e.KeyCode = Keys.Up Then
            SendKeys.Send("+{tab}")
        End If
    End Sub
    Private Sub TxtDanga_KeyDown(sender As Object, e As KeyEventArgs)
       ...........
        '//상하키의이동
        If e.KeyCode = Keys.Down Then
            SendKeys.Send("{tab}")
        ElseIf e.KeyCode = Keys.Up Then
            SendKeys.Send("+{tab}")
        End If
    End Sub
    Private Sub TxtSuryang_KeyDown(sender As Object, e As KeyEventArgs)
        ...........
        '//상하키의이동
        If e.KeyCode = Keys.Down Then
            SendKeys.Send("{tab}")
        ElseIf e.KeyCode = Keys.Up Then
            SendKeys.Send("+{tab}")
        End If
    End Sub
    .........
```

※주석(') : 개발자가 프로그램 코드를 점검할 때 해당코드의 내용을 쉽게 파악하도록 설명문을 기록하며 주석기호 뒤의 모든 코딩은 무시된다.

2.3.2 메서드(Method)

메서드는 개체가 어떤 행동이나 작업 수행을 정의하며 Location과 Focus는 일반적인 메서드의 예이다. 속성과 같이 메서드도 개체의 일부분이다. 일반적으로 메서드는 수행하고자 하는 행동이고 속성은 지정하거나 검색할 수 있는 특성이다.

메서드는 속성값에 영향을 주기도 한다. 예를 들어 ListBox 컨트롤은 List 속성을 가지며 Items.Clear 메서드를 사용하여 목록에서 모든 항목을 삭제하거나 Items.Add 메서드를 사용하여 목록에 새로운 항목을 추가한다.

또한 메서드를 호출하는 방법은 여러 가지가 있다. 메서드를 호출하는 구문은 메서드가 값을 반환하는 지와 그 값을 응용프로그램에서 사용하는지에 달려 있다.

값을 반환하지 않거나 반환된 값을 사용하지 않을 경우는 다음과 같은 구문을 사용하여 메서드를 호출한다.

```
Object.Method  [ arg1, arg2, … ]
```

메서드에 의해 값을 반환받으려면 매개변수를 괄호 "( )" 안에 넣는다. 일반적으로 등호의 오른쪽 위치의 괄호를 사용한다.

```
변수 = Object.Method ([ arg1, arg2, … ])
```

Focus 메서드는 많은 비주얼 베이식 개체에 공통으로 사용되며 매개변수를 가지지 않는 메서드의 예이다. 다음 코드는 TxtName이라는 TextBox을 폼에서 활성화해 준다.

```
TxtName.Focus( )
```

반면에 개체를 이동시키는 Location 메서드는 2개의 매개변수(Width, Height)를 가진다. 만약 메서드가 하나 이상의 매개변수를 가지면 콤마를 사용하여 구분한다. Button을 왼쪽 위 끝에 이동시키려면 다음과 같이 입력하여 실행시켜 보자.

```
BtnGeisan.Location = New Point(200, 400)
```

2.3.3 이벤트(Event)

이벤트는 폼이나 컨트롤에 의해 인식되는 동작이다. 이벤트 위주 응용프로그램은 한 이벤트에 대한 응답으로 비주얼 베이식 코드를 실행한다. 비주얼 베이식의 각 폼과 컨트롤은 미리 정의된 일련의 이벤트를 가지고 있다. 만일 이들 이벤트 중 하나가 발생하고 이와 연관된 이벤트 프로시저 코드가 있다면 비주얼 베이식은 해당 코드를 실행한다.

1) 이벤트 위주 응용프로그램에서 사용되는 이벤트의 일반적인 진행 순서

① 응용프로그램이 시작되면 폼을 메모리로 로드하여 화면에 나타낸다.

② 폼 또는 폼의 컨트롤이 이벤트를 받는다. 이 이벤트는 사용자에 의해(예 : 키 누름), 시스템(예 : Timer)에 의해 또는 코드(예 : 코드가 폼을 로드할 때의 Load)에 의해 간접적으로 이벤트가 발생한다.

③ 대응하는 이벤트 프로시저에 코드가 작성되어 있다면 이 코드가 실행된다.

④ 응용프로그램은 다음 이벤트를 기다린다.

※ 다수의 이벤트는 다른 이벤트와 결합하여 발생한다. 예를 들어 Dblclick 이벤트가 발생하면 MouseDown, MouseUp, Click 이벤트도 함께 발생한다.

2) 비주얼 베이식에서 사용되는 이벤트

이벤트	이벤트 설명
Activate	폼이 처음 표시될 때와 다른 폼에서 자신 폼으로 포커스가 돌아올 때 처리를 정의한다.
Click	폼의 내부를 클릭하였을 때 실행할 처리를 정의한다.
Change	텍스트 박스나 콤보박스에서 텍스트 내용이 변경될 때 실행할 처리를 정의한다.
Dblclick	폼의 내부를 더블클릭하였을 때 실행할 처리를 정의한다.
Deactivate	폼이 숨겨지거나 다른 폼으로 포커스가 이동될 때 실행할 처리를 정의한다.
Initialize	클래스로부터 개체가 생성될 때 실행할 처리를 정의한다.
Terminate	클래스로부터 개체가 소멸될 때 실행할 처리를 정의한다.
Load	폼 열리기에서 실행할 처리를 정의한다.
Resize	작성된 폼의 크기가 변경될 때 실행할 처리를 정의한다.
Unload	폼을 닫기 직전의 실행할 처리를 정의한다.

※ 각각의 개체가 인식할 수 있는 자신만의 이벤트 집합을 가진다. 위에 나열되어 있는 이벤트는 모든 개체에 적용되는 것은 아니다. 예를 들어 폼은 Click이나 Dbclick 이벤트를 인식하지만, 명령 단추는 Click 이벤트만을 인식한다.

Step.4 앞의 프로그램이 실행된 경우에 한해 아래 코드를 입력하여보세요.

```
Private Sub BtnGeisan_Click(sender As Object, e As EventArgs)

    Dim Danga As Integer            '정수형(변수를 선언한다.)
    Dim Suryang As Integer
    Dim Sogyei As Single            '단정도실수형
    Dim Sei As Double               '배정도실수형
    Dim Habgyei As Single
    Dim JepumName As String         '문자형

    Const Sobiyeul = 0.1            '상수를 선언한다.

    Danga = Val(TxtDanga.Text)      '문자열 단가를 숫자형 단가로 변수에 넣는다.
    Suryang = Val(TxtSuryang.Text)
    JepumName = TxtJepum.Text


    Sogyei = Danga * Suryang        '소계, 소비세, 합계를 구한다.
    Sei = Sogyei * Sobiyeul
    Habgyei = Sogyei + Sei

    TxtSogyei.Text = Sogyei    '구한 값을 레이블에 표시한다.
    TxtSei.Text = Sei
    TxtHabgei.Text = Habgyei

    GupGeisan.Text = JepumName & "의금액 계산"    '그룹이름의 변경

    TxtJepum.Focus()                '제품명 텍스트박스에 커서를 위치한다.

End Sub
```

의 금액 계산
소 계 : 25000
소 비 세 : 2500
합 계 : 27500

실행결과

※ 텍스트 박스의 데이터는 숫자로 입력되어 있어도 문자로 취급된다. 문자열 형을 숫자 형으로 변환할 경우 Val 함수를 사용한다.

문자열 → 숫자형	숫자형 → 문자열
Val(문자열) Val("210") → 210	Str(숫자형)

2.4 변수, 상수 및 데이터 유형 정의

2.4.1 변수(Variable)

변수를 선언하면 잘못된 변수입력으로 생기는 오류를 줄일 수 있어 프로그래밍 시간이 단축되며 변수명은 영문 대/소문자를 혼합하여 사용하고 변수분류를 위한 접두사가 필요하다.

※ 변수명의 규칙

① 변수명의 첫 글자는 영문자 a에서 z까지 대소문자 또는 한글을 허용한다.

② 변수명에는 기호 등을 허용하나 피리어드 "."만은 사용할 수 없다.

③ 사용되는 변수명은 영문 255문자 이내 또는 한글 127문자 이내로 한다.

1) Option Explicit On(변수의 명시적 선언)

Option Explicit 모듈 내의 모든 변수에 강제적으로 변수선언을 요청한다.

① Dim 선언문 : 프로시저 또는 모듈의 첫머리에 작성하며 프로시저 안에 지역변수가 선언되면 프로시저 안에서만 사용되나 Dim을 이용하여 모듈의 맨 위에 선언되면 해당 모듈에서 사용된다. 그러나 통합된 다른 모듈에서는 사용되지 않는다.

```
Dim Danga As Integer
```

② Public 선언문 : Public 문은 Dim 문처럼 사용되지만 모듈의 첫머리에 작성하며 선언된 Public 변수는 모든 모듈의 프로시저에서 사용할 수 있다.

```
Public Danga As Integer
```

③ Private 선언문 : Private 문은 Public 문과 같이 프로시저 밖에서만 사용되며 모듈의 상단에 작성하며 선언된 Private 변수는 해당모듈의 프로시저에서만 사용할 수 있다.

```
Private Sub BtnGeisan_Click
```

④ Static 선언문 : 일반 선언문은 선언된 변수의 프로시저를 호출할 때마다 자동으로 초기 값으로 지정되나 Static 변수는 데이터유형에 따라 반환값을 보존하며 변수가 선언된 프로젝트를 실행하는 동안 유지된다. Step.3에서 작성된 프로그램에서 Habgyei 값을 함수의 변수선언을 변경하여 비교하여 보면 아래와 같은 특성을 확인할 수 있다.

선언 / 결과	Dim Habgyei As Integer			Static Add_Habgyei As Integer		
계산횟수	1회	2회	3회	1회	2회	3회
단 가	25000	25000	25000	25000	25000	25000
수 량	10	10	10	10	10	10
합 계	275000	275000	275000	275000	550000	825000

```
Public Class EX3_2

  Private Sub cmdGeisan_Click......... Handles BtnGeisan.Click

      Dim Danga As Integer              '정수형(변수를 선언한다.)
      Dim Suryang As Integer
      Dim Sogyei As Single              '단정도실수형
      Dim Sei As Double                 '배정도실수형
      Dim Habgyei As Integer
      Dim JepumName As String           '문자형

      Dim TotalSum As Integer          '함수를 이용하여 합계를 계산한다.

      Const Sobiyeul = 0.1              '상수를 선언한다.


      Danga = Val(TxtDanga.Text)        '문자열 단가를 숫자형 단가로 변수에 넣는다.
      Suryang = Val(TxtSuryang.Text)
      JepumName = TxtJepum.Text

      Sogyei = Danga * Suryang          '소계, 소비세, 합계를 구한다.
      Sei = Sogyei * Sobiyeul
      Habgyei = Sogyei + Sei

      TotalSum = Sum_Habgyei(Habgyei)

      TxtSogyei.Text = Sogyei           '구한 값을 레이블에 표시한다.
      TxtSei.Text = Sei

      TxtHabgei.Text = TotalSum

      gupGeisan.Text = JepumName & "의금액 계산“
      TxtJepum.Focus()

  End Sub

  Function Sum_Habgyei(ByVal Input_value As Integer) As Integer        '함수작성
                        'ByVal은 임의의 변수명을 사용할 수 있다.
      Static Add_Habgyei As Integer

      Add_Habgyei = Add_Habgyei + Input_value

      Return Add_Habgyei                '함수 값의 반환

  End Function

  Private Sub BtnChongryo_Click......... Handles BtnChongryo.Click
      End
  End Sub

End Class
```

2) 변수의 데이터 유형

변수의 데이터 유형은 Boolean, Integer, Long, Single, Double, Date, String(길이가 일정하지 않은 문자열의 경우), String * Length(길이가 일정한 문자열의 경우), Object, Variant 유형들 가운데 하나로 선언할 수 있다. 데이터 유형을 지정하지 않으면 기본값으로 Variant 데이터 유형이 지정된다.

표 2.3 비주얼 베이식에서 지원되는 변수유형

데이터 형식	저장 용량	범 위
Byte(바이트형)	1바이트	0～255
Sbyte	1바이트	−128～127
Boolean(불형)	2바이트	True 또는 False
Integer(정수형)	4바이트	−2,147,483,648～2,147,483,647
UInteger	4바이트	0～4,294,967,295
Long (배장 정수형)	8바이트	−9,223,372,036,854,775,808～ 9,223,372,036,854,775,807
ULong	8바이트	0～7,446,744,073,709,551,615
Single (단정도 실수형)	4바이트	음수 : −3.4028235E38～−1.401298E−45 양수 : 1.402198E−45～3.4028235E38
Double (배정도 실수형)	8바이트	음수 : −1.79769313486231570E308～ −4.94065645841246544E−324 양수 : 4.94065645841246544E−324～ 1.79769313486231570E308
Decimal (부동소수점)	16바이트 (컴파일러에서는 10진수로 연산)	소수 자릿수가 없는 경우 −79,228,162,514,264,337,593,543,950,335～ 79,228,162,514,264,337,593,543,950,335 소수 자릿수가 28개인 경우 −7.9228162514264337593543950335 0이 아닌 숫자 중에서 최소 숫자는 +/− 0.0000000000000000000000000001(E−28)
Date(날짜형)	8바이트	서기 1년 1월 1일 오전 12:00시 이후
Object(개체형)	4바이트	임의 개체 참조
Char(유니코드)	2바이트	하나의 유니코드 문자열, 0～65535(부호 없음)
String(문자열)	4바이트	0～약 20억 개의 유니코드 문자(최대 2GB까지)

3) 변수에 저장된 데이터형의 확인

프로그램을 작성하다 보면 변수의 유형이 무엇인가에 따라 처리를 달리 하는 경우가 있다. 이 때 변수의 유형을 되돌려 주는 IS 함수와 TypeName 함수, Vartype 함수를 사용하면 편리하다.

① IS 함수 : 이 함수는 특정 식 혹은 값이 원하는 데이터형을 가졌는지를 알아낼 때 편리하게 사용할 수 있다.

IS 함수	설 명
IsNumeric	식의 결과가 숫자 값이면 True
IsDate	식의 결과가 날짜 값이면 True
IsNull	식의 결과가 null 값이면 True
IsEmpty	식의 결과가 Empty 숫자 값이면 True
IsError	식의 결과가 Error 값이면 True
IsObject	식의 결과가 Object 값이면 True
IsArray	식이 배열이면 True
IsMissing	선택적 인수를 필요로 하는 프로시저에 인수 값이 전달되지 않았으면 True

② TypeName 함수 : TypeName 함수는 변수의 데이터 유형이름을 "Integer", "Single"과 같이 문자열 형태로 되돌려 준다.

```
Select Case TypeName(Suryang)
   Case "String"
     MsgBox "문자열"
   Case "Date"
     MsgBox "날짜형"
   Case "Integer"
     MsgBox "정수형"
End Select
```

③ VarType 함수 : VarType 함수는 변수의 데이터 유형을 숫자형식으로 반환한다. VarType 함수가 편리한 것은 반환되는 숫자값이 비주얼 베이식의 Enum형식으로 등록된다는 것이다. 이 함수를 사용하면 상수목록이 자동으로 출력되므로 편리하다.

```
Dim varname As Double '(Double : 5, Integer : 3)
VarType(varname)
TxtDanga.Text = VarType(varname) → 5
```

사용자 정의 형식의 변수를 제외한 Variant를 나타내는 varname 인수가 필요하고 반환형식은 다음과 같다.

상 수	반환값	설 명
vbEmpty	0	Empty(초기화되지 않음)
vbNull	1	Null(유효한 데이터 없음)
vbInteger	2	정수
vbLong	3	긴정수
vbSingle	4	단정도 부동소수점의 수
vbDouble	5	배정도 부동소수점의 수
vbCurrency	6	통화값
vbDate	7	날짜값
vbString	8	문자열
vbObject	9	개체
vbError	10	오류값
vbBoolean	11	Boolean 값
vbVariant	12	Variant(Variant 배열에서만 사용)
vbDataObject	13	데이터 액세스 개체
vbDecimal	14	십진값
vbByte	17	바이트값
vbArray	8192	배열

4) 변수의 한계

범위설정은 변수, 상수, 프로시저 등의 접근성을 의미하며 다른 프로시저에 참조될 수 있는 능력이다.

변수의 종류	변수 적용 범위
	선언유형 및 선언위치
지역변수 (Local Variable)	해당프로시저
	Dim 또는 Static, 프로시저 안에 선언
모듈변수 (Module Variable)	모듈 내 모든 프로시저
	Dim 또는 Private, 모듈의 첫머리에 선언
전역변수 (Public Variable)	프로젝트 모듈 내의 모든 프로시저
	Public, 모듈의 첫머리에 선언

5) 매개변수의 전달 형식

프로시저는 프로그램 구조상 매개변수가 필요하며 비주얼 베이식에서는 아래 두 가지의 방식의 매개변수 설정이 제공된다.

① Call By Reference : 호출되는 프로시저에서 값을 반환할 때 주소가 제공되어 데이터값이 변경되고 원본 데이터값도 변경된다.

```
Sub 프로시저명 (ByRef 매개변수명 As 데이터형)
```

② Call By Value : 호출되는 프로시저에 값을 반환할 때 주소가 아닌 값이 전달되고 프로시저에 의한 데이터값이 변경되어도 원본 데이터값은 그대로 유지된다.

```
Sub 프로시저명 (ByVal 매개변수명 As 데이터형)
```

2.4.2 상수(Constant)

상수를 사용하면 값에 사용자가 정의한 이름을 지정할 수 있다. 상수는 일단 선언하면 수정하거나 값을 새로 지정할 수 없다. Const 문을 사용하여 상수를 선언하고 값을 설정한다.

적용 선언문	선언문의 의미
Public Const age As Integer = 34	Public 상수 age를 정수 유형으로 값은 34를 선언

상수의 데이터 유형은 Object 데이터 유형을 제외한 Boolean, Integer, Long, Single 또는 Variant 유형 가운데 하나로 선언할 수 있다. 상수 값은 알고 있으므로 일반적으로 Const 문에서 데이터 유형을 지정한다. 한 명령문에서 여러 상수를 선언할 수 있다. 상수는 프로시저 수준이나 모듈 수준에서 선언할 수 있다.

AGE 와 WAGE를 정수 유형으로 선언	변수선언 예문
Const AGE As Integer = 34, _ WAGE As Long = 35000	Option Explicit '모든 변수 선언 요구 Const MINWAGE = 4.25 '상수 선언문

Step.5 개체의 속성변경 및 출력데이터의 수정

```
    Const Sobiyeul = 0.1                        '상수를 선언한다.

 '단가와 수량을 받아서 변수에 넣는다.
    Danga = Val(TxtJepum.Text)
    Suryang = Val(TxtJepum.Text)

 '소계, 소비세, 합계를 구한다.
    Sogyei = Danga * Suryang
    Sei = Sogyei * Sobiyeul
    Habgyei = Sogyei + Sei

 '구한 값을 레이블에 표시한다.
    TxtSogyei.Text = Format(Sogyei, "#,##0")
    TxtSei.Text = Format(Sei, "#,##0")
    TxtHabgei.Text = Format(Habgyei, "#,##0")

 '그룹이름의 변경
    GupGeisan.Text = JepumName & "의금액 계산"

 '제품명 텍스트박스에 커서를 위치한다.
    TxtJepum.Focus()

 End Sub
```

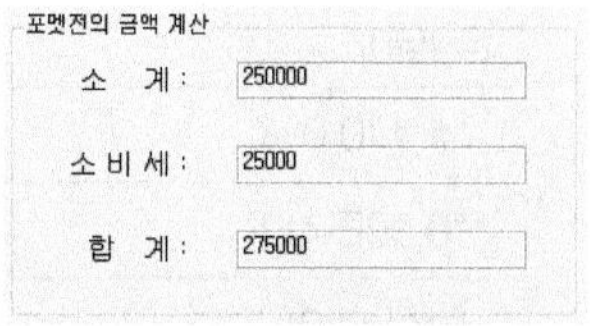

포맷전의 금액 계산

소 계 :	250000
소 비 세 :	25000
합 계 :	275000

변경 전 출력

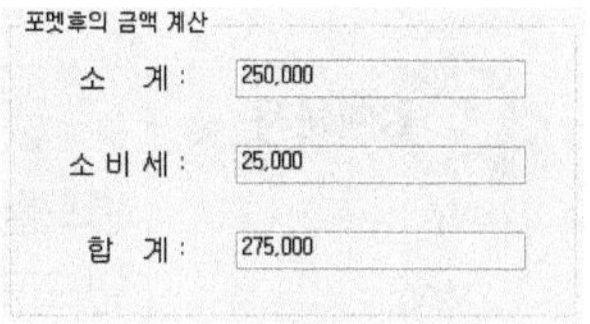

포맷후의 금액 계산

소 계 :	250,000
소 비 세 :	25,000
합 계 :	275,000

변경 후 출력

1) Format() 함수

자료를 지정한 함수로 변환하기 위해 다음과 같은 형식을 정의한다.

Format(자료, 양식문자열)

① 수치자료의 경우 : 아래 문자를 이용하여 "양식 문자열"을 구성하고

양식문자	기능 설명
0	대응하는 숫자를 표현하거나 없는 경우 "0"으로 반환
#	대응하는 숫자가 "0"인 경우 수를 반환하지 않음
%	% 백분율 형식으로 변환("수치×100" 형식으로 변환)
.	소수점의 위치
,	통화형의 자리 구분기호
E	지수형식으로 표시
₩특수문자	특수문자 삽입(₩, +. −, %, @, *, !, ……)
일반문자	해당위치에 문자를 표시

0, #, E, %는 지정 자릿수에 맞게 반올림하여 반환하며 사용 예는 아래와 같다.

양식 문자열	1234.567	-1234.567	0의 표현
"0.00"	1234.57	-1234.57	0.00
"#,###"	1,235	-1,235	공란
"#,##0"	1,235	-1,235	0
"#,##0 ;(#,##0)"	1,235	(1,235)	0
"#,##0.0%"	123,456.7%	-123,456.7%	0.0%
"0.00E+00"	1.23E+03	-1.23E+03	00.0E+00
"₩#,##0원"	₩1,235원	-₩1,235원	₩0원

② 날짜/시간 자료의 경우 : 다음 문자를 사용하여 "양식 문자열"을 구성한다.

양식문자	표현 기능	비 고
yy	년도를 두 자리로 나타낸다. (00~99)	년도표시
yyyy	년도를 네 자리로 나타낸다. (1999)	
M	월을 그대로 나타낸다. (1~12)	달의표시
MM	월을 두 자리로 나타낸다. (01~12)	
d	일자를 그대로 나타낸다. (1~31)	일자표시
dd	일자를 두 자리로 나타낸다. (01~31)	
h, hh	시간을 나타낸다. (1~59 또는 01~59)	시간표시
m, mm	분을 나타낸다. (1~59 또는 01~59)	
s, ss	초를 나타낸다. (1~59 또는 01~59)	

```
Public Class Form1

  Public Sub New()

     InitializeComponent()

      Dim thisDay As DateTime = DateTime.Today
      Dim thistime As Date = TimeOfDay

    Lbl00.Text = Format(thisDay, "yy년M월d일")
    Lbl01.Text = Format(thisDay, "yyyy년MM월dd일")
    Lbl02.Text = Format(thistime, "h시m분s초")
    Lbl03.Text = Format(thistime, "hh시mm분ss초")

    End Sub
End Class
```


그림 2.14 날짜/시간 자료의 코딩

2) 문자열의 연결

2개 이상의 문자열을 결합할 때 "&" 또는 "+"를 사용하나 "+" 경우 숫자의 덧셈 역할을 하므로 사용을 자제한다.

&를 이용한 문자열	+를 이용한 문자열
JepumName & "의 금액 계산"	JepumName + "의 금액 계산"

2.5 제너럴 프로시저의 활용

프로시저(Procedure)에는 이벤트를 특화한 이벤트 프로시저(Event Procedure) 이외의 제너럴 프로시저(General Procedure)가 있으며 프로그램 일부를 떼어내어 독립시켜 서브루틴(Subroutine)화 시킨 모듈이 제너럴 프로시저이고 이 모듈에는 Sub 프로시저와 Function 프로시저의 두 종류가 있다.

1) Sub 프로시저의 적용

제너럴 프로시저 중 Sub 프로시저는 여러 곳에서 공통적으로 사용할 수 있으므로 같은 코드를 중복하여 기술하지 않아도 된다는 이점이 있다.

Step.6 Step.5에서 작성된 프로그램을 이용하여 Sub 프로시저를 작성하면 아래와 같은 순서로 스테이트먼트(Statement)가 호출하여 실행된다.

Private Sub BtnGeisan_Click()	스테이트먼트의 실행순서
InputJepum	프레임 표시 Sub프로시저 실행
InputGeisan	계산 Sub프로시저를 실행
TxtJepum.Focus()	Focus 메서드 실행

스테이트먼트의 실행순서

```
Private Sub BtnGeisan_Click............Handles BtnGeisan.Click

    InputJepum()                    '프레임 표시 Sub 프로시저호출

    InputGeisan()                   '계산 Sub프로시저를 실행시킨다.

    TxtJepum.Focus()

End Sub

Sub InputJepum()

    Dim JepumName As String                         '문자형
    JepumName = TxtJepum.Text
    GupGeisan.Text = JepumName & "의금액계산"        '그룹이름의 변경

End Sub

Sub InputGeisan()

    Dim Danga As Integer            '정수형(변수를 선언한다.)
    Dim Suryang As Integer
    Dim Sogyei As Single            '단정도 실수형
    Dim Sei As Double               '배정도 실수형
    Dim Habgyei As Single

    Const Sobiyeul = 0.1            '상수를 선언한다.

    Danga = Val(TxtDanga.Text)      '문자열 단가를 숫자형 단가로 변수에 넣는다.
    Suryang = Val(TxtSuryang.Text)

    Sogyei = Danga * Suryang        '소계, 소비세, 합계를 구한다.
    Sei = Sogyei * Sobiyeul
    Habgyei = Sogyei + Sei

    TxtSogyei.Text = Format(Sogyei, "#,##0")      '구한 값을 레이블에 표시한다.
    TxtSei.Text = Format(Sei, "#,##0")
    TxtHabgei.Text = Format(Habgyei, "#,##0")

End Sub
```

Sub 프로시저의 작성 내역

2) Function 프로시저의 적용

비주얼베이식에서 갖추어 있지 않은 함수를 독자적으로 작성할 수 있으며 Sub 프로시저와 차이는 Function 프로시저는 호출된 코드에 대한 하나의 반환 값으로 되돌려 준다.

Step.7 Function 프로시저의 작성 Step.6에서 작성된 프로그램을 이용하여 소비 세율과 자료의 표시형식 및 함수적용을 다음과 같이 입력한다.

```
Const Sobiyeul = 0.03                     '세율상수를 3%로 수정한다.

Danga = Val(TxtDanga.Text)                '문자열 단가를 숫자형 단가로 변수에 넣는다.
Suryang = Val(TxtSuryang.Text)

Sogyei = Danga * Suryang                  '소계, 소비세, 합계를 구한다.
Sei = RoundUp(Sogyei * Sobiyeul)          'RoundUp 함수의 적용
Habgyei = Sogyei + Sei

TxtSogyei.Text = Format(Sogyei, "#,##0")          '구한값을 레이블에 표시한다.
TxtSei.Text = Format(Sei, "#,##0.00")             '자료의 표시형식 변경
TxtHabgei.Text = Format(Habgyei, "#,##0.00")
```

프로그램의 수정내역

새로운 함수를 같은 모듈 내에 작성하여 적용 내용과 함수작성 전 결과를 비교하면 아래와 같다.

Function RoundUp(upVaule) RoundUp = Int(upVaule+0.9) End Function	입력항목	적용함수	미적용	upVaule+0.5	upVaule+0.9
	단 가 : 470	소 비 세	183.30	183.00	184.00
	수 량 : 13	합 계	6,293.30	6,293.00	6,294.00

※upVaule+0.5는 계산된 값을 반올림하여 표시하고 upVaule+0.9의 경우 자리 올림 처리를 수행한다.

2.6 제어구조의 이해

2.6.1 If 스테이트먼트

조건에 의해 처리할 내용을 결정하는 명령에 사용된다.

1) If~Then

정의된 조건을 만족하는 경우 정의된 스테이트먼트를 처리하고 제어문을 종료한다.

```
If 조건식 Then

    조건식이 만족할 때의 스테이트먼트

End If
```

※조건식 : 조건식에는 비교연산자와 산술연산자가 이용된다.

(1) 비교연산자

연산자	비교연산자의 설명
A<B	A가 B보다 작을 때 True 이외의 경우 False
A<=B 또는 A=<B	A가 B 이하일 때 True 이외의 경우 False
A>B	A가 B보다 클 때 True 이외의 경우 False
A=B	A와 B가 같을 때 True 이외의 경우 False
A<>B	A와 B가 같지 않으면 True 이외의 경우 False
A Like B	A와 B가 비교하여서 갔을 때 True 이외의 경우 False
A Is B	A와 B가 동일하면 True 이외의 경우 False

(2) 논리연산자

연산자	논리연산자의 설명
Not A	A가 True이면 False, A가 False이면 True
A And B	A와 B가 True일 때 True, 이외의 경우 False
A Or B	A와 B가 False일 때 False, 이외의 경우 True
A AndAlso B	A가 False일 때 오른쪽은 계산하지 않고 무조건 False
A OrElse B	A가 True일 때 오른쪽은 계산하지 않고 무조건 True

(3) 난수의 발생

다음의 Rnd 함수를 이용하여 0부터 1까지의 난수를 발생시킨다.

n(i) = Int(Rnd() * 10)	Rnd	(Rnd * 10)	Int(Rnd * 10)
	0~0.99 … 사이 실수 난수	0~9.99 … 사이 실수 난수	정수부분만을 취한다. 5.432 → 5

※Randomize는 Number를 사용하여 Rnd 함수의 난수 생성기를 초기화하고 새로운 시드 값을 부여한다. Number를 생략하면 시스템 타이머에서 반환된 값이 새로운 시드 값으로 사용된다.

시작으로 3개의 난수가 발생하여 3개의 난수에서 1개 이상의 숫자가 7인 경우 이미지가 나타나도록 프로그램하시오.

Step.1 코딩을 참조하여 아래와 같은 폼을 작성하시오.

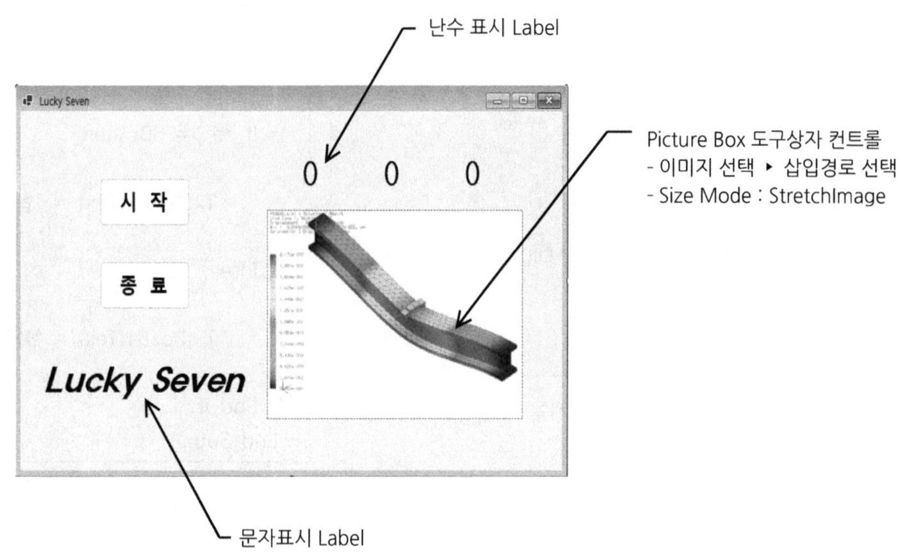

※Stretch : Image 컨트롤 크기에 맞추어 그래픽 크기의 조정 여부를 설정한다.

Step.2 작성된 폼에 아래의 코딩을 입력하여 프로그램의 작동 여부를 확인한다.

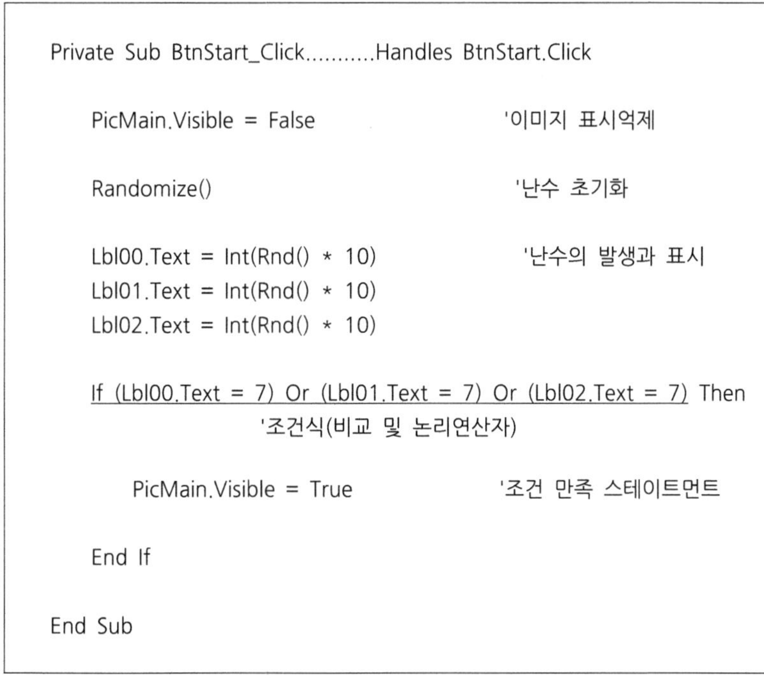

```
Private Sub BtnStart_Click...........Handles BtnStart.Click

    PicMain.Visible = False                    '이미지 표시억제

    Randomize()                                '난수 초기화

    Lbl00.Text = Int(Rnd() * 10)               '난수의 발생과 표시
    Lbl01.Text = Int(Rnd() * 10)
    Lbl02.Text = Int(Rnd() * 10)

    If (Lbl00.Text = 7) Or (Lbl01.Text = 7) Or (Lbl02.Text = 7) Then
                  '조건식(비교 및 논리연산자)

        PicMain.Visible = True                 '조건 만족 스테이트먼트

    End If

End Sub
```

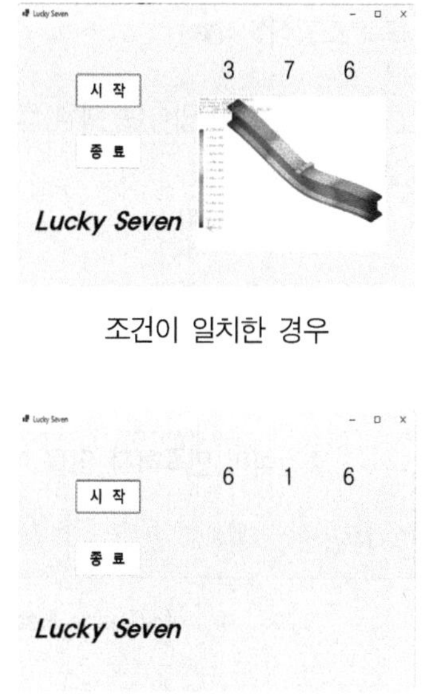

조건이 일치한 경우

조건이 불일치한 경우

2) If~Then~Else

정의된 조건을 만족하는 경우와 만족하지 않을 때 처리할 내용을 나누어 사용하며 스테이트먼트 실행하고 제어문을 종료한다.

```
If 조건식 Then

   조건식이 만족할 때의 스테이트먼트

  Else

   조건식이 만족하지 않을 때의 스테이트먼트

End If
```

If~Then~Else의 사용

```
Private Sub Btn01_Click()

     Dim aa As Integer = 59

  If aa >= 60 Then        'IF_THEN_ELSE

     TxtBox01.Text = "합격"

  Else

     TxtBox01.Text = "불합격"

  End If
End Sub
```

If~Then~Else의 사용 예

3) If~Then~ElseIf

여러 개의 조건식을 정의하여 상위계층부터 조건식을 판단하여 해당하는 스테이트먼트를 실행하고 제어문을 종료한다.

```
If 조건식1 Then

   조건식1이 만족할 때의 스테이트먼트

  ElseIf 2 Then

   조건식2가 만족 된 경우의 스테이트먼트

  Else

   조건식이 만족하지 않을 때의 스테이트먼트

End If
```

If~Then~ElseIf의 사용

```
If bb >= 80 Then        'IF_THEN_ELSEIF

   TxtBox02.Text = "우"

  ElseIf bb >= 70 Then

   TxtBox02.Text = "미"

  ElseIf bb >= 60 Then

   TxtBox02.Text = "양"

  Else

   TxtBox02.Text = "가"

End If
```

If~Then~ElseIf의 사용 예

4) Select Case

Select 명령은 어떤 특정한 변수가 어떤 범위에 해당하는 것에 따라서 처리를 분기시킨다.

```
Select Case 변수명 등
  Case 범위1
    범위 1에 해당할 때의 스테이트먼트
  Case 범위2
    범위 2에 해당할 때의 스테이트먼트
  Case Else
    Case범위 이외의 스테이트먼트
End Select
```

Select Case의 사용

```
Select Case cc          'SELECT CASE
  Case 80 To 100
    TxtBox03.Text = "우"
  Case 70 To 79
    TxtBox03.Text = "미"
  Case 60 To 69
    TxtBox03.Text = "양"
  Case Else
    TxtBox03.Text = "가"
End Select
```

Select Case의 사용 예

2.6.2 스테이트먼트의 반복처리

같은 처리를 반복하여 설정값에 도달할 때까지 해당하는 연산을 반복하여 처리한다.

1) For~Next

설정된 횟수만큼 같은 처리를 반복하여 결과값을 반환한다.

```
For 변수 = 초기값 To 종료값 Step 증감값
  반복처리 스테이트먼트
Next [변수]  ← 변수생략가능
※Step을 생략하면 Step 1로 처리된다.
```

For~Next의 사용

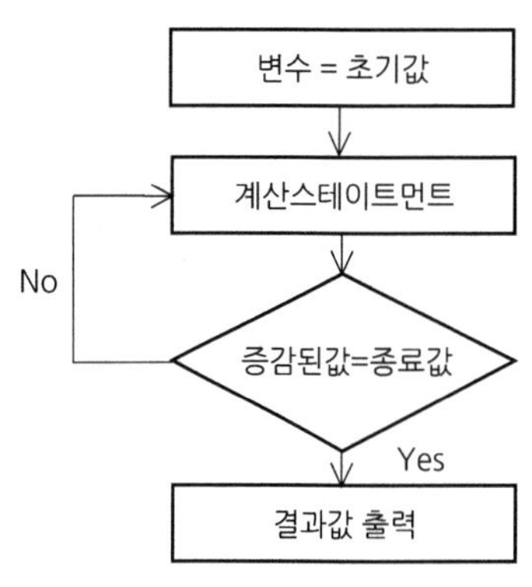

For~Next 문의 처리 순서

```
Dim Habgyei As Integer    '합계를 저장하는 변수 선언
Dim i As Integer          '카운터로 사용하는 변수

 Habgyei = 0

 For i = 1 To 15 Step 2

   Habgyei = Habgyei + i

 Next i

 lTxtBox01.Text =  Habgyei
```

For~Next의 적용

위의 프로그램은 1부터 15까지의 구간에서 For 루프실행 시마다 2씩 증가하여 합계에 가산되는 프로그램으로 변수 i는 카운터 역할을 한다.

2) Do While~Loop와 Do~Loop While

지정한 조건을 평가하면서 처리 반복횟수를 결정하며 반복횟수는 지정하지 않는다.

Do While ~ Loop	Do ~ Loop While
Do While 조건식　'True인 경우 반복	Do
반복처리 스테이트먼트	반복처리 스테이트먼트
Loop	Loop While 조건식　'True인 경우 반복

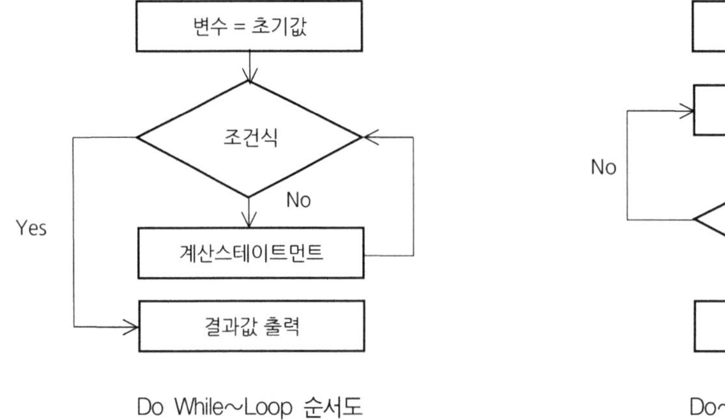

Do While~Loop 순서도　　Do~Loop While 순서도

Do While~Loop와 Do~Loop While의 적용

Do While ~ Loop	Do ~ Loop While
Dim Gaesu As Long	Dim Gaesu As Long
Gaesu = 48 '초기설정변수	Gaesu = 48 '초기설정변수
Do While (Gaesu Mod 12) <> 0 'True인 경우 반복	Do
Gaesu = Gaesu + 1	Gaesu = Gaesu + 1
Loop	Loop While (Gaesu Mod 12) <> 0 'True인 경우 반복
TxtBox05.Text = "이 제품을" & Gaesu & "개 넣으면 된다."	TxtBox05.Text = "이 제품을" & Gaesu & "개 넣으면 된다."

초기 설정변수에 따른 제어문의 결과비교

Do While ~ Loop		Do ~ Loop While	
Gaesu = 40	Gaesu = 48	Gaesu = 40	Gaesu = 48
48	48	48	60

※Mod 연산자 : 나눗셈 결과에서 나머지를 구할 때 사용하며 위의 프로그램에서 Gaesu를 12로 나누어 나머지로 비교하여 연산한다.

3) Do Until~Loop와 Do~Loop Until

지정한 조건이 False인 경우에 반복연산을 수행한다.

Do Until ~ Loop	Do ~ Loop Until
Do Until 조건식 'False인 경우 반복	Do
반복처리 스테이트먼트	반복처리 스테이트먼트
Loop	Loop Until 조건식 'False인 경우 반복

Do While~Loop와 Do~Loop Until의 비교

Do While ~ Loop	Do Until ~ Loop
Dim Gaesu As Long	Dim Gaesu As Long
Gaesu = 40	Gaesu = 40
<u>Do While (Gaesu Mod 12) <> 0</u> 'True인 경우 반복	<u>Do Until (Gaesu Mod 12) = 0</u> 'False인 경우 반복
Gaesu = Gaesu + 1	Gaesu = Gaesu + 1
Loop	Loop
Lbl00.Text = "이 제품을" & Gaesu & "개 넣으면 된다."	Lbl00.Text = "이 제품을" & Gaesu & "개 넣으면 된다."

4) 제어 구조나 프로시저의 강제종료

For 또는 Do의 반복처리의 경우나 Sub 또는 Function의 프로시저에서 강제적으로 종료할 때 Exit 스테이트먼트를 이용하여 실행 제어문 또는 프로시저에서 탈출한다.

Exit Do	Exit Sub	Exit Function
Do While Exit Do 스테이트먼트 Loop	Sub 프로시저명( ) Exit Sub 스테이트먼트 End Sub	Function 함수명( ) Exit Function 스테이트먼트 End Function

앞에서 설명한 For문에서 조건문에 의한 제어문의 탈출은 Exit For에 의해 이루어지며

Dim Gaesu As Long	Dim Gaesu01 As Long
Gaesu = 40	Gaesu01 = 40
For i = 1 To 12	For i = 1 To 12
Gaesu = Gaesu + 1	If (Gaesu01 Mod 12) = 0 Then
Next	<u>Exit For</u>
Print "그 제품을 " & Gaesu & "개 넣으면 된다."	End If
	Gaesu01 = Gaesu01 + 1
	Next
	Lbl01.Text = "그제품을" & Gaesu01 & "개 넣으면 된다."

For~Next 제어문에 의한 출력특성 비교

For~Next 제어문에 의해 52개가 출력되나 우측의 프로그램은 조건문 If에 의해 Exit For가 실행되므로 48개의 출력 값을 나타낸다.

2.7 수식의 계산

연산을 수행하는 연산자에는 산술, 비교와 논리연산자가 있으며 연산에 사용되는 우선순위는 아래와 같다.

산술연산자 > 비교연산자 > 논리연산자

1) 산술연산자

산술연산자는 사칙연산에 이용되며 아래의 7종의 연산자를 이용한다.

연산자	연산자의 기능	사용 예	우선순위	비 고
^	제곱	2^3 → 8	1	
–	마이너스 부호	–3	2	
*	곱하기	2*3 → 6	3	
/	나누기	2/3 → 0.6666	3	
\	정수의 나눗셈	7\2 → 3	4	정수의 몫만을 구한다.
Mod	나머지연산(정수)	7 Mod 2 → 1	5	나머지를 구한다.
+	덧셈	2+3 → 5	6	
–	뺄셈	9–2 → 7	6	

※우선순위가 적을수록 먼저 실행함.

2) 산술함수

비주얼베이식에서 제공되는 수학적 함수와 사용자가 정의하는 함수가 사용된다.

① 제공되는 산술함수 : 아래의 산술함수가 비주얼베이식에서 제공된다.

함수기호	함수의 의미	함수의 응용
Sin(X)	Sin X의 값, X는 라디안으로 주어진다.	Sin(π/2) → 1
Cos(X)	Cos X의 값, X는 라디안으로 주어진다.	Cos(π/3) → 1/2
Tan(X)	Tan X의 값, X는 라디안으로 주어진다.	Tan(π/4) → 1
Atan(X)	Tan^{-1}, 결과는 $-\pi/2 \le \theta \le \pi/2$의 범위	Atan(1) → π/4
Asin(X)	Sin^{-1}, 결과는 $-\pi/2 \le \theta \le \pi/2$의 범위	
Acos(X)	Cos^{-1}, $0 \le \theta \le \pi$ 범위의 각도	
Sqr(X)	X의 제곱근, X > 0일 것	Sqr(16) → 4
Abs(X)	X의 절대 값	Abs(−3.0) → 3
Exp(X)	e^X의 값(e 값은 약 2.71828 수학적 상수)	Exp(2) → ≒7.4
Log(X)	자연로그 log X의 값	Log(10) → ≒2.30
Max(X, Y)	지정된 두 숫자 중 더 큰 숫자를 반환	Max(Double, Double) → Double
Min(X, Y)	지정된 두 숫자 중 더 작은 숫자를 반환	Min(Int32, Int32) → Int32
Pow(X, Y)	지정된 숫자의 지정된 거듭제곱을 반환	Pow(2, 10) → 1024
Round(X, Y)	10진수 값을 지정된 소수 자릿수로 반올림	Round(Decimal, Int32)

② 사용자 정의 산술함수 : 아래의 표와 같이 사용자에 의해 산술함수를 정의할 수 있다.

함수기호	함수의 정의
SIN^{-1}	'Inverse Sine Public Function ArcSin(x As Double) As Double ArcSin = Atn(x / Sqr(−x * x + 1)) End Function
COS^{-1}	'Inverse Cosine Public Function ArcCos(x As Double) As Double ArcCos = Atn(−x / Sqr(−x * x + 1)) + 2 * Atn(1) End Function
$COSEC^{-1}$	'Inverse CoSecant Public Function ArcCoSec(x As Double) As Double ArcCoSec = Atn(x / Sqr(x * x − 1)) + (Sgn(x) − 1) * (2 * Atn(1)) End Function
SEC^{-1}	'Inverse Secant Public Function ArcSec(x As Double) As Double ArcSec = Atn(x / Sqr(x * x − 1) + Sgn(x) − 1) * (2 * Atn(1)) End Function

아래에 주어진 롤러를 이용한 더브테일 측정에 따른 결과값을 계산하기 위한 프로그램을 작성하시오.

(1) 외측 더브테일 각도의 계산

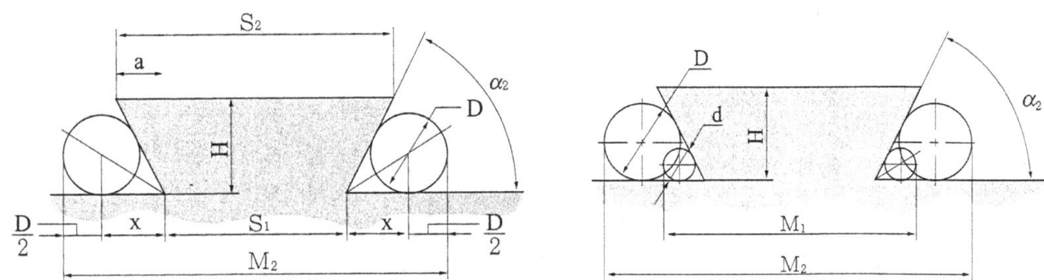

그림 2.15 외측 더브테일 형상 및 치수특성

부호	부호의 의미
D	대경 측정용 핀 게이지의 치수(mm)
d	소경 측정용 핀 게이지의 치수(mm)
M_2	대경 핀에 의한 측정 길이치수(mm)
M_1	소경 핀에 의한 측정 길이치수(mm)
α_2	더브테일 각도(°)
S_1	더브테일 소단 길이치수(mm)
S_2	더브테일 대단 길이치수(mm)

$$\alpha_2 = 2\tan^{-1}\frac{D-d}{(M_2-M_1)-(D-d)} \tag{1}$$

$$S_1 = M_2 - D - \frac{D}{\tan\frac{\alpha_2}{2}} \tag{2}$$

$$S_2 = S_1 + \frac{2H}{\tan\alpha_2} \tag{3}$$

Step.1 다음 프로그램을 참조하여 폼을 작성하고 외측 더브테일의 각도 계산식을 완성하여 입력 결과를 확인하시오.

입력항목	D	d	M2	M1	계산결과(α_2)
입력값	8.0	4.01	62.12	51.32	60.7323 ···

```
Private Sub BtnCal01_Click..... Handles BtnCal01.Click        '외측 데브테일의 계산

    Dim D_max As Single                                        '대경 측정용 핀 게이지의 치수(D)
    Dim D_min As Single                                        '소경 측정용 핀 게이지의 치수(d)
    Dim L_max As Single                                        '대경 측정 핀의 측정 길이(M2)
    Dim L_min As Single                                        '소경 측정 핀의 측정 길이(M1)
    Dim D_Angle As Double                                      '더브테일 각도
    D_max = Val(TxtBox01.Text)
    D_min = Val(TxtBox03.Text)
    L_max = Val(TxtBox02.Text)
    L_min = Val(TxtBox04.Text)

    D_Angle = 2 * cov_ra(Math.Atan((D_max - D_min) / ((L_max - L_min) - (D_max - D_min))))  '식(1)

    TxtBox05.Text = D_Angle                                    '더브테일 각도 계산결과

End Sub
Private Sub cmd01_Click..........Handles cmd01.Click          '초기화 설정

    TxtBox01.Text = ""
    TxtBox02.Text = ""
    TxtBox03.Text = ""
    TxtBox04.Text = ""
    TxtBox05.Text = ""

    TxtBox01.Focus()

End Sub


Public Function cov_ra(temValue) As Double    '함수정의

    cov_ra = temValue * 180 / Math.PI         '각도 값을 라디안 값으로

End Function
```

외측 더브테일 각도 계산 폼

Step.2 다음 프로그램을 참조하여 폼을 추가하고 외측 더브테일의 계산식을 완성하여 입력 결과를 확인하시오.

입력항목	D	d	M2	M1	H	계산결과		
						α_2	S1	S2
입력값	8.0	4.01	62.12	51.32	15	60.7323	40.466	57.279

```
Private Sub BtnCal01_Click..... Handles BtnCal01.Click        '외측 데브테일의 계산

    Dim D_max As Single                          '대경 측정용 핀 게이지의 치수(D)
    ...............
    Dim D_Angle As Double

    Dim L_depth As Single                        '측정된 더브테일 깊이 치수(H)
    Dim D_Length As Double                       '소단 거리치수(S1)
    Dim D_Length01 As Double                     '대단 거리치수(S2)

    D_max = Val(TxtBox01.Text)
    ...............
    L_min = Val(TxtBox04.Text)
    L_depth = Val(TxtBox06.Text)                 '더브테일의 높이(H)

    D_Angle = 2 * cov_ra(Math.Atan((D_max - D_min) / ((L_max - L_min) - (D_max - D_min))))

    D_Length = L_max - D_max - (D_max / (Math.Tan(cov_ar(D_Angle / 2))))   '소단 거리 치수, 식(2)

    D_Length01 = D_Length + ((2 * L_depth) / (Math.Tan(cov_ar(D_Angle))))   '대단 거리 치수, 식(3)

      TxtBox05.Text = Format(D_Angle, "#0.0000")          '더브테일 각도 계산 결과
      TxtBox07.Text= Format(D_Length, "#0.000")           '더브테일의 소단 거리 치수(S1)
      TxtBox08.Text = Format(D_Length01, "#0.000")        '더브테일의 대단 거리 치수(S2)

 End Sub

Private Sub BtnInit01_Click..........Handles BtnInit01.Click          '초기화 설정

    TxtBox01.Text = ""
    ...............
    TxtBox06.Text = ""
    TxtBox07.Text = ""
    TxtBox08.Text = ""

    TxtBox01.Focus()

 End Sub
```

외측 더브테일 계산 폼

```
Public Function cov_ra(temValue) As Double                '함수정의
    cov_ra = temValue * 180 / Math.PI                     '각도 값을 라디안 값으로
End Function
Public Function cov_ar(temValue) As Double                '함수정의
    cov_ar = temValue * Math.PI / 180                     '라디안 값을 각도 값으로
End Function
```

(2) 내측 더브테일 각도의 계산

$$\alpha_1 = 2\tan^{-1}\frac{D-d}{2(M_2-M_1)-(D-d)} \quad (4)$$

$$L_1 = M_2 - \frac{D}{2} - \frac{\frac{D}{2}}{\tan\frac{\alpha_1}{2}} \quad (5)$$

$$L_2 = L_1 + \frac{H}{\tan\alpha_1} \quad (6)$$

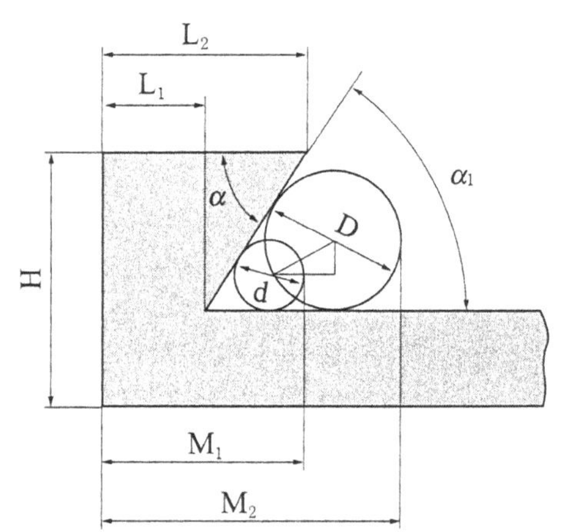

그림 2.16 내측 더브테일 형상 및 치수 특성

Step.3 다음 프로그램을 참조하여 폼을 추가하고 내측 더브테일의 계산식을 완성하여 입력 결과를 확인하시오.

입력항목	D	d	M2	M1	H	계산 결과		
						α_1	L2	L1
입력값	8.0	4.01	62.12	51.318	15	25.5270	71.872	40.462

```
(Step.2의 프로그램)            '내측 더브테일의 계산 추가

..........

  Private Sub BtnCal02_Click.............Handles BtnCal02.Click            '내측 더브테일의 계산

      Dim Di_max As Single                        '대경 측정용 핀 게이지의 치수(D)
      Dim Di_min As Single                        '소경 측정용 핀 게이지의 치수(d)
      Dim Li_max As Single                        '대경 측정 핀의 측정 길이(M2)
      Dim Li_min As Single                        '소경경 측정 핀의 측정 길이(M1)
      Dim Li_depth As Single                      '측정된 더브테일 깊이치수(H)
      Dim Di_Angle As Double                      '더브테일 각도
      Dim Di_Length As Double                     '소단 거리치수(L1)
      Dim Di_Length01 As Double                   '대단 거리치수(L2)

      Di_max = Val(TxtBox11.Text)
      Di_min = Val(TxtBox13.Text)
      Li_max = Val(TxtBox12.Text)
      Li_min = Val(TxtBox14.Text)
      Li_depth = Val(TxtBox16.Text)
                                                                                   '식(4)
      Di_Angle = 2 * cov_ra(Math.Atan((Di_max - Di_min) / ((2 * (Li_max - Li_min)) - (Di_max - Di_min))))

      Di_Length = Li_max - (Di_max / 2) - ((Di_max / 2) / (Math.Tan(cov_ar(Di_Angle / 2))))       '식(5)

      Di_Length01 = Di_Length + ((Li_depth) / (Math.Tan(cov_ar(Di_Angle))))                       '식(6)

      TxtBox15.Text = Format(Di_Angle, "#0.0000")             '더브테일 각도 치수를 표시한다.
      TxtBox17.Text = Format(Di_Length, "#0.000")             '소단 거리치수(S1)
      TxtBox18.Text = Format(Di_Length01, "#0.000")           '대단 거리치수(S2)

  End Sub

  Private Sub BtnInit02_Click.......Handles BtnInit02.Click               '초기화 설정

      TxtBox11.Text = ""
      TxtBox12.Text = ""
      TxtBox13.Text = ""
      TxtBox14.Text = ""
      TxtBox15.Text = ""
      TxtBox16.Text= ""
      TxtBox17.Text = ""
      TxtBox18.Text = ""

      TxtBox11.Focus()

  End Sub
```

내측 더브 테일의 계산
대경핀의 입력: 8.0 대경핀의 길이: 62.12 계 산
소경핀의 입력: 4.01 소경핀의 길이: 51.318 초 기 화
더브테일 높이 15
계 산 결 과 소단거리치수: 40.462 mm
더브테일의 각도: 25.5270 대단거리치수: 71.872 mm

내측 더브테일 계산 폼

Step.4 프로그램에서 발생되는 문제점을 아래 프로그램을 참조하여 해결할 수 있다. 또한 예제 2.2를 참고하여 [Enter↵]키를 이용하여 자료를 입력할 수 있도록 프로그램을 작성하시오.

계 산 결 과		소단거리치수:	NaN mm
더브테일의 각도:	NaN	대단거리치수:	NaN mm

발생한 계산 결과의 오류

```
Private Sub BtnCal01_Click.........

 Dim D_max As Single
  ..........
 Dim D_Length01 As Double

    D_max = Val(TxtBox01.Text)
    ..........
    L_depth = Val(TxtBox06.Text)


  If 2 < D_max Then
    If 10 < L_max Then
     If 1 < D_min Then
      If 5 < L_min Then
       If 2 < L_depth Then

    D_Angle = 2 * Cov_ra(Math.Atn((D_max..........
    D_Length = L_max - D_max..........
    D_Length01 = D_Length + ((2..........

      TxtBox05.Text = Format(D_Angle, "#0.0000")
      TxtBox07.Text = Format(D_Length, "#0.000")
      TxtBox08.Text = Format(D_Length01, "#0.000")

       Else

        MsgBox ("데브 테일 높이를 확인하세요.")

        TxtBox06.Text = ""
        TxtBox06.Focus()

        End If

     Else

      MsgBox ("소경 길이를 확인하세요.")

          TxtBox04.Text = ""
          TxtBox04.Focus()

          End If

        Else

         MsgBox("소경 핀의 지름을 확인하세요.")

         TxtBox03.Text = ""
         TxtBox03Focus()

        End If

      Else

        MsgBox("대경 길이를 확인하세요.")

        TxtBox02.Text = ""
        TxtBox02.Focus()

       End If

      Else

        MsgBox("대경 핀의 지름을 확인하세요.")

        TxtBox01.Text = ""
        TxtBox01.Focus()

      End If

    End Sub
```

Step.5 프로그램의 모듈화

모듈화는 프로그램을 특정한 기능을 수행할 수 있는 단위 조각으로 구성하는 것으로 하나의 프로그램이 여러 개의 모듈로 구성된다. 예를 들어 사칙연산 프로그램을 더하기, 빼기, 곱하기와 나누기 모듈로 구성하였다면 곱하기 연산이 필요한 경우 해당 모듈만을 호출하여 사용한다.

프로젝트(P) ➡ 모듈추가(M)

아래의 프로그램은 Step.4에서 작성된 프로그램 중에 함수를 분리해 모듈화시킨 예이다.

```
Module Module1

    Declare Function GetTickCount Lib "kernel32" () As Long

    Public Function Cov_ra(temValue) As Double

        Cov_ra = temValue * 180 / Math.PI

    End Function

    Public Function Cov_ar(temValue) As Double

        Cov_ar = temValue * Math.PI / 180

    End Function

End Module
```

2.8 사용자와 대화하기

1) Msgbox 함수

간단한 작업상태에 대한 정보를 화면에 나타내거나 질문에 대해 확인 혹은 취소 등으로 대답할 수 있다. 다시 말하면 대화상자 안에 메시지를 보여주며 사용자가 단추를 누를 때까지 기다리다가 사용자가 누른 단추가 지시하는 Integer 값을 반환한다.

```
Msgbox(prompt [,buttons] [,title][,helpFile, context])
```

```
ReturnValue = Msgbox("Save Current File ?",_
                      Prompt
    vbOkCancel + vbQuestion + vbDefaultButton2)
                      Buttons
```

MsgBox는 함수구문은 다음과 같은 고유인수로 되어 있으며 아래와 같은 구성요소를 갖는다.

구성요소	구성요소의 의미
Prompt	필수, 대화 상자 내의 메시지로 나타나는 문자열이다. Prompt의 최대 길이는 약 1024 문자이며 사용된 문자의 너비에 따라 다르다. Prompt 구성이 1줄 이상이면 캐리지 리턴문자[Chr(13)], 라인피드 문자[Chr(10)], 캐리지리턴 및 라인피드 문자[Chr(13)&Chr(10)]를 이용하여 줄을 구분한다.
Buttons	선택, 단추의 수와 형태와 사용할 아이콘의 종류, 기초 단추의 정체 및 메시지 상자의 양식을 지정하는 값의 합을 나타내는 숫자식이다. 생략 되었을 때 Buttons의 기본 값은 "0"이다.
Title	선택, 대화상자의 제목표시줄에 나타나는 문자열이다. Title을 생략하면 응용 프로그램의 이름을 제목표시줄에 나타난다.
Helpfile	선택, 도움말 파일을 이용하여 상세한 도움말을 대화상자에 제공한다. Helpfile이 부여되면 Context도 반드시 부여되어야 한다.
Context	선택, 도움말 작성자가 적절히 작성한 도움말 항목에 부여된 도움말 문 번호를 나타내는 숫자식이다. Context가 부여되면 Helpfile도 반드시 부여되어야 한다.

또한 위의 구성요소 중 Buttons는 다음과 같은 특성으로 나타낼 수 있다.

Buttons요소	상 수	값	요소의 설명
버튼 종류	VbOKOnly	0	확인 버튼만을 나타낸다.
	VbOKCancel	1	확인과 취소 버튼을 나타낸다.
	VbAborRetryIgnore	2	취소(A), 재시도(R), 무시(I), 버튼을 타나낸다.
	VbYesNoCancel	3	예, 아니요, 취소 버튼을 나타낸다.
	VbYesNo	4	예 그리고 아니오 버튼을 나타낸다.
	VbRetryCancel	5	재시도, 취소 버튼을 나타낸다.
아이콘 모양	VbCirtical	16	위험 혹은 위기를 나타내는 아이콘 모양을 나타낸다.
	VbQuestion	32	질의 경고 아이콘을 나타낸다.
	VbExclamation	48	메시지 경고 아이콘을 나타낸다.

Buttons요소	상 수	값	요소의 설명
기본버튼 위치설정	VbDefaultButton1	0	첫 번째 버튼이 선택되어진 상태가 기본
	VbDefaultButton2	256	두 번째 버튼이 선택되어진 상태가 기본
	VbDefaultButton3	512	세 번째 버튼이 선택되어진 상태가 기본
	VbDefaultButton4	768	네 번째 버튼이 선택되어진 상태가 기본
양상 (Modal)	VbApplicationModal	0	Application Modal : 현재 사용 중인 응용 프로그램의 화면에서 다른 작업을 계속하기 전에 Message Box에 반드시 응답을 해야만 한다.
	vbSystemModal	4096	System Modal : 모든 응용 프로그램은 사용자가 Message Box에 응답할 때까지 일시 정지한다.

일반적으로 대화상자가 화면에 나타난 경우 다음 작업은 일반적으로 중지된 상태이며 인수버튼을 나타내기 위해 더해진 숫자의 마지막 값을 생성한 후 그 수치를 직접입력 할 수 있으나 코드의 관리측면에서 VBA에서 주어지는 수치의 내부 상수 형태로 입력하는 것이 효율적이다. Msgbox는 함수로서 사용자의 선택에 의한 값을 다음과 같이 되돌려 준다.

선택버튼에 의한 반환값

상수	값	선택되어진 버튼
VbOk	1	확인
VbCancel	2	취소
VbAbort	3	취소(A)
VbRetry	4	재시도(R)
VbIgnore	5	무시(I)
VbYes	6	예
VbNo	7	아니오

※ 사용되는 상수의 확인

개체 브라우저에서 찾아보기에서 msgbox를 입력하고 검색할 수 있다. 클래스에서 MsgBox 해당되는 비주얼베이식 내부 상수의 목록을 볼 수 있다.

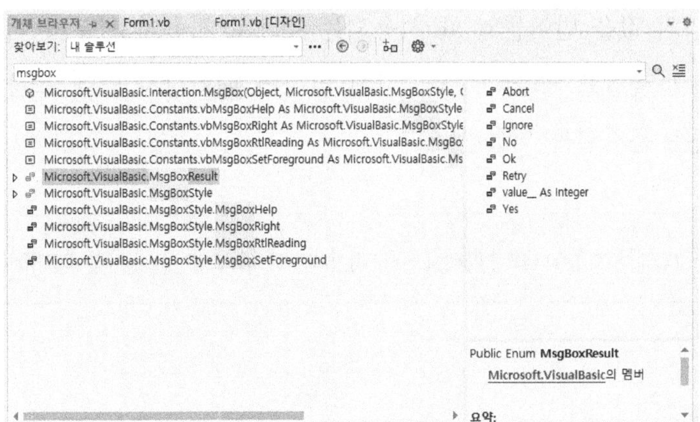

개체 찾아보기 대화상자

아래를 참조하여 메시지 대화상자가 실행되는 프로그램을 작성하시오.

```
Private Sub BtnEx01_Click(sender As Object, e As EventArgs) Handles BtnEx01.Click

        Dim Msg, MyString, Title
        Dim Response, Style As Integer

        Msg = "작업을 계속하시겠습니까.??"

        Style = vbYesNo + vbCritical + vbDefaultButton2

        Title = "MsgBox 함수데모"

        Response = MsgBox(Msg, Style, Title)

        If Response = vbYes Then

            MyString = "Yes"

        Else

            MyString = "No"

        End If

        MsgBox("선택된 버튼은 ==> " & MyString)

    End Sub
```


MsgBox의 실행

vbYes의 선택

vbNo의 선택

2) InputBox 함수

사용자로부터 임의의 값을 받아들일 때 사용되는 것으로 사용자로 부터 기본적으로 되돌려 지는 값의 데이터 유형은 문자열로 되돌려 준다. 다시 말하면 대화상자 안에 프롬프트를 나타내며 입력란의 내용을 포함하는 문자열을 되돌린다.

```
InputBox (prompt [,title] [,default] [,xpos] [,ypos] [,helpFile, context])
```

구성요소	구성요소의 의미
Prompt	필수, 대화상자 내의 메시지로 나타나는 문자열 식 Prompt의 최대 길이는 약 1,024 문자 이내로 사용한다.
Title	선택, 대화상자의 제목 표시줄에 표현되는 문자열이다. Title을 생략하면 응용 프로그램 이름이 제목표시줄에 나타난다.
Default	선택, 입력상자 안에 특별한 내용이 입력되지 않으면 문자열의 기본값으로 인식한다. Default는 생략되면 입력상자는 빈 상태로 나타난다.
Xpos	선택, 화면 좌측 가장자리로부터 대화상자의 좌측 가장자리까지의 간격을 표시하는 숫자식이다.
Ypos	선택, 화면상부로 부터 대화상자의 상부까지의 간격을 표시하는 숫자식이다.
Helpfile	선택, 도움말 파일을 이용하여 상세한 도움말 대화상자를 제공한다. Helpfile이 부여되면 Context도 반드시 부여되어야 한다.
Context	선택, 도움말 작성자가 작성한 도움말 항목에 부여된 문 번호를 나타내는 숫자식이다. Context가 부여되면 Helpfile도 반드시 부여되어야 한다.

아래를 참조하여 입력 대화상자가 실행되는 프로그램을 작성하시오.

```
Private Sub BtnEx02_Click(sender As Object, e As EventArgs) Handles BtnEx02.Click

  Dim InputText, InputTitle As String
  Dim RetValue As String

  InputText = "원하는 프리젠테이션의 제목을 입력한 후" & Chr(13) + Chr(13) & "확인버튼을 선택하시오."

  InputTitle = "프리젠테이션 제목"
  RetValue = InputBox(InputText, InputTitle)

  If RetValue <> "" Then

    MsgBox("입력한 프리젠테이션 제목은_" & RetValue)

  Else

   MsgBox("입력된 내용이 없습니다.")

  End If

End Sub
```

프리젠테이션 제목
원하는 프리젠테이션의 제목을 입력한 후
확인버튼을 선택하시오.
확인
취소

실행화면

Microsoft.VisualBasic.Core
입력된 내용이 없습니다.
확인

실행결과

Microsoft.VisualBasic.Core
입력한 프리젠테이션 제목은_샘플 입력입니다.
확인

반환 값의 확인

3) 기타상수

다음 상수는 응용 프로그램용 Visual Basic의 형식 라이브러리에 정의되어 있다.

상수	값	상수의 설명
VbCrLf	Chr(13) + Chr(10)	캐리지 리턴-라인피드 조합
VbCr	Chr(13)	캐리지 리턴문자
VbLf	Chr(10)	라인 피드문자
VbNewLine	Chr(13) + Chr(10) 또는 Chr(13)	현재의 형식에 적당한 형식지정, 새 라인문자
VbNullChar	Chr(0)	무시(I)
VbNullString	0 값을 가지는 문자열	"0" 값을 가지는 문자열과 같지 않음(" "), 외부 프로시저 호출에 사용
VbTab	Chr(9)	탭 문자
VbBack	Chr(8)	백스페이스 문자

2.9 배열(Array) 구조의 이해

배열은 동일한 변수의 여러 자료를 처리할 때 사용되며 배열은 사전에 선언되어 있어야 사용할 수 있다.

```
Dim A(19) 또는 Array A(19)
```

예를 들면 20개의 데이터가 있을 때 이것을 넣기 위한 변수로서 A0, A1, A2 … A19라고 하는 단순한 변수를 사용하여

```
A0 = 67
A1 = 75
  ⋮
  ⋮
A18 = 76
A19 = 95
```

와 같이 나타내는 것이 지금까지의 방식이나 Dim A(19)와 같은 문을 사용하여 배열로 선언할 수 있다. 즉 배열이란 데이터의 집합체의 일종이며 감각적으로는 표와 같은 것으로 생각하면 된다.

10개의 난수를 발생시켜 저장하고 저장된 난수를 역순으로 다시 표시하여 본다.
(새 프로젝트에서 콘솔 응용 프로그램을 선택한다.)

```
Sub Main(args As String())
    Dim n(9) As Integer
    Randomize()
    Console.WriteLine("난수발생결과값")
    For i = 0 To 9
        n(i) = Int(Rnd() * 10)
        Console.Write(n(i))
    Next
    Console.WriteLine()
    For i = 9 To 0 Step -1
        Console.Write(n(i))
    Next
    Console.ReadLine()
End Sub
```

작성 프로그램의 내용

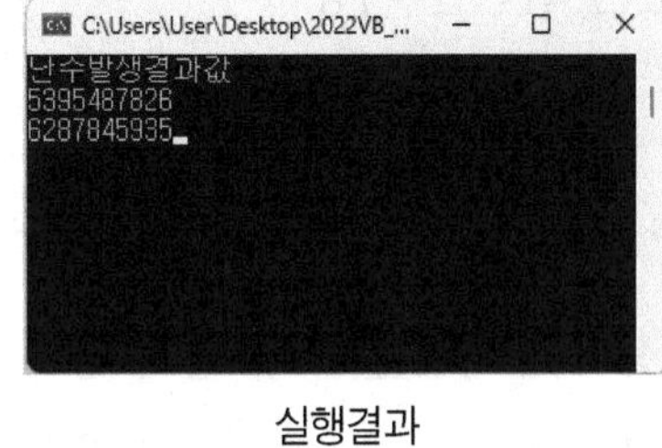

실행결과

어떠한 방법으로 변수를 작성하여도 배열의 인덱스번호는 반드시 0부터 시작된다. 예를 들면 배열 중의 4번째의 데이터를 추출하고자 할 때에는 4에서 1을 뺀 3이라는 인덱스 번호를 지정해야만 한다.

또한 인덱스 값의 하한은 "0"으로 고정하며 상한을 강제적으로 바꿀 수 있다.

```
Dim Total(0 to 150) As String
```

1) **동적배열**(Dynamic Array)

크기고정 배열을 사용할 때 얼마나 큰 배열을 만들어야 할지 정확하게 알지 못한다면 쓸데없이 큰 배열을 생성하거나 또는 요구사항보다 작은 배열을 만들어 에러를 유발할 수도 있다. 이런 경우 동적배열을 사용하는 것이 좋다.

동적배열을 사용하기 위해서는 다음과 같이 배열의 크기가 설정되지 않은 배열을 생성한다.

```
Dim 배열이름()As 데이터형식
Dim DynamicArray() As Integer    '배열 이름만 선언

ReDim 배열이름(배열의 크기)        '배열 이름과 크기선언
ReDim DynamicArray(5)
```

ReDim 문은 동적배열로 프로그램 작성 시에 사용할 배열의 크기를 정확하게 선언할 수 없을 때 일단 첨자 없이 괄호만으로 배열을 선언해 놓고 필요할 때 언제든지 배열의 크기를 조절하거나 해제할 수 있는 편리한 기능이다.

2) Array함수를 사용한 배열의 작성

배열을 정의할 때에는 여러 가지 방법이 있지만 가장 간단한 것은 변수를 Array로 정의하고 데이터 형식으로 데이터를 저장하는 방법이다.

예를 들면 Yoil이라는 이름의 변수에 "일요일"에서 "토요일"까지의 7개의 문자열을 저장할 때에는 다음과 같이 사용한다.

Array의 사용	String의 사용
Dim array( ) As Object = {"일요",_ "월요", "화요", "수요", "목요",_ "금요", "토요"} Dim array() As Integer = {10, 20, 30,_ 40, 50}	Dim Yoil (6) As String Yoil(0) = "일요" Yoil(1) = "월요" Yoil(2) = "화요" Yoil(3) = "수요" Yoil(4) = "목요" Yoil(5) = "금요" Yoil(6) = "토요"

위의 코드에서 변수를 Object 형으로 선언하고 Array함수를 사용하는 편이 간단하다는 것을 알 수 있으며 Object 형 많은 메모리를 소비하므로 연산속도가 늦어지는 결점이 있다.

배열첨 자에 의해 제한된 출력 프로그램을, 아래 내용을 참조하여 프로그램을 작성하시오.

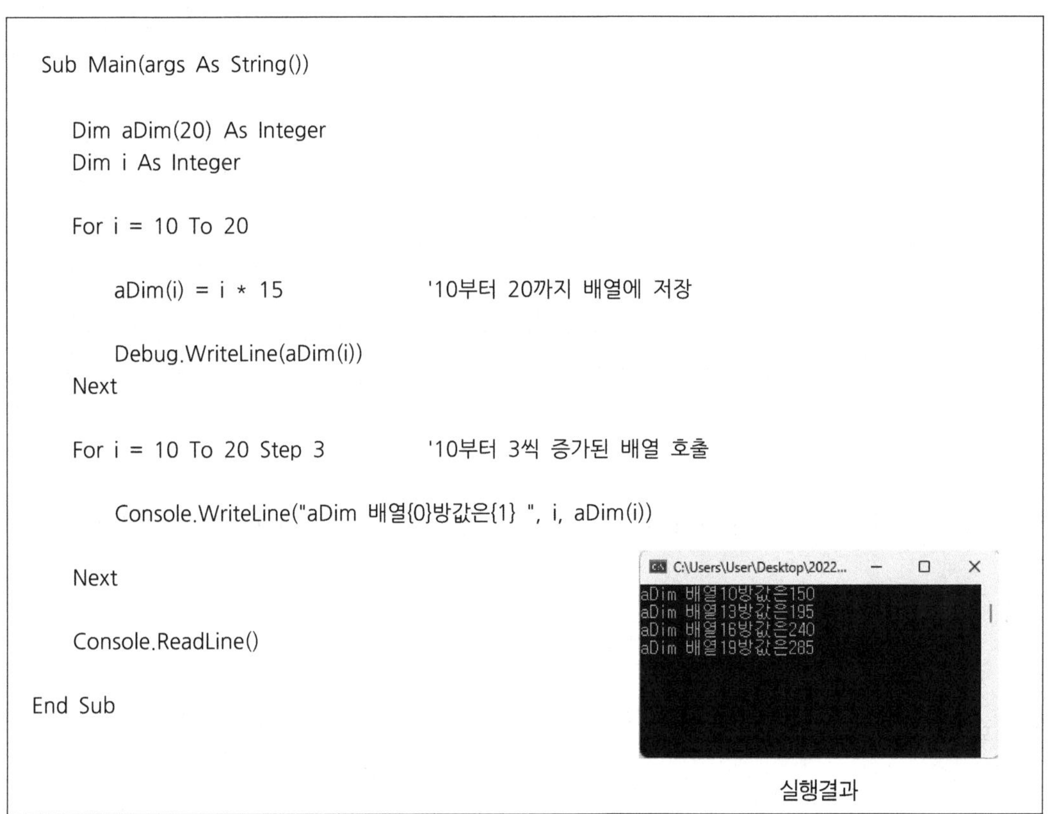

```
Sub Main(args As String())

    Dim aDim(20) As Integer
    Dim i As Integer

    For i = 10 To 20

        aDim(i) = i * 15              '10부터 20까지 배열에 저장

        Debug.WriteLine(aDim(i))
    Next

    For i = 10 To 20 Step 3           '10부터 3씩 증가된 배열 호출

        Console.WriteLine("aDim 배열{0}방값은{1} ", i, aDim(i))

    Next

    Console.ReadLine()

End Sub
```


실행결과

3) 다차원의 배열 작성

Visual Basic 2022에서는 최대 32차원 배열까지 선언이 가능하고 두 개 이상의 첨자를 이용하여 다차원의 배열을 선언할 수 있습니다. 2차원 배열을 예로 들면

```
Dim DateTable(8, 12) As Integer
```

라고 지정하면 8×12의 2차원의 배열을 작성할 수 있다.

아래에서 정의한 것처럼 2차원의 배열은 표 형식으로 1993년부터 1999년까지의 7년간 각 달의 매출액을 저장하여 사용할 수 있고 1998년 10월의 매출액은 DateTable(5, 9)의 값은 25000이 적용된다.

```
Dim DateTable(0 to 6, 0 to 11) As Long
```

월 \ 년		1993 0	1994 1	1995 2	1996 3	1997 4	1998 5	1999 6
1	0							
2	1							
3	2							
4	3							
5	4							
6	5							
7	6							
8	7							
9	8							
10	9						25000	
11	10							
12	11							

※ 3차원 배열의 작성

아래와 같이 지점 5개를 추가하여 지정하면 5×7×12의 3차원의 배열을 작성할 수 있으며

```
Dim DateTable(0 to 4, 0 to 6, 0 to 11) As Long
```

정의된 배열로

Dim DateTable(1, 4, 9)은 부산지점의 1997년 10월의 판매액
Dim DateTable(2, 4, 9)은 인천지점의 1997년 10월의 판매액

과와 같이 사용할 수 있으나 차원의 수를 많게 지정하면 그만큼 메모리 소비량이 증가한다. 배열 5×7×12로 작성하면 그 배열의 요소는 420개가 되며 420개의 변수를 한 번에 작성한 것과 같은 결과가 나타난다.

4) 배열의 삭제

이용하지 않게 된 배열을 삭제하거나 다시 한번 초기화를 실행하기 위해서는 Erase 스테이트먼트를 이용한다.

```
Erase 〈배열명 1〉, 〈배열명 2〉, …
```

성적 리스트를 참조하여 과목 평균과 순위가 출력되는 프로그램을 작성하시오.

	n(i, 0)	n(i, 1)	n(i, 2)	n(i, 3)	n(i, 4)	n(i, 5)
	Name	English	Math	Science	Sum	Order
i=0	Hon Kil Dong	90	93	80	?	?
i=1	Kim Gwang Ju	80	95	82		
i=2	Park Kyung Rye	95	92	83		
i=3	Koh Young Ja	88	88	77		
i=4	Jun Hyun Ja	70	95	93		

성적 리스트

```
Sub Main(args As String())
    Dim n(0 To 6, 5) As Object
    Dim i, j, SukCha As Integer

    ' 배열의요소값초기화
    n(0, 0) = "Hon Kil Dong   " : n(0, 1) = 90 : n(0, 2) = 93 : n(0, 3) = 80
    n(1, 0) = "Kim Gwang Ju   " : n(1, 1) = 80 : n(1, 2) = 95 : n(1, 3) = 82
    n(2, 0) = "Park Kyung Rye" : n(2, 1) = 95 : n(2, 2) = 92 : n(2, 3) = 83
    n(3, 0) = "Koh Young Ja   " : n(3, 1) = 88 : n(3, 2) = 88 : n(3, 3) = 77
    n(4, 0) = "Jun Hyun Ja    " : n(4, 1) = 70 : n(4, 2) = 95 : n(4, 3) = 93

    For i = 0 To 4                    'i번 학생에 대한 합계구하기

        n(i, 4) = n(i, 1) + n(i, 2) + n(i, 3)

    Next

    For i = 0 To 4                    'i번 학생의 석차 구하기

      SukCha = 1

      For j = 0 To 4

         If n(j, 4) > n(i, 4) Then

            SukCha = SukCha + 1

         End If

      Next

        n(i, 5) = SukCha

    Next

    '성적출력
    Console.WriteLine("{0}{1}{2}{3}{4}{5}", "Name", "English", "Math", "Science", "Sum", "Order")

    For i = 0 To 4

    Console.WriteLine("{0}{1}{2}{3}{4}{5}", n(i, 0), n(i, 1), n(i, 2), n(i, 3), n(i, 4), n(i, 5))

    Next

    Console.ReadLine()

 End Sub
```

```
C:\Users\User\Desktop\2022VB_EX_SAMPLE\EX2_9\EX2_9_Sample\EX...
Name           English  Math   Science   Sum   Order
Hon Kil Dong      90     93       80     263     2
Kim Gwang Ju      80     95       82     257     4
Park Kyung Rye    95     92       83     270     1
Koh Young Ja      88     88       77     253     5
Jun Hyun Ja       70     95       93     258     3
```

성적처리 결과

2.10 다이얼로그 메소드와 컨트롤

Visual Basic 2022에서는 응용 프로그램에 연결하여 편리한 다이얼로그 상자들이 제공된다. 윈도즈 폼에 응용하려면 속성과 메소드를 정의하여야 한다.

1) OpenFileDialog 컨트롤

여러 응용 프로그램에서 파일 데이터를 처리하기 위해 파일을 열거나 저장할 필요가 있다. 프레임 워크에서는 공통으로 사용할 수 있는 OpenFileDialog와 SaveFileDialog 컨트롤 등이 지원된다.

① OpenFileDialog 속성

OpenFileDialog 속성	대화상자의 기능
AddExtension	대화 상자가 파일 이름에 확장명을 자동으로 추가여부 정의
FileName	선택한 파일 이름을 포함하는 문자열을 가져오거나 설정
FileNames	대화 상자에서 선택한 모든 파일의 파일 이름을 호출
Filter	"파일 형식으로 저장" 또는 "파일 형식" 상자에 표시되는 선택 옵션을 결정
FilterIndex	선택한 필터의 인덱스를 가져오거나 설정
Multiselect	여러 파일을 선택할 수 있는지 여부를 설정
InitialDirectory	초기 디렉터리를 가져오거나 설정
Title	파일 대화 상자 제목을 가져오거나 설정

② OpenFileDialog 메서드

OpenFileDialog 메서드	메서드의 기능
Dispose()	Component에서 사용하는 모든 리소스를 해제
Equals(Object)	지정한 개체가 현재 개체와 같은지 여부를 확인
GetType()	현재 인스턴스의 Type을 호출
OpenFile()	사용자가 선택한 파일을 읽기 전용 권한을 사용
Reset()	모든 속성을 기본 값으로 다시 설정
ShowDialog()	기본 소유자로 일반 대화 상자를 실행

2) SaveFileDialog 컨트롤

SaveFileDialog 컨트롤은 파일이 열려있는 경우에 사용할 수 있으며 파일을 다른 이름으로 저장할 이름을 지정할 수 있는 공용 대화상자를 나타낸다.

① SaveFileDialog 속성

OpenFileDialog와 SaveFileDialog 컨트롤의 속성은 비슷하나 Open에서 사용하지 않는 속성만을 정의한다.

SaveFileDialog 속성	대화상자의 기능
CheckFileExists	존재하지 않는 파일 이름이 지정된 경우 경고 표시여부 정의
CreatePrompt	존재하지 않는 파일이 지정된 경우 파일 생성여부 정의
DefaultExt	기본 확장명 문자열을 지정하는 값을 가져오도록 설정
OverwritePromp	이미 존재하는 파일 이름이 지정된 경우 경고를 표시여부
SafeFileName	선택한 파일의 파일 이름만 들어 있는 문자열 호출

② SaveFileDialog 메서드

SaveFileDialog 메서드	메서드의 기능
OpenFile()	사용자가 SaveFileDialog를 사용하여 선택한 파일 이름에 대한 읽기-쓰기 파일 스트림을 정의
Reset()	모든 SaveFileDialog 속성을 기본 값으로 다시 설정

다이얼로그 상자를 이용하여 간이 메모장 프로그램을 작성한다.

폼에 대한 개체의 특성

개체의 종류	개체의 이름	Text
TextBox	TxtFile	
RichTextBox	RtxtMemo	
Button	BtnOpen	Open
Button	BtnSave	Save
Button	BtnEnd	End

간이 메모장
TextBox
파일표시
RichTextBox
Open
Save
End

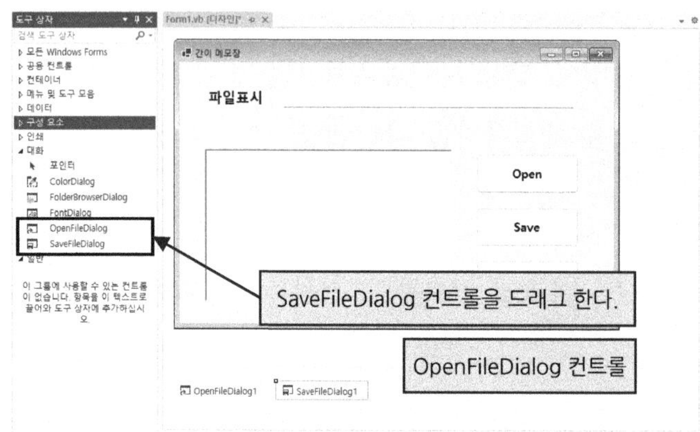

도구상자를 이용한 다이얼로그 상자의 추가

```
Public Class Form1

  Private strFileName As String                                    '변수 및 객체선언

  Private Sub BtnOpen_Click......Handles CmdOpen.Click             'Open 버튼의 클릭

   With OpenFileDialog1                                            'OpenFileDialog의 속성정의
     .Filter = "Text Documents (*.txt)|*.txt|All Files (*.*)|*.*"  '파일 형식의 적용
     .FilterIndex = 1                                        '파일형식의 정의 중 *.txt를 초기값
     .Title = "Demo Open File Dialog"                        'OpenFileDialog 대화상자의 Text 정의
   End With

                                                    'OpenFileDialog 대화상자의 표시
   If OpenFileDialog1.ShowDialog = DialogResult.OK Then

      Try
        strFileName = OpenFileDialog1.FileName          '경로와 파일이름 호출

        TxtFile.Text = strFileName                      '경로와 파일이름을 파일표시 TextBox에 출력

        Dim fileContents As String

                                                        '호출된 파일의 내용전달
        fileContents = My.Computer.FileSystem.ReadAllText(strFileName)
        RtxtMemo.Text = fileContents                    '호출된 파일의 내용을 RichTextBox에 출력

       Catch ex As Exception                            '예외가 발생될 경우 메시지 출력

          MessageBox.Show(ex.Message, My.Application.Info.Title, MessageBoxButtons.OK,_
          MessageBoxIcon.Error)

       End Try
    End If
   End Sub
```

```
Private Sub BtnSave_Click......Handles BtnSave.Click          'Save 버튼의 클릭

 With SaveFileDialog1                                          'OpenFileDialog의 속성 정의

   .DefaultExt = "txt "
   .FileName = strFileName                                         '호출파일 이름의 상속
   .Filter = "Text Documents (*.txt)|*.txt|All Files (*.*)|*.*"    '파일 형식의 적용
   .FilterIndex = 1                                            '파일 형식의 정의 중 *.txt를 초기값
   .OverwritePrompt = True                                     '겹쳐 쓰기 대화상자 사용
   .Title = "Demo Save File Dialog"                            'SaveFileDialog 대화상자의 Text정의

 End With
                                                               'SaveFileDialog 대화상자의 표시
 If SaveFileDialog1.ShowDialog = DialogResult.OK Then

    Try

      strFileName = SaveFileDialog1.FileName                              '경로와 파일 이름 호출
      My.Computer.FileSystem.WriteAllText(strFileName, RtxtMemo.Text, False) '파일 내용의 저장

    Catch ex As Exception                                    '예외가 발생한 경우 메시지 출력

      MessageBox.Show(ex.Message, My.Application.Info.Title, MessageBoxButtons.OK,_
      MessageBoxIcon.Error)

     End Try

  End If
 End Sub
```

3) FontFileDialog 컨트롤

때때로 출력된 데이터에 폰트를 적용하기 위해 사용된다. Font는 컴퓨터에 기본적으로 적용된 폰트에 한해 사용할 수 있다.

① FontDialog 속성

FontDialog 속성	대화상자의 기능
Color	선택한 글꼴의 색을 정의
Font	선택한 글꼴을 정의
FontMustExist	존재하지 않는 글꼴이나 스타일인 경우 오류발생여부 정의
ShowEffects	취소선, 밑줄 및 텍스트 색 옵션을 사용할 수 있는 컨트롤 정의

② FontDialog 메서드

FontDialog 메서드	메서드의 기능
Reset	모든 대화 상자 옵션을 기본값으로 다시 설정
ToString	현재 선택된 글꼴의 이름이 포함된 문자열을 검색

4) ColorDialog 컨트롤

모든 환경에서 ColorDialog 컨트롤을 사용할 수 있다.

① ColorDialog 속성

ColorDialog 속성	대화상자의 기능
AllowFullOpen	대화 상자를 사용하여 사용자 지정 색을 정의
AnyColor	기본 색 집합에 있는 색 중 사용 가능한 색의 모두 표시 여부
Color	선택한 색을 가져오거나 설정
CustomColorss	대화 상자에 표시된 사용자 지정 색 집합의 사용 여부

② ColorDialog 메서드

ColorDialog 메서드	메서드의 기능
ShowDialog()	기본 소유자로 일반 대화 상자를 실행

작성된 예제 2.10을 이용하여 간이 메모장 프로그램을 추가하여 작성한다.

폼에 대한 개체의 특성

개체의 종류	개체의 이름	Text
Button	BtnOpen	Open
Button	BtnSave	Save
Button	BtnFont	Font
Button	BtnColor	Color
Button	BtnEnd	End

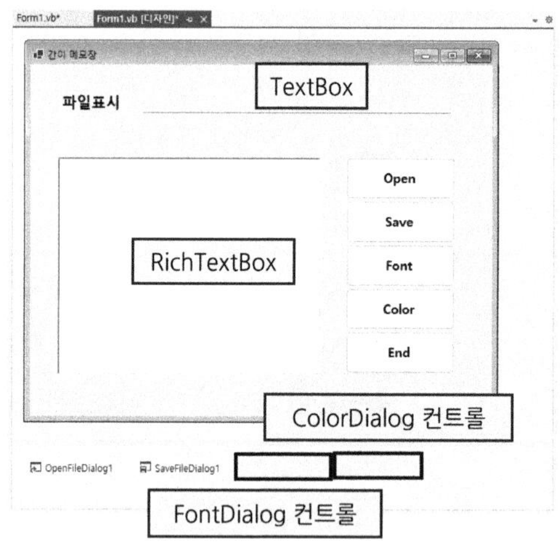

간이 메모장 폼

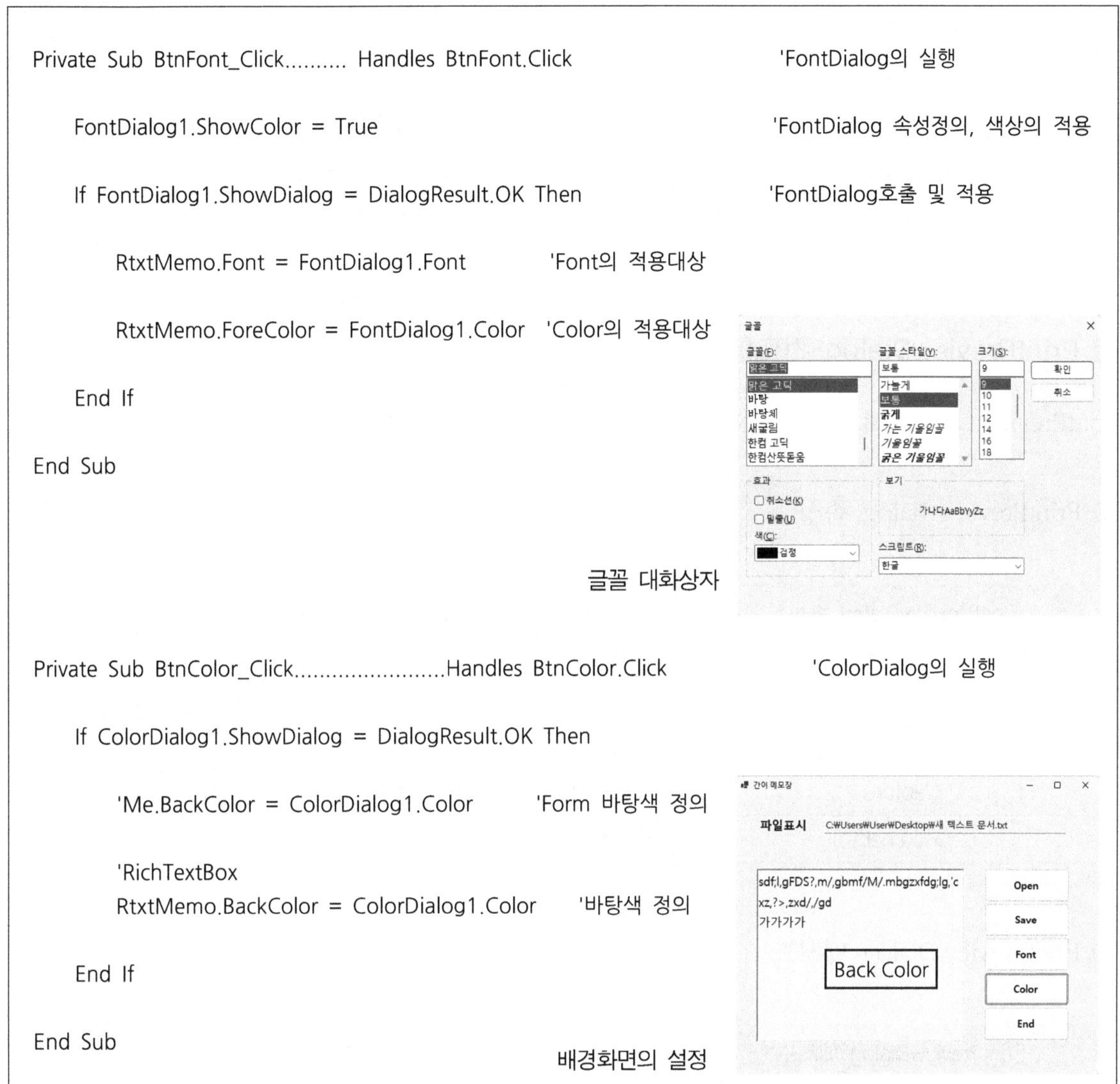

```
Private Sub BtnFont_Click.......... Handles BtnFont.Click             'FontDialog의 실행

    FontDialog1.ShowColor = True                                     'FontDialog 속성정의, 색상의 적용

    If FontDialog1.ShowDialog = DialogResult.OK Then                 'FontDialog호출 및 적용

        RtxtMemo.Font = FontDialog1.Font          'Font의 적용대상

        RtxtMemo.ForeColor = FontDialog1.Color    'Color의 적용대상

    End If

End Sub
```

글꼴 대화상자

```
Private Sub BtnColor_Click........................Handles BtnColor.Click      'ColorDialog의 실행

    If ColorDialog1.ShowDialog = DialogResult.OK Then

        'Me.BackColor = ColorDialog1.Color        'Form 바탕색 정의

        'RichTextBox
        RtxtMemo.BackColor = ColorDialog1.Color      '바탕색 정의

    End If

End Sub
```

배경화면의 설정

5) PrintDialog 컨트롤

모든 응용 프로그램에서 설정된 내용 또는 페이지범위를 사용자가 선택하는 것과 같이 기본 또는 출력내용을 변경하여 출력할 수 있다.

① PrintDialog 속성

PrintDialog 속성	대화상자의 기능
CurrentPageEnabled	현재 페이지를 인쇄하는 옵션이 사용되는지 여부설정
MaxPage	페이지 범위에 허용되는 최대 페이지 번호설정
PrintableAreaHeight	페이지에서 인쇄할 수 있는 영역의 높이를 호출
SelectedPagesEnabled	선택한 페이지를 인쇄하는 옵션이 사용되는지 여부설정

② PrintDialog 메서드

PrintDialog 메서드	메서드의 기능
Equals(Object)	지정한 개체가 현재 개체와 같은지 여부를 확인
ToString	현재 개체를 나타내는 문자열을 반환

6) PrintPreviewDialog 컨트롤

PrintPreviewDialog 대화상자를 이용하여 미리보기 기능을 실행할 수 있다.

① PrintPreviewDialog 속성

PrintPreviewDialog 속성	대화상자의 기능
AutoSizeMode	폼에서 자신의 크기를 자동 조정하는 설정
Bottom	컨트롤의 아래쪽 가장자리와 해당 컨테이너 클라이언트 영역의 위쪽 가장자리 사이의 거리(픽셀)를 호출
Capture	컨트롤이 캡처했는지를 나타내는 값의 사용여부 설정
Document	미리 볼 문서의 사용여부 설정

② PrintPreviewDialog 메서드

PrintPreviewDialog 메서드	메서드의 기능
Focus()	컨트롤에 대한 입력 포커스를 설정

아래와 같은 다이얼로그 상자를 이용하여 출력 프로그램을 작성한다.

폼에 대한 개체의 특성

개체의 종류	개체의 이름	Text
RichTextBox	RtxtMemo	
Button	BtnPrint	인쇄
Button	BtnView	미리보기
Button	BtnEnd	End
PrintDialog1 컨트롤		
PrintDocument1 컨트롤		
PrintPreviewDialog1 컨트롤		

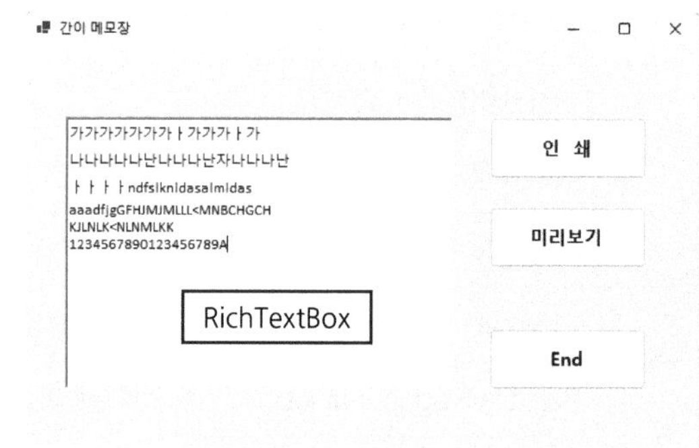

간이 메모장 폼

```
Public Class Form1

    Private Sub BtnPrint_Click........Handles BtnPrint.Click                    'Print 버튼의 실행

        PrintDialog1.Document = PrintDocument1                                  'PrintDocument의 상속
        PrintDialog1.PrinterSettings = PrintDocument1.PrinterSettings
        PrintDialog1.AllowSomePages = True                                      '추가 페이지사용을 허용

        If PrintDialog1.ShowDialog = DialogResult.OK Then                       '프린터 대화상자의 적용

            PrintDocument1.PrinterSettings = PrintDialog1.PrinterSettings
                                                                                'PrintSetting의 상속
            PrintDocument1.Print()                                              'Printer의 실행

        End If

    End Sub
                              '미리보기 버튼의 실행
    Private Sub BtnView_Click........Handles BtnView.Click

                                 'Document의 상속
       PrintPreviewDialog1.Document = PrintDocument1

        PrintPreviewDialog1.ShowDialog()  '미리보기의 실행

    End Sub

    Private Sub PrintDocument1_PrintPage........Handles PrintDocument1.PrintPage  '프린팅 페이지의 설정

        e.Graphics.PageUnit = GraphicsUnit.Millimeter                           '출력 단위의 정의

        e.Graphics.DrawString(RtxtMemo.Text, RtxtMemo.Font, Brushes.Black, 20, 30) '프린팅 형식 정의
                              ' 출력위치        출력폰트          색상    우측여백, 상부여백

    End Sub

    Private Sub BtnEnd_Click(sender As Object, e As EventArgs) Handles BtnEnd.Click

        End

    End Sub

End Class
```

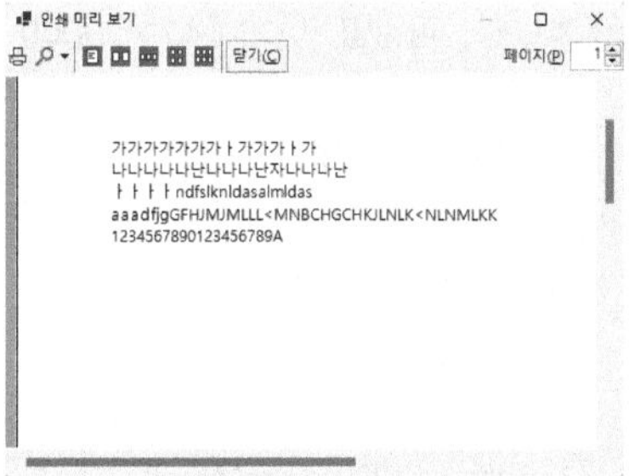

인쇄 미리보기 화면

2.11 시퀀셜 액세스의 조작

데이터를 파일로 저장하거나 저장된 파일을 열 때 일반적으로 시퀀셜 액세스(Sequential Access)를 이용하며 아래의 3가지 방식이 있다.

1) Input 모드

열린 파일을 처음부터 읽어드리며 일정 부분의 파일부터 읽어드리는 것은 허용되지 않는다. 파일번호는 정수로 지정한다.

Input Mode의 구조	Mode의 설명
FileOpen(1, 파일명, OpenMode.Input)	파일의 Open 스테이트먼트
Do Until EOF(1)	
recMem = recMem + 1	배열의 증가
Input(1, PER(0, recMem)) .... Input(1, PER(6, recMem))	Input 스테이트먼트 파일을 읽어드림
Loop	
FileClose (1) ' 1 : 파일번호	파일종료 스테이트먼트

2) Output 모드

열린 파일을 처음부터 순서에 따라 파일에 저장되며 이미 저장되었던 자료를 모두 삭제되고 새로운 데이터로 교체된다.

Output Mode의 구조	Mode의 설명
FileOpen(1, 파일명, OpenMode.Output)	저장파일의 Open 스테이트먼트
For i = 1 To recMem	
Write(1, PER(0, i),n...... , PER(6, i))	Write를 이용하여 1행 분 자료를 저장한다.
Next I	
FileClose (1) ' 1 : 파일번호	파일종료 스테이트먼트

3) Append 모드

열린 파일 자료의 마지막에 데이터는 추가되므로 이미 저장되었던 자료는 유지되고 새로운 데이터가 추가된다.

Append Mode의 구조	Mode의 설명
FileOpen(1, 파일명, OpenMode.Append)	저장파일의 Open 스테이트먼트
Write(1, PER(0, i),n...... , PER(6, i))	Write를 이용하여 1행 분 자료를 추가로 저장한다.
.... FileClose (1) ' 1 : 파일번호	파일종료 스테이트먼트

개인별 정보를 관리할 수 있는 프로그램을 작성하고 또한 작성된 결과를 파일(D:₩개인정보.TXT)에 저장되는 프로그램을 작성하시오.

폼에 대한 개체의 특성

개체의 종류	개체의 이름	Caption
TextBox	TxtName	
TextBox	TxtBirth	
ComboBox	CboClass	
ListBox	LstHome	
RadioButton	RbtnMan	남성
RadioButton	RbtnWoman	여성
CheckBox	ChkCom	컴퓨터 소유
CheckBox	ChkHand	휴대폰 소유
GroupBox	GupBox	성별
Button	BtnAccept	등록
Button	BtnEnd	종료
Button	BtnSave	파일저장
Button	BtnFor	>> (전진)
Button	BtnBack	<< (후진)

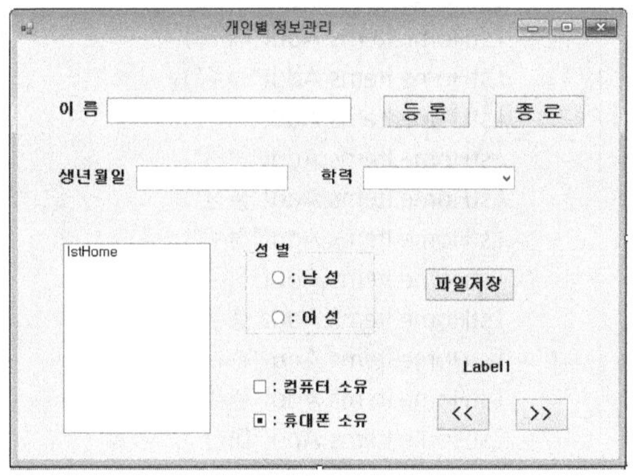

개별정보관리 폼

※ 라디오 버튼(Radio Button)과 체크 버튼(Check Button)

하나의 Frame에 작성된 여러 개의 라디오 버튼에서 오직 하나만이 선택되나 이에 반해 체크 버튼은 여러 개의 체크 버튼에 선택할 수 있다. 또한 옵션버튼은 ON/OFF 상태를 취득하거나 0/1로 설정값을 지정할 수 있다.

※ **콤보 박스(Combo Box)와 리스트 박스(List Box)**

콤보 박스는 TextBox+ListBox의 형태로 원하는 문자열을 입력하거나 목록상자에 원하는 항목을 선정할 수 있다. 이에 반에 리스트 박스는 원하는 문자열을 입력할 수 없으나 목록상자에서 입력항목을 선택할 수 있다.

Step.1 Load 폼의 설계 : 리스트와 콤보 박스의 선택 내용을 설정한다.

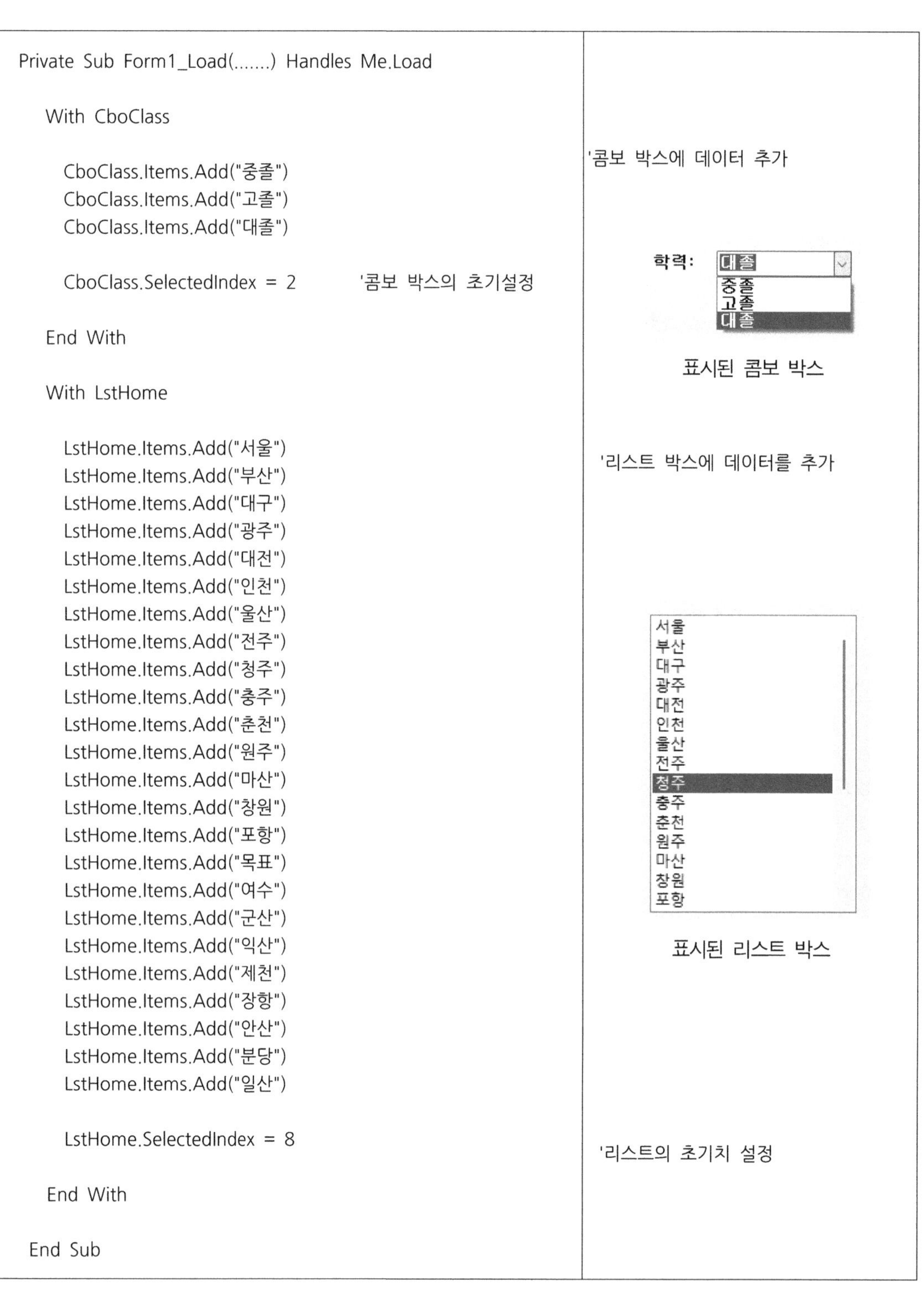

```
Private Sub Form1_Load(.......) Handles Me.Load

    With CboClass
                                                        '콤보 박스에 데이터 추가
      CboClass.Items.Add("중졸")
      CboClass.Items.Add("고졸")
      CboClass.Items.Add("대졸")

      CboClass.SelectedIndex = 2        '콤보 박스의 초기설정

    End With

    With LstHome
                                                        '리스트 박스에 데이터를 추가
      LstHome.Items.Add("서울")
      LstHome.Items.Add("부산")
      LstHome.Items.Add("대구")
      LstHome.Items.Add("광주")
      LstHome.Items.Add("대전")
      LstHome.Items.Add("인천")
      LstHome.Items.Add("울산")
      LstHome.Items.Add("전주")
      LstHome.Items.Add("청주")
      LstHome.Items.Add("충주")
      LstHome.Items.Add("춘천")
      LstHome.Items.Add("원주")
      LstHome.Items.Add("마산")
      LstHome.Items.Add("창원")
      LstHome.Items.Add("포항")
      LstHome.Items.Add("목표")
      LstHome.Items.Add("여수")
      LstHome.Items.Add("군산")
      LstHome.Items.Add("익산")
      LstHome.Items.Add("제천")
      LstHome.Items.Add("장항")
      LstHome.Items.Add("안산")
      LstHome.Items.Add("분당")
      LstHome.Items.Add("일산")

      LstHome.SelectedIndex = 8
                                                        '리스트의 초기치 설정
    End With

  End Sub
```


표시된 콤보 박스

표시된 리스트 박스

콤보 박스의 초기 선택 옵션은 아래와 같은 방법으로 정의할 수 있다.

ComboBox Option	Option의 의미
CboClass.Items.Add("test1") CboClass.Items.Add("test2") CboClass.Items.Add("test3")	'콤보 박스에 데이터 추가
CboClass.SelectedIndex = 1 CboClass.SelectedItem = "test3" CboClass.SelectedItem = ComboBox1.Items(1) CboClass.SelectedInde= ComboBox1.FindStringExact("test3")	'콤보 박스의 초기 설정 '문자열의 적용 'Item의 적용 '문자열의 확장 적용

① 콤보와 리스트 박스의 속성

ComboBox Option 속성	속성의 기능
SelectedIndex	현재 선택 항목에서 첫 번째 항목의 인덱스를 가져오거나 설정
SelectionBoxItem	선택 상자에 표시된 항목을 호출
Text	현재 선택된 항목의 텍스트를 가져오거나 설정
Visibility	이 요소의 user interface (UI) 표시 여부를 가져오거나 설정

② 콤보와 리스트 박스의 메서드

ComboBox Option 메서드	메서드의 기능
AddChild(Object)	지정된 개체를 ItemsControl 개체의 자식으로 추가
CreateControl()	핸들과 모든 표시되는 자식 컨트롤을 포함하여 표시할 수 있는 컨트롤을 강제로 정의

Step.2 선언과 서브 프로시저의 작성

① 선언부의 작성

```
Public Class Form1                                  '변수를 정의한다.

  Private PER(6, 100) As String                     '데이터를 저장하는 배열
  Private recNum As Integer                         '현재 표시되어 있는 행(레코드)
  Private recMem As Integer                         '등록 건수

  Const PERFile As String = "D:₩개인정보.TXT"        '파일의 저장경로 정의
```

② 새로운 데이터의 작성

Sub NewData()
 	
    TxtBoxName = ""
    TxtBoxBrith.Text = ""
    optMan.Checked = True
    ChkCom.Checked = 0
    ChkHand.Checked = 0
 	
End Sub
	'새로운 데이터를 위한 초기화
	
	'컨트롤의 내용을 삭제한다.
	
	'컨트롤의 속성설정
	'Check Box를 Off 상태로 설정

③ 작성된 데이터의 획득

Sub GetData()
 	
    TxtBoxName.Text = PER(0, recNum)
    TxtBoxBrith.Text = PER(1, recNum)
    CboClass.SelectedIndex = Val(PER(2, recNum))
    LstHome.SelectedIndex = Val(PER(3, recNum))
 	
    If PER(4, recNum) = "1" Then
 	
        RbtnMan.Checked = True
 	
      Else
 	
        RbtnWoman.Checked = True
 	
    End If
 	
    ChkCom.Checked = CBool(PER(5, recNum))
    ChkHand.Checked = CBool(PER(6, recNum))
 	
End Sub
	'파일에서 배열의 데이터를 취득하여 컨트롤에 저장
	
	'남성 또는 여성을 표시
	
	''====== 함수수정 =====>>>.

④ 작성된 데이터의 저장

Sub SetData()
 	
    PER(0, recNum) = TxtBoxName.Text
    PER(1, recNum) = TxtBoxBrith.Text
    PER(2, recNum) = Trim(Str(CboClass.SelectedIndex))
    PER(3, recNum) = Trim(Str(LstHome.SelectedIndex))
	'배열에 데이터를 저장

``
    If RbtnMan.Checked = True Then
 	
        PER(4, recNum) = "1"
 	
      Else
 	
        PER(4, recNum) = "0"
 	
    End If
 	
    PER(5, recNum) = Trim(Str(ChkCom.Checked))
    PER(6, recNum) = Trim(Str(ChkHand.Checked))
 	
End Sub
``
	'남성은 1로 여성은 0으로 저장

※ 문자열 처리함수

아래 표와 같이 문자열 처리함수를 이용하여 문자열의 속성을 변경하거나 함수의 반환값을 변경한다.

문자열 함수	함수의 기능
LCase(문자열) UCase(문자열)	문자열을 영문소문자로 변환 문자열을 영문대문자로 변환
Left(문자열, n) Right(문자열, n) Mid(문자열, m, n)	문자열의 왼쪽 n개의 문자 문자열의 오른쪽 n개의 문자 문자열 m번째 n개의 문자, n을 생략하면 m번째 이후 모든 문자
LTrim(문자열) RTrim(문자열) Trim(문자열)	문자열의 왼쪽 공란을 제거한 문자열 문자열의 오른쪽 공란을 제거한 문자열 문자열의 오른쪽과 왼쪽 공란을 제거한 문자열
Len(문자열)	문자열의 길이(바이트 수)
InStr([n,] 문자열1, 문자열2)	문자열 2가 문자열 1에 포함되어 있는지를 조사하며 n은 문자열 1의 검색 시작위치를 설정한다. 예) Msg = "비주얼 베이식은 좋은 프로그램 언어이다." InStr(Msg, 좋은) = 10, InStr(Msg, 자바) = 0

Step.3 Load 폼에 이벤트 추가

Step.1에서 작성된 코드에 작성되어 저장된 파일이 연동될 수 있도록 프로그램을 아래와 같이 추가한다.

```
..................
..................
  LstHome.SelectedIndex = 8

End With

If Dir(PERFile) = "" Then                    '파일이 존재 여부를 체크

  NewData()                                  '변수의 초기 과 백지의 화면 표시
  recNum = 0
  recMem = 0

  LblIndex.Text = "1/신규"

Else                                         '파일이 존재하는 경우

  recMem = 0                                 '초기 행 설정

  FileOpen(1, PERFile, OpenMode.Input)       '데이터를 읽어 들인다.

  Do Until EOF(1)

     recMem = recMem + 1

     Input(1, PER(0, recMem))
     Input(1, PER(1, recMem))
     Input(1, PER(2, recMem))
     Input(1, PER(3, recMem))
     Input(1, PER(4, recMem))
     Input(1, PER(5, recMem))
     Input(1, PER(6, recMem))

  Loop

  FileClose(1)

  recNum = 1                                 '최초의 데이터를 화면에 표시

  GetData()

  LblIndex.Text = Trim(Str(recNum)) & "/" & Trim(Str(recMem))

     End If

 End Sub
```

Step.4 Button 아이콘에 의한 이벤트 추가

① 등록아이콘에 의한 이벤트

Private Sub BtnAccept_Click......Handles BtnAccept.Click	
SetData()	'데이터를 배열에 저장
If recNum > recMem Then	
recMem = recMem + 1	
lblIndex.Text = Trim(Str(recNum)) & "/" & Trim(Str(recMem))	
End If End Sub	

② 전진 아이콘에 의한 이벤트

Private Sub BtnFor_Click......Handles BtnFor.Click	
If recNum = 100 Then	'100행(레코드)에 도달하면 실행정지
Exit Sub	
End If	
Select Case recNum	
Case Is = recMem	'등록 건수에 도달하면 백지의 화면으로 표시
NewData()	
recNum = recMem + 1	
lblIndex.Text = Trim(Str(recNum)) & "/신규"	
Case Is < recMem	'다음 배열의 데이터를 컨트롤에 표시
recNum = recNum + 1	
GetData()	
lblIndex.Text = Trim(Str(recNum)) & "/" _ & Trim(Str(recMem))	
End Select TxtBoxName.Focus() End Sub	'삽입 포인터(포커스)를 텍스트 박스로 이동

③ 후진아이콘에 의한 이벤트

Private Sub BtnBack_Click......Handles BtnBack.Click	
If recNum = 0 Then	'선두 행(레코드)일 때는 정지
Exit Sub	
End If	
recNum = recNum - 1	'앞의 배열 데이터를 컨트롤에 표시
GetData()	
lblIndex.Text = Trim(Str(recNum)) & "/" &_ Trim(Str(recMem))	
TxtName.Focus()	'삽입 포인터를 텍스트 박스로 이동
End Sub	

④ 파일저장아이콘에 의한 이벤트

Private Sub BtnSave_Click......Handles cmdBack.Click	
Dim i As Integer	'변수를 정의
MsgBox("[" & PERFile & "]으로 저장합니다.")	'확인 메시지를 표시
FileOpen(1, PERFile, OpenMode.Output)	'배열에 저장되어 있는 데이터를 저장
For i = 1 To recMem	
Write(1, PER(0, i), PER(1, i), PER(2, i),_ PER(3, i), PER(4, i), PER(5, i), PER(6, i))	
Next i	
FileClose(1)	
End Sub	

2.12 클래스의 이해

객체(Object)는 실행할 프로그램을 표현하고 프로그램의 수행 작업을 쉽게 할 수 있도록 만드는 프로그램의 구조를 의미한다. 클래스는 객체(Object)를 모듈(덩어리)로 나타내며 클래스는 유사한 속성과 메소드 그리고 이벤트라는 특성이 있다.

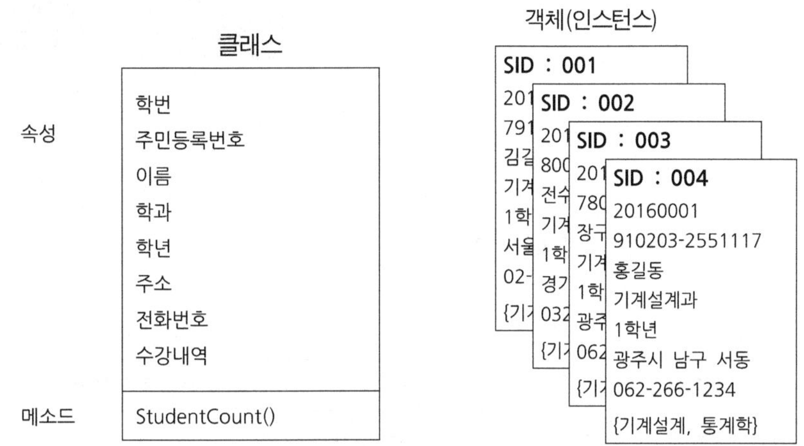

그림 2.17 클래스와 객체의 특성

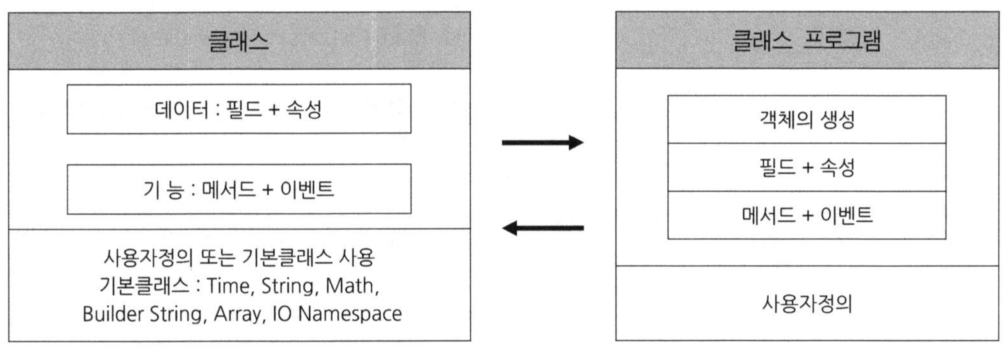

그림 2.18 클래스와 객체의 정의

클래스는 사용자에 의해 정의되거나 Visual Basic 프로그램에서 지원되는 기본클래스를 이용하여 프로그램할 수 있다.

2.12.1 클래스의 정의

클래스는 그림 2.18과 같이 클래스와 클래스 프로그램으로 정의한다.

클래스에 정의된 전역변수를 이용하여 아래에 정의된 문자를 콘솔에 출력하시오. (새 프로젝트에서 콘솔 응용 프로그램을 선택한다.)

클래스의 추가(Popup 메뉴에서 추가 ➡ 클래스)

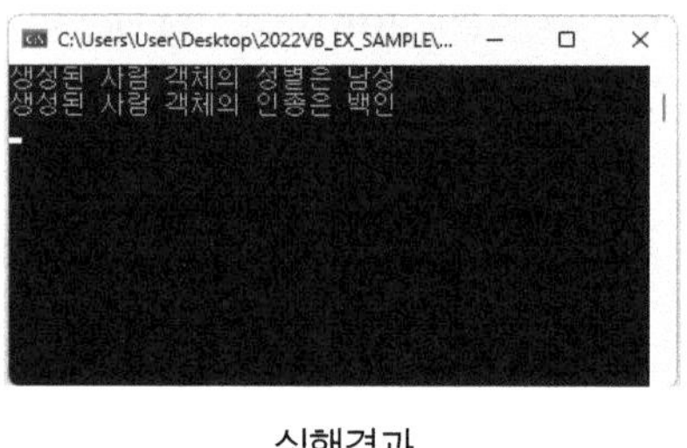

실행결과

클래스의 정의	클래스 프로그램의 정의
Public Class Class1 '전역변수의 정의 Public ObjSex As String Public ObjSkin As String End Class 클레스 정의: [전역변수의 정의] —전역변수 호출→ 콘솔프로그램: [전역변수를 이용한 결과출력]	Imports System Module Program Sub Main() '객체를 생성한다. Dim Man As Class1 = New Class1 Man.ObjSex = " 남성" '변수 값을 정의한다. Man.ObjSkin = " 백인" '실행결과를 콘솔화면에 출력한다. Console.WriteLine("생성된 사람 객체의 성별은_ {0}", Man.ObjSex) Console.WriteLine("생성된 사람 객체의 인종은"_ & Man.ObjSkin) Console.ReadLine() '콘솔화면에 출력을 유지한다. End Sub End Module

2.12.2 클래스의 다형성(Overloading) 정의

다형성이란 "여러 개의 메시지에 대해 클래스가 각각의 방법으로 적용하는 행위"로 이 다양성을 나타내는 것을 오버 로딩이라 하고 객체에 다른 속성의 인수에 따라 처리 방법을 다르게 적용된다.

다음 예제와 같이 인수의 자료형에 따라 정수형 또는 문자열로 연산할 수 있는 예제프로그램을 작성하시오.

개체별 속성정의

순	개체명	속성명
1	TxtBox1	TextBox
2	TxtBox2	TextBox
3	TxtBox3	TextBox
4	BtnNum	Button
5	BtnChar	Button
6	BtnEnd	Button

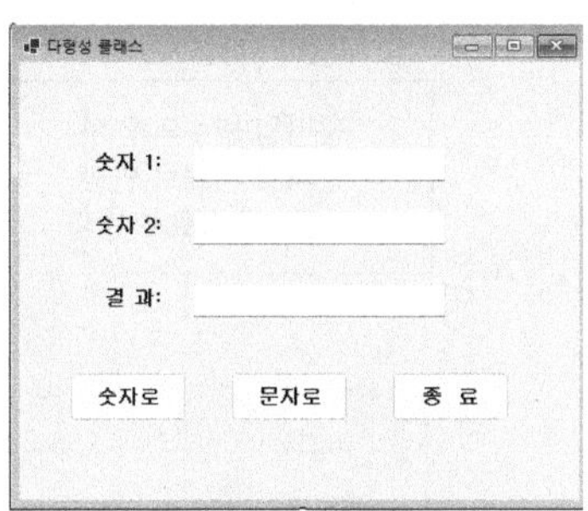

프레임의 설계

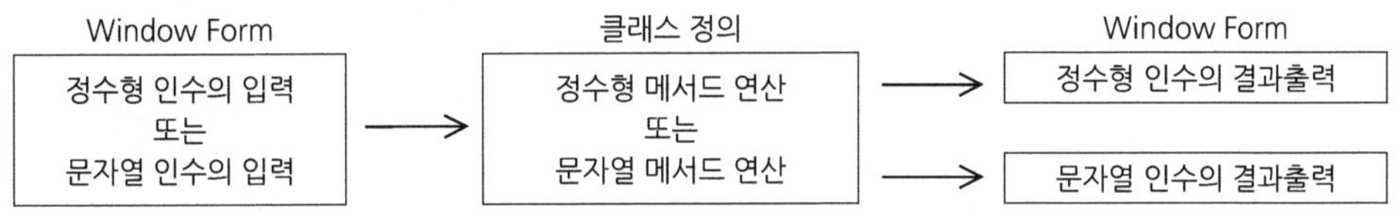

클래스의 정의

```
Public Class Class1
                                  '정수형 인수의 실행
  Public Function Multi_test(ByVal a As Integer,_
         ByVal b As Integer) As Integer

    Multi_test = a + b            '두 수의 합을 구한다.

  End Function
                                  '문자열 인수의 실행
  Public Function Multi_test(ByVal a As String,_
     ByVal b As String, ByVal c As String) As String

    Multi_test = a & b & c        '문자열을 합친다.

  End Function

End Class
```

숫자 1 22
숫자 2 22
결 과 44

정수형 연산 결과

숫자 1 22
숫자 2 22
결 과 22 & 22

문자열 연산 결과

클래스 프로그램의 정의(Window Form)

```
Public Class form1
                                  '다형성 클래스를 정의한다.
 Dim 다형성 As New Class1
                                  '문자열로 버튼 이벤트
 Private Sub BtnChar_Click....... BtnChar.Click

     Dim a, b As String

     a = TxtBox1.Text
     b = TxtBox2.Text

            '다형성 객체의 Class1의 메서드를 호출
     TxtBox3.Text = 다형성.Multi_test(a, " &  ", b)

    End Sub
                                  '숫자로 버튼 이벤트
 Private Sub BtnNum_Click....... BtnNum.Click

     Dim a, b As Integer
                                  '입력된 값을 정수형으로 변환
     a = Val(TxtBox1.Text)
     b = Val(TxtBox2.Text)

            '다형성 객체의 Class1의 메서드를 호출
     TxtBox3.Text = Str(다형성.Multi_test(a, b))

    End Sub
End Class
```

다음 예제와 같이 변수의 자료형에 따라 단정도 실수형 또는 문자열로 연산할 수 있는 예제프로그램을 작성하시오.

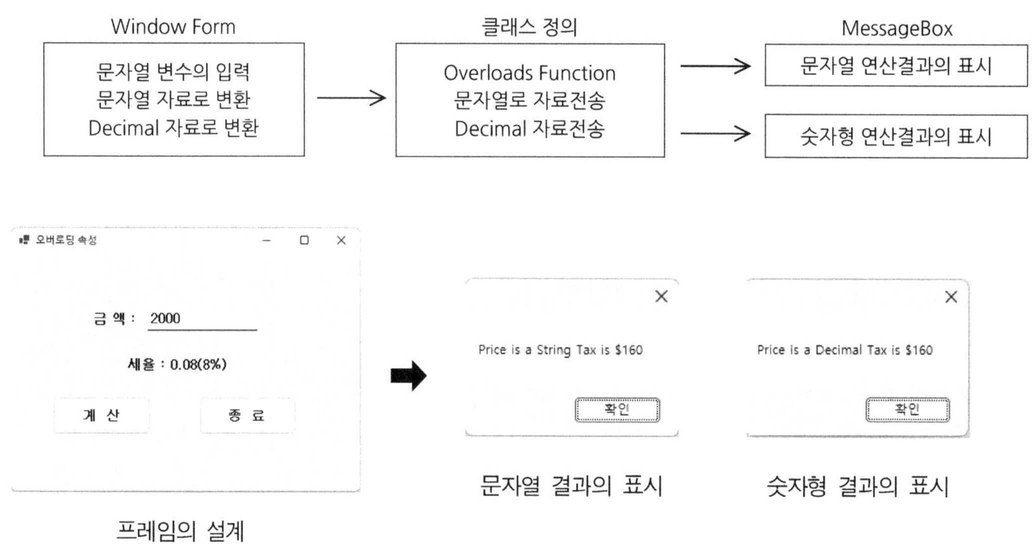

클래스의 정의	클래스 프로그램의 정의(Window Form)
Public Class TaxClass Overloads Function TaxAmount(ByVal decPrice As_ Decimal, ByVal taxRate As Single) As String TaxAmount = "Price is a Decimal Tax is $" &_ (CStr(decPrice * taxRate)) End Function Overloads Function TaxAmount(ByVal strPrice As_ String, ByVal taxRate As Single) As String TaxAmount = "Price is a String Tax is $" &_ CStr(CDec(strPrice) * taxRate) End Function End Class	Imports System.Formats.Asn1 Public Class from1 Private Sub BtnCal_Click......Handles BtnCal.Click Const taxRate As Single = 0.08 Dim strPrice As String Dim decPrice As Decimal Dim Tax_Class As New TaxClass strPrice = TxtBox1.Text decPrice = CDec(TxtBox1.Text) MessageBox.Show(Tax_Class.TaxAmount_ (strPrice, taxRate)) MessageBox.Show(Tax_Class.TaxAmount_ (decPrice, taxRate)) End Sub Private Sub BtnEnd_Click......Handles BtnEnd.Click End End Sub End Class

2.12.3 다른 클래스의 호출(Inherits)

하나의 객체가 있을 때 객체와 유사한 새로운 객체를 생성해야 할 경우 처음부터 다시 만드는 것보다 기존 객체를 확장하여 새로운 객체를 만들 수 있다. 각각의 클래스 간에 상하관계로 연결하는 작업이 상속이라 한다. 이 경우 상속을 부여하는 클래스를 상위클래스라고 부르고 직접 상속 받는 클래스를 하위클래스라고 한다.

다음 예제와 같이 다른 클래스를 호출하여 성적처리가 가능한 예제프로그램을 작성하시오.

순	개체명	속성명
1	TxtBox1	TextBox, 이름
2	TxtBox2	TextBox, 국어
3	TxtBox3	TextBox, 영어
4	TxtBox4	TextBox, 수학
5	TxtBox5	TextBox, 평균

개체별 속성정의

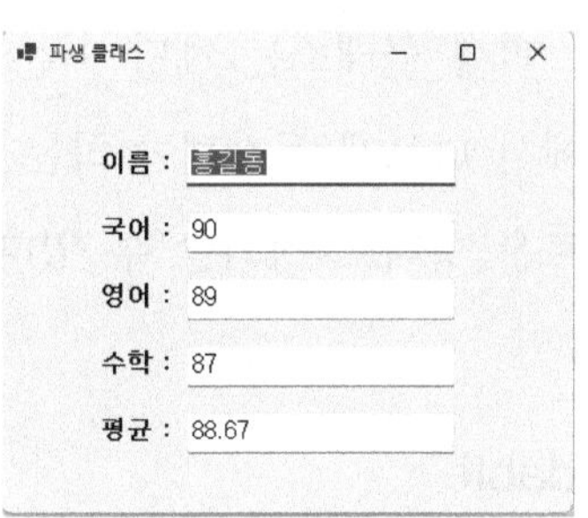

처리결과

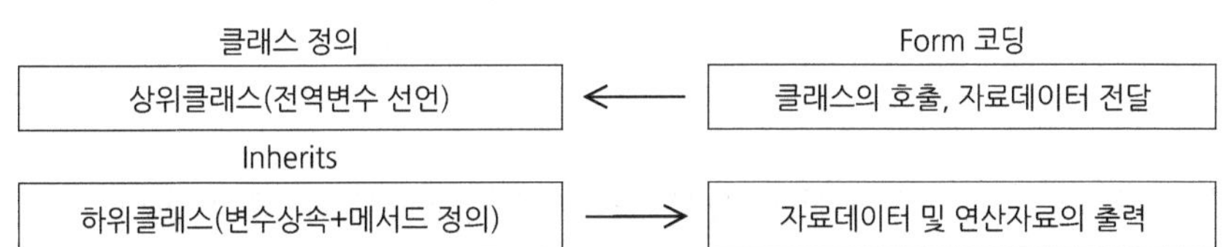

클래스의 정의

```
Public Class Member

  Public name As String      '성명
  Public kor As Integer      '국어성적
  Public eng As Integer      '영어성적
  Public mat As Integer      '수학성적

End Class

Public Class PyoungKyoon

  Inherits Member       ' Member Class를 상속받는다.

  Public Avg As Double      '평균값을 저장하는 변수

  Sub New(ByVal p_name As String, ByVal p_kor As_
          Integer, ByVal p_eng As Integer,_
          ByVal p_mat As Integer)
```

클래스 프로그램의 정의(Window Form)

```
Public Class from1

  Private Sub Form1_Load...... Handles MyBase.Load

    '매개변수로 넘긴 점수의 평균을 구한다.
    Dim man As PyoungKyoon = New PyoungKyoon_
     ("홍길동", 90, 89, 87)

    'TextBox로 자료를 출력한다.
    TxtBox1.Text = man.name
    TxtBox2.Text = man.kor
    TxtBox3.Text = man.eng
    TxtBox4.Text = man.mat
    TxtBox5.Text = man.Avg
```

name = p_name '이름 대입 kor = p_kor '국어 점수 eng = p_eng '영어 점수 mat = p_mat '수학 점수 '세 과목에 대한 평균점수를 구한다. Avg = Val(Format((kor + eng + mat) / 3, "##0.00")) End Sub End Class	End Sub End Class

2.12.4 파생 클래스

기본적으로 파생 클래스는 해당 기본클래스에서 메소드를 상속한다. 상속된 속성이나 메소드가 파생 클래스에서 다르게 동작해야 하는 경우 이를 재정의하여야 한다. 즉 파생 클래스에 해당하는 메소드를 새로운 형태로 정의할 수 있다.

1) Overridable

클래스 속성 또는 메소드를 파생 클래스에서 재정의를 허용한다.

2) Overrides

기본클래스에 정의 되어있는 Overrides 속성 또는 메소드를 다시 정의 한다.

3) NotOverridable

속성 또는 메소드가 상속클래스에서 재정의를 허용하지 않는다. Public 메소드는 NotOverridable 이다.

4) MustOverride

파생 클래스에서 속성 또는 메소드를 재정의해야 한다. MustOverride가 사용되는 경우 메소드 정의는 Sub, Function 또는 Property 문으로만 구성되며 MustOverride 메소드는 MustInherit 클래스에 선언되어야 한다.

다음 예제와 같이 파생 클래스를 이용하여 프로그램을 작성하시오.

개체별 속성정의

순	개체명	속성명
1	TxtBox1	TextBox

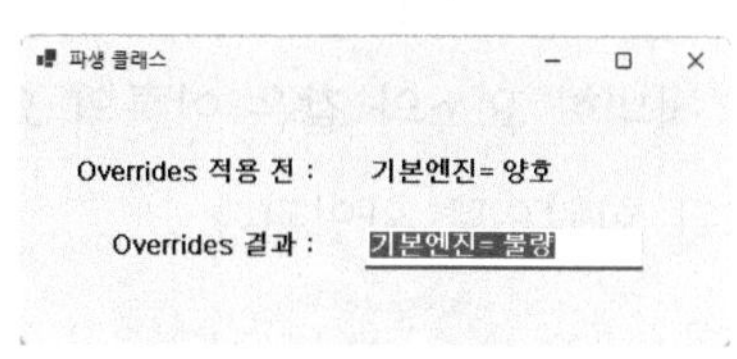

처리결과

클래스 정의

상위클래스 AutoEngine
"기본엔진 = 양호"

Overridable

Inherits AutoEngine

하위클래스 Engine
"기본엔진 = 불량"

Overrides적용 →

Form 코딩

자료의 출력
"기본엔진 = 불량"

클래스의 정의	클래스 프로그램의 정의(Window Form)

Public Class AutoEngine
 	
  Public Overridable Sub info()   '기초클래스
 	
   Form1.TxtBox1.Text = "기본엔진= 양호"
 	
  End Sub
 	
 End Class
 	
Public Class Engine
 	
  Inherits AutoEngine
 	
  Public Overrides Sub info()   '파생클래스
 	
   Form1.TxtBox1.Text = "기본엔진= 불량"
 	
  End Sub
 	
End Class
	Public Class Form1
	
	  Private Sub Form1_Load......Handles MyBase.Load
	
	                '파생클래스의 적용
	   Dim Auto As AutoEngine = New Engine
	
	   Auto.info()
	
	  End Sub
	
	End Class

5) Shadows

Shadows 명령은 선언된 명령의 기본클래스에서 같은 이름의 요소나 오버 로드된 요소를 다시 선언하고 숨기도록 지정한다. 숨김의 목적은 클래스 구성원의 정의를 유지하는 것으로 기본클래스에서는 이미 정의한 요소와 같은 이름의 요소를 만들 때 Shadows 한정 자를 사용하면 클래스를 통해 이미 정의된 회원으로 확인된다.

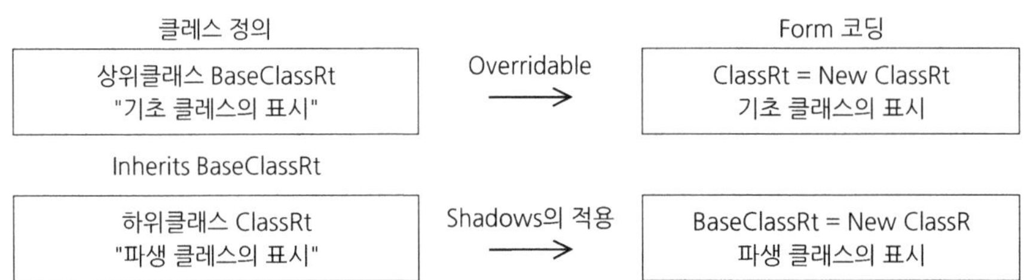

Shadows를 이용한 파생 클래스 프로그램을 작성하고 Shadows와 Overrides의 차이를 확인하시오.

클래스의 정의	클래스 프로그램의 정의(Window Form)
Public Class BaseClassRt '파생클래스를 허용한다. Public Overridable Sub CallRt() Form1.TxtBox1.Text = "기초 클레스의 표시" End Sub End Class Public Class ClassRt Inherits BaseClassRt Public Shadows Sub CallRt() Form1.TxtBox2.Text = "파생 클레스의 표시" End Sub End Class	Public Class Form1 Private Sub Form1_Load......Handles MyBase.Load '파생클래스의 표시 Dim ClsRt As ClassRt = New ClassRt ClsRt.CallRt() '기초클래스의 표시 Dim ClsRt1 As BaseClassRt = New ClassRt ClsRt1.CallRt() End Sub End Class

※ Shadows 또는 Overrides의 적용결과

Shadows의 적용　　　　Overrides의 적용

2.12.5 인터페이스와 이벤트

인터페이스는 실제 객체를 모델링한 것이 아니라 그 기능만을 모아놓은 것으로 해당 기능의 메서드만을 선언해 놓은 추상 메서드의 집합이다. 그러므로 인터페이스를 구현하기 위해 해당 클래스에 메서드를 정의하여야 한다.

인터페이스에는 속성(Attribute), 메서드(Method)와 이벤트 이외의 상수, 선언 및 생성자 등이 포함될 수 없다. 인터페이스의 모든 멤버는 Public으로 공유를 목적으로 한다.

1) Implements

클래스와 인터페이스 간에 상속 관계를 만들어 주기 위하여 Implements를 사용한다. 클래스 안에서 Implements를 호출하면 클래스는 파생 클래스가 되고 인터페이스는 기초클래스가 된다.

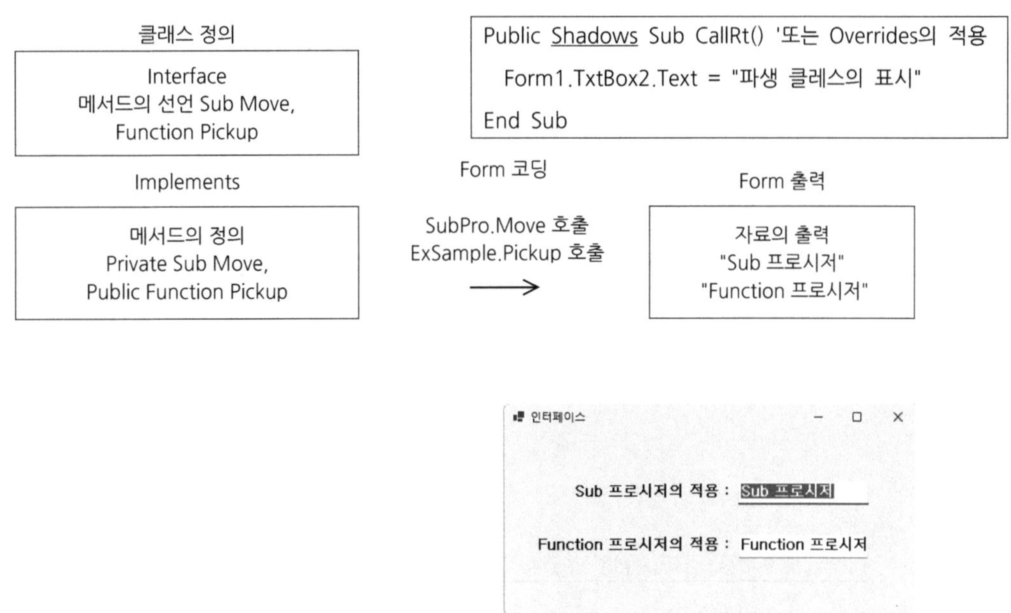

Interface의 실행결과

Implements를 이용한 파생 클래스 프로그램을 작성하시오.

<table>
<tr><th>클래스의 정의</th><th>클래스 프로그램의 정의(Window Form)</th></tr>
<tr><td><pre>
Interface A_interface   '인터페이스의 정의
                                 '기초클래스
 Sub Move(mySelect As String)
 Function Pickup(mySelect1 As String) As String

End Interface

Public Class ExClass   '클래스의 정의

 Implements A_interface   '파생클래스

 Private Sub Move(ByVal mySelect As String)_
     Implements A_interface.Move

   If mySelect = "Sub" Then

     Form1.TxtBox1.Text = "Sub 프로시저"

    Else

     Form1.TxtBox1.Text = "Function 프로시저"

   End If

 End Sub

Public Function Pickup(mySelect1 As String)_
      As String Implements A_interface.Pickup

  If mySelect1 = "Function" Then

     Form1.TxtBox2.Text = "Function 프로시저"

    Else

     Form1.TxtBox2.Text = "Sub 프로시저"

  End If

End Function

End Class
</pre></td><td><pre>
Public Class Form1

Private Sub Form1_Load.....Handles MyBase.Load

  Dim ExSample As ExClass = New ExClass
  Dim SubPro As A_interface = ExSample
                                  '메서드의 호출
   SubPro.Move("Sub")

  Dim ExFunction As String
                                  '메서드의 호출
    ExFunction = ExSample.Pickup("Function")

End Sub

End Class
</pre></td></tr>
</table>

2) 다중상속

하나의 클래스에서 두 개의 인터페이스를 사용하여 다중상속(Interface Multiple Inheritance)을 할 수 있다. Visual Basic 2022에서는 구현(implementation) 상속은 하지 않고 메서드 원형만을 상속하는 방법이 제공된다.

즉 메서드의 이름, 메서드 반환자료형과 사용하는 인수의 자료형의 원형만 상속함으로서 다중상속에 따른 상충문제를 해결한다.

다중상속 기능을 이용하여 파생클래스 프로그램을 작성하시오.

클래스의 정의

```
Interface A_interface                    '인터페이스의 정의1

  Sub Move1(mySelect As String)

End Interface

Interface B_interface                    '인터페이스의 정의2

  Sub Move2(mySelect As String)

End Interface

Public Class Robot                       '클래스의 정의

    Implements A_interface, B_interface   '파생클래스

    Private Sub Move(mySelect As String)_
      Implements A_interface.Move1, B_interface.Move2

      If mySelect = "손" Then

       Form1.TxtBox1.Text = "손을 잡아라"

      Else

       Form1.TxtBox2.Text = "발을 차라"

      End If

    End Sub

End Class
```

클래스 프로그램의 정의(Window Form)

```
Public Class Form1

  Private Sub Form1_Load(sender As Object, e As_
      EventArgs) Handles MyBase.Load

    Dim Robo1 As New Robot

    Dim interA1 As A_interface = Robo1
    Dim interA2 As B_interface = Robot

    interA1.Move1("손")              '메서드의 호출

    interA2.Move2("발")              '메서드의 호출

   End Sub

End Class
```

다중상속(Sub 프로시저의 적용)

손의 선택 : 손을 잡아라

발의 선택 : 발을 차라

다중상속의 실행결과

3) 이벤트 수행 키워드

이벤트가 발생하면 프로시저에 의해 이벤트를 수행할 수 있다. 이벤트를 처리하기 위한 키워드는 다음과 같다.

- Event : 새로운 이벤트를 선언한다.
- WithEvents : 이벤트를 발생시킬 수 있게 인스턴스 생성을 허용한다.
- RaiseEvent : 클래스, 폼, 문서 내에서 선언된 이벤트를 호출한다.

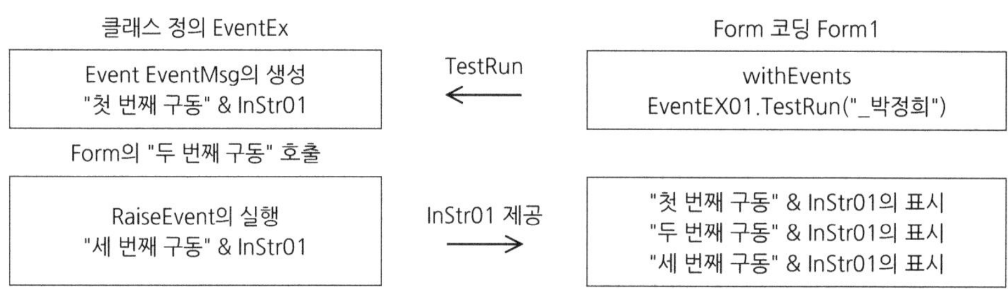

이벤트 수행 키워드를 이용하여 파생 클래스 프로그램을 작성하시오.

클래스의 정의	클래스 프로그램의 정의(Window Form)
Public Class EventEX 'Event의 실행 Public Event EventMsg(ByVal InStr01 As String) Public Sub TestRun(ByVal InStr01 As String) Form1.TxtBox1.Text = "첫 번째 구동" & InStr01 RaiseEvent EventMsg(InStr01) 'RaiseEvent의 실행 Form1.TxtBox3.Text = "세 번째 구동" & InStr01 End Sub End Class 키워드 이벤트 첫 번째 수행 : 첫 번째 구동_박정희 두 번째 수행 : 두 번째 구동_박정희 세 번째 수행 : 세 번째 구동_박정희 이벤트 수행 키워드의 실행 결과	Public Class Form1 'WithEvents의 실행 WithEvents EventEX01 As New EventEX Private Sub Form1_Load(sender As Object, e As_ EventArgs) Handles MyBase.Load EventEX01.TestRun("_박정희") End Sub Private Sub Dsp_Msg(ByVal InStr01 As String)_ Handles EventEX01.EventMsg TxtBox2.Text = "두 번째 구동" & InStr01 End Sub End Class

제어프로그램의 기초 II
(LabVIEW 2014의 활용)

CHAPTER 03

3.1 LabVIEW의 개발환경

3.1.1 LabVIEW란 무엇입니까?

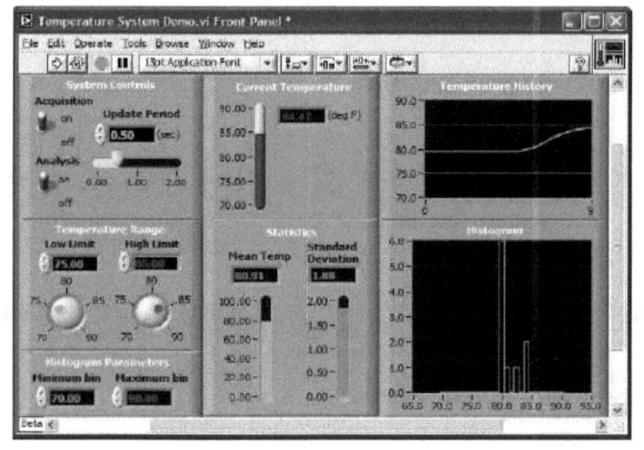

Front Panel

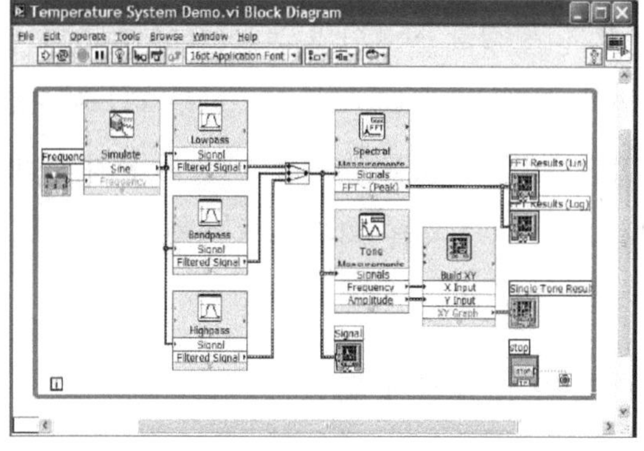

Block Diagram

- 그래픽 기반 프로그래밍 언어
- 자체 컴파일러 적용
- 순서도 개념을 프로그래밍에 적용
- 쉽고 강력한 프로그래밍

그림 3.1은 제어프로그램의 진보 내용을 나타낸 그림으로 텍스트 기반의 프로그램에서 그래픽 기반의 개발 환경으로 진보하였으며 최근에는 익스프레스 기술이 적용된다.

LabVIEW는 현재의 문제점을 보다 빠르고 효과적으로 해결하고 동시에 미래의 문제까지 해결할 수 있는 기능을 갖춘 툴이다. LabVIEW는 모든 측정 하드웨어와 기존의 레거시 소프트웨어 및 IP와 긴밀하게 통합되는 최신 컴퓨팅 기술이 활용된다.

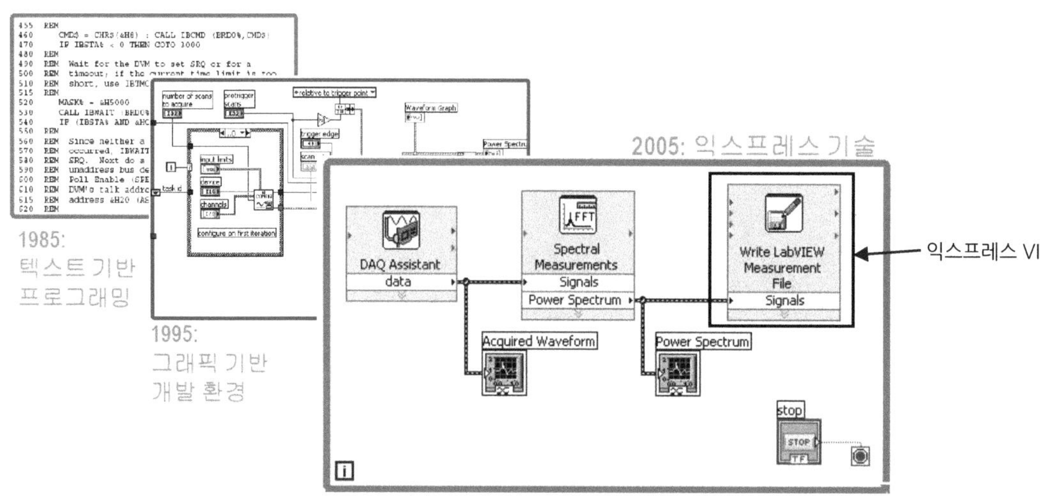

그림 3.1 제어프로그램의 진보

LabVIEW 프로그램을 간략하게 정리하여 보면

1) 간단해진 개발

LabVIEW 환경을 사용하면 모든 측정 또는 컨트롤 시스템을 대폭 단축된 시간에 구축할 수 있다. 기타 범용 툴과 달리 LabVIEW는 모든 하드웨어를 다양한 분석 및 신호 처리 라이브러리와 통합하며 직접 설정할 수 있는 그래픽 기반 사용자 인터페이스를 제공한다. 또한 LabVIEW를 사용하면 가장 최신의 고급 기술을 사용하는 플랫폼으로 시스템을 배포할 수 있다.

2) 다양한 하드웨어 통합

LabVIEW 시스템에서 디자인 소프트웨어는 거의 모든 하드웨어를 단일 환경에서 통합되며 편리한 기능과 모든 하드웨어에서 일반적인 프로그래밍 프레임 워크를 제공하여 개발 시간을 단축한다. LabVIEW를 사용하여 독립형 계측기, 모듈형 플랫폼 등 모든 하드웨어에 연결하고 데이터를 수집, 분석 및 표현하는 방법에 적용할 수 있다.

3) 직관적인 개발 인터페이스

모든 테스트, 측정 또는 컨트롤 시스템에서 수집된 데이터를 확인할 수 있는 기능이 지원된다.

또한 LabVIEW 소프트웨어를 사용하면 데이터의 시각화 처리와 연산하기를 위한 사용자 인터페이스를 신속하게 개발할 수 있다. 그래픽 기반의 사용자 인터페이스를 직접 설정하여 모든 측정 및 컨트롤 애플리케이션에 추가하는 방법을 적용할 수 있다.

4) 광범위한 데이터 분석

로우 데이터에 유용한 정보를 포함하지 않을 수 있으며 신호 처리는 신호변환, 노이즈 간섭제거 또는 환경적인 영향을 보상할 때 필요하다. LabVIEW는 통합된 개발 환경에서 신호 처리와 분석을 수행할 수 있다.

5) 각 태스크에 적합한 툴

LabVIEW 시스템 디자인 소프트웨어의 오픈 플랫폼을 사용하면 다른 프로그래밍 툴에 제한받지 않고 개발을 진행할 수 있다. 그래픽 기반, 텍스트 기반 및 기타 프로그래밍 방식을 단일 환경에서 통합하여 소프트웨어 솔루션을 효율적으로 직접 제작할 수 있다. ANSI C 또는 .NET 코드와 상호연동, 그래픽 기반 환경에서 수학적 계산, 특화된 모델링 및 시뮬레이션 툴로 컨트롤 애플리케이션을 제작할 수 있다.

6) 소프트웨어를 적합한 하드웨어로 배포

LabVIEW 시스템 소프트웨어는 대부분의 일반 OS에서 실행되며 하드웨어 대상의 코드를 배포하고 사용자에게 가장 적합한 연산 플랫폼을 유연하게 제공된다. 개발한 코드와 인력에 대한 투자를 보호할 수 있으며 다른 툴과 언어의 경우 하나의 OS 또는 하드웨어 플랫폼에만 한정되나 여러 플랫폼으로 구성된 시스템을 통합할 수 있다.

7) 강력한 멀티 스레드 실행

LabVIEW 소프트웨어는 멀티 스레드 애플리케이션에 적합한 프로그래밍 환경이며 작성된 코드가 멀티코어 CPU에서 사용될 시 여러 코어에서 실행되도록 자동으로 확장 방법이 지원된다.

이때 코드를 변경하거나 스레드를 일일이 할당할 필요가 없으며 병렬 프로그래밍에 대한 전문 지식이 없이 멀티코어 CPU, FPGA 및 GPU와 같은 병렬 아키텍처를 사용하여 성능을 개선할 수 있다.

8) 측정 데이터 기록 및 공유

처리 속도와 저장 용량이 지속해서 증가하고 있고 하드웨어와 소프트웨어의 비용은 절감됨에 따라 수집되는 데이터의 양이 급증하고 있다. LabVIEW 대량의 데이터를 신속하게 획득하고 데이터의 저장, 관리 및 공유를 효율적으로 지원한다.

9) LabVIEW 애플리케이션 영역

- 측정 자동화 및 신호 데이터 처리
- 인스트루먼트 컨트롤
- 테스트 및 검증 시스템 자동화
- 임베디드 컨트롤 및 모니터링 시스템 제작

3.1.2 LabVIEW 프로그램의 구조

1) VI(Virtual Instruments) 만들기

LabVIEW는 두 개의 창과 세 개의 팔레트로 구성되어 있다. 두 개의 창은 프런트 패널과 블록다이어그램이며 세 개의 팔레트는 컨트롤, 함수 그리고 도구 팔레트이다.

VI는 LabVIEW 프로그램 작성의 최소 단위를 의미한다.

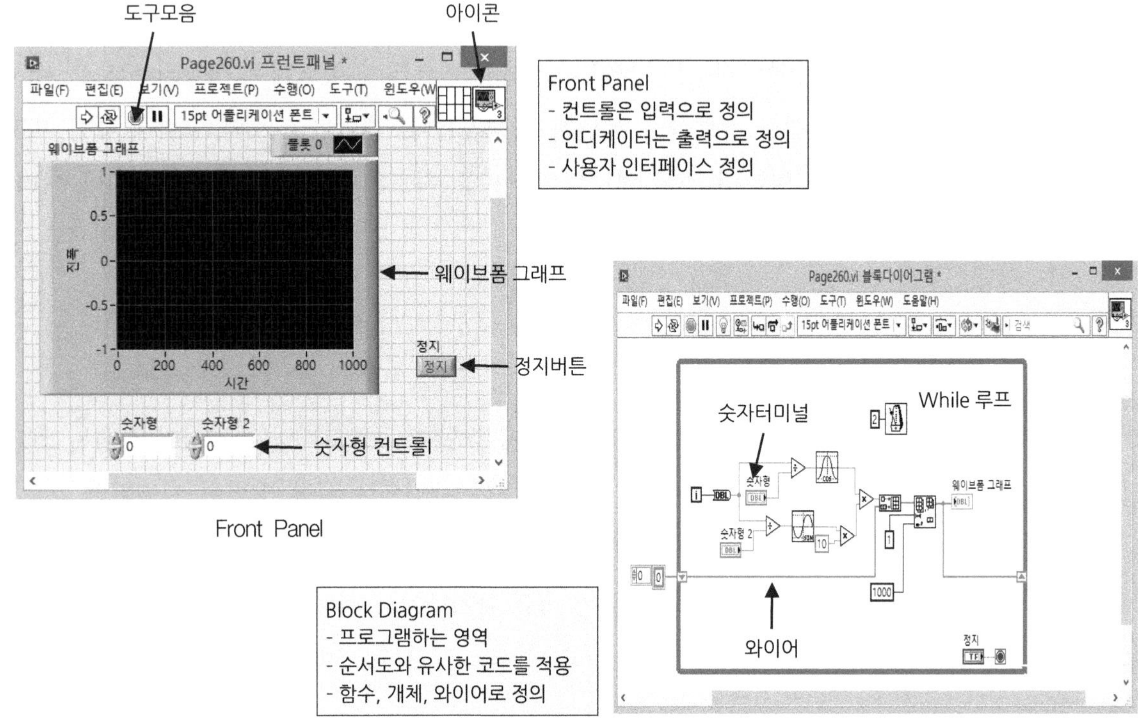

그림 3.2 LabVIEW 프로그램의 구성

2) 함수 팔레트(소스코드 제공)

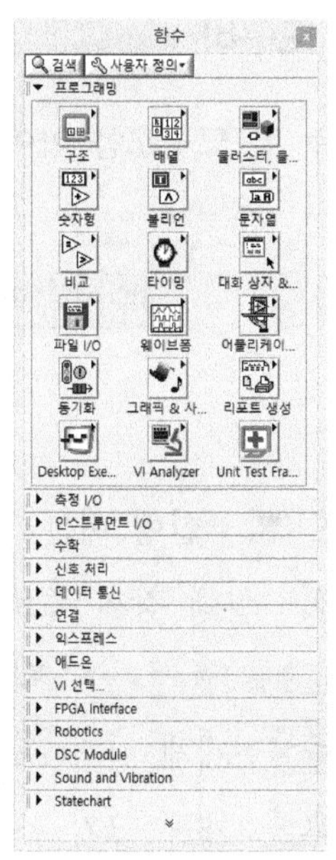

함수 팔레트

함수는 LabVIEW의 본질적인 실행 원소이며 함수 팔레트의 함수 아이콘은 연한 노란색 배경과 검은색 전경으로 나타난다. 함수는 프런트 패널 또는 블록다이어그램을 가지지는 않지만, 커넥터 팬을 가진다. 함수는 열거나 편집할 수 없다.

함수 팔레트에는 LabVIEW와 함께 제공되는 VI들로 구성되어 있으며 애플리케이션에서 내장된 VI에 SubVI를 사용하여 개발 시간을 단축할 수 있다.

3) 컨트롤 팔레트(컨트롤과 인디케이터 제공)

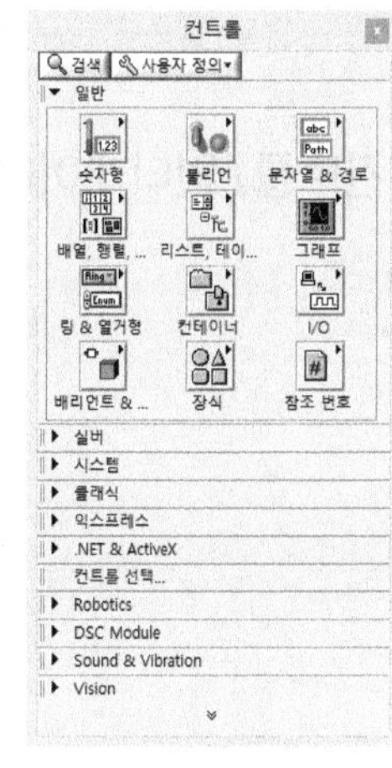

컨트롤 팔레트

프런트 패널은 VI의 사용자 인터페이스이며 일반적으로 프런트 패널을 먼저 만든 후 프런트 패널에 생성한 입력과 출력에 작업을 수행하기 위해 블록다이어그램을 디자인한다.

각각 VI의 대화식 입력과 출력 터미널인 컨트롤과 인디케이터를 사용하여 프런트 패널을 만든다. 컨트롤에는 노브, 버튼, 다이얼, 그리고 기타 입력 메커니즘으로 구성되어 있으며 인디케이터는 그래프, LED, 그리고 기타 출력 디스플레이를 정의할 수 있다. 또한 컨트롤은 인스트루먼트의 입력 메커니즘을 시뮬레이션하고 VI의 블록다이어그램에 데이터를 제공한다. 인디케이터는 인스트루먼트의 출력 메커니즘을 시뮬레이션하고 블록다이어그램에서 수집하거나 생성하는 데이터를 디스플레이 할 수 있다.

4) 도구 팔레트(Shift+MB3, 마우스 기능 변경)

LabVIEW는 커서의 환경에 따라 필요한 도구를 자동으로 선택되도록 기본으로 설정되어 있으며 사용자가 자유롭게 도구를 선택하려면 도구 팔레트에서 직접 특정 도구를 선택하여 프런트 패널 또는 블록다이어그램에 개체를 적용한다.

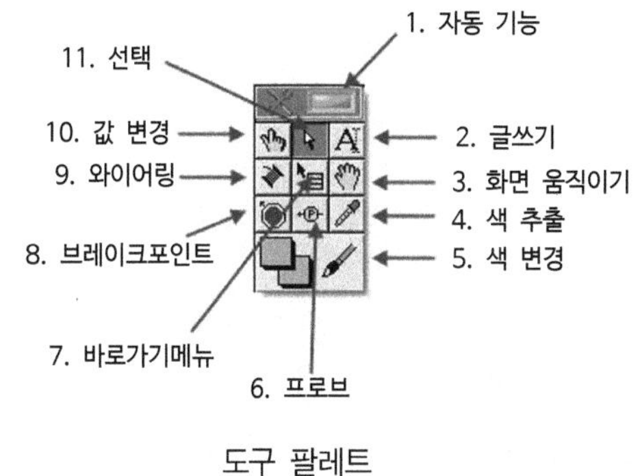

도구 팔레트

자동 도구 선택버튼이 클릭 되어 있을 때는 도구 팔레트를 띄울 필요가 없지만 색 도구를 사용하기 위해서는 도구 팔레트를 띄어서 원하는 도구를 선택하여야 한다.

5) 도구바

메뉴 및 도구모음 아이템을 사용하여 LabVIEW에 있는 개체를 사용하고 변경하며 수정할 수 있다.

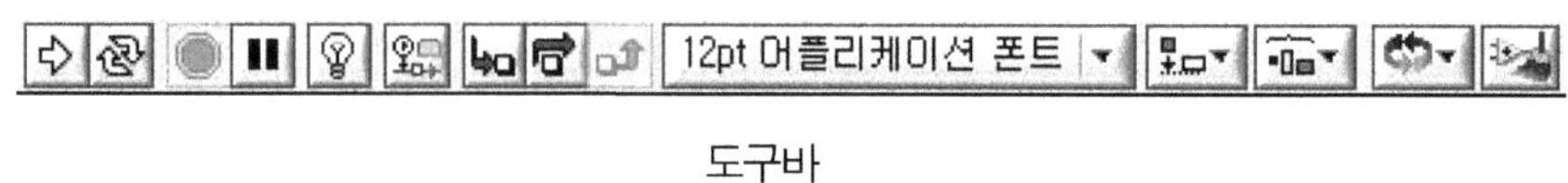

도구바

- : 실행 버튼
- : 실행 강제 종료 버튼
- 12pt 어플리케이션 폰트 : 텍스트 세팅 메뉴
- : 개체 간격 조절 메뉴
- : 개체 크기 조절 메뉴
- : 단계별 실행 시작 버튼
- : 단계별 실행 나가기 버튼
- : 연속 실행 버튼
- : 일시 정지 버튼
- : 개체 정렬 메뉴
- : 순서 재설정 메뉴
- : 실행 하이라이트 버튼
- : 단계별 실행 시작 버튼
- : 다이어그램 정리

6) 컨트롤/인디케이터/터미널/상수/노드

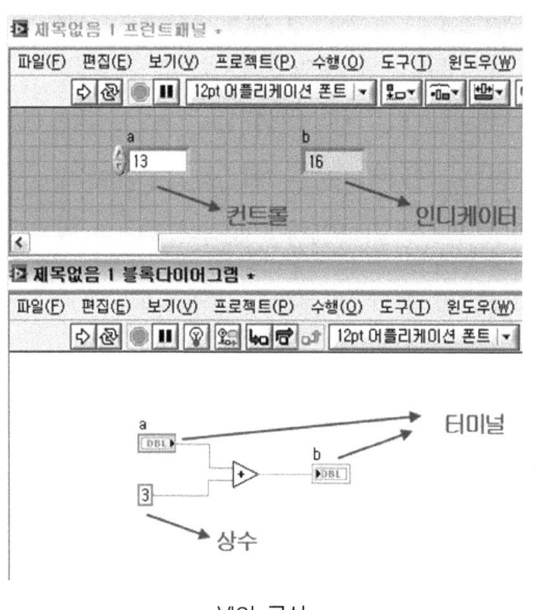

VI의 구성

- 컨트롤 : 데이터를 입력할 수 있는 아이콘을 생성한다.
- 인디케이터 : 연산된 결과를 표시할 수 있는 아이콘을 생성한다.
- 터미널 : 컨트롤과 인디케이터를 매칭시키는 아이콘을 생성한다.
- 상수 : 변하지 않는 수치
- 노드 : 함수 팔레트에서 상수를 제외한 모든 함수를 의미한다.

7) LabVIEW 데이터의 흐름

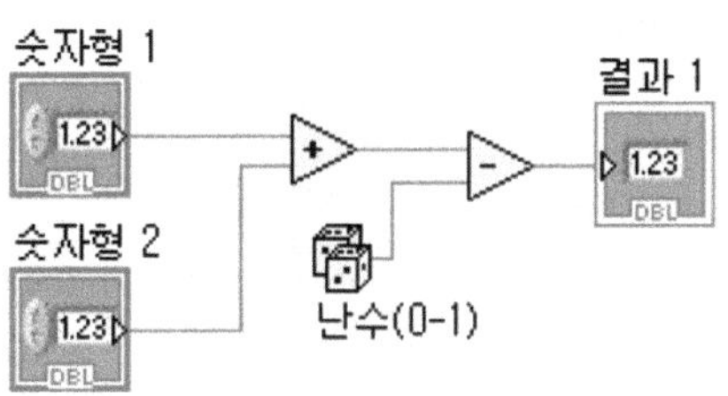

- 와이어에 의한 데이터 흐름
- 노드가 실행되려면 모든 입력으로부터 노드 값이 들어와야 한다.
- 노드 실행이 끝나야만 출력을 내보낼 수 있다.

8) LabVIEW의 단축키

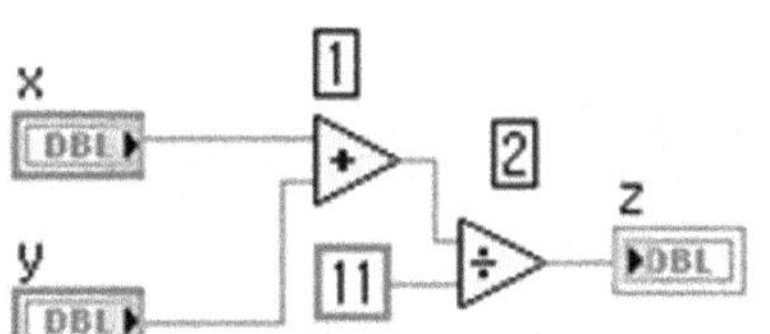

- 삭제 <Delete>
- 복사 <Ctrl+C> 및 붙여넣기 <Ctrl+V>
- 아이콘 사이의 공간 넓히기 <Ctrl+드래그>
- 실행 취소 <Ctrl+Z> 및 다시 실행, <Ctrl+Shift+Z>
- 깨어진 와이어 제거 <Ctrl+B>
- 블록다이어그램 정리 <Ctrl+U>
- 프런트 패널 <Ctrl+E>과 블록다이어그램 전환 <Ctrl+T>

3.2 화면디자인의 기초

아래와 같은 순서로 화면디자인을 연습하고 다음 순서대로 프로그램을 작성한다.

Step.1 새 프로젝트의 실행

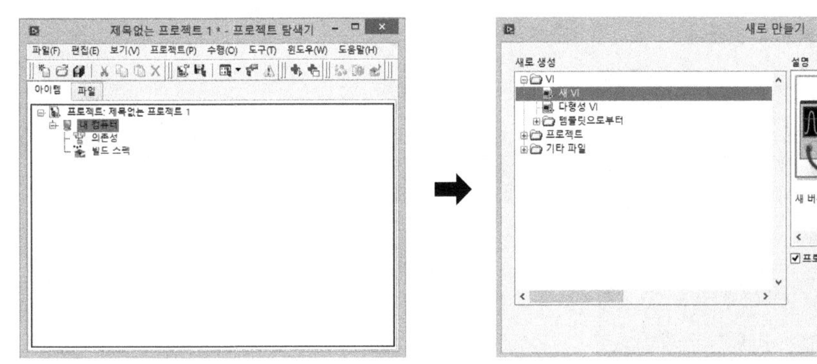

(a) 새로 만들기의 실행　　(b) 새 VI의 작성

그림 3.3 새로운 프로젝트의 실행

※ 기본 도움말의 활용(Ctrl+H) [도움말(H) ➡ 기본 도움말 보이기(H)]

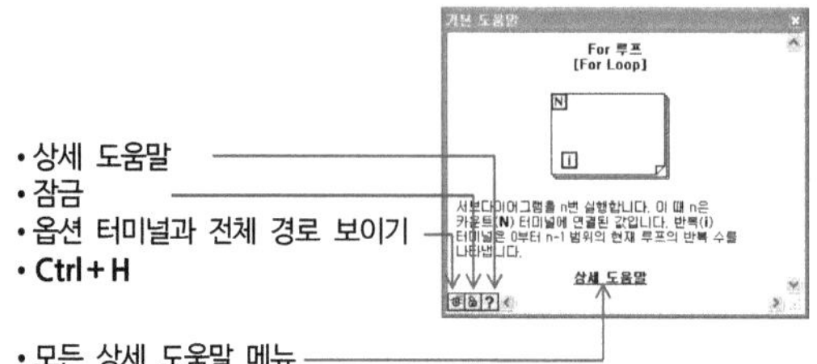

기본 도움말 대화상자

Step.2 프런트 패널의 작성

① 컨트롤(Control)의 추가

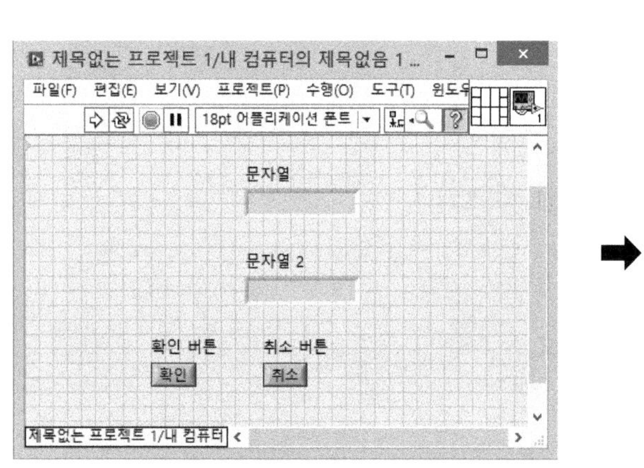

➡

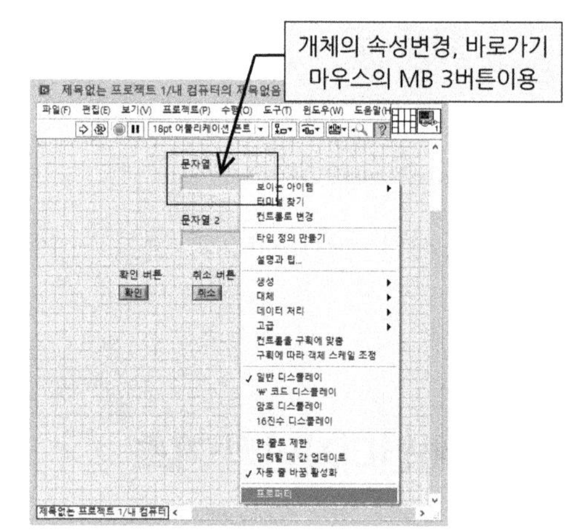

개체의 프로퍼티의 수정

개체명	속성명	
	프로퍼티 라벨 보이기	모양 ➡ 크기
문자열인디케이터1	Off	높이 25×폭 206
문자열인디케이터2	Off	–
확인버튼	Off	높이 36×폭 97
취소버튼	Off	–

Control별 속성의 변경내역

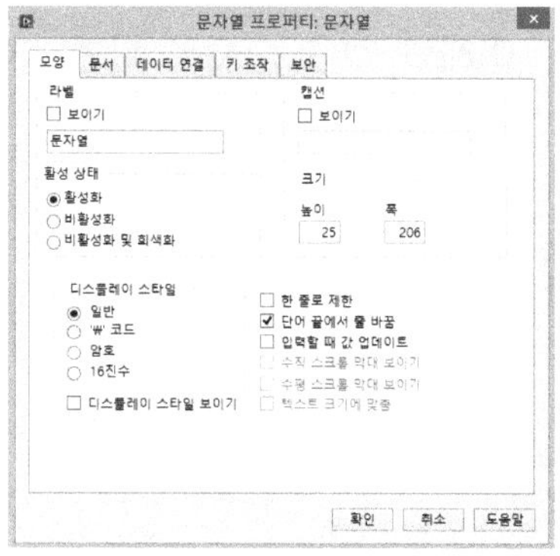

프로퍼티 대화상자

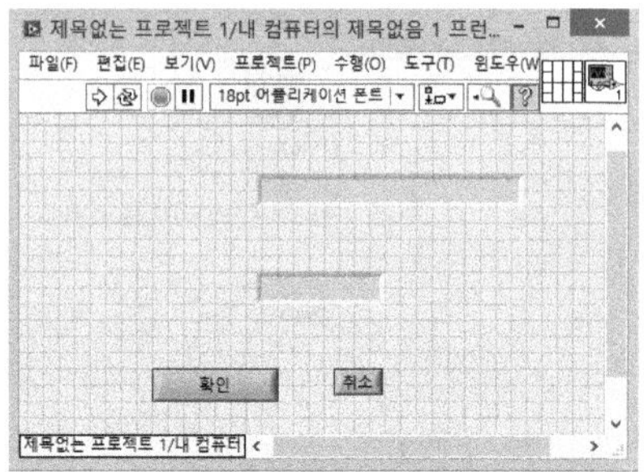

프로퍼티 수정의 결과

그림 3.4 개체의 추가와 개체속성의 변경

② 개체의 크기 및 위치조정

선택된 개체들의 크기와 정렬 위치를 조절할 수 있으며 개체의 선택은 Shift 키를 누른 상태에서 개체를 추가 선택할 수 있다.

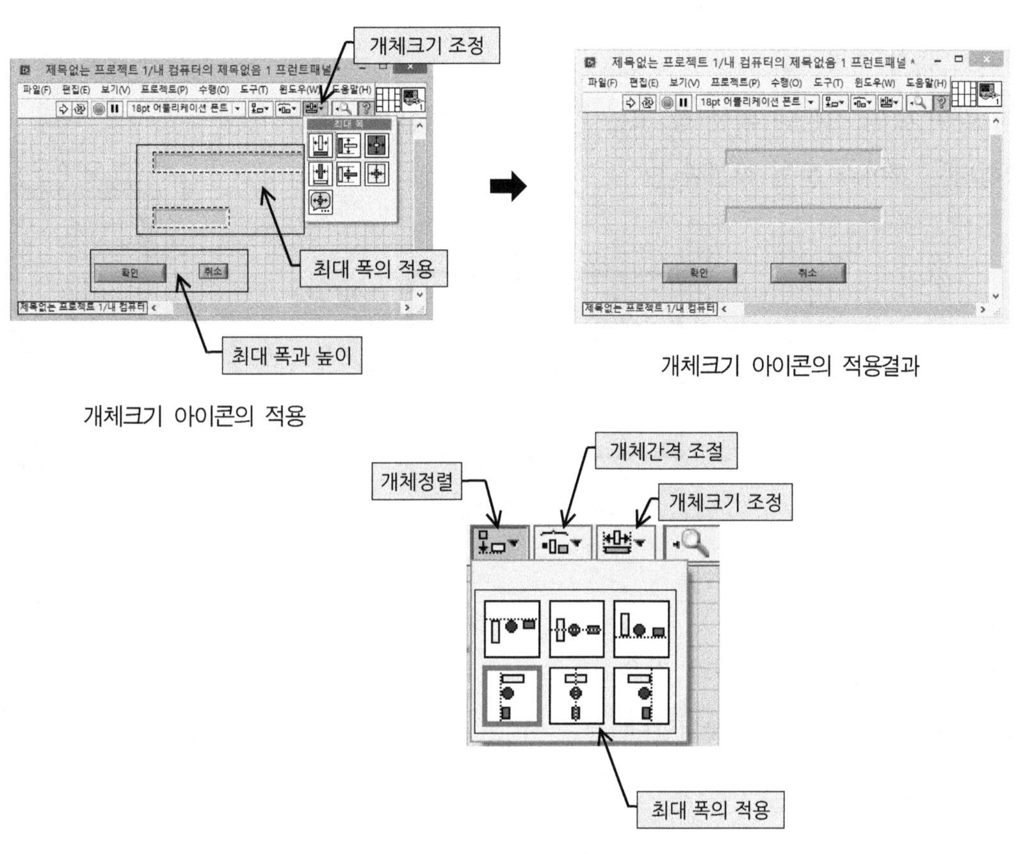

그림 3.5 개체의 크기와 개체의 정렬

③ 프런트 패널의 라벨 표시 [보기(V) ➡ 도구 팔레트(T)]

도구 팔레트의 텍스트 편집을 이용하여 입력할 수 있다.

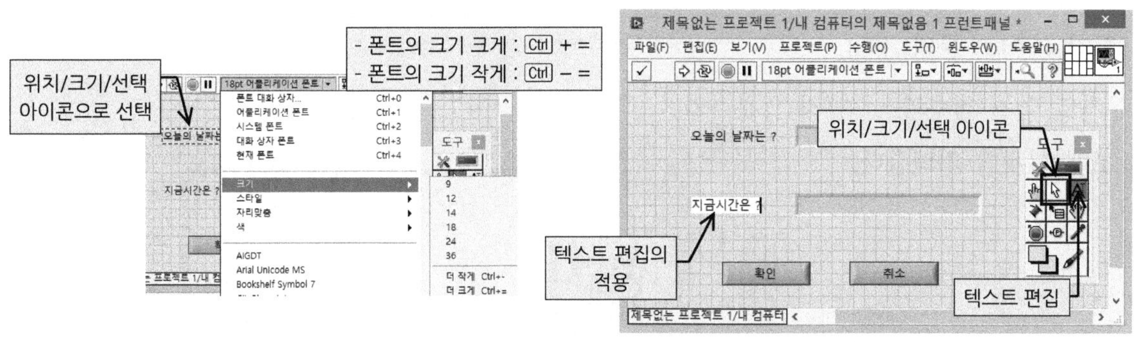

그림 3.6 도구 팔레트를 이용한 라벨의 정의

글자의 크기 및 폰트는 도구바의 애플리케이션 폰트를 이용한다.

Step.3 블록다이어그램의 작성

① 케이스 문의 추가 [함수 ➡ 프로그래밍 ➡ 구조 ➡ 케이스 구조]

아래와 같이 확인 버튼에 의한 참 또는 거짓에 해당하는 조건이 실행되는 케이스 문을 작성한다.

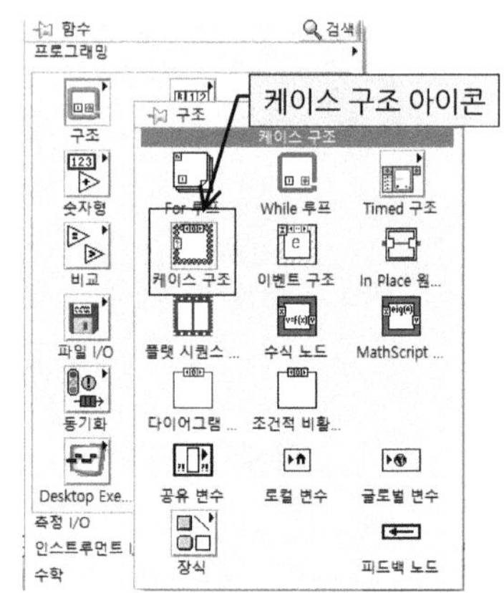

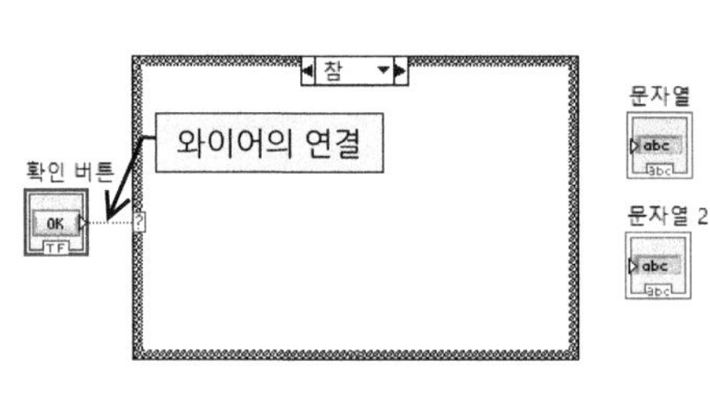

케이스 문의 추가결과

② 거짓 케이스 문의 정의 [함수 ➡ 프로그래밍 ➡ 문자열 ➡ 문자열 상수]

확인 버튼이 거짓일 때 다음과 같은 문자열을 문자열 인디케이터에 출력한다.

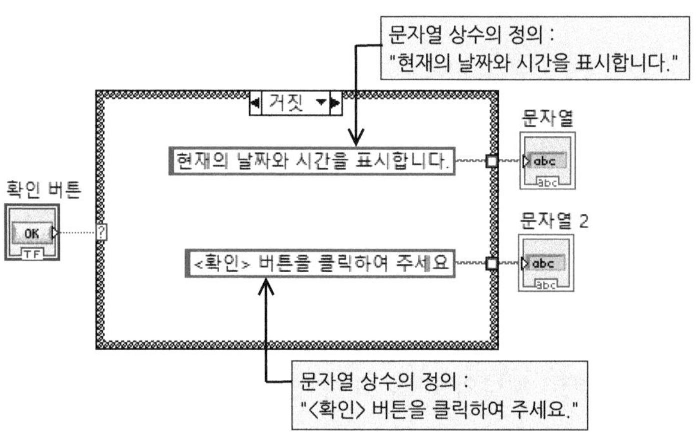

거짓 케이스 문의 정의내용

③ 참 케이스 문의 정의 [함수 ➡ 프로그래밍 ➡ 문자열 ➡ 문자열 연결, 날짜/시간 문자열로 포맷]

문자열 연결 함수와 날짜/시간 문자열로 포맷 함수를 정의한다.

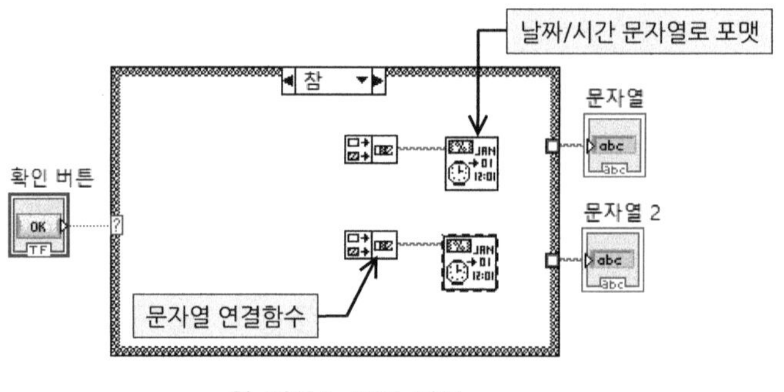

참 케이스 문의 정의

문자열 상수를 이용하여 날짜와 시간 포맷을 정의하며 %c는 로컬 특정의 날짜/시간을 나타낸다. 또한 시간이 관련된 포맷 코드에는 %X(로컬 특정의 시간), %H(시간, 24시간 클록), %I(시간, 12시간 클록), %M(분), %S(초), %〈digit〉u(〈digit〉 정밀도를 가진 소수점 초), %p(a.m./p.m. 플래그)가 있다.

날짜와 관련된 포맷 코드에는 %x(로컬 특정의 날짜), %y(한 세기의 연도), %Y(세기를 포함한 연도), %m(월 이름), %b(축약된 월 이름), %d(월 중의 일), and %%a(축약된 요일 이름)가 있다.

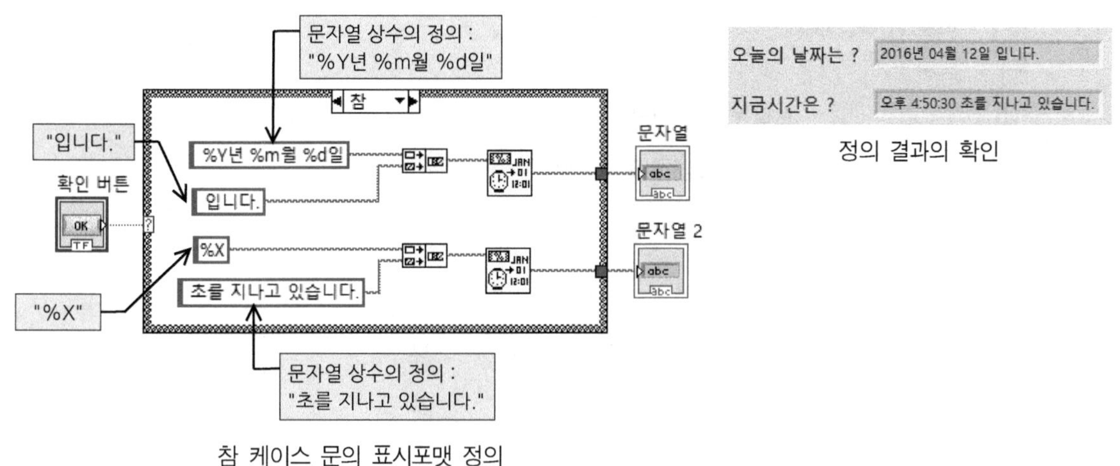

그림 3.7 선택문의 정의 절차

Step.4 스테이트먼트의 반복처리

[함수 ➡ 프로그래밍 ➡ 구조 ➡ While 루프]

While 지정한 조건을 연산하면서 처리 반복 횟수를 결정하나 반복 횟수는 지정하지 않는다.

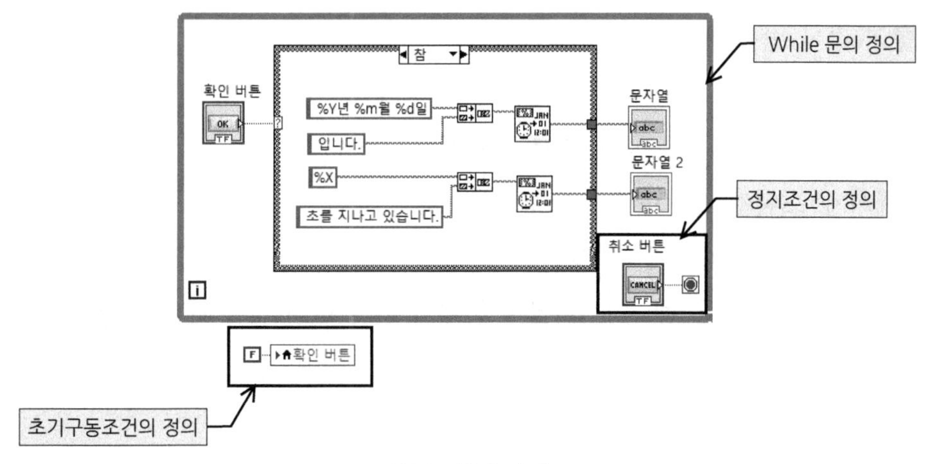

While 문의 정의

취소 버튼에 의해 While Loop가 정지하고 지역변수에 의해 초기에 거짓의 내용이 출력된다.

[함수 ➡ 구조 ➡ 로컬 변수]
[함수 ➡ 불리언 ➡ 참 상수]

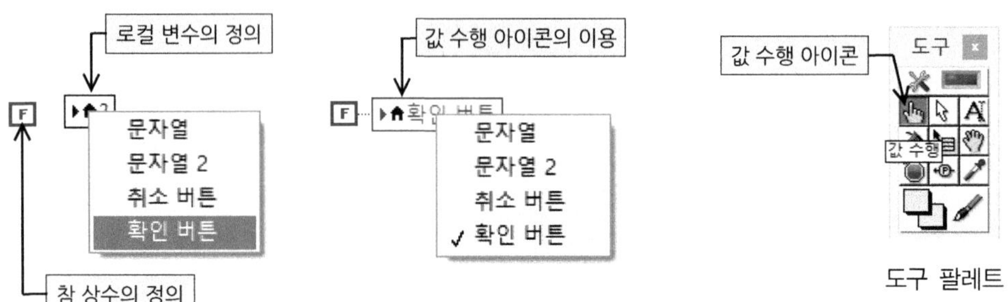

로컬 변수의 정의

그림 3.8 While Loop의 응용

① 작성프로그램의 확인

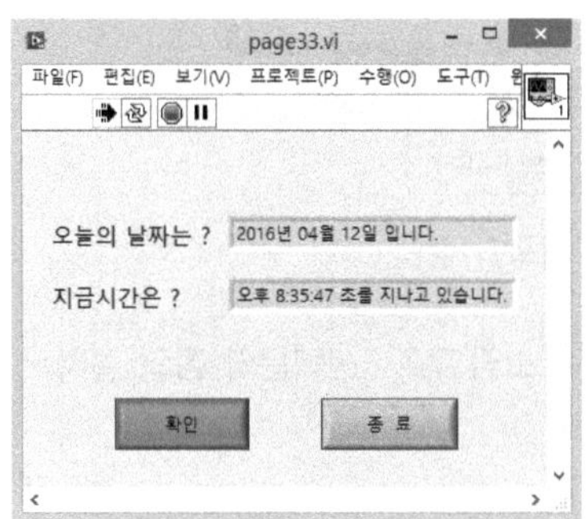

그림 3.9 실행결과의 확인

※ 버튼의 기계적 정의

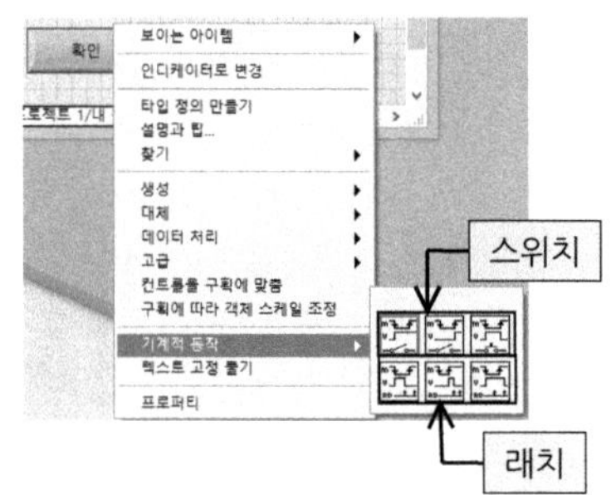

버튼의 기계적 동작정의

- 누를 때 스위치 : 수행 도구로 컨트롤을 클릭할 때마다 컨트롤의 값이 변경된다.
- 놓을 때 스위치 : 컨트롤의 그림 경계 내에서 마우스 클릭 중 마우스 버튼을 놓은 후에 컨트롤 값이 변경된다.
- 놓을 때까지 스위치 : 클릭했을 때 컨트롤 값이 바꾸고 마우스 버튼을 놓을 때까지 온 상태를 유지한다.
- 누를 때 래치 : 클릭했을 때 컨트롤 값이 바꾸고 VI가 한번 읽을 때까지 온 상태를 유지한다.
- 놓을 때 래치 : 컨트롤의 그림 경계 내에서 마우스 버튼을 놓은 후에 VI가 한번 읽을 때까지 온 상태를 유지한다.
- 놓을 때까지 래치 : 클릭할 때 컨트롤 값을 바꾸고 어느 것이 나중에 발생하는지에 따라서 VI가 한번 읽거나 마우스 버튼을 놓을 때까지 값을 유지한다. 라디오 버튼 컨트롤에 대해서는 이 동작을 선택할 수 없다.

3.3 데이터 타입과 디버깅

아래의 제품가격계산 프로그램을 순서별로 작성하시오.

Step.1 프레임 설계 및 속성명

[컨트롤 ➡ 일반 ➡ 문자열&경로 ➡ 문자열 컨트롤]
[컨트롤 ➡ 일반 ➡ 숫자형 ➡ 숫자형 인디케이터]
[컨트롤 ➡ 일반 ➡ 장식 ➡ 볼록한 프레임]

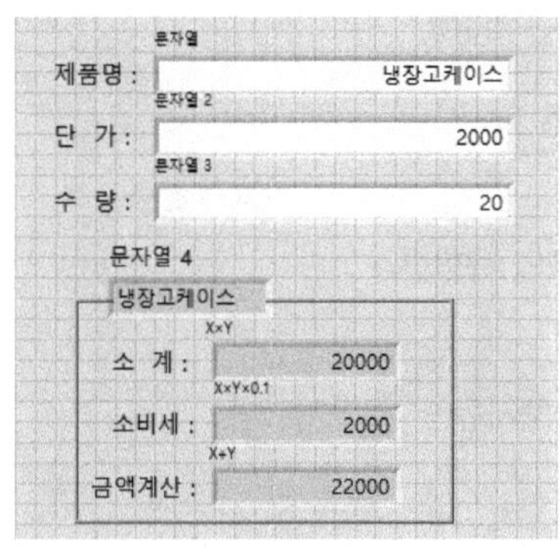

프런트 패널의 정의

개체명(라벨)	속성명
문자열 컨트롤	제품명
문자열 컨트롤2	제품단가
문자열 컨트롤3	제품수량
문자열 인디케이터4	제품명 출력
숫자형 인디게이터 X×Y	소계
숫자형 인디게이터 X×Y×0.1	소비세
숫자형 인디게이터 X+Y	금액계산

프런트 패널의 정의 내역

그림 3.10 프런트 패널의 프레임 작성

3.3.1 데이터 타입

1) 숫자형(Numeric)

숫자형 데이터 유형인 Integer, Long, Single, Double 유형들로 선언할 수 있다.

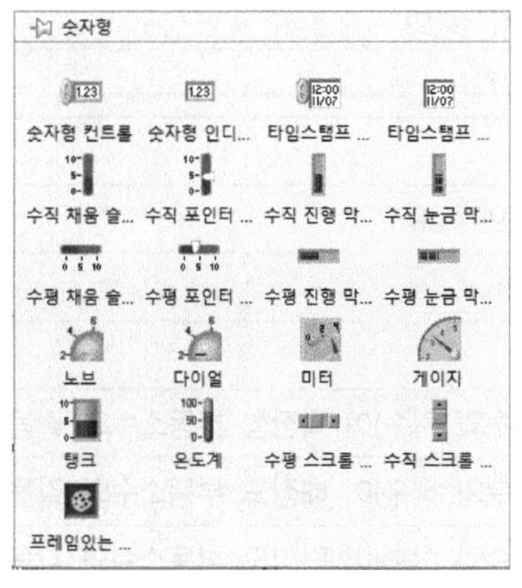

컨트롤 팔레트의 숫자형

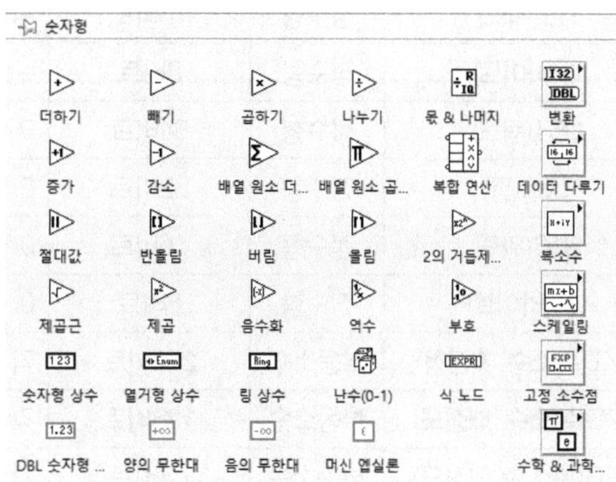

함수 팔레트의 숫자형

① 숫자형의 형 변경

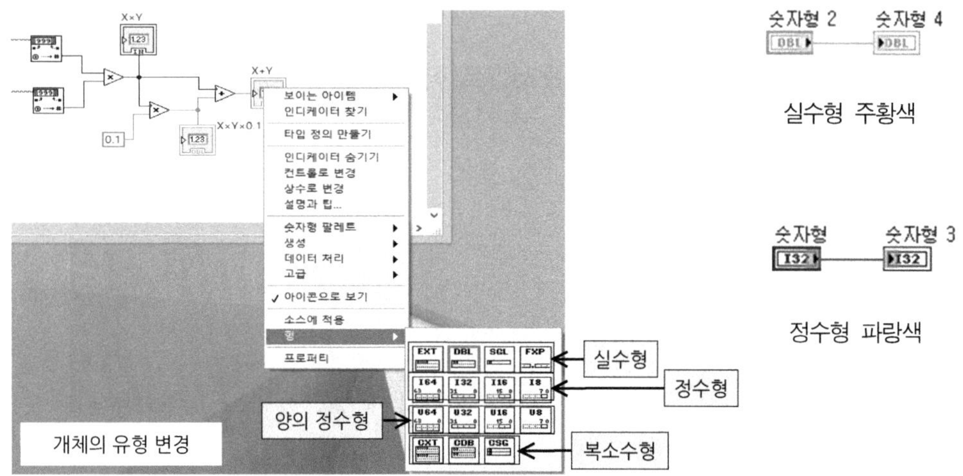

그림 3.11 블록다이어그램에서 개체의 유형변경

표 3.1 LabVIEW에서 지원되는 숫자유형

데이터 형식		저장 용량	범 위
EXT (확장형, 부동소수)	실수형	128비트	양수 : 6.48E-4966 ~ 1.19E+4932 음수 : -E-324 ~ -1.79E+308
DBL (배정도, 부동소수)	실수형	64비트	음수 : -1.79769313486231570E308 ~ -4.94066564584124 6544E-324 양수 : 4.94065645841246544E-324 ~ 1.79769313486231570E308
SGL (단정도, 부동소수)	실수형	32비트	음수 : -3.4028235E38 ~ -1.401298E-45 양수 : 1.402198E-45 ~ 3.4028235E38
FXP(고정소수점)		64 or 72비트	사용자 설정에 의해 변경
I64(쿼드)	정수형	64비트	-1E19 ~ 1E19
I32(롱)	정수형	32비트	-2,147,483,648 ~ 2,147,483,647
I16(워드)	정수형	16비트	-32,768 ~ 32,767
I8(바이트)	정수형	8비트	-120 ~ 127
U64(쿼드)	정수형	64비트	0 ~ 2E19
U32(롱)	정수형	32비트	0 ~ 4,294,967,295
U16(워드)	정수형	16비트	0 ~ 65,535
U8(바이트)	정수형	8비트	0 ~ 255
CXT(복소수 확장형)	부동소수	256비트	각 부분(실수와 허수)이 확장형 부동소수와 같음
CDB(복소수 배정도)	부동소수	128비트	각 부분(실수와 허수)이 배정도 부동소수와 같음
CSG(복소수 단정도)	부동소수	64비트	각 부분(실수와 허수)이 단정도 부동소수와 같음

Step.2 블록다이어그램의 정의 [함수 ➡ 프로그래밍 ➡ 숫자형 ➡ 곱하기, 더하기, DBL 숫자형 상수]
[함수 ➡ 프로그래밍 ➡ 문자열 ➡ 숫자/문자열... ➡ 10진수 문자...]

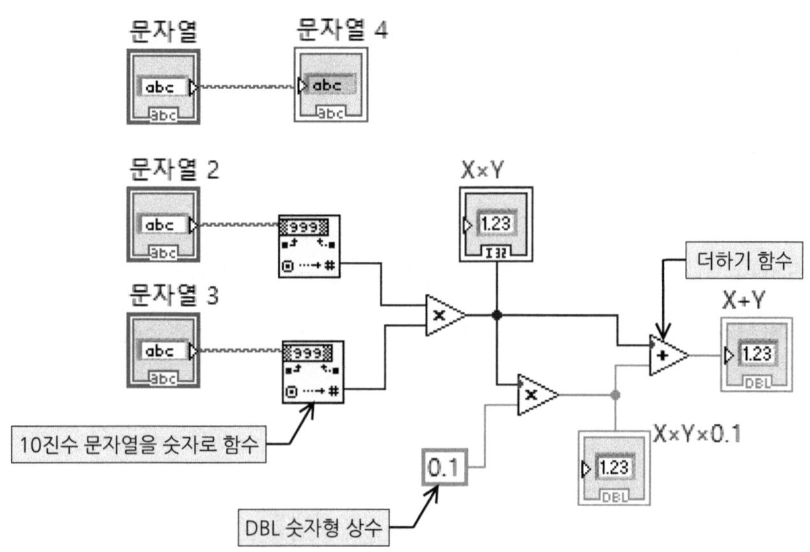

그림 3.12 블록다이어그램에서 프로그램 작성

2) 문자열(String)

문자열은 보여줄 수 있는 기능 또는 ASCII 문자를 표시하기 위한 데이터 타입으로 분홍색으로 표시되며 각종 통신(Serial, GPIB, TCP/IP 등)에서 사용되는 데이터 타입이다.

문자열 분홍색　　　DBL 숫자형 상수 주황색

3) 상수(Constant)

상수는 블록다이어그램에 고정 데이터 값을 제공하는 블록다이어그램의 터미널이며 범용 상수는 원주율(π)과 무한대(∞)와 같이 고정된 값을 가지는 상수이다. 사용자 정의 상수는 VI를 실행하기 전에 정의하고 편집하는 상수이다.

함수 팔레트에는 불리언, 숫자, 링, 열거형 타입, 색 상자, 문자열, 배열, 클러스터, 경로 상수와 같은 종류에 의해 구성된 상수를 정의할 수 있다.

※ 10진수 문자열을 숫자로 함수

오프셋에서 시작하여 문자열의 숫자를 10진수 정수로 변환하고 그것을 숫자로 반환하며 함수가 64비트 정수 출력을 반환하기를 원하는 경우 반드시 64비트 정수를 기본 입력에 연결해야 한다.

3.3.2 디버깅(Debugging)

1) 에러가 있는 VI

경고가 있어도 VI를 실행할 수는 있지만 예상하지 못한 동작을 일으킬 수 있다. VI를 디버깅할 때는 반드시 경고하며 VI에 경고가 나타나는 경우 에러 리스트 윈도우를 참조하여 에러의 원인을 찾아내고 VI를 수정하여야 한다. 그림 3.13은 에러 열기 실행에 의한 에러 리스트 확인과 경고 창에 의해 에러 위치를 확인할 수 있다.

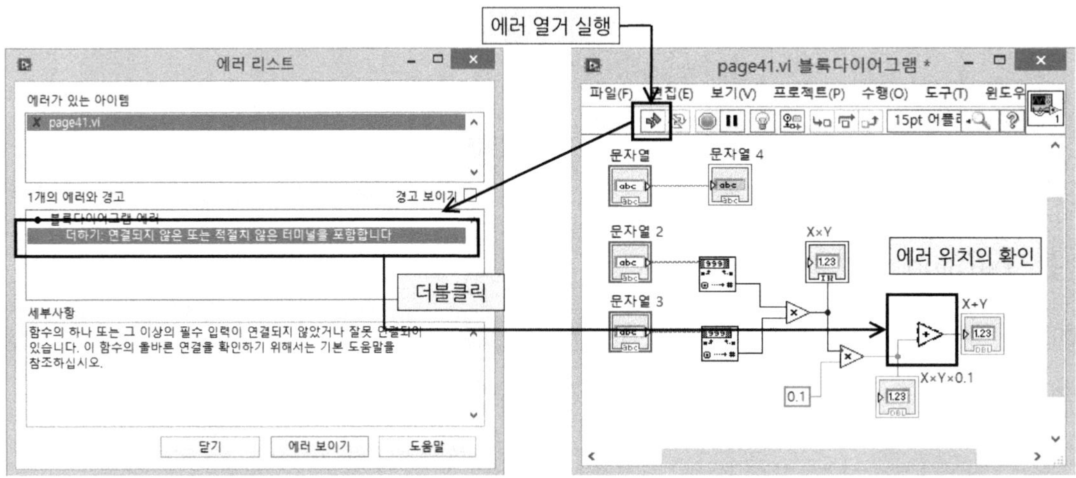

그림 3.13 에러 열거 실행에 의한 에러 확인

2) 실행하이라이트

실행하이라이트가 점등되었을 때 프로그램의 실행에서 데이터의 흐름을 맨눈으로 확인할 수 있도록 프로그램이 천천히 실행된다.

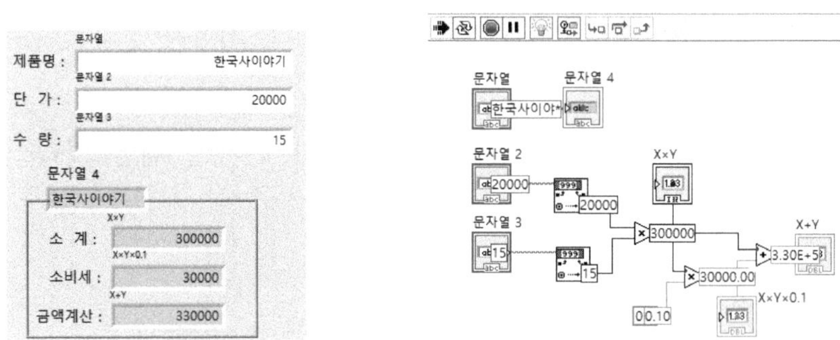

그림 3.14 실행하이라이트 결과의 확인

3) 프로브

[보기(V) ➡ 프로브 관찰 윈도우(P)]

선택된 노드의 처리 결과 데이터를 프로브 관찰 윈도우에 표시할 수 있다.

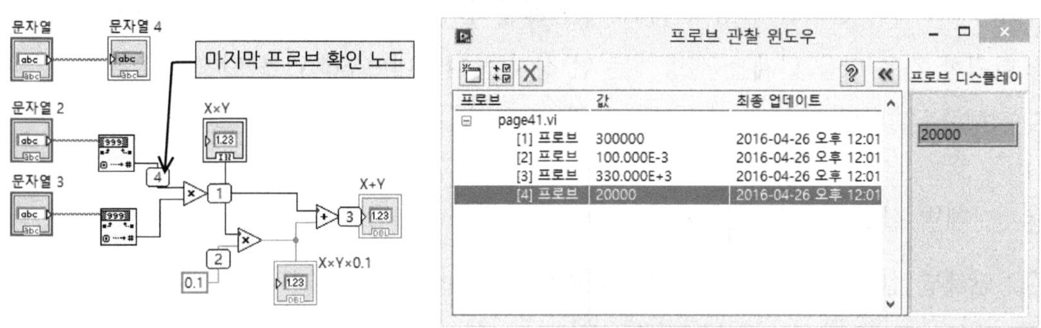

그림 3.15 프로브 관찰 윈도우의 확인

4) 브레이크 포인트

[보기(V) ➡ 브레이크 포인트 관리자(B)]

설정된 브레이크 포인트 지점에서 일시정지가 수행되며 계속아이콘에 의해 다음 브레이크 포인트에서 일시정지 한다.

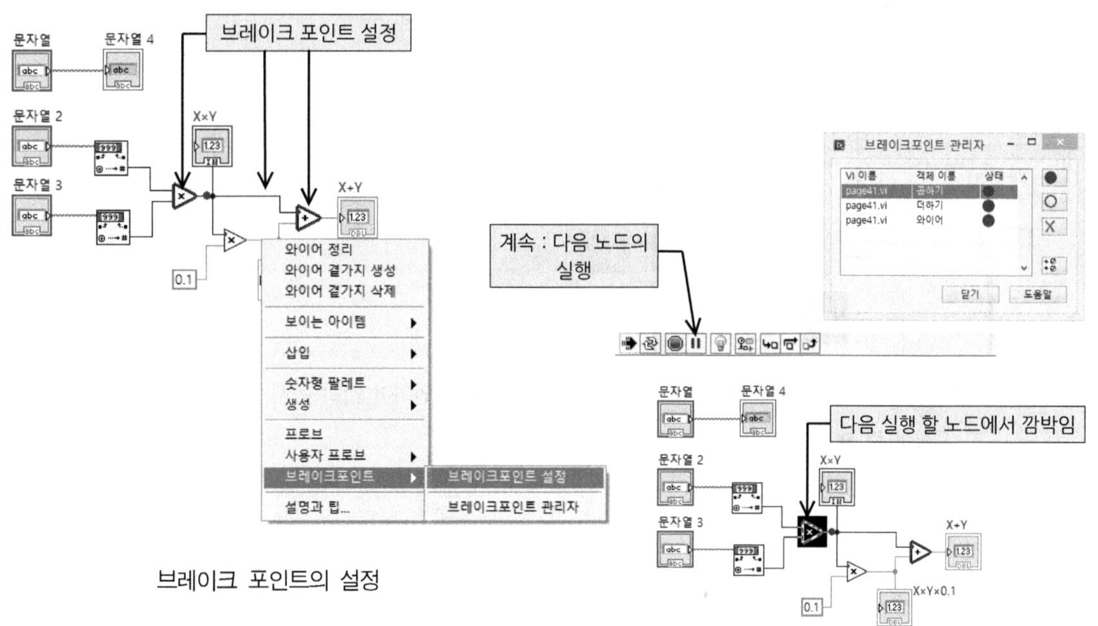

그림 3.16 프로브 포인트의 설정 및 활용

5) 단계별 실행

VI를 단계별로 실행하여 VI가 실행될 때 블록다이어그램에서 VI의 각 단계별 작업을 표시한다. 다음과 같은 단계별 실행 버튼은 단계별 실행 모드에서의 VI 또는 subVI 실행에만 영향을 준다. 단계별 실행 들어가기, 단계별 실행 건너뛰기, 단계별 실행 나가기 버튼 위로 커서를 이동하여 해당 버튼을 클릭한 경우 다음 단계를 설명하는 팁 상자를 나타내며 SubVI를 단계별로 실행하거나 정상적으로 실행할 수 있다.

- : 단계별 실행 시작하기(노드내부로 들어가기)
- : 단계별 실행 시작하기(노드 건너뛰기)
- : 블록다이어그램 끝내기(노드 벗어나기)

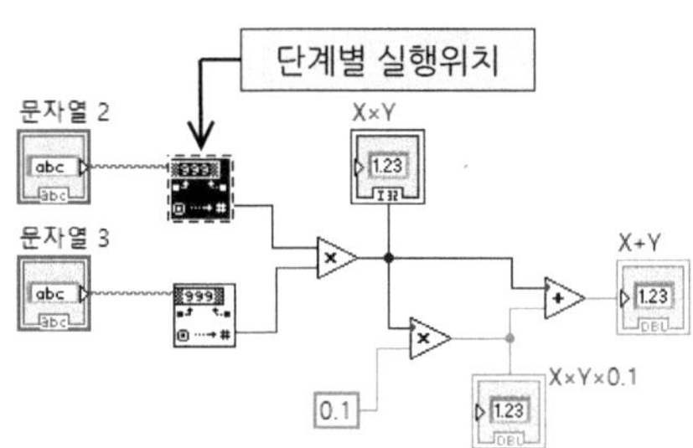

6) 와이어 값 유지

와이어에 브레이크 포인트가 설정된 경우 프로브가 첨부된 와이어에서 와이어 값 유지를 선택하면 와이어의 데이터 값이 포함된 상태를 팁 상자에서 확인할 수 있다. 데이터가 와이어를 통해 전달되고 프로브가 반복된 데이터를 디스플레이 한다.

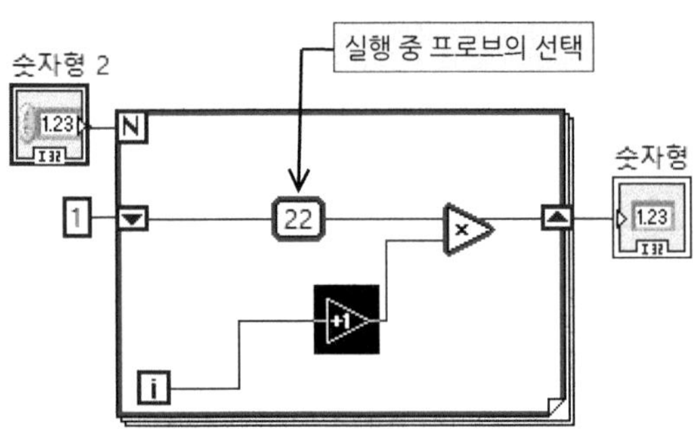

실행 중 와이어 값의 확인

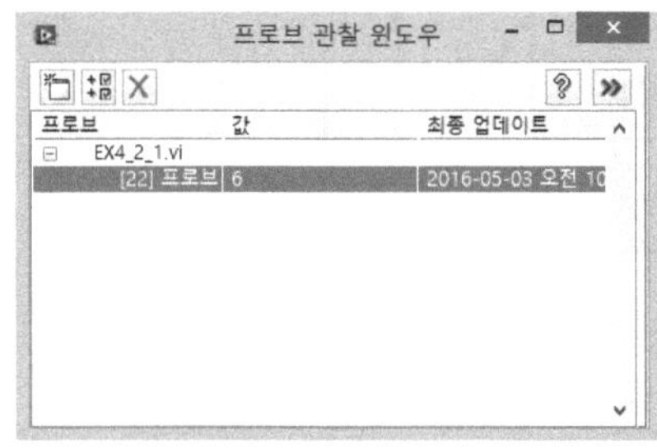

와이어 값의 유지 : ON 경우

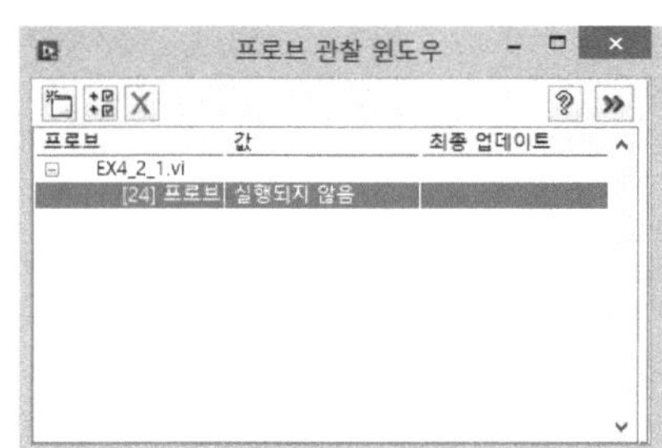

와이어 값의 유지 : OFF 경우

Step.3 프로그램실행결과의 확인 [함수 ➡ 프로그래밍 ➡ 숫자형 ➡ 곱하기, 더하기]

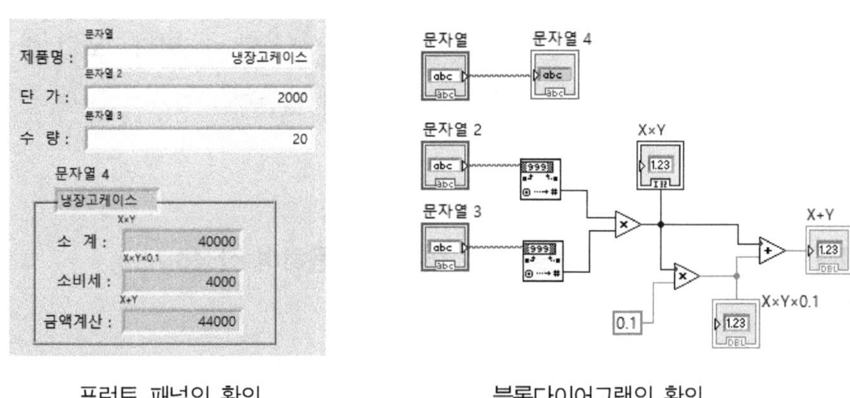

프런트 패널의 확인 블록다이어그램의 확인

그림 3.17 작성프로그램의 결과 확인

3.3.3 변수의 한계

변수란 데이터를 저장하는 공간으로 여러 곳에서 이 공간에 접근하여 저장된 값을 실시간으로 공유할 수 있다. 변수는 읽기와 쓰기 속성을 가지고 있으며 크게 로컬 변수, 글로벌 변수 및 공유 변수로 나누어볼 수 있다. 기능적 차이는 없으나 사용 범위의 차이를 가지고 있다.

로컬 변수는 같은 VI 내에서 데이터를 실시간 공유하며 글로벌 변수는 서로 다른 VI에서 데이터를 공유할 수 있다.

또한 공유 변수는 서로 다른 컴퓨터 간의 데이터를 공유하는 데 이용된다.

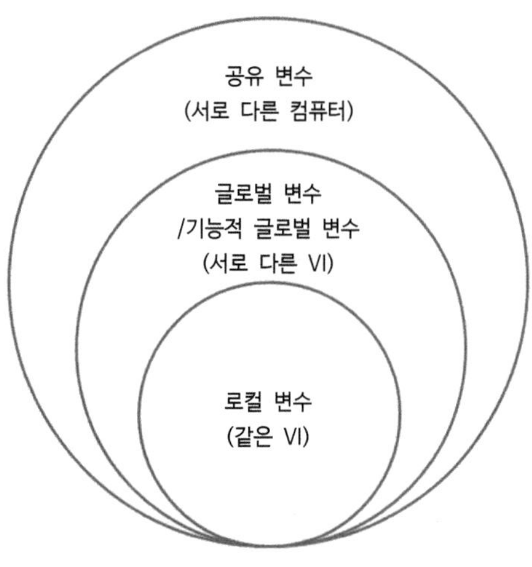

그림 3.18 LabVIEW에서 변수의 사용 범위

1) 로컬 변수

프런트 패널 객체에 대한 접근 권한이 없거나 블록다이어그램 노드 사이에 데이터를 전달해야 할 때, 단일 VI에 있는 프런트 패널 객체에 대한 로컬 변수를 생성할 수 있다. 로컬 변수를 생성하면 블록다이어그램에는 나타나지만 프런트 패널에는 나타나지 않는다.

아래의 난수 출력 프로그램을 로컬 변수를 이용하여 작성하시오.

Step.1 블록다이어그램의 작성(프로그램 구조작성)

[함수 ➡ 프로그래밍 ➡ 구조 ➡ While 루프]
[함수 ➡ 프로그래밍 ➡ 숫자형 ➡ 난수(0-1)]

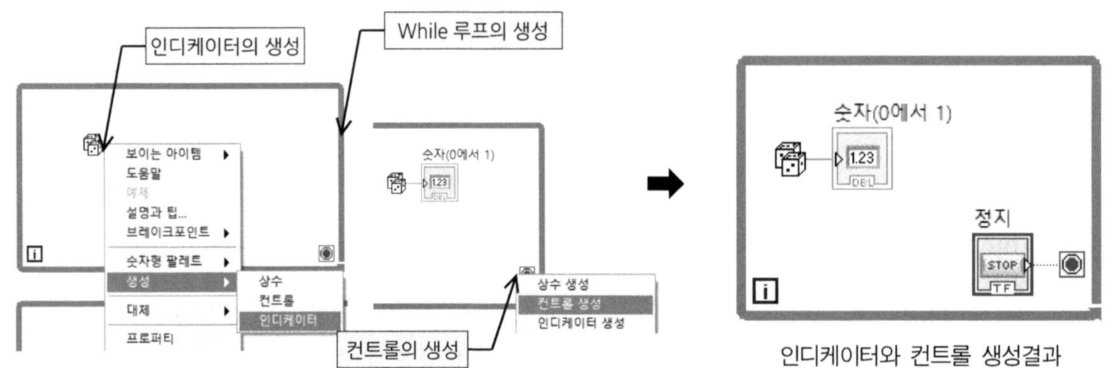

MB3 버튼을 이용한 인디케이터와 컨트롤 생성

인디케이터와 컨트롤 생성결과

Step.2 로컬 변수 프로그램 작성

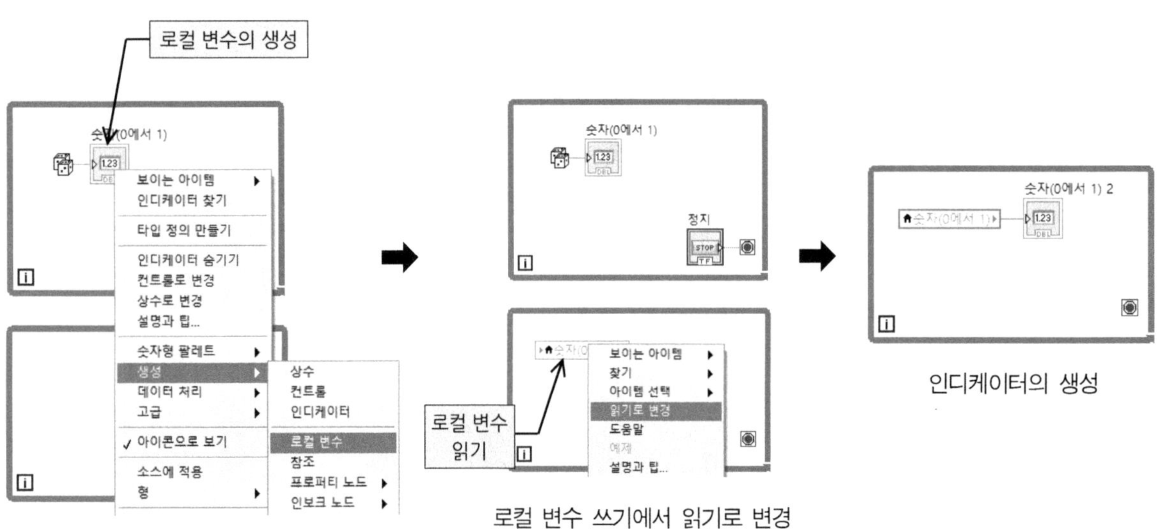

로컬 변수의 생성

로컬 변수 쓰기에서 읽기로 변경

인디케이터의 생성

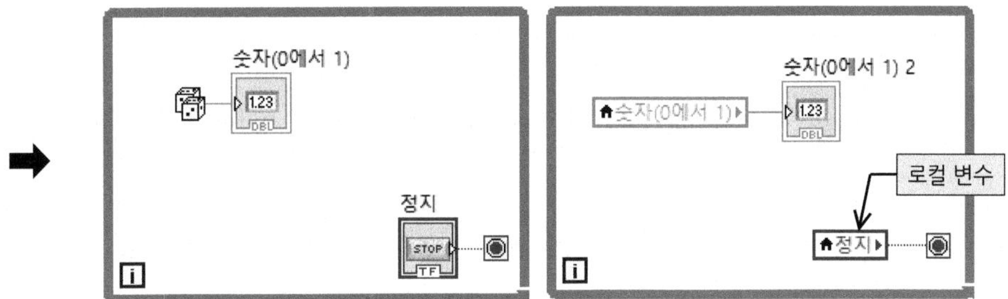

정지버튼의 로컬 변수 생성

Step.3 프런트 패널의 객체 정렬 및 에러 수정

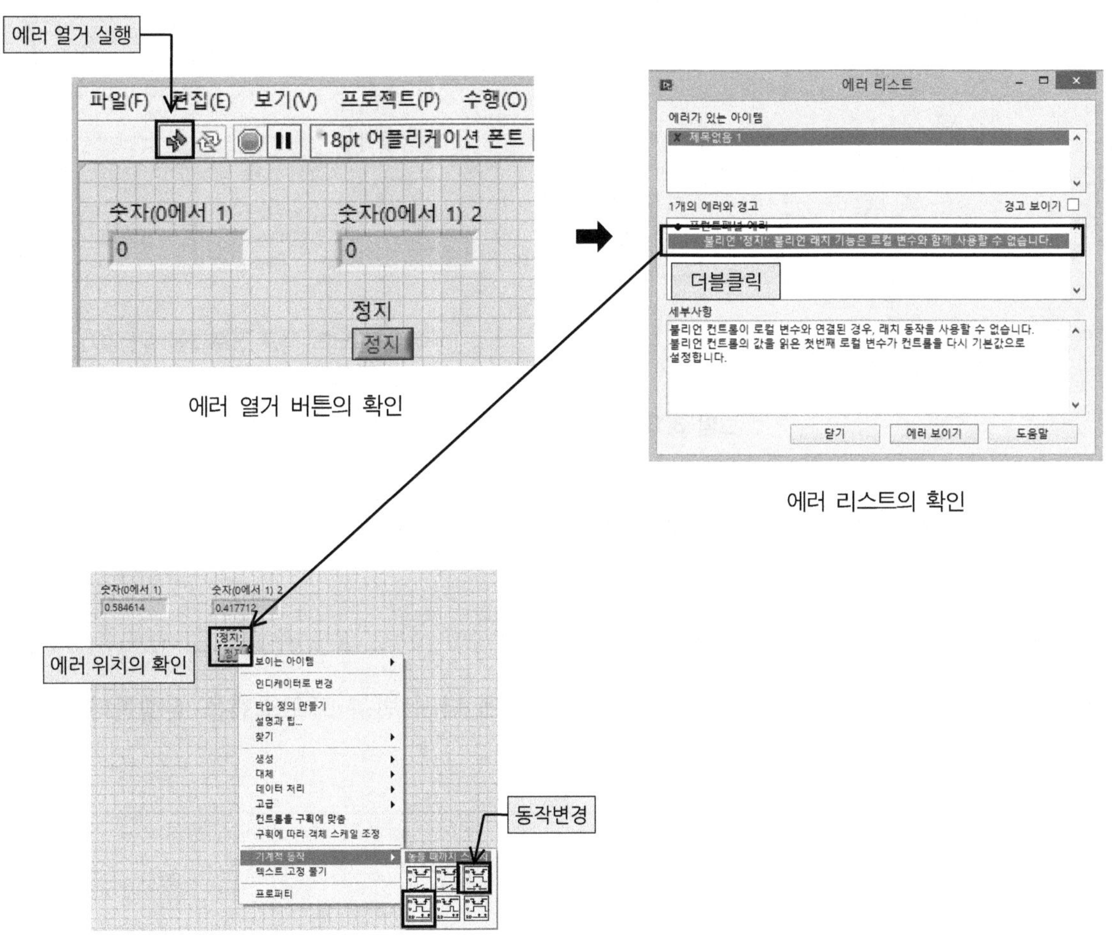

에러 열거 버튼의 확인

에러 리스트의 확인

누를 때 래치에서 놓을 때까지 스위치로 변경

※ 불리언 래치 기능은 로컬 변수로 사용할 수 없다.

Step.4 프로그램 처리 속도의 확인

반복 구조(While, For)를 사용할 때 타이밍 노드가 없는 경우에 장비의 CPU 사용률이 최대한 상승한다.

이러한 상승률 분배를 위해 타이밍 노드와 함께 사용하여야 효율적인 CPU 관리가 가능하며 While 루프의 경우 무한반복으로 인해 반드시 타이밍 노드와 함께 사용하여야 한다.

그림 3.19의 (a)는 타이밍 노드 사용되지 않는 경우로 CPU를 최대한 활용하는 것을 확인할 수 있으며 (b)는 타이밍 노드 사용하여 프로그램 실행 전과 유사한 CPU 사용률을 볼 수 있다.

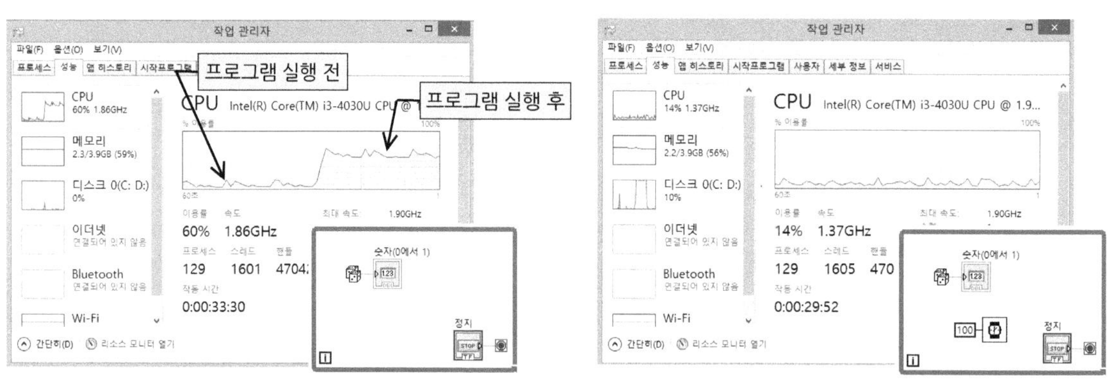

(a) 프로그램 실행 전, 후 상태 (b) 타이밍 노드 적용 프로그램 실행결과

그림 3.19 타이밍 노드의 적용 특성

※ 타이밍 노드란 반복 구조 프로그램의 처리 속도를 제어한다.

① 기다림 [함수 ➡ 프로그래밍 ➡ 타이밍 ➡ 기다림(ms)]

반복 프로그램 실행한 후 설정된 시간만큼 지연 후에 다시 반복 프로그램을 실행한다.

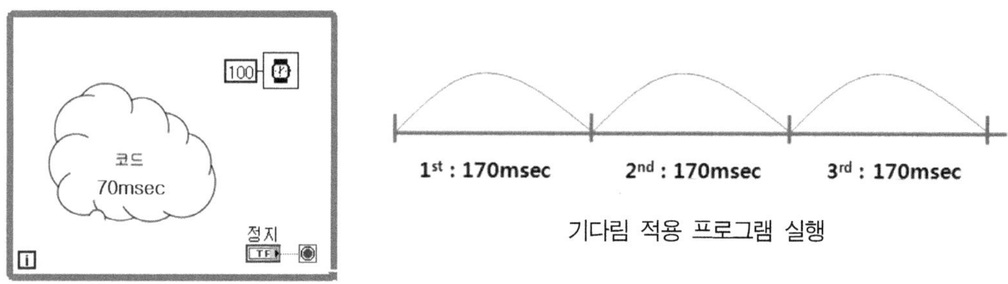

While 프로그램에 기다림 적용

기다림 적용 프로그램 실행

② 다음 배수까지 기다림 [함수 ➡ 프로그래밍 ➡ 타이밍 ➡ 다음 ms 배수까지 기다림]

반복 프로그램이 한번 실행 한 시간이 설정시간 보다 짧을 때 설정된 시간에 도달되지 않는 시간 동안 지연시키고 다시 반복 프로그램을 실행한다.

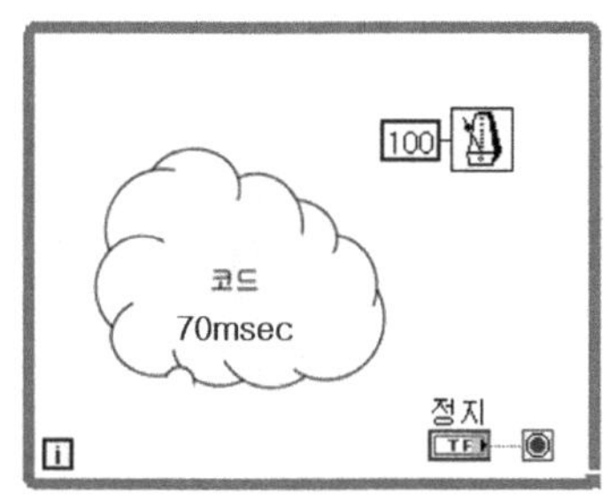

While 프로그램에 다음 배수까지 기다림 적용

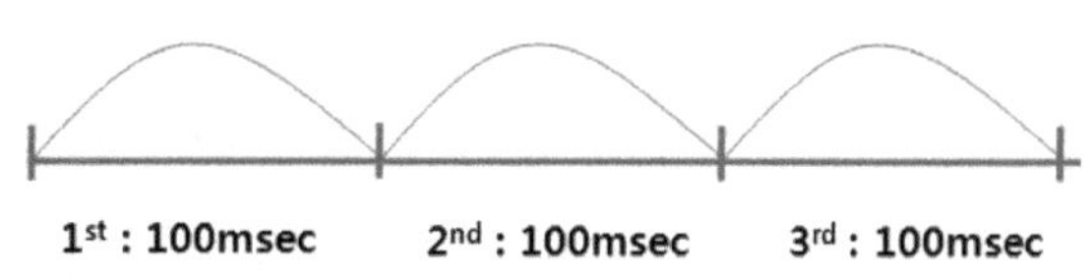

다음 배수까지 기다림 프로그램 실행

③ 시간지연

기다림 노드와 유사한 기능으로 호출 VI의 실행을 얼마나 오랫동안 지연할지를 초 단위로 지정하며 기본값은 1.000이다.

④ 경과시간

시간이 지난 불리언이 참으로 설정되기 전에 시간이 얼마나 지나야 하는지를 초 단위로 지정하며 기본값은 1초이고 현재시간과 경과시간 등을 출력할 수 있다.

⑤ 틱 카운트

초시계와 같은 기능으로 기본 참조 시간은 정의되어 있지 않아 타이머값을 실제 시간 또는 날짜로 변환할 수 없다. ms 타이머의 값은 $(2^{32})-1$부터 0까지를 포함하기 때문에 이 함수를 비교로 사용할 때는 주의하여야 한다.

Step.5 프로그램의 최종확인

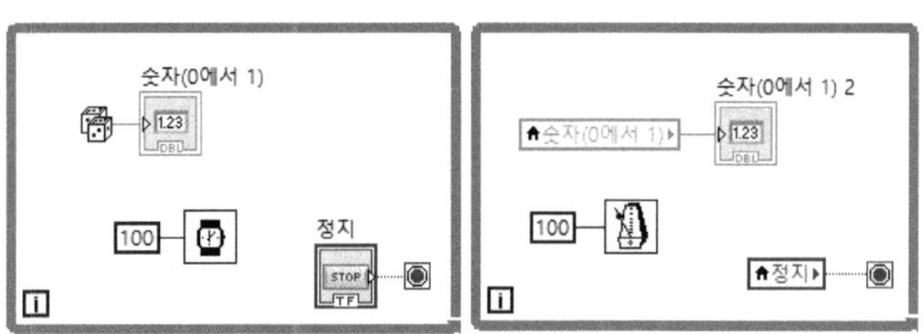

타이밍 노드가 추가된 프로그램

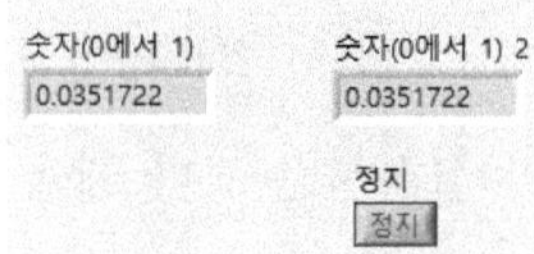

타이밍 노드가 추가된 최종 프로그램의 실행

2) 글로벌 변수

글로벌 변수를 사용하여 여러 VI에 접근하고 데이터를 전달할 수 있어 다른 VI간에 데이터를 공유한다.

아래와 같은 두 개의 다른 VI 환경에서 난수 출력과 프로그램 정지가 가능한 프로그램을 글로벌 변수를 이용하여 작성하시오.

Step.1 글로벌 변수의 삽입 [함수 ➡ 프로그래밍 ➡ 구조 ➡ 글로벌 변수]

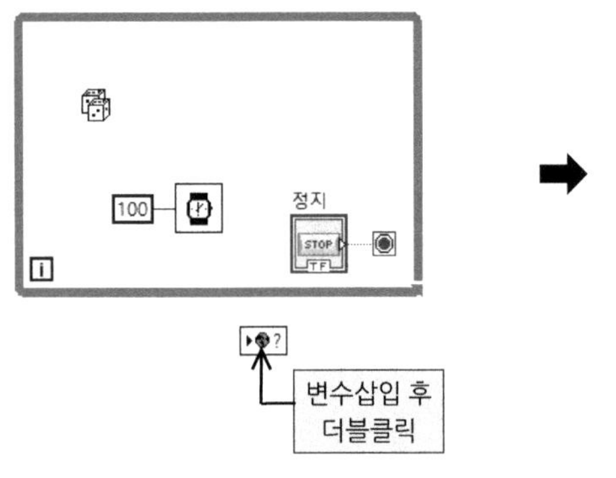

글로벌 변수의 추가 및 선택

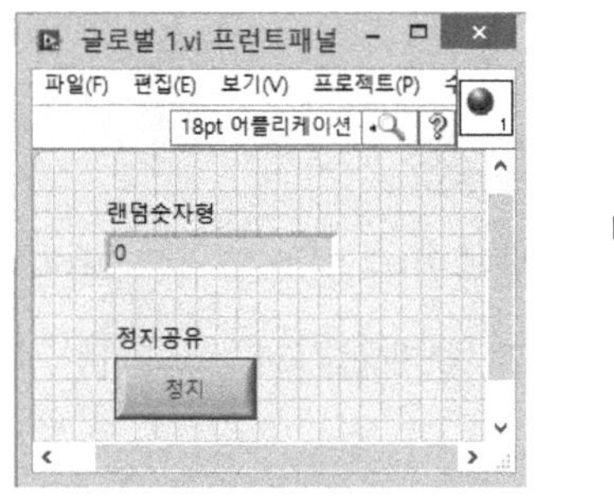

글로벌 변수의 정의 및 저장

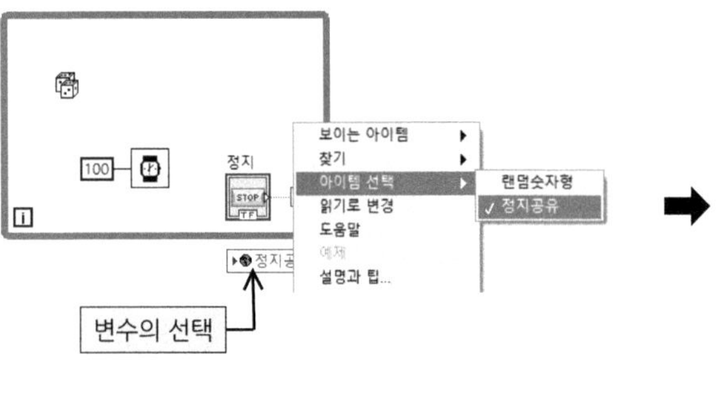

글로벌 변수의 적용

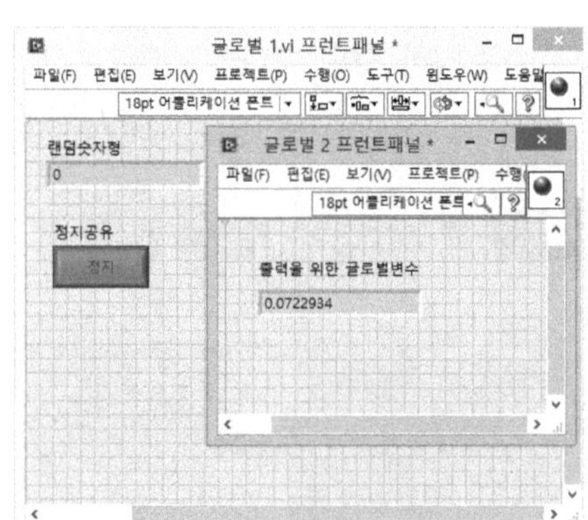

글로벌 변수의 정의내역

Step.2 글로벌 변수의 속성 변경 및 실행

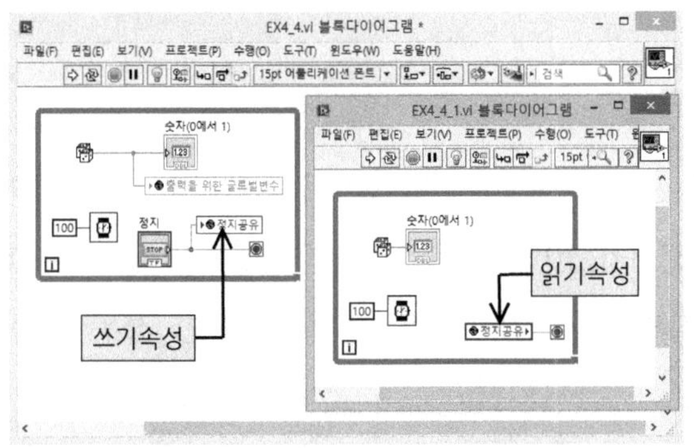

블록다이어그램의 변수 속성 변경

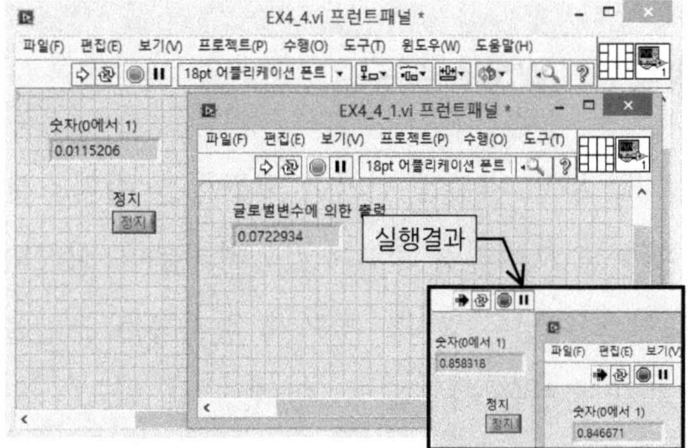

프런트 패널의 확인 및 실행 결과

3) 공유 변수

서로 다른 컴퓨터 간에 데이터를 실시간으로 공유할 때 사용한다. 그림 3.20과 같이 공유 변수는 프로젝트탐색기를 이용하여 생성한다.

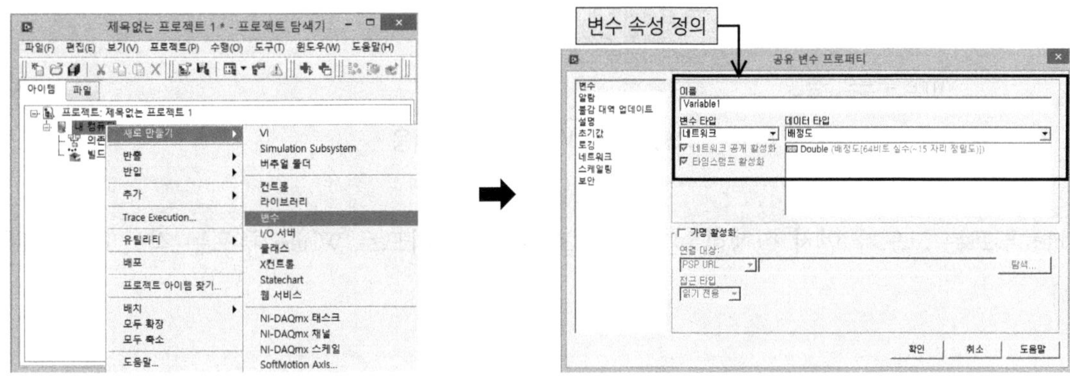

내 컴퓨터 ➡ 새로만들기 ➡ 변수　　　　변수속성의 정의

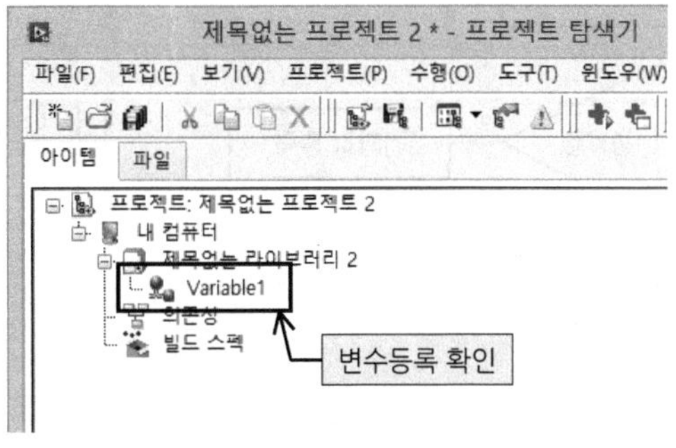

변수등록의 확인

그림 3.20 공유 변수의 적용

3.4 제어문 구조의 이해

3.4.1 While 루프

[함수 ➡ 프로그래밍 ➡ 구조 ➡ While 루프]

While 루프 내부에 위치한 코드들을 정지조건이 만족할 때 까지 반복하여 실행한다. 반복터미널은 횟수를 모니터링 할 수 있으며 0부터 시작되므로 i가 10인 경우 11번째 실행됨을 알 수 있다.

조건 터미널은 While 루프가 정지하는 조건을 정의하며 "참인 경우 정지"와 "참인 경우 계속"의 두 가지 옵션을 사용할 수 있다.

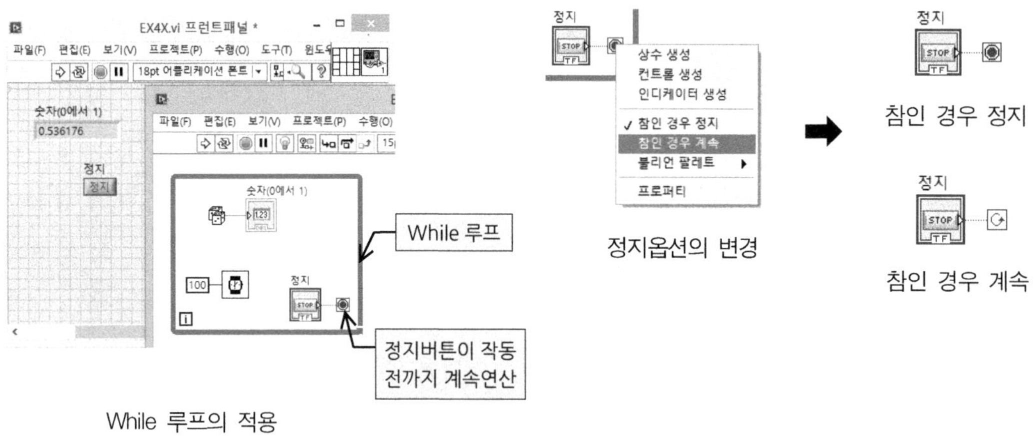

그림 3.21 While 루프의 적용

While 루프는 코드가 먼저 실행하고 터미널 조건을 판단하므로 While 루프는 적어도 한 번은 실행된다.

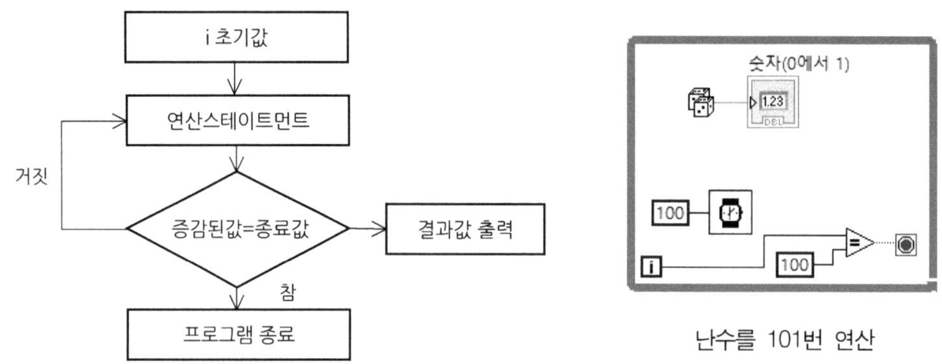

그림 3.22 While 루프에 연산자의 적용

1) 비교연산자(함수)

연산자(함수)		비교연산자의 설명
보다 작음?	x, y → x < y?	x가 y보다 작은 경우 참을 반환
보다 큼?	x, y → x > y?	x가 y보다 큰 경우 참을 반환
작거나 같음?	x, y → x <= y?	x가 y보다 작거나 같은 경우 참을 반환
크거나 같음?	x, y → x >= y?	x가 y보다 크거나 같은 경우 참을 반환
같음?	x, y → x = y?	x가 y와 같은 경우 참을 반환
같지 않음?	x, y → x != y?	x가 y와 같지 않은 경우 참을 반환
최대 & 최소	x, y → 최대(x,y), 최소(x,y)	x와 y를 비교하고 큰 값을 출력 터미널의 상단에 작은 값을 출력 터미널의 하단으로 반환

2) 논리연산자(함수)

연산자(함수)		비교연산자의 설명
AND	x, y → x .and. y?	입력 값을 비교하여 논리적 AND로 연산
OR	x, y → x .or. y?	입력 값을 비교하여 논리적 OR로 연산
XOR	x, y → x .xor. y?	입력 값을 비교하여 논리적 Exclusive Or (XOR)로 연산
NOT	x → .not. x?	입력 값을 논리적 부정으로 연산
복합 연산	값 0, 값 1, ..., 값 n-1 → 결과	하나 혹은 그 이상의 숫자, 배열, 클러스터 또는 불리언 입력에 대한 연산을 수행

3.4.2 케이스 구조

[함수 ➡ 프로그래밍 ➡ 구조 ➡ 케이스 구조]

하나 이상의 서브 다이어그램, 즉 케이스를 가지며 명령이 실행되면 그중 하나만 실행되고 케이스 선택자에 연결된 값이 어떤 케이스가 실행될지 결정한다.

① 선택자 라벨 : 관련 케이스가 실행시키는 값을 디스플레이 한다. 한 개의 값이나 값의 범위를 지정할 수 있다. 또한 선택자 라벨을 사용하여 기본 케이스를 지정할 수도 있다.

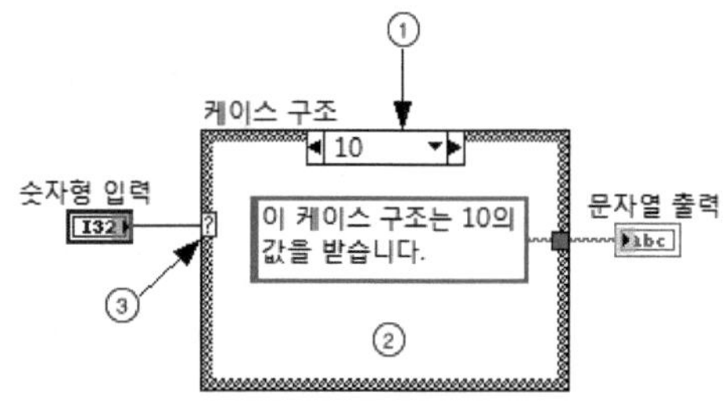

케이스의 구조

② 서브 다이어그램(케이스) : 케이스 선택자에 연결된 값이 선택자 라벨에 보이는 값과 일치할 때 실행되는 코드를 포함한다. 서브 다이어그램의 개수 또는 순서를 수정하려면 케이스 구조의 경계에서 마우스 오른쪽 버튼을 클릭한 후 적절한 옵션을 선택할 수 있다.

③ 케이스 선택자 : 입력 데이터의 값에 따라 실행할 케이스를 선택한다. 입력 데이터는 **불리언, 문자열, 정수, 열거형 타입** 또는 **에러 클러스터**가 될 수 있으며 케이스 선택자에 연결하는 데이터 타입에 따라 선택자 라벨에 입력할 수 있는 케이스가 결정된다.

확인 버튼에 의해 3개의 난수가 발생하고 3개의 난수에서 1개 이상의 숫자가 7인 경우 표시문자와 그림이 나타나도록 프로그램하시오.

Step.1 아래와 같이 새로운 VI에 연산 케이스 구조를 코딩하시오.

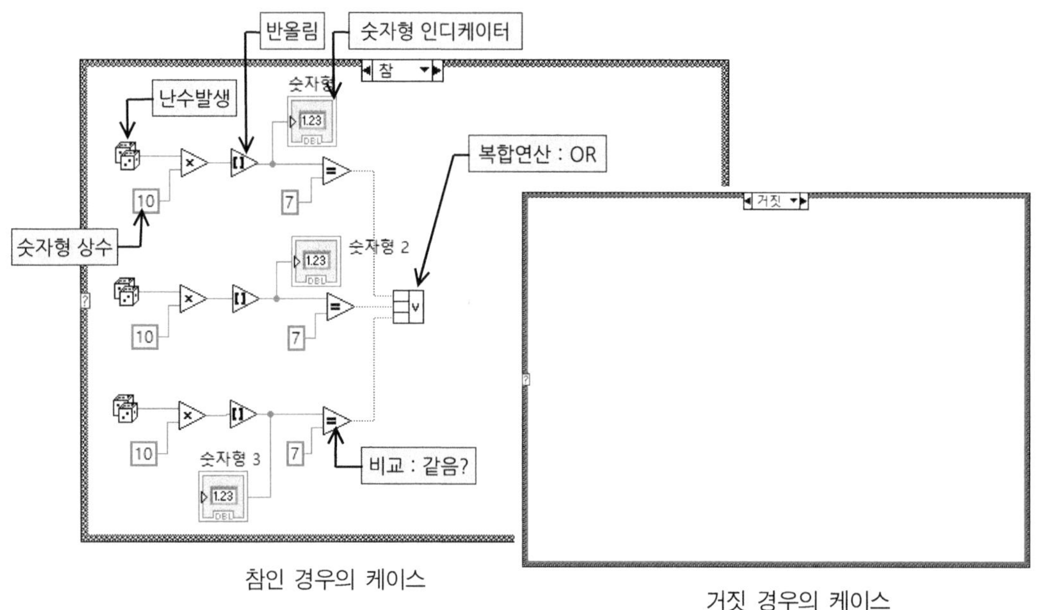

참인 경우의 케이스 거짓 경우의 케이스

Step.2 앞의 Step.1에서 작성된 VI를 이용하여 출력 케이스 구조를 코딩하시오.

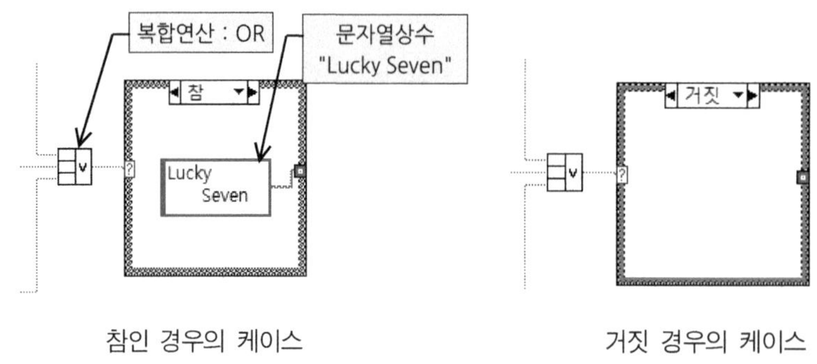

참인 경우의 케이스 거짓 경우의 케이스

Step.3 순환루프의 적용과 숫자 인디케이터에 초기 설정값의 적용

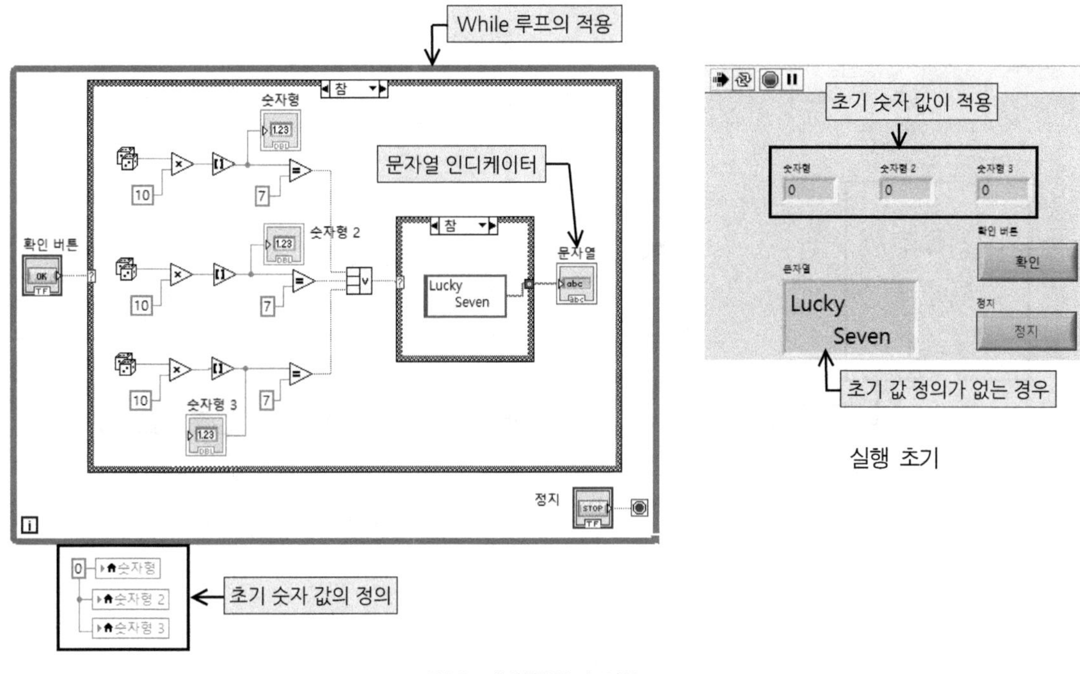

실행 초기

While 순환루프의 적용

Step.4 프로그램 실행결과의 확인

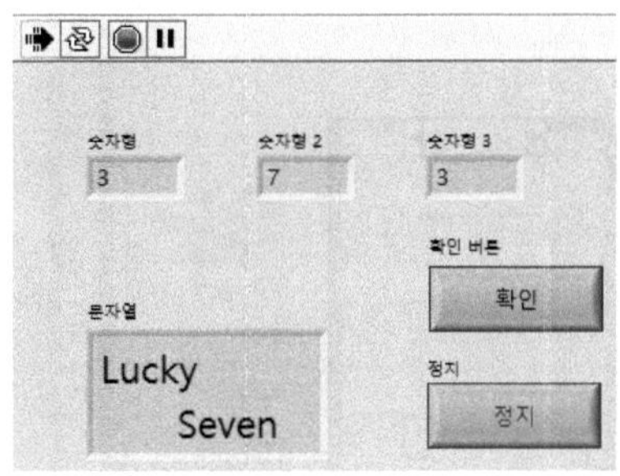

숫자 1개 이상이 7인 경우

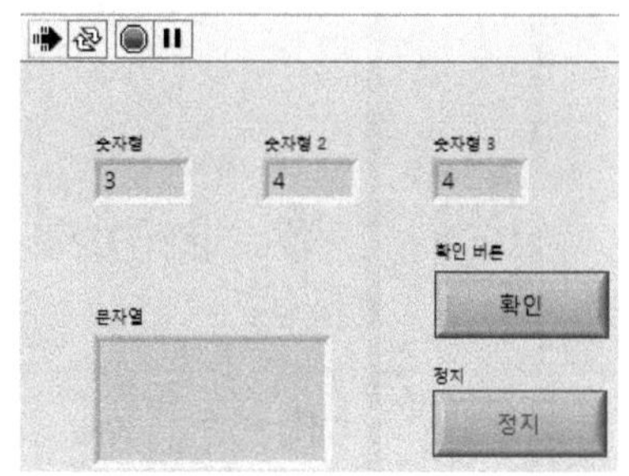

숫자가 7이 아닌 경우

Step.5 클래스 그림 링을 이용한 이미지의 적용

[컨트롤 ➡ 클래식 ➡ 클래식 그림 링]

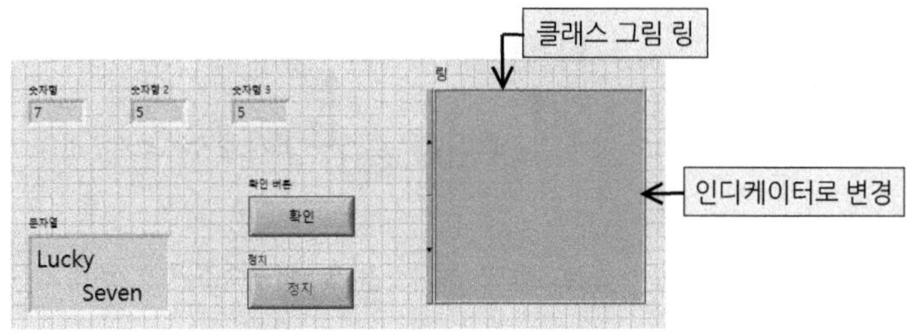

이미지 표시 대화상자

Step.6 클래스 그림 링을 이용한 이미지의 적용

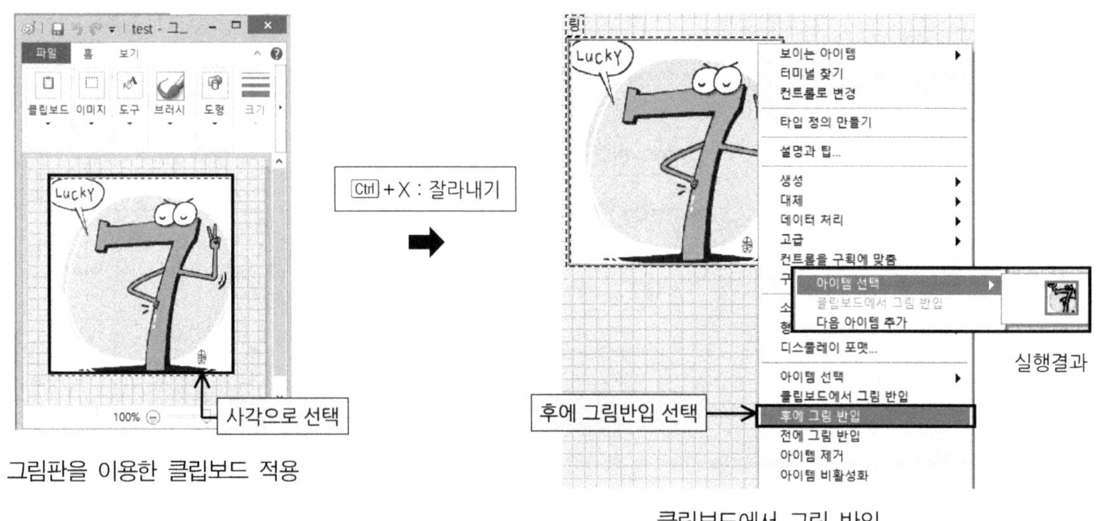

그림판을 이용한 클립보드 적용

클립보드에서 그림 반입

Step.7 초기그림의 억제 및 그림화면의 투명정의

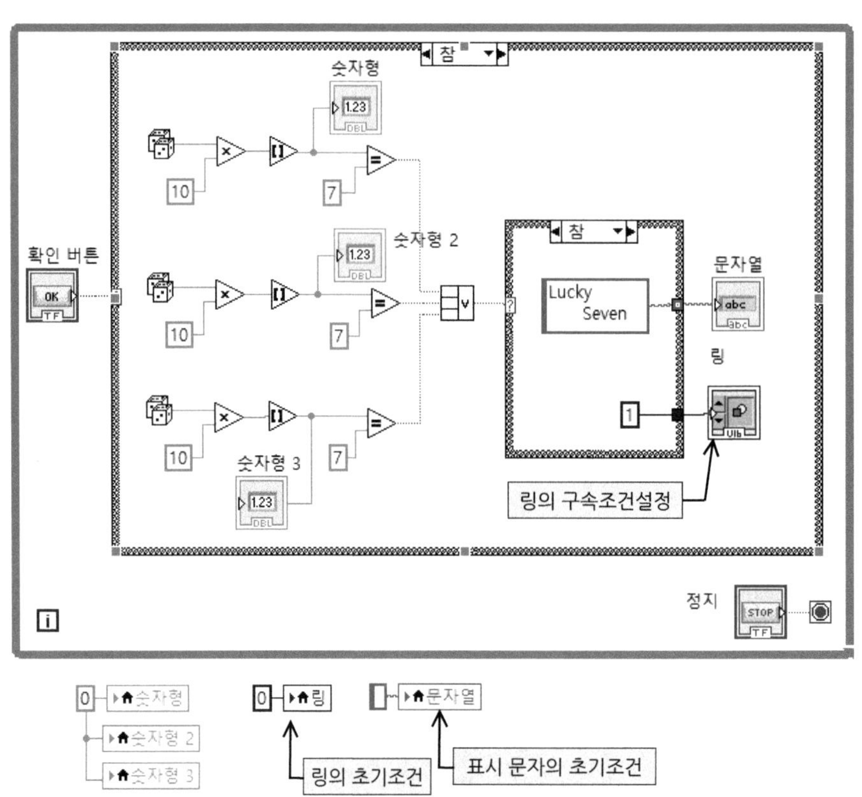

프로그램의 초기조건 및 링구속조건의 설정

화면의 표시 색상 변경은 메인메뉴의 보기(V) ➡ 도구 팔레트(T)를 이용하여 수정할 수 있다.

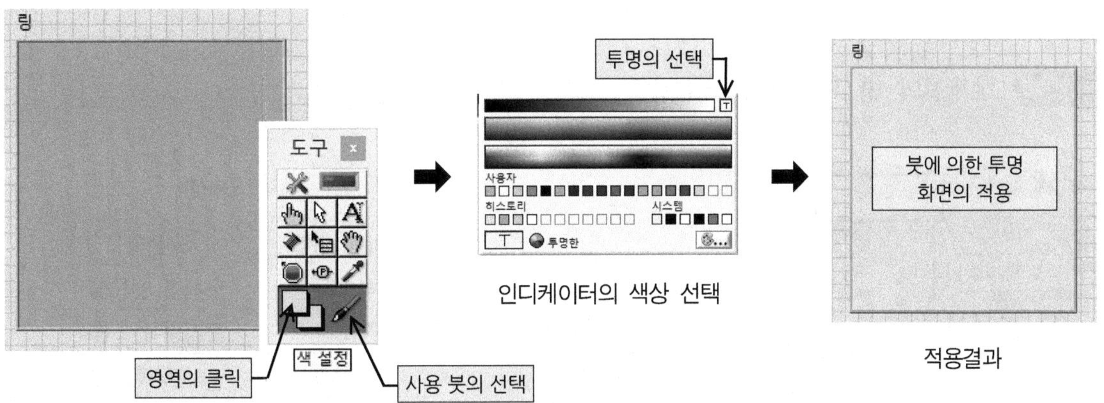

링의 배경 화면 변경을 위한 도구 활용

인디케이터의 색상 선택

적용결과

Step.8 프로그램 구동 특성의 확인

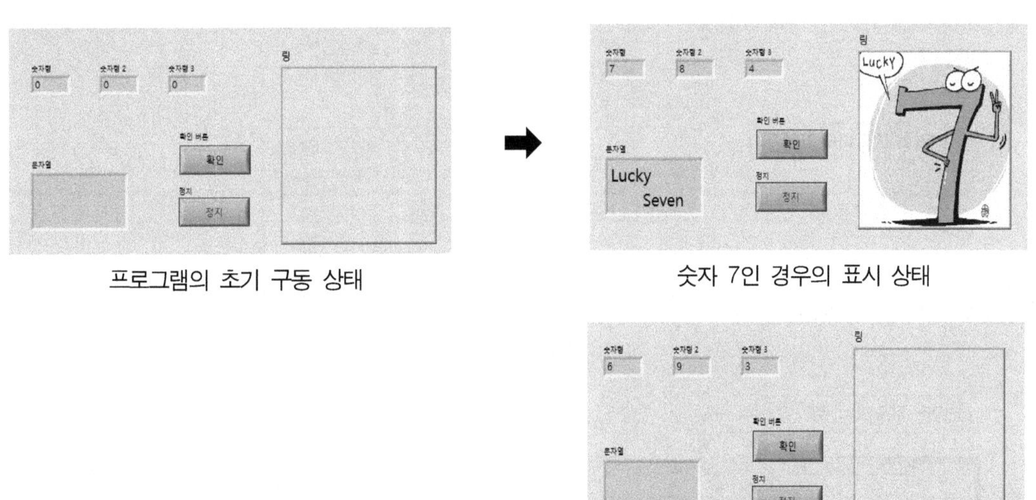

프로그램의 초기 구동 상태

숫자 7인 경우의 표시 상태

숫자 7 이외의 표시 상태

아래와 같이 숫자 7로 정지되었을 때 다시 프로그램 실행할 경우 아래와 같은 비정상적 출력상태를 수정하여야 한다.

숫자 7인 경우에서 정지된 상태

숫자 7이 아닌 경우의 오류

텍스트 링에 아이템 편집 기능에 의한 케이스 문이 적용된 수식 계산기를 작성하시오.

Step.1 개체정의 및 프로퍼티의 수정

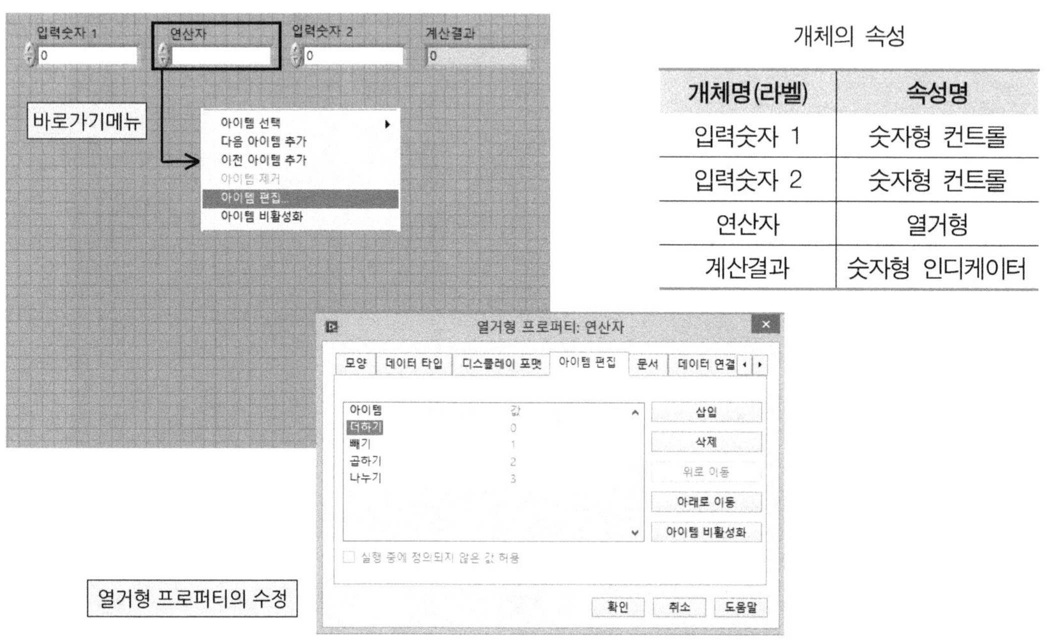

개체의 속성

개체명(라벨)	속성명
입력숫자 1	숫자형 컨트롤
입력숫자 2	숫자형 컨트롤
연산자	열거형
계산결과	숫자형 인디케이터

Step.2 케이스별 연산정의

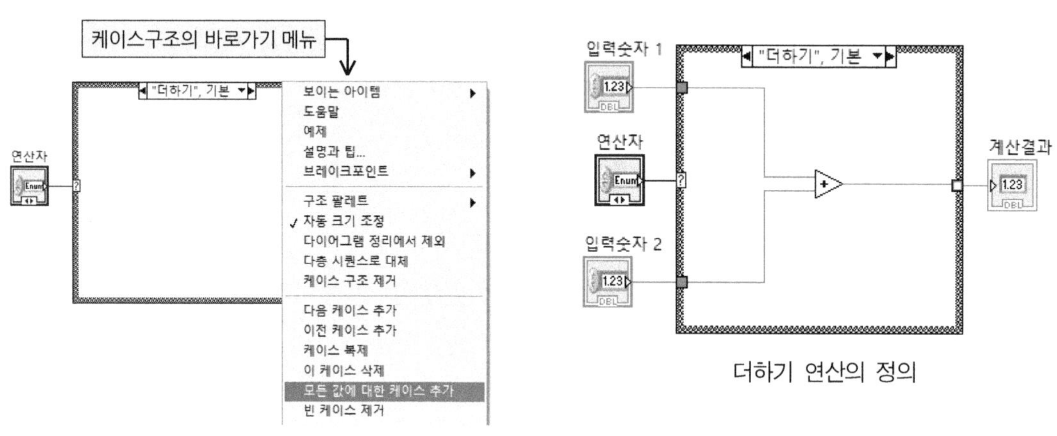

더하기 연산의 정의

열거형 프로퍼티의 적용

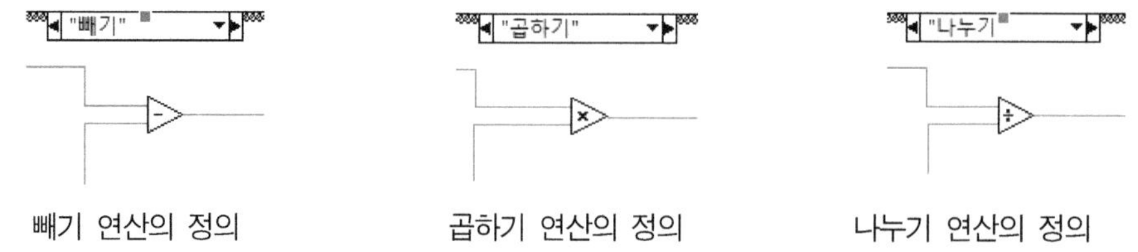

빼기 연산의 정의 곱하기 연산의 정의 나누기 연산의 정의

Step.3 실행 결과의 확인

3.4.3 For 루프의 구조

[함수 ➡ 프로그래밍 ➡ 구조 ➡ For 루프]

같은 처리를 반복하여 설정 값에 도달할 때까지 해당되는 연산을 반복하여 처리한다. 아래의 블록다이어그램은 1부터 10까지의 합을 계산할 수 있다.

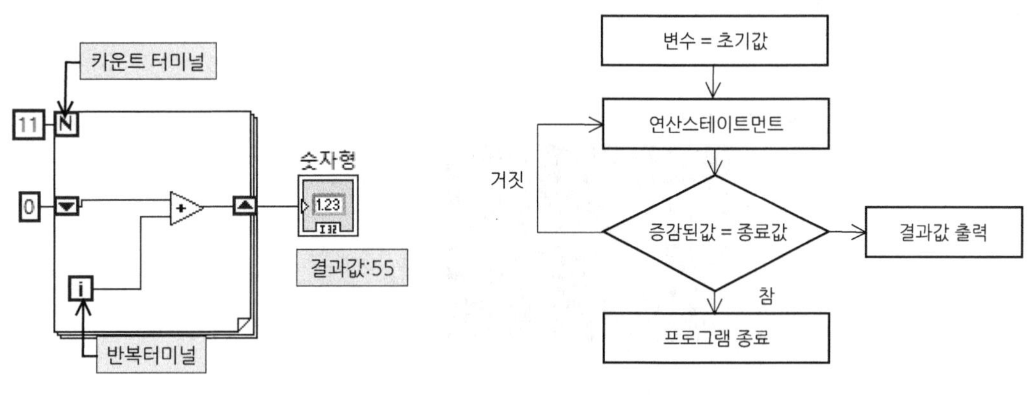

1부터 10까지의 합산 프로그램

For 루프의 연산구조

발생되는 난수를 1초 단위로 웨이브폼 차트에 나타낼 수 있는 프로그램을 작성하시오.

Step.1 난수 발생 개체와 출력 차트의 특성 정의

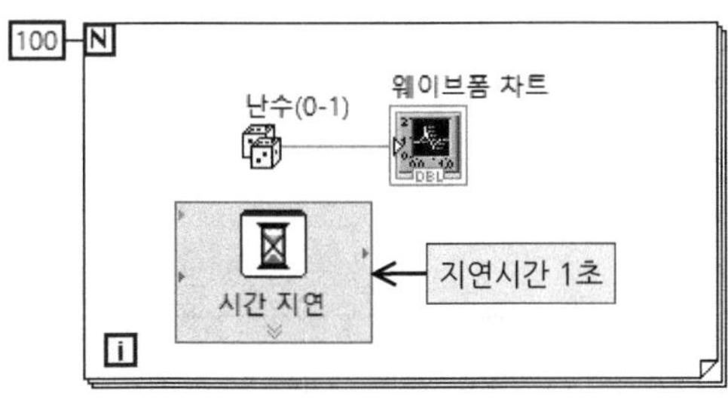

For 루프와 개체의 정의

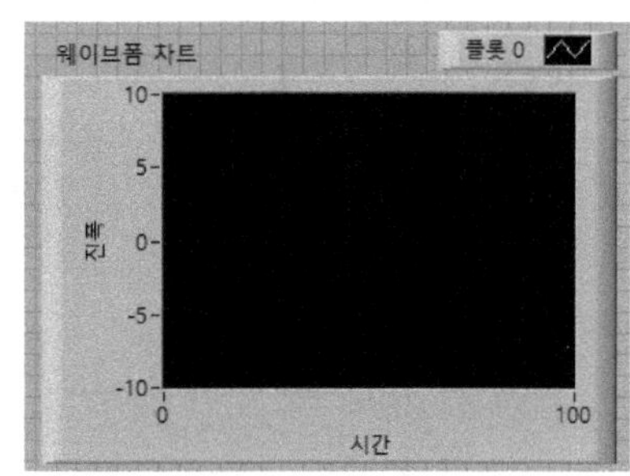

프런트 패널에 웨이브폼 차트의 정의

Step.2 프로그램 실행 중에 사용할 정지 버튼의 정의

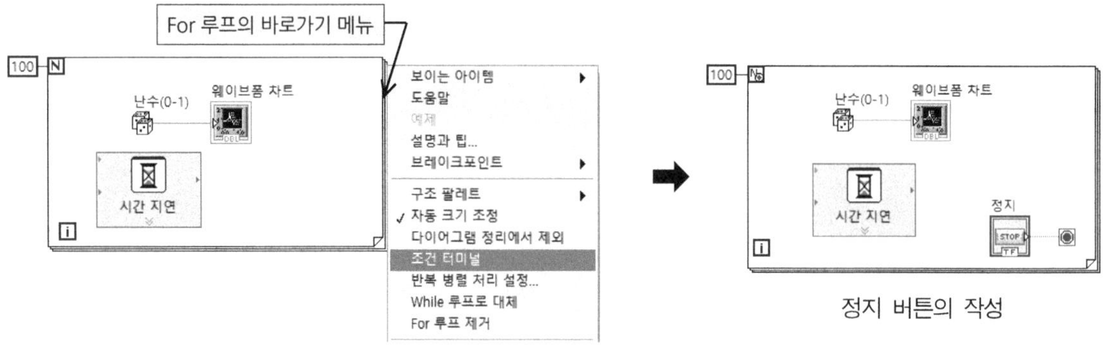

조건 터미널 적용

정지 버튼의 작성

Step.3 프로그램 실행의 확인

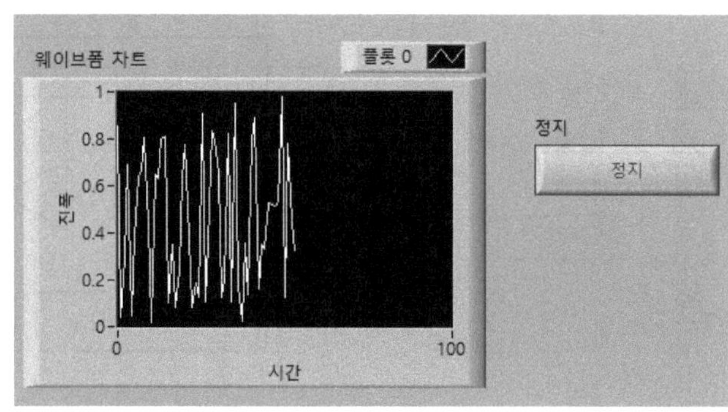

난수의 발생결과

1) 인덱싱 활성화 또는 비활성화 출력의 적용

아래와 같이 난수의 출력을 인덱싱 활성화 상태에서 출력할 때 For 루프의 순환 시마다 증가한 배열에 하나씩 저장되고 비활성화 출력일 때 For 루프의 마지막 결과를 저장한다.

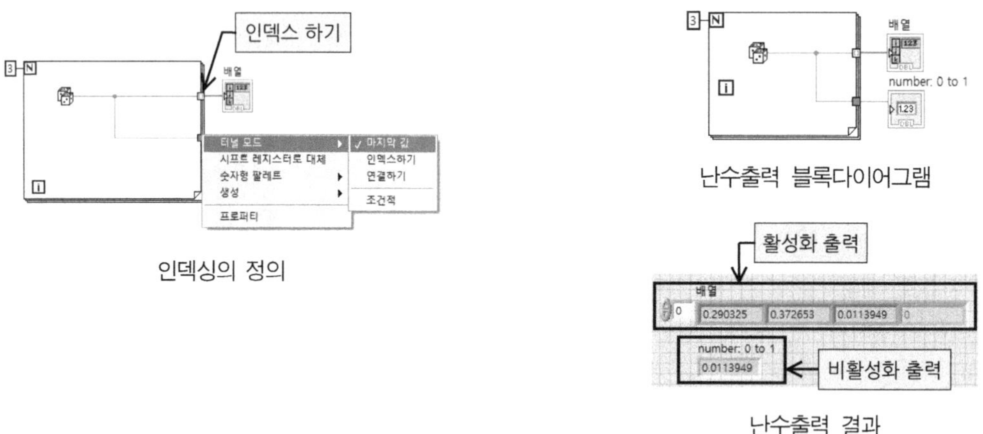

인덱싱의 정의

난수출력 블록다이어그램

난수출력 결과

그림 3.23 For 루프에서 출력 특성의 적용

프로그램이 1부터 15까지의 구간에서 For 루프실행 시마다 2씩 증가하여 합계에 가산되는 프로그램을 작성하시오.

함수 ➡ 프로그래밍 ➡ 숫자형 ➡ 증가
➡ 배열 원소 더하기
➡ 몫 & 나머지

함수 ➡ 프로그래밍 ➡ 비교 ➡ 0과 같음 ?

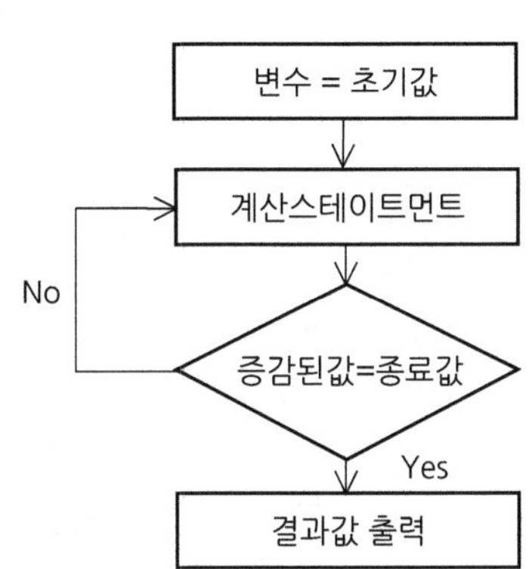

Step.1 1부터 15까지의 가산 프로그램 작성 및 출력 조건의 부여

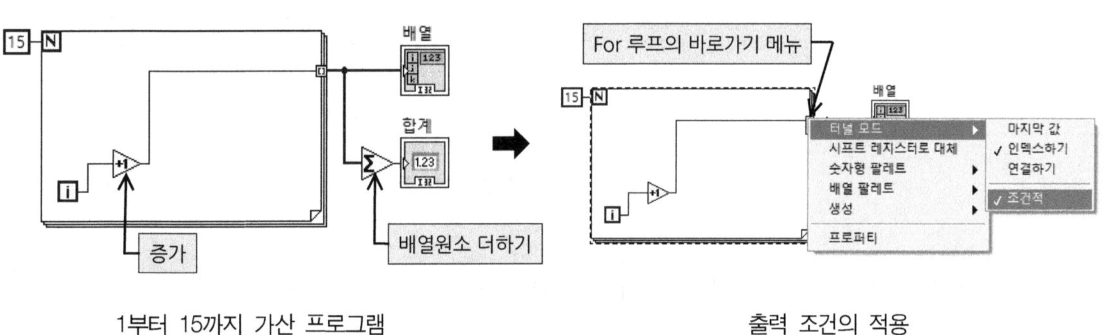

1부터 15까지 가산 프로그램

출력 조건의 적용

Step.2 출력 조건의 설정 및 결과 확인

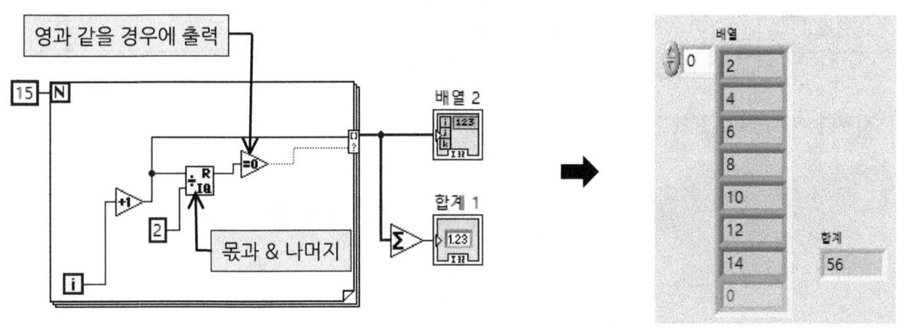

출력 조건의 정의

연산 결과의 확인

2) 시프트 레지스터

While 루프 또는 For 루프에서는 시프트 레지스터 기능을 제공한다. LabVIEW는 따로 변수를 따로 선언하지 않으므로 이전 루프에서 생성된 값을 다음 루프로 넘기기 위하여 시프트 레지스터라는 기억공간을 만들어 사용할 수 있다.

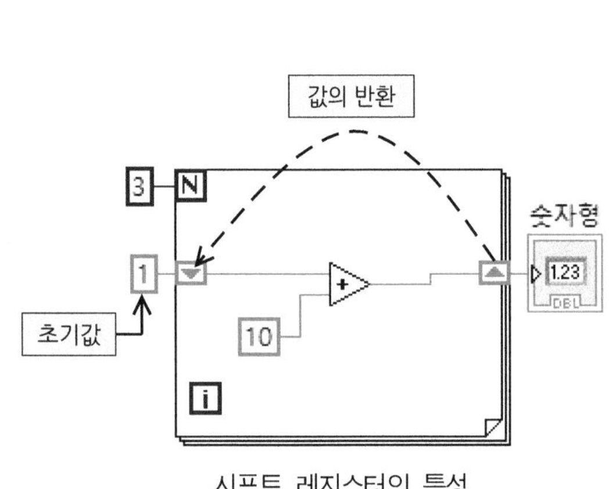

시프트 레지스터의 특성

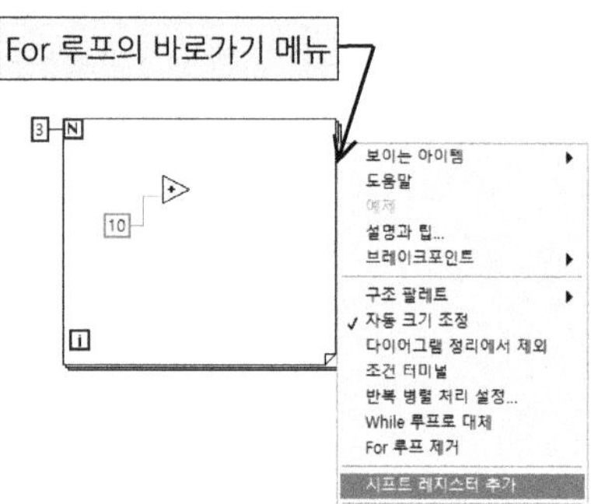

시프트 레지스터의 작성

반복횟수	A 지점의 값	B 지점의 값
1st	1	11
2nd	11	21
3rd	21	31

프로그램의 출력결과

그림 3.24 시프트 레지스터의 적용특성

① 시프트 레지스터의 초기화 : 시프트 레지스터의 초기화 여부에 따라 프로그램 실행 횟수에 따른 출력 결과가 다르게 나타낸다.

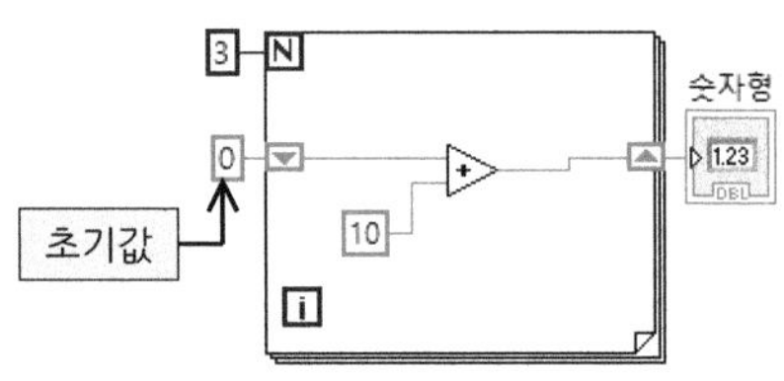

시프트 레지스터 초기 값이 정의된 경우

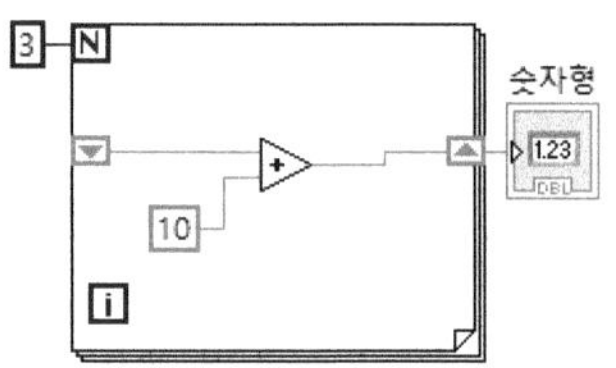

초기 값이 없는 경우

실행 횟수	값이 정의된 경우	값이 없는 경우
1st	30	30
2nd	30	60
3rd	30	90

프로그램의 출력결과

그림 3.25 시프트 레지스터의 초기 값 특성

② 다층 시프트 레지스터 : 시프트 레지스터에 원소를 추가하여 다층 시프트 레지스터를 구성할 수 있으며 하부 원소에 증감분이 계산된 반환 값을 전달하여 출력한다.

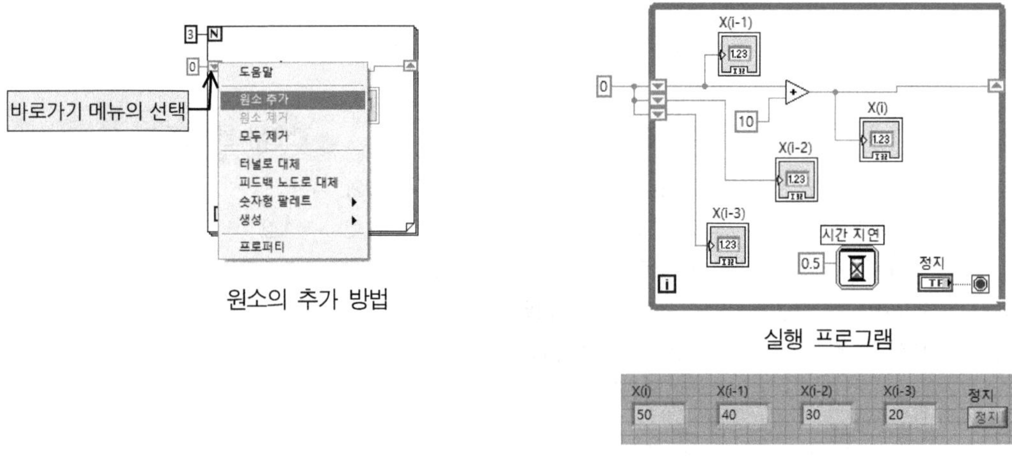

원소의 추가 방법

실행 프로그램

다층 시프트 레지스터의 실행 결과

그림 3.26 다층 시프트 레지스터의 적용 특성

3.5 수식의 계산

연산을 수행하는 연산자에는 산술, 비교와 논리연산자가 있으며 연산에 사용되는 우선순위는 아래와 같다.

산술연산자 > 비교연산자 > 논리연산자

1) 산술연산자

산술연산자는 사칙연산에 이용되며 아래와 같은 연산자를 이용한다.

연산자	연산자의 기능	사용 예	우선순위	비 고
pow	거듭제곱을 계산	pow(2, 4) → 16	1	
–	마이너스 부호	–3	2	
*	곱하기	2 * 3 → 6	3	
/	나누기	2 / 3 → 0.6666	3	
mod	나머지연산(정수)	mod(7, 2) → 1	4	나머지를 구한다.
+	덧셈	2+3 → 5	5	
–	뺄셈	9–2 → 7	5	

※우선순위가 적을수록 먼저 실행함.

2) 산술함수

LabVIEW에서 제공되는 수학적 함수와 사용자가 정의하는 함수가 사용된다.

① 제공되는 산술함수 : 아래의 산술함수가 LabVIEW에서 제공된다.

함수 기호	함수의 의미	함수의 응용
sin(X)	Sin X의 값, X는 라디안으로 주어진다.	sin(π/2) → 1
cos(X)	Cos X의 값, X는 라디안으로 주어진다.	cos(π/3) → 1/2
tan(X)	Tan X의 값, X는 라디안으로 주어진다.	tan(π/4) → 1
atan(X)	Tan^{-1}, 결과는 $-\pi/2 \le \theta \le \pi/2$의 범위	atan(1) → π/4
asin(X)	Sin^{-1}, 결과는 $-\pi/2 \le \theta \le \pi/2$의 범위	
acos(X)	Cos^{-1}, $0 \le \theta \le \pi$ 범위의 각도	
sqrt(X)	X의 제곱근, X > 0일 것	aqrt(16) → 4
abs(X)	X의 절대 값	abs(−3.0) → 3
exp(X)	e^X의 값(e 값은 약 2.71828 수학적 상수)	exp(2) → ≒7.4
log(X)	자연로그 log X의 값	log(10) → ≒2.30
max(X, Y)	지정된 두 숫자 중 더 큰 숫자를 반환	max(Double, Double) → Double
min(X, Y)	지정된 두 숫자 중 더 작은 숫자를 반환	min(Int32, Int32) → Int32
int(X)	가장 가까운 정수로 반올림	int(2.222) → 2
rand()	0과 1사이의 부동소수를 생성	Round(Decimal, Int32)

② 사용자 정의 산술함수 : 사용자에 의해 산술함수를 정의할 수 있다.

아래에 주어진 롤러를 이용한 더브테일 측정에 따른 결과값을 계산하기 위한 프로그램을 작성하시오.

(1) 외측 더브테일 각도의 계산

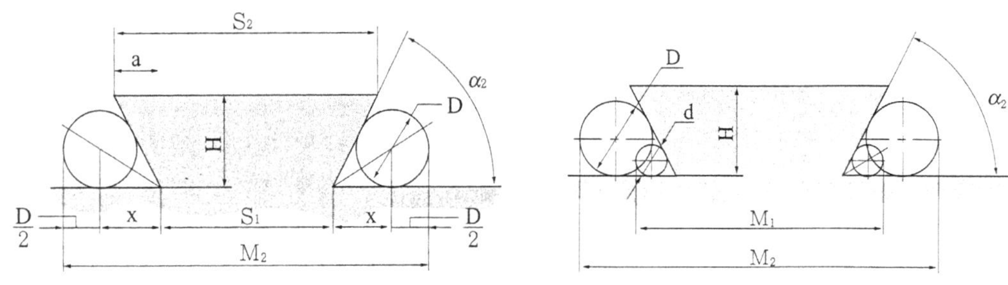

그림 3.27 외측 더브테일 형상 및 치수특성

부호	부호의 의미
D	대경 측정용 핀 게이지의 치수(mm)
d	소경 측정용 핀 게이지의 치수(mm)
M_1	소경 핀에 의한 측정 길이치수(mm)
M_2	대경 핀에 의한 측정 길이치수(mm)
α_2	더브테일 각도(°)
S_1	더브테일 소단 길이치수(mm)
S_2	더브테일 대단 길이치수(mm)

$$\alpha_2 = 2\tan^{-1}\frac{D-d}{(M_2-M_1)-(D-d)} \quad (1)$$

$$S_1 = M_2 - D - \frac{D}{\tan\frac{\alpha_2}{2}} \quad (2)$$

$$S_2 = S_1 + \frac{H}{\tan\alpha_2} \quad (3)$$

Step.1 다음 프로그램을 참조하여 외측 더브테일의 각도 계산식(1)을 완성하고 입력 결과를 확인하시오.

입력항목	D	d	M2	M1	계산결과(α_2)
입력값	8.0	4.01	62.12	51.32	60.7323 ···

① 수식에 의한 계산 프로그램 작성

[함수 ➡ 수학 ➡ 스크립트 & 수식 ➡ 수식]
[함수 ➡ 프로그래밍 ➡ 숫자형 ➡ 식 노드]

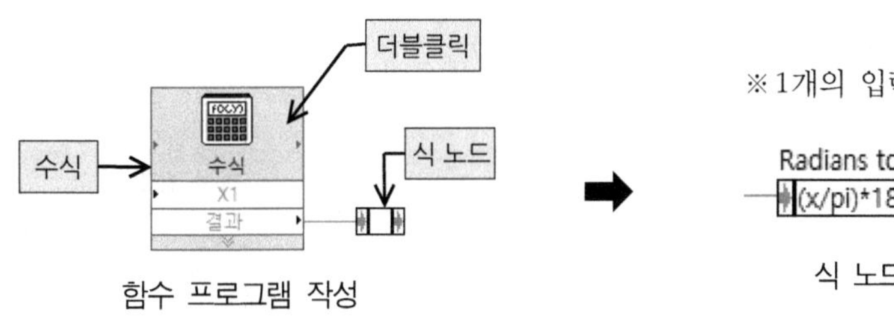

함수 프로그램 작성

※1개의 입력, 1개의 출력

Radians to Degrees
(x/pi)*180.0
(x/pi)*180.0

식 노드에 의한 단위 변환

수식 설정의 활용

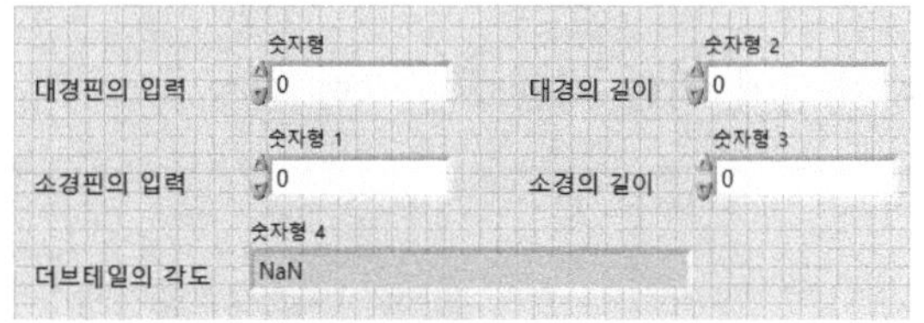

프런트 패널의 설계

※여러 개의 입력, 1개의 출력

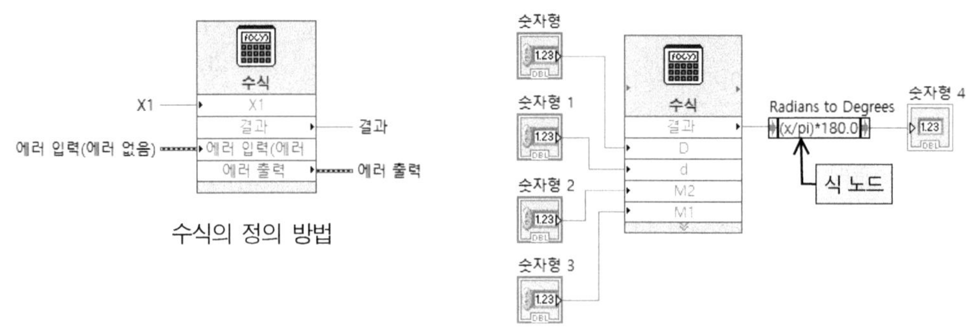

수식의 정의 방법

블록다이어그램의 확인

② 작성 프로그램 계산 결과 확인

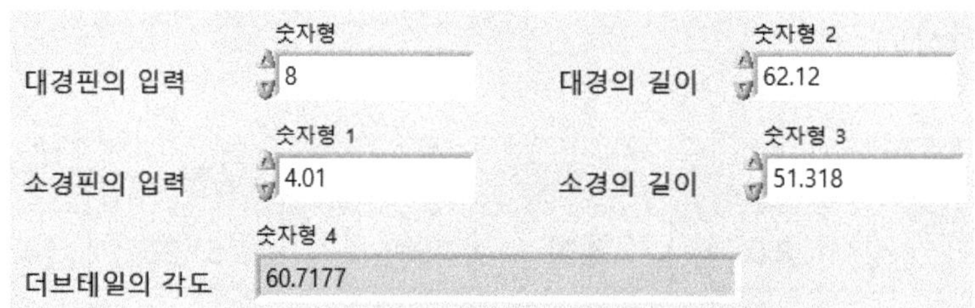

프로그램의 결과 확인

Step.2 다음 프로그램을 참조하여 폼을 추가하고 외측 더브테일의 계산식(2), (3)을 완성하여 입력 결과를 확인하시오.

입력항목	D	d	M_2	M_1	H	계산결과		
						α_2	S_1	S_2
입력값	8.0	4.01	62.12	51.32	15	60.717	40.462	57.285

① 수식에 의한 계산 프로그램 작성 [함수 ➡ 수학 ➡ 스크립트 & 수식 ➡ 수식]

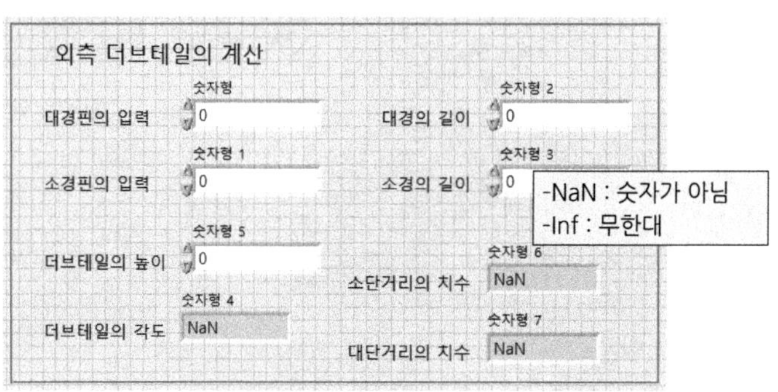

프런트 패널의 작성

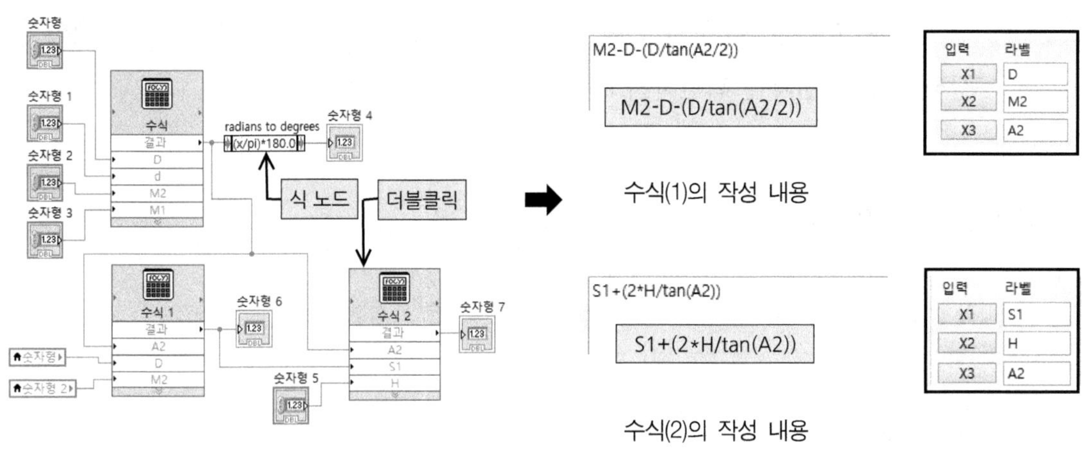

블록다이어그램의 작성

② 작성 프로그램 계산 결과 확인

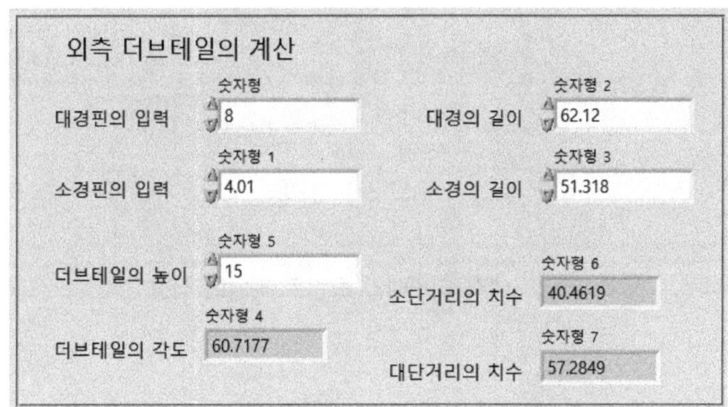

프로그램의 결과 확인

(2) 내측 더브테일 각도의 계산

$$\alpha_1 = 2\tan^{-1}\frac{D-d}{2(M_2-M_1)-(D-d)} \quad (4)$$

$$L_1 = M_2 - \frac{D}{2} - \frac{\frac{D}{2}}{\tan\frac{\alpha_1}{2}} \quad (5)$$

$$L_2 = L_1 + \frac{H}{\tan\alpha_1} \quad (6)$$

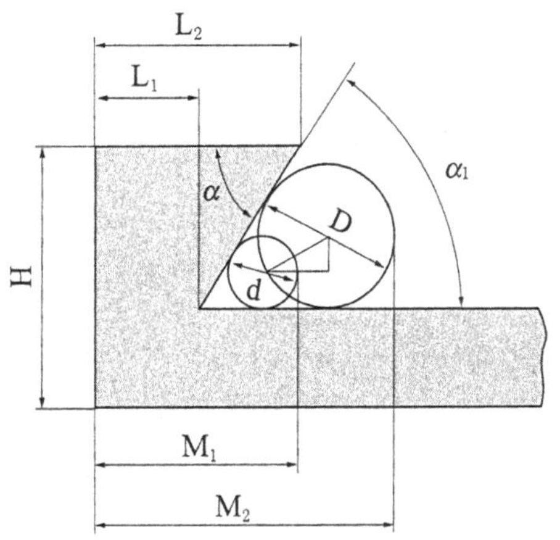

그림 3.28 내측 더브테일 형상 및 치수특성

Step.3 다음 프로그램을 참조하여 블록다이어그램에 추가하고 내측 더브테일의 계산식을 완성하여 입력 결과를 확인하시오.

입력 항목	D	d	M_1	M_2	H	계산 결과		
						α_1	L_2	L_1
입력값	8.0	4.01	62.12	51.318	15	25.5270	71.872	40.462

① 수식에 의한 계산 프로그램 작성 [함수 ➡ 수학 ➡ 스크립트 & 수식 ➡ 수식]

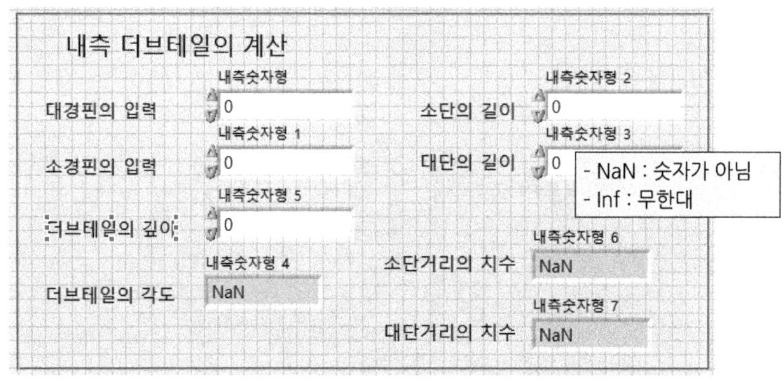

내측 더브테일 프런트 패널의 작성

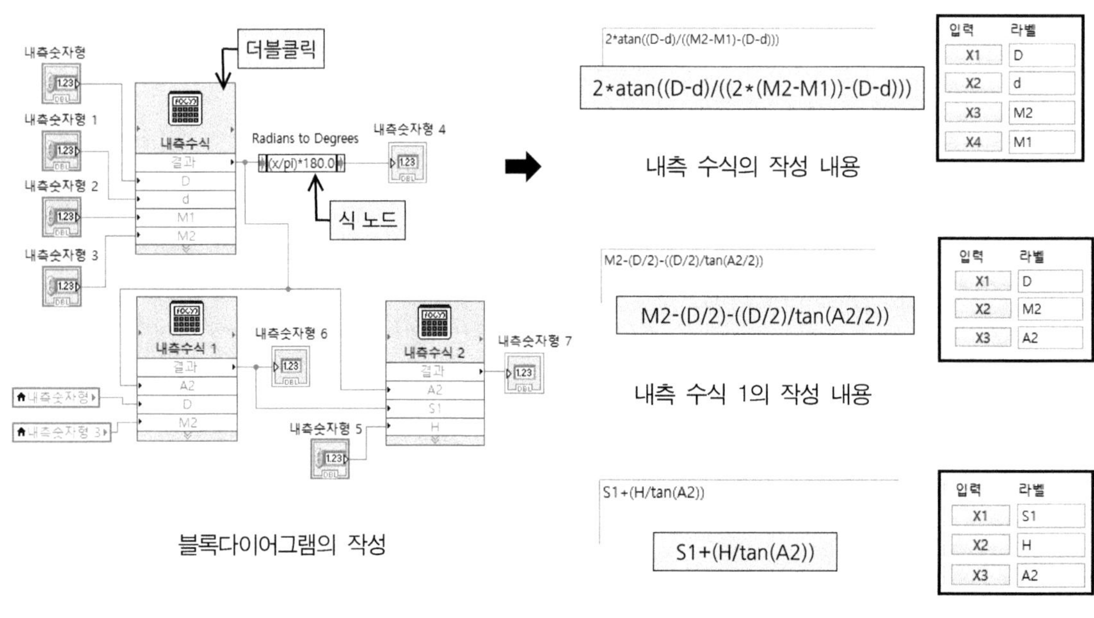

블록다이어그램의 작성

내측 수식의 작성 내용

내측 수식 1의 작성 내용

내측 수식 2의 작성 내용

② 작성 프로그램 계산결과 확인

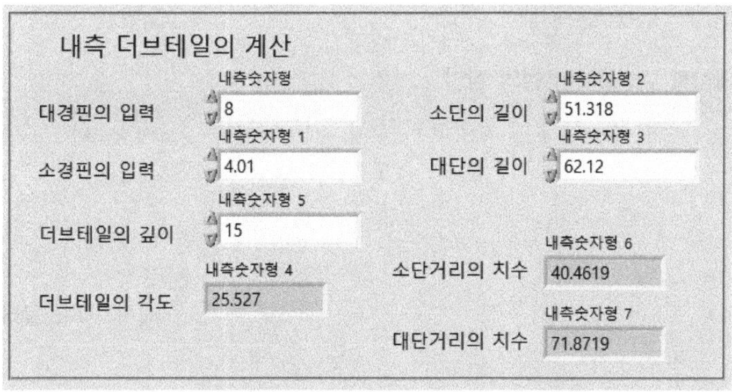

프로그램의 결과 확인

③ 수식 노드에 의한 프로그램 작성 예 [함수 ➡ 수학 ➡ 스크립트 & 수식 ➡ 수식 노드]

블록다이어그램에서 수학 수식을 C언어와 유사한 식으로 계산하며 내장된 함수를 사용할 수 있다.

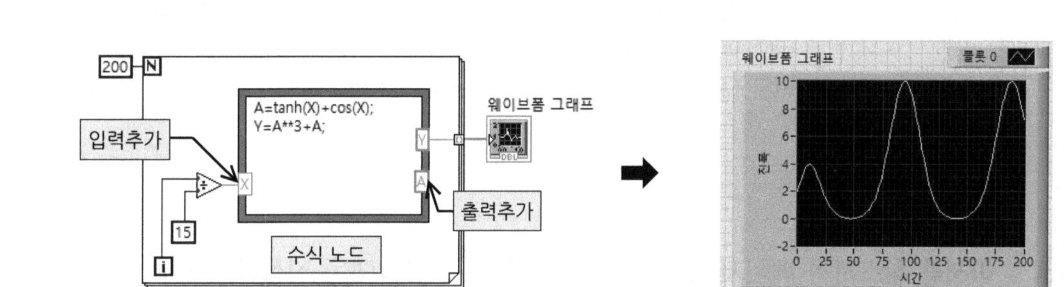

수식 노드의 활용 계산 결과의 확인

그림 3.29 수식 노드의 활용 방법

3.6 사용자와 대화하기

1) 메시지 디스플레이

간단한 작업상태에 대한 정보를 화면에 나타내거나 질문에 대해 확인 혹은 취소 등으로 대답할 수 있다. 다시 말하면 대화상자 안에 메시지를 보여주며 사용자가 단추를 누를 때까지 기다리다가 사용자가 누른 단추가 지시하는 값을 반환한다.

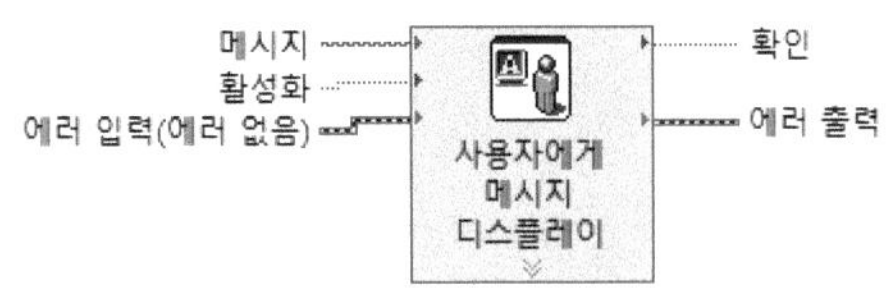

메시지 디스플레이 정의 방법

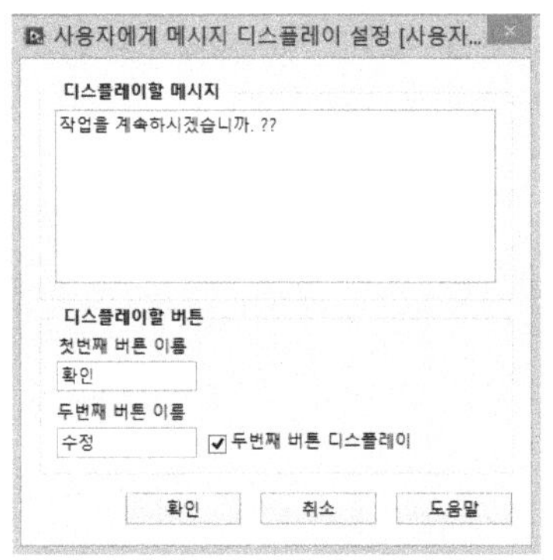

메시지 디스플레이 프로퍼티

메시지 디스플레이 함수 구문은 다음과 같은 고유 인수로 되어 있으며 아래와 같은 구성요소를 갖는다.

구성요소	구성요소의 의미
디스플레이할 메시지	대화상자에 디스플레이할 텍스트를 정의
디스플레이할 버튼	• 첫 번째 버튼 이름 : 첫 번째 버튼에 나타나는 텍스트를 지정, 기본으로 표시 • 두 번째 버튼 이름 : 두 번째 버튼에 나타나는 텍스트를 지정, 선택한 경우에만 사용가능 • 두 번째 버튼 디스플레이 : 대화상자에 두 번째 버튼이 사용여부를 지정

아래를 참조하여 메시지 대화상자가 실행되는 프로그램을 작성하시오.

[함수 ➡ 프로그래밍 ➡ 대화상자 & 사용자 인터페이스 ➡ 사용자에게 메시지 디스플레이]
[함수 ➡ 프로그래밍 ➡ 불리언 ➡ Not]

Step.1 메시지 디스플레이 프로그램의 작성

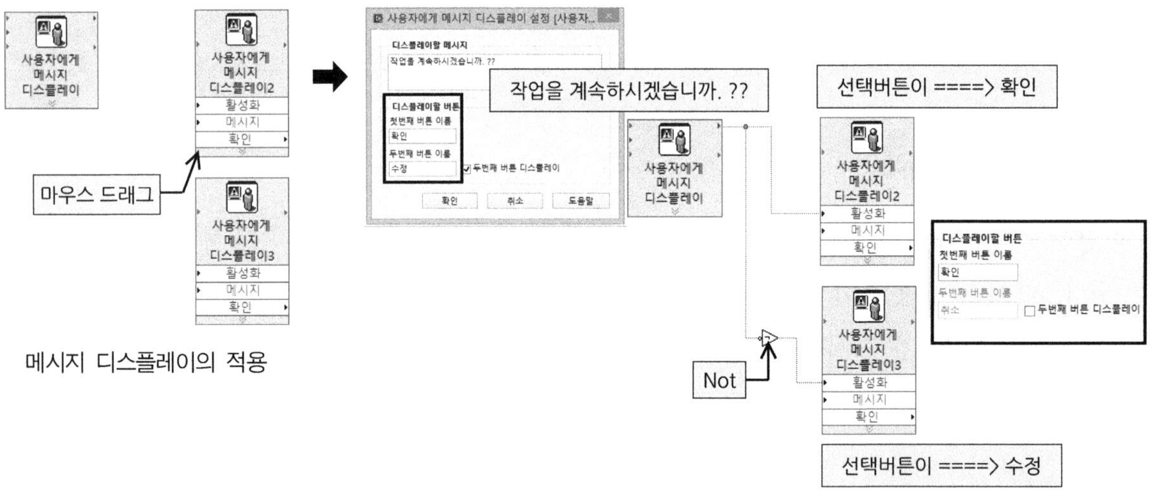

메시지 디스플레이의 적용

표시 내용의 정의

Step.2 메시지 디스플레이 프로그램의 작동확인

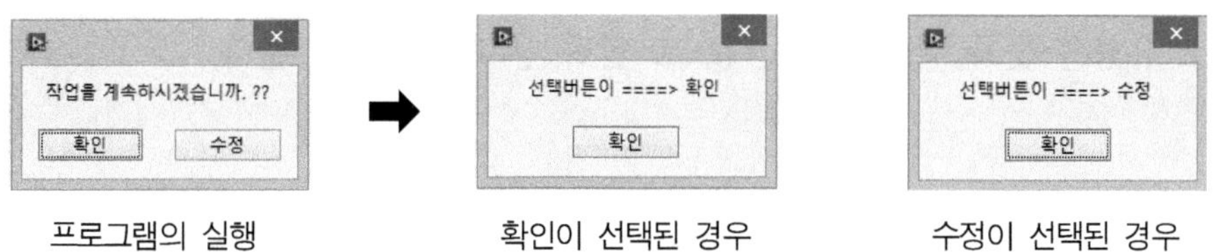

프로그램의 실행 확인이 선택된 경우 수정이 선택된 경우

※ 단일, 두, 세 버튼 대화상자 [함수 ➡ 프로그래밍 ➡ 대화상자 & 사용자 인터페이스 ➡ 단일 버튼 대화상자]

- 단일 버튼 대화상자(One Button Dialog)

대화상자의 조건 대화상자의 정의 프로그램 확인 결과

- 두 버튼 대화상자(Two Button Dialog)

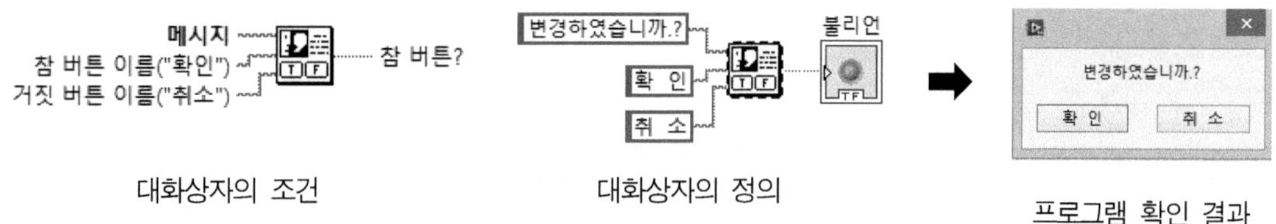

대화상자의 조건 대화상자의 정의 프로그램 확인 결과

- 세 가지 버튼 대화상자(Three Button Dialog)

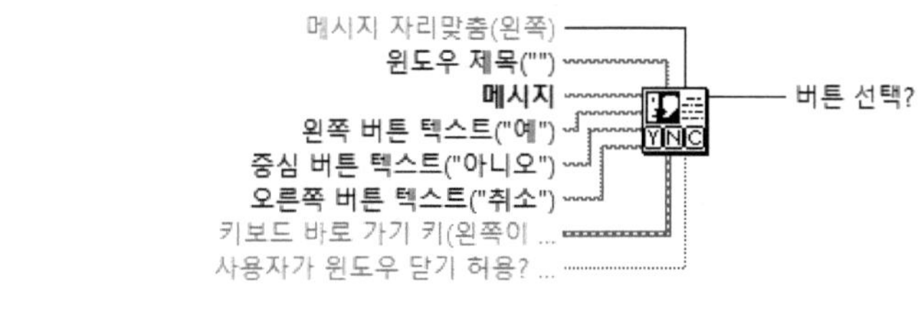

대화상자의 조건

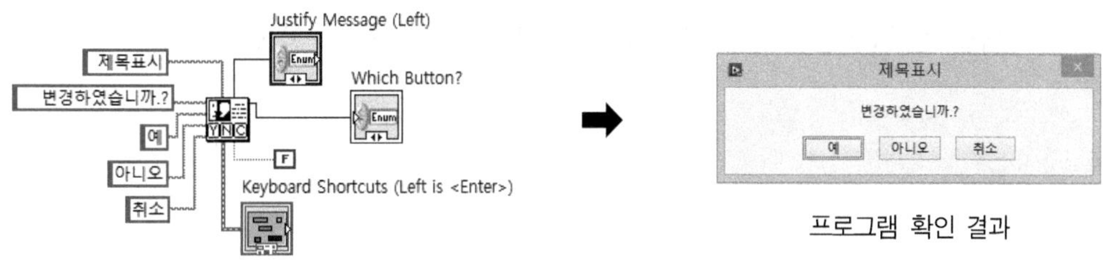

대화상자의 정의 프로그램 확인 결과

2) InputBox 함수

사용자로부터 임의의 값을 받아들일 때 사용되는 것으로 사용자로부터 기본적으로 되돌려지는 값의 데이터로 유형은 숫자, 확인란 및 텍스트 입력 상자로 되돌려 준다.

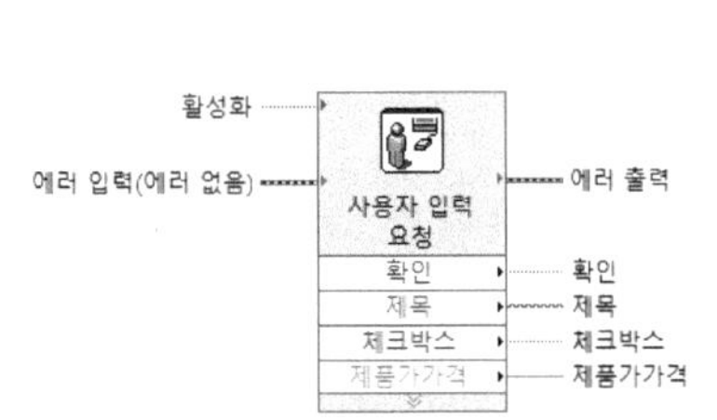

메시지 디스플레이 정의방법

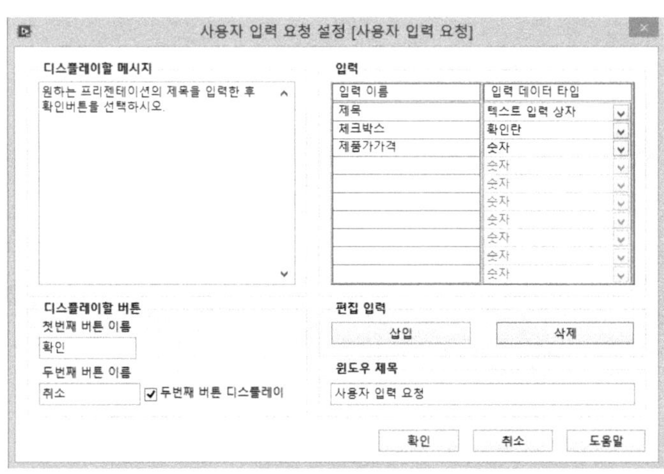

메시지 디스플레이 프로퍼티

메시지 디스플레이 함수 구문은 다음과 같은 고유 인수로 되어 있으며 아래와 같은 구성요소를 갖는다.

구성요소	구성요소의 의미
디스플레이할 메시지	대화상자에 디스플레이 할 텍스트를 정의
디스플레이할 버튼	• 첫 번째 버튼 이름 : 첫 번째 버튼에 나타나는 텍스트를 지정, 기본으로 표시 • 두 번째 버튼 이름 : 두 번째 버튼에 나타나는 텍스트를 지정, 선택한 경우에만 사용가능 • 두 번째 버튼 디스플레이 : 대화상자에 두 번째 버튼이 사용여부를 지정
편집 입력	• 삽입 : 입력 리스트에서 선택한 열의 위쪽에 새 열을 삽입 • 삭제 : 선택된 입력을 삭제
윈도우 제목	대화상자의 제목 표시줄에 디스플레이 할 텍스트를 포함

다음을 참조하여 입력 대화상자가 실행되는 프로그램을 작성하시오.

[함수 ➡ 프로그래밍 ➡ 대화상자 & 사용자 인터페이스 ➡ 사용자 입력 요청]
[함수 ➡ 프로그래밍 ➡ 문자열 ➡ 문자열 길이]
[함수 ➡ 프로그래밍 ➡ 비교 ➡ 같음 ?]

Step.1 메시지 디스플레이 프로그램의 작성

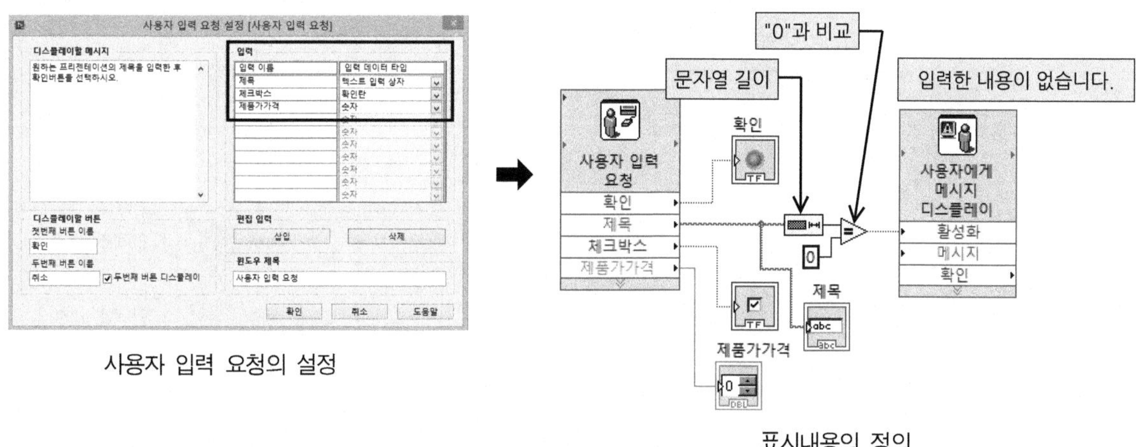

사용자 입력 요청의 설정

표시내용의 정의

Step.2 메시지 디스플레이 프로그램의 작동확인

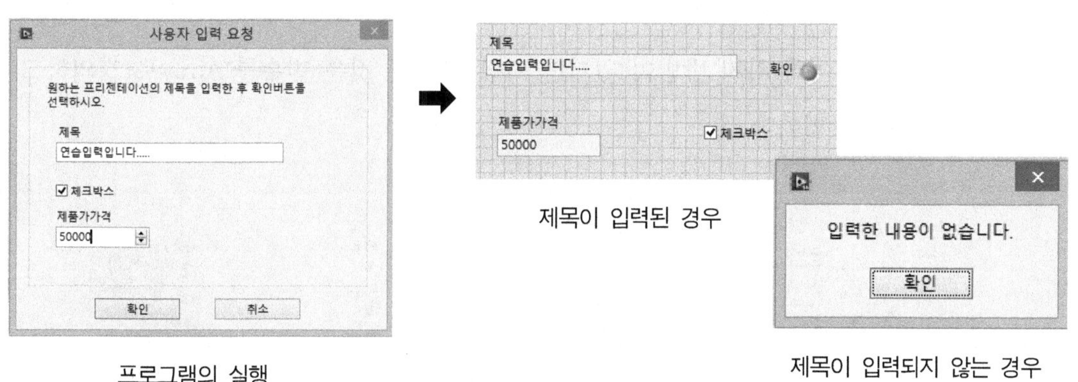

프로그램의 실행

제목이 입력된 경우

제목이 입력되지 않는 경우

3.7 배열(Array) 구조의 이해

배열은 같은 데이터 타입을 여러 개 묶은 것을 의미하며 원소는 배열을 구성하는 하나의 데이터를 의미한다. 인덱스는 저장위치의 주소값이다.

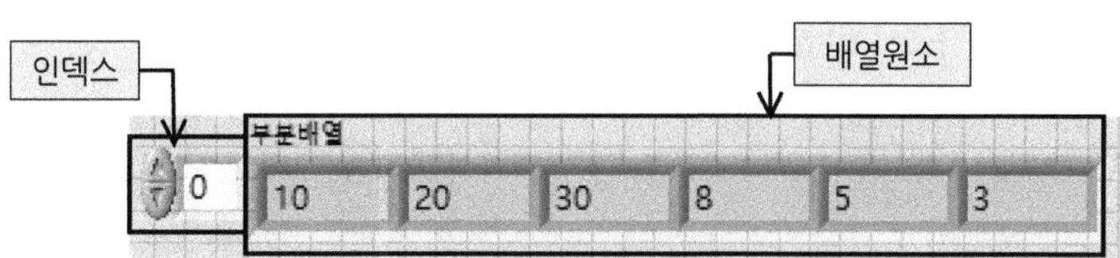

예를 들면 20개의 데이터가 있을 때 이것을 넣기 위한 인덱스로 0, 1, 2 … 19라고 하는 단순한

변수를 사용하여

0 = 67, 1 = 75, ‥‥, 18 = 76, 19 = 95

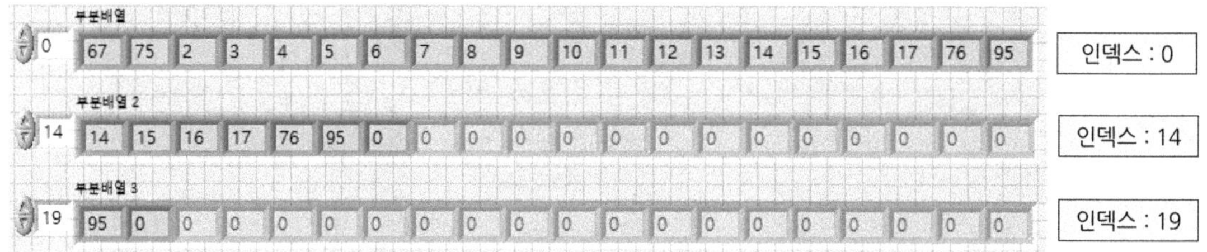

위와 같이 나타내어 배열로 선언할 수 있다. 즉 배열이란 데이터의 집합체의 일종이며 감각적으로는 표(Table)와 같은 것으로 생각하면 된다.

1) 배열 만들기

[함수 ➡ 프로그래밍 ➡ 배열 ➡ 배열 만들기]

배열을 정의할 때에는 여러 가지 방법이 있지만 가장 간단한 것은 변수를 Array로 정의하고 데이터 형식으로 저장하는 방법이다.

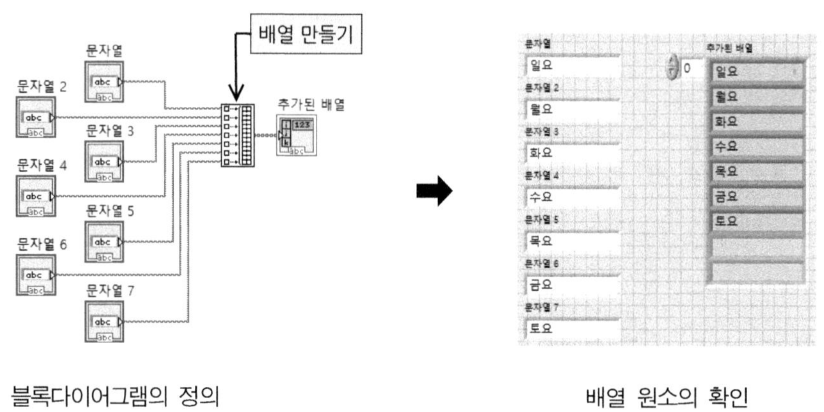

블록다이어그램의 정의 배열 원소의 확인

2) 배열의 요소확인

① 배열의 크기확인 함수 [함수 ➡ 프로그래밍 ➡ 배열 ➡ 배열 크기]

배열의 각 차원의 원소 개수를 반환한다.

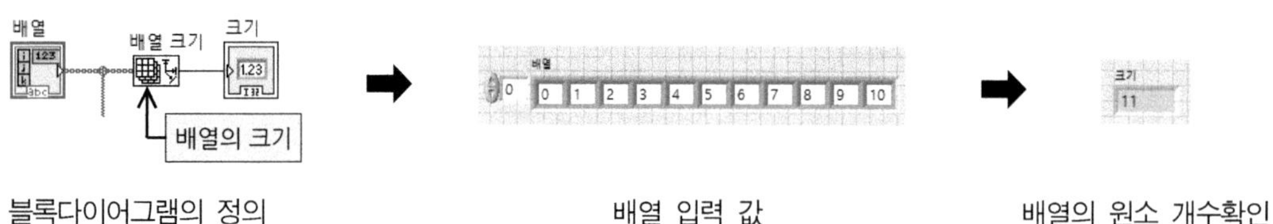

블록다이어그램의 정의 배열 입력 값 배열의 원소 개수확인

② 배열의 원소확인 함수 [함수 ➡ 프로그래밍 ➡ 배열 ➡ 배열 인덱스]

인덱스에 위치한 n차원 배열의 원소 또는 부분배열을 반환한다.

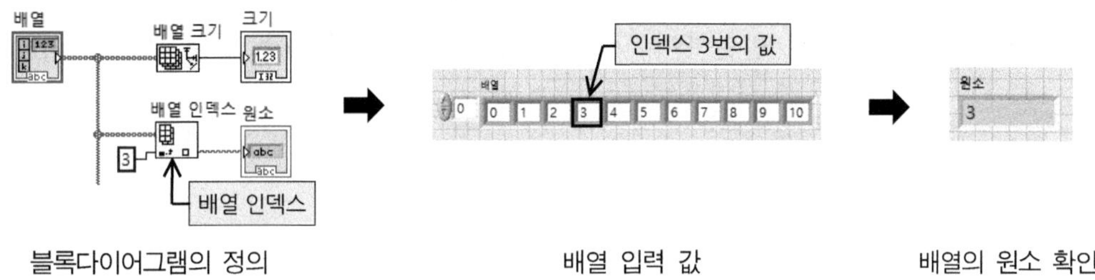

블록다이어그램의 정의　　배열 입력 값　　배열의 원소 확인

3) 배열 원소 또는 부분배열의 수정

① 배열 부분대체 함수 [함수 ➡ 프로그래밍 ➡ 배열 ➡ 배열 부분 대체]

인덱스에서 지정하는 위치에 원소 또는 부분배열을 대체한다.

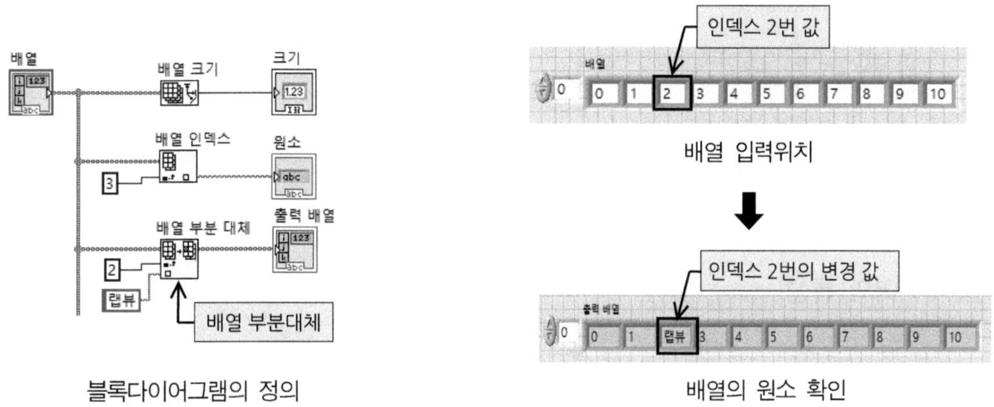

블록다이어그램의 정의　　배열의 원소 확인

② 배열에 삽입 함수 [함수 ➡ 프로그래밍 ➡ 배열 ➡ 배열에 삽입]

n차원 배열의 인덱스에서 지정한 위치에 원소 또는 부분배열을 삽입한다.

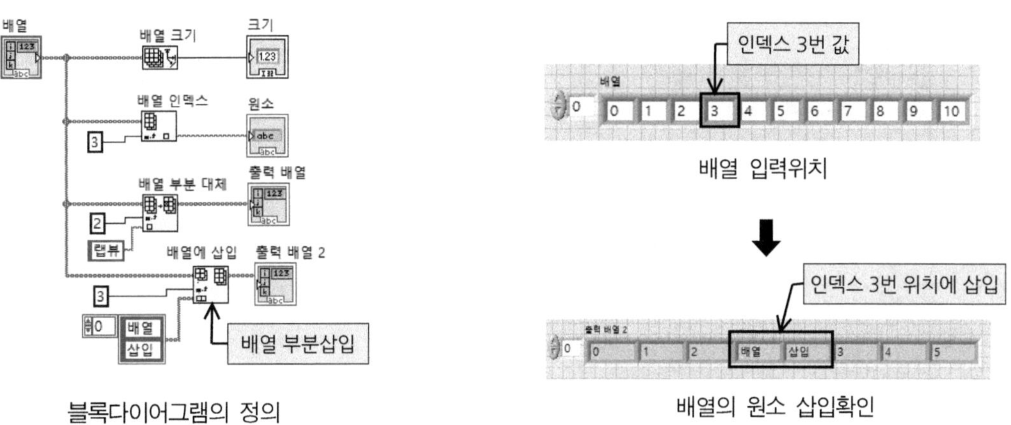

블록다이어그램의 정의　　배열의 원소 삽입확인

4) 배열 원소의 삭제

① 배열로부터 삭제 함수 [함수 ➡ 프로그래밍 ➡ 배열 ➡ 배열로부터 삭제]

n차원 배열에서 지정된 길이의 원소 또는 부분배열을 인덱스 위치에서부터 시작하여 삭제하고 삭제된 배열에서 편집된 배열로 반환하여 삭제된 부분에서 삭제된 원소 또는 부분배열을 반환할 수 있다.

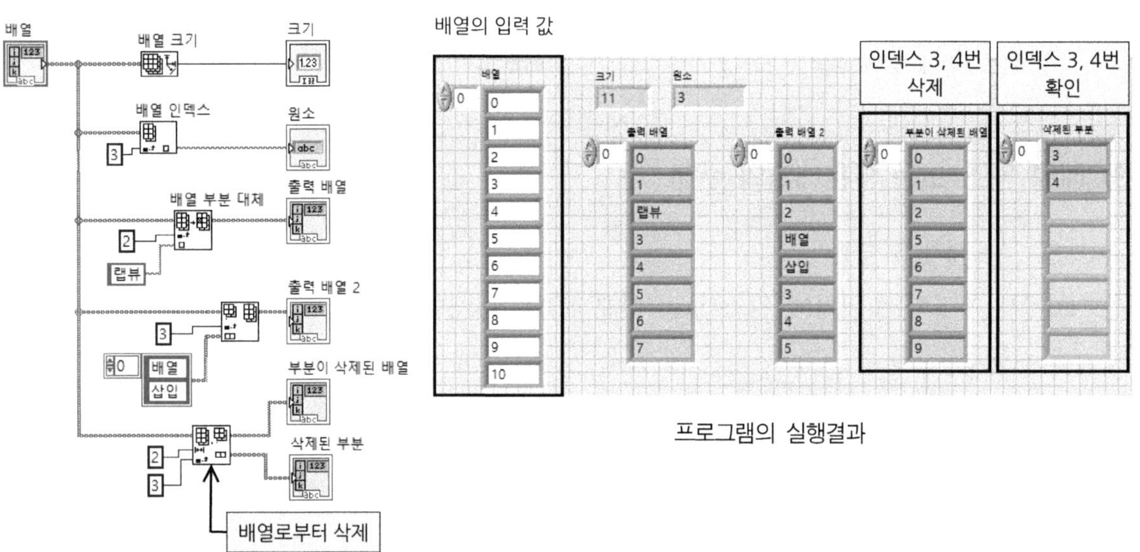

※ 배열 와이어의 특성

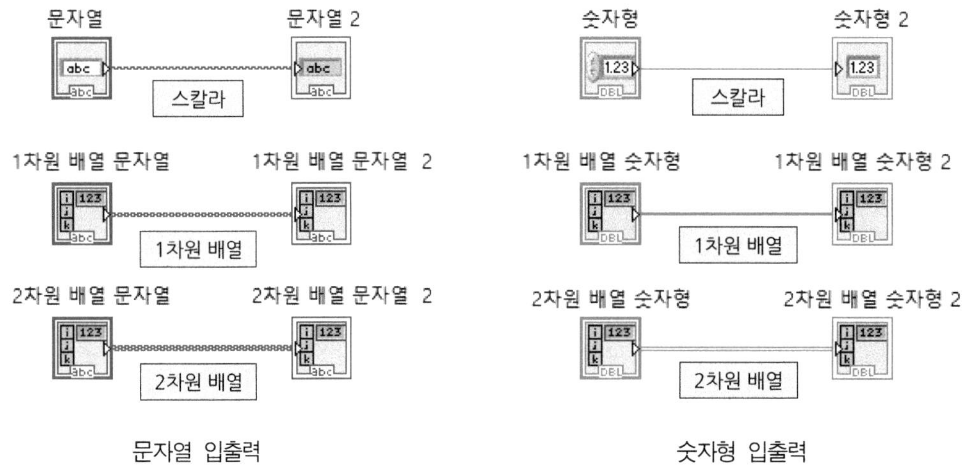

그림 3.30 배열 와이어의 특성비교

5) 1D 배열 원소의 유용한 편집도구

① 1D 배열의 정렬 함수 [함수 ➡ 프로그래밍 ➡ 배열 ➡ 1D 배열 정렬]

입력된 배열 원소를 오름차순으로 정렬된 배열로 반환한다.

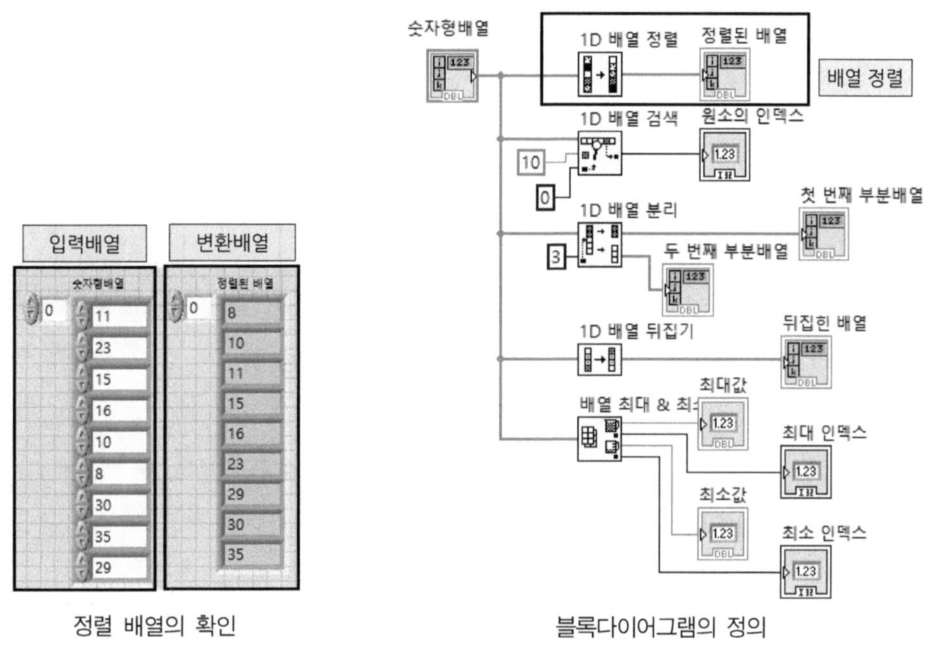

정렬 배열의 확인 블록다이어그램의 정의

② 1D 배열 검색 함수 [함수 ➡ 프로그래밍 ➡ 배열 ➡ 1D 배열 검색]

시작 인덱스에서 시작하여 1D 배열에서 원소를 검색하며 검색은 순차적으로 검색하므로 실행 전 배열을 정렬하지 않아도 된다. LabVIEW는 원소를 찾으면 바로 검색을 중단한다.

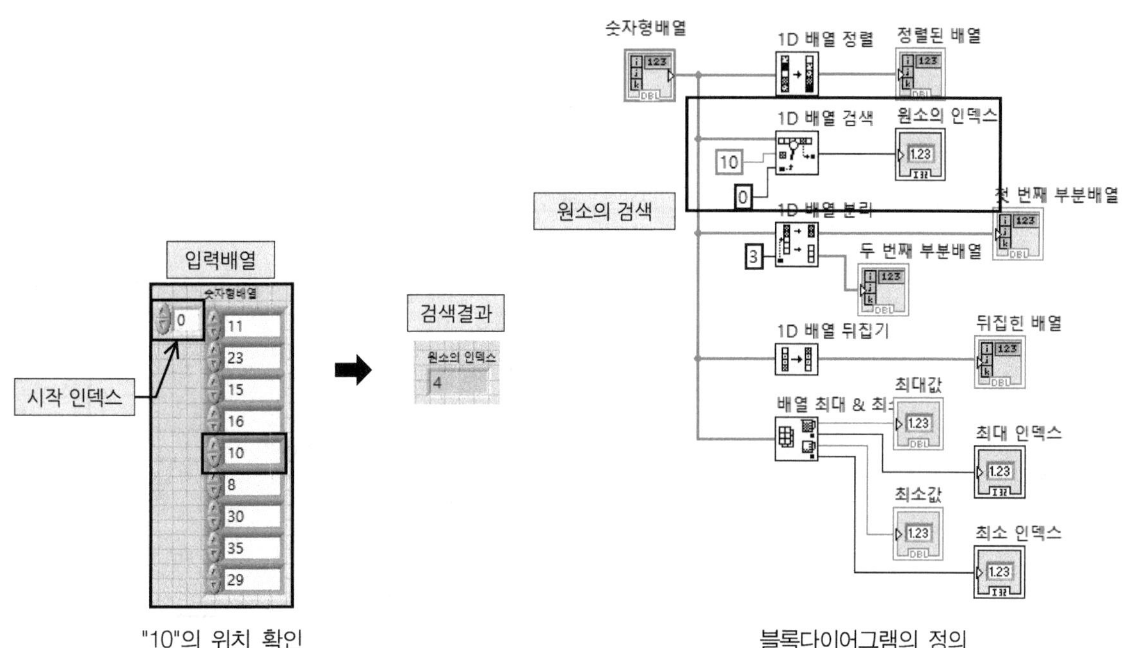

"10"의 위치 확인 블록다이어그램의 정의

③ 1D 배열 분리 함수 [함수 ➡ 프로그래밍 ➡ 배열 ➡ 1D 배열 분리]

인덱스에 의해 배열을 나누고 나눈 두 부분을 반환하며 이때 인덱스의 원소는 두 번째 부분배열의 처음에 포함하여 표시된다.

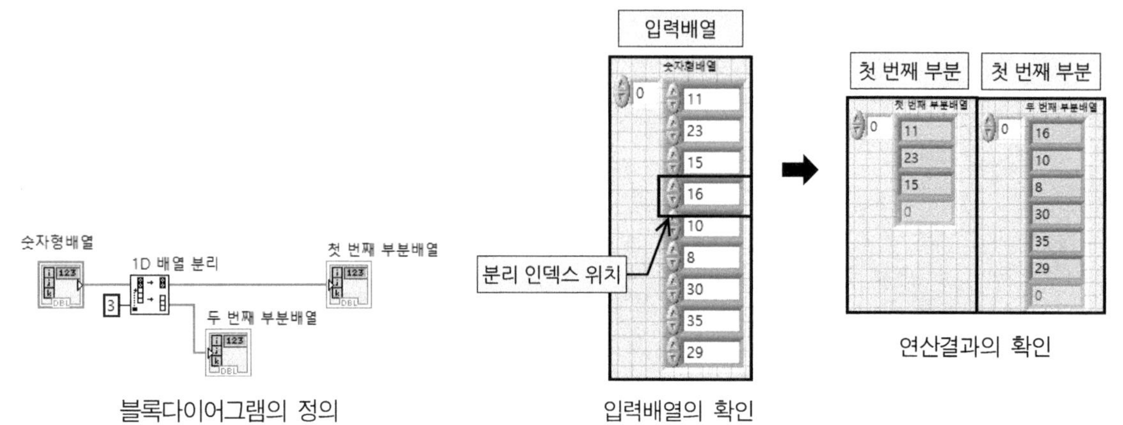

블록다이어그램의 정의 입력배열의 확인 연산결과의 확인

④ 1D 배열 뒤집기 [함수 ➡ 프로그래밍 ➡ 배열 ➡ 1D 배열 뒤집기]

배열의 원소 순서를 뒤집으며 이때 배열의 타입에는 제한이 없다.

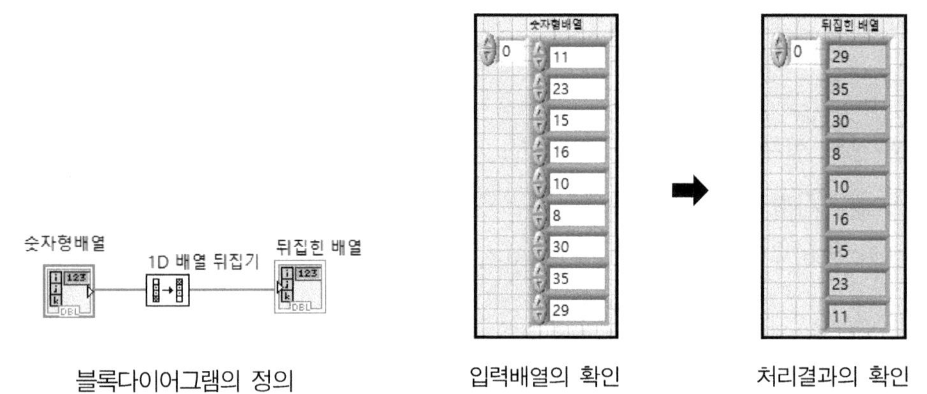

블록다이어그램의 정의 입력배열의 확인 처리결과의 확인

⑤ 배열 최대 & 최소 함수 [함수 ➡ 프로그래밍 ➡ 배열 ➡ 배열 최대 & 최소]

찾은 최대값과 최소값을 각 값의 인덱스와 함께 반환한다.

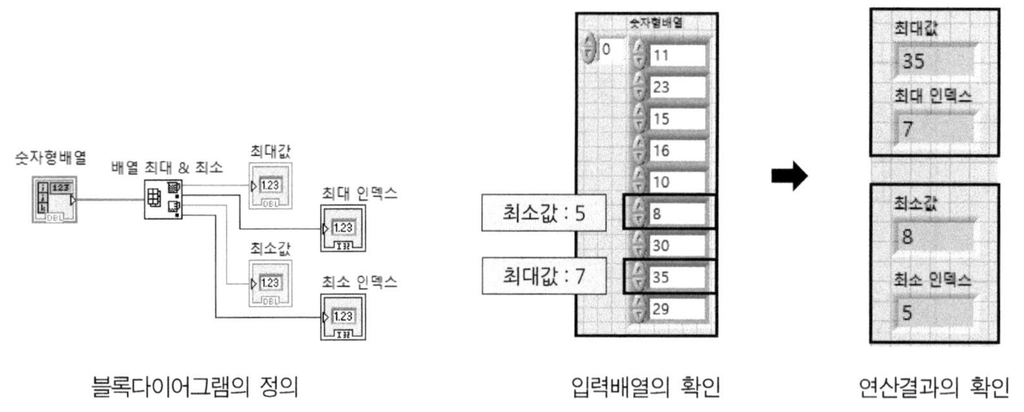

블록다이어그램의 정의 입력배열의 확인 연산결과의 확인

10개의 난수를 발생시켜 저장하고 저장된 난수를 역순으로 다시 표시하여 본다.

Step.1 난수 발생과 배열의 적용

[컨트롤 ➡ 일반 ➡ 배열, 행렬, 클러스터 ➡ 배열]

① 프런트 패널의 설계

[컨트롤 ➡ 일반 ➡ 숫자형 ➡ 숫자형 인디케이터]

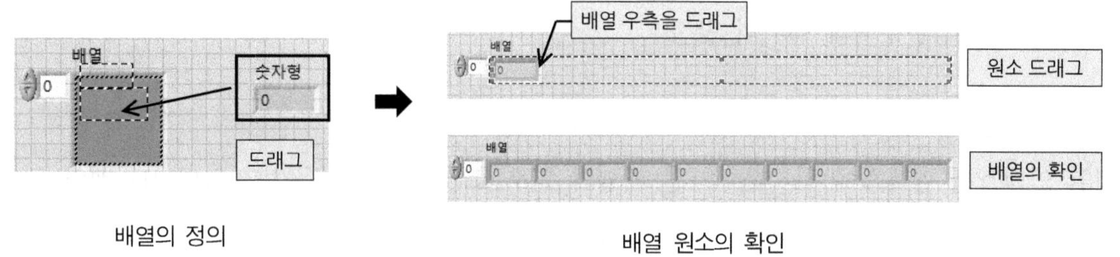

배열의 정의

배열 원소의 확인

② 블록다이어그램의 설계

[함수 ➡ 프로그래밍 ➡ 숫자형 ➡ 난수, 곱하기, 반올림]

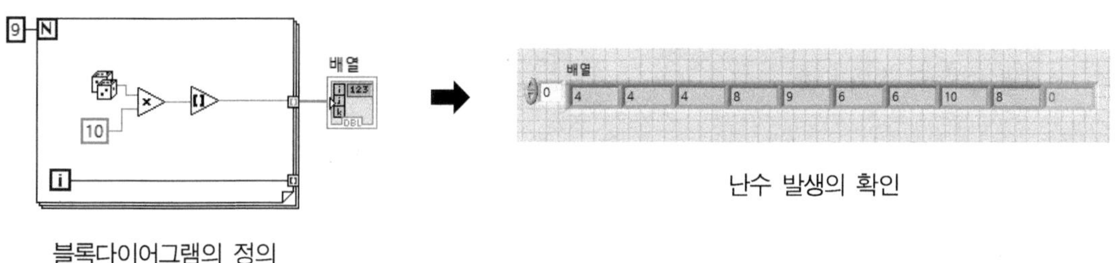

블록다이어그램의 정의

난수 발생의 확인

Step.2 발생된 난수를 배열에 저장

[함수 ➡ 프로그래밍 ➡ 배열 ➡ 배열 만들기]

배열 만들기 함수는 복수의 배열을 연결하거나 원소를 n차원의 배열에 추가하며 [배열 부분 대체] 함수를 사용하여 기존의 배열을 수정할 수 있다.

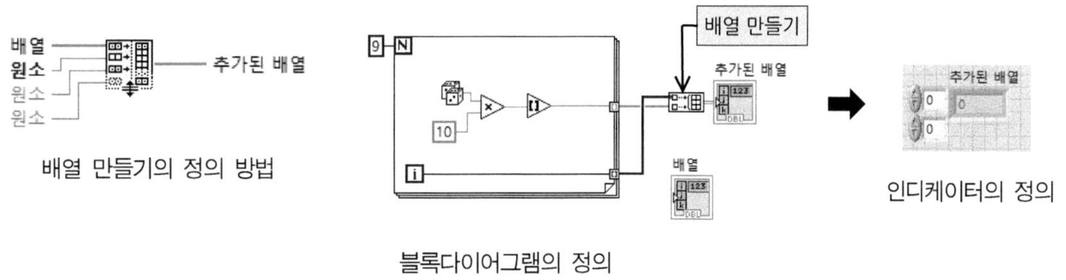

배열 만들기의 정의 방법

블록다이어그램의 정의

인디케이터의 정의

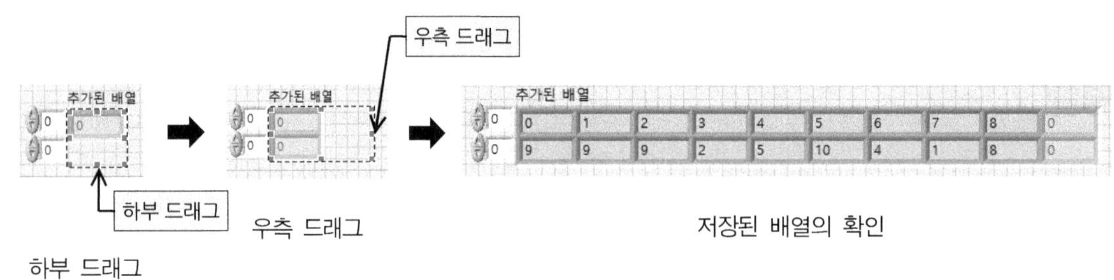

하부 드래그 우측 드래그 저장된 배열의 확인

Step.3 배열의 추출과 원소의 반전

① 배열 인덱스 [함수 ➡ 프로그래밍 ➡ 배열 ➡ 배열 인덱스]

배열 인덱스는 인덱스에 위치한 n차원 배열의 원소 또는 부분배열을 반환하며 1D 배열 뒤집기 함수는 배열의 원소 순서를 뒤집으며 이때 배열의 자료타입에는 제한이 없다.

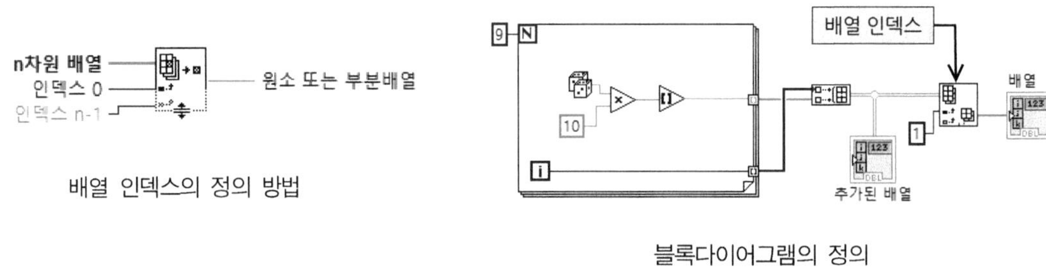

배열 인덱스의 정의 방법

블록다이어그램의 정의

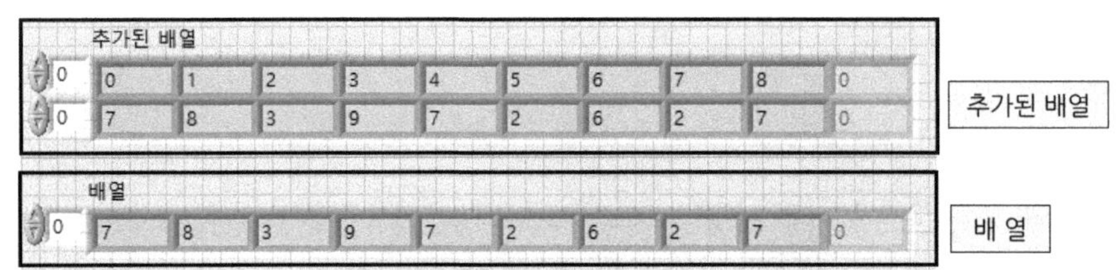

저장된 배열의 확인

② 배열 원소의 위치반전 [함수 ➡ 프로그래밍 ➡ 배열 ➡ 1D 배열 뒤집기]

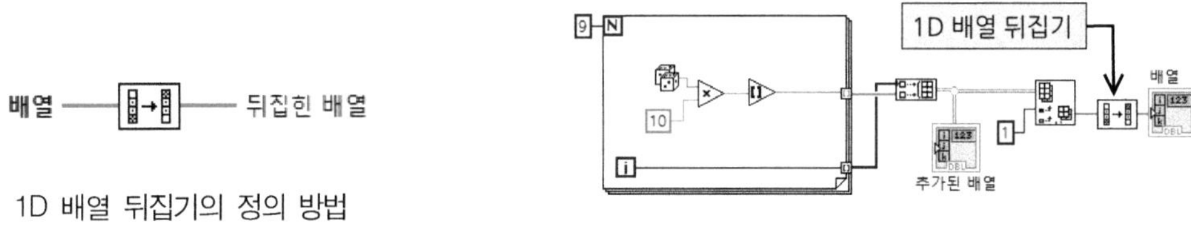

1D 배열 뒤집기의 정의 방법

블록다이어그램의 정의

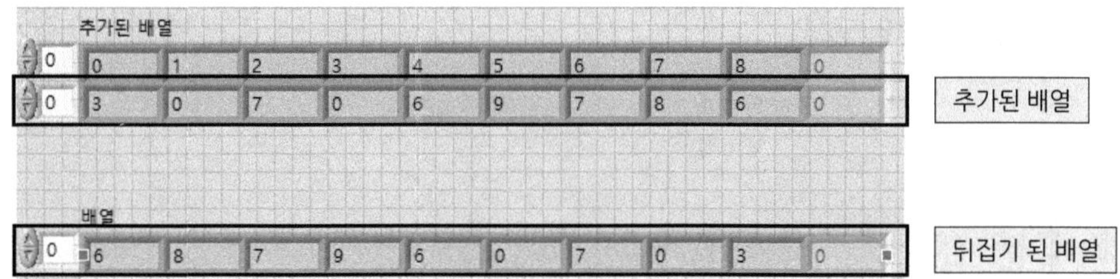

저장된 배열의 확인

10부터 20까지 숫자를 배열에 배치하고 저장된 각각의 원소에는 15를 곱하여 저장시킨다. 저장된 원소에서 3의 배수의 인덱스 값을 추출하고 다시 1차원 배열로 작성하시오.

Step.1 For문의 가산과 곱셈 [함수 ➡ 프로그래밍 ➡ 구조 ➡ For 루프]

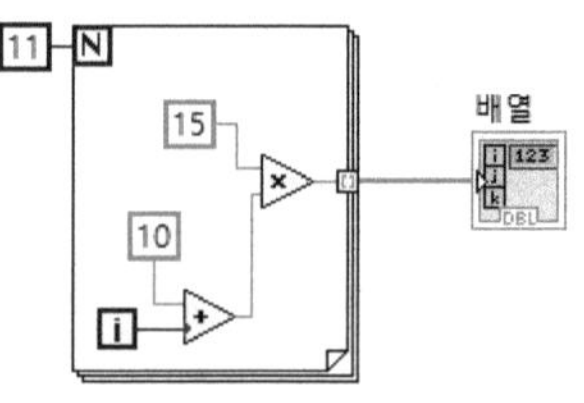

블록다이어그램의 정의

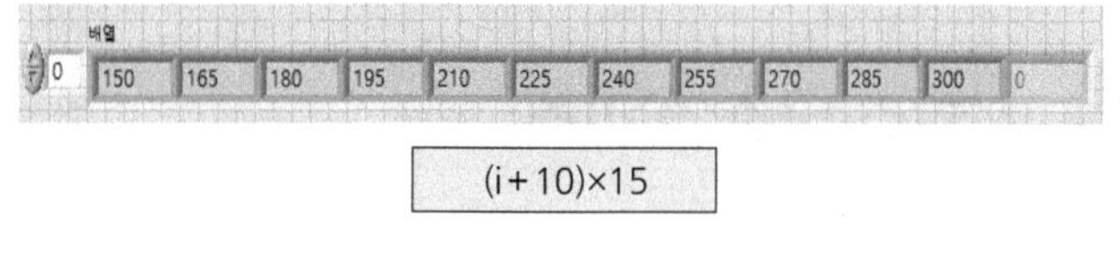

저장된 배열의 확인

Step.2 배열 인덱스를 이용한 자료의 추출 [함수 ➡ 프로그래밍 ➡ 배열 ➡ 배열 인덱스]

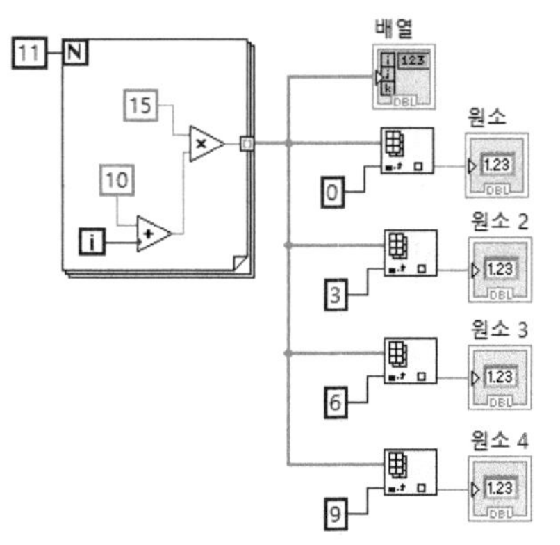

블록다이어그램의 정의

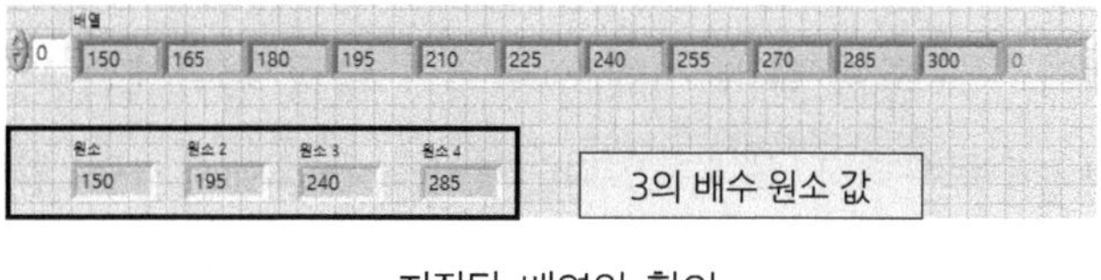

저장된 배열의 확인

Step.3 추출자료의 배열작성 [함수 ➡ 프로그래밍 ➡ 배열 ➡ 배열 만들기]

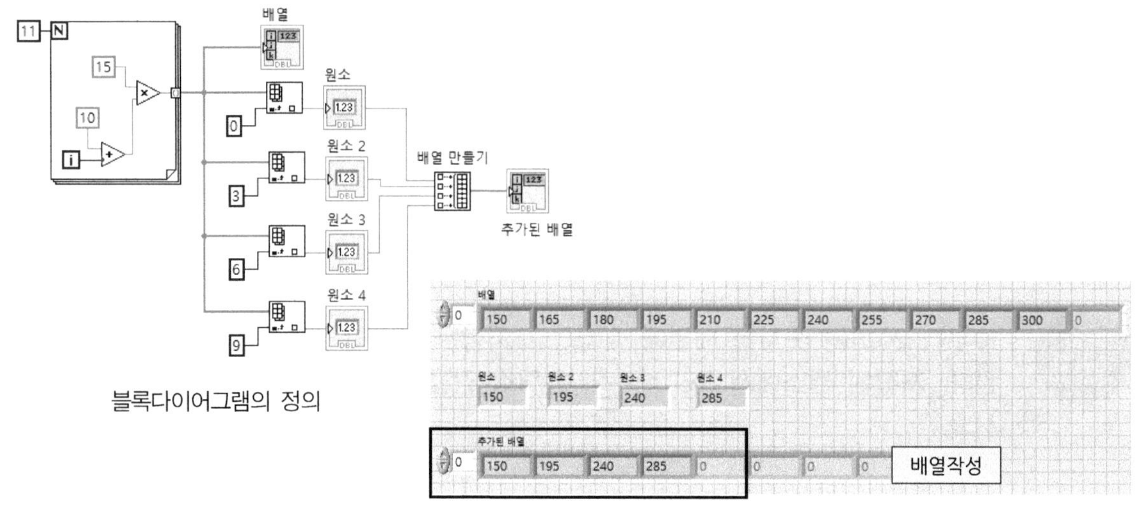

블록다이어그램의 정의

저장된 배열의 확인

3.8 시퀀스 구조의 이해

시퀀스 구조에는 순차적인 순서로 실행되는 하나 이상의 서브다이어그램 또는 프레임이라 하며 시퀀스 구조의 각 프레임 안에서 블록다이어그램이 다른 부분처럼 데이터 의존성이 노드의 실행 순서에 의해 결정된다.

시퀀스 구조에는 플랫 시퀀스 구조와 다층 시퀀스 구조의 두 가지 타입이 있다. 시퀀스 구조는 코드를 숨기므로 꼭 필요한 곳에만 사용하고 시퀀스 구조보다는 데이터 흐름에 따라 실행의 순서를 컨트롤 한다. 시퀀스 구조의 경우 시퀀스 로컬 변수를 사용할 때마다 왼쪽에서 오른쪽으로 향하는 데이터 흐름이 다르게 처리된다.

케이스 구조와 달리 시퀀스 구조의 출력 터널에는 데이터 소스가 하나만 존재한다. 출력은 모든 프레임으로부터 나올 수 있다. 케이스 구조에서처럼 입력 터널의 데이터는 플랫 시퀀스나 다층 시퀀스 구조의 모든 프레임에서 이용할 수 있다.

1) 플랫 시퀀스 구조

다음과 같이 플랫 시퀀스 구조는 프레임에 연결된 모든 데이터 값이 사용 가능할 때 왼쪽에서 오른쪽으로 프레임을 실행한다. 프레임이 실행을 종료할 때 데이터는 각 프레임을 떠난다. 이는 한 프레임의 입력 값이 다른 프레임의 아웃 값에

플랫 시퀀스 구조

따라 달라질 수도 있다는 의미이다.

다층 시퀀스로 플랫 시퀀스를 변경한 다음 다시 플랫 시퀀스로 변경하는 경우 LabVIEW는 모든 입력 터미널을 시퀀스의 첫 번째 프레임으로 이동하며 마지막 플랫 시퀀스는 다층 시퀀스처럼 동작한다. 다층 시퀀스를 첫 번째 프레임에 모든 입력 터미널을 가진 플랫 시퀀스로 변경하여 와이어를 원래 플랫 시퀀스에 위치해 있었던 곳으로 이동시킬 수 있다.

2) 다층 시퀀스 구조

다음과 같이 다층 시퀀스 구조는 각 프레임을 쌓아서 한 번에 하나의 프레임을 보여주며, 0번 프레임, 1번 프레임의 순으로 마지막 프레임까지 실행된다.

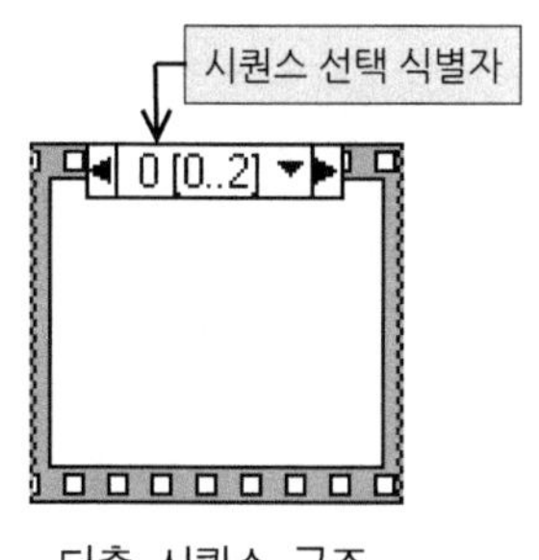

다층 시퀀스 구조

다층 시퀀스 구조는 마지막 프레임까지 실행을 마친 후에만 데이터를 반환한다. 블록다이어그램의 공간을 절약하기를 원한다면 다층 시퀀스 구조를 사용하며 플랫 시퀀스 구조의 프레임 사이에서 데이터를 전달할 때와 달리, 다층 시퀀스 구조에서는 한 프레임에서 다른 프레임으로 데이터를 전달하는데 시퀀스 로컬을 사용해야 한다.

시퀀스 선택 식별자는 다층 시퀀스 구조의 맨 위쪽에 있으며 현재 프레임 번호와 전체 프레임의 크기를 보여주며 시퀀스 선택 식별자를 사용하여 사용 가능한 프레임을 탐색하고 프레임의 순서를 조정한다.

프레임 라벨에는 값을 입력할 수 없으므로 다층 시퀀스 구조에서 프레임을 더하고, 삭제하고, 순서를 재조정하면 LabVIEW는 자동으로 프레임 라벨의 번호를 조정한다.

성적리스트를 참조하여 과목평균과 순위가 출력되는 프로그램을 작성하시오.

성적리스트

		n(i, 0)	n(i, 1)	n(i, 2)	n(i, 3)	n(i, 4)	n(i, 5)	n(i, 6)
	Name	Korean	English	Math	Science	Computer	Sum	Order
i=0	Hon Kil Dong	90	93	80	0	0	?	?
i=1	Kim Gwang Ju	80	95	82	0	0		
i=2	Park Kyung Rye	95	92	83	0	0		
i=3	Koh Young Ja	88	88	77	0	0		
i=4	Jun Hyun Ja	70	95	93	0	0		

Step.1 성적을 배열에 추가하는 프로그램

[함수 ➡ 프로그래밍 ➡ 배열 ➡ 배열 만들기]
[함수 ➡ 프로그래밍 ➡ 배열 ➡ 배열에 삽입]

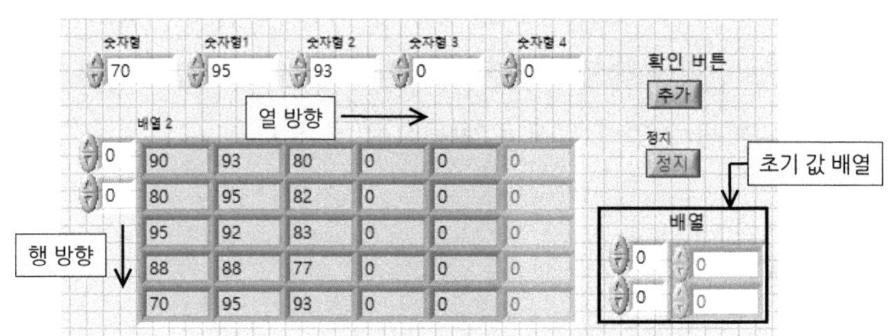

저장된 성적의 확인

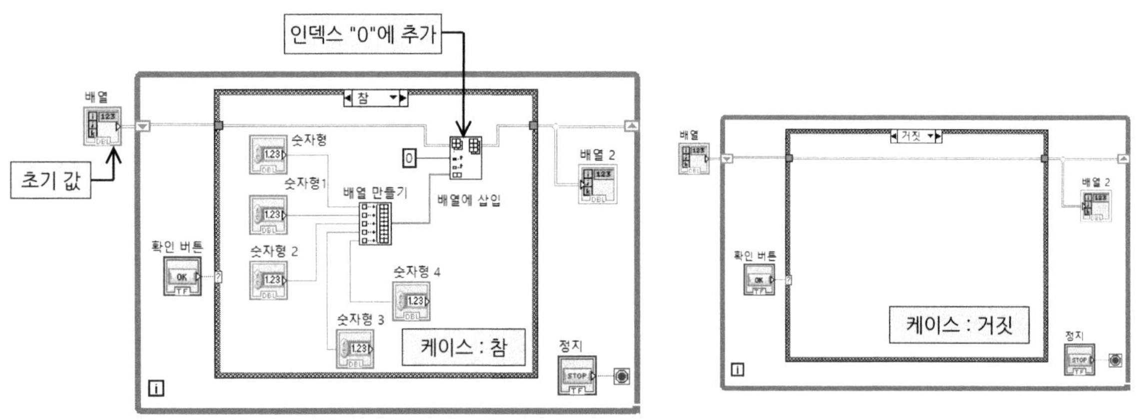

블록다이어그램의 정의

Step.2 성적의 합산 순위의 결정을 위한 배열의 정렬

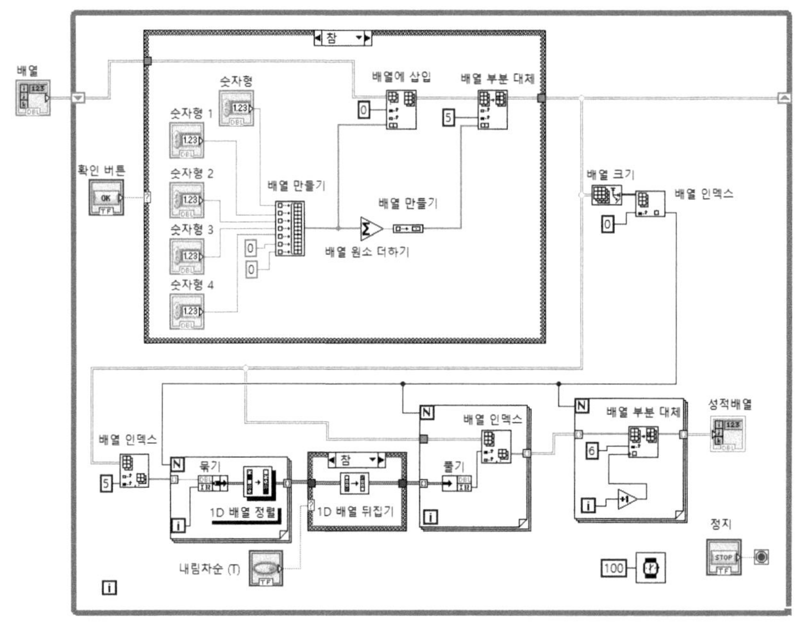

전체 블록다이어그램의 정의

① 원소더하기를 이용한 개별성적의 합산

[함수 ➡ 프로그래밍 ➡ 숫자형 ➡ 배열 원소 더하기]
[함수 ➡ 프로그래밍 ➡ 배열 ➡ 배열 만들기, 배열 부분 대체 배열크기, 배열 인덱스]

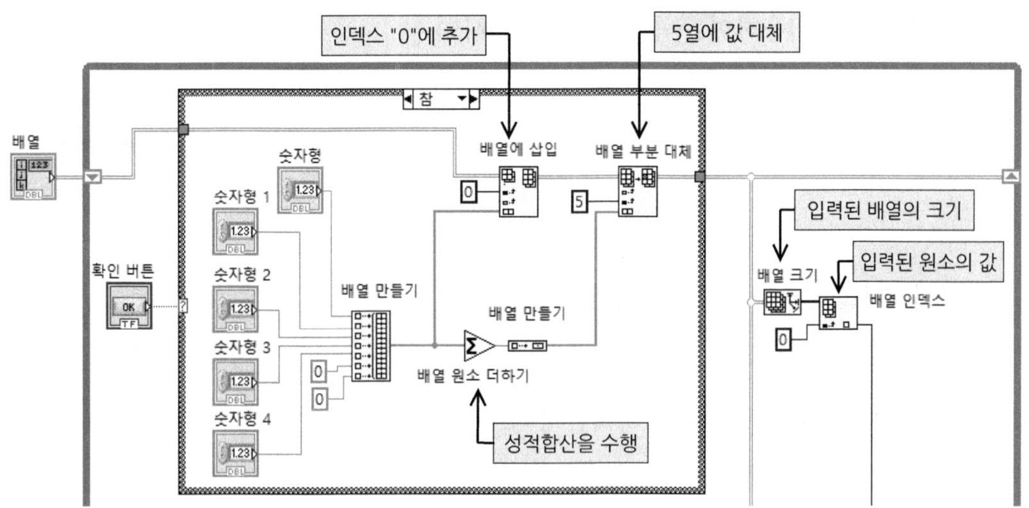

배열의 크기확인과 성적합산

② 개별성적의 합계를 이용한 순위의 결정

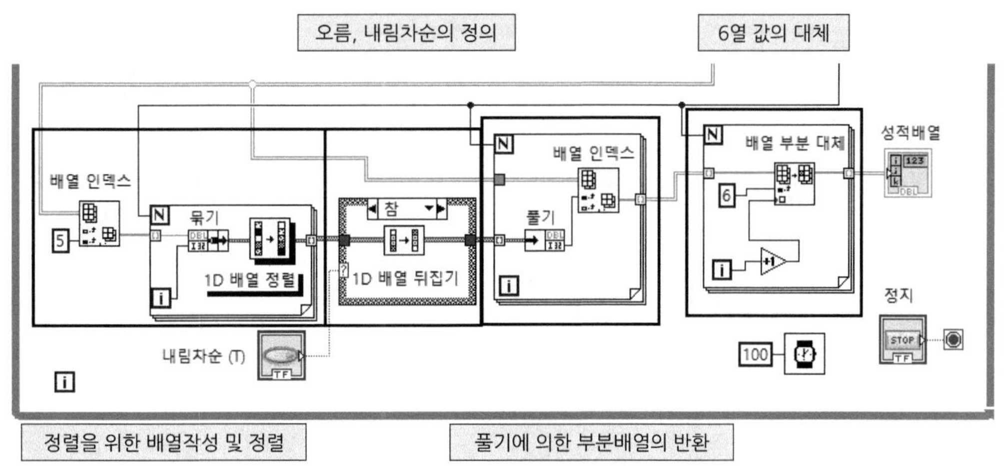

성적합계에 의한 순위결정 프로그램

- 5열 성적합계를 이용한 배열의 작성 및 정렬

[함수 ➡ 프로그래밍 ➡ 클러스터, 클래스 & 배리언트 ➡ 묶기]
[함수 ➡ 프로그래밍 ➡ 배열 ➡ 1D 배열 정렬]

For 문의 i 값과 5열의 성적합계를 이용하여 출력 클러스터를 만들어 배열을 오름차순으로 정렬한다.

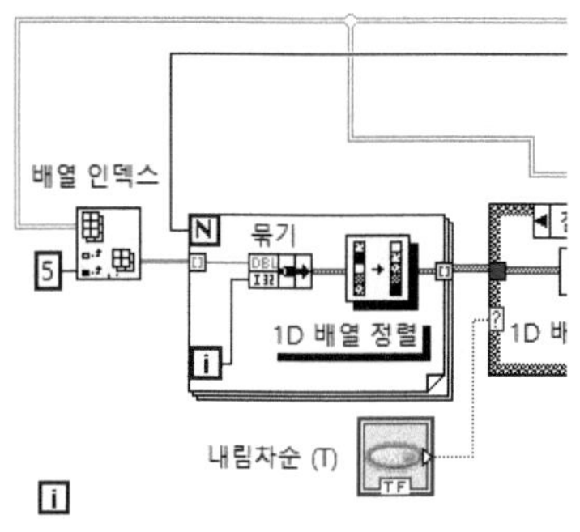

5열을 이용한 배열의 정렬

- 출력 클러스터를 이용한 배열의 내림 또는 오름차순으로 변경

[함수 ➡ 프로그래밍 ➡ 배열 ➡ 1D 배열 뒤집기]

출력 클러스터를 이용하여 누름버튼을 적용하여 배열의 내림 또는 오름차순으로 변경한다.

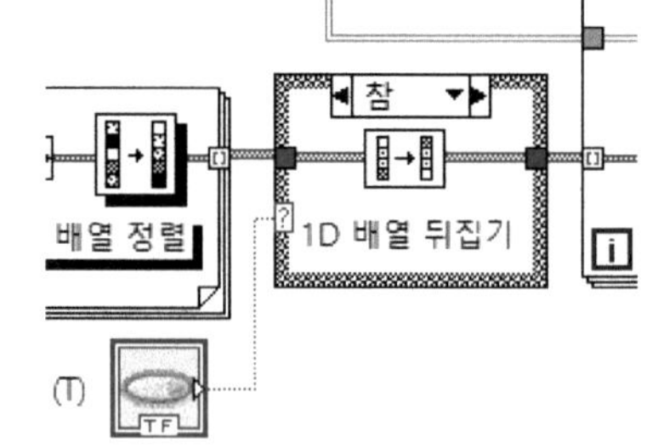

출력 클러스터를 이용한 배열의 뒤집기

- 출력 클러스터를 풀어 배열의 위치전달

[함수 ➡ 프로그래밍 ➡ 클러스터, 클래스 & 배리언트 ➡ 풀기]

출력 클러스터를 풀기하여 최대 성적합계 또는 최소성적 합계의 i 값을 전달한다.

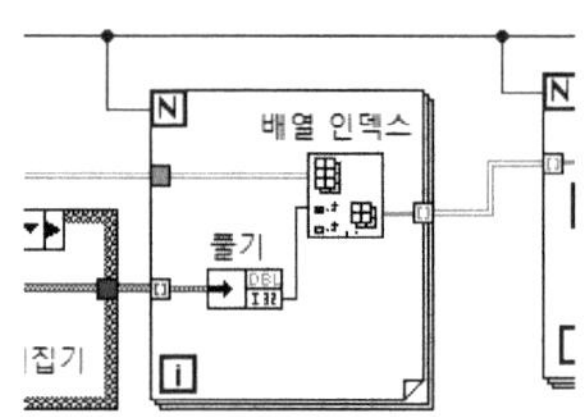

i 위치에 따른 성적배열의 표시

- 성적등위의 표시

성적배열의 6열에 성적등위를 For문의 i 수 만큼 1씩 가산하여 표시한다.

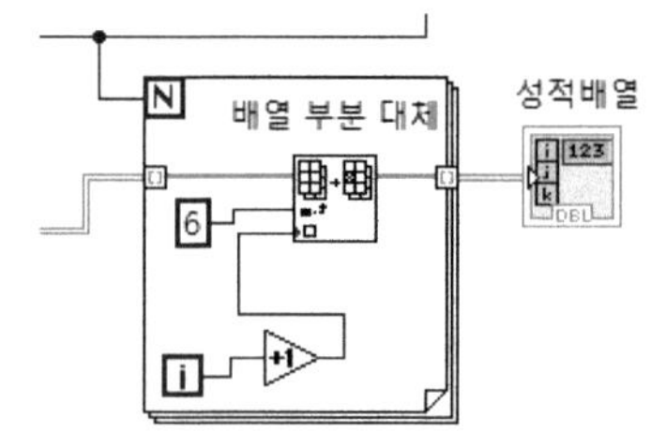

성적배열에 성적등위 표시

Step.3 성적처리 프로그램의 작동확인

성적합계의 오름차순

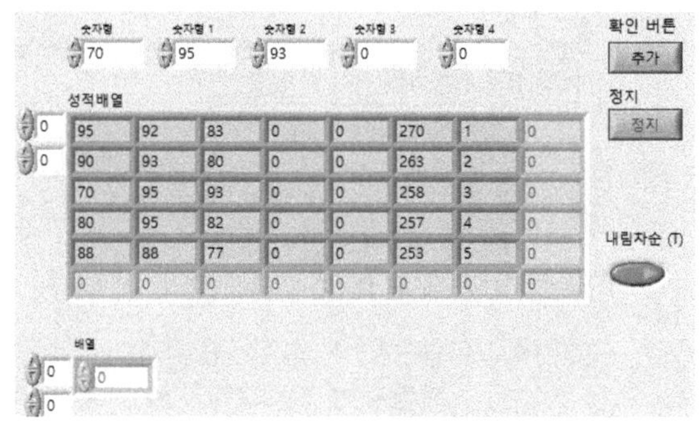

성적합계의 내림차순

Step.4 플랫 시퀀스에 의한 성적계산 프로그램의 작성

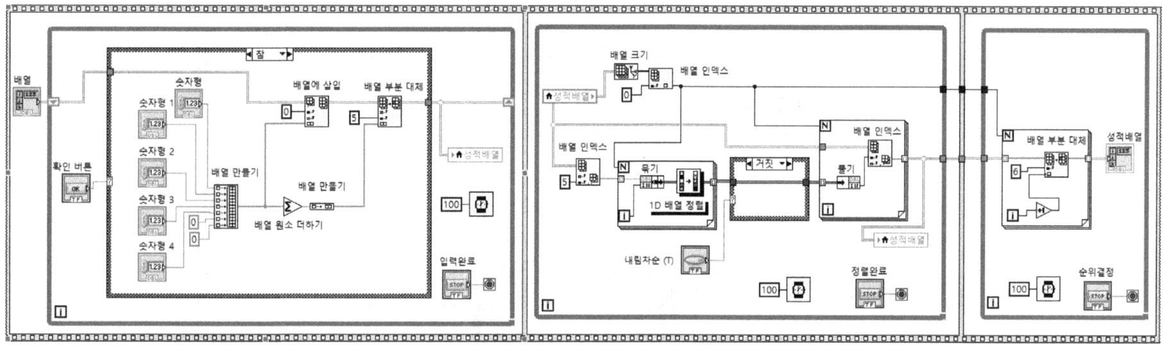

전체 블록다이어그램의 정의

숫자형 70 | 숫자형 1 95 | 숫자형 2 93 | 숫자형 3 0 | 숫자형 4 0

확인 버튼 추가

성적배열

88	88	77	0	0	253	1	0
80	95	82	0	0	257	2	0
70	95	93	0	0	258	3	0
90	93	80	0	0	263	4	0
95	92	83	0	0	270	5	0
0	0	0	0	0	0	0	0

입력완료 다음

정렬완료 다음

내림차순 (T)

순위결정 정지

배열 0

성적합계의 오름차순

① 프레임 1번 : 원소더하기를 이용한 개별성적의 합산

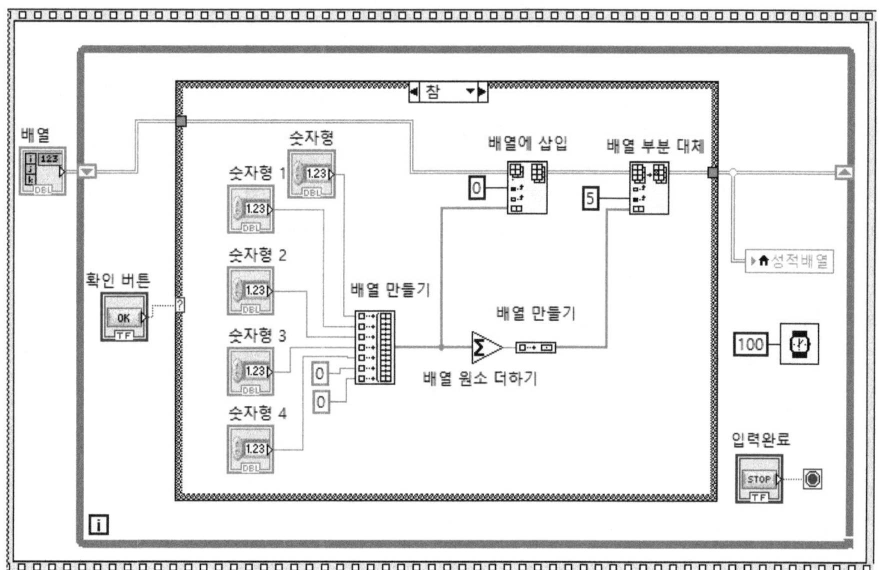

배열의 크기 확인과 성적합산

② 프레임 2번 : 개별성적의 합계를 이용한 순위정렬

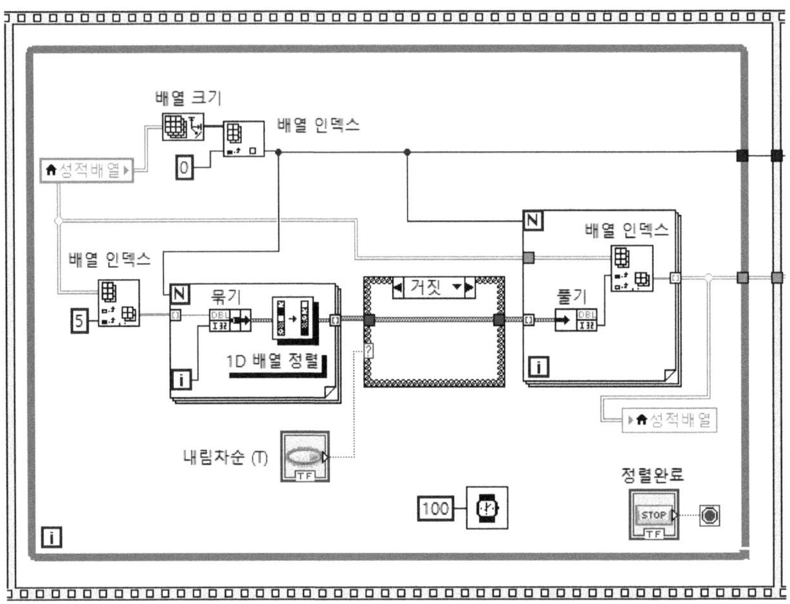

성적합계에 의한 순위 결정 프로그램

③ 프레임 3번 : 성적배열의 6열에 성적등위를 표시한다.

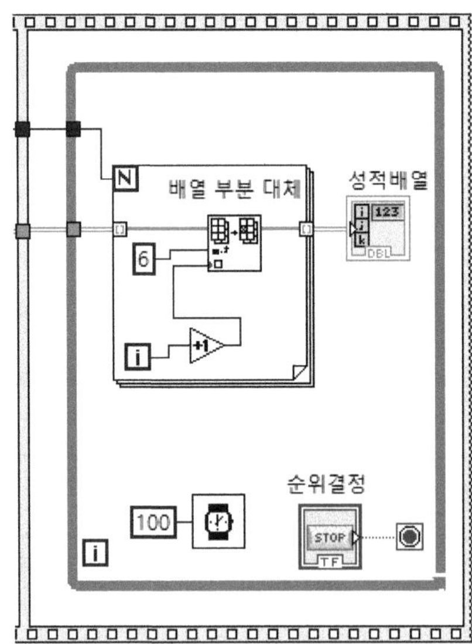

성적배열에 성적 등위 표시

3.9 클러스터의 이해

클러스터는 혼합된 타입의 데이터 원소를 그룹화 할 수 있다. 클러스터의 예는 불리언 값, 숫자 값, 문자열이 결합된 LabVIEW 에러 클러스터를 들 수 있다. 클러스터는 텍스트 기반의 프로그래밍 언어의 레코드나 구조체와 유사하며 여러 데이터 원소를 클러스터로 묶으면 블록다이어그램에서 와이어의 복잡한 연결을 피할 수 있다.

SubVI에 필요한 커넥터 팬 터미널의 수를 감소시킬 수 있고 커넥터 팬은 최대 28개의 터미널을 가질 수 있다.

프런트 패널에 다른 VI로 전달하려는 컨트롤과 인디케이터가 28개 이상 있는 경우 이 중 일부를 하나의 클러스터로 그룹화 하여 클러스터를 커넥터 팬의 한 터미널에 할당할 수 있다.

블록다이어그램에서 대부분의 클러스터는 핑크색의 와이어 패턴과 데이터 타입 터미널을 가지며 에러 클러스터는 짙은 노란색의 와이어 패턴과 데이터 타입 터미널로 구성된다.

또한 숫자 값의 클러스터가 때때로 데이터 포인트를 나타내는 경우 갈색의 와이어 패턴과 데이터 타입 터미널로 구성된다. 갈색의 숫자 클러스터를 숫자 함수, 예를 들어 [더하기]나 [제곱근]에 연결하여 클러스터 원소 모두에 같은 연산을 동시에 수행하게 할 수 있다.

1) 클러스터 원소의 순서

클러스터와 배열 원소가 모두 순서를 갖고 있지만 풀기 함수를 사용하여 한 번에 모든 클러스터 원소를 풀어야 한다. 이름으로 풀기 함수를 사용하여 이름에 따라 클러스터 원소를 풀 수 있다. 이름으로 풀기 함수를 사용하는 경우 각 클러스터 원소에 라벨이 있어야 한다.

또한 클러스터는 고정된 크기를 가진다는 점에서 배열과 차이가 나며 배열과 마찬가지로 클러스터는 컨트롤이거나 인디케이터이다. 클러스터는 컨트롤과 인디케이터를 함께 가질 수는 없다.

클러스터 원소는 쉘에서의 그 위치와 관계없이 논리적인 순서를 가지고 있으므로 클러스터에 첫 번째 객체는 원소 "0"이고 두 번째는 원소 "1"의 형태로 진행된다.

원소를 삭제하면 순서가 자동으로 조절되며 클러스터 순서는 블록다이어그램의 [묶기] 또는 [풀기] 함수에서 원소가 터미널로 나타나는 순서로 결정된다.

클러스터 경계에서 마우스 오른쪽 버튼을 클릭한 후 바로 가기 메뉴에서 클러스터 내의 컨트롤 순서 재설정을 선택하여 클러스터 순서를 확인할 수 있으며 클러스터 순서를 수정할 수 있다.

두 개의 클러스터를 연결하려면 반드시 양쪽이 같은 수의 원소를 가지고 있어야 한다.

클러스터 순서로 결정되는 대응 원소는 반드시 호환되는 데이터 타입을 가져야 한다. 예를 들어 한 클러스터의 배정도 부동 소수가 다른 클러스터의 문자열에 대응되면 블록다이어그램의 와이어는 깨지고 VI는 실행되지 않는다.

숫자 값이 다른 형을 가진 경우 LabVIEW에서 같은 형으로 강제 변환한다.

2) 클러스터 함수

클러스터, 클래스, & 배리언트 VI와 함수를 사용하여 클러스터를 생성하고 조작한다. 예를 들어 다음과 같은 태스크를 수행할 수 있다.

- 클러스터에서 개별 데이터 원소를 빼는 경우
- 클러스터에 개별 데이터 원소를 추가하는 경우
- 클러스터를 개별 데이터 원소로 나누는 경우

3.10 파일 입 · 출력

LabVIEW에서 지원되는 파일 포맷은 아스키, 바이너리, LVM(LabVIEW용 아스키) 및 TDMS(Lab-VIEW용 바이너리) 등의 다양한 파일 포맷을 사용할 수 있다.

1) 하위레벨 노드 프로그램의 순서

파일 입출력 프로그램 방법에는 상위레벨 노드를 이용하는 방법과 하위노드를 이용하여 프로그램 하는 방법이 있다. 상위레벨은 프로그램하기 쉬운 장점이 있으나 사용자 정의가 불가능하다.

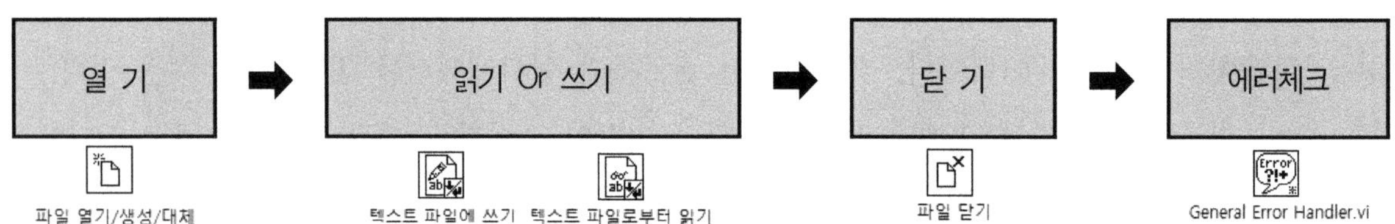

그림 3.31 하위레벨 파일 입출력 프로그램 순서

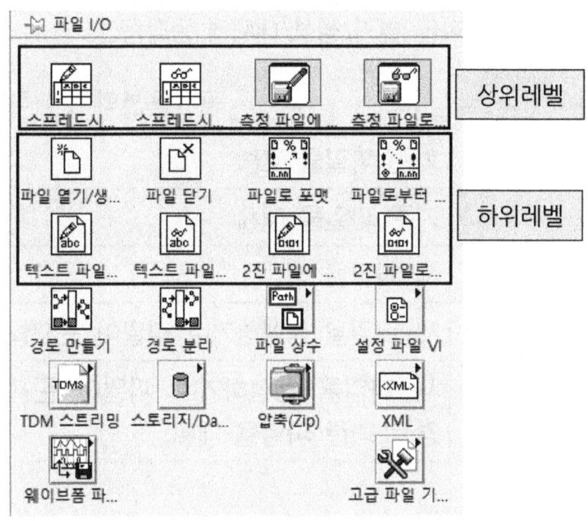

파일 IO의 그림딱지

2) 아스키(ASCII) 파일의 입출력

아스키 부호체계는 ISO(국제표준화기구)의 국제부호체계로 제정되어 있다. 그리고 컴퓨터에서는 내부처리 코드가 아스키 부호체계를 채용하고 있어 메모장 등에서 확인이 가능하다. 그러나 바이너리 코드에 비해 처리속도가 느려 소량의 데이터처리에 적합하다. 아래 프로그램은 1초 간격으로 발생하는 난수를 아스키파일에 저장하는 프로그램이다.

① 아스키 파일에 쓰기 [함수 ➡ 프로그래밍 ➡ 파일 I/O ➡ 파일 열기/생성/대체]

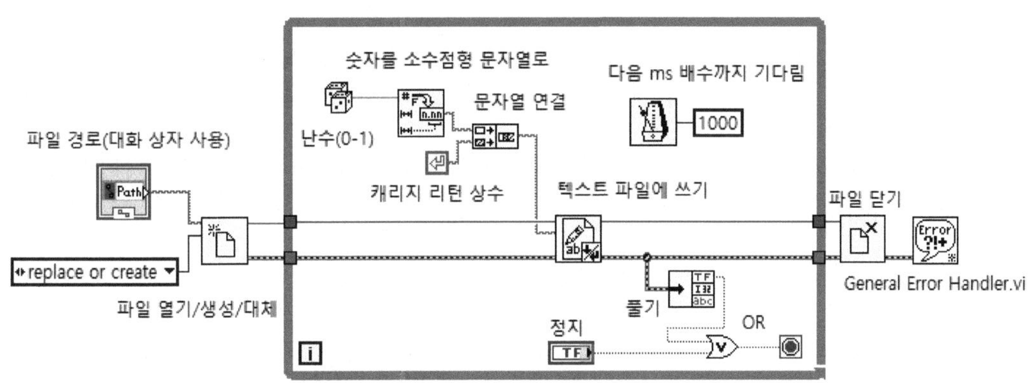

발생 난수에 의한 텍스트 파일작성 프로그램

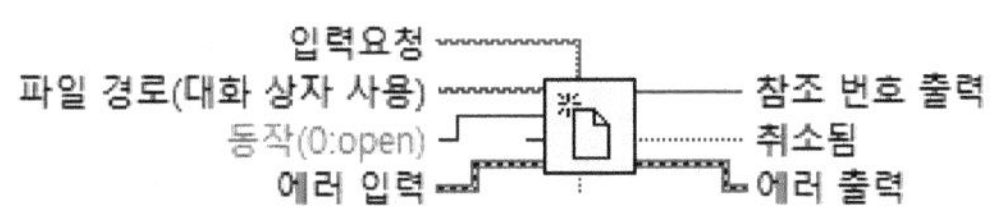

파일 열기/생성/대체

파일 열기/생성/대체의 동작옵션

동작옵션	동작옵션의 수행작업
open(기본)	기존 파일을 호출
replace	기존 파일을 대체
create	새 파일을 생성
open or create	새 파일을 생성하거나 파일이 존재할 경우 파일을 대체
replace or create with confirmation	새 파일을 생성하거나 파일이 존재하고 권한이 주어진 경우 기존 파일을 대체

[함수 ➡ 프로그래밍 ➡ 파일 I/O ➡ 텍스트 파일에 쓰기, 파일 닫기]
[함수 ➡ 프로그래밍 ➡ 대화상자 & 사용자 인터페이스 ➡ 일반 에러 핸들러]

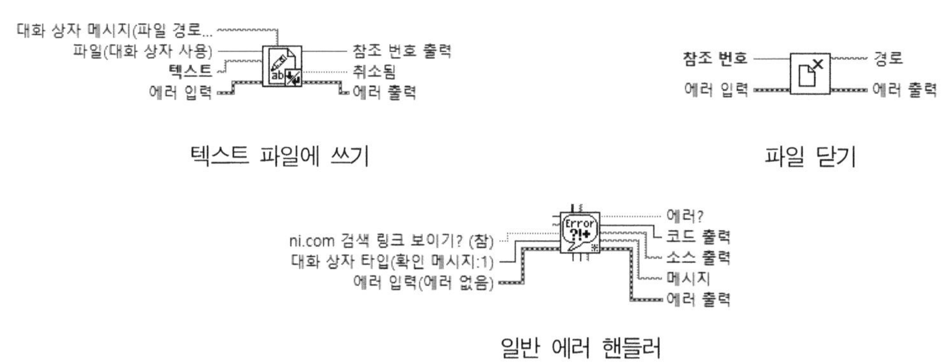

텍스트 파일에 쓰기

파일 닫기

일반 에러 핸들러

[함수 ➡ 프로그래밍 ➡ 문자열 ➡ 숫자/문자열 변환 ➡ 숫자를 소수점형 문자열로]
[함수 ➡ 프로그래밍 ➡ 문자열 ➡ 캐리지 리턴 상수, 문자열 연결]

텍스트 파일 쓰기는 항상 문자열 자료만을 저장하므로 문자열로 변환하고 줄 변환을 위해 캐리지 리턴 상수와 결합시킨다.

쓰기 에러의 검출

숫자를 문자열로 가공

[함수 ➡ 프로그래밍 ➡ 클러스트, 클래스 & 배리언트 ➡ 풀기]
[함수 ➡ 프로그래밍 ➡ 불리언 ➡ OR]

와이어 에러 데이터를 풀면 Status(불리안), Code(정수) 및 Source(문자열)로 분리되며 에러가 발생하면 Status에 의해 프로그램이 종료된다.

[컨트롤 ➡ 일반 ➡ 문자열 & 경로 ➡ 파일경로]

파일경로 컨트롤을 이용하여 프런트 패널을 작성한다.

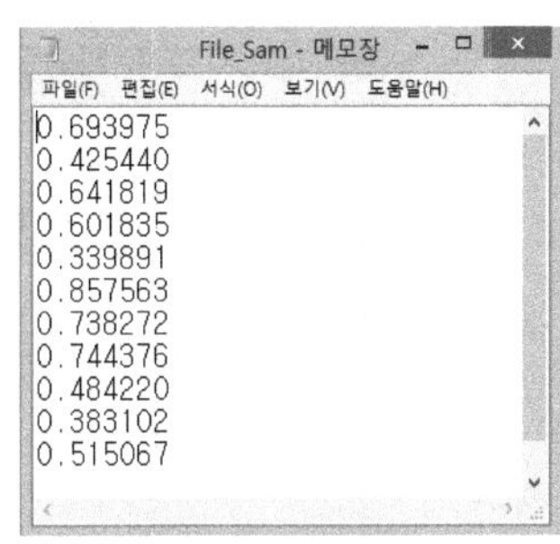

저장된 파일의 확인

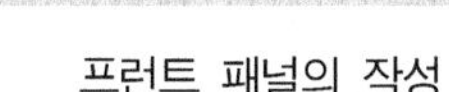

프런트 패널의 작성

② 작성된 아스키 파일읽기 [함수 ➡ 프로그래밍 ➡ 파일 I/O ➡ 텍스트 파일로부터 읽기]

앞의 아스키 파일 쓰기에서 작성된 파일을 열면 아래와 같이 문자열과 배열에 저장할 수 있는 프로그램을 작성할 수 있다.

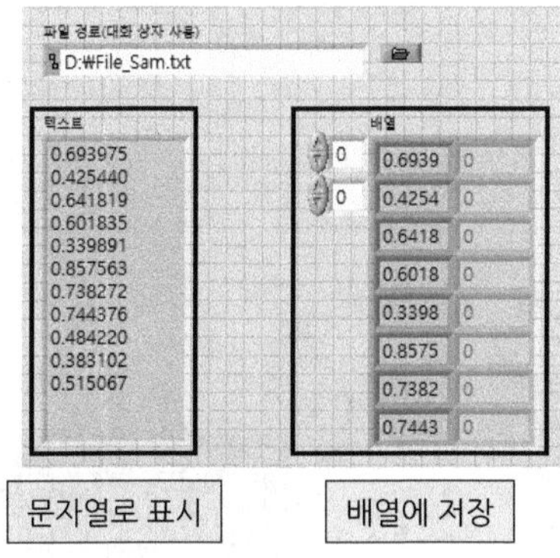

프런트 패널에 의한 파일읽기 실행

[함수 ➡ 프로그래밍 ➡ 문자열 ➡ 스프레드시트 문자열을 배열로]

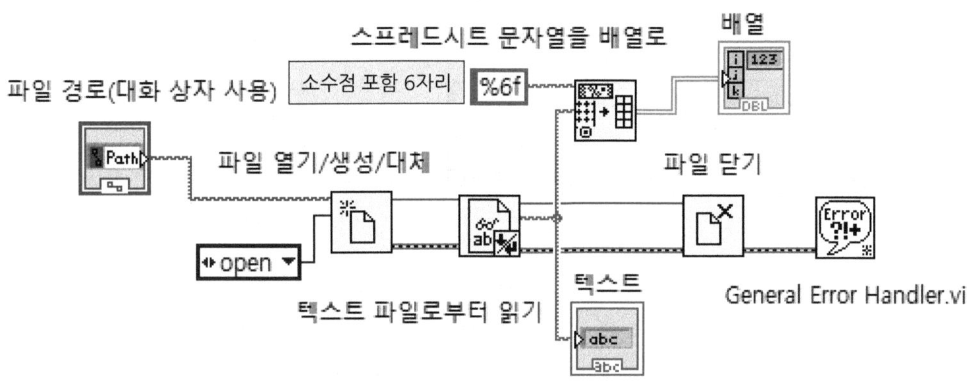

텍스트 파일읽기를 이용하여 파일 내용확인 프로그램

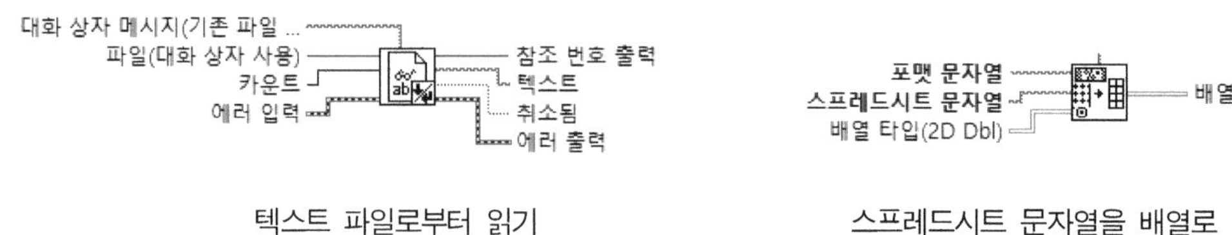

텍스트 파일로부터 읽기　　　　스프레드시트 문자열을 배열로

포맷 문자열은 스프레드시트 문자열을 배열로 변환형식을 지정하며 %s를 사용하여 스프레드시트 문자열을 문자열의 배열로 변환하고 %d 또는 %f를 사용하여 문자열을 숫자 배열로 변환한다.

3) 바이너리(Binary) 파일의 입출력

2진법을 바이너리라고 지칭하며 노이만(Neumann)형 컴퓨터에서 2진법인 온(on)이나 오프(off) 명령의 집합체인 프로그램을 작동시켜 프로그램 본체의 실행 파일이나 프로그램을 작동하기 위한 기계어로 쓰인 파일형태를 바이너리 파일이라고 한다.

아래의 프로그램은 10회 발생하는 난수를 1차원 배열과 웨이브폼 그래프에 표시하고 2진 파일에 저장하는 프로그램이다.

① 바이너리 파일에 쓰기

[컨트롤 ➡ 일반 ➡ 문자열 & 경로 ➡ 파일경로]
[컨트롤 ➡ 일반 ➡ 그래프 ➡ 웨이브폼 그래프]

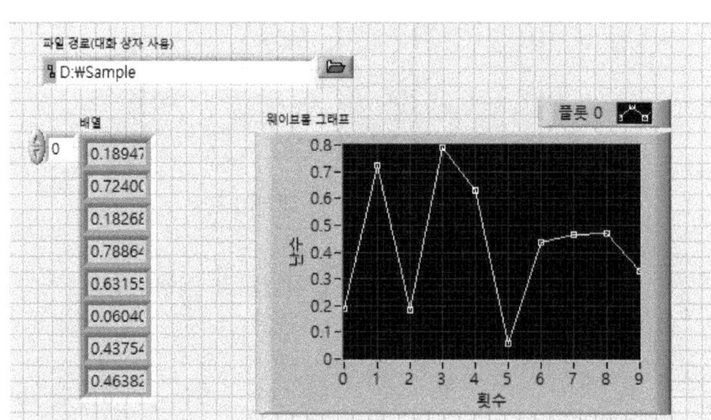

프런트 패널의 작성내용

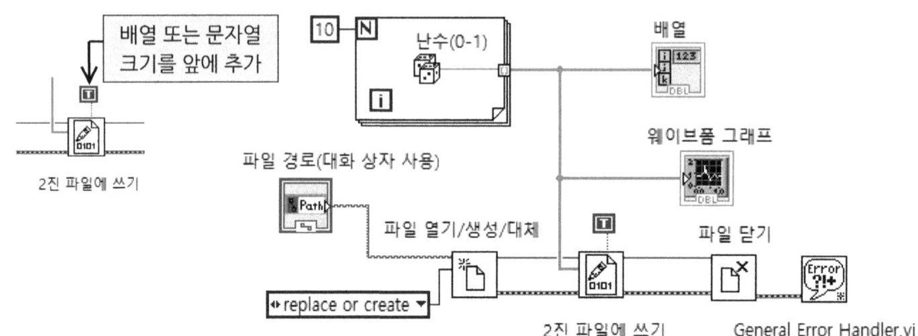

발생된 난수에 의한 2진 파일작성

[함수 ➡ 프로그래밍 ➡ 파일 I/O ➡ 2진 파일에 쓰기]

새 파일에 2진 데이터를 쓰거나 기존 파일에 데이터를 추가하여 파일 내용을 대체한다.

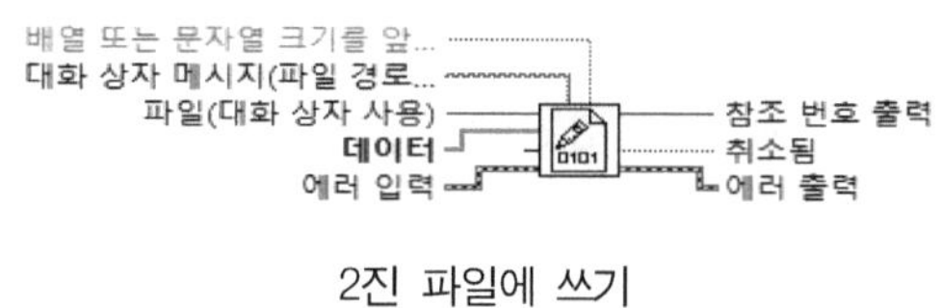

2진 파일에 쓰기

② 바이너리 파일읽기

[함수 ➡ 프로그래밍 ➡ 파일 I/O ➡ 2진 파일로부터 읽기]

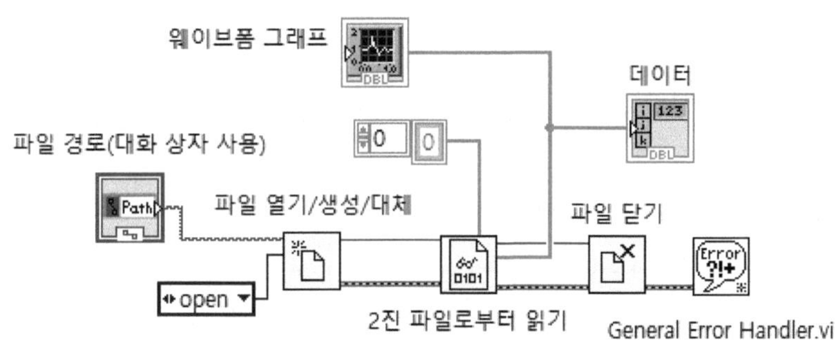

2진 파일읽기를 이용하여 파일 내용확인

파일에서 2진 데이터를 읽고 데이터에 그 값을 반환하며 데이터 타입은 함수가 2진 파일을 읽을 때 사용하는 데이터의 타입을 설정한다.

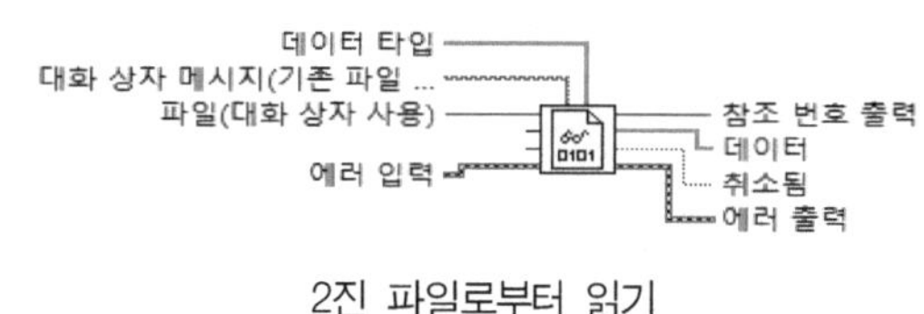

2진 파일로부터 읽기

※ 데이터 타입의 정의 방법

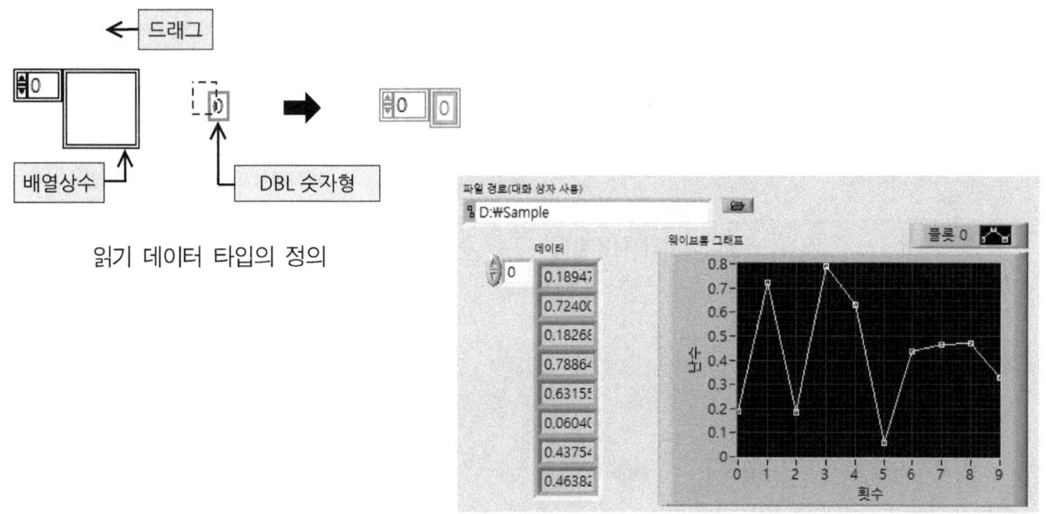

읽기 데이터 타입의 정의

2진 파일 내용확인

4) 데이터 로그 파일의 입출력

참조 번호로 지정된 열린 데이터 로그 파일에 레코드를 쓰며 현재 데이터 로그 위치를 쓰기 전에 파일의 끝에 설정한다.

레코드는 파일 또는 해당 레코드 타입의 배열을 생성할 때 지정된 레코드 타입과 일치하는 경우 레코드를 데이터 로그 파일에 하나의 레코드로 쓰며 필요한 경우 데이터 로그 함수는 숫자 데이터를 파라미터의 레코드 타입 형식으로 강제 변환하고 데이터 로그 파일에 행 순서로 배열에 각 레코드를 따로 저장한다.

① 데이터 로그 파일로 쓰기 [컨트롤 ➡ 일반 ➡ 배열, 행렬, 클러스터 ➡ 클러스터, 배열]

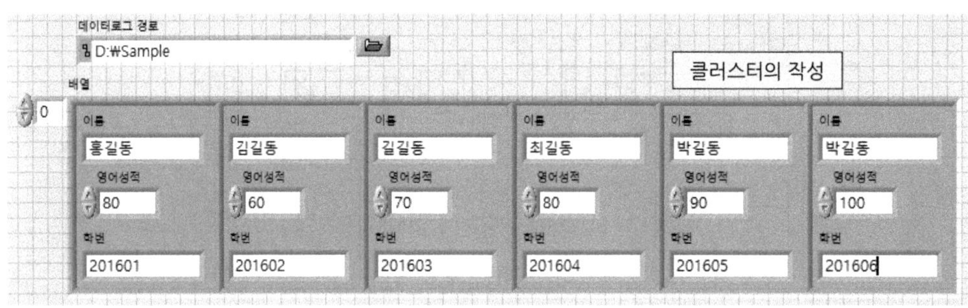

프런트 패널의 작성내용

※ 클러스터의 작성

"3.9장 클러스터"의 이해를 참고하시오.

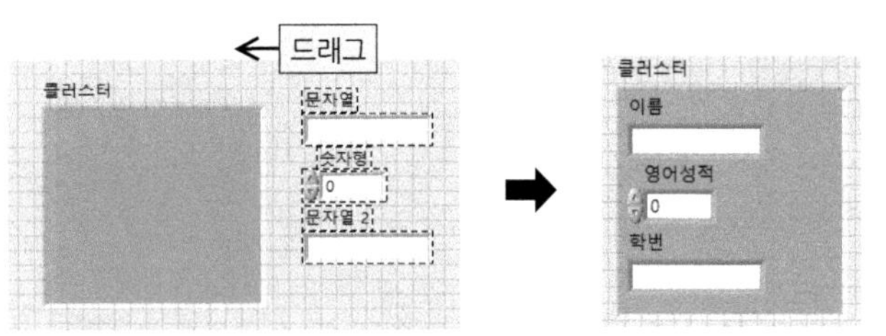

클러스터의 개체속성

개체명	속성명
문자열 컨트롤	이름
숫자형 컨트롤	영어성적
문자열 컨트롤2	학번

클러스터의 정의방법

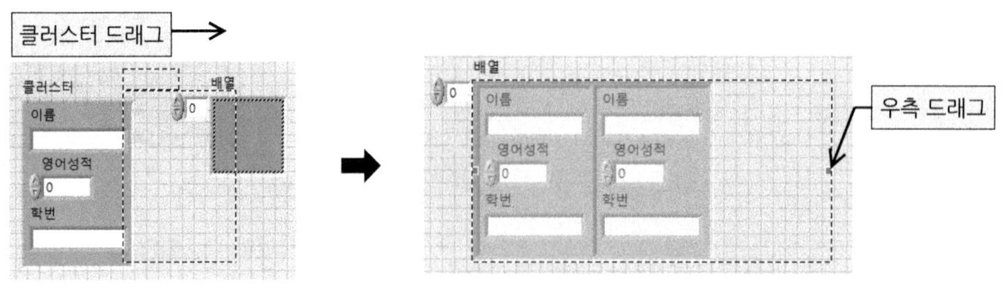

클러스터를 배열에 적용

클러스터 배열의 표시

[함수 ➡ 프로그래밍 ➡ 파일 I/O ➡ 고급파일기능 ➡ 데이터 로그 ➡ 데이터 로그 쓰기, 데이터 로그 열기/생성/대체]

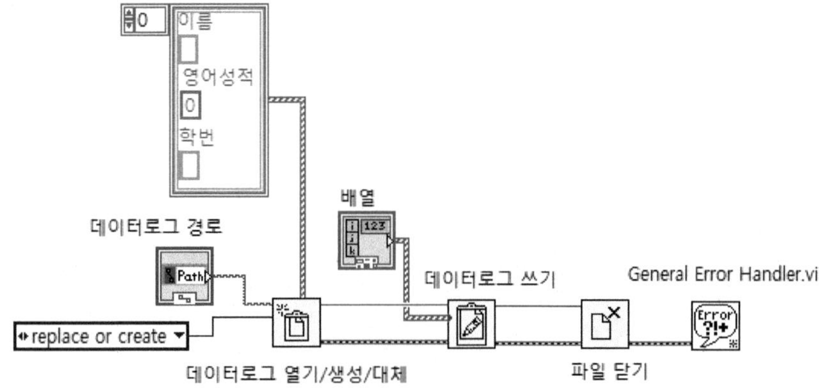

데이터 로그 파일작성 프로그램

참조 번호로 지정된 열린 데이터 로그 파일을 레코드에 저장한다.

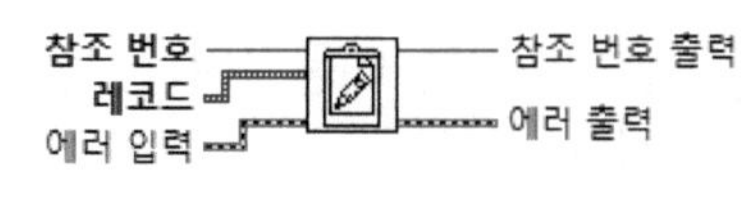

데이터 로그 쓰기

프로그램 또는 파일 대화상자를 사용하여 기존 데이터 로그 파일을 열거나 새로운 파일을 생성 또는 기존 파일을 대체한다.

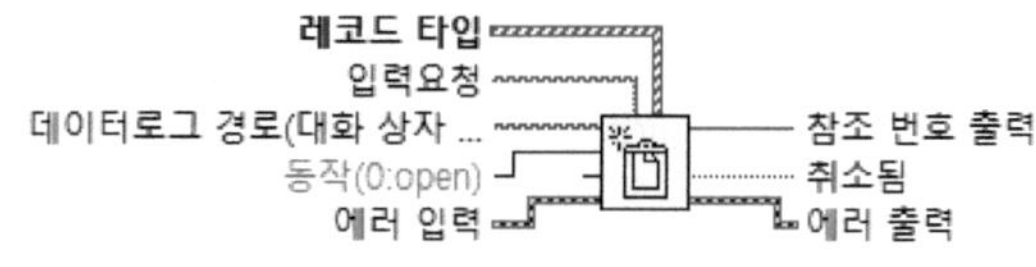

데이터 로그 열기/생성/대체

② 데이터 로그 파일로부터 자료 읽기

[함수 ➡ 프로그래밍 ➡ 파일 I/O ➡ 고급파일기능 ➡ 데이터 로그 ➡ 데이터 로그 읽기]

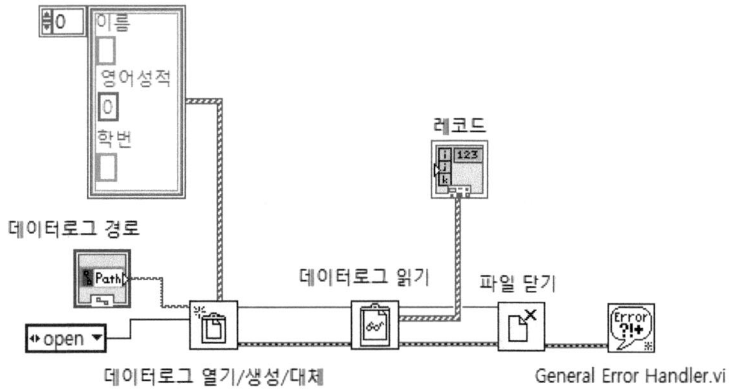

데이터 로그 파일의 내용확인

참조 번호로 지정된 열린 데이터 로그 파일로부터 레코드를 읽고 레코드로 반환한다.

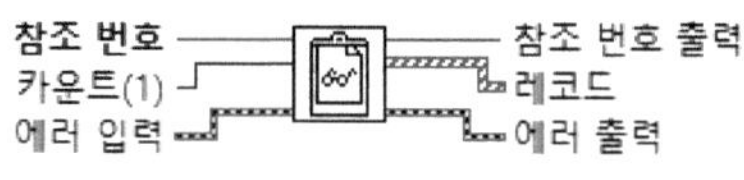

데이터 로그 읽기

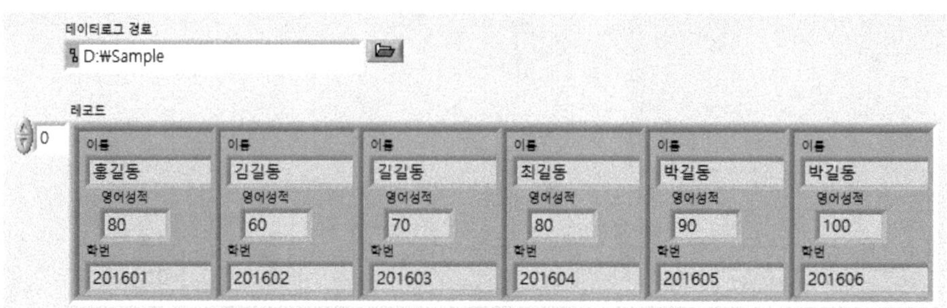

데이터 로그 파일 내용확인

클러스터를 이용하여 성적처리를 할 수 있는 프로그램을 작성하고 이를 파일로 저장하시오.

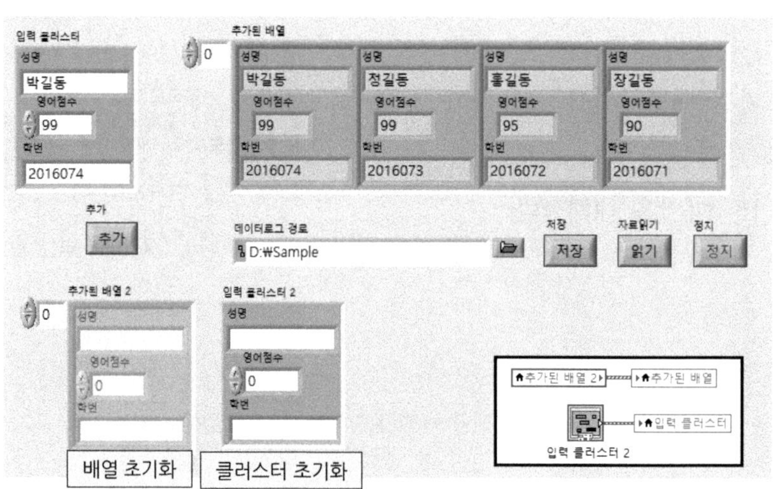

성적 프로그램의 프런트 패널

① 입력 클러스터 자료를 배열에 삽입

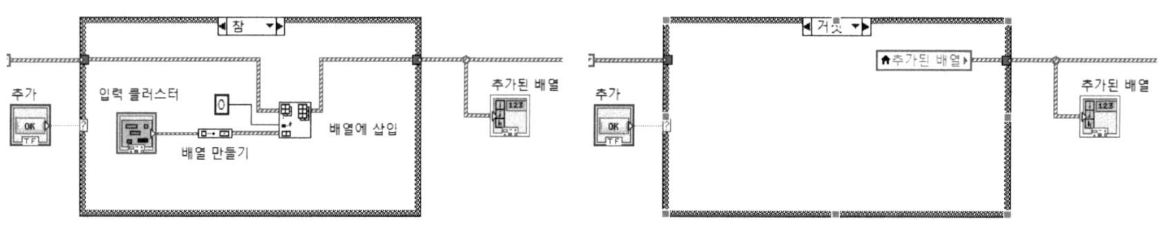

추가버튼이 작동한 경우

추가버튼이 작동하지 않는 경우

② 입력자료의 저장과 자료 초기화 및 저장자료 읽기

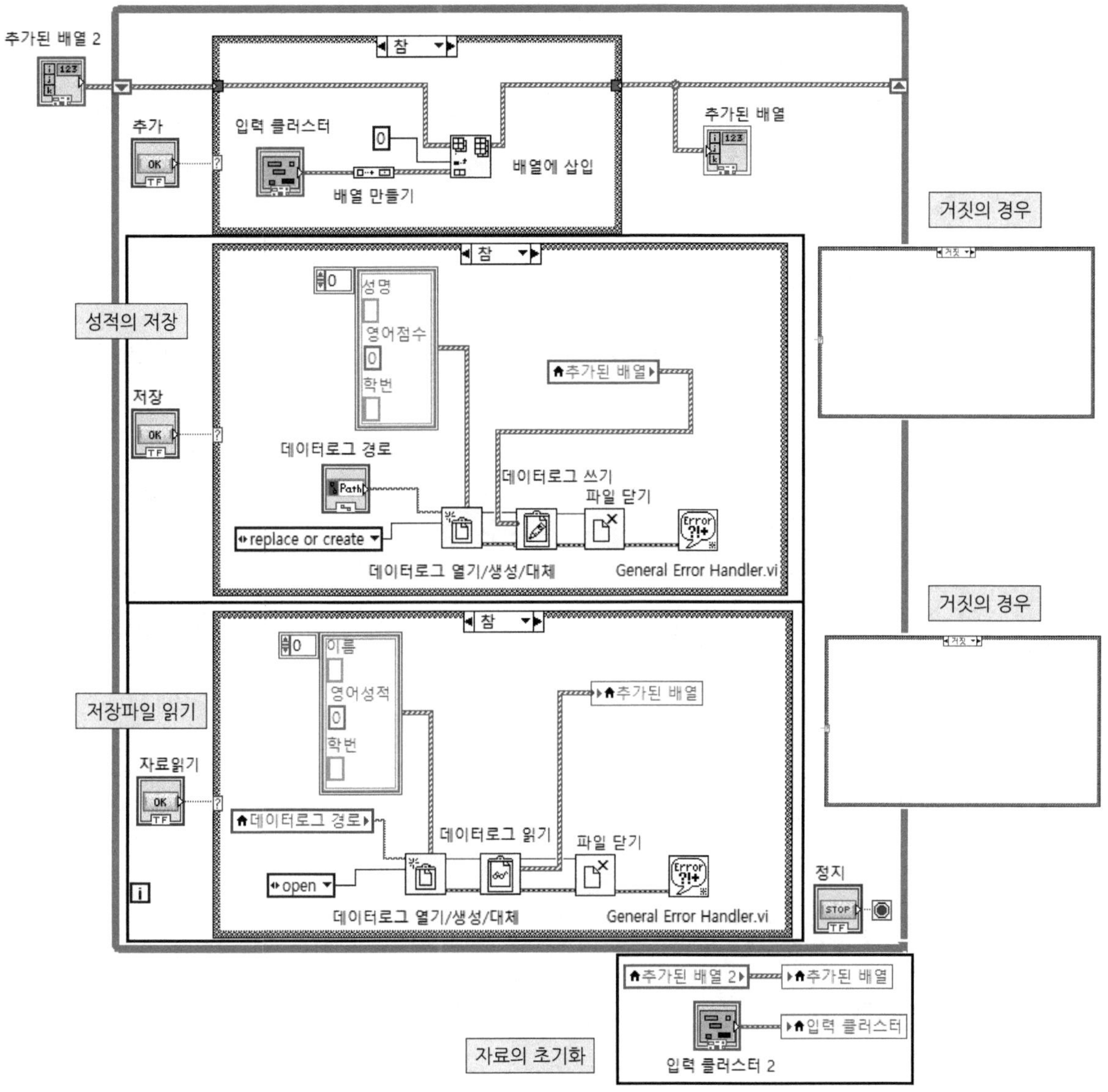

성적 프로그램의 블록다이어그램

※ 탭 컨트롤의 생성

[컨트롤 ➡ 일반 ➡ 컨테이너 ➡ 탭 컨트롤]
[컨트롤 ➡ 일반 ➡ 배열, 행렬, 클러스터 ➡ 배열]

탭 컨트롤을 이용하여 좁은 영역에서 프런트 패널의 컨트롤과 인디케이터를 중첩하여 사용하며 탭 컨트롤은 페이지와 탭으로 구성된다. 탭 컨트롤의 페이지 위에 프런트 패널 객체를 추가하고 구분자로 탭을 사용하여 각 페이지를 나타낸다. 위 성적 프로그램을 탭 컨트롤 이용하여 다음과 같이 프로그램할 수 있다.

• 탭 컨트롤의 탭 페이지 및 클러스터 배열의 작성

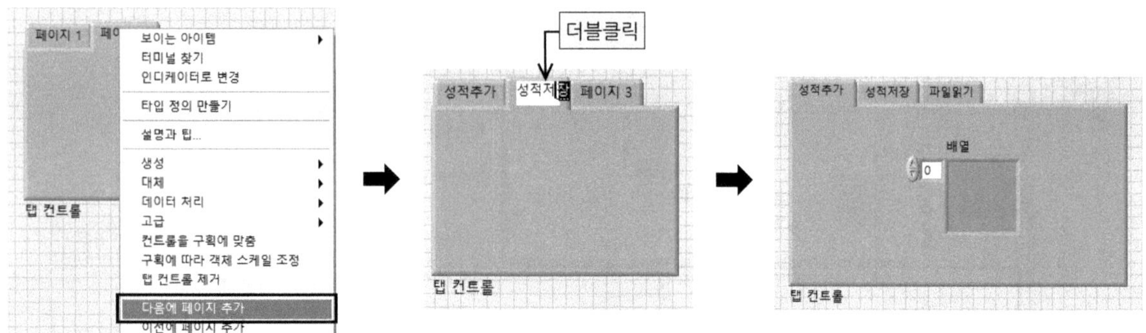

페이지 추가 바로 가기 적용　　　　탭 페이지의 이름 변경　　　　성적추가에 배열적용

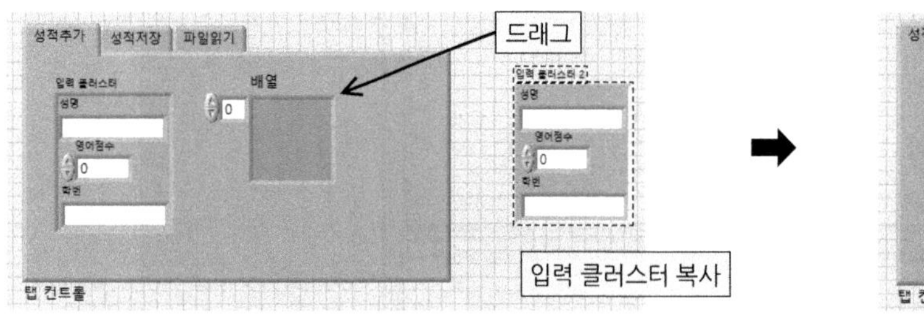

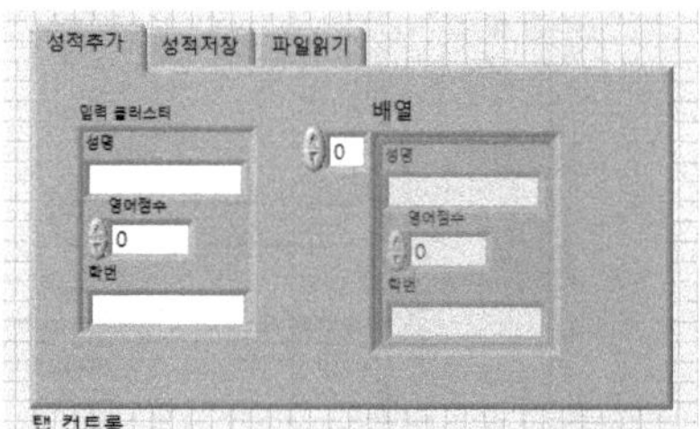

입력 클러스터를 이용한 배열의 작성　　　　배열 작성 결과

• 프런트 패널의 작성결과

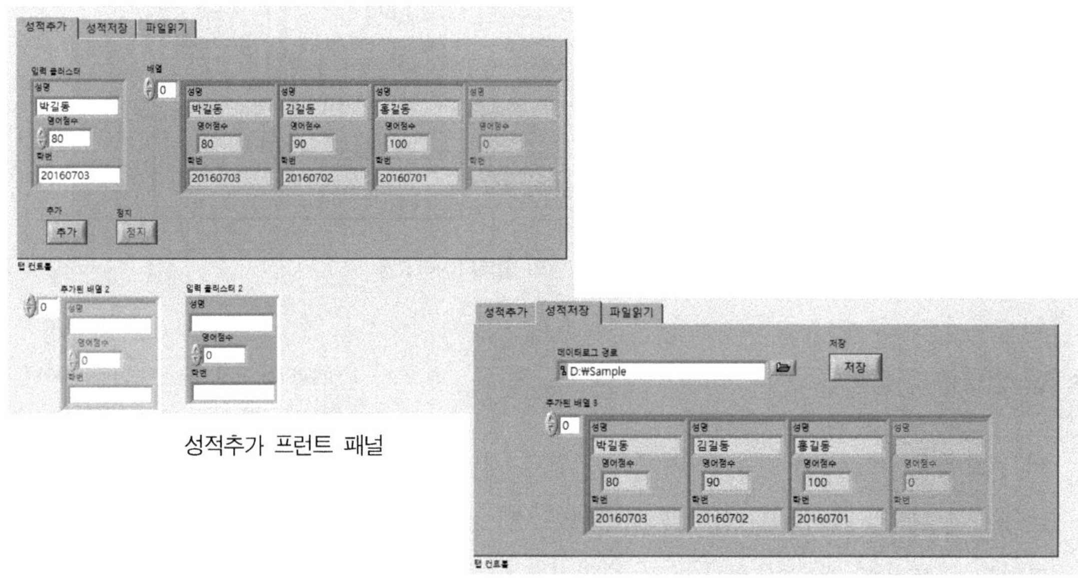

성적추가 프런트 패널

성적저장 프런트 패널

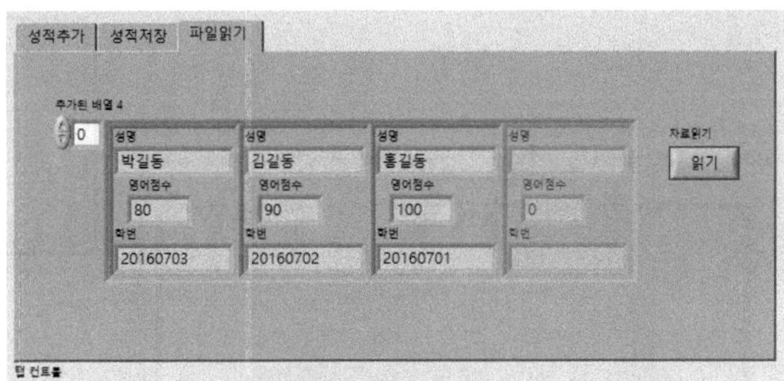

파일 읽기 프런트 패널

• 블록다이어그램의 작성 결과

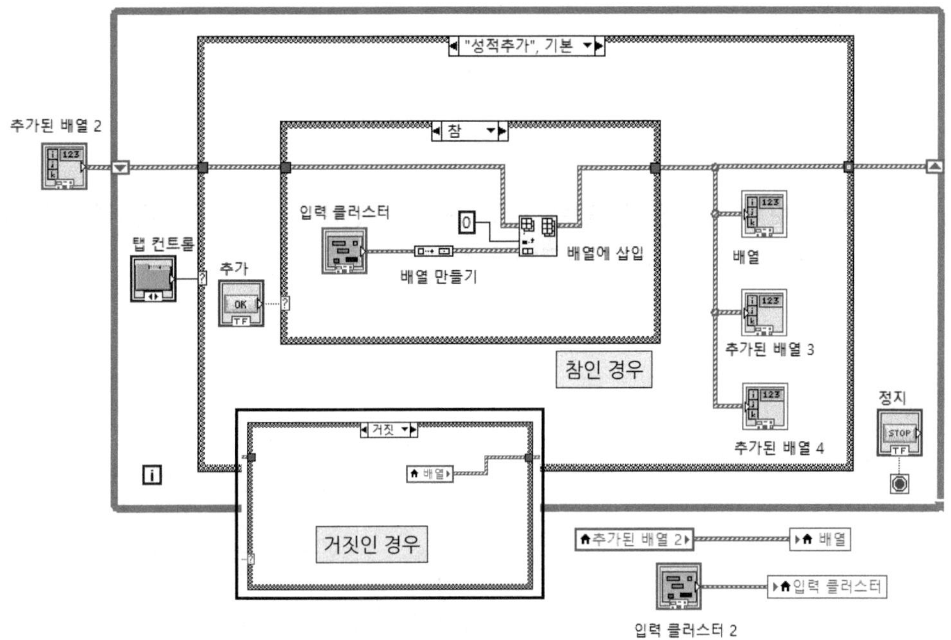

성적추가 블록다이어그램

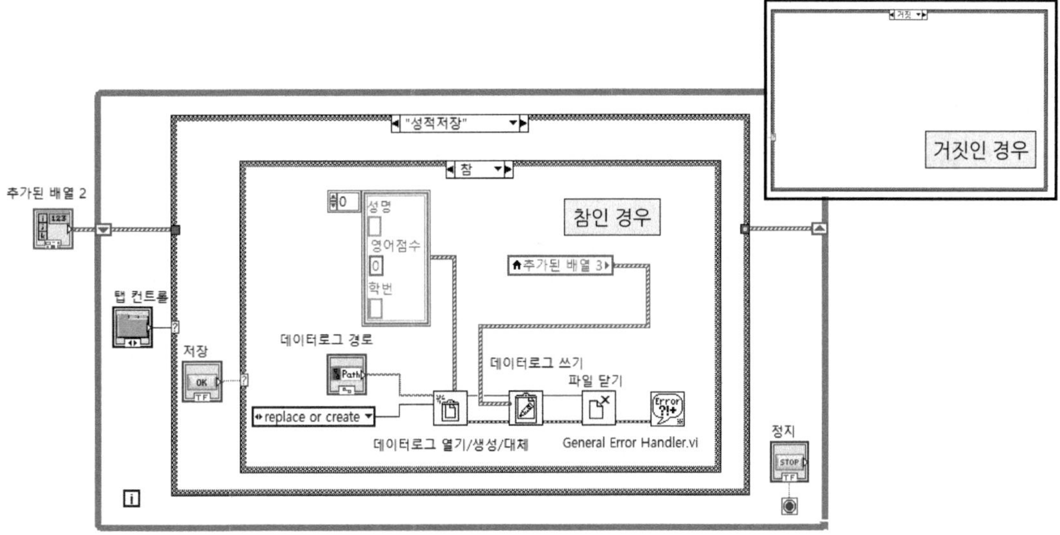

성적저장 블록다이어그램

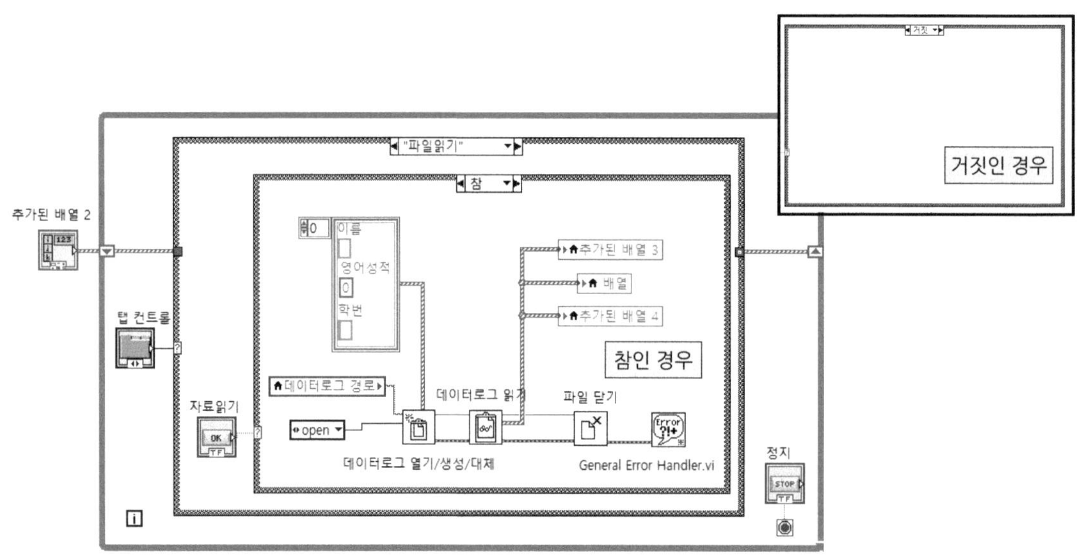

파일 읽기 블록다이어그램

개인별 정보를 관리할 수 있는 프로그램을 작성하고 또한 작성된 결과를 파일(D:₩개인정보.TXT)에 저장되는 프로그램을 작성하시오.

폼에 대한 개체의 특성

개체명	속성명
문자열	이름
콤보박스	학력
문자열	생년월일
텍스트 링	주소지
라디오 버튼	성별
원형 LED	컴퓨터 소유
원형 LED	휴대폰 소유

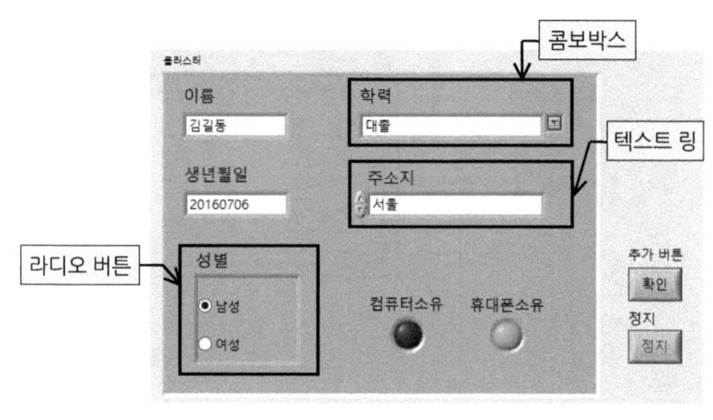

개별정보관리 폼(클러스터)

※ 라디오 버튼(Radio Button)

하나의 Frame에 작성된 여러 개의 라디오 버튼에서 오직 하나만이 선택된다.

※ 컴보 박스(Combo Box)와 텍스트 링(Text Ring)

컴보 박스는 TextBox+ListBox의 형태로 원하는 문자열을 입력하거나 목록상자에 원하는 항목을 선정할 수 있다. 이에 반에 텍스트 링은 원하는 문자열을 입력할 수 없으나 목록상자에서 입력 항목을 선택할 수 있다.

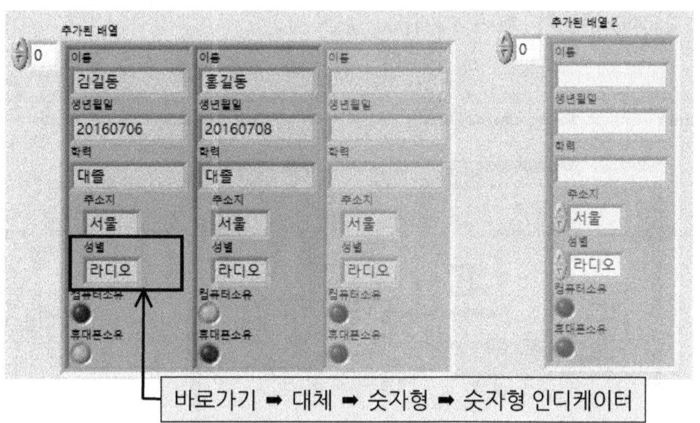

배열의 작성 및 속성 변경

- 자료추가 블록다이어그램

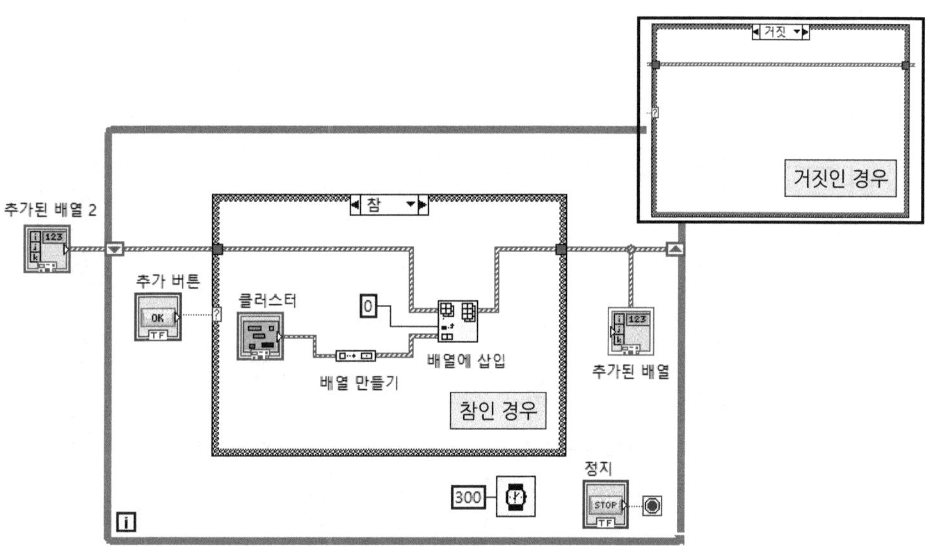

블록다이어그램의 작성

- 자료처리를 위한 추가기능의 작성

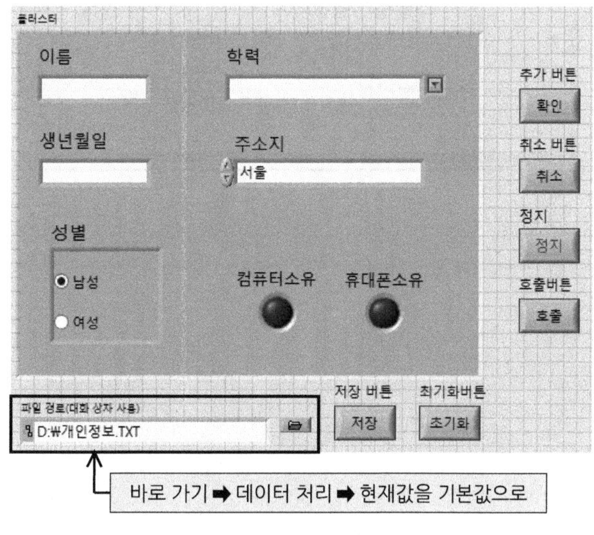

프런트 패널의 기능추가

• 자료처리를 위한 추가기능의 블록다이어그램

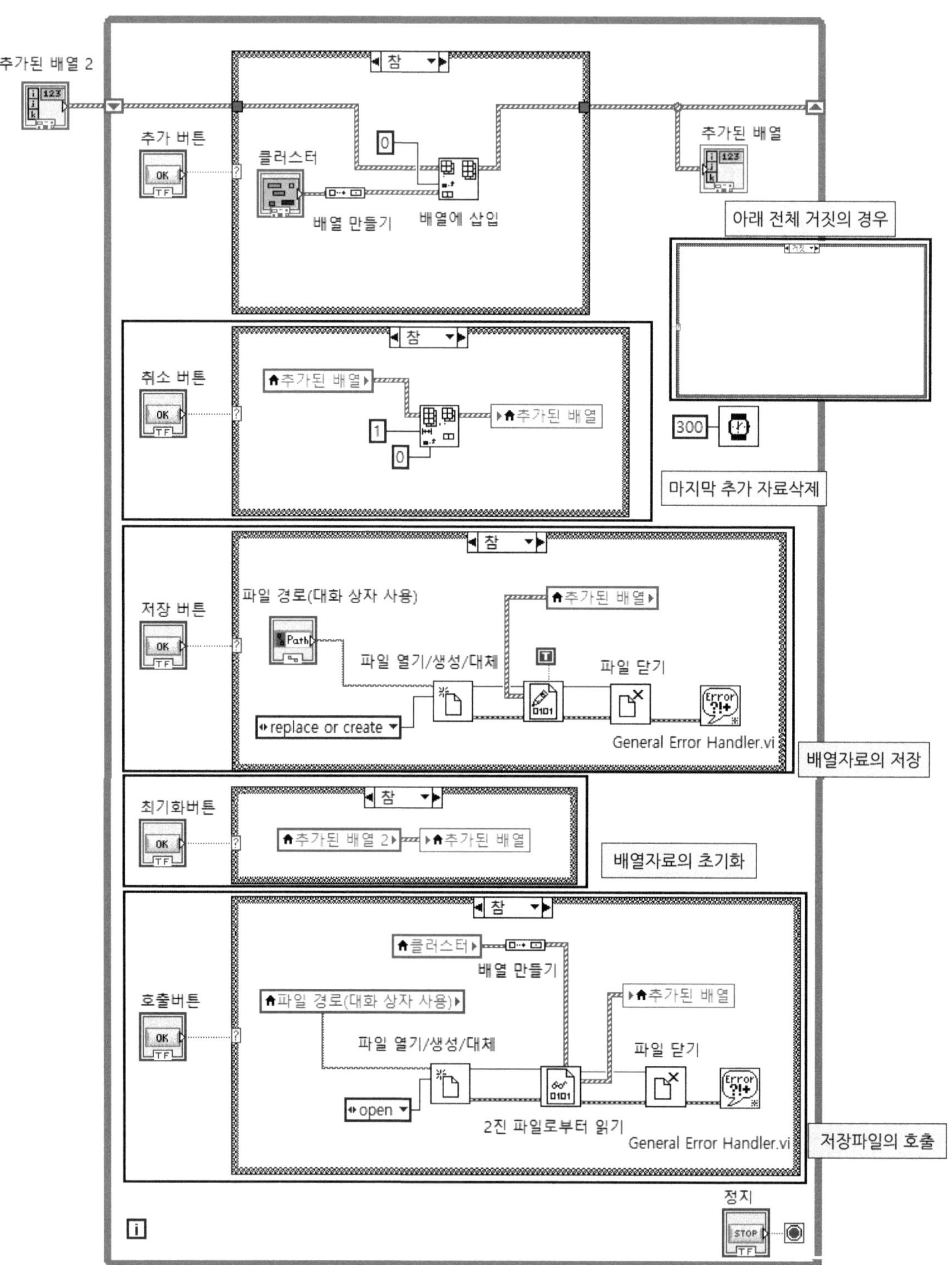

• 작성된 프로그램의 기능 확인

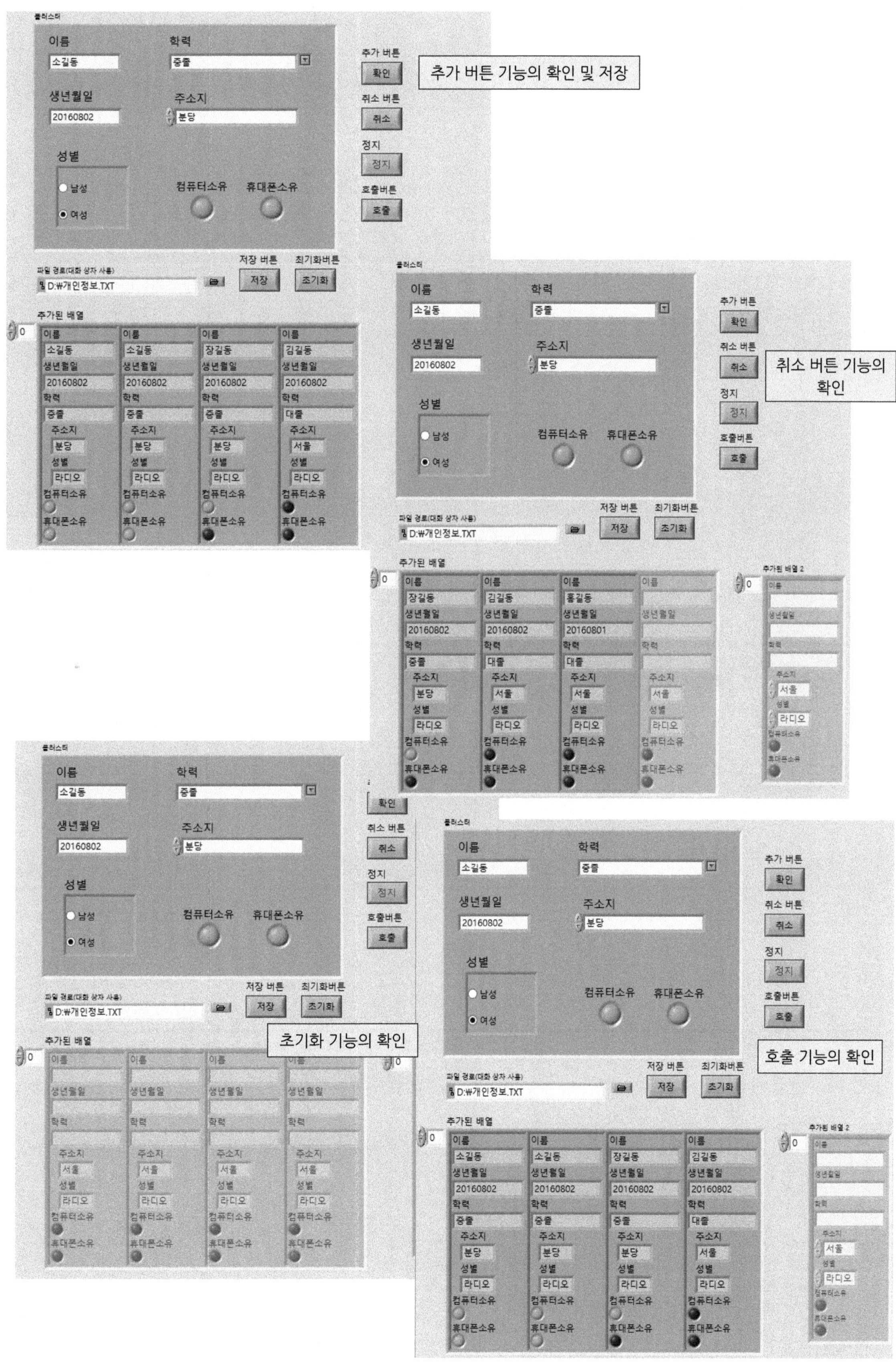

시퀀스회로의 설계 및 구성

CHAPTER 04

4.1 제어회로의 개요

어떤 대상시스템의 상태나 출력이 원하는 특성을 따라가도록 입력신호를 적절히 조절하는 방법으로 제어하고자 하는 대상을 플랜트(Plant), 제어동작을 수행하는 장치를 제어기(Controller)라고 부른다.

자동제어에서는 대상플랜트의 출력특성을 안정성(Stability), 명령추종(Command Following), 외란제거(Disturbance Rejection) 및 잡음축소(Noise Reduction) 등의 과정을 수행하여야 한다.

또한 입력 값과 출력이 독립되어 있는 개회로제어와 출력이 목표치와 일치하는지를 확인하기 위한 귀환경로(Feed Back)를 가진 폐회로 제어(Closed-loop)로 대변할 수 있다.

- 개회로 제어(Open-loop)

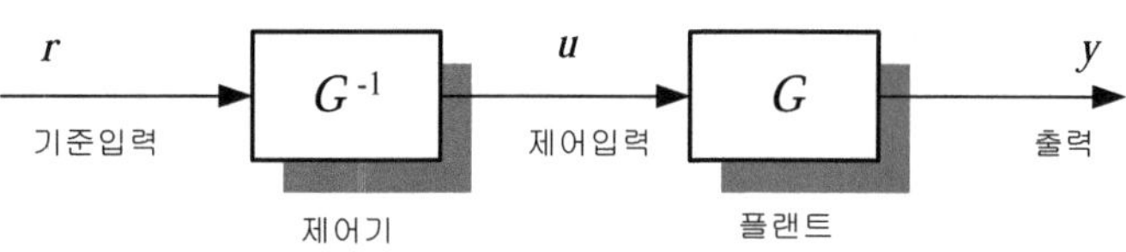

그림 4.1 개회로 제어시스템

• 폐회로 제어(Closed–loop) : 되먹임 제어시스템(Feedback Control System)

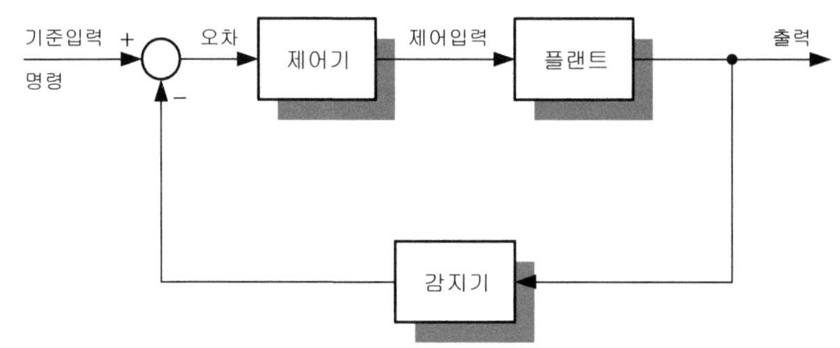

그림 4.2 폐회로 제어시스템

표 4.1 자동제어의 분류

제어의 종류	제어의 분류	제어방식
시퀀스제어 (개회로제어)	순서제어 시한제어 조건제어	하드웨어/프로그램제어
피드백 제어 (폐회로 제어)	공정제어 서보제어 자동제어	제어량의 종류에 따른 분류

1) 시퀀스제어

시퀀스제어란 미리 정해진 순서에 따라 제어의 각 단계를 점진적으로 진행해 나가는 제어라 정의하며 불연속적인 작업을 행하는 공정제어에 널리 이용된다. 이는 일종의 스위치나 버튼을 사용하여 전기회로의 부하를 운전하기도 하고 부하의 운전 상태에서 고장상태를 알리기도 하는 일련의 제어를 말하는 것으로 근래에 사용되는 전기회로는 대부분 시퀀스 회로로 만들어져 있다. 예로 빌딩이나 공장 등에서 엘리베이터를 움직이고 고장을 알리며 세탁기, 냉장고와 자동판매기 등에도 시퀀스가 적용되어 있다.

① 시한제어 : 가정의 구형 세탁기나 공원의 분수, 교통신호기 및 네온사인과 같이 시간에 의한 제어순서가 결정되어 정해진 시간에 설정된 운전을 실행한다.

② 순서제어 : 제어의 각 단계의 동작 종료를, 센서를 이용하여 확인되면 다음 단계의 운전을 실행한다. 컨베이어 장치, 전용공작기계와 자동조립이기에 적용되는 제어방식이다.

③ 조건제어 : 센서에 의해 검출된 결과에 따라 제어 명령이 결정되며 검출 조건에 의한 실행경로가 결정된다. 엘리베이터의 제어, 자동화기기의 위험방지 조건이나 불량품의 선별에 적용된다.

2) 피드백 제어

그림 4.2의 피드백 제어는 폐회로 제어(Feedback Control)라 하며 정확하고 신뢰성 있는 제어를 위하여 출력값과 목표치를 비교하여 그 차이 값에 비례하는 동작 신호를 귀환시켜 정확한 출력량을 유지한다. 피드백 제어는 제어량의 종류에 따라 아래와 같이 분류해 볼 수 있다.

① 공정제어(Process Control) : 공정을 제어대상으로 하는 되먹임 제어시스템을 말한다. 제어량이 유량, 온도, 압력, 수위 또는 습도 등에 의해 제어목표치를 확인하며 화학공장 등의 생산설비에 적용되어 있다.

② 서보기구(Servo Mechanism) : 출력신호가 위치, 속도, 가속도 등의 물리적이거나 기계적인 양으로 나타나는 되먹임 제어시스템으로 주로 CNC 공작기계나 선박의 조타 시스템 또는 자동평행 유지시스템에 이용된다.

③ 시변 시스템(Time Varying System)/시불변 시스템(Time Invariant System) : 시스템의 입·출력 전달특성이 시간에 따라 바뀌는 시스템과 시스템의 입·출력 전달특성이 시간에 따라 바뀌지 않는 시스템을 의미한다.

4.2 시퀀스제어의 활용

부하(램프)의 전멸을 위해 제어 스위치를 그림 4.3과 같이 설치할 수 있으나 접점 용량에 대한 제어 한계가 있다.

(a) 제어 스위치

제품분류	사용전압	허용전류
KH307	교류 125V	10A
	교류 250V	6A

(b) 제어 스위치의 접점 용량

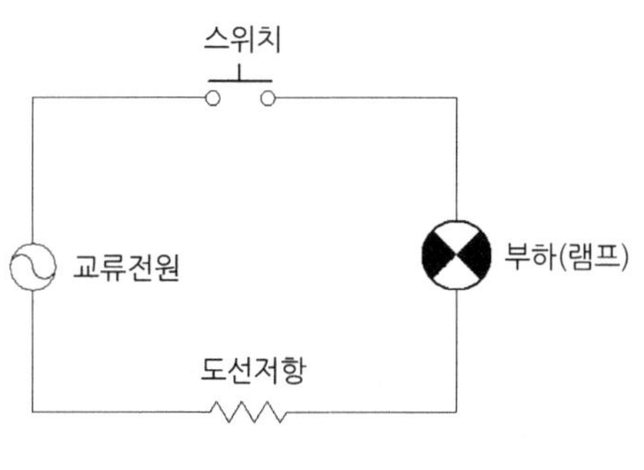

(c) 램프제어 회로

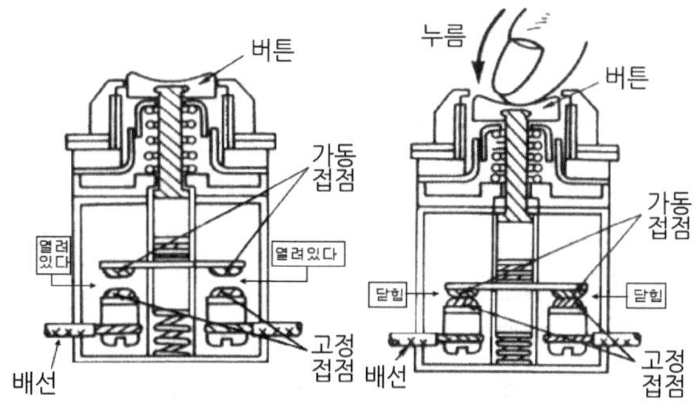

(d) 제어 스위치의 작동 원리

그림 4.3 제어 스위치를 이용한 램프의 제어

위의 제어 부품의 허용 한계를 벗어나기 위해 전자접촉기(MC, Electromagnetic Contactor)를 이용하여 제어선과 동력선을 분리하여 설계한다.

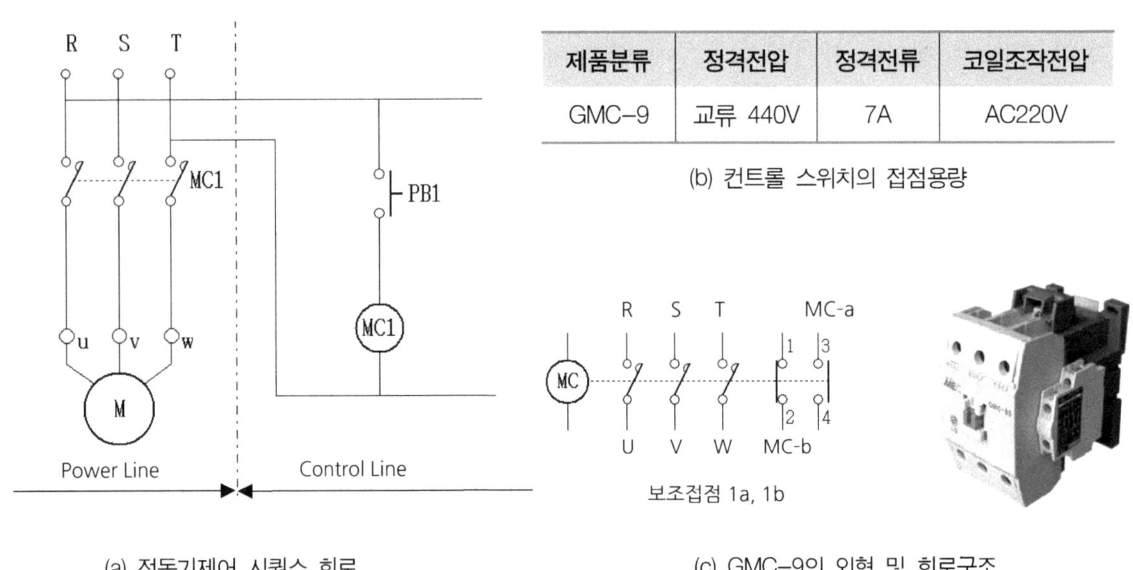

제품분류	정격전압	정격전류	코일조작전압
GMC-9	교류 440V	7A	AC220V

(b) 컨트롤 스위치의 접점용량

(a) 전동기제어 시퀀스 회로

(c) GMC-9의 외형 및 회로구조

그림 4.4 전자접촉기를 이용한 모터의 제어

1) 제어용 스위치 접점의 특성

제어에 이용되는 스위치를 특성에 따라 분류하여 보면 표 4.2와 같은 유접점 스위치와 무접점 스위치로 분류되며 아래와 같은 특성을 나타낸다.

표 4.2 제어용 스위치 접점의 특성

비교항목	유접점 스위치	무접점 스위치
특징	유접점 스위치는 접점들이 기계적인 개폐에 의해 제어가 이루어진다.	트랜지스터, 다이오드, SCR, TRIAC 등과 같이 기계적인 움직임은 없지만 회로를 개폐할 수 있는 반도체 소자를 이용하여 제어가 이루어진다.
장점	• 개폐 부하의 용량이 크다. • 온도 특성이 좋다. • 전기적 잡음의 영향을 적게 받는다. • 입·출력이 분리된다. • 접점 수에 따라 많은 출력 회로를 얻을 수 있다.	• 스위칭 속도가 빠르다. (1,000/s, 고속 10,000/s) • 수명이 반영구적이다. (접점의 스파크발생이 없다.) • 신뢰성이 높다. • 소형·경량이다.
단점	• 소비전력이 비교적 크다. • 제어반의 외형과 설치면적이 크다. • 접점의 동작(스위칭 속도)이 느리다. • 진동이나 충격 등에 약하다. • 수명이 짧다.	• 개폐 부하 용량이 큰 것은 만들기 어렵다. • 내압이 높은 것을 만들기 어렵다. • 열에 약하다.

무접점 소자를 이용한 제어회로에는 PLC의 TR출력 등의 전자회로를 사용한 것이 있고 유접점 소자는 버튼스위치나 각종 계전기(Relay) 등을 사용한다.

유접점 릴레이 시퀀스는 계전기 접점들의 개폐에 따라 제어가 이루어지므로 과부하 내량과 개폐 부하의 용량이 크고 온도특성이 좋으며 전기적 잡음이 적고 입·출력이 분리되어 접점의 수에 따라 다수의 출력회로를 얻을 수 있어서 많이 사용됐다. 그러나 소비전력이 비교적 크고 제어반의 외형과 설치 면적이 크며 접점의 동작이 느릴뿐더러 진동이나 충격 등에 약하여 수명이 짧은 것이 단점이 있다.

① 접점의 상태 : 제어에 이용되는 스위치의 상태에 따라 a접점, b접점 및 c접점으로 구분된다.

표 4.3 제어용 스위치 접점의 상태

접점의 종류	접점기호	접점의 특성
a접점 (Arbeit Contact)		초기상태에서 고정접점과 가동접점이 떨어져 있는 접점을 말하며 조작력이 가해지면 고정접점과 가동접점이 접촉되어 전류가 흐른다. 상시 개방접점(NO, Normally Open Contact)
b접점 (Break Contact)		초기상태에서 고정접점과 가동접점이 닫혀 있는 접점을 말하며 조작력이 가해지면 고정접점과 가동접점이 떨어져 전류가 흐르지 않는다. 상시 폐쇄접점(NC, Normally Close Contact)
c접점 (Change Over Contact)		a접점과 b접점을 가동접점으로 공유한 전환접점이다. 트랜스퍼 접점(Transfer Contact)

② 접점의 작동 방식 : 제어에 이용되는 스위치의 작동 방식에는 자동복귀 접점, 수동복귀 접점, 자동조작 접점 또는 기계적 접점으로 구분하여 볼 수 있다.

표 4.4 제어용 스위치 접점의 작동 방식

접점의 방식	접점 방식의 특징
자동복귀 접점	누름버튼스위치의 접점과 같이 누르고 있는 동안에는 ON 또는 OFF 상태로 유지되지만, 버튼에서 손을 떼면 내장된 스프링에 의해 초기 상태로 즉시 복귀하는 접점이다.
수동복귀 접점 (잔류접점)	한번 변환시킨 후 원상태로 복귀시키려면 외력을 가해야만 변환되는 접점으로 대표적인 예로 가정의 점등 스위치를 들 수 있다.

접점의 방식	접점 방식의 특징
자동조작 접점	전자 릴레이나 전자접촉기의 접점과 같이 전기신호에 의해 자유로이 개폐되는 접점을 자동조작 접점이라고 한다.
기계적 접점	이 접점은 수동조작 접점이나 자동조작 접점과는 달리 기계적 운동 부분과 접촉하여 조작되는 접점을 말하며 대표적인 예로 리미트 스위치나 마이크로 스위치의 접점이 있다.

③ 접점의 표시 방법 : 앞에서 설명한 스위치의 특성에 의해 선택된 스위치를 시퀀스 도면에 나타내기 위한 기호는 표 4.5와 같다.

표 4.5 스위치 접점에 따른 기호의 형태

항 목		a접점		b접점		c접점	
		횡서	종서	횡서	종서	횡서	종서
수동 조작 접점	수동복귀						
	자동복귀						
릴레이 접점	수동복귀						
	자동복귀						
타이머 접점	한시동작						
	한시복귀						
기계적 접점							

2) 시퀀스작성을 위한 회로용 기기의 표시기호

표 4.6 전기 회로용 기기의 표시기호

NO		분류명칭	기 호	부호
1		나이프 스위치	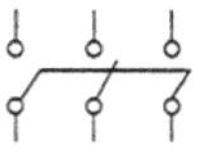	KS
2		퓨즈	 개방형 포장형	F
3		수동 조작 자동 복귀 접점 (누름버튼 스위치)	 a접점 b접점	PB
4		조작 스위치 잔류 접점 (셀렉터 스위치)	 a접점 b접점	COS
5		기계적 접점 (리밋 스위치)	 a접점 b접점	LS
6		플로 스위치	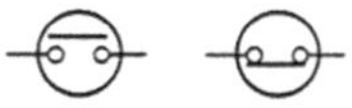 a접점 b접점	FLS
6		압력 스위치	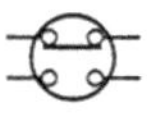 동작에 따라 개폐 전환	PRS
7	릴레이	코일	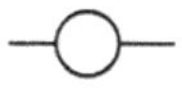	R
7	릴레이	자동 복귀 접점	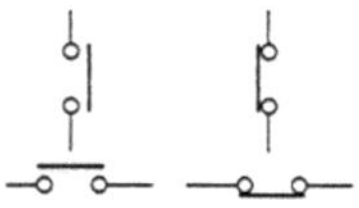 a접점 b접점	R CR
7	릴레이	수동 복귀 접점 (열등 접점)	 a접점 b접점	THR
8	타이머	코일	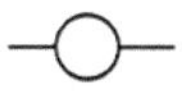	TR
8	타이머	한시 동작	 a접점 b접점	TR

NO		분류명칭	기 호	부호
8	타이머	한시 복귀	 a접점 b접점	TR
8	타이머	한시 동작 복귀	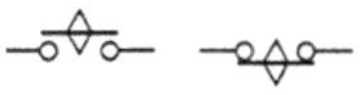 a접점 b접점	TR
9		전동기		
10		변압기	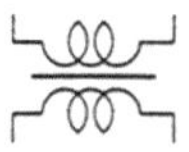	
11		전자코일 (솔레노이드)		
12		전자코일 (클러치/브레이크)		
13	저항	고정		
13	저항	가변	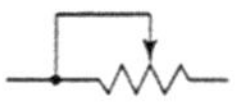	
14		정류기		
15		열동릴레이		
16		부저	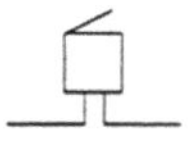	
17		표시등	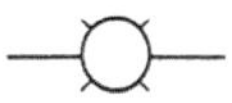	
18		배선의 교차	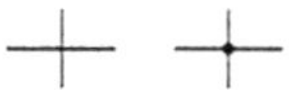 비교차 교차	

4.3 제어회로의 이해

1) 기본 논리회로

① AND 회로 : 입력신호 A, B가 모두 입력되었을 때 출력 신호가 발생하는 회로이며 스위치 직렬로 연결된 논리곱 회로이다.

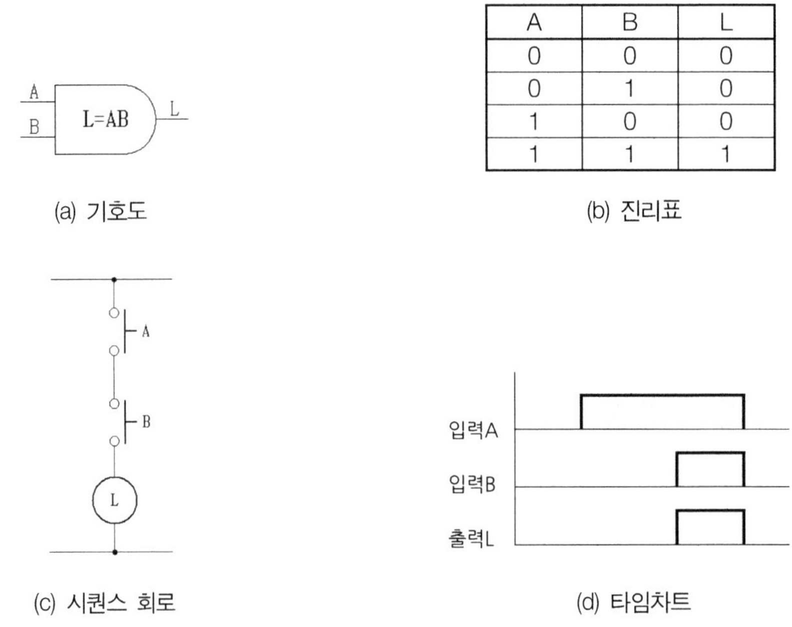

A	B	L
0	0	0
0	1	0
1	0	0
1	1	1

그림 4.5 AND 회로의 특성

② OR 회로 : 입력 A 또는 B 중 하나만 입력되어도 출력이 생기는 판단기능을 갖는 논리이며 스위치 병렬의 논리합 회로이다.

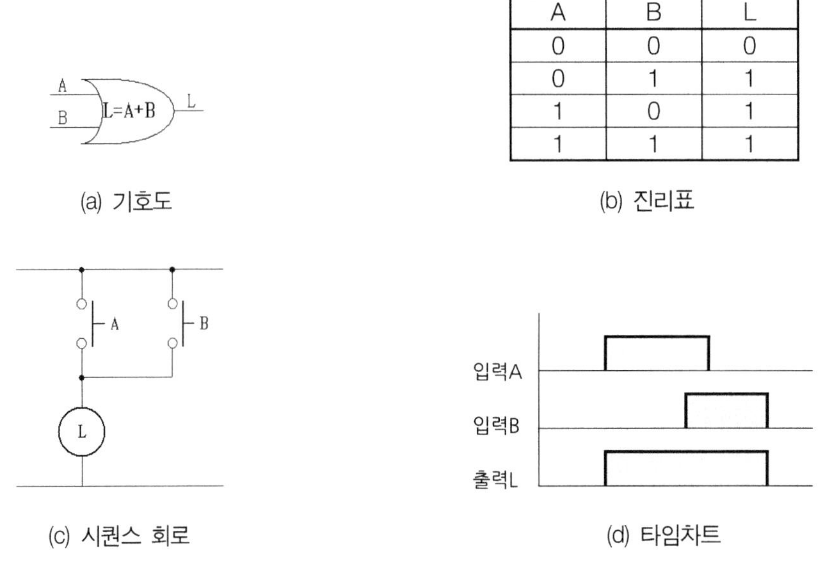

A	B	L
0	0	0
0	1	1
1	0	1
1	1	1

그림 4.6 OR 회로의 특성

③ NOT 회로 : 입력과 출력의 상태가 반전상태로 부정의 판단기능을 갖는 회로이며 인버터(Inverter)라고도 한다.

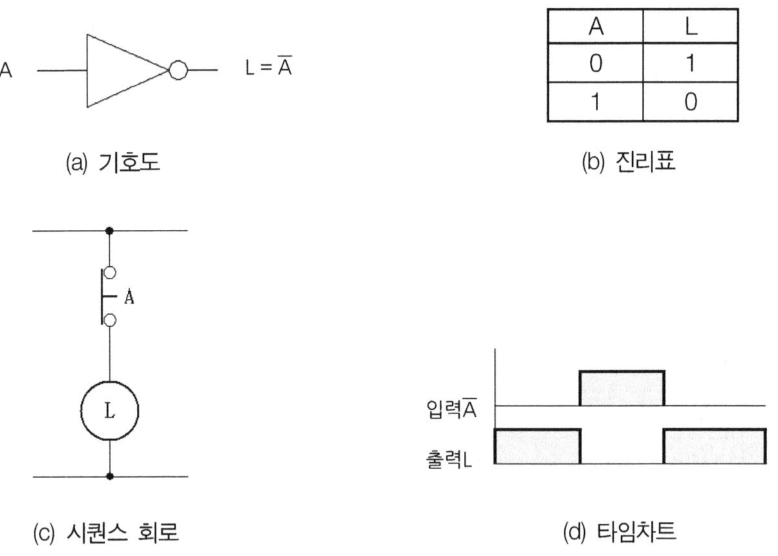

A	L
0	1
1	0

그림 4.7 NOT 회로의 특성

④ NAND/NOR 회로 : AND/OR 회로와 NOT회로의 합으로써 결과를 부정하는 출력기능을 갖는 회로이다.

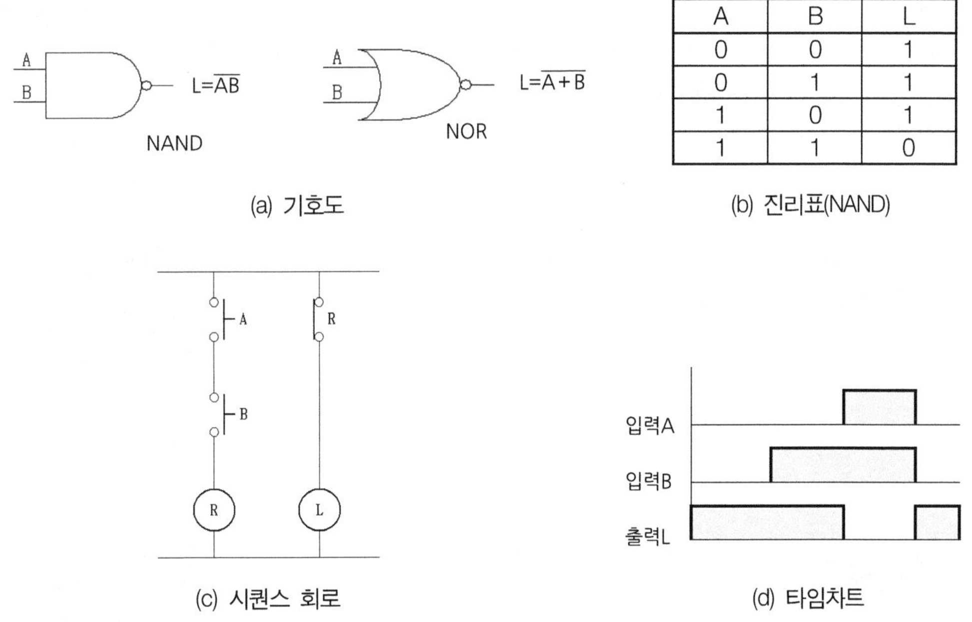

A	B	L
0	0	1
0	1	1
1	0	1
1	1	0

그림 4.8 NAND 회로의 특성

⑤ EOR 회로 : 두 개의 입력상태가 같을 때 출력이 없고 두 입력상태가 다를 때 출력이 생기는 회로이며 이를 배타 논리합(Exclusive OR) 회로라 한다.

전자계전기(Relay)를 이용하여 아래의 기본 논리회로를 제작하고 실습결과 정리표를 작성하시오.

사용될 실습부품 목록

순	사용부품	규 격	수 량	사 양
1	컨트롤 스위치	KH307 적, 흑색	2	AC250V, 6A, 1a1b
2	파일럿램프	KPL25-2AR	1	AC220V, 2A
3	컨트롤 박스	KCB-253B	1	4공
4	힌지용 전자계전기	KH-102-2C	2	AC220V, 7A, 2c, 8Pin
5	릴레이 소켓	KH-RS-R8	2	AC250V, 10A
6	전선	1mm, 단선	약간	적, 흑색
7	고정식 단자대	KH-6010-10	1	600V, 10A
8	나사못	4-20mm	약간	
9	합판	450×450×15mm	1	

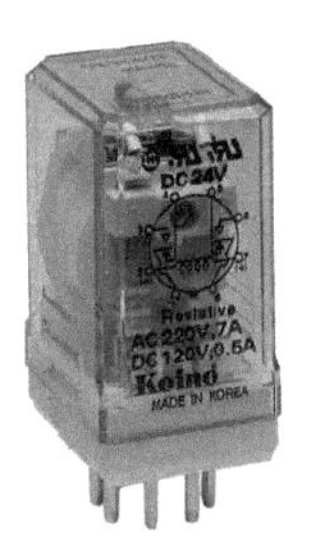

힌지용전자계전기

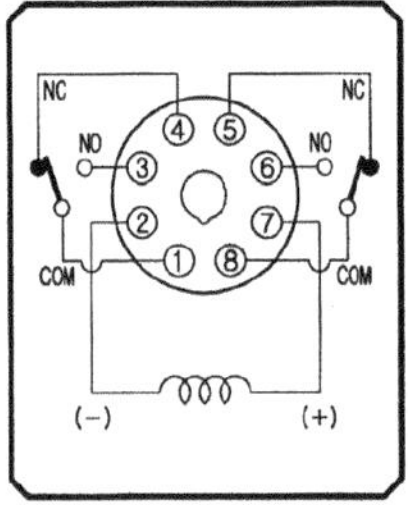

8Pin(2c)

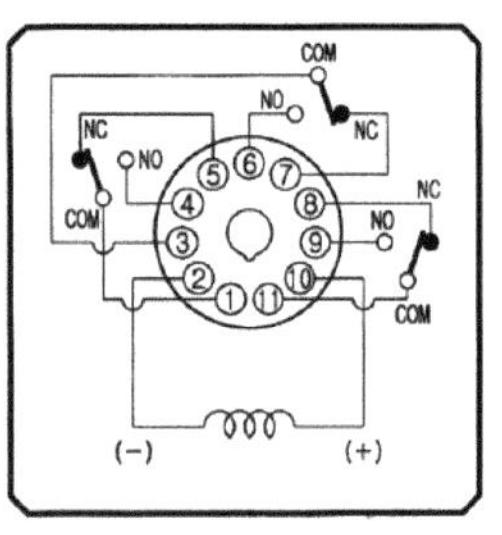

11Pin(3c)

계전기의 결선도

컨트롤 박스

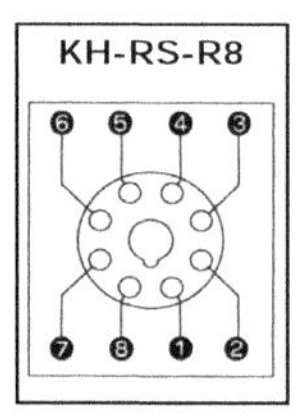

릴레이 소켓(8Pin)

파일럿램프

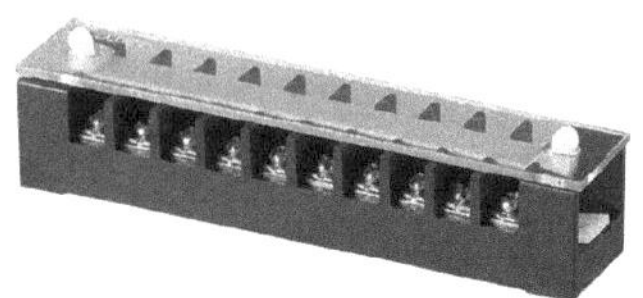

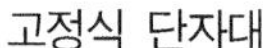

고정식 단자대

컨트롤 스위치

그림 4.9 사용될 실습용 부품 사진

Step.1 AND 논리회로의 실습

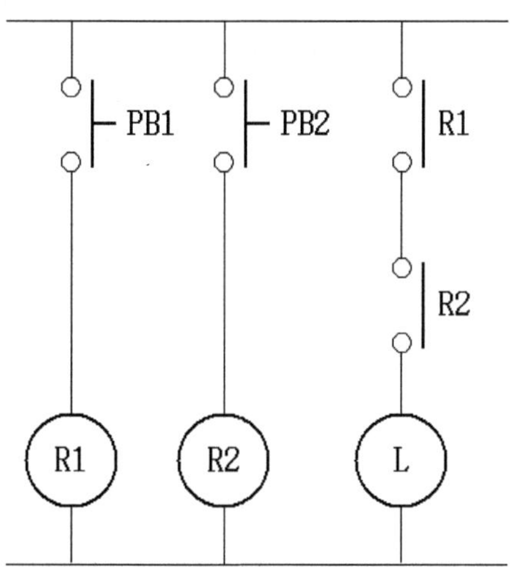

AND 제어회로

PB1	PB2	R1	R2	L
OFF	OFF			
OFF	ON			
ON	OFF			
ON	ON			

실습 결과 정리표

컨트롤 스위치 PB1을 누르면 계전기 R1 여자 되어 계전기의 a(R1) 접점이 동작한다. AND 회로의 경우 PB1과 PB2가 동시에 접촉된 경우에만 램프가 점등된다.

Step.2 OR 논리회로의 실습

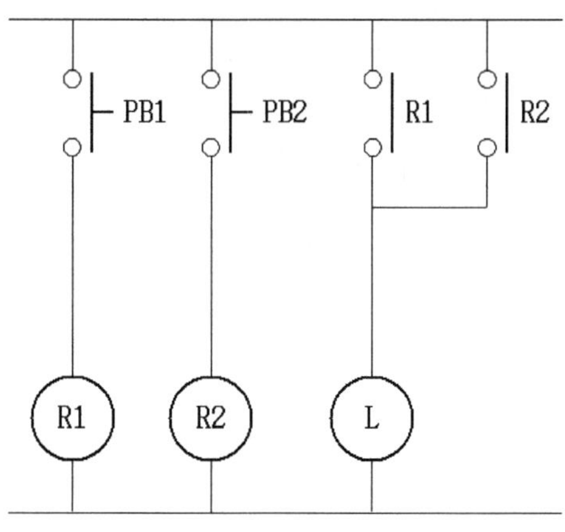

OR 제어회로

PB1	PB2	R1	R2	L
OFF	OFF			
OFF	ON			
ON	OFF			
ON	ON			

실습 결과 정리표

컨트롤 스위치 PB1을 누를 때 계전기 R1 여자 되어 계전기의 a(R1) 접점이 동작한다. OR 회로의 경우 PB1 또는 PB2가 접촉되었을 때 램프가 점등되며 PB1과 PB2가 동시에 접촉된 경우에도 출력 램프 L이 점등된다.

Step.3 NAND 논리회로의 실습

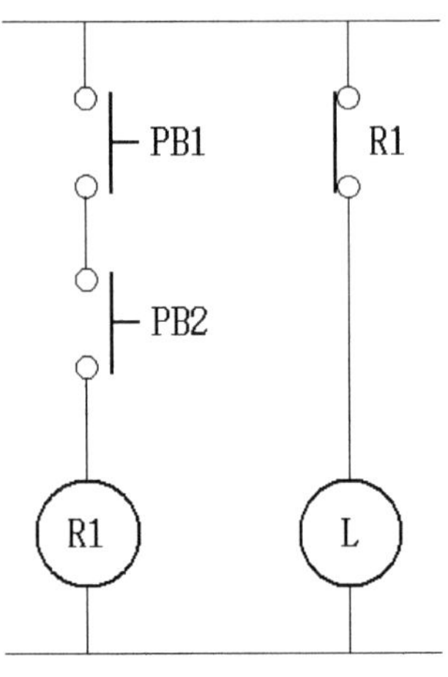

NAND 제어회로

PB1	PB2	R1	L
OFF	OFF		
OFF	ON		
ON	OFF		
ON	ON		

실습 결과 정리표

컨트롤 스위치 PB1과 PB2가 동시에 접촉되었을 때 계전기 R1 여자 되어 계전기의 b(R1) 접점이 동작하여 램프 L이 소등된다.

Step.4 NOR 논리회로의 실습

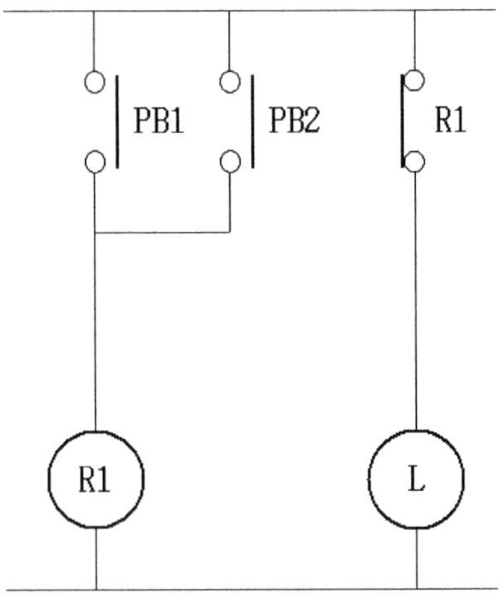

NOR 제어회로

PB1	PB2	R1	L
OFF	OFF		
OFF	ON		
ON	OFF		
ON	ON		

실습 결과 정리표

컨트롤 스위치 PB1 또는 PB2가 접촉되었을 때 계전기 R1 여자 되어 계전기의 b(R1) 접점이 동작하여 램프 L이 소등된다.

2) 시퀀스 기본회로

① 자기유지 회로 : 계전기의 기억 기능을 이용한 것으로 자기 자신의 a(R1) 접점을 통하여 전원을 유지하는 회로이다.

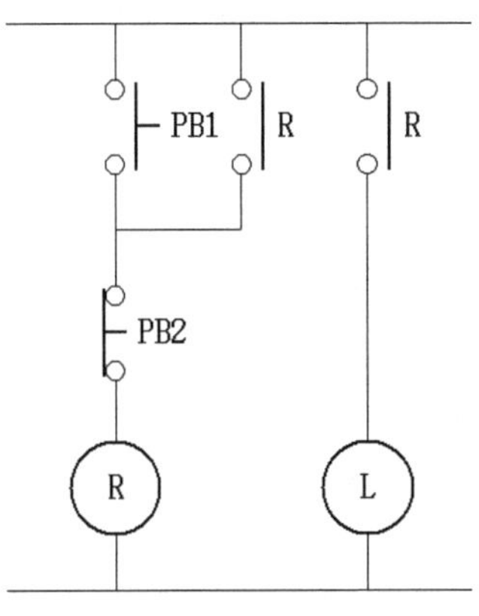

자기유지 회로 시퀀스

컨트롤 스위치 PB1을 누르면 릴레이 R이 동작하여 램프가 점등된다. 스위치 PB1에서 손을 떼어도 릴레이 a 접점 R을 통하여 계전기 R에 전류가 공급되어 동작이 유지된다. 컨트롤 스위치 PB2를 누르면 계전기 R에 공급되던 전류가 차단되어 초기 상태로 되돌아간다.

② 인터록(Interlock) 회로 : 기기의 보호나 작업자의 안전을 위해 기기의 동작 상태를 나타내는 접점을 사용하여서 관련된 기기의 동작을 제한하는 회로이다.

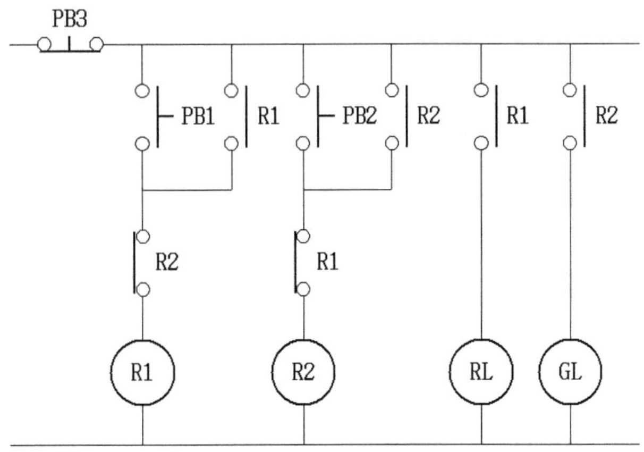

인터록 회로 시퀀스

컨트롤 스위치 PB1이 ON으로 계전기의 R1이 동작하면 컨트롤 스위치 PB2가 ON으로 되더라도 릴레이 R2는 동작할 수 없다. 또한 스위치 PB2가 먼저 ON 되어 계전기 R2가 동작하고 있으면 스위치 PB1이 ON으로 되더라도 계전기 R1은 동작할 수 없다. 즉 선입 우선 시퀀스 회로가 된다.

③ 체인(Chain) 회로 : 정해진 순서에 따라 차례로 입력되었을 경우 회로가 동작하고 동작 순서가 다르면 동작하지 않는 회로이다.

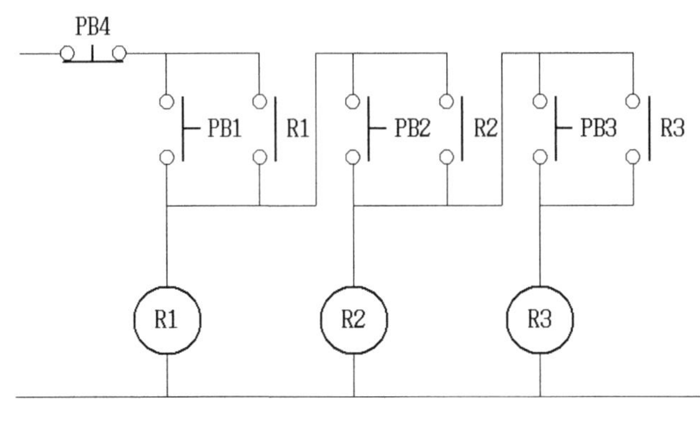

체인 회로 시퀀스

동작 순서는 계전기 R1이 동작한 후 릴레이 R2가 동작하고 계전기 R2가 동작한 후 릴레이 R3가 작동되도록 구성되어 있다. R3 계전기가 동작하기 위해서는 R1과 R2 계전기가 동작한 상태이어야 한다.

④ 금지(Inhibit) 회로 : 제한된 입력이 있으면 출력이 나타나지 않는 회로이며 시퀀스의 진행을 제한할 때 적용한다.

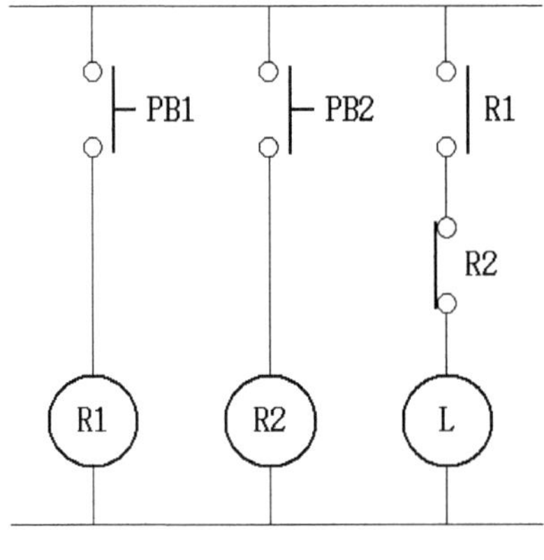

금지 회로 시퀀스

컨트롤 스위치 PB2가 금지입력으로 컨트롤 스위치 PB1이 ON 되면 계전기 R1에 의해 출력 램프 L이 점등되나 이 상태에서 컨트롤 스위치 PB2가 ON 되면 R2의 b 접점에 의해 램프가 소등된다.

⑤ 변환 회로 : 하나의 출력상태에서 두 개의 출력상태로 선택되는 회로이다.

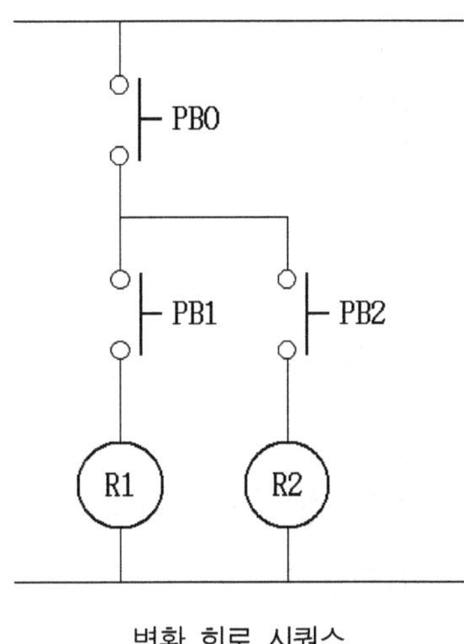

변환 회로 시퀀스

컨트롤 스위치 PB0가 ON 된 상태에서 컨트롤 스위치 PB1이 ON 되면 계전기 R1이 동작하고 PB2가 ON으로 되면 릴레이 R2가 동작한다.

전자계전기를 이용하여 아래의 시퀀스 회로를 제작하고 요구 동작시험을 수행하시오.

사용될 실습부품 목록

순	사용부품	규 격	수 량	사 양
1	컨트롤 스위치	KH307 적, 흑색	3	AC250V, 6A, 1a1b
2	파일럿램프	KPL25-2AR, G	2	AC220V, 2A
3	컨트롤 박스	KCB-255B	1	5공
4	힌지용전자계전기	KH-102-2C	2	AC220V, 7A, 2c, 8Pin
5	릴레이 소켓	KH-RS-R8	2	AC250V, 10A
6	전선	1mm^2, 단선	약간	적, 흑색
7	고정식 단자대	KH-6010-10	1	600V, 10A
8	나사못	4-20mm	약간	
9	합판	450×450×15mm	1	

Step.1 자기유지 회로의 실습

① 회로의 점검

- 회로의 잘못된 결선 여부를 육안으로 점검한다.
- 전선의 배선 상태와 단자의 물림 및 조임 상태를 확인한다.

② 회로의 동작 시험

- 컨트롤 스위치 PB1을 누르면 계전기 R이 여자 되어 램프의 점등 상태가 유지되어야 한다.
- PB1이 OFF 상태에서 램프의 점등 상태가 확인되면 PB2를 이용하여 점등 전의 상태로 복귀되는가를 확인한다.

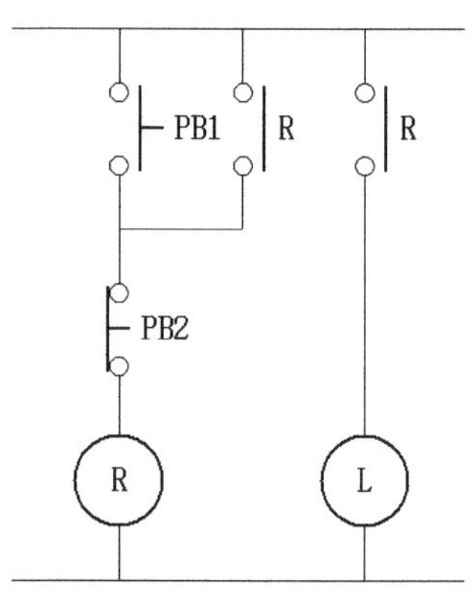

자기유지 회로 시퀀스

Step.2 인터록 회로의 실습

① 회로의 점검

- 회로의 잘못된 결선 여부를 육안으로 점검한다.
- 전선의 배선 상태와 단자의 물림 및 조임 상태를 확인한다.

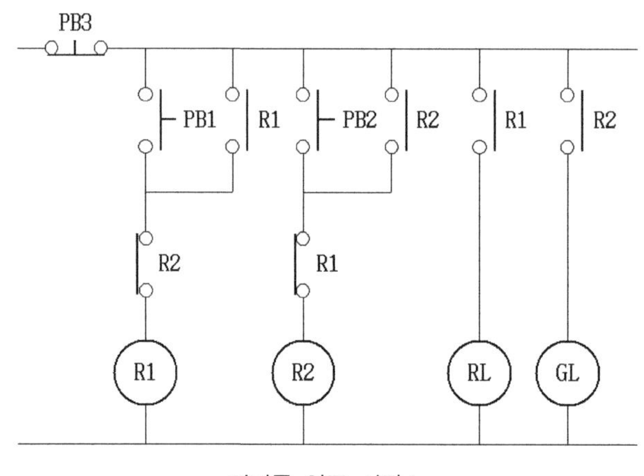

인터록 회로 시퀀스

② 회로의 동작 시험

- 컨트롤 스위치 PB1을 누르면 계전기 R1이 여자 되어 RL 램프의 점등 상태가 유지되어야 한다.
- RL 램프의 점등 상태에서 PB2를 누를 때 램프의 점등 상태가 유지되고 GL 램프가 점등되지 말아야 한다.
- PB1이 OFF 상태에서 램프가 점등 상태이면 PB3를 ON 하여 점등 전의 상태로 복귀되는가를 확인한다.

- 컨트롤 스위치 PB2를 누르면 계전기 R2가 여자 되어 GL 램프의 점등상태가 유지되어야 한다.
- GL 램프의 점등 상태에서 PB1을 누를 때 램프의 점등 상태가 유지되고 RL 램프가 점등되지 말아야 한다.
- PB1과 PB2를 동시에 누르면 선 입력된 스위치에 의해 RL 램프 또는 GL 램프 중 하나가 점등되는가를 확인한다.

4.4 전동기의 제어회로 이해

전동기가 기동 순간 큰 전류가 흐르고 제한할 필요의 유, 무에 따라 감 전압 기동과 직입 기동의 두 가지 방법이 사용되고 있다.

1) 직입 기동을 하는 경우

이것은 수동개폐기나 전자개폐기에 의해 전동기에 정격전압을 가해 기동하는 방법으로 소형전동기나 기동전류를 억제할 필요가 없는 경우에 쓰인다. 이들 각종 기동 방식의 비교는 표 4.7에 나타내었다.

표 4.7 3상 농형 유도전동기의 기동 방법

기동법	직입 기동	감 전압 기동				
		Y-Δ 기동	콘돌라 기동	리액터 기동	1차 저항 기동	구자 기동
회로 구성	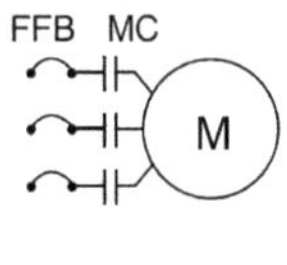 FFB MC M	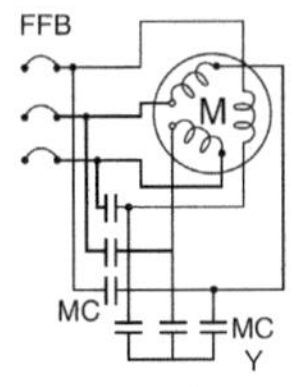 FFB M MC MC Y	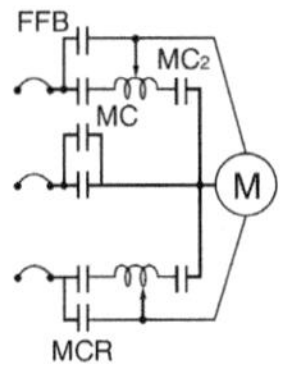 FFB MC2 MC M MCR	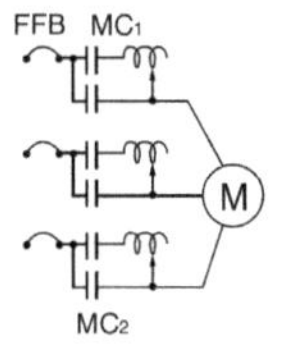 FFB MC1 M MC2	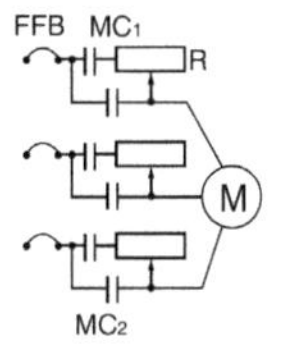 FFB MC1 R M MC2	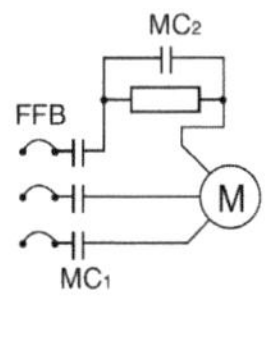 MC2 FFB M MC1
운전 방식	전동기에 처음부터 전 전압을 인가하여 기동	Δ결선으로 운전하는 전동기를 기동시만 Y결선으로 기동, 최대기동전류, 최소기동토오크는 전체전압의 1/3	V결선으로 단권변압기를 사용해서 전동기의 인가전압을 낮추어서 기동	전동기의 1차측에 리액터를 넣어 기동시 전동기의 전압을 리액터의 전압강하분 만큼 낮추어서 기동	리액터 기동의 리액터 대신 저항기를 넣는 것	3상 중 1상만 리액터 또는 저항기를 설치한 기동 방식

2) 감 전압 기동을 하는 경우

변압기 또는 케이블 용량이 적어 기동할 때 정격전압을 가하여 기동하면 전압강하가 크게 되어 기기에 나쁜 영향이 있어 기동할 때 전동기에 가해지는 전압을 낮추어 기동전류를 최대한 억제하는 기동 방법을 의미한다. 이때 전압을 낮춘 만큼 전동기의 회전력도 작아지기 때문에 기동시간이 길어지므로 전원 용량에 추가하여 전동기의 가속 성능이나 관성력 등도 함께 검토하여야 한다.

표 4.8 기동 방법별 주요 특성과 차이점

<table>
<tr><th colspan="2">기동 방법</th><th>회로 구성(가격)</th><th>기동 특성</th><th>적용 대상</th></tr>
<tr><td colspan="2">직입 기동</td><td> 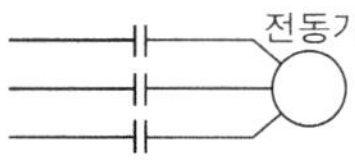매우 간단(아주 저가)</td><td>• 기동전류, 기동 토크가 모두 크다.
• 전원에 주는 영향이 크다.
• 기동할 때 쇼크가 크다.
• 충분한 가속 토크를 얻을 수 있으므로 기동시간이 아주 짧다.</td><td>• 일반적인 기동</td></tr>
<tr><td rowspan="3">감 전 압 기 동</td><td>Y-Δ 기동</td><td> 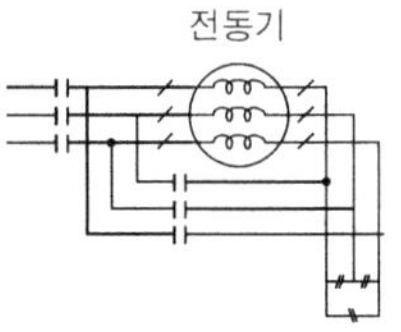간단(저가)</td><td>• 기동전류와 기동 토크가 작다.
• 기동전류를 조정할 수 없다.
• 토크의 증가가 적다.
• 최대 토크가 작다.
• 운전 중 주 회로를 일단 개방함으로 전원에 쇼크를 줄 수 있다.</td><td>• 무부하 또는 경부하에서 기동이 가능한 것.
• 공작기계에 적용
• 5~15kW에 적용</td></tr>
<tr><td>리액터 기동</td><td> 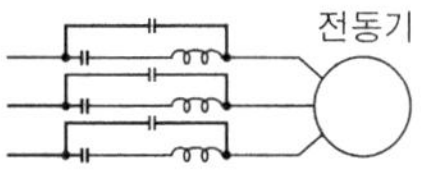조금 복잡(고가)</td><td>• 기동전류를 작게 제한하는 만큼 기동 토크가 현저히 작아진다.
• 기동전류를 리액터의 탭으로 조정된다.
• 토크 증가가 현저히 크다.
• 최대 토크가 감전 기동법 중에서 가장 크다.</td><td>• Y-Δ에서 가속이 곤란한 것.
• 펌프, 팬 등
• 15kW 이하에 적용</td></tr>
<tr><td>콘돌라 기동</td><td> 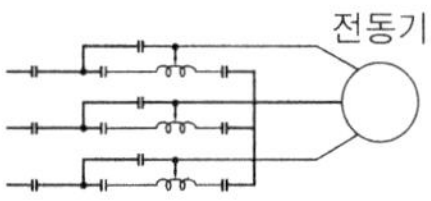아주 복잡(아주 고가)</td><td>• 기동전류를 작게 해도 기동 토크는 그만큼 작아지지 않는다.
• 기동전류는 단권변압기의 탭으로 조정할 수 있다.
• 토크 증가가 조금 적다. (Y-Δ 기동보다 크다.)</td><td>• 특별히 기동전류를 제한할 때
• 15kW 이상에 적용</td></tr>
</table>

지금까지 설명한 기동 방법에 대한 기동 특성을 정리하여 도식화하면 그림 4.10과 같다.

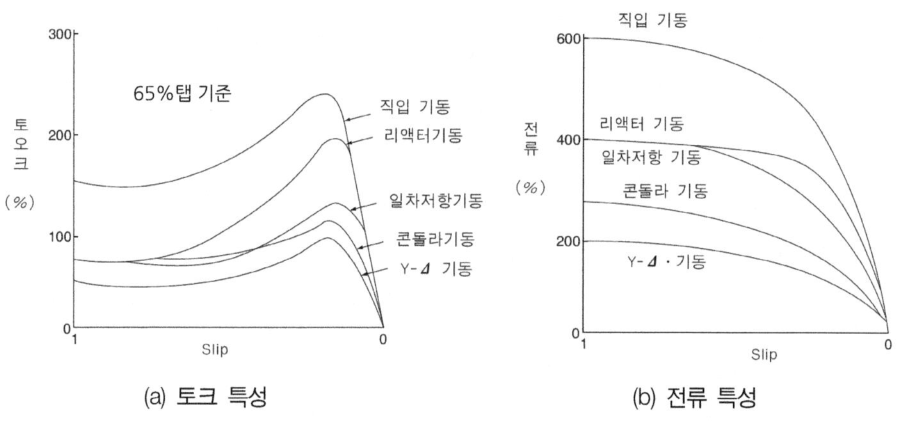

(a) 토크 특성 (b) 전류 특성

그림 4.10 기동 방법에 대한 토크 및 전류 특성

3) 전동기에 시퀀스회로의 적용

전동기의 기동 방법에 따른 전압, 전류 및 토크 특성을 표 4.9와 같이 적용할 수 있다.

삼상 전폐 외선형 전동기

표 4.9 기동 방법에 따른 기동전류 및 토크 비교

기동 방법	직입 기동	감 전압 기동									
		Y-Δ 기동	리액터 기동			일차 저항 기동			콘돌라 기동		
기동 때에 전동기 단자전압	V	0.58 V (상전압)	0.5 V (50%탭)	0.65 V (65%탭)	0.8 V (80%탭)	0.5 V (50%탭)	0.65 V (65%탭)	0.8 V (80%탭)	0.5 V (50%탭)	0.65 V (65%탭)	0.8 V (80%탭)
기동 때의 전동기 전류	I_S	0.33 I_S	0.5 I_S	0.65 I_S	0.8 I_S	0.5 I_S	0.65 I_S	0.8 I_S	0.5 I_S	0.65 I_S	0.8 I_S
기동 때의 선로 전류	I_S	0.33 I_S	0.5 I_S	0.65 I_S	0.8 I_S	0.5 I_S	0.65 I_S	0.8 I_S	0.25 I_S	0.42 I_S	0.64 I_S
기동 토크	T_S	0.33 T_S	0.25 T_S	0.42 T_S	0.64 T_S	0.25 T_S	0.42 T_S	0.64 T_S	0.25 T_S	0.42 T_S	0.64 T_S
기동 토크/선로전류	100%로 한다.	100%	50%	65%	80%	50%	65%	80%	100%	100%	100%
기동 중의 전동기 단자전압	일정	일정	가속과 함께 증대			가속과 함께 증대			일정		

(1) 3상 유도전동기의 운전 회로

전자접촉기(Electromagnetic Contactor)와 열동형 과부하계전기(Thermal Overload Relay)를 조합한 전자개폐기(Electromagnetic Switch)를 이용하여 전동기 운전용 직입기동기 시퀀스회로는 그림 4.11과 같다.

① 전자접촉기의 선택 : 사용 전동기의 종류, 사용전압과 소비전력 등을 고려하여 표 4.10에서 적정한 전자접촉기 선정한다. 삼상 농형 모터 220V, 2.5kW 이하의 경우 전자접촉기 GMC-9를 선택하며 교류 코일 부하 240V 3A를 적용한다.

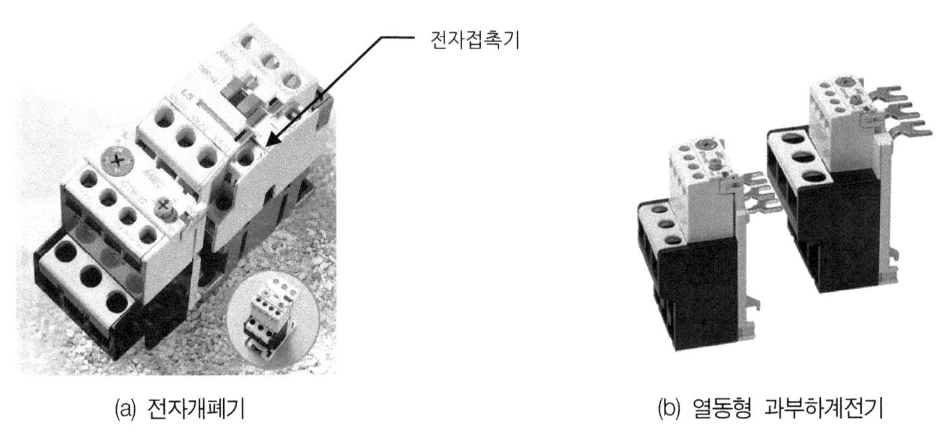

(a) 전자개폐기　　(b) 열동형 과부하계전기

그림 4.11 열동형 과부하계전기를 조합한 전자개폐기

표 4.10 국제표준규격 IEC 60947의한 전자접촉기의 정격

형 명		정격(IEC 947-4)																
전자 접촉기	전자 개폐기	3상 농형 모터 (AC3급)						3상 권선형 모터 (AC2B급)						3상 농형 모터·인칭플러깅 (AC4급)				정격통전 전류 Ith(AC1급)
		200~240V		380~440V		500~550V		200~240V		380~440V		500~550V		200~240V		380~440V		
		kW	A	kW	A	kW	A	kW	A	kW	A	kW	A	kW	A	kW	A	A
GMC-9	GMS-9	2.5	11	4	9	4	7	4	5	4	9	4	7	1.5	8	2.2	6	25
GMC-12	GMS-12	3.5	13	5.5	12	7.5	12	7.5	9	5.5	12	7.5	12	2.2	11	4	9	25
GMC-18	GMS-18	4.5	18	7.5	18	7.5	13	7.5	9	7.5	18	7.5	13	3.7	18	4	9	40
GMC-22	GMS-22	5.5	22	11	22	15	22	15	18	11	22	15	22	3.7	18	5.5	13	40
GMC-32	GMS-32	7.5	32	15	32	18.5	28	18.5	21	15	32	18.5	28	4.5	20	7.5	17	50
GMC-40	GMS-40	11	40	18.5	40	22	32	22	25	18.5	40	22	40	5.5	25	11	24	60
GMC-50	GMS-50	15	55	22	50	30	43	30	33	22	50	30	43	7.5	35	15	32	80
GMC-65	GMS-65	18.5	65	30	65	33	60	37	42	30	65	37	60	11	50	22	47	100
GMC-75	GMS-75	22	75	37	75	37	64	45	47	37	75	45	64	13	55	25	52	110
GMC-85	GMS-85	25	85	45	85	45	75	45	52	45	85	45	75	15	65	30	62	135
GMC-100	GMS-100	30	105	55	105	55	85	19	80	37	80	37	80	19	80	37	75	160
GMC-125	GMS-125	37	125	60	120	60	90	22	93	45	90	55	90	22	93	45	90	160
GMC-150	GMS-150	45	150	75	150	90	140	30	125	55	110	55	90	30	125	55	110	210
GMC-180	GMS-180	55	180	90	180	110	180	37	150	75	120	75	120	37	150	75	150	230
GMC-220	GMS-220	75	250	132	250	132	200	45	180	90	180	110	180	45	180	90	180	275
GMC-300	GMS-300	90	300	160	300	160	250	55	220	110	220	132	200	55	220	110	220	350
GMC-400	GMS-400	125	400	200	400	225	350	75	300	150	265	150	230	75	300	150	300	450
GMC-600	GMS-600	190	630	330	630	330	500	110	400	200	400	225	360	110	400	200	400	660
GMC-800	GMS-800	220	800	440	800	500	720	160	600	300	600	375	600	160	630	300	630	900

② 열동형 과부하계전기 : 열동형 과부하계전기는 전동기의 과부하, 구속에 의한 선로 및 계통 기기의 소손을 방지한다. 정격 10A일 때 표 4.11에서 GTH-22의 호칭 11을 선택하여 부착하며 그림 4.12와 같이 과전류에 의해 작동된다.

표 4.11 과부하계전기의 규격

구분	형명	GTH-22		
	호칭	조정 범위		
		최소	중간	최대
정격전류(A)	0.14	0.1	0.14	0.16
	0.21	0.16	0.21	0.25
	0.33	0.25	0.33	0.4
	0.52	0.4	0.52	0.63
	0.82	0.63	0.82	1.0
	1.3	1.0	1.3	1.6
	2.1	1.6	2.1	2.5
	3.3	2.5	3.3	4.0
	5.0	4.0	5.0	6.0
	6.5	5.0	6.5	8.0
	7.5	6.0	7.5	9.0
	8.5	7.0	8.5	10
	11	9.0	11	13
	15	12	15	18
	19	16	19	22
적용 접촉기	GMC-9, 12, 18, 22			

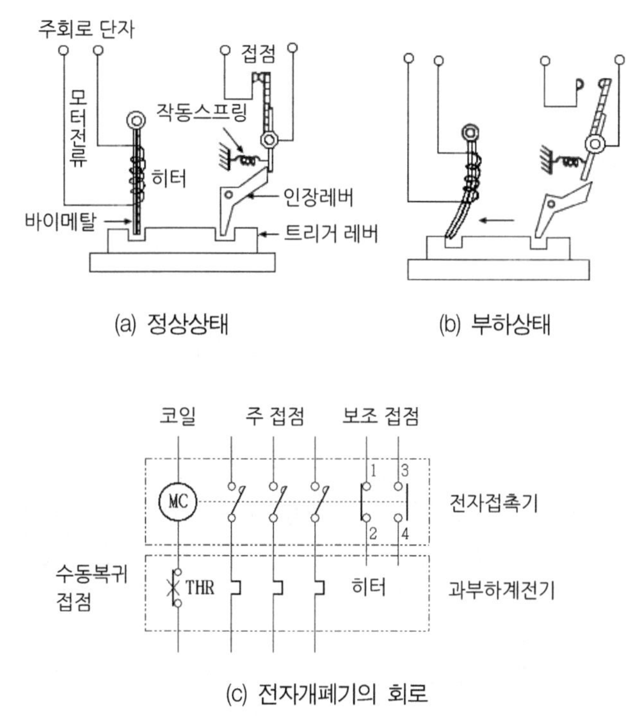

그림 4.12 열동형 과부하계전기의 원리

③ 전자접촉기 보조접점의 증설 : 보조접점이 추가로 필요한 경우에 그림 4.13에서와 같이 보조접점을 추가할 수 있다.

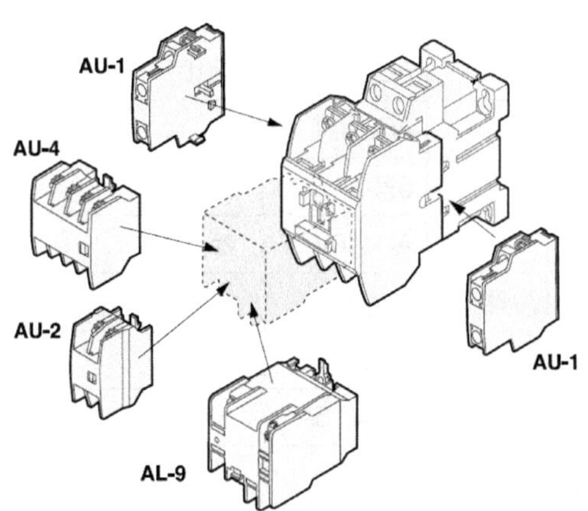

보조접점의 정격사용전류(A)

제품 분류	확장 점수	AC15급(교류코일부하)			
		110V	220V	440V	550V
AU-1	1a, 1b	6	3	1.5	1.2

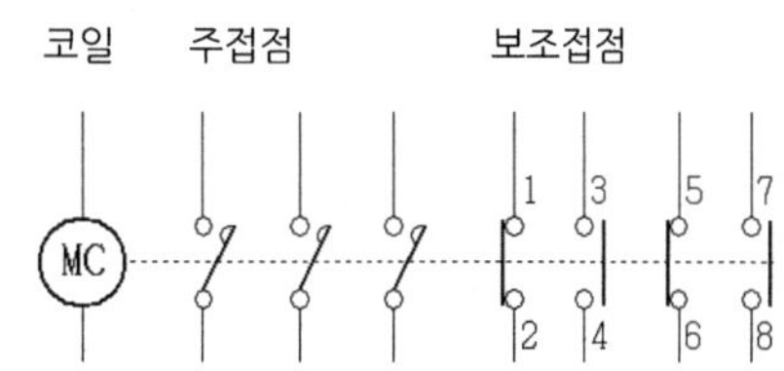

그림 4.13 보조접점의 증설방법

④ 전동기 운전 회로의 시퀀스

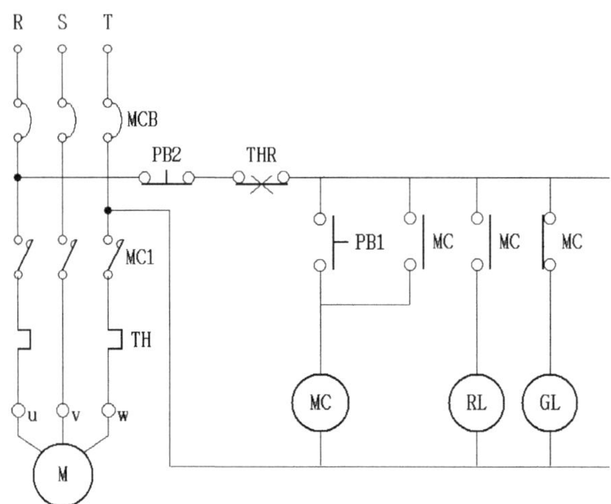

그림 4.14 전동기 운전 회로의 시퀀스

- 배선용 차단기 MCB를 닫으면 전원이 공급되고 램프 GL이 점등된다.
- 기동용 컨트롤 스위치 PB1을 누르면 전자접촉기 MC가 동작하고 전동기가 회전한다.
- MC가 동작하면 램프 RL이 점등되고 램프 GL은 소등된다.
- 기동용 스위치 PB1에서 손을 떼도 접점 MC를 통하여 자기유지 회로가 구성된다.
- 정지 스위치 PB2를 누르면 전동기는 정지되고 초기 상태로 복귀된다.
- 과부하가 걸릴 때 열동형 계전기 THR이 동작하면 전동기는 정지한다.

전자개폐기를 이용하여 그림 4.14의 시퀀스 회로를 제작하고 요구 동작 시험을 수행하시오.

사용될 실습부품 목록

순	사용부품	규 격	수 량	사 양
1	컨트롤 스위치	KH307 적, 청	2	AC250V, 6A, 1a1b
2	파일럿램프	KPL25-2AR, G	2	AC220V, 2A
3	컨트롤 박스	KCB-255B	1	5공
4	전자개폐기	GMS-9	1	AC440V, 7A, 2a, 2b
5	전선	1mm^2, 단선	약간	적, 흑색
6	전선	2mm^2, 단선	약간	흑색
7	배선용 차단기	ABS 33b	1	460V, 5A
8	나사못	4-20mm	약간	
9	합판	450×450×15mm	1	
10	유도전동기	4P, 0.4KW	1	삼상 전폐 외선형

일반형 배선용 차단기

MCCB	극수	정격전류	정격차단전류(KA)		
			220V	460V	600V
ABS 33B	3	(3), 5, 10, 15, 20, 30	10 (5)	5 (2.5)	2.5 (−)

그림 4.15 배선용 차단기 규격

표 4.12 전동기 배선의 참고 자료

출력 (Kw)	전압 (V)	초과눈금 전류계(A)	배선의 최소굵기(mm^2)	접지선의 최소굵기(mm^2)	허용퓨즈 용량(B종) (A)
0.4	200	5	2.0	2.0	15
0.75	200	5	2.0	2.0	15
1.5	200	10	2.0	2.0	15
2.2	200	10	2.0	2.0	20
3.7	200	15	3.5	3.5	30
5.5	200	30	5.5	5.5	50
7.5	200	30	8.0	5.5	75
11	200	60	14	14	100
15	200	60	22	14	100
18.5	200	100	30	22	150
22	200	100	30	22	150
30	200	150	50	22	200
37	200	150	80	22	200
45	400	200	30	38	150
55	400	300	50	38	150
75	400	300	80	38	150
90	400	400	100	38	150
110	400	500	125	38	–
132	400	500	200	38	–

주) 배선의 최소 굵기는 금속관 배선의 경우로 절연전선 3가닥 사용한 경우이다.

① 회로의 점검

- 회로의 잘못된 결선 여부를 육안으로 점검한다.
- 벨 테스터나 회로시험기를 이용하여 회로의 단락, 합선 유무를 확인한다.

② 회로의 동작시험

- 배선용 차단기 MCB를 닫으면 전원이 공급되고 램프 GL이 점등되어야 한다.
- 컨트롤 스위치 PB1을 누르면 전자접촉기 MC가 여자 되어 RL 램프의 점등 상태가 유지되어야 한다.
- MC 동작한 상태에서 PB2를 누르면 RL 점등 전의 초기 상태로 복귀되는가를 확인한다.

(2) 3상 유도전동기의 촌동 운전 회로

전자개폐기를 이용하여 전동기 운전용 직입 기동 시퀀스 회로에 미소 시간(누르고 있는 순간)의 운전이 가능하도록 촌동(Inching) 컨트롤 스위치에 의해 전자접촉기가 여자 되어 운전이 수행되는 시퀀스 회로도는 그림 4.16과 같다.

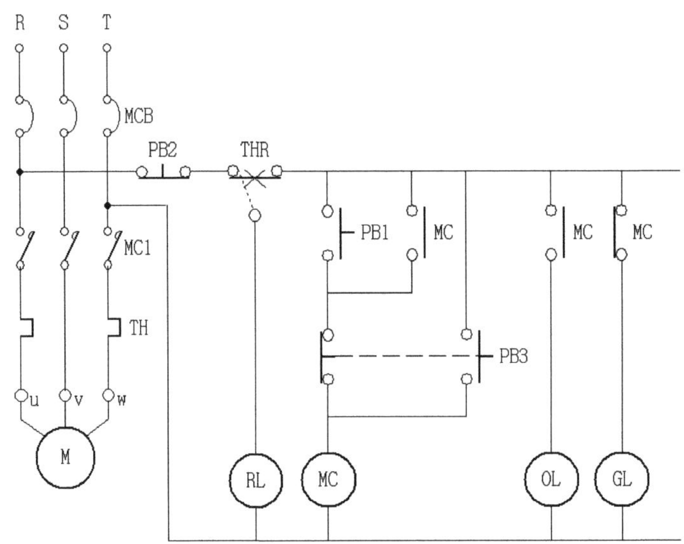

그림 4.16 전동기 촌동 운전회로의 시퀀스

- 배선용 차단기 MCB를 닫으면 전원이 공급되고 램프 GL이 점등된다.
- 기동용 컨트롤 스위치 PB1을 누르면 전자접촉기 MC가 동작하고 전동기가 회전한다.
- MC가 동작하면 램프 OL이 점등되고 램프 GL은 소등된다.
- 정지 스위치 PB2를 누르면 전동기는 정지되고 초기 상태로 복귀된다.
- 촌동 컨트롤 스위치 PB3을 누르는 동안 전자접촉기에 의해 전동기가 회전한다.
- 과부하가 걸리는 경우 과부하계전기의 작동을 유지하고 램프 RL이 점등된다.

전자개폐기를 이용하여 그림 4.16의 시퀀스 회로를 제작하고 요구 동작 시험을 수행하시오.

사용될 실습부품 목록

순	사용부품	규 격	수 량	사 양
1	컨트롤 스위치	KH307 적, 청, 황	3	AC250V, 6A, 1a1b
2	파일럿램프	KPL25-2AR, G, O	3	AC220V, 2A
3	컨트롤 박스	KCB-255B	2	5공

순	사용부품	규 격	수 량	사 양
4	전자개폐기	GMS-9	1	AC440V, 7A, 2a, 2b
5	전선	1mm^2, 단선	약간	적, 흑색
6	전선	2mm^2, 단선	약간	흑색
7	배선용차단기	ABS 33b	1	460V, 5A
8	나사못	4-20mm	약간	
9	합판	450×450×15mm	1	
10	유도전동기	4P, 0.75kW	1	삼상전폐외선형

① 회로의 점검

- 회로의 잘못된 결선 여부를 육안으로 점검한다.
- 벨 테스터나 회로시험기를 이용하여 회로의 단락, 합선 유무를 확인한다.

② 회로의 동작시험

- 배선용 차단기 MCB를 닫으면 전원이 공급되고 램프 GL이 점등되어야 한다.
- 컨트롤 스위치 PB1을 누르면 전자접촉기 MC가 여자 되어 OL 램프의 점등 상태가 유지되어야 한다.
- MC 동작된 상태에서 PB2를 누르면 OL이 점등되기 전의 초기 상태로 복귀되는가를 확인한다.
- 촌동 컨트롤 스위치 PB3을 누르는 동안 전자접촉기에 의해 전동기의 회전을 확인한다.
- 과부하계전기의 트립 된 경우에 램프 RL이 점등 상태를 확인하고 전류 세팅과 리셋 상태를 설정하여 본다.

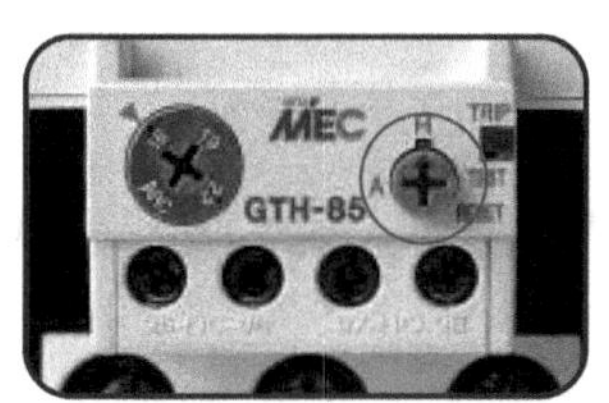

(a) 전류 세팅 및 리셋 모드 설정

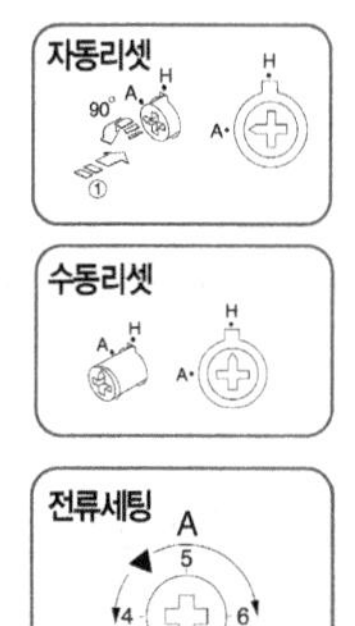

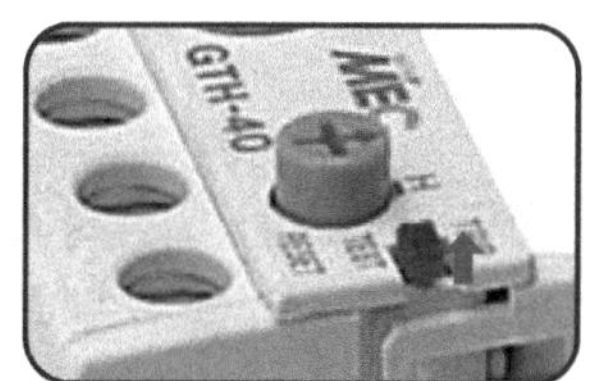

(b) 트립 상태의 확인

그림 4.17 과부하계전기의 특성 설정과 상태 확인

(3) 3상 유도전동기의 정, 역 운전 회로

전자개폐기를 이용하여 전동기 운전용 직입 기동 시퀀스회로가 적용된 전동기 정, 역회전을 수행할 수 있는 시퀀스 회로는 그림 4.18과 같다. 또한 기기의 보호나 작업자의 안전을 위해 기기의 동작 상태를 나타내는 접점을 사용하여 전동기의 동작을 제한하는 회로인 인터록 회로가 구성되어 있다.

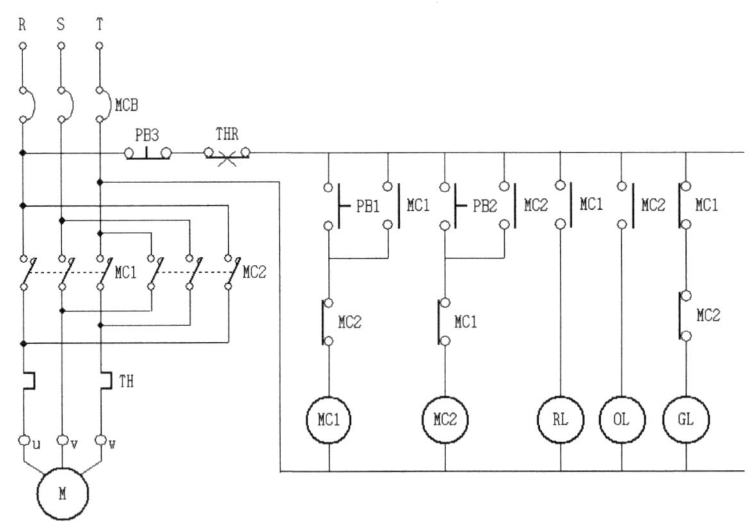

그림 4.18 전동기 정, 역 운전 회로의 시퀀스

- 배선용 차단기 MCB를 닫으면 전원이 공급되고 램프 GL이 점등된다.
- 정회전 스위치 PB1을 누르면 전자접촉기 MC1이 동작하고 전동기가 정회전 한다.
- MC1이 동작하면 램프 GL이 소등 되고 램프 RL이 점등된다.
- 운전 스위치 PB1에서 손을 떼도 접점 MC1을 통하여 자기유지 회로가 구성된다.
- 역회전 스위치 PB2를 누르면 b접점 MC1이 떨어져 있으므로 전동기가 역회전하지 않는다.
- 정지 스위치 PB3을 누르면 전동기는 정지된다.
- 역회전 스위치 PB2를 누르면 전자접촉기 MC2가 동작하고 전동기가 역회전한다.

전자개폐기를 이용하여 그림 4.18의 전동기의 정, 역 운전 시퀀스 회로를 제작하고 요구 동작 시험을 수행하시오.

사용될 실습부품 목록

순	사용부품	규 격	수량	사 양
1	컨트롤 스위치	KH307 적, 청, 황	3	AC250V, 6A, 1a1b
2	파일럿램프	KPL25-2AR, G, O	3	AC220V, 2A
3	컨트롤 박스	KCB-255B	2	5공
4	전자개폐기	GMS-9	1	AC440V, 7A, 2a, 2b

순	사용부품	규 격	수량	사 양
5	전자접촉기	GMC-9	1	AC440V, 7A, 2a, 2b
6	전선	$1mm^2$, 단선	약간	적, 흑색
7	전선	$2mm^2$, 단선	약간	흑색
8	배선용차단기	ABS 33b	1	460V, 5A
9	나사못	4-20mm	약간	
10	합판	450×450×15mm	1	
11	유도전동기	4P, 0.75kW	1	삼상전폐외선형

① 회로의 점검

- 회로의 잘못된 결선여 부를 육안으로 점검한다.
- 벨 테스터나 회로시험기를 이용하여 회로의 단락, 합선 유무를 확인한다.

② 회로의 동작시험

- 배선용 차단기 MCB를 닫으면 전원이 공급되고 램프 GL이 점등을 확인한다.
- 정회전 스위치 PB1을 누르면 전자접촉기 MC1 동작과 전동기의 정 회전상태를 확인하며 램프 GL이 소등되고 램프 RL의 점등 상태를 확인한다.
- 운전 스위치 PB1에서 손을 떼도 접점 MC1을 통한 자기유지 회로의 구성을 확인한다.
- 정회전 상태에서 역회전 스위치 PB2를 누를 때 정회전이 유지되어야 한다.
- 정지 스위치 PB3을 누르면 전동기의 정지상태를 확인한다.
- 역회전 스위치 PB2을 누르면 전자접촉기 MC2의 동작 상태와 전동기의 역회전을 확인한다.

(4) 3상 유도전동기의 Y－Δ 기동회로

전자개폐기를 이용하여 전동기 운전용 감 전압 기동 중 Y－Δ방식의 시퀀스 회로는 그림 4.19와 같으며 타이머에 의해 Y 결선에서 일정 시간 후에 Δ결선으로 변경된다.

① Y－Δ 기동회로의 결선

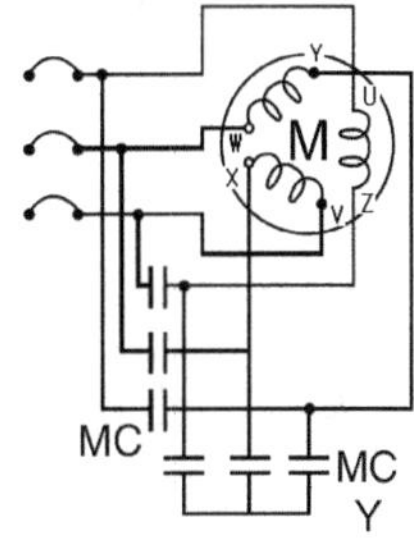

결선의 종류		Y 결선	Δ 결선
입력 전원	R	U	U-Y
	S	V	V-Z
	T	W	W-X
공통접속		X-Y-Z	–

그림 4.19 Y－Δ 기동회로의 결선방법

② 타이머의 적용

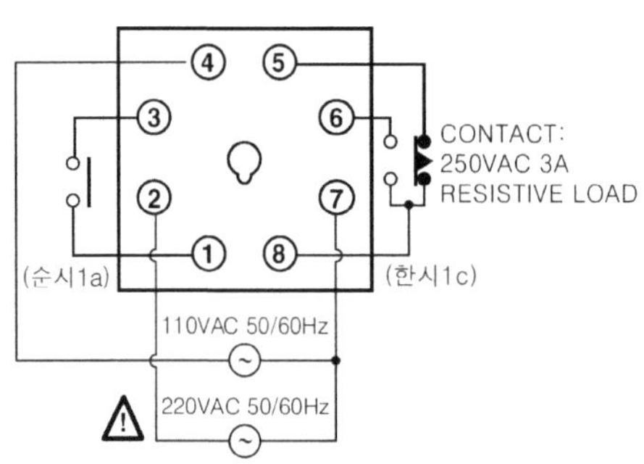

그림 4.20 8핀 타이머의 내부 회로(ATE 타입)

표 4.13 타이머의 기동 방식 비교

모델명	타임 도표
ATE	t, Rt, t 전원 2-7 순시접점 NO 1-3 한시접점 NC 8-5 한시접점 NO 8-6 UP LED
ATE1	t, Rt, t 전원 2-7 한시접점 NC 1-4 (8-5) 한시접점 NO 1-3 (8-6) UP LED
ATE2	t, Rt, t 전원 2-7 순시접점 NC 1-4 순시접점 NO 1-3 한시접점 NC 8-5 한시접점 NO 8-6 UP LED

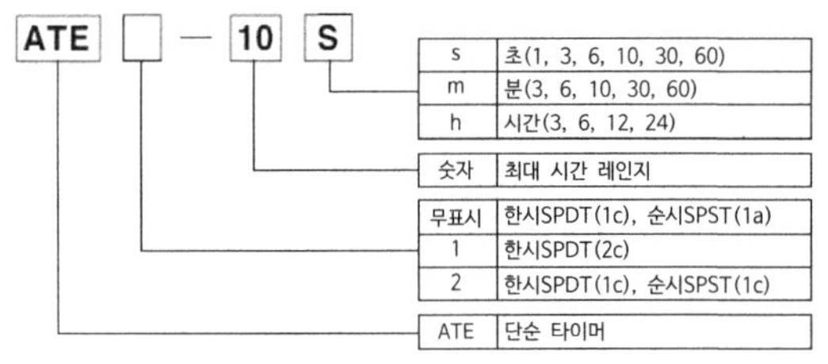

타이머의 규격표시

타이머설정 예

규 격	기 능	전 원	접 점
ATE-30S	Power ON Delay	110/ 220V	한시SPDP(1c) 순시SPST(1a)

③ 타이머의 표시

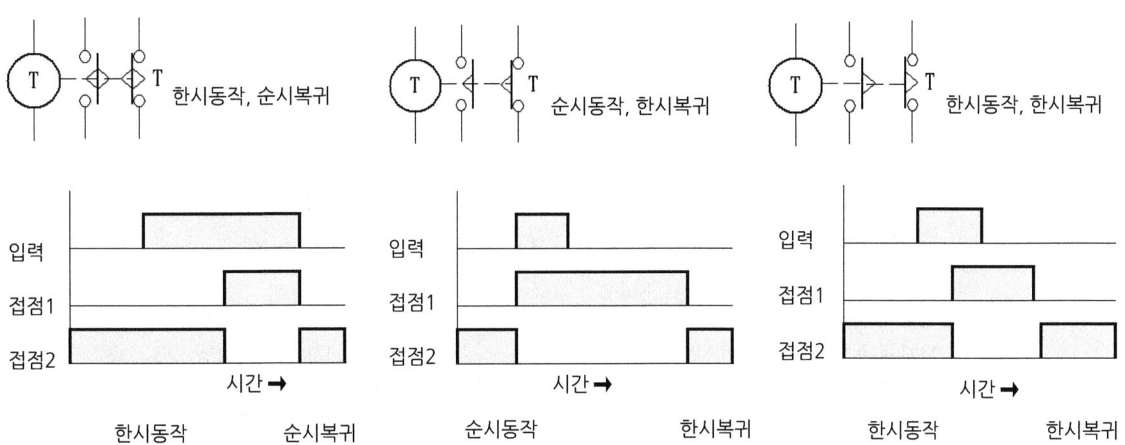

그림 4.21 타이머의 기호에 따른 동작

④ Y-Δ 기동회로의 시퀀스도

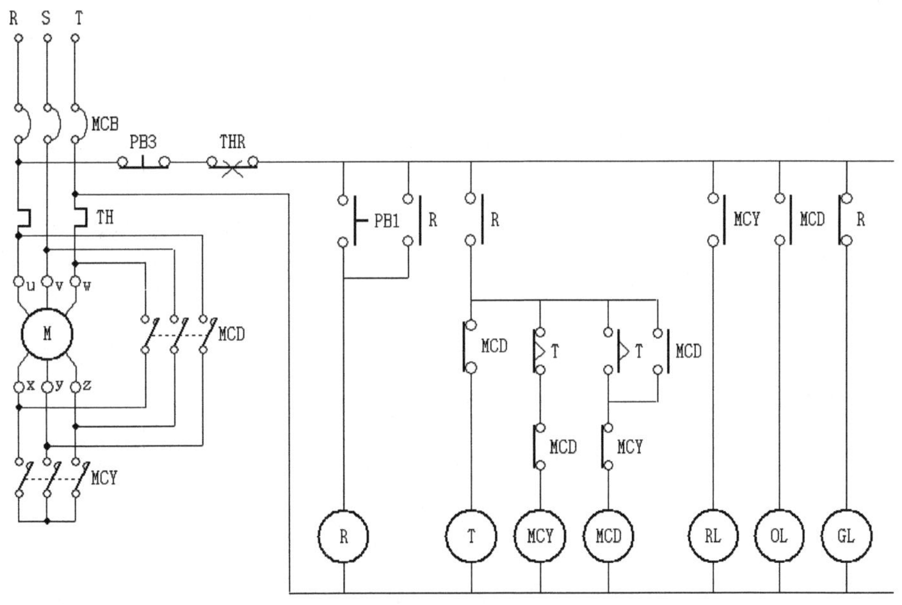

그림 4.22 Y-Δ 기동회로

- 배선용 차단기 MCB를 닫으면 전원이 공급되고 램프 GL이 점등된다.
- 기동 스위치 PB1을 누르면 전자접촉기 MCY가 동작하고 전동기가 Y 결선으로 운전한다.
- MCY가 동작하면 램프 GL이 소등되고 램프 RL이 점등된다.
- 타이머 설정시간이 지나면 전자접촉기 MCD가 동작하고 전동기는 Δ 결선으로 운전한다.
- MCD가 동작하면 램프 RL이 소등되고 램프 OL이 점등된다.
- 정지 스위치 PB2를 누르면 전동기는 정지된다.

전자개폐기를 이용하여 그림 4.22의 전동기의 Y-Δ 기동회로를 제작하고 요구 동작 시험을 수행하시오.

사용될 실습부품 목록

순	사용부품	규 격	수량	사 양
1	컨트롤 스위치	KH307 적, 청, 황	3	AC250V, 6A, 1a1b
2	파일럿램프	KPL25-2AR, G, O	3	AC220V, 2A
3	컨트롤 박스	KCB-255B	2	5공
4	전자개폐기	GMS-9	1	AC440V, 7A, 2a, 2b
5	전자접촉기	GMC-9	1	AC440V, 7A, 2a, 2b
6	힌지용전자계전기	KH-102-2C	2	AC220V, 7A, 2c, 8Pin
7	릴레이 소켓	KH-RS-R8	2	AC250V, 10A
8	전선	1mm^2, 단선	약간	적, 흑색
9	타이머	ATE-30S	1	1a, 1c
10	전선	2mm^2, 단선	약간	흑색
11	배선용차단기	ABS 33b	1	460V, 5A
12	나사못	4-20mm	약간	
13	합판	450×450×15mm	1	
14	유도전동기	4P, 0.75kW	1	삼상전폐외선형

① 회로의 점검

- 회로의 잘못된 결선 여부를 육안으로 점검한다.
- 벨 테스터나 회로시험기를 이용하여 회로의 단락, 합선 유무를 확인한다.

② 회로의 동작 시험

- 배선용 차단기 MCB를 닫으면 전원이 공급되고 램프 GL의 점등을 확인한다.
- 기동 스위치 PB1을 누르고 전자접촉기 MCY가 동작 상태로 전동기가 Y 결선으로 운전을 확인한다.
- MCY가 동작하면 램프 GL의 소등과 램프 RL의 점등을 확인한다.
- 타이머 설정시간이 지나면 전자접촉기 MCD가 동작으로 전동기의 Δ결선 운전을 확인한다.
- MCD가 동작하면 램프 RL의 소등과 램프 OL의 점등을 확인한다.
- 정지 스위치 PB2를 눌러 전동기의 정지 여부를 확인한다.

※ 참고자료

① OTIS Elevator Korea사 기술자료(Motor)

② LS산전 기술자료(Electromagnetic Switch)

③ Autonics 기술자료(Timer)

④ Koino, 건흥전기(주) 기술자료(Switch …)

4.5 전압 · 전류특성의 이해

전기회로에서 전기의 흐름을 방해하는 것을 저항이라고 하며 이 저항이 클수록 전류는 적게 흐르게 된다.

독일의 물리학자 옴은 전압과 전류와 저항의 관계를 정리하여 옴의 법칙을 만들었는데 이것은 회로에 흐르는 전류의 크기는 전압에 비례하고 저항에 반비례하며 식으로 표현하면 다음과 같다.

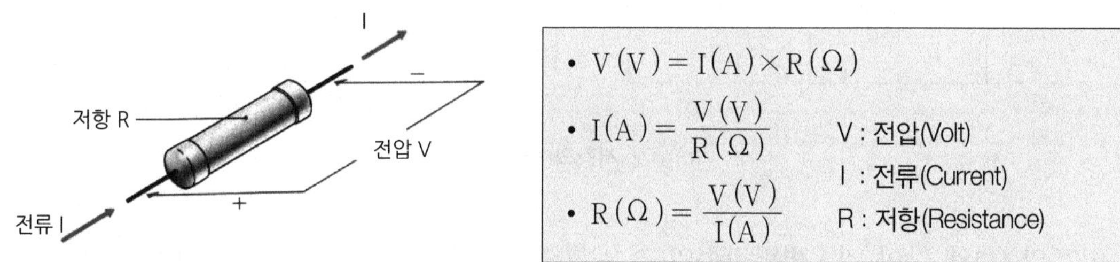

그림 4.23 저항에 따른 전압과 전류 특성

전기저항은 같은 재질로 이루어진 경우에 길이가 길수록 커지고 도선의 굵기가 굵을수록 작아지며 저항이 크다는 것은 전류가 흐르기 어렵다는 것을 의미하고 전류가 흐르기 어렵다는 것은 도선 속의 자유전자의 이동이 어렵다는 것을 의미한다.

(1) 저항의 접속

저항의 연결방법에는 그림 4.24와 같이 직렬접속과 병렬접속으로 연결할 수 있다.

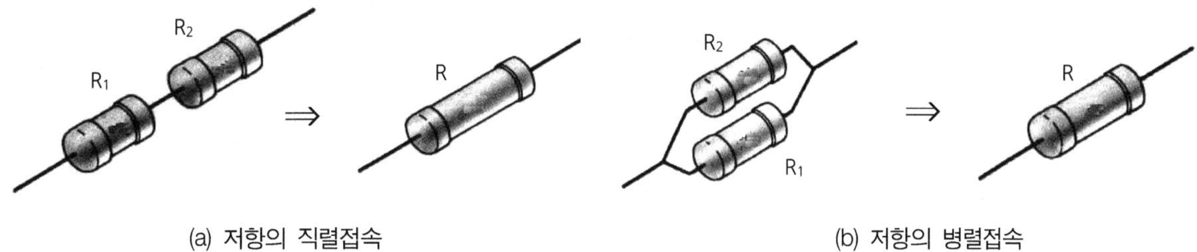

그림 4.24 저항의 접속 방법

(2) 접속저항의 계산

저항의 직렬접속은 그림 4.25의 (a)와 같이 합성저항을 계산할 수 있다.

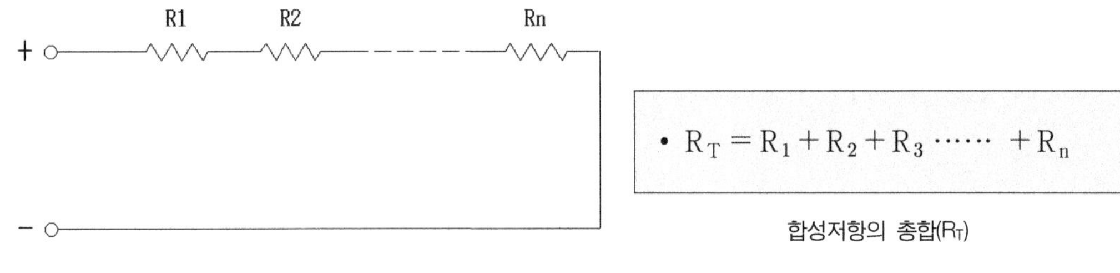

(a) n개 저항의 직렬접속

병렬접속은 그림 4.25의 (b)와 같이 합성저항을 계산할 수 있으며 연결된 저항 중에서 가장 적은 저항값보다 적은 계산값이 산출된다.

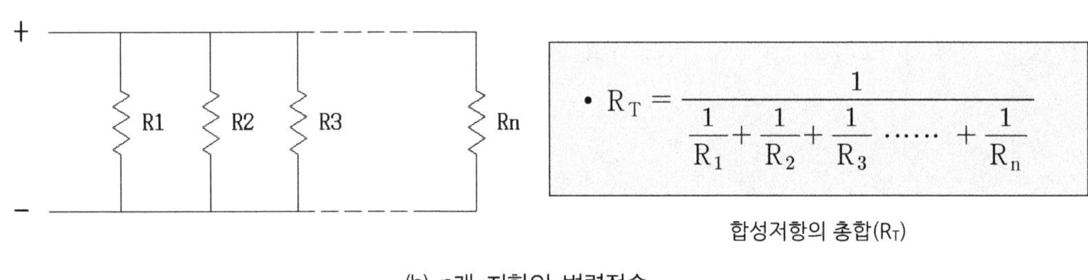

(b) n개 저항의 병렬접속

그림 4.25의 (c)와 같이 직·병렬접속의 경우 합성저항에서 병렬로 접속된 저항을 계산하고 각 저항그룹이 직렬로 접속된 것으로 계산한다.

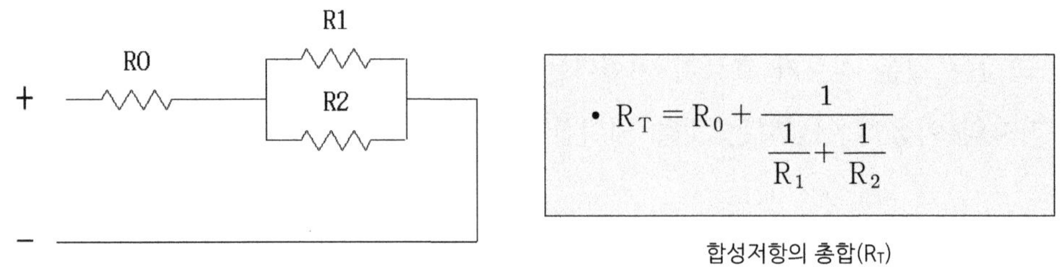

(c) 직·병렬접속 저항의 계산

그림 4.25 합성저항의 접속 및 계산

(3) 접속저항에 따른 분압 · 분류법칙

분압법칙은 그림 4.26의 (a)와 같이 직렬로 접속된 각각의 저항에 나타나는 전압의 크기는 그 저항값에 비례한다.

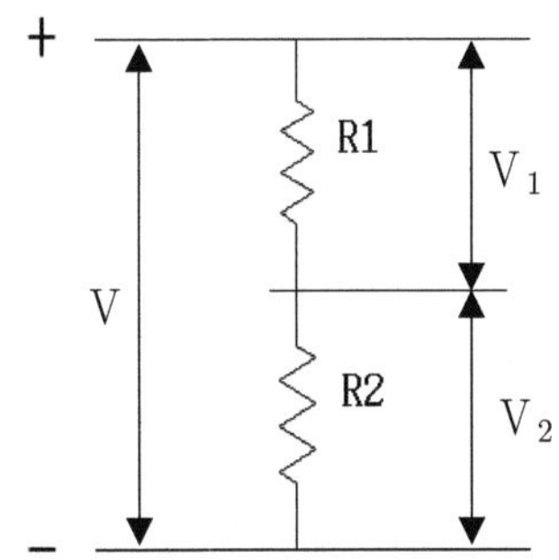

- $V_1 = \frac{R_1}{R_1 + R_2} V$
- $V_2 = \frac{R_2}{R_1 + R_2} V$

각단 전압의 계산(V_1, V_2)

(a) 직렬저항에 의한 분압

분류법칙은 그림 4.26의 (b)와 같이 병렬로 접속된 각각의 저항에 나타나는 전류의 크기는 그 저항값에 반비례한다.

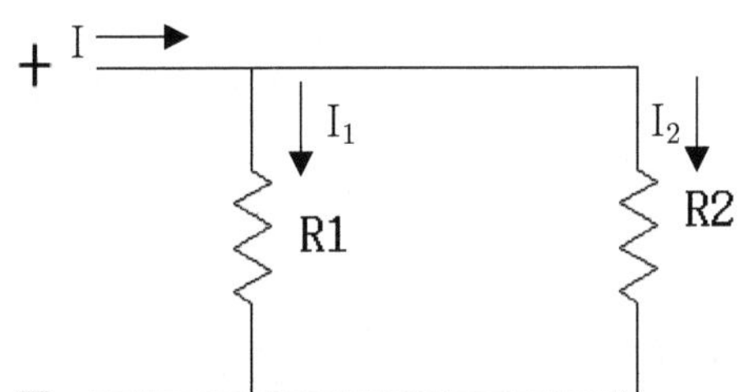

- $I_1 = \frac{R_2}{R_1 + R_2} I$
- $I_2 = \frac{R_1}{R_1 + R_2} I$

각단 전류의 계산(I_1, I_2)

(b) 병렬저항에 의한 분류

그림 4.26 저항의 분압과 분류법칙

아래와 같은 회로의 각 접촉점에 작용하는 전압을 계산하고 회로를 구성한 후 각 점의 전압을 측정하여 결과표를 완성하시오.

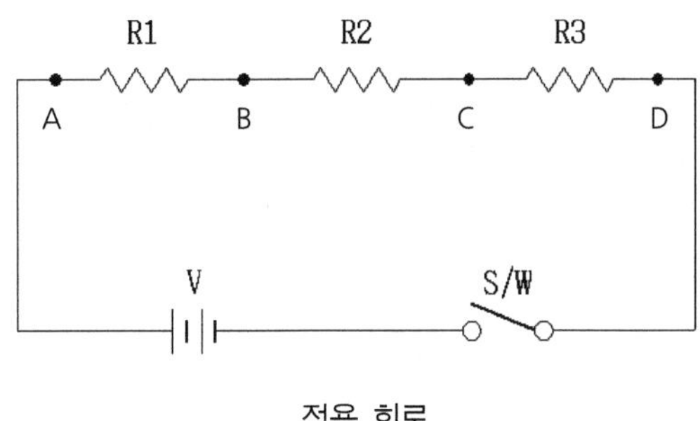

적용 회로

실습 결과 정리표

대상조건	산정항목	측정위치	이론값	측정값
초기조건	V [V]	입력값		
	R1 [Ω]	저항의 색상		
	R2 [Ω]	저항의 색상		
	R3 [Ω]	저항의 색상		
계측대상	V1	A–B		
	V2	A–C		
	V3	A–D		

아래와 같은 합성저항 회로에 작용하는 전류를 계산하고 회로를 구성한 후 측정하여 결과표를 완성하시오.

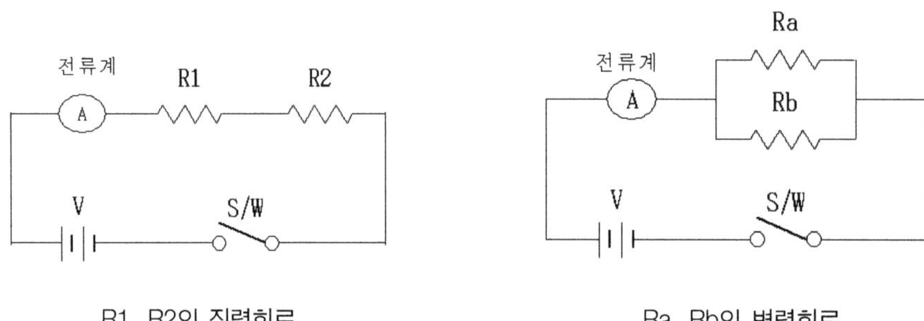

R1, R2의 직렬회로　　　　Ra, Rb의 병렬회로

실습 결과 정리표

대상조건	산정항목	측정위치	이론값	측정값
초기조건	V [V]	입력값		
	R1 [Ω]	저항의 색상		
	R2 [Ω]	저항의 색상		
	Ra [Ω]	저항의 색상		
	Rb [Ω]	저항의 색상		
계측대상	I1	직렬		
	I2	병렬		

아래와 같은 합성저항 회로에 작용하는 물리량을 계산하고 회로를 구성한 후 측정하여 결과표를 완성하시오.

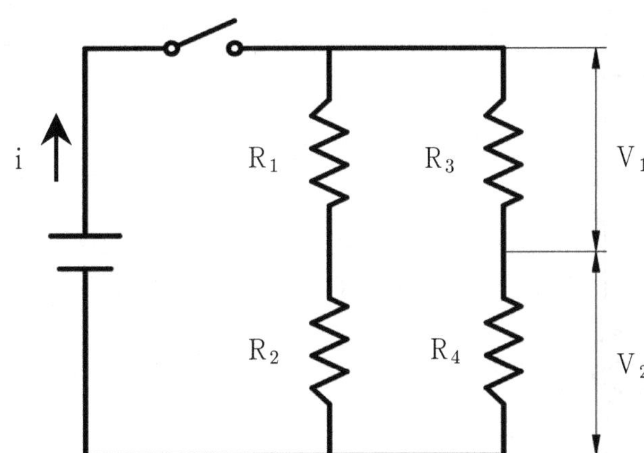

$R_1 : 100\Omega$ $R_2 : 500\Omega$
$R_3 : 120\Omega$ $R_4 : 350\Omega$

항목	R_1	R_2	R_3	R_4	V_1	V_2	R_{PT}	i
이론치								
측정치								

[이론 계산 예]

$$R_{1T} = R_1 + R_2 = 100\Omega + 500\Omega = 600\Omega$$

$$R_{2T} = R_3 + R_4 = 120\Omega + 350\Omega = 470\Omega$$

$$R_{PT} = \frac{1}{\frac{1}{R_{1T}} + \frac{1}{R_{2T}}} = \frac{1}{\frac{1}{600\Omega} + \frac{1}{470\Omega}} \fallingdotseq 264\Omega$$

$$i = \frac{V}{R} = \frac{5V}{264\Omega} = 0.0189A = 18.9mA$$

$$V_1 = \frac{R_3}{R_3 + R_4} \times V = \frac{120\Omega}{120\Omega + 350\Omega} \times 5V = 1.27V$$

$$V_2 = \frac{R_4}{R_3 + R_4} \times V = \frac{350\Omega}{120\Omega + 350\Omega} \times 5V = 3.72V$$

아래와 같은 합성저항 회로에 작용하는 물리량을 계산하고 회로를 구성한 후 측정하여 결과표를 완성하시오.

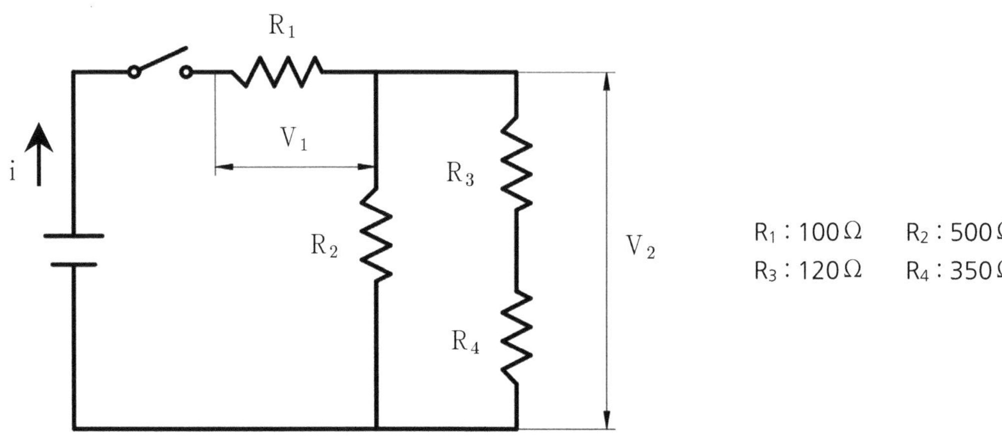

R_1 : 100Ω　R_2 : 500Ω
R_3 : 120Ω　R_4 : 350Ω

항목	R_1	R_2	R_3	R_4	V_1	V_2	R_{PT}	i
이론치								
측정치								

[이론 계산 예]

$$R_{1T} = R_2 = 500\Omega$$

$$R_{2T} = R_3 + R_4 = 120\Omega + 350\Omega = 470\Omega$$

$$R_{PT} = \frac{1}{\frac{1}{R_{1T}} + \frac{1}{R_{2T}}} = \frac{1}{\frac{1}{500\Omega} + \frac{1}{470\Omega}} \fallingdotseq 242\Omega$$

$$R_{ST} = R_1 + R_{PT} = 100\Omega + 242\Omega = 342\Omega$$

$$i = \frac{V}{R_{ST}} = \frac{5V}{342\Omega} = 0.0146A = 14.6mA$$

$$V_1 = i \times R_1 = 100\Omega \times 0.0146A = 1.46V$$

$$V_2 = i \times R_{PT} = 242\Omega \times 0.0146A = 3.53V$$

아래와 같은 합성저항 회로에 작용하는 물리량을 계산하고 회로를 구성한 후 측정하여 결과표를 완성하시오.

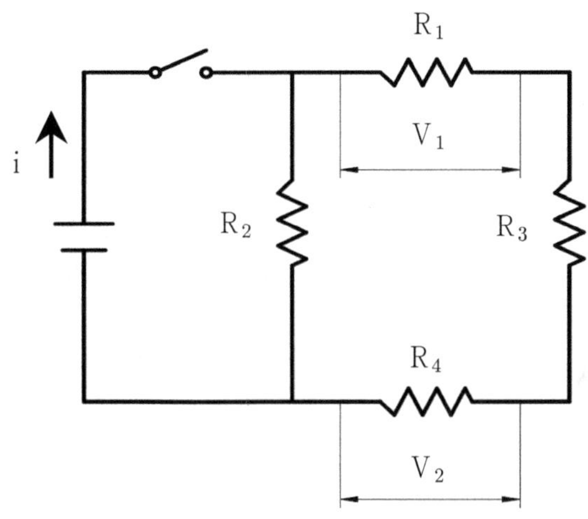

R_1 : 100Ω　　R_2 : 500Ω
R_3 : 120Ω　　R_4 : 350Ω

항목	R_1	R_2	R_3	R_4	V_1	V_2	R_{PT}	i
이론치								
측정치								

[이론 계산 예]

※마지막 종단은 직렬접속으로 계산

$$R_{ST} = R_1 + R_3 + R_4 = 100\Omega + 120\Omega + 350\,\Omega = 570\Omega$$

$$R_{PT} = \frac{1}{\dfrac{1}{R_2} + \dfrac{1}{R_{ST}}} = \frac{1}{\dfrac{1}{500\Omega} + \dfrac{1}{570\Omega}} \fallingdotseq 266\Omega$$

$$i = \frac{V}{R_{PT}} = \frac{5V}{266\Omega} = 0.0188A = 18.8mA$$

$$V_1 = \frac{R_1}{R_1 + R_3 + R_4} \times V = \frac{100\Omega}{100\Omega + 120\Omega + 350\Omega} \times 5V = 0.87V$$

$$V_2 = \frac{R_4}{R_1 + R_3 + R_4} \times V = \frac{350\Omega}{100\Omega + 120\Omega + 350\Omega} \times 5V = 3.07V$$

아래와 같은 합성저항과 다이오드 회로에 작용하는 물리량을 계산하고 회로를 구성한 후 측정하여 결과표를 완성하시오.

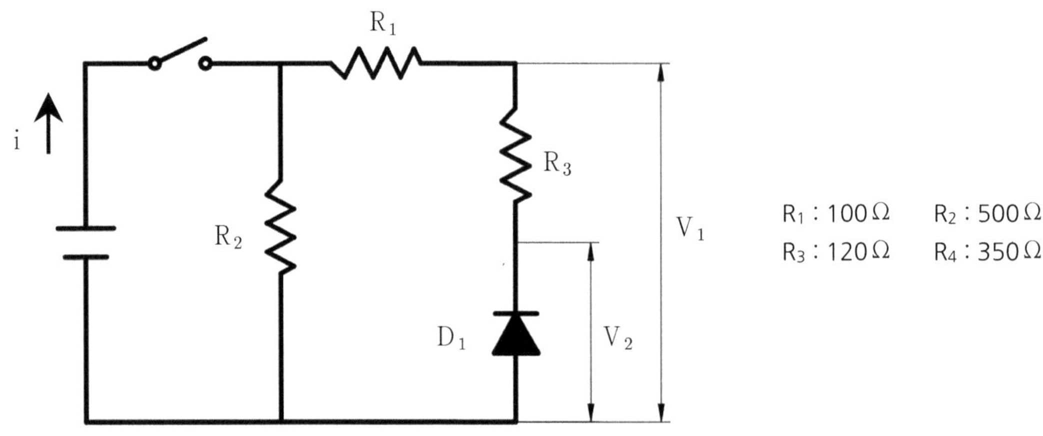

항목	R_1	R_2	R_3	D_1	V_1	V_2	R_{PT}	i
이론치							-	-
측정치							-	-

[이론 해설]

위 회로에서는 "D_1"을 고려해야 하며, D_1은 DC5[V]와 역방향으로 연결되어 있으므로 저항값이 무한대이다. 즉 회로가 단선되어 있는 형태이면서 R_1 R_3에 비해 너무 큰 값이므로 DC5[V]가 V_2에 걸린다고 판단하면 된다. 물론 역방향 전류도 없는 것은 아니지만 무시하면 되고 R_2와 R_1 R_3 D_1은 병렬 관계이므로 전압은 같다.

즉 V_2에 DC5[V] 대부분이 걸리므로 R_3의 값이 120[Ω]이라면 그리 큰 값이 아니기 때문에 관계없이 V_1에도 대략 DC5[V]가 걸리게 된다.

아래와 같은 합성저항과 다이오드 회로에 작용하는 물리량을 계산하고 회로를 구성한 후 측정하여 결과표를 완성하시오.

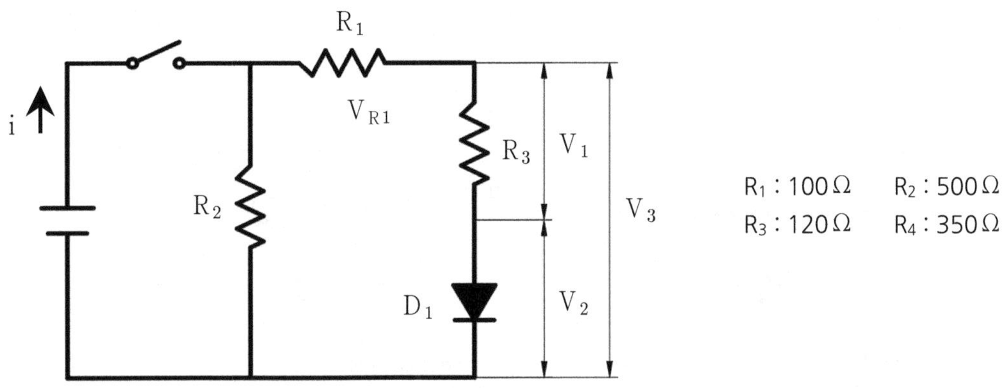

항목	R_1	R_2	R_3	D_1	V_1	V_2	V_3	R_{PT}	i
이론치									
측정치									

[이론 해설]

위의 회로에서 D_1은 DC5[V]와 순방향으로 연결되어 있으므로 Si[실리콘]로 만들어진 다이오드라면 0.6~0.7[V] 값이 측정된다. 즉 D_1이 약 0.6~0.7[V]이므로 나머지 4.4[V]가 R_3와 R_1에 나뉘어서 걸리게 된다. 역방향과 같이 R_2와 R_1 R_3 D_1은 병렬 관계이므로 R_2 전압과 R_1 R_3 D_1 전압은 DC5[V]로 같다.

$$R_{ST} = R_1 + R_3 = 100\Omega + 120\Omega = 220\Omega$$

$$R_{PT} = \frac{1}{\frac{1}{R_2} + \frac{1}{R_{ST}}} = \frac{1}{\frac{1}{500\Omega} + \frac{1}{220\Omega}} \fallingdotseq 152.8\Omega$$

$$i = \frac{V}{R_{PT}} = \frac{5V}{152.7778\Omega} = 0.0327A = 32.7mA$$

$$V_{R1} = \frac{R_1}{R_1 + R_3} \times V = \frac{100\Omega}{100\Omega + 120\Omega} \times 4.4V = 2V \text{ (D1이 약 0.6[V] 적용)}$$

$$V_1 = \frac{R_3}{R_1 + R_3} \times V = \frac{120\Omega}{100\Omega + 120\Omega} \times 4.4V = 2.4V \text{ (D1이 약 0.6[V] 적용)}$$

$$V_2 = 0.6 \sim 0.7[V]$$

$$V_3 = 3 \sim 3.1[V]$$

※ 다이오드의 특성

한 방향으로만 전류가 흐르도록 하는 부품이다. 사람으로 비유하면 심장이나 정맥에 있는 판막과 같은 역할을 하며 한 방향의 전류만 통과시키는 다이오드의 기본기능에 충실한 다이오드는 정류기(rectifier diode)라고 부른다.

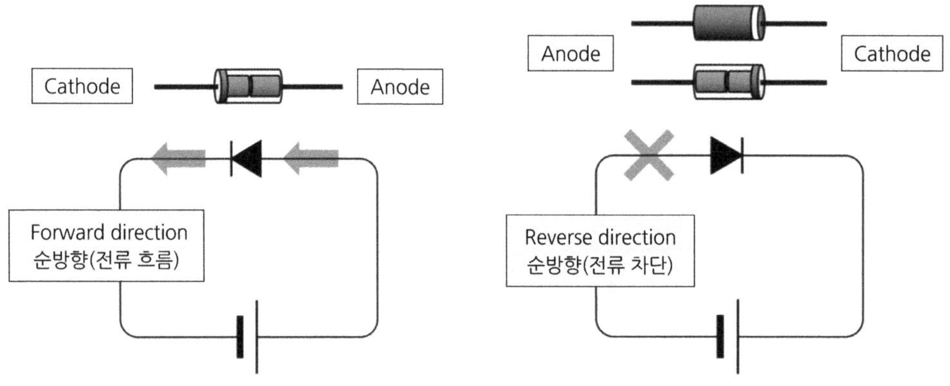

그림 4.27 다이오드의 전류 특성

다이오드의 회로도 기호를 보면 다이오드의 순방향이 어느 방향일지 쉽게 알 수 있으며 다이오드를 살펴보면 화살표 모양이 보인다. 이 화살표의 방향이 순방향이다.

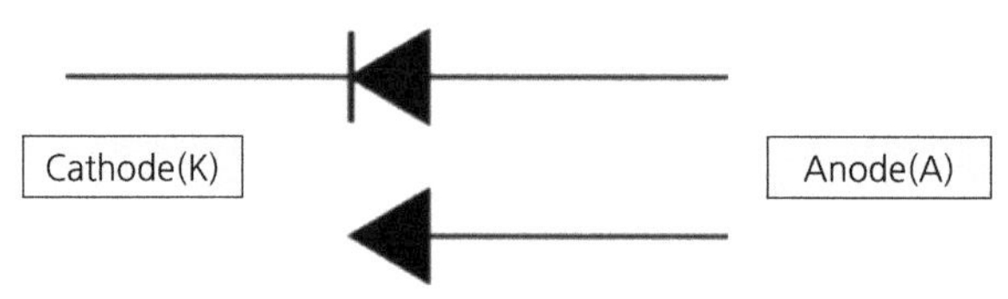

그림 4.28 다이오드의 방향 특성

다이오드는 P형 반도체와 N형 반도체를 접합시켜서 만들고 P형 반도체에는 전자들이 비어있어서 상대적으로 (+)전기를 띠는 공간이 '양공(또는 정공, hole)'이 많이 있으며, N형 반도체에는 (−) 전기를 띠는 '자유전자'가 많이 있다.

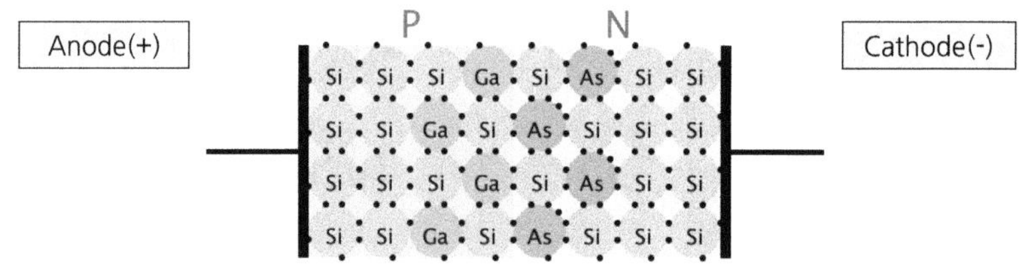

그림 4.29 다이오드의 전압 특성

순방향(forward direction)은 P형 반도체가 전원의 (+)극에, N형 반도체가 전원의 (−)극에 연결되며 순방향으로 연결되면 P−N 접합 부위에서는 양공(정공, hole)과 자유전자의 결합이 계속하여 일어난다. 결합 되어 사라지는 양공과 자유전자는 전원에서 계속 공급되기 때문에, 결국 전류가 흐르는 것과 같은 효과가 발생하며 다이오드가 전류를 잘 통과시킨다.

이에 반해 역방향(reverse direction)은 반대로, P형 반도체가 전원의 (−)극에, N형 반도체가 전원의 (+)극 역방향으로 연결되면 P−N 접합 부위에서는 아무런 일이 발생하지 않는다. (+)전하를 띠는 양공은 전원의 (−)극에 이끌려가고, (−)전하를 띠는 자유전자는 전원의 (+)극에 이끌려가면서 양극화가 심해지고 P−N 접합 부위에 아무런 상호 작용도 일어나지 않으므로 전류는 흐르지 못한다.

※ 참고자료

① 자바실험실 [Science simulations], https://javalab.org/

PLC를 이용한 시퀀스의 활용

CHAPTER 05

5.1 PLC의 개요

1) 하드웨어의 구조

PLC(Programmable Logic Controller) 또는 SC(Sequence Controller)라고 하며 입·출력부를 통해 각종 기기를 제어하는 장치로 프로그램이 가능하고 명령을 기억하기 위한 전자기기이다.

FA(Factory Automation)의 중심 기기로서 폭넓게 이용되고 있으며 자동화에 필수 제어기로 제조 공장 전체를 제어하는 제어 타입부터 각종 분산 기계를 개별적으로 제어하는 단독 제어 타입 또는 레저용 기기 등 FA 이외의 장치에도 다양한 형태로 적용되고 있다.

PLC는 물품의 가공, 조립, 반송, 검사와 포장 등의 자동화에 이용되며 PLC는 조작반에 설치된 푸시버튼스위치, 선택스위치, 디지털 스위치 등의 지령 입력 또는 기기의 동작 상태를 검출하는 리밋 스위치나 근접스위치, 광전스위치 등의 센서 입력으로 동작한다. 또한 전자밸브나 전동기, 전자 클러치 등의 구동용 부하나 파일럿램프, 디지털표시기 등의 부하를 제어한다.

이러한 입력 신호에 대한 출력신호는 PLC 내의 프로그램으로 결정되며 소형 전자밸브나 파일럿 램프와 같은 가벼운 부하는 PLC에서 직접 구동할 수 있지만 3상 유도전동기나 대형 전자밸브 등의 부하는 전자접촉기나 전자계전기를 매개로 구동하여야 한다. 그러므로 전원용 차단기, 전자접촉기나 전자계전기 등은 PLC와 함께 제어반에 설치된다.

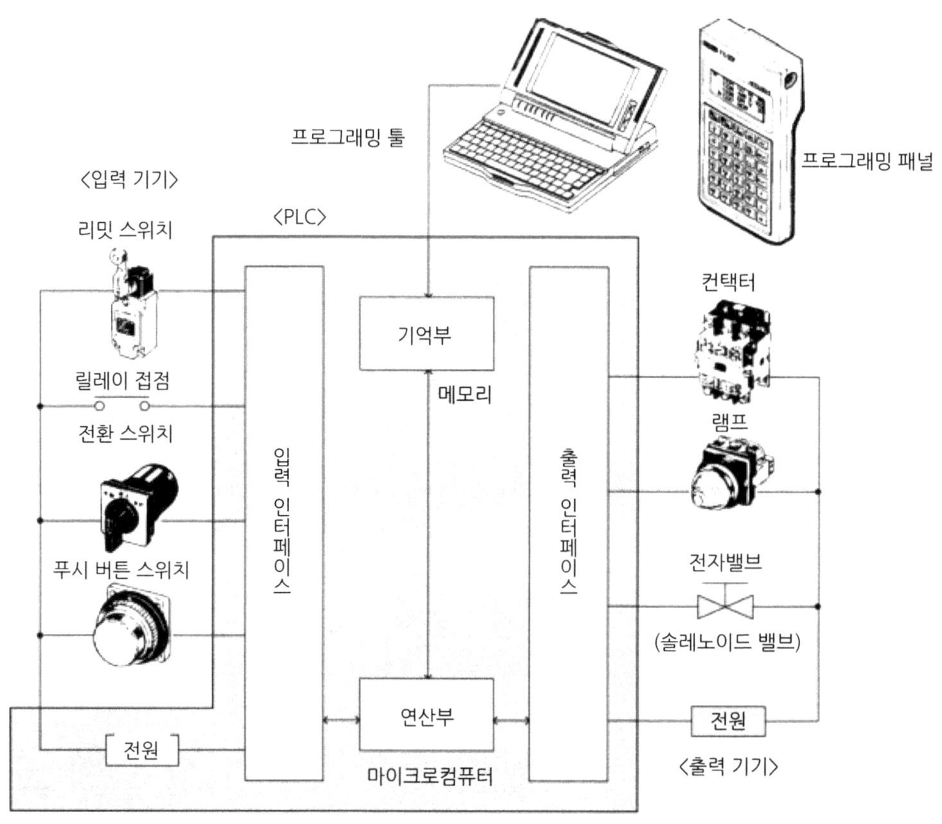

그림 5.1 PLC의 입·출력장치

PLC는 마이크로컴퓨터 및 메모리를 중심으로 하는 전자회로로 구성되어 있으며 입·출력 신호와 전자 회로부의 중계역으로 입·출력 인터페이스 부가 있다.

또한 프로그래밍 툴을 이용하여 PLC의 메모리에 프로그램이 입력되며 PLC는 마이크로컴퓨터 기술을 중심으로 하는 전자기기나 사용자는 마이크로컴퓨터에 대한 지식은 필요 없고 릴레이, 타이머, 카운터의 집합체라고 생각하면 된다. 그림 5.2는 PLC 내부의 기능을 설명한 그림이다.

그림과 같이 PLC에는 많은 릴레이, 타이머와 카운터가 내장되어 있어 무수한 a 접점과 b 접점을 가지고 있어 접점과 코일을 연결하는 PLC 프로그램 회로를 구성하며 화살표는 신호의 송·수신을 의미한다.

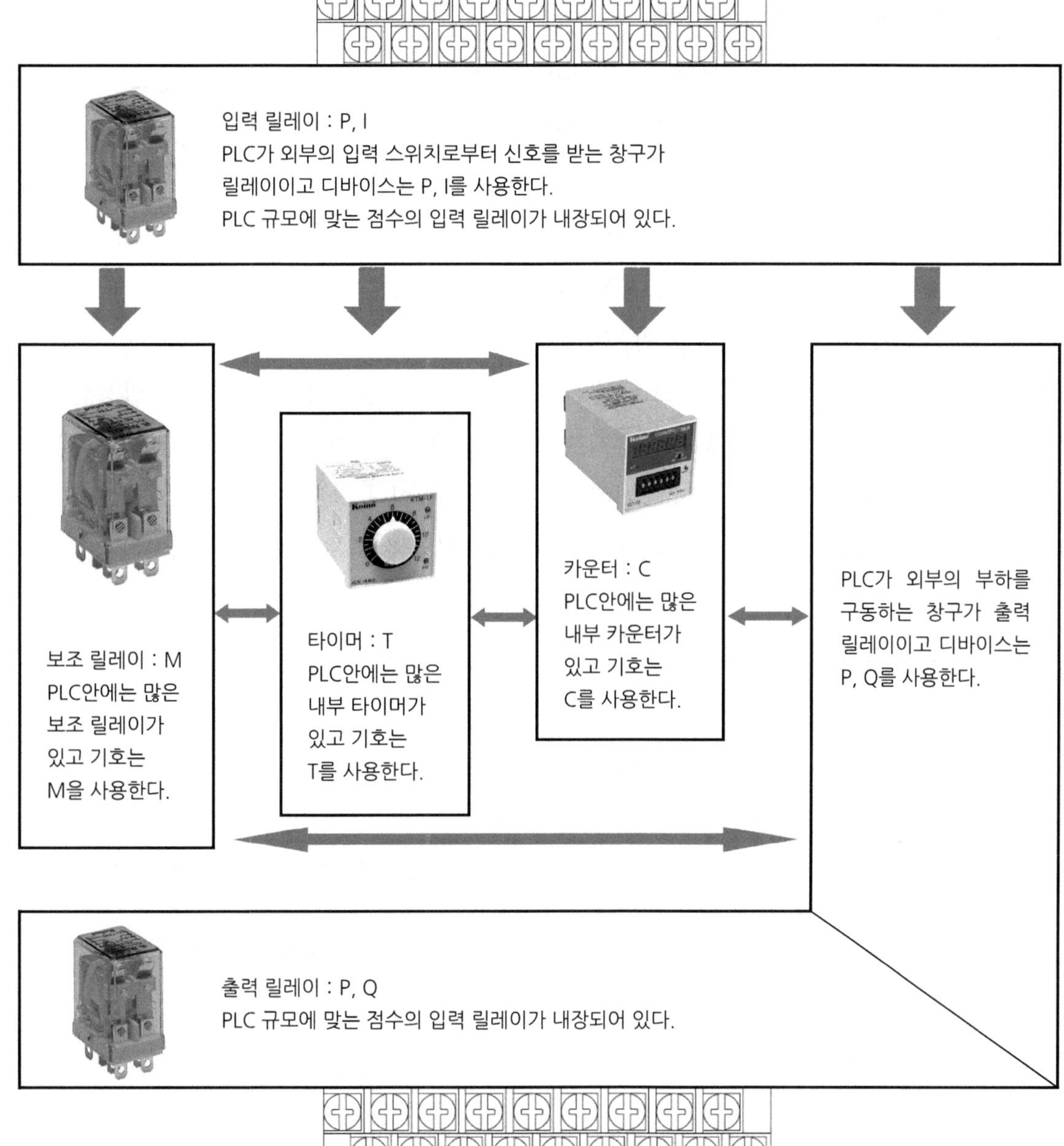

그림 5.2 PLC 내부 장치의 기능

2) PLC의 CPU메모리

IC 메모리 종류에는 ROM(Read Only Memory)과 RAM(Random Access Memory)이 있으며 ROM은 읽기전용으로 메모리 내용을 변경할 수 없으므로 고정된 정보를 써넣는다.

이 영역의 정보는 전원이 끊어져도 기억 내용이 보존되는 불휘발성 메모리이며 RAM은 메모리에 정보를 수시로 읽고 쓰기가 가능하여 정보를 일시 저장하는 용도로 사용되고 전원이 끊어지면 기억시킨 정보 내용을 상실하는 휘발성 메모리이다.

그러나 필요에 따라 RAM 영역 일부를 배터리(Battery Back-up)에 의하여 불휘발성 영역으로 사용할 수 있다.

PLC의 메모리는 사용자 프로그램 메모리, 데이터 메모리, 시스템 메모리 등의 3가지로 구분된다. 사용자 프로그램 메모리는 제어하고자 하는 시스템 규격에 따라 사용자가 작성한 프로그램이 저장되는 영역으로 제어 내용이 프로그램 완성 전이나 완성 후에도 바뀔 수 있으므로 RAM이 사용된다. 프로그램이 완성되면 ROM에 써넣어 ROM 운전을 할 수 있다.

데이터 메모리는 입·출력 릴레이, 보조 릴레이, 타이머와 카운터의 접점 상태와 설정값, 현재값 등의 정보가 저장되는 영역으로 정보가 수시로 바뀌므로 RAM 영역이 사용되고 시스템 메모리는 PLC 제작회사에서 작성한 시스템 프로그램이 저장되는 영역이다. 이 시스템 프로그램은 PLC의 기능이나 성능을 결정하는 중요한 프로그램으로 PLC 제작회사에서 직접 ROM에 저장한다.

3) PLC 프로그램의 처리 절차

표 5.1 PLC에 사용되는 약호(명령어)

구 분	릴레이 로직	PLC 로직	내 용
a접점			평상시 개방(Open)되어 있는 접점 NO(Normally Open) PLC : 외부입력, 내부출력 ON/OFF 상태를 입력
b접점			평상시 폐쇄(Closed)되어 있는 접점 NC(Normally Closed) PLC : 외부입력, 내부출력 ON/OFF 상태의 반전된 상태를 입력
c접점		없음	a, b접점 혼합형으로 PLC에서는 로직의 조합으로 표현
출력 코일			이전까지의 연산결과 접점출력
응용 명령	없음		PLC 응용 명령을 실행

PLC는 릴레이 시퀀스와 유사한 형태의 스위치와 출력 코일이 있으나 c 접점은 제공되지 않으며 PLC에서만 응용 명령을 수행하는 명령어가 주어진다.

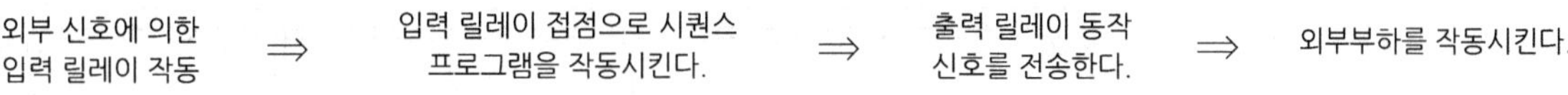

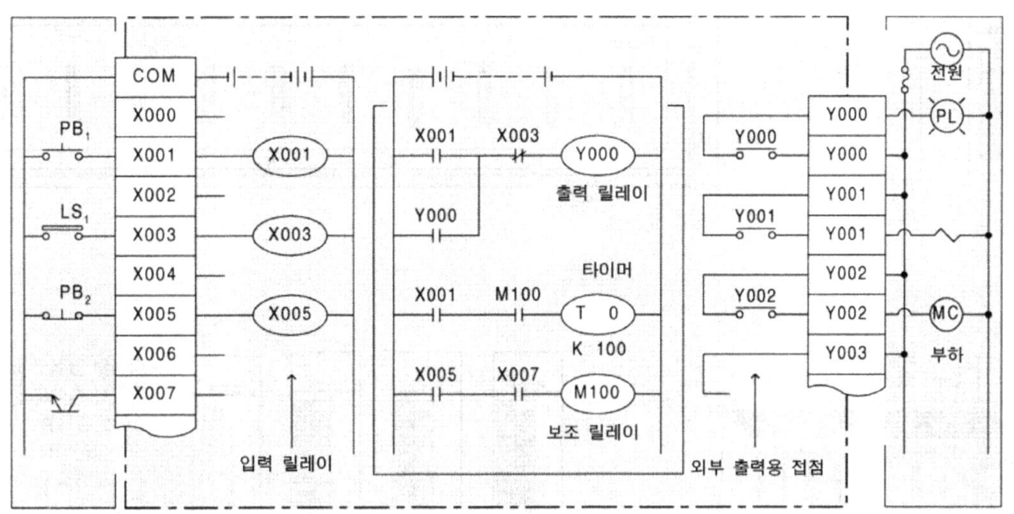

그림 5.3 PLC 프로그램 처리 신호의 절차

- 입력접점 X001에 설치된 기동용 컨트롤 스위치 PB1을 누르면 출력 릴레이 Y000이 동작하여 파일럿램프 PL이 점등되고 Y000에 의해 자기유지 된다.
- 입력접점 X003에 설치된 리미트 스위치 LS1이 작동되면 X003에 의해 자기 유지가 해제되면서 파일럿램프 PL도 소등된다.

5.2 PLC 시스템의 기본구성

1) PLC의 구성 형태

PLC 단위 시스템은 베이스(Base), 전원부(SMPS), CPU 및 입・출력 장치 부(DI, DO, 특수, 통신)로 구분할 수 있으며 위의 구성요소를 하나의 PLC에 포함된 블록형 PLC가 있고 사용자가 구성 장치를 선택할 수 있는 모듈형 PLC가 있다.

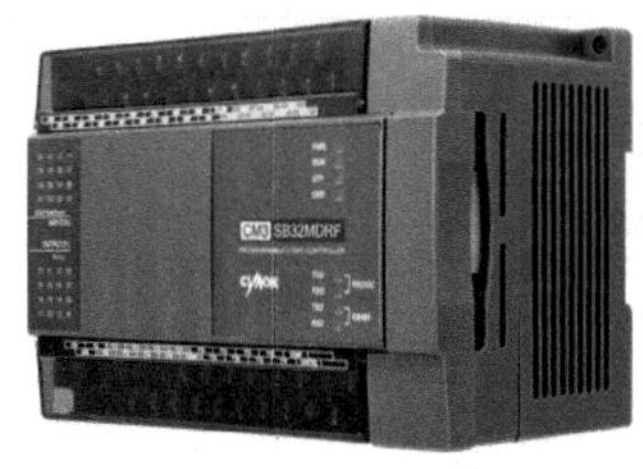

블록형 PLC

모듈형 PLC

그림 5.4 PLC 시스템의 구성 형태

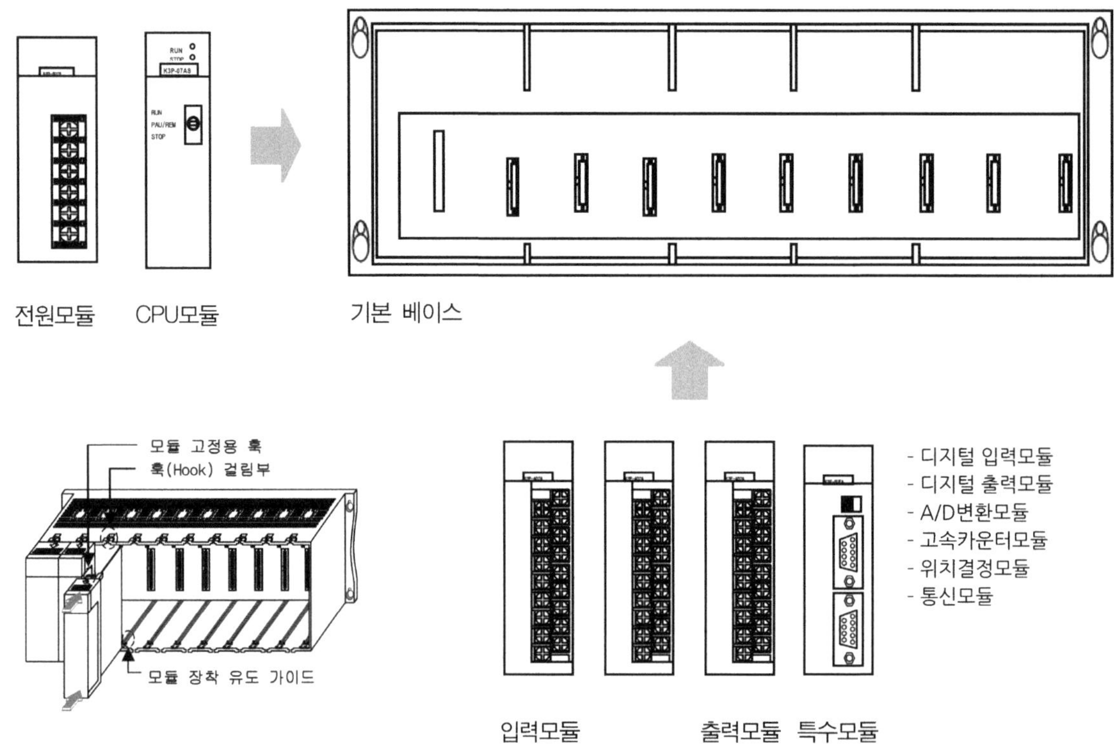

그림 5.5 모듈형 PLC 시스템의 구성

2) 구성 모듈의 선택

모듈의 선택은 입·출력장치의 접점 수와 입·출력 특성에 의해 선택되어야 하며 표 5.2는 LS산전의 XGT 기종의 모듈별 선택사양의 목록이다.

표 5.2 PLC에 사용되는 모듈의 특성

LS산전의 XGT 제품

모듈의 품명	형 명	모듈의 사양		비 고
기본 베이스	XGB-M04A	• 4 모듈 장착용		
	XGB-M06A	• 6 모듈 장착용		
	XGB-M08A	• 8 모듈 장착용		
	XGB-M10A	• 10 모듈 장착용		
	XGB-M12A	• 12 모듈 장착용		
전원 모듈	XGP-ACF1	AC110/220V	DC5V 3A, DC24V 0.6A	
	XGP-ACF2	AC110/220V	DC5V 6A	
	XGP-AC23	AC220V	DC5V 8.5A	
	XGP-AC24	AC220V	DC5V 10A	
	XGP-DC42	DC24V	DC5V 6A	

모듈의 품명	형 명	모듈의 사양	비 고
CPU 모듈	XGK-CPUH, CPUU, CPUHN, CPUUN	• 전용언어, 6,144점	
	XGK-CPUS, CPUA, CPUSNS	• 전용언어, 3,072점	
	XGK-CPUE	• 전용언어, 1,536점	
디지털 입력모듈	XGI-A12A	• AC110V, 16점 입력	
	XGI-A21A	• AC220V, 8점 입력	
	XGI-D21A	• DC24V, 8점 입력	
	XGI-A21C	• AC220V 입력, 8점(단독COM)	단독 접점용
	XGI-D22A	• DC24V, 16점 입력, Sink/Source	
	XGI-D22B	• DC24V, 16점 입력, Source	
	XGI-D24A	• DC24V, 32점 입력, Sink/Source	
	XGI-D24B	• DC24V, 32점 입력, Source	
	XGI-D28A	• DC24V, 64점 입력, Sink/Source	
	XGI-D28B	• DC24V, 64점 입력, Source	
디지털 출력모듈	XGQ-RY1A	• 릴레이 출력 8점	
	XGQ-RY2A	• 릴레이 출력 16점	
	XGQ-RY2B	• 릴레이 출력 16점, 서지킬러 내장	
	XGQ-SS2A	• 트라이액 출력 16점	
	XGQ-TR1C	• 트랜지스터 출력 8점(2A, 단독COM)	단독 접점용
	XGQ-TR2A	• 트랜지스터 출력 16점, Sink	
	XGQ-TR2B	• 트랜지스터 출력 16점, Source	
	XGQ-TR4A	• 트랜지스터 출력 32점, Sink	
	XGQ-TR4B	• 트랜지스터 출력 32점, Source	
	XGQ-TR8A	• 트랜지스터 출력 64점, Sink	
	XGQ-TR8B	• 트랜지스터 출력 64점, Source	
입출력 혼합	XGH-DT4A	• 입력 : 16점(DC24V) • 출력 : 16점(트랜지스터, Sink)	

3) 디지털 입·출력모듈의 선택

디지털 입·출력모듈의 선택은 사용전압, 입력 접점 수 및 입력방식 등을 고려하여 선택하며 표 5.3은 입력방식에 대한 회로 설명이다. 또한 디지털 출력의 경우 출력의 종류(유, 무접점)와 출력 접점의 수와 출력 방식이 고려되어야 한다.

표 5.3 PLC에 사용되는 입·출력모듈의 특성

<table>
<tr><th>용어정의</th><th>회로의 설명</th><th>비 고</th></tr>
<tr><td rowspan="2">싱크(Sink)
입력</td><td>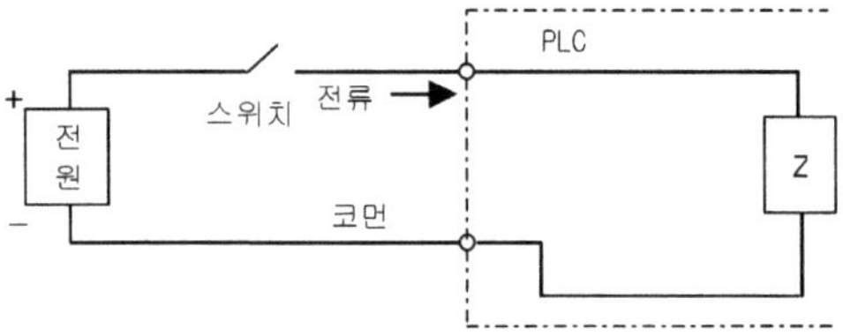
</td><td rowspan="2">Z : 입력저항</td></tr>
<tr><td>• 입력 신호가 ON 될 때 스위치로부터 PLC 입력단자로 전류가 유입되는 방식</td></tr>
<tr><td rowspan="2">소스(Source)
입력</td><td>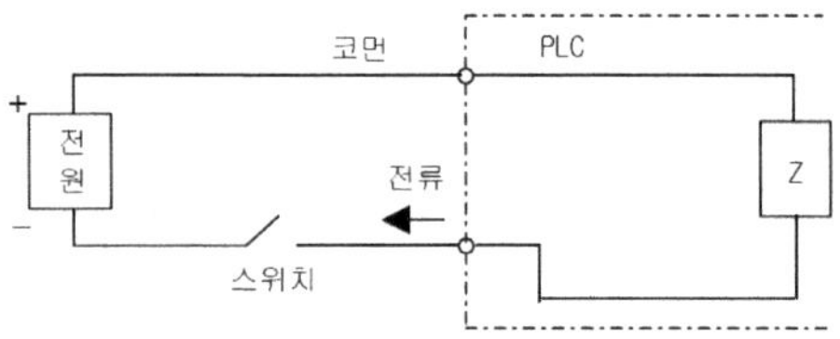
</td><td rowspan="2"></td></tr>
<tr><td>• 입력 신호가 ON 될 때 입력단자로부터 스위치로 전류가 부하에 유입되는 방식</td></tr>
<tr><td rowspan="2">싱크(Sink)
출력</td><td>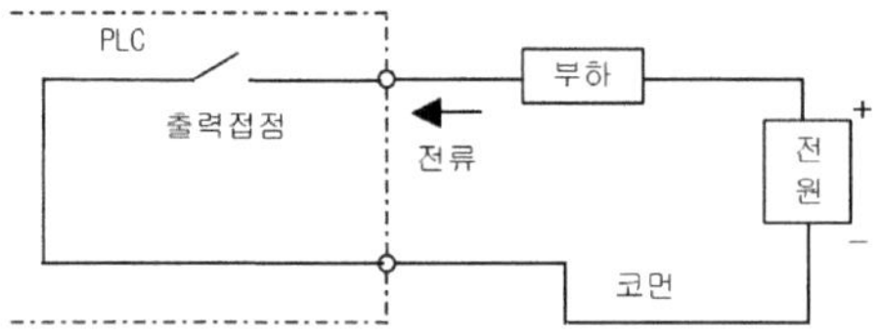
</td><td rowspan="2"></td></tr>
<tr><td>• PLC 출력 접점이 ON 될 때 부하에서 출력단자로 전류가 유입되는 방식</td></tr>
<tr><td rowspan="2">소스(Source)
출력</td><td>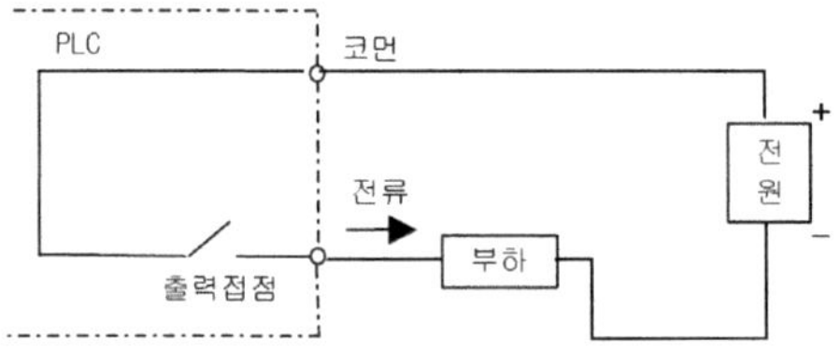
</td><td rowspan="2"></td></tr>
<tr><td>• PLC 출력 접점이 ON 될 때 출력단자로부터 전류가 부하에 유입되는 방식</td></tr>
</table>

그림 5.6은 오토닉스 사의 압력센서 PSA와 PSB 타입의 입·출력 특성의 회로도로 압력센서의 출력 방식에 의해 입력 모듈의 입력방식이 결정된다. NPN 오픈컬렉터 출력일 때 소스 입력의 모듈을 선정하고 PNP 오픈컬렉터 출력의 경우 싱크 입력 모듈이 선택되어야 한다.

(a) 압력센서 PSA/PSB

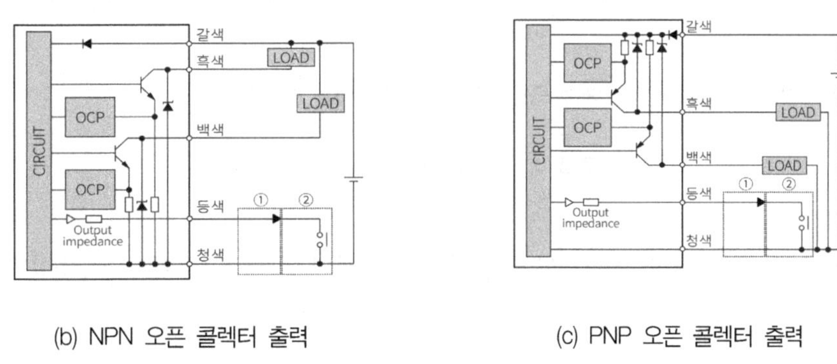

(b) NPN 오픈 콜렉터 출력 (c) PNP 오픈 콜렉터 출력

그림 5.6 입력센서에 의한 PLC 모듈의 선정

4) PLC 증설시스템

LS산전의 XGT 기종의 XGK-CPUH의 경우 최대 입·출력 제어점이 6,144개 접점이 지원된다. 기본 시스템에 64 접점의 모듈 12개를 장착하여도 12 슬롯 × 64점 = 768 접점에 불과하므로 필요에 따라 증설 베이스를 이용해 접점을 추가하여 사용할 수 있다.

증설 베이스에는 CPU를 설치할 필요가 없고 전원 모듈만을 설치하며 중, 소형 PLC로 증설시스템을 적용할 수 없다.

구 분	XGK-CPUE	XGK-CPUS XGK-CPUSN	XGK-CPUA	XGK-CPUH XGK-CPUHN	XGK-CPUU XGK-CPUUN
최대 증설 단수	1단	3단	3단	7	7단
최대 입출력모듈 장착수	24모듈	48모듈	48모듈	96모듈	96모듈
최대 입출력 점수	1,536점	3,072점	3,072점	6,144점점	6,144점
최대 증설 거리	15m				

(a) XGK 기본 시스템의 규격

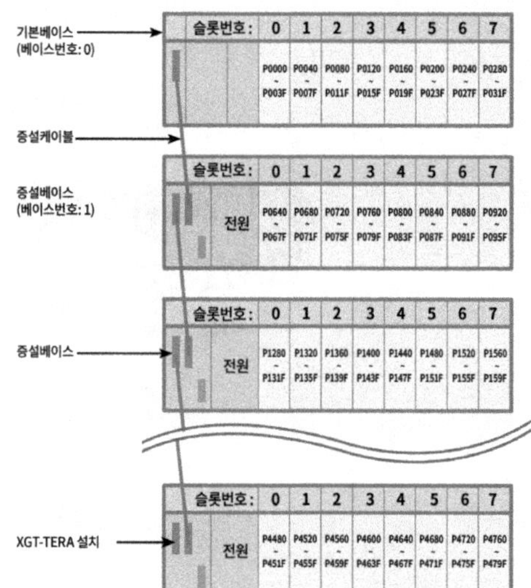

(b) XGK-CPUH 증설시스템의 구성

※ 증설 베이스에서 마지막 증설 베이스에는 종단저항(XGT-TERA)을 장착한다.

그림 5.7 XGT Series의 증설시스템

제어시스템의 안정화를 위한 CPU 모듈, 전원 모듈, 베이스, 통신에 대한 이중화가 필요하고 각각 별도의 베이스로 구성되어 완벽한 이중화 구성이 요구된다.

사용되는 CPU 모듈에 이상이 발생되면 자동으로 백업 CPU 모듈로 전환되며 제어 지연시간을 50 ms 이내로 백업 및 사용 전환이 고속으로 전환되어야 합니다. 또한 상위 컴퓨터와 이중화 네트워크 구축이 요구된다.

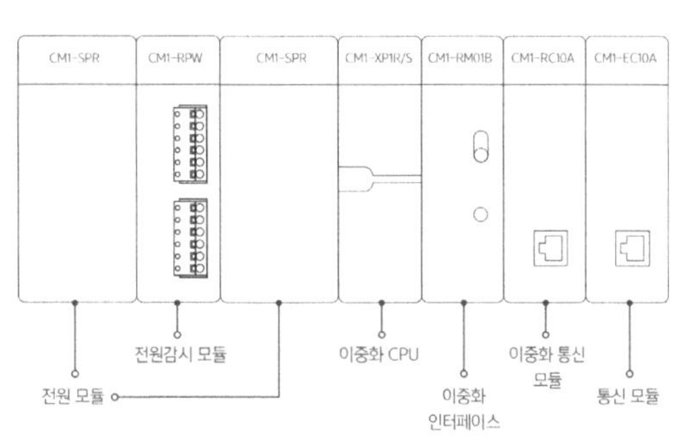

(a) 이중화 BASE 기본 구성

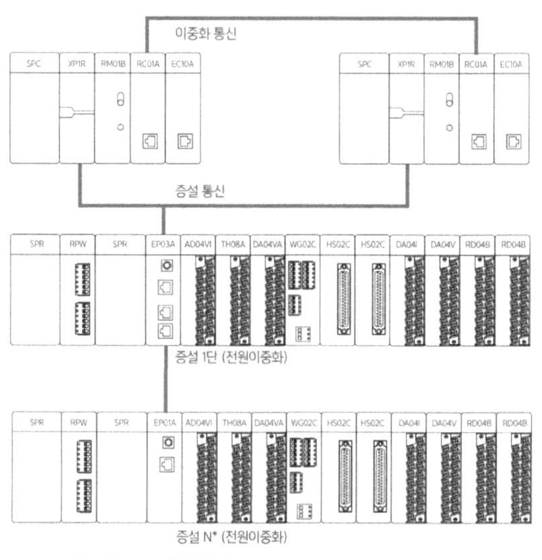

(b) 이중화 시스템의 기본 구성

그림 5.8 이중화 BASE 기본 구성

5.3 PLC의 입 · 출력 모듈과 하드웨어 연결

1) 입 · 출력 메모리 할당

PLC 프로그램 작성과 외부 입 · 출력 결선 및 유지보수에 있어서 PLC 외부 단자 대와 PLC 내부 메모리와 대응 관계를 정확히 이해하여야 한다. 그림 5.9에서와 같이 PLC 외부 접점과 메모리와의 대응 관계를 이해하지 못하면 PLC 프로그램을 작성할 수 없다.

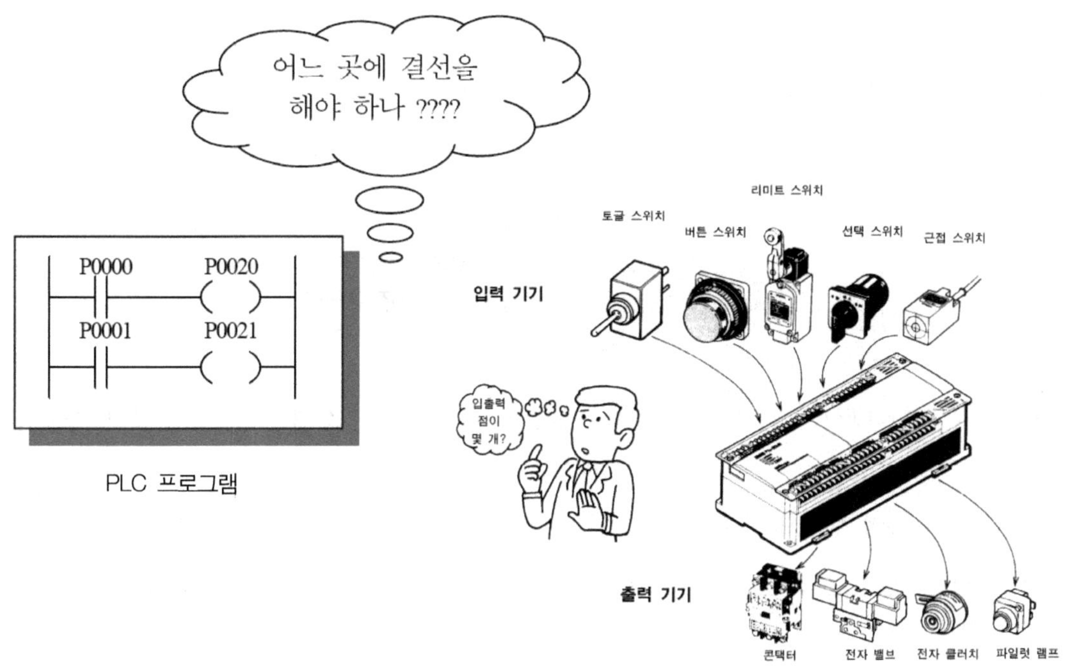

PLC의 연결 상태

그림 5.9 PLC 프로그램과 PLC 시스템의 대응 관계

(1) MASTER-K의 활용

외부 입 · 출력 번호의 할당은 첨자(Device 이름) "P"로 표현하며 형식은 아래와 같다.

P □□□ □ Word번호 접점번호	• Word번호 : 10진수 • 접점번호 : 16진수(0~F)

PLC에 16점(2Byte) 단위로 카드번호가 설정되며 32접점의 모듈은 하나의 모듈에 2개의 카드가 내장된 것으로 이해하면 된다.

		P000	P001	P002	P003 P004	P005	P007 P008	P009 P010	
Power GM6-PAFB	CPU K3P-07AS	입력 16점 ①	입력 16점 ②	출력 16점 ③	출력 32점 ④	아날로그 입력 ⑤	고속 카운터 ⑥	위치결정 ⑦	CNET G6L-CUEB ⑧

MASTER-K의 경우

※ 특수카드 중에서 위치결정모듈(고속카운터, HSC) 16, 32 또는 64점이 할당되며 P004F는 ④번 모듈 P004 카드의 F 접점이다.

(2) XGT(XGK CPU)의 활용

외부 입·출력 번호의 할당은 첨자(Device 이름) "P"로 표현하며 형식은 아래와 같다.

P □□□ □ Word번호 접점번호	• Word번호 : 10진수 • 접점번호 : 16진수(0~F)

입출력 번호 할당 방식은 기본 파라미터의 설정에 따라서 고정식과 가변식 설정이 가능하다.

① 고정식 입·출력 번호의 할당

베이스의 각 슬롯은 모듈의 장착 여부 및 종류와 관계없이 64점씩 할당된다.

Slot 번호		0	1	2	3	4	5	6	7	8	9	10	11
P W R	C P U	입력 16점 ①	입력 16점 ②	입력 32점 ③	입력 64점 ④	출력 16점 ⑤	출력 32점 ⑥	출력 32점 ⑦	출력 64점 ⑧	입력 32점 ⑨	출력 64점 ⑩	출력 32점 ⑪	출력 64점 ⑫
		P0~ P3F	P40~ P7F	P80~ P11F	P120~ P15F	P160~ P19F	P200~ P23F	P240~ P27F	P280~ P31F	P320~ P35F	P360~ P39F	P400~ P43F	P440~ P47F

② 가변식 입·출력 번호의 할당

- I/O 파라미터로 장착 모듈을 지정하면 지정 점수로 할당된다.
- 베이스의 각 슬롯은 모듈의 지정에 따라 접점 수가 할당되며 빈 슬롯은 16점으로 처리한다.
- 8점 모듈, 특수모듈 등이 장착된 모듈은 16점으로 할당되며 입출력 번호의 할당 방식은 기본 파라미터에서 설정한다.

Slot 번호		0	1	2	3	4	5	6	7	8	9	10	11
P W R	C P U	입력 16점 ①	입력 16점 ②	입력 32점 ③	입력 64점 ④	출력 16점 ⑤	출력 32점 ⑥	출력 32점 ⑦	출력 64점 ⑧	입력 32점 ⑨	출력 16점 ⑩	출력 32점 ⑪	출력 32점 ⑫
		P0~ P0F	P10~ P1F	P20~ P3F	P40~ P7F	P80~ P8F	P90~ P10F	P110~ P12F	P130~ P16F	P170~ P18F	P190~ P19F	P200~ P21F	P220~ P23F

③ XGT(XGK CPU) PLC의 증설 방식

- I/O 점수 고정식 증설(XGK-CPUH CPU, 8 슬롯 베이스) 의 경우

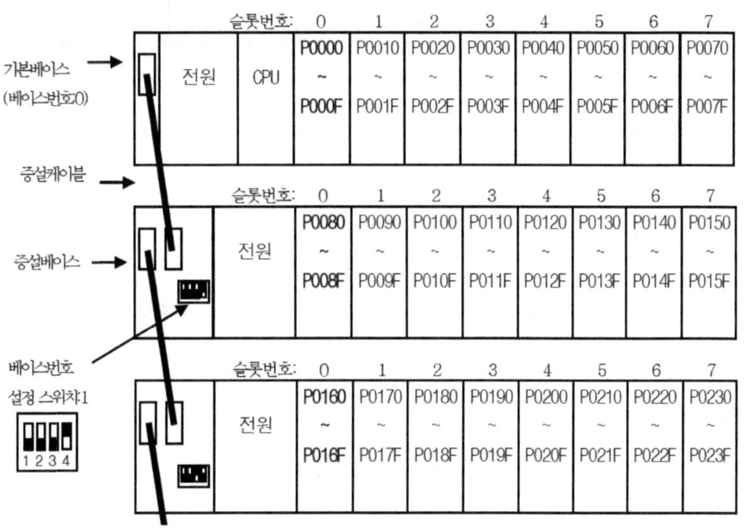

그림 5.10 XGK PLC의 고정식 증설에 따른 접점 수 할당

- I/O 점수가변식 증설(XGK-CPUH CPU, 8 슬롯 베이스)의 경우

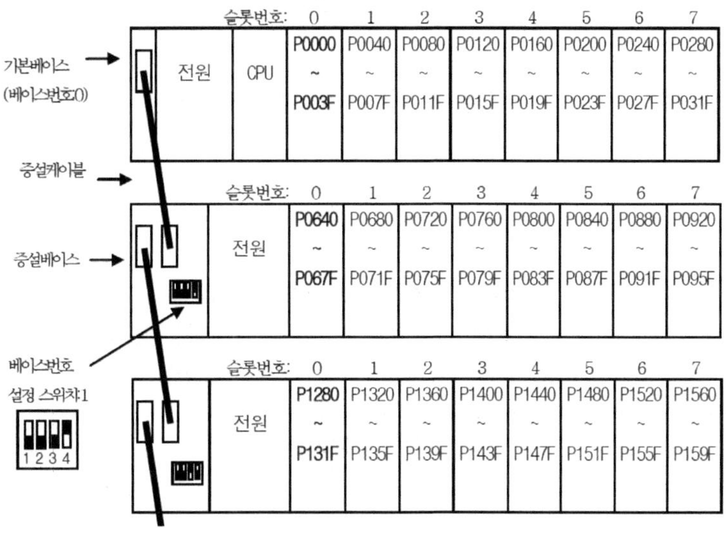

그림 5.11 XGK PLC의 가변식 증설에 따른 접점 수 할당

• 증설된 시스템의 경우 종단저항을 장착하여야 한다.

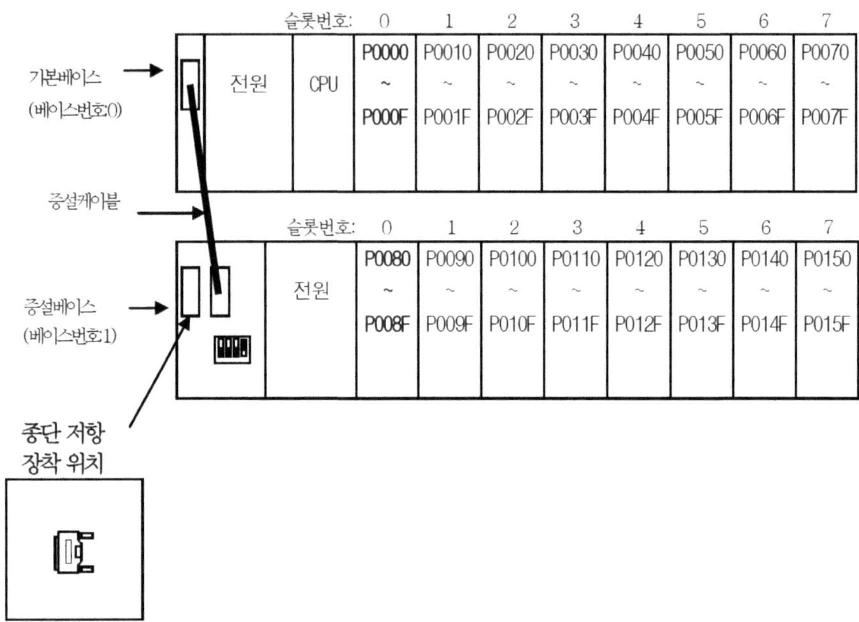

그림 5.12 XGK PLC의 증설 단의 종단 처리

(3) GLOFA-GM의 활용

외부 입력번호의 할당은 첨자(Device 이름) "I"로 표현하고 출력 번호의 할당은 첨자 "Q"로 표현하며 표시형식은 아래와 같다.

입력 : %I X0.0.0 출력 : %Q X 0. 3. 15 ① ② ③ ④	① : X는 Bit 단위의 크기를 나타낸다. ② : 베이스 번호를 의미하고 범위는 0~31(기본 : 0) ③ : 모듈의 슬롯번호, 범위는 0~7 ④ : 모듈의 접점번호, 범위는 0~63

GLOFA-GM의 PLC에서 모듈의 접점은 64점(8Byte) 단위로 접점 번호가 설정된다.

		%IX0.0	%IX0.1	%QX0.2	%QX0.3	%IX0.4	%IX0.5	%IX0.6	
Power	CPU	입력 16점 ①	입력 16점 ②	출력 16점 ③	출력 32점 ④	입력 16점 ⑤	입력 16점 ⑥	입력 16점 ⑦	CNET ⑧

GLOFA-GM의 경우

2) 입 · 출력장치와 액추에이터의 배선

입 · 출력 배선에서 입력 릴레이나 전자계전기 등의 연결은 니퍼나 드라이버로 종래방식의 작업이 필요하나 외부 출력용 입 · 출력커넥터의 연결은 공장 출하 단계에서 이미 완료되어 있다. 그림 5.13은 입 · 출력 장치의 단자에 스위치 또는 부하를 연결하는 도면이며 여기에 사용되는 배선 규격은 표 5.4와 같다.

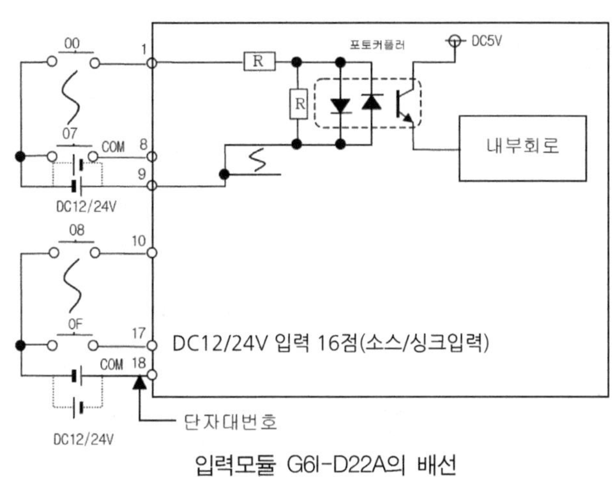

입력모듈 G6I-D22A의 배선

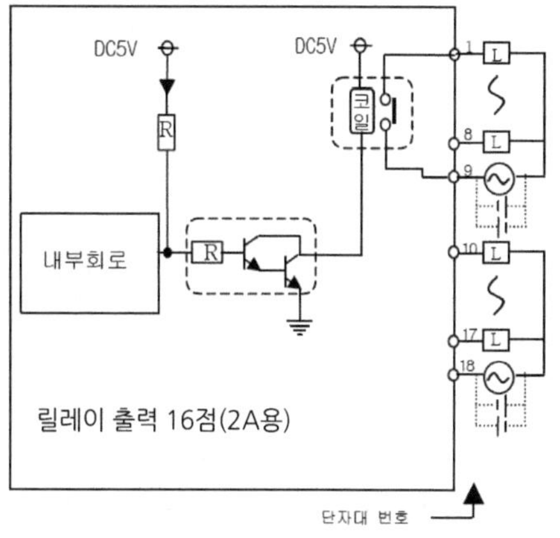

출력모듈 G6Q-RY2A의 배선

그림 5.13 PLC와 외부 장치의 연결회로도

표 5.4 PLC에 사용되는 배선의 규격

외부접촉의 종류	전선규격(mm^2)	
	하 한	상 한
디지털 입력	0.18(AWG24)	1.5(AWG16)
디지털 출력	0.18(AWG24)	2.0(AWG14)
아날로그 입 · 출력	0.18(AWG24)	1.5(AWG16)
통신	0.18(AWG24)	1.5(AWG16)
PLC 주전원	1.50(AWG16)	2.5(AWG12)
보호접지	1.50(AWG16)	2.5(AWG12)

3) 외부 컴퓨터와 PLC 간의 통신케이블

PC와 1 : 1 접속하여 사용하는 방법에는 다음과 같이 세 가지 방법이 이용되고 있다.

(1) PLC CPU모듈의 이용

CPU 내의 RS-232C 통신을 이용하여 KGL-WIN과의 통신에 이용하거나 사용자에 의한 Visual Basic 또는 C에 의해 작성된 프로그램과 연결하여 사용한다. 또한 MMI S/W(PMU/Cimon)와 같은 상용화된 프로그램도 사용할 수 있다.

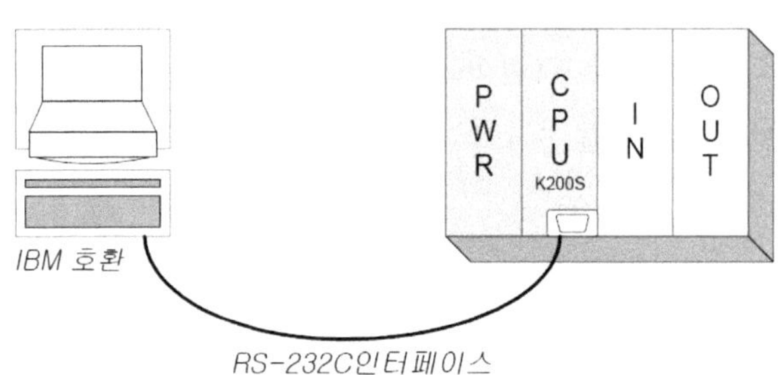

CPU를 이용한 PLC통신

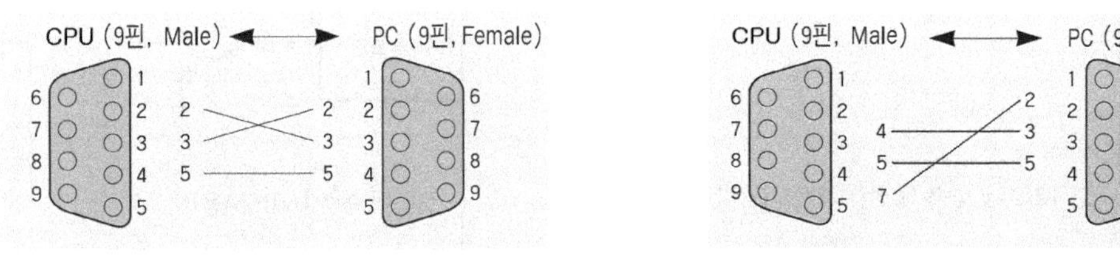

CPU모듈(K200S) ⇔ PC(XG5000)

CPU모듈(K200S) ⇔ PC(MMI) 통신기능

(2) Cnet 전용 모듈을 이용한 통신

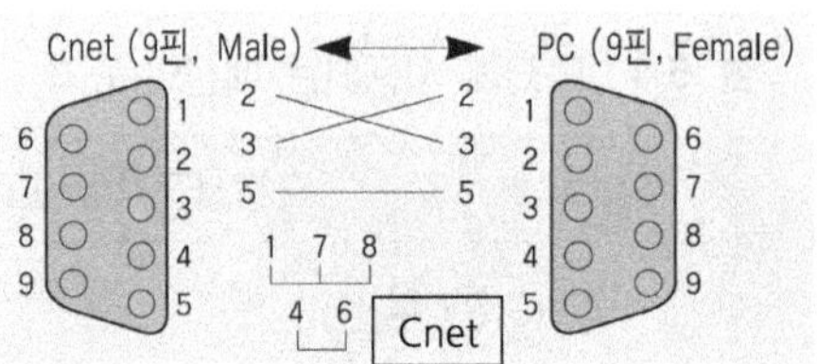

Cnet 전용모듈 ⇔ PC(MMI) 통신기능(K200S, G6L-CUEB)

5.4 사용 PLC의 일반 사양

PLC의 구조를 보면 마이크로프로세서 및 메모리를 중심으로 구성되어 인간의 두뇌 역할을 하는 중앙처리장치(CPU), 외부기기와의 신호를 연결해 주는 입·출력부, 각 부에 전원을 공급하는 전원부, PLC 내의 메모리에 프로그램을 기록하는 주변기기 등으로 구성되어 있다.

PLC 제조사마다 제공하는 PLC의 형식이 각기 다르므로 업체에 맞는 프로그래밍 작업을 위해 별도의 교육을 받아야 하나 기본적인 PLC 언어의 구조는 동일하므로 기존 제품을 사용하는 사용자는 쉽게 적용할 수 있다. 그러므로 본 교재에서는 LS산전의 MASTER-K의 200S 기종과 MASTER-K의 호환 기종인 XGK-CPUE 및 GLOFA-GM4를 비교하여 설명한다.

표 5.5 MASTER-K 200S 기종의 일반 사양

<table>
<tr><th colspan="3">CPU모듈의 종류</th><th>K3P-07AS</th><th>K3P-07BS</th><th>K3P-07CS</th></tr>
<tr><td colspan="3">연산방식</td><td colspan="3">반복연산, 정주 기연 산, 인터럽트 연산</td></tr>
<tr><td colspan="3">입·출력 제어방식</td><td colspan="3">스캔 동기 일괄처리방식(리프레시 방식),
명령어에 의한 Direct 방식</td></tr>
<tr><td colspan="3">프로그램 언어</td><td colspan="3">니모닉(Mnemonic), 래더(Ladder)</td></tr>
<tr><td rowspan="2">명령어 수</td><td colspan="2">기본명령</td><td colspan="3">30종</td></tr>
<tr><td colspan="2">응용명령</td><td colspan="3">220종</td></tr>
<tr><td colspan="3">처리 속도</td><td colspan="3">0.5μs/Step</td></tr>
<tr><td colspan="3">프로그램 메모리 용량</td><td colspan="3">7K스텝</td></tr>
<tr><td rowspan="11">데이터
종류</td><td colspan="2">입·출력 릴레이(P)</td><td colspan="3">P0000 ~ P31F(512점) *주1</td></tr>
<tr><td colspan="2">내부 릴레이(M)</td><td colspan="3">M0000 ~ M191F(3,072점)</td></tr>
<tr><td colspan="2">Keep 릴레이(K)</td><td colspan="3">K0000 ~ K031F(512점)</td></tr>
<tr><td colspan="2">링크 릴레이(L)</td><td colspan="3">L0000 ~ L063F(1,024점)</td></tr>
<tr><td colspan="2">특수 릴레이(F)</td><td colspan="3">F000 ~ F063F(1,024점)</td></tr>
<tr><td rowspan="2">타이머
(T)</td><td>100ms</td><td colspan="3">T000 ~ T191(192점)</td></tr>
<tr><td>10ms</td><td colspan="3">T192 ~ T255(64점)</td></tr>
<tr><td colspan="2">카운터(C)</td><td colspan="3">C000 ~ C255(256점)</td></tr>
<tr><td colspan="2">스텝 컨트롤러(S)</td><td colspan="3">S00.00 ~ S99.99(100조×100스텝)</td></tr>
<tr><td colspan="2">데이터 레지스터(D)</td><td colspan="3">D0000 ~ D4999(5,000 워드)</td></tr>
<tr><td colspan="2"></td><td colspan="3"></td></tr>
<tr><td colspan="3">타이머 종류(5종)</td><td colspan="3">ON Delay, OFF Delay, 적산, 모노스테이블(Monostable),
리트리거러블(Retriggerable) 타이머</td></tr>
<tr><td colspan="3">카운터 종류(4종)</td><td colspan="3">Up, Down, Up-Down, Ring 카운터</td></tr>
<tr><td colspan="3">특수기능</td><td colspan="3">Run중 프로그램 Edit, I/O강제 ON/OFF 설정기능</td></tr>
<tr><td colspan="3">운전 모드</td><td colspan="3">Run, Stop, Pause, Debug</td></tr>
<tr><td colspan="3">최대 증설 단수</td><td colspan="3">기본베이스(증설불가) *주2</td></tr>
<tr><td colspan="3">자기 진단기능</td><td colspan="3">연산 지연감시, 메모리 이상, 입·출력이 상,
배터리 이상, 전원 이상 등</td></tr>
<tr><td colspan="3">비 고</td><td>RS-232C내장</td><td>RS-485통신,
시계기능(RTC),
PID연산기능</td><td>PID연산기능,
RS-232C내장,
고속카운터,
시계기능(RTC)</td></tr>
</table>

* 주1) 입출력으로 사용가능한 것은 384점(P0000~P023F)이며 나머지는 내부 릴레이로 사용가능하다.
* 주2) 12slot 베이스 사용시 전원모듈은 GM6-PAFC 사용해야 한다.
  단) 아날로그 모듈사용시 GM6-PAFB를 사용해야 한다.

표 5.6 XGK 기종의 일반사양

<table>
<tr><th colspan="2">CPU모듈의 종류</th><th>XGK-CPUUN</th><th>XGK-CPUHN</th><th>XGK-CPUSN</th></tr>
<tr><td colspan="2">연산방식</td><td colspan="3">반복연산, 정주기 연산, 고정주기 스캔</td></tr>
<tr><td colspan="2">입 · 출력 제어방식</td><td colspan="3">스캔 동기 일괄처리방식(리프레시 방식),
명령어에 의한 Direct 방식</td></tr>
<tr><td colspan="2">프로그램언어</td><td colspan="3">래더(Ladder Diagram), 명령어 리스트(Instruction List),
SFC(Sequential Function Chart), ST(Structured Text)</td></tr>
<tr><td rowspan="2">명령어 수</td><td>기본명령</td><td colspan="3">약 40개</td></tr>
<tr><td>응용명령</td><td colspan="3">약 700개</td></tr>
<tr><td rowspan="3">처리속도
(기본명령)</td><td>LD</td><td colspan="3">8.5 n/Step</td></tr>
<tr><td>MOV</td><td colspan="3">25.5 n/Step</td></tr>
<tr><td>실수연산</td><td colspan="3">± : 182 ns(단장), 327 ns(배장)
× : 366 ns(단장), 427 ns(배장)
÷ : 345 ns(단장), 808 ns(배장)</td></tr>
<tr><td colspan="2">프로그램 메모리 용량</td><td>256K Step
(2,048KB)</td><td>128K Step
(1,024KB)</td><td>64K Step
(512KB)</td></tr>
<tr><td colspan="2">입출력 점수(설치가능)</td><td colspan="2">6,144점</td><td>3,072점</td></tr>
<tr><td rowspan="9">데이터
종류</td><td>입 · 출력 릴레이(P)</td><td colspan="3">P0000 ~ P4095F(65,536점)</td></tr>
<tr><td>내부 릴레이(M)</td><td colspan="3">M0000 ~ M4095F(65,536점)</td></tr>
<tr><td>Keep 릴레이(K)</td><td colspan="3">K0000 ~ K4095F(65,536점)</td></tr>
<tr><td>링크 릴레이(L)</td><td colspan="3">L0000 ~ L11263F(180,224점)</td></tr>
<tr><td>특수 릴레이(F)</td><td colspan="3">F000 ~ F4095F(65,536점)</td></tr>
<tr><td>타이머(T)</td><td colspan="3">100ms : T000 ~ T2999, 10ms : T3000 ~ T5999
1ms : T6000 ~ T7999, 0.1ms : T8000 ~ T8191</td></tr>
<tr><td>카운터(C)</td><td colspan="3">C000 ~ C4095(4,096점)</td></tr>
<tr><td>스텝 컨트롤러(S)</td><td colspan="3">S00.00 ~ S255.99</td></tr>
<tr><td>데이터 레지스터(D)</td><td colspan="2">D0000 ~ D524287</td><td>D0000 ~ D262143</td></tr>
<tr><td rowspan="4">프로그램의
구성</td><td>총 프로그램수</td><td colspan="3">256개</td></tr>
<tr><td>초기화 태스크</td><td colspan="3">1개</td></tr>
<tr><td>정주기 태스크</td><td colspan="3">32개</td></tr>
<tr><td>내부 디바이스 태스크</td><td colspan="3">32개</td></tr>
<tr><td colspan="2">운전 모드</td><td colspan="3">RUN, STOP, DEBUG</td></tr>
<tr><td colspan="2">자기 진단 기능</td><td colspan="3">연산지연 감시, 메모리/배터리 이상, 전원 이상 등</td></tr>
<tr><td colspan="2">프로그램 포트</td><td colspan="3">USB(1CH), Ethernet(1CH)</td></tr>
<tr><td colspan="2">정전 시 데이터 보존 방법</td><td colspan="3">기본 파라미터에서 래치 영역설정</td></tr>
<tr><td colspan="2">최대 증설 단수</td><td>3단</td><td colspan="2">7단</td></tr>
</table>

표 5.7 GLOFA · GM4 기종의 일반사양

<table>
<tr><th colspan="2">특성 항목</th><th>성능 및 규격</th></tr>
<tr><td colspan="2">제어방식</td><td>Stored 프로그램 방식, 반복연산, 정주기 연산, 인터럽트 연산</td></tr>
<tr><td colspan="2">입 · 출력 제어방식</td><td>스캔동기 일괄처리방식
(Direct 입 · 출력에 의한 즉시 입 · 출력 가능)</td></tr>
<tr><td colspan="2">프로그램 언어</td><td>래더(Ladder Diagrm), 명령어 리스트(Instruction List),
SFC(Sequential Function Chart)</td></tr>
<tr><td rowspan="4">명령어 수</td><td>연산자</td><td>LD : 13개, IL : 21개</td></tr>
<tr><td>기본 펑션</td><td>194개</td></tr>
<tr><td>기본 펑션 블록</td><td>11개</td></tr>
<tr><td>전용 펑션 블록</td><td>특수기능 모듈별 전용 펑션 블록</td></tr>
<tr><td colspan="2">프로그램 메모리 용량(Kbyte)</td><td>128Kbyte</td></tr>
<tr><td colspan="2">연산 처리 속도(연산자)</td><td>0.12μs/명령</td></tr>
<tr><td colspan="2">입 · 출력점수</td><td>512점(16점 모듈 사용시), 1,024점(32점 모듈 사용시)</td></tr>
<tr><td rowspan="2">데이터 메모리</td><td>직접 변수영역</td><td>2 ~ 16Kbyte(GMWIN에서 영역 설정)</td></tr>
<tr><td>심볼릭 변수영역</td><td>52Kbyte – 직접변수영역</td></tr>
<tr><td colspan="2">타이머</td><td>점수는 제한 없음 시간범위 : 0.001초 ~ 4294967초
(1,193시간)</td></tr>
<tr><td colspan="2">카운터</td><td>점수는 제한 없음 계수범위 : –32768 ~ +32767</td></tr>
<tr><td colspan="2">특수기능</td><td>Run 중 프로그램 Edit, I/O강제 ON/OFF 설정기능</td></tr>
<tr><td colspan="2">운전모드</td><td>Run, Stop, Pause, Debug</td></tr>
<tr><td colspan="2">자기진단기능</td><td>연산지연 감시, 메모리 이상, 입 · 출력이 상,
배터리 이상, 전원 이상 등</td></tr>
<tr><td colspan="2">정전 시 데이터 보존</td><td>변수정의 시 보존(Retain)으로 설정된 데이터</td></tr>
<tr><td colspan="2">프로그램 블록 수</td><td>180개</td></tr>
<tr><td rowspan="5">프로그램의 종류</td><td>스캔 프로그램</td><td>180 – 태스크 수</td></tr>
<tr><td>정주기 태스크</td><td>32개</td></tr>
<tr><td>외부 접점 태스크</td><td>8개</td></tr>
<tr><td>내부 접점 태스크</td><td>16개</td></tr>
<tr><td>초기화 태스크</td><td>2개(_INIT, _H_INIT)</td></tr>
<tr><td colspan="2">리스타트 기능</td><td>콜드, 웜, 핫 리스타트</td></tr>
<tr><td colspan="2">최대 증설 단수</td><td>3단</td></tr>
<tr><td colspan="2">소비전류</td><td>130mA</td></tr>
</table>

5.5 PLC 데이터 메모리의 할당

1) MASTER-K의 데이터 메모리체계

(1) 데이터 메모리

데이터 메모리는 PLC에서 연산을 수행하거나 내부에 저장하는 메모리를 통칭한다. MASTER-K에서 사용하는 메모리의 종류는 아래와 같다.

- 입 · 출력 접점(P) : 입 · 출력 접점의 상태를 저장하는 메모리를 의미한다.
- 보조 릴레이(M) : PLC 내부 릴레이로서 외부로 직접출력은 불가능하지만, 입 · 출력 릴레이와 연결하면 외부 출력이 가능하다.
- 정전유지 릴레이(K : 불휘발성 영역) : 보조 릴레이와 사용 용도는 동일하나 PLC 정전 시 정전 이전의 설정값을 보존하여 정전 복구 시 설정값이 복구된다.
- 특수 릴레이(F) : PLC의 내부 시스템 상태나 펄스 등을 제공하는 내부 접점으로 PLC 이상을 체크하거나 특수기능을 제공한다.
- Data Register(D) : 수치 연산을 위해 내부 데이터를 저장하는 영역으로 기본 16 Bit(1 Word) 또는 32 Bit(2 Word) 단위로 데이터의 쓰고 읽기가 가능하다. 파라미터 사용으로 일부 영역을 불휘발성 영역으로 사용할 수 있다.
- 타이머(T) : 시간을 제어하는 용도로 사용되며 타이머 일치 접점 영역, 설정시간 영역과 지난 시간을 저장하는 별도의 영역으로 구성된다.
- 카운터 C : 수를 세는 용도로 사용되며 카운터 일치 접점과 설정값 및 경과 값을 저장하는 별도의 영역으로 구성된다.
- 기타 : 링크 릴레이(L), 간접 지정 Register(#D)

Bit Data 메모리영역

P00
입 · 출력 접점
256점
P
P15
M000
보조 릴레이
3,072점
M
M191
K00
정전유지 릴레이
1,024점
K
K31
F00
특수 릴레이
1,024점
F
F63

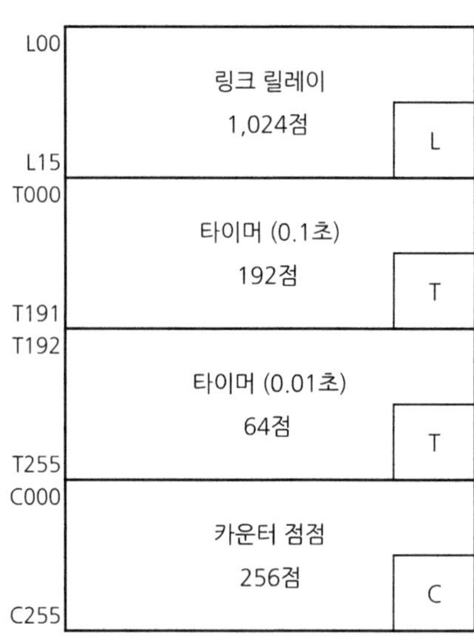

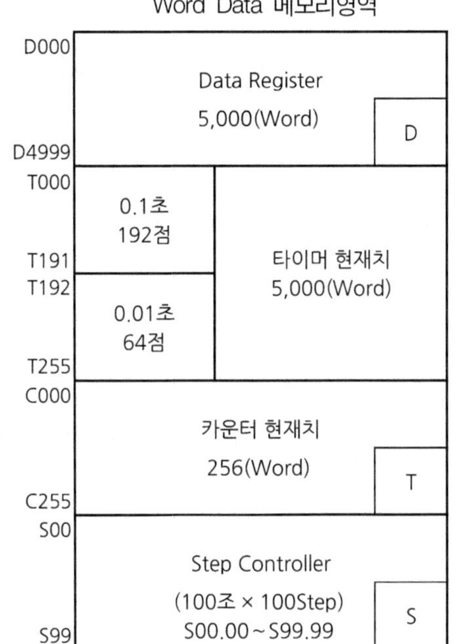

User 프로그램 메모리

파라미터 설정 영역
사용자 프로그램 메모리 7K Step

기본 불휘발성 메모리영역

K	M, L	T	C	D	S
K000~K31F	변경 가능	0.1초 : T144~T191 0.01초 : T240~T255	C192~C255	D3500~D4500	S80~S99

그림 5.14 MASTER-K 200S의 메모리구성

(2) 메모리의 구조

① Bit(접점) 영역

그림 5.15는 Bit 영역의 메모리 구조로 CPU 내부에 각각의 영역이 구성되어 있다고 이해하면 된다.

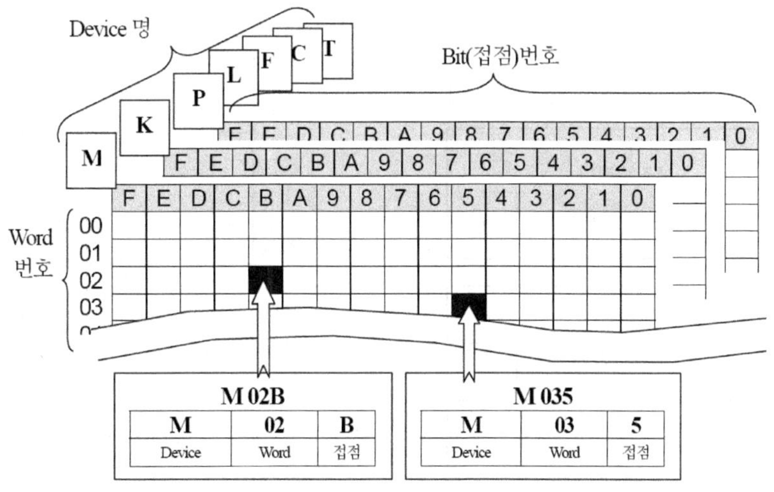

그림 5.15 MASTER-K의 장치 메모리

② Word영역

Word 단위로 표현되며 자료의 연산 또는 저장공간으로 사용되며 표현할 수 있는 최대 수치는 65565(16진수 : FFFF)이며 데이터 레지스터 D, 타이머 현재값 T, 카운터 현재값 C가 해당한다.

(예) [MOV h1234 M01]의 경우 M01 Word에 16진수 1234를 저장

	F	E	D	C	B	A	9	8	7	6	5	4	3	2	1	0
M01	0	0	0	1	0	0	1	0	0	0	1	1	0	1	0	0
HEX	1				2				3				4			

※BLD, BAND, BOR 등의 비트 분할 명령을 이용하면 데이터 레지스터 D 영역도 Bit 사용이 가능하다(K80S, K200S, 300S, 100S).

2) XGK의 데이터 메모리 체계

(1) 데이터 메모리

PLC에서 연산을 수행하거나 내부에 저장하는 메모리를 통칭하며 XGK에서 사용하는 메모리의 종류는 아래와 같다.

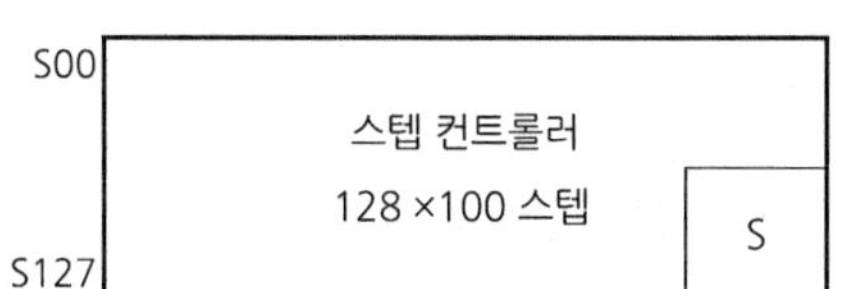

User 프로그램 메모리

파라미터 설정영역

사용자 프로그램 메모리
16K 스텝

그림 6.16 XGK-CPUE 기종의 데이터 메모리 구성

3) GLOFA-GM의 메모리 체계

프로그램 안에서 사용되는 데이터는 값을 가지고 있으며 프로그램이 실행되는 동안에 값이 바뀌지 않는 상수와 그 값이 변하는 변수가 있다. 프로그램의 블록, 펑션과 펑션블록 등의 프로그램 구성요소에서 변수를 사용하기 위한 표현 방식이며

변수의 표현 방식

직접 변수	네임드(Named) 변수
변수선언이 불필요(종래의 PLC 방식)	변수선언이 필요

변수 표현 방식에는 사용자가 이름을 부여하지 않고 PLC 제조사에 의해 지정된 메모리 영역의 식별자를 사용하는 직접 변수방식과 사용자가 이름을 부여하고 사용하는 네임드(Named Symbolic) 변수방식이 있다.

(1) 직접 변수

직접 변수는 사용자가 변수 이름과 형 등의 선언이 없이 이미 제조사에 의해 정해진 메모리영역의 식별자와 주소를 사용한다. 직접 변수는 별도의 변수선언 없이 식별자의 위치를 표현하는 방식이므로 프로그램의 가독성(可讀性)이 떨어지며 사용자의 잘못으로 어드레스 등이 중복될 우려가 있다.

직접 변수는 반드시 퍼센트 문자(%)로 시작하고 다음에 위치 접두어와 크기 접두어를 붙이며 그리고 마침표로 분리되는 하나 이상의 부호 없는 정수의 순으로 나타낸다.

직접 변수의 위치 접두어

접두어	의 미
I	입력위치(Input Location)
Q	출력위치(Output Location)
M	내부 메모리위치(Memory Location)

직접 변수의 크기 접두어

접두어	의 미
X	1 비트의 크기("X" 문자에 한하여 생략 가능)
B	1 바이트(8 비트)의 크기
W	1 워드(16 비트)의 크기
D	1 더블 워드(32 비트)의 크기
L	1 롱 워드(64 비트)의 크기

직접 변수의 표시 예

직접 변수	직접 변수의 표시 예
%[위치 접두어] [크기 접두어] 베이스 번호. 슬롯 번호. N (N : 모듈의 접점번호, 범위는 0~63)	입력 : %IX0.0.0 출력 : %QX0.3.15

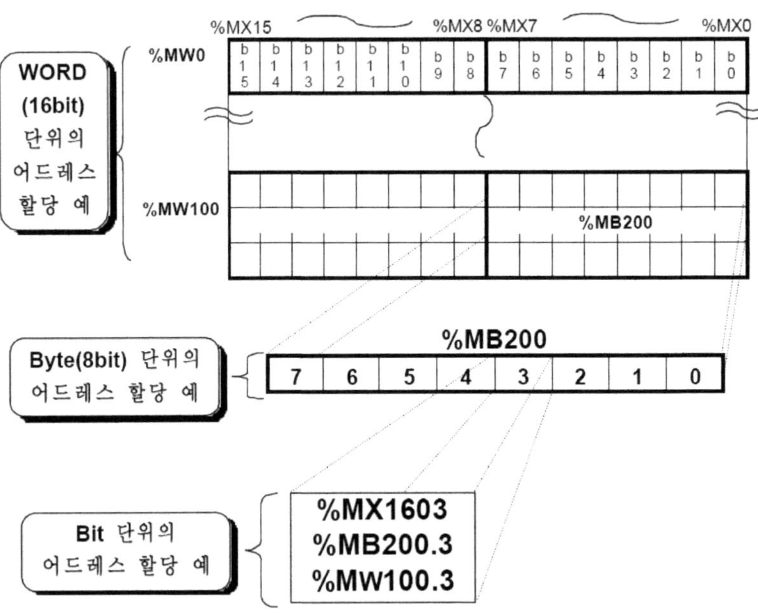

그림 5.17 GLOFA-GM PLC의 내부 메모리

메모리의 단위	메모리의 표시 예	
Word = 2Byte = 16Bit Block = 2Byte	%MX1603	200번 Block의 4번째 Bit 200번 Block×8Bit+4bit
	%MB200.3	200번 Block의 4번째 Bit
	%MW100.3	100번 Word의 4번째 Bit Word = 2×Block

※%MD48 : 48 Word의 위치에 있는 더블 워드 단위의 메모리를 나타내며 내부 메모리는 베이스와 슬롯번호가 없다.

(2) 네임드 변수

네임드 변수는 사용자가 변수 이름과 형(Type) 등을 선언하고 사용하며 네임드 변수의 이름은 한글/한자는 8자 또는 영문은 16자까지 선언이 가능하며 한글, 영문, 숫자 및 밑줄 문자 "_"를 조합하여 사용할 수 있다. 또한 영문자의 경우 대·소문자를 구별하지 않고 모두 대문자로 인식하며 빈칸을 포함하지 않아야 한다.

네임드 변수 예

종 류	사 용 예
한글, 숫자 및 밑줄 문자	모터10, 디지털_스위치1, 누름_검출, 수동_배출_스위치
한글, 영문, 숫자 및 밑줄 문자	AGV_주행_완료, 모터 2_ON, BCD 값, VAL2, 자동_SOL_배출

※변수 선언절차 : 변수의 종류설정→데이터 형의 지정→메모리의 할당

① 네임드 변수의 종류(속성) : 변수를 어떻게 선언할 것인지를 설정한다.

변수 종류	변수의 내용
VAR	읽고 쓸 수 있는 일반적인 변수
VAR_RETAIN	정전 후 복전 시 값이 유지되는 변수
VAR_CONSTANT	읽기만 할 수 있는 변수
VAR_EXTERNAL	외부변수(VAR_GLOBAL) 임을 지정하는 변수

② Named 변수의 데이터형 : 데이터의 기본 유형을 정의한다.

표 5.8 GLOFA-GM4 기종의 기본 데이터형

구분	예약어	데이터 형	크기 (비트)	범 위
수치 (ANY_NUM)	SINT	Short Integer	8	−128～127
	INT	Integer	16	−32768～32767
	DINT	Double Integer	32	−2147483648～2147483647
	LINT (GM1,2에만 적용)	Long Integer	64	−263～263-1
	USINT	Unsigned Short Integer	8	0～255
	UINT	Unsigned Integer	16	0～65535
	UDINT	Unsigned Double Integer	32	0～4294967295
	ULINT(GM1,2에만 적용)	Unsigned Long Integer	64	0～264-1
	REAL (GM1,2에만 적용)	Real Numbers	32	−3.402823E38～−1.401298E-45 1.401298E-45～3.402823E38
	LREAL (GM1,2에만 적용)	Long Reals	64	−1.7976931E308～−4.9406564E-324 4.9406564E-324～1.7976931E308
시간	TIME	Duration	32	T#0S～T#49D17H2M47S295MS
날짜	DATE	Date	16	D31984-01-01～D#2163-6-6
	TIME_OF_DAY	Time Of Day	32	TOD#00:00:00～TOD#23:59:59.999
	DATE_AND_TIME	Date And Time Of Day	64	DT#1984-01-01-00:00:00～ DT#2163-12-31-23:59:59.999
문자열	STRING	Character String	30*8	30 문자
비트 상태 (ANY_BIT)	BOOL	Boolean	1	0, 1
	BYTE	Bit String Of Length 8	8	16#0～16#FF
	WORD	Bit String Of Length 16	16	16#0～16#FFFF
	DWORD	Bit String Of Length 32	32	16#0～16#FFFFFFFF
	LWORD (GM1,2에만 적용)	Bit String Of Length 64	64	16#0～16#FFFFFFFFFFFFFFFF

- 데이터형은 크게 수치(ANY_NUM)와 비트상태(ANY_BIT)로 구분할 수 있다.
- 정수의 예는 카운터의 현재 값, A/D(아날로그 입력) 변환 값 등이 있다.
- 비트상태 BOOL(Boolean : 1비트)의 예는 입력 스위치의 ON/OFF 상태, 출력 램프의 소등/점등 상태 등이 있다.

- BCD는 10진수를 4비트의 2진 코드로 나타낸 것이므로 비트 열(ANY_BIT)이다.
- 비트상태는 산술연산이 불가능하지만 형(Type) 변환펑션을 사용하여 수치로 변환하면 산술연산이 가능하다.

③ 초기값 : 데이터의 초기값을 지정하지 않으면 자동적으로 아래와 같이 지정된다.

데이터 타입	초기값
SINT, INT, DINT, LINT, USINT, UINT, UDINT, ULINT	0
BOOL, BYTE, WORD, DWORD, LWORD	0
REAL, LREAL	0.0
TIME	T#0s
DATE	D#1984-01-01
TIME_OF_DAY	TOD#00:00:00
DATE_AND_TIME	DT#1984-01-01-00:00:00
STRING	" "(Empty String)

VAR_EXTERNAL의 선언은 외부에서 선언한 변수를 간접 지정한 것이므로 초기값을 줄 수 없으며 변수선언 %I와 %Q로 할당한 변수는 입·출력에 해당하므로 초기값을 줄 수 없다.

(3) Named 변수의 메모리 할당

네임드 변수의 메모리 할당에는 자동할당과 사용자 정의가 있다.

① 자동할당 : 내부 메모리 영역에 변수 위치를 자동으로 지정하고 프로그램이 작성된 후 컴파일(Compile) 과정에서 정의 되므로 사용자는 변수 위치에 신경을 쓸 필요가 없다.

② 사용자 정의 : 사용자가 직접 변수(%I, %Q, %M)를 사용하여 강제로 위치를 지정하며 사용자에 의한 메모리의 할당 형식은 직접 변수 지정 방식과 같다.

5.6 PLC와 릴레이시퀀스의 비교

1) 하드 와이어드와 소프트 와이어드

종래의 릴레이 제어방식은 일의 순서를 회로도에 전개하여 그곳에 필요한 제어기기를 결합하고 연결선으로 배선 작업을 해서 요구하는 동작을 실현한다.

이 같은 방식을 하드 와이어드 로직(Hard-wired Logic)이라고 한다. 장치 사양이 변경되면 하드웨어와 소프트웨어를 모두 변경해야 하는 문제점이 있으며 이를 해결하는 방법으로 시퀀스의 순서를 프로그램화하여 기억장치인 메모리에 일의 순서를 넣어 마치 배선 작업과 같다고 생각하는 방식을 소프트 와이어드 로직(Soft-wired Logic)이라고 하며 PLC에서는 이 방식이 이용된다.

2) 릴레이 시퀀스와 PLC 프로그램 차이점

PLC는 전자 부품의 집합으로 릴레이 시퀀스와 같은 접점의 코일은 존재하지 않으나 접점과 코일의 연결 동작은 소프트웨어로 처리한다. 또한 동작도 코일이 여자 되면 접점이 닫혀 회로가 활성화되는 릴레이 시퀀스와는 달리 프로그램으로 순차적으로 내용을 읽어서 그 내용에 따라 동작하는 방식으로 사용자는 자유롭게 원하는 제어를 할 수 있도록 프로그램의 작성 능력이 요구된다.

① 직렬 처리와 병렬처리 : PLC 시퀀스와 릴레이 시퀀스의 가장 근본적인 차이점은 그림 5.18에 나타낸 것과 같이 "직렬 처리와 병렬 처리"라는 동작상의 차이에 있다.

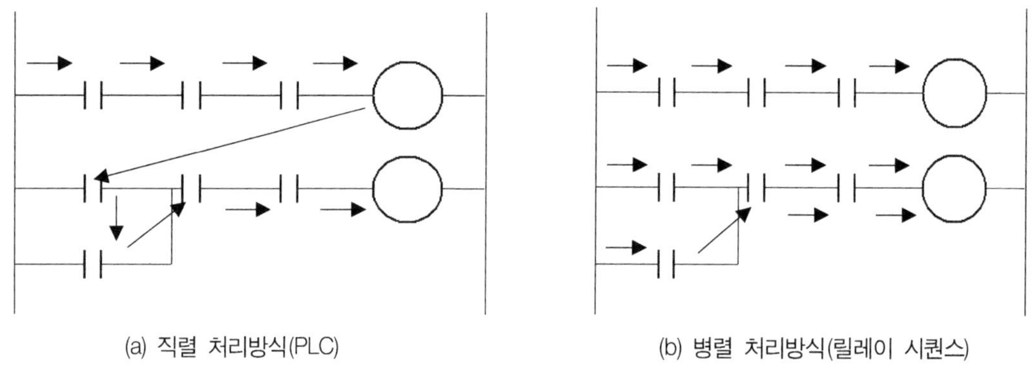

(a) 직렬 처리방식(PLC) (b) 병렬 처리방식(릴레이 시퀀스)

그림 5.18 연산 처리방식의 비교

PLC는 프로그램을 순차적으로 연산하는 직렬 처리방식이고 릴레이 시퀀스는 여러 회로가 전기적인 신호에 의해 동시에 동작하는 병렬처리 방식입니다. 따라서 PLC는 어느 한순간을 포착해 보면 한 가지 일밖에 하지 않는다.

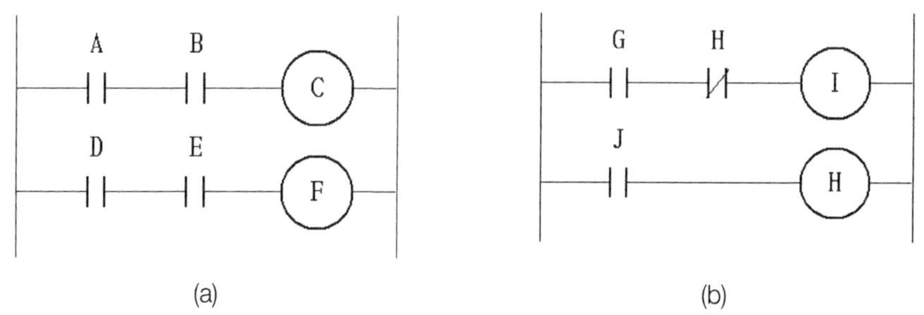

(a) (b)

그림 5.19 연산 처리방식의 비교 시퀀스

먼저 그림 5.19의 (a) 시퀀스도로 PLC와 릴레이와 동작상의 차이점을 설명하면 릴레이 시퀀스에서는 전원이 투입되어 접점 A와 B 그리고 접점 D와 E가 동시에 닫히면 출력 C와 F는 ON 되고 어느 한쪽이 빠를수록 먼저 동작하나 이에 반해 PLC는 연산 순서에 따라 C가 먼저 ON 되고 다음에 F가 ON이 된다.

릴레이는 그림 5.19의 (b) 경우에 전원이 투입되면 접점 G와 J가 닫힘과 동시에 H가 ON 되어 릴레이(I)가 직렬연산으로 처리되므로 동작할 수 없으며 PLC에서는 릴레이(I)가 구동된 후에 H에 의해 릴레이(I)의 동작이 중지된다.

② 사용 접점 수의 제한 : 릴레이는 일반적으로 하나당 가질 수 있는 접점 수에 한계가 있어 릴레이 시퀀스를 작성할 때는 사용하는 접점 수를 줄여서 설계하여야 한다.

이에 비하여 PLC는 동일 접점에 대해 사용횟수에 제한받지 않으므로 동일 접점에 대한 정보를 정해진 메모리에 저장해 놓고 연산할 때마다 메모리에 있는 정보를 읽어서 처리한다.

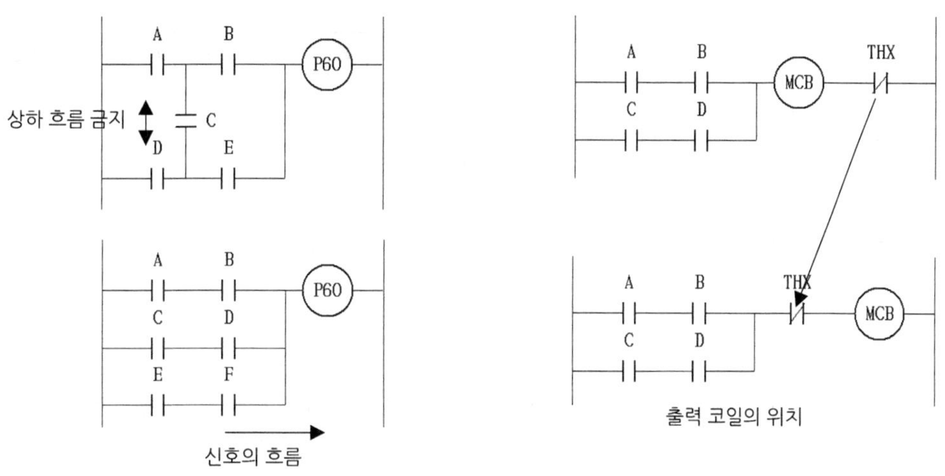

그림 5.20 PLC 시퀀스의 약속 사항

③ 접점이나 코일 위치의 제한 : PLC 시퀀스에는 릴레이 시퀀스에는 없는 약속 사항이 있으며 그 중 하나는 코일 이후 접점을 금지한다. 즉 PLC 시퀀스에서는 코일을 반드시 오른쪽 모선에 붙여서 작성해야 한다.

또한 PLC 시퀀스에서는 항상 신호가 왼쪽에서 오른쪽으로 전달되도록 구성하며 오른쪽에서 왼쪽으로 흐르는 회로나 상하로 흐르는 회로 구성을 금지한다.

5.7 PLC CPU의 연산 처리

입력 Refresh 후 프로그램 0번 스텝부터 END까지 수행하고 자기진단 후 출력 Refresh를 수행하게 된다. 이후 다시 입력 Refresh부터 같은 동작을 반복 수행하게 되며 일회 연산주기를 스캔(Scan) 타임이라 한다.

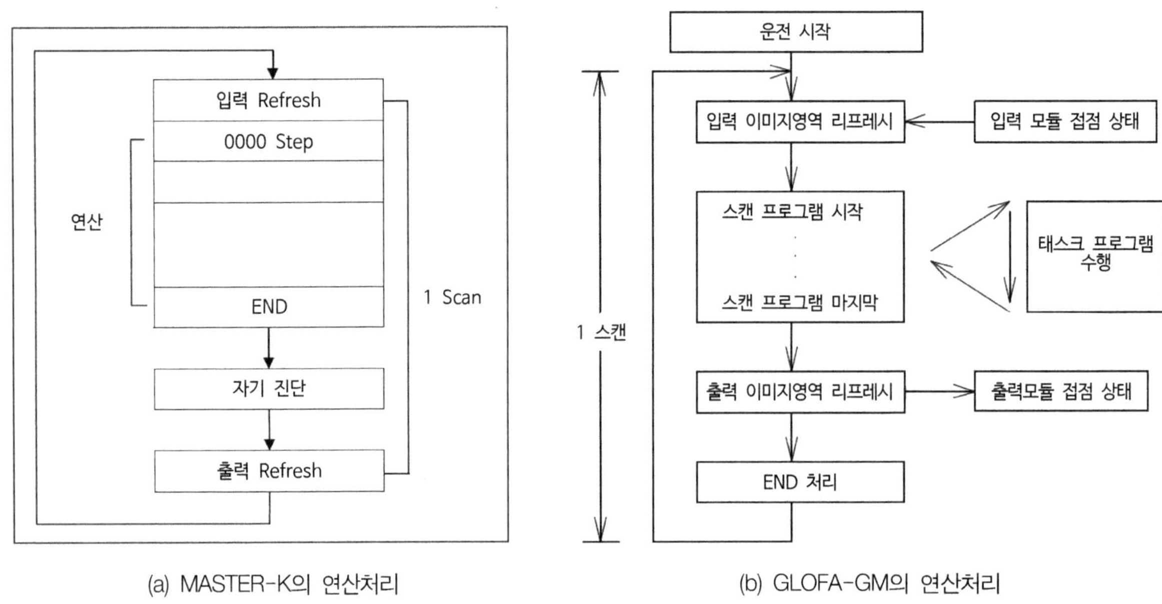

(a) MASTER-K의 연산처리 (b) GLOFA-GM의 연산처리

그림 5.21 PLC의 스캔타임

① 입력 Refresh : 프로그램을 수행하기 전에 입력 모듈의 상태정보를 Read 하여 Data Memory의 입력영역에 일괄 저장한다.

② 출력 Refresh : 프로그램 수행 완료 후 Data Memory의 출력영역에 상태정보를 출력모듈에 일괄 출력한다.

③ 즉시 입·출력 명령을 사용한 경우 (IORF) : 명령에서 설정된 입·출력 카드에 대해 프로그램이 실행 중에 입·출력장치를 Refresh 한다.

④ 출력 명령을 실행하였을 때 : 시퀀스 프로그램의 연산 결과를 Data Memory의 출력영역에 저장하고 프로그램 종료 후 출력에 해당하는 접점을 ON 또는 OFF 시킨다.

※ 1 Scan

프로그램을 수행하기 전에 입력장치 Unit에서 입력 Data를 Read하여 Data Memory의 입력영역에 일괄 저장한 후 프로그램 처음 Step부터 종료까지 수행하고 자기진단, Timer, Counter 등을 처리한 후 Data Memory의 출력영역에 저장하고 출력모듈에 일괄 출력하는 일련의 동작을 의미한다.

1) PLC 프로그램의 구성

PLC 프로그램은 CPU의 내장 RAM 또는 플래시 메모리에 프로그램이 저장됩니다. 기능요소는 다음과 같이 분류합니다.

기능요소		연산 처리 내용
스캔 프로그램		1 스캔마다 일정하게 반복되는 신호처리를 위하여 작성된 순서대로 처음부터 마지막 스텝까지 반복적으로 연산을 실행하며 실행 중에 정주기 인터럽트가 실행되면 실행프로그램을 중지하고 인터럽트 프로그램을 실행한다.
인터럽트 프로그램	정주기 태스크 프로그램	다음과 같은 시간 처리가 요구되는 경우 설정된 시간 간격에 따라 프로그램을 실행한다. • 스캔 평균 처리시간보다 빠르거나 긴 시간 간격이 필요한 경우 • 지정된 시간 간격으로 처리해야 하는 경우
	내부 디바이스 태스크 프로그램	내부 디바이스 기동 조건이 발생하는 경우 프로그램이 실행되며 디바이스 기동 조건 검출은 스캔 프로그램의 처리 후 실행된다.
서브루틴 프로그램		명령의 조건이 만족할 때만 실행된다.

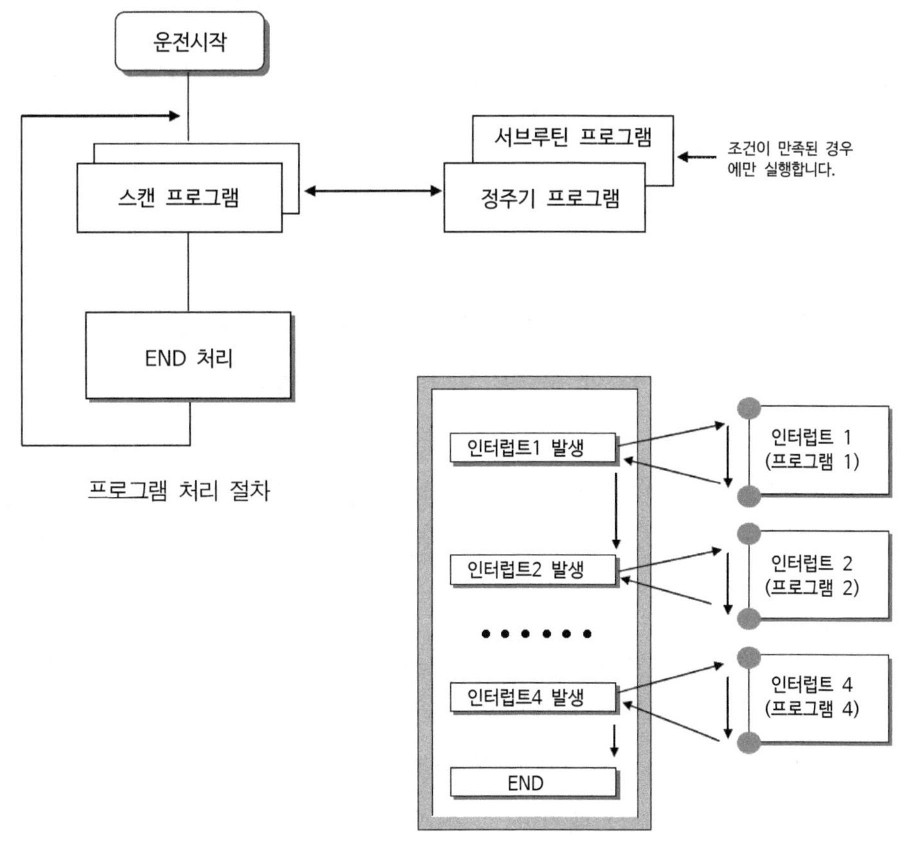

그림 5.22 PLC 프로그램의 실행 방식

2) PLC 프로그래밍 언어

현재 사용 중인 프로그래밍 언어로 니모닉(Mnemonic), 래더(Ladder), SFC(Sequential Function Chart) 등이 있으며 MASTER-K PLC는 니모닉, 래더의 두 가지 언어를 제공하며 상호 호환성(Con-version)이 있다.

① 니모닉 : 어셈블리 언어 형태의 문자 기반 언어로 휴대용 프로그램 입력기(Handy Loader)를 이용한 간단한 로직의 프로그래밍에 사용하며 최근 개발된 PLC 기종의 명령어 리스트(Instruction List) 유사하다.

② 래더 : 사다리 형태의 구조이고 릴레이 로직과 유사한 도형 기반의 언어로 현재 가장 널리 사용되고 있다.

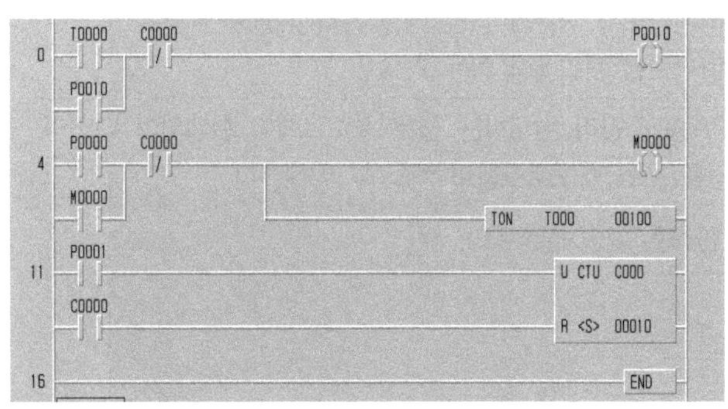

(a) 래더 프로그램의 예

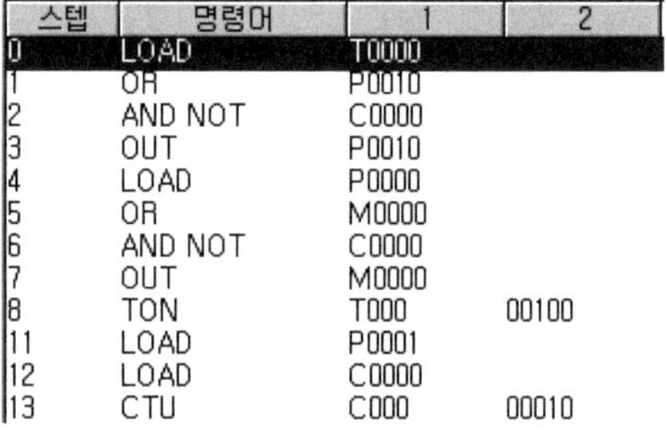

스텝	명령어	1	2
0	LOAD	T0000	
1	OR	P0010	
2	AND NOT	C0000	
3	OUT	P0010	
4	LOAD	P0000	
5	OR	M0000	
6	AND NOT	C0000	
7	OUT	M0000	
8	TON	T000	00100
11	LOAD	P0001	
12	LOAD	C0000	
13	CTU	C000	00010

(b) 니모닉 프로그램의 예

그림 5.23 PLC 프로그래밍 언어의 종류

3) 기본 용어적인

① 점(Point) : 입력 8점, 출력 6점의 PLC는 스위치나 센서 등 입력기기를 최대 8개, 램프나 릴레이 등 출력기기를 6개를 연결할 수 있으며 PLC의 입·출력 용량을 표시할 때 사용한다.

② 스텝(Step) : PLC 명령어의 최소 단위로 A 접점, B 접점, 출력 코일 등의 명령이 하나의 스텝에 해당하는 명령이고 기타 응용 명령어의 경우 하나의 명령어가 다수의 스텝을 점유하며 프로그램 용량 및 CPU 속도를 표시하는 단위로는 K Step과 Sec/Step이 사용된다. (용량 : 30K Step)

③ 스캔 타임(Scan Time) : 사용자가 작성 프로그램의 일회 수행에 걸리는 시간을 의미하며 스텝 수가 많은 프로그램의 경우 스캔 타임은 증가한다.

④ WDT(Watch Dog Timer) : 프로그램 연산 폭주나 CPU 기능의 고장에 의하여 출력을 하지 못하면 설정한 시간 동안(WDT) 대기한 후 에러를 발생시키는 시스템 감시타이머이다.

⑤ 파라미터(Parameter) : 프로그램과 함께 PLC에 저장되는 운전데이터로 통신환경 등을 지정한다.

5.8 PLC 프로그램의 기본

• 자기유지회로 : 우측 릴레이 시퀀스를 참조하여 PLC 프로그램을 작성한다.

입 · 출력 접점 리스트

접점명	MASTER · K	XGK	GLOFA · GM
PB1	P0000	P00000	%IX0.0.0
PB2	P0001	P00001	%IX0.0.1
R (보조릴레이)	M0000	M00000	%MX1
L	P0010	P00010	%IX0.1.0

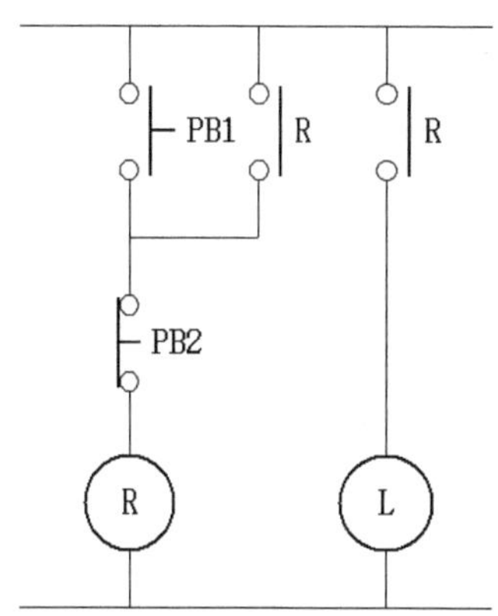

자기유지회로 릴레이 시퀀스

1) MASTER-K에 의한 프로그래밍

(1) PLC 프로그램의 작성

바탕화면의 KGL_WK를 클릭하면 KGLWIN(Ver. 3.66) 프로그램의 초기화면이 나타난다.

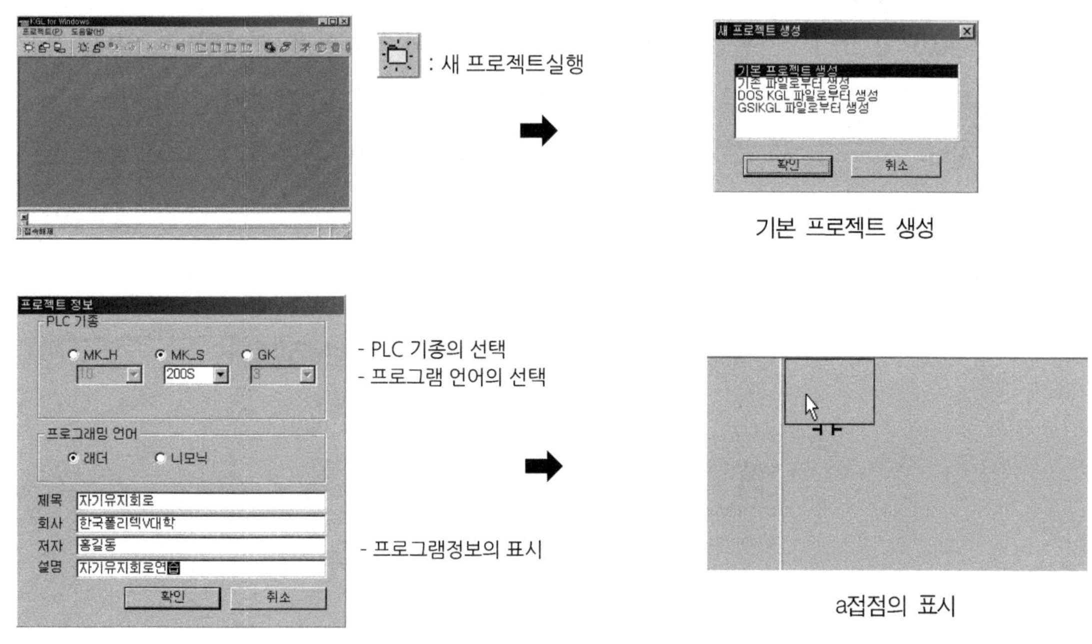

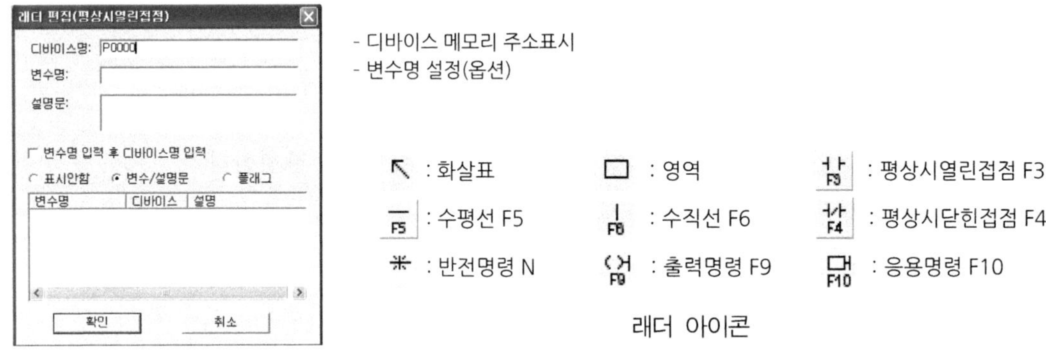

래더 아이콘

0	P0000	P0001	M0000
	M0000		
4	M0000		P0010
6			END

작성된 자기유지회로

(2) PLC 프로그램의 수정

① 지우기(Del) : 선택된 객체(접점, 출력, 선 등)를 자판의 Del를 이용하거나 풀다운메뉴를 이용하여 삭제할 수 있다.

② 삽입모드 : 자판의 Insert를 이용하여 삽입모드로 변경하거나 풀다운메뉴에서 선택된다.

③ 라인 삽입(M) : Ctrl+M, 자판을 이용하여 수평 라인을 추가할 수 있다.

④ 라인 삭제(U) : Ctrl+U, 자판을 이용하여 수평 설비상의 객체들을 삭제할 수 있다.

⑤ 렁 커멘트 편집(E) : Ctrl+E를 이용하여 수평 라인에 주석 문을 작성할 수 있다.

⑥ 블록 설정(S) : Step의 시작과 끝을 선택하여 영역을 설정하며 화면상의 영역설정은 □ 영역 아이콘을 이용한다.

⑦ 프로그램의 최적화(O) : 작성된 프로그램의 최적화 기능을 적용할 수 있다.

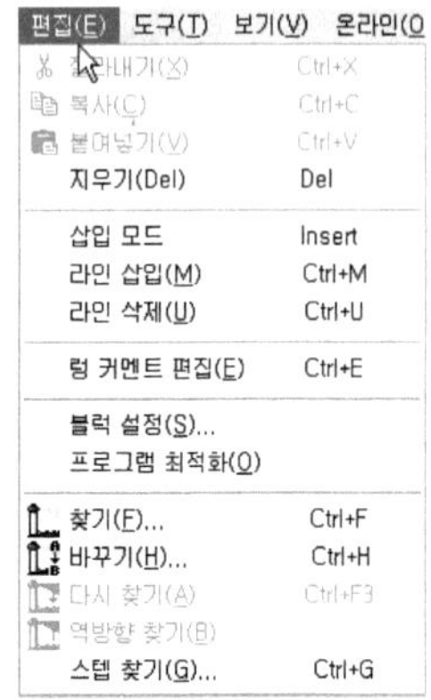

편집 풀다운메뉴

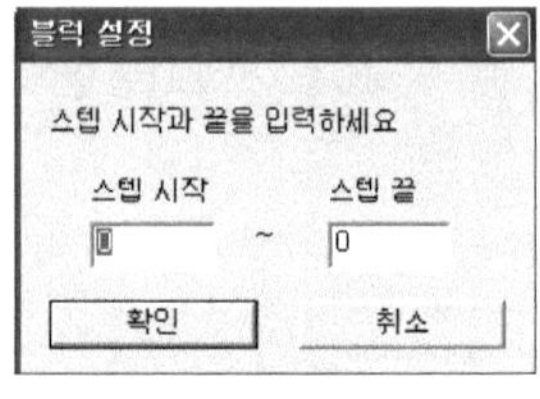

블록 설정 대화상자

(3) PLC 프로그램의 전송(PC ➡ PLC CPU)

① 전송케이블(RS232C) : 5.3절에서 설명한 MASTER-K 200S의 PC(KGL-WIN) ⇔ CPU 모듈 간의 통신케이블이 필요하다.

② 도구모음 상자의 (접속+다운로드+모니터 시작) 아이콘(Ctrl+R)을 이용하여 PLC와의 접속, 실행과 PLC의 상태정보를 관찰할 수 있다.

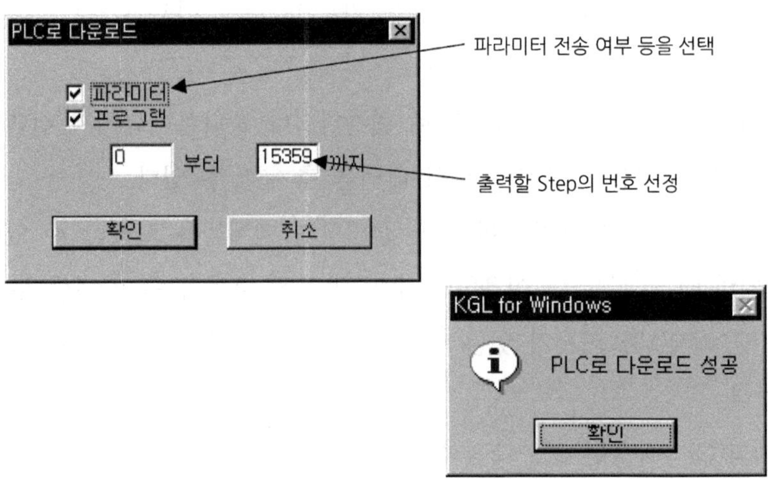

전송 완료 표시 대화상자

※ 프로그램 전송이 완료되면 KGL-WIN은 모니터링을 개시하며 이때 동작 상황뿐만 아니라 PLC의 상태정보와 데이터 메모리 등의 상태가 모니터링된다.

2) XGT용 XG5000에 의한 프로그래밍

(1) PLC 프로그램의 작성

바탕화면의 XG5000을 클릭하면 XG5000 프로그램(Ver.4.77)의 초기화면이 나타난다.

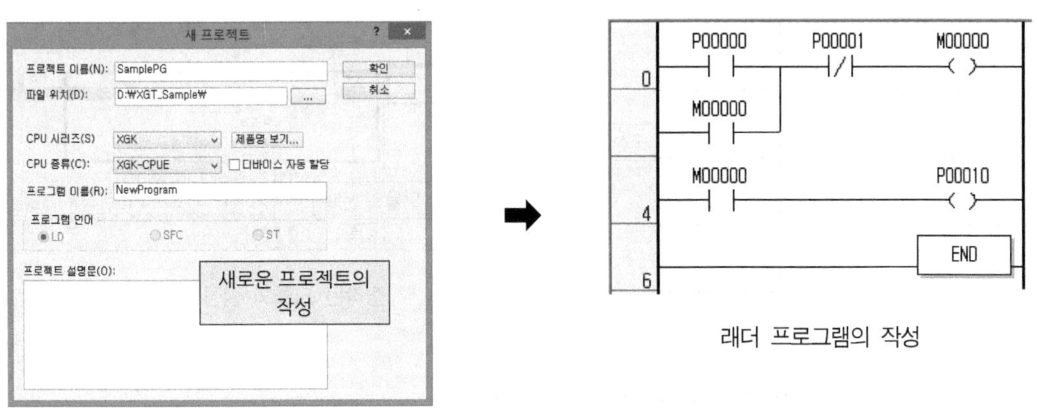

신규 PLC 프로그램의 작성

래더 프로그램의 작성

Esc : 화살표로	F3 : 평상시 열린 접점	F4 : 평상시 닫힌 접점
sF1 : 양 변환검출 점점	sF2 : 음 변환검출 점점	F5 : 가로선
F6 : 세로선	F9 : 코일	F10 : 평션/평션블록

래더 아이콘

(2) PLC 프로그램의 수정

① 지우기(Del) : 선택된 객체(접점, 출력, 선 등)를 자판의 Del를 이용하거나 풀다운메뉴를 이용하여 삭제할 수 있다.

② 삽입모드 : 자판의 Insert를 이용하여 삽입모드로 변경하거나 풀다운메뉴에서 선택된다.

③ 라인삽입(L) : Ctrl+L, 자판을 이용하여 수평 라인을 추가할 수 있다.

④ 라인삭제(D) : Ctrl+D, 자판을 이용하여 수평 설비상의 객체들을 삭제할 수 있다.

⑤ 설명문/레이블 입력(E) : Ctrl+E를 이용하여 수평 라인에 주석 문을 작성할 수 있다.

⑥ 비 실행문 설정(B)/해제(V) : 커서가 있는 렁 또는 설정된 영역을 렁 단위로 비 실행문으로 설정하거나 해제한다.

⑦ 프로그램의 최적화(O) : 작성된 프로그램의 최적화 기능을 적용할 수 있다.

(3) 시뮬레이터의 활용

XG5000 프로그램에는 작성된 프로그램을 확인할 수 있는 시뮬레이터 기능이 지원되며 아래와 같이 작동 시 PLC 구성을 설정하여야 한다.

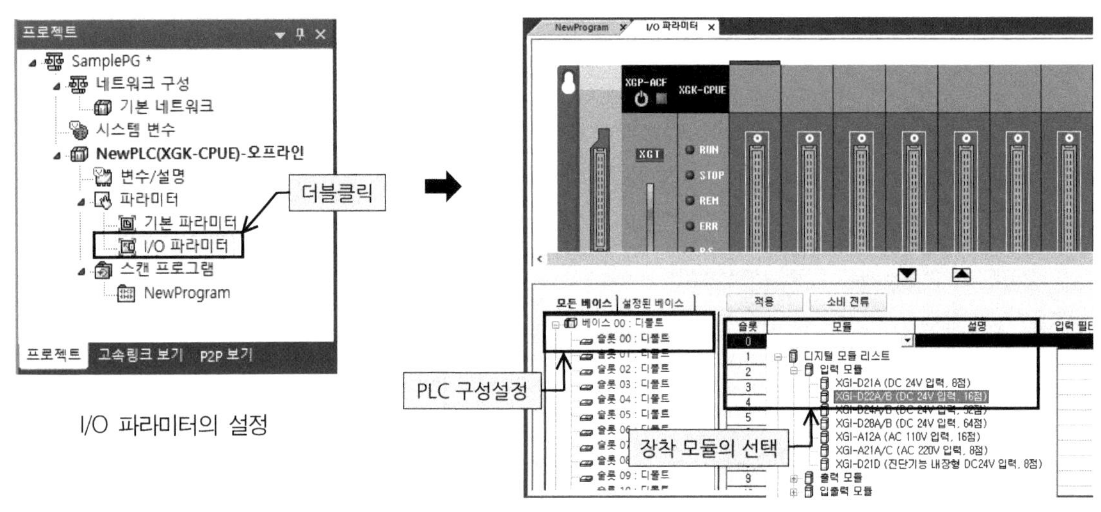

I/O 파라미터의 설정

장착된 모듈의 설정

적용 소비 전류

슬롯	모듈	설명	입력 필터	비상 출력	할당 정보
0	XGI-D22A/B (DC 24V 입력, 16점)		3 표준[ms]	-	P00000 ~ P0000F
1	XGQ-RY2A/B (RELAY 출력, 16점)		-	디폴트	P00010 ~ P0001F
2					
3					

모듈의 설정 결과 확인

• 시뮬레이션의 실행 [도구(T) ➡ 시뮬레이터 시작(S)]

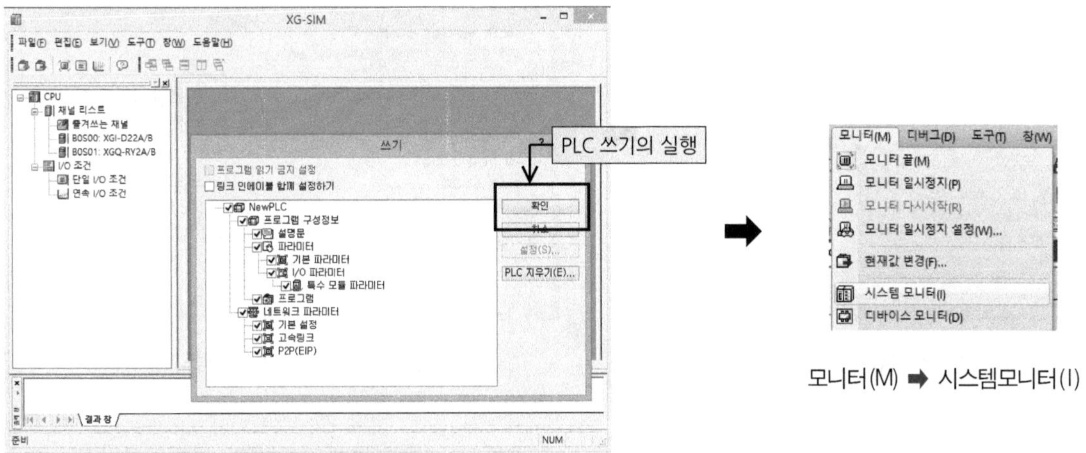

시뮬레이터의 시작 화면

모니터(M) ➡ 시스템모니터(I)

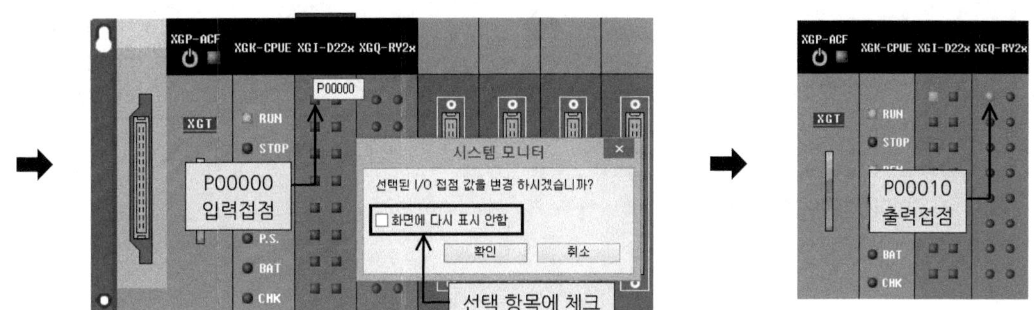

PLC 접점의 입력 P00000

PLC 출력 접점의 확인

3) GLOFA-GM에 의한 프로그래밍

(1) PLC 프로그램의 작성

바탕화면의 GMWIN를 클릭하면 GMWIN 프로그램(Ver.4.18)의 초기화면이 나타난다.

프로젝트(P) ➡ 옵션(Q)

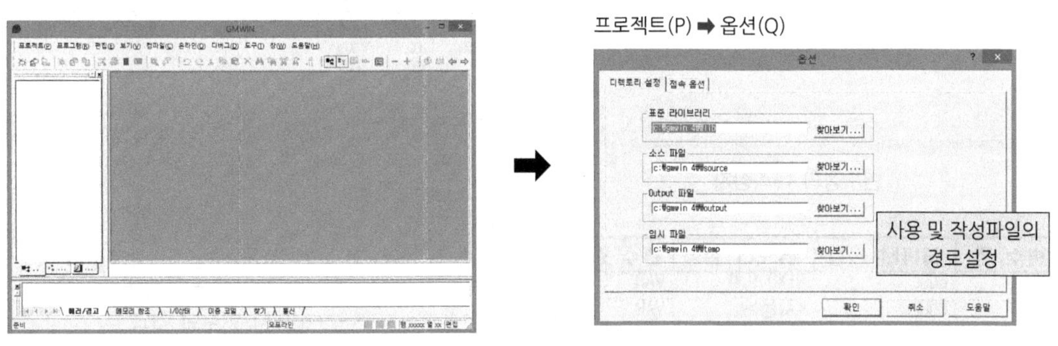

GMWIN의 초기화면

프로젝트 옵션의 확인

• 새 프로젝트의 실행 [프로젝트(P) ➡ 새 프로젝트(N)]

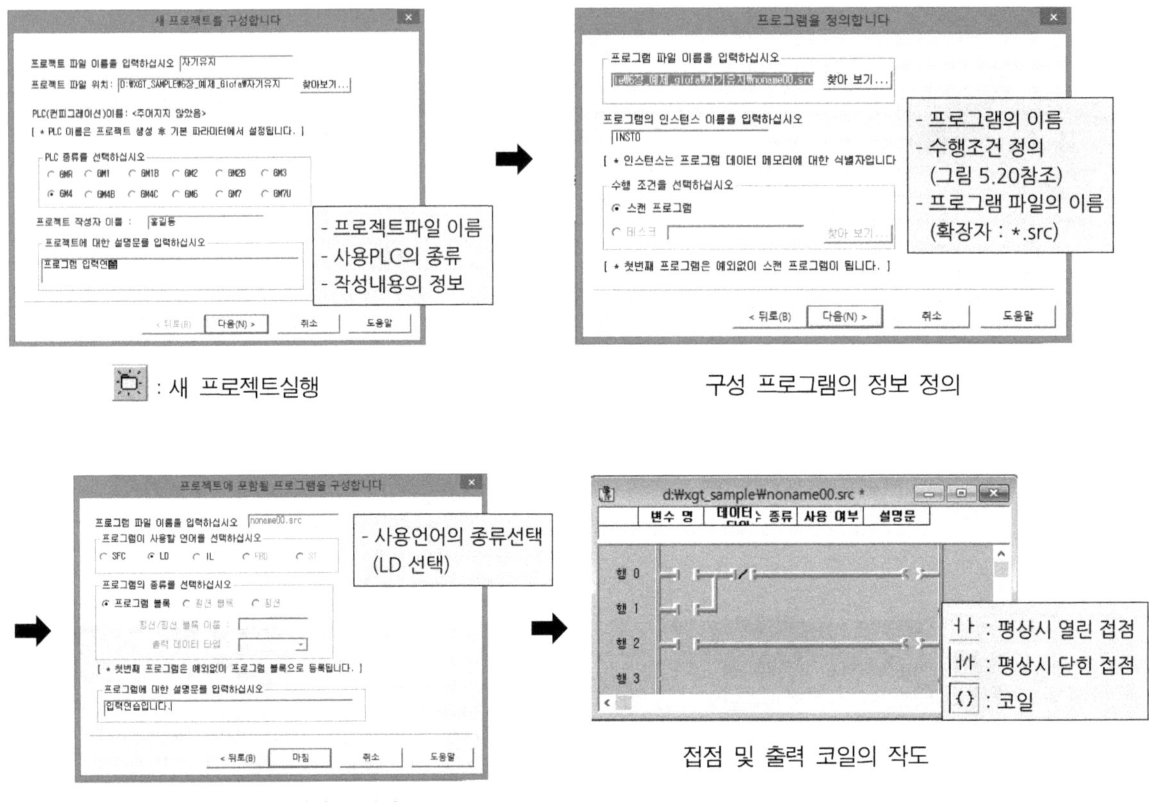

: 새 프로젝트실행

구성 프로그램의 정보 정의

사용언어선택과 설명문 입력

접점 및 출력 코일의 작도

(2) 프로그램 변수의 작성

① 직접 변수 : 앞에서 설명한 메모리영역의 식별자와 주소를 선언하기 위한 접점 또는 코일을 클릭하면 변수 대화상자의 변수 이름에 직접 수를 입력할 수 있다.

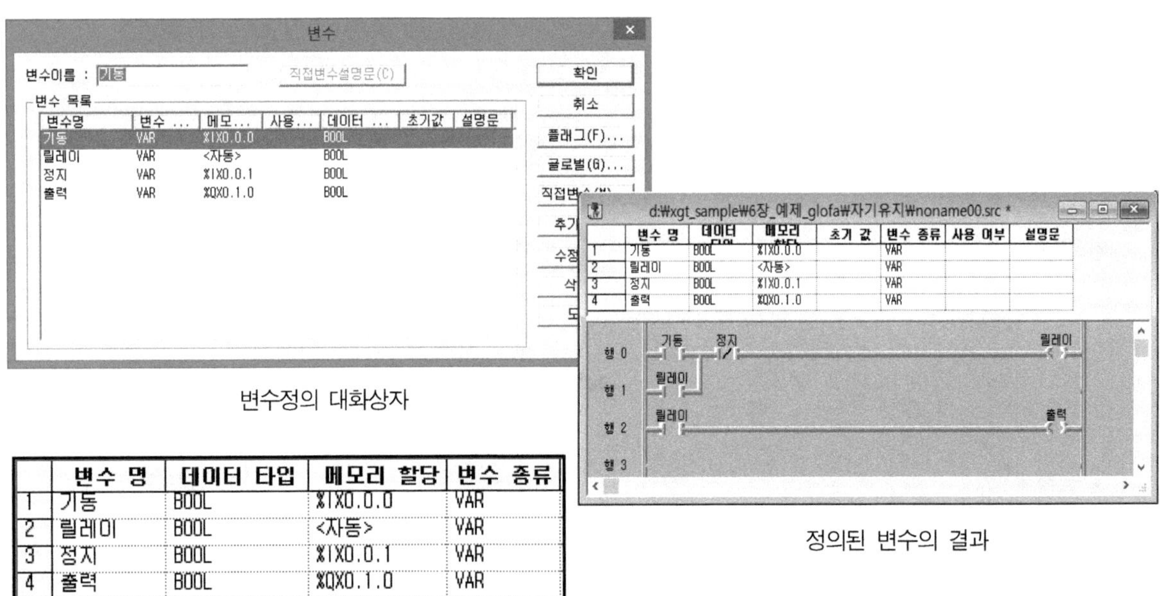

변수정의 대화상자

정의된 변수의 결과

	변수 명	데이터 타입	메모리 할당	변수 종류
1	기동	BOOL	%IX0.0.0	VAR
2	릴레이	BOOL	<자동>	VAR
3	정지	BOOL	%IX0.0.1	VAR
4	출력	BOOL	%QX0.1.0	VAR

※ 시뮬레이션 기능의 활용

GMWIN 프로그램에는 작성된 프로그램을 확인할 수 있는 시뮬레이터 기능이 지원되며 아래와 같이 작동시 CPU의 상태가 RUN(R)으로 설정되어 있어야 한다.

[도구(T) ➡ 시뮬레이터 시작(M)]

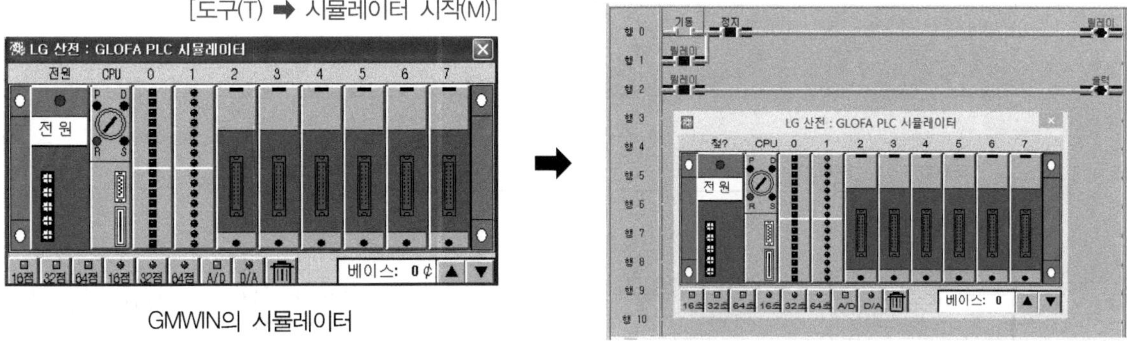

GMWIN의 시뮬레이터

시뮬레이션 결과화면

② 네임드 변수 : 앞에서 설명한 네임드 변수를 정의하여 동일한 변수의 접점, 메모리 등을 편리하게 선택할 수 있으며 네임드 변수의 메모리 할당 방식에는 자동할당과 사용자 정의 방법이 있다.

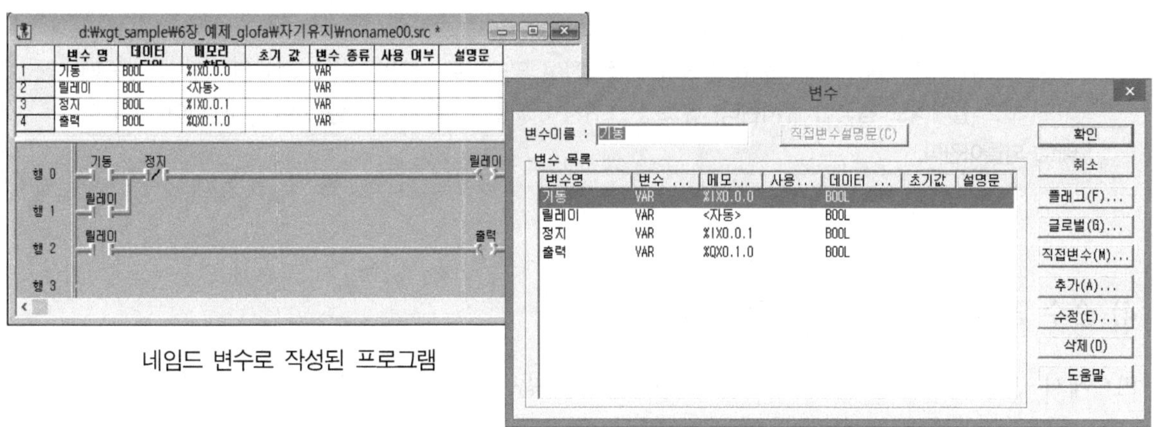

네임드 변수로 작성된 프로그램

변수정의 대화상자 사용변수 확인

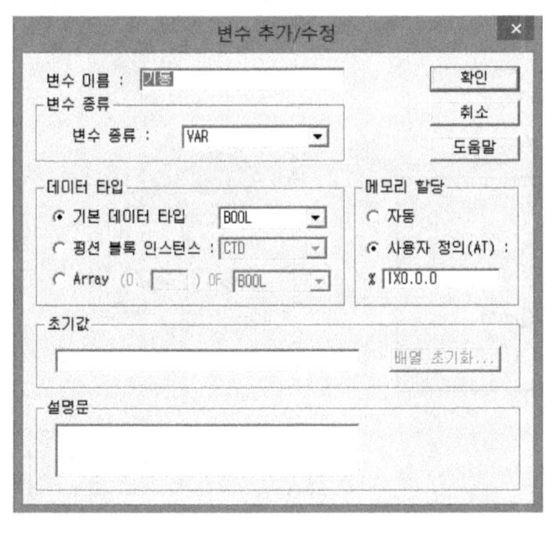

- 변수의 종류 : 변수의 속성을 정의한다.
- 데이터 타입 : 데이터의 고유 성질(수치, 시간, 비트 등)을 정의한다.
- 메모리 할당 : 자동 또는 사용자 정의 방법을 이용하며 보조 릴레이 경우 자동이 편리하다.
- 초기값 : 변수의 초기값을 정의한다.

(3) 프로그램 작성 후 확인 사항

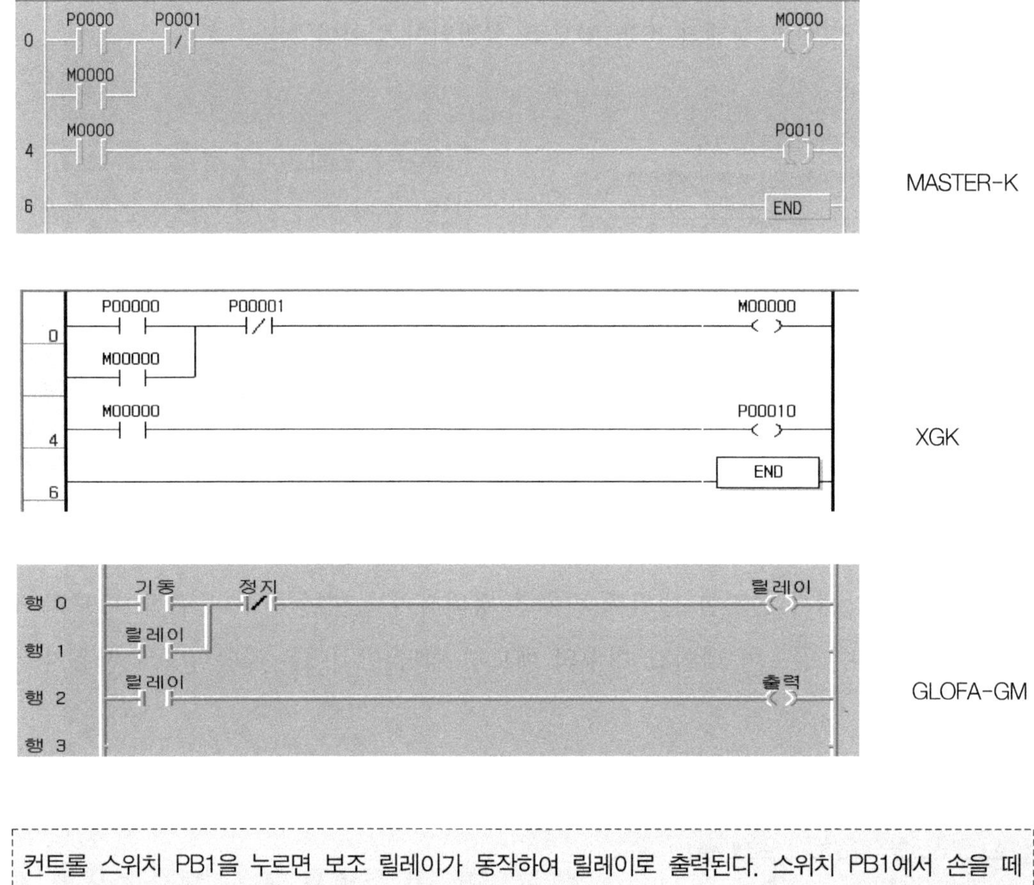

컨트롤 스위치 PB1을 누르면 보조 릴레이가 동작하여 릴레이로 출력된다. 스위치 PB1에서 손을 떼어도 보조 릴레이로 동작이 유지된다. 컨트롤 스위치 PB2를 누르면 보조 릴레이가 차단되어 초기 상태로 되돌아간다.

4) 순수 공압에서 자기유지회로의 이해

PLC에서 전기의 흐름은 유체의 흐름과 동일한 특성을 가지며 전압 특성과 같은 압력은 단위 면적당 물체 표면에 수직으로 가해지는 힘을 의미한다. 또한 밀폐된 공간에서 비압축성 유체는 압력 변화가 발생할 때, 모든 부분에 동일한 압력으로 작용하며 압력은 물체 표면에 수직으로 작용한다.

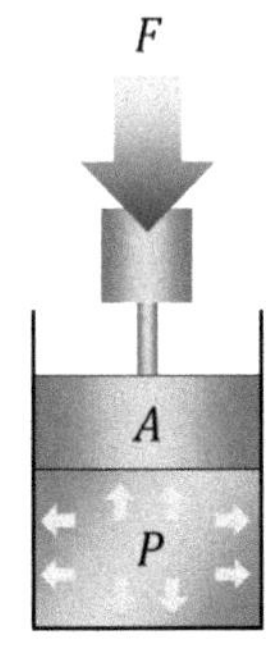

$$P = \frac{F}{A}\,(\mathrm{N/cm^2})$$

F : 작용력(N), P : 실린더의 압력(N/Cm^2)
A : 실린더의 단면적(Cm^2)

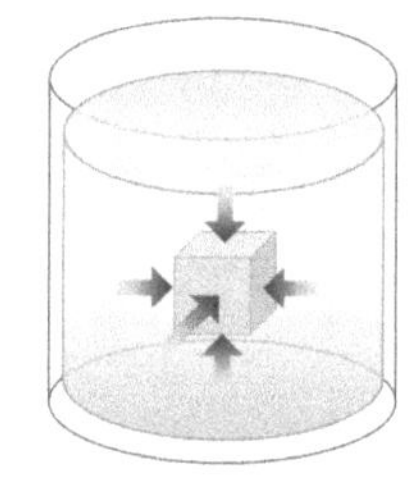

물체 표면에 수직으로 작용

그림 5.24 공기압의 특성

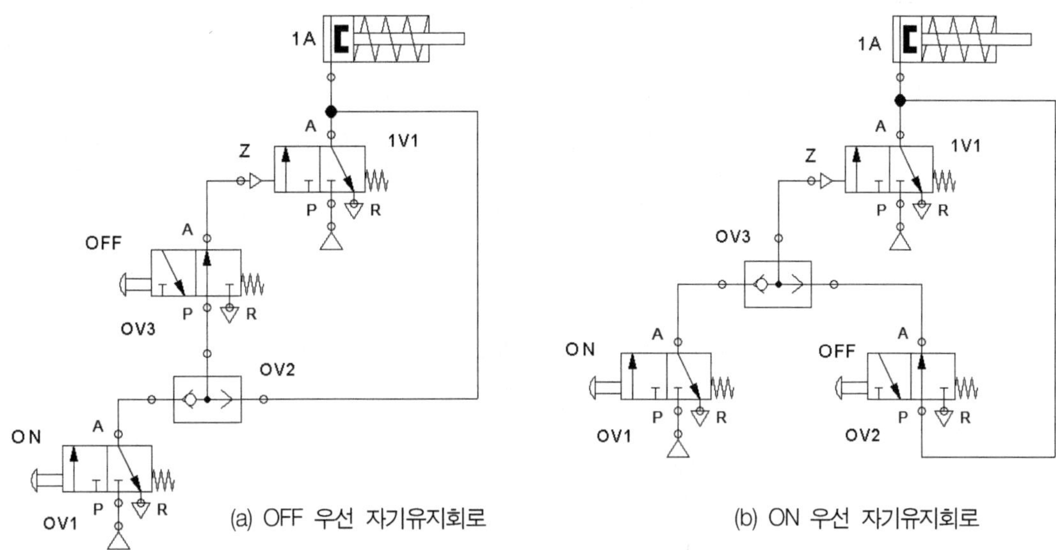

(a) OFF 우선 자기유지회로 (b) ON 우선 자기유지회로

그림 5.25 순수 공압회로에 자기유지회로

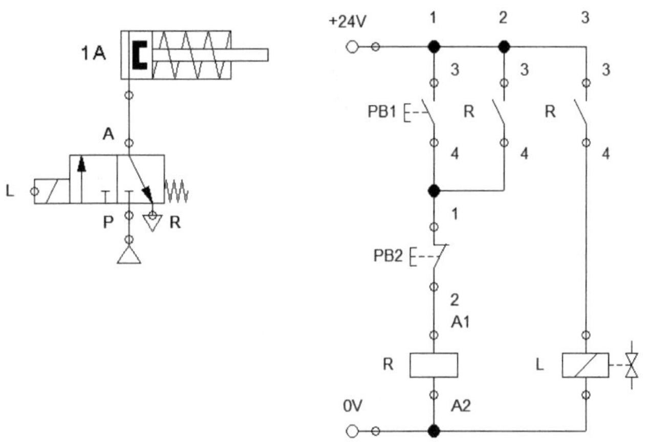

그림 5.26 시퀀스에 의한 자기유지회로

앞에서 설명한 자기유지회로에 PB1을 누르면 3초가 지난 뒤에 보조 릴레이가 작동되어 램프 L이 출력되는 프로그램을 작성하시오.

입 · 출력 접점 리스트

접점명	MASTER-K	XGK	GLOFA-GM
기동	P0000	P00000	%IX0.0.0
정지	P0001	P00001	%IX0.0.1
릴레이	M0000	M00000	자동할당
릴레이1	M0001	M00001	자동할당
T1	T000	T0000	자동할당
L	P0010	P00010	%QX0.1.0

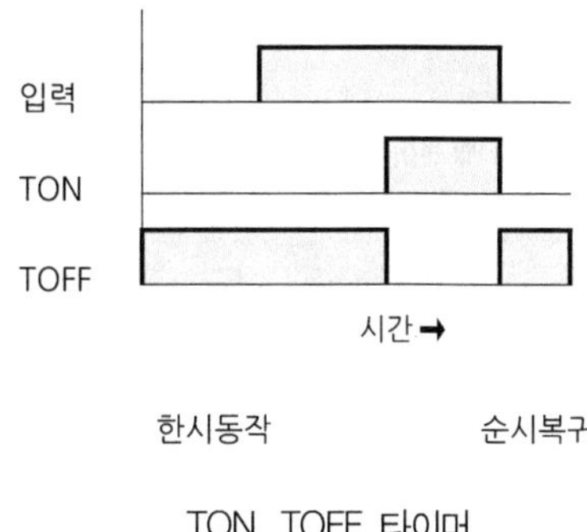

TON, TOFF 타이머

(1) MASTER-K의 경우(T0=100ms 타이머)

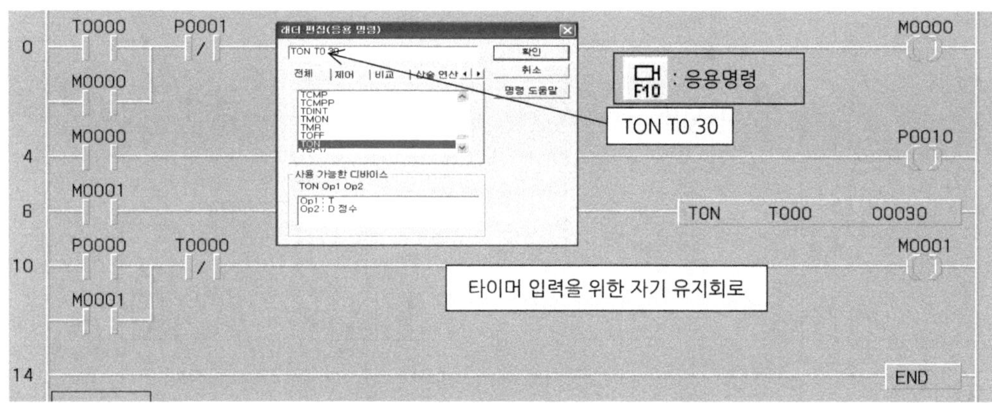

(2) XGK의 경우(T0=100ms 타이머)

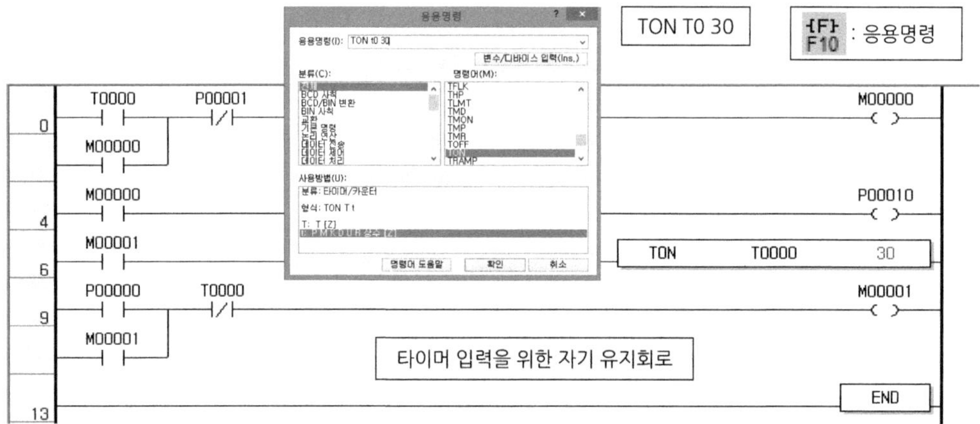

(3) GLOFA-GM의 경우

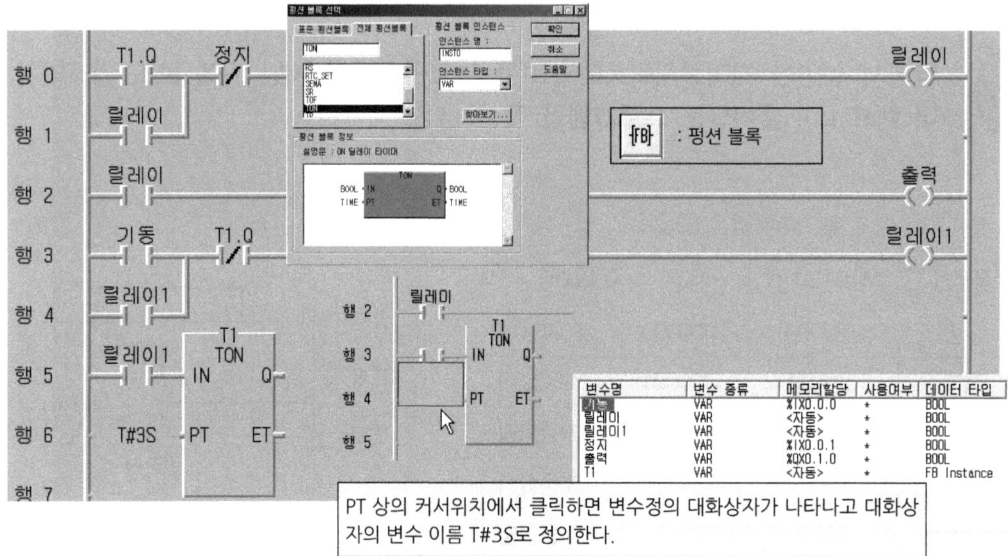

예제 5.1과 같은 전기 시퀀스 회로는 아래와 같다.

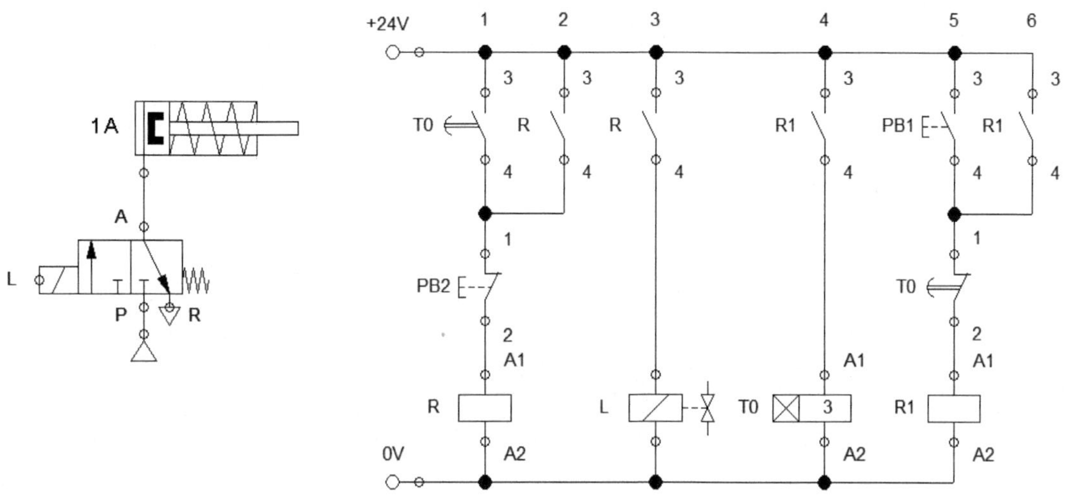

그림 5.27 타이머를 이용한 지연 자기유지회로

예제 5.1의 프로그램을 이용하여 센서 신호가 10회 검출되면 시스템이 정지되는 프로그램으로 수정하시오.

입 · 출력 접점 리스트

접점명	MASTER-K	XGK	GLOFA-GM
기동	P0000	P00000	%IX0.0.0
센서	P0001	P00001	%IX0.0.1
릴레이	M0000	M00000	자동할당
릴레이1	M0001	M00001	자동할당
T1	T000	T0000	자동할당
C1	C000		자동할당
L	P0010	P00010	%QX0.1.0

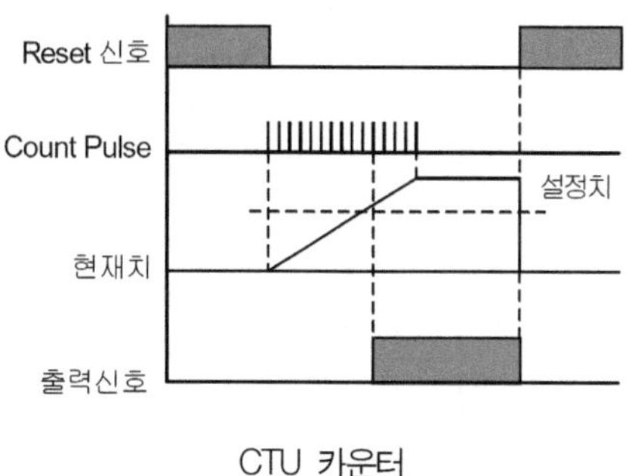

CTU 카운터

(1) MASTER-K의 경우

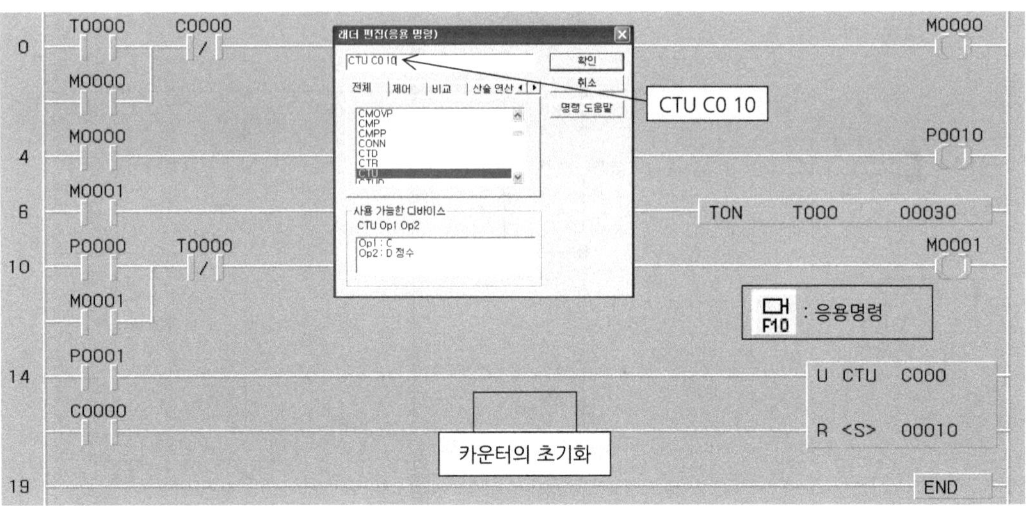

(2) XGK의 경우

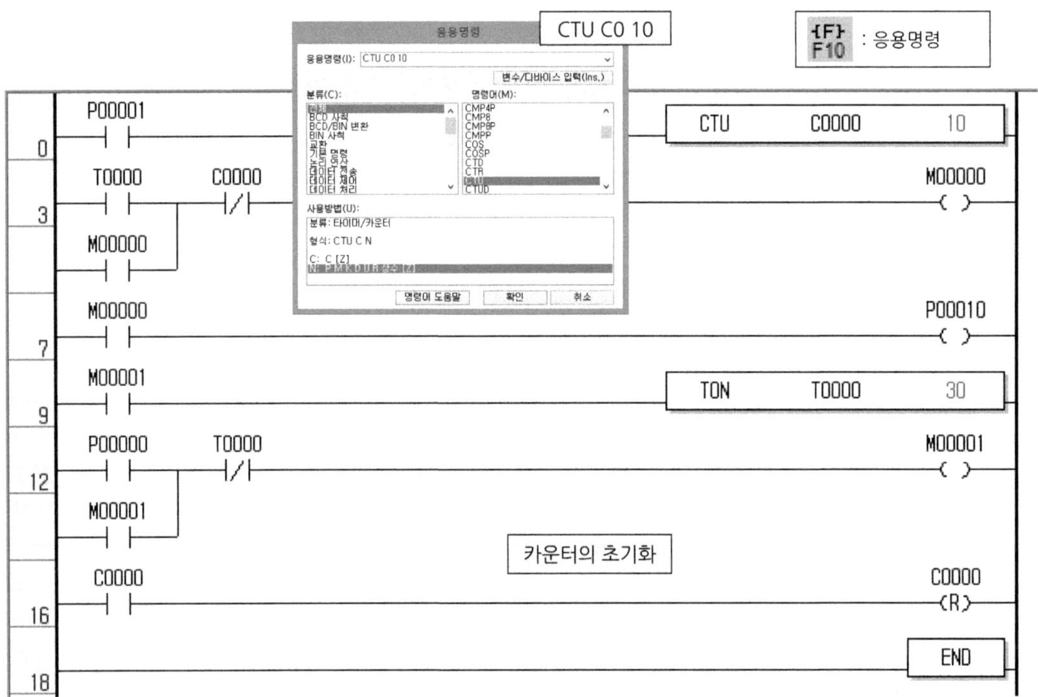

※ XGK의 경우 카운터 프로그램 내에 연관된 프로그램이 위치하여야 한다.

(3) GLOFA-GM의 경우

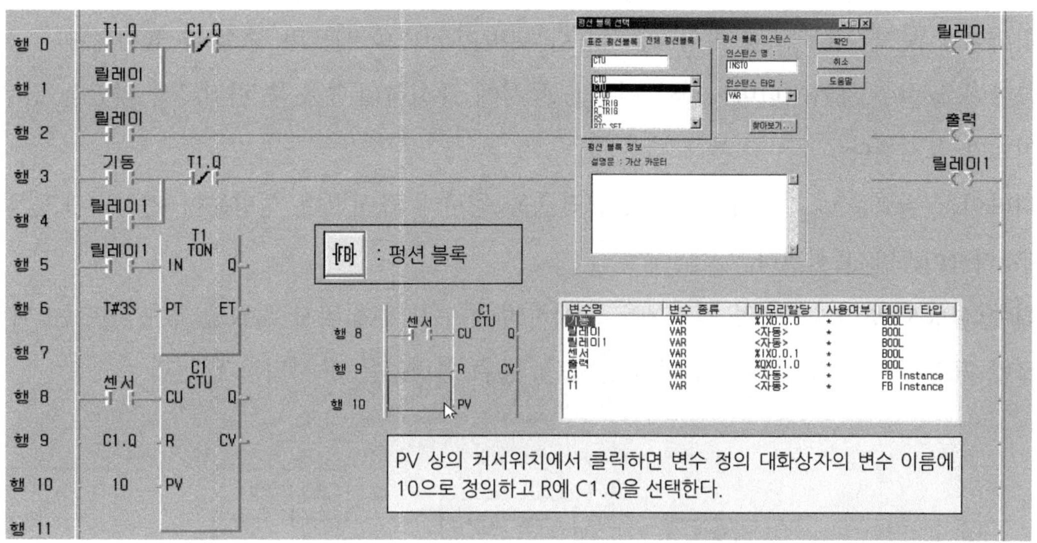

예제 5.2와 같은 전기 시퀀스 회로는 아래와 같다.

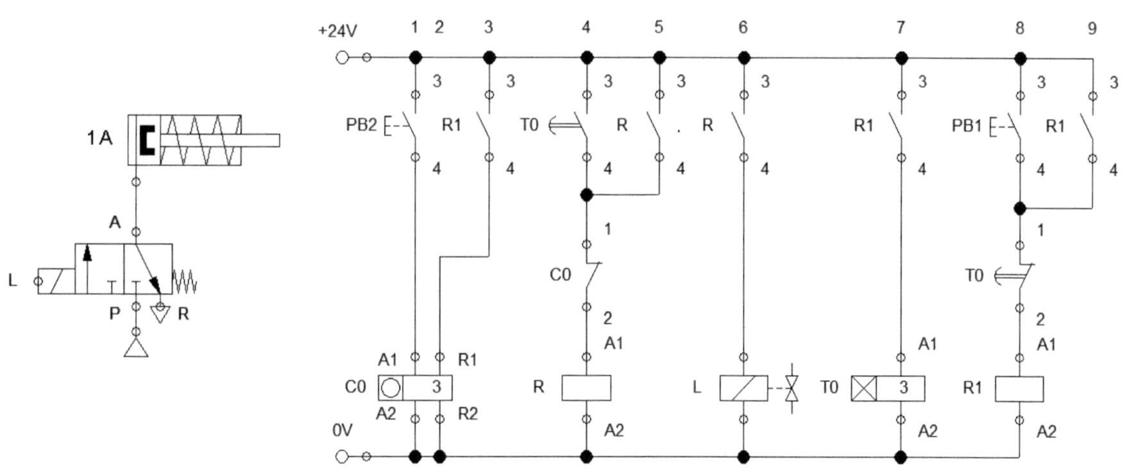

그림 5.28 카운터를 이용한 자기유지회로의 수정

5) PLC XGK 보기 옵션의 선택

XG5000에서 몇 가지의 보기 옵션을 선택할 수 있다.

- 변수 보기(V)
- 디바이스 보기(D)
- 디바이스/변수 보기(B)
- 디바이스/설명문 보기(A)
- 변수/설명문 보기(H)

메뉴의 보기 옵션

단축 아이콘 창

① 변수 보기 : 프로그램 작성 시 편집한 변수로 표시하며 변수를 편집하지 않았을 경우 디바이스 보기로 표시된다.

② 디바이스 보기 : 프로그램 작성 시 사용한 디바이스(PLC 메모리 주소)를 표시한다.

③ 디바이스/변수 보기 : 디바이스와 변수를 동시에 표시하며 변수를 편집하지 않았을 경우 디바이스만 표시된다.

④ 디바이스/설명문 보기 : 디바이스와 설명문을 동시에 표시하며 설명문이 편집되지 않았을 경우 디바이스만 표시된다.

⑤ 변수/설명문 보기 : 변수와 설명문을 표시하며 변수가 편집되지 않았을 경우 변수는 디바이스로만 표시되고, 설명문이 편집되지 않았을 경우 설명문은 표시되지 않는다.

PLC를 이용한 시퀀스 프로그램의 구성

CHAPTER 06

6.1 시퀀스 연산자

표 6.1 시퀀스 연산자의 종류

종류	MASTER-K	XGK	GLOFA-GM	기 능 설 명
정적접점	─┤ ├─	─┤ ├─	─┤ ├─	A 접점 연산
	─┤/├─	─┤/├─	─┤/├─	B 접점 연산
상태변환 검출접점	–	─┤P├─	─┤P├─	상승에지에서 1 Scan ON 출력
	–	─┤N├─	─┤N├─	하강에지에서 1 Scan ON 출력
임시코일	─( )─	─( )─	─( )─	연산 결과 출력
	–	─(/)─	─(/)─	연산 결과 반전 출력
래치코일	(SET)	─(S)─	─(S)─	연산 결과 Set 출력
	(RST)	─(R)─	─(R)─	연산 결과 Reset 출력
상태변환 래치코일	(D)	─(P)─	─(P)─	상승에지에서 1 Scan ON 출력
	(D NOT)	─(N)─	─(N)─	하강에지에서 1 Scan ON 출력

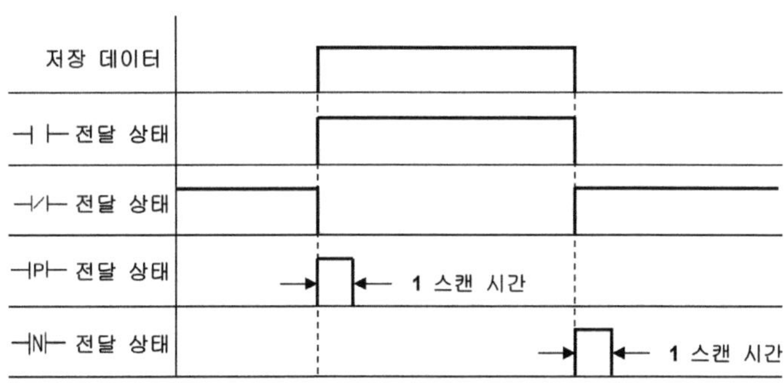

접점의 출력 특성

전동기의 정 · 역 운전 회로 작성

(1) 동작조건

컨트롤 스위치 PB1을 누를 때 전동기의 시계방향으로 회전하고 PB2를 누르면 전동기는 계속 시계방향이 유지되어야 하며 PB0를 누르면 전동기가 정지한다. 정지상태에서 PB2를 누르면 반시계 방향으로 회전되어야 한다.

(2) 시스템도

입 · 출력 접점 리스트

접점명	MASTER-K / XGK	GLOFA-GM
PB0	P0000	%IX0.0.0
PB1	P0001	%IX0.0.1
PB2	P0002	%IX0.0.2
R0	P0010	%QX0.1.0
R1	P0011	%QX0.1.1

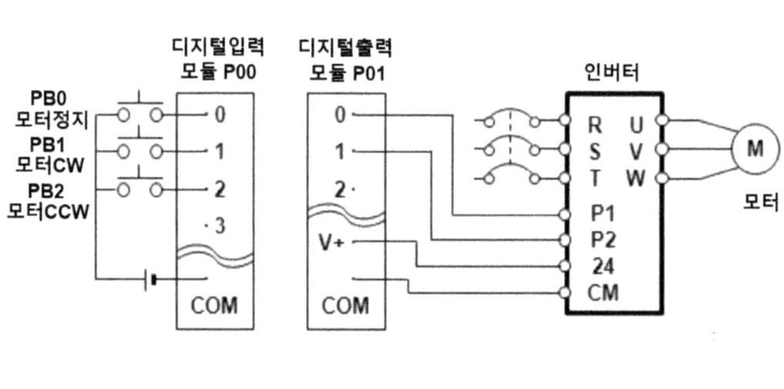

① MASTER-K의 경우

② XGK의 경우

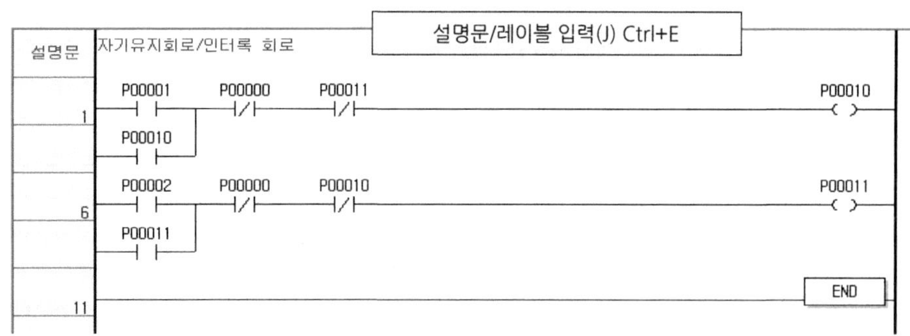

③ GLOFA-GM의 경우

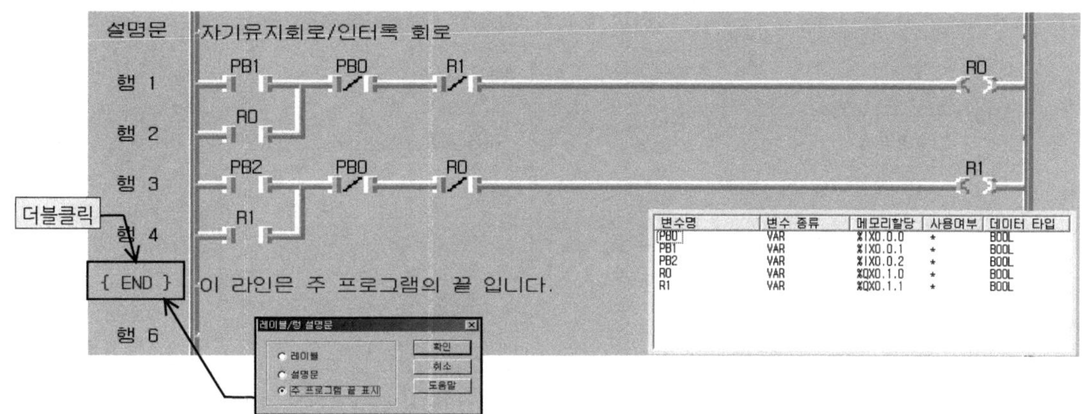

펌프에 사용되는 수위 자동제어 프로그램을 작성하시오.

(1) 동작 조건

저수위 센서 SEN 2가 감지되면 펌프 1, 2가 구동되고 중 수위 센서 SEN1이 감지되면 펌프2만을 이용해 물을 펌핑한다. 또한 고수위 센서 SEN 0이 감지되면 시스템이 정지한다.

※ PLC 출력단자의 고려

디지털 출력모듈(G6Q-RY2A)의 경우 접점당 2A(1 Com 당 5A) 허용하므로 큰 부하의 경우 전자접촉기를 이용하고 접촉기의 전원은 외부전원에 연결한다.

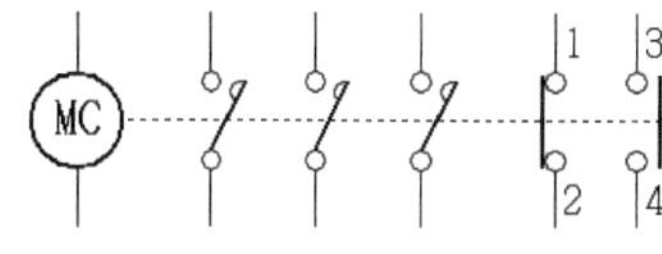

전자접촉기의 구조

(2) 시스템도

입 · 출력접점 리스트

접점명	MASTER-K XGK	GLOFA-GM
SEN0	P0000	%IX0.0.0
SEN1	P0001	%IX0.0.1
SEN2	P0002	%IX0.0.2
PUMP1	P0010	%QX0.1.0
PUMP2	P0011	%QX0.1.1

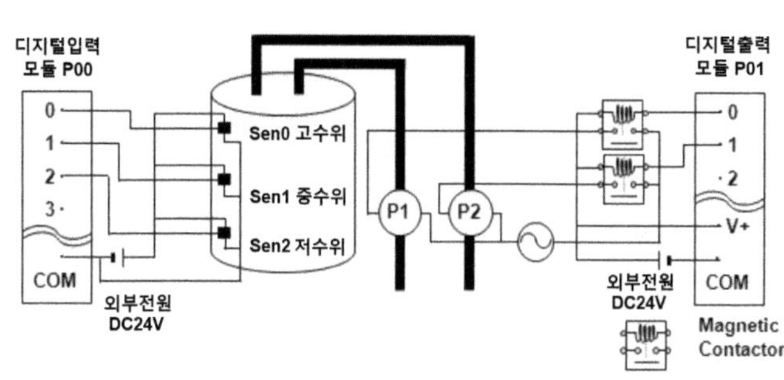

① MASTER-K의 경우

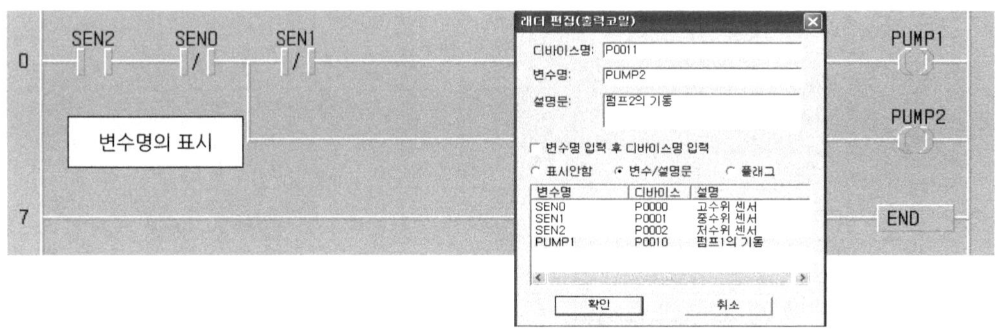

※ 개체속성의 화면 표시 방법

D : 디바이스명의 표시

V : 변수명의 표시

DV : 디바이스명과 변수명의 표시

DC : 디바이스명과 설명문의 표시

② XGK의 경우

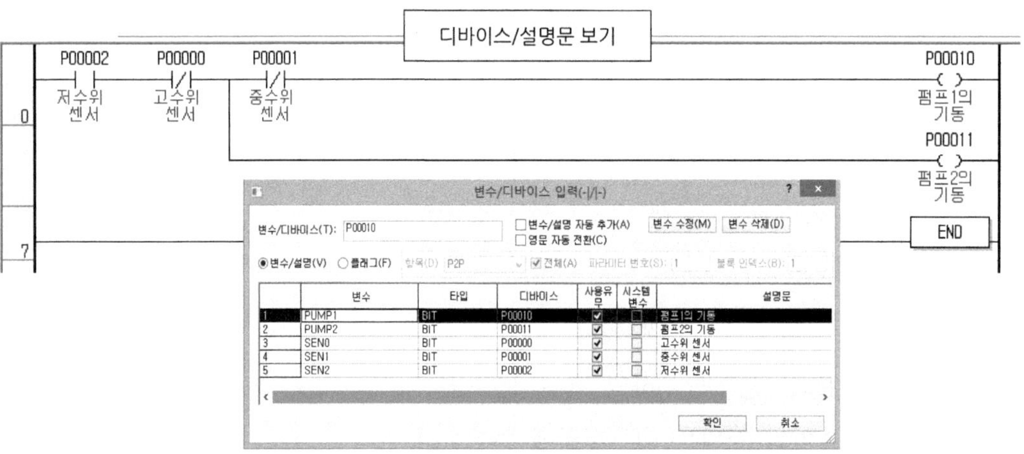

③ GLOFA-GM의 경우

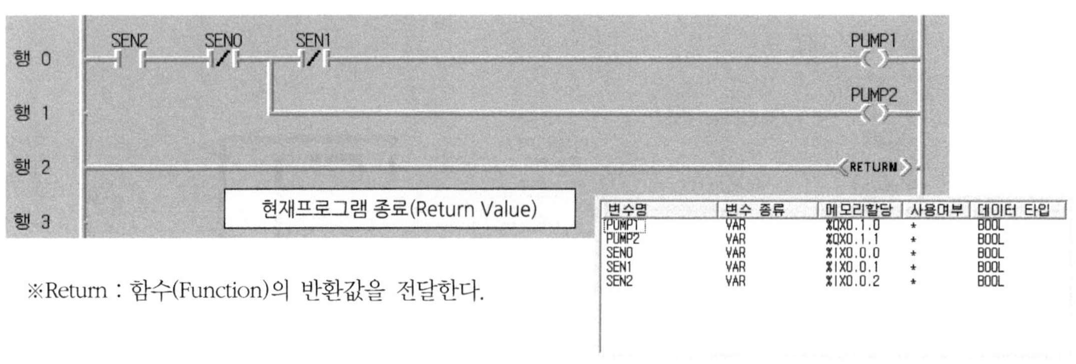

※Return : 함수(Function)의 반환값을 전달한다.

- 지역변수 : 사용된 지역변수가 확인된다.
- 변수 설명문의 표시 : 풀다운 메뉴의 프로그램(R) ➡ 지역변수(L)를 이용한다.

1) 반전명령의 이용

MASTER-K에서 좌측회로의 연산결과를 반전하며 GLOFA-GM과 XGK의 경우 연산결과 반전출력과 동일한 기능을 보여준다.

① MASTER-K의 경우

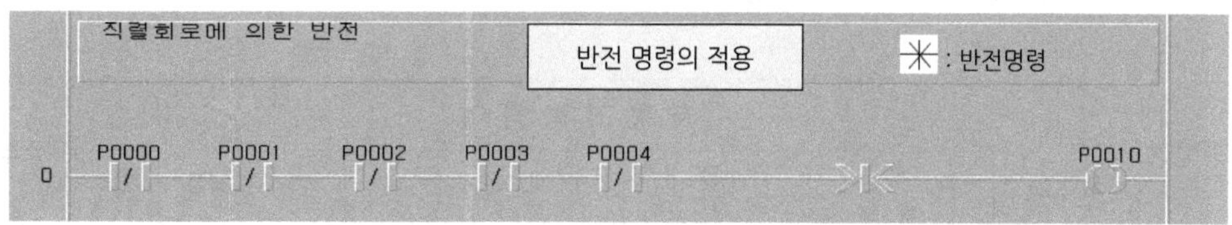

② XGK의 경우

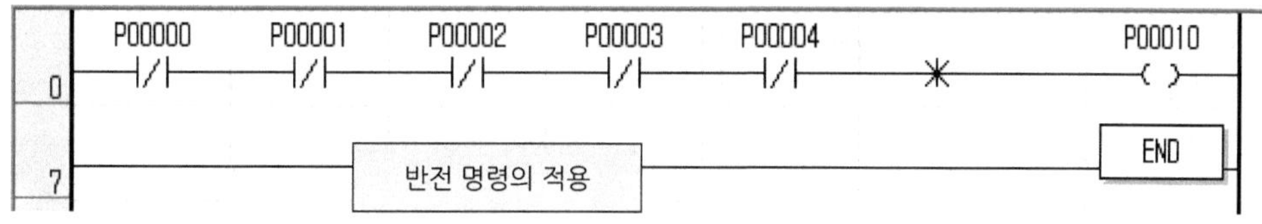

③ GLOFA-GM의 경우

2) 펄스 출력 명령의 이용

입력조건이 성립되는 경우 1 Scan을 해당 위치에서 ON 하는 기능이나 컴퓨터 링크 모듈 또는 데이터 링크 모듈을 사용하지 않을 때 사용할 수 있다.

명령어	사 용 가 능 영 역											스텝수
	M	P	K	L	F	T	C	S	D	#D	정수	
D, DNOT	○	○	○	○								2

① D 명령의 이용

MASTER-K 펄스출력 명령의 예

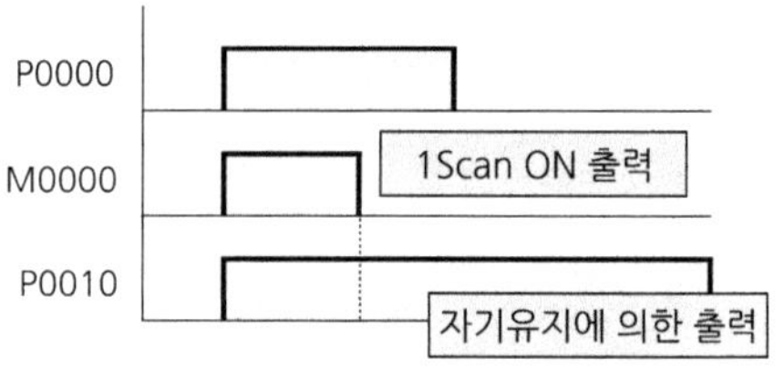

타임차트

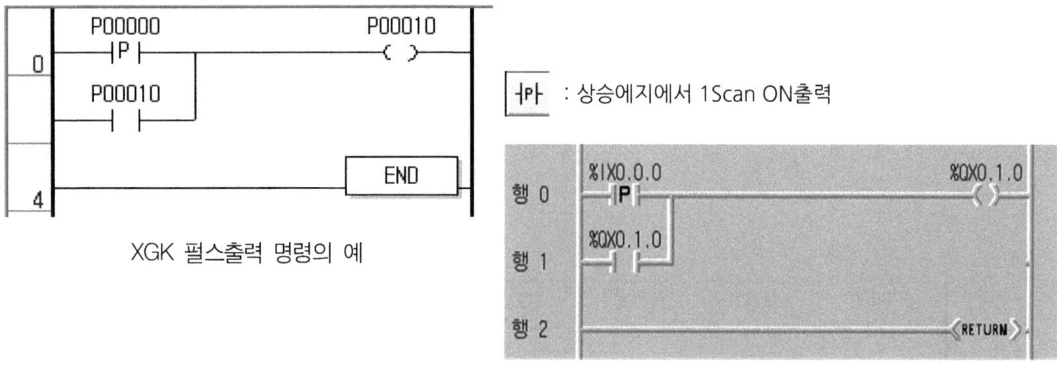

XGK 펄스출력 명령의 예

GLOFA-GM 펄스출력 명령의 예

② D NOT 명령의 이용

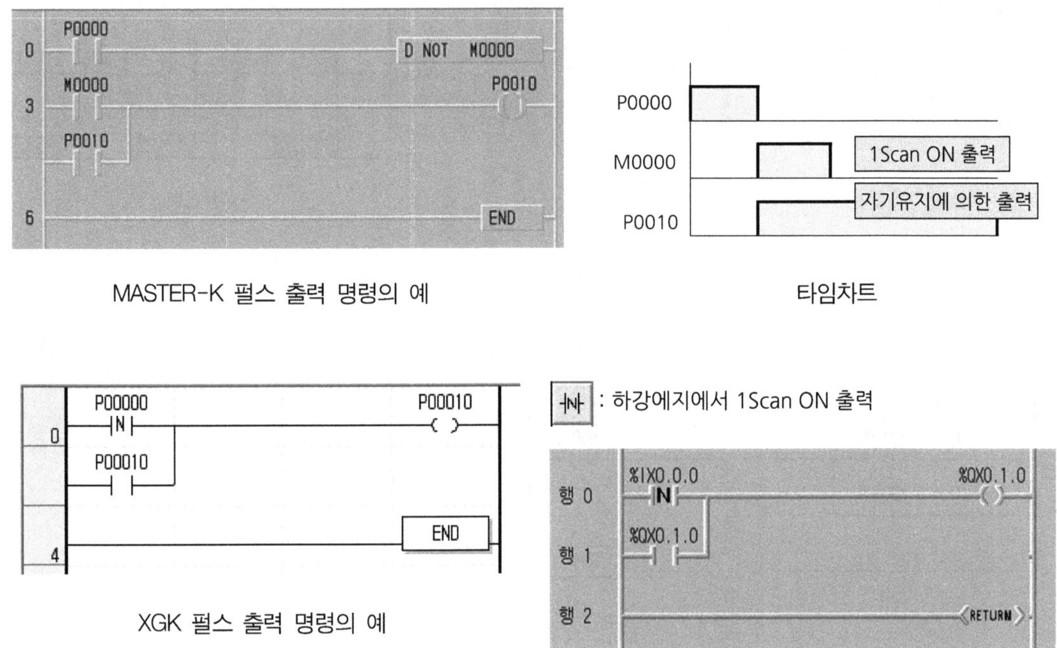

MASTER-K 펄스 출력 명령의 예

타임차트

XGK 펄스 출력 명령의 예

GLOFA-GM 펄스 출력 명령의 예

펄스 입력에 의한 ON/OFF 조작 연습

(1) 동작 조건

컨트롤 스위치 PB0를 처음 누를 때 출력이 ON 되고 다시 누를 때 출력이 OFF 되어야 하고, PB0를 누를 때마다 출력이 ON/OFF가 반복되어야 한다.

(2) 시스템도

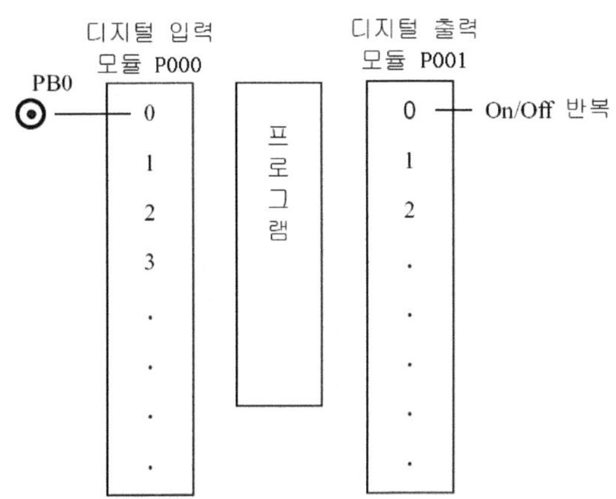

① MASTER-K의 경우

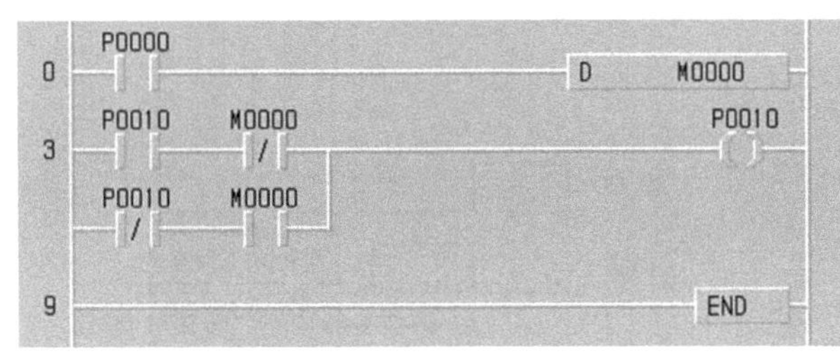

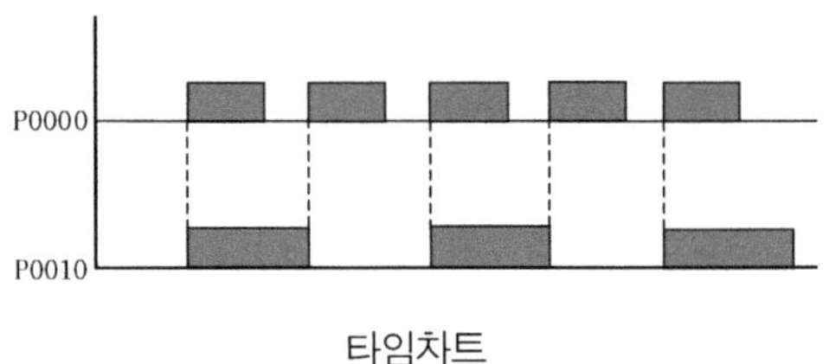

타임차트

② XGK의 경우

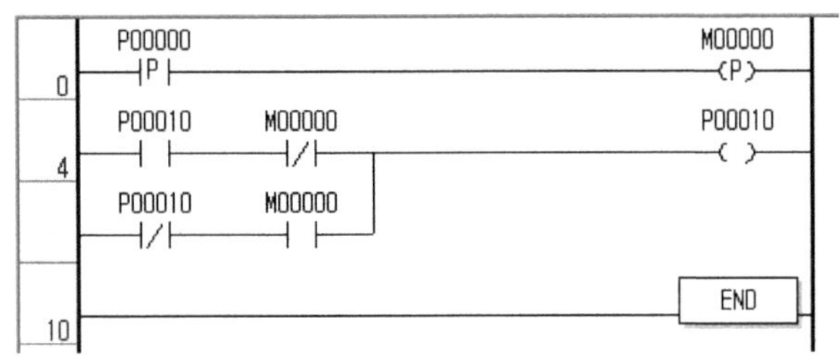

┤P├ : 상승에지에서 1Scan ON 출력

③ GLOFA-GM의 경우

행 0 %IX0.0.0 ┤P├ %M1
행 1 %QX0.1.0 %M1 %QX0.1.0
행 2 %QX0.1.0 %M1

전동기 기동 증가 제어회로 연습

(1) 시스템도

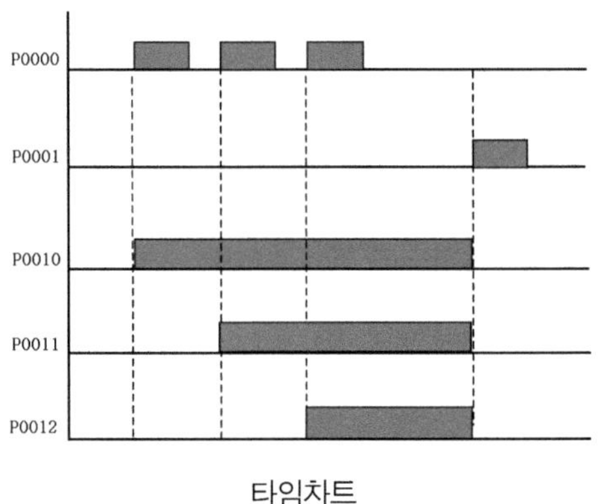

타임차트

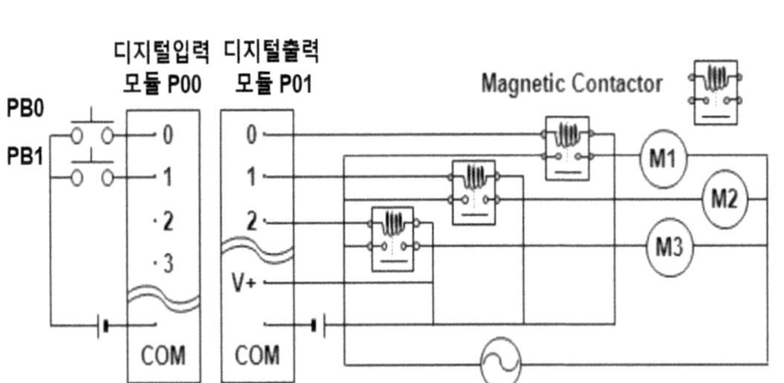

(2) 동작 조건

> 컨트롤 스위치 PB0를 첫 번 누르면 전동기 1이 기동하고 두 번 스위치를 누르면 전동기 2가 세 번 스위치를 누르면 전동기 3개가 모두 기동한다. 순간 컨트롤 스위치 PB1을 누르면 모든 전동기의 기동이 중지된다.

① MASTER-K의 경우

```
0   P0000                                         D  M0000
3   M0000   P0011   P0001                         P0012
    P0012
8   M0000   P0010   P0001                         P0011
    P0011
13  M0000   P0001                                 P0010
    P0010
17                                                END
```

② XGK의 경우

```
0   P00000                                        M00000 (P)
3   M00000  P00011  P00001                        P00012
    P00012
8   M00000  P00010  P00001                        P00011
    P00011
13  M00000  P00001                                P00010
    P00010
17                                                END
```

③ GLOFA-GM의 경우

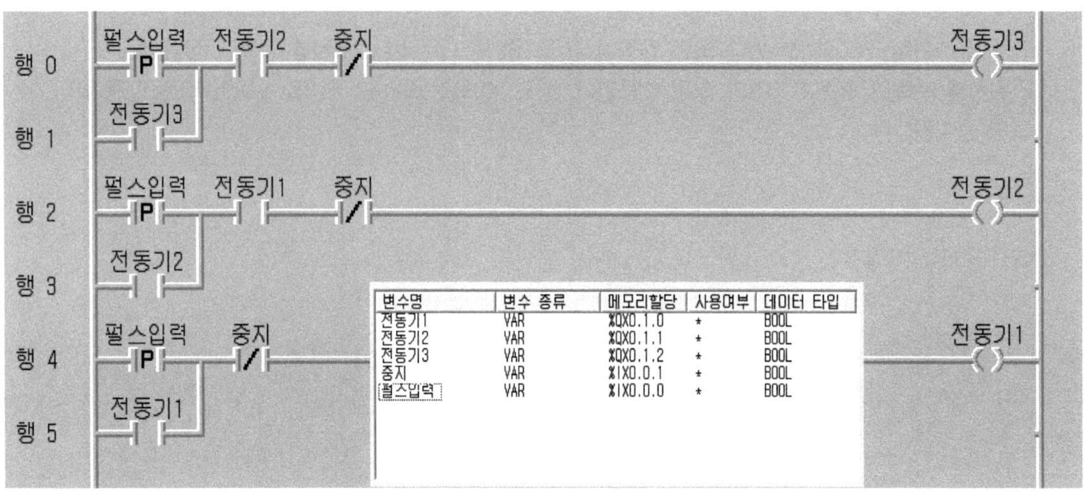

변수명	변수 종류	메모리할당	사용여부	데이터 타입
전동기1	VAR	%QX0.1.0	*	BOOL
전동기2	VAR	%QX0.1.1	*	BOOL
전동기3	VAR	%QX0.1.2	*	BOOL
중지	VAR	%IX0.0.1	*	BOOL
펄스입력	VAR	%IX0.0.0	*	BOOL

※ 이중코일에 의한 출력의 오류

아래와 같이 이중 출력 접점(P0010)의 출력을 살펴보면 예상 출력 상황과 실제 출력이 다르게 나타나므로 하나의 출력 접점으로 나타내어야 한다.

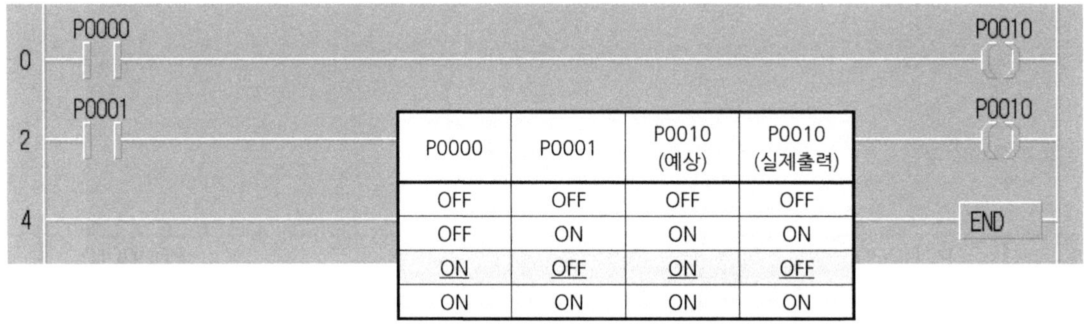

P0000	P0001	P0010 (예상)	P0010 (실제출력)
OFF	OFF	OFF	OFF
OFF	ON	ON	ON
ON	OFF	ON	OFF
ON	ON	ON	ON

3) 상태 유지 명령

입력조건이 성립되면 ON 상태를 유지(SET)하며 입력조건이 제거되어도 상태를 계속 유지하며 상태의 제거(RST) 명령을 이용한다.

명령어	사 용 가 능 영 역											스텝수
	M	P	K	L	F	T	C	S	D	#D	정수	
SET, RST	○	○	○	○*				○				1

오퍼랜드	설 명	데이터타입
D	On/Off 상태를 유지하고자 하는 접점/워드 디바이스의 비트 접점	BIT

① MASTER-K의 경우

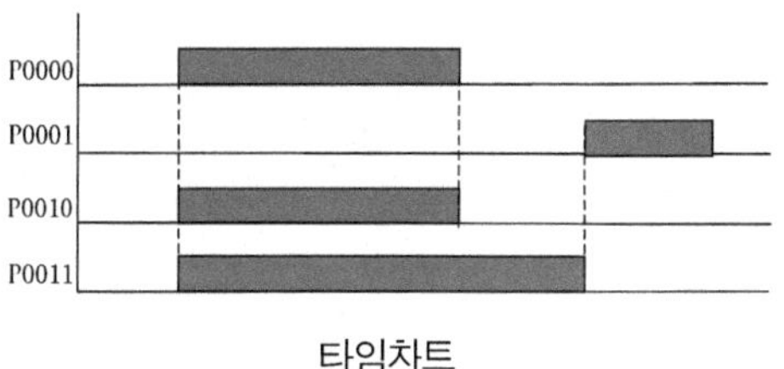

타임차트

② XGK의 경우

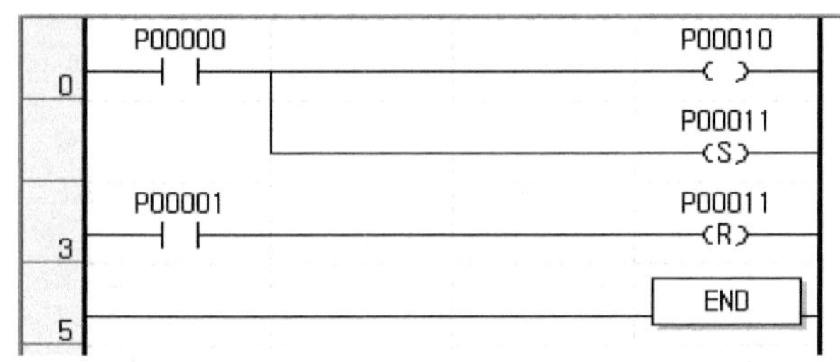

- {S} : 연산결과 Set 출력
- {R} : 연산결과 Reset 출력

③ GLOFA-GM의 경우

아래의 전동기 정·역 운전 회로를 상태 유지 명령을 이용해 수정하시오.

입·출력접점 리스트

접점명	MASTER-K	GLOFA · GM
PB0	P0000	%IX0.0.0
PB1	P0001	%IX0.0.1
PB2	P0002	%IX0.0.2
R0	P0010	%QX0.1.0
R1	P0011	%QX0.1.1

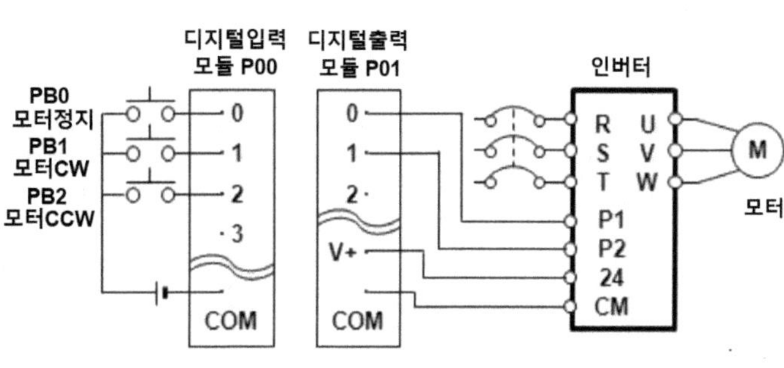

◀예제 6.1의 전동기의 정 · 역 운전회로

① MASTER-K/XGK의 경우

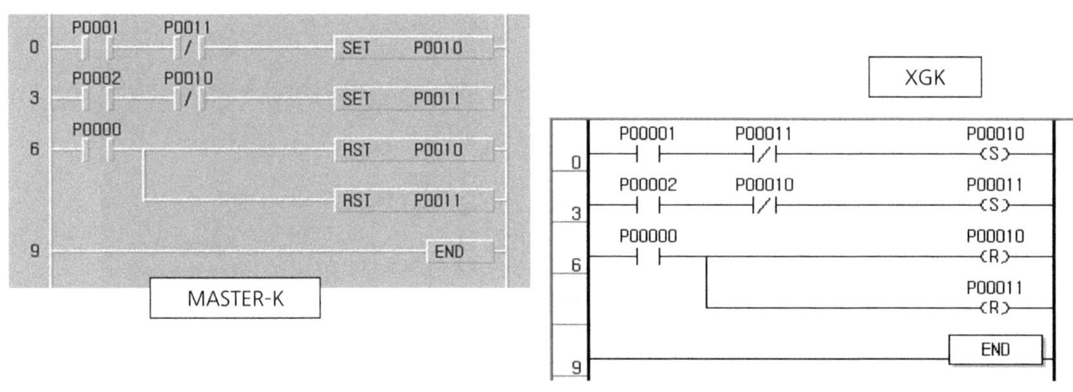

② GLOFA-GM의 경우

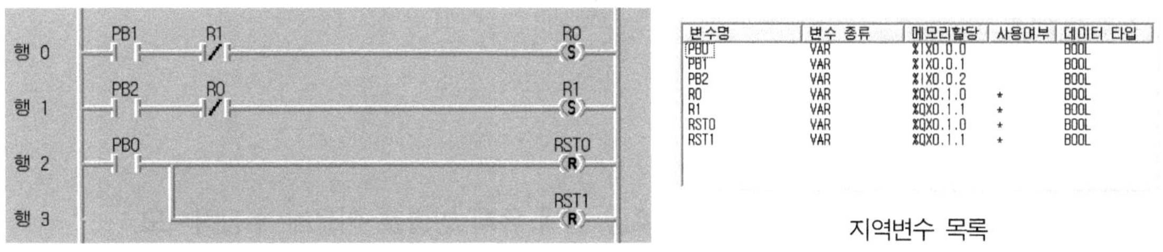

상태유지 명령을 이용한 전동기의 정, 역회전

변수명	변수 종류	메모리할당	사용여부	데이터 타입
PB0	VAR	%IX0.0.0		BOOL
PB1	VAR	%IX0.0.1		BOOL
PB2	VAR	%IX0.0.2		BOOL
R0	VAR	%QX0.1.0	*	BOOL
R1	VAR	%QX0.1.1	*	BOOL
RST0	VAR	%QX0.1.0	*	BOOL
RST1	VAR	%QX0.1.1	*	BOOL

지역변수 목록

※ 정전 상태에서의 상태 유지는 GLOFA-GM의 경우의 변수 종류(VAR_RETAIN)를 이용하나 MASTER-K에서는 킵 릴레이를 이용할 수 있다. 아래의 설명은 입 · 출력 릴레이(P)와 킵 릴레이(K) 출력상태의 비교이다.

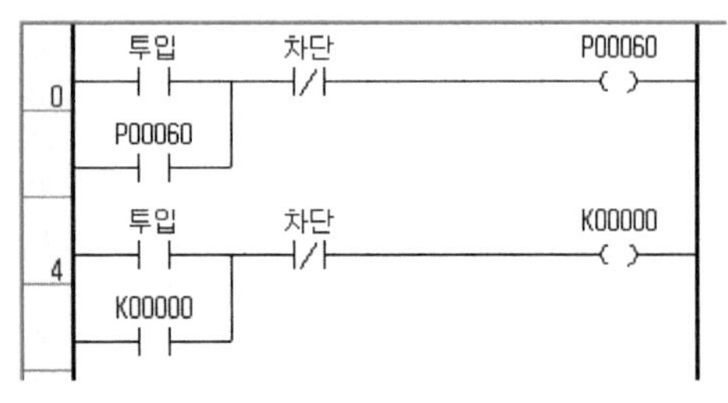

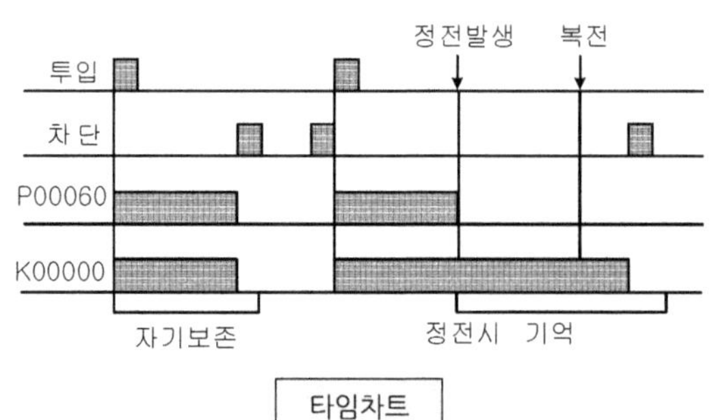

타임차트

셋(SET)/리셋(RST) 명령에서 입·출력 릴레이(P)와 킵 릴레이(K) 영역 동작의 차이점 : 셋/리셋 명령은 자기보존 기능을 하고 있으므로 출력이 1회 셋(SET)되면 "차단" 입력이 들어올 때까지 그 상태가 계속된다. 그러나 입·출력 릴레이(P) 영역과 킵 릴레이(K) 영역의 차이점에 의해, 복전시의 동작이 다르게 출력된다.

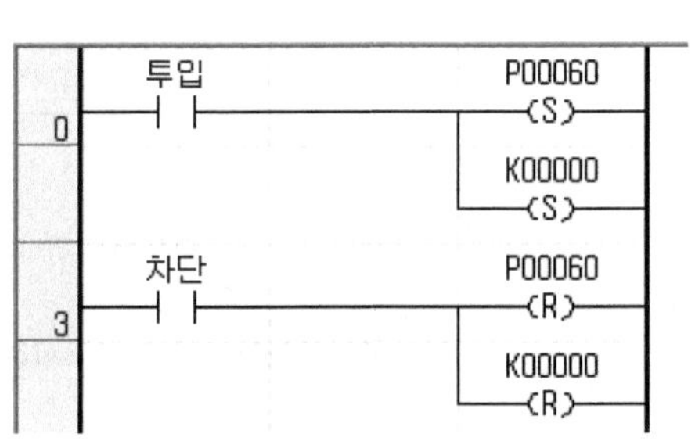

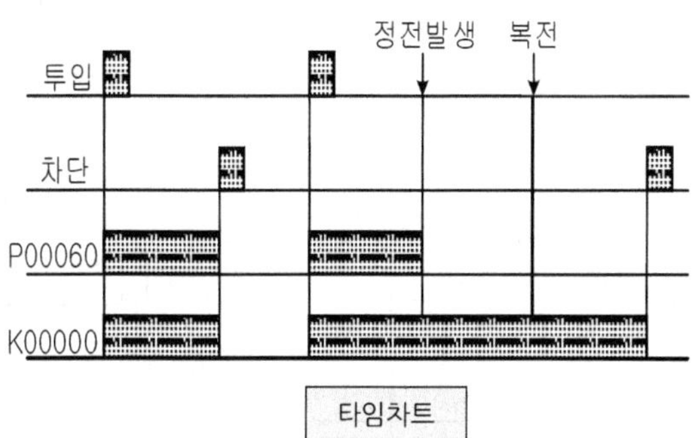

타임차트

또한 킵 릴레이 이외의 보조 릴레이와 데이터 메모리도 기본 불휘발성 영역에 포함하고 있어 파라미터에 의해 변경할 수 있다.

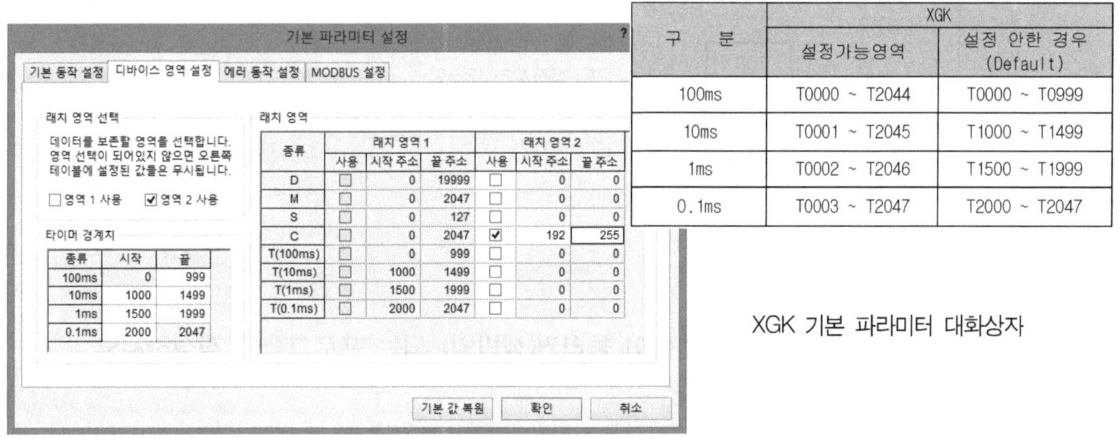

구 분	XGK	
	설정가능영역	설정 안한 경우 (Default)
100ms	T0000 ~ T2044	T0000 ~ T0999
10ms	T0001 ~ T2045	T1000 ~ T1499
1ms	T0002 ~ T2046	T1500 ~ T1999
0.1ms	T0003 ~ T2047	T2000 ~ T2047

XGK 기본 파라미터 대화상자

6.2 타이머 연산자

1) ON/OFF Delay 타이머

명령어	사용가능영역											스텝수
	M	P	K	L	F	T	C	S	D	#D	정수	
TON / TOFF						○						2~3
설정치	(○)	(○)	(○)						○		○	

※( )은 XGK 기종의 스텝수, 나머지 인수는 MASTER-K

타이머의 기능 비교

PLC 기종	기능	설정 조건	타임차트
MSTER-K XGK	TON	타이머 설정치 TON 타이머 접점 번호	입력 출력 t (가산) On Delay 타이머 ↔ t=설정시간
	TOFF	타이머 설정치 TOFF 타이머 접점 번호	입력 출력 t (감산) Off Delay 타이머 ↔ t=설정시간
GLOFA-GM	TON	TON BOOL - IN Q - BOOL TIME - PT ET - TIME IN : 동작개시신호(Bool) PT : 설정시간(Time) Q : 출력(Bool) ET : 현재값	IN Q PT ET
	TOFF	TOF BOOL - IN Q - BOOL TIME - PT ET - TIME IN : 동작개시신호(Bool) PT : 설정시간(Time) Q : 출력(Bool) ET : 현재값	IN Q PT 설정 시간 PT ET

아래의 접점을 이용하여 출력이 플리커(깜박임) 되는 프로그램을 작성하시오.

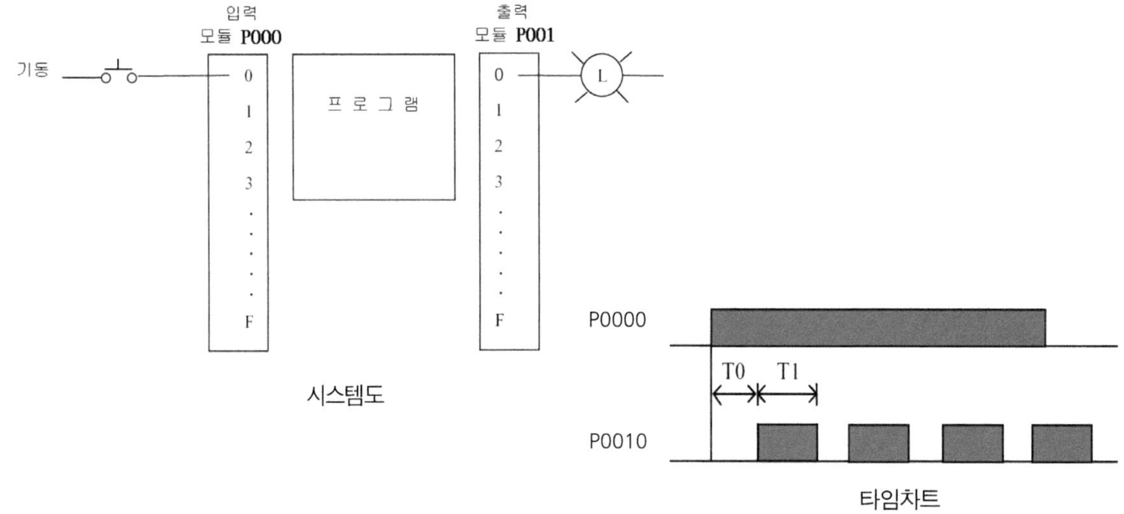

시스템도

타임차트

① MASTER-K/XGK의 경우

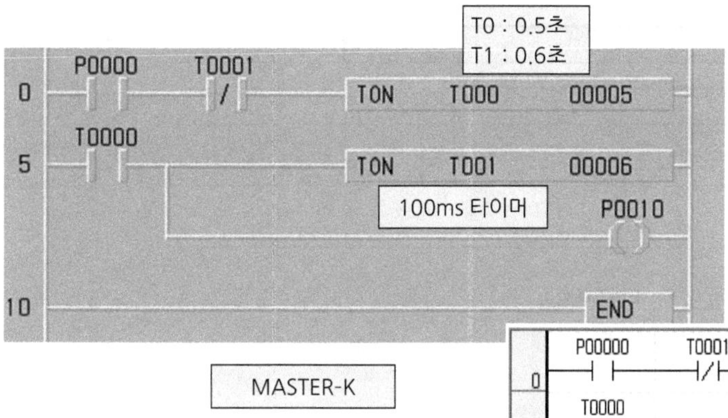

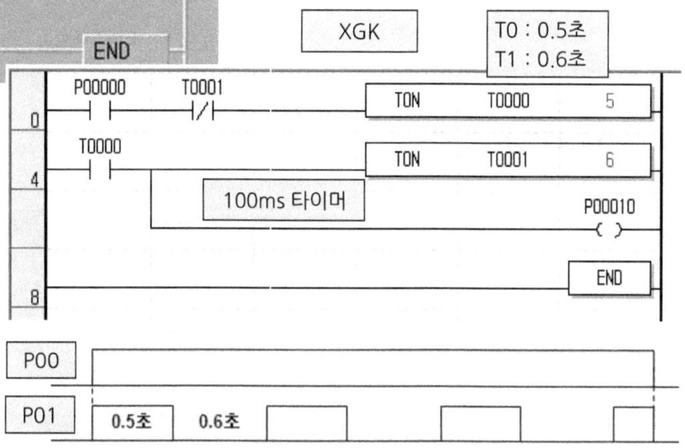

T0 : 0.5초
T1 : 0.6초
P0000
T0001
TON T000 00005
T0000
TON T001 00006
100ms 타이머
P0010
END
MASTER-K

XGK
T0 : 0.5초
T1 : 0.6초
P00000
T0001
TON T0000 5
T0000
TON T0001 6
100ms 타이머
P00010
END
P00
P01
0.5초
0.6초

② GLOFA-GM의 경우

%IX0.0.0
T1.Q
T0
TON
IN
PT
ET
T#0.5S
T0.Q
T1
T#0.6S
%QX0.1.0

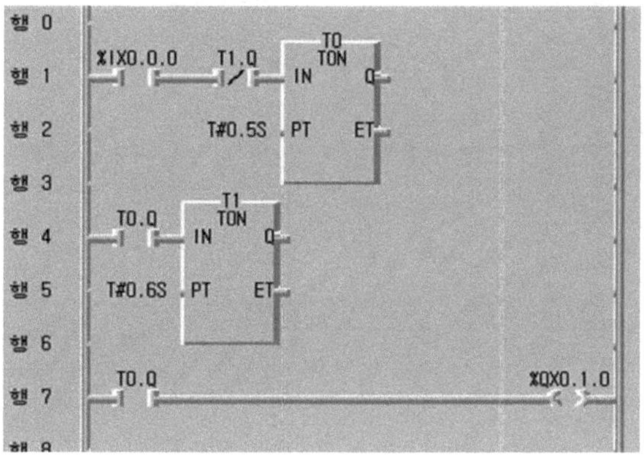

	변수 명	데이터 타입	메모리 할당	변수 종류	사용 여부
1	T0	FB Instanc	<자동>	VAR	*
2	T1	FB Instanc	<자동>	VAR	*

지역변수 목록

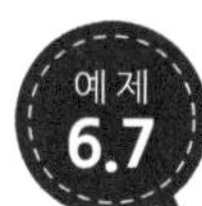

예제 6.7 **아래와 같은 컨베이어를 이용하여 곡물을 운반하고자 한다. 운전 순서는 M0 ➡ M1 ➡ M2이고 정지선서도 M0 ➡ M1 ➡ M2 순으로 지연되어 정지한다.**

컨베이어
기동
정지
입력 모듈 P000
출력모듈 P001
프로그램
MC0
MC1
MC2
M0
M1
M2
전동기0
전동기1
전동기2

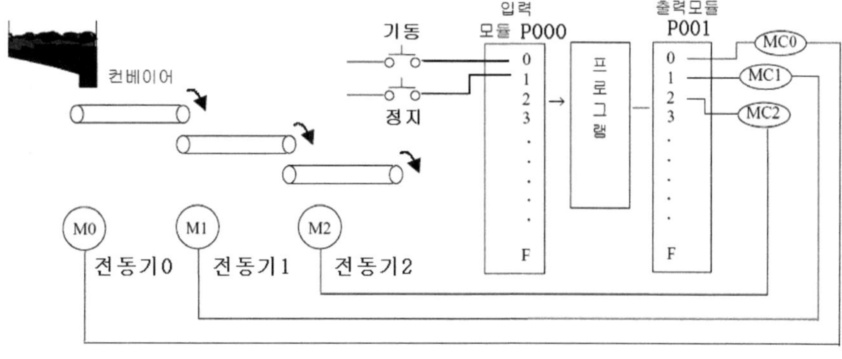

시스템도

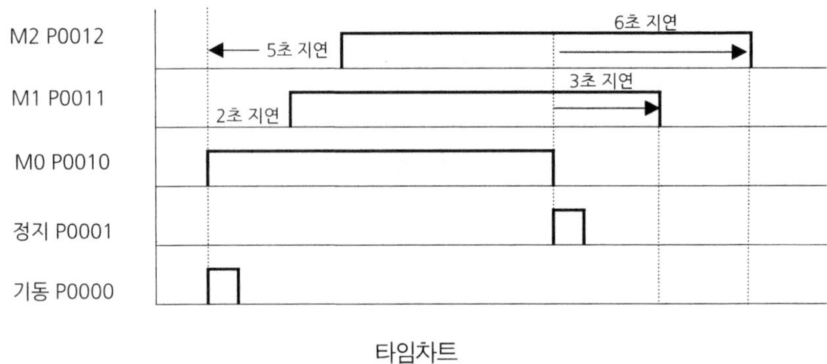

타임차트

① MASTER-K의 경우

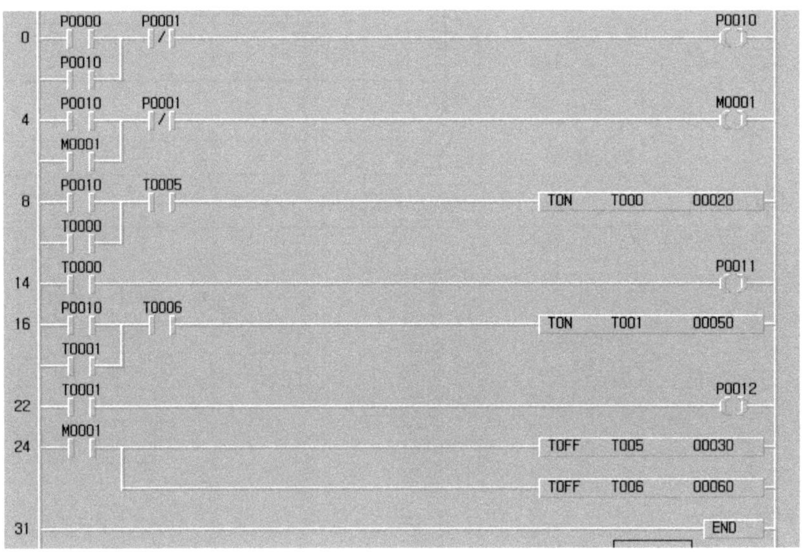

② XGK의 경우

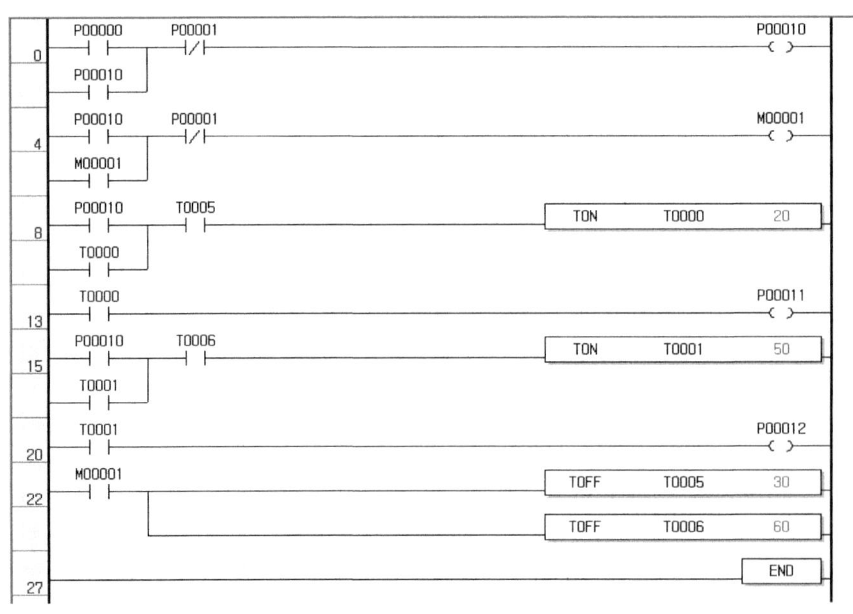

③ GLOFA-GM의 경우

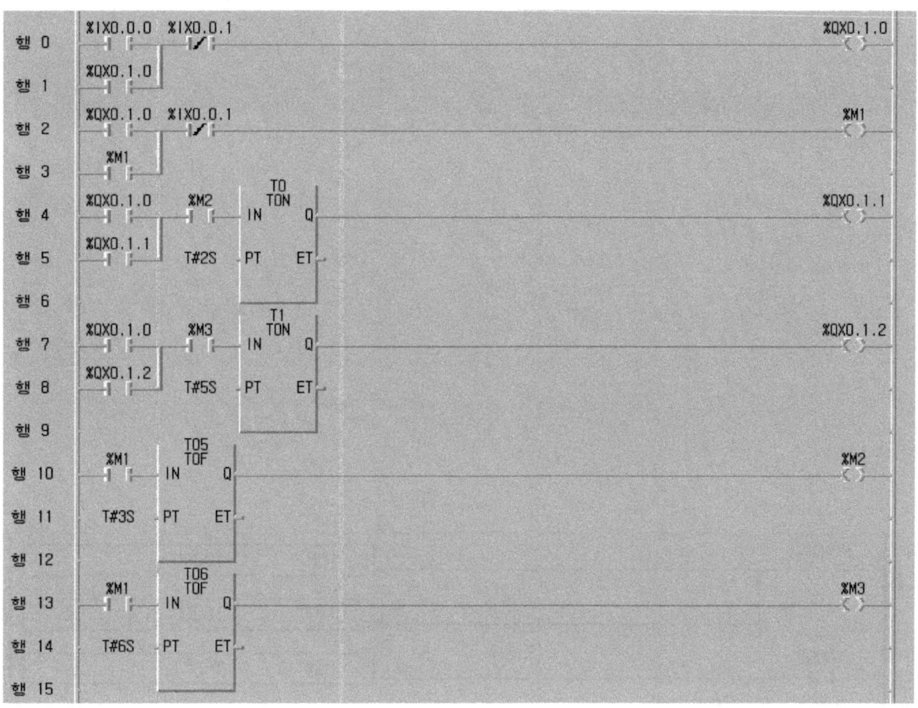

사용자가 소변기에 접근하면 1초 후 2초간 물이 나오고 이탈하면 3초간 물이 공급되는 자동밸브 시스템의 프로그램을 작성하시오.

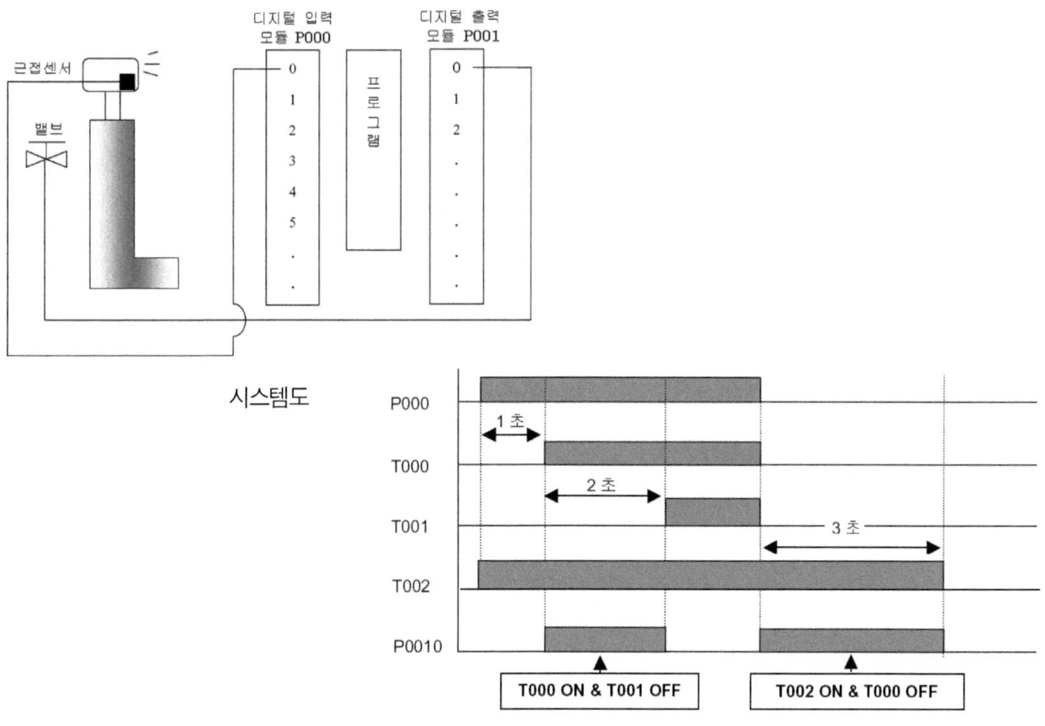

시스템도

타임차트

① MASTER-K의 경우

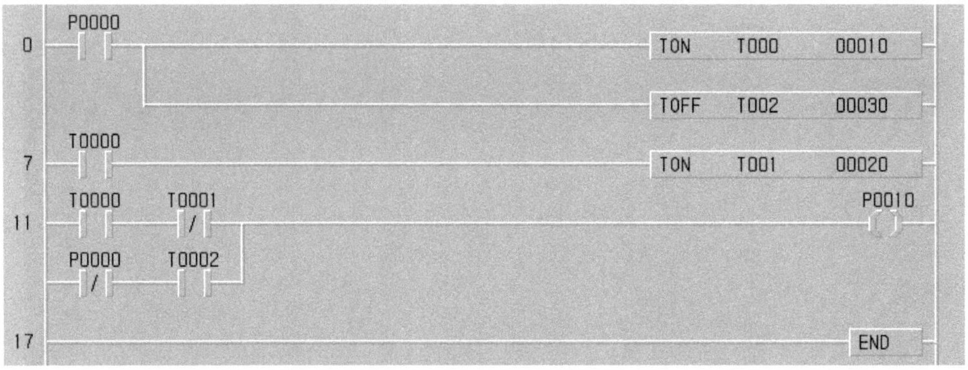

② XGK의 경우

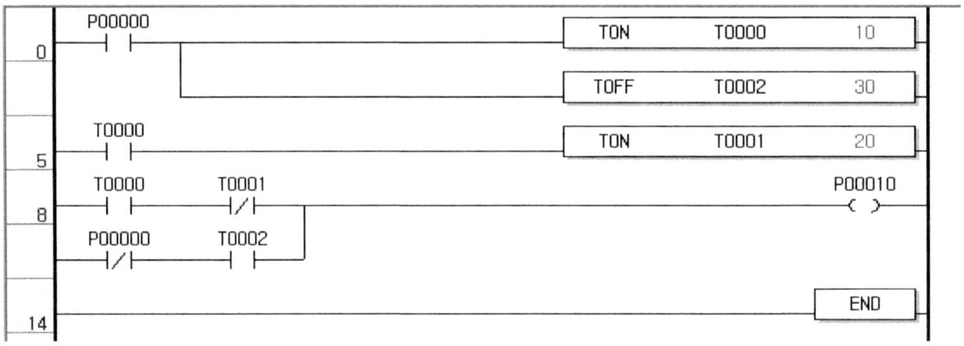

③ GLOFA-GM의 경우

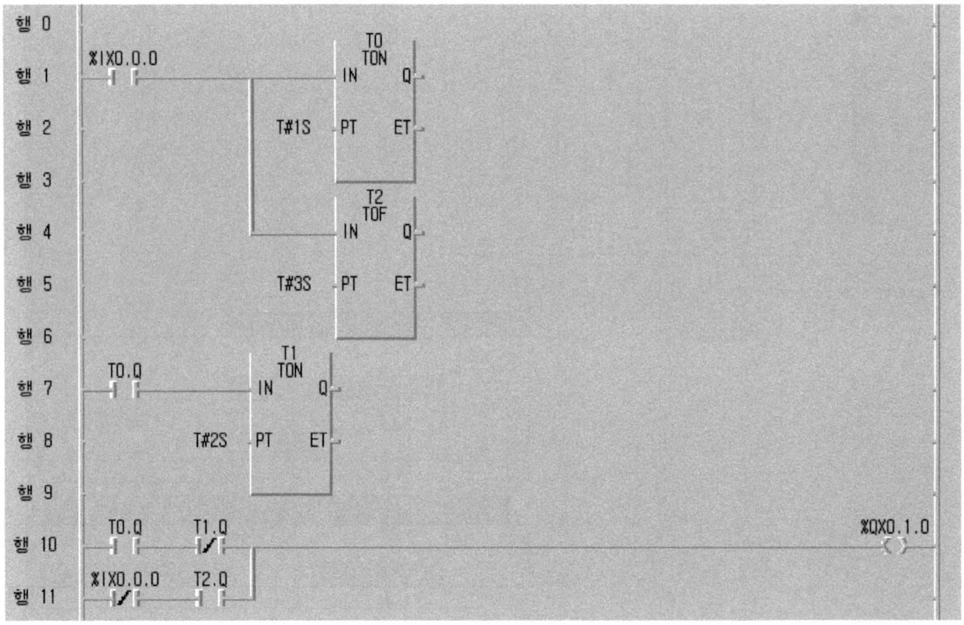

2) 특수타이머

타이머의 기능비교

PLC 기종	기능	설정 조건	타임 차트
MSTER-K XGK	TMR	TMR / 타이머 설정치 / 타이머 접점 번호	입력 / 출력 / t1 / t2 / (가산) / 적산 타이머 / t=설정시간 (t1+t2)
	TMON	TMON / 타이머 설정치 / 타이머 접점 번호	입력 / 출력 / t / (감산) / Monostable 타이머 / t=설정시간
	TRTG	TRTG / 타이머 설정치 / 타이머 접점 번호	입력 / 출력 / t / (감산) / Retriggerable / t=설정시간
GLOFA-GM	TP	TP / BOOL IN Q BOOL / TIME PT ET TIME IN : 동작개시신호(Bool) PT : 설정시간(Preset Time) Q : 출력(Bool) ET : 경과시간(Elapsed)	IN / Q / PT / ET / 설정 시간 PT

CNC 공작기계에서 사용되는 공구의 교환 주기를 연산하여 경보를 출력하는 프로그램을 작성하시오.

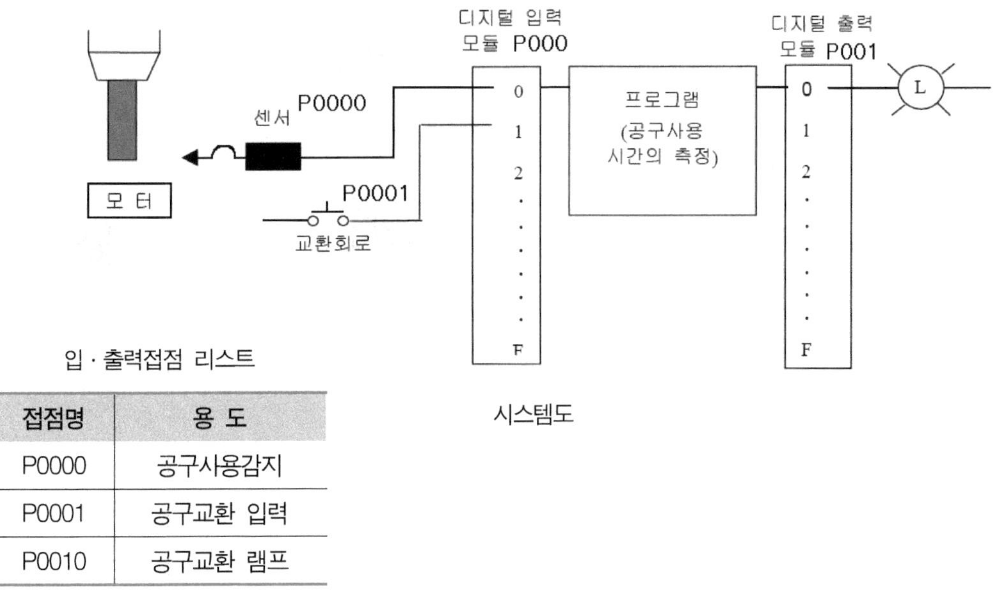

시스템도

접점명	용 도
P0000	공구사용감지
P0001	공구교환 입력
P0010	공구교환 램프

① MASTER-K/XGK의 경우(적산 타이머)

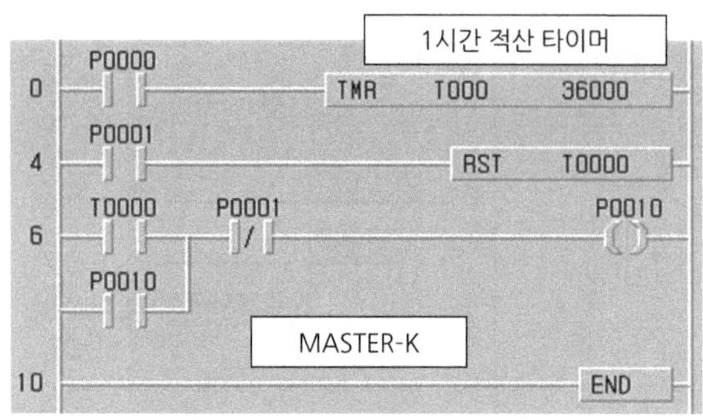

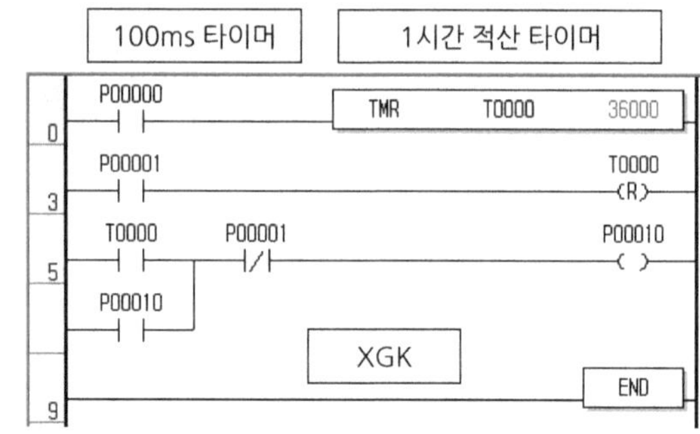

② GLOFA-GM의 경우(적산 타이머)

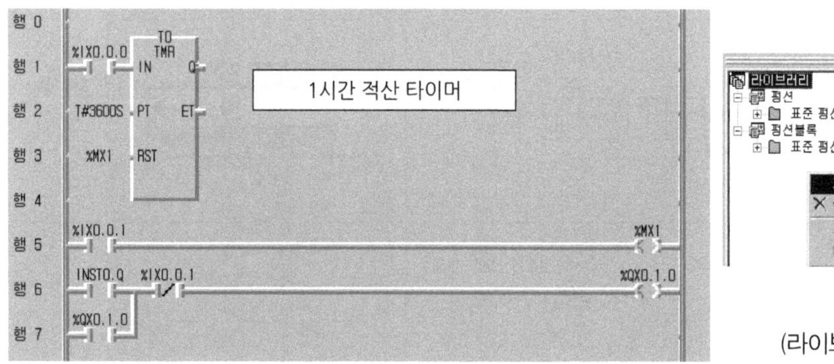

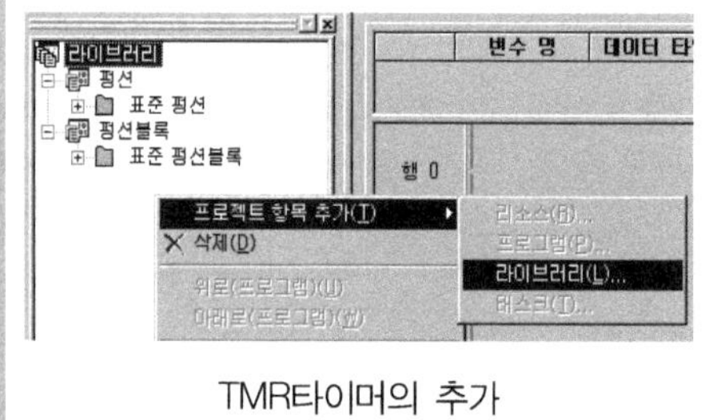

TMR타이머의 추가
(라이브러리의 App.fb 파일 추가)

마우스에 오른쪽 버튼을 클릭하여 라이브러리의 App.fb를 추가하여 TMR 타이머를 사용한다.

예제 6.10 **속도가 일정치 않은 이동체에 의한 통과신호(리밋 스위치)의 떨림을 방지하기 위한 프로그램을 작성하시오.**

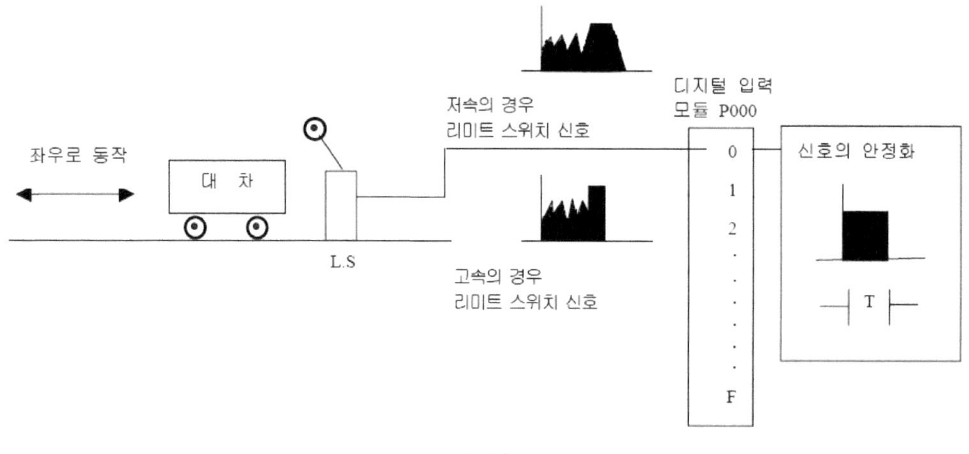

시스템도

① MASTER-K/XGK의 경우(Monostable 타이머)

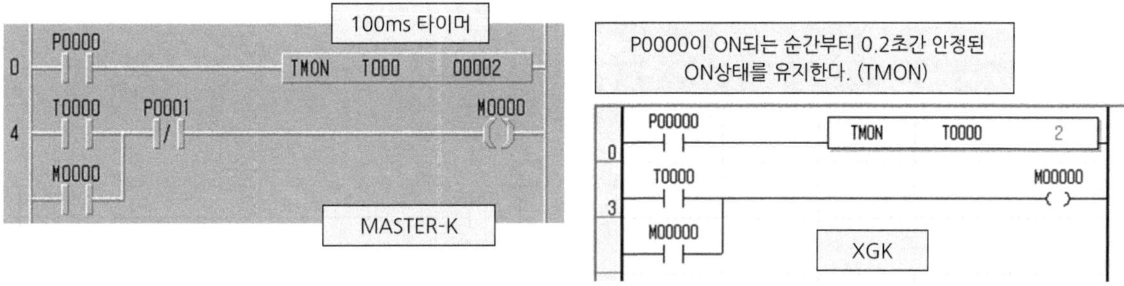

② GLOFA-GM의 경우(Monostable 타이머)

자동문의 근접센서가 작동되면 문이 열리고 센서 작동 중에는 계속해서 문이 열려 있어야 하며 센서가 OFF 된 상태에서 3초 후 문을 닫아져야 한다. 또한 닫는 상태에서 센서가 작동되면 닫힘을 중지하고 문이 개방되어야 한다.

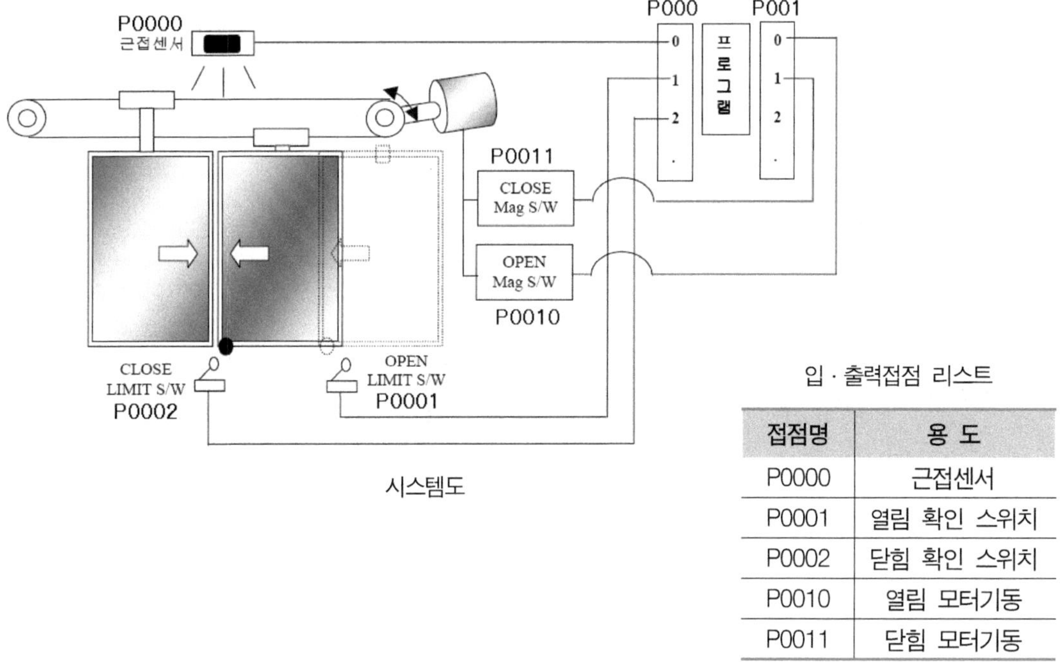

시스템도

입 · 출력접점 리스트

접점명	용 도
P0000	근접센서
P0001	열림 확인 스위치
P0002	닫힘 확인 스위치
P0010	열림 모터기동
P0011	닫힘 모터기동

① MASTER-K/XGK의 경우(Retriggerable)

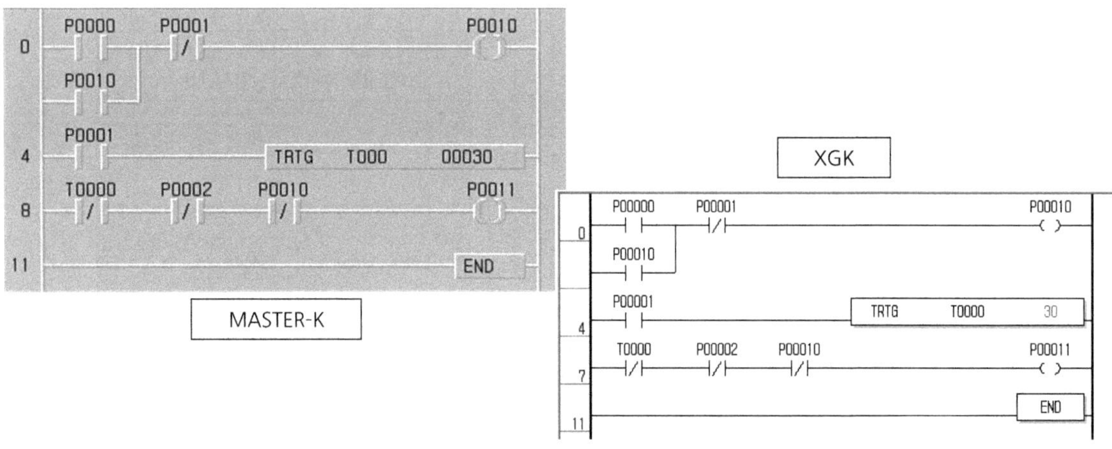

② GLOFA-GM의 경우(Retriggerable)

6.3 카운터 연산자

명령어	사 용 가 능 영 역											스텝수
	M	P	K	L	F	T	C	S	D	#D	정수	
CTU / CTD							○					3
설정치	(○)	(○)	(○)						○		○	(2~3)

※( )은 XGK 기종의 스텝수, 나머지 인수는 MASTER-K

카운터의 기능비교

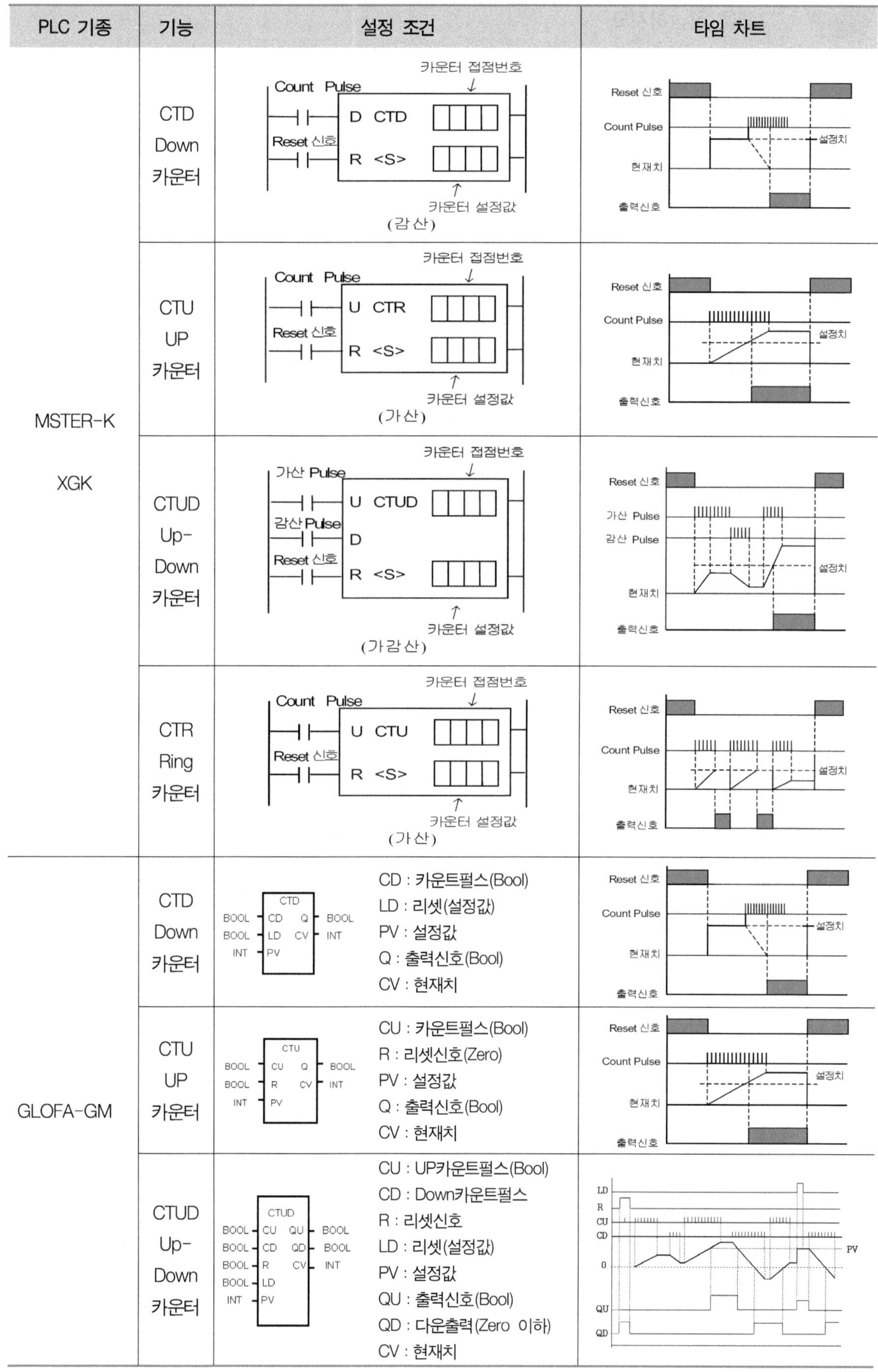

PLC 기종	기능	설정 조건	타임 차트
MSTER-K XGK	CTD Down 카운터	Count Pulse / Reset 신호 / D CTD / R <S> / 카운터 접점번호 / 카운터 설정값 (감산)	Reset 신호 / Count Pulse / 설정치 / 현재치 / 출력신호
	CTU UP 카운터	Count Pulse / Reset 신호 / U CTR / R <S> / 카운터 접점번호 / 카운터 설정값 (가산)	Reset 신호 / Count Pulse / 설정치 / 현재치 / 출력신호
	CTUD Up- Down 카운터	가산 Pulse / 감산 Pulse / Reset 신호 / U CTUD / D / R <S> / 카운터 접점번호 / 카운터 설정값 (가감산)	Reset 신호 / 가산 Pulse / 감산 Pulse / 설정치 / 현재치 / 출력신호
	CTR Ring 카운터	Count Pulse / Reset 신호 / U CTU / R <S> / 카운터 접점번호 / 카운터 설정값 (가산)	Reset 신호 / Count Pulse / 설정치 / 현재치 / 출력신호
GLOFA-GM	CTD Down 카운터	CTD: BOOL CD, BOOL LD, INT PV / Q BOOL, CV INT CD : 카운트펄스(Bool) LD : 리셋(설정값) PV : 설정값 Q : 출력신호(Bool) CV : 현재치	Reset 신호 / Count Pulse / 설정치 / 현재치 / 출력신호
	CTU UP 카운터	CTU: BOOL CU, BOOL R, INT PV / Q BOOL, CV INT CU : 카운트펄스(Bool) R : 리셋신호(Zero) PV : 설정값 Q : 출력신호(Bool) CV : 현재치	Reset 신호 / Count Pulse / 설정치 / 현재치 / 출력신호
	CTUD Up- Down 카운터	CTUD: BOOL CU, BOOL CD, BOOL R, BOOL LD, INT PV / QU BOOL, QD BOOL, CV INT CU : UP카운트펄스(Bool) CD : Down카운트펄스 R : 리셋신호 LD : 리셋(설정값) PV : 설정값 QU : 출력신호(Bool) QD : 다운출력(Zero 이하) CV : 현재치	LD / R / CU / CD / PV / 0 / QU / QD

타이머를 이용하여 1시간, 1일과 30일에 도달하면 각각 10초간 출력을 유지하는 프로그램을 작성하시오.

① MASTER-K/XGK의 경우(CTU/CTD)

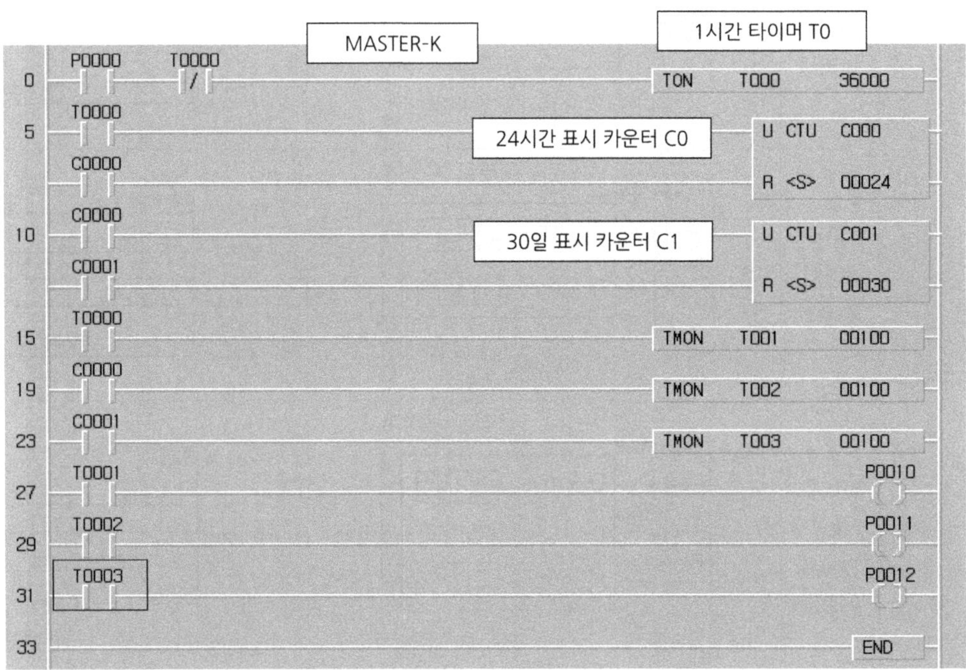

※ MASTER-K의 경우 최대 설정치는 65535이므로 T0 번 타이머(100ms)일 때 65,535초까지 설정이 가능하므로 1개의 타이머로 계측할 수 없다.

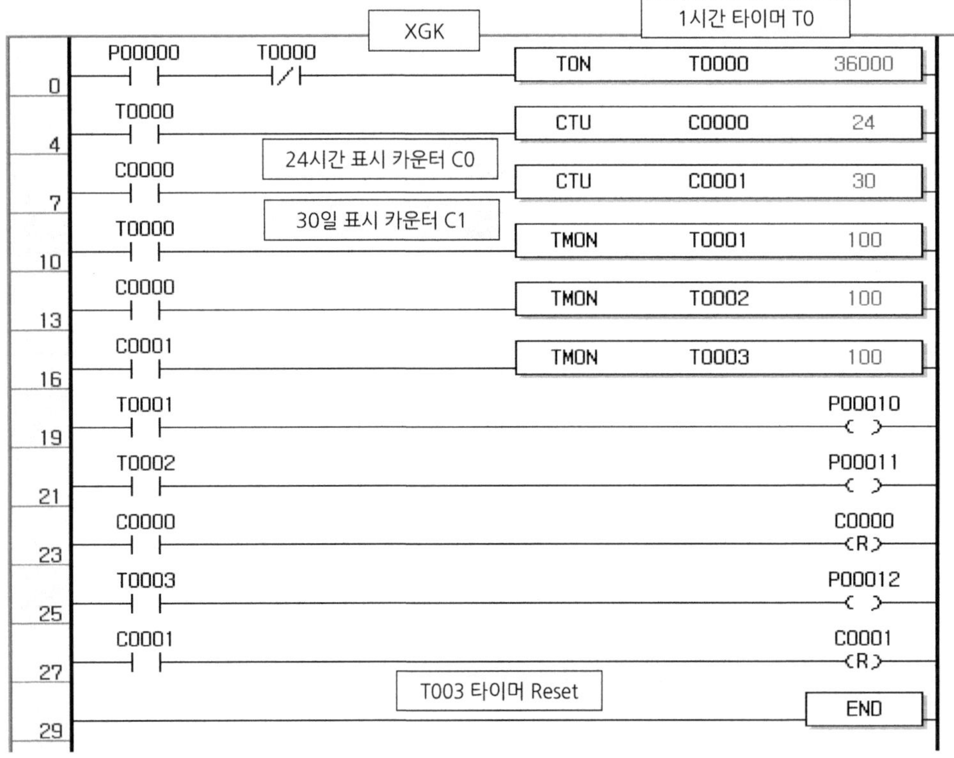

② GLOFA-GM의 경우

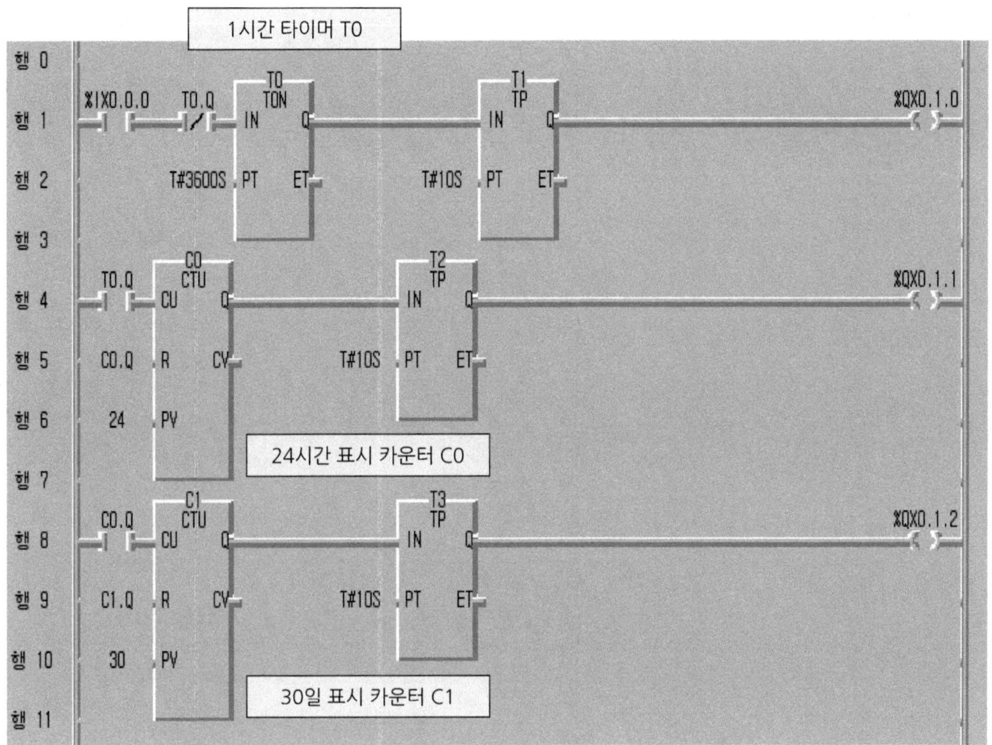

컨트롤 스위치 PB1을 누를 때마다 전동기가 1대씩 추가하여 기동하고 최대 4대의 전동기가 구동되고 PB2를 누를 때 전동기가 하나씩 정지하는 프로그램을 작성하시오.

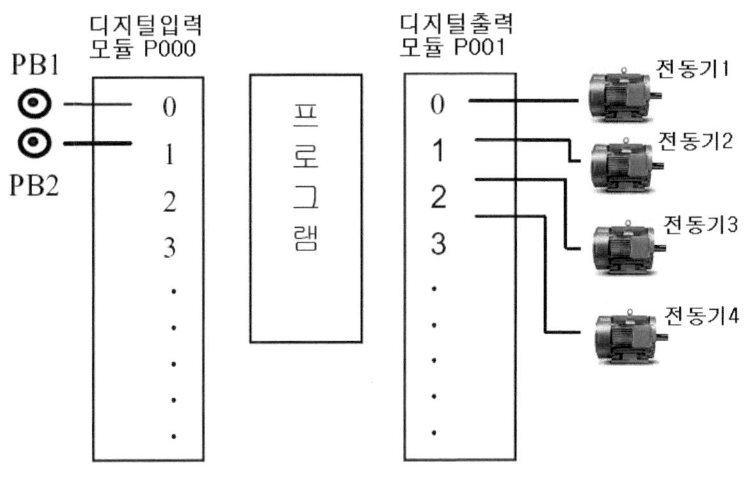

시스템도

① MASTER-K의 경우(CTUD)

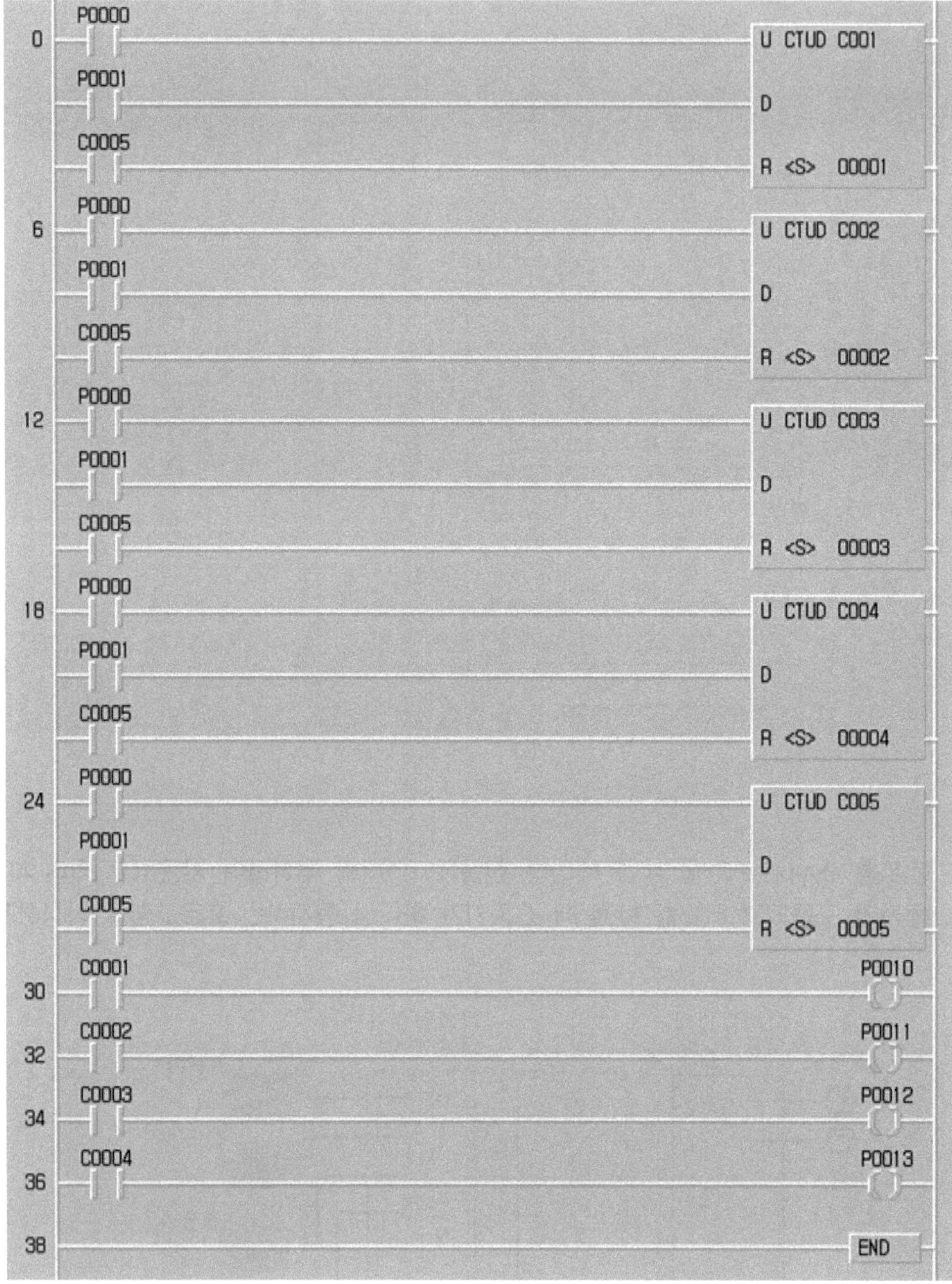

② XGK의 경우(CTUD)

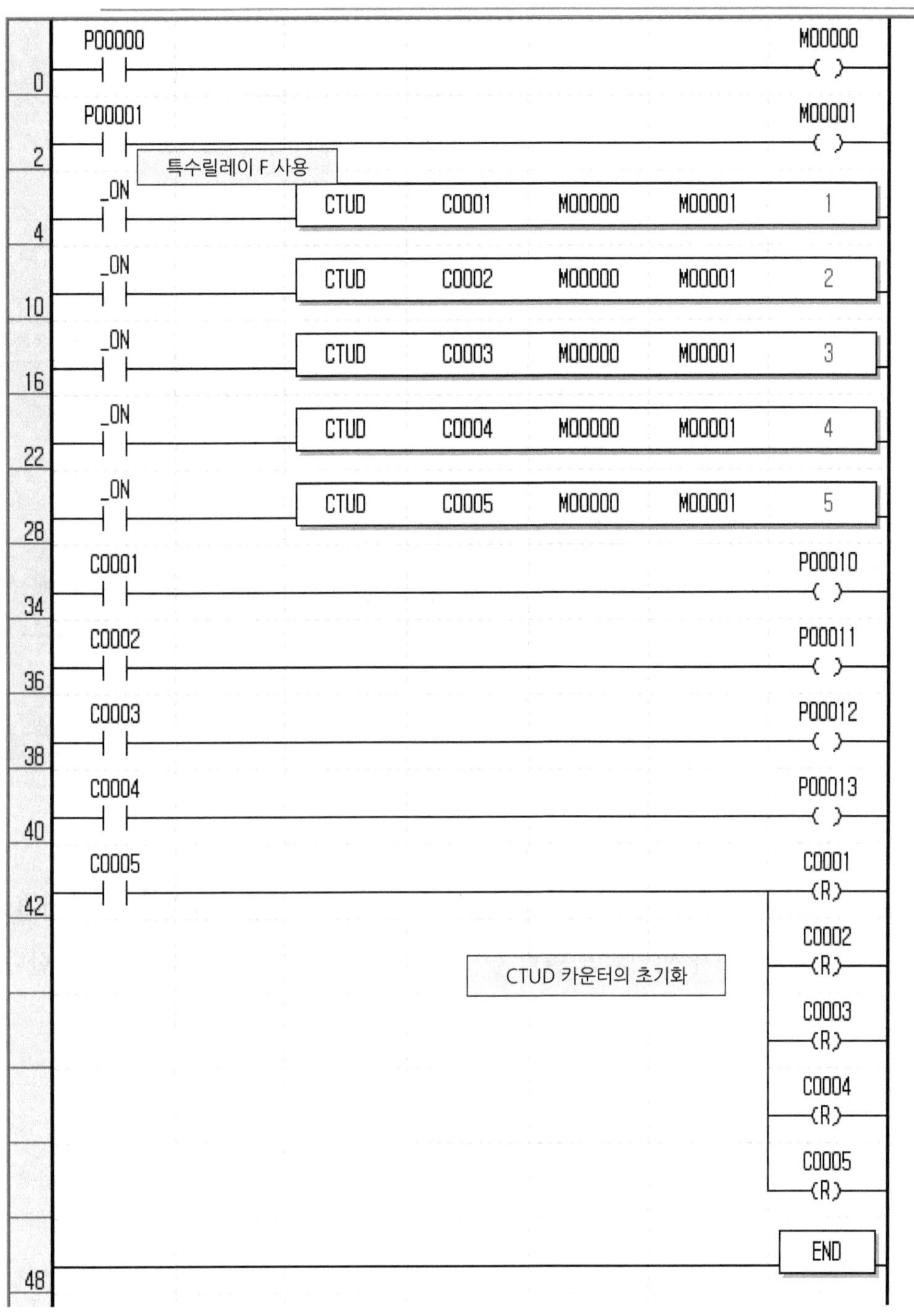

디바이스	타입	변수	기능	기능설명
F00099	BIT	_ON	상시 On	항상 On 상태의 비트

특수릴레이(F) 일람

③ GLOFA-GM의 경우

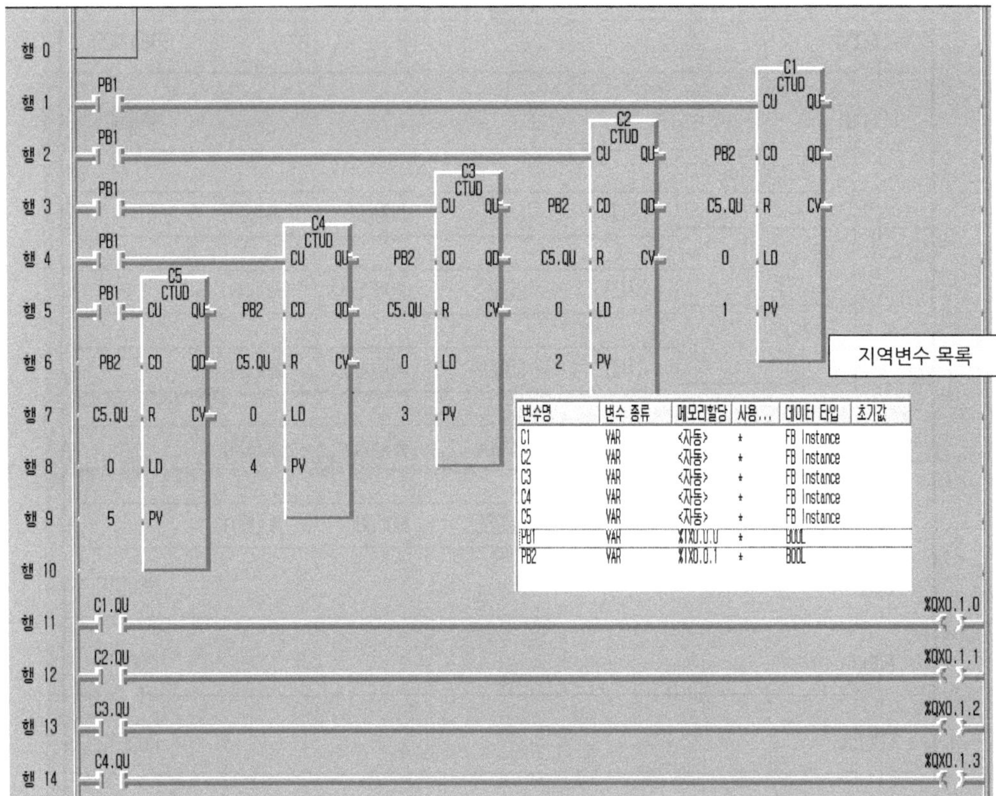

※ Ring 카운터(CTR)

입력 펄스가 입력할 때마다 현재 획득차에 1씩 증가하여 설정치에 도달하면 접점의 출력을 발생시키며 다음 펄스가 입력되면 출력을 정지하고 카운터가 다시 적산을 반복한다.

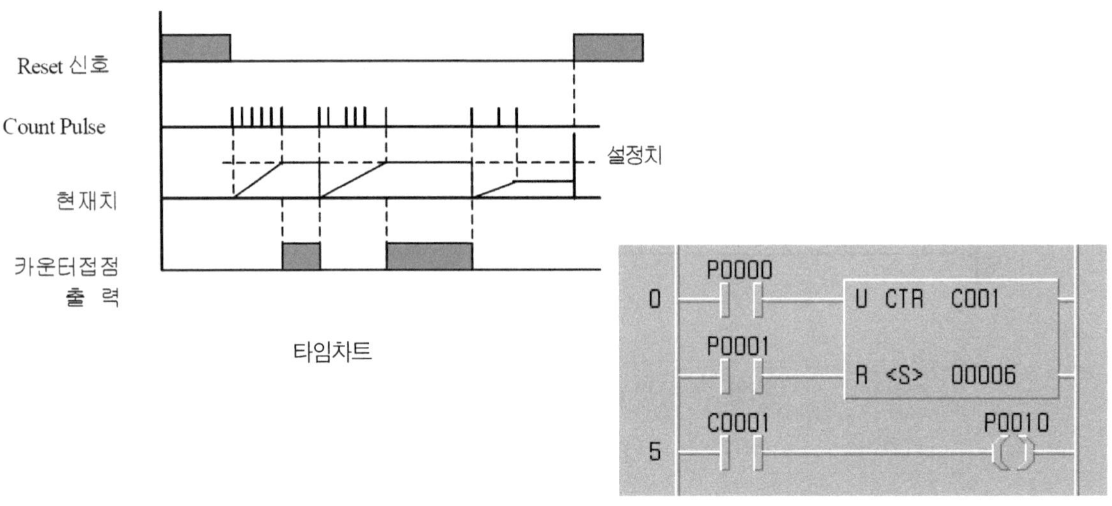

타임차트

타이머의 이용

다음 건널목 신호등을 제어하는 프로그램을 작성하시오.

(1) 동작 조건

보행자가 보행 스위치를 누르면 30초 후 차선 신호등은 황색 램프가 점등되며 1초 후 적색으로 변경된다. 이때 보행신호는 청색 램프가 10초간 점등된 뒤 10초간 점멸 후 적색으로 변경된다.

(2) 시스템도

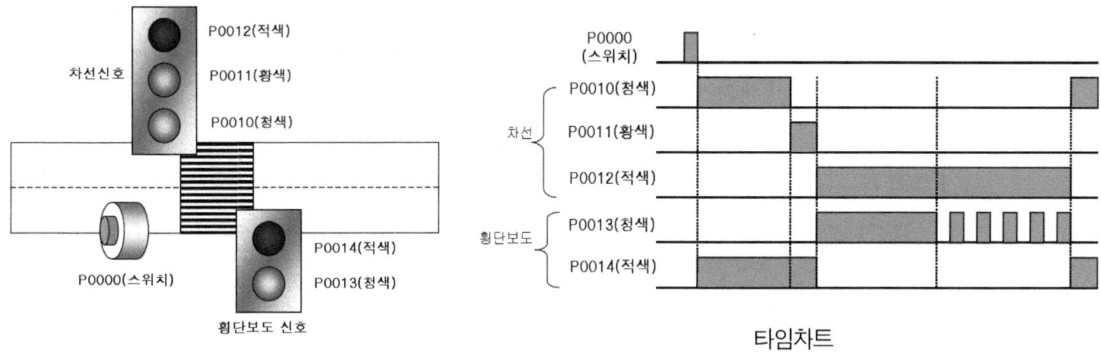

타임차트

① MASTER-K의 경우

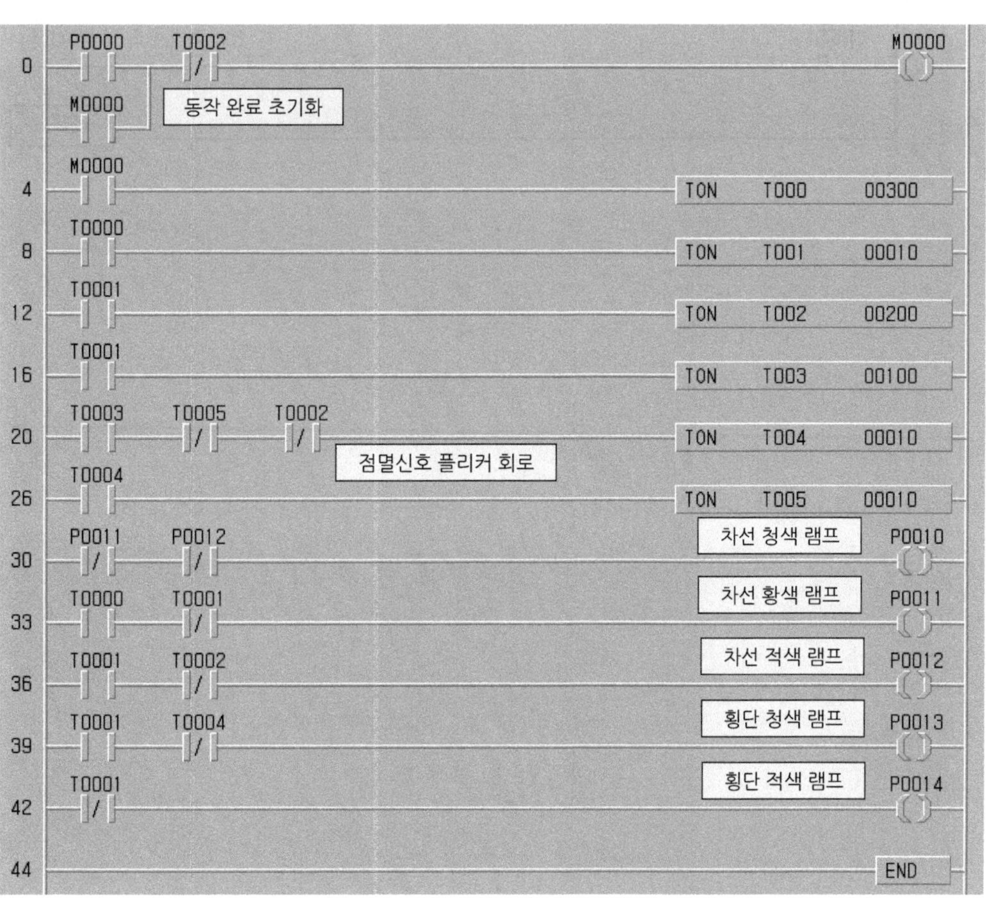

② XGK의 경우

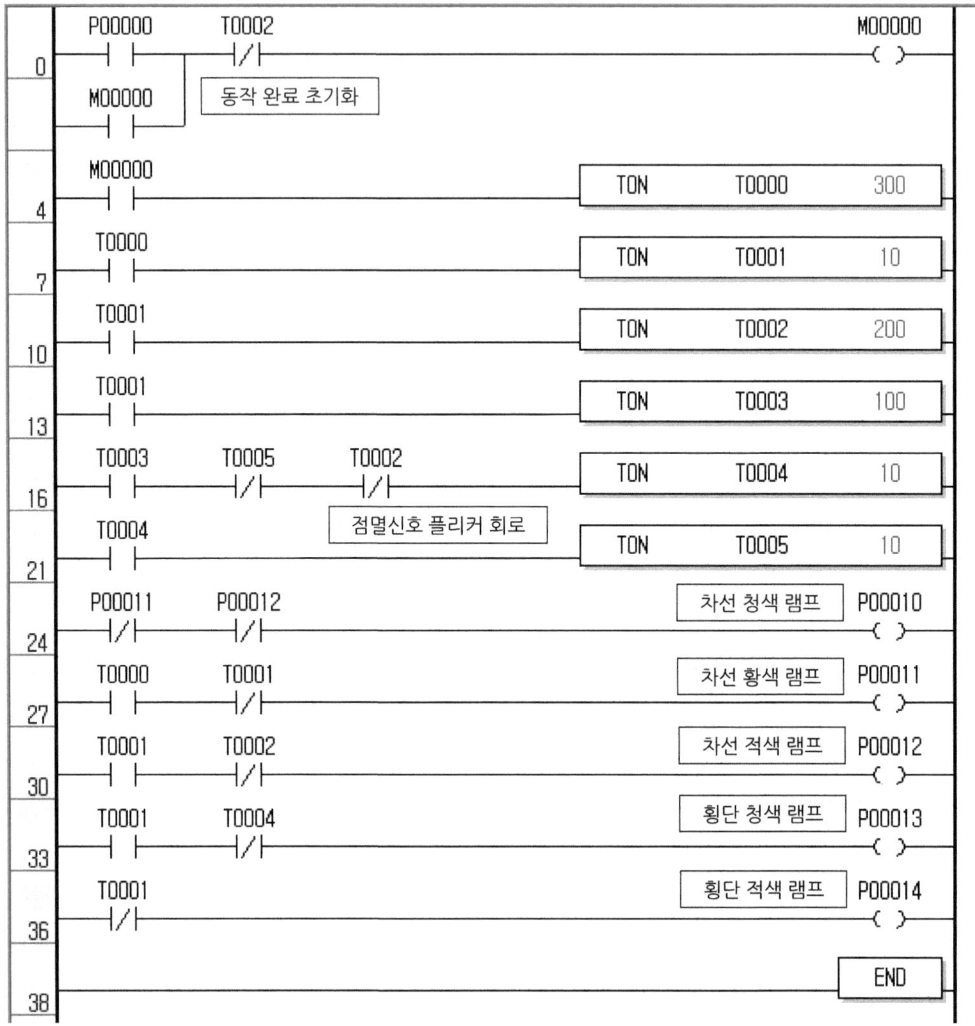
P00000
T0002
M00000
M00000
동작 완료 초기화
M00000
TON T0000 300
T0000
TON T0001 10
T0001
TON T0002 200
T0001
TON T0003 100
T0003
T0005
T0002
TON T0004 10
점멸신호 플리커 회로
T0004
TON T0005 10
P00011
P00012
차선 청색 램프
P00010
T0000
T0001
차선 황색 램프
P00011
T0001
T0002
차선 적색 램프
P00012
T0001
T0004
횡단 청색 램프
P00013
T0001
횡단 적색 램프
P00014
END
0
4
7
10
13
16
21
24
27
30
33
36
38

6.4 마스터 컨트롤 명령

명령어	사 용 가 능 영 역											스텝수
	M	P	K	L	F	T	C	S	D	#D	정수	
MCS/MCSCLR											○	1

1) 사용 예

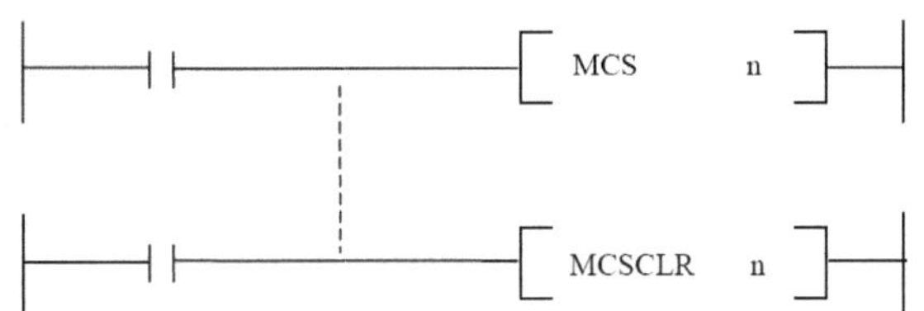

- n(Nesting) : 0~7까지 설정 가능
- XGK의 n 설정은 0~15까지 설정 가능

2) MCS/MCSCLR의 기능

① MCS의 입력조건이 ON일 때에만 실행된다.

② MCS 번호의 우선순위는 0이 최상위 순이며 상위순위를 해제하면 낮은 순위도 함께 해제되므로 우선순위에 따라 순차적으로 사용한다.

3) 네스팅(Nesting)이란

다중 마스터 컨트롤 사용에 의한 제어를 의미한다.

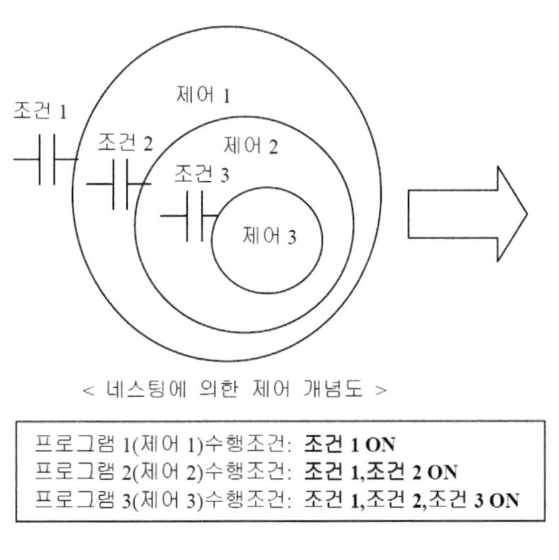

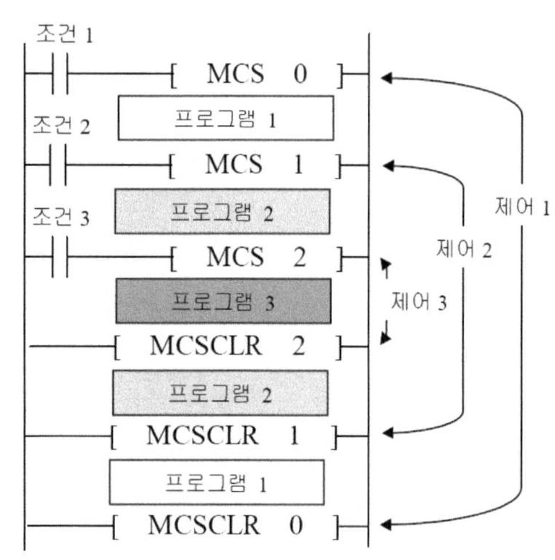

전동기 수동/자동 운전 시퀀스를 참조하여 MCS를 이용해 프로그램을 작성하시오.

(1) 동작 조건

- 수동 동작 : 운전 스위치 → MC의 동작 → 전동기 기동운전 → 정지스위치 → 운전종료
- 자동 동작 : 스위치 자동 위치 → T 초간 운전 ↔ T 초간 정지(반복 동작) ↔ 램프 반복 동작
  [전동기 운전표시 등(RL), 전동기 정지표시 등(GL)]

(2) 순서도

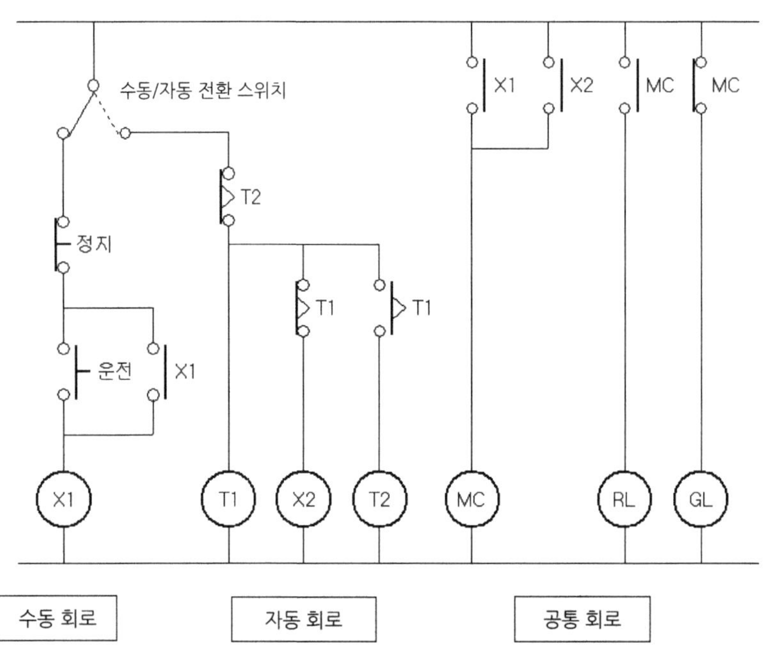

입 · 출력 접점 리스트

접점명	MASTER-K XGK	GLOFA-GM
전환스위치	P0000	%IX0.0.0
수동운전	P0001	%IX0.0.1
수동정지	P0002	%IX0.0.2
전자접촉기	P0010	%QX0.1.0
적색등	P0011	%QX0.1.1
녹색등	P0012	%QX0.1.2

① MASTER-K/XGK의 경우

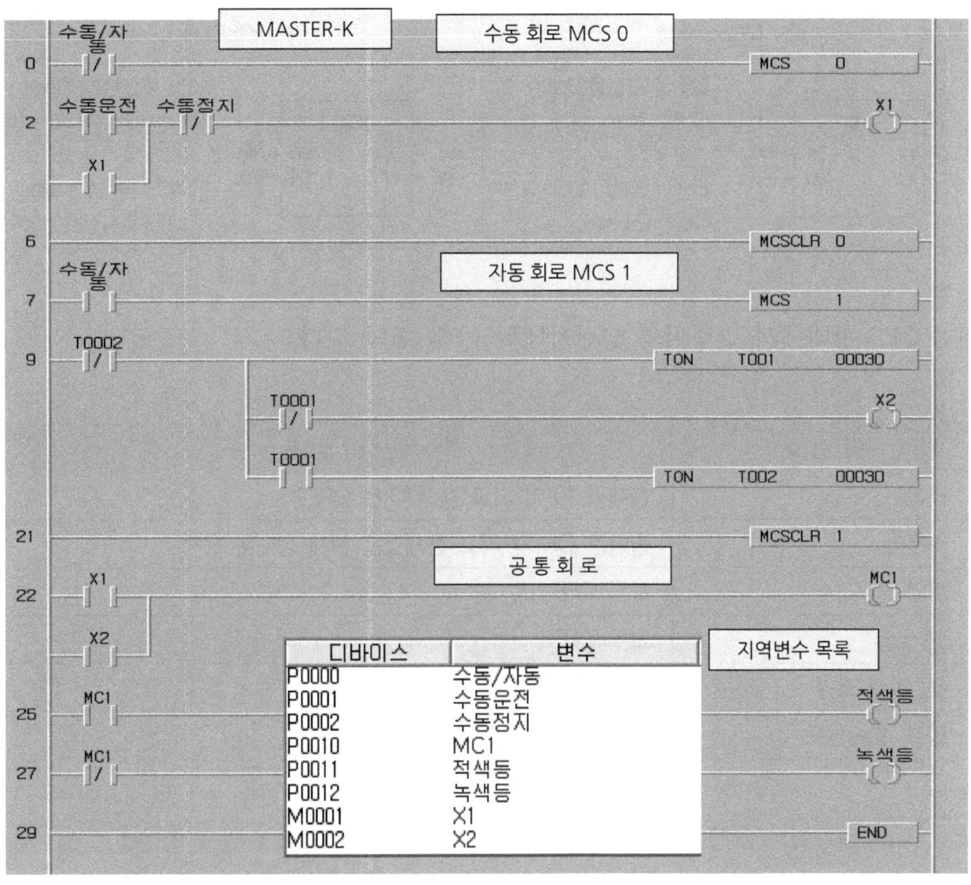

디바이스	변수
P0000	수동/자동
P0001	수동운전
P0002	수동정지
P0010	MC1
P0011	적색등
P0012	녹색등
M0001	X1
M0002	X2

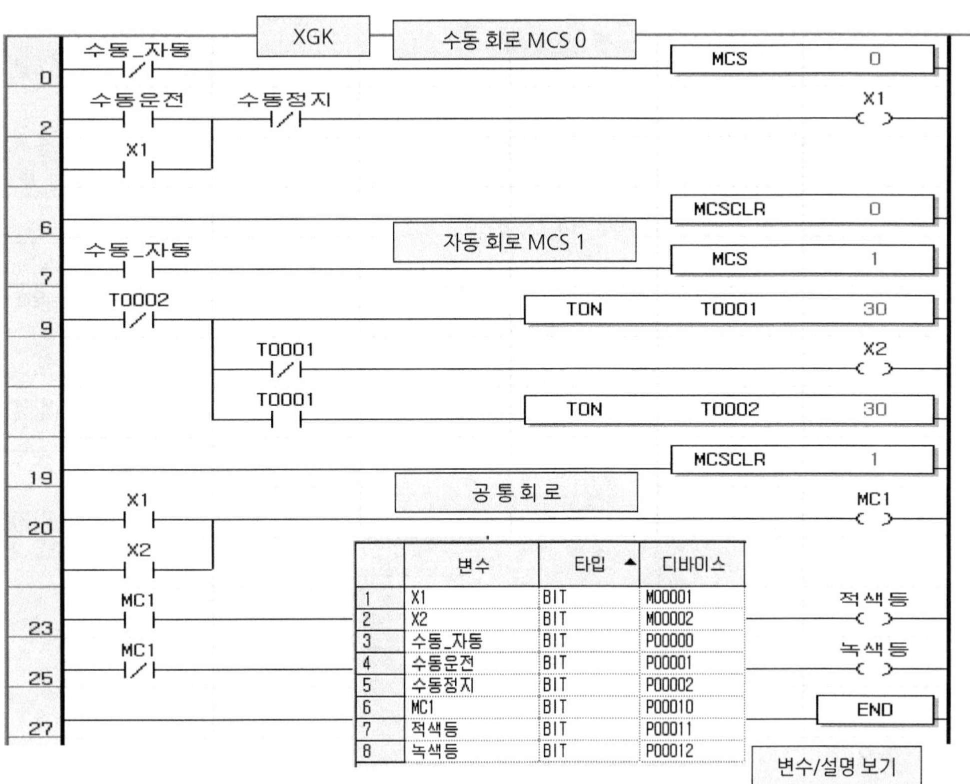

	변수	타입	디바이스
1	X1	BIT	M00001
2	X2	BIT	M00002
3	수동_자동	BIT	P00000
4	수동운전	BIT	P00001
5	수동정지	BIT	P00002
6	MC1	BIT	P00010
7	적색등	BIT	P00011
8	녹색등	BIT	P00012

② GLOFA-GM의 경우

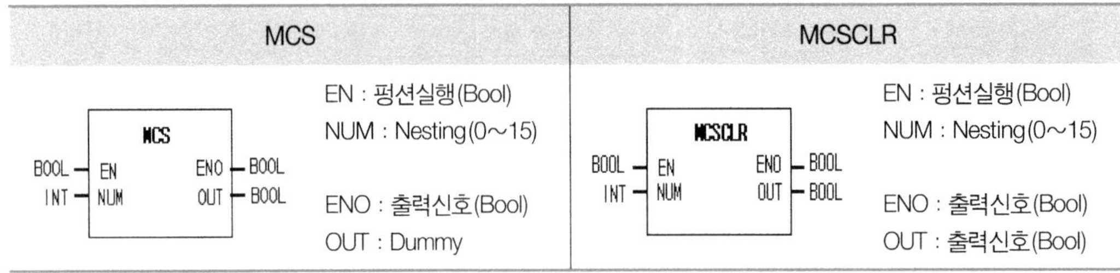

MCS	MCSCLR
BOOL – EN, INT – NUM (MCS) ENO – BOOL, OUT – BOOL EN : 펑션실행(Bool) NUM : Nesting(0~15) ENO : 출력신호(Bool) OUT : Dummy	BOOL – EN, INT – NUM (MCSCLR) ENO – BOOL, OUT – BOOL EN : 펑션실행(Bool) NUM : Nesting(0~15) ENO : 출력신호(Bool) OUT : 출력신호(Bool)

MCS가 OFF 상태에서 명령어의 연산상태는 아래 표와 같다.

명 령 어	연 산 상 태
타이머	현재값 "0"이 되고 출력(Q)은 OFF
카운터	출력은 OFF가 되고 현재값은 현재 상태를 유지
코일	모두 OFF
역 코일	모두 OFF
셋, 리셋 코일	현재값을 유지
펑션, 함수들로	현재값을 유지

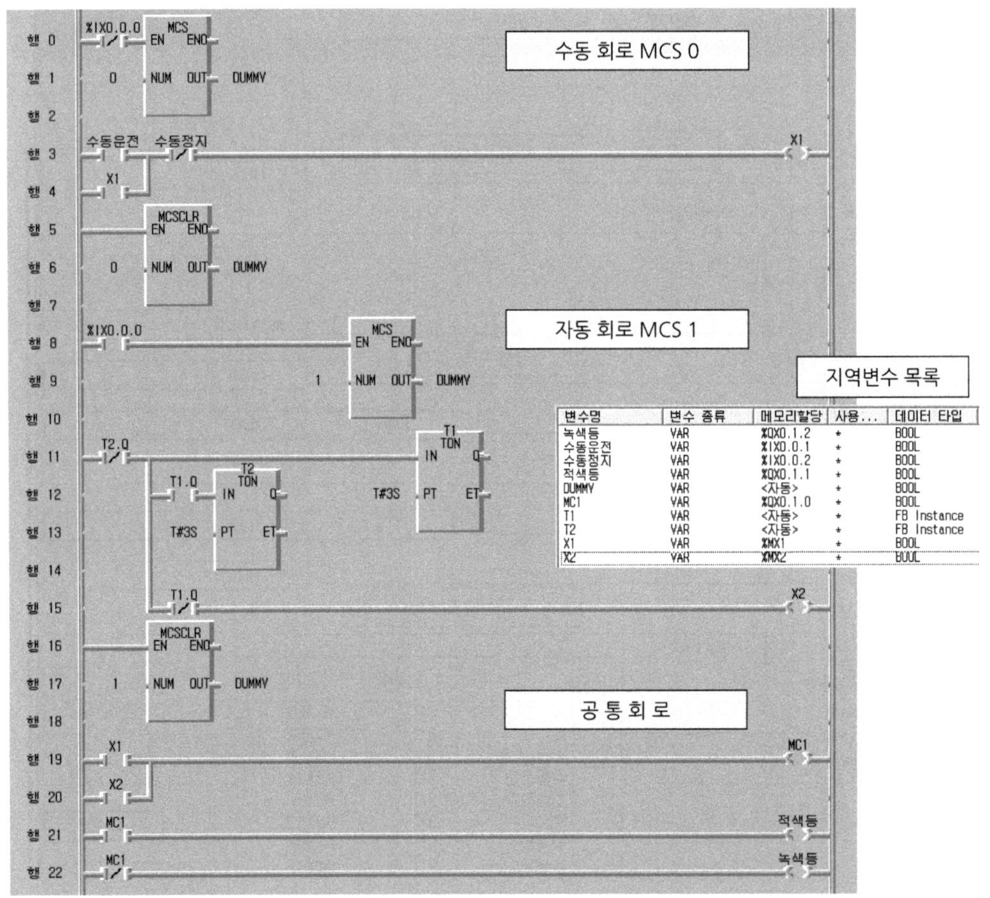

6.5 순차제어/후입 우선명령(Step Controller)

명령어	사 용 가 능 영 역											스텝수
	M	P	K	L	F	T	C	S	D	#D	정수	
SET/OUT	(○)	(○)	(○)	(○)				○				1

※( )은 XGK 기종의 경우, 나머지 인수는 MASTER-K

1) 사용 예

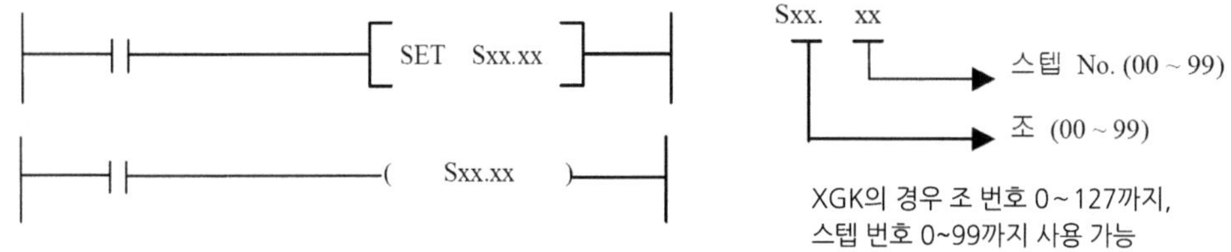

2) SET Sxx.xx(순차제어)의 기능

① 하위 스텝 번호가 ON 되어 있어야 현재의 스텝 번호가 ON 될 수 있다. 즉 5번 스텝 번호를 ON 되기 위해서는 4번 스텝이 ON 되어 있어야 한다.

② 계단 위에 존재하는 것처럼 해당 스텝은 항상 ON 상태를 유지하며 오직 하나의 스텝만 ON이 가능하다.

③ 각조는 서로 독립적으로 동작하며 아래 그림에서와 같이 서로 다른 계단으로 개별적으로 작동되어진다.

순차제어의 독립 특성

④ 프로그램 예

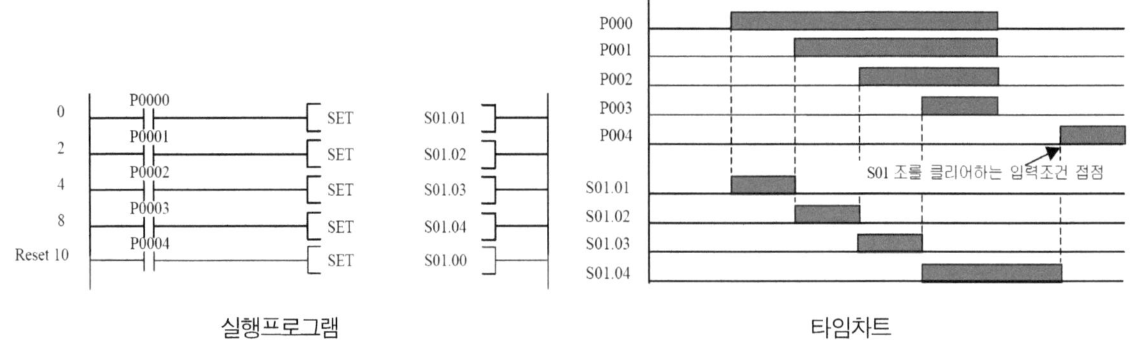

실행프로그램 타임차트

3) 수입 우선의 기능

① 입력 접점 중 마지막 입력에 해당하는 스텝의 출력을 유지하며 스텝 번호는 무시한다.

② 동일 그룹 내에 입력조건 접점의 다수를 ON 해도 하나의 스텝만이 ON 되며 스텝 번호가 큰 것이 우선으로 출력된다.

아래 그림의 순서와 같이 스텝 컨트롤러를 이용해 대차의 순차 기동제어 프로그램을 작성하시오.

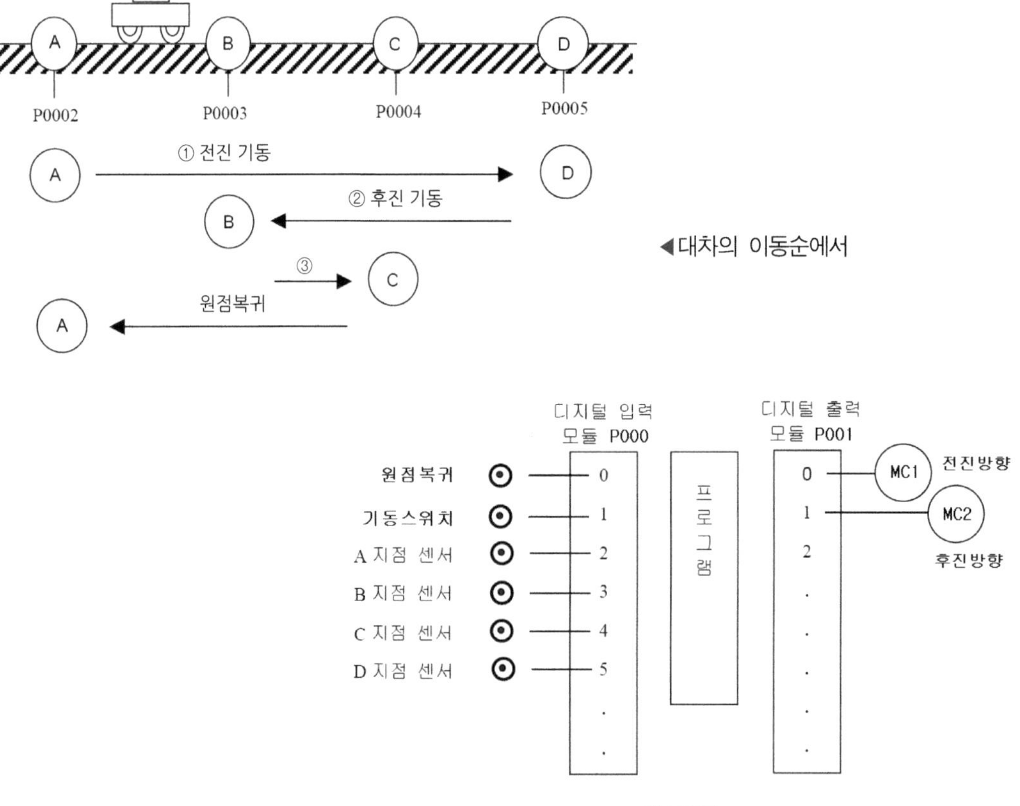

시스템도

① MASTER-K의 경우

변수/설명 보기▶

디바이스	변수	설명
P0000	원점복귀	초기화
P0001	기동	기동
P0002	A점	A점위치리밋
P0003	B점	B점위치리밋
P0004	C점	C점위치리밋
P0005	D점	D점위치리밋
P0010		전진기동
P0011		후진기동
S00.99		초기위치

```
 0  원점복귀 ─| |─┬──────────── RST M0000
                 └──────────── ( ) S00.99
 4  기동 ─| |────────────────── SET M0000
 6  A점 ─| |─────────────────── SET S00.00
 9  B점 ─| |─────────────────── SET S00.02
12  C점 ─| |─────────────────── SET S00.03
15  D점 ─| |─────────────────── SET S00.01
18  M0000 ─| |───────────────── MCS 0
20  S00.00 ─| |─┬── [정방향 보조접점] ── ( ) M0001
    S00.02 ─| |─┘
25  S00.01 ─| |─┬── [역방향 보조접점] ── ( ) M0002
    S00.03 ─| |─┘
30  ─────────────────────────── MCSCLR 0
31  M0001 ─| |── D점 ─|/|── [정방향(전진)] ── ( ) P0010
34  M0002 ─| |─┬ A점 ─|/|── [역방향(후진)] ── ( ) P0011
    S00.99 ─| |┘
39  ─────────────────────────── END
```

② XGK의 경우

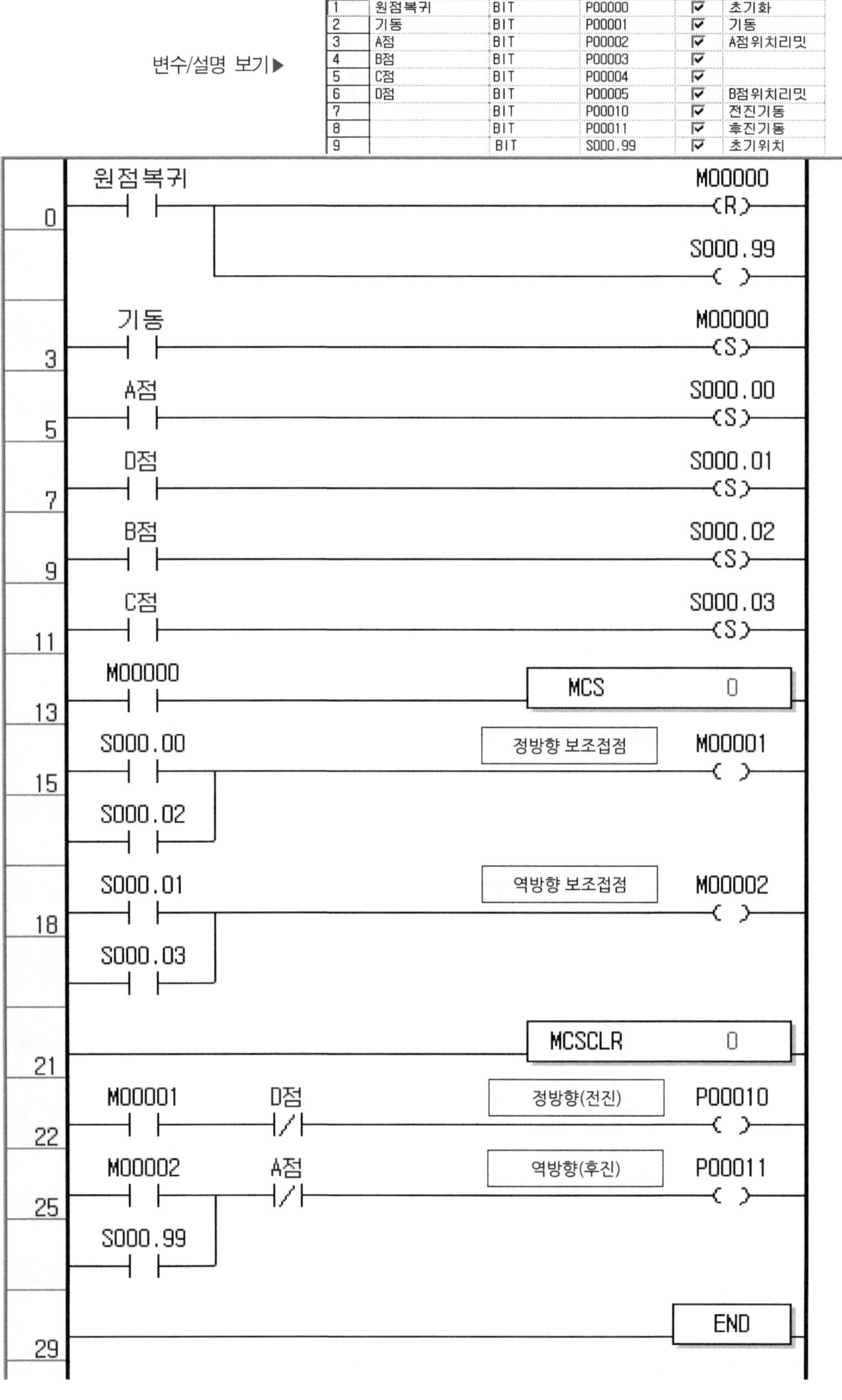

변수/설명 보기▶

	변수	타입	디바이스	사용 유무	설명문
1	원점복귀	BIT	P00000	☑	초기화
2	기동	BIT	P00001	☑	기동
3	A점	BIT	P00002	☑	A점위치리밋
4	B점	BIT	P00003	☑	
5	C점	BIT	P00004	☑	
6	D점	BIT	P00005	☑	B점위치리밋
7		BIT	P00010	☑	전진기동
8		BIT	P00011	☑	후진기동
9		BIT	S000.99	☑	초기위치

③ GLOFA-GM의 경우

SCON	
	REQ : 펑션 실행(Bool) S/O : SET(0), OUT(1) SET : 스텝 번호(0~99) DONE : 정상 종료 ON, 에러 발생 OFF S : Set 된 Bit Array CLR_S : 현재 스텝번호 출력

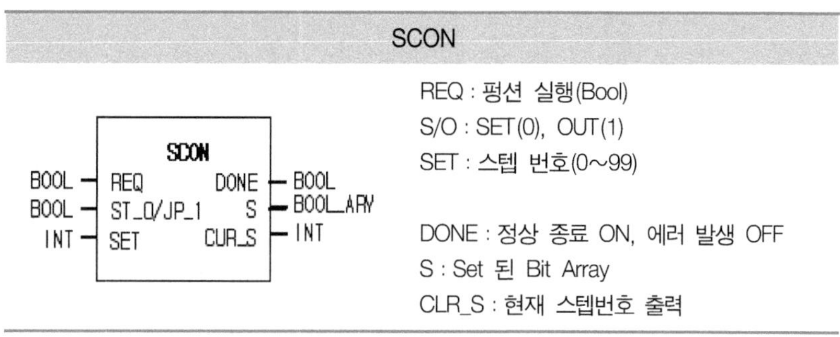

스텝 컨트롤러(순차스텝 및 스텝점프)

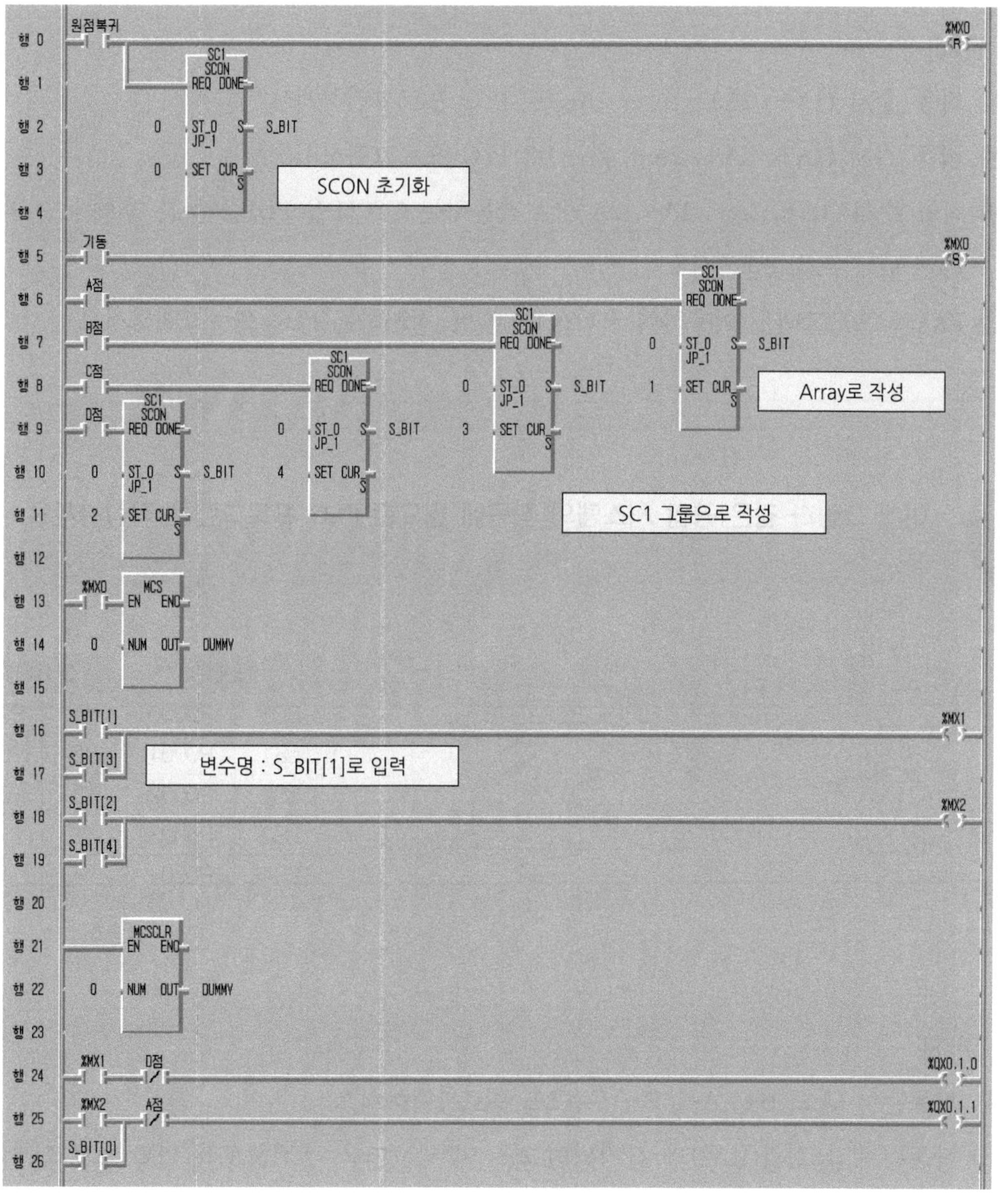

※ GMWIN의 시뮬레이터 기능에서 확인할 수 없음.

아래 그림과 같은 공압 시스템의 작동에 필요한 PLC 프로그램을 작성하시오.

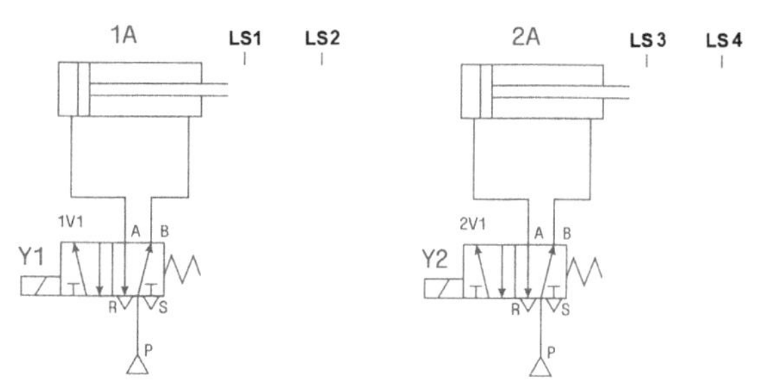

공압 시스템 간략 구성도

INPUT		OUTPUT	
PB1	P0000	Y1	P0040
1S1	P0001	Y2	P0041
1S2	P0002		
2S1	P0003		
2S2	P0004		

I/O 할당표

[실행 문제]

문제 ❶ 작동 순서 (1A+, 2A+, 1A−, 2A−)로 PLC 프로그램하시오.

문제 ❷ 작동 순서 (1A+, 1A−, 2A+, 2A−)로 PLC 프로그램하시오.

문제 ❸ 작동 순서 (1A+, 2A+, 1A−, 2A−)로 작동하는 CYCLE을 PB1을 누른 후에 3초 후에 작동하게 PLC 프로그램하시오.

문제 ❹ EX3의 프로그램을 이용하여 5 CYCLE 후에 정지하는 PLC 프로그램하시오.

아래 그림과 같은 공압 시스템의 작동에 필요한 PLC 프로그램을 작성하시오.

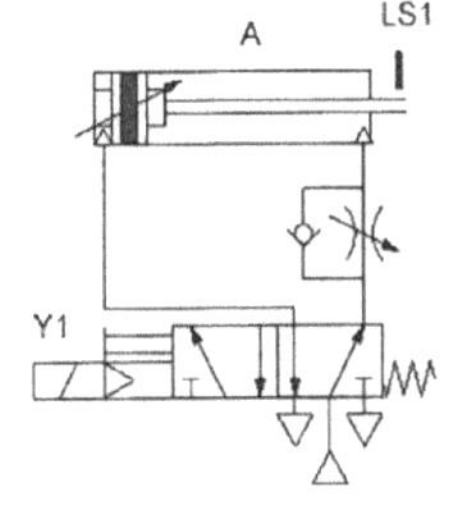

LS2

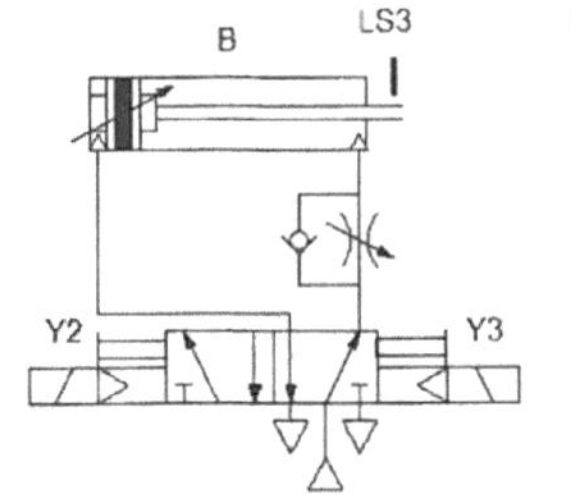

LS4

INPUT		OUTPUT	
PB1	P0000	Y1	P0040
LS1	P0001	Y2	P0041
LS2	P0002	Y3	P0042
LS3	P0003		
LS4	P0004		

I/O 할당표

[실행 문제]

문제 ❶ 작동순서 (A+, B+, A−, B−)로 PLC 프로그램하시오.

문제 ❷ 작동순서 (LS2)와 (LS4)가 감지되면 2초 머무는 다음 후퇴하도록 PLC 프로그램하시오.

문제 ❸ EX2의 프로그램을 이용하여 5 CYCLE 후에 정지하는 PLC 프로그램하시오.

아래 그림과 같은 공압 시스템의 작동에 필요한 PLC 프로그램을 작성하시오.

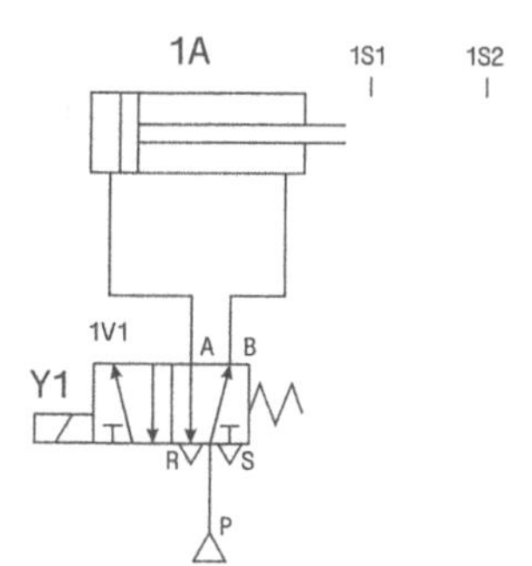

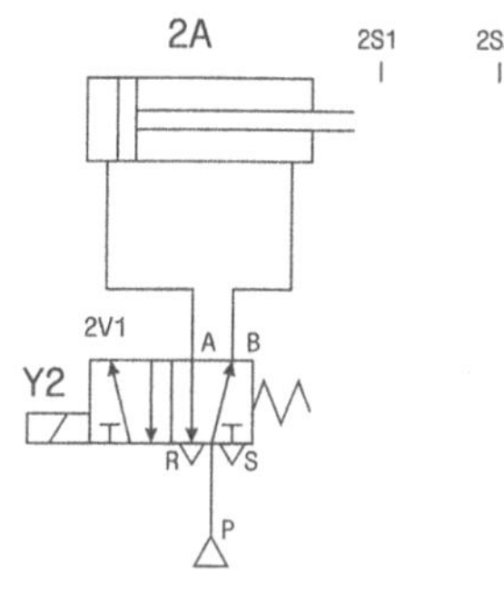

INPUT		OUTPUT	
PB1	P0000	Y1	P0040
1S1	P0001	Y2	P0041
1S2	P0002	램프	P0042
2S1	P0003		
2S2	P0004		
PB2	P0005		

I/O 할당표

[실행 문제]

문제 ❶ B1을 누른 후에 3초 후에 작동순서 (1A+, 1A−, 2A+, 2A−)로 운전하고 2초 후 (2A+, 1A+, 1A−, 2A−) 작동 후에 정지하는 PLC 프로그램을 작성하며, PB2 비상 정지 시 스위치가 작동되면 비상 정지 램프가 점등되고 정지하는 프로그램, 동시에 초기화되는 프로그램을 작성한다.

문제 ❷ EX1의 프로그램을 이용하여 3 CYCLE 후에 정지하는 PLC 프로그램하시오.

[예제 6.17의 ❶번 참고 프로그램]

Step	Contact	Contact	Contact	Output
0	P00000 ┤ ├	P00001 ┤ ├	M00002 ┤/├	M00000 ( )
	M00000 ┤ ├			
5	M00000 ┤ ├	P00002 ┤ ├	M00003 ┤/├	M00001 ( )
	M00001 ┤ ├			
10	M00001 ┤ ├	P00004 ┤ ├	P00003 ┤/├	M00002 ( )
	M00002 ┤ ├			
15	M00002 ┤ ├	P00001 ┤ ├	P00003 ┤/├	M00003 ( )
	M00003 ┤ ├			
20	M00000 ┤ ├			P00040 ( )
22	M00001 ┤ ├			P00041 ( )
24				END

[예제 6.17의 ❷번 참고 프로그램]

```
0   P00000  P00001  M00001(/)                    M00000( )
    M00000
5   M00000  P00002  M00002(/)                    M00001( )
    M00001
10  M00001  P00001  P00003  M00003(/)            M00002( )
    M00002
16  M00002  P00001  P00004  P00003(/)            M00003( )
    M00003
22  M00000                                       P00040( )
24  M00002                                       P00041( )
26                                               END
```

[예제 6.17의 ❸번 참고 프로그램]

```
0    P00000      M00000                                   M00020
     ─┤ ├──┬──────┤/├──────────────────────────────────────( )─
     M00020│
     ─┤ ├──┘

4    M00020
     ─┤ ├──────────────────────────[ TON     T0000     30 ]─

7    T0000       P00001      M00002                       M00000
     ─┤ ├────────┤ ├──┬──────┤/├───────────────────────────( )─
     M00000           │
     ─┤ ├─────────────┘

12   M00000      P00002      M00003                       M00001
     ─┤ ├────────┤ ├──┬──────┤/├───────────────────────────( )─
     M00001           │
     ─┤ ├─────────────┘

17   M00001      P00004      P00003                       M00002
     ─┤ ├────────┤ ├──┬──────┤/├───────────────────────────( )─
     M00002           │
     ─┤ ├─────────────┘

22   M00002      P00001      P00003                       M00003
     ─┤ ├────────┤ ├──┬──────┤/├───────────────────────────( )─
     M00003           │
     ─┤ ├─────────────┘

27   M00000                                               P00040
     ─┤ ├──────────────────────────────────────────────────( )─

29   M00001                                               P00041
     ─┤ ├──────────────────────────────────────────────────( )─

31   ─────────────────────────────────────────────────────[ END ]─
```

[예제 6.17의 ❹번 참고 프로그램]

Step	Contacts	Output
0	P00000 ; C0000 M00003 P00003 ; M00020 — M00000	M00020 ( )
8	M00020	TON T0000 30
11	T0000 P00001 ; M00000 — M00002	M00000 ( )
16	M00000 P00002 ; M00001 — M00003	M00001 ( )
21	M00001 P00004 ; M00002 — P00003	M00002 ( )
26	M00002 P00001 ; M00003 — M00000	M00003 ( )
31	M00003	CTU C0000 5
34	P00000	C0000 (R)
36	M00000	P00040 ( )
38	M00001	P00041 ( )
40		END

[예제 6.18의 ❶번 참고 프로그램]

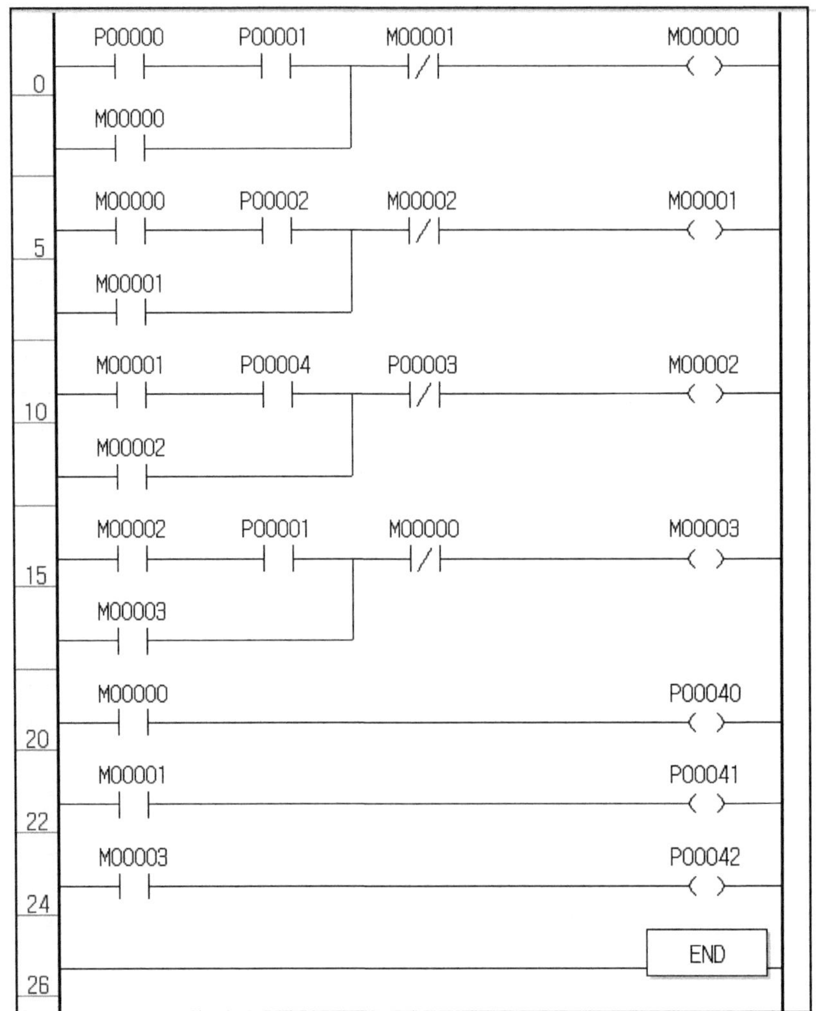

[예제 6.18의 ❷번 참고 프로그램]

```
 0   P00000   P00001   T0000(/)                 M00000 ( )
     M00000
 5   M00000   P00002   T0000(/)                 M00001 ( )
     M00001
10   M00001   P00004   P00003(/)                M00002 ( )
     M00002
15   P00002                      TON  T0000  20
18   T0000    P00001   M00000(/)                M00003 ( )
     M00003
23   P00004                      TON  T0001  20
26   M00000                                     P00040 ( )
28   M00001                                     P00041 ( )
30   T0001                                      P00042 ( )
32                                              END
```

[예제 6.18의 ❸번 참고 프로그램]

Step	Contacts	Output
0	P00000 ⊣ ⊢, P00001 ⊣ ⊢, T0000 ⊣/⊢	M00000 ( )
	M00000 ⊣ ⊢	
	M00002 ⊣ ⊢, P00001 ⊣ ⊢, P00003 ⊣ ⊢, C0000 ⊣/⊢	
10	M00000 ⊣ ⊢, P00002 ⊣ ⊢, T0000 ⊣/⊢	M00001 ( )
	M00001 ⊣ ⊢	
15	M00001 ⊣ ⊢, P00004 ⊣ ⊢, P00003 ⊣/⊢	M00002 ( )
	M00002 ⊣ ⊢	
20	P00002 ⊣ ⊢	TON T0000 20
23	T0000 ⊣ ⊢, P00001 ⊣ ⊢, M00000 ⊣/⊢	M00003 ( )
	M00003 ⊣ ⊢	
28	P00004 ⊣ ⊢	TON T0001 20
31	T0001 ⊣ ⊢	CTD C0000 5
34	P00000 ⊣ ⊢	C0000 (R)
36	M00000 ⊣ ⊢	P00040 ( )
38	M00001 ⊣ ⊢	P00041 ( )
40	T0001 ⊣ ⊢	P00042 ( )
42		END

[예제 6.19의 ❶번 참고 프로그램]

```
0   P00005  P00000            M00001                         M00000
            M00000
            M00000                              TON  T0000  30
            T0000   P00001    M00002                         M00001
            M00001
            M00001  P00002    M00003                         M00002
            M00002
            M00002  P00001    P00003    M00004               M00003
            M00003
            M00003  P00004    M00005                         M00004
            M00004
            M00004                              TON  T0001  20
            T0001   P00003    M00008                         M00005
            M00005
            M00005  P00004    M00007                         M00006
            M00006
            M00006  P00002    P00003                         M00007
            M00007
            M00007  P00001    P00003                         M00008
            M00008
72  M00001                                                   P00040
    M00006
75  M00003                                                   P00041
    M00005
78  P00005  P00000                                           M00020
    M00020
82  M00020  F00093                                           P00042
85                                                           END
```

[예제 19의 ❷번 참고 프로그램]

```
0   P00005 -|/|- P00000 -| |- ... M00001 -|/|- -( M00000 )
             M00000 -| |-
             M00008 -| |- P00001 -| |- P00003 -| |- C0000 -|/|-
    M00000 -| |- [TON T0000 30]
    T0000 -| |- P00001 -| |- M00002 -|/|- -( M00001 )
    M00001 -| |-
    M00001 -| |- P00002 -| |- M00003 -|/|- -( M00002 )
    M00002 -| |-
    M00002 -| |- P00001 -| |- P00003 -| |- M00004 -|/|- -( M00003 )
    M00003 -| |-
    M00003 -| |- P00004 -| |- M00005 -|/|- -( M00004 )
    M00004 -| |-
    M00004 -| |- [TON T0001 20]
    T0001 -| |- P00003 -| |- M00008 -|/|- -( M00005 )
    M00005 -| |-
    M00005 -| |- P00004 -| |- M00007 -|/|- -( M00006 )
    M00006 -| |-
    M00006 -| |- P00002 -| |- M00008 -|/|- -( M00007 )
    M00007 -| |-
    M00007 -| |- P00001 -| |- M00000 -|/|- -( M00008 )
    M00008 -| |-
77  M00001 -| |- -( P00040 )
    M00006 -| |-
80  M00003 -| |- -( P00041 )
    M00005 -| |-
83  P00005 -| |- P00000 -|/|- -( M00020 )
    M00020 -| |-
87  M00020 -| |- F00093 -| |- -( P00042 )
90  M00008 -| |- [CTD C0000 3]
93  P00000 -| |- -(R) C0000
    P00005 -| |-
96  [END]
```

PLC를 이용한 시퀀스 프로그램의 응용

CHAPTER 07

7.1 전송명령어

1) MOV/DMOV(Move/Double Move)

명령어		사용 가능 영역											스텝	플래그		
		M	P	K	L	F	T	C	S	D	#D	상수		에러 (F110)	제로 (F111)	캐리 (F112)
MOV(P) DMOV(P)	S_1	○	○	○	○	○	○	○		○	○	○	5/7 (2~5)	○ (-)		
	Ⓓ	○	○	○	○*		○	○		○	○					

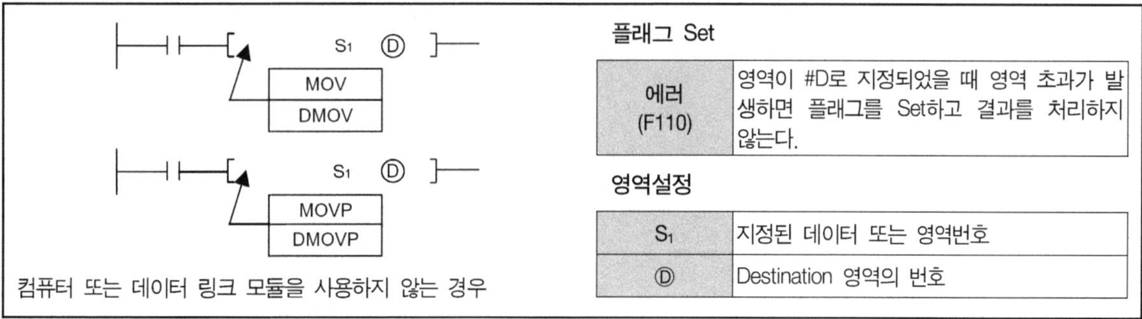

플래그 Set

에러 (F110)	영역이 #D로 지정되었을 때 영역 초과가 발생하면 플래그를 Set하고 결과를 처리하지 않는다.

영역설정

S_1	지정된 데이터 또는 영역번호
Ⓓ	Destination 영역의 번호

※( )는 XGK 기종에 적용, 나머지 인수는 MASTER-K와 동일

(1) 전송명령어의 기능

① S_1에 지정된 데이터(영역)를 D(Data Register) 영역으로 전송하며 MASTER-K/XGK 경우 전송 범위는 h0000~hFFFF이다.

② DMOV/DMOVP는 2개의 Word를 전송하며 전송 범위는 h00000000~hFFFFFFFF이다.

③ MOVP/DMOVP는 명령어 수행 조건(OFF ➡ ON)이 변경될 때 1 Scan에만 실행된다.

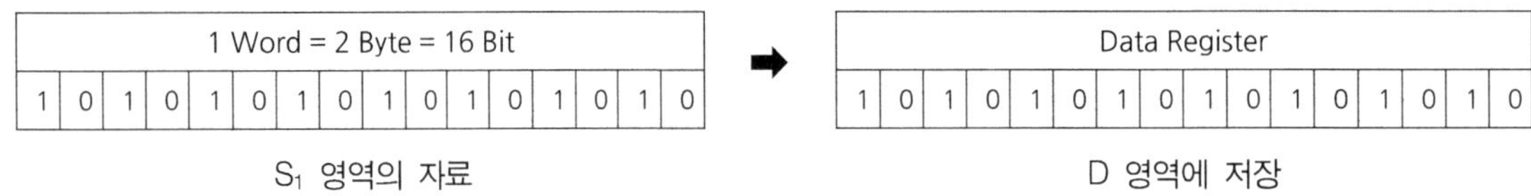

S_1 영역의 자료 D 영역에 저장

(2) 프로그램 예

① MASTER-K/XGK의 경우

입력신호 P0000에 의해 h00F3을 D0004로 이동된다.

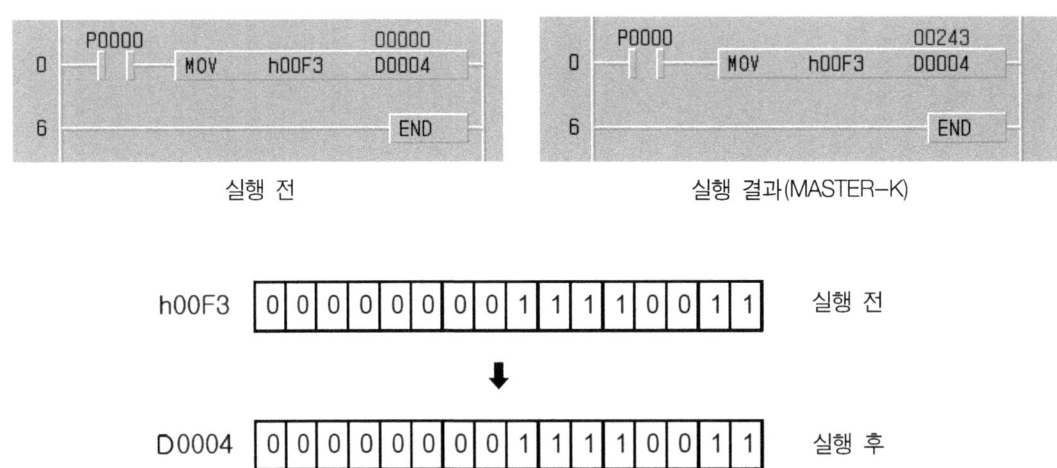

실행 전 실행 결과(MASTER-K)

아래의 보기는 입력 P00000가 On 될 때 MOV 명령에 따라 P0002와 P0001에 데이터 F0F0와 FF33 각각 입력되며 P00001이 On 될 때 DMOV 명령에 따라 P0020에 워드로 저장되는 프로그램이다.

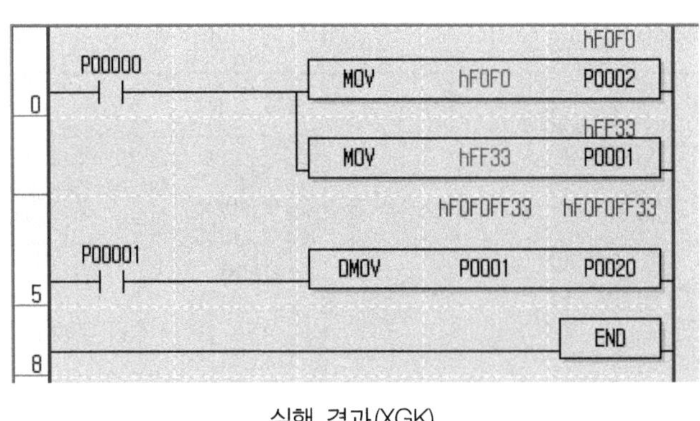

실행 결과(XGK)

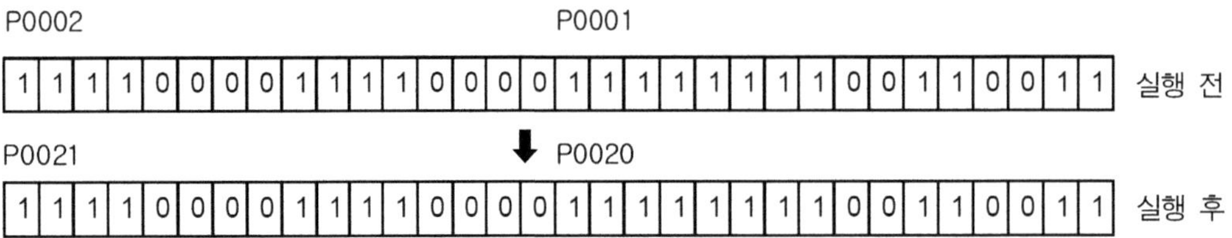

③ GLOFA-GM의 경우

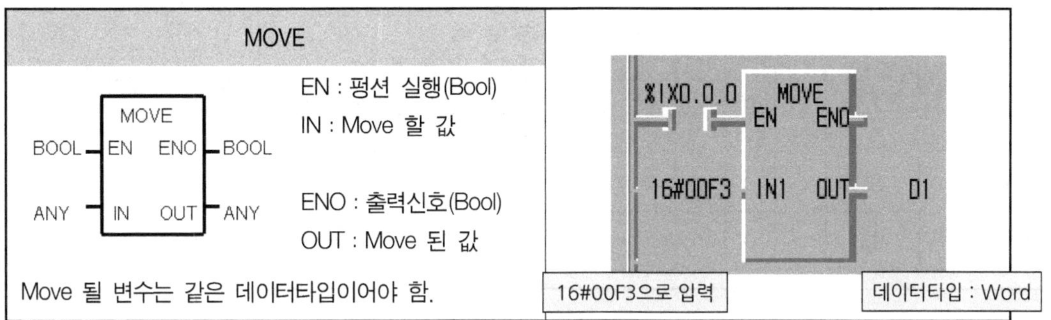

④ 수의 표현

16진수	8	4	2	1	8	4	2	1	8	4	2	1	8	4	2	1
h00F3	0				0				F				3			
Bit의 표현	0	0	0	0	0	0	0	0	1	1	1	1	0	0	1	1

※16진수 한 자리는 2진수의 4 Bit에 대응한다.

⑤ 16진수를 10진수로 변경하면

$$h00F3 = (0)\times16^3 + (0)\times16^2 + (F)\times16^1 + 3\times16^0$$
$$= 0\times4096 + 0\times2568 + 15\times16 + 3\times1 = 243$$

아래의 래더도를 입력하여 이동결과를 비교하여 보시오.

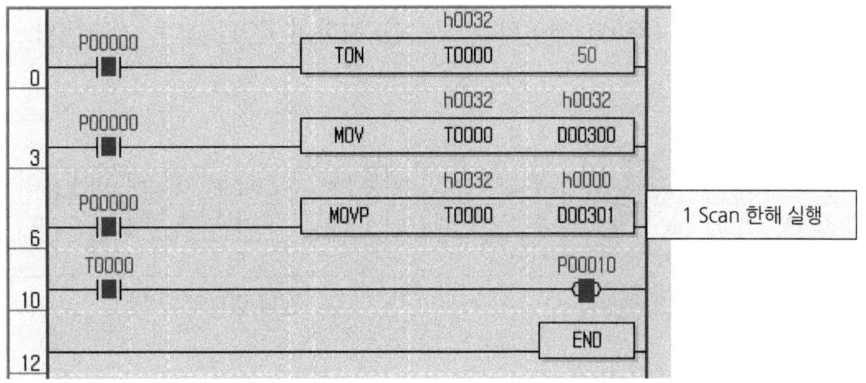

2) CMOV/DCMOV(Double, Complement Move)

명령어		사용 가능 영역											스텝	플래그		
		M	P	K	L	F	T	C	S	D	#D	상수		에러 (F110)	제로 (F111)	캐리 (F112)
CMOV(P)	S_1	○	○	○	○	○	○	○		○	○	○	5/7	○		
DCMOV(P)	Ⓓ	○	○	○	○*		○	○		○	○		(2~4)	(–)		

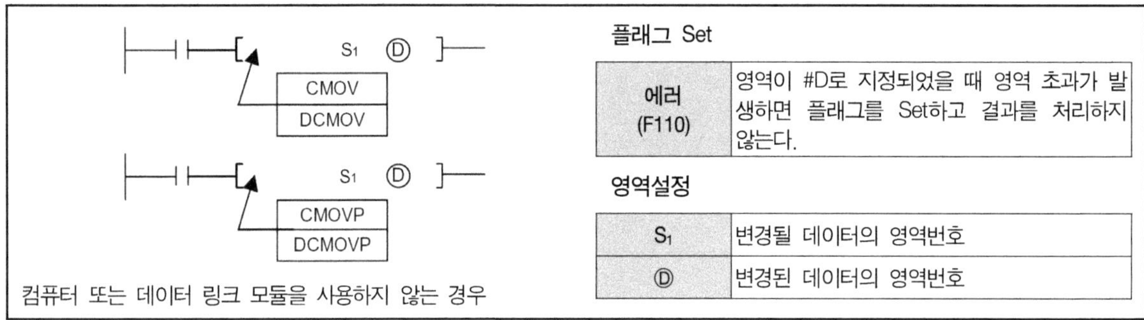

※( )는 XGK 기종에 적용, 나머지 인수는 MASTER-K와 동일

(1) 전송명령어의 기능

① S_1에 지정된 데이터(영역)를 1의 보수를 취하여 D(Data Register) 영역으로 저장한다.

② DCMOV/DCMOVP는 2개의 Word를 처리한다.

③ CMOVP/DCMOVP는 명령어 수행 조건(OFF ➡ ON)이 변경될 때 1 Scan만 실행된다.

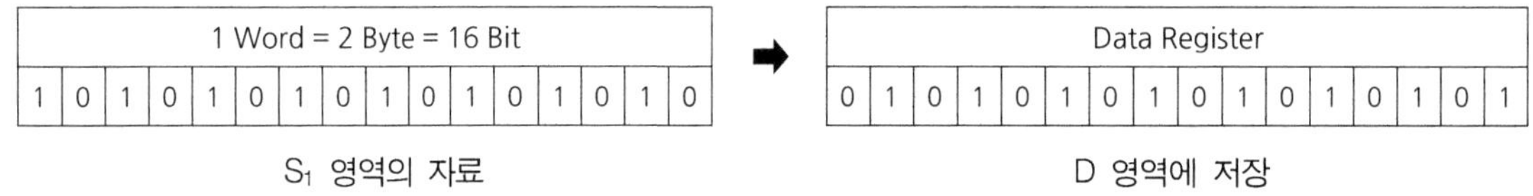

(2) 프로그램 예(MASTER-K/XGK)

① 입력신호 P0000에 의해 D0100 데이터의 보수를 취하여 D0110으로 전송된다.

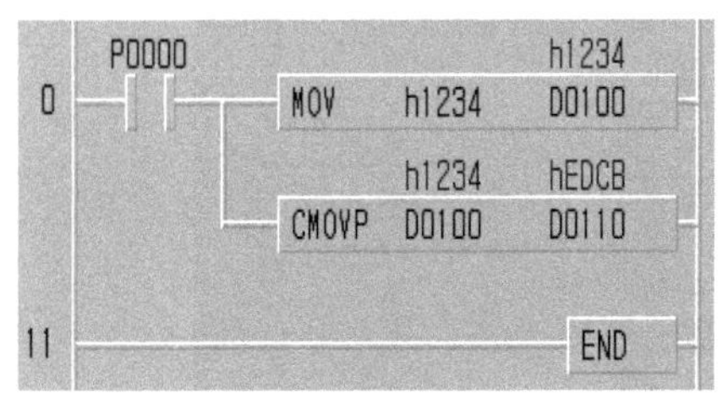

실행 결과(MASTER-K)

h1234	0	0	0	1	0	0	1	0	0	0	1	1	0	1	0	0
hEDCB	1	1	1	0	1	1	0	1	1	1	0	0	1	0	1	1
	E				D				C				B			

실행 결과의 구조

3) GMOV/GMOVP(Group Move)

명령어		사용 가능 영역											스텝	플래그		
		M	P	K	L	F	T	C	S	D	#D	상수		에러 (F110)	제로 (F111)	캐리 (F112)
GMOV(P)	S_1	○	○	○	○	○	○	○		○	○	○	7	○		
	Ⓓ	○	○	○	○*		○	○		○	○					
	Z									○		○				

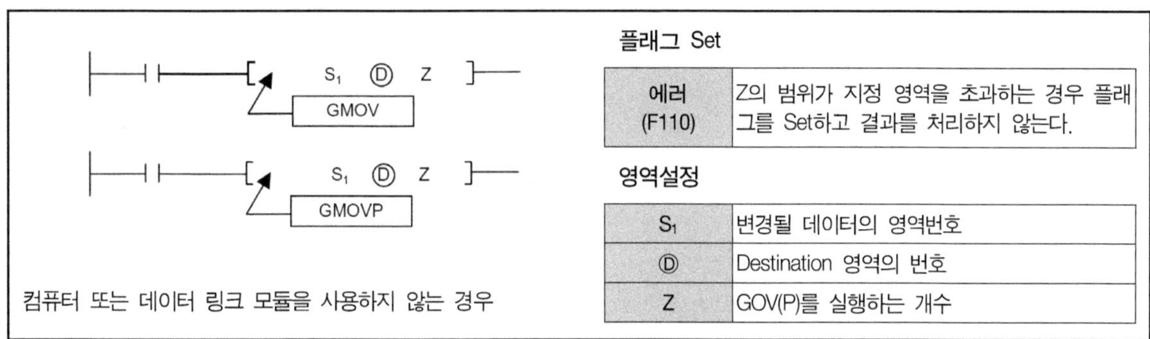

플래그 Set

에러 (F110)	Z의 범위가 지정 영역을 초과하는 경우 플래그를 Set하고 결과를 처리하지 않는다.

영역설정

S_1	변경될 데이터의 영역번호
Ⓓ	Destination 영역의 번호
Z	GOV(P)를 실행하는 개수

(1) 전송명령어의 기능

① S_1에 지정된 데이터(영역)를 D(Data Register) 영역으로 Z(워드 개수) 만큼 일괄 전송한다.

② GMOVP는 명령어 수행 조건(OFF ➡ ON)이 변경될 때 1 Scan만 실행된다.

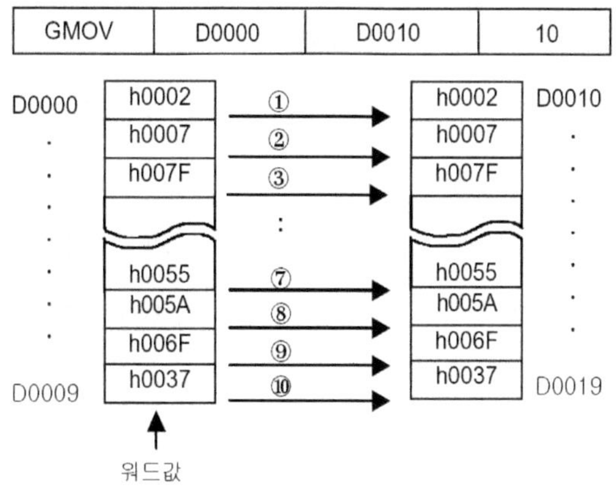

(2) 프로그램 예(MASTER-K)

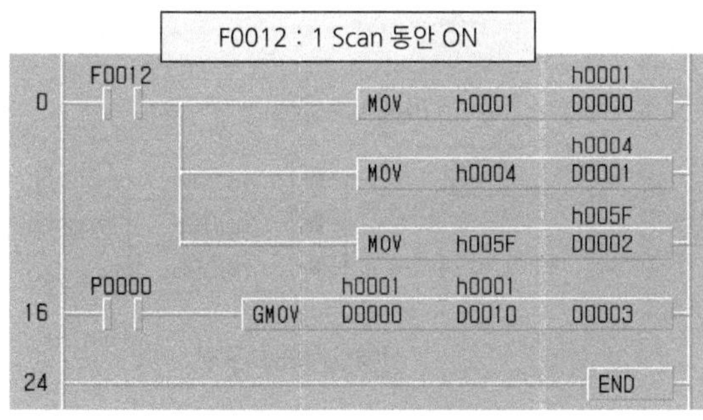

실행 결과(MASTER-K)

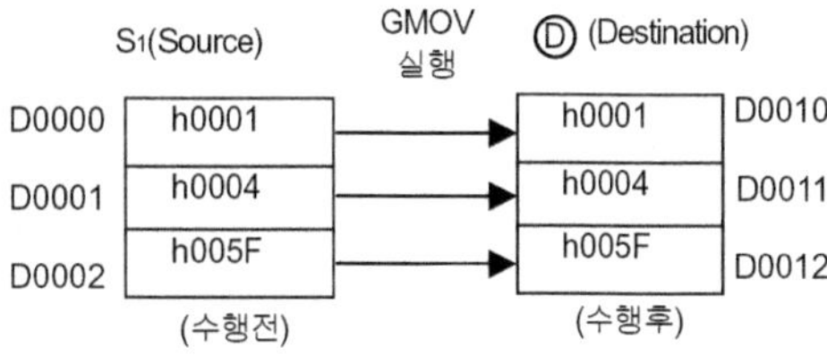

실행 결과의 구조

4) FMOV/FMOVP(File Move)

명령어		사용가능영역											스텝	플래그		
		M	P	K	L	F	T	C	S	D	#D	상수		에러 (F110)	제로 (F111)	캐리 (F112)
FMOV (P)	S_1	○	○	○	○	○	○	○		○	○	○	7 (4~6)	○		
	Ⓓ	○	○	○	○*		○	○		○	○					
	Z									○		○				

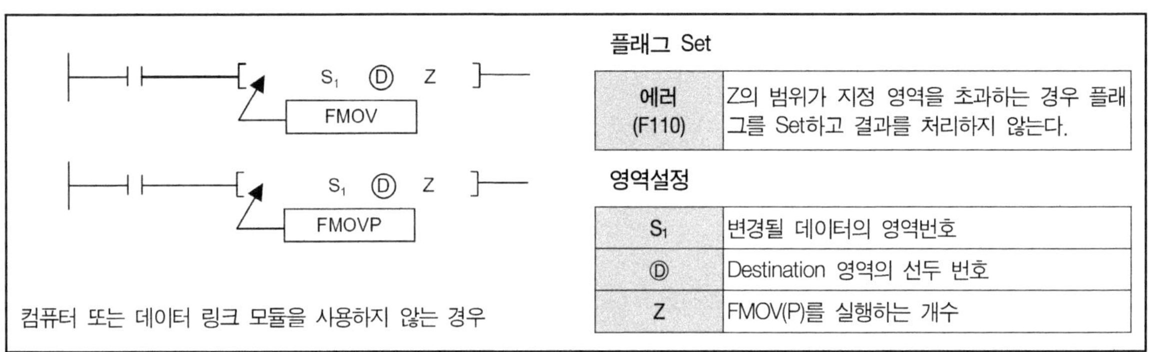

※( )는 XGK 기종에 적용, 나머지 인수는 MASTER-K와 동일

(1) 전송명령어의 기능

① S_1에 지정된 데이터(영역)를 지정된 영역의 선두 D(Data Register) 영역부터 Z(워드 개수) 만큼 일괄 전송한다.

② 데이터의 특정 영역을 초기화할 때 주로 사용한다.

③ FMOVP는 명령어 수행 조건(OFF ➡ ON)이 변경될 때 1 Scan에만 실행된다.

(2) 프로그램 예(MASTER-K/XGK)

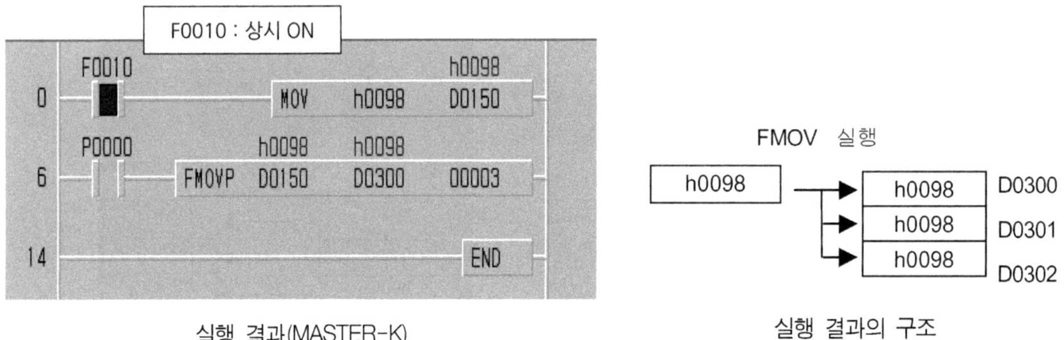

실행 결과(MASTER-K) 실행 결과의 구조

5) BMOV/BMOVP(Bit Move)

명령어		사용가능영역											스텝	플래그		
		M	P	K	L	F	T	C	S	D	#D	상수		에러 (F110)	제로 (F111)	캐리 (F112)
BMOV (P)	S_1	○	○	○	○		○	○		○	○	○	7 (4~6)	○		
	Ⓓ	○	○	○	○*		○	○		○	○					
	Cw											○				

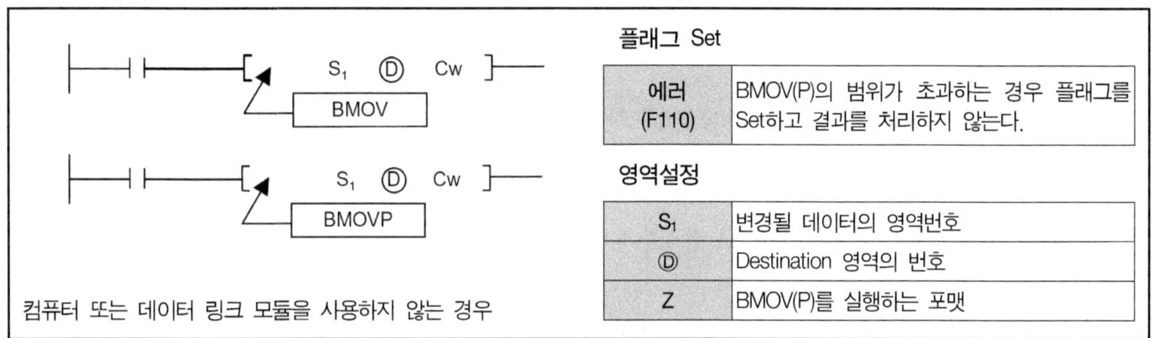

※( )는 XGK 기종에 적용, 나머지 인수는 MASTER-K와 동일

(1) 전송명령어의 기능

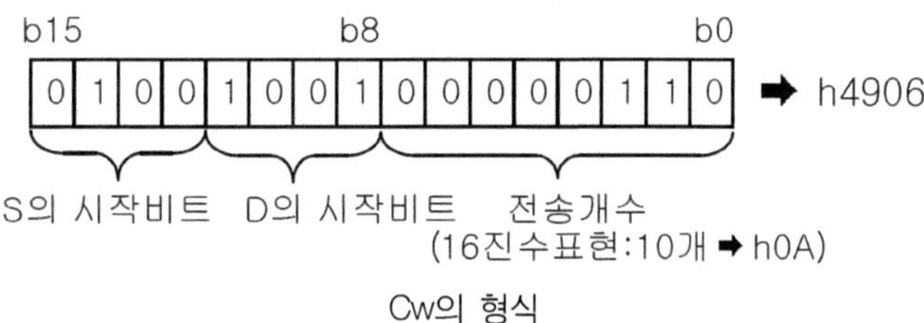

Cw의 형식

① Cw에 설정된 포맷(Format)으로 S_1에 지정된 영역의 시작비트부터 지정된 개수의 비트를 D (Data Register) 영역으로 전송한다.

② BMOVP는 명령어 수행 조건(OFF ➡ ON)이 변경될 때 1 Scan만 실행된다.

(2) 프로그램 예

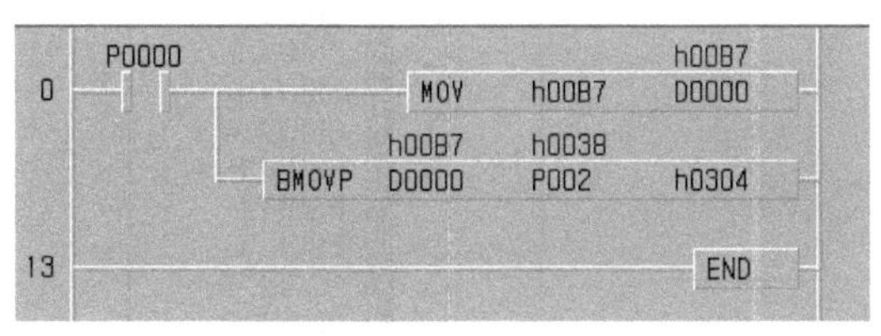

실행 결과(MASTER-K)

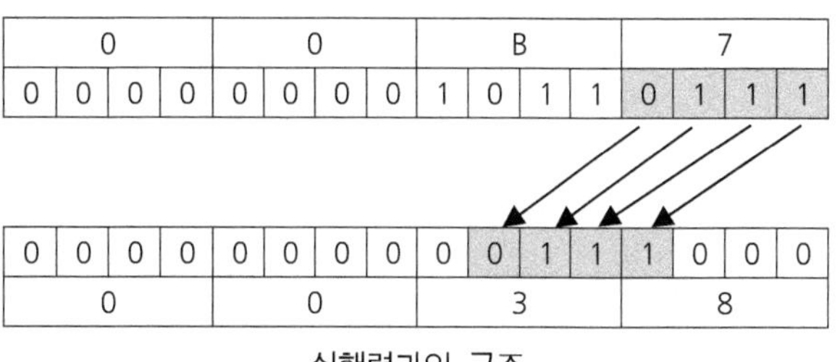

실행력과의 구조

① GLOFA-GM의 경우

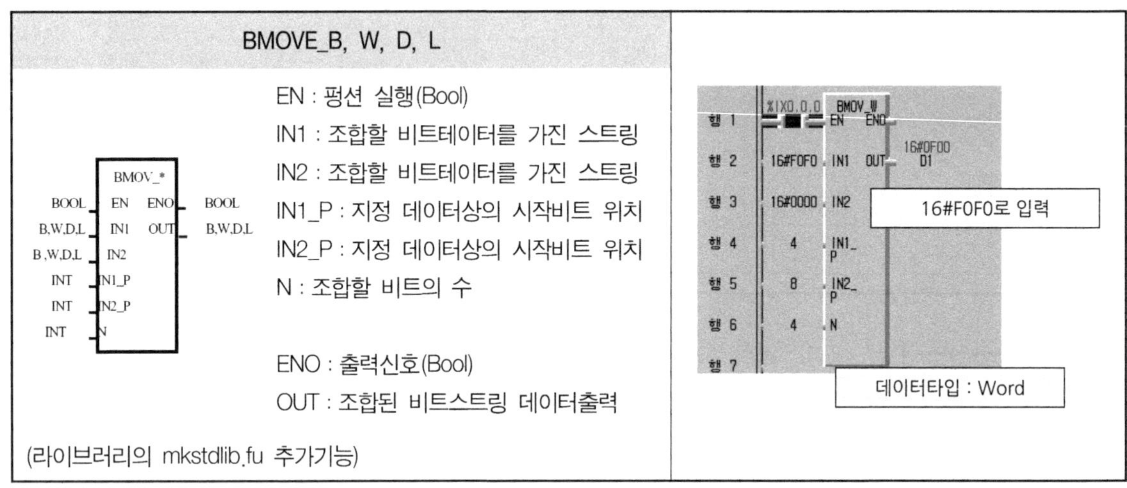

※위의 명령은 MASTER-K의 결과와 동일한 결과를 보여준다.

② BMOVE 사용할 때 적절한 데이터타입(B, W, D, L) 선정하여 사용한다.

③ 적용 예(Word)

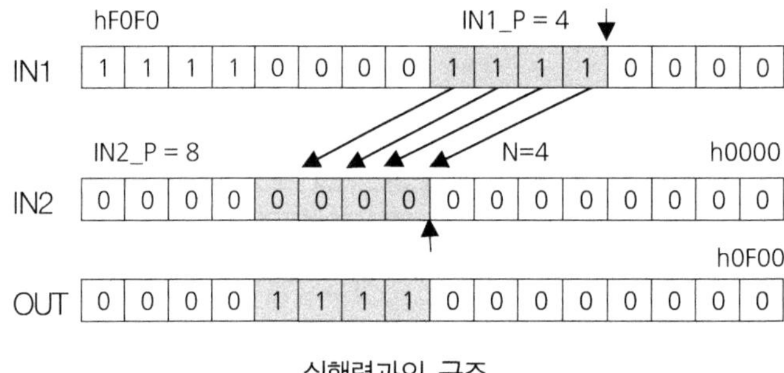

실행력과의 구조

④ 데이터 범위가 초과하면 _ERR, _LER 플래그가 Set 된다.

⑤ MASTER-K 라이브러리의 추가

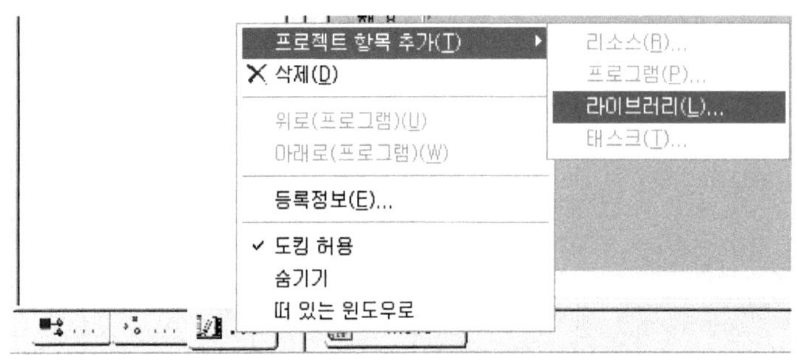

BMOV 명령의 추가(라이브러리의 mkstdlib.fu)

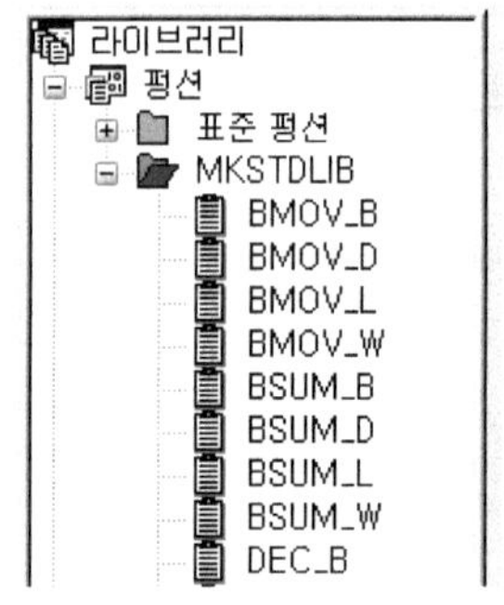

추가된 라이브러리

6) ARY_MOVE

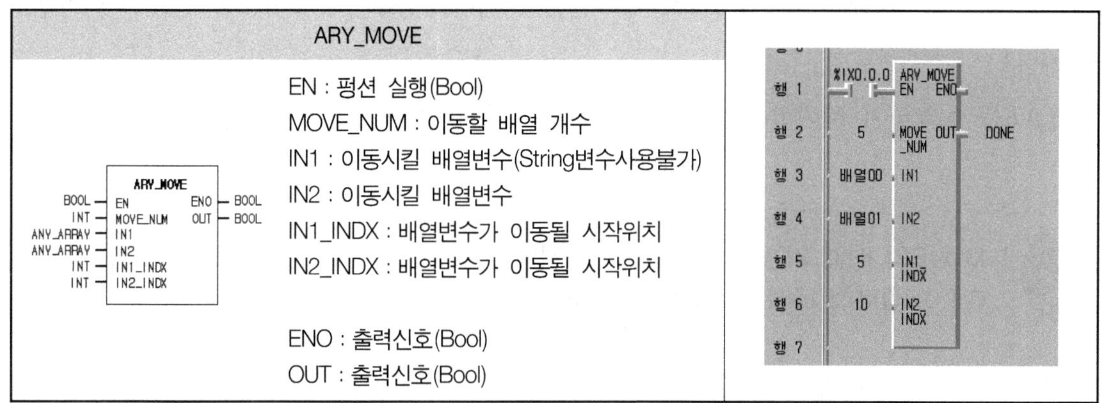

① 데이터타입의 사이즈

데이터 사이즈	변수 타입
1 Bit	BOOL
8 Bit	BYTE, SINT
16 Bit	WORD, INT, UINT, DATE
32 Bit	DWORD, DINT, UDINT, TIME, TOD
64 Bit	DT

② 배열이동의 내부구조

실 행 전				배열01의 변수타입 Word		실 행 후					
IN1_INDX	배열00	배열값	IN2_INDX	배열01	배열값	IN1_INDX	배열00	배열값	IN1_INDX	배열01	배열값
	배열00[0]	0		배열01[0]	16#0	0	배열00[0]	0		배열01[0]	16#0
	배열00[1]	11		배열01[1]	16#1	1	배열00[1]	11		배열01[1]	16#1
	배열00[2]	22		배열01[2]	16#2	2	배열00[2]	22		배열01[2]	16#2
	배열00[3]	33		배열01[3]	16#3	3	배열00[3]	33		배열01[3]	16#3
	배열00[4]	44		배열01[4]	16#4	4	배열00[4]	44		배열01[4]	16#4
5	배열00[5]	55		배열01[5]	16#5	5	배열00[5]	55		배열01[5]	16#5
	배열00[6]	66		배열01[6]	16#6	6	배열00[6]	66		배열01[6]	16#6
	배열00[7]	77		배열01[7]	16#7	7	배열00[7]	77		배열01[7]	16#7
	배열00[8]	88		배열01[8]	16#8	8	배열00[8]	88		배열01[8]	16#8
	배열00[9]	99		배열01[9]	16#9	9	배열00[9]	99		배열01[9]	16#9
	배열00의 변수타입 INT		10	배열01[10]	16#A	10			MOVE OUT_NUM = 5	배열01[10]	16#37
				배열01[11]	16#B	11				배열01[11]	16#42
				배열01[12]	16#C	12				배열01[12]	16#4D
				배열01[13]	16#D	13				배열01[13]	16#58
				배열01[14]	16#E	14				배열01[14]	16#63

③ EN이 ON 되면 IN1 배열 변수의 데이터를 IN2 배열 변수로 이동시킨다.

④ IN1_INDX번째 값부터 MOVE_NUM 개수만큼 데이터를 IN2의 IN2_INDX 번째부터 이후로 이동된다.

⑤ MOVE를 실행하기 위해서는 데이터타입과 크기가 동일해야 한다.

MOVE의 배열 기능을 이용하여 5가지의 출력유형을 1초 간격으로 디지털출력모듈 QX0.1.0~QX0.1.15에 출력하여 보시오.

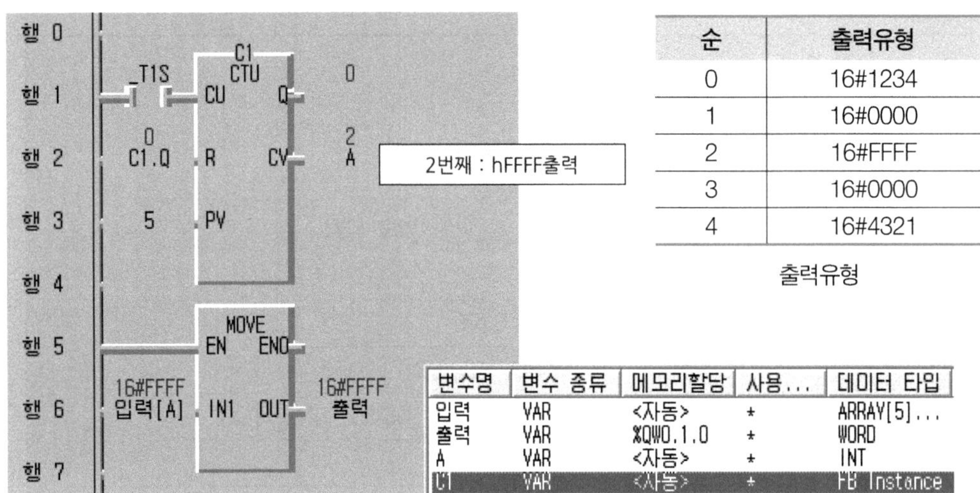

순	출력유형
0	16#1234
1	16#0000
2	16#FFFF
3	16#0000
4	16#4321

출력유형

변수명	변수 종류	메모리할당	사용...	데이터 타입
입력	VAR	<자동>	*	ARRAY[5]...
출력	VAR	%QW0.1.0	*	WORD
A	VAR	<자동>	*	INT
C1	VAR	<자동>	*	FB Instance

출력 래더도

변수의 할당

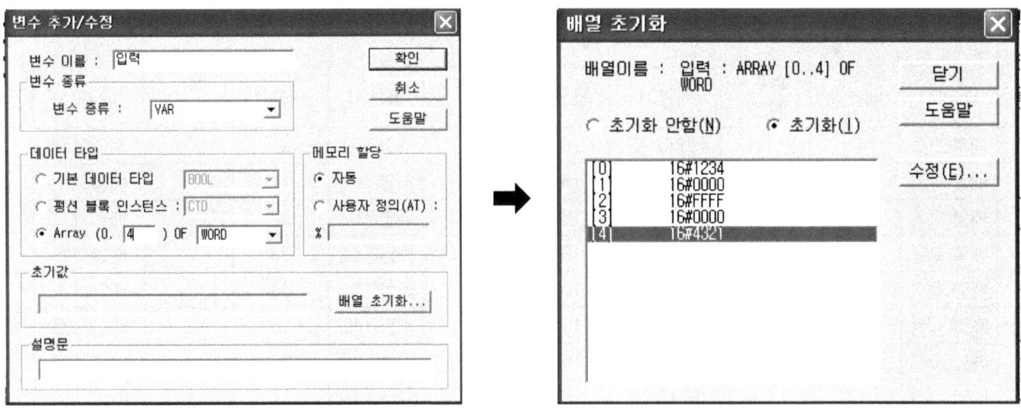

7.2 변환명령어

1) BCD/DBCD(Double, Binary Coded Decimal)

명령어		사용 가능 영역											스텝	플래그		
		M	P	K	L	F	T	C	S	D	#D	상수		에러 (F110)	제로 (F111)	캐리 (F112)
BCD(P)	S_1	○	○	○	○	○	○	○		○	○		5	○		
DBCD(P)	Ⓓ	○	○	○	○*		○	○		○	○		(2~4)			

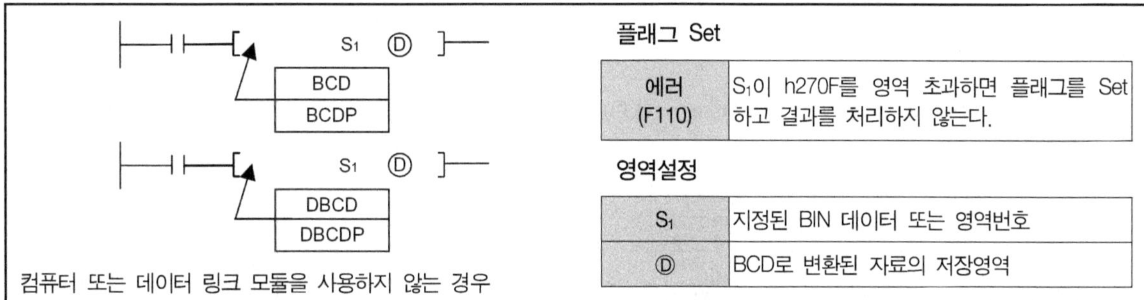

플래그 Set

에러 (F110)	S_1이 h270F를 영역 초과하면 플래그를 Set 하고 결과를 처리하지 않는다.

영역설정

S_1	지정된 BIN 데이터 또는 영역번호
Ⓓ	BCD로 변환된 자료의 저장영역

※( )는 XGK 기종에 적용, 나머지 인수는 MASTER-K와 동일

(1) 변환명령어의 기능

① S_1의 BIN(Binary) 데이터(0~h270F)를 BCD(Binary Coded Decimal)로 변경하여 지정된 D (Data Register) 영역으로 저장한다.

② DBCD/DBCDP는 2개의 Word를 변환할 수 있다.

③ BCDP/DBCDP는 명령어 수행 조건(OFF ➡ ON)이 변경될 때 1 Scan에만 실행된다.

명령어	데이터크기	BIN 포맷	BCD 포맷
BCP(P)	16 비트	0~h270F (0~9999)	h0~h9999
DBCD(P)	32 비트	0~h05F5E0FF (0~99999999)	h0~h99999999

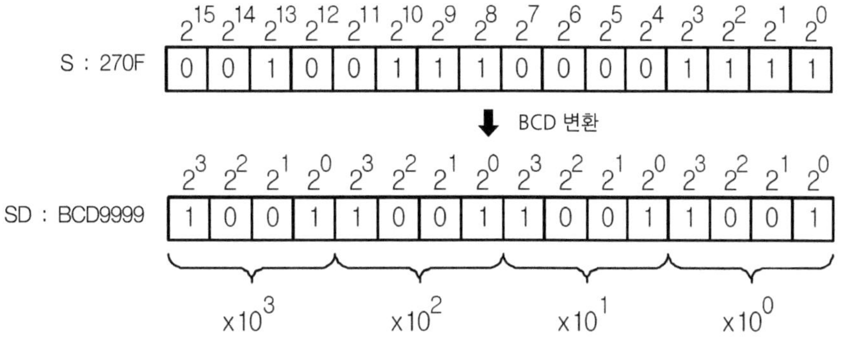

※ BCD 코드란

BCD(Binary Coded Decimal) 이진 코드화된 10진수 컴퓨터가 0과 1의 2진 코드를 사용하기 때문에 우리가 사용하는 10진수를 2진화할 필요가 있다. 단순히 2진수로 바꾸는 것이 아닌 규칙성이 있는 2진 코드로 바꾸는 것을 의미한다.

10진수 : 1459

1				4				5				9			
0	0	0	1	0	1	0	0	0	1	0	1	1	0	0	1

(2) 프로그램 예

① 입력 접점 P0000가 ON을 유지하면 T000 타이머의 현재치를 출력하는 프로그램이다.

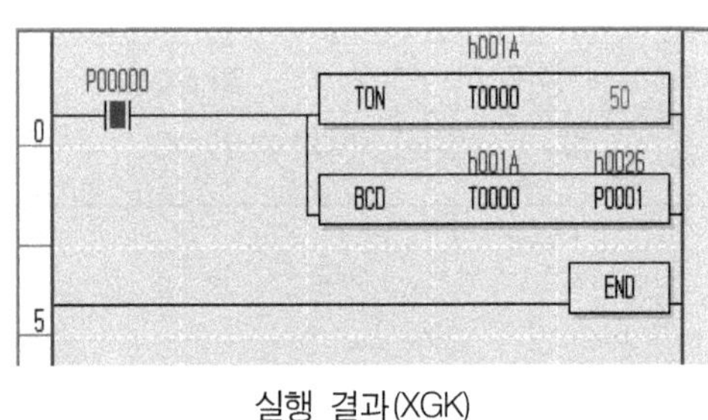

실행 결과(XGK)

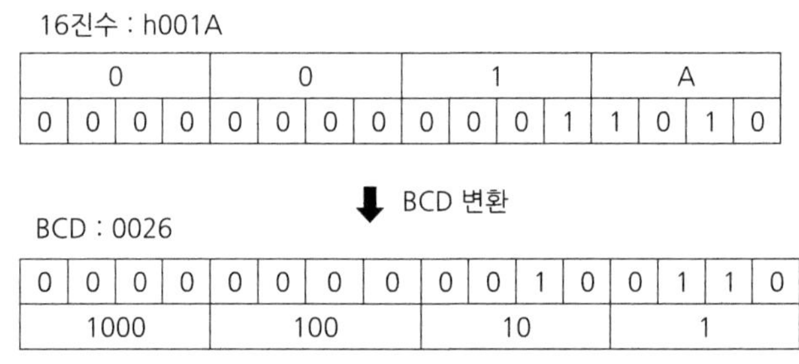
16진수 : h001A

0				0				1				A			
0	0	0	0	0	0	0	0	0	0	0	1	1	0	1	0

⬇ BCD 변환

BCD : 0026

0	0	0	0	0	0	0	0	0	0	1	0	0	1	1	0
1000				100				10				1			

② GLOFA-GM의 경우

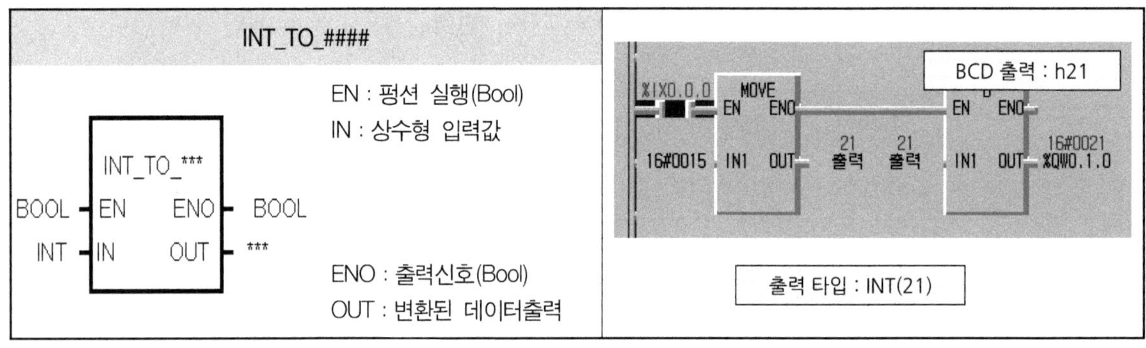

※앞의 XGK의 예제와 동일한 변환 과정이다.

③ Integer 타입의 변환 펑션

Function	출력타입	동작 설명
INT_TO_SINT	SINT	입력이 −128~127일 경우 Short Integer로 변환된다.
INT_TO_DINT	DINT	입력이 −32768~32767일 경우 Integer로 변환된다.
INT_TO_USINT	USINT	입력이 0~255일 경우 Unsigned Short Integer로 변환된다.
INT_TO_UINT	UINT	입력이 0~65535일 경우 Unsigned Integer로 변환된다.
INT_TO_UDINT	UDINT	입력된 Integer를 Unsigned Double Integer로 변환된다.
INT_TO_BOOL	BOOL	입력된 하위 1Bit를 취해 Boolean으로 변환된다.
INT_TO_BYTE	BYTE	입력된 하위 8Bit를 취해 Byte로 변환된다.
INT_TO_WORD	WORD	내부의 Bit 배열의 변화없이 Word 타입으로 변환된다.
INT_TO_DWORD	DWORD	내부의 Bit 배열의 변화없이 D Word 타입으로 변환된다.
INT_TO_LWORD	LWORD	내부의 Bit 배열의 변화없이 L Word 타입으로 변환된다.
INT_TO_BCD	WORD	입력이 0~9,999일 경우 BCD 값을 Word 형태로 나타낸다.

④ BCD(Binary Coded Decimal) 타입의 변환 펑션

Function	출력타입		동작 설명
BCD_TO_BYTE	BYTE	SINT	입력이 BCD 값일 경우에만 정상적으로 변경된다. (입력데이터가 Word일 경우 0~16#9999에 한정한다.)
BCD_TO_INT	WORD	INT	
BCD_TO_DINT	DWORD	DINT	
BCD_TO_USINT	BYTE	USINT	
BCD_TO_UINT	WORD	UINT	
BCD_TO_UDINT	DWORD	UDINT	

아래와 같은 창고에서 재고물량을 계수하여 숫자표시기에 나타내시오. 사용되는 숫자 표시기는 2자리수의 BCD 표시기가 이용된다.

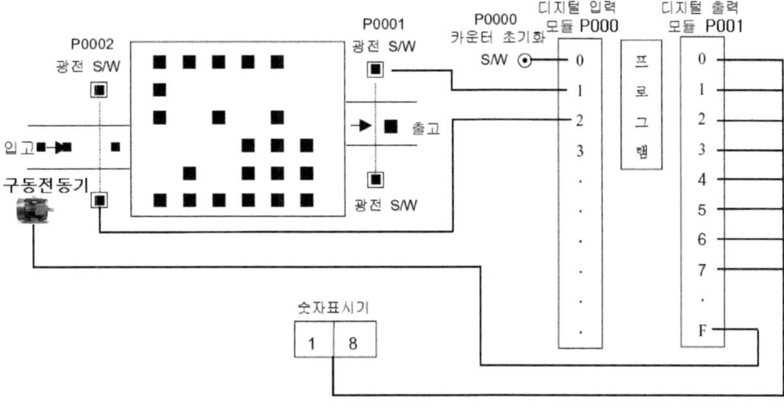

시스템 도

① MASTER-K의 경우

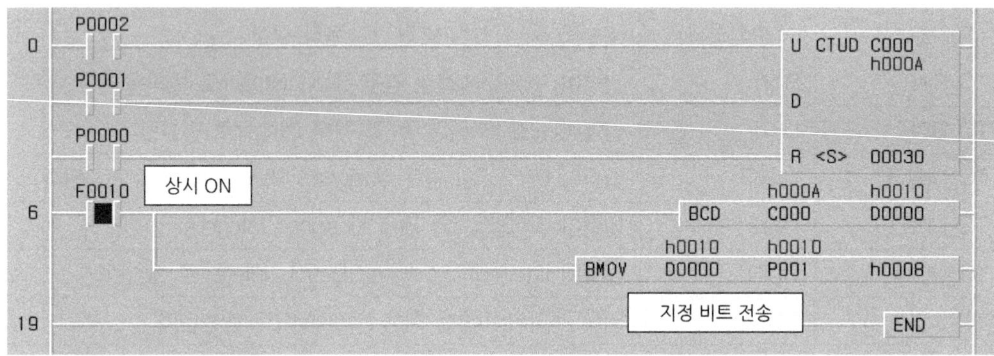

② XGK의 경우

P00002 M00001
P00001 M00000
_ON 상시 ON
CTUD C0000 M00001 M00000 30
P00000 C0000
_ON
BCD C0000 D00000
지정 비트 전송
BMOV D00000 P0001 h0008
END

③ GLOFA-GM의 경우

%IX0.0.2
C1
CTUD
CU QU 0
%IX0.0.1 CD QD 0
%IX0.0.0 R CV 9
0 LD
30 PV
INT_TO_BCD
EN ENO
9
C1.CV IN1 OUT 16#0009 %QW0.1.0

2) BIN/DBIN(Double, Binary)

명령어		사용가능영역											스텝	플래그		
		M	P	K	L	F	T	C	S	D	#D	상수		에러 (F110)	제로 (F111)	캐리 (F112)
BIN(P) DBIN(P)	S_1	○	○	○	○	○	○	○		○	○		5 (2~4)	○		
	Ⓓ	○	○	○	○		○	○		○	○					

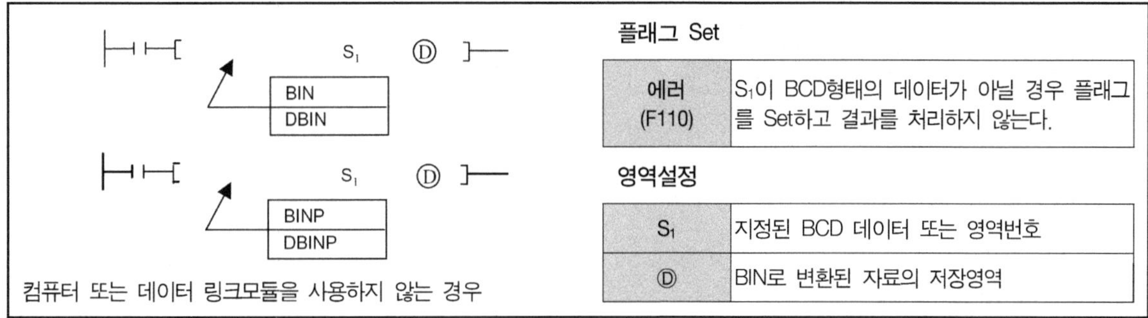

플래그 Set

에러 (F110)	S_1이 BCD형태의 데이터가 아닐 경우 플래그를 Set하고 결과를 처리하지 않는다.

영역설정

S_1	지정된 BCD 데이터 또는 영역번호
Ⓓ	BIN로 변환된 자료의 저장영역

※( )는 XGK 기종에 적용, 나머지 인수는 MASTER-K와 동일

(1) 변환명령어의 기능

① S_1의 BCD(Binary Coded Decimal) 데이터를 BIN(Binary)으로 변경하여 지정된 D(Data Register) 영역으로 저장한다.

② DBIN/DBINP는 2개의 Word를 변환할 수 있다.

③ BINP/DBINP는 명령어 수행 조건(OFF ➡ ON)이 변경될 때 1 Scan만 실행된다.

명령어	데이터크기	BCD 포맷	BIN 포맷
BCP(P)	16 비트	h0~h9999	0~h270F (0~9999)
DBCD(P)	32 비트	h0~h99999999	0~h05F5E0FF (0~99999999)

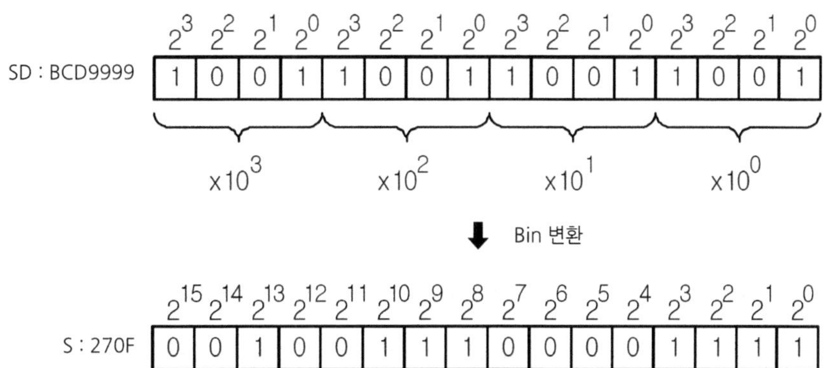

(2) 프로그램 예

입력 접점 P00001이 ON 되면 T000 타이머의 설정시간을 변경하는 프로그램이다.

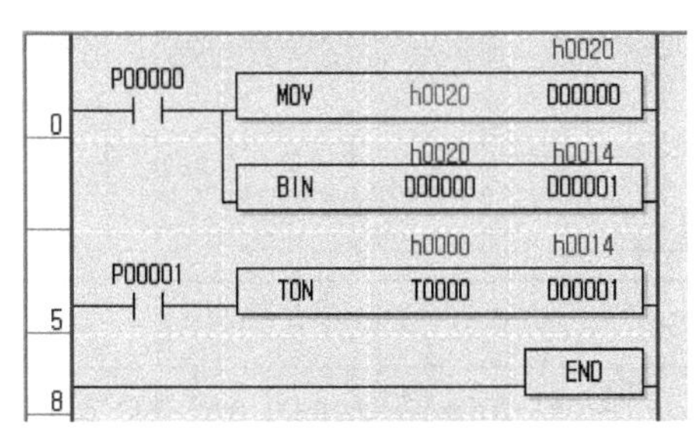

실행 결과(XGK)

BCD : 0020

0	0	0	0	0	0	0	0	0	0	1	0	0	0	0	0
1000				100				10				1			

⬇ Bin 변환

16진수 : h0014

0				0				1				4			
0	0	0	0	0	0	0	0	0	0	0	1	0	1	0	0

7.3 비교명령어

1) CMP/DCMP(Compare, 출력단 비교명령)

명령어		사 용 가 능 영 역											스텝	플래그		
		M	P	K	L	F	T	C	S	D	#D	상수		에러 (F110)	제로 (F111)	캐리 (F112)
CMP(P) DCMP(P)	S_1	○	○	○	○	○	○	○		○	○	○	5/9 (2~4)	○ (–)		
	S_2	○	○	○	○	○	○	○		○	○	○				

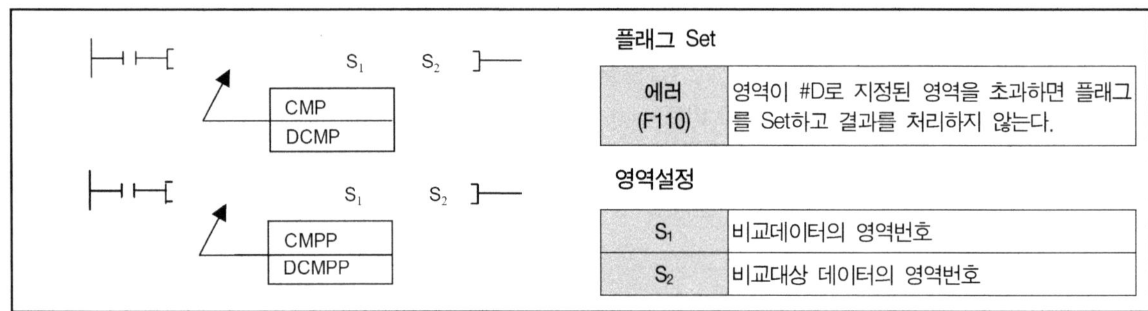

※( )는 XGK 기종에 적용, 나머지 인수는 MASTER-K와 동일

(1) 비교명령어의 기능

① S_1과 S_2의 대소를 비교하여 그 결과를 6개의 특수릴레이로 해당 플래그를 Set 한다.

② 특수릴레이는 바로 이전에 연산된 비교명령의 결과만을 표시한다.

③ CMPP/DCMPP는 명령어 수행 조건(OFF ➡ ON)이 변경될 때 1 Scan만 실행된다.

특수릴레이 플래그

플래그	F120	F121	F122	F123	F124	F125
SET 기준	<	≤	=	>	≥	≠
S_1 > S_2	0	0	0	1	1	1
S_1 < S_2	1	1	0	0	0	1
S_1 = S_2	0	1	1	0	1	0

(2) 프로그램 예

실행 결과(MASTER-K)

2) 비교 연산(>, <, >=, <=, <>, =, D>, D<, D>=, D<=, D<>, D=)

명령어	사용 가능 영역											스텝	플래그		
	M	P	K	L	F	T	C	S	D	#D	상수		에러 (F110)	제로 (F111)	캐리 (F112)
S_1	○	○	○	○	○	○	○		○	○	○	5/9	○		
S_2	○	○	○	○	○	○	○		○	○	○				

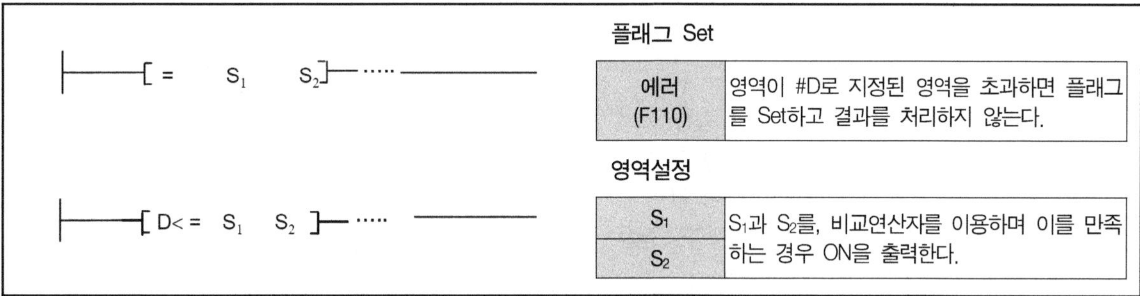

플래그 Set

에러 (F110)	영역이 #D로 지정된 영역을 초과하면 플래그를 Set하고 결과를 처리하지 않는다.

영역설정

S_1	S_1과 S_2를, 비교연산자를 이용하며 이를 만족하는 경우 ON을 출력한다.
S_2	

(1) 비교명령어의 기능

① S_1과 S_2를, 비교연산자를 이용하여 조건이 성립하면 접점 또는 코일을 활성화한다.

② S_1과 S_2를 비교는 Signed 연산을 실행한다.

③ "D>, D<, D>=, D<=, D<>, D=" 비교연산자는 32 Bit(2 Word)를 연산한다.

(2) 입력단 비교명령

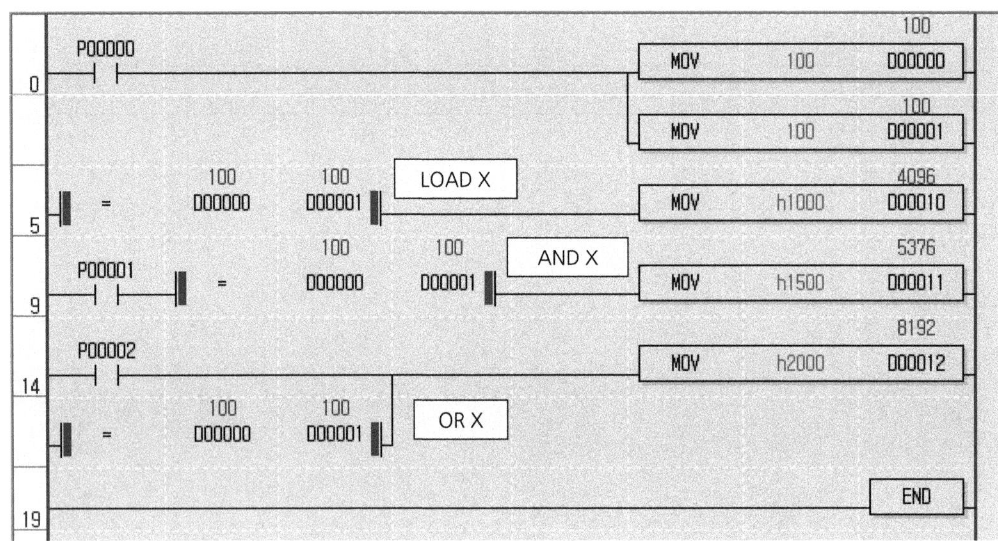

※ XGK에서 배장형 부동소수점 연산의 경우 ANDRX, ORRX, 문자열의 경우 LOAD X를 이용할 수 있다.

(3) 프로그램 예

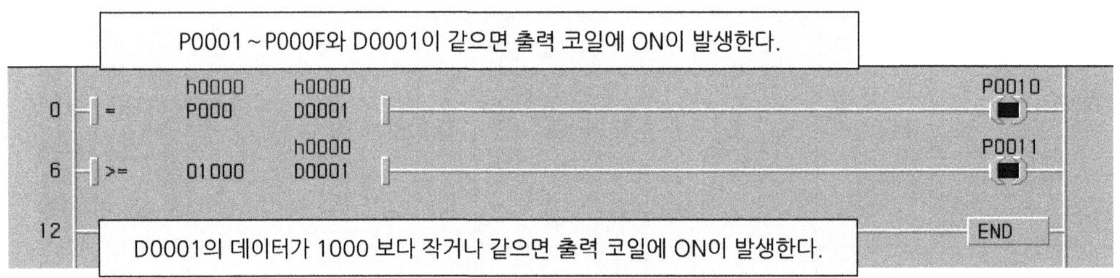

비교연산자(GT)		비교연산자의 종류
GT BOOL — EN ENO — BOOL ANY — IN1 OUT — BOOL ANY — IN2	EN : 펑션 실행(Bool) IN1 : 비교될 값 IN2 : 비교할 값 입력은 8개까지 모두 같은 타입이어야 함. ENO : EN값과 같은 결과 OUT : 출력신호(Bool)	• GT : 크다, IN1 > IN2인 경우 • GE : 크거나 같다, IN1 ≥ IN2인 경우 • LE : 작거나 같다, IN1 ≤ IN2인 경우 • LT : 작다, IN1 < IN2인 경우 • EQ : 같다, IN1 = IN2인 경우 • NE : 같지 않다, IN1 <> IN2인 경우 (NE는 하나의 비교할 값이 적용된다.)

접점 P0000와 P0001의 신호를 Up/Down 카운터에 계수하여 아래의 조건으로 출력되는 프로그램을 작성하시오.

- 5 미만인 경우 P0010을 점등
- 5~9이면 P0011이 점등
- 10~14이면 P0012가 점등
- 15~19이면 P0013이 점등
- 20 이상이면 P0014가 점등

① MASTER-K의 경우

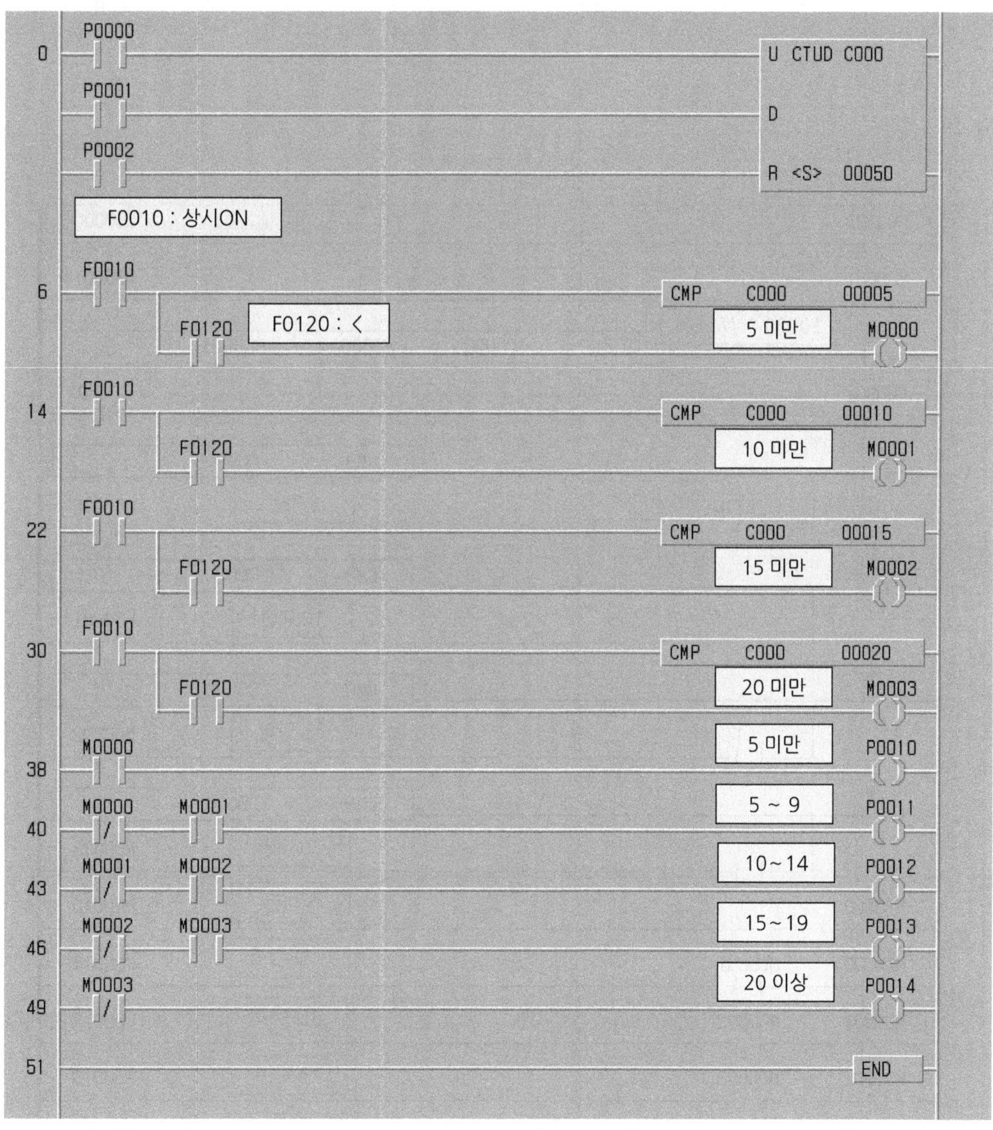

0 P0000 U CTUD C000
P0001 D
P0002 R <S> 00050
6 < C000 00005 5 미만 P0010
12 >= C000 00005 < C000 00009 10 미만 P0011
23 >= C000 00010 < C000 00014 15 미만 P0012
34 >= C000 00015 < C000 00019 20 미만 P0013
45 >= C000 00020 20 이상 P0014
51 END

② XGK의 경우

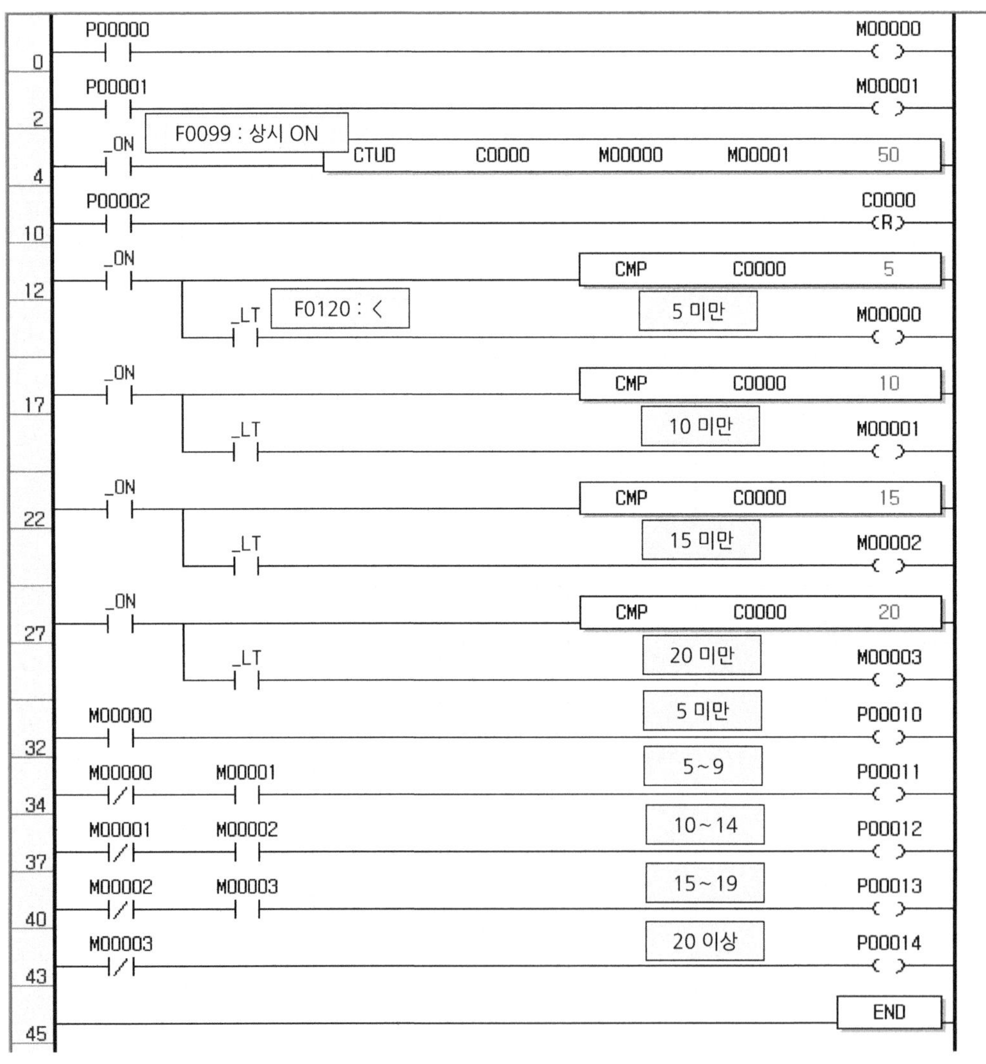

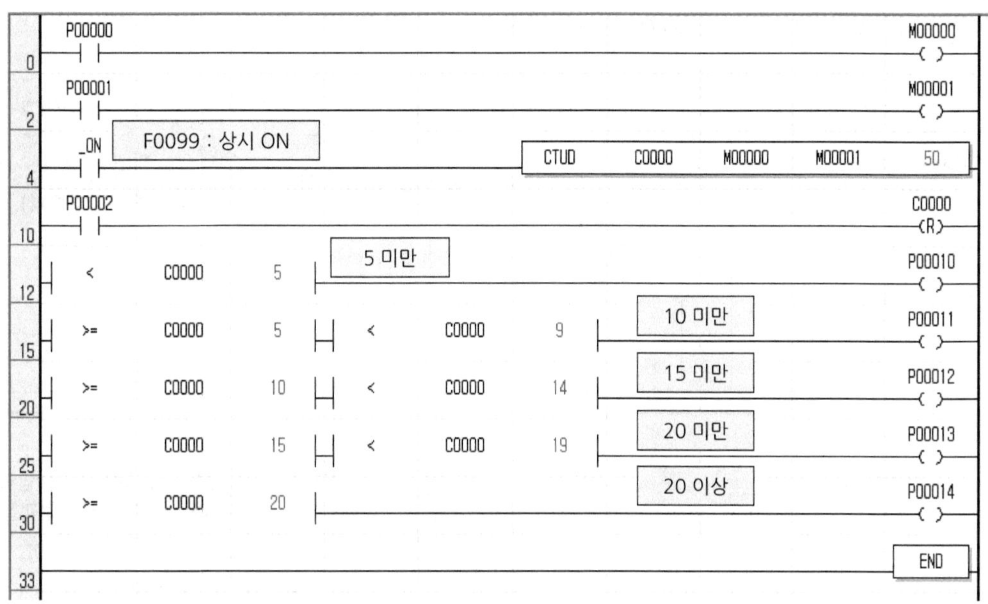

③ GLOFA-GM의 경우

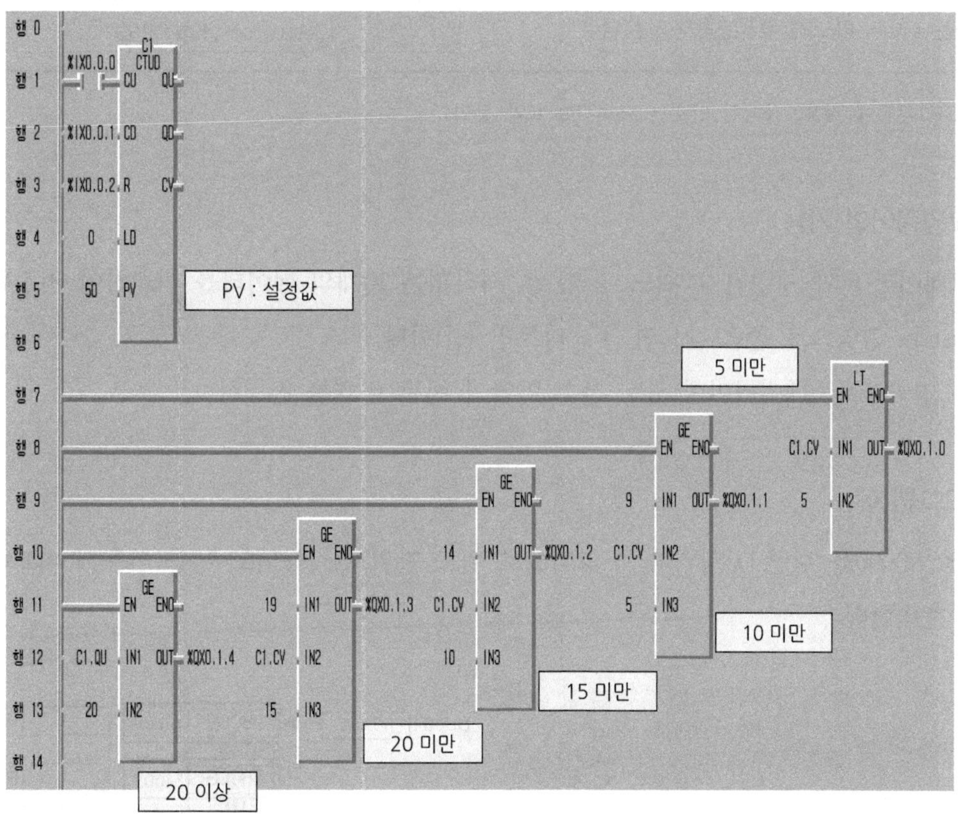

3) TCMP/DTCMP(Double, Table Compare)

명령어		사 용 가 능 영 역											스텝	플래그		
		M	P	K	L	F	T	C	S	D	#D	상수		에러 (F110)	제로 (F111)	캐리 (F112)
TCMP(P) DTCMP(P)	S1	○	○	○	○	○	○	○		○	○	○	7/9 (4~6)	○	○	
	S2	○	○	○	○	○	○	○		○	○					
	Ⓓ	○	○	○	○*		○	○		○	○					

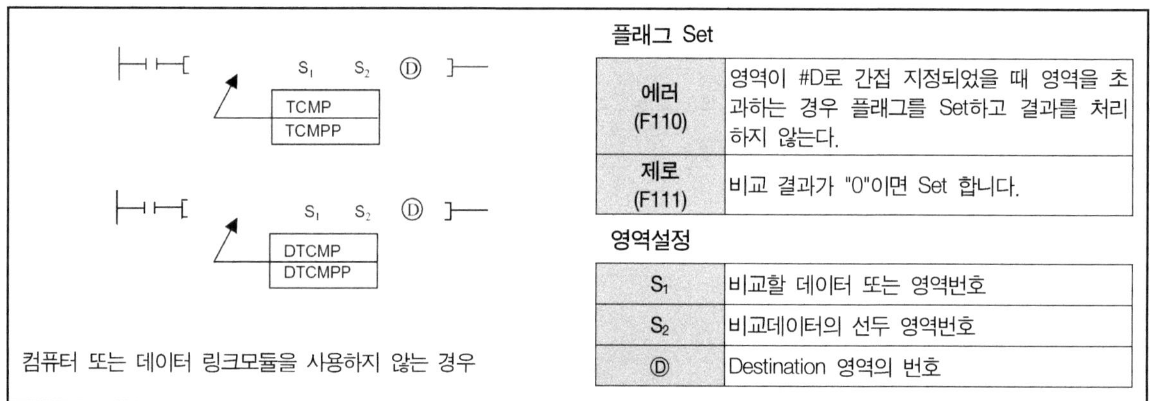

플래그 Set

에러 (F110)	영역이 #D로 간접 지정되었을 때 영역을 초과하는 경우 플래그를 Set하고 결과를 처리하지 않는다.
제로 (F111)	비교 결과가 "0"이면 Set 합니다.

영역설정

S1	비교할 데이터 또는 영역번호
S2	비교데이터의 선두 영역번호
Ⓓ	Destination 영역의 번호

※( )는 XGK 기종에 적용, 나머지 인수는 MASTER-K와 동일

(1) 비교명령어의 기능

① 비교데이터 S_1과 지정된 S_2(워드 영역) 로 시작되는 16개의 데이터를 비교하여 지정된 D(Data Register) 영역으로 출력(같으면 "1", 다르면 "0")한다.

② S_1은 영역 또는 데이터이며 S_2는 전송 영역의 선두 번호를 정의한다.

(2) 프로그램 예

입력신호 P0000을 주면 D 영역과 M 영역으로 워드 단위로 이동되고 이를 이용해 비교하여 P001 영역으로 출력한다.

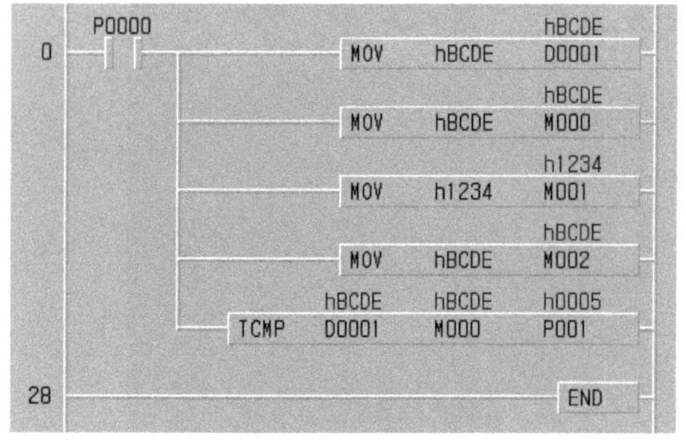

실행 결과(MASTER-K)

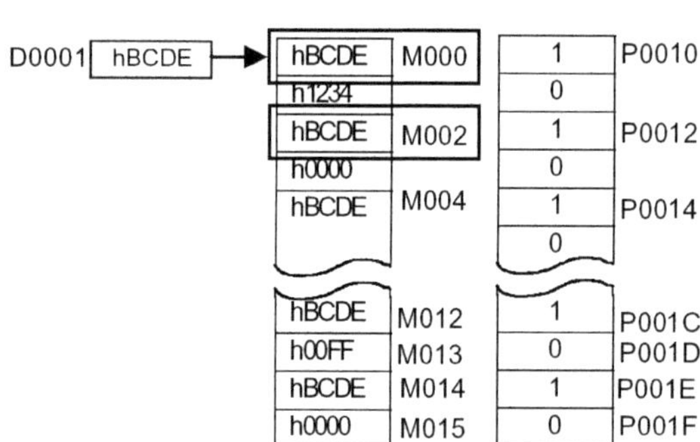

실행 결과의 구조

7.4 증감명령어(Increment)

1) INC/DINC(Double, Increment)

명령어		사 용 가 능 영 역											스텝	플래그		
		M	P	K	L	F	T	C	S	D	#D	상수		에러 (F110)	제로 (F111)	캐리 (F112)
INC(P) DINC(P)	Ⓓ	○	○	○	○*		○	○		○	○	○	3 (2~3)	○ (−)	○	○

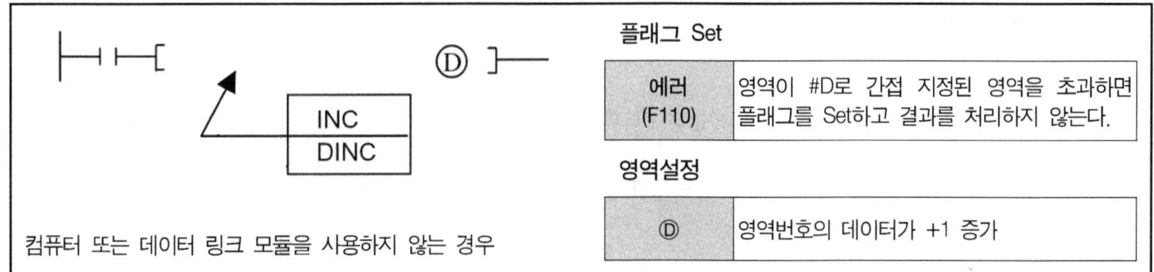

※( )는 XGK 기종에 적용, 나머지 인수는 MASTER-K와 동일

(1) 증감명령어의 기능

① 지정된 D(Data Register) 영역의 데이터에 1을 더한 결과를 D 영역으로 저장한다.

② INCP/DINCP는 명령어 수행 조건(OFF ➡ ON)이 변경될 때 1 Scan만 실행된다.

③ DINC/DINCP는 2 Word(32Bit) 데이터에 적용된다.

(2) 프로그램 예

입력신호인 P000001가 Off ➡ On 되면 D00000에 저장된 5678에 1을 더한 값인 5679가 P1100에 저장되고 P00000가 Off ➡ On 동작을 반복할 때마다 P1100에 저장되는 값은 1씩 증가한 값이 저장되는 프로그램(5678 ➡ 5679 ➡ 5680 ➡ 5681 …)이다.

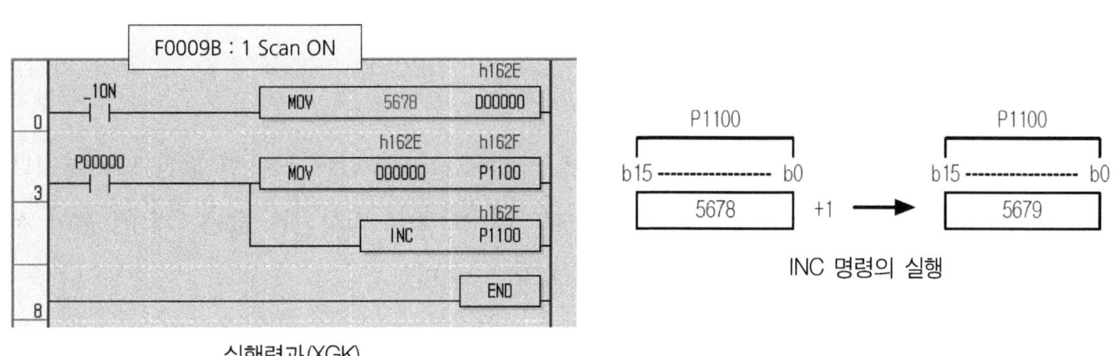

실행결과(XGK)

INC 명령의 실행

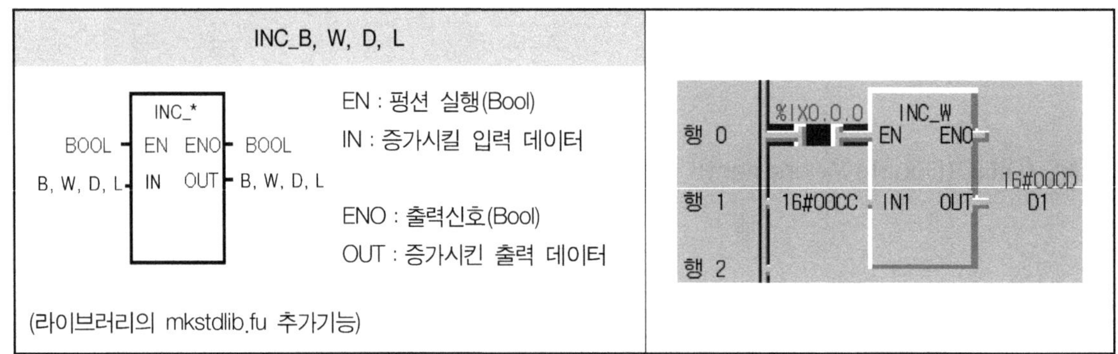

※위의 XGK의 P0000이 1회 작동한 결과와 같으며 _1 On 변수는 1 Scan만 작동된다.

2) DEC/DDEC(Double, Decrement)

명령어		사 용 가 능 영 역											스텝	플래그		
		M	P	K	L	F	T	C	S	D	#D	상수		에러 (F110)	제로 (F111)	캐리 (F112)
DEC(P) DDEC(P)	Ⓓ	○	○	○	○*		○	○		○	○	○	3 (2~3)	○ (–)	○ (–)	○ (–)

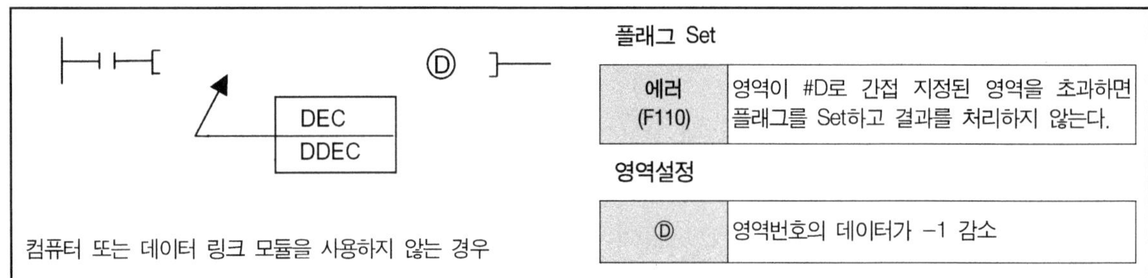

※( )는 XGK 기종에 적용, 나머지 인수는 MASTER-K와 동일

(1) 감소명령어의 기능

① 지정된 D(Data Register) 영역의 데이터에 –1을 감산한 후 결과를 D 영역으로 저장한다.

② DECP/DDECP는 명령어 수행 조건(OFF ➡ ON)이 변경될 때 1 Scan만 실행된다.

③ DDEC/DDECP는 2 Word(32 Bit) 데이터에 적용된다.

(2) 프로그램 예

입력신호인 P00000가 Off ➡ On 되면 D00000에 저장된 1234의 값에 1을 뺀 값인 1233이 P1100에 저장되고 P00000가 Off ➡ On 동작을 반복할 때마다 P1100에 저장되는 값은 1씩 뺀 값이 저장되는 프로그램(1234 ➡ 1233 ➡ 1232 ➡ 1231 ➡ 1230 …)이다.

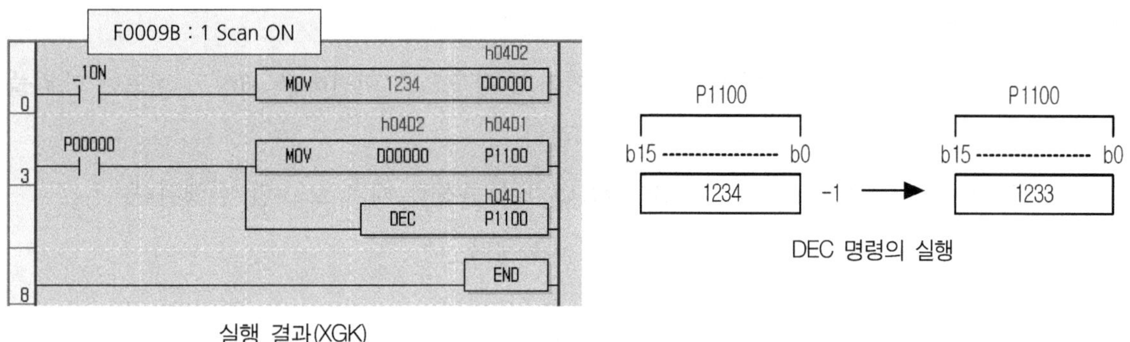

실행 결과(XGK)

DEC 명령의 실행

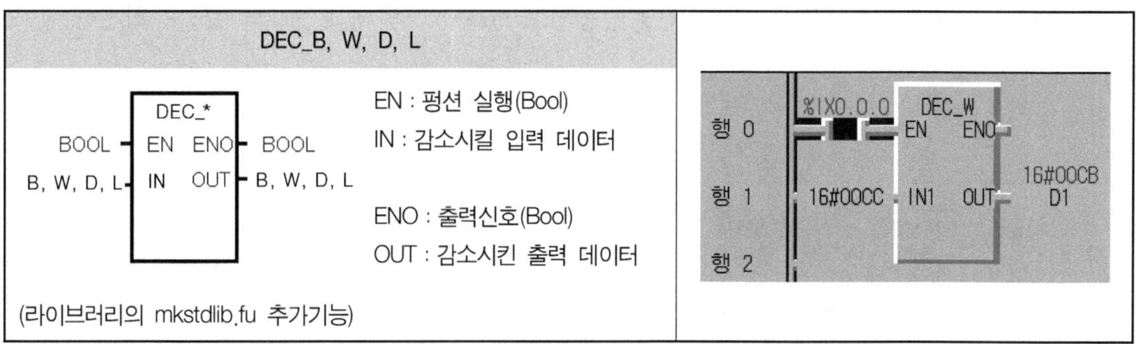

※위의 XGK의 P0000이 1회 작동한 결과와 같으며 _1 On 변수는 1 Scan만 작동된다.

7.5 회전 명령어

1) ROL/DROL(Double, Rotate Left)

명령어		사용가능영역											스텝	플래그		
		M	P	K	L	F	T	C	S	D	#D	상수		에러 (F110)	제로 (F111)	캐리 (F112)
ROL(P) DROL(P)	Ⓓ	○	○	○	○*		○	○		○	○	○	3 (2~4)	○	(-)	○

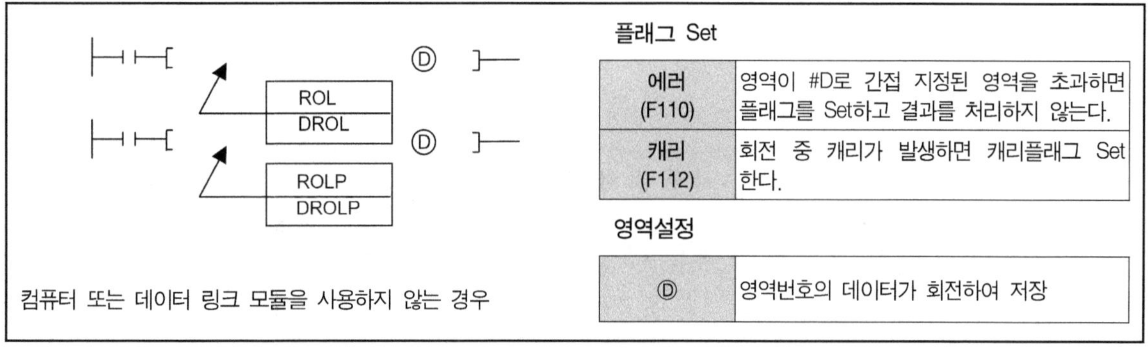

플래그 Set

에러 (F110)	영역이 #D로 간접 지정된 영역을 초과하면 플래그를 Set하고 결과를 처리하지 않는다.
캐리 (F112)	회전 중 캐리가 발생하면 캐리플래그 Set한다.

영역설정

Ⓓ	영역번호의 데이터가 회전하여 저장

※( )는 XGK 기종에 적용, 나머지 인수는 MASTER-K와 동일

(1) 좌측 회전 명령어의 기능

① 지정된 D(Data Register) 영역의 16 Bit 데이터가 좌측으로 회전하고 최상위 비트는 캐리플래그(F112)를 발생시키며 최하위 비트로 회전한다.

② ROLP/DROLP는 명령어 수행 조건(OFF ➡ ON)이 변경될 때 1 Scan만 실행된다.

③ DROL/DROLP는 2 Word(32 Bit) 데이터에 적용된다.

(2) 프로그램 예

1 Scan ON 접점에 의해 h001이 D0001에 전송되고 P0000에 의해 1 Bit 좌측으로 회전하는 프로그램이다.

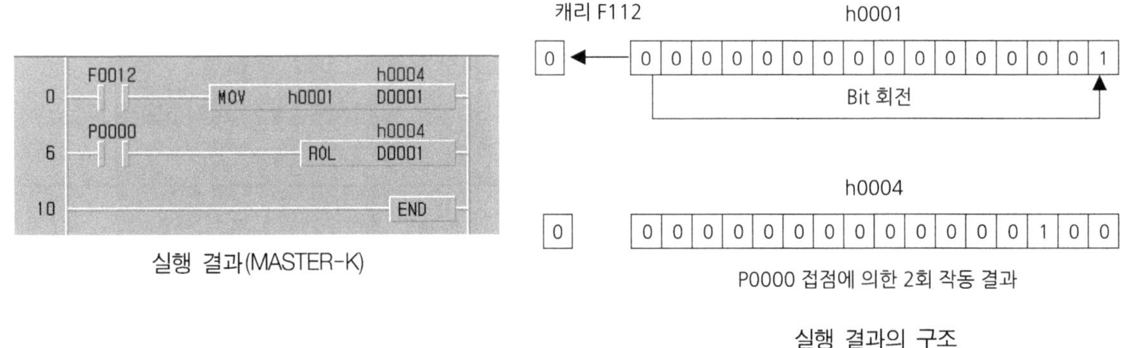

실행 결과의 구조

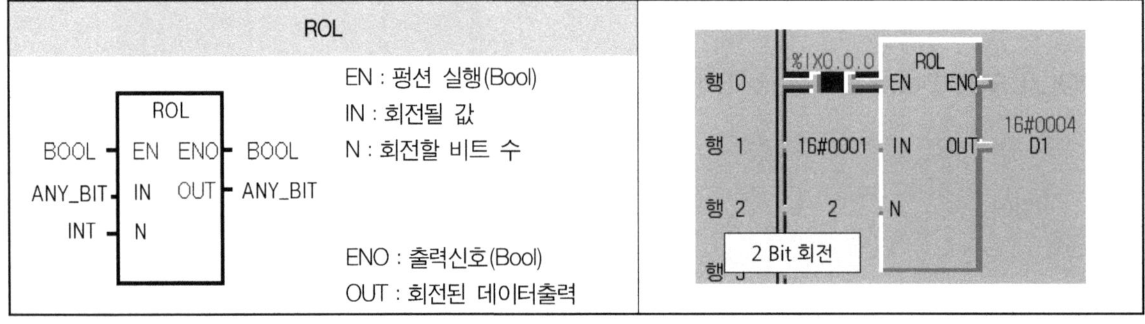

※위의 MASTER-K의 P0000이 2회 작동한 결과와 같으며 1 Scan만 작동된다.

2) ROR/DROR

명령어		사 용 가 능 영 역											스텝	플래그		
		M	P	K	L	F	T	C	S	D	#D	상수		에러 (F110)	제로 (F111)	캐리 (F112)
ROR(P) DROR(P)	Ⓓ	○	○	○	○*		○	○		○	○	○	3 (2~4)	○ (−)		○

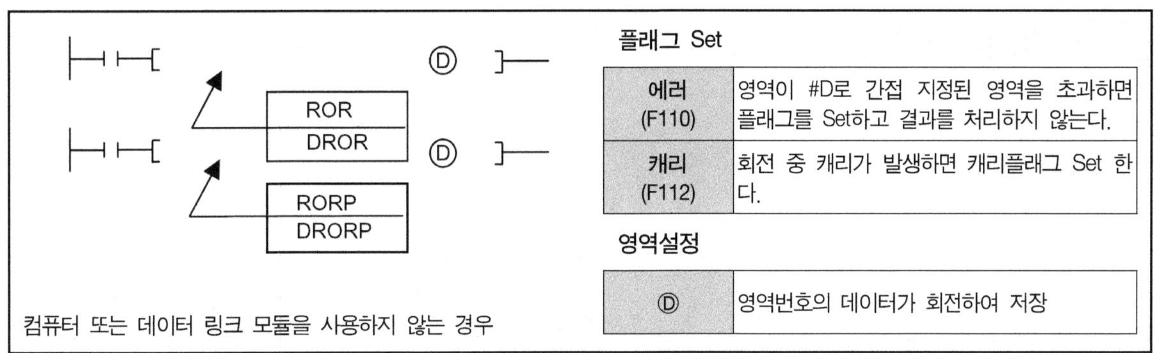

플래그 Set

에러 (F110)	영역이 #D로 간접 지정된 영역을 초과하면 플래그를 Set하고 결과를 처리하지 않는다.
캐리 (F112)	회전 중 캐리가 발생하면 캐리플래그 Set 한다.

영역설정

Ⓓ	영역번호의 데이터가 회전하여 저장

※( )는 XGK 기종에 적용, 나머지 인수는 MASTER-K와 동일

(1) 우측 회전 명령어의 기능

① 지정된 D(Data Register) 영역의 16 Bit 데이터가 우측으로 회전하고 최상위 비트는 캐리플래그(F112)를 발생시키며 최상위 비트로 회전한다.

② RORP/DRORP는 명령어 수행 조건(OFF ➡ ON)이 변경될 때 1 Scan만 실행된다.

③ DROR/DRORP는 2 Word(32 Bit) 데이터에 적용된다.

(2) 프로그램 예

1 Scan ON 접점에 의해 h001이 D0001에 전송되고 P0000에 의해 1 Bit 우측으로 회전하는 프로그램이다.

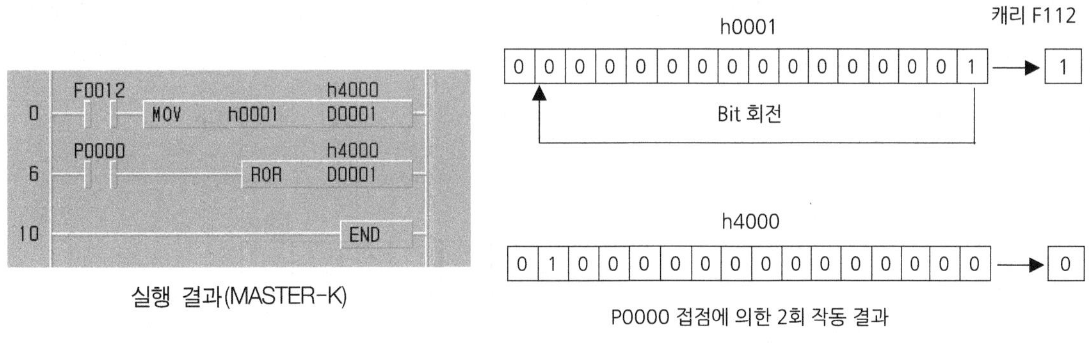

실행 결과(MASTER-K)

P0000 접점에 의한 2회 작동 결과

실행 결과의 구조

ROR	
BOOL - EN ENO - BOOL ANY_BIT - IN OUT - ANY_BIT INT - N	EN : 펑션 실행(Bool) IN : 회전될 값 N : 회전할 비트 수 ENO : 출력신호(Bool) OUT : 회전된 데이터출력

행 0 %IX0.0.0 EN ROR ENO
행 1 16#0001 IN OUT 16#4000 D1
행 2 2 N
행 3
2 Bit 회전

※위의 MASTER-K의 P0000이 2회 작동한 결과와 같으며 1 Scan만 작동된다.

7.6 이동명령어(Bit Shift)

1) BSFT/BSFTP

명령어		사용가능영역											스텝	플래그		
		M	P	K	L	F	T	C	S	D	#D	상수		에러 (F110)	제로 (F111)	캐리 (F112)
BSFT(P)	S_1	○	○	○	○*								5	○		
DBSFT(P)	Ⓔ	○	○	○	○*								(3~4)	(−)		

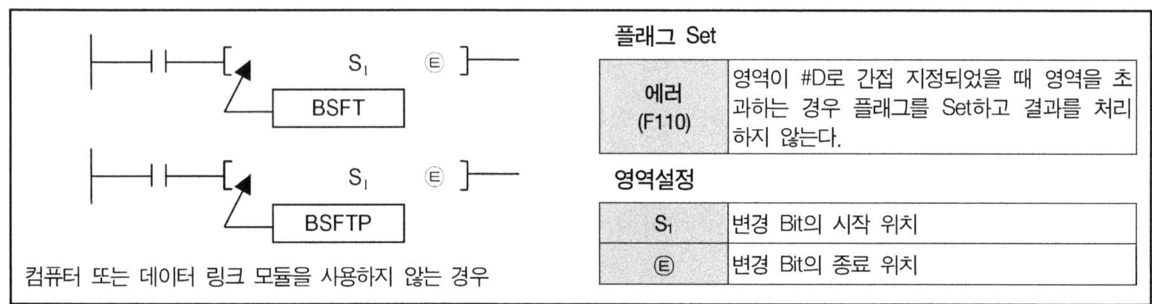

※( )는 XGK 기종에 적용, 나머지 인수는 MASTER-K와 동일

(1) 이동명령의 기능

① 데이터가 저장된 영역의 시작비트(S_1)와 종결되는 비트(Ⓔ)를 정의하여 1비트씩 이동하고 이동된 비트에 "0"으로 채워진다.

② BSFTP는 명령어 수행 조건(OFF ➡ ON)이 변경될 때 1 Scan만 실행된다.

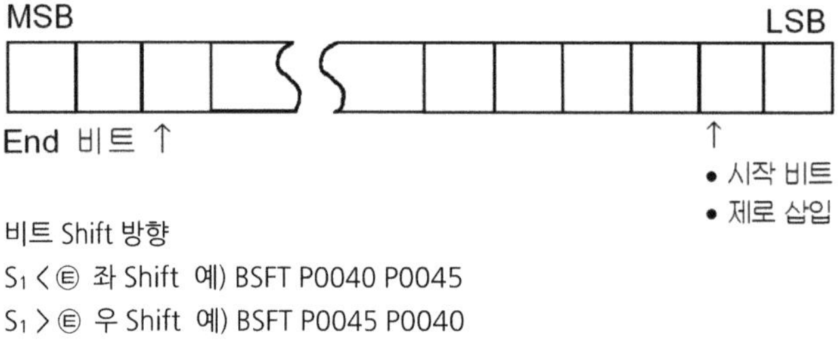

(2) 프로그램 예

1 Scan ON 접점에 의해 h0021이 P001에 전송되고 P0010부터 1 Bit씩 좌측으로 이동하는 프로그램이다. XGX의 경우 Bit Shift의 위치를 정의할 수 있는 BSFL, BSFR과 4/8 Bit를 이동시키는 BSFL4, BSFL8 등과 Word Shift 명령어가 지원된다.

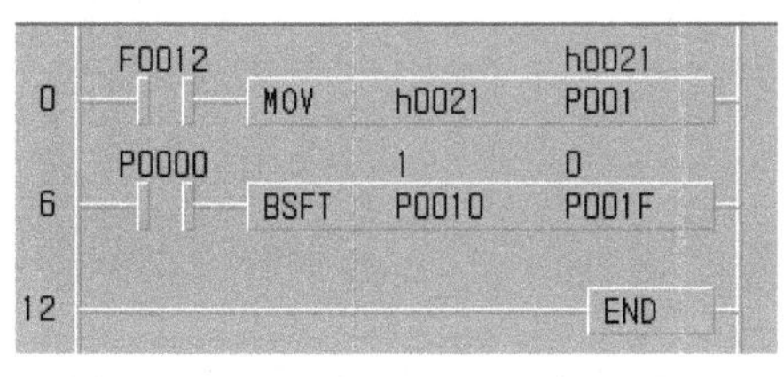

실행 결과(Left Shift, MASTER-K)

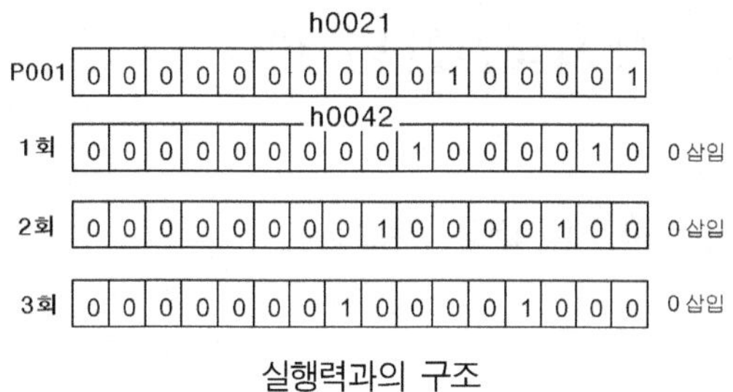

실행력과의 구조

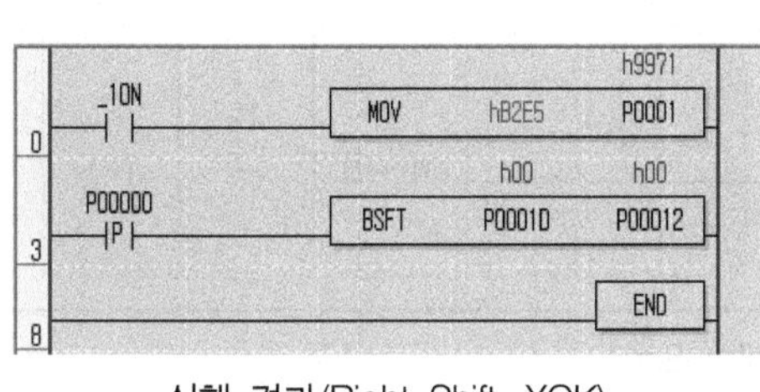

실행 결과(Right Shift, XGK)

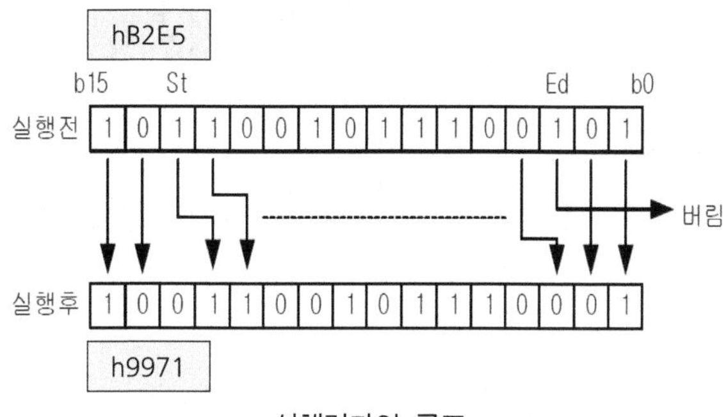

실행력과의 구조

(3) GLOFA-GM에서의 이동

① 왼쪽으로 이동(Shift Left)

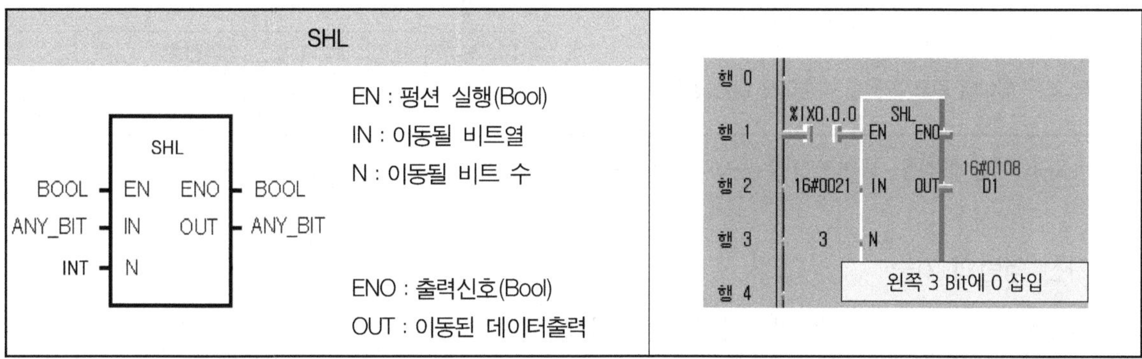

※위의 MASTER-K의 P0000가 3회 작동한 결과와 같으며 1 Scan만 작동된다.

② 오른쪽으로 이동(Shift Right)

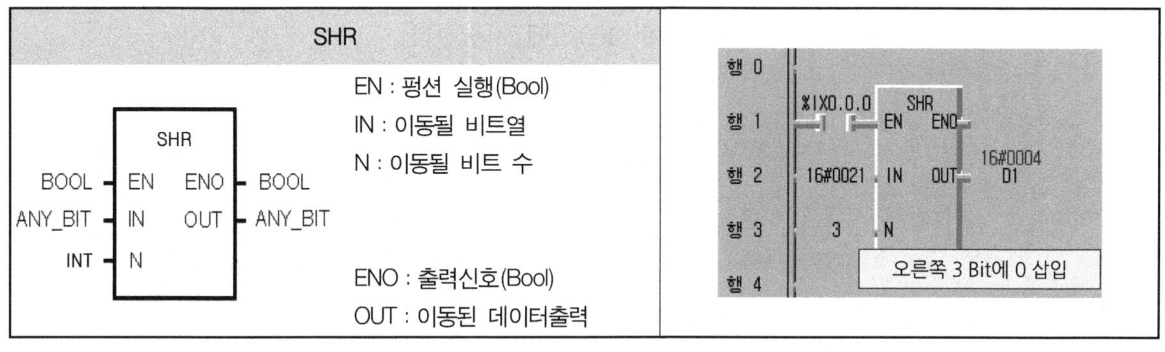

7.7 BIN 사칙연산 명령어

1) 수의 더하기(ADD, DADD)

명령어		사용 가능 영역											스텝	플래그		
		M	P	K	L	F	T	C	S	D	#D	상수		에러 (F110)	제로 (F111)	캐리 (F112)
ADD(P) DADD(P)	S_1	○	○	○	○	○	○	○		○	○	○	7/9/11 (4~6)	○ (-)	○ (-)	○ (-)
	S_2	○	○	○	○	○	○	○		○	○	○				
	Ⓓ	○	○	○	○*		○	○		○	○					

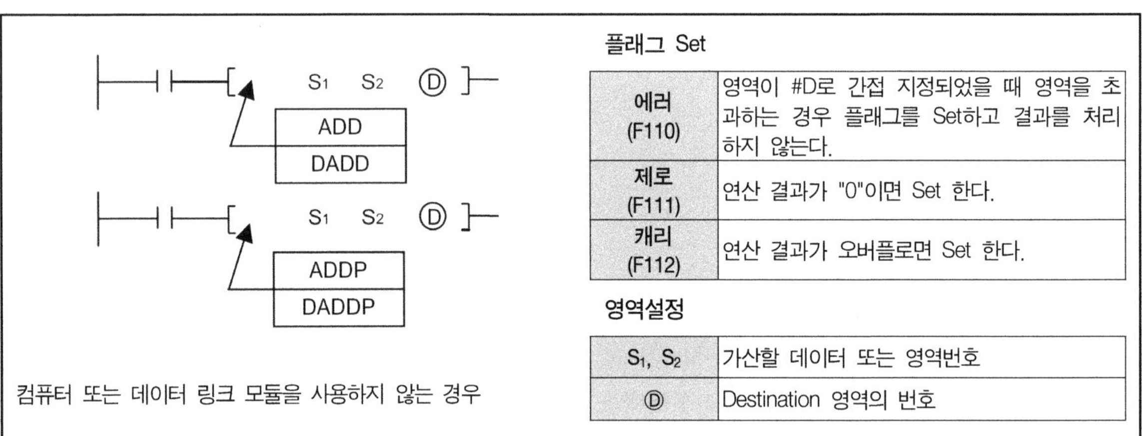

플래그 Set

에러 (F110)	영역이 #D로 간접 지정되었을 때 영역을 초과하는 경우 플래그를 Set하고 결과를 처리하지 않는다.
제로 (F111)	연산 결과가 "0"이면 Set 한다.
캐리 (F112)	연산 결과가 오버플로면 Set 한다.

영역설정

S_1, S_2	가산할 데이터 또는 영역번호
Ⓓ	Destination 영역의 번호

※( )는 XGK 기종에 적용, 나머지 인수는 MASTER-K와 동일

(1) 가산 명령의 기능

① Binary 데이터 S_1과 S_2를 가산하여 Ⓓ 영역에 저장한다.

② BCD 데이터의 가산 연산은 ADDB, DADDB의 연산명령을 이용한다.

③ DADD/DADDP 저장영역의 데이터크기는 2 Word(32 Bit)이다.

(2) 프로그램 예

Binary 데이터 D0001과 D0002를 가산하여 D0010에 저장한다.

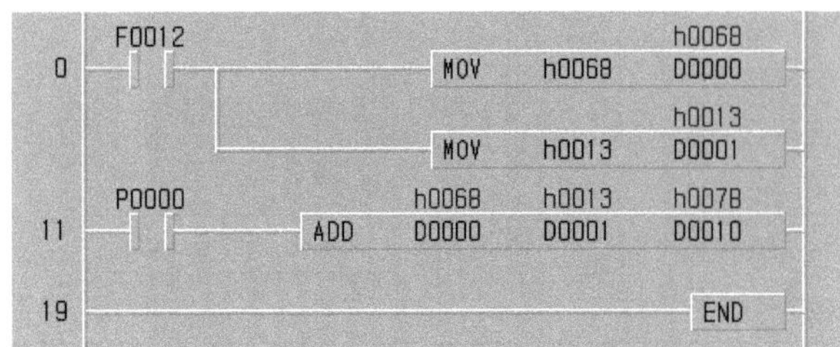

실행 결과(MASTER-K)

h0068 = 104(D0001)

0	0	0	0	0	0	0	0	0	1	1	0	1	0	0	0

h0013 = 19(D0002)

0	0	0	0	0	0	0	0	0	0	0	1	0	0	1	1

D0000+D0001= h007B(123, D0010)

0	0	0	0	0	0	0	0	0	1	1	1	1	0	1	1

실행력과의 구조

(3) GLOFA-GM에서의 수의 가산

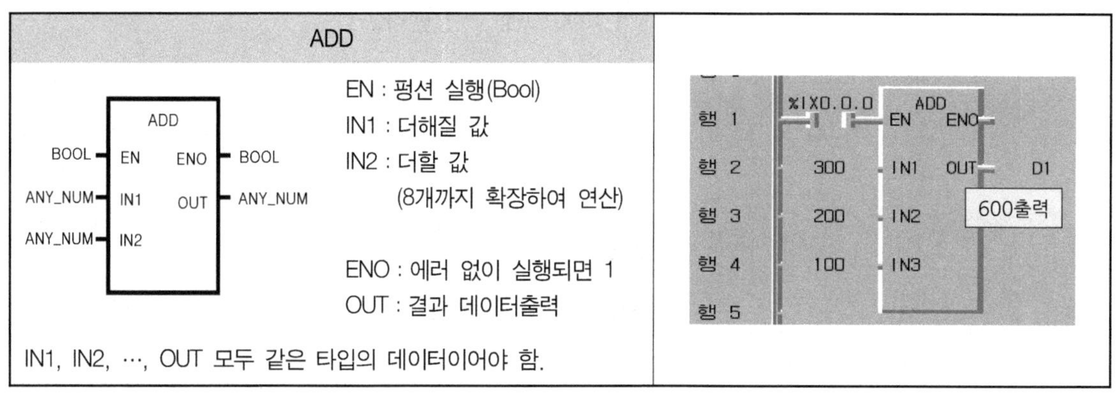

※출력 데이터타입이 벗어날 때 _ERR, _LER 플래그를 Set 한다.

2) 수의 빼기(SUB, DSUB)

명령어		사용가능영역											스텝	플래그		
		M	P	K	L	F	T	C	S	D	#D	상수		에러 (F110)	제로 (F111)	캐리 (F112)
SUB(P) DSUB(P)	S_1	○	○	○	○	○	○	○		○	○	○	7/11 (4~6)	○ (-)	○ (-)	○ (-)
	S_2	○	○	○	○	○	○	○		○	○	○				
	Ⓓ	○	○	○	○*		○	○		○	○					

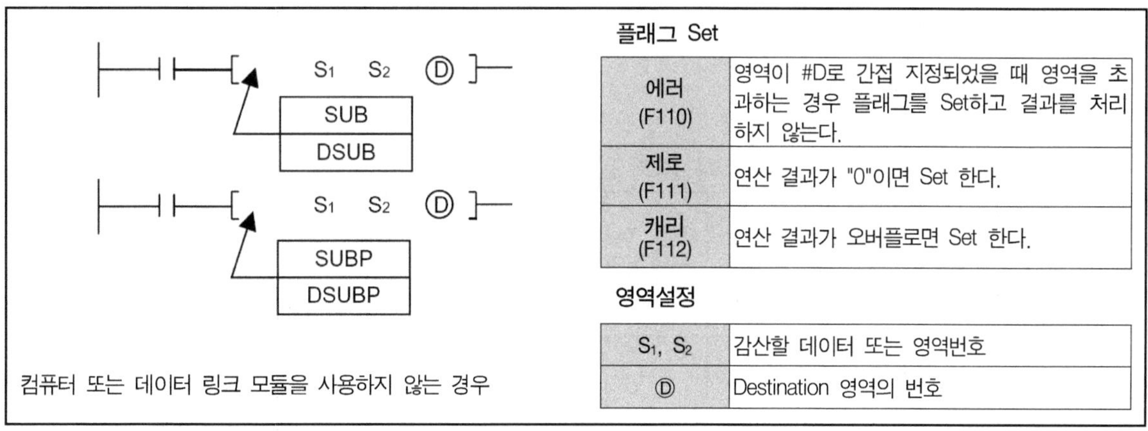

※( )는 XGK 기종에 적용, 나머지 인수는 MASTER-K와 동일

(1) 감산 명령의 기능

① Binary 데이터 S_1과 S_2를 감산하여 Ⓓ 영역에 저장한다.

② BCD 데이터의 감산 연산은 SUBB, DSUBB의 연산명령을 이용한다.

③ DSUB/DSUBP 저장영역의 데이터크기는 2 Word(32 Bit)이다.

(2) 프로그램 예

Binary 데이터 D0001을 D0002로 감산하여 D0010에 저장한다.

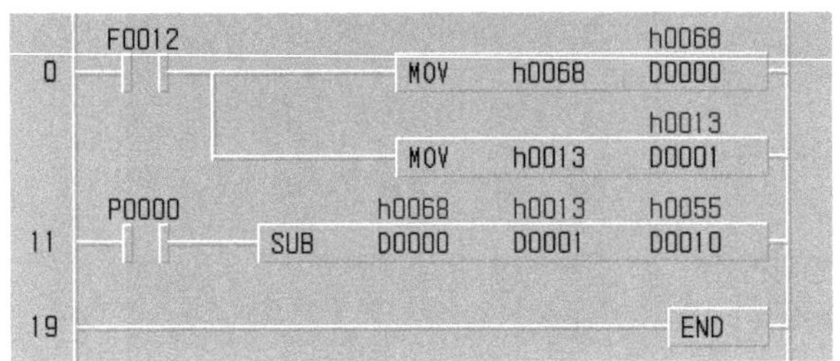

실행 결과(MASTER-K)

h0068 = 104(D0001)

0	0	0	0	0	0	0	0	0	1	1	0	1	0	0	0

h0013 = 19(D0002)

0	0	0	0	0	0	0	0	0	0	0	1	0	0	1	1

D0000-D0001= h0055(85, D0010)

0	0	0	0	0	0	0	0	0	1	0	1	0	1	0	1

실행력과의 구조

(3) GLOFA-GM에서의 수의 감산

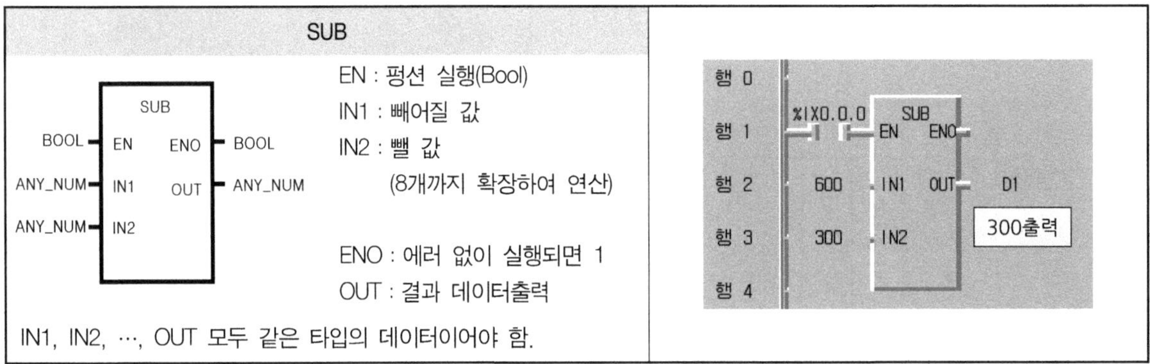

※출력 데이터타입이 벗어나면 _ERR, _LER 플래그를 Set 한다.

3) 수의 곱하기(MUL, DMUL)

명령어		사 용 가 능 영 역											스텝	플래그		
		M	P	K	L	F	T	C	S	D	#D	상수		에러 (F110)	제로 (F111)	캐리 (F112)
MUL(P) DMUL(P)	S_1	○	○	○	○	○	○	○		○	○	○	7/11 (4~6)	○ (-)	○ (-)	
	S_2	○	○	○	○	○	○	○		○	○	○				
	Ⓓ	○	○	○	○*		○	○		○	○					

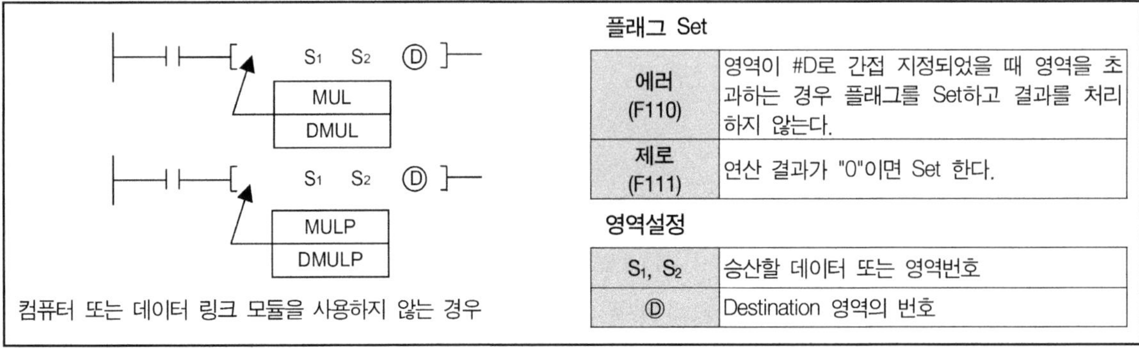

플래그 Set

에러 (F110)	영역이 #D로 간접 지정되었을 때 영역을 초과하는 경우 플래그를 Set하고 결과를 처리하지 않는다.
제로 (F111)	연산 결과가 "0"이면 Set 한다.

영역설정

S_1, S_2	승산할 데이터 또는 영역번호
Ⓓ	Destination 영역의 번호

※( )는 XGK 기종에 적용, 나머지 인수는 MASTER-K와 동일

(1) 승산 명령의 기능

① Binary 데이터 S_1과 S_2를 승산하여 하위값을 Ⓓ 영역에 저장하고 상위값을 Ⓓ+1영역에 저장한다. (저장영역은 2 Word)

② BCD 데이터의 승산 연산은 MULB, DMULB의 연산명령을 이용한다.

③ DMUL/DMULP 저장영역의 데이터크기는 4 Word(64 Bit)이다.

④ 음수 연산 결과는 MULS/DMULS를 이용한다.

(2) 프로그램 예

Binary 데이터 D0001을 D0002로 승산하여 D0010에 저장한다.

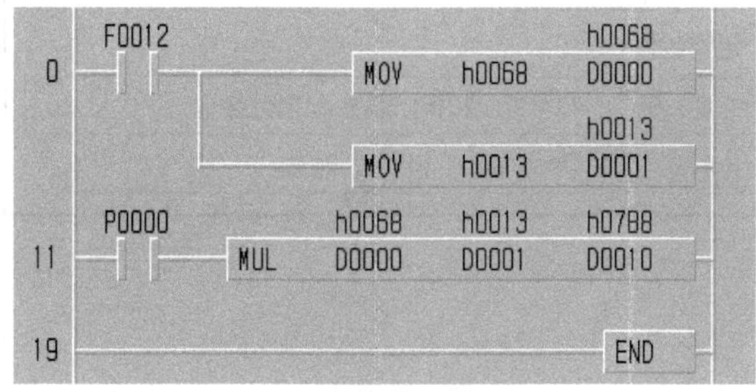

실행 결과(MASTER-K)

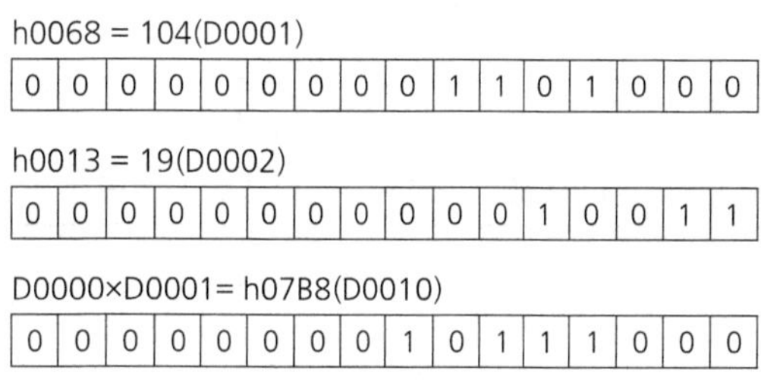

실행력과의 구조

(3) GLOFA-GM에서의 수의 승산

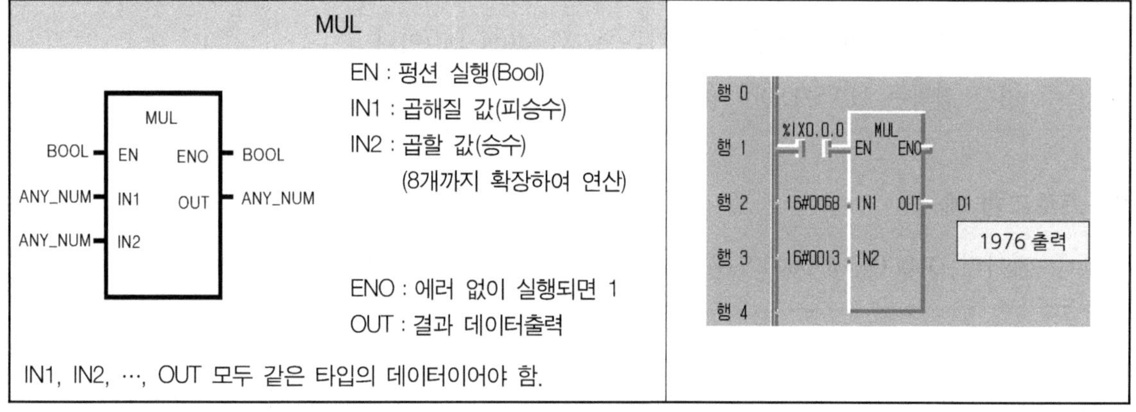

※출력 데이터타입이 벗어날 때 _ERR, _LER 플래그를 Set 한다.

4) 수의 나누기(DIV, DDIV)

명령어		사용가능영역											스텝	플래그		
		M	P	K	L	F	T	C	S	D	#D	상수		에러 (F110)	제로 (F111)	캐리 (F112)
DIV(P) DDIV(P)	S_1	○	○	○	○	○	○	○		○	○	○	7/9/11 (4~6)	○	○ (−)	
	S_2	○	○	○	○	○	○	○		○	○	○				
	Ⓓ	○	○	○	○*		○	○		○	○					

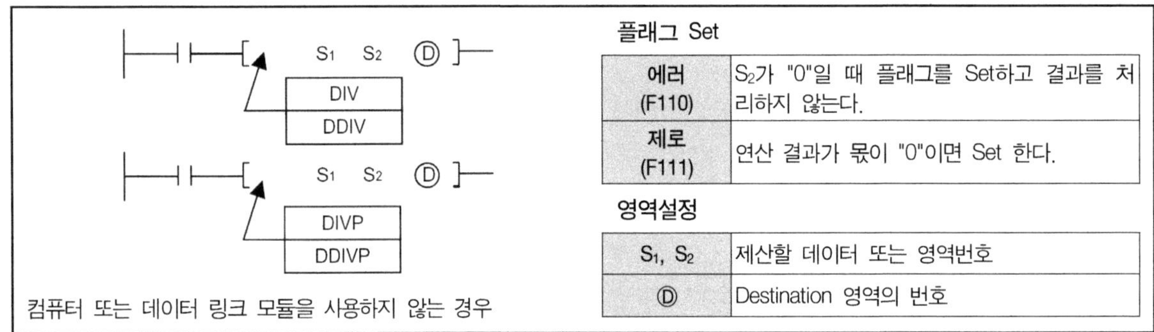

플래그 Set

에러 (F110)	S_2가 "0"일 때 플래그를 Set하고 결과를 처리하지 않는다.
제로 (F111)	연산 결과가 몫이 "0"이면 Set 한다.

영역설정

S_1, S_2	제산할 데이터 또는 영역번호
Ⓓ	Destination 영역의 번호

※( )는 XGK 기종에 적용, 나머지 인수는 MASTER-K와 동일

(1) 제산 명령의 기능

① Binary 데이터 S_1을 S_2로 제산하여 결과의 몫을 Ⓓ 영역에 저장하고 나머지 값을 Ⓓ+1영역에 저장한다. (저장영역은 2 Word)

② BCD 데이터의 제산 연산은 DIVB, DDIVB의 연산명령을 이용한다.

③ DDIV/DDIVP 저장영역의 데이터크기는 4 Word(64 Bit)이다.

④ 음수 연산 결과는 DIVS/DDIVS를 이용한다.

(2) 프로그램 예

Binary 데이터 D0000을 D0001으로 제산하여 D0010에 몫을 저장하고 나머지를 D0011에 저장한다.

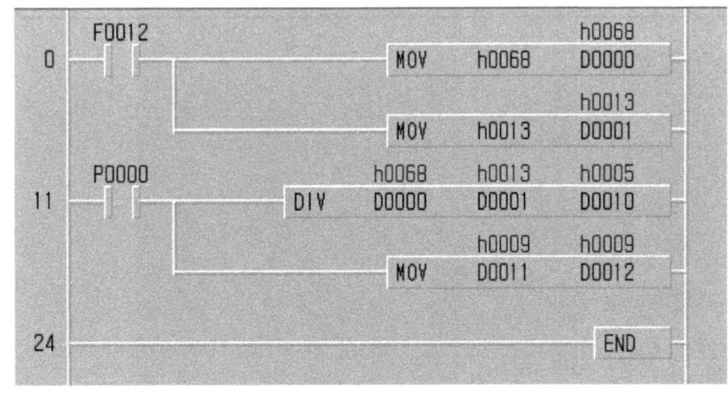

실행 결과(MASTER-K)

h0068=104(D0000)

0	0	0	0	0	0	0	0	0	1	1	0	1	0	0	0

h0013=19(D0001)

0	0	0	0	0	0	0	0	0	0	0	1	0	0	1	1

D0000÷D0001=h0005(D0010) : 몫

0	0	0	0	0	0	0	0	0	0	0	0	0	1	0	1

h0009(D0011) : 나머지

0	0	0	0	0	0	0	0	0	0	0	0	1	0	0	1

실행력과의 구조

(3) GLOFA-GM에서의 수의 제산

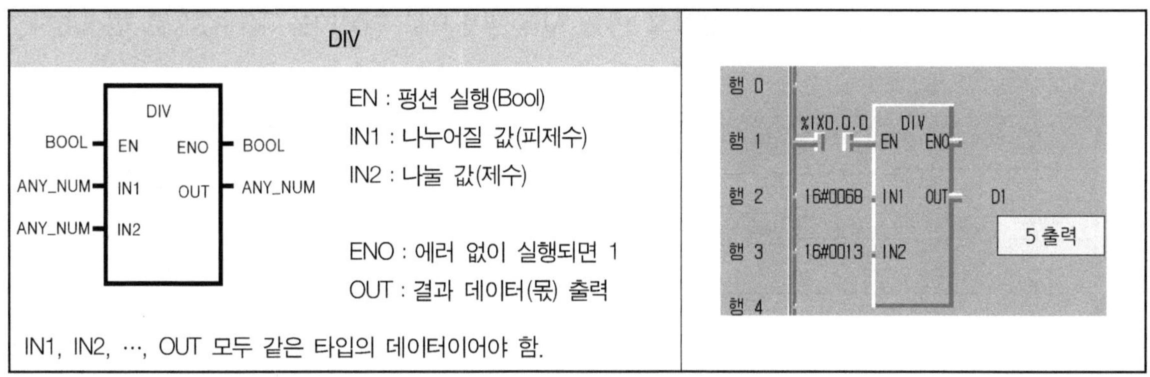

※나머지는 출력되지 않는다.

① 나머지의 출력

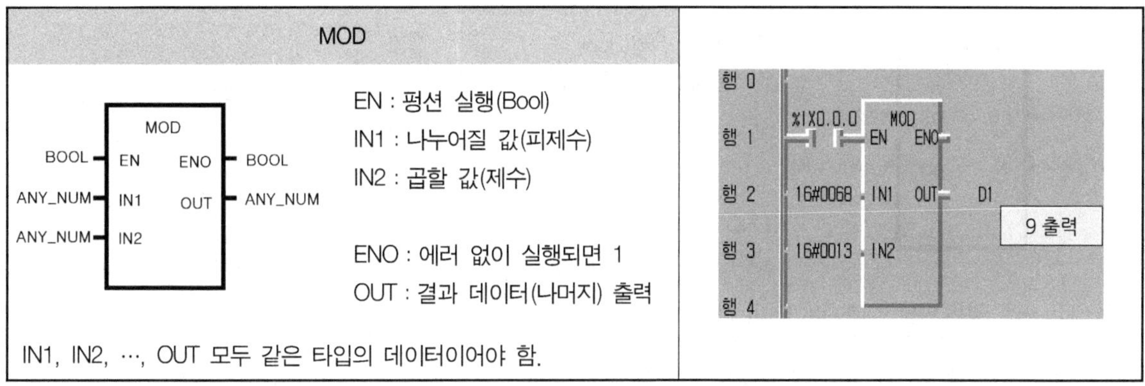

※출력 데이터타입이 벗어날 때 _ERR, _LER 플래그를 Set 한다.

7.8 XGK와 GLOFA-GM에서의 기타 연산

1) 수의 절대값 연산(ABS, DABS(Absolute Value) [XGK])

명령어		사 용 가 능 영 역											스텝	플래그		
		M	P	K	L	Z	T	C	U	N	D	R		에러 (F110)	제로 (F111)	캐리 (F112)
ABS(P) DABS(P)	D	○	○	○	○	○			○	○	○	○	2			

(1) ABS(Absolute Value)의 기능

① D로 지정된 영역의 값을 절대값 변환을 취해 다시 D 영역에 저장한다.

(2) 프로그램 예

D 영역의 값에 −30을 D0010을 저장하고 이를 ABS 명령으로 D0010을 절대값으로 변경한다.

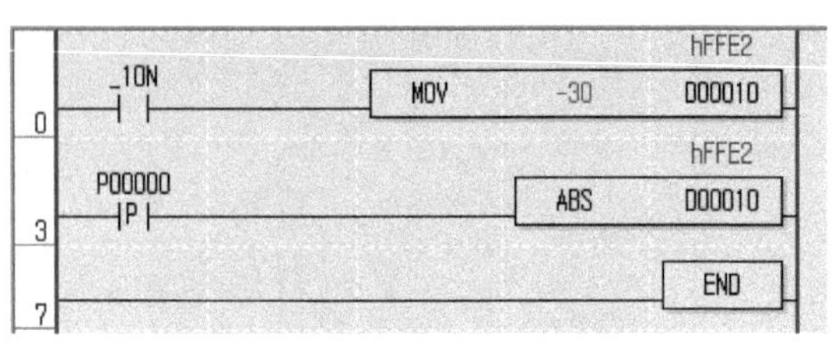

실행 결과(XGK)

실행 결과의 내용

구 분	실행 전	실행 후
영 역	D0010	D0010
데이터	−00030 (hFFE2)	00030 (h001E)

(3) GLOFA−GM에서의 ABS

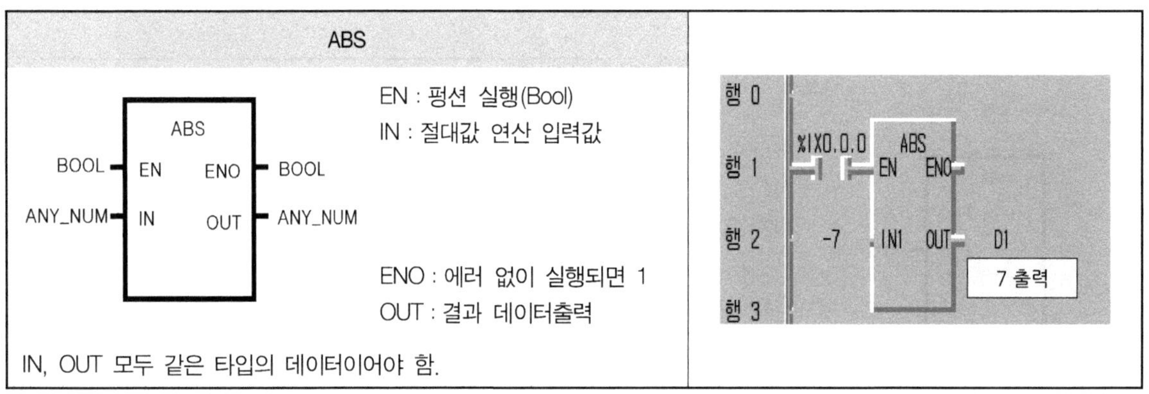

※출력 데이터타입이 벗어날 때 _ERR, _LER 플래그를 Set 한다.

① 음수의 표현(−7 : 16#FFF9)

15	14	13	12	11	10	9	8	7	6	5	4	3	2	1	0
1	0	0	0	0	0	0	0	0	0	0	0	0	1	1	1

Step. 1 : 음수의 경우 15 Bit에 1을 표시

15	14	13	12	11	10	9	8	7	6	5	4	3	2	1	0
1	1	1	1	1	1	1	1	1	1	1	1	1	0	0	0

Step. 2 : 수의 반전, 15 Bit는 1을 유지

F				F				F				9			
1	1	1	1	1	1	1	1	1	1	1	1	1	0	0	1

Step. 3 : 결과에 +1을 한다.

2) 수의 제곱근연산(SQRT(Square Root) [XGK])

명령어		사용 가능 영역												스텝	플래그		
		M	P	K	L	Z	T	C	상수	U	N	D	R		에러 (F110)	제로 (F111)	캐리 (F112)
SQRT (P)	D	○	○	○	○		○	○	○	○	○	○	○	2~4	○		
	S	○	○	○	○						○	○	○				

(1) SQRT(Square Root)의 기능

① 지정된 영역의 데이터를 제곱근 연산을 해서 D에 저장하며 이때, S와 D의 데이터타입은 배장형 실수이다.

② 입력의 수가 음수일 때 연산 에러가 발생한다.

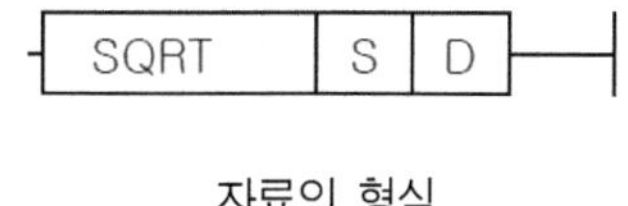

자료의 형식

(2) 프로그램 예

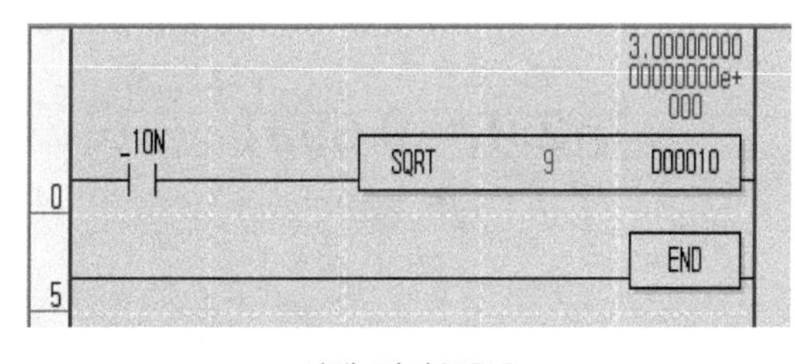

실행 결과(XGK)

$$\sqrt{9}=3$$

실행 결과

(3) GLOFA-GM에서의 SQRT

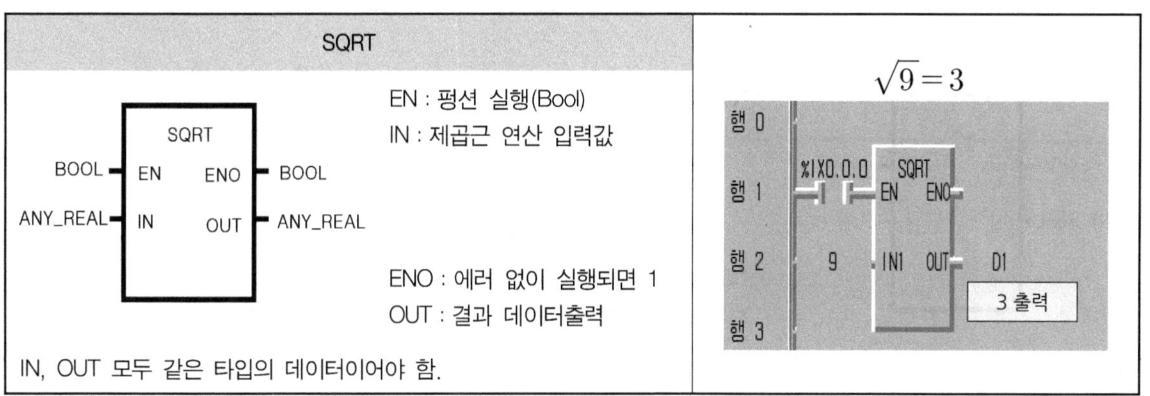

※출력 데이터타입이 벗어날 때 _ERR, _LER 플래그를 Set 하며 GM1과 GM2의 일부 기종에만 적용.

3) 자연 대수의 연산(LN [XGK])

명령어		사용가능영역												스텝	플래그		
		M	P	K	L	Z	T	C	상수	U	N	D	R		에러 (F110)	제로 (F111)	캐리 (F112)
LN (P)	S	○	○	○	○		○	○	○	○	○	○	○	2~4	○		
	D	○	○	○	○						○	○	○				

(1) LN(자연 대수)의 기능

① S로 지정된 영역의 데이터를 자연 대수 연산을 해서 D에 저장하며 이때 S와 D의 데이터타입은 배장형 실수이다.

② S가 0 또는 음수일 때 연산 에러가 발생한다.

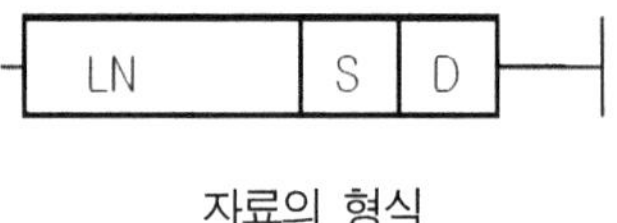

자료의 형식

(2) 프로그램 예

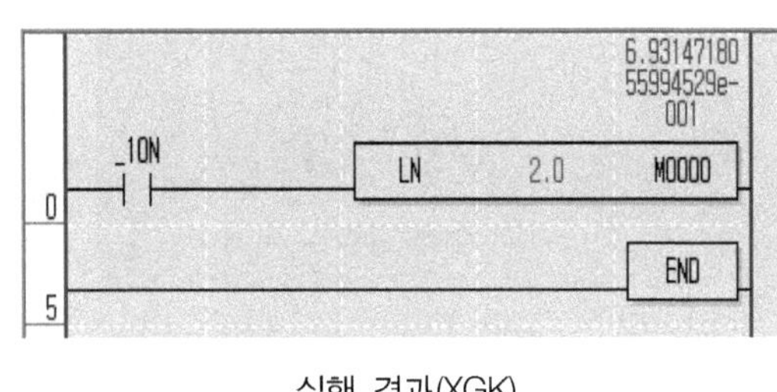

실행 결과(XGK)

$$\ln 2.0 = 0.6931 \cdots\cdots$$

실행 결과의 내용

(3) GLOFA－GM에서의 LN

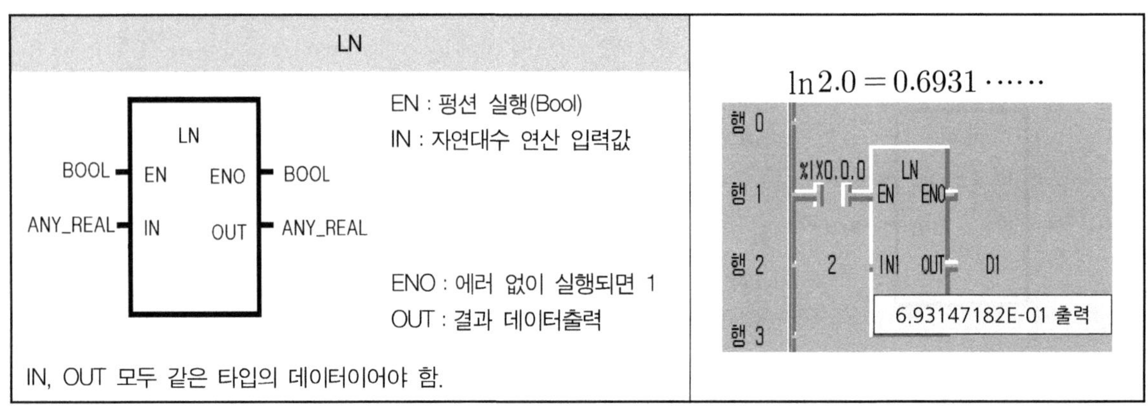

※출력 데이터타입이 벗어날 때 _ERR, _LER 플래그를 Set 하며 GM1과 GM2의 일부 기종에만 적용.

4) 상용 대수의 연산(LOG [XGK])

명령어		사용가능영역												스텝	플래그		
		M	P	K	L	Z	T	C	상수	U	N	D	R		에러 (F110)	제로 (F111)	캐리 (F112)
LOG (P)	S	○	○	○	○		○	○	○	○	○	○	○	2~4	○		
	D	○	○	○	○						○	○	○				

(1) LOG(상용 대수)의 기능

① S로 지정된 영역의 데이터를 상용 대수 연산을 해서 D에 저장하며 이때 S와 D의 데이터타입은 배장형 실수이다.

② S가 0 또는 음수일 때 연산 에러가 발생한다.

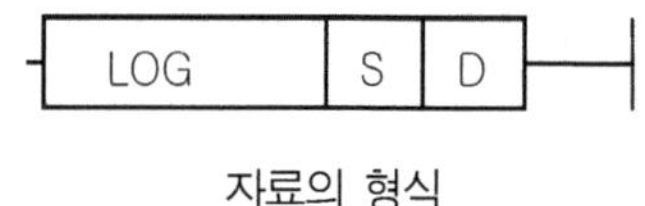

자료의 형식

(2) 프로그램 예

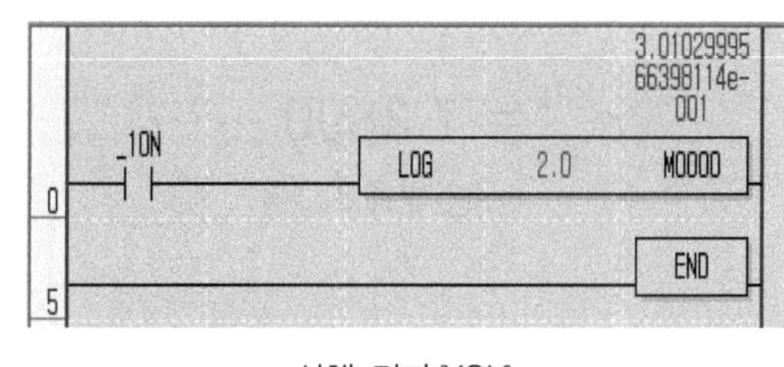

실행 결과(XGK)

$$\log 2.0 = 0.30102 \cdots\cdots$$

실행 결과의 내용

(3) GLOFA-GM에서의 LOG

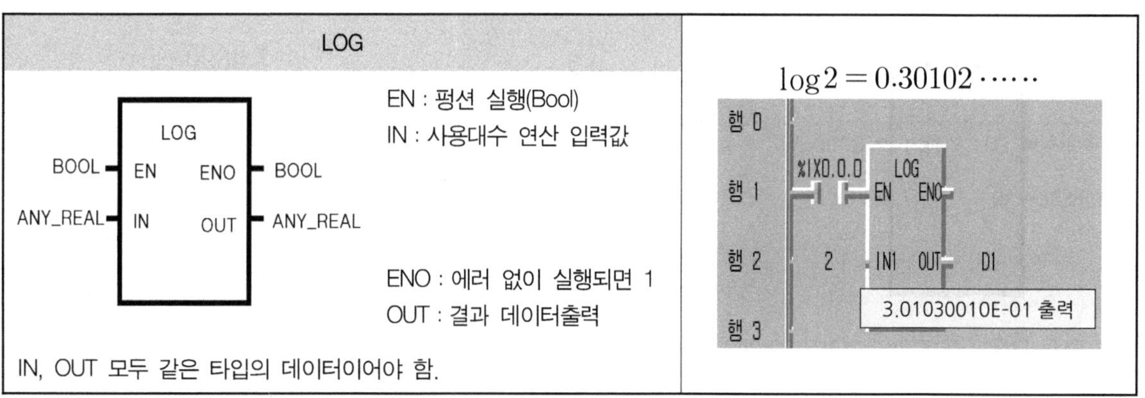

※출력 데이터타입이 벗어날 때 _ERR, _LER 플래그를 Set 하며 GM1과 GM2의 일부 기종에만 적용.

5) 지수의 연산(EXP [XGK])

명령어		사용가능영역												스텝	플래그		
		M	P	K	L	Z	T	C	상수	U	N	D	R		에러 (F110)	제로 (F111)	캐리 (F112)
EXP (P)	S	○	○	○	○		○	○	○	○	○	○	○	2~4	○		
	D	○	○	○	○						○	○	○				

(1) EXP(지수)의 기능

① S로 지정된 영역의 데이터를 상용 대수 연산을 해서 D에 저장하며 이때 S와 D의 데이터타입은 배장형 실수이다.

② S가 0 또는 음수일 때 연산 에러가 발생한다.

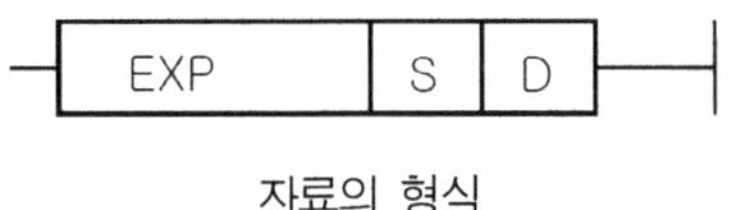

자료의 형식

(2) 프로그램 예

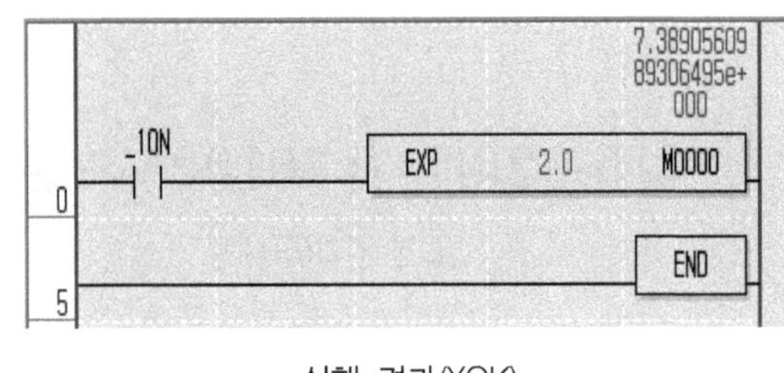

실행 결과(XGK)

$$e^{2.0} = 7.3890\cdots\cdots$$

실행 결과의 내용

(3) GLOFA-GM에서의 EXP

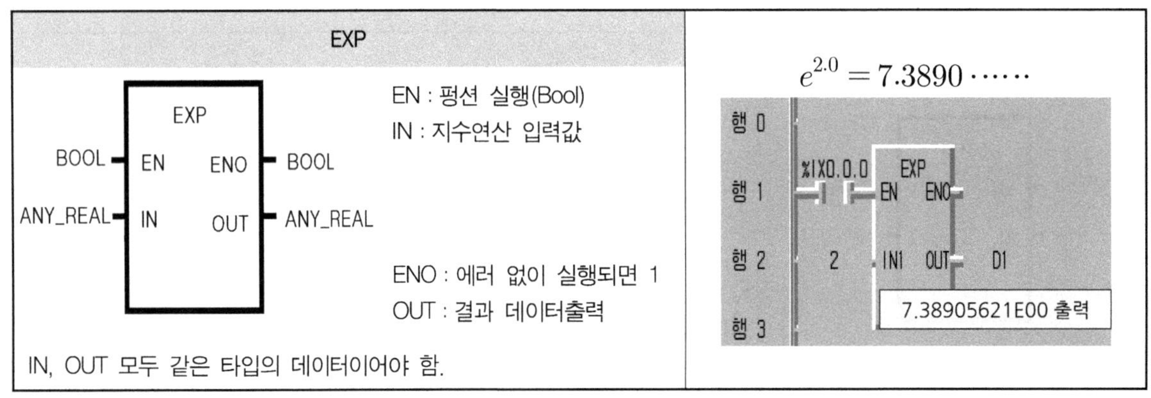

※출력 데이터타입이 벗어날 때 _ERR, _LER 플래그를 Set 하며 GM1과 GM2의 일부 기종에만 적용.

6) 지수의 연산(EXPT [XGK])

명령어		사용가능영역												스텝	플래그		
		M	P	K	L	Z	T	C	상수	U	N	D	R		에러 (F110)	제로 (F111)	캐리 (F112)
EXPT (P)	S1	○	○	○	○		○	○	○	○	○	○	○	4~8			
	S2	○	○	○	○		○	○	○	○	○	○	○				
	D	○	○	○	○						○	○	○				

(1) EXPT(지수)의 기능

① S1으로 지정된 영역의 데이터를 S2로 지정된 영역의 데이터로 지수 연산하여 D에 저장하며 이때 S와 D의 데이터타입은 배장형 실수이다.

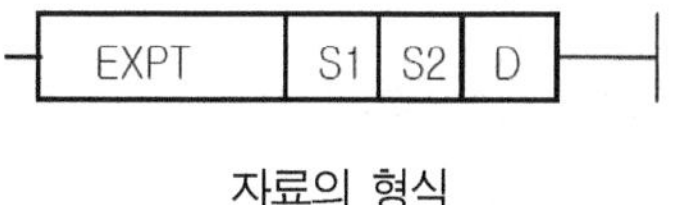

자료의 형식

(2) 프로그램 예

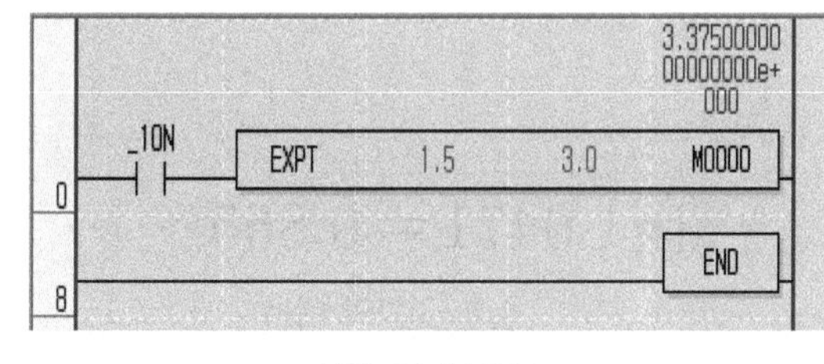

실행 결과(XGK)

$$1.5^{3.0} = 3.375 \cdots\cdots$$

실행 결과의 내용

(3) GLOFA-GM에서의 EXPT

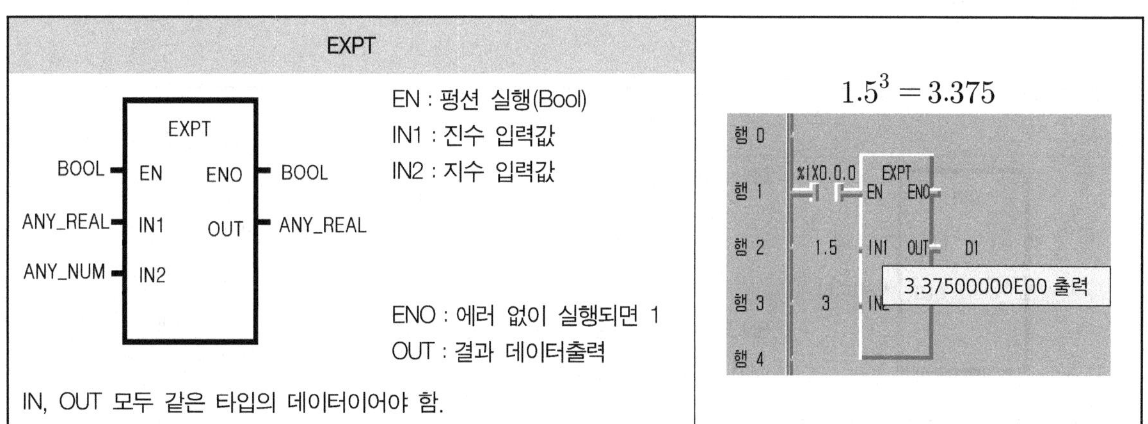

※출력 데이터타입이 벗어날 때 _ERR, _LER 플래그를 Set 하며 GM1과 GM2의 일부 기종에만 적용.

7) SIN의 연산(SIN [XGK])

명령어		사 용 가 능 영 역												스텝	플래그		
		M	P	K	L	Z	T	C	상수	U	N	D	R		에러 (F110)	제로 (F111)	캐리 (F112)
SIN (P)	S	○	○	○	○		○	○	○	○	○	○	○	2~4			
	D	○	○	○	○						○	○	○				

(1) SIN(Sine)의 기능

① S로 지정된 영역의 데이터를 SIN 연산을 해서 D에 저장하며 이때 S와 D의 데이터타입은 배장형 실수이다.

② 입력값은 라디안 값이며 각도에서 라디안 변환은 RAD를 참고하시오.

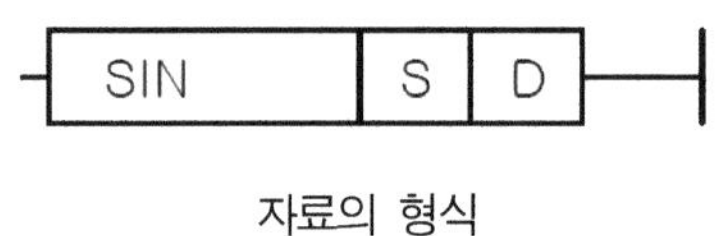

자료의 형식

(2) 프로그램 예

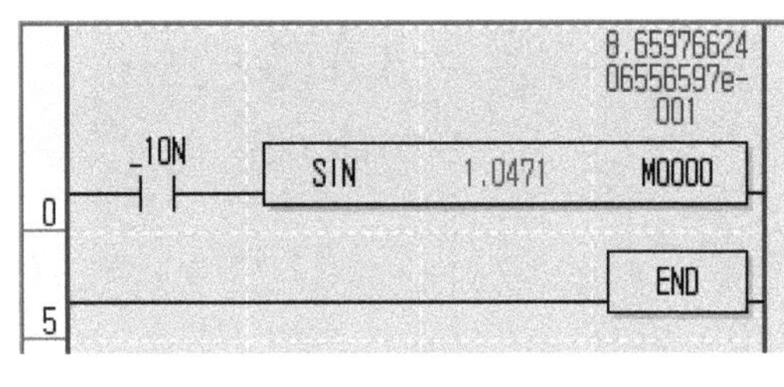

실행 결과(XGK)

$$\sin 1.0471 = 0.865 \cdots\cdots$$

실행 결과의 내용

(3) GLOFA-GM에서의 SIN

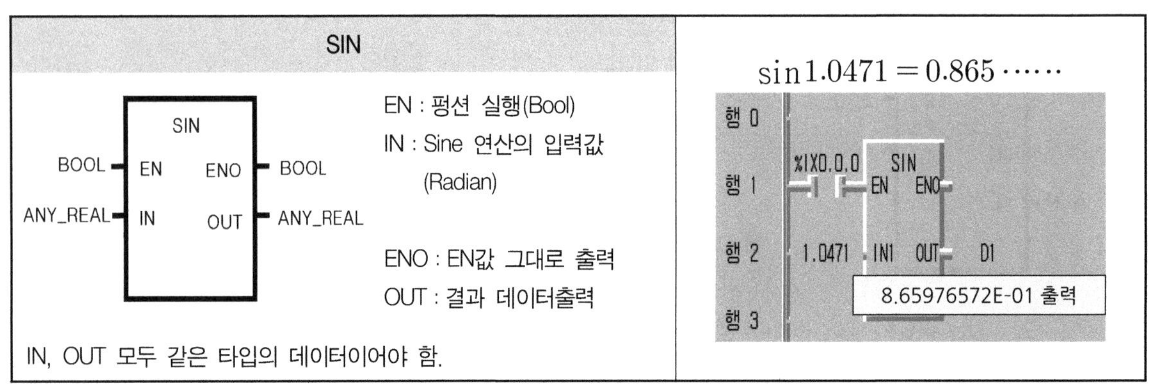

※GM1과 GM2의 일부 기종에만 적용.

8) COS의 연산(COS [XGK])

명령어		사용 가능 영역												스텝	플래그		
		M	P	K	L	Z	T	C	상수	U	N	D	R		에러 (F110)	제로 (F111)	캐리 (F112)
COS (P)	S	○	○	○	○		○	○	○	○	○	○	○	2~4			
	D	○	○	○	○						○	○	○				

(1) COS(Cosine)의 기능

① S로 지정된 영역의 데이터를 COS 연산을 해서 D에 저장하며 이때 S와 D의 데이터타입은 배장형 실수이다.

② 입력값은 라디안 값이며 각도에서 라디안 변환은 RAD를 참고하시오.

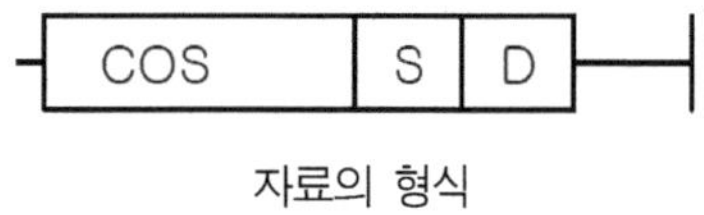

자료의 형식

(2) 프로그램 예

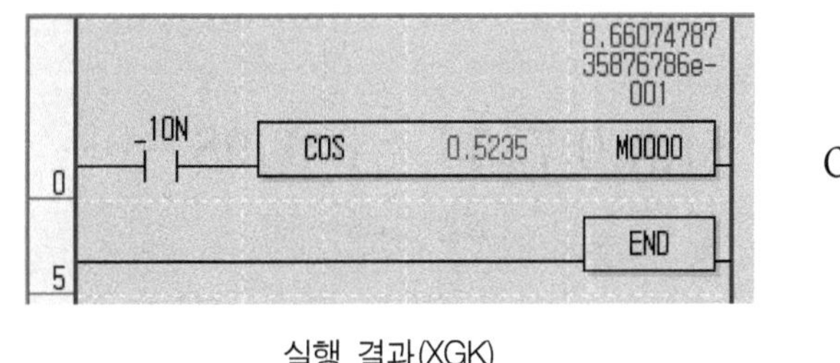

실행 결과(XGK)

$$\cos 0.5235 = 0.86607 \cdots\cdots$$

실행 결과의 내용

(3) GLOFA-GM에서의 COS

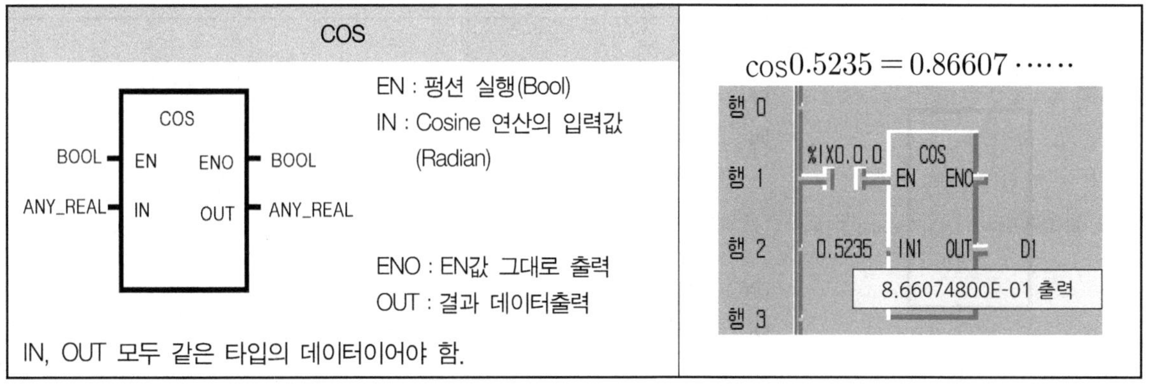

COS	
BOOL — EN (COS) ENO — BOOL ANY_REAL — IN OUT — ANY_REAL EN : 펑션 실행(Bool) IN : Cosine 연산의 입력값 (Radian) ENO : EN값 그대로 출력 OUT : 결과 데이터출력 IN, OUT 모두 같은 타입의 데이터이어야 함.	$\cos 0.5235 = 0.86607 \cdots\cdots$ 행 0 행 1 %IX0.0.0 COS EN ENO 행 2 0.5235 IN1 OUT D1 8.66074800E-01 출력 행 3

※GM1과 GM2의 일부 기종에만 적용.

9) TAN의 연산(TAN [XGK])

명령어		사용가능영역												스텝	플래그		
		M	P	K	L	Z	T	C	상수	U	N	D	R		에러 (F110)	제로 (F111)	캐리 (F112)
TAN (P)	S	○	○	○	○		○	○	○	○	○	○	○	2~4			
	D	○	○	○	○						○	○	○				

(1) TAN(Tangent)의 기능

① S로 지정된 영역의 데이터를 TAN 연산을 해서 D에 저장하며 이때 S와 D의 데이터타입은 배장형 실수이다.

② 입력값은 라디안 값이며 각도에서 라디안 변환은 RAD를 참고하시오.

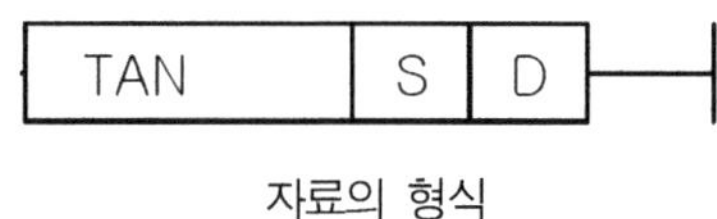

자료의 형식

(2) 프로그램 예

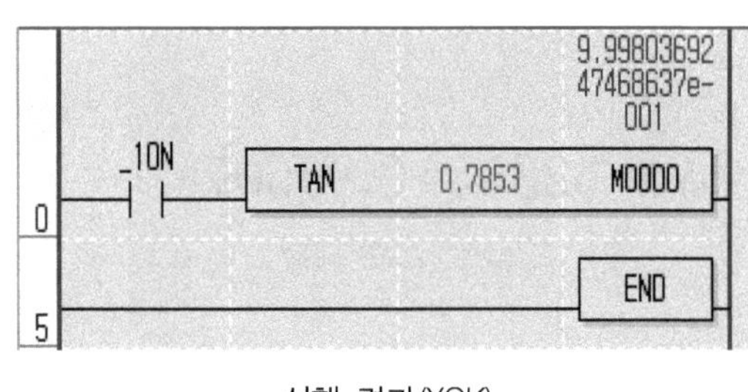

실행 결과(XGK)

$$\tan 0.7853 = 0.9998 \cdots\cdots$$

실행 결과의 내용

(3) GLOFA-GM에서의 TAN

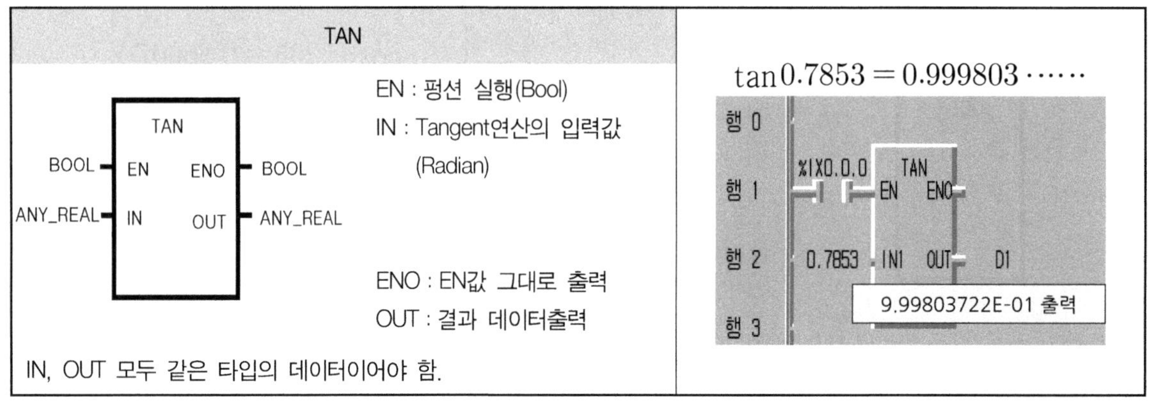

※GM1과 GM2의 일부 기종에만 적용.

10) ASIN의 연산(ASIN [XGK])

명령어		사 용 가 능 영 역												스텝	플래그		
		M	P	K	L	Z	T	C	상수	U	N	D	R		에러 (F110)	제로 (F111)	캐리 (F112)
ASIN (P)	S	○	○	○	○		○	○	○	○	○	○	○	2~4	○		
	D	○	○	○	○						○	○	○				

(1) ASIN(Arc Sine)의 기능

① S로 지정된 영역의 데이터를 ASIN 연산을 해서 D에 저장하며 이때 S와 D의 데이터타입은 배장형 실수이고 내부 연산은 배장형 실수로 변환해서 처리한다.

② 출력값은 라디안 값이며 각도 변환은 DEG를 참고하시오.

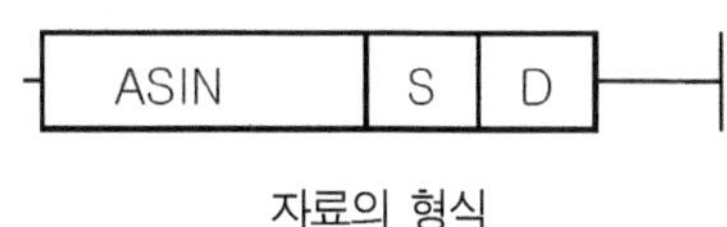

자료의 형식

(2) 프로그램 예

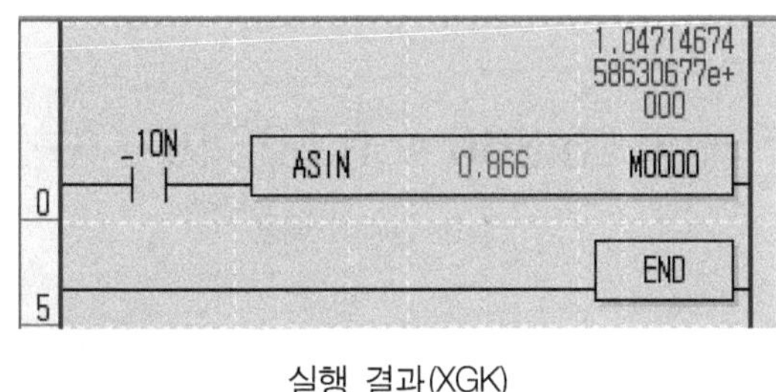

실행 결과(XGK)

$$\sin^{-1}0.866 = 1.04714\cdots\cdots$$

실행 결과의 내용

(3) GLOFA-GM에서의 ASIN

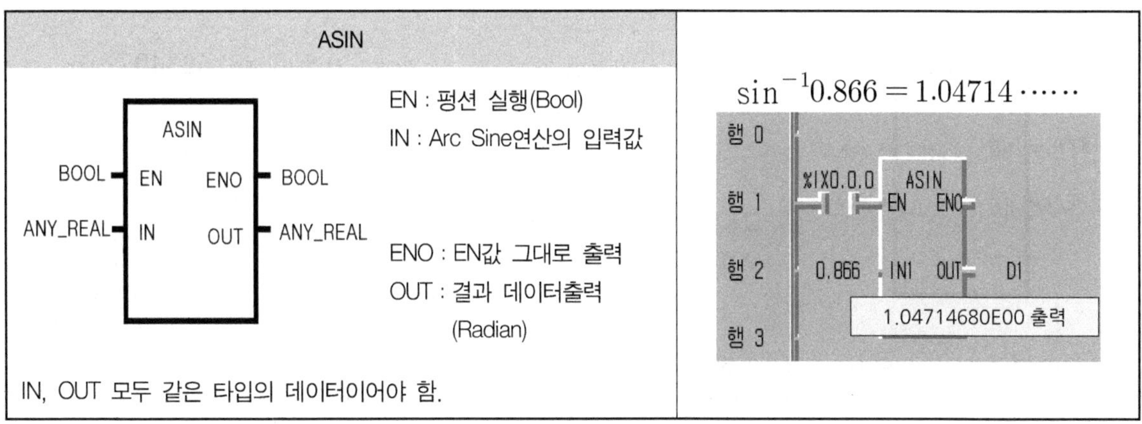

※입력 범위 −1.0~1.0을 벗어날 때 _ERR, _LER 플래그를 Set 하며 GM1과 GM2의 일부 기종에만 적용.

11) ACOS의 연산(ACOS [XGK])

명령어		사용가능영역												스텝	플래그		
		M	P	K	L	Z	T	C	상수	U	N	D	R		에러 (F110)	제로 (F111)	캐리 (F112)
ACOS (P)	S	○	○	○	○		○	○	○	○	○	○	○	2~4	○		
	D	○	○	○	○						○	○	○				

(1) ACOS(Arc Cosine)의 기능

① S로 지정된 영역의 데이터를 ACOS 연산을 해서 D에 저장하며 이때 S와 D의 데이터타입은 배장형 실수이고 내부 연산은 배장형 실수로 변환해서 처리한다.

② 출력값은 라디안 값이며 각도 변환은 DEG를 참고하시오.

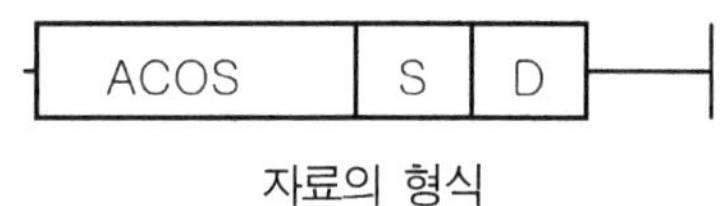

자료의 형식

(2) 프로그램 예

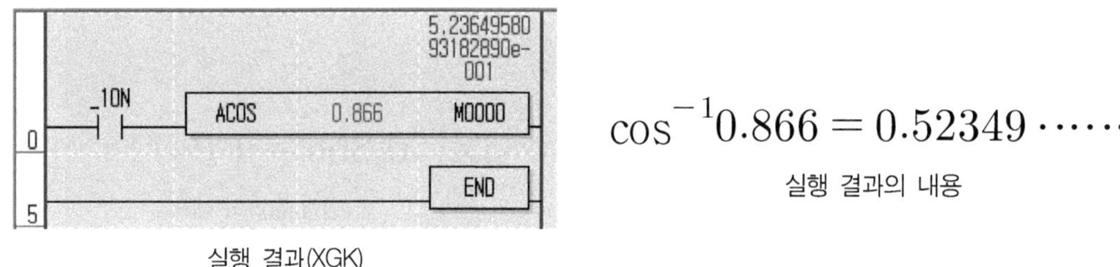

실행 결과(XGK)

실행 결과의 내용

(3) GLOFA-GM에서의 ACOS

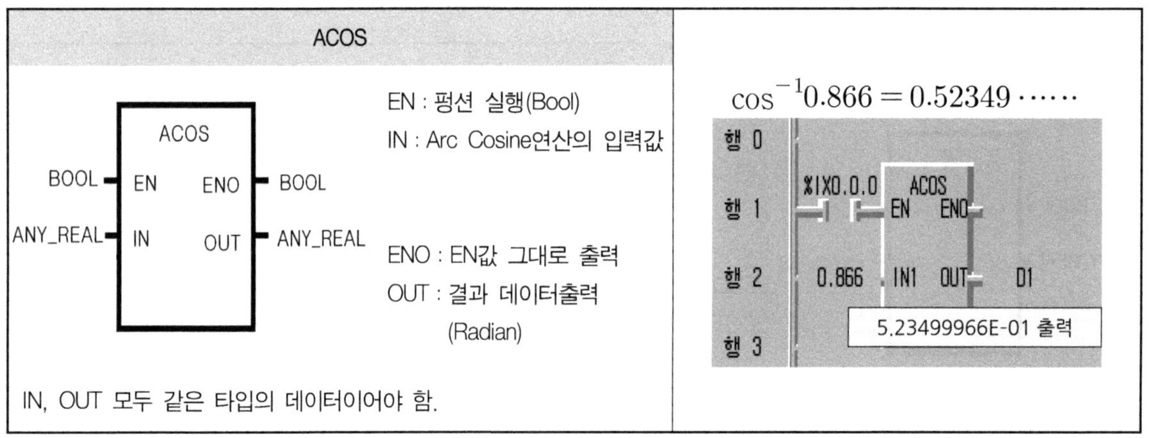

※입력 범위 −1.0~1.0을 벗어날 때 _ERR, _LER 플래그를 Set 하며 GM1과 GM2의 일부 기종에만 적용.

12) ATAN의 연산(ATAN [XGK])

명령어		사용가능영역												스텝	플래그		
		M	P	K	L	Z	T	C	상수	U	N	D	R		에러 (F110)	제로 (F111)	캐리 (F112)
ATAN (P)	S	○	○	○	○		○	○	○	○	○	○	○	2~4	○		
	D	○	○	○	○						○	○	○				

(1) ATAN(Arc Tangent)의 기능

① S로 지정된 영역의 데이터를 ATAN 연산을 해서 D에 저장하며 이때 S와 D의 데이터타입은 배장형 실수이고 내부 연산은 배장형 실수로 변환해서 처리한다.

② 출력값은 라디안 값이며 각도 변환은 DEG를 참고 하시오.

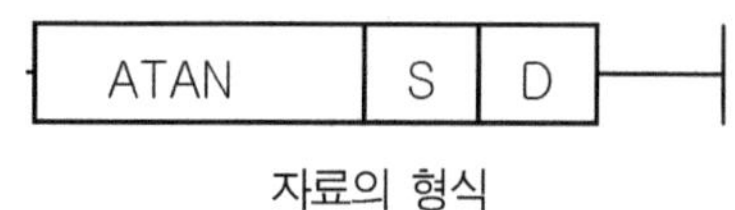

자료의 형식

(2) 프로그램 예

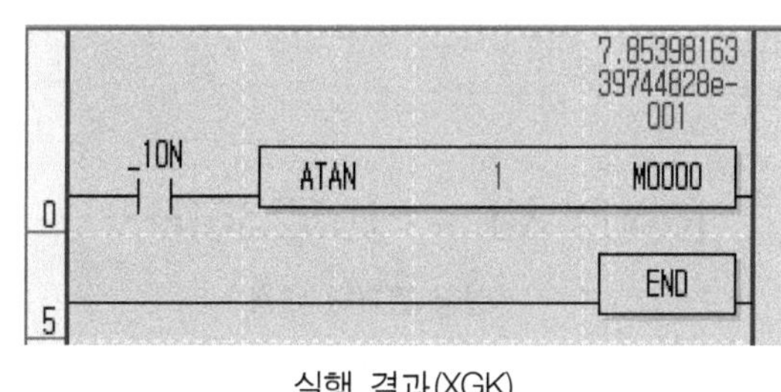

실행 결과(XGK)

$$\mathrm{TAN}^{-1}1.0 = 0.7853\cdots\cdots$$

실행 결과의 내용

(3) GLOFA-GM에서의 ATAN

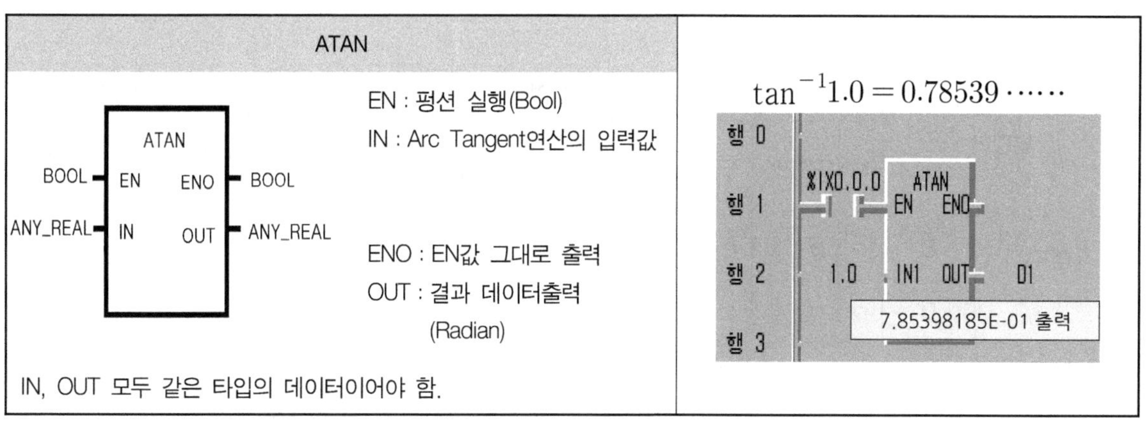

※출력 범위 $-\pi/2 \sim \pi/2$ 사이의 값이며 GM1과 GM2의 일부 기종에만 적용.

13) RAD의 연산(RAD [XGK])

명령어		사용가능영역												스텝	플래그		
		M	P	K	L	Z	T	C	상수	U	N	D	R		에러 (F110)	제로 (F111)	캐리 (F112)
RAD (P)	S	○	○	○	○		○	○	○	○	○	○	○	2~4			
	D	○	○	○	○						○	○	○				

(1) RAD(Radian)의 기능

① S로 지정된 영역의 데이터인 각도(°) 값을 Radian 값으로 변환하여 D에 저장하며 이때 S와 D의 데이터타입은 배장형 실수이다.

② 도(°) 단위에서 Radian 단위 변환은

라디안 = 도 단위 × $\pi/180$

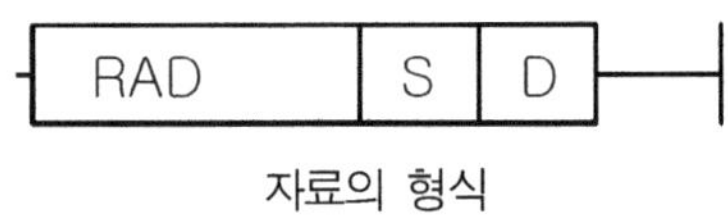

자료의 형식

(2) 프로그램 예

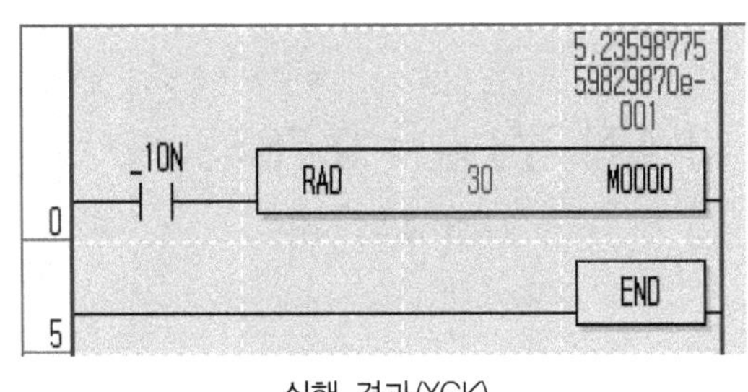

실행 결과(XGK)

$$\text{RAD } 30^{\circ} = 0.52359\cdots\cdots$$

실행 결과의 내용

14) DEG의 연산(DEG [XGK])

명령어		사용가능영역												스텝	플래그		
		M	P	K	L	Z	T	C	상수	U	N	D	R		에러 (F110)	제로 (F111)	캐리 (F112)
DEG (P)	S	○	○	○	○		○	○	○	○	○	○	○	2~4			
	D	○	○	○	○						○	○	○				

(1) DEG(Degree)의 기능

① S로 지정된 영역의 데이터인 Radian 값을 각도(°) 값으로 변환하여 D에 저장하며 이때 S와 D의 데이터타입은 배장형 실수이다.

② Radian 단위에서도(°) 단위 변환은

도 단위 = 라디안 × 180/π

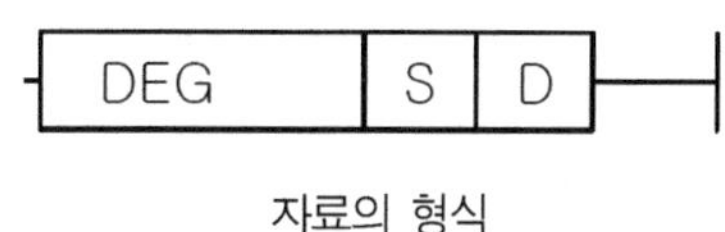

자료의 형식

(2) 프로그램 예

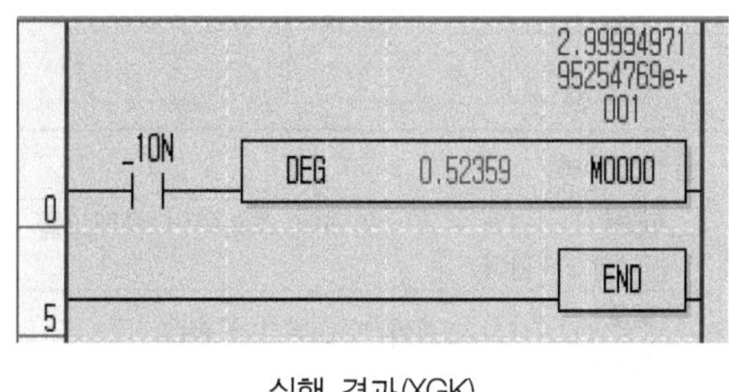

실행 결과(XGK)

$$\text{DEG } 0.52359 = 29.99\cdots\cdots{}^{\circ}$$

실행 결과의 내용

15) TRUNC의 연산(TRUNC [GLOFA-GM])

① 소수를 절상하여 정수로 변환

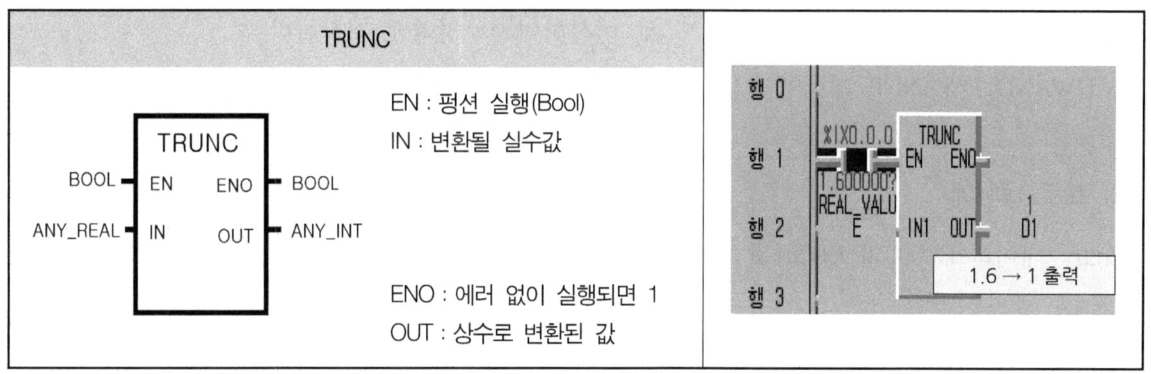

※출력 데이터가 음수일 경우 _ERR, _LER 플래그를 Set 하며 GM1과 GM2의 일부 기종에만 적용.

7.9 Bit 논리연산

1) AND 논리연산

명령어		사용가능영역											스텝	플래그		
		M	P	K	L	F	T	C	S	D	#D	상수		에러 (F110)	제로 (F111)	캐리 (F112)
WAND(P) DWAND(P)	S_1	○	○	○	○	○	○	○		○	○	○	7 (4~6)	○ (-)	○	
	S_2	○	○	○	○	○	○	○		○	○	○				
	Ⓓ	○	○	○	○*		○	○		○	○					

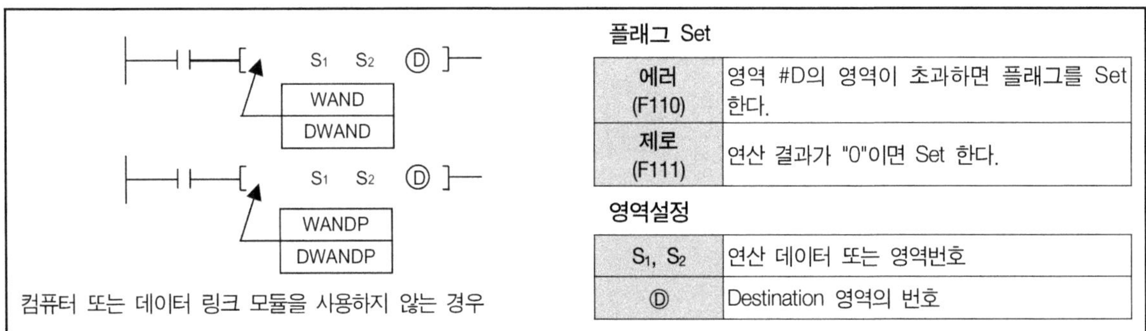

플래그 Set

에러 (F110)	영역 #D의 영역이 초과하면 플래그를 Set 한다.
제로 (F111)	연산 결과가 "0"이면 Set 한다.

영역설정

S_1, S_2	연산 데이터 또는 영역번호
Ⓓ	Destination 영역의 번호

※( )는 XGK 기종에 적용, 나머지 인수는 MASTER-K와 동일

(1) WAND 연산명령의 기능(Word AND)

① 지정된 영역의 각 Bit 데이터를 AND로 연산하여 Ⓓ 영역에 저장한다.

② DWAND/DWANDP 저장영역의 데이터크기는 2 Word(32 Bit)이다.

(2) 프로그램 예

Binary 데이터 D0000와 D0001를 AND 연산하여 M0000에 저장한다.

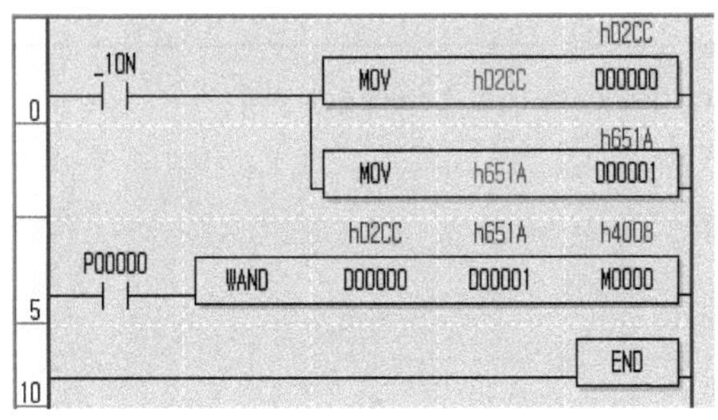

실행 결과(XGK)

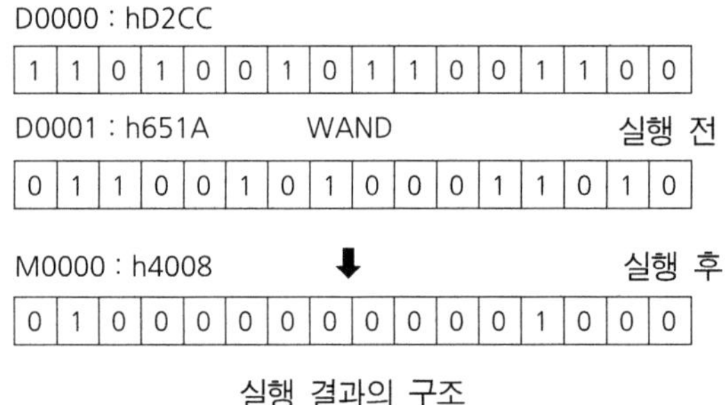

실행 결과의 구조

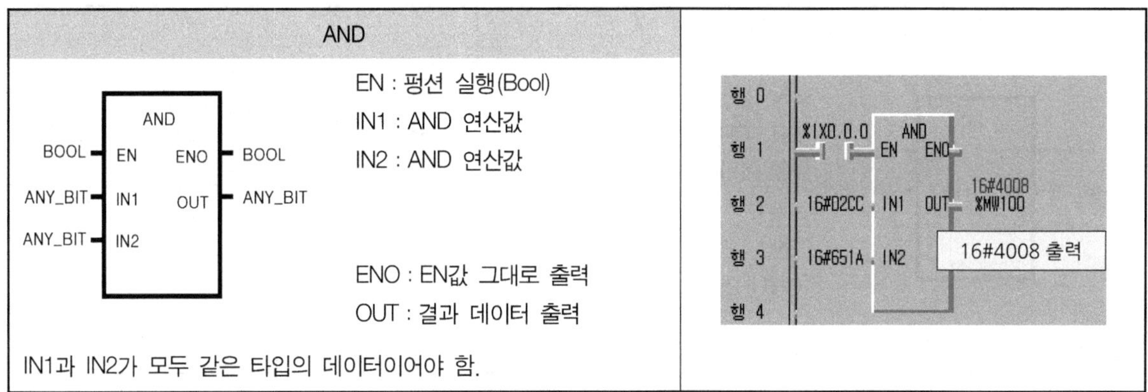

2) OR 논리연산

명령어		사용가능영역											스텝	플래그		
		M	P	K	L	F	T	C	S	D	#D	상수		에러 (F110)	제로 (F111)	캐리 (F112)
WOR(P) DWOR(P)	S_1	○	○	○	○	○	○	○		○	○	○	7/11 (4~6)	○ (–)	○	
	S_2	○	○	○	○	○	○	○		○	○	○				
	Ⓓ	○	○	○	○*		○	○		○	○					

※( )는 XGK 기종에 적용, 나머지 인수는 MASTER-K와 동일

(1) WOR 연산명령의 기능(Word OR)

① 지정된 영역의 각 Bit 데이터를 OR로 연산하여 Ⓓ 영역에 저장한다.

② DWOR/DWORP 저장영역의 데이터크기는 2 Word(32 Bit)이다.

(2) 프로그램 예

Binary 데이터 D0000와 D0001를 OR 연산하여 M0000에 저장한다.

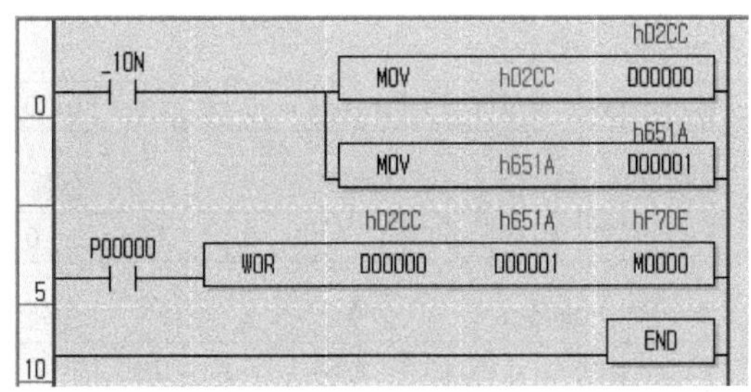

실행 결과(XGK)

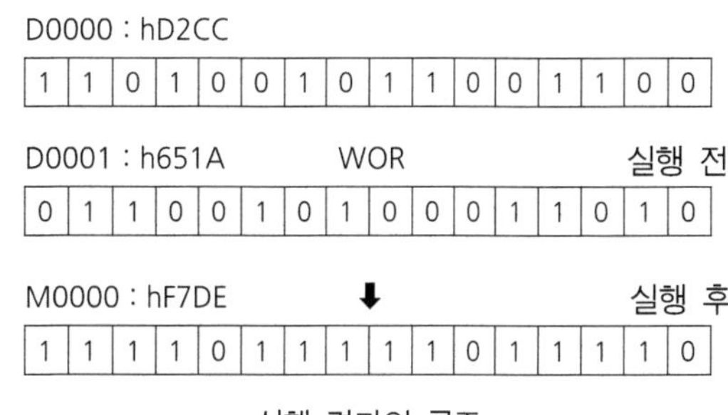

실행 결과의 구조

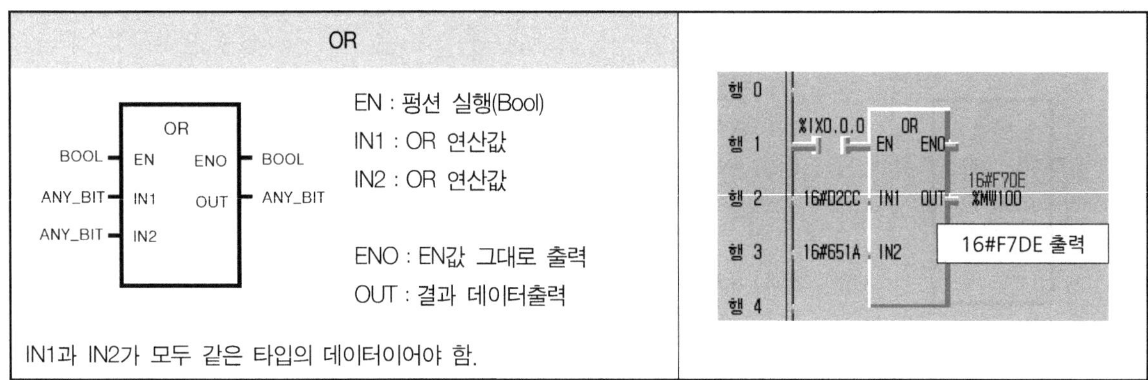

3) XOR 논리연산

명령어		사용가능영역											스텝	플래그		
		M	P	K	L	F	T	C	S	D	#D	상수		에러 (F110)	제로 (F111)	캐리 (F112)
WXOR(P) DWXOR(P)	S_1	○	○	○	○	○	○	○		○	○	○	7 (4~6)	○ (−)	○	
	S_2	○	○	○	○	○	○	○		○	○	○				
	Ⓓ	○	○	○	○*		○	○		○	○					

※( )는 XGK 기종에 적용, 나머지 인수는 MASTER-K와 동일

(1) WXOR 연산명령의 기능(Word Exclusive OR)

① 지정된 영역의 각 Bit 데이터를 비교하여 서로 다른 경우 "1"을 같은 경우 "0"을 Ⓓ 영역에 저장한다.

② DWXOR/DWXORP 저장영역의 데이터크기는 2 Word(32 Bit)이다.

(2) 프로그램 예

Binary 데이터 D0000와 D0001를 XOR 연산하여 M0000에 저장한다.

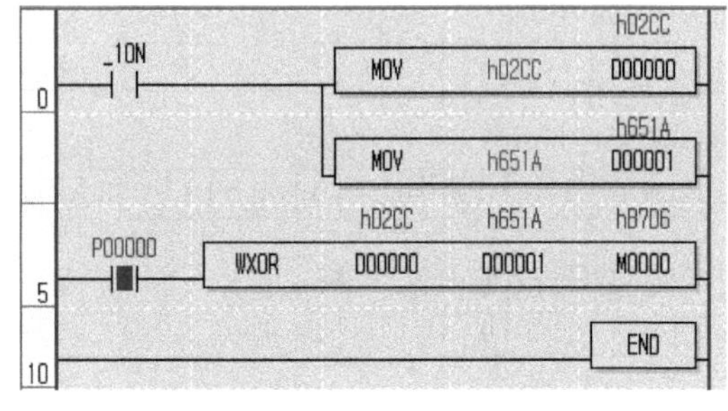

실행 결과(XGK)

실행 결과의 구조

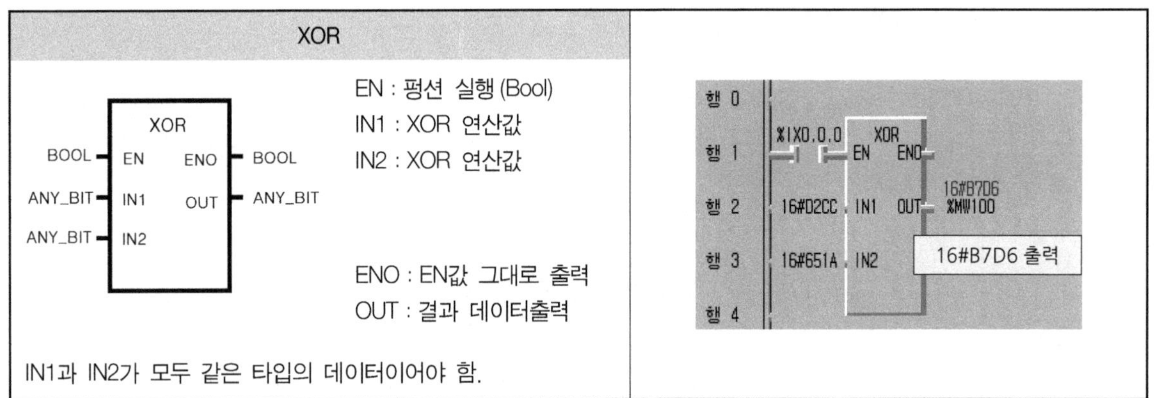

컨트롤 스위치 접점 P0000에서 P0009까지 스위치를 누를 때마다 P0010부터 P0019까지 접점 번호별 ON/OFF 출력이 가능하도록 XOR 연산명령을 이용하여 출력되는 프로그램을 작성하시오.

① MASTER-K의 경우

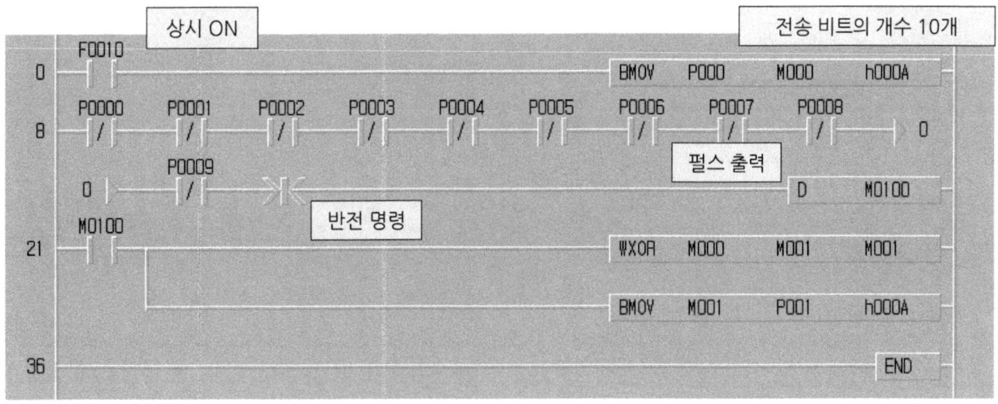

② XGK의 경우

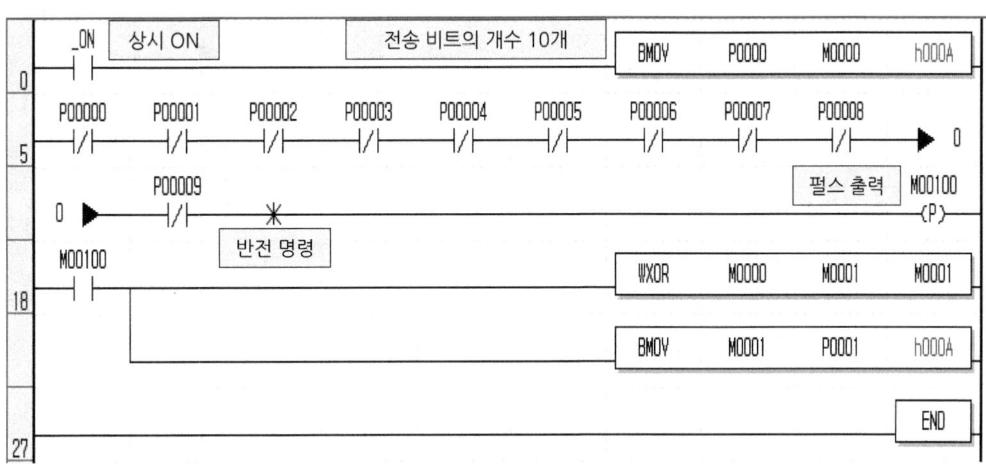

③ GLOFA-GM의 경우

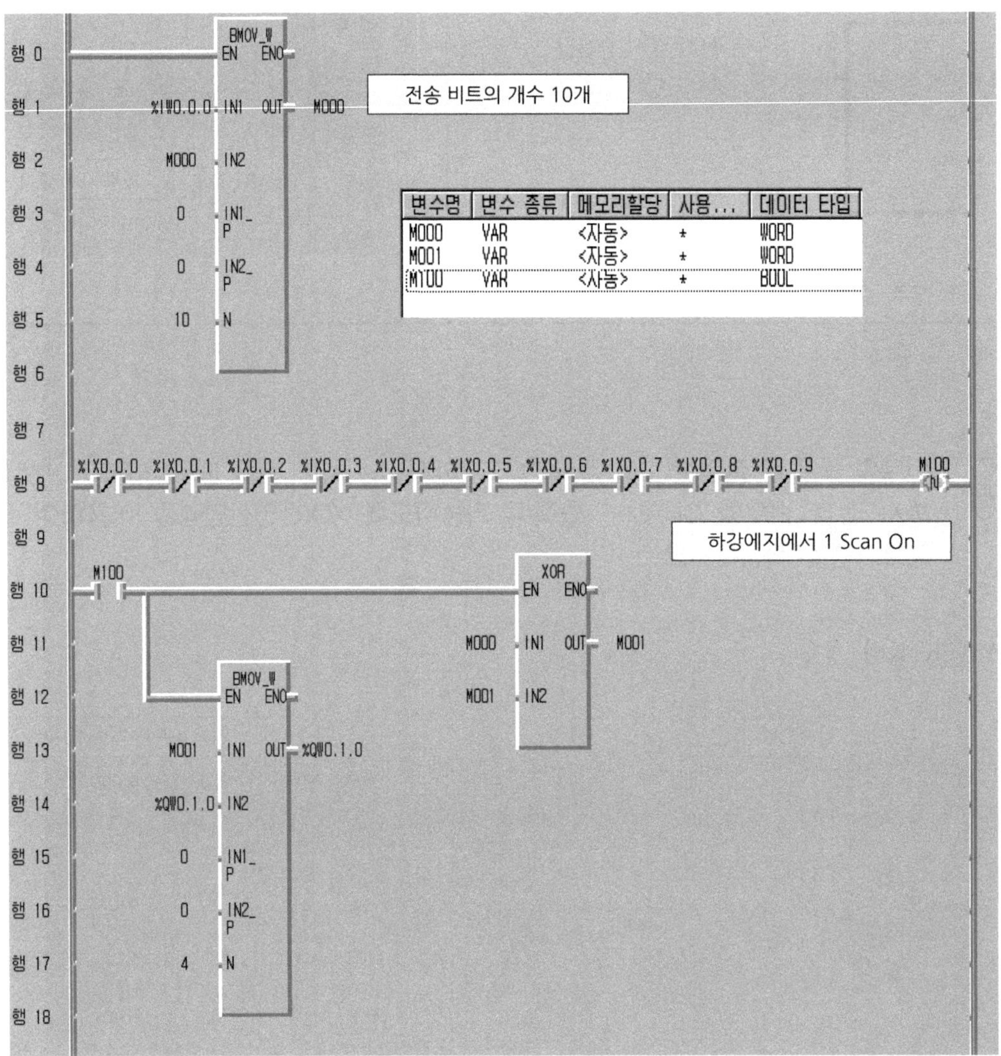

4) NOR 논리연산

명령어		사용가능영역											스텝	플래그		
		M	P	K	L	F	T	C	S	D	#D	상수		에러 (F110)	제로 (F111)	캐리 (F112)
WXNR(P) DWXNR(P)	S1	○	○	○	○	○	○	○		○	○	○	7/9/11 (4~6)	○ (–)	○	
	S2	○	○	○	○	○	○	○		○	○	○				
	Ⓓ	○	○	○	○*		○	○		○	○					

※( )는 XGK 기종에 적용, 나머지 인수는 MASTER-K와 동일

(1) WXNR 연산명령의 기능(Word Exclusive NOR)

① 지정된 영역의 각 Bit 데이터를 비교(Exclusive NOR)하여 서로 다른 경우 "0"을 같은 경우 "1"을 Ⓓ 영역에 저장한다.

② DWXNR/DWXNRP 저장영역의 데이터크기는 2 Word(32 Bit)이다.

(2) 프로그램 예

Binary 데이터 D0000와 D0001를 NOR 연산하여 M0000에 저장한다.

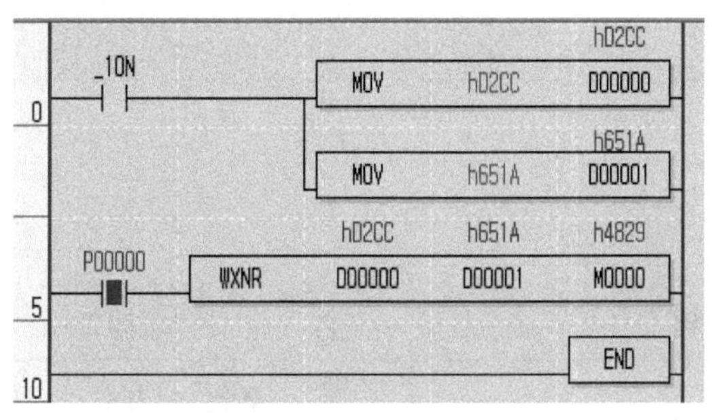

실행 결과(XGK)

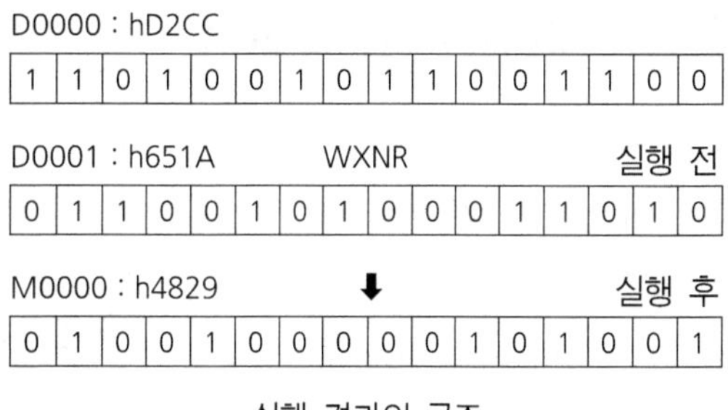

실행 결과의 구조

5) NOT 논리연산

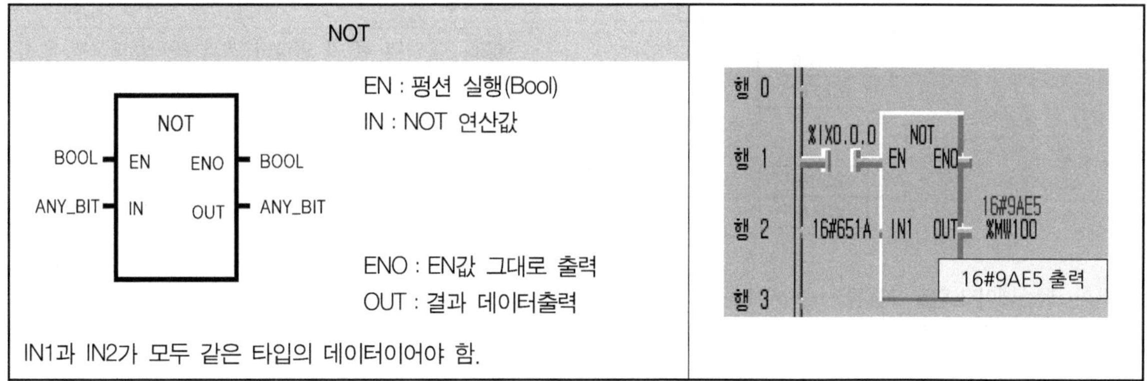

(1) NOT 연산명령의 기능

① IN1을 Bit 별로 Not(반전) 해서 OUT으로 출력시킨다.

실행 결과의 구조

7.10 데이터처리 명령어

1) ON Bit 수의 카운트

명령어		사용가능영역											스텝	플래그		
		M	P	K	L	F	T	C	S	D	#D	상수		에러 (F110)	제로 (F111)	캐리 (F112)
BSUM(P) DBSUM(P)	S1	○	○	○	○	○	○	○		○	○	○	5 (2~5)	○ (-)	○	
	Ⓓ	○	○	○	○*		○	○		○	○					

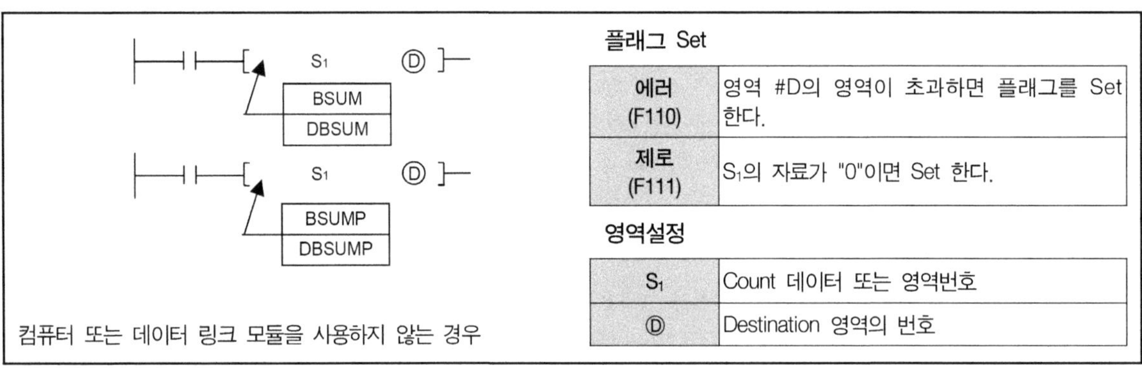

플래그 Set

에러 (F110)	영역 #D의 영역이 초과하면 플래그를 Set 한다.
제로 (F111)	S_1의 자료가 "0"이면 Set 한다.

영역설정

S_1	Count 데이터 또는 영역번호
Ⓓ	Destination 영역의 번호

※( )는 XGK 기종에 적용, 나머지 인수는 MASTER-K와 동일

(1) BSUM(Bit Summary) 명령의 기능

① 지정된 영역의 각 Bit 데이터 중 "1"을 저장하고 있는 Bit의 수를 저장한다.

② Ⓓ 저장영역의 Count 데이터는 Hex 값으로 저장한다.

③ 연산 결과가 "0"일 때 제로 플래그를 셋(Set) 한다.

(2) 프로그램 예

Binary 데이터 D0000의 ON 된 Bit의 수를 파악하여 M0000에 저장한다.

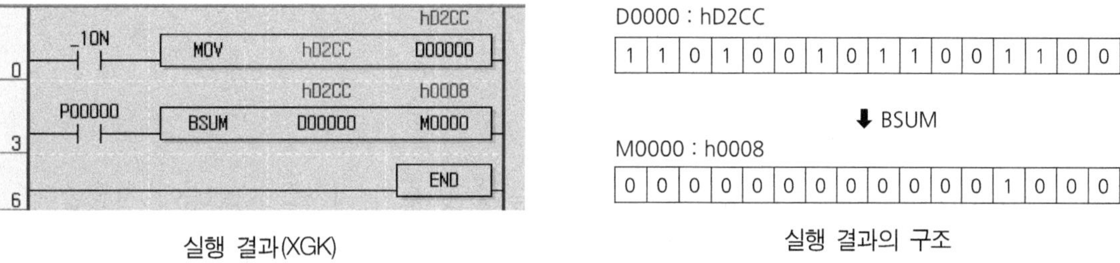

실행 결과(XGK)　　　　실행 결과의 구조

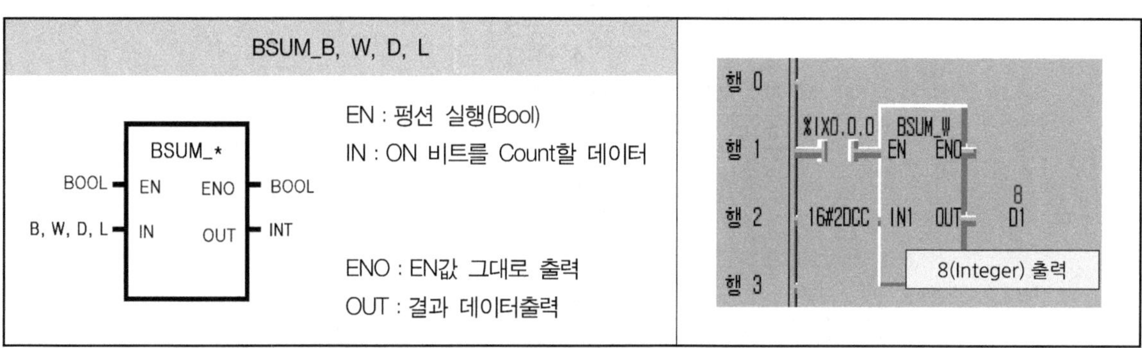

2) ON 된 Bit 위치를 숫자로 출력

명령어		사용가능영역											스텝	플래그		
		M	P	K	L	F	T	C	S	D	#D	상수		에러 (F110)	제로 (F111)	캐리 (F112)
ENCO (P)	S1	○	○	○	○		○	○		○	○	○	7 (4~6)	○	– (○)	
	Ⓓ	○	○	○	○*		○	○		○	○					
	n									○		○				

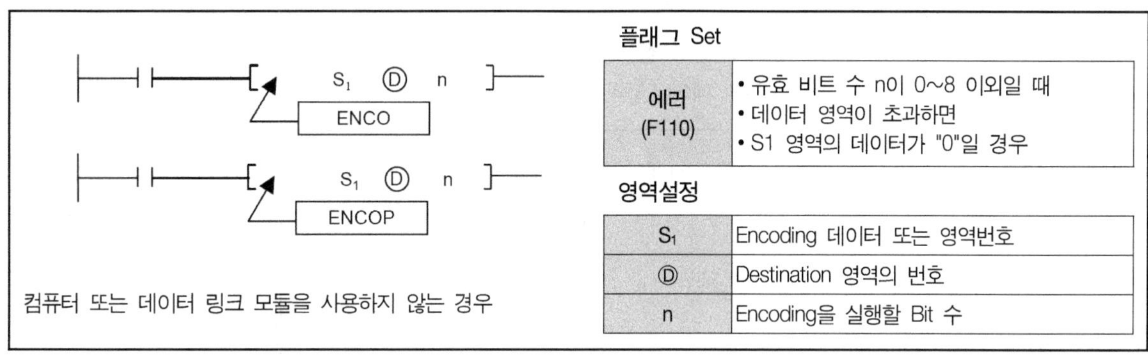

컴퓨터 또는 데이터 링크 모듈을 사용하지 않는 경우

플래그 Set

에러 (F110)	• 유효 비트 수 n이 0~8 이외일 때 • 데이터 영역이 초과하면 • S1 영역의 데이터가 "0"일 경우

영역설정

S1	Encoding 데이터 또는 영역번호
Ⓓ	Destination 영역의 번호
n	Encoding을 실행할 Bit 수

※( )는 XGK 기종에 적용, 나머지 인수는 MASTER-K와 동일

(1) ENCO(Encode) 명령의 기능

① 지정된 영역의 2^n Bit 데이터 중 "1"을 저장하고 있는 최상위 Bit의 위치를 저장한다.

② S가 정수로 입력되면 N의 값이 4일 경우(검색 비트 수 16)를 넘어가도 입력된 변수값 영역에서 인코딩한다.

(2) 프로그램 예

Binary 데이터 D0000의 지정된 영역에서 ON 된 최상위 Bit의 위치를 M0000에 저장한다.

실행 결과의 구조

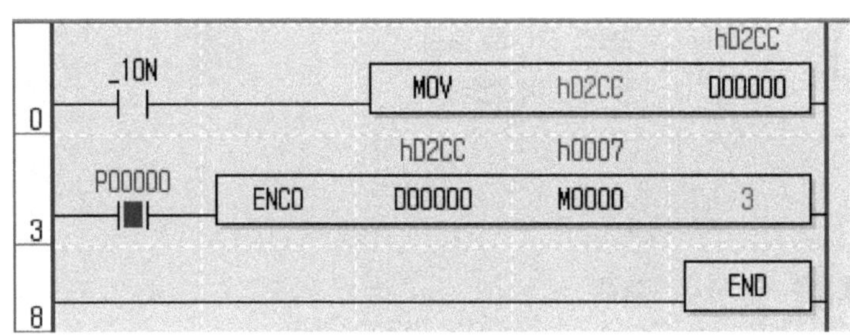

실행 결과(XGK)

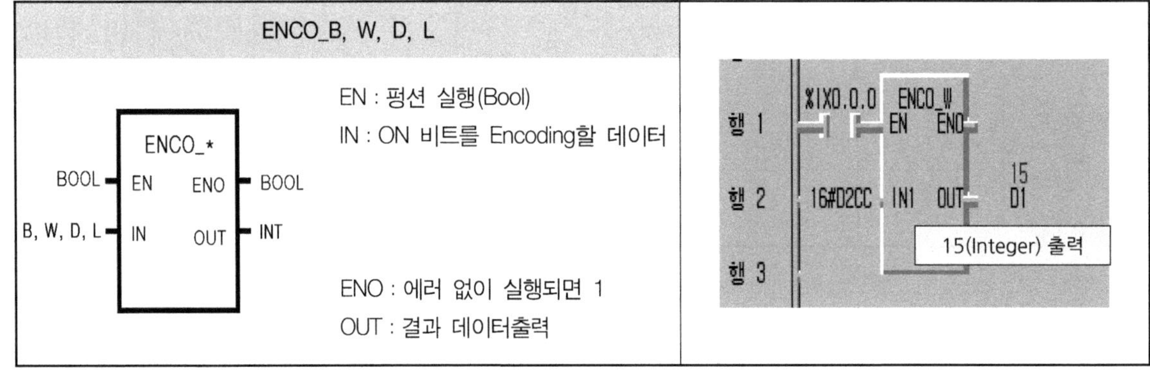

※지정 영역번호의 입력이 불가능하여 입력 Bi 전체의 최상위 Bit가 출력되며 LWORD는 GM1, 2에서만 적용된다.

3) Word 단위의 자료의 이동

명령어		사용가능영역											스텝	플래그		
		M	P	K	L	F	T	C	S	D	#D	상수		에러 (F110)	제로 (F111)	캐리 (F112)
FILR(P) DFILR(P)	S_1	○	○	○	○	○	○	○		○	○	○	7	○		
	Ⓓ	○	○	○	○*		○	○		○	○					
	n									○		○				

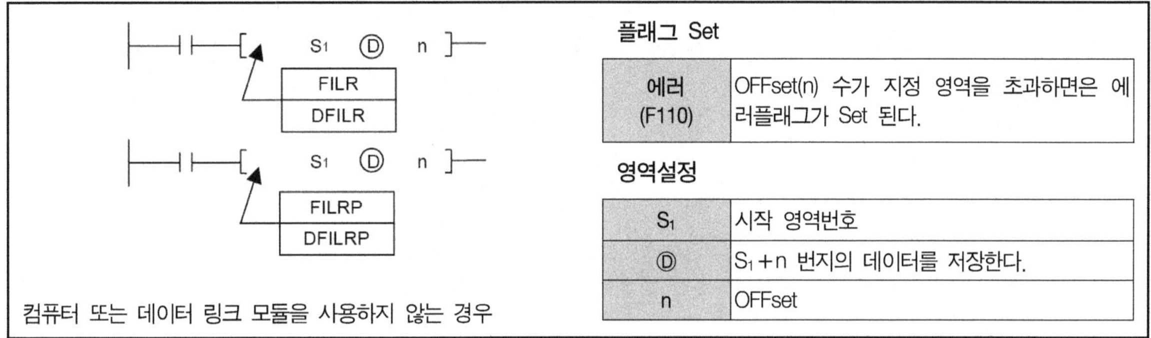

플래그 Set

에러 (F110)	OFFset(n) 수가 지정 영역을 초과하면은 에러플래그가 Set 된다.

영역설정

S_1	시작 영역번호
Ⓓ	S_1+n 번지의 데이터를 저장한다.
n	OFFset

(1) FILR 명령의 기능(File Read)

시작 영역 S_1으로부터 n만큼 떨어진 영역의 1 Word 데이터를 읽어서 Ⓓ 영역에 저장한다.

(2) 프로그램 예

Word 데이터 M002의 지정된 영역을 호출하여 M007 위치에 저장한다.

실행 결과의 구조

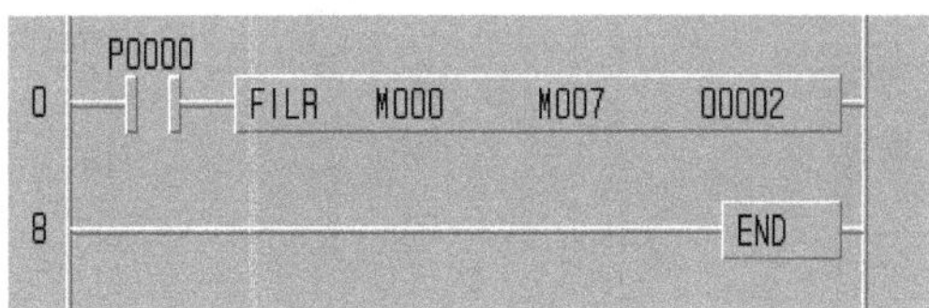

M002를 M007에 저장(MASTER-K)

PLC가 RUN 상태에서 D0100~D0119를 1, 2, 3, 4, 5, 1, 2, 3, 4, 5, …로 저장하고 컨트롤 스위치 접점 P0000 누르면 P001에 D100~D129의 데이터가 FILRP를 이용하여 1초 주기로 30회 출력되는 프로그램을 작성하시오.

① MASTER-K의 경우

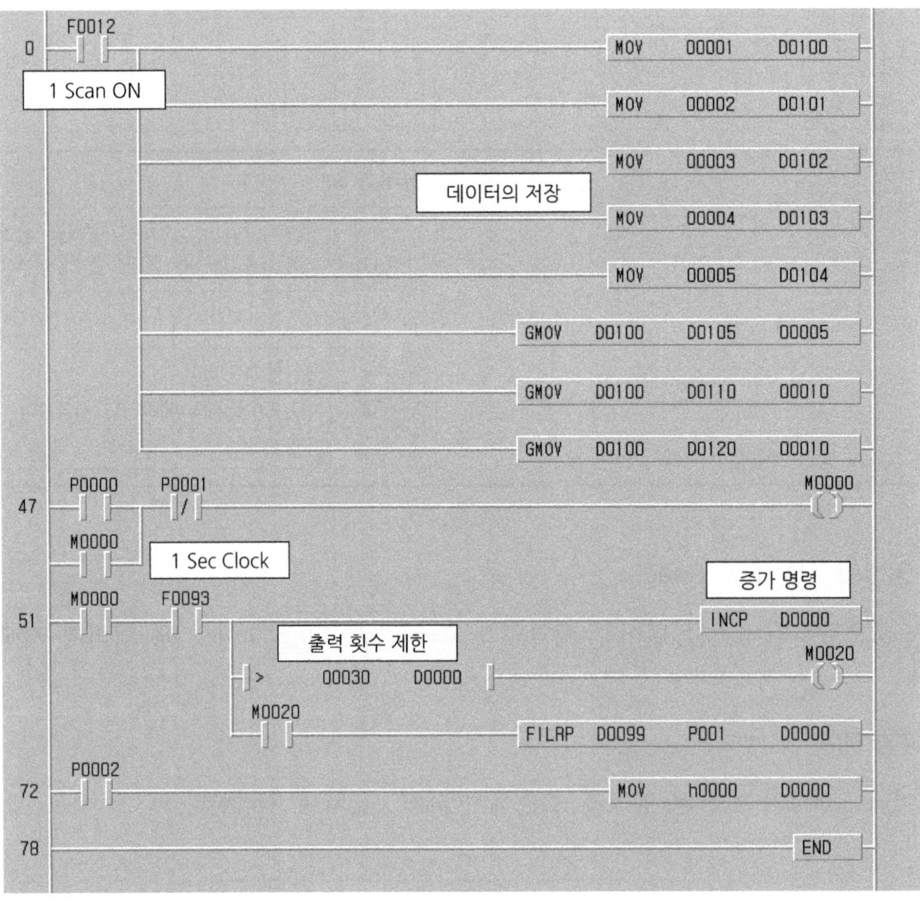

② GLOFA-GM의 경우

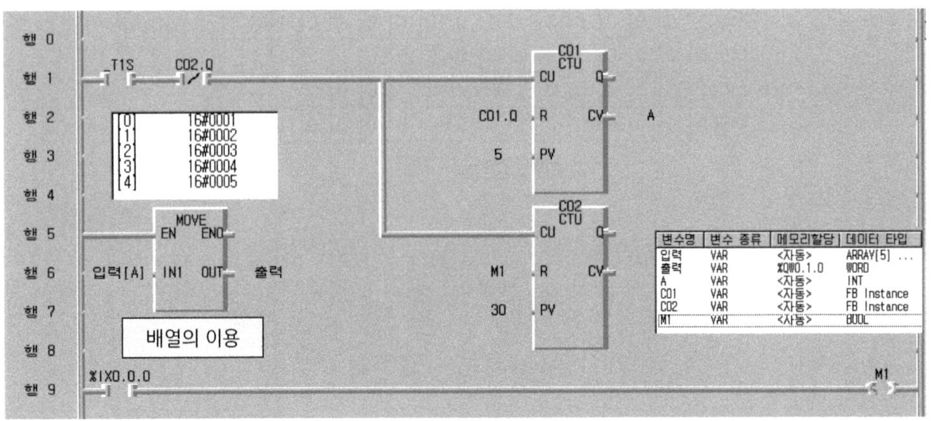

4) Word 단위의 분할

명령어		사용 가능 영역											스텝	플래그		
		M	P	K	L	F	T	C	S	D	#D	상수		에러 (F110)	제로 (F111)	캐리 (F112)
DIS DISP	S_1	○	○	○	○	○	○	○		○	○	○	7 (4~6)	○		
	Ⓓ	○	○	○	○*		○	○		○	○					
	n	(○)	(○)	(○)	(○)		(○)	(○)		○		○				

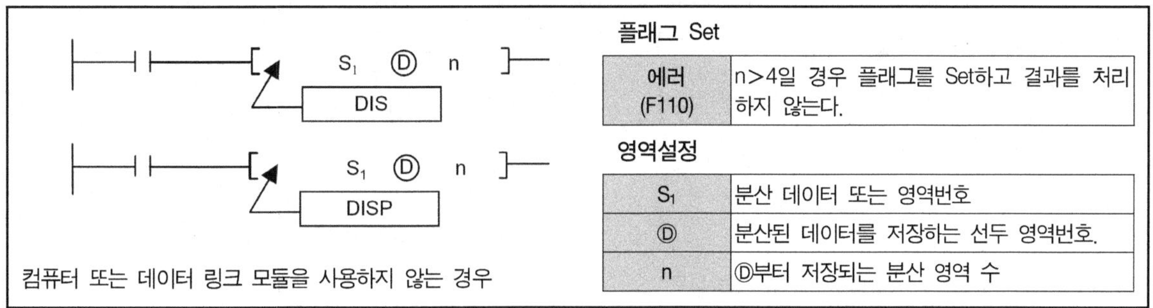

플래그 Set

에러 (F110)	n>4일 경우 플래그를 Set하고 결과를 처리하지 않는다.

영역설정

S_1	분산 데이터 또는 영역번호
Ⓓ	분산된 데이터를 저장하는 선두 영역번호.
n	Ⓓ부터 저장되는 분산 영역 수

※( )는 XGK 기종에 적용, 나머지 인수는 MASTER-K와 동일

(1) DIS 명령의 기능

① 지정된 데이터 또는 영역의 S_1으로 부터 하위 4 Bit씩 분리하여 Ⓓ 영역에 분할개수(n) 개의 데이터를 읽어서 Ⓓ 영역에 각각 저장한다.

② n=0일 때 분할 처리하지 않고 4개의 분산 영역의 수로 제한한다.

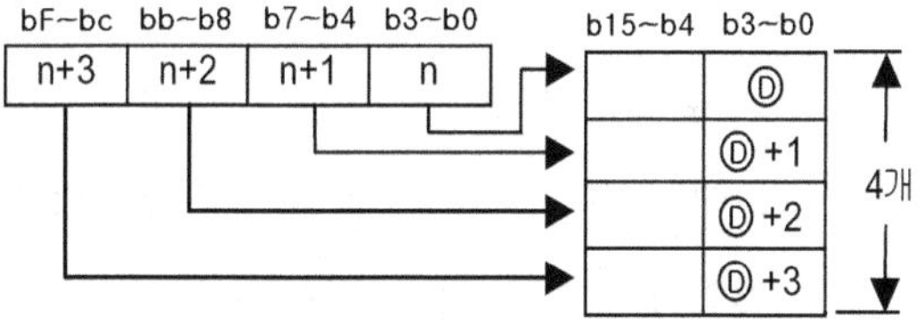

(2) 프로그램 예

Word 데이터 h00EF를 D0001에 저장하고 D0001을 M0000~D0002에 나누어 저장한다.

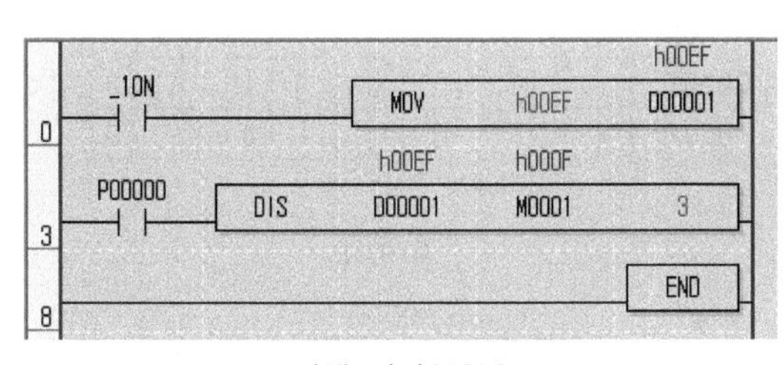

실행 결과(XGK)

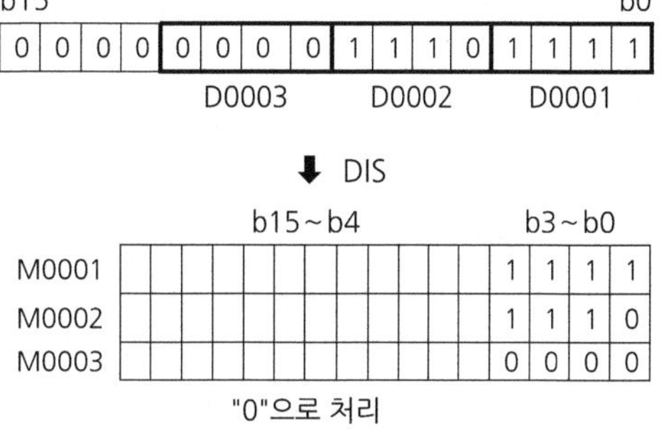

실행 결과의 구조

5) 분할 Bit의 조합

명령어		사 용 가 능 영 역											스텝	플래그		
		M	P	K	L	F	T	C	S	D	#D	상수		에러 (F110)	제로 (F111)	캐리 (F112)
UNI UNIP	S_1	○	○	○	○	○	○	○		○	○	○	7 (4~6)	○		
	Ⓓ	○	○	○	○*		○	○		○	○					
	n	(○)	(○)	(○)	(○)		(○)	(○)		○		○				

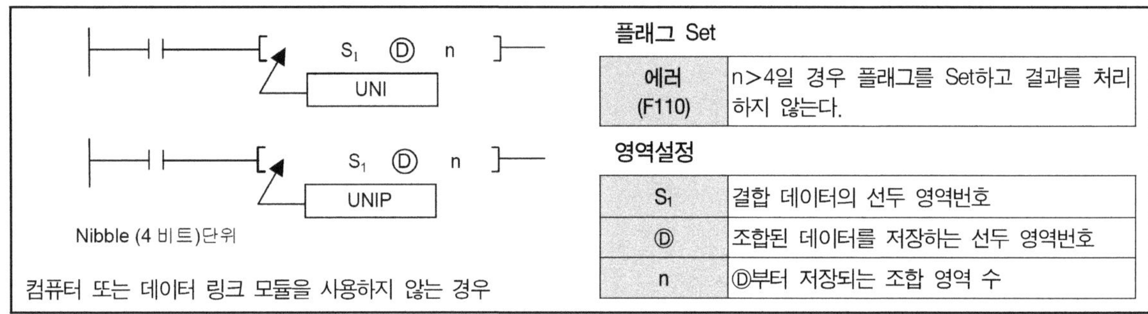

플래그 Set

에러 (F110)	n>4일 경우 플래그를 Set하고 결과를 처리하지 않는다.

영역설정

S_1	결합 데이터의 선두 영역번호
Ⓓ	조합된 데이터를 저장하는 선두 영역번호
n	Ⓓ부터 저장되는 조합 영역 수

※( )는 XGK 기종에 적용, 나머지 인수는 MASTER-K와 동일

(1) UNI 명령의 기능

① 지정된 데이터 영역 S_1으로부터 하위 4 Bit씩 분리하여 Ⓓ 영역에 저장하고 (n)개의 데이터를 차례로 읽어서 상위 Bit의 Ⓓ 영역에 결합하여 저장한다.

② n=0일 때 결합 처리하지 않고 4개의 결합 영역의 수로 제한한다.

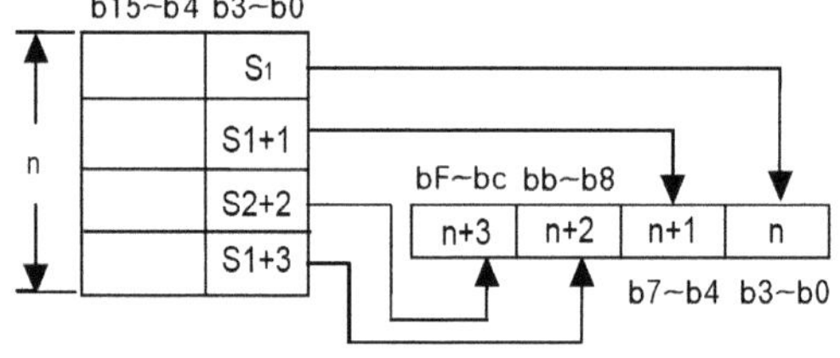

(2) 프로그램 예

D0000~D0002에 나누어 저장된 Word 데이터를 D0010에 결합하여 저장한다.

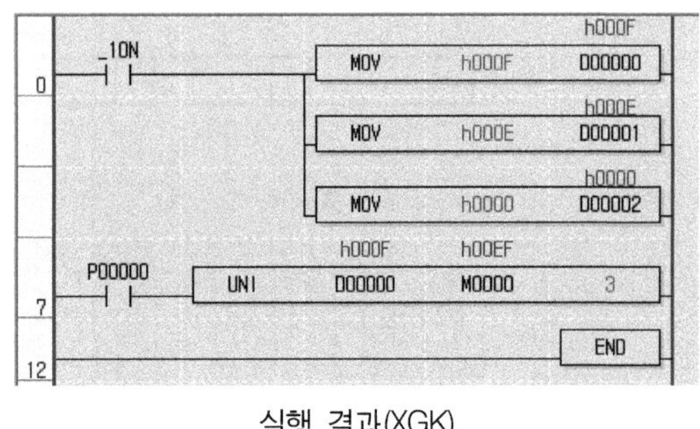

실행 결과(XGK)

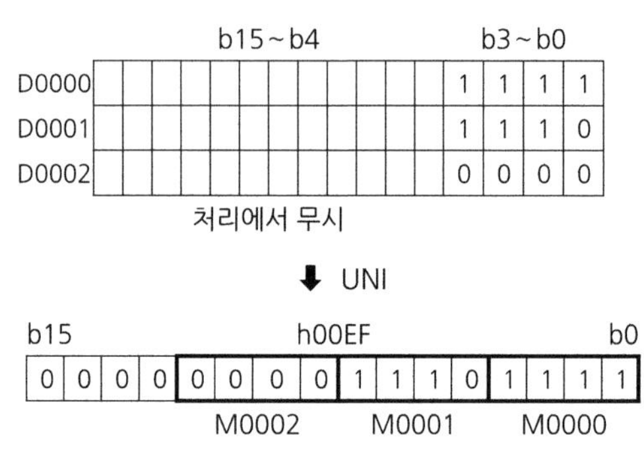

실행 결과의 구조

6) 데이터 레지스터(D) 영역의 비트 제어 명령

명령어		사용가능영역											스텝	플래그		
		M	P	K	L	F	T	C	S	D	#D	상수		에러 (F110)	제로 (F111)	캐리 (F112)
BLD, BAND, BOR, BOUT, BSET	D	(○)	(○)	(○)	(○)		(○)	(○)		○	○		5	○		
	N	(○)	(○)	(○)	(○)	(○)	(○)	(○)		○		○	(2)			

※( )는 XGK 기종에 적용, 나머지 인수는 MASTER-K와 동일

(1) 지정 Bit가 ON이면 출력(BLD, BLDN)

① 기능 : BLD 명령은 데이터 레지스터(D)의 영역 Bit가 ON이면 출력되고, BLDN은 B의 연산 결과와 반전되는 결과를 보여준다.

② 프로그램 예 : D0000의 6번 Bit가 ON이면 P0010을 ON 시키는 프로그램이다.

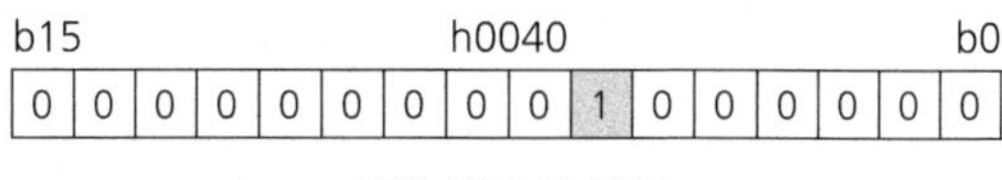

실행 결과의 구조

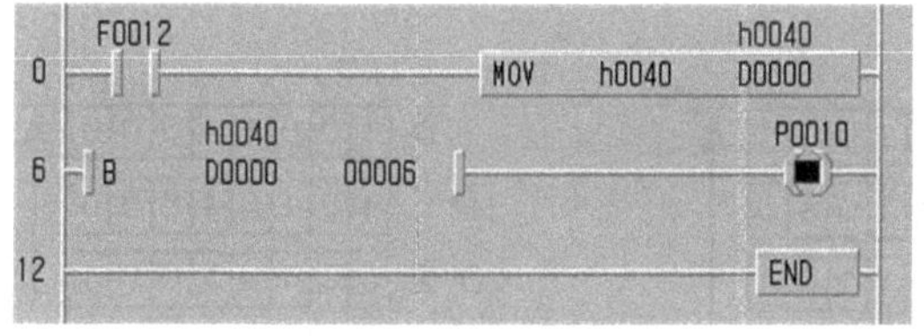

실행 결과(MASTER-K)

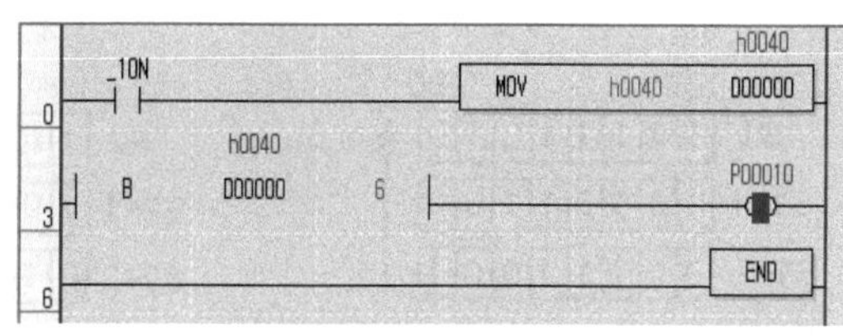

실행 결과(XGK)

(2) AND 연산 출력(BAND, BANDN)

① 기능 : 지정 Bit와 비교될 데이터 입력 비트와 AND 연산으로 결과가 출력되고 BANDN은 B로 지정된 Bit를 반전하여 연산 결과를 나타낸다.

② 프로그램 예 : D0000의 3번 Bit와 D0001의 3번 Bit에 의해 AND 연산하여 P0010에 출력한다.

③ MASTER-K의 경우

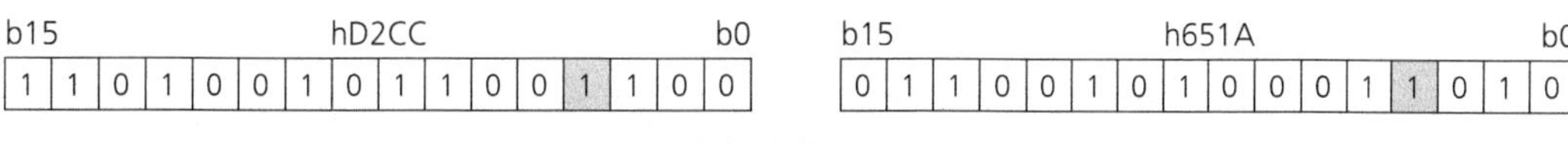

실행 결과의 구조

D0000와 D0001의 AND 연산(MASTER-K, 200S)

④ XGK의 경우 BAND(Group Byte AND)

명령어		사 용 가 능 영 역											스텝	플래그		
		M	P	K	L	T	C	Z	D.x	R.x	D	상수		에러 (F110)	제로 (F111)	캐리 (F112)
BAND(P) BOR(P)	S_1	○	○	○	○				○	○			6~8	○		
	S_1	○	○	○	○				○	○		○				
	D	○	○	○	○				○	○						
	N	○	○	○	○	○	○	○			○	○				

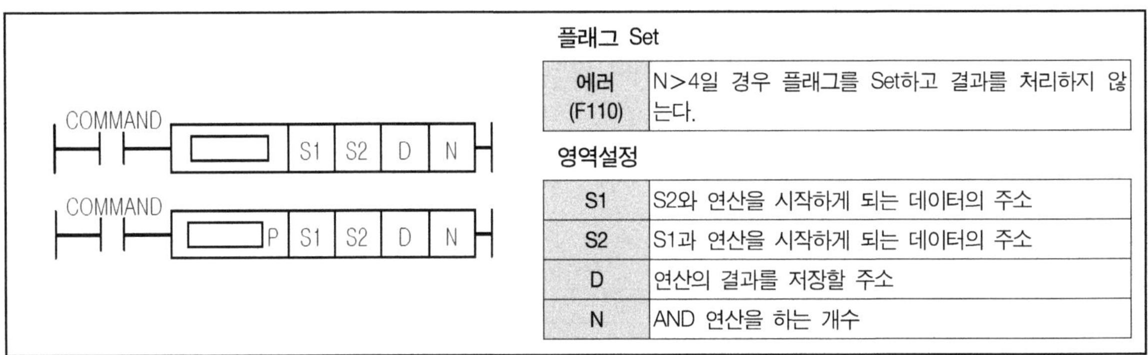

플래그 Set

에러 (F110)	N>4일 경우 플래그를 Set하고 결과를 처리하지 않는다.

영역설정

S1	S2와 연산을 시작하게 되는 데이터의 주소
S2	S1과 연산을 시작하게 되는 데이터의 주소
D	연산의 결과를 저장할 주소
N	AND 연산을 하는 개수

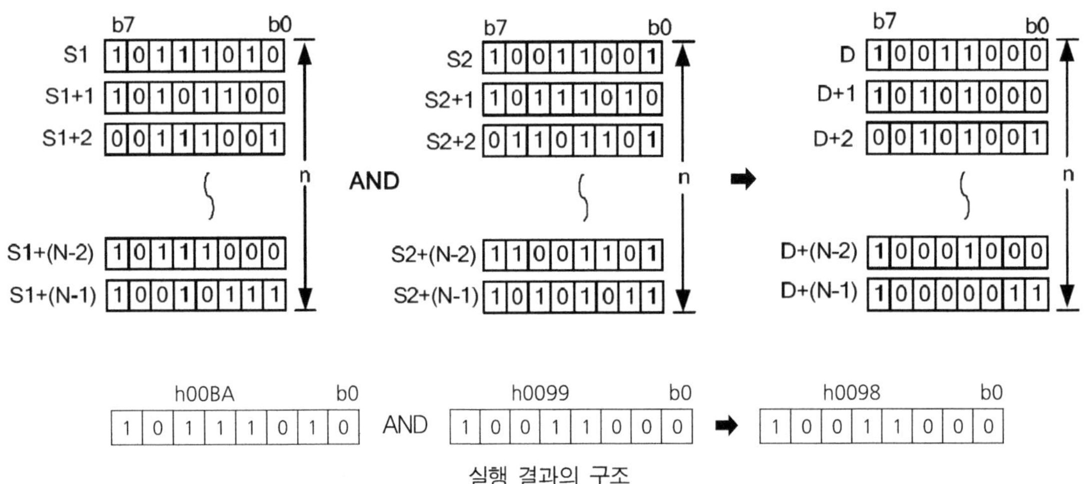

실행 결과의 구조

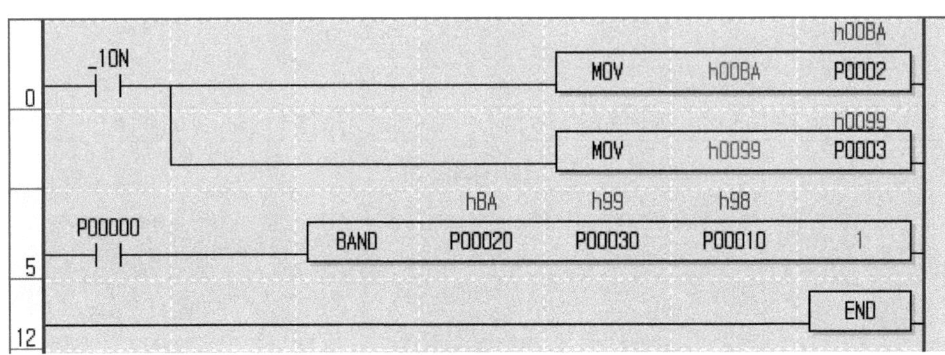

실행 결과(XGK)

(3) OR 연산 출력(BOR, BORN)

① 기능 : 지정 Bit와 비교될 데이터 입력 비트가 OR 연산으로 결과가 출력되며 BORN은 D로 지정된 Bit를 반전하여 연산 결과를 나타낸다.

② 프로그램 예 : D0000의 3번 Bit와 D0001의 3번 Bit에 의해 OR 연산하여 P0010에 출력한다.

③ MASTER-K의 경우

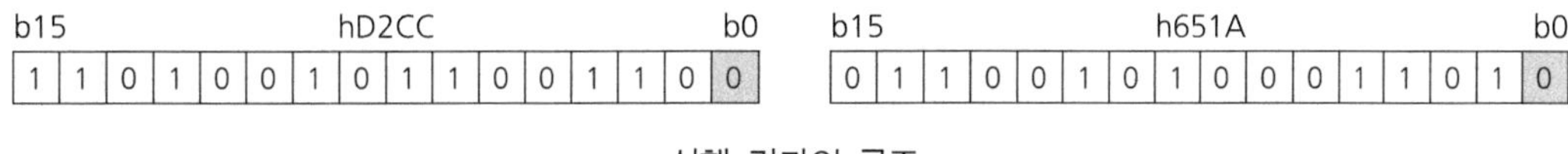

실행 결과의 구조

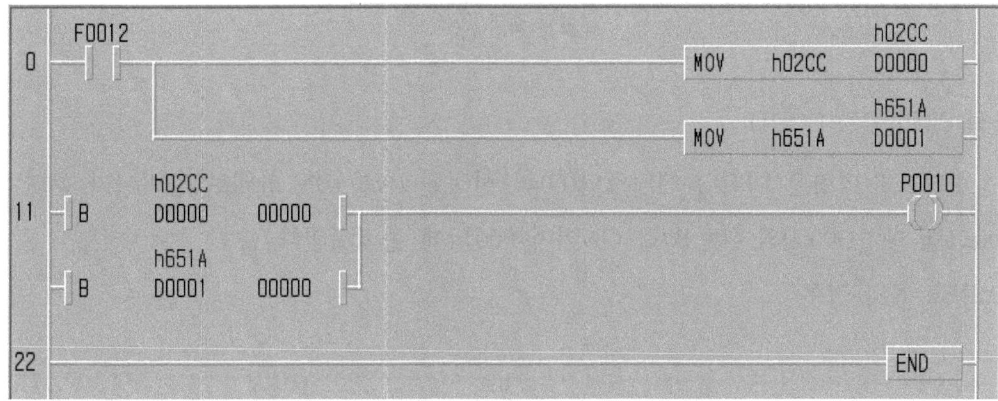

D0000와 D0001의 OR 연산(MASTER-K, 200S)

④ XGK의 경우 BOR(Group Byte OR)

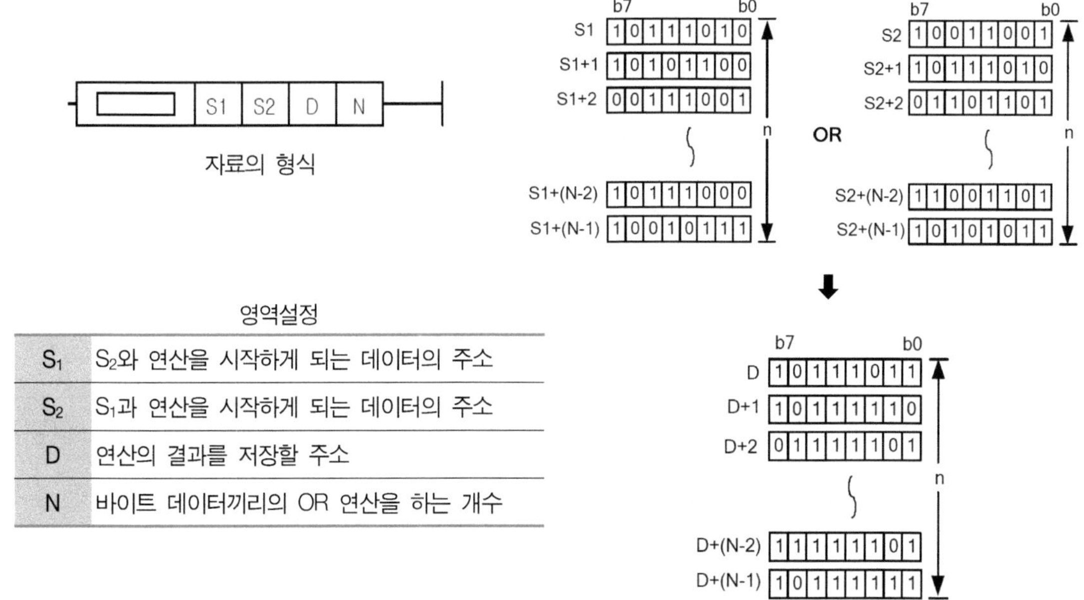

자료의 형식

영역설정

S_1	S_2와 연산을 시작하게 되는 데이터의 주소
S_2	S_1과 연산을 시작하게 되는 데이터의 주소
D	연산의 결과를 저장할 주소
N	바이트 데이터끼리의 OR 연산을 하는 개수

실행 결과의 구조

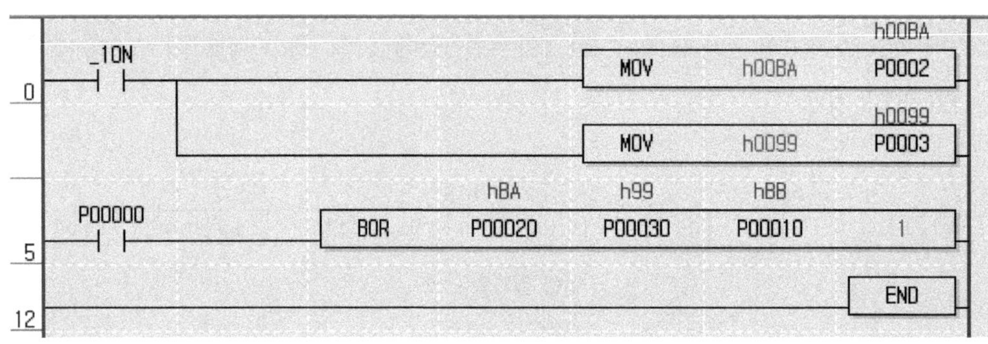

실행 결과(XGK)

(4) 특정 Bit의 출력(BOUT)

① 기능 : BOUT 명령은 데이터 레지스터(D)의 선정된 Bit를 ON 상태로 출력시켜 준다.

② 프로그램 예 : D0000의 4번 Bit를 ON이며 P0014에 출력시킨다.

③ MASTER-K의 경우

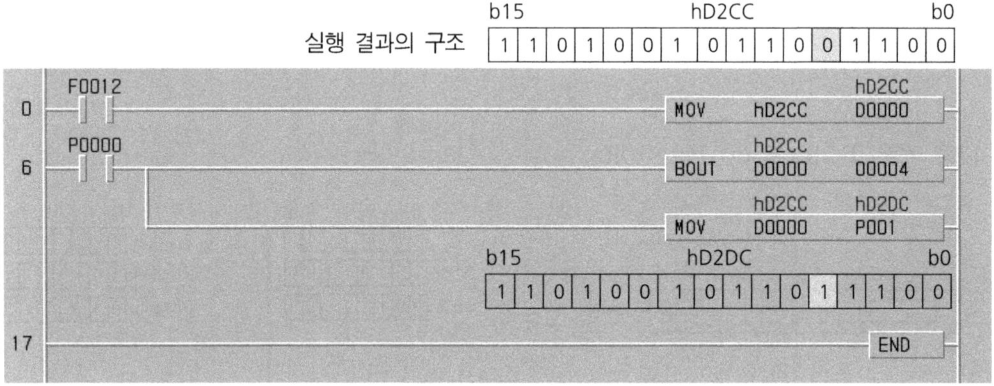

실행 결과(MASTER-K, 200S)

④ XGK의 경우

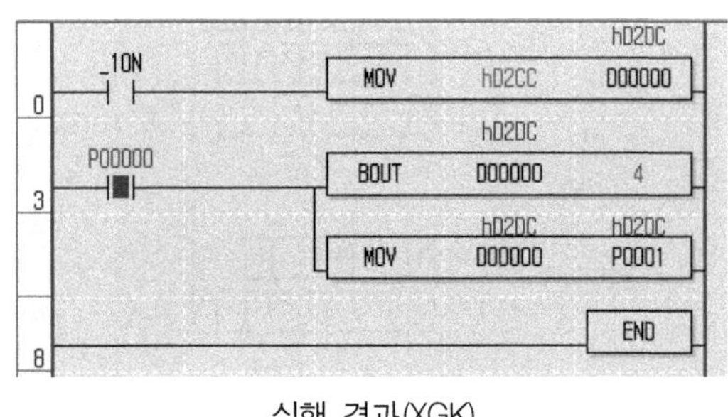

실행 결과(XGK)

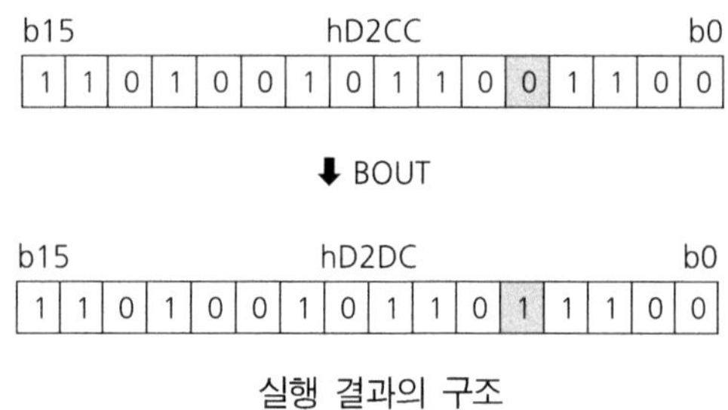

실행 결과의 구조

(5) 특정 Bit에 SET 출력(BSET, BRST)

① 기능 : BSET 명령은 데이터 레지스터(D)의 선정된 Bit를 Set 상태로 출력시켜 준다.

② 프로그램 예 : D0000의 4번 Bit를 Set시켜 P0014에 출력시키고 P0001 접점에 의해 4 Bit를 Reset 시킨다.

③ MASTER-K의 경우

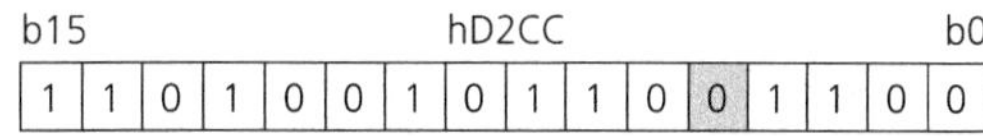

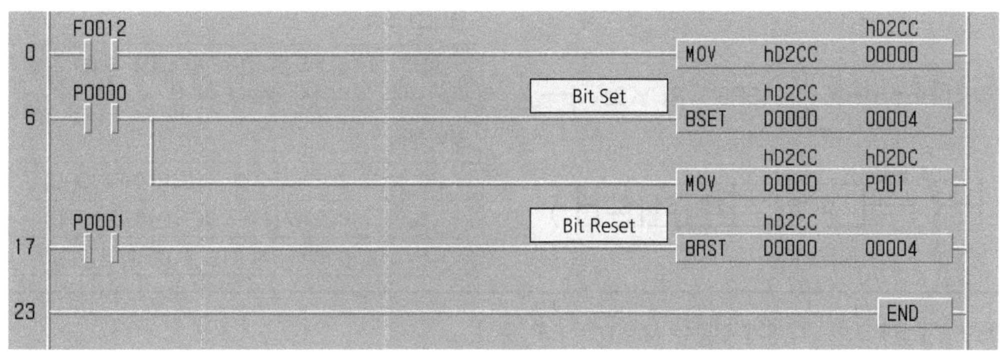

실행 결과(MASTER-K, 200S)

④ XGK의 경우

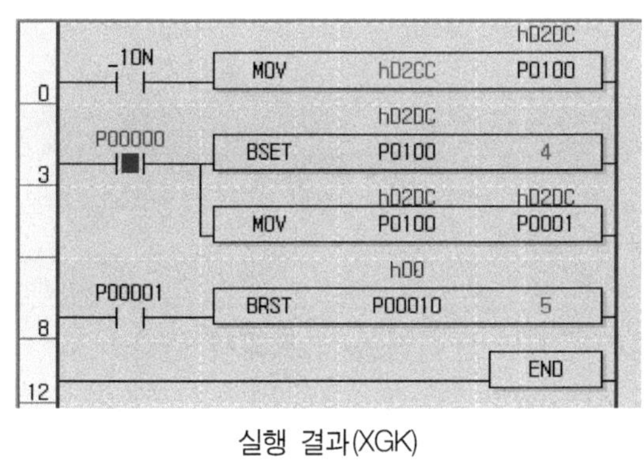

실행 결과(XGK)

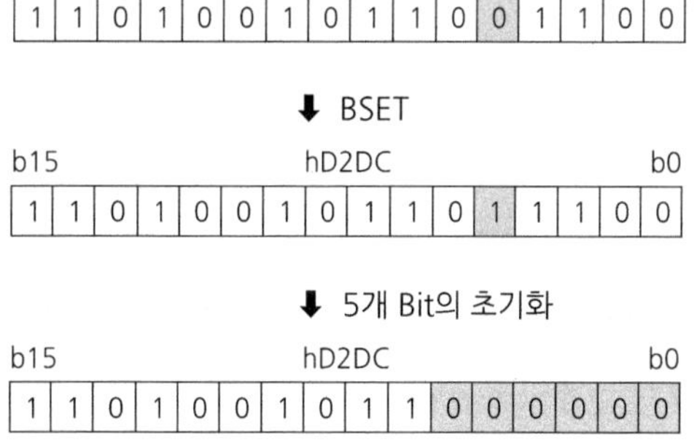

실행 결과의 구조

※ P0100의 4번 Bit를 Set시켜 P00014에 출력시키고 P00001 접점에 의해 5개 Bit를 Reset시킨다.

7) 입 · 출력 자료의 리프레시

명령어		사 용 가 능 영 역												스텝	플래그		
		M	P	F	L	T	C	Z	U	N	D	R	상수		에러 (F110)	제로 (F111)	캐리 (F112)
IORF IORFP	S_1	(○)	○	(○)	(○)	(○)	(○)	(○)	(○)	(○)	(○)	(○)	(○)	5 (4~6)	○ (–)		
	S_2	(○)	○	(○)	(○)	(○)	(○)	(○)	(○)	(○)	(○)	(○)	(○)				
	S_3												(○)				

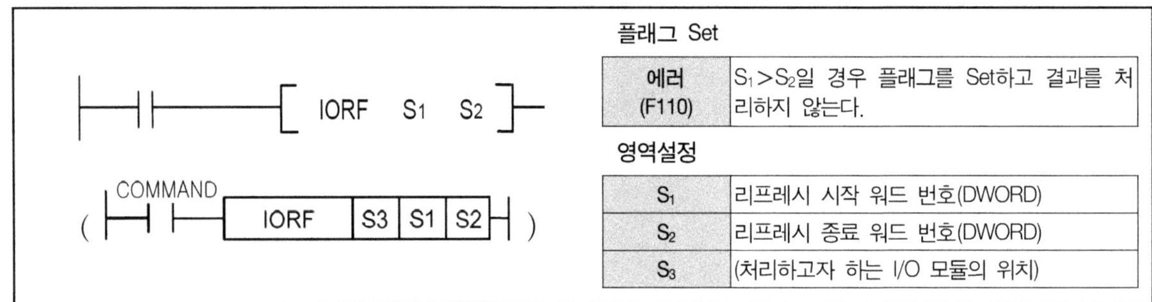

플래그 Set

에러 (F110)	S_1>S_2일 경우 플래그를 Set하고 결과를 처리하지 않는다.

영역설정

S_1	리프레시 시작 워드 번호(DWORD)
S_2	리프레시 종료 워드 번호(DWORD)
S_3	(처리하고자 하는 I/O 모듈의 위치)

※( )는 XGK 기종에 적용, 나머지 인수는 MASTER-K와 동일

① IORF(I/O Refresh) 명령의 기능 : PLC의 연산 과정에서 최신의 입력 정보가 필요할 때나 연산 결과를 바로 출력해야 할 때 IORF를 사용한다.

② MASTER-K의 경우

실행 결과(MASTER-K, 200S)

③ 지정된 데이터 영역 P의 정정된 S_1으로부터 S_2까지 I/O 데이터를 리프레시 한다.

④ 프로그램 예 : P0000~P000F에 Word 데이터를 리프레시 한다.

⑤ XGK의 경우

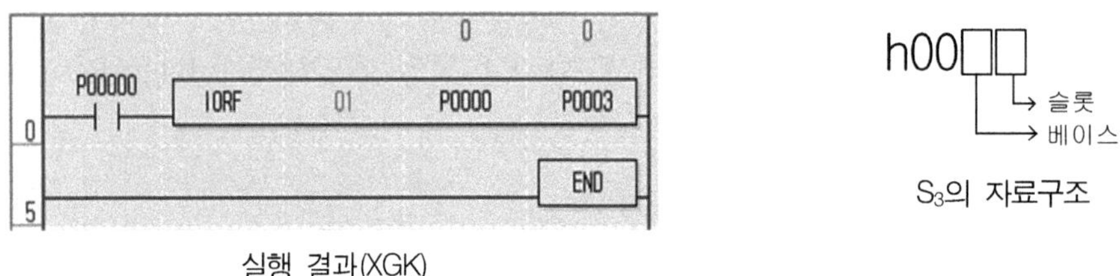

실행 결과(XGK)

h00□□
→ 슬롯
→ 베이스

S_3의 자료구조

⑥ S_3으로 지정한 위치에 있는 I/O 모듈의 값을 S_1과 S_2로 입력한 마스크 값과 AND 처리하여 즉시 데이터 처리를 수행한다.

⑦ 지정한 모듈 위치에 I/O 모듈이 없거나 다른 모듈이 장착되어 있을 때는 처리하지 않는다.

7.11 XGK와 GLOFA-GM에서 데이터처리 명령어

1) 두 개의 자료 중에 하나를 선택(SEL [GLOFA-GM])

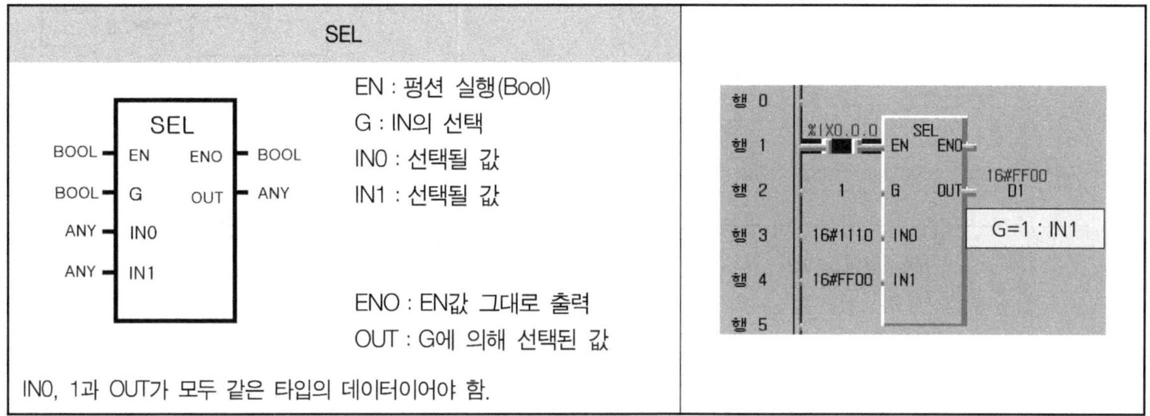

※기능 : G가 0이면 IN0를 OUT로, G가 1이면 IN1을 OUT로 출력한다.

2) 여러 개의 자료 중에 하나를 선택(MUX [XGK])

명령어		사용가능영역													스텝	플래그		
		M	P	K	F	L	C	S	Z	상수	U	N	D	R		에러 (F110)	제로 (F111)	캐리 (F112)
MUX(P) DMUX(P)	S1	○	○	○	○	○	○		○		○	○	○	○	4~7	○		
	S2	○	○	○	○	○	○		○		○	○	○	○				
	D	○	○	○		○	○		○		○	○	○	○				
	N	○	○	○	○	○	○		○	○	○	○	○	○				

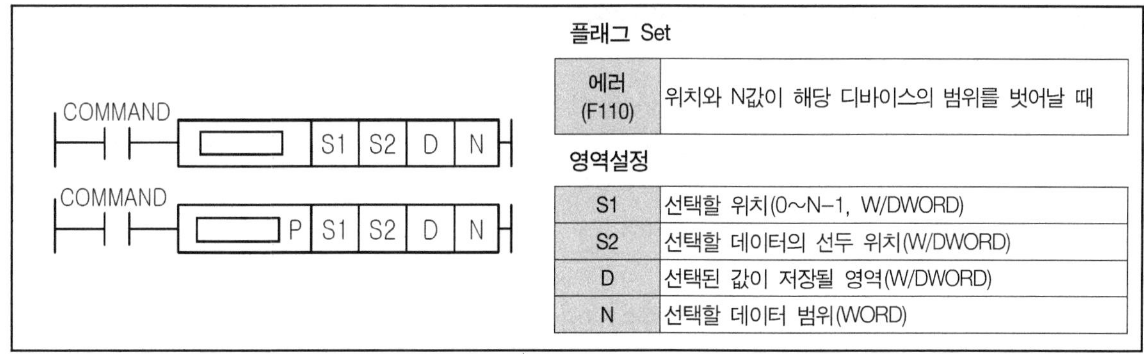

플래그 Set

에러 (F110)	위치와 N값이 해당 디바이스의 범위를 벗어날 때

영역설정

S1	선택할 위치(0~N-1, W/DWORD)
S2	선택할 데이터의 선두 위치(W/DWORD)
D	선택된 값이 저장될 영역(W/DWORD)
N	선택할 데이터 범위(WORD)

(1) MUX의 기능

① S2부터 N개의 WORD 데이터 중에서 S1에 해당하는 데이터를 D에 전송한다.

② 입력의 수가 음수일 때 연산 에러가 발생한다.

(2) 프로그램 예

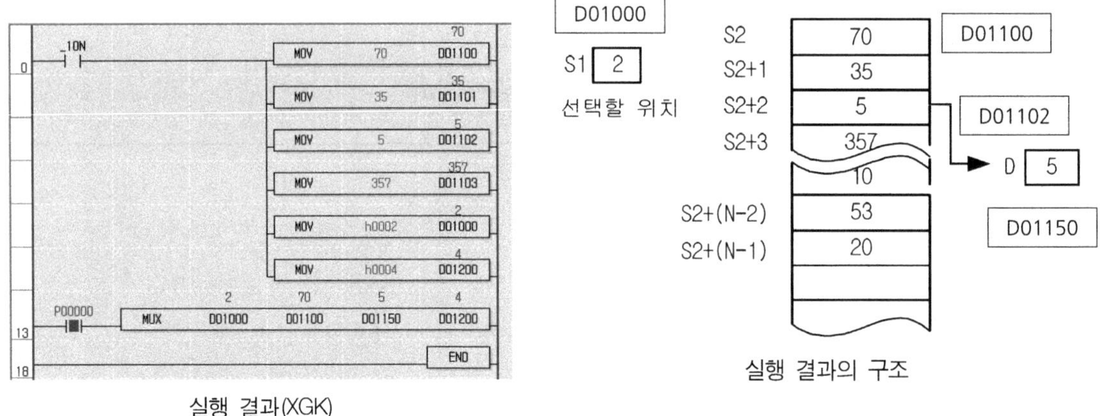

실행 결과(XGK)

실행 결과의 구조

(3) GLOFA-GM에서의 MUX

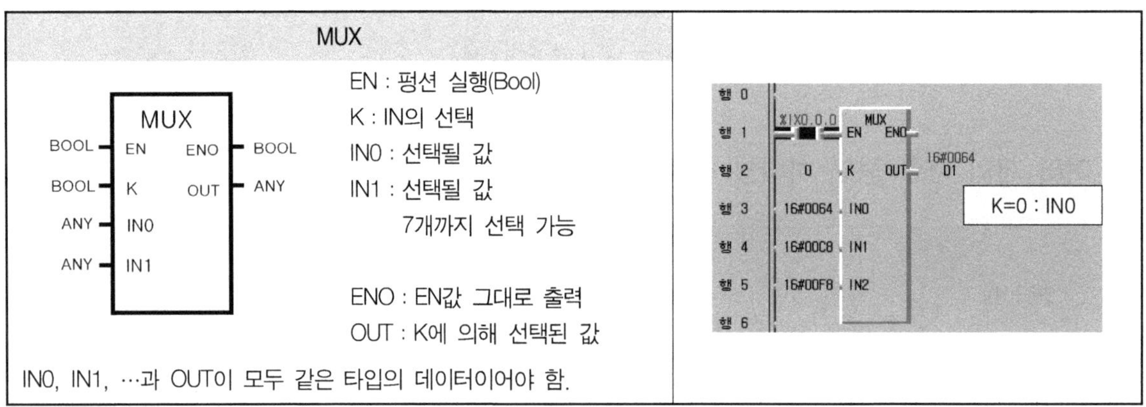

※기능 : 입력(IN0, …, IN6)까지에서 K에 의한 하나의 값을 OUT으로 출력한다.

3) 입력자료 중에 최대값의 선택(MAX [XGK])

명령어		사용가능영역													스텝	플래그		
		M	P	K	F	L	C	T	Z	상수	U	N	D	R		에러 (F110)	제로 (F111)	캐리 (F112)
MAX(P) DMAX(P)	S	○	○	○	○	○	○	○	○		○	○	○	○	4~6	○	○	
	D	○	○	○		○	○	○	○		○	○	○	○				
	N	○	○	○	○	○	○	○	○	○	○	○	○	○				

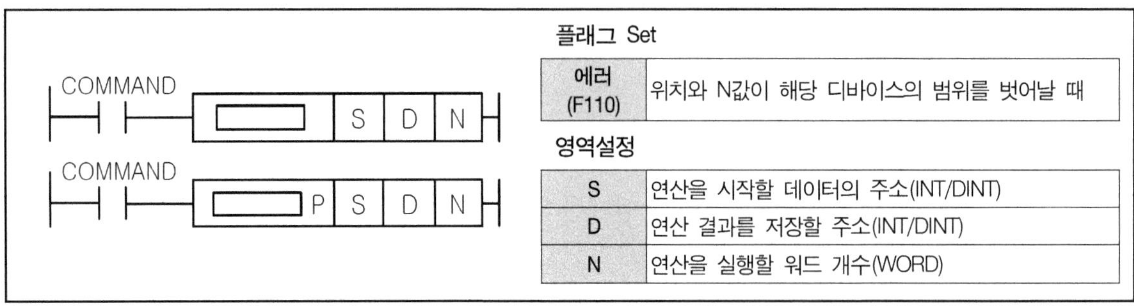

플래그 Set

에러 (F110)	위치와 N값이 해당 디바이스의 범위를 벗어날 때

영역설정

S	연산을 시작할 데이터의 주소(INT/DINT)
D	연산 결과를 저장할 주소(INT/DINT)
N	연산을 실행할 워드 개수(WORD)

(1) MAX의 기능(Maximum)

① 워드 데이터 S로부터 N개까지의 범위 내에서 최대값을 찾아 D에 저장한다.

② 대소 비교는 Signed 연산으로 한다.

(2) 프로그램 예

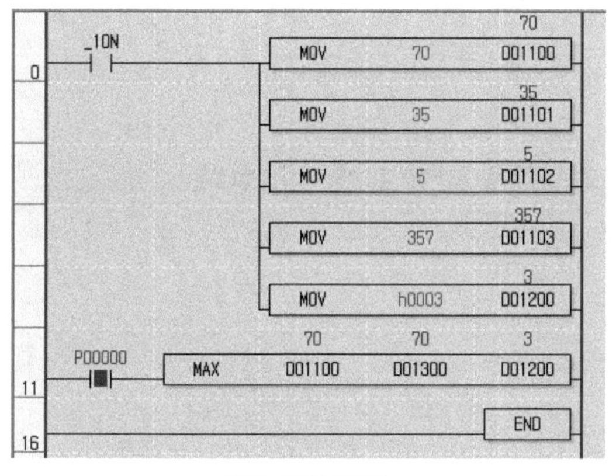

실행 결과(XGK)

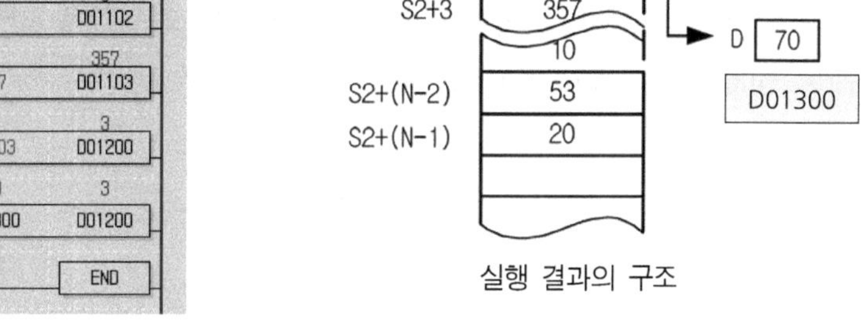

실행 결과의 구조

(3) GLOFA-GM에서의 MAX

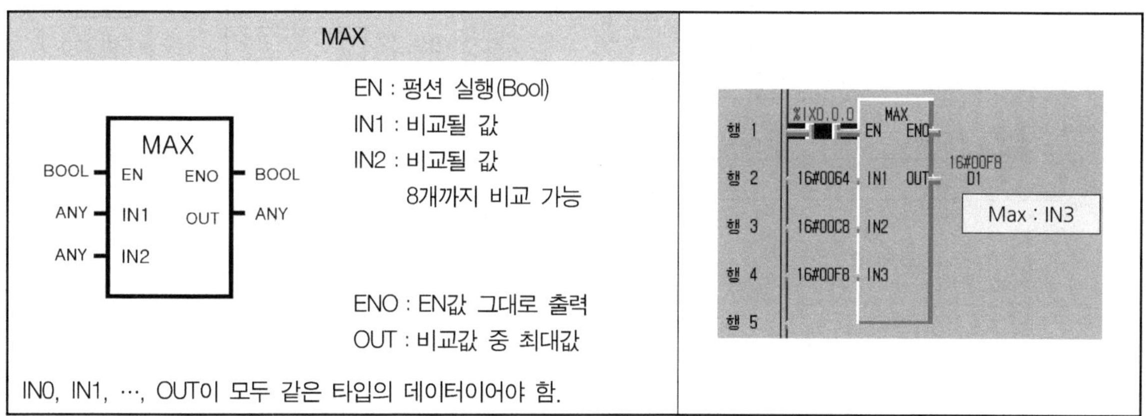

MAX	
EN : 펑션 실행(Bool) IN1 : 비교될 값 IN2 : 비교될 값 8개까지 비교 가능 ENO : EN값 그대로 출력 OUT : 비교값 중 최대값	
IN0, IN1, …, OUT이 모두 같은 타입의 데이터이어야 함.	

※기능 : 입력 IN1, IN2, …, INn 중에서 최대값을 OUT으로 출력한다.

4) 입력자료 중에 최소값의 선택(MIN [XGK])

명령어		사용가능영역													스텝	플래그		
		M	P	K	F	L	C	T	Z	상수	U	N	D	R		에러 (F110)	제로 (F111)	캐리 (F112)
MIN(P) DMIN(P)	S	○	○	○	○	○	○	○	○		○	○	○	○	4~6	○	○	
	D	○	○	○		○	○	○	○		○	○	○	○				
	N	○	○	○	○	○	○	○	○	○	○	○	○	○				

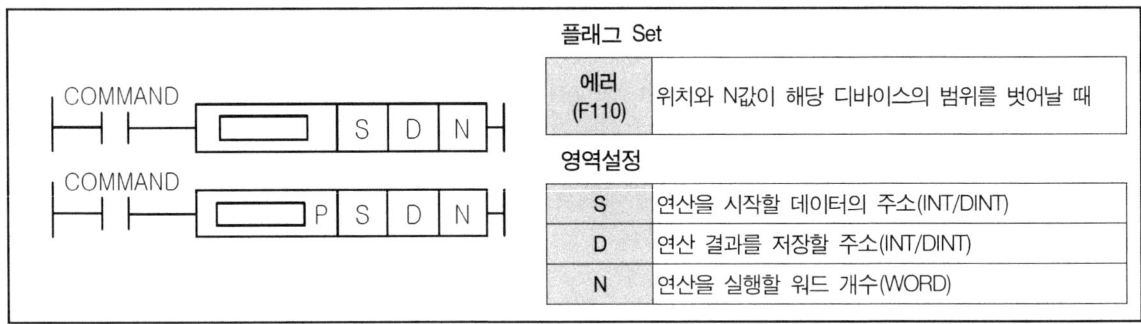

플래그 Set

에러 (F110)	위치와 N값이 해당 디바이스의 범위를 벗어날 때

영역설정

S	연산을 시작할 데이터의 주소(INT/DINT)
D	연산 결과를 저장할 주소(INT/DINT)
N	연산을 실행할 워드 개수(WORD)

(1) MIN의 기능(Minimum)

① 워드 데이터 S로부터 N개까지의 범위 내에서 최소값을 찾아 D에 저장한다.

② 대소 비교는 Signed 연산으로 한다.

(2) 프로그램 예

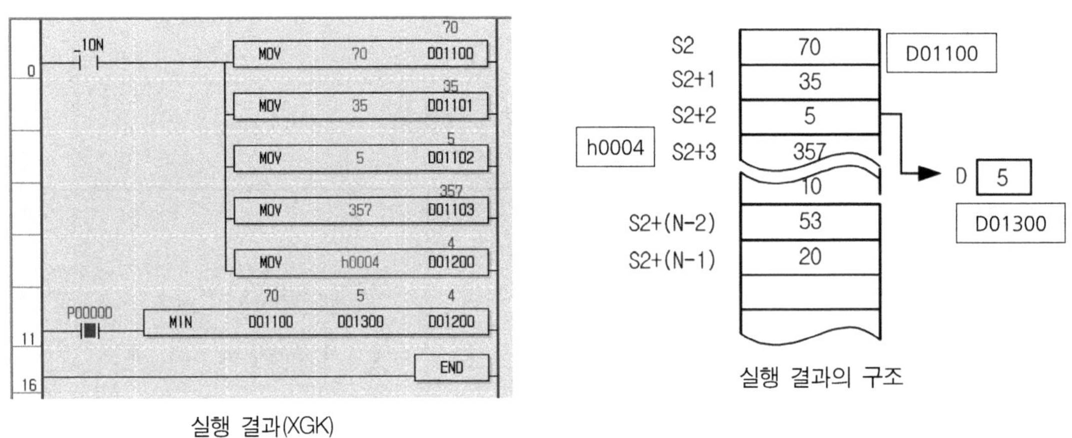

실행 결과(XGK) 실행 결과의 구조

(3) GLOFA-GM에서의 MIN

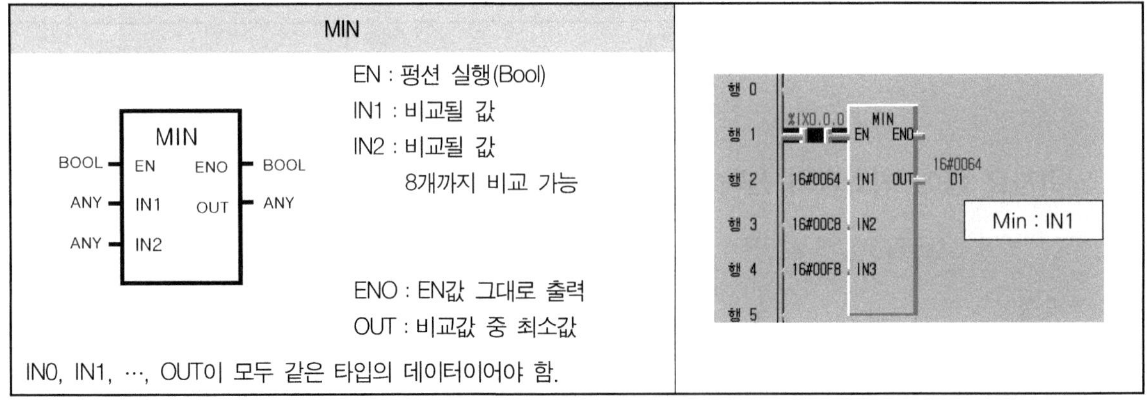

※기능 : 입력 IN1, IN2, …, INn 중에서 최소값을 OUT으로 출력한다.

5) 입력자료의 최소, 최대값의 제한(LIMIT [XGK])

명령어		사용 가능 영역													스텝	플래그		
		M	P	K	T	L	C	S	Z	상수	U	N	D	R		에러 (F110)	제로 (F111)	캐리 (F112)
LIMIT(P) DLIMIT(P)	S1	○	○	○		○			○		○	○	○	○	4~7	○		
	S2	○	○	○	○	○	○		○	○	○	○	○	○				
	S3	○	○	○	○	○	○		○	○	○	○	○	○				
	N	○	○	○		○			○		○	○	○	○				

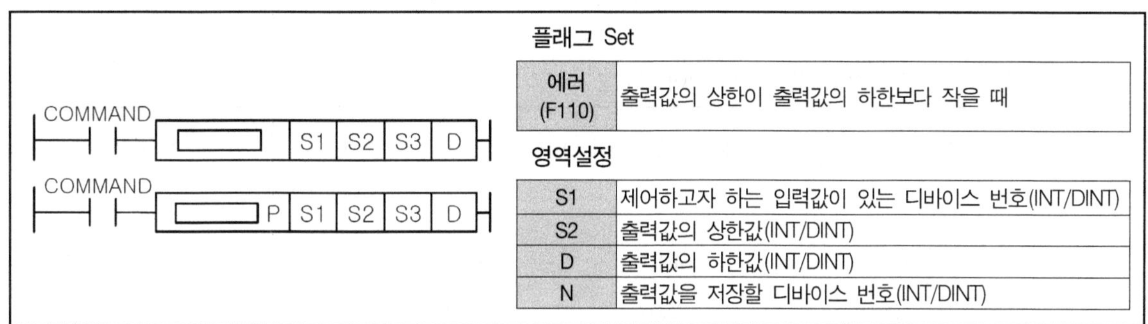

플래그 Set

에러 (F110)	출력값의 상한이 출력값의 하한보다 작을 때

영역설정

S1	제어하고자 하는 입력값이 있는 디바이스 번호(INT/DINT)
S2	출력값의 상한값(INT/DINT)
D	출력값의 하한값(INT/DINT)
N	출력값을 저장할 디바이스 번호(INT/DINT)

(1) LIMIT의 기능(Limits)

① S1으로 지정된 입력값이 상, 하한으로 지정한 범위의 값 여부에 따라 제어된 출력값이 D로 저장된다.

② 출력 조건

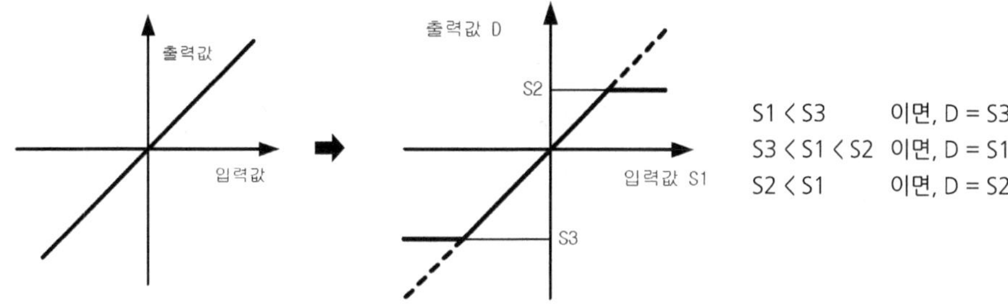

(2) 프로그램 예

출력 결과

In	Min	Max	Out
−70	−100	100	−70
35	−100	100	35
5	−100	100	5
357	−100	100	100

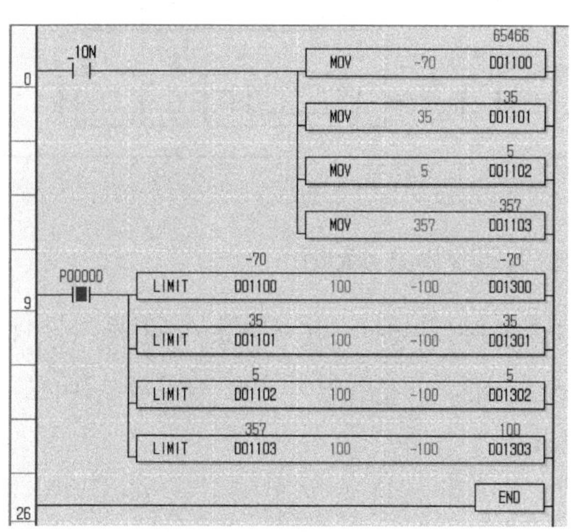

실행 결과(XGK)

(3) GLOFA-GM에서의 LIMIT

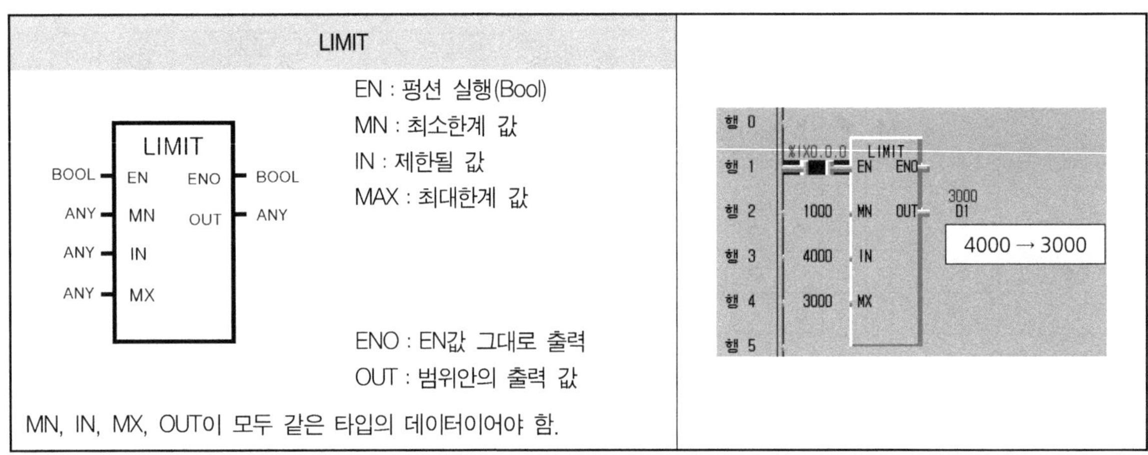

※기능 : 입력 IN이 MN≤IN≥MX 값 사이에 있으면 IN이 OUT으로 출력하고 출력 특성은 아래의 표와 같다.

IN	MN	MX	OUT
2000	1000	3000	2000
3000	1000	3000	3000
4000	1000	3000	3000

6) **문자열**(String) **조작하기**(LEN [XGK])

명령어		사용가능영역													스텝	플래그		
		M	P	K	F	L	C	T	Z	상수	U	N	D	R		에러 (F110)	제로 (F111)	캐리 (F112)
LEN (P)	S	○	○	○		○			○		○	○	○	○	2~4			
	D	○	○	○		○			○		○	○	○	○				

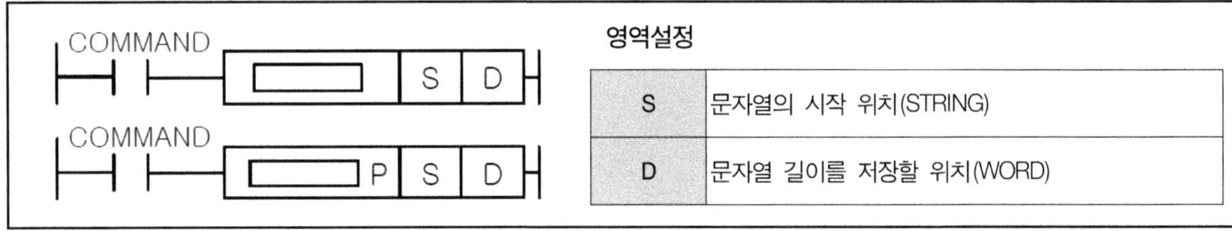

S	문자열의 시작 위치(STRING)
D	문자열 길이를 저장할 위치(WORD)

(1) LEN의 기능(Length)

① S로부터 한 워드 당 2개씩 ASCII로 저장된 문자열의 길이를 계산하여 D에 저장한다.

② S로 지정된 문자열이 h39 글자를 넘어도 NULL(h00) 코드가 없으면 글자를 리턴하고 에러는 없다.

(2) 프로그램 예

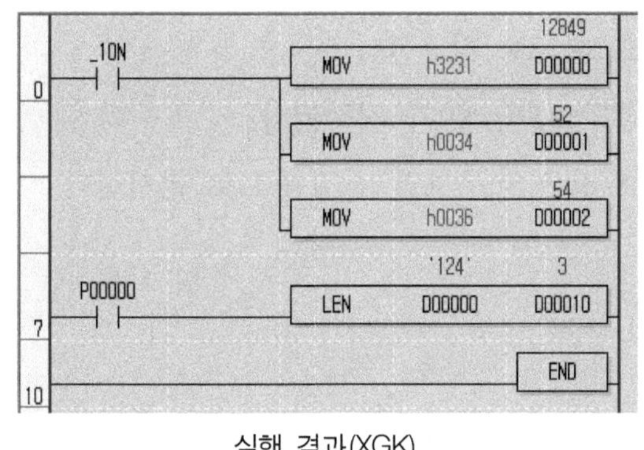

실행 결과(XGK)

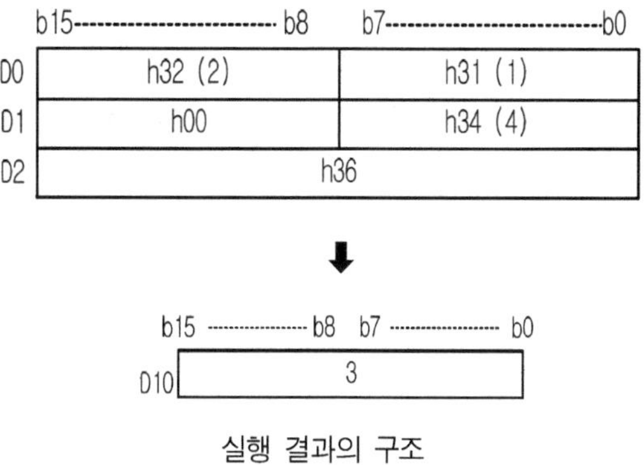

실행 결과의 구조

(3) GLOFA-GM에서의 LEN(문자열의 길이 구하기)

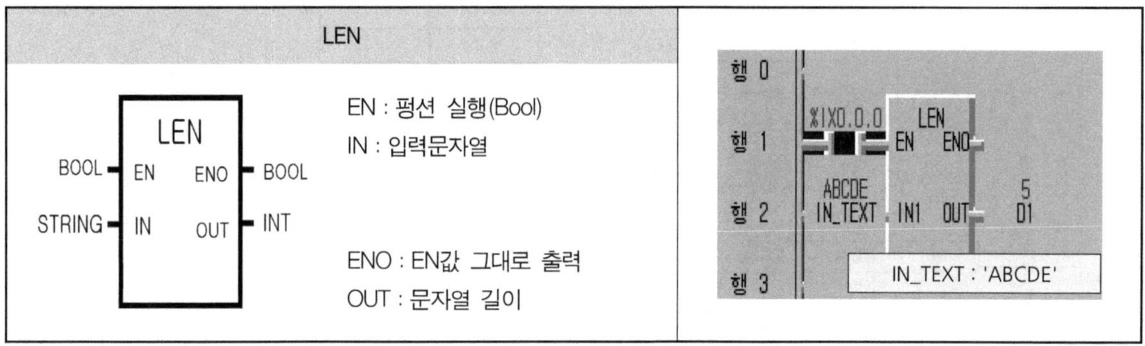

※기능 : 입력 문자열(IN)의 길이를 카운트하여 OUT으로 문자 수를 출력한다.

7) 문자열(String) 조작하기(RIGHT, LEFT [XGK])

명령어		사 용 가 능 영 역													스텝	플래그		
		M	P	K	F	L	C	T	Z	상수	U	N	D	R		에러 (F110)	제로 (F111)	캐리 (F112)
RIGHT(P) LEFT(P)	S	○	○	○		○			○		○	○	○	○	4~6	○		
	D	○	○	○		○			○		○	○	○	○				
	N	○	○	○	○	○	○	○	○	○	○	○	○	○				

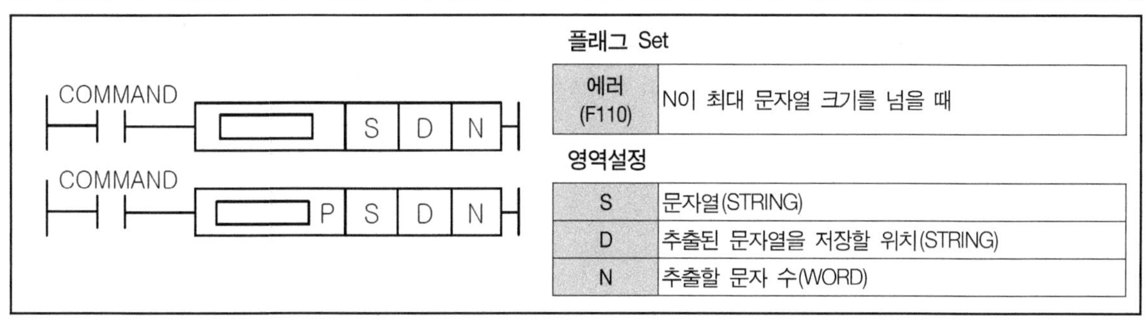

플래그 Set

에러 (F110)	N이 최대 문자열 크기를 넘을 때

영역설정

S	문자열(STRING)
D	추출된 문자열을 저장할 위치(STRING)
N	추출할 문자 수(WORD)

(1) RIGHT의 기능(Right,[XGK])

① S로 지정된 디바이스 번호 이후에 저장되어 있는 문자열 데이터의 오른쪽(문자열의 최종)부터 N 문자분의 데이터를 D에 지정된 디바이스 번호 이후로 저장한다.

② N으로 지정한 문자 수가 0일 경우에는 D에 NULL 코드(h00)가 저장된다.

③ 지정된 N값이 S에 지정된 문자열의 크기보다 클 경우 S 문자열 전체를 D로 복사한다.

(2) 프로그램 예

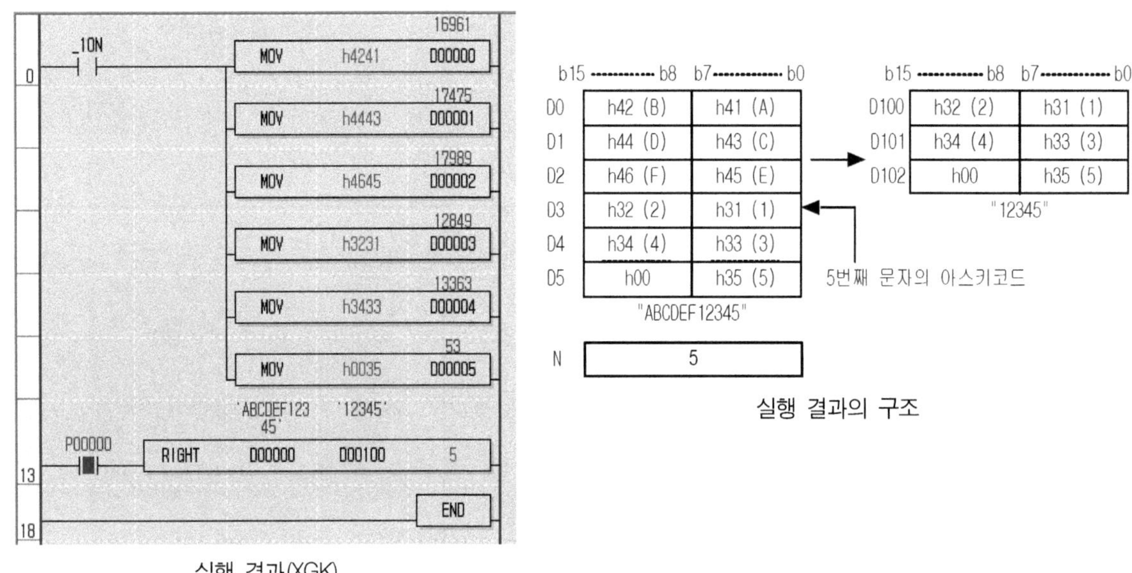

실행 결과(XGK)

실행 결과의 구조

(3) GLOFA-GM에서의 RIGHT(문자열의 오른쪽 문자열 취하기)

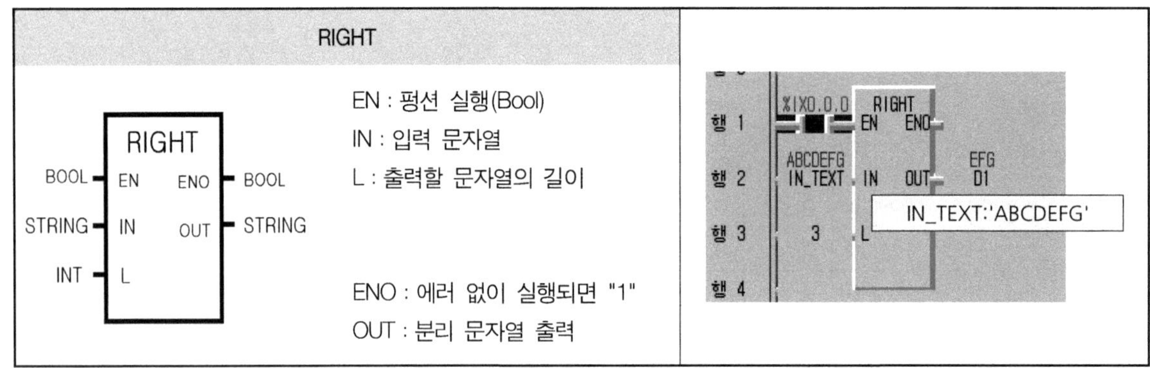

RIGHT	
BOOL – EN ENO – BOOL STRING – IN OUT – STRING INT – L EN : 펑션 실행(Bool) IN : 입력 문자열 L : 출력할 문자열의 길이 ENO : 에러 없이 실행되면 "1" OUT : 분리 문자열 출력	행 1 %IX0.0.0 RIGHT EN ENO 행 2 ABCDEFG IN_TEXT IN OUT EFG D1 IN_TEXT:'ABCDEFG' 행 3 3 L 행 4

※기능 : 입력 문자열(IN)에서 오른쪽부터 L자만큼의 문자열을 분리하여 OUT으로 출력한다.

(4) LEFT의 기능(Left,[XGK])

① S로 지정된 디바이스 번호 이후에 저장되어 있는 문자열 데이터의 왼쪽(문자열의 최종)부터 N 문자분의 데이터를 D에 지정된 디바이스 번호 이후로 저장한다.

② N으로 지정한 문자 수가 0일 경우에는 D에 NULL 코드(h00)가 저장된다.

③ 지정된 N값이 S에 지정된 문자열의 크기보다 클 경우 S 문자열 전체를 D로 복사한다.

(5) 프로그램 예

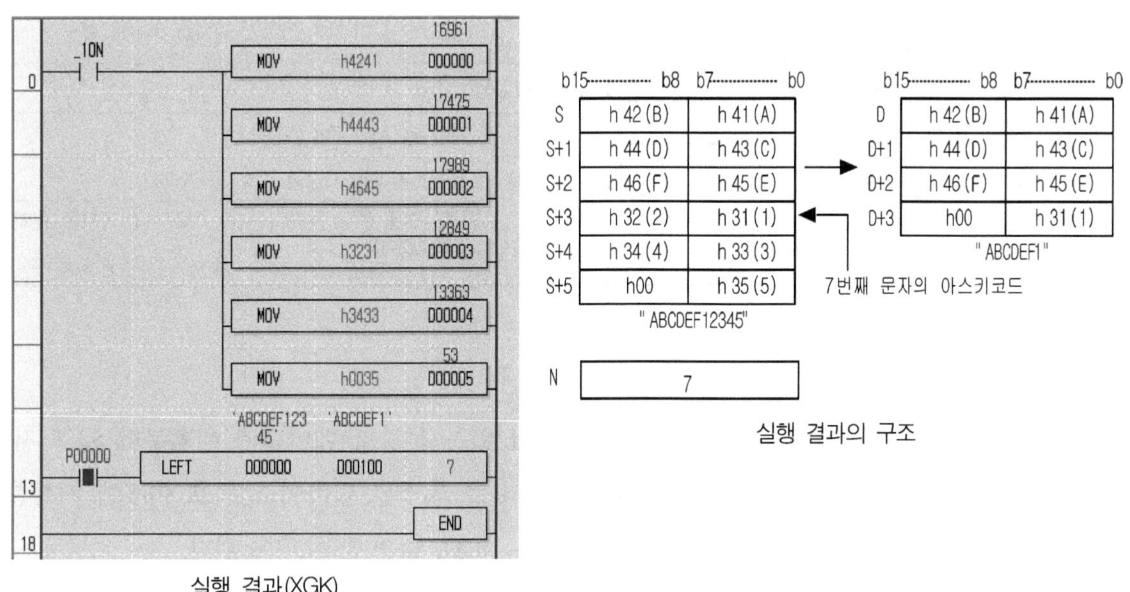

실행 결과(XGK)

실행 결과의 구조

(6) GLOFA-GM에서의 LEFT(문자열의 왼쪽 문자열 취하기)

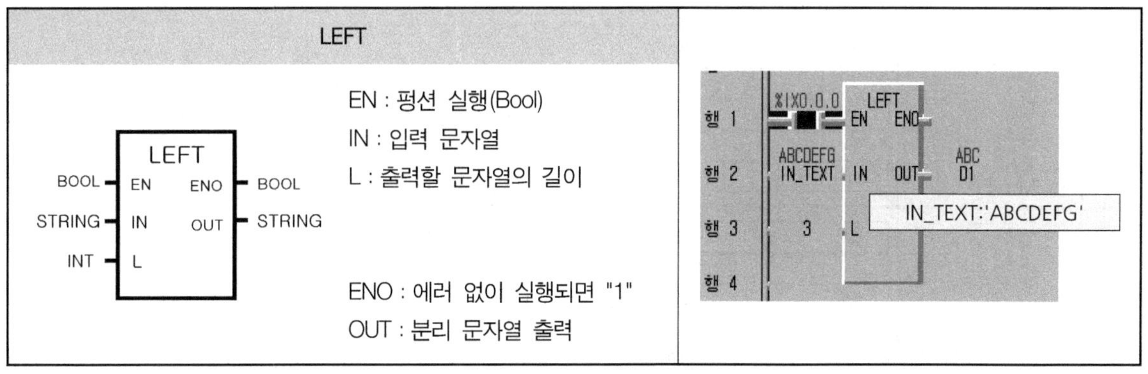

※기능 : 입력 문자열(IN)에서 왼쪽부터 L자만큼의 문자열을 분리하여 OUT으로 출력한다.

8) 문자열(String) 조작하기(MID [XGK])

명령어		사용가능영역													스텝	플래그		
		M	P	K	F	L	C	T	Z	상수	U	N	D	R		에러 (F110)	제로 (F111)	캐리 (F112)
MID (P)	S1	○	○	○		○			○		○	○	○	○	4~6	○		
	D	○	○	○		○			○		○	○	○	○				
	S2	○	○	○		○			○	○	○	○	○	○				

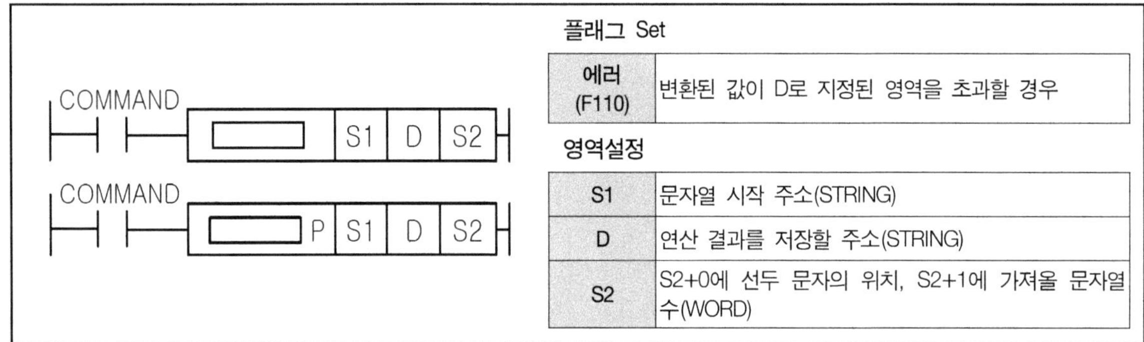

플래그 Set

에러 (F110)	변환된 값이 D로 지정된 영역을 초과할 경우

영역설정

S1	문자열 시작 주소(STRING)
D	연산 결과를 저장할 주소(STRING)
S2	S2+0에 선두 문자의 위치, S2+1에 가져올 문자열 수(WORD)

(1) MID의 기능(Middle)

① S1으로 지정된 디바이스 번호 이후에 저장되어 있는 문자열 데이터의 왼쪽부터 S2로 지정된 위치부터 S2+1로 지정된 문자 분의 데이터를 D로 지정된 디바이스 번호 이후에 저장한다.

② S2+1로 지정된 문자열의 길이가 0이면 D에는 NULL STRING이 저장된다.

(2) 프로그램 예

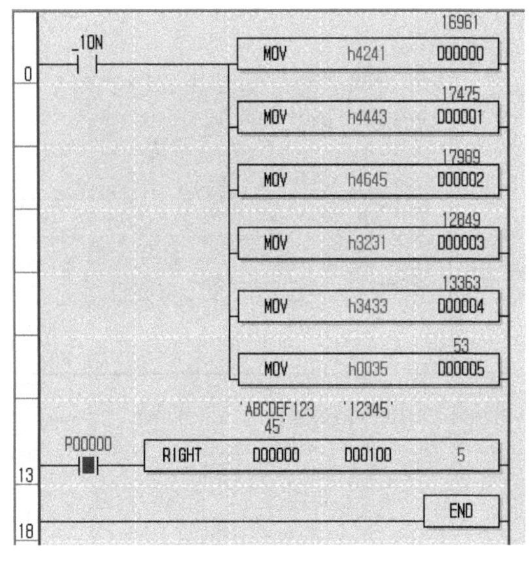

실행 결과(XGK)

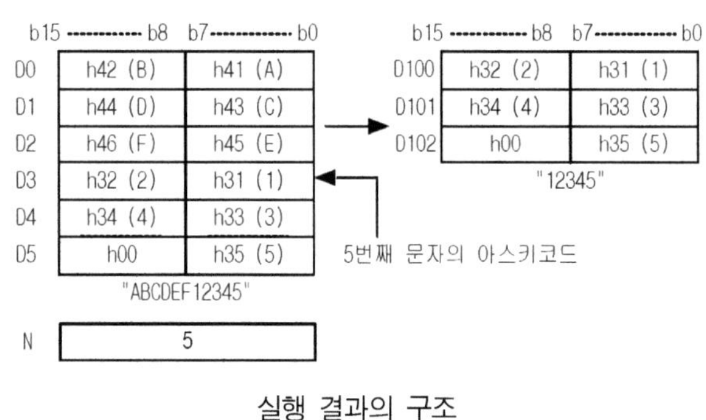

실행 결과의 구조

(3) GLOFA-GM에서의 MID(문자열의 중간 문자열 취하기)

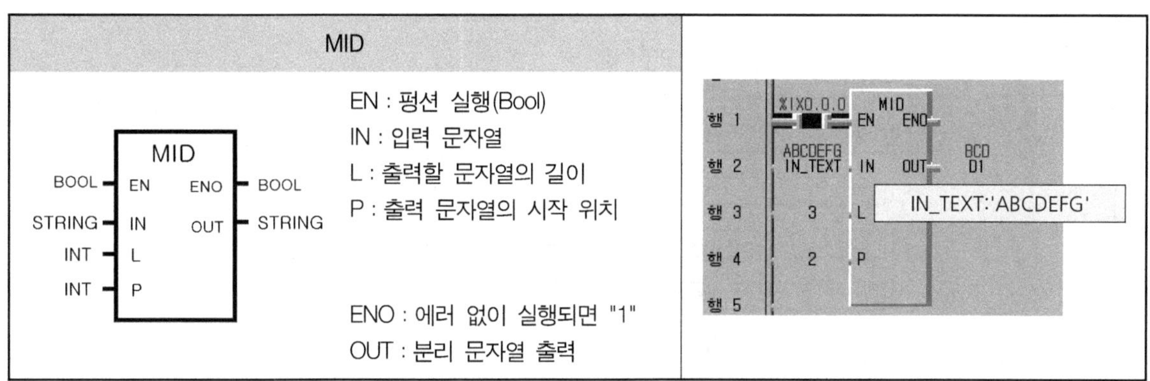

※기능 : 입력 문자열(IN)에서 P 번째 문자부터 L자만큼의 문자열을 분리하여 OUT으로 출력한다.

9) **문자열**(String) **조작하기**(FIND [XGK])

명령어		사용가능영역													스텝	플래그		
		M	P	K	F	L	C	T	Z	상수	U	N	D	R		에러 (F110)	제로 (F111)	캐리 (F112)
FIND (P)	S1	○	○	○		○			○		○	○	○	○	4~7	○		
	S2	○	○	○		○			○		○	○	○	○				
	D	○	○	○		○			○		○	○	○	○				
	N	○	○	○	○	○	○	○	○	○	○	○	○	○				

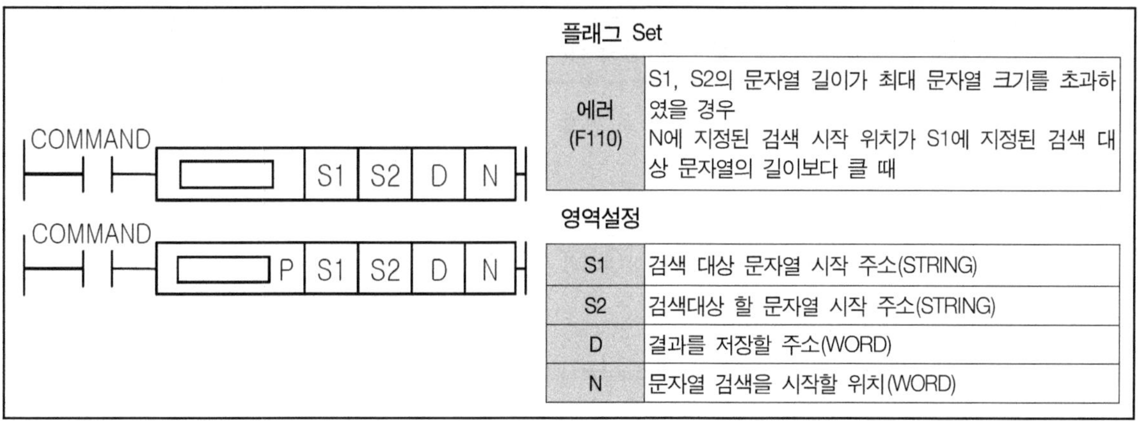

플래그 Set

에러 (F110)	S1, S2의 문자열 길이가 최대 문자열 크기를 초과하였을 경우 N에 지정된 검색 시작 위치가 S1에 지정된 검색 대상 문자열의 길이보다 클 때

영역설정

S1	검색 대상 문자열 시작 주소(STRING)
S2	검색대상 할 문자열 시작 주소(STRING)
D	결과를 저장할 주소(WORD)
N	문자열 검색을 시작할 위치(WORD)

(1) FIND의 기능

① S1으로 지정된 문자열의 N 번째의 문자부터 S2로 시작되는 문자열을 검색하여 첫 번째로 일치하는 문자열의 시작 위치를 D에 저장한다.

(2) 프로그램 예

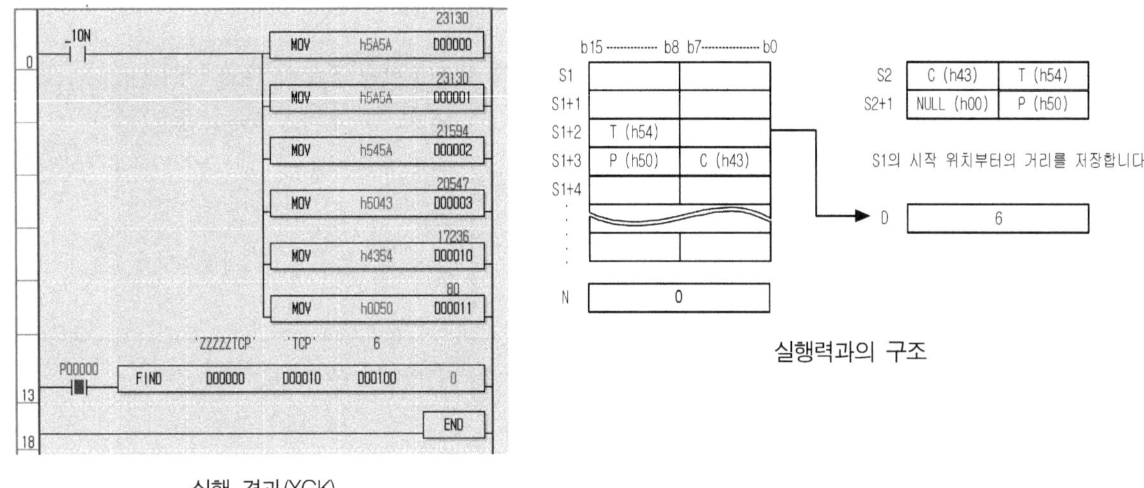

실행 결과(XGK)

실행력과의 구조

(3) GLOFA-GM에서의 FIND(입력 문자열에서 문자열의 위치 찾기)

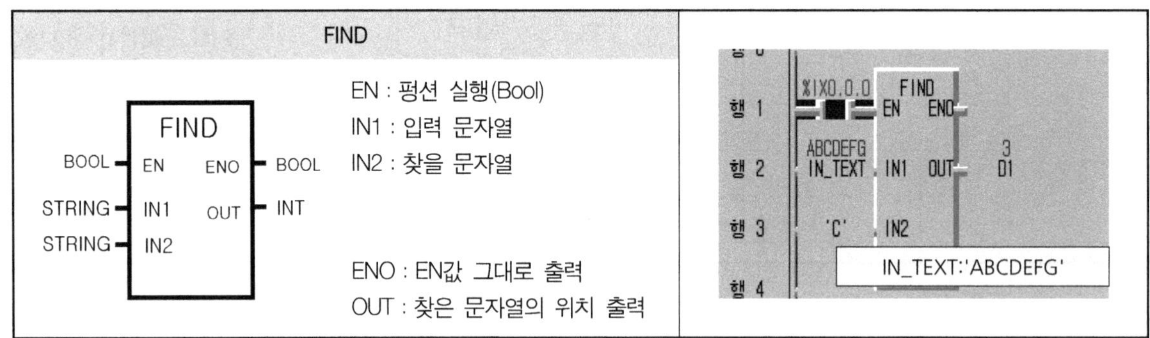

※기능 : 입력 문자열(IN1)에서 찾을 문자열(IN2)의 첫 번째 문자열의 위치를 OUT으로 출력한다.

10) **문자열**(String) **조작하기**(CONCAT [GLOFA-GM])

① 입력 문자열과 문자열의 연결

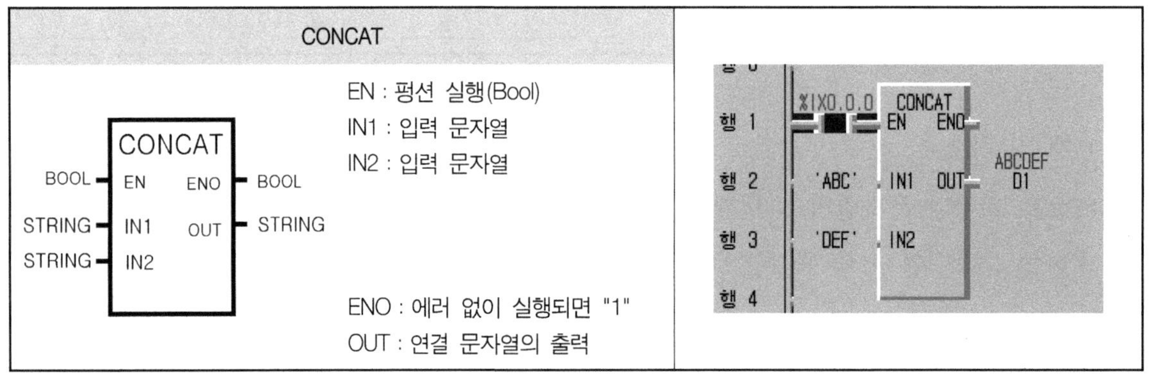

※기능 : 입력 문자열(IN1)에 문자열(IN2)을 연결하여 OUT으로 출력한다.

11) 문자열(String) 조작하기(FIINS [XGK])

명령어		사용 가능 영역													스텝	플래그		
		M	P	K	F	L	C	T	Z	상수	U	N	D	R		에러 (F110)	제로 (F111)	캐리 (F112)
FIINS (P)	S	○	○	○	○	○	○	○	○	○	○	○	○	○	4~6	○		
	D	○	○	○		○			○			○	○	○				
	N	○	○	○		○	○		○	○	○	○	○	○				

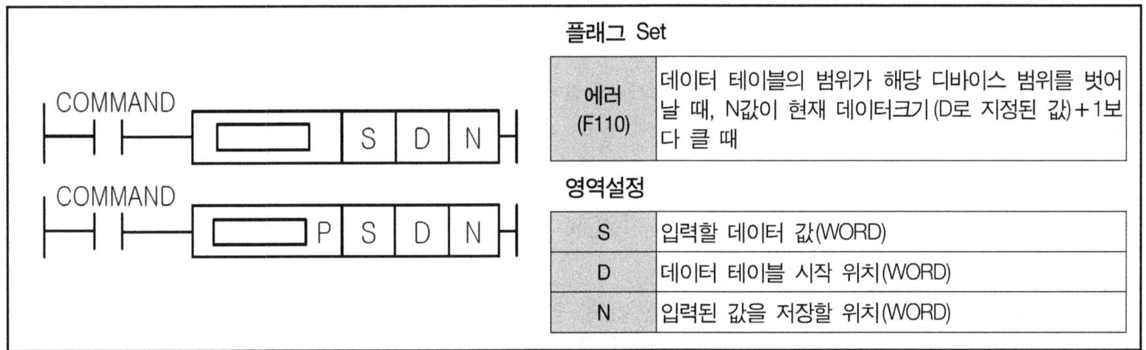

플래그 Set

에러 (F110)	데이터 테이블의 범위가 해당 디바이스 범위를 벗어날 때, N값이 현재 데이터크기(D로 지정된 값)+1보다 클 때

영역설정

S	입력할 데이터 값(WORD)
D	데이터 테이블 시작 위치(WORD)
N	입력된 값을 저장할 위치(WORD)

(1) FIINS의 기능(File Insert)

① S로 지정된 값을 D로 지정된 데이터 테이블의 N 번째 위치에 삽입한다. 원래 있던 N 번째부터의 데이터는 다음 디바이스 번호로 밀어낸다.

② D로 지정된 값은 데이터 테이블 내의 유효 데이터 개수다.

③ N이 0이면 명령어는 동작하지 않는다.

(2) 프로그램 예

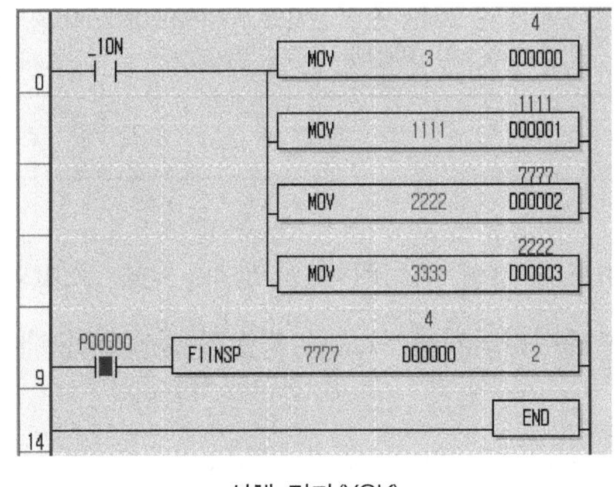

실행 결과(XGK)

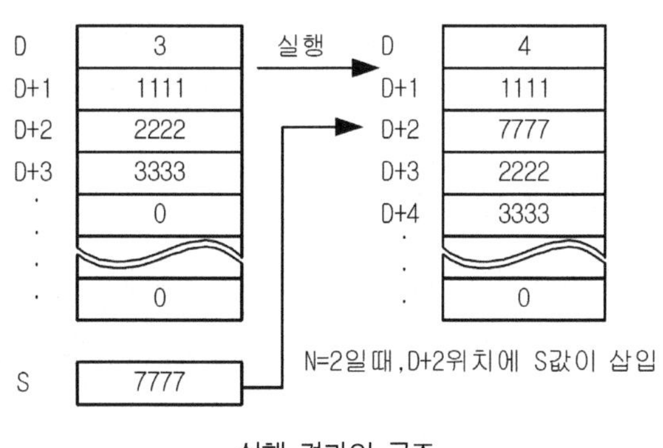

실행 결과의 구조

(3) GLOFA-GM에서의 INSERT(입력된 문자열에 문자열 삽입)

INSERT

입력	INSERT	출력
BOOL	EN / ENO	BOOL
STRING	IN1 / OUT	STRING
STRING	IN2	
INT	P	

EN : 펑션 실행(Bool)
IN1 : 삽입될 문자열
IN2 : 삽입할 문자열
P : 문자열의 삽입 위치

ENO : 에러 없이 실행되면 "1"
OUT : 삽입된 문자열의 출력

행 1 %IX0.0.0 INSERT EN ENO
행 2 'ABCD' IN1 OUT ABCEFD D1
행 3 'EF' IN2
행 4 3 P
행 5

OUT : ABCEFD

※기능 : 입력 문자열(IN1)의 P 위치에 문자열(IN2)을 삽입하여 OUT으로 출력한다.

12) **문자열**(String) **조작하기**(REPLACE [XGK])

명령어		사용가능영역													스텝	플래그		
		M	P	K	F	L	C	T	Z	상수	U	N	D	R		에러 (F110)	제로 (F111)	캐리 (F112)
REPLACE (P)	S1	○	○	○		○			○		○	○	○	○	4~6	○		
	D	○	○	○		○			○		○	○	○	○				
	S2	○	○	○		○			○	○	○	○	○	○				

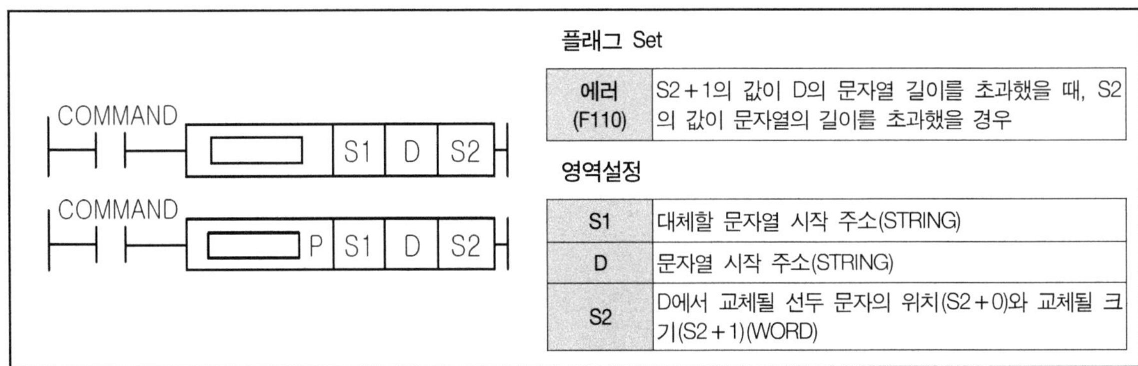

플래그 Set

에러 (F110)	S2+1의 값이 D의 문자열 길이를 초과했을 때, S2의 값이 문자열의 길이를 초과했을 경우

영역설정

S1	대체할 문자열 시작 주소(STRING)
D	문자열 시작 주소(STRING)
S2	D에서 교체될 선두 문자의 위치(S2+0)와 교체될 크기(S2+1)(WORD)

(1) REPLACE의 기능

① D로 지정된 디바이스 번호 이후에 저장되어 있는 문자열 데이터의 왼쪽부터 S2로 지정된 문자 분의 데이터부터 S2+1로 지정된 문자 분의 데이터까지를 S1으로 지정된 문자열로 대체하여 저장한다.

② S2+1이 0이면 D로 지정된 문자열로부터 S2로 지정된 위치에 S1을 삽입한다.

③ S1 문자열의 길이가 S2+1로 지정된 교체 문자열 크기와 다르면 D의 문자열이 계속해서 증가 또는 감소할 위험이 있으므로 사용상 주의가 필요하다.

(2) 프로그램 예

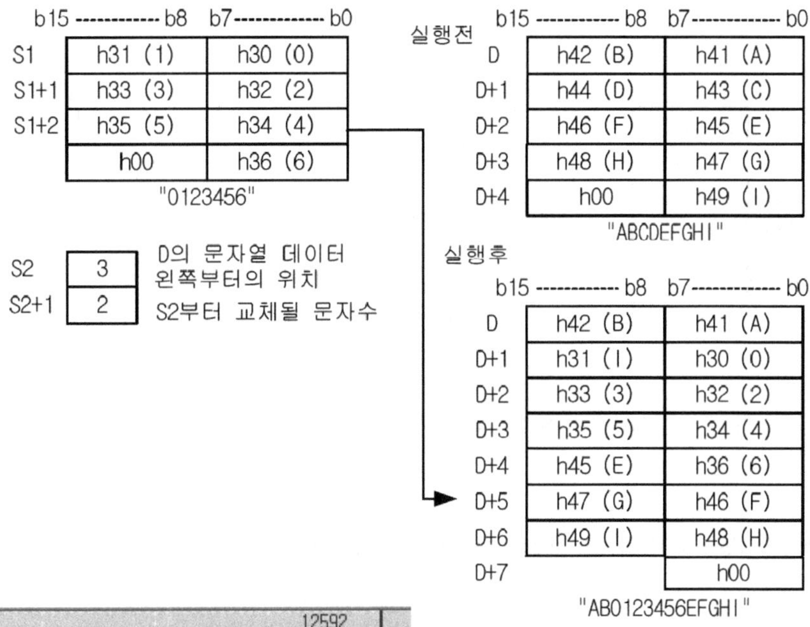

실행 결과의 구조

```
 0  _1ON
    1 스캔 ON      MOV   h3130   D00100   (12592)
                   MOV   h3332   D00101   (13106)
                   MOV   h3534   D00102   (13620)
                   MOV   h0036   D00103   (54)
                   MOV   h4241   D00000   (16961)
                   MOV   h4443   D00001   (12592)
                   MOV   h4645   D00002   (13106)
                   MOV   h4847   D00003   (13620)
                   MOV   h0049   D00004   (17718)
                   MOV   3       D00200   (3)
                   MOV   2       D00201   (2)
23  P00000   REPLACE   D00100      D00000                 D00200
                       ('0123456') ('AB0123456 EFGHI')    (3)
29                                                        END
```

실행 결과(XGK)

(3) GLOFA-GM에서의 REPLACE(입력된 문자열에 대체 문자열로)

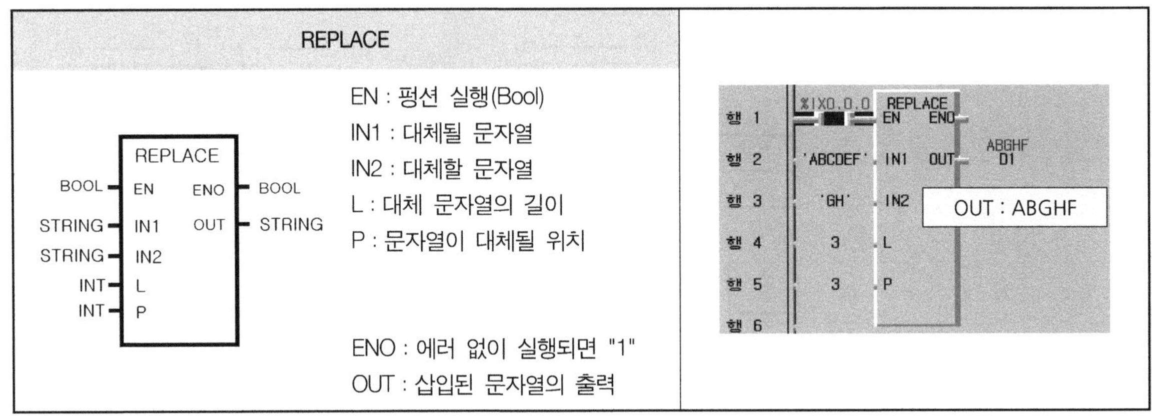

※기능 : 입력 문자열(IN1)에 P 위치의 L 길이를 문자열(IN2)로 대체하여 OUT으로 출력한다.

13) **문자열**(String) **조작하기**(FIDEL [XGK])

명령어		사용가능영역													스텝	플래그		
		M	P	K	F	L	C	T	Z	상수	U	N	D	R		에러 (F110)	제로 (F111)	캐리 (F112)
FIDEL (P)	S	○	○	○	○	○	○	○	○		○	○	○	○	4~6	○		
	D	○	○	○		○						○	○	○				
	N	○	○	○	○	○	○	○	○	○	○	○	○	○				

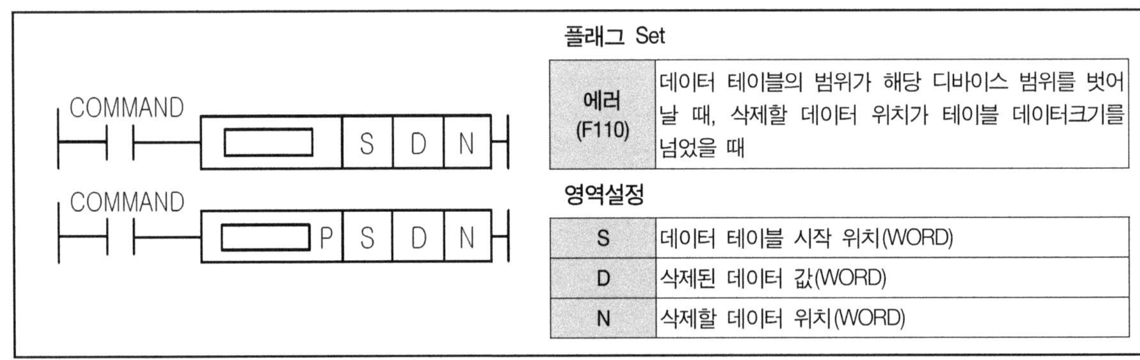

(1) FIDEL(File Delete)의 기능

① S로 지정된 데이터 테이블의 N 번째 데이터를 D로 옮깁니다. N 번째 이후의 데이터들은 원래 위치에서 1 감소한 위치로 당겨진다.

② S로 지정된 값은 데이터 테이블 내의 유효 데이터 개수다.

③ N이 0이면 명령어는 동작하지 않는다.

④ 데이터가 테이블에서 삭제되면 "데이터 테이블 크기+1"에 있는 값은 0으로 채워진다.

(2) 프로그램 예

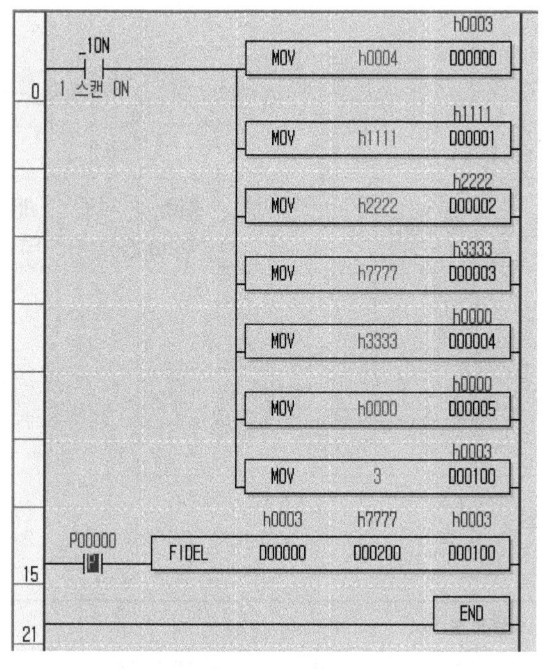

실행 결과(XGK)

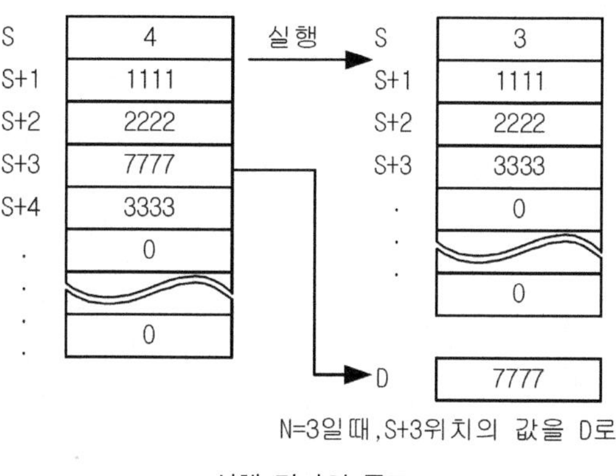

실행 결과의 구조

(3) GLOFA-GM에서의 DELETE(입력된 문자열의 문자열 삭제)

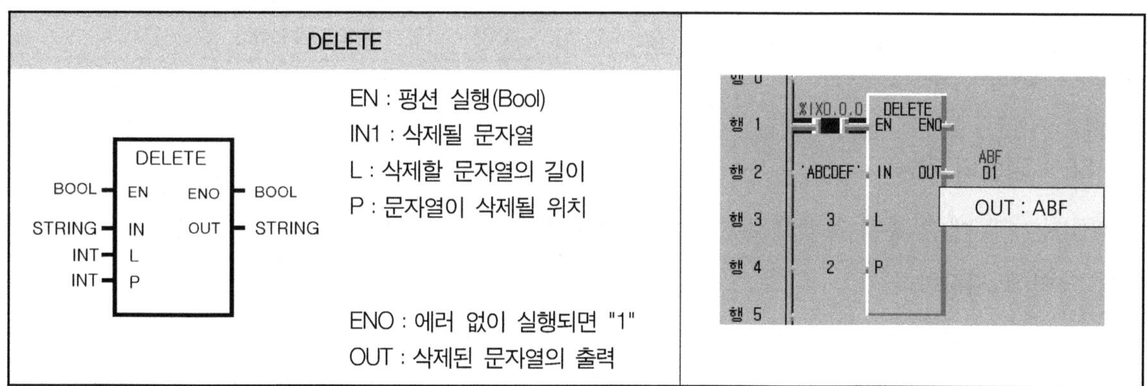

DELETE

EN : 펑션 실행(Bool)
IN1 : 삭제될 문자열
L : 삭제할 문자열의 길이
P : 문자열이 삭제될 위치

ENO : 에러 없이 실행되면 "1"
OUT : 삭제된 문자열의 출력

※기능 : 입력 문자열(IN)에 P 위치의 L 길이 문자열을 삭제하여 OUT으로 출력한다.

7.12 데이터의 표시명령어

1) 7 Segment의 표시

명령어		사용가능영역											스텝	플래그		
		M	P	K	L	F	T	C	S	D	#D	상수		에러 (F110)	제로 (F111)	캐리 (F112)
SEG SEGP	S1	○	○	○	○ (–)	○	○	○		○	○	○	7 (4)	○		
	Ⓓ	○	○	○	○* (–)		○	○		○	○					
	CW	(○)	(○)	(○)						○		○				

※( )는 XGK 기종에 적용, 나머지 인수는 MASTER-K와 동일

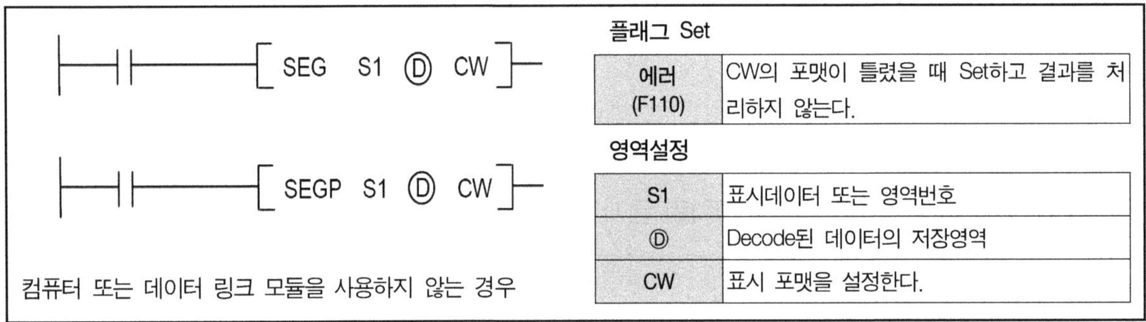

(1) SEG 명령의 기능

SEG(P)는 CW에 설정된 포맷으로 S1으로 지정된 영역에 시작비트로부터 (n)개 숫자를 Decode하여 Ⓓ 영역에 저장한다.

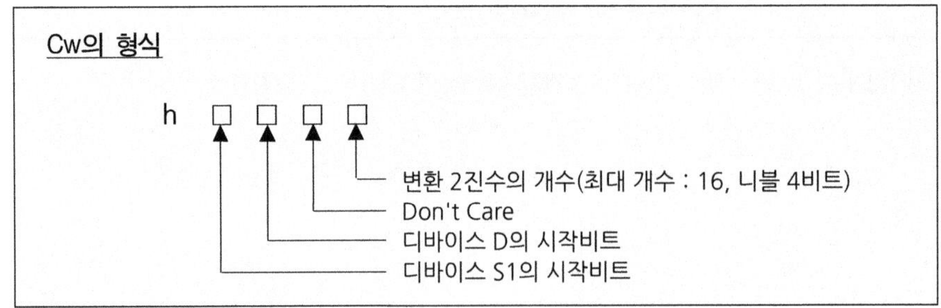

(2) 프로그램 예

P0000에 의해 M000에 저장된 Word 데이터에서 2개의 데이터를 Decode 하여 P001에 출력한다.

7세그먼트 코드 변환표

입력 (BCD)	입력 (16진수)	정수값	출 력								표 시 데이터
			B7	B6	B5	B4	B3	B2	B1	B0	
0	0	0	0	0	1	1	1	1	1	1	0
1	1	1	0	0	0	0	0	1	1	0	1
2	2	2	0	1	0	1	1	0	1	1	2
3	3	3	0	1	0	0	1	1	1	1	3
4	4	4	0	1	1	0	0	1	1	0	4
5	5	5	0	1	1	0	1	1	0	1	5
6	6	6	0	1	1	1	1	1	0	1	6
7	7	7	0	0	1	0	0	1	1	1	7
8	8	8	0	1	1	1	1	1	1	1	8
9	9	9	0	1	1	0	1	1	1	1	9
	A	10	0	1	1	1	0	1	1	1	A
	B	11	0	1	1	1	1	1	0	0	B
	C	12	0	0	1	1	1	0	0	1	C
	D	13	0	1	0	1	1	1	1	0	D
	E	14	0	1	1	1	1	0	0	1	E
	F	15	0	1	1	1	0	0	0	1	F

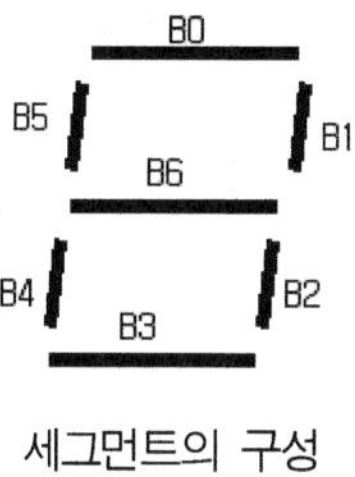

세그먼트의 구성

① MASTER-K에서의 SEG

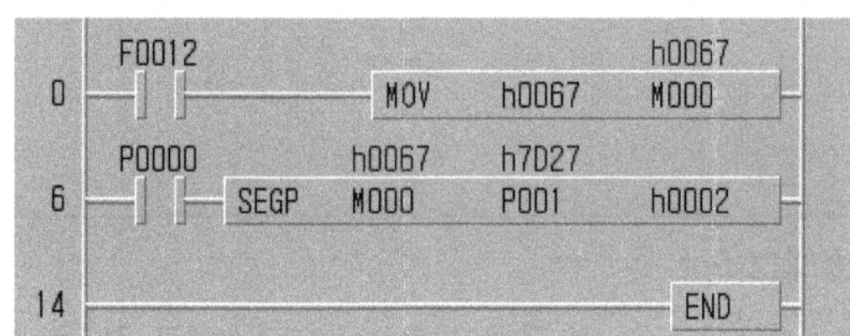

실행 결과(MASTER-K)

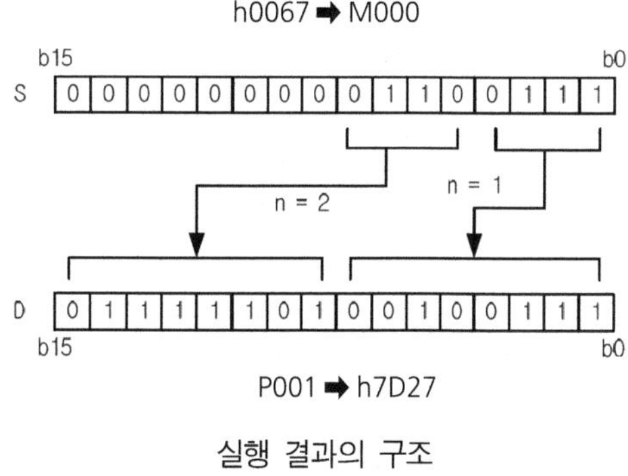

실행 결과의 구조

② XGK에서의 SEG

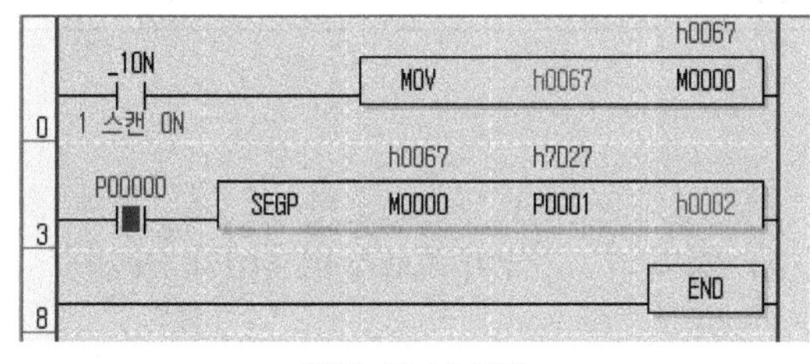

실행 결과(XGK)

③ GLOFA-GM에서의 SEG

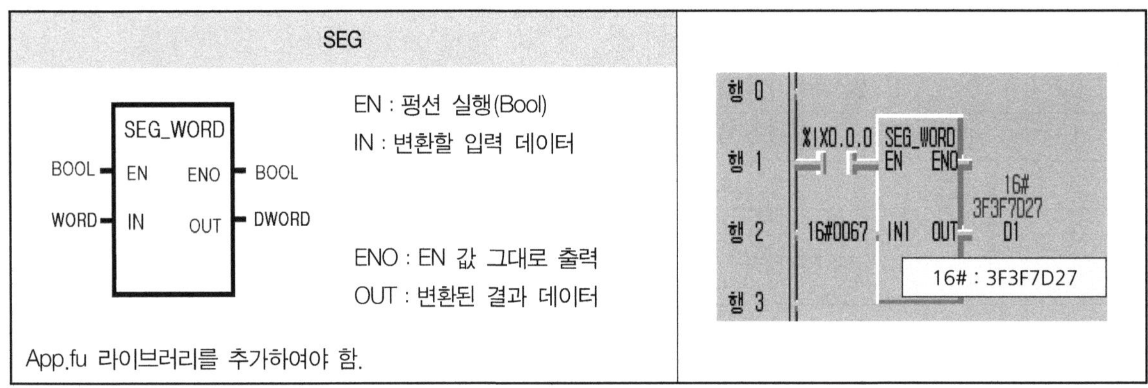

※기능 : BCD 또는 HEX(16진수) 숫자를 아래 표와 같이 변환하여 출력한다. BCD의 경우 0000~9999까지의 값이 4개의 세그먼트에 표시되고 HEX 입력의 경우 0000~FFFF까지 표시 가능하다.

2) ASCII 코드로 변환

명령어		사용가능영역											스텝	플래그		
		M	P	K	L	F	T	C	S	D	#D	상수		에러 (F110)	제로 (F111)	캐리 (F112)
ASC ASCP	S1	○	○	○	○	○	○ (−)	○ (−)		○	○	○	7 (4~6)	○		
	Ⓓ	○	○	○	○*		○ (−)	○ (−)		○	○					
	CW	(○)	(○)	(○)	(○)	(○)	(○)	(○)		○		○				

※( )는 XGK 기종에 적용, 나머지 인수는 MASTER-K와 동일

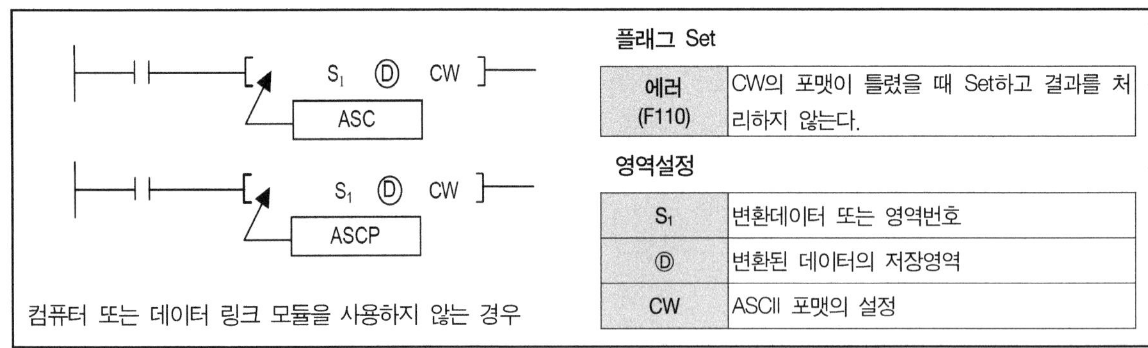

(1) ASC 명령의 기능

ASC(P)는 CW에 설정된 포맷 때문에 S_1으로 지정된 영역의 시작비트로부터 (n)개 숫자를 ASCII 코드로 변환하여 Ⓓ 영역에 저장한다.

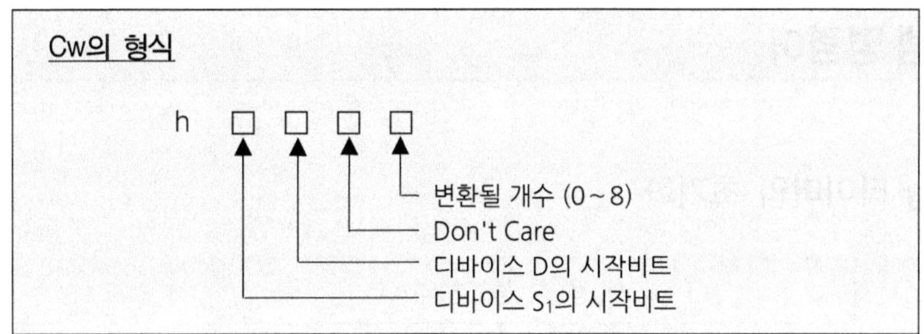

(2) 프로그램 예

P0000에 의해 D0000에 저장된 Word 데이터에서 상위바이트 (hFD)를 ASCII로 변환하여 D0010에 저장한다.

① MASTER-K에서의 SEG

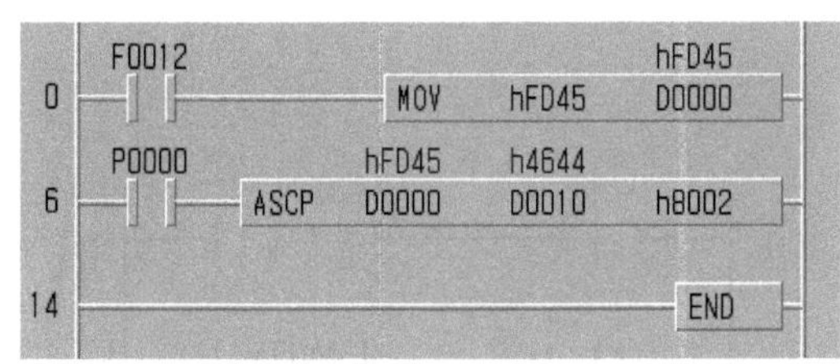

실행 결과(MASTER-K)

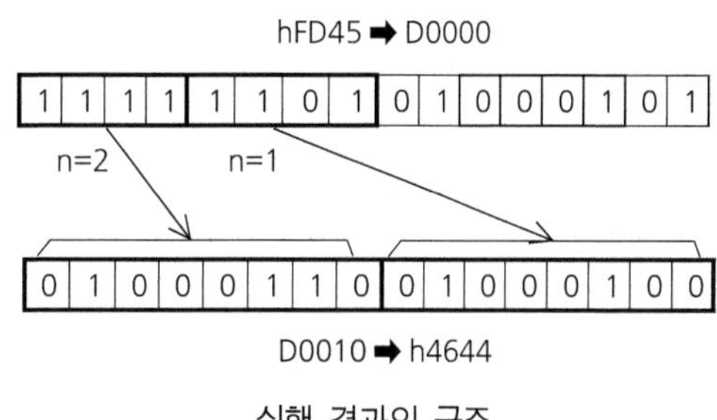

실행 결과의 구조

② XGK에서의 SEG

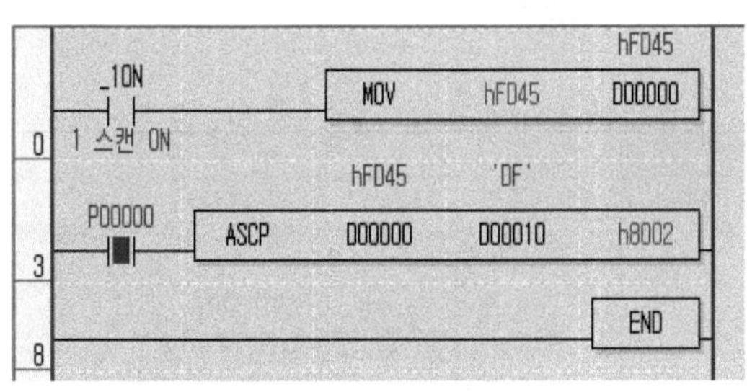

실행 결과(XGK)

7.13 시스템 명령어

1) Watch Dog 타이머의 초기화

명령어	사 용 가 능 영 역											스텝	플래그		
	M	P	K	L	F	T	C	S	D	#D	상수		에러 (F110)	제로 (F111)	캐리 (F112)
WDT												1			

(1) WDT(Watch Dog Timer Clear) 명령의 기능

① 프로그램 연산 중 Watch Dog 타이머를 Reset 시킨다.

② 프로그램 0번 스텝에서 END까지의 처리시간이 Watch Dog 타이머 설정치를 초과하면 프로그램 연산이 정지하므로 이런 경우에 사용한다.

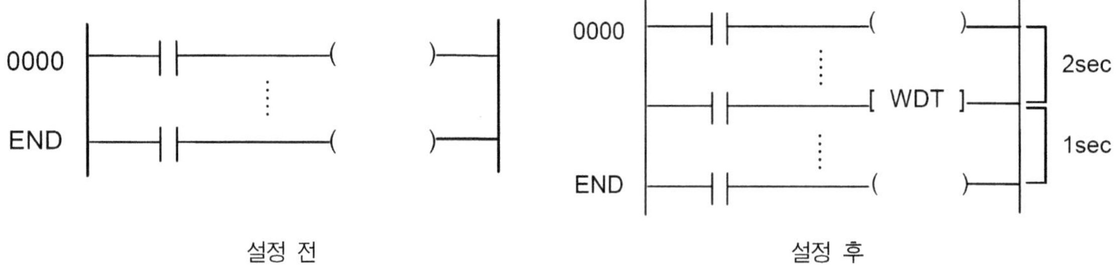

WDT가 2초로 설정되고 연산시간이 3초일 경우

※스캔 타임이 매번 설정된 Watch Dog Time의 시간을 초과하면 GMWIN의 기본 파라미터에서 Watch Dog Timer를 변경할 수 있다.

2) 출력의 억제

명령어	사 용 가 능 영 역											스텝	플래그		
	M	P	K	L	F	T	C	S	D	#D	상수		에러 (F110)	제로 (F111)	캐리 (F112)
OUTOFF												1			

(1) WDT 명령의 기능

① 입력조건이 성립하면 전체 출력을 OFF 시키고, 내부 연산은 계속되며 F 영역 중 F113(전체 출력 OFF) 플래그를 Set 시킨다.

② 입력조건이 해제되면 정상 출력이 이루어진다.

(2) 프로그램 예

P0000에 의해 P0010~P001F(16점) 출력 램프가 1초 간격으로 점멸되며 P0001을 누르면 외부 출력이 정지되나 내부 연산은 계속 실행된다.

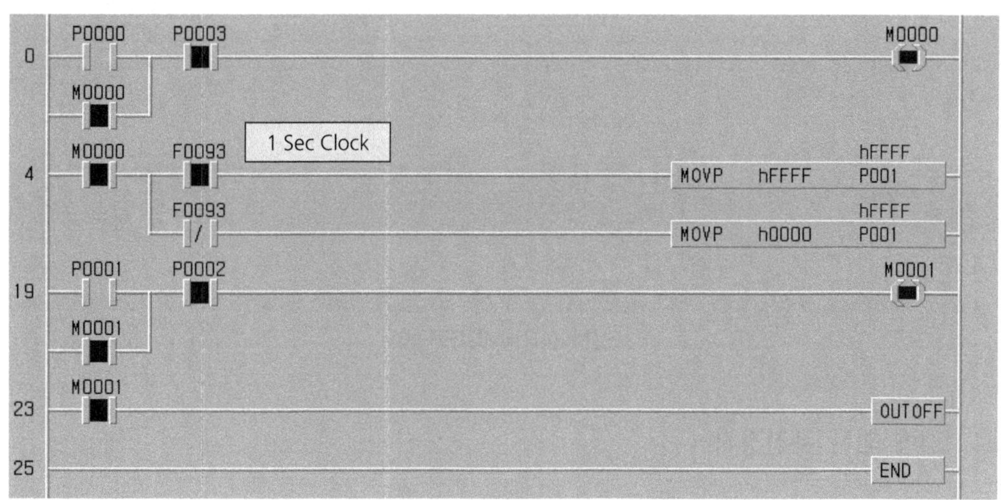

실행 결과(MASTER-K)

3) 운전의 정지

명령어	사 용 가 능 영 역											스텝	플래그		
	M	P	K	L	F	T	C	S	D	#D	상수		에러 (F110)	제로 (F111)	캐리 (F112)
STOP (ESTOP)												1			

※( )는 XGK 기종에 적용, 나머지 인수는 MASTER-K와 동일

(1) STOP 명령의 기능

① 현재 진행 중인 스캔을 완료한 후 프로그램 모드로 전환한다.

② 사용자가 명령어를 사용하여 원하는 시점에서 운전을 정지시킬 수 있는 기능이다.

(2) ESTOP(Emergency Stop) 명령의 기능

① ESTOP 명령어가 수행되면 곧바로 PLC의 운전을 정지한다.

② 비상시 사용될 수 있는 명령어이다.

(3) 프로그램 예

P0000에 의해 P0010~P001F(16점) 출력 램프가 1초 간격으로 점멸되며 P0001을 누르면 운전이 정지되며 전원을 다시 투입하거나 운전모드를 STOP으로 하였다가 RUN으로 하면 재기동이 된다.

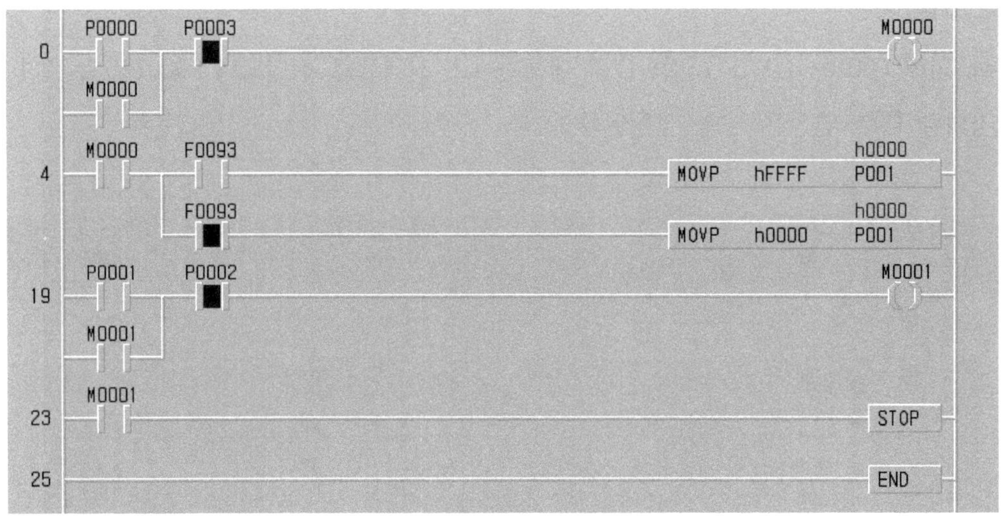

실행 결과(MASTER-K)

① 프로그램에 의한 운전정지

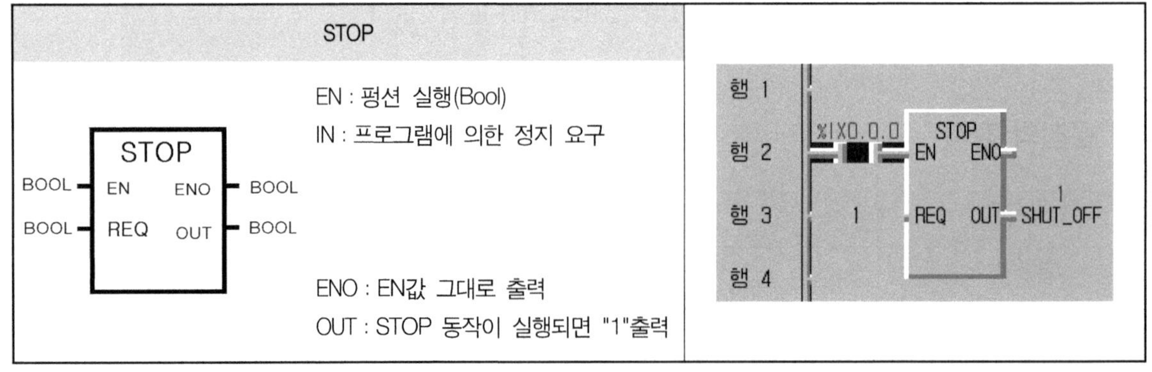

※EN이 1이고 REQ에 1의 값이 들어오면 운전을 정지하고 STOP 모드로 변경된다.

② 프로그램에 의한 비상 운전정지

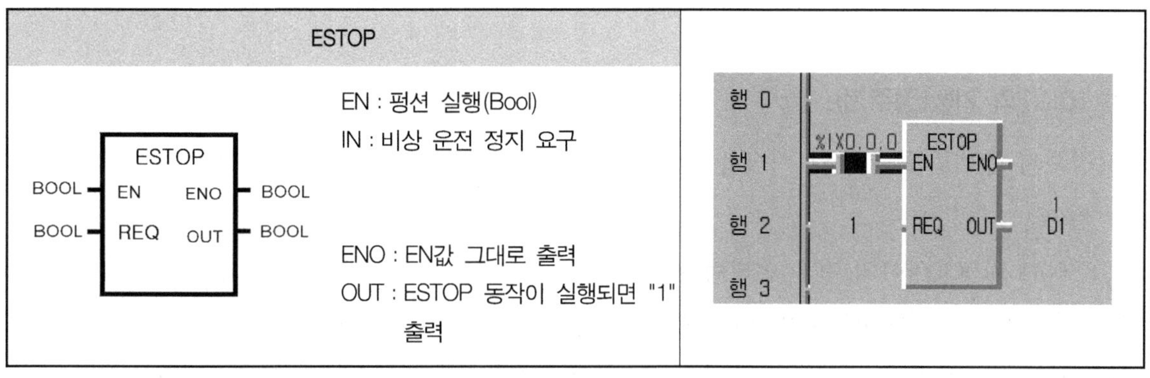

※EN이 "1"이고 REQ에 "1"의 값이 들어오면 운전을 즉시 정지하고 STOP 모드로 변경되며 전원을 다시 투입하여도 기동되지 않는다.

7.14 인터럽트 관련 명령

명령어	사 용 가 능 영 역											스텝	플래그		
	M	P	K	L	F	T	C	S	D	#D	상수		에러 (F110)	제로 (F111)	캐리 (F112)
EI, DI, TDINT, INT											○	1			

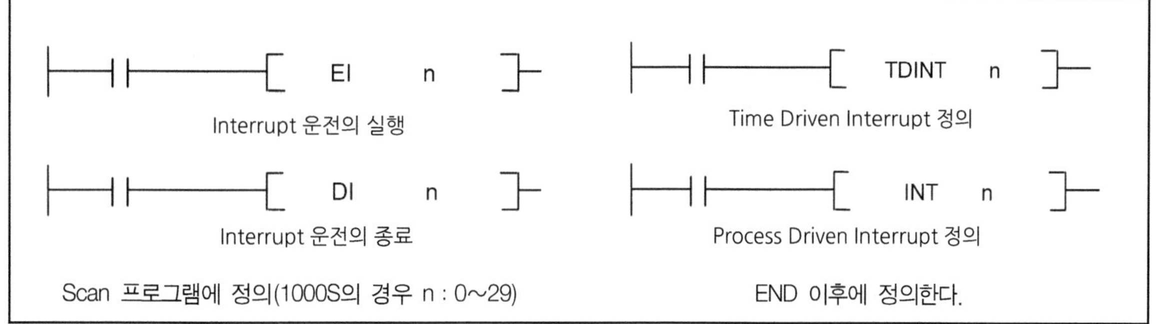

(1) EI의 기능

① 정주기 인터럽트(TDI : Time Driven Interrupt) 또는 외부 인터럽트(PDI : Process Driven Interrupt) 운전을 가능하게 한다.

② 파라미터에 의하여 설정된 인터럽트는 이 명령이 실행된 이후에 인터럽트 실행이 가능하다.

③ K80S, K200S, K300S, K1000S에서 n을 사용할 때 n으로 지정된 인터럽트만 허용되며 n을 사용하지 않을 때 파라미터에서 설정된 모든 인터럽트가 적용된다.

(2) DI의 기능

정주기 인터럽트 또는 외부 인터럽트 운전을 중지하며 n의 적용은 EI와 같다.

(3) TDINT의 기능(정주기)

① 정주기 인터럽트 루틴의 시작을 표시하며 프로그램의 정주기 인터럽트가 발생할 때만 수행된다.
② K500H 및 K1000H의 경우 인터럽트 발생 주기는 5msec~10sec까지 설정할 수 있으며 인터럽트 프로그램의 시작은 TDINT로 표시되고 종료는 IRET 명령으로 표시한다.
③ K80S, K200S 및 K1000S의 경우 인터럽트 발생 주기는 10msec~60sec까지 설정할 수 있으며 정주기 인터럽트 n : 0~5 또는 n : 0~13까지 표시할 수 있다.
④ 정주기 인터럽트 프로그램의 수행시간은 인터럽트 발생 주기보다 짧아야 한다.

(4) INT의 기능(외부)

① 외부 인터럽트 루틴의 시작을 표시하며 프로그램에서 외부 인터럽트가 발생할 때만 수행한다.
② 외부 접점의 인식 방법에는 Rising(상승), Falling(하강) 또는 Rising & Falling으로 인식된다.
③ K500H 및 K1000H의 경우 일반 입력 모듈의 접점을 최대 8개까지 인터럽트용 접점으로 사용할 수 있다.

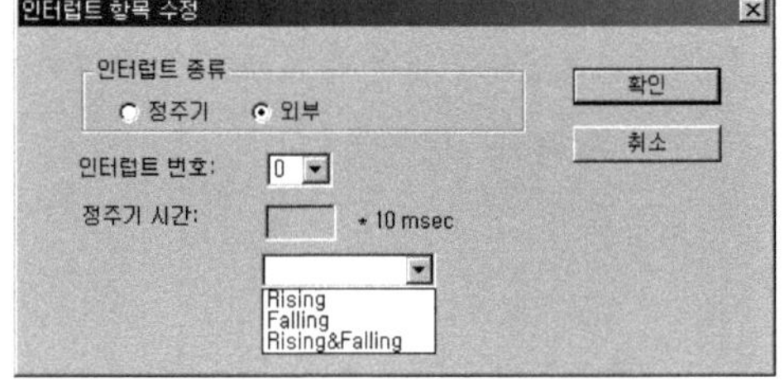

④ K80S 및 K200S, K300S, K1000S의 경우 일반 입력 모듈의 접점을 인터럽트용 접점으로 사용할 수 없으므로 별도의 인터럽트 모듈을 사용하여야 한다.

(5) 프로그램 예

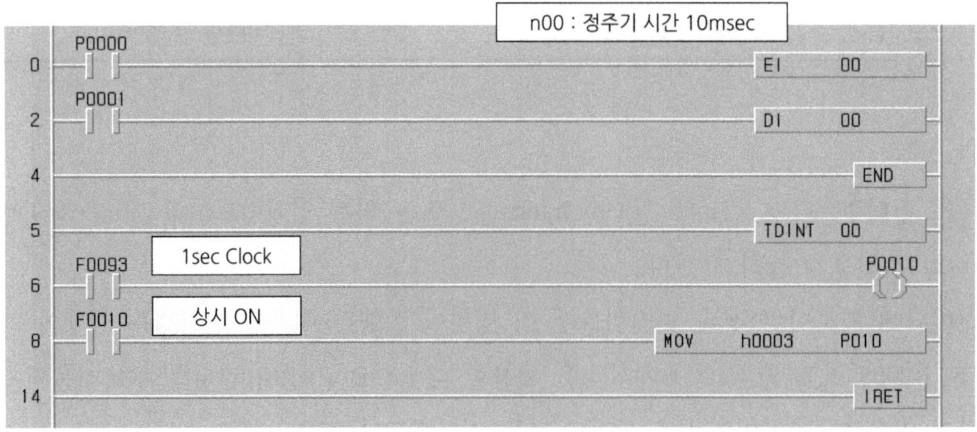

(6) GLOFA-GM에서 태스크프로그램의 기동 불허

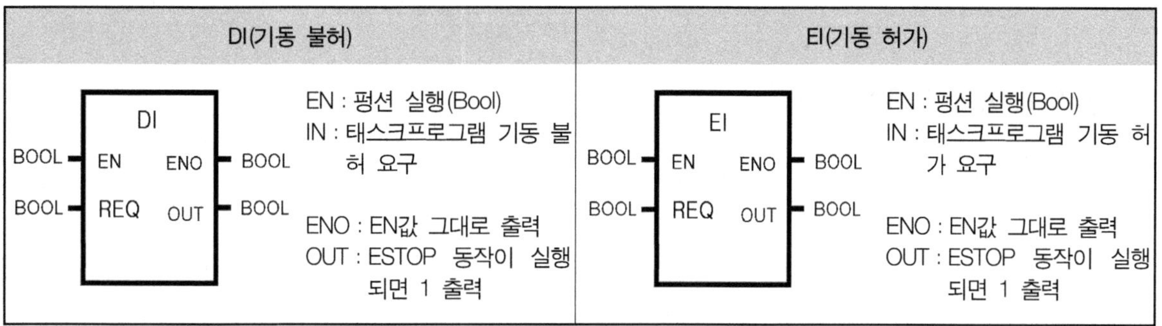

DI(기동 불허)		EI(기동 허가)	
DI: BOOL - EN, ENO - BOOL; BOOL - REQ, OUT - BOOL	EN : 펑션 실행(Bool) IN : 태스크프로그램 기동 불허 요구 ENO : EN값 그대로 출력 OUT : ESTOP 동작이 실행되면 1 출력	EI: BOOL - EN, ENO - BOOL; BOOL - REQ, OUT - BOOL	EN : 펑션 실행(Bool) IN : 태스크프로그램 기동 허가 요구 ENO : EN값 그대로 출력 OUT : ESTOP 동작이 실행되면 1 출력

① EN이 "1"이고 REQ에 "1"의 값이 들어오면 작성된 태스크 프로그램(싱글, 인터벌, 인터럽트)의 기능을 막으며 REQ에 의해 기동되지 않으므로 EI 펑션을 사용한다.

② 프로그램 수행 중 타 태스크 프로그램의 수행으로 연산의 연속성을 잃을 때 문제가 되는 부분에 대하여 부분적으로 태스크 프로그램 수행을 막을 수 있다.

리스타트 모드에 따른 데이터의 초기화

모드 \ 변수지정	콜드(Cold)	웜(Warm)	핫(Hot)
디폴트	"0"으로 초기화	"0"으로 초기화	이전값 유지
리테인	"0"으로 초기화	이전값 유지	이전값 유지
초기화	지정값으로 초기화	지정값으로 초기화	이전값 유지
리테인&초기화	지정값으로 초기화	이전값 유지	이전값 유지

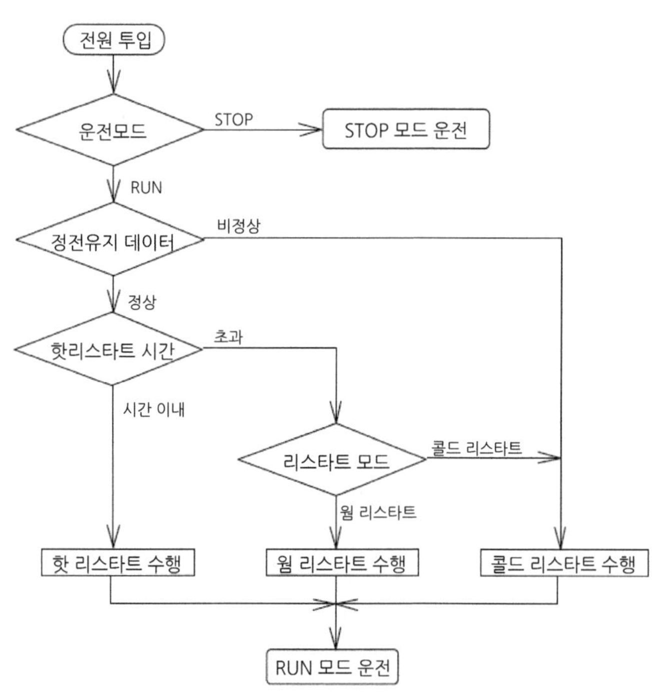

리스타트 모드 수행도

7.15 입 · 출력 데이터의 즉시 갱신

1) 입력 데이터의 즉시 갱신

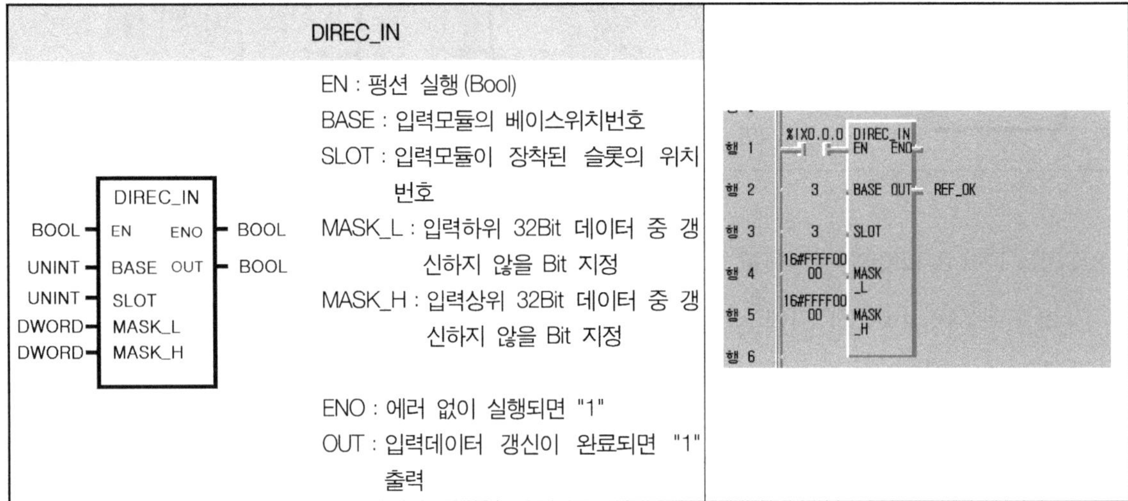

DIREC_IN		
DIREC_IN: BOOL – EN, ENO – BOOL; UNINT – BASE, OUT – BOOL; UNINT – SLOT; DWORD – MASK_L; DWORD – MASK_H	EN : 펑션 실행(Bool) BASE : 입력모듈의 베이스위치번호 SLOT : 입력모듈이 장착된 슬롯의 위치 번호 MASK_L : 입력하위 32Bit 데이터 중 갱신하지 않을 Bit 지정 MASK_H : 입력상위 32Bit 데이터 중 갱신하지 않을 Bit 지정 ENO : 에러 없이 실행되면 "1" OUT : 입력데이터 갱신이 완료되면 "1" 출력	행 1 %IX0.0.0 DIREC_IN EN ENO 행 2 3 BASE OUT REF_OK 행 3 3 SLOT 행 4 16#FFFF0000 MASK_L 행 5 16#FFFF0000 MASK_H 행 6

(1) DIREC_IN 명령의 기능

① 스캔 도중 EN이 "1"이 되면 BASE와 SLOT에 지정된 위치의 입력 모듈의 64 Bit 데이터를 읽어서 입력 이미지 영역을 갱신한다.

② 일반적으로 스캔 동기 일괄처리방식에서 스캔 도중에 입력된 데이터 갱신이 불가능하나 DIREC_IN 명령을 사용하면 실행 도중에 입력을 갱신할 수 있다.

③ GM5 기종에서는 DIREC_IN 명령을 사용할 수 없다.

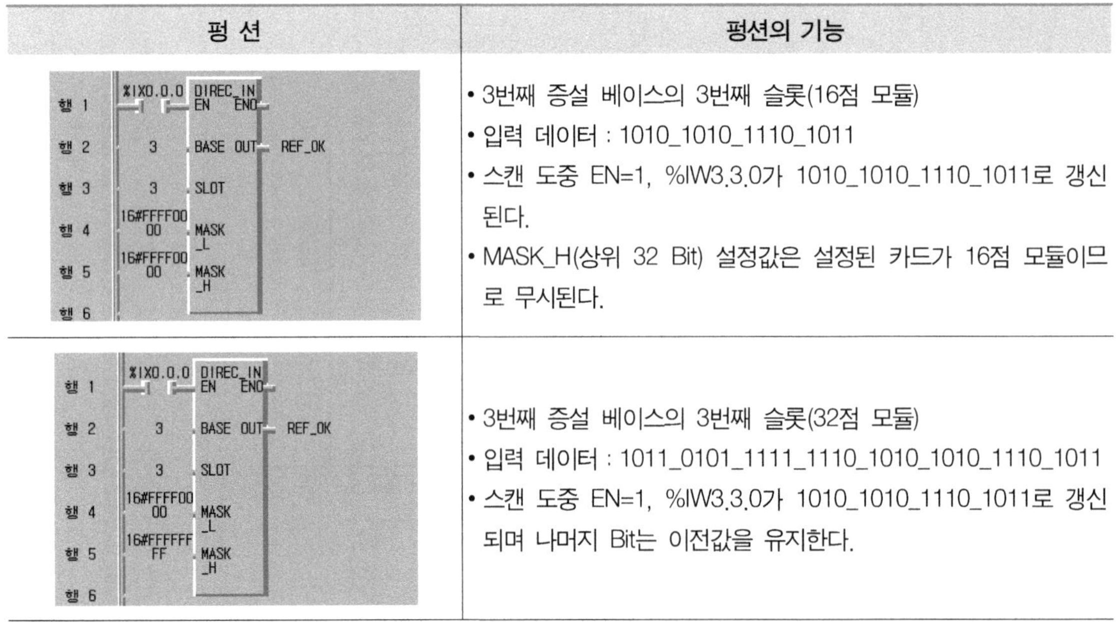

펑 션	펑션의 기능
행 1 %IX0.0.0 DIREC_IN EN ENO 행 2 3 BASE OUT REF_OK 행 3 3 SLOT 행 4 16#FFFF0000 MASK_L 행 5 16#FFFF0000 MASK_H 행 6	• 3번째 증설 베이스의 3번째 슬롯(16점 모듈) • 입력 데이터 : 1010_1010_1110_1011 • 스캔 도중 EN=1, %IW3.3.0가 1010_1010_1110_1011로 갱신된다. • MASK_H(상위 32 Bit) 설정값은 설정된 카드가 16점 모듈이므로 무시된다.
행 1 %IX0.0.0 DIREC_IN EN ENO 행 2 3 BASE OUT REF_OK 행 3 3 SLOT 행 4 16#FFFF0000 MASK_L 행 5 16#FFFFFFFF MASK_H 행 6	• 3번째 증설 베이스의 3번째 슬롯(32점 모듈) • 입력 데이터 : 1011_0101_1111_1110_1010_1010_1110_1011 • 스캔 도중 EN=1, %IW3.3.0가 1010_1010_1110_1011로 갱신되며 나머지 Bit는 이전값을 유지한다.

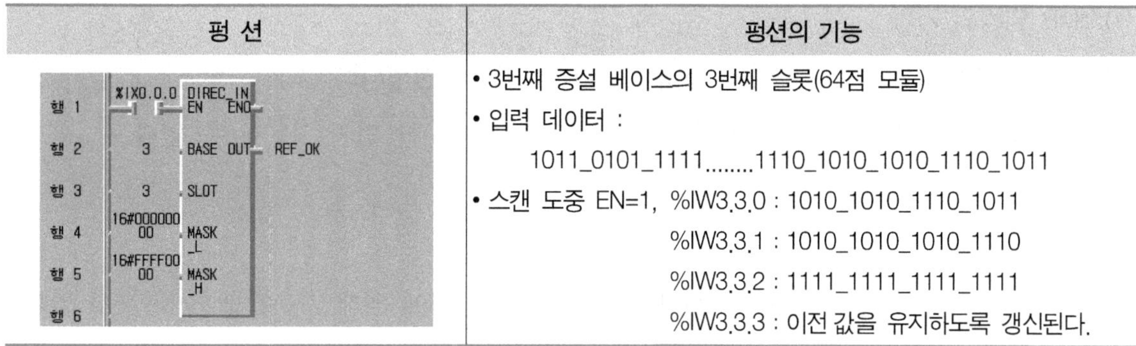

펑 션	펑션의 기능
행 1 %IX0.0.0 DIREC_IN EN ENO 행 2 3 BASE OUT REF_OK 행 3 3 SLOT 행 4 16#00000000 MASK_L 행 5 16#FFFF0000 MASK_H 행 6	• 3번째 증설 베이스의 3번째 슬롯(64점 모듈) • 입력 데이터 : 1011_0101_1111........1110_1010_1010_1110_1011 • 스캔 도중 EN=1, %IW3.3.0 : 1010_1010_1110_1011 %IW3.3.1 : 1010_1010_1010_1110 %IW3.3.2 : 1111_1111_1111_1111 %IW3.3.3 : 이전 값을 유지하도록 갱신된다.

(2) 출력 데이터의 즉시 갱신

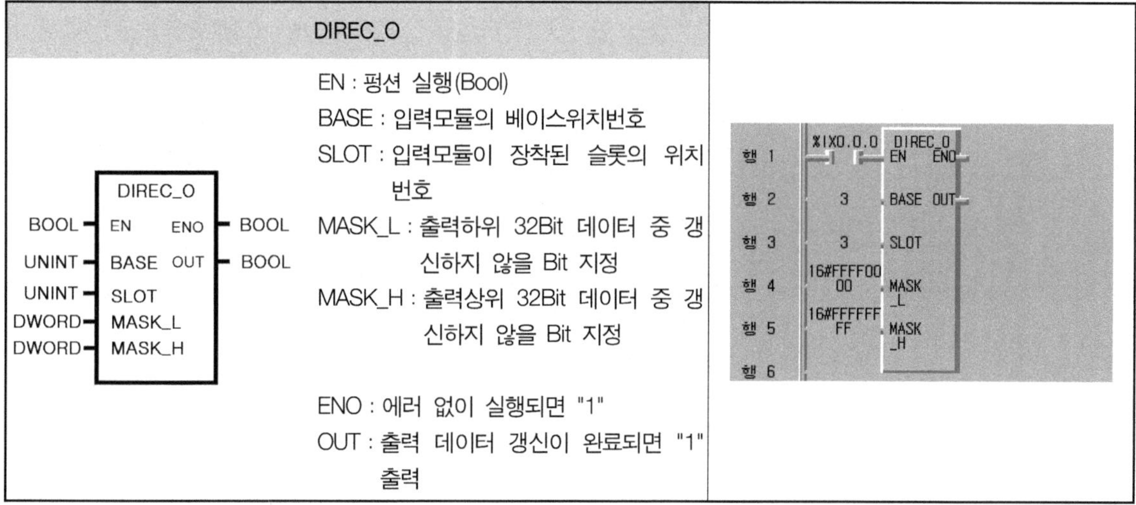

DIREC_O		
DIREC_O BOOL – EN ENO – BOOL UNINT – BASE OUT – BOOL UNINT – SLOT DWORD – MASK_L DWORD – MASK_H	EN : 펑션 실행(Bool) BASE : 입력모듈의 베이스위치번호 SLOT : 입력모듈이 장착된 슬롯의 위치 번호 MASK_L : 출력하위 32Bit 데이터 중 갱신하지 않을 Bit 지정 MASK_H : 출력상위 32Bit 데이터 중 갱신하지 않을 Bit 지정 ENO : 에러 없이 실행되면 "1" OUT : 출력 데이터 갱신이 완료되면 "1" 출력	행 1 %IX0.0.0 DIREC_O EN ENO 행 2 3 BASE OUT 행 3 3 SLOT 행 4 16#FFFF0000 MASK_L 행 5 16#FFFFFFFF MASK_H 행 6

스캔 도중 EN이 "1"이 되면 BASE와 SLOT에 지정된 위치의 출력모듈에 해당하는 64 Bit 데이터를 읽어서 출력모듈에 즉시 출력한다.

7.16 프로그램의 분기명령어

1) 프로그램의 점프

명령어	사용가능영역													스텝	플래그		
	M	P	K	F	L	C	T	Z	상수	U	N	D	R		에러 (F110)	제로 (F111)	캐리 (F112)
JMP, JME (LABEL)														1 (1~5)			

※( )는 XGK 기종에 적용, 나머지 인수는 MASTER-K와 동일

(1) JMP 명령의 기능

① JMP(n) 명령이 실행되면 JME(n) 이후의 프로그램만이 실행된다.

② n은 00~127의 영역에서 사용되면 같은 n번호의 JME(n)를 먼저 사용할 수 없다.

(2) 프로그램 예

① P0001에 카운터가 작동되나 P0000이 작동되면 JMP명령에 의해 카운터를 사용할 수 없다.

실행 결과(MASTER-K)

② 입력신호 P00020을 On 하였을 때 JMP SKIP_RING과 레이블 SKIP_RING 사이의 프로그램을 실행하지 않는 프로그램

실행 결과(XGK)

③ GLOFA-GM의 경우

실행 결과(GLOFA-GM)

2) 보조프로그램의 호출(서브루틴)

명령어	사 용 가 능 영 역											스텝	플래그		
	M	P	K	L	F	T	C	S	D	#D	상수		에러 (F110)	제로 (F111)	캐리 (F112)
CALL, SBRT(RET)											○	1/3			

(1) CALL 명령의 기능

① 서브루틴 프로그램 호출 명령으로 CALL(n) 명령에 의해 SBRT(n)~RET 사이의 프로그램을 수행한다.

② n은 00~127의 영역에서 사용되며 CALL(n)은 중첩되어 사용될 수 있으며 서브 프로그램은 END 이후에 위치하여야 한다.

③ SBRT내에서 다른 SBRT를 호출할 수 있으며 16회까지 가능하다.

(2) 프로그램 예

① MASTER-K의 경우 : P0000에 의해 M0102가 Set 되어 SBRT10이 호출되고 C000 카운터가 구동된 후에 타이머에 의해 P0015에 출력되며 P0003에 의해 M0102가 Reset 되어 서브루틴 프로그램을 종료한다.

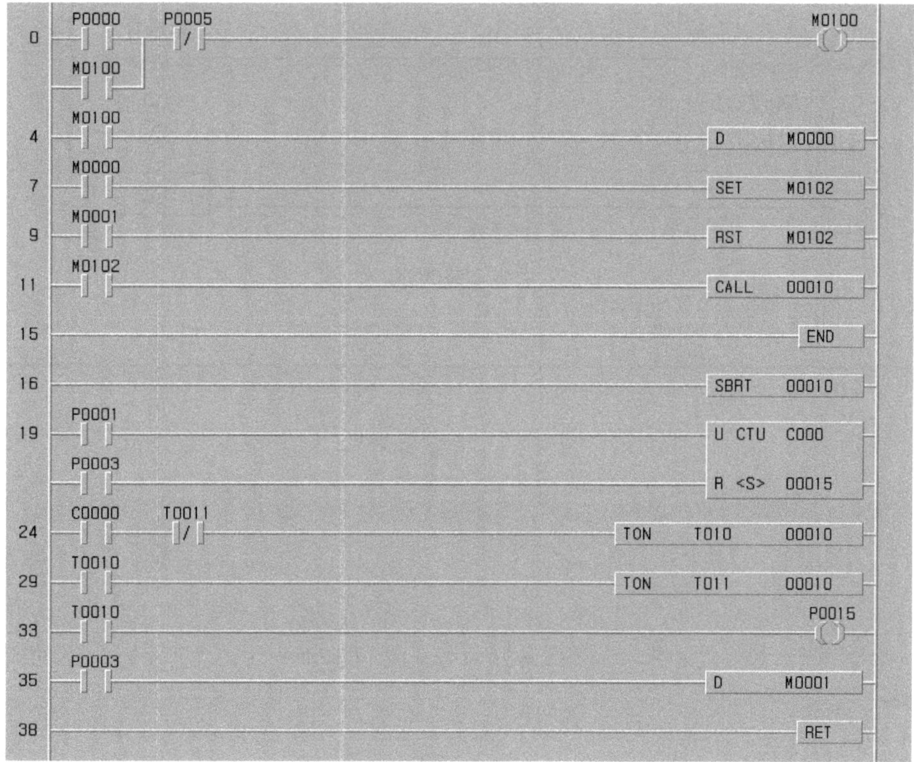

실행 결과(MASTER-K)

② XGK의 경우 : P0000에 의해 M0102가 Set 되어 SBRT Test가 호출되고 C000 카운터가 구동된 후에 타이머에 의해 P0015가 출력되며 P0003에 의해 M0102가 Reset 되어 서브루틴 프로그램을 종료한다.

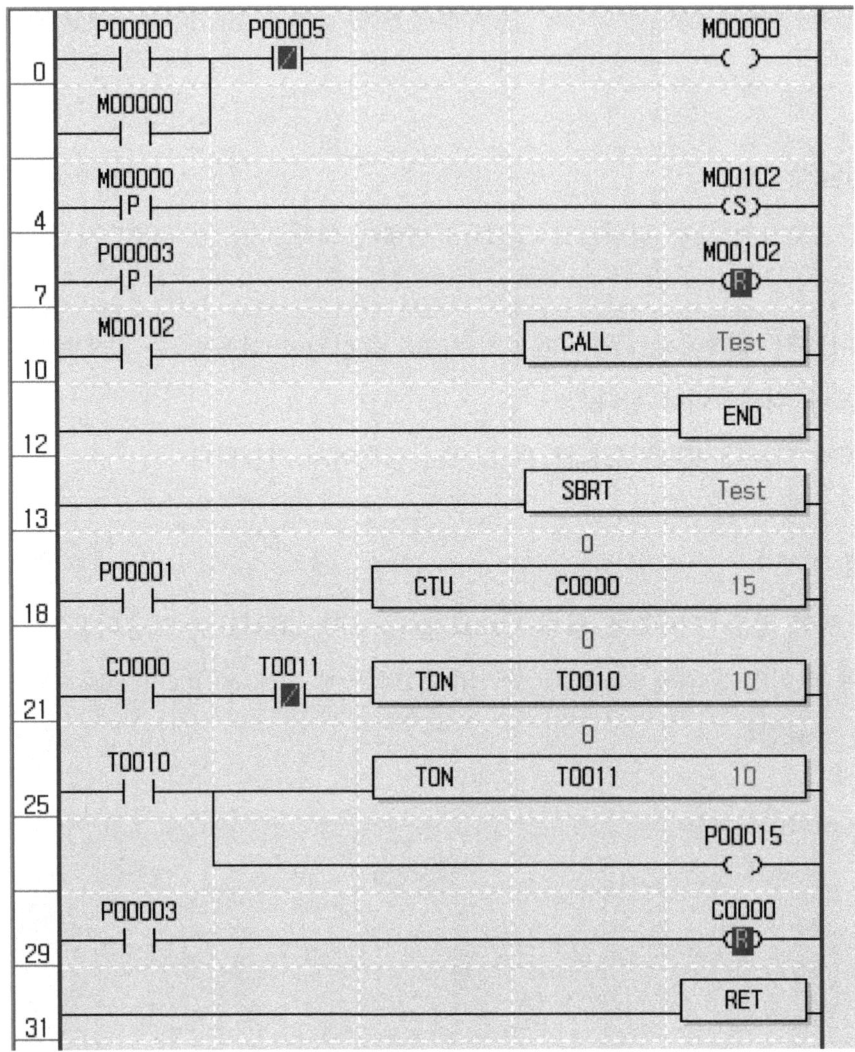

실행 결과(XGK)

③ GLOFA-GM의 경우

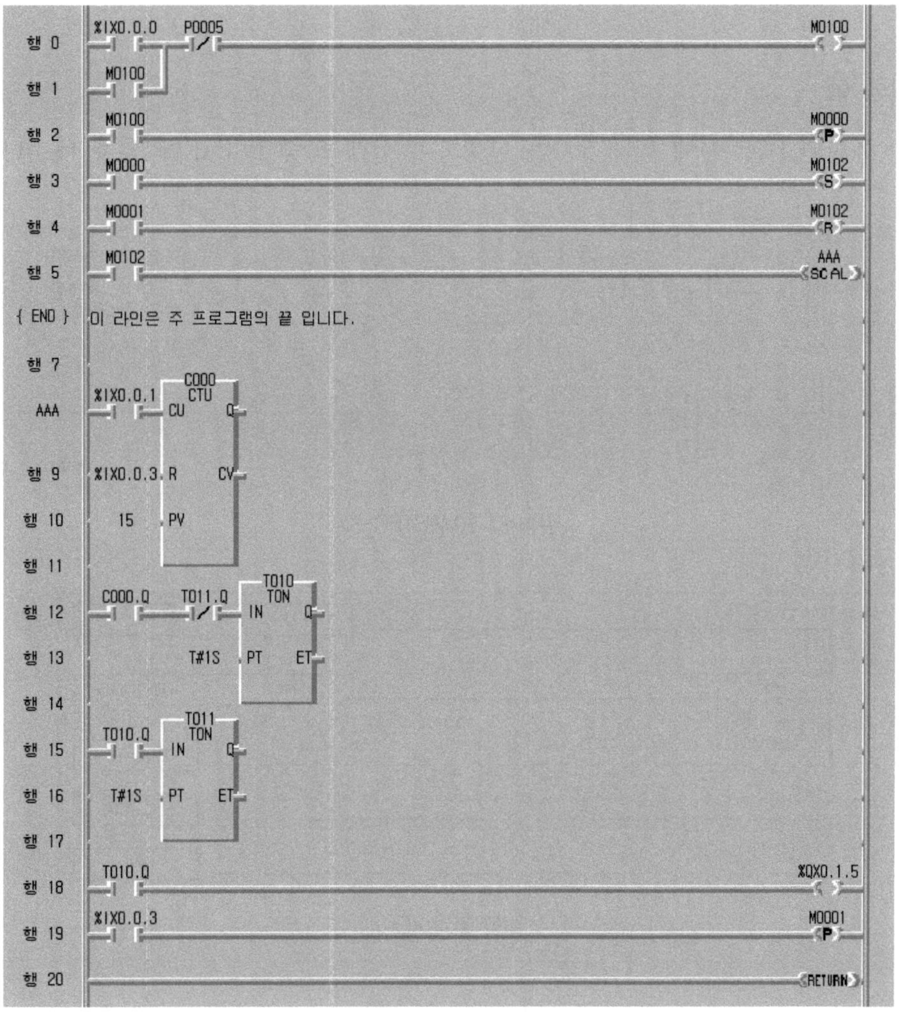

실행 결과(GLOFA-GM)

3) Loop 명령어

명령어	사용가능영역											스텝	플래그		
	M	P	K	L	F	T	C	S	D	#D	상수		에러 (F110)	제로 (F111)	캐리 (F112)
FOR(NEXT) BREAK											○	3			

(1) FOR~NEXT 명령의 기능

① PLC의 RUN 모드에서 FOR(n)의 n회 반복 실행한 후에 다음 스텝을 실행한다.

② n은 1~32767의 영역에서 지정되며 FOR~NEXT 문은 5개까지 설정할 수 있다.

③ FOR~NEXT Loop를 빠져나오는 방법은 BREAK 명령을 사용하며 WDT(Watch Dog Timer) 설정치를 초과하지 않도록 주의한다.

(2) 프로그램 예

P0000에 작동하면 FOR 문에 의해 500번 실행하며 실행 도중 BREAK에 의해 빠져나올 수 있다.

실행 결과(MASTER-K)

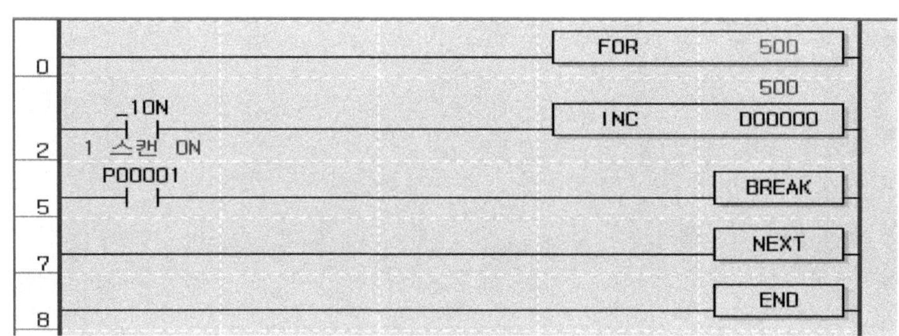

실행 결과(XGK)

4) 캐리플래그 관련 명령어

명령어	사용가능영역											스텝	플래그		
	M	P	K	L	F	T	C	S	D	#D	상수		에러 (F110)	제로 (F111)	캐리 (F112)
STC(CLC), CLE												1			○

STC : 캐리플래그 F112를 Set 시킨다.

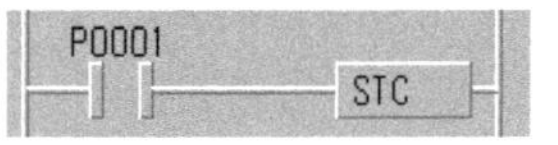

CLC : Set 된 F112 캐리플래그를 Reset 시킨다.

CLE : 에러 래치 플래그 F115를 클리어한다.

7.17 사용자에 의한 라이브러리 작성(GLOFA-GM)

(1) 사용자 라이브러리의 작성 : 지수연산 펑션파일의 생성 [프로그램(R) ➡ 새프로그램(N))..., Ctrl + N]

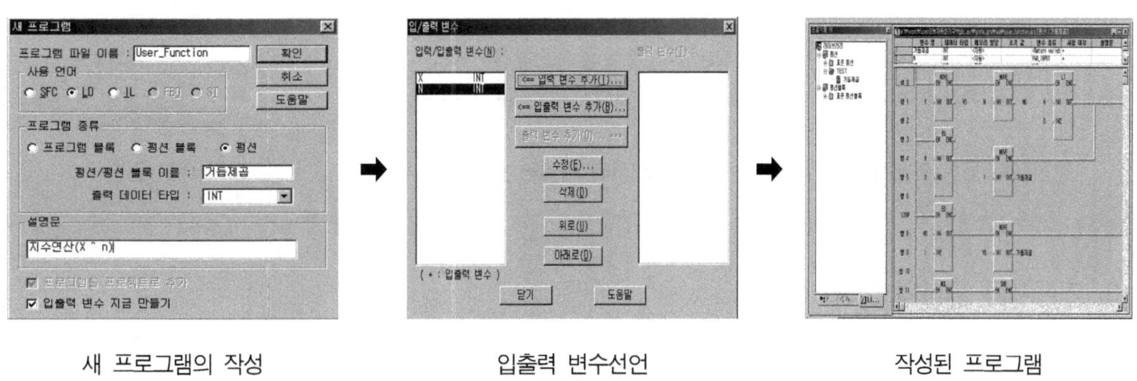

새 프로그램의 작성　　　　입출력 변수선언　　　　작성된 프로그램

펑션은 Return Value를 반환하며 V/B의 함수와 같은 기능을 가지며 작성된 프로그램은 [컴파일 아이콘] 컴파일 아이콘을 이용하여 컴파일을 수행한다.

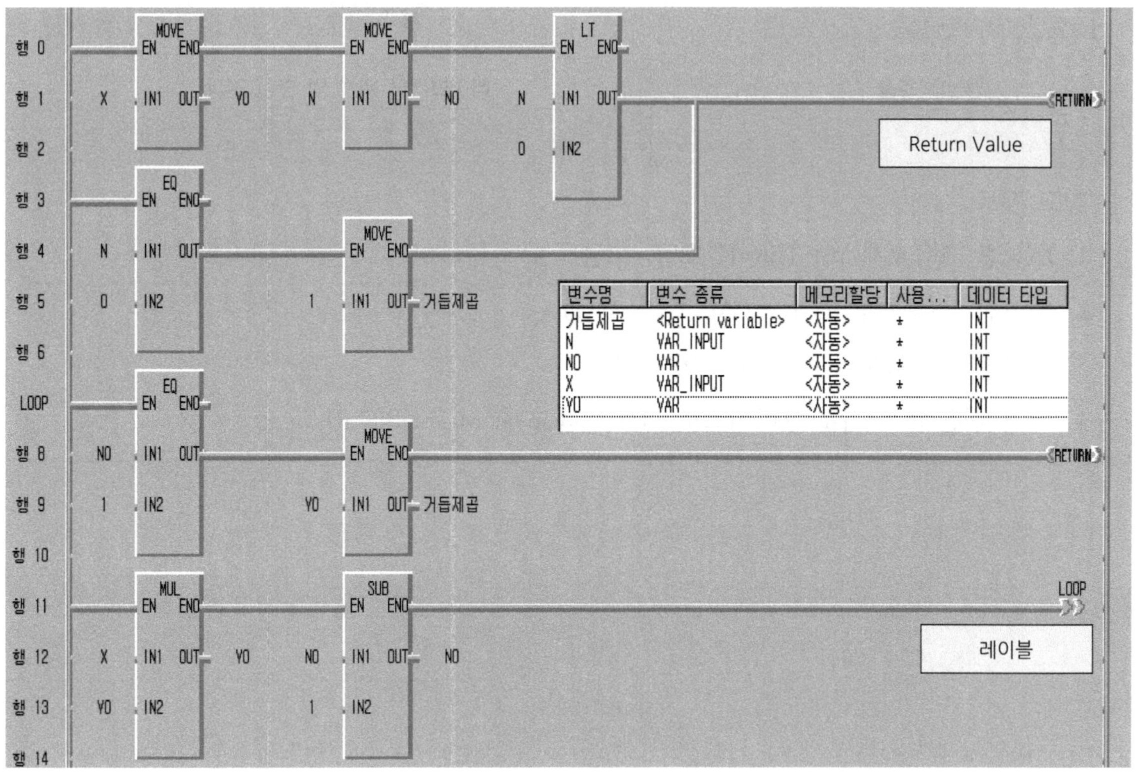

변수명	변수 종류	메모리할당	사용...	데이터 타입
거듭제곱	<Return variable>	<자동>	+	INT
N	VAR_INPUT	<자동>	+	INT
NO	VAR	<자동>	+	INT
X	VAR_INPUT	<자동>	+	INT
YO	VAR	<자동>	+	INT

작성된 지수 연산 기능 프로그램

(2) 펑션블록의 등록

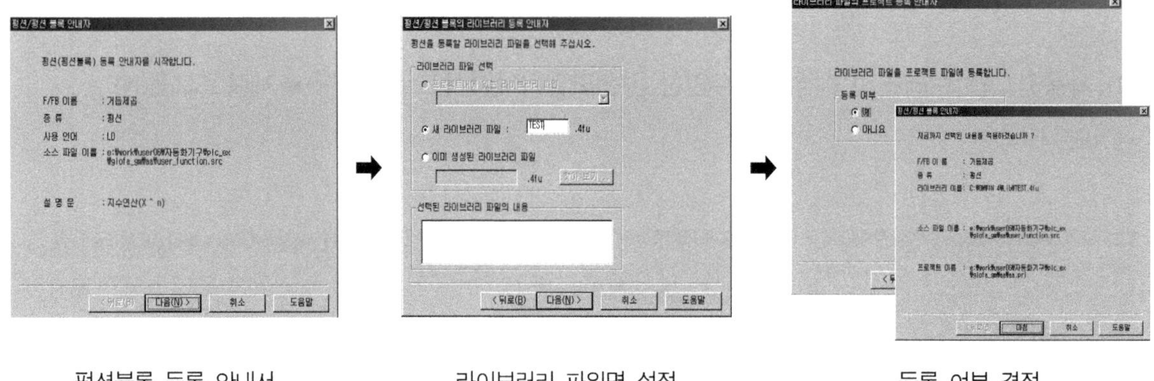

펑션블록 등록 안내서　　라이브러리 파일명 설정　　등록 여부 결정

(3) 거듭제곱 펑션의 활용

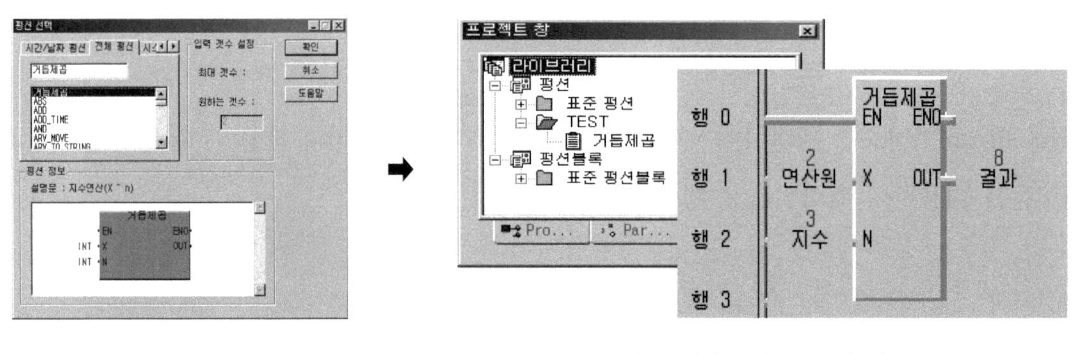

펑션의 호출　　라이브러리 위치 및 연산 결과

※ 참고 자료

1. LS산전 교육교재(MASTER-K 초급, 고급)
2. LS산전 교육교재(GLOFA-GM 초급, 고급)
3. LS산전 교육교재(XGK/XGB 명령어집)
4. 알기 쉬운 PLC 기초편(마이크로 PLC 교육교재, MITSUBISHI)

7.18 플래그 일람표

1) MASTER-K F영역 릴레이 일람표(K80S/200S/300S/1000S)

접 점	기 능	설 명
F0000	RAN 모드	CPU가 RUN 모드인 경우 ON
F0001	프로그램모드	CPU가 프로그램 모드 인 경우 ON
F0002	Pause 모드	CPU가 Pause 모드인 경우 ON
F0003	디버그모드	CPU가 디버그 모드인 경우 ON
F0006	Remote 모드	CPU가 Remote 모드인 경우 ON
F0007	User 메모리 장착	User 메모리 장착시 ON
F0008~F0009	미사용	
F000A	User 메모리 운전	User 메모리 운전시 ON
F000B~F000E	미사용	
F000F	STOP 명령 수행	STOP 명령 수행시 ON
F0010	상시 ON	상시 ON
F0011	상시 OFF	상시 OFF
F0012	1 스캔 ON	1 스캔 ON
F0013	1 스캔 OFF	1 스캔 OFF
F0014	매 스캔 반전	매 스캔 반전
F0015~F001F	미사용	
F0020	1스텝 RUN	디버그 모드 1스텝 RUN 운전시 ON
F0021	Break Point RUN	디버그 모드 Break Point RUN 운전시 ON
F0022	스캔 Run	디버그 모드 스캔 RUN 운전시 ON
F0023	접점값 일치 RUN	디버그 모드 접점값 일치 RUN 운전시 ON
F0024	워드값 일치 RUN	디버그 모드 워드값 일치 운전시 ON
F0025~F002F	미사용	
F0030	중고장	중고장 에러발생시 ON
F0031	경고장	경고장 에러발생시 ON
F0032	WDT 에러	Watch Dog Time 에러발생시 ON
F0033	I/O 조합에러	I/O 에러발생시 ON(F0040~F005F 중 한 개 이상의 비트가 ON인 경우)
F0034	배터리 전압 이상	베터리 전압이 기준 값 이하일 경우 ON
F0035	Fuse 이상	출력모듈 Fuse 단락시 ON
F0036~F0038	미사용	
F0039	백업 정상수행	데이터 백업이 정상일 경우 ON
F003A	시계 데이터 에러	시계데이터 Setting 에러시 ON

접 점	기 능	설 명
F003B	프로그램 교체중	RUN 중 프로그램 Edit 시 ON
F003C	프로그램 교체중 에러	RUN 중 프로그램 Edit 에러 발생시 ON
F003D~F003F	미사용	
F0040~F005F	I/O 에러	예약 I/O(파리미터 설정)와 실 I/O 모듈이 다르거나 I/O가 착탈되었을 경우 해당 비트 ON
F0060~F006F	에러 코드저장	시스템의 고장번호를 저장한다.
F0070~F008F	Fuse단락 상태저장	출력 모듈 Fuse단락 시 해당 슬롯 비트 ON
F0090	20ms 주기 Clock	일정주기 간격으로 ON/OFF를 반복한다. 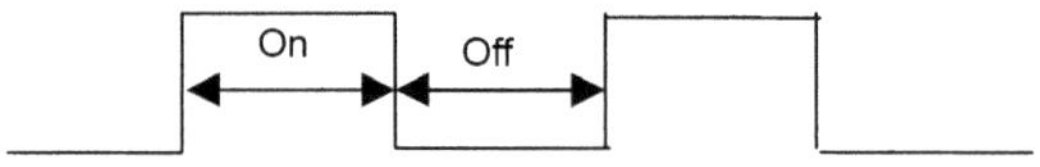 On Off
F0091	100ms 주기 Clock	
F0092	200ms 주기 Clock	
F0093	1s 주기 Clock	
F0094	2s 주기 Clock	
F0095	10s 주기 Clock	
F0096	20s 주기 Clock	
F0097	60s 주기 Clock	
F0098~F009F	미사용	
F0100	User Clock 0	Duty 명령에서 지정된 스캔만큼 ON/OFF를 반복 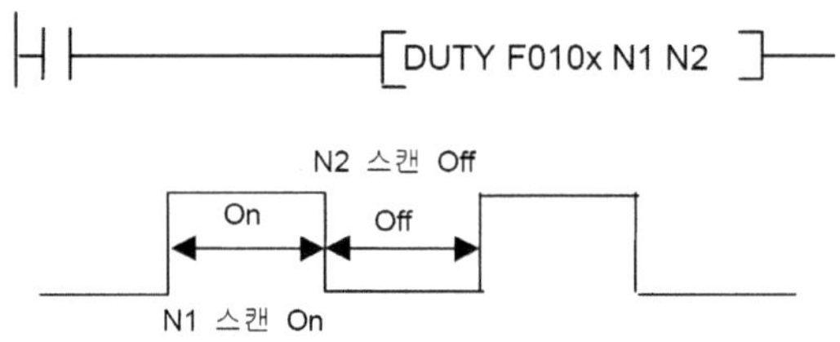 DUTY F010x N1 N2 N2 스캔 Off On Off N1 스캔 On
F0101	User Clock 1	
F0102	User Clock 2	
F0103	User Clock 3	
F0104	User Clock 4	
F0105	User Clock 5	
F0106	User Clock 6	
F0107	User Clock 7	
F0108~F0101F	미사용	
F0110	연산 에러플래그	연산에러 발생시 ON
F0111	제로 플래그	연산결과가 "0"일 경우 ON
F0112	캐리 플래그	연산결과가 캐리발생시 ON
F0113	전출력 OFF	OUTPUT 명령 실행 시 ON
F0114	공용 RAM R/W에러	특수모듈 공용메모리 Access 에러 ON
F0115	연산에러플래그(래치)	연산에러 발생시 ON(래치 됨)
F0116~F011F	미사용	
F0120	LT 플래그	CAP 비교연산 결과 $S_1 < S_2$인 경우 ON
F0121	LTE 플래그	CAP 비교연산 결과 $S_1 \leq S_2$인 경우 ON
F0122	EQU 플래그	CAP 비교연산 결과 $S_1 = S_2$인 경우 ON
F0123	GT 플래그	CAP 비교연산 결과 $S_1 > S_2$인 경우 ON

접 점	기 능	설 명
F0124	GTE 플래그	CAP 비교연산 결과 $S_1 \geq S_2$인 경우 ON
F0125	NEQ 플래그	CMP 비교연산 결과 $S_1 \neq S_2$인 경우 ON
F0126~F012F	미사용	
F0130~F013F	AC Down Count	AC Down 횟수를 Count 하여 저장
F0140~F014F	FALS 번호	FALS 명령에 의한 고장번호 저장
F0150~F015F	PUT/GET 에러 플래그	특수모듈 공용 RAM Access 에러 발생 시 해당 슬롯비트 ON
F0160~F049F	미사용	
F0500~F050F	최대 스캔시간	최대 스캔시간 저장
F0510~F051F	최소 스캔시간	최소 스캔시간 저장
F0520~F052F	현재 스캔시간	현재 스캔시간 저장
F0530~F053F	시계 데이터(년/월)	시계 데이터(년/월)
F0540~F054F	시계 데이터(일/시)	시계 데이터(일/시)
F0550~F055F	시계 데이터(분/초)	시계 데이터(분/초)
F0560~F056F	시계 데이터(백년/요일)	시계 데이터(백년/요일)
F0570~F058F	미사용	
F0590~F059F	에러스텝 저장	프로그램 에러스텝 저장
F0600~F060F	FMM 상세 에러정보	FMM 관련 에러발생 정보저장
F0610~F063F	미사용	

M영역 릴레이 일람표

접 점	기 능	설 명
M1904	시간 설정비트	ON일 때 설정된 시간을 RTC 영역에 Write합니다.
M1910	강제 I/O 설정 비트	강제 I/O 설정을 인 에이블되는 비트이다.

① F영역의 접점은 읽기전용 릴레이로 프로그램에서 입력접점으로는 사용이 가능하나 출력으로 사용할 수 없다.

② M영역의 접점은 읽기/쓰기가 가능하고 프로그램에서 입·출력 접점으로 사용할 수 있다.

2) XGK 플래그 일람표

디바이스1	디바이스2	타 입	변 수	기 능	설 명
F0000		DWORD	_SYS_STATE	모드와 상태	PLC의 모드와 운전 상태를 표시
	F00000	BIT	_RUN	RUN	RUN 상태
	F00001	BIT	_STOP	STOP	STOP 상태
	F00002	BIT	_ERROR	ERROR	ERROR 상태
	F00003	BIT	_DEBUG	DEBUG	DEBUG 상태
	F00004	BIT	_LOCAL_CON	로컬 컨트롤	로컬 컨트롤 모드
	F00005	BIT	_MODBUS_CON	모드버스 모드	모드버스 컨트롤 모드
	F00006	BIT	_REMOTE_CON	리모트 모드	리모트 컨트롤 모드
	F00008	BIT	_RUN_EDIT_ST	런중 수정 중	런중 수정 프로그램 다운로드 중
	F00009	BIT	_RUN_EDIT_CHK	런중 수정 중	런중 수정 내부 처리 중
	F0000A	BIT	_RUN_EDIT_DONE	런중 수정 완료	런중 수정 완료
	F0000B	BIT	_RUN_EDIT_END	런중 수정 끝	런중 수정 끝
	F0000C	BIT	_CMOD_KEY	운전모드	키에 의해 운전모드가 변경
	F0000D	BIT	_CMOD_LPADT	운전모드	로컬 PADT에 의해 운전모드가 변경
	F0000E	BIT	_CMOD_RPADT	운전모드	리모트 PADT에 의해 운전모드가 변경
	F0000F	BIT	_CMOD_RLINK	운전모드	리모트 통신 모듈에 의해 운전모드가 변경
	F00010	BIT	_FORCE_IN	강제입력	강제입력 상태
	F00011	BIT	_FORCE_OUT	강제출력	강제출력 상태
	F00012	BIT	_SKIP_ON	입출력 SKIP	입출력 SKIP이 실행 중
	F00013	BIT	_EMASK_ON	고장 마스크	고장 마스크가 실행 중
	F00014	BIT	_MON_ON	모니터	모니터가 실행 중
	F00015	BIT	_USTOP_ON	STOP	STOP 펑션에 의해 STOP
	F00016	BIT	_ESTOP_ON	ESTOP	ESTOP 펑션에 의해 STOP
	F00017	BIT	_CONPILE_MODE	컴파일중	컴파일 수행 중
	F00018	BIT	_INIT_RUN	초기화중	초기화 태스크가 수행 중
	F0001C	BIT	_PB1	프로그램 코드1	프로그램 코드1이 선택
	F0001D	BIT	_PB2	프로그램 코드2	프로그램 코드2가 선택
	F0001E	BIT	_CB1	컴파일 코드1	컴파일 코드1이 선택
	F0001F	BIT	_CB2	컴파일 코드2	컴파일 코드2가 선택
F0002		DWORD	_CNF_ER	시스템 에러	시스템의 중고장 상태를 보고
	F00020	BIT	_CPU_ER	CPU 에러	CPU 구성에 에러발생
	F00021	BIT	_IO_TYER	모듈 타입 에러	모듈 타입이 일치하지 않음

디바이스1	디바이스2	타 입	변 수	기 능	설 명
	F00022	BIT	_IO_DEER	모듈 착탈 에러	모듈이 착탈
	F00023	BIT	_FUSE_ER	퓨즈에러	퓨즈가 끊어짐
	F00024	BIT	_IO_RWER	모듈입출력 에러	모듈 입출력에 문제발생
	F00025	BIT	_IP_IFER	모듈 인터페이스 에러	특수/통신 모듈 인터페이스에 문제 발생
	F00026	BIT	_ANNUM_ER	외부기기 고장	외부기기에 중고장이 검출
	F00028	BIT	_BPRM_ER	기본 파라미터	기본 파라미터에 이상
	F00029	BIT	_IOPRM_ER	IO 파라미터	IO 구성 파라미터에 이상
	F0002A	BIT	_SPPRM_ER	특수모듈 파라미터	특수 모듈 파라미터가 비정상
	F0002B	BIT	_CPPRM_ER	통신모듈 파라미터	통신 모듈 파라미터가 비정상
	F0002C	BIT	_PGM_ER	프로그램 에러	프로그램에 에러
	F0002D	BIT	_CODE_ER	코드 에러	프로그램 코드에 에러
	F0002E	BIT	_SWDT_ER	시스템 워치독	시스템 워치독이 작동
	F0002F	BIT	_BASE_POWER_ER	전원 에러	베이스 전원에 이상
	F00030	BIT	_WDT_ER	스캔 워치독	스캔 워치독이 작동
F0004		DWORD	_CNF_WAR	시스템 경고	시스템의 경고장 상태 보고
	F00040	BIT	_RTC_ER	RTC 이상	RTC데이터에 이상
	F00041	BIT	_DBCK_ER	백업 이상	데이터 벡업에 문제
	F00042	BIT	_HBCK_ER	리스타트 이상	핫 리스타트가 불가능
	F00043	BIT	_ABSD_ER	운전 이상 정지	비정상 운전으로 인해 정지
	F00044	BIT	_TASK_ER	태스크 충돌	태스크가 충돌
	F00045	BIT	_BAT_ER	배터리 이상	배터리 상태에 이상
	F00046	BIT	_ANNUM_WAR	외부기기 고장	외부 기기의 경고장이 검출
	F00047	BIT	_LOG_FULL	메모리 풀	로그 메모리 오버
	F00048	BIT	_HS_WAR1	고속 링크1	고속 링크 - 파라미터1 이상
	F00049	BIT	_HS_WAR2	고속 링크2	고속 링크 - 파라미터2 이상
	F0004A	BIT	_HS_WAR3	고속 링크3	고속 링크 - 파라미터3 이상
	F0004B	BIT	_HS_WAR4	고속 링크4	고속 링크 - 파라미터4 이상
	F0004C	BIT	_HS_WAR5	고속 링크5	고속 링크 - 파라미터5 이상
	F0004D	BIT	_HS_WAR6	고속 링크6	고속 링크 - 파라미터6 이상
	F0004E	BIT	_HS_WAR7	고속 링크7	고속 링크 - 파라미터7 이상
	F0004F	BIT	_HS_WAR8	고속 링크8	고속 링크 - 파라미터8 이상
	F00060	BIT	_HS_WAR9	고속 링크9	고속 링크 - 파라미터9 이상
	F00061	BIT	_HS_WAR10	고속 링크10	고속 링크 - 파라미터10 이상

디바이스1	디바이스2	타 입	변 수	기 능	설 명
	F00062	BIT	_HS_WAR11	고속 링크11	고속 링크 - 파라미터11 이상
	F00063	BIT	_HS_WAR12	고속 링크12	고속 링크 - 파라미터12 이상
	F00064	BIT	_P2P_WAR1	P2P 파라미터1	P2P - 파라미터 1 이상
	F00065	BIT	_P2P_WAR2	P2P 파라미터2	P2P - 파라미터 2 이상
	F00066	BIT	_P2P_WAR3	P2P 파라미터3	P2P - 파라미터 3 이상
	F00067	BIT	_P2P_WAR4	P2P 파라미터4	P2P - 파라미터 4 이상
	F00068	BIT	_P2P_WAR5	P2P 파라미터5	P2P - 파라미터 5 이상
	F00069	BIT	_P2P_WAR6	P2P 파라미터6	P2P - 파라미터 6 이상
	F0006A	BIT	_P2P_WAR7	P2P 파라미터7	P2P - 파라미터 7 이상
	F0006B	BIT	_P2P_WAR8	P2P 파라미터8	P2P - 파라미터 8 이상
	F0006C	BIT	_CONSTANT_ER	고정주기 오류	고정주기 오류
F0009		WORD	_USER_F	유저 접점	사용자가 사용할 수 있는 타이머
	F00090	BIT	_T20MS	20ms	20ms 주기의 CLOK
	F00091	BIT	_T100MS	100ms	100ms 주기의 CLOK
	F00092	_T20MS	_T200MS	200s	200ms 주기의 CLOK
	F00093	BIT	_T1S	1s	1s 주기의 CLOK
	F00094	BIT	_T2S	2s	2s 주기의 CLOK
	F00095	BIT	_T10S	10s	10s 주기의 CLOK
	F00096	BIT	_T60S	60s	60s 주기의 CLOK
	F00099	BIT	_ON	항시 on	항상 ON 상태인 비트
	F0009A	BIT	_OFF	항시 off	항상 OFF 상태인 비트
	F0009B	BIT	_1ON	1스캔 on	첫 스캔만 ON 상태인 비트
	F0009C	BIT	_1OFF	1스캔 off	첫 스캔만 OFF 상태인 비트
	F0009D	BIT	_STOG	반전	매 스캔 반전
F0010		WORD	_USER_CLK	유저 CLOCK	사용자가 설정 가능한 CLOK
	F00100	BIT	_USER_CLK	지정 스캔 반복	지정된 스캔만큼 on/off CLOCK 0
	F00101	BIT	_USER_CLK	지정 스캔 반복	지정된 스캔만큼 on/off CLOCK 1
	F00102	BIT	_USER_CLK	지정 스캔 반복	지정된 스캔만큼 on/off CLOCK 2
	F00103	BIT	_USER_CLK	지정 스캔 반복	지정된 스캔만큼 on/off CLOCK 3
	F00104	BIT	_USER_CLK	지정 스캔 반복	지정된 스캔만큼 on/off CLOCK 4
	F00105	BIT	_USER_CLK	지정 스캔 반복	지정된 스캔만큼 on/off CLOCK 5
	F00106	BIT	_USER_CLK	지정 스캔 반복	지정된 스캔만큼 on/off CLOCK 6
	F00107	BIT	_USER_CLK	지정 스캔 반복	지정된 스캔만큼 on/off CLOCK 7
F0011		WORD	_LOGIC_RESULT	로직 결과	로직 결과를 표시

디바이스1	디바이스2	타 입	변 수	기 능	설 명
	F00110	BIT	_LER	연산 에러	연산 에러시 1 스캔동안 ON
	F00111	BIT	_ZERO	제로 플래그	연산 결과가 0 일 경우 ON
	F00112	BIT	_CARRY	캐리 플래그	연산시 캐리가 발생했을 경우 ON
	F00113	BIT	_ALL_OFF	전출력 off	모든 출력이 OFF 일 경우 ON
	F00116	BIT	_LER_LATCH	연산 에러 래치	연산 애러시 계속 on 유지
F0012		WORD	_CMP_RESULT	비교 결과	비교 결과를 표시
	F00120	BIT	_IO_TYER2	모듈타입2 에러	"보다 작다"인 경우 ON
F0099		WORD	_IO_TYER3	모듈타입3 에러	증설 베이스 3단 모듈 타입 에러
F0100		WORD	_IO_TYER4	모듈타입4 에러	증설 베이스 4단 모듈 타입 에러
F0101		WORD	_IO_TYER5	모듈타입5 에러	증설 베이스 5단 모듈 타입 에러
F0102		WORD	_IO_TYER6	모듈타입6 에러	증설 베이스 6단 모듈 타입 에러
F0103		WORD	_IO_TYER7	모듈타입7 에러	증설 베이스 7단 모듈 타입 에러
F0104		WORD	_IO_DEER0	모듈착탈0 에러	메인 베이스 모듈 착탈 에러
F0105		WORD	_IO_DEER1	모듈착탈1 에러	증설 베이스 1단 모듈 착탈 에러
F0106		WORD	_IO_DEER2	모듈착탈2 에러	증설 베이스 2단 모듈 착탈 에러
F0107		WORD	_IO_DEER3	모듈착탈3 에러	증설 베이스 3단 모듈 착탈 에러
F0108		WORD	_IO_DEER4	모듈착탈4 에러	증설 베이스 4단 모듈 착탈 에러
F0109		WORD	_IO_DEER5	모듈착탈5 에러	증설 베이스 5단 모듈 착탈 에러
F0110		WORD	_IO_DEER6	모듈착탈6 에러	증설 베이스 6단 모듈 착탈 에러
F0111		WORD	_IO_DEER7	모듈착탈7 에러	증설 베이스 7단 모듈 착탈 에러
F0112		WORD	_FUSE_ER0	퓨즈단선0 에러	메인 베이스 퓨즈 단선 에러
F0113		WORD	_FUSE_ER1	퓨즈단선1 에러	증설 베이스 1단 퓨즈 단선 에러
F0114		WORD	_FUSE_ER2	퓨즈단선2 에러	증설 베이스 2단 퓨즈 단선 에러
F0115		WORD	_FUSE_ER3	퓨즈단선3 에러	증설 베이스 3단 퓨즈 단선 에러
F0116		WORD	_FUSE_ER4	퓨즈단선4 에러	증설 베이스 4단 퓨즈 단선 에러
F0117		WORD	_FUSE_ER5	퓨즈단선5 에러	증설 베이스 5단 퓨즈 단선 에러
F0118		WORD	_FUSE_ER6	퓨즈단선6 에러	증설 베이스 6단 퓨즈 단선 에러
F0119		WORD	_FUSE_ER7	퓨즈단선7 에러	증설 베이스 7단 퓨즈 단선 에러
F0120		WORD	_IO_RWER0	모듈RW 0 에러	메인 베이스 모듈 읽기/쓰기 에러
F0121		WORD	_IO_RWER1	모듈RW 1 에러	증설 베이스 1단 모듈 읽기/쓰기 에러
F0122		WORD	_IO_RWER2	모듈RW 2 에러	증설 베이스 2단 모듈 읽기/쓰기 에러
F0123		WORD	_IO_RWER3	모듈RW 3 에러	증설 베이스 3단 모듈 읽기/쓰기 에러
F0124		WORD	_IO_RWER4	모듈RW 4 에러	증설 베이스 4단 모듈 읽기/쓰기 에러
F0125		WORD	_IO_RWER5	모듈RW 5 에러	증설 베이스 5단 모듈 읽기/쓰기 에러

디바이스1	디바이스2	타 입	변 수	기 능	설 명
F0126		WORD	_IO_RWER6	모듈RW 6 에러	증설 베이스 6단 모듈 읽기/쓰기 에러
F0127		WORD	_IO_RWER7	모듈RW 7 에러	증설 베이스 7단 모듈 읽기/쓰기 에러
F0128		WORD	_IO_IFER_0	모듈IF 0 에러	메인 베이스 모듈 인터페이스 에러
F0129		WORD	_IO_IFER_1	모듈IF 1 에러	증설 베이스 1단 모듈 인터페이스 에러
F0130		WORD	_IO_IFER_2	모듈IF 2 에러	증설 베이스 2단 모듈 인터페이스 에러
F0131		WORD	_IO_IFER_3	모듈IF 3 에러	증설 베이스 3단 모듈 인터페이스 에러
F0132		WORD	_IO_IFER_4	모듈IF 4 에러	증설 베이스 4단 모듈 인터페이스 에러
F0133		WORD	_IO_IFER_5	모듈IF 5 에러	증설 베이스 5단 모듈 인터페이스 에러
F0134		WORD	_IO_IFER_6	모듈IF 6 에러	증설 베이스 6단 모듈 인터페이스 에러
F0135		WORD	_IO_IFER_7	모듈IF 7 에러	증설 베이스 7단 모듈 인터페이스 에러
F0136		WORD	_RTC_DATE	RTC 날짜	RTC의 현재 날짜
F0137		WORD	_RTC_WEEK	RTC 요일	RTC의 현재 요일
F0138		DWORD	_RTC_TOD	RTC 시간	RTC의 현재 시간(ms단위)
F0140		DWORD	_AC_FAIL_CNT	전원 차단 횟수	전원이 차단 된 횟수를 저장
F0142		DWORD	_ERR_HIS_CNT	에러 발생 횟수	에러가 발생한 횟수를 저장
F0144		DWORD	_MOD_HIS_CNT	모드 전환 횟수	모드가 전환된 횟수를 저장
F0146		DWORD	_SYS_HIS_CNT	이력 발생 횟수	시스템 이력 발생 횟수를 저장
F0148		DWORD	_LOG_ROTATE	로그 로테이트	로그 로테이트 정보를 저장함
F0150		WORD	_BASE_INFO0	슬롯 정보 0	메인 베이스 슬롯 정보
F0151		WORD	_BASE_INFO1	슬롯 정보 1	증설 베이스 1단 슬롯 정보
F0152		WORD	_BASE_INFO2	슬롯 정보 2	증설 베이스 2단 슬롯 정보
F0153		WORD	_BASE_INFO3	슬롯 정보 3	증설 베이스 3단 슬롯 정보
F0154		WORD	_BASE_INFO4	슬롯 정보 4	증설 베이스 4단 슬롯 정보
F0155		WORD	_BASE_INFO5	슬롯 정보 5	증설 베이스 5단 슬롯 정보
F0156		WORD	_BASE_INFO6	슬롯 정보 6	증설 베이스 6단 슬롯 정보
F0157		WORD	_BASE_INFO7	슬롯 정보 7	증설 베이스 7단 슬롯 정보
F0158		WORD	_RBANK_NUM	사용 블록번호	현재 사용 중인 블록 번호
F0159		WORD	_RBLOCK_STATE	플래시 상태	플래시 블록 상태
F0160		DWORD	_RBLOCK_RD_FLAG	플래시 읽음	플래시 N블록의 데이터 읽을 때 On
F0162		DWORD	_RBLOCK_WR_FLAG	플래시에 씀	플래시 N블록의 데이터 쓸 때 On
F0164		DWORD	_RBLOCK_ER_FLAG	플래시 에러	플래시 N블록 서비스 중 에러 발생
F0178		DWORD	_OS_VER_PATCH	OS 패치 버전	OS 버전 소수 둘 째 자리까지 표시
F09320		BIT	_FUSE_ER_PMT	퓨즈에러 시 설정	퓨즈 에러 시 운전 속행 설정
F09321		BIT	_IO_ER_PMT	I/O에러 시 설정	IO 모듈 에러시 운전 속행 설정

디바이스1	디바이스2	타 입	변 수	기 능	설 명
F09322		BIT	_SP_ER_PMT	특수에러 시 설정	특수 모듈 에러시 운전 속행 설정
F09323		BIT	_CP_ER_PMT	통신에러 시 설정	통신 모듈 에러시 운전 속행 설정
F0934		DWORD	_BASE_EMASK_INFO	베이스 고장 마스크	베이스 고장 마스크 정보
F0936		DWORD	_BASE_SKIP_INFO	베이스 스킵	베이스 스킵 정보
F0938		WORD	_SLOT_EMASK_INFO_0	슬롯 고장 마스크	슬롯 고장마스크 정보(BASE 0)
F0939		WORD	_SLOT_EMASK_INFO_1	슬롯 고장 마스크	슬롯 고장마스크 정보(BASE 1)
F0940		WORD	_SLOT_EMASK_INFO_2	슬롯 고장 마스크	슬롯 고장마스크 정보(BASE 2)
F0941		WORD	_SLOT_EMASK_INFO_3	슬롯 고장 마스크	슬롯 고장마스크 정보(BASE 3)
F0942		WORD	_SLOT_EMASK_INFO_4	슬롯 고장 마스크	슬롯 고장마스크 정보(BASE 4)
F0943		WORD	_SLOT_EMASK_INFO_5	슬롯 고장 마스크	슬롯 고장마스크 정보(BASE 5)
F0944		WORD	_SLOT_EMASK_INFO_6	슬롯 고장 마스크	슬롯 고장마스크 정보(BASE 6)
F0945		WORD	_SLOT_EMASK_INFO_7	슬롯 고장 마스크	슬롯 고장마스크 정보(BASE 7)
F0946		WORD	_SLOT_SKIP_INFO_0	슬롯 스킵	슬롯 스킵 정보(BASE 0)
F0947		WORD	_SLOT_SKIP_INFO_1	슬롯 스킵	슬롯 스킵 정보(BASE 1)
F0948		WORD	_SLOT_SKIP_INFO_2	슬롯 스킵	슬롯 스킵 정보(BASE 2)
F0949		WORD	_SLOT_SKIP_INFO_3	슬롯 스킵	슬롯 스킵 정보(BASE 3)
F0950		WORD	_SLOT_SKIP_INFO_4	슬롯 스킵	슬롯 스킵 정보(BASE 4)
F0951		WORD	_SLOT_SKIP_INFO_5	슬롯 스킵	슬롯 스킵 정보(BASE 5)
F0952		WORD	_SLOT_SKIP_INFO_6	슬롯 스킵	슬롯 스킵 정보(BASE 6)
F0953		WORD	_SLOT_SKIP_INFO_7	슬롯 스킵	슬롯 스킵 정보(BASE 7)
F1024		WORD	_USER_WRITE_F	사용가능 접점	프로그램에서 사용 가능한 접점
	F10240	BIT	_RTC_WR	RTC RW	RTC에 데이터 쓰고 읽어오기
	F10241	BIT	_SCAN_WR	스캔 WR	스캔 값 초기화
	F10242	BIT	_CHK_ANC_ERR	외부 중고장 요청	외부기기에서 중고장 검출 요청
	F10243	BIT	_CHK_ANC_WAR	외부 경고장 요청	외부기기에서 경고장 검출 요청
F1025		WORD	_USER_STAUS_F	유저접점	유저접점
	F10250	BIT	_INIT_DONE	초기화 완료	초기화 태스크 수행 완료를 표시
F1026		WORD	_ANC_ERR	외부 중고장 정보	외부 기기의 중고장 정보를 표시
F1027		WORD	_ANC_WAR	외부 경고장 경보	외부 기기의 경고장 정보를 표시
F1034		WORD	_MON_YEAR_DT	월/년	시계 정보 데이터(월/년)
F1035		WORD	_TIME_DAY_DT	시/일	시계 정보 데이터(시/일)
F1036		WORD	_SEC_MIN_DT	초/분	시계 정보 데이터(초/분)
F1037		WORD	_HUND_WK_DT	백년/요일	시계 정보 데이터(백년/요일)

3) GLOFA-GM 플래그 일람표

(1) 사용자 플래그

예약변수	데이터타입	내 용
ERR	BOOL	연산에러 접점
LER	BOOL	연산에러 래치접점
T2MS	BOOL	20ms 클럭접점
T100MS	BOOL	100ms 클럭접점
T200MS	BOOL	200ms 클럭접점
T1S	BOOL	1초 클럭접점
T10S	BOOL	10초 클럭접점
T20S	BOOL	20초 클럭접점
T60S	BOOL	60초 클럭접점
ON	BOOL	항시 ON 접점
OFF	BOOL	항시 OFF 접점
1ON	BOOL	1스캔 ON 접점
1OFF	BOOL	1스캔 OFF 접점
STOG	BOOL	스캔마다 반전
INTT DONE	BOOL	초기화 프로그램 완료
RTC DATE	DATE	RTC의 현재날짜
RTC TOD	TOD	RTC의 현재시간
RTC WEEK	UINT	RTC의 현재요일

(2) 시스템 에러 대표 플래그

예약변수	데이터타입	내 용
CNF ER	WORD	시스템의 에러(중고장)
CPU ER	BOOL	CPU 구성에러
IO TYER	BOOL	모듈타입 불일치 에러
IO DEER	BOOL	모듈착탈 에러
FUSE ER	BOOL	Fuse단선 에러
IO RWER	BOOL	입·출력 모듈 읽기/쓰기 에러(고장)
SP IF ER	BOOL	특수/통신 모듈 인터페이스 에러(고장)
ANNUN ER	BOOL	외부기기의 중고장 검출 에러
WD ER	BOOL	Scan Watch Dog 에러
CODE ER	BOOL	프로그램 코드 에러
STACK ER	BOOL	Stack Overflow 에러
P BACK ER	BOOL	프로그램 에러

(3) 시스템 에러 해제 플래그

예약변수	데이터타입	내 용
CNF ER M	BYTE	시스템 에러(중고장)해제
IO DEER M	BOOL	모듈착탈 에러해제
FUSE ER M	BOOL	퓨즈단선 에러해제
IO RWERM	BOOL	입·출력 모듈 읽기/쓰기 에러해제
SP IFER M	BOOL	특수/통신 모듈 인터페이스 에러해제
ANNUN ER	BOOL	외부기기의 중고장 검출 에러해제

(4) 시스템 경고 대표 플래그

예약변수	데이터타입	내 용
CNF WAR	WORD	시스템의 경고(경고장)
RTC ERR	BOOL	RTC 데이터 이상
D BACK ER	BOOL	데이터 백업 에러
H BACK ER	BOOL	핫 리스타트 수행불가 에러
AB SD ER	BOOL	비정상 전원차단(Abnormal Shutdown)
TASK ERR	BOOL	태스크(Task) 충돌(정주기, 외부데스크)
BAT ERR	BOOL	배터리 이상
ANNUN WR	BOOL	외부기기의 경고장 검출
SHPMT1 ER	BOOL	고속링크 파라미터 1 이상
SHPMT2 ER	BOOL	고속링크 파라미터 2 이상
SHPMT3 ER	BOOL	고속링크 파라미터 3 이상
SHPMT4 ER	BOOL	고속링크 파라미터 4 이상

(5) 시스템 에러 상세 플래그

예약변수	데이터타입	내 용
IO TYER N	UINT	모듈타입 불일치 슬롯번호
IO TYERR	ARRAY OF BYTE	모듈타입 불일치 위치
IO SEER N	UINT	모듈착탈 슬롯번호
IO SEERR	ARRAY OF BYTE	모듈착탈 위치
FUSE ER N	UINT	퓨즈단선 슬롯번호
FUSE ERR	ARRAY OF BYTE	퓨즈단선 슬롯 위치
IO RWERN	UNIT	입·출력 모듈 읽기/쓰기 에러 슬롯번호
IO RWERR	ARRAY OF BYTE	입·출력 모듈 읽기/쓰기 에러 슬롯위치
IP IFER N	UINT	특수/링크 모듈 인터페이스 에러 슬롯번호
IP IFERR	ARRAY OF BYTE	특수/링크 모듈 인터페이스 에러 슬롯위치

예약변수	데이터타입	내 용
ANC ERR	ARRAY OF UINT	외부기기의 중고장 검출
ANC WAR	ARRAY OF UINT	외부기기의 경고장 검출
ANC WB	ARRAY OF BIT	외부기기의 경고장 검출 비트 MAP
TC BMAP	ARRAY OF BYTE	태스크 충돌표시
TC CNT	UNIT	태스크 충돌 카운터
BAT ER TM	DT	배터리 전압저하 시각
AC F CNT	UNT	전원차단 카운터
AC F TM	ARRAY OF DT	순시 정전이력

(6) 시스템 운전 상태정보

예약변수	데이터타입	내 용
CPLI TYPE	UINT	시스템의 형태
VER NUM	UINT	PLC/OS 버전번호
MEM TYPE	UINT	메모리 모듈의 타입
SYS STATE	WORD	PLC 모드 및 상태
GMWIN CN	BYTE	PADT 연결 상태
RST TY	BYTE	리스타트 모드 정보
INIT RUN	BIT	초기화 수행 중
SCAN MAX	UINT	최장 스캔시간(ms)
SCAN MIN	UINT	최단 스캔시간(ms)
SCAN CUR	UINT	현재 스캔시간(ms)
STSK NUM	UINT	시행시간 확인을 요하는 데스크 번호
STSK MAX	UINT	최장 데스크 실행시간(ms)
STSK MIN	UINT	최단 데스크 실행시간(ms)
STSK CUR	UINT	현재 데스크 실행시간(ms)
RTC TIME	ARRAAY OF BYTE	현재시각
SYS ERR	UINT	이상종류

(7) 통신모듈 정보 플래그[n은 통신모듈의 슬롯번호(n=0~7)]

예약변수	데이터타입	내 용
CnVERNO	UINT	통신모듈의 버전 No
_CnSTNOH CnSTNOL	UINT	통신모듈의 국번
CnTXECNT	UINT	통신프레임 전송에러

예약변수	데이터타입	내 용
CnRXECNT	UINT	통신프레임 수신에러
CnSVCFCNT	UINT	통신 서비스 처리에러
CnSCANMX	UINT	통신 스캔타임 최대(1ms 단위)
CnSCANAV	UINT	통신 스캔타임 평균(1ms 단위)
CnSCANMN	UINT	통신 스캔타임 최소(1ms 단위)
CnLINF	UINT	통신모듈의 시스템정보
CnCRDER	BOOL	통신모듈의 시스템에러(에러=1)
CnSVBST	BOOL	공용 RAM 자원부족(부족=1)
CnIFERR	BOOL	인터페이스 에러(에러=1)
CnINRING	BOOL	통신참여(IN_RING=1)

(8) 리모트 I/O제어 플래그[m은 통신모듈의 슬롯번호(m=0~7)]

예약변수	데이터타입	내 용
FSMm reset	BOOL(Witer 가능)	리모트 I/O국 리셋제어(리셋=1)
FSMm of reset	BOOL(Witer 가능)	리모트 I/O국의 출력 접점 리셋제어(리셋=1)
FSMm st no	USINT(Witer 가능)	해당 리모트 I/O국의 국번호

(9) 고속링크 상세 플래그[m은 고속링크 파라미터의 번호(m=1, 2, 3, 4)]

예약변수	데이터타입	내 용
HSmRLINK	BIT	고속링크의 RUN_LINK 정보
HSmLTRBL	BIT	고속링크의 비정상 정보(Link Trouble)
_HSmSTATE	ARRAY OF BIT	고속링크의 파라미터에서 k 데이터 블록의 종합적 통신 상태정보
_HSmMOD	ARRAY OF BIT	고속링크의 파라미터에서 k 데이터 블록에 설정된 국의 모드정보(Run=1, 이외=0)
_HSmTRX	ARRAY OF BIT	고속링크의 파라미터에서 k 데이터 블록의 통신 상태정보 (정상=1, 비정상=0)
_HSmERR	ARRAY OF BIT	고속링크의 파라미터에서 k 데이터 블록에 설정된 국의 상태정보(정상=0, 에러=1)

4) GLOFA-GM 예약어

예약어는 시스템에서 사용하기 위해 미리 정의한 단어이므로 식별자로 이 예약어를 사용할 수 없다.

예 약 어
ACTION.....END_ACTION
ARRAY...OF
AT
CASE...OF...ELSE...END_CASE CONFIGURATION...END_CONFIGURATION
데이터 타입 이름
DATE#, D# DATE AND TIME#, DT#
EXIT
FOR ...TO...BY...DO...END_FOR
FUNCTION...END_FOR
FUNCTION_BLOCK ...END_FUNCTION_BLOCK
펑선 블록의 이름들
IF.....THEN....ELSIF...ELSE...END_IF
OK
연산자(IL 언어)
연산자(ST 언어)
PROGRAM
PROGRAM...END_PROGRAM
REPEAT...UNTIL...END REPEAT
RETAIN
RETURN
STEP...END_STEP
STRUCTURE...END_STRUCTURE
T#
TASK....WITH
TIME_OF_DAY#,TOD#
TRANSITION...FROM...TO...END_TRANSITION
TYPE...END_TYPE
VAR...END...VAR VAR_INPUT...END_VAR VAR_OUTPUT...END_VAR VAR_IN_OUT...END_VAR VAR_EXTERNAL...END_VAR
VAR_ACCESS...END_VAR
VAR_GLOBAL...END_VAR
WH....DO...END_WHILE
WITH

PLC 통신 기능의 이해

CHAPTER 08

8.1 데이터 통신의 이해

전자기기의 통신방식은 물리적으로 연결된 와이어를 통해 데이터 비트를 전송함으로써 통신한다. 데이터 비트는 이진수(binary)로 구성되며 0 또는 1의 값을 갖는다.

신호를 주고받는 통신의 방법은 크게 병렬(parallel)통신과 직렬(serial)통신으로 구분된다.

병렬통신은 여러 개의 병렬 채널 위로 동시에 여러 개의 데이터 신호를 보내는 방식이고, 직렬통신은 순차적으로 데이터를 한 번에 하나의 비트만 전송하는 방식이다.

병렬통신방식은 여러 개의 비트 정보를 동시에 전송하였을 때 수신부에 도달하는 시간이 각각 달라질 수 있는 타이밍 틀어짐(timing skew) 또는 클록 틀어짐(clock skew)이 발생할 수 있다. 높은 데이터 전송속도가 요구되는 환경에서는 작은 타이밍 틀어짐으로 인해 완전히 다른 데이터가 전송될 수 있어서 심각한 문제를 초래할 수 있다.

병렬방식은 직렬방식에 비해서 많은 통신 채널이 있어야 하고, 비용 측면에서 불리하다. 더군다나 고속 데이터 전송을 위해서는 타이밍 틀어짐을 막기 위한 추가적인 비용이 소요된다. 따라서 병렬 통신은 장거리 전송에는 적합하지 않다.

한 번에 여러 비트의 정보를 보내는 병렬 데이터 전송이 한 비트씩 차례로 보내는 직렬 데이터 전송보다 빠르다. 하지만, 오늘날 기기 간 고속 데이터 통신은 대부분 직렬통신 방식이 채택되고 있다. 이는 앞서 설명한 병렬 데이터 전송방식이 갖는 본질적 한계와 함께 기술의 발전으로 직렬 데이터 전송방식으로도 충분히 빠른 속도의 데이터를 전송할 수 있다.

표 8.1 병렬통신과 직렬통신의 비교

	병렬통신	직렬통신
인터페이스	Receiving side / Transmitting side D7 ← 0 (MSB) — D7 D6 ← 1 — D6 D5 ← 1 — D5 D4 ← 0 — D4 D3 ← 0 — D3 D2 ← 0 — D2 D1 ← 1 — D1 D0 ← 1 (LSB) — D0	Receiving side (MSB) (LSB) Transmitting side DI ← D7 D6 D5 D4 D3 D2 D1 D0 / 0 1 1 0 0 0 1 1 — DO
전송속도	상대적으로 빠름	느림
통신선로	여러 개	한 개
데이터 전송량	많다	적다
구현 기술	복잡	단순
구현 비용	고가	저렴
채널 간 간섭	존재함	없음
전송 거리	짧은 거리	먼 거리
종류	HDD IDE, PCI 등	USB, RS232, PCIe 등

1) 직렬통신

직렬통신에서 데이터가 계속해서 전송되면, 수신된 데이터 비트의 시작과 끝을 구분하기 어려워진다. 이러한 문제를 해결하기 위해서 동기(synchronous) 방식과 비동기(asynchronous) 방식이 사용된다.

동기 방식은 데이터 동기화를 위해 별도의 클록 신호가 전송된다. 클록에 맞춰 데이터 송수신이 이루어진다.

비동기 방식은 별도의 클록 신호 없이 데이터를 보내기 시작한다는 의미로 Start Bit와 끝낸다는 의미로 Stop Bit를 통해 데이터의 동기화가 이루어진다.

표 8.2 동기 방식과 비동기 방식의 비교

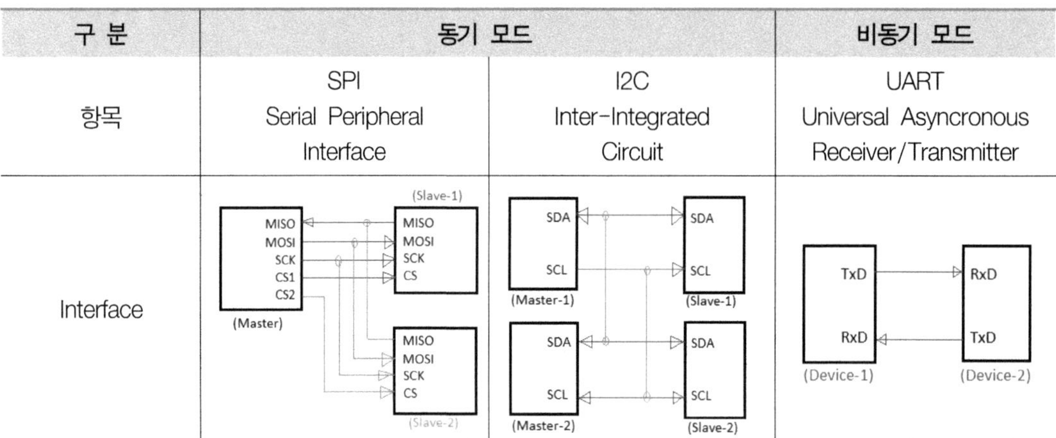

구 분	동기 모드		비동기 모드
항목	SPI Serial Peripheral Interface	I2C Inter-Integrated Circuit	UART Universal Asyncronous Receiver/Transmitter
Interface	(Master): MISO, MOSI, SCK, CS1, CS2 (Slave-1): MISO, MOSI, SCK, CS (Slave-2): MISO, MOSI, SCK, CS	(Master-1): SDA, SCL (Slave-1): SDA, SCL (Master-2): SDA, SCL (Slave-2): SDA, SCL	(Device-1): TxD, RxD (Device-2): RxD, TxD

구 분	동기 모드		비동기 모드
Pin	SCLK : serial clock MOSI : master output, slave input MISO : master input, slave output SS : slave select	SDA : serial data SCL : serial clock	TxD : transmit data RxD : receive data
Data Rate	10Mbps, 20Mbps	100Kbps, 400Kbps, 3.4Mbps	96000bps, 115200bps
Distance	가장 길다	길다	< 5M
Protocol	통일된 Protocol 없음 Datasheet 참조	Ack를 사용하여 데이터가 잘 받아졌는지 확인함	Start Bit와 Stop Bit를 사용하며 데이터는 8bit를 전송함

2) UART 프로토콜

UART(Universal Asynchronous Receiver/Transmitter)는 범용 비동기 송수신기라고 하며 병렬 데이터의 형태를 직렬방식으로 전환하여 데이터를 전송한다. 이를 위해 기기 간 전송속도 (baud rate)를 맞추어 통신하게 된다. 전송속도란 1초 당 전송되는 데이터의 양을 의미하고 단위는 bit/s로 표기한다. 전송속도는 9600, 19200, 38400, 115200 (bit/s) 등으로 다양하다.

Bit	1	2	3	4	5	6	7	8	9	10	11
Packet	Start	data0	data1	data2	data3	data4	data5	data6	data7	PB	Stop
Logic	0(low)										1(high)
Hex	0x02										0x03
ASCII	STX										ETX

그림 8.1 UART Data Packet

UART 통신을 위해서는 High(1) 신호를 유지하고 있다가 Low(0) 신호가 되는 시점이 시작 비트(start bit)이며, 마지막으로 정지 비트(stop bit)로 구성된다. 주고받는 데이터의 길이가 항상 같지 않기 때문에 시작과 끝을 확인할 수 있도록 시작 비트와 정지 비트를 넣어 준다.

시작 비트와 정지 비트 사이에는 8 비트(bit) 데이터와 패리티 비트(parity bit)를 전송한다. 패리티 비트는 데이터 전송 과정에서 잡음 등으로 인해 오류가 발생했는지 확인하기 위해 추가되는 Check-Sum 비트이다. 홀수 패리티 방식은 데이터 비트와 패리티 비트에 들어있는 1의 개수를 홀수가 되도록 만들기 위해 0 또는 1의 값이 입력된다. 표 8.3에서 데이터 비트에 포함된 1의 개수가 0개 이므로 홀수(odd) 패리티의 경우에는 1의 개수가 홀수개가 되도록 패리티 비트에 1 이 전송되고, 짝수(even) 패리티의 경우에는 패리티 비트에 0이 전송된다. 일반적으로 사용하지 않음(none)이 적용되며, 이때는 해당 비트가 제거된다.

표 8.3 패리티 비트 예시

구분	data0	data1	data2	data3	data4	data5	data6	data7	PB
홀수 패리티	0	0	0	0	0	0	0	0	1
짝수 패리티	0	0	0	0	0	0	0	0	0

※ 용어 정리

패킷(packet) = 패키지(package) + 버킷(bucket)

보내고 싶은 데이터를 잘게 잘라서 보낼 때 잘린 데이터를 패킷이라고 한다.

즉, 데이터를 주고받을 때 네트워크를 통해서 전송되는 데이터의 형식화된 블록을 의미한다.

개인용 컴퓨터의 경우 장치 관리자에서 COM Port의 연결 여부를 확인할 수 있다. 연결된 COM Port를 더블클릭하면 그림 8.2와 같은 속성 창을 확인할 수 있다. 보레이트, 데이터 비트 크기, 패리티, 정지 비트 등에 대한 설정 내용을 확인하고 변경할 수 있다.

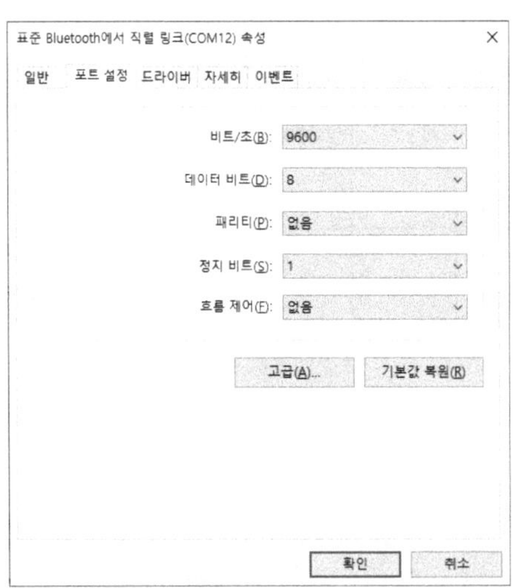

그림 8.2 COM Port 설정 예시

3) UART 인터페이스

UART에서 나오는 신호는 보통 TTL 신호레벨을 갖기 때문에 잡음에 약하고 통신거리에 제약이 있다. 이러한 TTL 신호를 입력받아 잡음에 강하고 멀리 갈 수 있게 해주는 인터페이스 IC를 LINE DRIVER/RECEIVER라 부르며 이중 대표적인 것이 RS-232, RS-422, RS-485가 있다.

표 8.4 RS-232, RS-422과 RS-485 비교

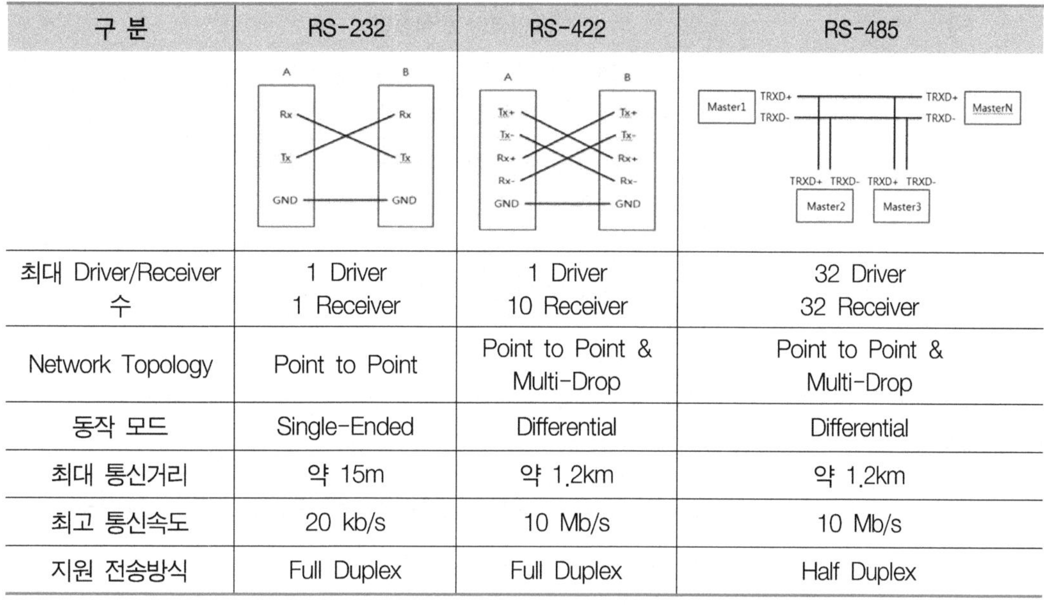

구 분	RS-232	RS-422	RS-485
최대 Driver/Receiver 수	1 Driver 1 Receiver	1 Driver 10 Receiver	32 Driver 32 Receiver
Network Topology	Point to Point	Point to Point & Multi-Drop	Point to Point & Multi-Drop
동작 모드	Single-Ended	Differential	Differential
최대 통신거리	약 15m	약 1.2km	약 1.2km
최고 통신속도	20 kb/s	10 Mb/s	10 Mb/s
지원 전송방식	Full Duplex	Full Duplex	Half Duplex

※ 용어 정리

① TTL level : Transistor–Transistor Logic의 줄임말로 트랜지스터-트랜지스터 논리이다. TTL은 5V의 전압을 공급받아서 동작하는 회로로, 0~0.8V는 LOW, 2~5V는 HIGH 신호로 인식한다.

② 네트워크 토폴로지

- Point to Point : 양 노드 또는 네트워크가 (1:1) 점대점으로 상호 연결된 구조로 통신 양단 간에 1:1 데이터링크로 연결된 형상이다.
- Multi–Drop : 하나의 시리얼 버스에 여러 개의 드라이버/리시버를 접속하고 임의로 데이터를 전송할 수 있는 것을 말한다.

③ 동작모드

- Single–Ended : 입력되는 신호의 크기를 접지와 비교하여 측정하는 것을 뜻한다.
- Differential : 두 개의 입력포트로 각 신호가 들어가게 되고, 입력 신호는 두 신호의 전압 차로 주어진다. Differential이 Single–Ended에 비해 잡음에 강한 특성이 있는데 그 이유는 Single–Ended에 잡음이 들어오게 되면 그 잡음 또한 그대로 입력되는 특성이 있으나, Differential은 두 신호선에 잡음이 공통으로 나타나게 되면 두 신호의 차에는 잡음이 제거된다.

④ 인코딩(encoding) : 바이너리를 사람이 이해할 수 있는 문자열로 바꾸는 과정을 인코딩이라고 한다. 『01000001』를 컴퓨터는 문자 "A"로 인식하지만, 사람은 인식하지 못한다. 이를 A로 바꿔주는 작업을 인코딩이라고 한다. 대표적인 문자 인코딩 방식은 다음과 같다.

표 8.5 인코딩 방식

구분	인코딩 방식설명
ASCII	7bit를 사용하여 영어, 숫자, 특수문자를 표현(2^7=128) A는 American의 약자로 영어를 위해 만들어진 문자이다.
ANSI	8bit로 구성되어 256개의 문자를 표현한다. ANSI = ASCII + CodePage (1bit)
UTF-8	유니코드를 위한 가변 길이 문자 인코딩(한글은 3byte, 영어는 1byte, ASCII는 그대로) ANSI의 단점을 보완한 방식이다.

- 모든 문자는 개행문자(line separator)로 끝나며 개행문자로 '\r\n'을 사용한다.
- 개행문자
  - \r 캐리지 리턴(CR, carriage return) : 커서를 현재 줄의 맨 처음으로 보내는 기능
  - \n 라인 피드(LF, line feed/new line) : 커서를 다음 줄로 옮기는 기능

ASCII	CR	LF
Hex	0x0D	0x0A

표 8.6 ASCII 코드

Char	Hex	Oct	Dec	Char	Hex	Oct	Dec	Char	Hex	Oct	Dec	Char	Hex	Oct	Dec
Ctrl-@ NUL	00	000	0	Space	20	040	32	@	40	100	64	`	60	140	96
Ctrl-A SOH	01	001	1	!	21	041	33	A	41	101	65	a	61	141	97
Ctrl-B STX	02	002	2	"	22	042	34	B	42	102	66	b	62	142	98
Ctrl-C ETX	03	003	3	#	23	043	35	C	43	103	67	c	63	143	99
Ctrl-D EOT	04	004	4	$	24	044	36	D	44	104	68	d	64	144	100
Ctrl-E ENQ	05	005	5	%	25	045	37	E	45	105	69	e	65	145	101
Ctrl-F ACK	06	006	6	&	26	046	38	F	46	106	70	f	66	146	102
Ctrl-G BEL	07	007	7	'	27	047	39	G	47	107	71	g	67	147	103
Ctrl-H BS	08	010	8	(	28	050	40	H	48	110	72	h	68	150	104
Ctrl-I HT	09	011	9	)	29	051	41	I	49	111	73	i	69	151	105
Ctrl-J LF	0A	012	10	*	2A	052	42	J	4A	112	74	j	6A	152	106
Ctrl-K VT	0B	013	11	+	2B	053	43	K	4B	113	75	k	6B	153	107
Ctrl-L FF	0C	014	12	,	2C	054	44	L	4C	114	76	l	6C	154	108
Ctrl-M CR	0D	015	13	-	2D	055	45	M	4D	115	77	m	6D	155	109
Ctrl-N SO	0E	016	14	.	2E	056	46	N	4E	116	78	n	6E	156	110
Ctrl-O SI	0F	017	15	/	2F	057	47	O	4F	117	79	o	6F	157	111
Ctrl-P DLE	10	020	16	0	30	060	48	P	50	120	80	p	70	160	112
Ctrl-Q DCI	11	021	17	1	31	061	49	Q	51	121	81	q	71	161	113
Ctrl-R DC2	12	022	18	2	32	062	50	R	52	122	82	r	72	162	114

Char	Hex	Oct	Dec	Char	Hex	Oct	Dec	Char	Hex	Oct	Dec	Char	Hex	Oct	Dec
Ctrl-S DC3	13	023	19	3	33	063	51	S	53	123	83	s	73	163	115
Ctrl-T DC4	14	024	20	4	34	064	52	T	54	124	84	t	74	164	116
Ctrl-U NAK	15	025	21	5	35	065	53	U	55	125	85	u	75	165	117
Ctrl-V SYN	16	026	22	6	36	066	54	V	56	126	86	v	76	166	118
Ctrl-W ETB	17	027	23	7	37	067	55	W	57	127	87	w	77	167	119
Ctrl-X CAN	18	030	24	8	38	070	56	X	58	130	88	x	78	170	120
Ctrl-Y EM	19	031	25	9	39	071	57	Y	59	131	89	y	79	171	121
Ctrl-Z SUB	1A	032	26	:	3A	072	58	Z	5A	132	90	z	7A	172	122
Ctrl-[ESC	1B	033	27	;	3B	073	59	[	5B	133	91	{	7B	173	123
Ctrl-\ FS	1C	034	28		3C	074	60	\	5C	134	92	|	7C	174	124
Ctrl-] GS	1D	035	29	=	3D	075	61	]	5D	135	93	}	7D	175	125
Ctrl-^ RS	1E	036	30	>	3E	076	62	^	5E	136	94	~	7E	176	126
Ctrl_ US	1F	037	31	?	3F	077	63	_	5F	137	95	DEL	7F	177	127

8.2 PLC의 Cnet 통신

Cnet 통신은 다수의 PLC 기종에서 Cnet 모듈 없이 CPU 모듈로 기본적인 Cnet 전용 통신 기능을 제공한다. 즉 별도의 Cnet 통신 모듈의 구매 없이 CPU 카드만 가지고도 Cnet 통신을 구현함으로써 사용자가 PLC 메모리영역에 임의의 데이터를 읽고/쓰고, 모니터링 하는 기능을 구현할 수 있다.

Cnet 모듈에서 제공하는 기능을 모두 제공하지는 않지만 디바이스 영역 쓰기/읽기와 모니터 등록과 실행 등의 기본적인 통신 기능만을 사용하려는 사용자에게는 별도 비용의 추가 없이 CPU 모듈만 가지고도 Cnet 통신을 할 수 있는 매우 유용한 통신방식이다.

LS산전의 Cnet 타입 모듈에서 지원해 주는 기능은 다음과 같다.

- 디바이스 개별 읽기 명령
- 디바이스 연속 읽기 명령(워드 단위)
- 디바이스 개별 쓰기 명령
- 디바이스 연속 쓰기 명령(워드 단위)
- CPU 상태 읽기 명령
- 모니터 등록 명령
- 모니터 실행 명령
- 1 : 1 접속(자사 링크) 시스템구성
- 1 : N 접속(자사 링크) 시스템구성

※ Cnet 통신의 유의 사항

① K200S의 Cnet 전용 통신은 RS-232C 통신만 지원하고(A, C형), RS-422 통신은 B형(K3P-07BS)에서 지원된다.

② RS-232C Cnet 통신은 경우 마스터 슬레이브의 구조를 갖는 1 : N 구조는 지원하지 않는다. K200S A/S CPU 카드는 SR-232C 지원 시리얼 통신포트가 1개만 있으므로 Cnet 통신을 위한 케이블은 기존의 RS-232C 케이블을 그대로 사용할 수 없다. 또한 기존의 Cnet 모듈에서 사용되는 케이블 또한 사용할 수 없으므로 PLC의 핀 배치도를 참고한다.

③ Cnet의 전송속도(Baud Rate) 설정 및 영역 크기 설정은 KGLWIN/XGT 사용 설명서를 참조한다.

④ Cnet 전용 모듈과 CPU 내장 Cnet 기능에서 일부 에러 코드의 설명이 다른 경우가 있으므로 반드시 해당 제품의 에러 코드표를 참조한다.

8.3 프레임의 구조

1) 프레임 기본 구조

① Request 프레임(외부 통신 기기 ➡ CPU 모듈, 최대 256 Byte, MASTER-K의 경우)

헤더 (ENQ)	국번	명령어	명령어 타 입	데 이 터	테일 (EOT)	프레임 체크 (BCC)

② ACK Response 프레임(CPU 모듈 ➡ 외부 통신 기기의 데이터 정상수신, 최대 256 Byte, MASTER-K의 경우)

헤더 (ACK)	국번	명령어	명령어 타 입	데이터 또는 NULL	테일 (ETX)	프레임 체크 (BCC)

③ NAK Response 프레임(CPU 모듈 ➡ 외부 통신 기기, 데이터 비정상 수신, 최대 256 Byte, MASTER-K의 경우)

헤더 (NAK)	국번	명령어	명령어 타 입	에러코드 (ASCII 4 Byte)	테일 (ETX)	프레임 체크 (BCC)

사용된 코드의 내용은 아래 표 8.7과 같으며 제어문자는 직렬(Serial)통신에서 중요하게 사용되는 문자이므로 정확한 이해가 필요하다.

표 8.7 직렬통신에 사용되는 제어문자

코드	Hex 값	약 자	제어 내용
ENQ(헤더)	H05	Enquiry	Request 프레임 시작 코드
ACK(헤더)	H06	Acknowledge	ACK 응답 프레임의 시작 코드
NAK(헤더)	H15	Not Acknowledge	NAK 응답 프레임의 시작 코드
EOT(테일)	H04	End of Transmission	요구용 프레임 마감 ASCII 코드
ETX(테일)	H03	End of Text	응답용 프레임 마감 ASCII 코드

2) 명령어의 구성

전용 통신 서비스에서 사용되는 명령들은 아래 표 8.8과 같다.

표 8.8 명령어의 구성표

<table>
<tr><th colspan="2" rowspan="3">항목
변수</th><th colspan="4">명 령 어</th><th rowspan="3">처리 내용</th></tr>
<tr><th colspan="2">주 명령어</th><th colspan="2">명령어 타입</th></tr>
<tr><th>기호</th><th>ASCII 코드</th><th>기호</th><th>ASCII 코드</th></tr>
<tr><td rowspan="2">직접 변수 읽기</td><td>개별 읽기</td><td>r (R)</td><td>H72
(H52)</td><td>SS</td><td>5353</td><td>Bit, Word 형의 디바이스를 읽어온다.</td></tr>
<tr><td>연속 읽기</td><td>r (R)</td><td>H72
(H52)</td><td>SB</td><td>5342</td><td>Word 형의 디바이스를 블록 단위로 읽어온다. (Bit 연속 읽기는 허용되지 않는다).</td></tr>
<tr><td rowspan="2">직접 변수 쓰기</td><td>개별 쓰기</td><td>w (W)</td><td>H77
(H57)</td><td>SS</td><td>5353</td><td>Bit, Word 형의 디바이스에 데이터를 쓴다.</td></tr>
<tr><td>연속 쓰기</td><td>w (W)</td><td>H77
(H57)</td><td>SB</td><td>5342</td><td>Word 형의 디바이스에 블록 단위로 쓴다. (Bit 연속 쓰기는 허용되지 않는다.)</td></tr>
<tr><td colspan="2">모니터 등록</td><td>x (X)</td><td>H78
H58</td><td>등록번호
(H00~H09)</td><td>3030~3039</td><td>모니터할 디바이스를 등록한다.</td></tr>
<tr><td colspan="2">모니터 실행</td><td>y (Y)</td><td>H79
(H59)</td><td>등록번호
(H00~H09)</td><td>3030~3039</td><td>등록한 디바이스를 모니터 실행시킨다.</td></tr>
<tr><td colspan="2">CPU 상태 읽기</td><td>r (R)</td><td>H72
(H52)</td><td>ST</td><td>5354</td><td>CPU의 상태를 읽어온다.</td></tr>
</table>

※ 알아두기

① 주 명령어는 대, 소문자를 구분하지만, 소문자일 경우 BCC를 점검하나 대문자일 경우는 이를 생략한다. 그 외에는 구분하지 않으며 %MW100과 %mw100은 같은 디바이스로 처리된다.

② 비트 타입으로 데이터를 쓰거나 읽을 때 해당 어드레스 비트의 위치는 반드시 대문자로 써야 한다[예 : %mx001f (×), %mx001F (○)].

3) 데이터의 구성

디바이스를 읽고 쓸 때 디바이스를 지정하는 포맷은 아래와 같다.

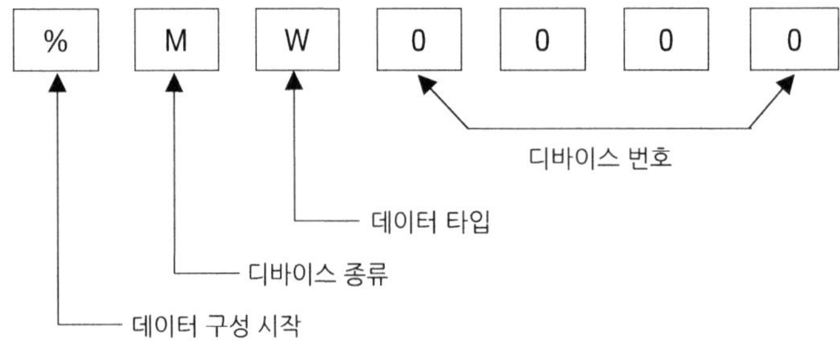

표 8.9 내부 디바이스 종류

디바이스	디바이스 주소	비 고
P (입 · 출력 릴레이)	%PW000 ~ %PW031, 32 Words(2,048 Words) %PX0000 ~ %PX031F(32×16 Bits)	Bit, word 타입 읽기/쓰기 가능
M (내부 릴레이)	%MW000 ~ %PW191, 192 Words(2,048 Words) %MX0000 ~ %MX191F(192×16 Bite)	Bit, Word 타입 읽기/쓰기 가능
K (정전유지 릴레이)	%KW000 ~ %KW031, 32 Words(2,048 Words) %KX0000 ~ %MX031F(32×16 Bite)	Bit, Word 타입 읽기/쓰기 가능
L (링크 릴레이)	%LW000 ~ %LW063, 64 Words(1,1264 Words) %LX0000 ~ %LX063F(64×16 Bite)	Bit, Word 타입 읽기/쓰기 가능
F (특수 릴레이)	%FW000 ~ %FW063, 64 Words(2,048 Words) %FX0000 ~ %FX063F(64×16 Bite)	Bit, Word 타입 읽기만 가능
T (타이머 접점)	%TX000 ~ %TX255, 256 Bits(2,048 Words)	Bit 타입만 가능 읽기/쓰기 가능
C (카운터 접점)	%CX000 ~ %CX255, 256 Bite(2,048 Words)	Word 타입만 가능 읽기/쓰기 가능
S (스텝 릴레이)	%SW000 ~ %SW099, 100 Words(128 Words)	Word 타입만 가능 읽기/쓰기 가능

디바이스	디바이스 주소	비 고
D (데이터 레지스터)	%DW0000 ~ %DW4999, 5000 Words(32,768 Words)	Word 타입만 가능 읽기/쓰기 가능
주 1)T (타이머 현재치)	%TW000 ~ %TW255, 256 Words(2,048 Words)	Word 타입만 가능 읽기/쓰기 가능
주 1)C (카운터 현재치)	%CW000 ~ %CW255, 256 Words(2,048 Words)	Word 타입만 가능 읽고/쓰기 가능

주 1) : 타이머나 카운터의 현재 값을 반환하며 ( )는 XGT 기종에 적용되고, 나머지는 MASTER-K와 동일하다.

(1) 데이터 타입

데이터 타입	표시 문자	사 용 예
Bit	X(H58)	%MX0000, %PX0000, TX000 등
WORD	W(H57)	%MW000, %PW000, %TW000, %DW0000 등

※ PLC 기종에 따라 Byte, D Word 타입을 지원하지 않을 수 있다.

(2) 디바이스 번호

디바이스 번호는 Word 타입은 모든 Decimal 값이나 Bit 타입의 어드레스 위치에서 Word 위치는 Decimal 값이고 비트 위치는 Hex 값이다. 단 타이머, 카운터는 모두 Decimal 값이다.

사 용 예	%MW0100	M 영역의 100번째 번지
	%DW0200	D 영역의 200번째 번지
	%MX010F	M 영역의 10번째 번지에 15번째 비트
	%PX031A	P 영역의 31번째 번지의 10번째 비트
	%FX0000	F 영역의 0번째 번지의 0번째 비트

※ 알아두기

① Bit 타입에서 맨 뒷자리의 비트 위치를 나타내는 Hex 값은 반드시 대문자이어야 한다.

② 위의 포맷에서는 디바이스 번호를 4자리를 나타내며 실제로 디바이스 번호 자리수는 2자리에서 8자리까지도 사용이 가능하다.

예 %MW10, %MW010, %MW0010, %MW00010, %MW000010과

%MX01, %MX001, %MX0001, %MX00001, %MX000001도 모두 같이 취급된다.

8.4 명령어 실행

(1) 디바이스 개별 읽기(RSS)

PLC의 디바이스를 읽는 기능이며 한 번에 16개의 독립된 디바이스의 정보를 획득할 수 있다.

요구 포맷(PC ➡ PLC)

포맷 이름	헤 더	국 번	명령어	명령어 타 입	블록 수	디바이스 길 이	디바이스 지정	테 일	프레임 체 크
프레임	ENQ ①	00 ②	R(r) ③	SS ④	01 ⑤	06 ⑥	%MW100 ⑦	EOT ⑧	BCC ⑨
ASCII값	H05	H3030	H52(72)	H5353	H3031	H3036	H254D57313030	H04	

① Heder : Read Command의 시작을 나타낸다.

② 국번 : 한 대의 CPU에 다수의 PLC를 연결하여 사용할 때 정의한다.

③ 명령어 : R(r) 소문자일 때 BCC를 실행한다.

④ 명령어 타입 : 개별 읽기를 정의한다.

⑤ 블록 수 : [디바이스 지정 길이], [디바이스 지정]로 구성된 블록이 몇 개가 있는지를 지정하는 것으로 최대 16개의 블록까지 설정할 수 있다.
[블록 수 : H01(ASCII 값 : 3031)~H10(ASCII 값 : 3130)]

⑥ 디바이스 길이 : 디바이스 지정의 글자 수를 나타내는 것으로 최대 8자까지 허용되며 이 값은 Hex 형을 ASCII로 변환한 것으로 그 범위는 H01(ASCII 값 : 3031)에서 H10(ASCII 값 : 3130)까지 설정된다.

예) %MW000 = H06, %MX0000 = H07

⑦ 디바이스 지정 : 읽을 메모리의 이름을 정의한다.

⑧ ETO : 전송 프로그램의 마감을 나타낸다.

⑨ BCC : 명령어가 소문자(r)로 된 경우 ENQ에서 EOT까지 ASCII 값을 한 Byte씩을 더하여 나온 값의 하위 한 Byte만 ASCII로 변환하여 BCC에 첨가하며 개별 읽기일 경우 사용하지 않는다.

정상 응답(PLC ➡ PC)

포맷 이름	헤 더	국 번	명령어	명령어 타 입	블록 수	데이터 개수	데이터	테 일	프레임 체 크
프레임	ACK ①	00 ②	R(r) ③	SS ④	01 ⑤	02 ⑥	A9F3 ⑦	ETX ⑧	BCC ⑨
ASCII값	H06	H3030	H52(72)	H5353	H3031	H3032	H41394633	H03	

⑩ 데이터의 개수 : 정상 응답에 따른 데이터의 수를 반환한다.

디바이스 지정에 따른 데이터의 수

디바이스 종류	데이터 개수
Bit(X)	1
WORD(W)	2

비정상 응답(PLC ➡ PC)

포맷 이름	헤 더	국 번	명령어	명령어 타 입	에러 코드	테 일	프레임 체 크
프레임	NAK ①	00 ②	R(r) ③	SS ④	2232 ⑤	ETX ⑥	BCC ⑦
ASCII값	H15	H3030	H52(72)	H5353	H32323332	H03	

⑪ 에러 코드 : 에러 코드는 Hex로 2 Byte(ASCII 4 Byte)로 에러의 종류를 표시한다.

⑫ ETX : 응답용 프로그램의 마감을 나타낸다.

(2) 디바이스 연속 읽기(RSB)

PLC 디바이스 메모리에서 연속해서 읽는 기능으로 지정된 번지부터 지정된 개수만큼의 데이터를 연속해 읽는 기능이다.

요구 포맷(PC ➡ PLC)

포맷 이름	헤 더	국 번	명령어	명령어 타 입	디바이스 길 이	디바이스 지정	데이터 개수	테 일	프레임 체 크
프레임	ENQ ①	00 ②	R(r) ③	SB ④	06 ⑤	%MW020 ⑥	02 ⑦	EOT ⑧	BCC ⑨
ASCII값	H05	H3030	H52(72)	H5342	H3036	H254D57303230	H3032	H04	

※ Bit 타입의 디바이스는 연속 읽기에서는 지원되지 않는다.

① 데이터 개수 : 디바이스의 타입에 따른 개수를 지정하며 디바이스의 데이터 타입이 Word이고 데이터의 수가 5이면 5개의 Word를 읽으라는 의미이다.

정상 응답(PLC ➡ PC)

포맷 이름	헤 더	국 번	명령어	명령어 타 입	데이터 개수	데이터	테 일	프레임 체 크
프레임	ACK ①	00 ②	R(r) ③	SB ④	04 ⑥	H12345678 ⑦	ETX ⑧	BCC ⑨
ASCII값	H06	H3030	H52(72)	H5342	H3034	H3132333435363738	H03	

비정상 응답(PLC ➡ PC)

포맷 이름	헤 더	국 번	명령어	명령어 타 입	에러코드	테 일	프레임 체 크
프레임	NAK ①	00 ②	R(r) ③	SB ④	2232 ⑤	ETX ⑥	BCC ⑦
ASCII값	H15	H3030	H52(72)	H5342	H32323332	H03	

② 에러 코드 : 에러 코드는 Hex로 2Byte(ASCII 4Byte)로 에러의 종류를 표시한다.

(3) 디바이스 개별 쓰기(WSS)

PLC의 디바이스를 쓰는 기능이며 한 번에 16개까지의 독립된 디바이스 메모리에 쓸 수 있다.

요구 포맷(PC ➡ PLC)

포맷 이름	헤 더	국 번	명령어	명령어 타 입	블록 수	디바이스 길 이	디바이스 지정	데이터	테 일	프레임 체 크
프레임	ENQ ①	00 ②	W(w) ③	SS ④	01 ⑤	06 ⑥	%MW100 ⑦	00E2 ⑧	EOT ⑨	BCC ⑩
ASCII값	H05	H3030	H57(77)	H5353	H3031	H3036	H254D57313030	H30304532	H04	

① 데이터 : M100 메모리영역에 쓰고자 하는 값이며 HA일 때 데이터의 포맷은 H000A로 나타낸다.

정상 응답(PLC ➡ PC)

포맷 이름	헤 더	국 번	명령어	명령어 타 입	테 일	프레임 체 크
프레임	ACK ①	00 ②	W(w) ③	SS ④	ETX ⑤	BCC ⑥
ASCII값	H06	H3030	H57(77)	H5353	H03	

비정상 응답(PLC ➡ PC)

포맷 이름	헤 더	국 번	명령어	명령어 타 입	에러코드	테 일	프레임 체 크
프레임	NAK ①	00 ②	W(w) ③	SS ④	4252 ⑤	ETX ⑥	BCC ⑦
ASCII값	H15	H3030	H57(77)	H5353	H34323532	H03	

② 에러 코드 : 에러 코드는 Hex로 2 Byte(ASCII 4Byte)로 에러의 종류를 표시한다.

(4) 디바이스 연속 쓰기(WSB)

PLC 디바이스 메모리에 지정된 번지부터 지정된 길이의 데이터를 연속으로 쓰는 기능이다.

요구 포맷(PC ➡ PLC)

포맷 이름	헤 더	국 번	명령어	명령어 타 입	디바이스 길 이	디바이스 지정	데이터 개 수	데이터 (최대120Byte)	테 일	프레임 체 크
프레임	ENQ ①	00 ②	W(w) ③	SB ④	06 ⑤	%MD100 ⑥	02 ⑦	11112222 ⑧	EOT ⑨	BCC ⑩
ASCII값	H05	H3030	H57(77)	H5342	H3036	H254D44313030	H3031	H3131313132323232	H04	

① 데이터 개수 : 데이터 개수는 디바이스의 타입에 따른 개수를 지정한다.

정상 응답(PLC ➡ PC)

포맷 이름	헤 더	국 번	명령어	명령어 타 입	테 일	프레임 체 크
프레임	ACK ①	00 ②	W(w) ③	SB ④	ETX ⑤	BCC ⑥
ASCII값	H06	H3030	H57(77)	H5342	H03	

비정상 응답(PLC ➡ PC)

포맷 이름	헤 더	국 번	명령어	명령어 타 입	에러코드	테 일	프레임 체 크
프레임	NAK ①	00 ②	W(w) ③	SB ④	1132 ⑤	ETX ⑥	BCC ⑦
ASCII값	H15	H3030	H57(77)	H5342	H31313332	H03	

② 에러 코드 : 에러 코드는 Hex로 2 Byte(ASCII 4Byte)로 에러의 종류를 표시한다.

8.5 모니터에 등록(X##)

모니터에 등록은 실제 디바이스 읽기 명령과 결합하여 최대 10개까지 개별적으로 등록시킬 수 있으며 등록 후 모니터 명령에 따라 등록된 것을 실행시킨다.

요구 포맷(PC ➡ PLC)

포맷 이름	헤 더	국 번	명령어	등록 번호	등록 포맷	테 일	프레임 체 크
프레임	ENQ ①	00 ②	X(x) ③	04 ④	아래포맷 참조 ⑤	EOT ⑥	BCC ⑦
ASCII값	H05	H3030	H58(78)	H3034	–	H04	

① 등록번호 : 최대 10개까지 등록(H00~H09)할 수 있으며 이미 등록된 번호로 다시 등록하면 현재 실행되는 것이 등록된다.

② 등록 포맷 : 디바이스 개별 읽기 또는 연속 읽기 명령을 EOT전까지 사용하며 등록 포맷은 아래 두 가지 중에서 선택하여 사용한다.

디바이스 개별 읽기

RSS	블록 수(2 Byte)	디바이스 지정 길이(2 Byte)	디바이스 지정(8 Byte)	…

1블록 ~ 최대 16블록

디바이스 연속 읽기

RSB	디바이스 지정 길이(2 Byte)	디바이스 지정(8 Byte)	데이터 갯수

정상 응답(PLC ➡ PC)

포맷 이름	헤 더	국 번	명령어	등록 번호	테 일	프레임 체 크
프레임	ACK ①	00 ②	X(x) ③	04 ④	ETX ⑤	BCC ⑥
ASCII값	H06	H3030	H58(78)	H3034	H03	

※ 국번과 명령어 및 등록번호는 컴퓨터 요구 포맷과 동일하다.

비정상 응답(PLC ➡ PC)

포맷 이름	헤 더	국 번	명령어	등록 번호	에러코드	테 일	프레임 체 크
프레임	NAK ①	00 ②	X(x) ③	04 ④	1132 ⑤	ETX ⑥	BCC ⑦
ASCII값	H15	H3030	H58(78)	H3034	H31313332	H03	

③ 에러 코드 : 에러 코드는 Hex로 2 Byte(ASCII 4Byte)로 에러의 종류를 표시한다.

8.6 모니터에서 실행(Y##)

모니터에서 실행은 모니터에 등록된 디바이스 읽기를 실행시키는 기능이며 모니터에 등록된 번호를 지정하여 등록된 디바이스 읽기를 실행시킨다.

요구 포맷(PC ➡ PLC)

포맷 이름	헤 더	국 번	명령어	등록 번호	테 일	프레임 체 크
프레임	ENQ ①	00 ②	Y(y) ③	04 ④	EOT ⑤	BCC ⑥
ASCII값	H05	H3030	H59(79)	H3034	H04	

※ 모니터를 실행하기 위해 모니터에 등록된 번호와 동일한 번호를 사용한다.

정상 응답, 개별 읽기(PLC ➡ PC)

포맷 이름	헤 더	국 번	명령어	등록 번호	블록 수	데이터 개수	데이터	테 일	프레임 체 크
프레임	ACK ①	00 ②	Y(y) ③	02 ④	01 ⑤	04 ⑥	9183AABB ⑦	ETX ⑧	BCC ⑨
ASCII값	H06	H3030	H59(79)	H3032	H3031	H3034	H3931383341414242	H03	

정상 응답, 연속 읽기(PLC ➡ PC)

포맷 이름	헤 더	국 번	명령어	등록 번호	데이터 개수	데이터	테 일	프레임 체 크
프레임	ACK ①	00 ②	Y(y) ③	02 ④	04 ⑥	9183AABB ⑦	ETX ⑧	BCC ⑨
ASCII값	H06	H3030	H59(79)	H3032	H3034	H3931383341414242	H03	

비정상 응답(PLC ➡ PC)

포맷 이름	헤 더	국 번	명령어	등록 번호	데이터	테 일	프레임 체 크
프레임	NAK ①	00 ②	Y(y) ③	02 ④	1132 ⑦	ETX ⑧	BCC ⑨
ASCII값	H15	H3030	H59(79)	H3032	H31313332	H03	

① 에러 코드 : 에러 코드는 Hex로 2 Byte(ASCII 4Byte)로 에러의 종류를 표시한다.

8.7 PLC STATUS 읽기(RST)

PLC의 동작 상황, 에러 정보 등의 플래그 리스트를 읽는 기능이다.

요구 포맷(PC ➡ PLC)

포맷 이름	헤 더	국 번	명령어	명령어 타 입	테 일	프레임 체 크
프레임	ENQ ①	00 ②	R(r) ③	ST ④	EOT ⑤	BCC ⑥
ASCII값	H05	H3030	H52(72)	H5354	H04	

정상 응답(PLC ➡ PC)

포맷이름	헤 더	국 번	명령어	명령어 타 입	STATUS 데이터	테 일	프레임 체 크
프레임	ACK ①	00 ②	R(r) ③	ST ④	데이터 포 맷	EOT ⑤	BCC ⑥
ASCII값	H06	H3030	H52(72)	H5354		H04	

※ STATUS 데이터는 Hex 20Byte

STATUS 포맷은 Hex 형태로 총 20 Byte가 ASCII 코드로 변환되어 있으며 그 내용은 ASCII 코드를 Hex 데이터로 변환한 후는 다음과 같이 구성된다.

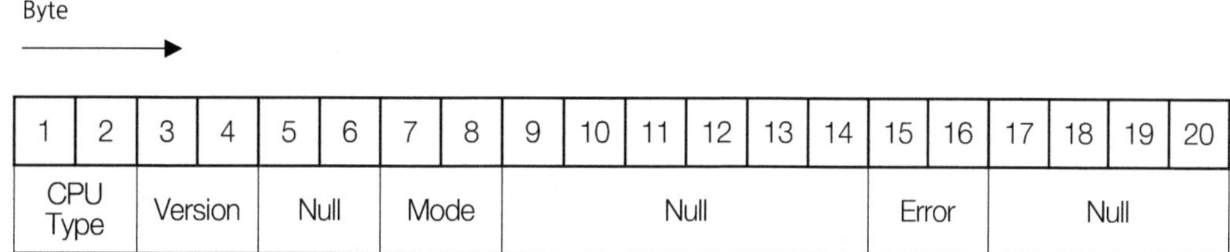

CPU Type

CPU Type	Code
200S A(K3P-07AS)	3A
200S B(K3P-07BS)	3B
200S C(K3P-07CS)	3C
300S A(K4P-15AS)	33
1000S (K7P-30AS)	32

Version No.

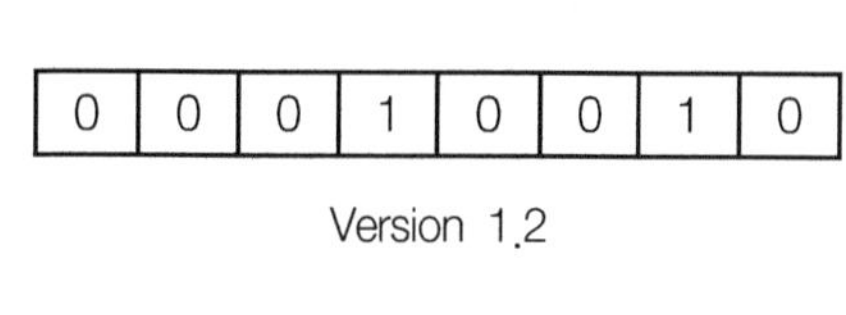

Version 1.2

Mode/Flash

CPU Mode

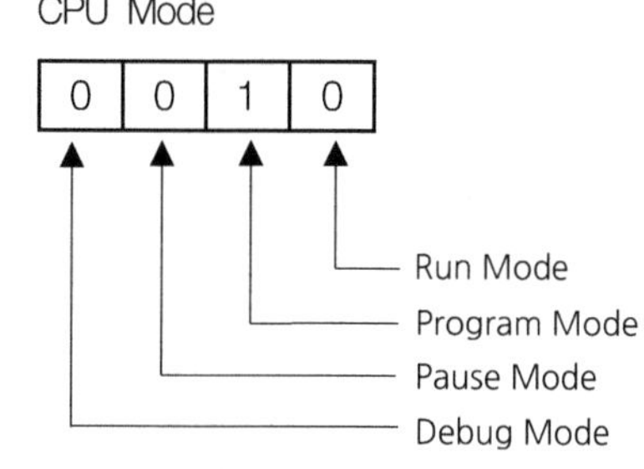

※ERROR : CPU가 에러상태일 경우 표시한다.

비정상 응답(PLC ➡ PC)

포맷 이름	헤 더	국 번	명령어	명령어 타 입	에러코드	테 일	프레임 체 크
프레임	NAK ①	00 ②	R(r) ③	ST ④	1132 ⑤	ETX ⑥	BCC ⑦
ASCII값	H15	H3030	H52(72)	H5354	H31312232	H03	

8.8 NAK 발생의 에러 코드(전용 통신)

에러코드	에러의 종류	내 용	대 책
H0001	PLC 시스템 에러	PLC와의 인터페이스가 불가능	전원 ON/OFF
H0011	데이터 에러	ASCII 데이터값을 숫자로 변환할 때 발생하는 에러	변수이름 및 데이터에 대 소문자("%", "_", ".") 숫자 이외의 문자가 사용되는지 체크하고 수정 후 다시 실행
H0021	명령어 에러	잘못된 디바이스 메모리지정 w(W), r(R), l(L), x(X), y(Y), s(S) 이외의 명령사용	명령어검사
H0031	명령어 타입 에러	잘못된 명령어 타입, 즉 wSS, wSB와 같이 "SS", "SB" 이외의 문자사용	명령어 타입 검사
H1132	디바이스 메모리 에러	잘못된 디바이스 지정 p(P), m(M), l(L), t(T), c(C), f(F), s(S), d(D) 이외의 영역 지정	디바이스 타입 검사
H1232	데이터 크기 에러	실행 데이터 개수의 크기가 아니거나 120 Byte를 초과	데이터 길이 수정(데이터 수는 반드시 1~(60) 120개까지)
H2432	데이터 타입 에러	b(B), d(D)를 사용하는 경우 예) %db 또는 %dd와 같은 명령사용	데이터 타입 검사 후 다시 실행
H7132	변수요구 포맷 에러	%가 빠진 경우	포맷 검사 및 수정 후 다시 실행
H2232	영역 초과 에러	각 영역(P, M, L, K, T, C, F, S, D)의 지정 영역을 초과하는 경우	지정한 영역으로 수정 후 다시 실행
H0190	모니터 실행 에러	등록번호의 범위 초과	모니터 등록번호가 9를 넘지 않도록 조정 후 재실행
H0290	모니터 등록 에러	등록번호의 범위 초과.	모니터 등록번호가 9를 넘지 않도록 조정 후 재실행

에러코드	에러의 종류	내 용	대 책
H6001	문법 에러_6001	영역 크기 에러 예1) %DX, %SX 명령사용(S, D 영역은 Word로만 Access 가능 예2) %px0와 같이 어드레스가 1 자리만 되어 있는 경우 예3) F 영역에 데이터 Write를 수행할 때 (F 영역은 Read Only)	사용 설명서 참조
H6010	문법 에러_6010	OVER-RUN, 프레임 에러	시스템이 정지 상태인지 확인 전원을 끄고 다시 실행
H6020	문법 에러_6020	TIME_OUT 에러	RS-232 통신포트 등의 설정이 맞는지 확인하고 전원을 끄고 다시 실행
H6030	문법 에러_6030	프레임 문법 에러	각 전송 프레임에 ENQ, EOT가 있는지 확인
H6040	문법 에러_6040	한 프레임의 텍스트가 바이트를 넘는 경우	전송 프레임이 256바이트가 넘지 않도록 조정
H6050	문법 에러_6050	BCC 에러	BCC 확인

아래와 같이 디지털 입·출력모듈이 장착된 장비를 이용하여 Cnet 통신 기능을 확인하시오.

(1) 자료실에서 주어진 CnetVb 실행파일을 이용해 Bit 메모리를 조작하여 보시오.

• MASTER-K의 경우

		P0000~ P000F	P0010~ P001F		
Power GM6-PAFB	CPU K3P-07AS	디지털 입력 16점 G6I-D22A	디지털 출력 16점 G6Q-RY2A	Dummy	Cnet G6L-CUEB

MASTER-K 200S

```
0   P0000   P000F    P001F
    P001F
4   P0001   P000E    P001E
    P001E
8   P0002   P000D    P001D
    P001D
12  P0003   P000C    P001C
    P001C
16  P0004   P000B    P001B
    P001B
20                   END
```

Bit 메모리 연습프로그램

① P0000 접점을 ON이며 출력 P001F가 출력되도록 실행하시오.

디바이스 개별 쓰기

포맷 이름	헤 더	국 번	명령어	명령어 타 입	블록 수	디바이스 길 이	디바이스 지 정	데이터	테 일	프레임 체 크
프레임	ENQ	00	W(w)	SS	01	06	%MW100	00E2	EOT	BCC
입 력	H05	00	W	SS	01	06	%PX000	01	H04	–

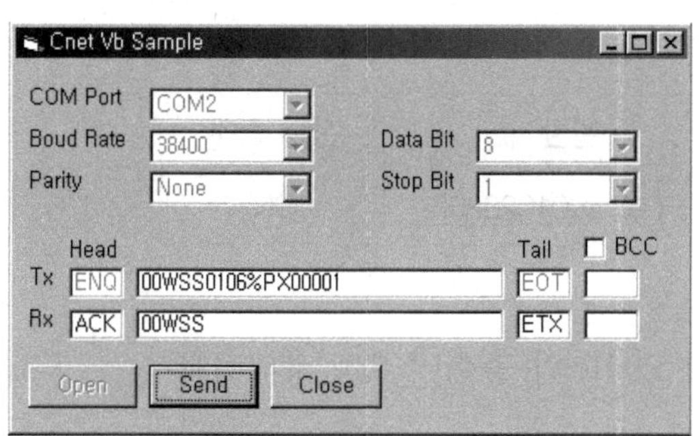

CnetVb 파일의 실행

실행 결과

정상 반환 형식

포맷 이름	헤더	국번	명령어	명령어 타입	테일	프레임 체크
프레임	ACK	00	W(w)	SS	ETX	BCC
반 환	H06	00	W	SS	H03	

② P0004 접점을 ON시켜 출력 P001B에 출력되도록 실행하시오.

ENQ00WSS0106%PX00401EOT

③ 출력접점 P001E와 P001F의 상태를 개별 읽기로 확인하시오.

디바이스 개별 읽기

포맷 이름	헤 더	국 번	명령어	명령어 타 입	블록 수	디바이스 길 이	디바이스 지정	테 일	프레임 체 크
프레임	ENQ	00	R(r)	SS	01	06	%MW100	EOT	BCC
입 력	H05	00	R	SS	01	06	%PX01E	H04	

정상 반환 형식

포맷 이름	헤 더	국 번	명령어	명령어 타 입	블록 수	데이터 개수	데이터	테 일	프레임 체 크
프레임	ACK	00	R(r)	SS	01	02	A9F3	ETX	BCC
반 환	ACK	00	R	SS	01	01	01	ETX	–

반환 값의 비교

접점 번호	개별 읽기	반환 값	접점 상태
P001E	00RSS0106%PX01E	00RSS010100	OFF
P001F	00RSS0106%PX01F	00RSS010101	ON

④ 개별 읽기를 이용하여 P0010~P001F 접점의 상태를 확인하시오.

반환 값의 확인

접점 번호	개별 읽기	반환 값	접점 상태
P0010~P001F	00RSS0106%PW001	00RSS01028800	ON

PW001의 반환 값이 Hex 8800이므로 P001B와 P001F의 출력이 ON 상태이다.

	F	E	D	C	B	A	9	8	7	6	5	4	3	2	1	0
2진수	1	0	0	0	1	0	0	0	0	0	0	0	0	0	0	0
Hex	8				8				0				0			

※Word(1Word=2Byte=16Bit)

⑤ 다음의 접점 번호를 이용하여 Hex 값으로 변경해 보시오.

P001	F	E	D	C	B	A	9	8	7	6	5	4	3	2	1	0
2진수	0	1	0	0	1	0	0	0	1	0	0	1	1	0	1	0
Hex																

⑥ 디지털 출력 접점 P0010~P001F까지의 접점을 ON이 출력되도록 디바이스 개별 쓰기를 실행하시오.

반환 값의 확인

접점 번호	개별 쓰기	반환 값
P0010~P001F	00WSS0106%PW001FFFF	00WSS

(2) 자료실에서 주어진 CnetVb 실행파일을 이용해 XGT 계열 (XGB의 경우)의 Bit 메모리를 조작하여 보시오.

- XBC-DR30SU : AC 100V~220V 전원, DC 24V 입력 18점, 릴레이 출력 12점

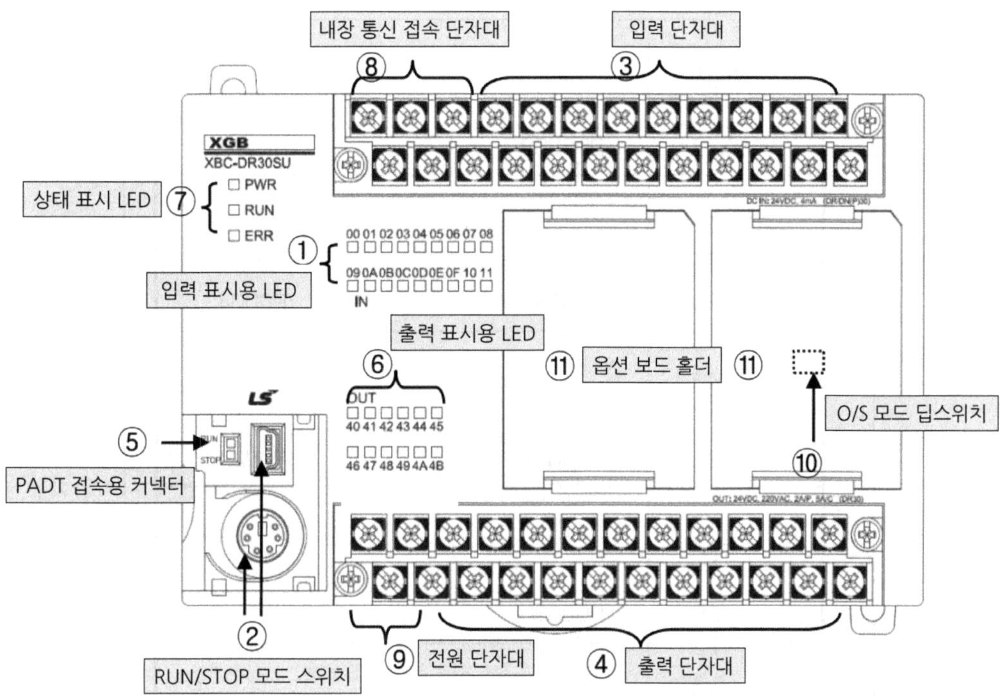

실습용 XBC-DR30SU의 외부 구조

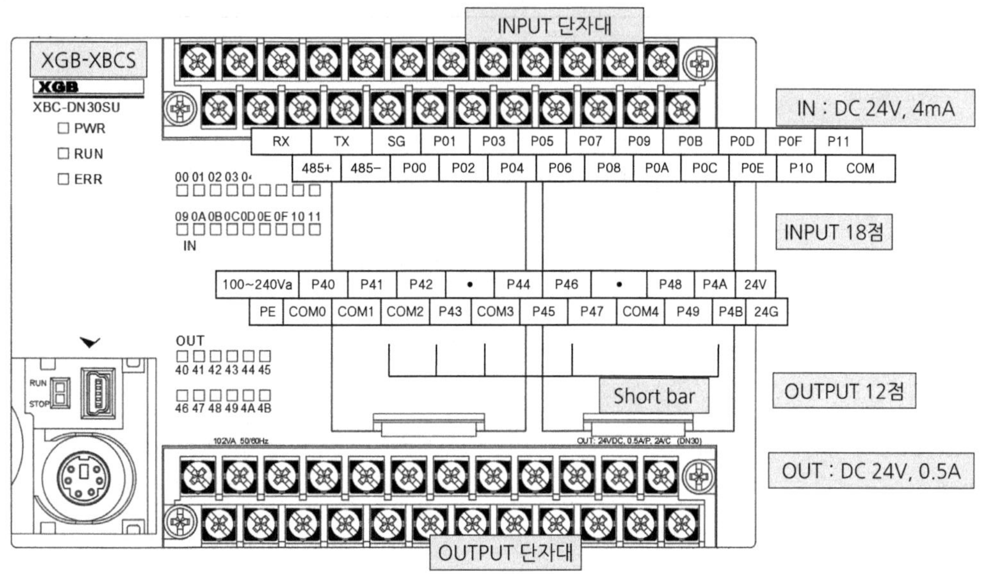

실습용 XBC-DR30SU의 외부 결선구조

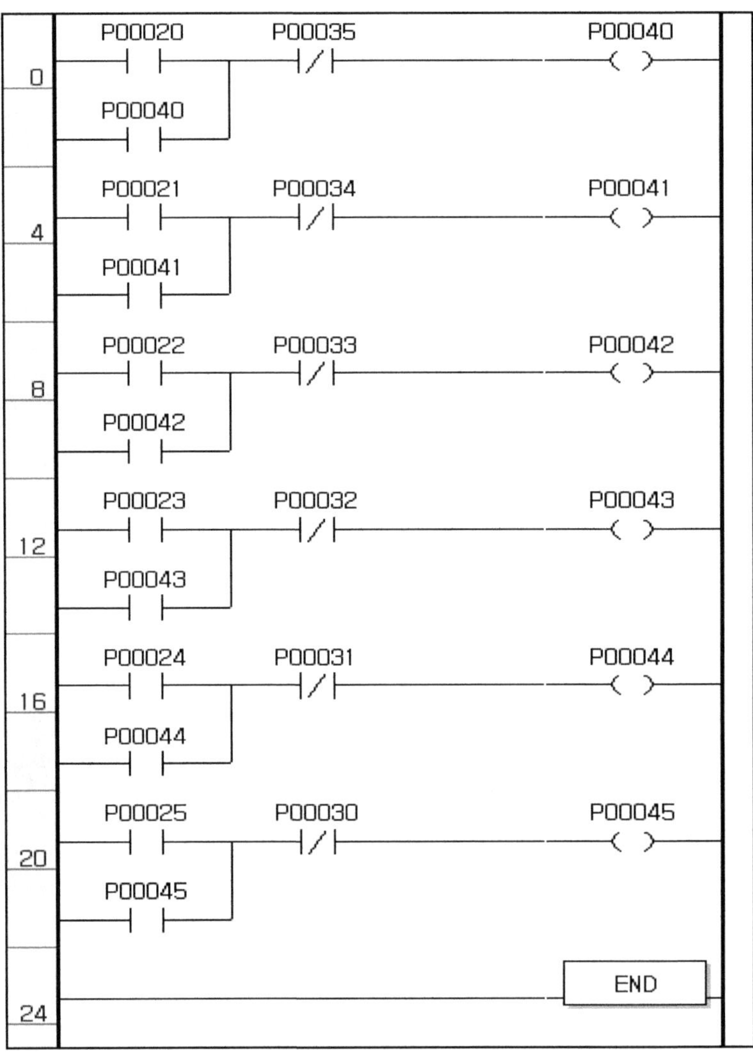

Bit 메모리 연습프로그램

※ XGT 기종에서는 PLC에 설치된 입력 접점에는 쓰기 기능이 지원되지 않는다.

① P0020 접점을 ON 시켜 출력 P0040이 출력되는가를 확인한다.

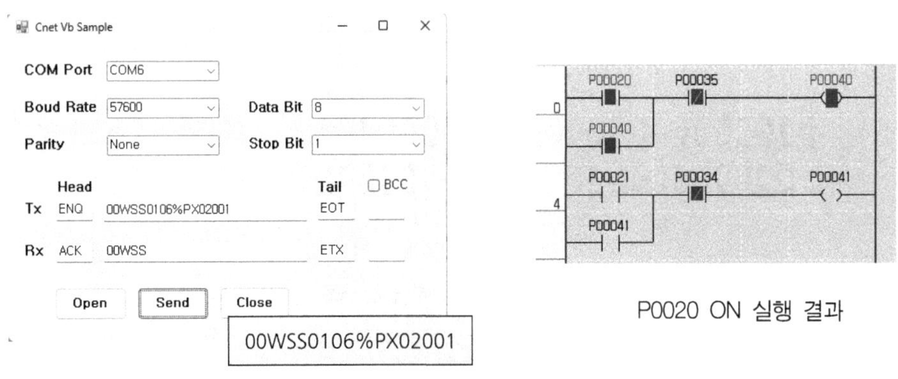

P0020 ON 실행 결과

② P0041 접점을 ON 시켜 출력 P0041이 출력되는가를 확인하고 자기 유지된 회로의 접 P0034 점을 ON하고 P0041의 상태를 확인한다.

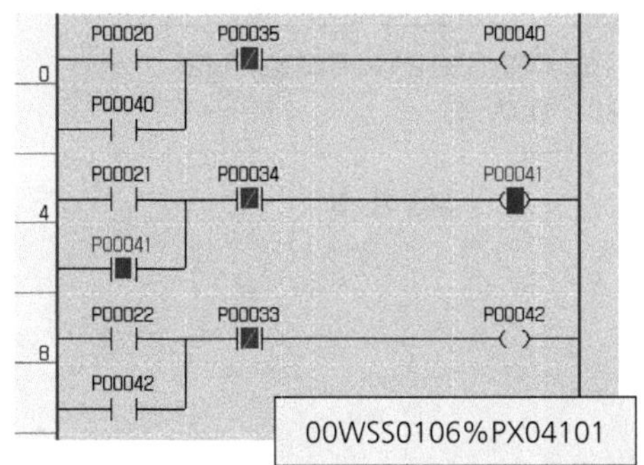

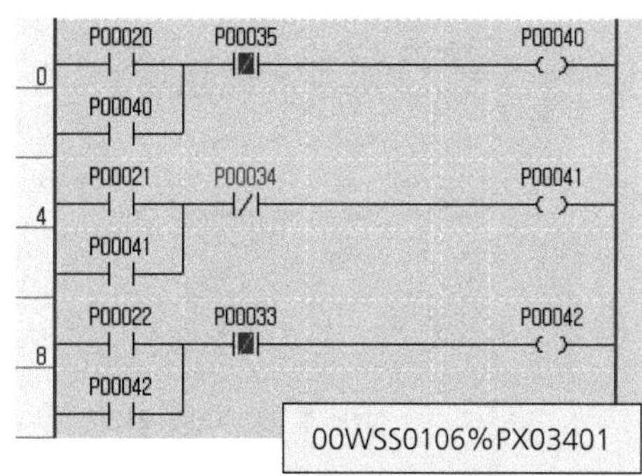

③ 디지털 출력 접점 P0030~P0035까지의 접점을 ON이 출력되도록 디바이스 개별 쓰기를 실행하시오.

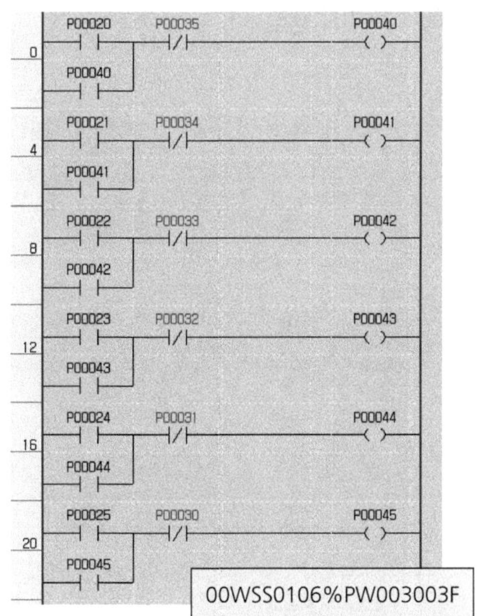

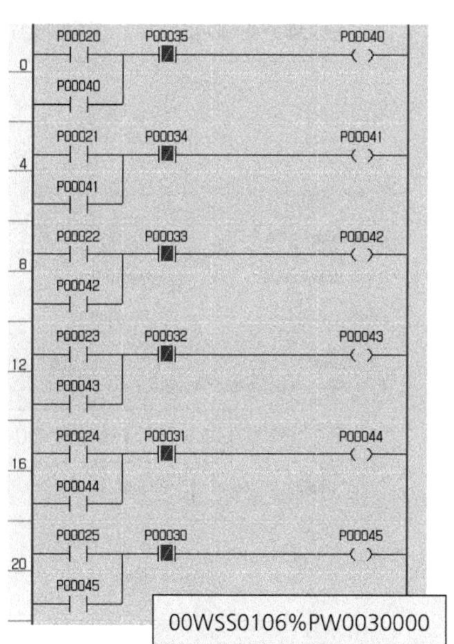

P001	F	E	D	C	B	A	9	8	7	6	5	4	3	2	1	0
2진수	0	0	0	0	0	0	0	0	0	0	1	1	1	1	1	1
Hex	0				0				3				F			

※Word (1Word=2Byte=16Bit)

④ 디지털 출력 접점 P0040~P004F까지의 접점을 ON이 출력되도록 디바이스 개별 쓰기를 실행하시오.

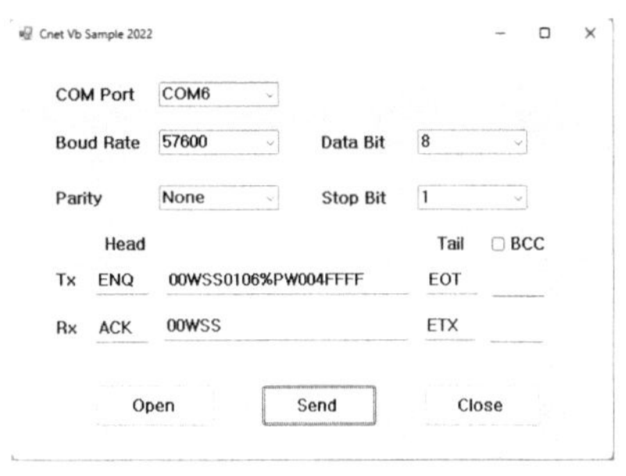

실행 후 모니터링 결과

TX : 00WSS0106%PW004FFFF
RX : 00WSS

명령의 실행

⑥ 개별 읽기를 이용하여 P0040~P004F 접점의 상태를 확인하시오.

반환 값의 확인

접점 번호	개별 읽기	반환 값	접점 상태
P0040~P004F	00RSS0106%PW004	00RSS01020029	ON

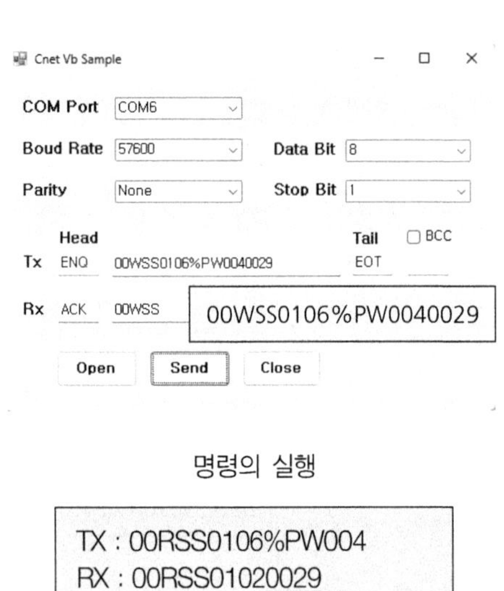

명령의 실행

TX : 00RSS0106%PW004
RX : 00RSS01020029

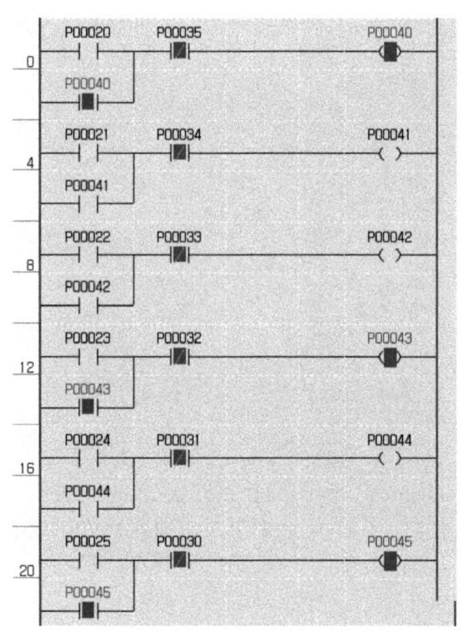

XGT 시스템 모니터링 결과

PW004의 반환 값이 Hex 0029이므로 P0040, P0043과 P0045의 출력이 ON 상태이다.

	F	E	D	C	B	A	9	8	7	6	5	4	3	2	1	0
2진수	0	0	0	0	0	0	0	0	0	0	1	0	1	0	0	1
Hex	0				0				2				9			

※Word (1Word=2Byte=16Bit)

(3) 자료실에서 주어진 CnetVb 실행파일을 이용해 GLOFA-GM의 Bit 메모리를 조작하여 보시오. (GLOFA-GM의 경우)

		IX0.0.0~ IX0.0.15	QX0.1.0~ QX0.1.15		
Power GM4-PA2A	CPU GM4-CPUA	디지털 입력 16점 G4I-D24A	디지털 출력 16점 G4Q-RY2A	Dummy	Cnet G4L-CUEA

GLOFA-GM4

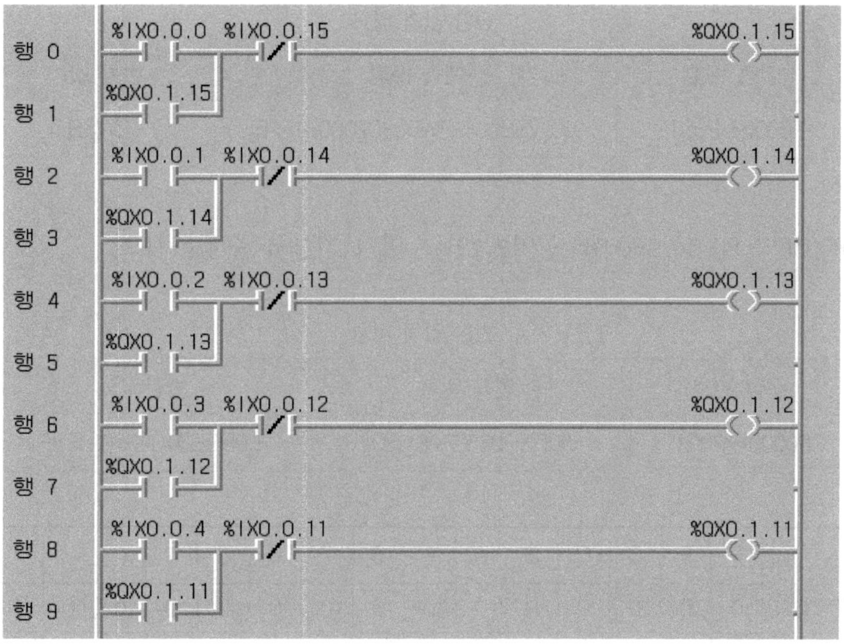

행 0 %IX0.0.0 %IX0.0.15 %QX0.1.15
행 1 %QX0.1.15
행 2 %IX0.0.1 %IX0.0.14 %QX0.1.14
행 3 %QX0.1.14
행 4 %IX0.0.2 %IX0.0.13 %QX0.1.13
행 5 %QX0.1.13
행 6 %IX0.0.3 %IX0.0.12 %QX0.1.12
행 7 %QX0.1.12
행 8 %IX0.0.4 %IX0.0.11 %QX0.1.11
행 9 %QX0.1.11

Bit 메모리 연습프로그램

※ GLOFA-GM4 이하 기종에서는 CPU에 의한 Cnet 기능을 지원하지 않는다.

① IX0.0.0 접점을 ON시켜 출력 %QX0.0.15가 출력되도록 실행하고 MASTER-K와 같은 항목으로 통신하여 본다.

데이터 타입	표시 문자	사 용 예
Bit	X(H58)	%MX0, %QX0.0.0, IX0.0.0
Byte	B(H42)	%MB10, %QB0.0.0, %IB0.0.0
Word	W(H57)	%MW10, %QW0.0.0, %IW0.0.0
Double Word	D(H44)	%MD10, %QD0.0.0, %ID0.0.0

예제 8.1에 사용된 디지털 입·출력모듈이 장착된 장비를 이용하여 Cnet의 연속 쓰기와 연속 읽기 통신 기능을 확인하시오.

① P0030~P003F에 0002를 P0040~P004F에 1F2F를 연속 쓰기 기능을 수행하시오.

	F	E	D	C	B	A	9	8	7	6	5	4	3	2	1	0
P003	0	0	0	0	0	0	0	0	0	0	0	0	0	0	1	0
P004	0	0	0	1	1	1	1	1	0	0	1	0	1	1	1	1

반환 값의 비교

접점 번호	연속 쓰기	반환 값
P0000~P001F	00WSB06%PW0030200021F2F	00WSB

② P0030~P003F와 P0040~P004F 영역에 연속 읽기 기능을 수행하시오.

반환 값의 비교

접점 번호	연속 읽기	반환 값
P0000~P001F	00RSB06%PW00302	00RSB010400021F2F

	F	E	D	C	B	A	9	8	7	6	5	4	3	2	1	0
P003	0	0	0	0	0	0	0	0	0	0	0	0	0	0	1	0
P004	0	0	0	1	1	1	1	1	0	0	1	0	1	1	1	1

상용프로그램을 이용한 제어회로 설계 및 구성

CHAPTER 09

9.1 RS-232C 통신프로그램의 이해

1) 통신포트 RS-232C의 특성

(1) 기계적 특성

RS-232C는 25핀 Connecter로서 이론적으로는 상호 장치 간에 25개의 선으로 연결되어야 함을 의미하나 실제로는 이보다 적은 수의 선을 이용하여 통신한다.

(2) 전기적 특성

RS-232C에서는 임의 신호를 수신하였을 때 그 신호의 전압이 −3V 이하면 이진값 "1"로 판정하고, +3V 이상이면 이진값 "0"으로 판정한다. 또 송신할 때는 이진값 "0"을 +12V로 출력하고 이진값 "1"을 −12V로 출력하게 된다. 송수신의 전압값이 서로 다른 이유는 전송 중의 전압강하나 Noise를 고려하였기 때문이다. 이와 같은 이유로 인하여 접속 규격의 데이터 속도는 20Kbps 이하, 전송 거리 12m 이내이다.

(3) 절차적 특성

RS-232C에서는 데이터를 전송할 때 송, 수신 측 모두 상대방의 상태를 확인하면서 전송한다.

(4) 용어 설명

① Baud : 1초당 통신선의 신호 변경 횟수를 의미한다.

② BPS(Bit Per Second) : 1초당 전송 횟수를 정의한다.

③ Parity Bit : 전송 데이터를 나타낼 때 Start Bit와 Stop Bit로 구분지어 나타내는데 Parity Bit를

이용하여 데이터 구조를 확인하는 경우가 있다. Parity Bit 종류에는 Even(짝수) Parity, Odd(홀수) Parity, None at all(패리티 없음) 등의 모드가 있는데 전송되는 Binary 데이터 중 "1"의 개수를 Count 하여 그 개수와 Parity Mode에 따라 Parity Bit에 "0" 또는 "1"을 설정하게 된다. 예) Parity Bit에 "1"의 개수가 홀수이면 "1"을 입력하게 되고, Parity Mode가 Odd(홀수)인 경우는 반대로 생각하면 된다.

2) Visual Basic 2022를 이용한 제어프로그램의 작성

Visual Basic 이용한 Cnet통신의 이해를 위해 Ex 8.1에서 사용된 Cnet Vb 실행파일의 구조를 이해하여야 한다.

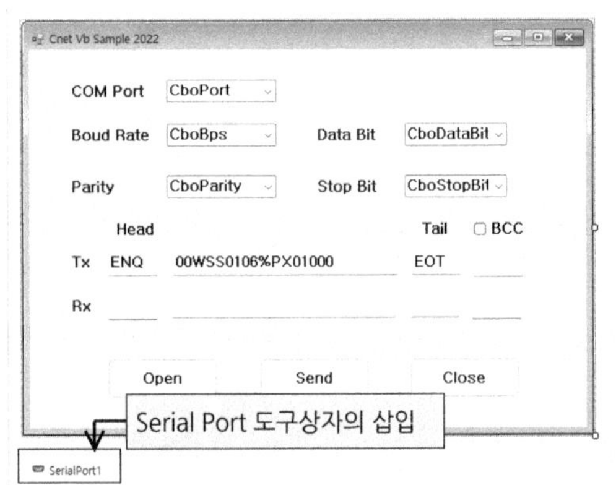

입력 속성	통신 설정
CboPort	통신포트 COM 설정
CboBps	통신속도 설정(BPS)
CboParity	Parity Bit 설정
CboDataBit	Data Bit 설정
CboStopBit	Stop Bit 설정

그림 9.1 Cnet Vb의 메인화면

(1) frmMain의 코딩

```
Imports System.IO.Ports
Imports System.Threading                              '시스템 스레이드의 호출

Public Class FrmMain
    Private Sub Form1_Load(....................) Handles Me.Load

        With CboPort                                  'Combo Box의 COM Port 설정치

            CboPort.Items.Add("COM1")
            CboPort.Items.Add("COM2")
            CboPort.Items.Add("COM3")
            CboPort.Items.Add("COM4")
            CboPort.Items.Add("COM5")
            CboPort.Items.Add("COM6")

            CboPort.SelectedIndex = 4                 'COM Port의 초기 값(COM5)을 설정

        End With
```

With CboBps	'Combo Box의 BaudRate 설정치
CboBps.Items.Add("4800") CboBps.Items.Add("9600") CboBps.Items.Add("19200") CboBps.Items.Add("38400") CboBps.Items.Add("57600") CboBps.Items.Add("76800") CboBps.Items.Add("115200")	
CboBps.SelectedIndex = 3	'BoudRate의 초기 값(38400)을 설정
End With	
With CboParity	'Combo Box의 Parity 설정치
CboParity.Items.Add("None") CboParity.Items.Add("Odd") CboParity.Items.Add("Even")	
CboParity.SelectedIndex = 0	'Parity의 초기 값(None)을 설정
End With	
With CboDataBit	'DataBit의 초기 값(8)을 설정
CboDataBit.Items.Add("7") CboDataBit.Items.Add("8")	
CboDataBit.SelectedIndex = 1	'StopBit의 초기 값(1)을 설정한다.
End With	
With CboStopBit	'Combo Box의 StopBit 설정치
CboStopBit.Items.Add("1") CboStopBit.Items.Add("2")	
CboStopBit.SelectedIndex = 0	'StopBit의 초기 값(1)을 설정한다.
End With	
End Sub	

Private Sub BtnOpen_Click(....................) Handles BtnOpen.Click	'Open Button의 실행
If CboParity.Text = "None" Then	'Parity의 초기 값(None)을 선택
SerialPort1.Parity = IO.Ports.Parity.None	
ElseIf CboParity.Text = "Odd" Then	
SerialPort1.Parity = IO.Ports.Parity.Odd	
Else	
SerialPort1.Parity = IO.Ports.Parity.Even	
End If	
Try	'예외 처리의 시작
If SerialPort1.IsOpen = True Then	'통신포트가 열려있는 경우
MsgBox("포트 연결 에러", vbOKOnly + vbCritical, "통신_ 포트의 상태확인")	'메시지 박스 실행
Exit Sub	
End If	
SerialPort1.PortName = CboPort.Text SerialPort1.BaudRate = CboBps.Text SerialPort1.DataBits = CboDataBit.Text SerialPort1.StopBits = CboStopBit.Text	'통신포트의 인수 정의
SerialPort1.Open()	'통신포트 열기
Catch ex As Exception	'예외처리
MsgBox("포트 연결 에러1", vbOKOnly + vbCritical, "통신포_ 트의 상태확인")	'통신포트가 열려있지 않는 경우
End Try	
End Sub	

Private Sub BtnSend_Click(.................) Handles BtnSend.Click	'Send Button의 실행
SendData()	'PLC 프레임 구조의 전송
End Sub	

Private Sub BtnClose_Click(...................) Handles BtnClose.Click	'Close Button의 실행
If SerialPort1.IsOpen = True Then	'통신포트가 열린 경우
SerialPort1.Close()	'통신포트 닫기
End If	
End Sub	

Delegate Sub DataDelegate(ByVal sdata As String)	'Invoke를 사용하여 실행하려고 하는 메소드의 대리자(Delegate)
Private Sub SerialPort1_DataReceived(sender As Object, e As_ SerialDataReceivedEventArgs) Handles SerialPort1.DataReceived	'통신포트의 수신
Dim ReceivedData As String = " "	
Dim adre As New DataDelegate(AddressOf PrintData)	'수신된 데이터에 대한 변수선언
Try	
ReceivedData = SerialPort1.ReadExisting()	'데이터 수신
Catch ex As Exception	'예외처리
ReceivedData = ex.Message	
End Try	
Me.Invoke(adre, ReceivedData)	'멀티스레드 환경에서 데이터 보호를 위한 Invoke 함수
End Sub	

```
Private Sub PrintData(ByVal sdata As String)          '수신 데이터 쓰기 함수

        Dim Head As String
        Dim Tail As String
        Dim Length As Long
        Length = InStr(sdata, Convert.ToChar(3))
        Head = Mid(sdata, 1, 1)

        If Length > 1 Then                             '수신자료가 있는 경우

            If Head = Convert.ToChar(6) Then           'ACK가 수신된 경우
                Tail = Mid(sdata, Length, 1)

                If Tail = Convert.ToChar(3) Then       'ETX가 수신된 경우

                    TxtRxHead.Text = "ACK"             '수신자료의 표시
                    TxtRxTail.Text = "ETX"
                    TxtRx.Text = Mid(sdata, 2, Length - 2)

                Else

                    TxtRxTail.Text = "“

                End If

            Else

                TxtRxHead.Text = "NAK“                 'NAK가 수신된 경우

            End If

        End If

    End Sub

End Class
```

(2) modCnet 모듈의 코딩

```
Module ModCnet

Public Sub SendData()

Dim Bcc As Byte
Dim iBcc As Integer
Dim sBcc As String
Dim strSend As String                                   'NewLine을 저장할 문자열 변수

strSend = FrmMain.SerialPort1.NewLine                   '새 라인 가져오기
strSend = strSend.Replace(vbLf, vbCr)                   'LF를 문자열로 CR로 변환
FrmMain.SerialPort1.NewLine = strSend                   '새 줄에 대체 변수 저장

Try

   If FrmMain.ChkBcc.Checked = True Then                'BCC를 선택한 경우

      iBcc = 5 + ByteCheckSum(FrmMain.TxtTx.Text) + 4   'BCC를 계산합니다.
      If iBcc > 255 Then iBcc = iBcc - 256
      Bcc = CByte(iBcc)
      sBcc = ByteToHexStr(Bcc)

     FrmMain.SerialPort1.WriteLine(Convert.ToChar(5) + _   '헤더, 테일과 BCC를 포함한 프레임을 Send
        FrmMain.TxtTx.Text + Convert.ToChar(4) + sBcc)     합니다.

     FrmMain.TxtTxBcc.Text = sBcc                       '계산된 BCC값을 화면에 출력합니다.

   Else
     strSend = Convert.ToChar(5) + FrmMain.TxtTx.Text + _   '헤더, 테일을 포함한 프레임을 Send 합니다.
        Convert.ToChar(4)

     FrmMain.SerialPort1.WriteLine(strSend)

   End If

 Catch ex As Exception                                  '예외처리

     MsgBox("In End", vbOKOnly + vbCritical, "프래임구조 끝")

   End Try

End Sub
Public Function ByteCheckSum(strData As String) As Byte   '지정한 스트링의 BCC를 계산

  Dim i As Long
  Dim CheckSum As Integer
  Dim Length As Integer

Length = Len(strData)
```

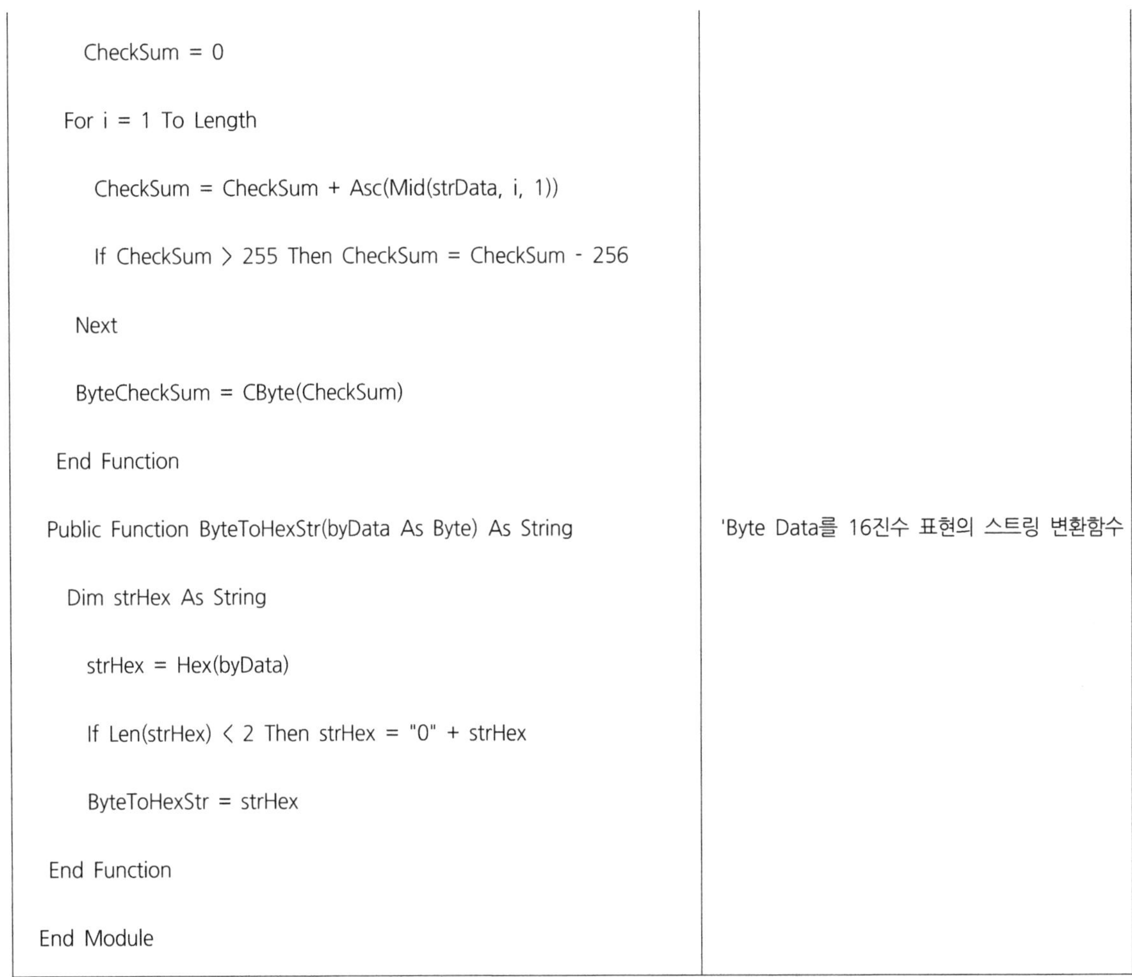

CheckSum = 0	
For i = 1 To Length	
CheckSum = CheckSum + Asc(Mid(strData, i, 1))	
If CheckSum > 255 Then CheckSum = CheckSum - 256	
Next	
ByteCheckSum = CByte(CheckSum)	
End Function	
Public Function ByteToHexStr(byData As Byte) As String	'Byte Data를 16진수 표현의 스트링 변환함수
Dim strHex As String	
strHex = Hex(byData)	
If Len(strHex) < 2 Then strHex = "0" + strHex	
ByteToHexStr = strHex	
End Function	
End Module	

3) LabVIEW을 이용한 제어프로그램의 작성

LabView를 이용한 Cnet통신의 작성은 Ex 8.1에서 사용된 Cnet Vb 실행파일의 구조를 이해하여야 하고 아래와 같이 프런트 패널을 작성한다.

(1) 심플 시리얼 통신의 이해

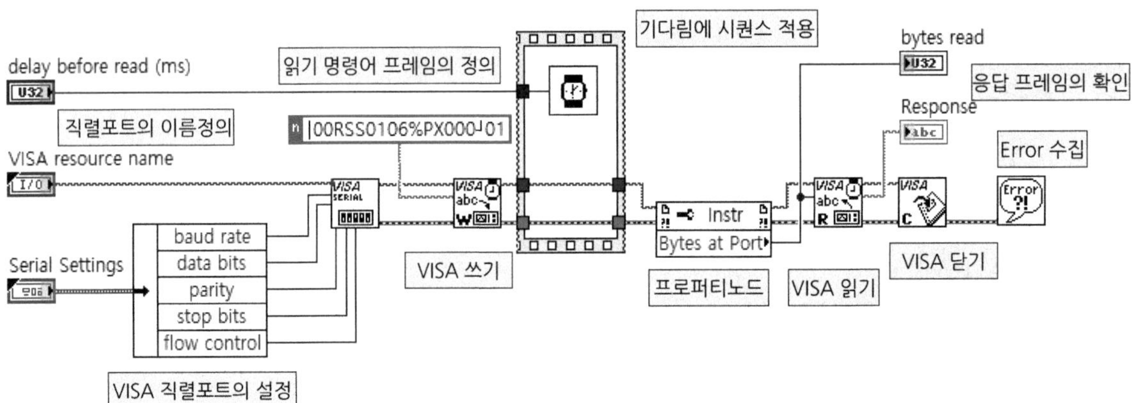

(2) 프런트 패널의 작성

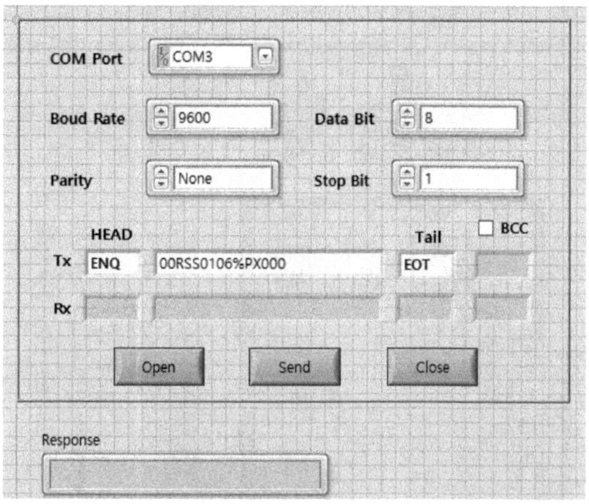
COM Port
COM3
Boud Rate
9600
Data Bit
8
Parity
None
Stop Bit
1
HEAD
Tail
BCC
Tx
ENQ
00RSS0106%PX000
EOT
Rx
Open
Send
Close
Response

그림 9.2 Cnet LabView의 메인화면

① VISA 리소스의 작성 : 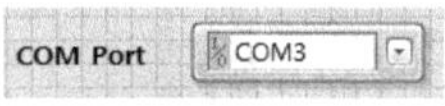
COM Port
COM3

[컨트롤 ➡ 실버 ➡ I/O ➡ VISA 리소스 이름]

② Boud Rate : 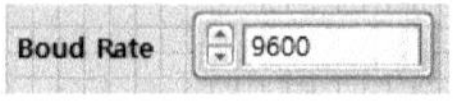
Boud Rate
9600

[컨트롤 ➡ 실버 ➡ 링&열거형 ➡ 텍스트 링]

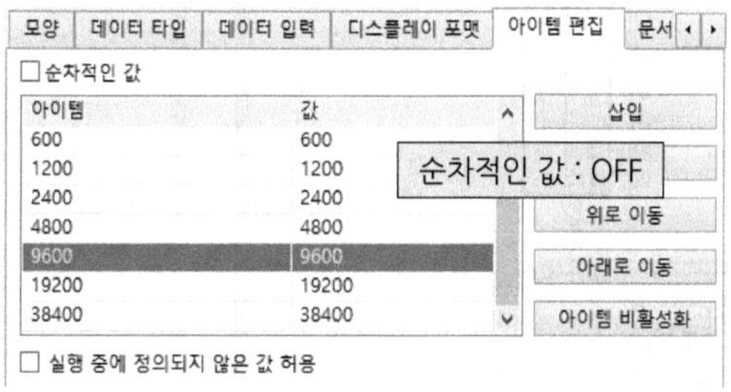
모양
데이터 타입
데이터 입력
디스플레이 포맷
아이템 편집
문서
순차적인 값
아이템
값
600 600
1200 1200
2400 2400
4800 4800
9600 9600
19200 19200
38400 38400
삽입
위로 이동
아래로 이동
아이템 비활성화
실행 중에 정의되지 않은 값 허용
순차적인 값 : OFF

③ Data Bit : 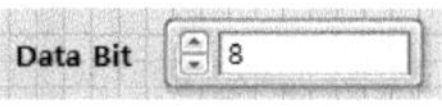
Data Bit
8

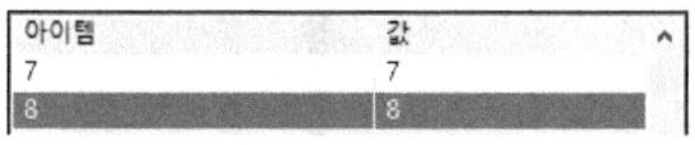
아이템
값
7 7
8 8

순차적인 값 : OFF

④ Parity : 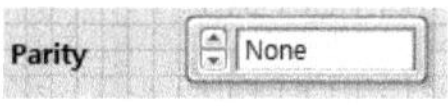
Parity
None

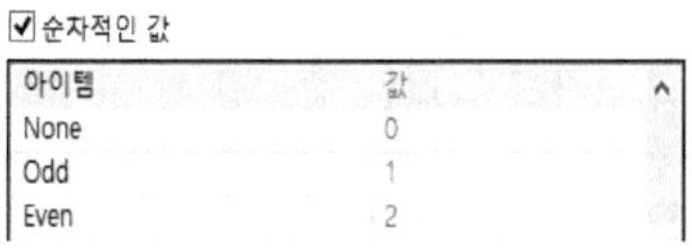
순차적인 값
아이템
값
None 0
Odd 1
Even 2

순차적인 값 : ON

⑤ Stop bit : 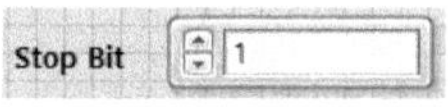
Stop Bit
1

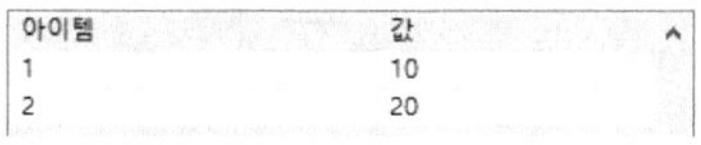
아이템
값
1 10
2 20

순차적인 값 : OFF

(3) 블록다이어그램의 작성(참인 경우)

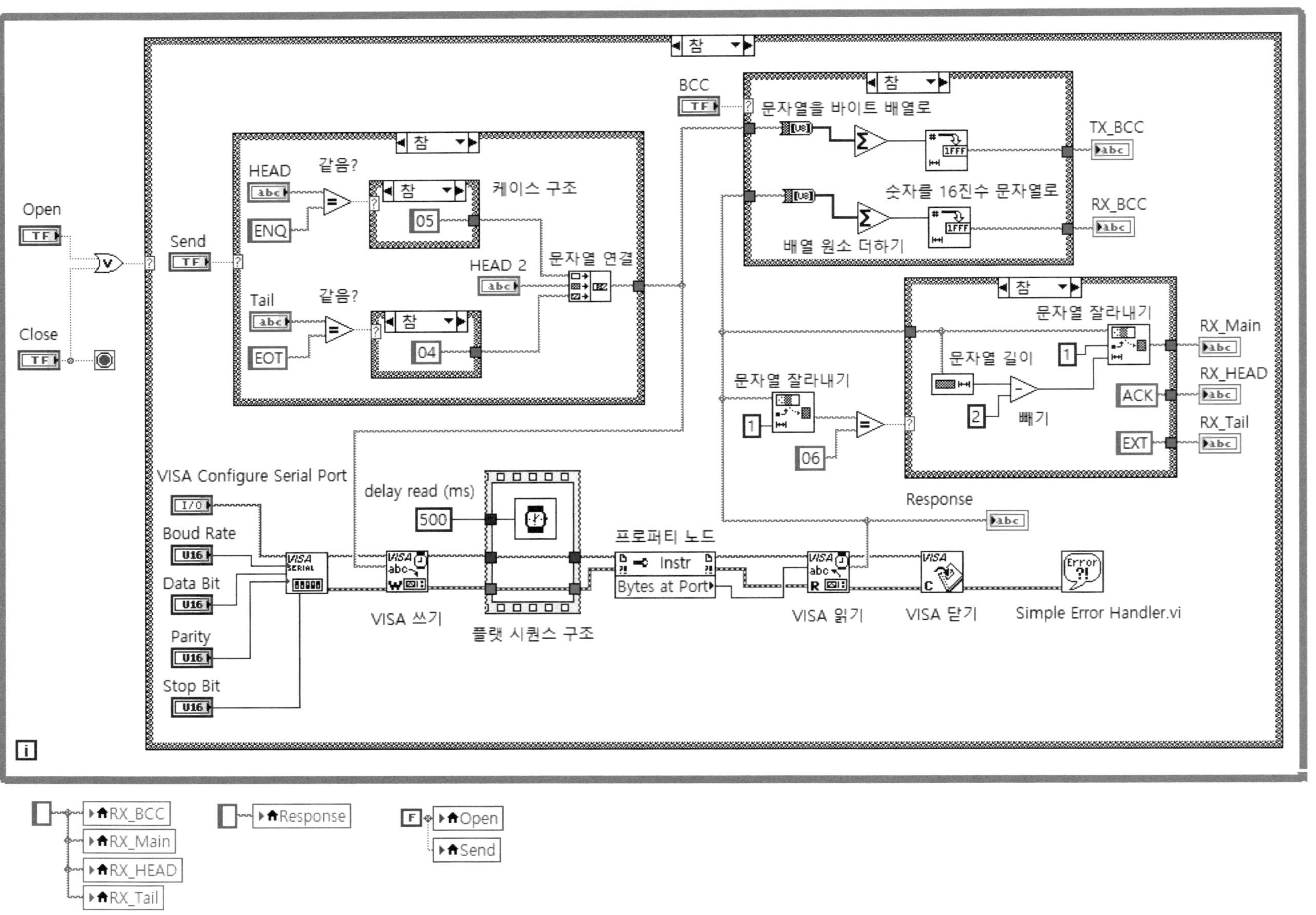

(4) 블록다이어그램의 작성(거짓인 경우)

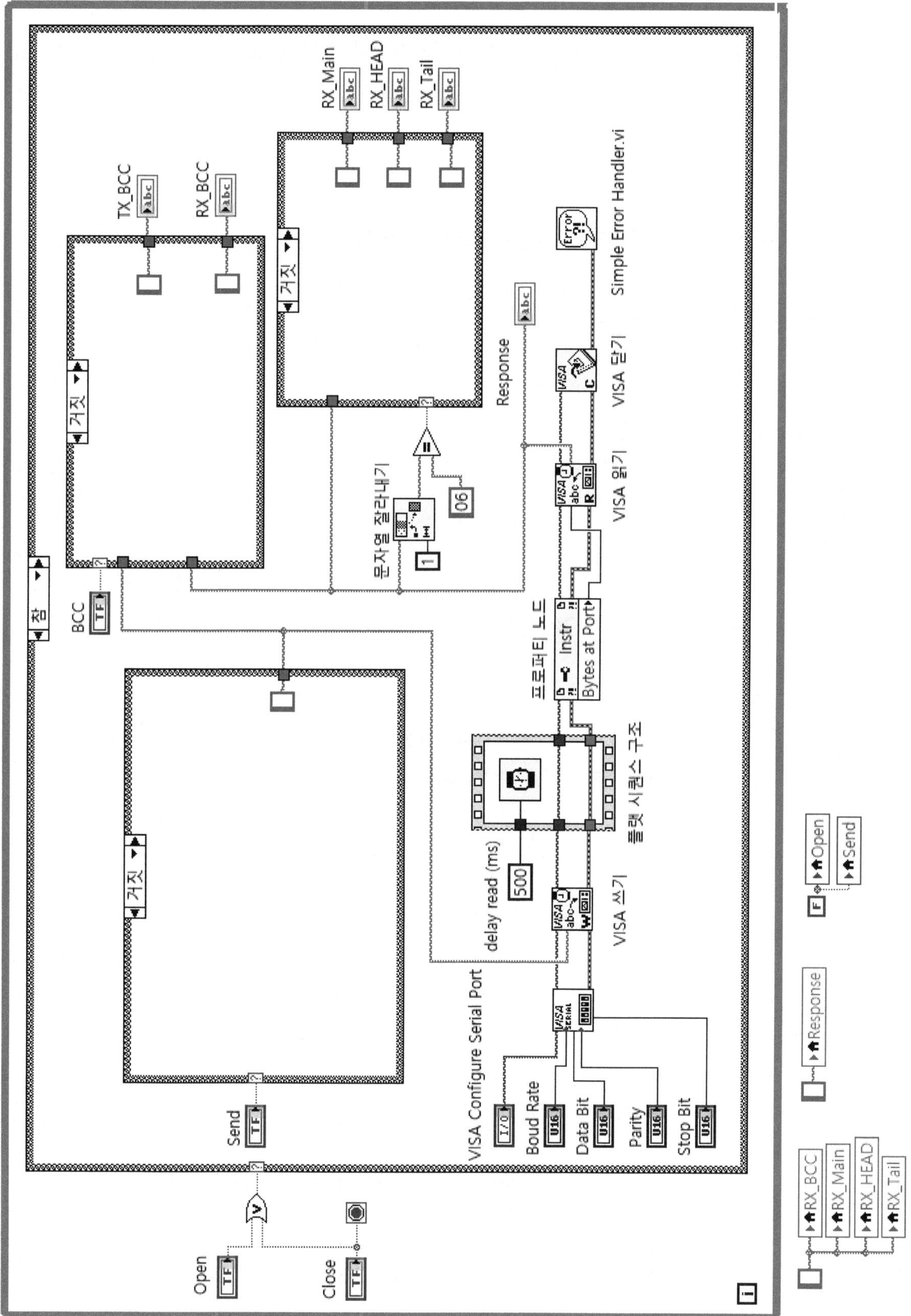

9.2 PLC 접점을 활용한 프로그램 작성

PLC의 I/O 접점을 모니터링할 수 있는 프로그램을 작성하며 출력 접점은 P40~P44까지로 접점 출력 여부를 확인 할 수 있는 프로그램 한다. 또한 모니터링 주기는 0.1초 단위로 확인되는 프로그램을 작성하시오.

1) Visual Basic 2022를 이용한 제어프로그램의 작성

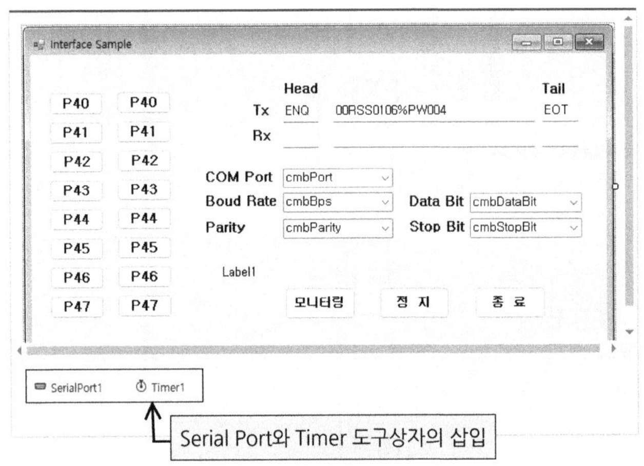

그림 9.3 I/O 접점확인을 위한 메인 폼

폼에 대한 객체의 특성

개체의 종류	개체의 이름	Text
TextBox	TxtTxHead	ENQ
TextBox	TxtTx	00RSB06%PW00002
TextBox	TxtTxTail	EOT
TextBox	TxtRxHead	
TextBox	TxtRx	
TextBox	TxtRxTail	
ComboBox	CboPort	cmbPort
ComboBox	CboBps	cmbBps
ComboBox	CboParity	cmbParity
ComboBox	CboDataBit	cmbDataBit
ComboBox	CboStopBit	cmbStopBit
Button	BtnP00~07	P20~P27
Button	BtnP10~17	P40~P47
SerialPort	SerialPort1	BaudRate : 9600
Timer	Timer1	Interval : 100
Button	CmdOpen	모니터링
Button	CmdClose	정지
Button	CmdEnd	종료

(1) 접점 확인을 위한 PLC 프로그램(XBC-DR30SU)

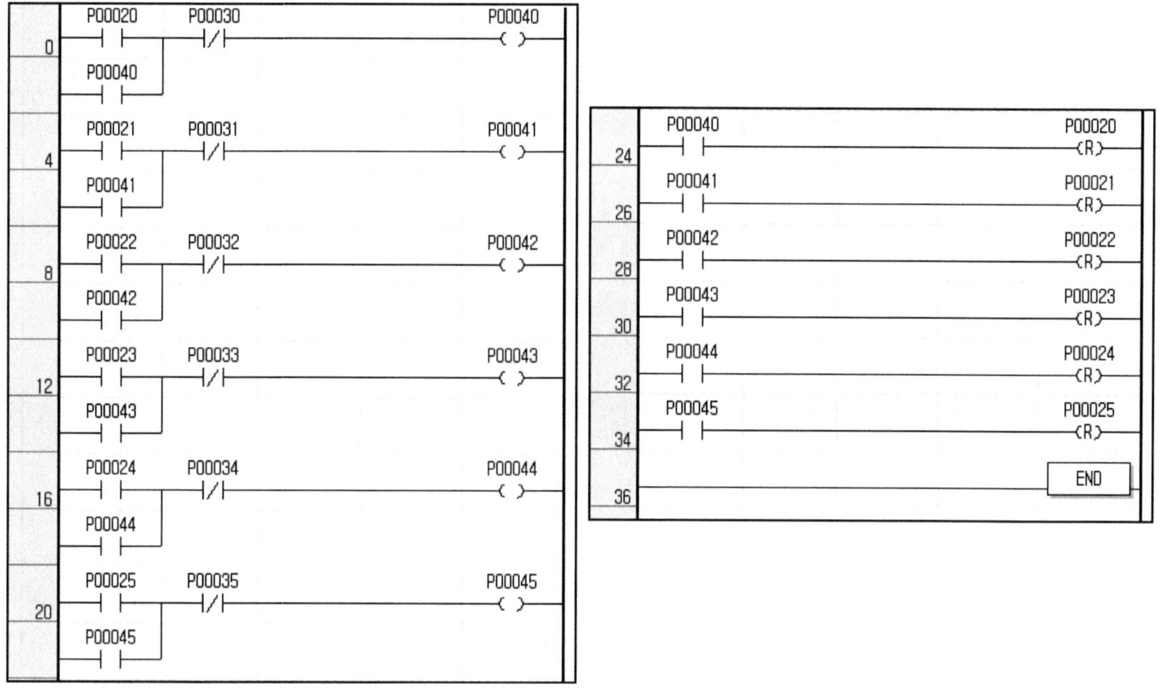

그림 9.4 I/O 접점확인을 위한 PLC 프로그램

프로그램 작성 시 Cnet Vb의 통신 기능과 일부 컨트롤을 복사하여 사용하면 편리하다.

(2) FrmMain의 코딩

```
Imports System.IO.Ports
Imports System.Threading
Public Class FrmMain
    Private Sub FrmMain_Load(........) Handles Me.Load

        With CboPort

            CboPort.Items.Add("COM1")
            CboPort.Items.Add("COM2")
            CboPort.Items.Add("COM3")
            CboPort.Items.Add("COM4")
            CboPort.Items.Add("COM5")
            CboPort.Items.Add("COM6")
            CboPort.Items.Add("COM7")

            CboPort.SelectedIndex = 5

        End With
```

With CboBps CboBps.Items.Add("2400") CboBps.Items.Add("4800") CboBps.Items.Add("9600") CboBps.Items.Add("19200") CboBps.Items.Add("38400") CboBps.Items.Add("57600") CboBps.Items.Add("76800") CboBps.SelectedIndex = 4 End With With CboParity CboParity.Items.Add("None") CboParity.Items.Add("Odd") CboParity.Items.Add("Even") CboParity.SelectedIndex = 0 End With With CboDataBit CboDataBit.Items.Add("7") CboDataBit.Items.Add("8") CboDataBit.SelectedIndex = 1 End With With CboStopBit CboStopBit.Items.Add("1") CboStopBit.Items.Add("2") CboStopBit.SelectedIndex = 0 End With End Sub	

(3) BtnOpen의 코딩

Private Sub BtnOpen_Click(........) Handles BtnOpen.Click	
Try	
If SerialPort1.IsOpen = True Then	'예외처리
MsgBox("포트 연결 에러", vbOKOnly + vbCritical,_ "통신포트의 상태확인")	'통신포트가 열려져 있는 경우
Exit Sub	
End If	

SerialPort1.PortName = CboPort.Text SerialPort1.BaudRate = CboBps.Text SerialPort1.DataBits = CboDataBit.Text SerialPort1.StopBits = CboStopBit.Text	'통신포트의 인수 정의
SerialPort1.Open()	'통신포트 열기
Timer1.Enabled = True	
Catch ex As Exception	'예외처리
MsgBox("포트 연결 에러1", vbOKOnly + vbCritical,_ "통신포트의 상태확인")	
End Try	
End Sub	

(4) BtnClose의 코딩

Private Sub BtnClose_Click(............) Handles BtnClose.Click	
If SerialPort1.IsOpen = True Then	'통신포트가 열린 경우
SerialPort1.Close()	'통신포트 닫기
End If	
End Sub	

(5) BtnSend의 코딩

Private Sub BtnP00_Click(..............) Handles BtnP00.Click	'P40~P47 코딩 (PLC 접점 ON)
P_ON("20")	
End Sub	
....	
Private Sub BtnP10_Click(..............) Handles BtnP10.Click	'P40~P47 코딩 (PLC 접점 OFF)
P_OFF("20")	
End Sub	
....	
Private Sub Timer1_Tick(.........) Handles Timer1.Tick	'PLC 통신명령어 송신
SendData()	
End Sub	

(6) BtnEnd의 코딩

Private Sub BtnClose_Click(............) Handles BtnClose.Click	
If SerialPort1.IsOpen = True Then	'통신포트가 열린 경우
SerialPort1.Close()	'통신포트 닫기
End If	
End	
End Sub	

(7) DataReceived의 코딩

Delegate Sub DataDelegate(ByVal sdata As String)	'Invoke를 사용하여 실행하려고 하는 메소드의 대리자(Delegate)
Private Sub SerialPort1_DataReceived(..) Handles SerialPort1.....	
Dim ReceivedData As String = " "	
Dim adre As New DataDelegate(AddressOf PrintData)	'수신된 데이터에 대한 변수선언
Try ReceivedData = SerialPort1.ReadExisting()	
Catch ex As Exception	'데이터 수신
ReceivedData = ex.Message	'예외처리
End Try	
Me.Invoke(adre, ReceivedData)	'멀티스레드 환경에서 데이터 보호를 위한 Invoke 함수
End Sub	

문자열 처리함수

P$="BASICPROGRAM"

- RIGHT(P$,2) → 오른쪽의 2자를 뽑아낸다. ("AM")
- LEFT(P$,7) → 왼쪽의 7자를 뽑아낸다. ("BASICPR")
- MID(P$,6,3) → 오른쪽의 6자부터 3자를 뽑아낸다. ("PRO")
- LEN(P$) → 문자열의 수를 표시한다. (12)

(8) PrintData의 코딩

Private Sub PrintData(ByVal sdata As String) Dim Head As String Dim Tail As String Dim Length As Long Dim Contact01 As String Dim Contact02 As String Dim Contact03 As String Dim Contact04 As String Length = InStr(sdata, Convert.ToChar(3)) Head = Mid(sdata, 1, 1)	'123456789 01 23 45 678901234567890 '00RSB0104 03 01 C0 C0
If Length > 14 Then	'123456789 0 1 2 3 45 678901234567890 '00RSS0102 0 0 0 7
If Head = Convert.ToChar(6) Then	'ACK가 수신된 경우
Tail = Mid(sdata, Length, 1) If Tail = Convert.ToChar(3) Then TxtRxHead.Text = "ACK" TxtRxTail.Text = "ETX" TxtRx.Text = Mid(sdata, 2, Length - 2)	
Contact01 = Hexa2bin(Mid(TxtRx.Text, 13, 1)) Contact02 = Hexa2bin(Mid(TxtRx.Text, 12, 1)) Contact03 = Hexa2bin(Mid(TxtRx.Text, 11, 1)) Contact04 = Hexa2bin(Mid(TxtRx.Text, 10, 1))	'획득자료의 조작
If Mid(Contact01, 4, 1) = "1" Then	'출력 버튼의 표시 변경

BtnP10.ForeColor = Color.Red
 	
Else
BtnP10.ForeColor = Color.Empty
 	
End If
 	
If Mid(Contact01, 3, 1) = "1" Then
 	
BtnP11.ForeColor = Color.Red
 	
Else
 	
....
Else	

TxtRxTail.Text = ""	'NAK이 수신된 경우

End If
 	
Else	

TxtRxHead.Text = "NAK"	'NAK이 수신된 경우
End If End If	

색을 변경하는 데 사용되는 함수

QBColor(번호)		RGB(빨강의 비율, 녹색비율, 청색비율)
0	검 정	RGB(0 , 0 , 0) : 검정
1	청 색	RGB(0 , 0 , 255) : 청색
2	녹 색	RGB(0 , 255, 0) : 녹색
3	하늘색	RGB(0 , 255, 255) : 하늘색
4	빨간색	RGB(255, 0 , 0) : 빨강색
5	검빨강	RGB(255, 0 , 255) : 검빨강
6	노 랑	RGB(255, 255, 0) : 노랑
7	흰 색	RGB(255, 255, 255) : 흰색
8	회 색	
9	밝은 청색	
10	밝은 녹색	
11	밝은 하늘색	
12	밝은 빨강색	
13	밝은 검빨강	
14	밝은 노랑	
15	밝은 흰색	

(9) ModCnet 모듈의 코딩

```
Module Mod_Cnet

  Dim StrSend As String

  Public Sub P_ON(ByVal argnum As String)                      'PLC 접점을 ON 함수

     If FrmMain.SerialPort1.IsOpen = True Then

      StrSend = Convert.ToChar(5) + "00WSS0106%PX0" + _
          argnum + "01" + Convert.ToChar(4)

      FrmMain.SerialPort1.WriteLine(StrSend)

    End If

  End Sub

  Public Sub P_OFF(ByVal argnum As String)                     'PLC 접점을 OFF 함수

     If FrmMain.SerialPort1.IsOpen = True Then

      StrSend = Convert.ToChar(5) + "00WSS0106%PX0" + _
          argnum + "01" + Convert.ToChar(4)

      FrmMain.SerialPort1.WriteLine(StrSend)

     End If

  End Sub
```

Public Sub SendData()	'설정한 데이터를 Send 합니다.
If FrmMain.SerialPort1.IsOpen = True Then	'헤더, 테일을 포함한 프레임을 Send 합니다.
StrSend = Convert.ToChar(5) + FrmMain.TxtTx.Text + _ Convert.ToChar(4)	
FrmMain.SerialPort1.WriteLine(StrSend)	
End If	
E nd Sub	
Function Hexa2bin(ByVal argdata As String) As String	'2진화 십진수
Select Case argdata	
Case "0" Hexa2bin = "0000"	
Case "1" Hexa2bin = "0001"	
Case "2" Hexa2bin = "0010"	
Case "3" Hexa2bin = "0011"	
Case "4" Hexa2bin = "0100"	
Case "5" Hexa2bin = "0101"	
Case "6" Hexa2bin = "0110"	
Case "7" Hexa2bin = "0111"	
Case "8" Hexa2bin = "1000"	
Case "9" Hexa2bin = "1001"	
Case "A" Hexa2bin = "1010"	
Case "B" Hexa2bin = "1011"	
Case "C" Hexa2bin = "1100"	
Case "D" Hexa2bin = "1101"	
Case "E" Hexa2bin = "1110"	
Case "F" Hexa2bin = "1111"	
Case Else Hexa2bin = ""	
End Select	
End Function	
End Module	

2) LabVIEW을 이용한 제어프로그램의 작성

(1) 프런트 패널의 작성

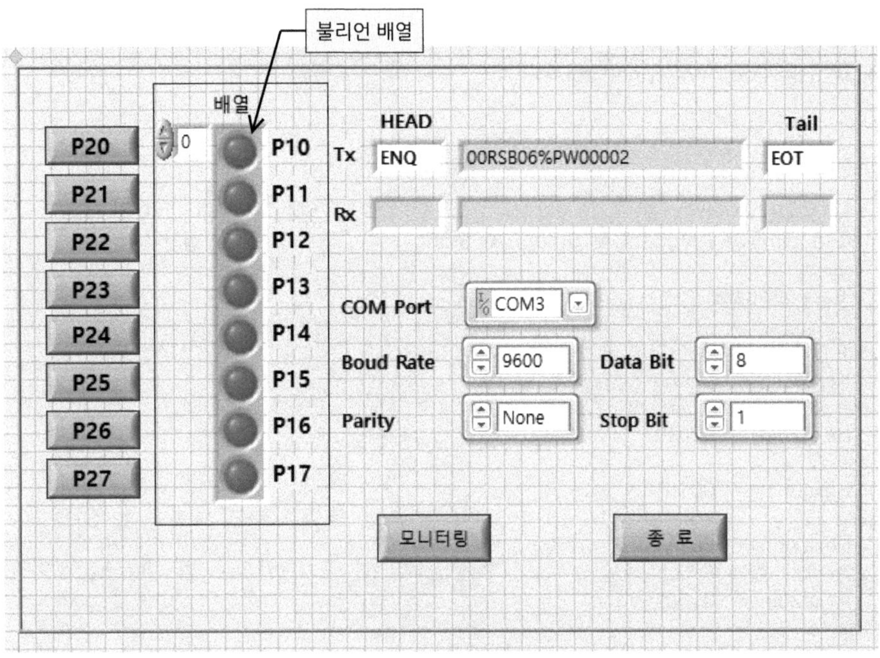

그림 9.5 제어프로그램의 메인화면

① P21~P27 불리언의 작성 : P20 [컨트롤 ➡ 일반 ➡ 불리언 ➡ 확인버튼]

② 불리언 배열의 작성 [컨트롤 ➡ 실버 ➡ 배열, 행렬, 클러스터 ➡ 배열]
[컨트롤 ➡ 일반 ➡ 불리언 ➡ 원형LED]

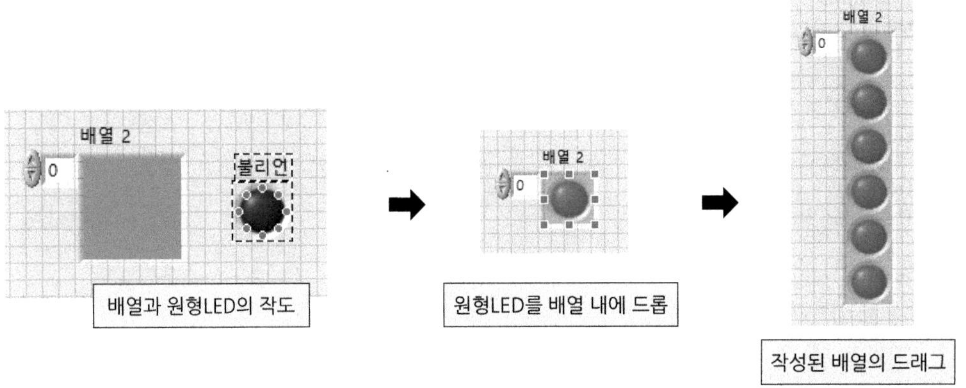

그림 9.6 불리언 배열의 작성과정

(2) 상태 확인을 위한 PLC 프로그램

Step	접점	병렬 접점	b접점	출력
0	P00020	P00010	P00027	P00010 ( )
4	P00021	P00011	P00026	P00011 ( )
8	P00022	P00012	P00025	P00012 ( )
12	P00023	P00013	P00024	P00013 ( )
16	P00024	P00014	P00023	P00014 ( )
20	P00025	P00015	P00022	P00015 ( )
24	P00026	P00016	P00021	P00016 ( )
28	P00027	P00017	P00020	P00017 ( )
32	P00010			P00020 (R)
34	P00011			P00021 (R)
36	P00012			P00022 (R)
38	P00013			P00023 (R)
40	P00014			P00024 (R)
42	P00015			P00025 (R)
44	P00016			P00026 (R)
46	P00017			P00027 (R)
48				END

그림 9.7 I/O 접점확인을 위한 PLC 프로그램(XGK)

(3) 블록다이어그램의 작성(정의 경우)

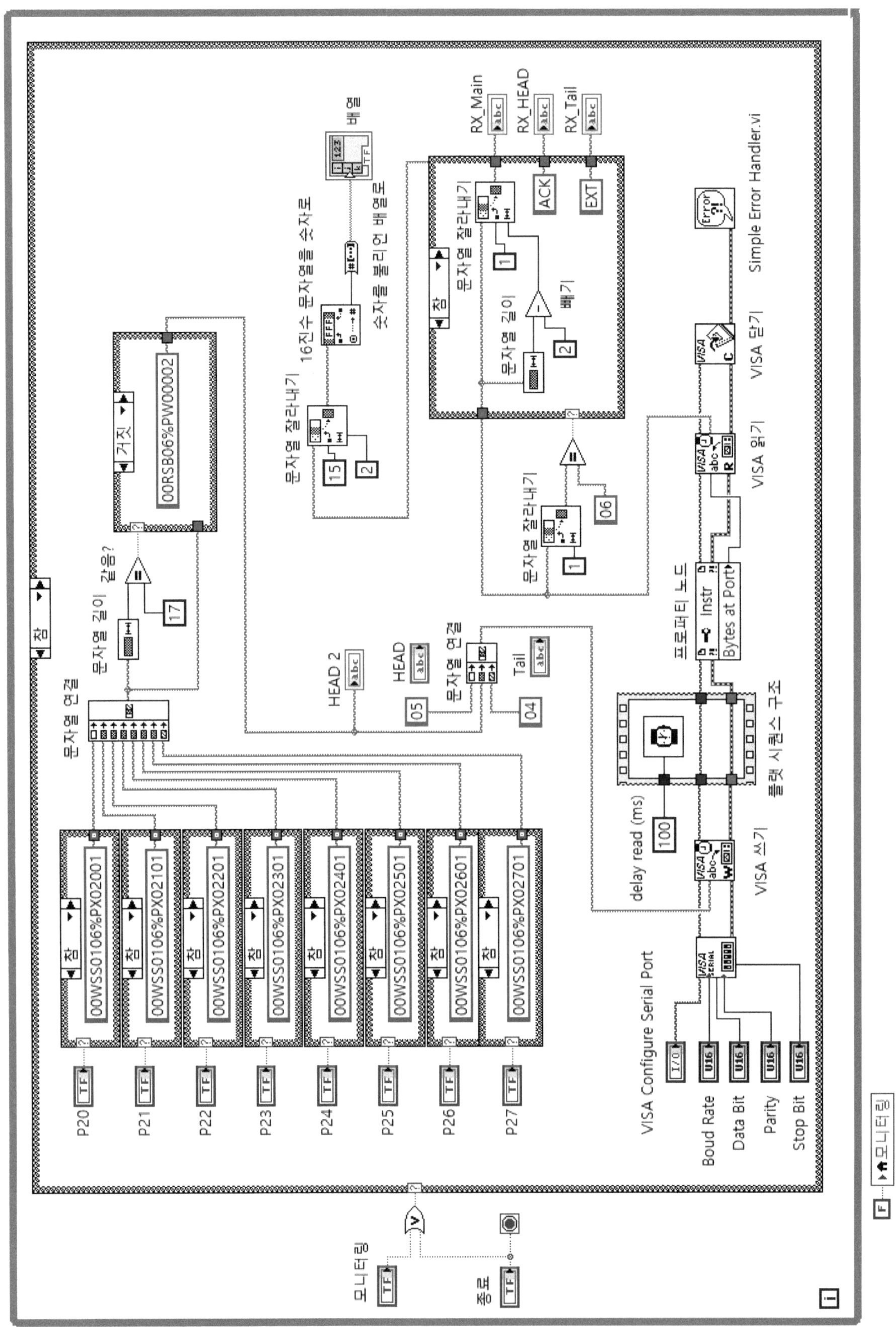

(4) 블록다이어그램의 작성(반의 경우)

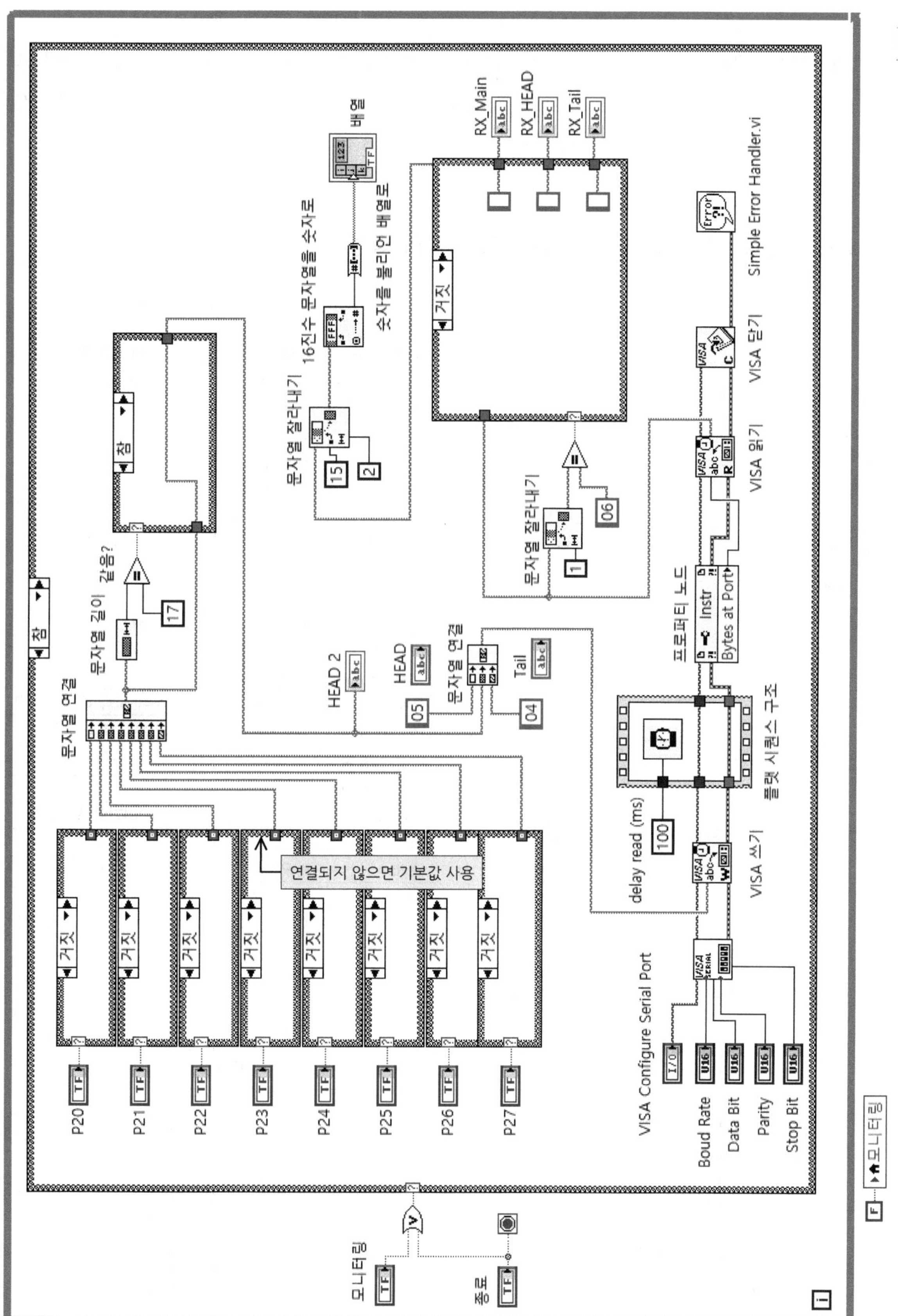

9.3 제어프로그램의 실시간 모니터링 프로그램 작성

아래에 주어진 PLC프로그램을 이용하여 카운터의 설정 값에 의한 현재 값을 모니터링 하여 표시하고 획득된 결과값을 10진수로 나타내며 결과값을 이용하여 막대그래프로 표시되는 프로그램을 작성한다. 또한 카운터의 설정값은 화면에서 변경되어야 한다.

1) Visual Basic 2022를 이용한 제어프로그램의 작성

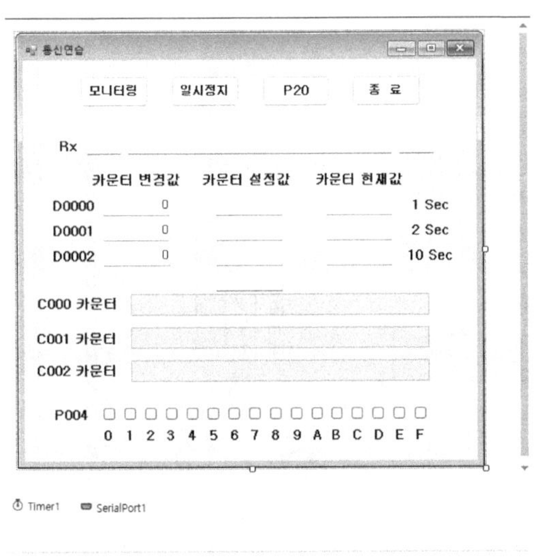

그림 9.8 PLC 모니터링을 위한 메인 폼

폼에 대한 객체의 특성

개체 종류	개체이름	개체의 기능
TextBox	TxtRxHead	모니터링 값 확인
TextBox	TxtRx	〃
TextBox	TxtRxTail	〃
TextBox	TxtBoxD001	카운터 변경값
TextBox	TxtBoxD011	〃
TextBox	TxtBoxD021	〃
TextBox	TxtBoxD002	카운터 설정값
TextBox	TxtBoxD012	〃
TextBox	TxtBoxD022	〃
TextBox	TxtBoxD003	카운터 현재값
TextBox	TxtBoxD013	〃
TextBox	TxtBoxD023	〃
TextBox	TxtBoxD030	카운터 결과 Bit 값 출력
ProgressBar	ProgressBar1	카운터 측정치 표시
ProgressBar	ProgressBar2	〃
ProgressBar	ProgressBar3	〃
Button	BtnOpen	표시바닥의 색상설정
Button	BtnStop	〃
Button	BtnP20	〃
Button	BtnEnd	
CheckBox	chk00 ~ 15	카운터1의 Bit 상태표시

(1) 모니터링을 위한 PLC 프로그램(XGB)

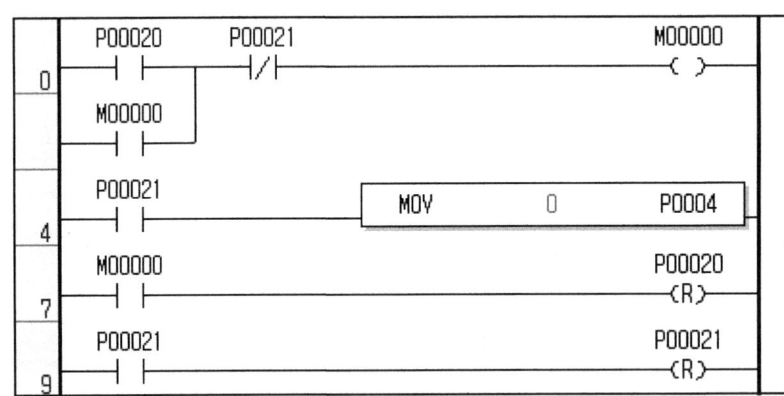

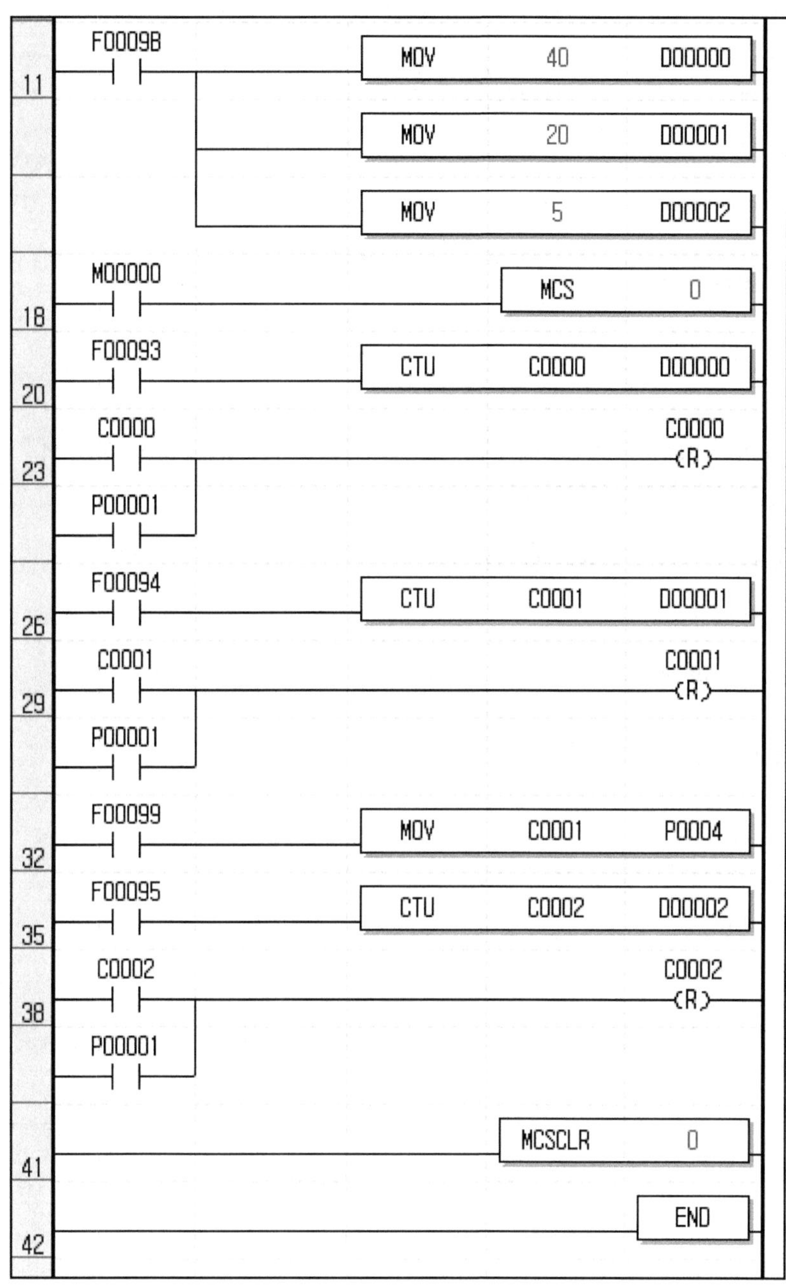

그림 9.9 I/O 접점확인을 위한 PLC 프로그램(XGB)

(2) BtnOpen의 코딩

```
Private Sub BtnOpen_Click(...........) Handles BtnOpen.Click

    Try                                                          '예외 처리

        If SerialPort1.IsOpen = True Then                        '통신포트가 열려있는 경우

            MsgBox("포트 연결 에러", vbOKOnly + vbCritical, _
                "통신포트의 상태 확인")

            Exit Sub

        End If

        SerialPort1.PortName = "COM6"                            '통신포트의 인수 정의
        SerialPort1.BaudRate = "57600"
        SerialPort1.DataBits = "8"
        SerialPort1.Parity = IO.Ports.Parity.None
        SerialPort1.StopBits = IO.Ports.StopBits.One

        SerialPort1.Open()                                       '통신포트 열기

    Catch ex As Exception                                        '예외 처리

        MsgBox("포트 연결 에러1", vbOKOnly + vbCritical, _
            "통신포트의 상태 확인")

    End Try

    If SerialPort1.IsOpen = False Then

        SerialPort1.Open()

    End If

    Timer1.Enabled = True

End Sub
```

(3) BtnP20의 코딩

```
Private Sub BtnP20_Click(.........) Handles BtnP20.Click         'PLC P20 접점 ON

    If SerialPort1.IsOpen = True Then

        SendData("00WSS0106%PX02001")

    End If

End Sub
```

(4) BtnStop의 코딩

P Private Sub BtnStop_Click(........) Handles BtnStop.Click	
Timer1.Enabled = False	
If SerialPort1.IsOpen = True Then	'통신포트가 열린 경우
SerialPort1.Close()	'통신포트 닫기
End If	
End Sub	

(5) BtnEnd의 코딩

Private Sub BtnEnd_Click(........) Handles BtnEnd.Click	
Timer1.Enabled = False	
If SerialPort1.IsOpen = True Then	'통신포트가 열린 경우
SerialPort1.Close()	'통신포트 닫기
End If	
End	
End Sub	
Private Sub Timer1_Tick(sender As Object, e As EventArgs) Handles Timer1.Tick	
If SerialPort1.IsOpen = True Then	'통신포트가 열린 경우
SendData("00RSS0706%PW00406%CW00006%_ CW00106%CW00206%DW00006_ %DW00106%DW002")	'PLC 프레임 구조의 전송
End If	
End Sub	

※ 자료의 응답 특성

'00RSS0706%PW00406%CW00006%CW00106%CW00206%DW00006%DW00106%DW002

7 13 19 25 31 37 43 49

'00RSS07 02 0000 02 000B 02 0008 02 0001 02 0028 02 0014 02 0005

(6) DataReceived의 코딩

코드	주석
Delegate Sub DataDelegate(ByVal sdata As String)	'Invoke를 사용하여 실행하려고 하는 메소드의 대리자(Delegate)
Private Sub SerialPort1_DataReceived(.......) ....DataReceived	
Dim ReceivedData As String = " "	'수신된 데이터에 대한 변수선언
Dim adre As New DataDelegate(AddressOf PrintData)	
Try	
ReceivedData = SerialPort1.ReadExisting()	'데이터 수신
Catch ex As Exception	'예외처리
ReceivedData = ex.Message	
End Try	
Me.Invoke(adre, ReceivedData)	
End Sub	

(7) PrintData의 코딩

코드	주석
Dim co_real As String	
Dim Conter_I1 As Integer	'카운터 변수정의
Dim Conter_I2 As Integer	
Dim Conter_I3 As Integer	
Dim Conter_S1 As Integer	
Dim Conter_S2 As Integer	
Dim Conter_S3 As Integer	
Dim Conter_R1 As Integer	
Dim Conter_R2 As Integer	
Dim Conter_R3 As Integer	
Private Sub PrintData(ByVal sdata As String)	
Dim Head As String	
Dim Tail As String	
Dim Length As Long	
Dim Bit_On01 As String	
Dim Bit_On02 As String	
Length = InStr(sdata, Convert.ToChar(3))	
Head = Mid(sdata, 1, 1)	
If Length = 51 Then	
If Head = Convert.ToChar(6) Then	'ACK가 수신된 경우
Tail = Mid(sdata, Length, 1)	
If Tail = Convert.ToChar(3) Then	'ETX가 수신된 경우
TxtRxHead.Text = "ACK"	
TxtRxTail.Text = "ETX"	
TxtRx.Text = Mid(sdata, 2, Length - 2)	

```
TxtBoxD002.Text = HEXTODEC(Mid(sdata, 37, 2))
TxtBoxD012.Text = HEXTODEC(Mid(sdata, 43, 2))
TxtBoxD022.Text = HEXTODEC(Mid(sdata, 49, 2))

TxtBoxD003.Text = HEXTODEC(Mid(sdata, 19, 2))        'C1 현재
TxtBoxD013.Text = HEXTODEC(Mid(sdata, 25, 2))
TxtBoxD023.Text = HEXTODEC(Mid(sdata, 31, 2))

Bit_On01 = hexa2bin(Mid(sdata, 14, 1))
Bit_On02 = hexa2bin(Mid(sdata, 13, 1))

TxtBoxD030.Text = Bit_On01

If Mid(Bit_On01, 4, 1) = "1" Then                    '체크박스의 표시
    Chk00.Checked = True
Else
    Chk00.Checked = False
End If

If Mid(Bit_On01, 3, 1) = "1" Then
    Chk01.Checked = True
Else
    Chk01.Checked = False
End If

If Mid(Bit_On01, 2, 1) = "1" Then
    Chk02.Checked = True
Else
    Chk02.Checked = False
End If

If Mid(Bit_On01, 1, 1) = "1" Then
    Chk03.Checked = True
Else
    Chk03.Checked = False
End If

If Mid(Bit_On02, 4, 1) = "1" Then
    Chk04.Checked = True
Else
    Chk04.Checked = False
End If

If Mid(Bit_On02, 3, 1) = "1" Then
    Chk05.Checked = True
Else
    Chk05.Checked = False
End If

If Mid(Bit_On02, 2, 1) = "1" Then
    Chk06.Checked = True
Else
    Chk06.Checked = False
End If

If Mid(Bit_On02, 1, 1) = "1" Then
    Chk07.Checked = True
Else
    Chk07.Checked = False
End If
```

Conter_I1 = Val(TxtBoxD001.Text) Conter_I2 = Val(TxtBoxD011.Text) Conter_I3 = Val(TxtBoxD021.Text) Conter_S1 = Val(TxtBoxD002.Text) Conter_S2 = Val(TxtBoxD012.Text) Conter_S3 = Val(TxtBoxD022.Text) Conter_R1 = Val(TxtBoxD003.Text) Conter_R2 = Val(TxtBoxD013.Text) Conter_R3 = Val(TxtBoxD023.Text)	

If Conter_S1 > Conter_R1 Then
ProgressBar1.Value = (Conter_R1 / Conter_S1) *100
End If
If Conter_S1 > Conter_R1 Then
ProgressBar2.Value = (Conter_R2 / Conter_S2) * 100
End If
If Conter_S1 > Conter_R1 Then
ProgressBar3.Value = (Conter_R3 / Conter_S3) * 100
End If
Else
	'카운터 값의 도식화

TxtRxTail.Text = "“
End If
Else
	'NAK이 수신된 경우

TxtRxHead.Text = "NAK" End If End If End Sub	'NAK이 수신된 경우

(8) 카운터 값의 변경

Private Sub TxtBoxD001_LostFocus(s.......) ....LostFocus If SerialPort1.IsOpen = True Then	
co_real = "00WSS0106%DW000" + CoSend(Conter_I1) SendData(co_real) End If End Sub	'카운터 값의 변경

Private Sub TxtBoxD011__LostFocus(s.......) ....LostFocus
  If SerialPort1.IsOpen = True Then
    co_real = "00WSS0106%DW001" + CoSend(Conter_I2)
    SendData(co_real)
  End If
End Sub
Private Sub TxtBoxD021__LostFocus(s.......) ....LostFocus
  If SerialPort1.IsOpen = True Then
    co_real = "00WSS0106%DW002" + CoSend(Conter_I3)
    SendData(co_real)
  End If
End Sub
End Class
	'카운터 값의 변경

(9) 카운터 모듈의 정의

Module ModCnet
 Dim strSend As String
 Public Sub SendData(ByVal argnum As String)
  If FrmMain.SerialPort1.IsOpen = True Then
    strSend = Convert.ToChar(5) + argnum + Convert.ToChar(4)
    FrmMain.SerialPort1.WriteLine(strSend)
   End If
 End Sub
 Function HEXTODEC(Hex As String) As Long
    HEXTODEC = Val("&H" & Hex)
  End Function
 Function hexa2bin(ByVal argdata As String) As String
     Select Case argdata
        Case "0"
            hexa2bin = "0000"
        Case "1"
            hexa2bin = "0001"
	'2진화 십진수

```
        Case "3"
            hexa2bin = "0011"
        Case "4"
            hexa2bin = "0100"
        Case "5"
            hexa2bin = "0101"
        Case "6"
            hexa2bin = "0110"
        Case "7"
            hexa2bin = "0111"
        Case "8"
            hexa2bin = "1000"
        Case "9"
            hexa2bin = "1001"
        Case "A"
            hexa2bin = "1010"
        Case "B"
            hexa2bin = "1011"
        Case "C"
            hexa2bin = "1100"
        Case "D"
            hexa2bin = "1101"
        Case "E"
            hexa2bin = "1110"
        Case "F"
            hexa2bin = "1111"
        Case Else
            hexa2bin = ""
    End Select

End Function

Public Function CoSend(coData As String) As String

    Dim Counter_C0 As Object
    Dim Counter_ln As String
    Dim Counter_vr As String

    Counter_C0 = Hex(Val(coData))
    Counter_ln = Trim(Str(Len(Counter_C0)))

    If Counter_ln = "1" Then

        Counter_vr = "000" + Counter_C0

    ElseIf Counter_ln = "2" Then

        Counter_vr = "00" + Counter_C0

    ElseIf Counter_ln = "3" Then

        Counter_vr = "0" + Counter_C0

    Else

        Counter_vr = ""

    End If

    CoSend = Counter_vr

End Function

End Module
```

2) LabVIEW을 이용한 제어프로그램의 작성

(1) 프런트 패널의 작성

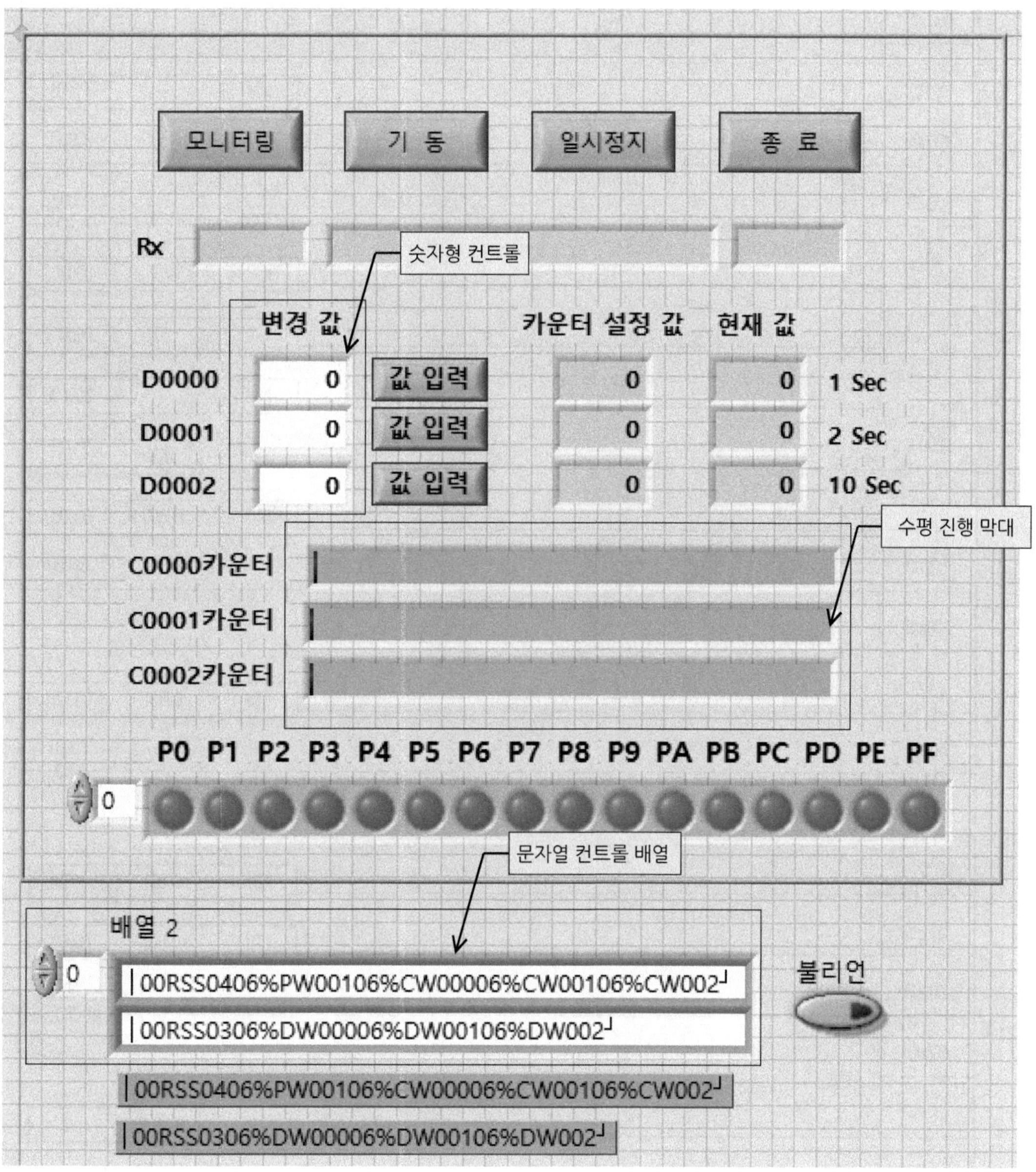

① 문자열 배열의 입력값

PLC 상태 읽기 1 : |00RSS0406%PW00106%CW00006%CW00106%CW002┘

PLC 상태 읽기 2 : |00RSS0306%DW00006%DW00106%DW002┘

(2) 상태확인을 위한 PLC 프로그램(XGK)

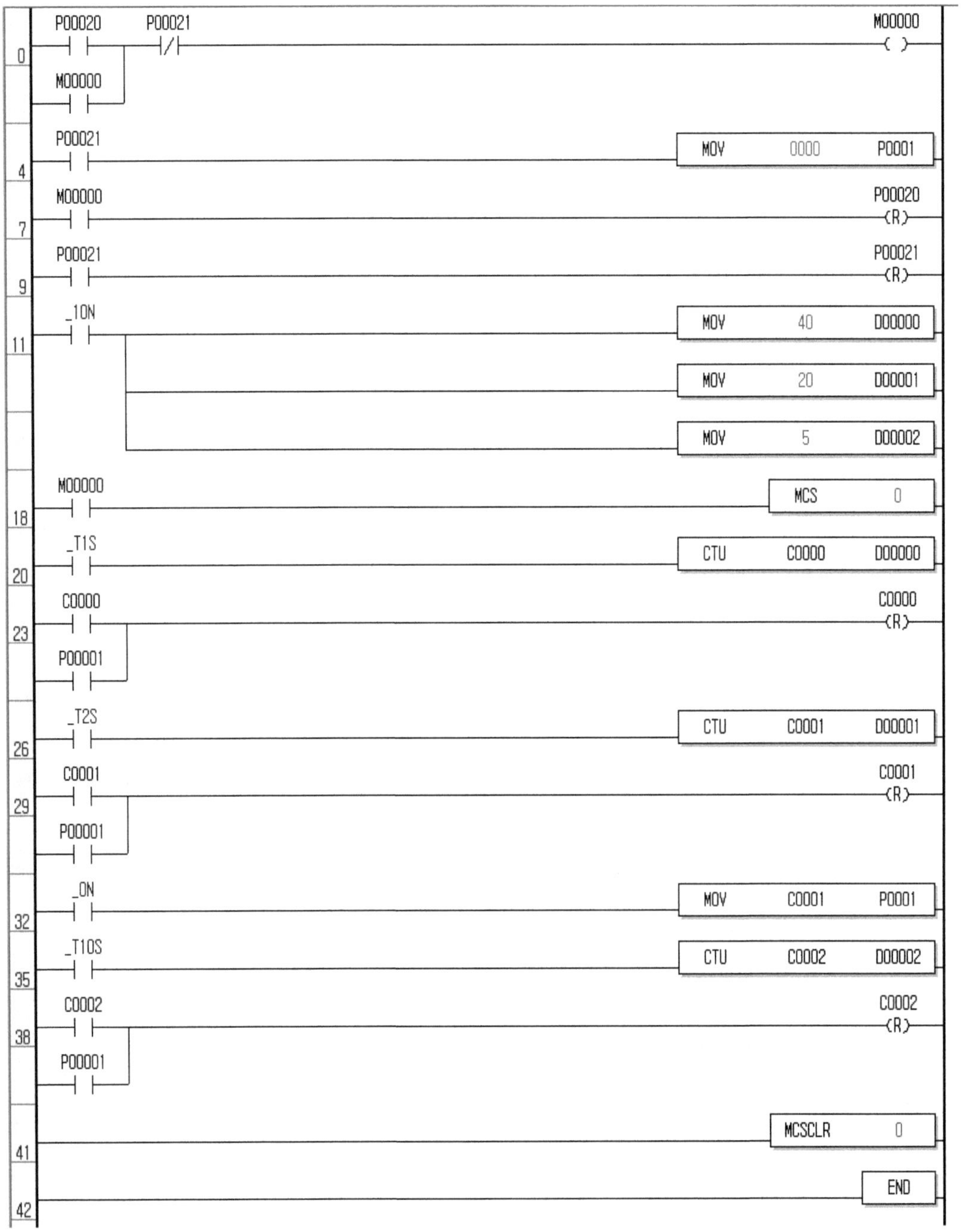

Step	Contacts	Output
0	P00020 ─┤ ├─ (parallel M00000 ─┤ ├─), P00021 ─┤/├─	M00000 ( )
4	P00021 ─┤ ├─	MOV 0000 P0001
7	M00000 ─┤ ├─	P00020 (R)
9	P00021 ─┤ ├─	P00021 (R)
11	_1ON ─┤ ├─	MOV 40 D00000
		MOV 20 D00001
		MOV 5 D00002
18	M00000 ─┤ ├─	MCS 0
20	_T1S ─┤ ├─	CTU C0000 D00000
23	C0000 ─┤ ├─ (parallel P00001 ─┤ ├─)	C0000 (R)
26	_T2S ─┤ ├─	CTU C0001 D00001
29	C0001 ─┤ ├─ (parallel P00001 ─┤ ├─)	C0001 (R)
32	_ON ─┤ ├─	MOV C0001 P0001
35	_T10S ─┤ ├─	CTU C0002 D00002
38	C0002 ─┤ ├─ (parallel P00001 ─┤ ├─)	C0002 (R)
41		MCSCLR 0
42		END

(3) 블록다이어그램의 작성(정의 경우)

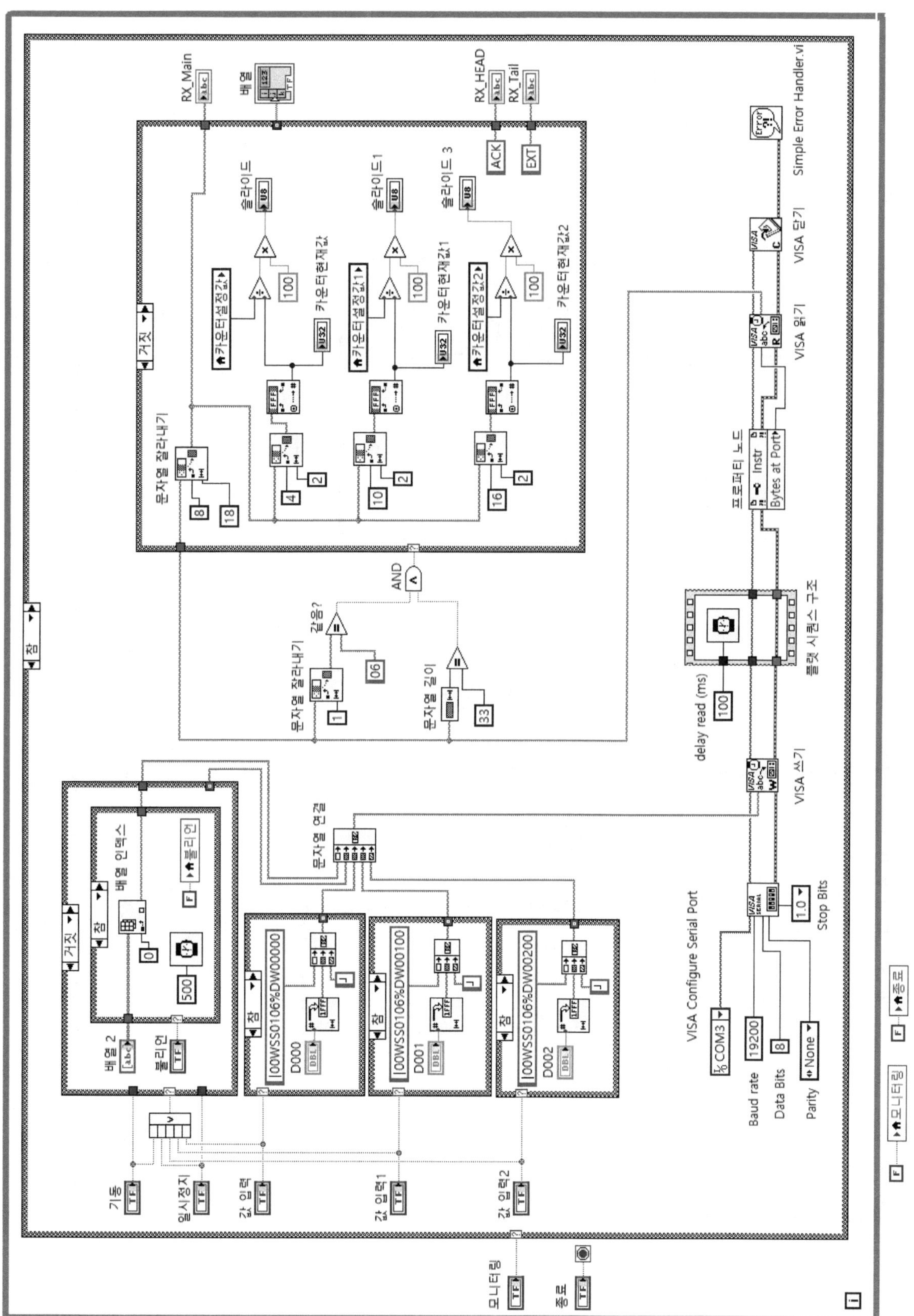

(4) 블록다이어그램의 작성(부의 경우)

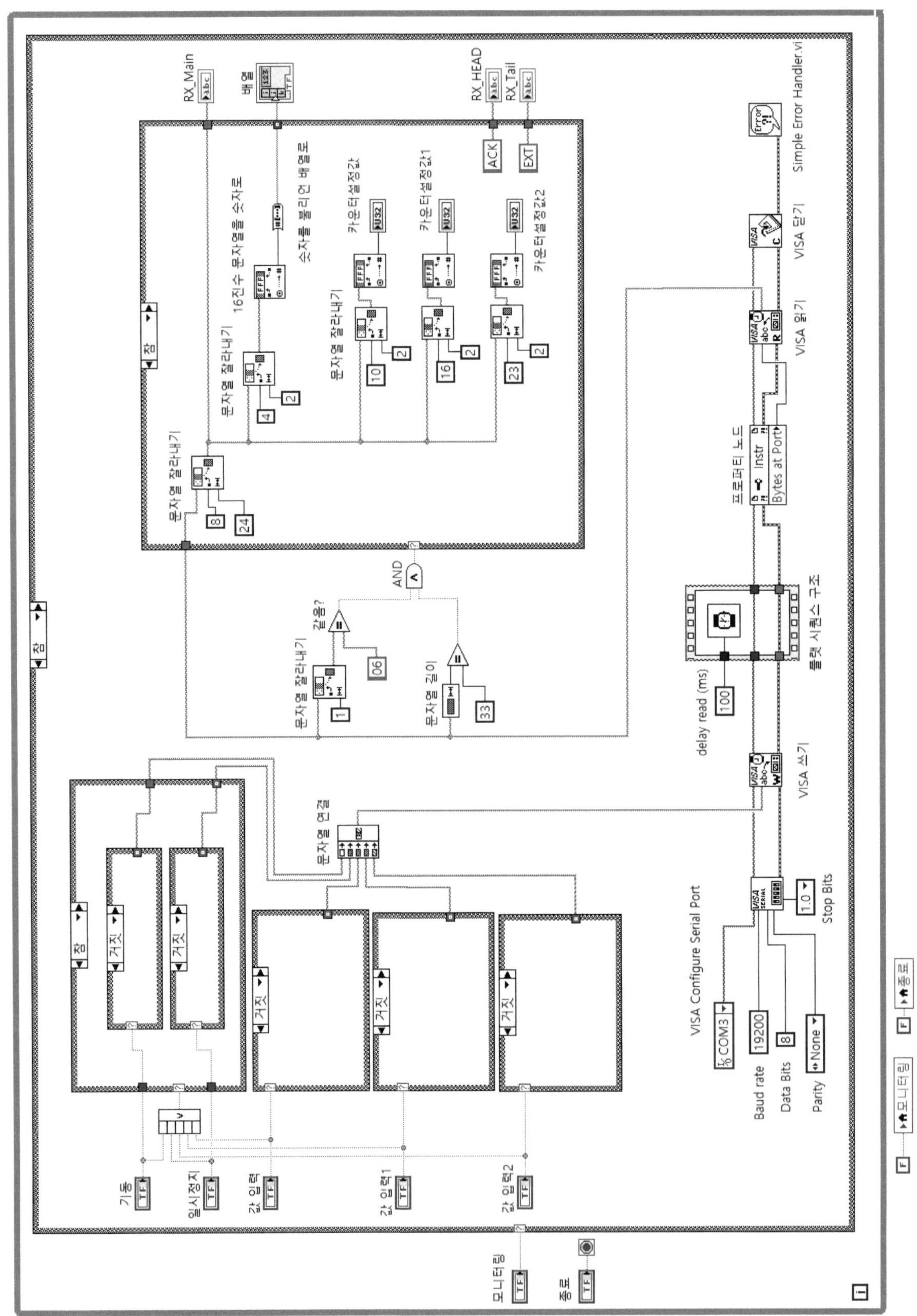

(5) 케이스 구조를 이용한 PLC의 모니터링 조건입력

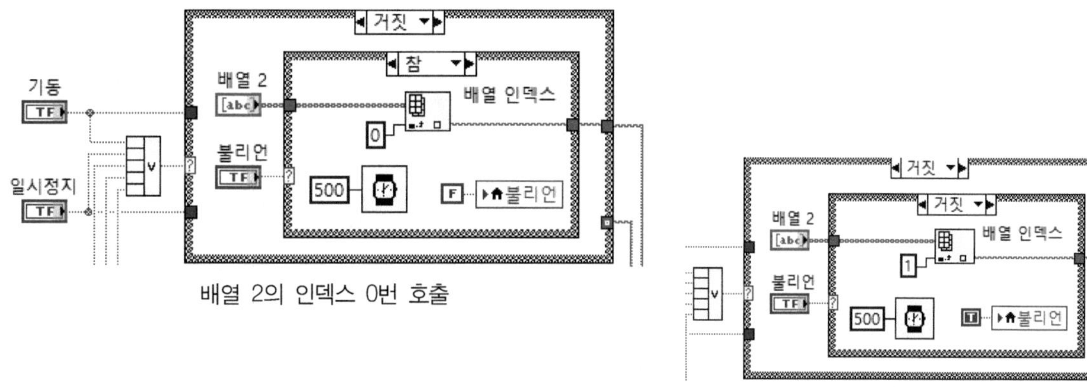

배열 2의 인덱스 0번 호출

배열 2의 인덱스 1번 호출

배열 2

0

00RSS0406%PW00106%CW00006%CW00106%CW002

00RSS0306%DW00006%DW00106%DW002

배열 2의 문자열의 형식

(6) PLC의 응답결과의 처리

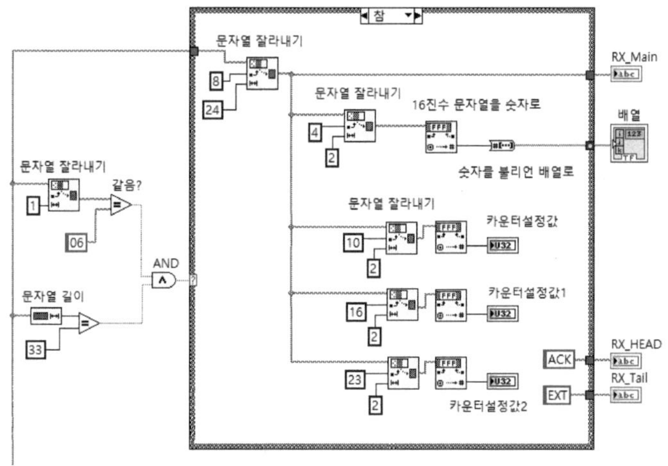

PLC의 응답 결과의 참인 경우 표시

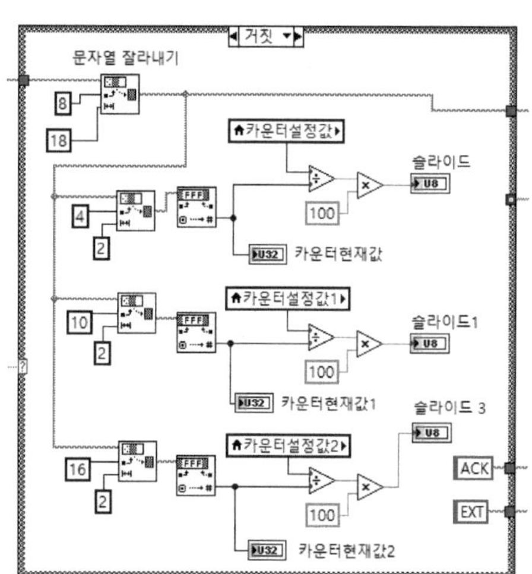

PLC의 응답 결과의 거짓일 때 표시

PLC 이더넷(FEnet) 통신의 이해

CHAPTER 10

10.1 PLC 이더넷 통신의 이해

PLC 통신에서 이더넷 통신은 시리얼 통신에 비해 훨씬 빠른 속도로 대량의 데이터를 전송할 수 있으며 더 넓은 통신 거리를 지원하여 다양한 장치를 연결할 수 있다. 또한, 유연한 네트워크 구성이 가능하여 복잡한 시스템 환경에서도 효율적으로 운영될 수 있다는 장점이 있다.

OS 7계층 중 Layer 4 전송계층에서 사용되는 프로토콜에 관한 내용이며 전송계층은 프로토콜 내에서 송신자와 수신자를 연결하는 통신 서비스를 제공하는 계층이다. IP에 의해 전달되는 패킷의 오류를 검사하고 재전송 요구 등의 제어를 담당한다. 이러한 전송계층에서 사용되는 프로토콜이 바로 TCP와 UDP입니다.

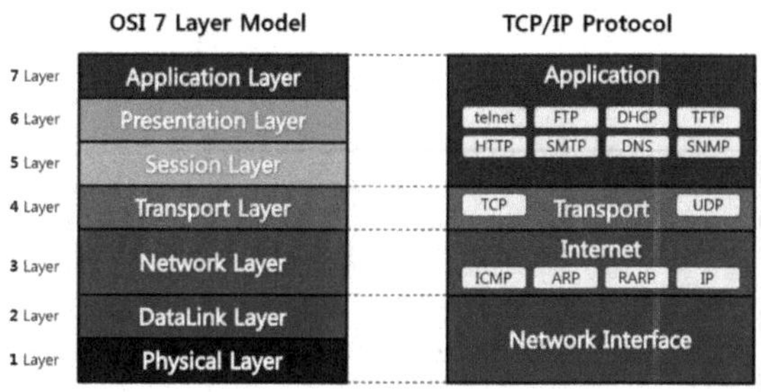

	OSI 7 Layer Model	TCP/IP Protocol
7 Layer	Application Layer	Application (telnet, FTP, DHCP, TFTP, HTTP, SMTP, DNS, SNMP)
6 Layer	Presentation Layer	
5 Layer	Session Layer	
4 Layer	Transport Layer	TCP Transport UDP
3 Layer	Network Layer	Internet (ICMP, ARP, RARP, IP)
2 Layer	DataLink Layer	Network Interface
1 Layer	Physical Layer	

프로토콜의 종류	TCP	UDP
연결 방식	연결형 프로토콜 (패킷교환방식))	비 연결형 프로토콜 (데이터 그램 방식)
전송 순서	전송 순서 보장	전송 순서가 바뀜
수신 여부 확인	수신 여부 확인	수신 여부 확인 않음
통신 방식	1 : 1 통신	1:1, 1:N, N:N
신뢰성	높다	낮다
속도	느리다	빠르다

그림 10.1 TCP와 UDP의 특성 비교

TCP는 연속성보다 신뢰성 있는 전송이 중요할 때 사용되는 프로토콜이며 UDP는 TCP보다 빠르고 네트워크 부하가 적다는 장점이 있지만 신뢰성 있는 데이터 전송을 보장하지는 않는다.

그러므로 신뢰성보다는 연속성이 중요한 실시간 스트리밍과 같은 서비스에 자주 사용된다.

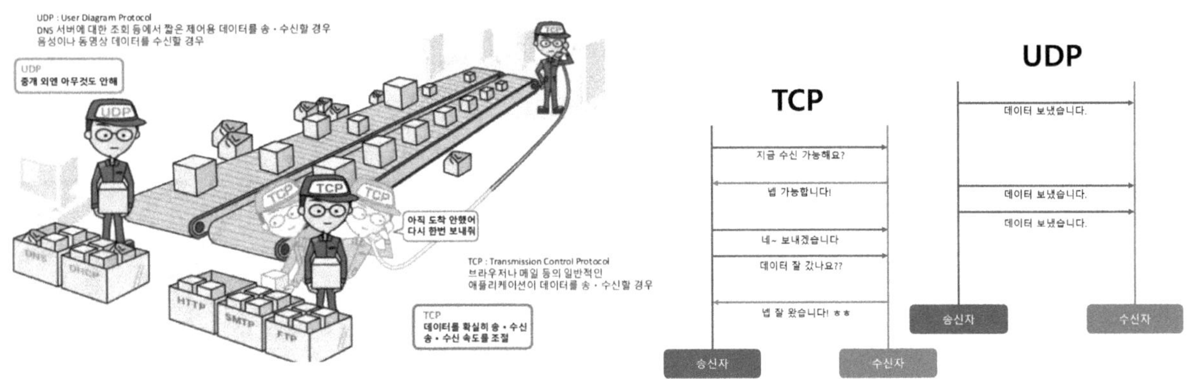

※ 참고 : https://cocoon1787.tistory.com/757

그림 10.2 TCP와 UDP의 전달특성 비교

1) FEnet Ethernet의 통신 설정 방법

① H/W의 설정 방법

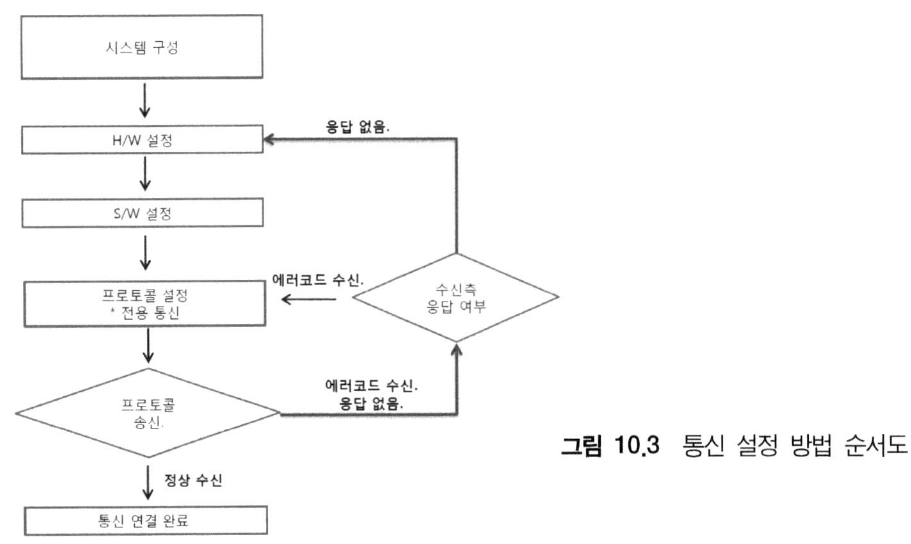

그림 10.3 통신 설정 방법 순서도

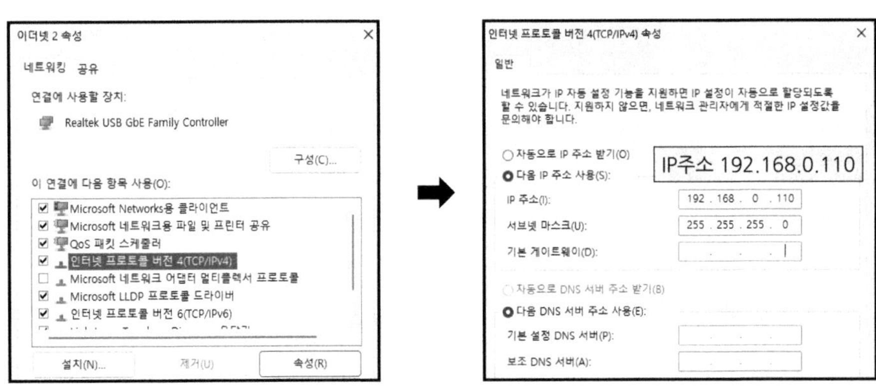

그림 10.4 PC에서 IP 설정 방법

IP설정, PC와 PLC를 연결하기 위해서는 인터넷 프로토콜 버전4의 규약을 따르며 IP주소의 192.168.XXX.YYY의 3번째 자리까지 일치하여야 하며 동일한 PC에 랜카드를 추가하여 외부 인터넷망 사용하고 내부 PLC 통신을 위한 물리적 하드웨어 ("식별되지 않은 네트워크") 추가합니다.

예 PLC : 192.168.0.100　　　　PC : 192.168.0.110

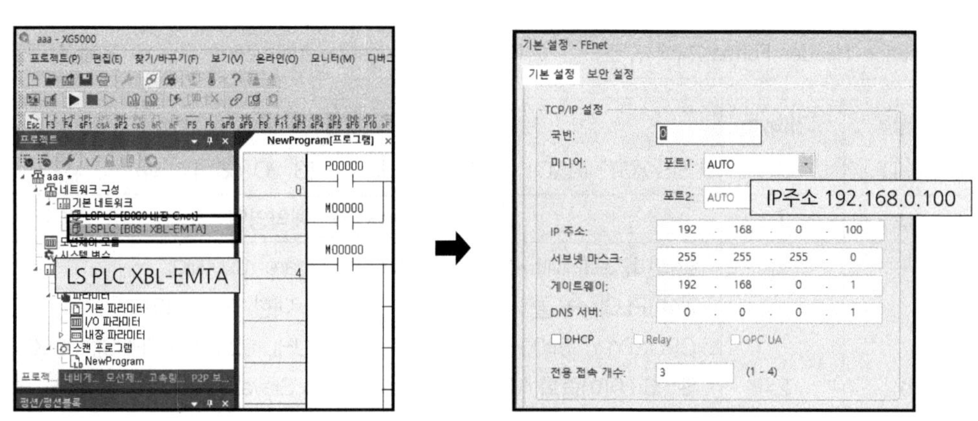

그림 10.5 PLC(XBL-EMTA)에서 IP설정 방법

XGT는 TCP 포트는 고정으로 지정하지 못하고 TCP는 2004번 포트 UDP는 2005번 포트를 사용합니다.

② 통신 S/W에 의한 통신상태 확인(GS산전에서 제공하는 EnetClient)

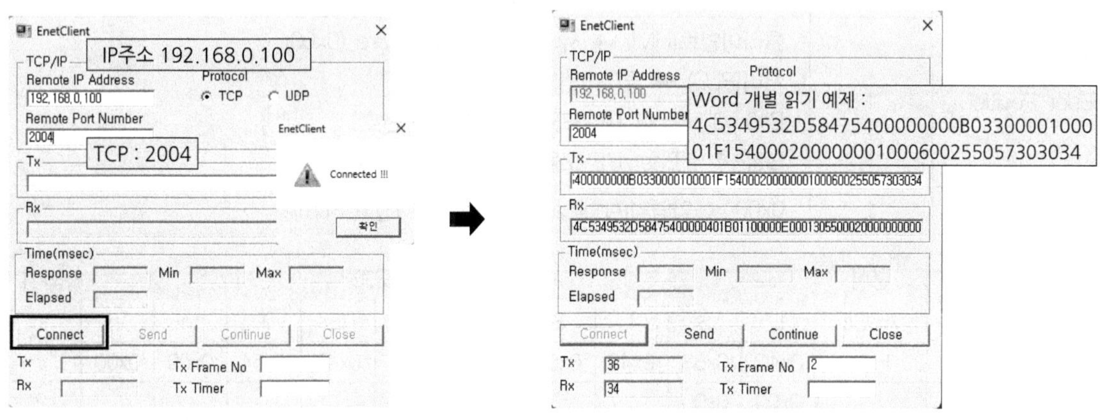

그림 10.5 PLC(XBL-EMTA)에서 응답 특성 확인

※ 소켓의 에러 코드

- 포트 번호 불일치 : 10061
- 수신 대기 시간 초과 : 10053
- IP가 다를 시 10060 발생

③ 통신 프로토콜의 적용

• 헤더 구조의 이해

XGT 이더넷 모듈의 애플리케이션 프레임의 구조는 아래와 같다.

Application Data Format	
Application Header Format(헤더 구조)	Application Instruction Format(프레임 구조)

헤더 구조 항목	크기(byte)	적 용 내 용
Company ID	8	"LSIS-XGT" (ASCII CODE : 4C 53 49 53 2D 58 47 54)
Reserved	2	0x0000 : 예약영역
PLC Info	2	- 클라이언트(HMI) ➜ 서버(PLC) : Don't care (0x0000) - 서버(PLC) ➜ 클라이언트(HMI) : PLC 에 대한 정보 영역 CPU TYPE Bit00~05 : 01(XGK/R-CPUH), 02(XGK-CPUS), 05(XGI-CPUU) Bit06 : 0(이중화 Master/단독), 1(이중화 Slave) Bit07 : 0(CPU 동장 정상), 1(CPU 동작 에러) Bit08~12 : 시스템 상태 1(RUN), 2(STOP), 4(ERROR), 8(DEBUG) Bit13~15 : Reserved
CPU Info	1	- 클라이언트(HMI) ➜ 서버(PLC) : Don't care (0x00) - 서버(PLC) ➜ 클라이언트(HMI) XGK : 0xA0, XGI : 0xA4, XGR : 0xA8
Source of Frame	1	- 클라이언트(HMI) ➜ 서버(PLC) : 0x33 - 서버(PLC) ➜ 클라이언트(HMI) : 0x11
Invoke ID	2	- 프레임 간의 순서를 구별하기 위한 ID
Length	2	- Application Instruction의 바이트 크기
FEnet Position	1	- 클라이언트(HMI) ➜ 서버(PLC) : Don't care (0x00) - 서버(PLC) ➜ 클라이언트(HMI) Bit0~3 : FEnet I/F 모듈의 슬롯(Slot) 번호 Bit4~7 : FEnet I/F 모듈의 베이스(Base) 번호
Reserved (BCC)	1	- 0x00 : 예약영역(Application Header의 Byte Sum)

구분	형식	헤더 프레임의 구조										크기
Company ID	ASCII	L	S	I	S	-	X	G	T	\n	\n	10
	Hex	0x4C	0x53	0x49	0x53	0x2D	0x58	0x47	0x54	0x00	0x00	
PLC Info	Hex	0x00	0x00									2
CPU Info		0xB0										1
Source of Frame		0x33										1
Invoked ID		0x00	0x00									2
Length		0x0E	0x00									2
Position		0x10										1
Check Sum		0xF1										1

그림 10.6 PLC(XGB, XBC-DR30SU) 헤더의 구조

• 통신 자료 프레임(Application Data Format)의 기본 구조는 아래와 같다.

Application Data Format				
Application Header	Application Instruction Format(명령어 프레임 구조)			
헤더	명령어	데이터 형식	예약 언어 (2Byte)	구조화된 데이터 영역

명령어	명령어 코드	데이터 형식	전송 자료의 내용
읽기	요구 : h0054 응답 : h0055	개별	Bit, Byte, Word, Dword, Lword 형의 변수에 의해 데이터를 읽어온다.
		연속	바이트 형의 변수를 블록 단위로 읽어온다. (최대 1,400 Byte)
쓰기	요구 : h0058 응답 : h0059	개별	Bit, Byte, Word, Dword, Lword 형의 변수에 의해 데이터를 쓴다.
		연속	바이트 형의 변수를 블록 단위로 읽어온다. (최대 1,400 Byte)

데이터 형식	표시 코드	데이터 형식	표시 코드
Bit	h00	Dword	h03
Byte	h01	Lword	h04
Word	h02	연속	h14

※ 주의) 데이터 타입이 [연속]인 경우, PLC는 바이트 주소에 대해서만 정상적인 응답
예) %MB100, %DB200에만 응답, %MW100, %DW100에는 에러 응답

그림 10.7 통신 자료 프레임의 기본 구조

④ 통신 쓰기 프로토콜의 응용

• 자료 개별 쓰기 프레임의 기본 구조는 아래와 같다.

구 분	형식	명령어 프레임 구조							크기
Command(명령어)	Hex	0x58	0x00					쓰기 개별	2
Data Type(데이터 형식)		0x02	0x00					Word 형	2
Reserved(예약 언어)		0x00	0x00					Don't care	2
Block No.(블록 수)		0x01	0x00			변수 개수 최대 16개			2
Variable Length(변수길이)		0x06	0x00			직접 변수 최대 16자			2
Data Address(데이터 영역)	ASCII	%	M	W	0	0	4	직접 변수만 사용	6
	Hex	0x25	0x4D	0x57	0x30	0x30	0x34		
Data Length(데이터 크기)		0x02	0x00			데이터의 Byte 크기			2
Data(데이터)		0x21	0x43			쓰기 데이터 1234			2

4C-53-49-53-2D-58-47-54-00-00-00-00-B0-33-00-00-14-00-01-F5-
58-00-02-00-00-00-01-00-06-00-25-4D-57-30-30-34-02-00-21-43
%MB004(M0040~M004F) "1234"

	3	4	5	6	7
M0000	0000	4321	0000	0000	0000
M0010	0000	0000	0000	0000	0000
M0020	0000	0000	0000	0000	0000

XG5000의 디바이스 모니터

```
4C-53-49-53-2D-58-47-54-00-00-04-01-B0-11-00-00-0A-00-01-2C-
59-00-02-00-00-00-00-00-01-00   PLC(XGB) 정상 상태 응답
```

```
4C-53-49-53-2D-58-47-54-00-00-04-01-B0-11-00-00-0A-00-01-2C-
59-00-02-00-00-00-FF-FF-76   PLC(XGB) 에러상태 응답
                  에러상태, 에러 코드
```

그림 10.8 PLC(XGB) 변수 개별 쓰기 프레임의 구조 및 상태 확인

⑤ 통신 읽기 프로토콜의 응용

• 자료 개별 읽기 프레임의 기본 구조는 아래와 같다.

구 분	형식	명령어 프레임 구조							크기
Command(명령어)	Hex	0x54	0x00					읽기 개별	2
Data Type(데이터 형식)		0x02	0x00					Word 형	2
Reserved(예약 언어)		0x00	0x00					Don't care	2
Block No.(블록 수)		0x01	0x00				변수 개수 최대 16개		2
Variable Length(변수길이)		0x06	0x00				직접 변수 최대 16자		2
Data Address(데이터 영역)	ASCII	%	M	W	0	0	0	직접 변수만 사용	6
	Hex	0x25	0x4D	0x57	0x30	0x30	0x30		

• 자료 개별 읽기 응답 프레임의 기본 구조는 아래와 같다.

구 분	형식	명령어 프레임 구조						크기
Command(명령어)	Hex	0x55	0x00				개별 읽기 응답	2
Data Type(데이터 형식)		0x02	0x00				Word 형	2
Reserved(예약 영역)		0x00	0x00				0x00 : Don't care	2
Error State(에러 상태)		0x00	0x00	에러일 때 하위 Byte가 에러 번호				2
Block No.(블록의 수)		0x01	0x00				0x01 : 정상응답	2
Data Count(데이터의 크기)		0x02	0x00				Data의 Byte 크기	2
Data(읽기 데이터)		0x34	0x12				최대 1,400byte	2

그림 10.9 PLC(XGB, XBC-DR30SU) 변수 개별 읽기 프레임의 구조

```
4C-53-49-53-2D-58-47-54-00-00-00-00-B0-33-00-00-10-00-01-F1-
54-00-02-00-00-00-01-00-06-00-25-4D-57-30-30-30
                          %MW000(M0000~M000F)   읽기 요구
```

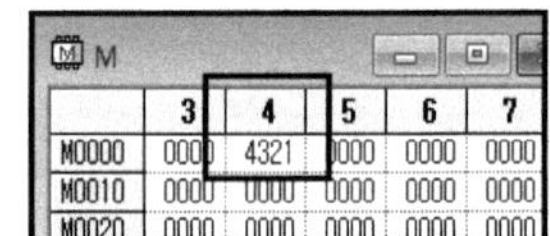

XG5000의 디바이스 모니터

```
4C-53-49-53-2D-58-47-54-00-00-04-01-B0-11-00-00-0E-00-01-30-
55-00-02-00-00-00-00-00-01-00-02-00-21-43
                              %MW000(1234) 읽기 요구 응답
```

	F	E	D	C	B	A	9	8	7	6	5	4	3	2	1	0
2진수	0	4	0	0	0	0	1	1	0	0	1	0	0	0	0	1
Hex	4				3				2				1			

그림 10.10 PLC 쓰기 프레임에 의한 응답 특성의 활용

10.2 VB를 이용한 이더넷 통신 프로그램의 작성

아래와 같이 XGT Fnet를 이용할 수 있는 프로그램을 Visual Basic를 이용하여 작성한다.

개체의 종류	개체의 이름	Text
Form	Form1	XGT_Fnet_Example
Button	btnOpen	
Button	btnClose	
Button	Bit 개별읽기	
Button	Bit 개별쓰기	
Button	Byte 개별읽기	
Button	Byte 개별쓰기	
Button	Word 개별읽기	
Button	Word 개별쓰기	
Button	Byte 직접변수연속읽기	
Button	Byte 직접변수연속쓰기	
TextBox	txtPort	2004
TextBox	txtIp	192.168.0.100
TextBox	txtTx	
TextBox	txtRx	
CheckBox	cbStateA0~7	
CheckBox	cbStateB0~7	Save

그림 10.11 통신연습을 위한 폼의 속성

1) Bit 개별 읽기와 쓰기

Step.1 선언부와 Load 폼의 설계

Imports System Imports System.IO Imports System.Net.Sockets Imports System.Runtime.InteropServices.JavaScript.JSType Imports System.Security.Cryptography Imports System.Text Imports System.Windows.Forms.VisualStyles.VisualStyleElement.Button	'XGT 통신에 필용한 관련자료 호출
Public Class Form1	'XGT 전용 프로토콜의 설정
Dim plcIp As String = "192.168.0.100" Dim plcPort As Integer = 2004 Dim plcOpenstate As Boolean	 'PLC IP 주소 '기본 포트
Dim client As New TcpClient() Dim stream As NetworkStream Dim buffer(1024) As Byte Dim bytesRead As Integer Dim response As String Dim cmdarrlength As Integer Dim frame As Byte() = New Byte() {} Dim header As Byte() = New Byte() {} Dim command As Byte() = New Byte() {} Dim compid As Byte() = Encoding.ASCII.GetBytes("LSIS-XGT")_ .Concat(New Byte() {&H0, &H0}).ToArray() Dim plcinfo As Byte() = New Byte() {&H0, &H0}.ToArray() Dim cpuinfo As Byte() = New Byte() {&HB0}.ToArray() Dim sourceofframe As Byte() = New Byte() {&H33}.ToArray() Dim invokeid As Byte() = New Byte() {&H0, &H0}.ToArray() Dim cmdlength As Byte() = New Byte() {&HE, &H0}.ToArray()	
Dim fenetposition As Byte() = New Byte() {&H1}.ToArray() Dim reserved2 As Byte() = New Byte() {&H4E}.ToArray() Dim caclbcc As Byte() = New Byte() {} Dim cmdcode As Byte() = New Byte() {&H54, &H0}.ToArray() Dim cmddatatype As Byte() = New Byte() {&H2, &H0}.ToArray() Dim cmdreserved As Byte() = New Byte() {&H0, &H0}.ToArray() Dim cmdblockcnt As Byte() = New Byte() {&H1, &H0}.ToArray() Dim cmdvarlength As Byte() = New Byte() {&H6, &H0}.ToArray() Dim cmddataaddr As Byte() = Encoding.ASCII.GetBytes("%MW000")_ .ToArray() Dim cmdrddatacnt As Byte() = New Byte() {&H0, &H0}.ToArray() Dim cmdwrdatacnt As Byte() = New Byte() {&H0, &H0}.ToArray() Dim cmdwrdata As Byte() = New Byte() {&H0, &H0}.ToArray()	'명령어길이 설정
End Class	

Private Sub Form1_Load(sender As Object.....) Handles MyBase.Load plcOpenstate = False End Sub End Class	'XGT 통신 종료 상태로 변경

Step.2 PLC 연결 및 종료

Private Sub btnOpen_Click(sender As Object.....) Handles btnOpen.Click
 	
    plcIp = txtIp.Text
    plcPort = txtPort.Text
 	
    Try
        client.Connect(plcIp, plcPort)
        stream = client.GetStream()
        plcOpenstate = True
 	
    Catch ex As Exception
 	
        plcOpenstate = False
 	
    End Try
 	
End Sub
	'PLC 연결

Private Sub btnClose_Click(sender As Object....) Handles btnClose.Click
 	
    If plcOpenstate = True Then
 	
     Try
        plcOpenstate = False
        stream.Close()
        client.Close()
 	
     Catch exs As Exception
 	
     End Try
 	
   End If
 	
   End
 	
End Sub
	'PLC 연결 종료

Step.3 Bit 개별 읽기

Private Sub btnBitRead_Click(sender As Object....) Handles btnBitRead.Click	'Bit 개별 읽기
If plcOpenstate = True Then	
txtRx.Text = "" txtTx.Text = "" frame = New Byte() {} header = New Byte() {} command = New Byte() {}	
Try	
cmdcode = New Byte() {&H54, &H0}.ToArray	
cmddatatype = New Byte() {&H0, &H0}.ToArray	'자료 타입 bit
cmdblockcnt = New Byte() {&H8, &H0}.ToArray	
cmddataaddr = MakeBitReadBlockA()	'MakeBitReadBlockA" 함수호출
command = command.Concat(cmdcode).ToArray command = command.Concat(cmddatatype).ToArray command = command.Concat(cmdreserved).ToArray command = command.Concat(cmdblockcnt).ToArray command = command.Concat(cmddataaddr).ToArray cmdarrlength = command.Length	
cmdlength = DecToHexWordLsbMsbBytes(cmdarrlength)	'vb.net에서 배열의 길이를 구하는 방법
header = header.Concat(compid).ToArray header = header.Concat(plcinfo).ToArray header = header.Concat(cpuinfo).ToArray header = header.Concat(sourceofframe).ToArray header = header.Concat(invokeid).ToArray header = header.Concat(cmdlength).ToArray header = header.Concat(fenetposition).ToArray	
reserved2 = CalculateBcc(header)	'vb.net를 이용해서 bcc 구하기
header = header.Concat(reserved2).ToArray frame = header.Concat(command).ToArray txtTx.Text = BitConverter.ToString(frame, 0, frame.Length) stream.Write(frame, 0, frame.Length) bytesRead = stream.Read(buffer, 0, buffer.Length) response = BitConverter.ToString(buffer, 0, bytesRead) txtRx.Text = response	
cbStateACheckBit(buffer)	'"cbStateACheckBit" 함수호출
Catch ex As Exception	
End Try Else	
MsgBox("PLC 통신포트를 연결하세요 !")	
End If	
End Sub	

Step.4 Bit 개별 읽기에 필요한 함수

Function MakeBitReadBlockA() As Byte() Dim datablock As Byte() = New Byte() {} Dim datalength As Byte() = New Byte() {&H6, &H0} datablock = datablock.Concat(datalength).ToArray datablock = datablock.Concat(Encoding.ASCII.GetBytes("%PX040"))_ .ToArray datablock = datablock.Concat(datalength).ToArray datablock = datablock.Concat(Encoding.ASCII.GetBytes("%PX041"))_ .ToArray datablock = datablock.Concat(datalength).ToArray datablock = datablock.Concat(Encoding.ASCII.GetBytes("%PX042"))_ .ToArray datablock = datablock.Concat(datalength).ToArray datablock = datablock.Concat(Encoding.ASCII.GetBytes("%PX043"))_ .ToArray datablock = datablock.Concat(datalength).ToArray datablock = datablock.Concat(Encoding.ASCII.GetBytes("%PX044"))_ .ToArray datablock = datablock.Concat(datalength).ToArray datablock= datablock.Concat(Encoding.ASCII.GetBytes("%MX000"))_ .ToArray datablock = datablock.Concat(datalength).ToArray datablock= datablock.Concat(Encoding.ASCII.GetBytes("%MX001"))_ .ToArray datablock = datablock.Concat(datalength).ToArray datablock= datablock.Concat(Encoding.ASCII.GetBytes("%MX002"))_ .ToArray Return datablock End Function	'Bit 개별 읽기 "MakeBitReadBlockA" 함수

Public Function DecToHexWordLsbMsbBytes(ByVal decimalValue As_
Integer) As Byte()
 	
If decimalValue < 0 OrElse decimalValue > 65535 Then
 	
Throw New ArgumentOutOfRangeException("decimalValue", "Input_
must be between 0 and 65535")
 	
End If
 	
Dim msb As Byte = CByte(decimalValue ₩ 256)
Dim lsb As Byte = CByte(decimalValue Mod 256)
 	
Return New Byte() {lsb, msb}
 	
End Function
	'vb.net에서 배열의 길이를 구하는 방법

Public Function CalculateBcc(inputBytes As Byte()) As Byte()
 	
If inputBytes Is Nothing OrElse inputBytes.Length = 0 Then
 	
Return New Byte() {}
 	
End If
 	
Dim bcc As Byte = 0
 	
For Each b As Byte In inputBytes
 	
bcc = bcc Xor b
Next
 	
Return New Byte() {bcc}
 	
End Function
	'vb.net를 이용해서 bcc 구하기

Private Sub cbStateACheckBit(ByVal RData As Byte()) cbStateA0.Checked = BitConverter.ToBoolean(RData, 32) 'P40 cbStateA1.Checked = BitConverter.ToBoolean(RData, 35) 'P41 cbStateA2.Checked = BitConverter.ToBoolean(RData, 38) 'P42 cbStateA3.Checked = BitConverter.ToBoolean(RData, 41) 'P43 cbStateA4.Checked = BitConverter.ToBoolean(RData, 44) 'P44 cbStateB0.Checked = BitConverter.ToBoolean(RData, 47) cbStateB1.Checked = BitConverter.ToBoolean(RData, 50) cbStateB2.Checked = BitConverter.ToBoolean(RData, 53) End Sub	'Bit 개별 읽기 "cbStateACheckBit" 함수 '//55-00-00-00-00-00-00-00 -08-00-01-00-01-01-00-01 P0 32 35 -01-00-01-01-00-01-01-00 38 41 -01-01-00-01-01-00-00-01 44 M0 50 -00-00 53

① 통신 읽기 자료 표시를 위한 정렬 함수

Public Function ByteToBitArr(ByVal RData As Byte(), ByVal RPos As_ Integer) As Byte() Dim ToData(7) As Byte Dim ByteData As Short = BitConverter.ToInt16(RData, RPos) For i As Integer = 0 To 7 ToData(i) = CByte(ByteData And &H1) ByteData = CShort(ByteData >> 1) Next Return ToData End Function	'배열된 bit 자료의 정렬 함수

② 통신 읽기 자료의 표시(A0~A7)

<pre>Private Sub cbStateACheck(ByVal RData As Byte(), ByVal RPos_
As Integer)
 	
  Dim stateA As Byte() = New Byte() {}
 	
  cbStateA0.Checked = False
  cbStateA1.Checked = False
  cbStateA2.Checked = False
  cbStateA3.Checked = False
  cbStateA4.Checked = False
  cbStateA5.Checked = False
  cbStateA6.Checked = False
  cbStateA7.Checked = False
 	
  stateA = ByteToBitArr(RData, RPos)
 	
  If stateA(0) = 1 Then
      cbStateA0.Checked = True
  End If
  If stateA(1) = 1 Then
      cbStateA1.Checked = True
  End If
  If stateA(2) = 1 Then
      cbStateA2.Checked = True
  End If
  If stateA(3) = 1 Then
      cbStateA3.Checked = True
  End If
  If stateA(4) = 1 Then
      cbStateA4.Checked = True
  End If
  If stateA(5) = 1 Then
      cbStateA5.Checked = True
  End If
  If stateA(6) = 1 Then
      cbStateA6.Checked = True
  End If
  If stateA(7) = 1 Then
      cbStateA7.Checked = True
  End If
 	
End Sub</pre>
	'응답 비트의 자료 표시 A0~A7

③ 통신 읽기 자료의 표시(B0~B7)

<table>
<tr>
<td>

```
Private Sub cbStateBCheck(ByVal RData As Byte(), ByVal RPos_
As Integer)

    Dim stateB As Byte() = New Byte() {}

    cbStateB0.Checked = False
    cbStateB1.Checked = False
    cbStateB2.Checked = False
    cbStateB3.Checked = False
    cbStateB4.Checked = False
    cbStateB5.Checked = False
    cbStateB6.Checked = False
    cbStateB7.Checked = False

    stateB = ByteToBitArr(RData, RPos)

    If stateB(0) = 1 Then
        cbStateB0.Checked = True
    End If
    If stateB(1) = 1 Then
        cbStateB1.Checked = True
    End If
    If stateB(2) = 1 Then
        cbStateB2.Checked = True
    End If
    If stateB(3) = 1 Then
        cbStateB3.Checked = True
    End If
    If stateB(4) = 1 Then
        cbStateB4.Checked = True
    End If
    If stateB(5) = 1 Then
        cbStateB5.Checked = True
    End If
    If stateB(6) = 1 Then
        cbStateB6.Checked = True
    End If
    If stateB(7) = 1 Then
        cbStateB7.Checked = True
    End If

End Sub
```

</td>
<td>'응답 비트의 자료 표시 B0~B7</td>
</tr>
</table>

Step.5 Bit 개별 쓰기

Private Sub btnBitWrite_Click(sender As....) Handles btnBitWrite.Click	'Bit 개별 쓰기
If plcOpenstate = True Then txtRx.Text = "" txtTx.Text = "" frame = New Byte() {} header = New Byte() {} command = New Byte() {} Try cmdcode = New Byte() {&H58, &H0}.ToArray	
cmddatatype = New Byte() {&H0, &H0}.ToArray	'자료 타입 bit
cmdblockcnt = New Byte() {&H2, &H0}.ToArray	
cmddataaddr = MakeBitWriteBlockA()	'"MakeBitWriteBlockA" 함수호출

cmdwrdata = New Byte() {&H1, &H0, &H1, &H1, &H0, &H1}_
.ToArray 'M050 M051
 	
command = command.Concat(cmdcode).ToArray
command = command.Concat(cmddatatype).ToArray
command = command.Concat(cmdreserved).ToArray
command = command.Concat(cmdblockcnt).ToArray
command = command.Concat(cmddataaddr).ToArray
command = command.Concat(cmdwrdata).ToArray
cmdarrlength = command.Length
cmdlength = DecToHexWordLsbMsbBytes(cmdarrlength)
header = header.Concat(compid).ToArray
header = header.Concat(plcinfo).ToArray
header = header.Concat(cpuinfo).ToArray
header = header.Concat(sourceofframe).ToArray
header = header.Concat(invokeid).ToArray
header = header.Concat(cmdlength).ToArray
header = header.Concat(fenetposition).ToArray
reserved2 = CalculateBcc(header)
header = header.Concat(reserved2).ToArray
frame = header.Concat(command).ToArray
txtTx.Text = BitConverter.ToString(frame, 0, frame.Length)
stream.Write(frame, 0, frame.Length)
bytesRead = stream.Read(buffer, 0, buffer.Length)
response = BitConverter.ToString(buffer, 0, bytesRead)
 	
txtRx.Text = response
 	
Catch ex As Exception
 	
End Try
 	
Else
 	
MsgBox("PLC 통신포트를 연결하세요 !")
 	
End If
 	
End Sub	

Step.6 Bit 개별 쓰기에 필요한 함수

```
Function MakeBitWriteBlockA() As Byte()

  Dim datablock As Byte() = New Byte() {}
  Dim datalength As Byte() = New Byte() {&H6, &H0}
  datablock = datablock.Concat(datalength).ToArray
  datablock = datablock.Concat(Encoding.ASCII.GetBytes("%MX050"))_
  .ToArray
  datablock = datablock.Concat(datalength).ToArray
  datablock = datablock.Concat(Encoding.ASCII.GetBytes("%MX051"))_
  .ToArray

  Return datablock

 End Function
```

'"MakeBitWriteBlockA" 함수

Step.7 Bit 개별 쓰기와 읽기 응답 특성 확인

① Bit 개별 쓰기의 실행

```
4C-53-49-53-2D-58-47-54-00-00-00-00-B0-33-00-00-1E-00-01-FF-58-
00-00-00-00-00-02-00-06-00-25-4D-58-30-35-30-06-00-25-
                                  M050
4D-58-30-35-31-01-00-01-01-00-01
    M051             Data
```

```
4C-53-49-53-2D-58-47-54-00-00-04-01-B0-11-00-00-0A-00-01-2C-59-
00-00-00-00-00-00-00-02-00    PLC(XGB) 정상 상태 응답
```

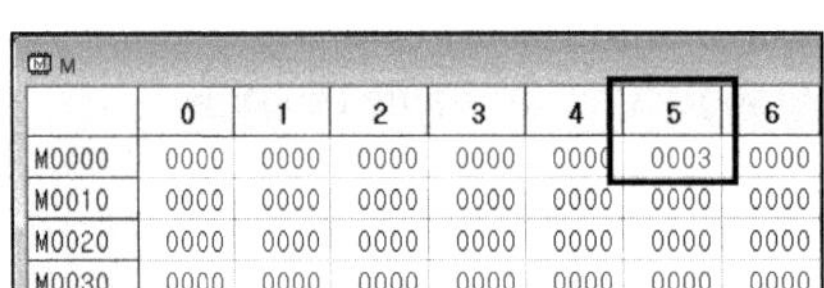

	0	1	2	3	4	5	6
M0000	0000	0000	0000	0000	0000	0003	0000
M0010	0000	0000	0000	0000	0000	0000	0000
M0020	0000	0000	0000	0000	0000	0000	0000
M0030	0000	0000	0000	0000	0000	0000	0000

XG5000의 디바이스 모니터

② Bit 개별 읽기의 실행

```
54-00-00-00-00-00-08-00-06-00-25-50-58-30-34-30-06-00-25-50-58-30-34-31-06-00-
                              P040                    P041
25-50-58-30-34-32-06-00-25-50-58-30-34-33-06-00-25-50-58-30-34-34-06-00-
      P042                    P043                    P044
25-4D-58-30-30-30-06-00-25-4D-58-30-30-31-06-00-25-4D-58-30-30-32
      M000                    M001                    M002
```

```
55-00-00-00-00-00-00-00-08-00-01-00-00-01-00-00-01-00-00-01-00-00-01-00-00-
                              P040     P041     P042     P043     P044
01-00-00-01-00-00-01-00-00
  M000     M001     M002
```

2) Byte 개별 읽기와 쓰기

Step.1 Byte 개별 읽기

Private Sub btnByteRead_Click(sender As Ob....) Handles btnByteRead.Click	'Byte 개별 읽기
If plcOpenstate = True Then	
txtRx.Text = ""	
txtTx.Text = ""	
frame = New Byte() {}	
header = New Byte() {}	
command = New Byte() {}	
Try	
cmdcode = New Byte() {&H54, &H0}.ToArray	
cmddatatype = New Byte() {&H1, &H0}.ToArray	
cmdblockcnt = New Byte() {&H2, &H0}.ToArray	
cmddataaddr = MakeByteReadBlockA()	'"MakeByteReadBlockA" 함수호출
command = command.Concat(cmdcode).ToArray	
command = command.Concat(cmddatatype).ToArray	
command = command.Concat(cmdreserved).ToArray	
command = command.Concat(cmdblockcnt).ToArray	
command = command.Concat(cmddataaddr).ToArray	
cmdarrlength = command.Length	
cmdlength = DecToHexWordLsbMsbBytes(cmdarrlength)	'"cmdlength" 명령에 길이 확인
header = header.Concat(compid).ToArray	
header = header.Concat(plcinfo).ToArray	
header = header.Concat(cpuinfo).ToArray	
header = header.Concat(sourceofframe).ToArray	
header = header.Concat(invokeid).ToArray	
header = header.Concat(cmdlength).ToArray	
header = header.Concat(fenetposition).ToArray	
reserved2 = CalculateBcc(header)	'"Bcc의 계산함수 호출
header = header.Concat(reserved2).ToArray	
frame = header.Concat(command).ToArray	
txtTx.Text = BitConverter.ToString(frame, 0, frame.Length)	'"문자열의 Bit 길이 환산
stream.Write(frame, 0, frame.Length)	
bytesRead = stream.Read(buffer, 0, buffer.Length)	
response = BitConverter.ToString(buffer, 0, bytesRead)	'"문자열의 Bit 길이 환산
txtRx.Text = response	
cbStateACheck(buffer, 32)	'응답 바이트의 자료표시 A0~A7
cbStateBCheck(buffer, 35)	'응답 바이트의 자료표시 B0~B7
Catch ex As Exception	
End Try	
Else	'55-00-01-00-00-00-00-00-02-00-01-00-43-01-00-1F
MsgBox("PLC 통신포트를 연결하세요 !")	32 35
End If	
End Sub	

Step.2 Byte 개별 읽기에 필요한 함수

```
Function MakeByteReadBlockA() As Byte()

    Dim datablock As Byte() = New Byte() {}
    Dim datalength As Byte() = New Byte() {&H6, &H0}

    datablock = datablock.Concat(datalength).ToArray
    datablock = datablock.Concat(Encoding.ASCII_
    .GetBytes("%PB008")).ToArray                        'P40~P47

    datablock = datablock.Concat(datalength).ToArray
    datablock = datablock.Concat(Encoding.ASCII_
    .GetBytes("%MB000")).ToArray                        'M00~P07

    Return datablock

End Function
```

'Byte 개별 읽기 "MakeByteReadBlockA" 함수

Step.3 Byte 개별 쓰기

```
Private Sub btnByteWrite_Click(sender As,....) Handles btnByteWrite.Click     'Byte 개별 쓰기

    If plcOpenstate = True Then

        txtRx.Text = ""
        txtTx.Text = ""
        frame = New Byte() {}
        header = New Byte() {}
        command = New Byte() {}

    Try

        cmdcode = New Byte() {&H58, &H0}.ToArray
        cmddatatype = New Byte() {&H1, &H0}.ToArray                    'Byte 타입
        cmdblockcnt = New Byte() {&H1, &H0}.ToArray
        cmdvarlength = New Byte() {&H6, &H0}.ToArray
        cmddataaddr = Encoding.ASCII.GetBytes("%PB008").ToArray       '%PB008(P0040~P0047)
        cmdwrdatacnt = New Byte() {&H1, &H0}.ToArray
        cmdwrdata = New Byte() {&H32}.ToArray

        command = command.Concat(cmdcode).ToArray
        command = command.Concat(cmddatatype).ToArray
        command = command.Concat(cmdreserved).ToArray
        command = command.Concat(cmdblockcnt).ToArray
        command = command.Concat(cmdvarlength).ToArray
        command = command.Concat(cmddataaddr).ToArray
        command = command.Concat(cmdwrdatacnt).ToArray
        command = command.Concat(cmdwrdata).ToArray
        cmdarrlength = command.Length
        cmdlength = DecToHexWordLsbMsbBytes(cmdarrlength)
```

<pre>   header = header.Concat(compid).ToArray
            header = header.Concat(plcinfo).ToArray
            header = header.Concat(cpuinfo).ToArray
            header = header.Concat(sourceofframe).ToArray
            header = header.Concat(invokeid).ToArray
            header = header.Concat(cmdlength).ToArray
            header = header.Concat(fenetposition).ToArray
            reserved2 = CalculateBcc(header)
            header = header.Concat(reserved2).ToArray
            frame = header.Concat(command).ToArray
            txtTx.Text = BitConverter.ToString(frame, 0, frame.Length)
            stream.Write(frame, 0, frame.Length)
            bytesRead = stream.Read(buffer, 0, buffer.Length)
            response = BitConverter.ToString(buffer, 0, bytesRead)
            txtRx.Text = response
        Catch ex As Exception
 	
        End Try
 	
    Else
 	
        MsgBox("PLC 통신포트를 연결하세요 !")
 	
    End If
 	
End Sub</pre>
	'Byte 개별 쓰기 계속

Step.4 Byte 개별 쓰기와 읽기 응답 특성 확인

① Byte 개별 쓰기의 실행

```
4C-53-49-53-2D-58-47-54-00-00-00-00-B0-33-00-00-13-00-01-F2-
58-00-01-00-00-00-01-00-06-00-25-50-42-30-30-38-01-00-32
                          P0040~P0047(%PB008)   Data
```

```
4C-53-49-53-2D-58-47-54-00-00-04-01-B0-11-00-00-0A-00-01-2C-
59-00-01-00-00-00-00-00-01-00    PLC(XGB) 정상 상태 응답
```

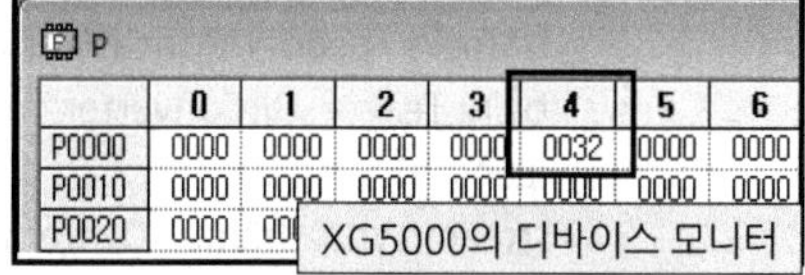

	0	1	2	3	4	5	6
P0000	0000	0000	0000	0000	0032	0000	0000
P0010	0000	0000	0000	0000	0000	0000	0000
P0020	0000	00					

XG5000의 디바이스 모니터

② Byte 개별 읽기의 실행

```
4C-53-49-53-2D-58-47-54-00-00-00-00-B0-33-00-00-18-00-01-F9-54-00-01-00-00-00-0
2-00-06-00-25-50-42-30-30-38-06-00-25-4D-42-30-30-30
              P0040~P0047                M0000~M0007
```

```
4C-53-49-53-2D-58-47-54-00-00-04-01-B0-11-00-00-10-00-01-32-55-00-01-00-00-00-
00-00-02-00-01-00-32-01-00-00
          P0040~P0047   M0000~M0007
```

3) Word 개별 읽기와 쓰기

Step.1 Word 개별 읽기

Private Sub btnSend_Click(sender As ....) Handles btnSend.Click	'Word 개별 읽기
If plcOpenstate = True Then	
txtRx.Text = "" txtTx.Text = ""	

frame = New Byte() {}
    header = New Byte() {}
    command = New Byte() {}	

Try	

cmdcode = New Byte() {&H54, &H0}.ToArray
      cmddatatype = New Byte() {&H2, &H0}.ToArray
      cmdblockcnt = New Byte() {&H1, &H0}.ToArray
      cmdvarlength = New Byte() {&H6, &H0}.ToArray
      cmddataaddr = Encoding.ASCII.GetBytes("%MW004")_
      .ToArray
	
	'Word 개별읽기 M0040~M004F

command = command.Concat(cmdcode).ToArray
      command = command.Concat(cmddatatype).ToArray
      command = command.Concat(cmdreserved).ToArray
      command = command.Concat(cmdblockcnt).ToArray
      command = command.Concat(cmdvarlength).ToArray
      command = command.Concat(cmddataaddr).ToArray
      cmdarrlength = command.Length
      cmdlength = DecToHexWordLsbMsbBytes(cmdarrlength)	

header = header.Concat(compid).ToArray
      header = header.Concat(plcinfo).ToArray
      header = header.Concat(cpuinfo).ToArray
      header = header.Concat(sourceofframe).ToArray
      header = header.Concat(invokeid).ToArray
      header = header.Concat(cmdlength).ToArray
      header = header.Concat(fenetposition).ToArray
      reserved2 = CalculateBcc(header)
      header = header.Concat(reserved2).ToArray
      frame = header.Concat(command).ToArray
      txtTx.Text = BitConverter.ToString(frame, 0, frame_
      .Length)
      stream.Write(frame, 0, frame.Length)
      bytesRead = stream.Read(buffer, 0, buffer.Length)
      response = BitConverter.ToString(buffer, 0, bytesRead)
	
	'55-00-02-00-00-00-00-00-
	01-00-02-00-1F-1C
	32 33

txtRx.Text = response
      cbStateACheck(buffer, 32)
      cbStateBCheck(buffer, 33)
	
	'응답워드의 자료표시 A0~A7
	'응답워드의 자료표시 B0~B7

Catch ex As Exception
End Try
Else
MsgBox("PLC 통신포트를 연결하세요 !")
End If
End Sub
	'Word 개별 읽기 계속

Step.2 Word 개별 쓰기

```
Private Sub btnWriteSend_Click(sender As....) Handles btnWriteSend.Click    'PLC Word 개별 쓰기

    If plcOpenstate = True Then

        txtRx.Text = ""
        txtTx.Text = ""

        frame = New Byte() {}
        header = New Byte() {}
        command = New Byte() {}

        Try

            cmdcode = New Byte() {&H58, &H0}.ToArray
            cmddatatype = New Byte() {&H2, &H0}.ToArray
            cmdblockcnt = New Byte() {&H1, &H0}.ToArray
            cmdvarlength = New Byte() {&H6, &H0}.ToArray
            cmddataaddr = Encoding.ASCII.GetBytes("%MW004").ToArray    '내부릴레이 M0040~M004F
            cmdwrdatacnt = New Byte() {&H2, &H0}.ToArray

            cmdwrdata = New Byte() {&H21, &H43}.ToArray    'M0040~M004F, 1234

            command = command.Concat(cmdcode).ToArray
            command = command.Concat(cmddatatype).ToArray
            command = command.Concat(cmdreserved).ToArray
            command = command.Concat(cmdblockcnt).ToArray
            command = command.Concat(cmdvarlength).ToArray
            command = command.Concat(cmddataaddr).ToArray
            command = command.Concat(cmdwrdatacnt).ToArray
            command = command.Concat(cmdwrdata).ToArray
            cmdarrlength = command.Length
            cmdlength = DecToHexWordLsbMsbBytes(cmdarrlength)
            header = header.Concat(compid).ToArray
            header = header.Concat(plcinfo).ToArray
            header = header.Concat(cpuinfo).ToArray
```

``
            header = header.Concat(sourceofframe).ToArray
            header = header.Concat(invokeid).ToArray
            header = header.Concat(cmdlength).ToArray
            header = header.Concat(fenetposition).ToArray
            reserved2 = CalculateBcc(header)
            header = header.Concat(reserved2).ToArray
            frame = header.Concat(command).ToArray
            txtTx.Text = BitConverter.ToString(frame, 0, frame.Length)
            stream.Write(frame, 0, frame.Length)
            bytesRead = stream.Read(buffer, 0, buffer.Length)
            response = BitConverter.ToString(buffer, 0, bytesRead)
            txtRx.Text = response
 	
        Catch ex As Exception
 	
        End Try
    Else
 	
        MsgBox("PLC 통신포트를 연결하세요 !")
 	
    End If
 	
End Sub
``
	'PLC 워드 개별 쓰기 계속

Step.3 Word 개별 쓰기와 읽기 응답 특성 확인

① Word 개별 쓰기의 실행

4C-53-49-53-2D-58-47-54-00-00-00-00-B0-33-00-00-14-00-01-F5-58-00-02-00-00-00-01-00-06-00-25-4D-57-30-30-34-02-00-21-43
M040~M04F　Data

4C-53-49-53-2D-58-47-54-00-00-04-01-B0-11-00-00-0A-00-01-2C-59-00-02-00-00-00-00-00-01-00　PLC(XGB) 정상 상태 응답

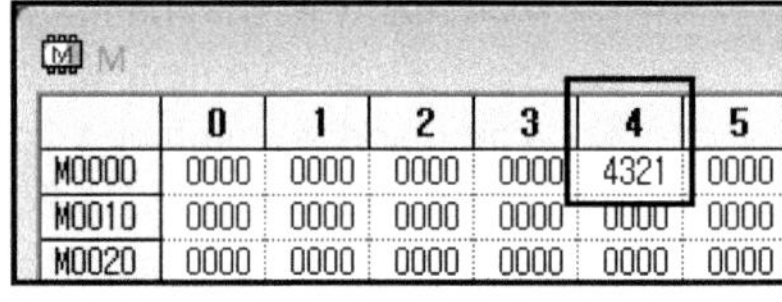

	0	1	2	3	4	5
M0000	0000	0000	0000	0000	4321	0000
M0010	0000	0000	0000	0000	0000	0000
M0020	0000	0000	0000	0000	0000	0000

XG5000의 디바이스 모니터

② Word 개별 읽기의 실행

4C-53-49-53-2D-58-47-54-00-00-00-00-B0-33-00-00-10-00-01-F1-54-00-02-00-00-00-01-00-06-00-25-50-57-30-30-34
M040~M04F

4C-53-49-53-2D-58-47-54-00-00-04-01-B0-11-00-00-0E-00-01-30-55-00-02-00-00-00-00-00-01-00-02-00-21-43
M040~M04F

4) 직접 변수 연속 읽기와 쓰기

Step.1 직접 변수 연속 읽기

Private Sub btnContSend_Click(sender As....) Handles btnContSend.Click	'PLC 직접 변수 연속 읽기
If plcOpenstate = True Then	
txtRx.Text = "" txtTx.Text = ""	
frame = New Byte() {} header = New Byte() {} command = New Byte() {}	
Try	
cmdcode = New Byte() {&H54, &H0}.ToArray cmddatatype = New Byte() {&H14, &H0}.ToArray cmdblockcnt = New Byte() {&H1, &H0}.ToArray cmdvarlength = New Byte() {&H6, &H0}.ToArray cmddataaddr = Encoding.ASCII.GetBytes("%MB008").ToArray	 '%MB008(M0040~P004F)
cmdrddatacnt = New Byte() {&H2, &H0}.ToArray command = command.Concat(cmdcode).ToArray command = command.Concat(cmddatatype).ToArray command = command.Concat(cmdreserved).ToArray command = command.Concat(cmdblockcnt).ToArray command = command.Concat(cmdvarlength).ToArray command = command.Concat(cmddataaddr).ToArray command = command.Concat(cmdrddatacnt).ToArray cmdarrlength = command.Length cmdlength = DecToHexWordLsbMsbBytes(cmdarrlength) header = header.Concat(compid).ToArray header = header.Concat(plcinfo).ToArray header = header.Concat(cpuinfo).ToArray header = header.Concat(sourceofframe).ToArray header = header.Concat(invokeid).ToArray header = header.Concat(cmdlength).ToArray header = header.Concat(fenetposition).ToArray reserved2 = CalculateBcc(header) header = header.Concat(reserved2).ToArray frame = header.Concat(command).ToArray txtTx.Text = BitConverter.ToString(frame, 0, frame.Length) stream.Write(frame, 0, frame.Length) bytesRead = stream.Read(buffer, 0, buffer.Length) response = BitConverter.ToString(buffer, 0, bytesRead) txtRx.Text = response	 '55-00-02-00-00-00-00-00 -01-00-02-00-1F-1C 32 33
cbStateACheck(buffer, 32) cbStateBCheck(buffer, 33)	'응답 워드의 자료 표시 A0~A7 '응답 워드의 자료 표시 B0~B7

``
        Catch ex As Exception
 	
        End Try
 	
    Else
 	
        MsgBox("PLC 통신포트를 연결하세요 !")
 	
    End If
 	
End Sub
``
	'PLC 직접 변수 연속 읽기 계속

Step.2 직접 변수 연속 쓰기

Private Sub btnWriteContSend_Click(sender As. Object, e As EventArgs)_ Handles btnWriteContSend.Click	'PLC 연속 쓰기
If plcOpenstate = True Then	
txtRx.Text = "" txtTx.Text = ""	
frame = New Byte() {} header = New Byte() {} command = New Byte() {}	
Try cmdcode = New Byte() {&H58, &H0}.ToArray cmddatatype = New Byte() {&H14, &H0}.ToArray cmdblockcnt = New Byte() {&H1, &H0}.ToArray cmdvarlength = New Byte() {&H6, &H0}.ToArray	
cmddataaddr = Encoding.ASCII.GetBytes("%MB008").ToArray	'내부릴레이 M0040~M004F
cmdwrdatacnt = New Byte() {&H2, &H0}.ToArray	
cmdwrdata = New Byte() {&H59, &H35}.ToArray	'M0040~M004F, 3559
command = command.Concat(cmdcode).ToArray command = command.Concat(cmddatatype).ToArray command = command.Concat(cmdreserved).ToArray command = command.Concat(cmdblockcnt).ToArray command = command.Concat(cmdvarlength).ToArray command = command.Concat(cmddataaddr).ToArray command = command.Concat(cmdwrdatacnt).ToArray command = command.Concat(cmdwrdata).ToArray cmdarrlength = command.Length cmdlength = DecToHexWordLsbMsbBytes(cmdarrlength) header = header.Concat(compid).ToArray header = header.Concat(plcinfo).ToArray header = header.Concat(cpuinfo).ToArray header = header.Concat(sourceofframe).ToArray header = header.Concat(invokeid).ToArray	

```
            header = header.Concat(cmdlength).ToArray
            header = header.Concat(fenetposition).ToArray
            reserved2 = CalculateBcc(header)
            header = header.Concat(reserved2).ToArray
            frame = header.Concat(command).ToArray
            txtTx.Text = BitConverter.ToString(frame, 0, frame.Length)
            stream.Write(frame, 0, frame.Length)
            bytesRead = stream.Read(buffer, 0, buffer.Length)
            response = BitConverter.ToString(buffer, 0, bytesRead)
            txtRx.Text = response
        Catch ex As Exception

        End Try

    Else

        MsgBox("PLC 통신포트를 연결하세요 !")

     End If

   End Sub
```

'PLC 연속 쓰기 계속

Step.3 직접 변수 쓰기와 읽기 응답 특성 확인

① 직접 변수 개별 쓰기의 실행

4C-53-49-53-2D-58-47-54-00-00-00-00-B0-33-00-00-14-00-01-F5-58-
00-14-00-00-00-01-00-06-00-25-4D-42-30-30-38-02-00-59-35
M040~M04F Data

4C-53-49-53-2D-58-47-54-00-00-04-01-B0-11-00-00-0A-00-01-2C-59-
00-14-00-00-00-00-00-01-00 PLC(XGB) 정상 상태 응답

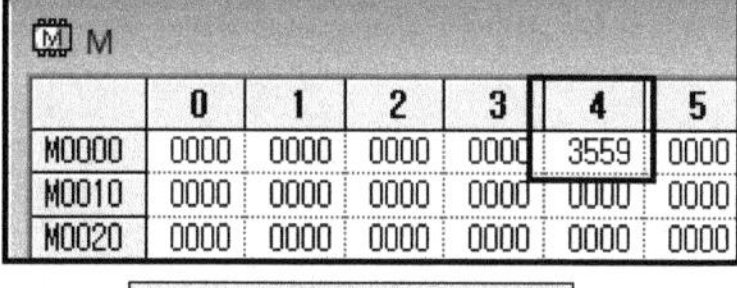

M	0	1	2	3	4	5
M0000	0000	0000	0000	0000	3559	0000
M0010	0000	0000	0000	0000	0000	0000
M0020	0000	0000	0000	0000	0000	0000

XG5000의 디바이스 모니터

② 직접 변수 개별 읽기의 실행

4C-53-49-53-2D-58-47-54-00-00-00-00-B0-33-00-00-12-00-01-F3-54-00-14-00-00-00-
01-00-06-00-25-4D-42-30-30-38-02-00
M040~M04F

4C-53-49-53-2D-58-47-54-00-00-04-01-B0-11-00-00-0E-00-01-30-55-00-14-00-00-00-
00-00-01-00-02-00-59-35
M040~M04F,(9553)

☑ 상태A0 ☐ 상태A1 ☐ 상태A2 ☑ 상태A3 ☑ 상태A4 ☐ 상태A5 ☑ 상태A6 ☐ 상태A7

☑ 상태B0 ☐ 상태B1 ☑ 상태B2 ☐ 상태B3 ☑ 상태B4 ☑ 상태B5 ☐ 상태B6 ☐ 상태B7

10.3 LabView를 이용한 이더넷 통신 프로그램의 작성

다음과 같은 폴더를 작성하고 LG산전 PLC 이더넷 통신인 FEnet을 이용할 수 있는 통신 프로그램을 LabView를 사용하여 작성한다.

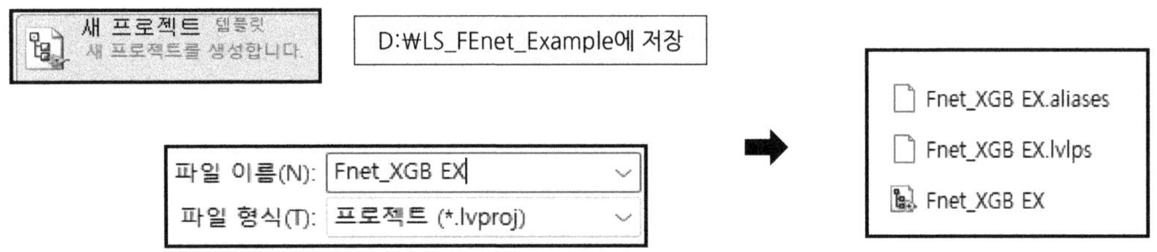

1) Main VI의 작성

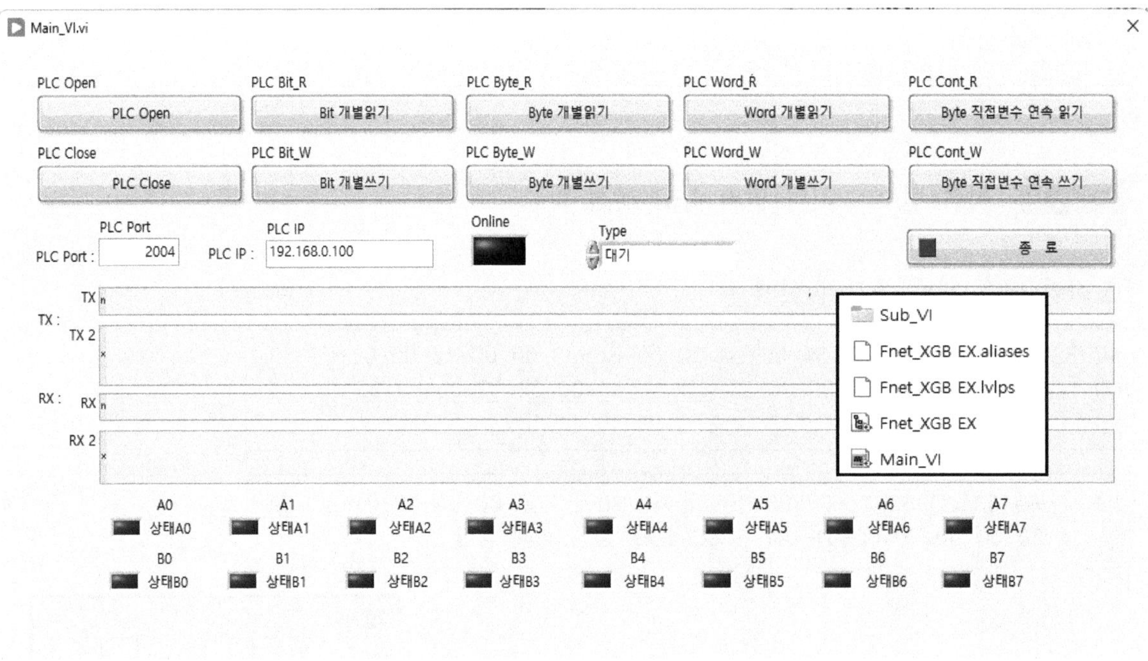

그림 10.12 FEnet 시험통신을 위한 Main VI

2) Sub VI의 작성

① Sub VI의 저장 경로 설정

Sub VI를 저장 폴더의 생성과 저장위치의 지정

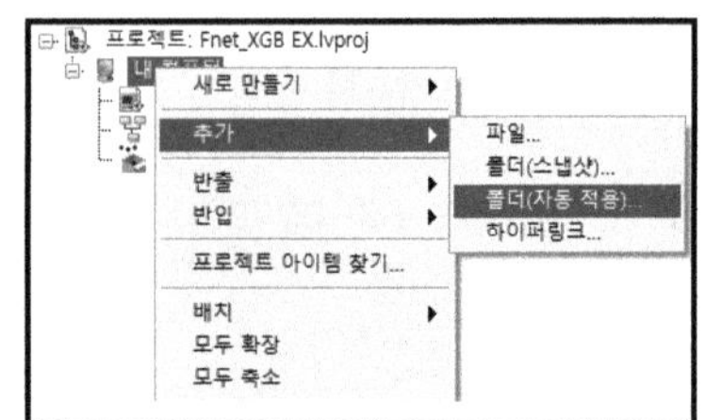

② 숫자를 문자열로 변환하는 Sub VI의 작성 [U16_TO_STRING]

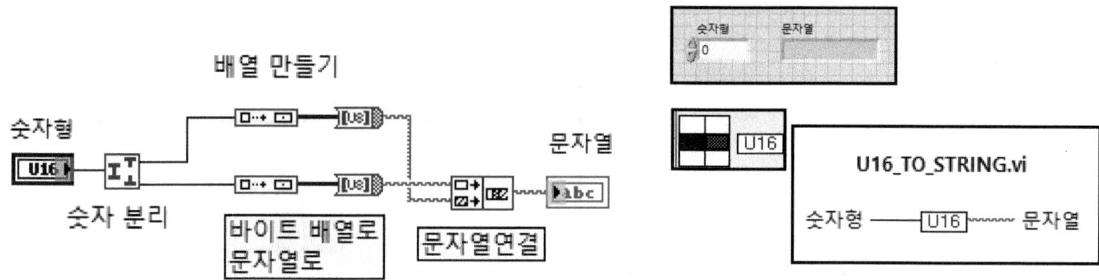

③ FEnet의 번지 주소를 변경하여 문자열로 표시 Sub VI의 작성 [PLC_Address_TO_STRING]

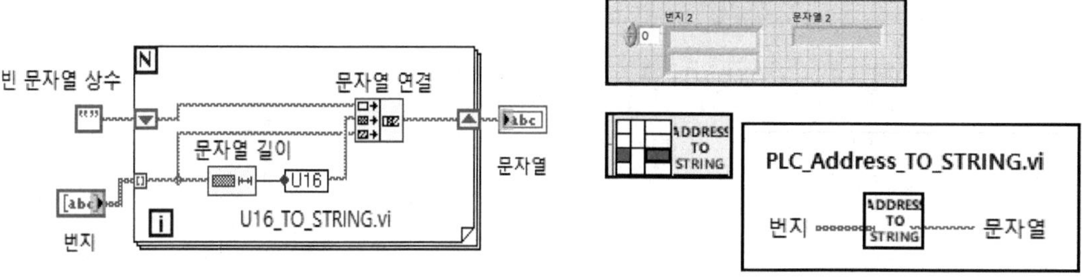

④ FEnet의 쓰기 Sub VI의 작성 [XGB_Write]

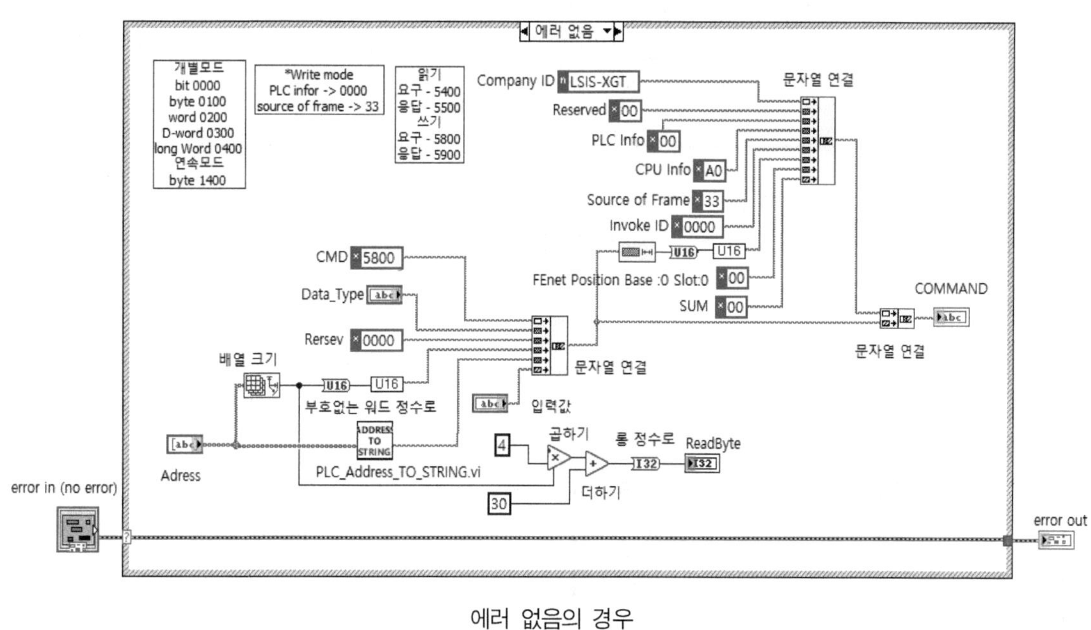

에러 없음의 경우

에러인 경우

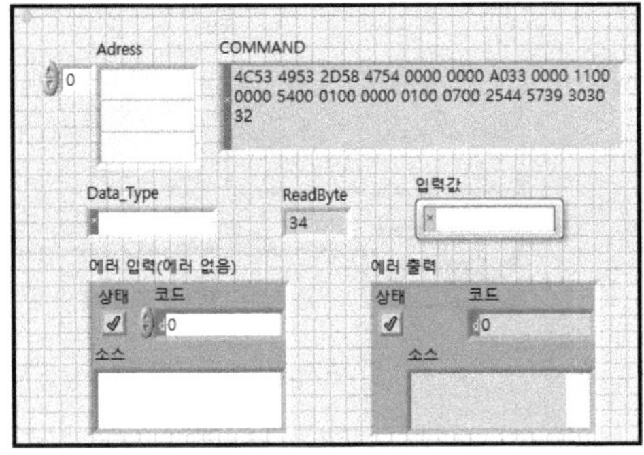

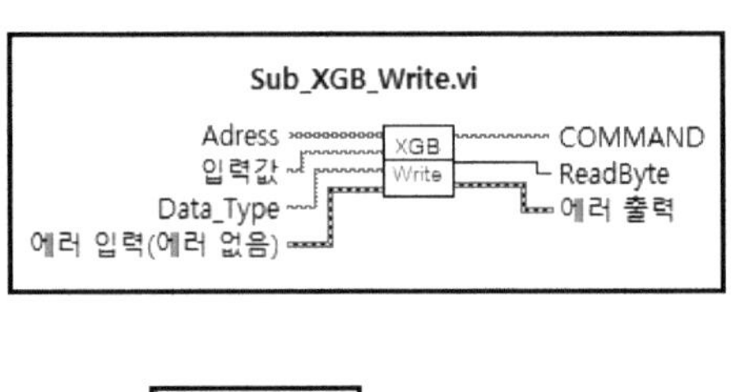

⑤ FEnet의 읽기 Sub VI의 작성 [XGB_Read]

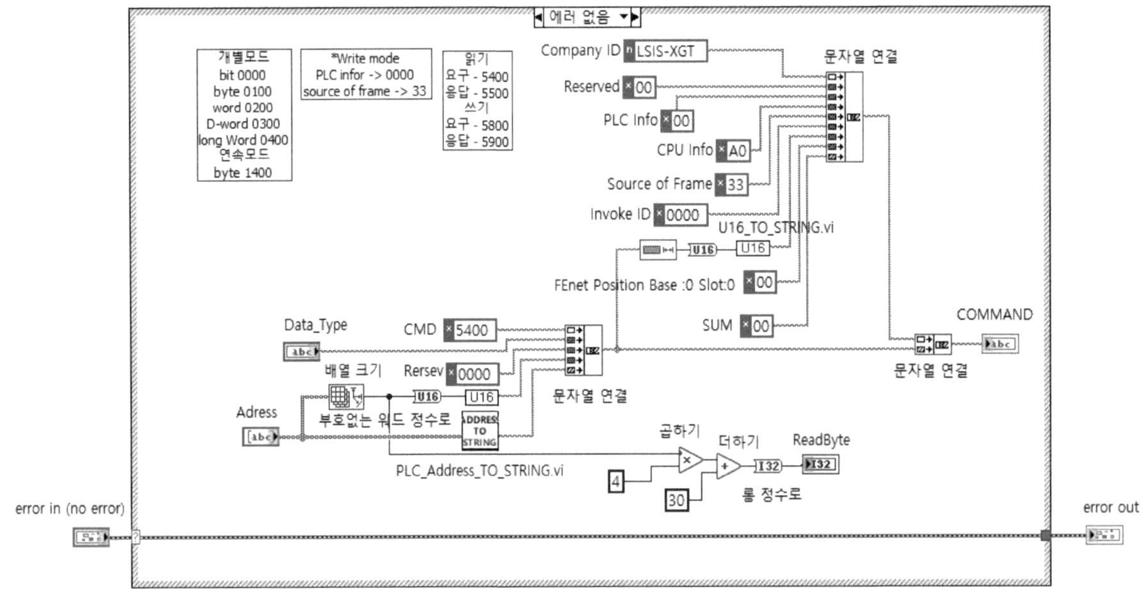

에러 없음의 경우

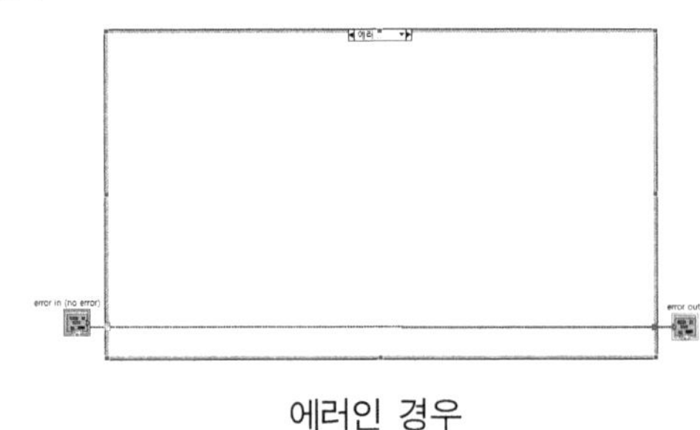

에러인 경우

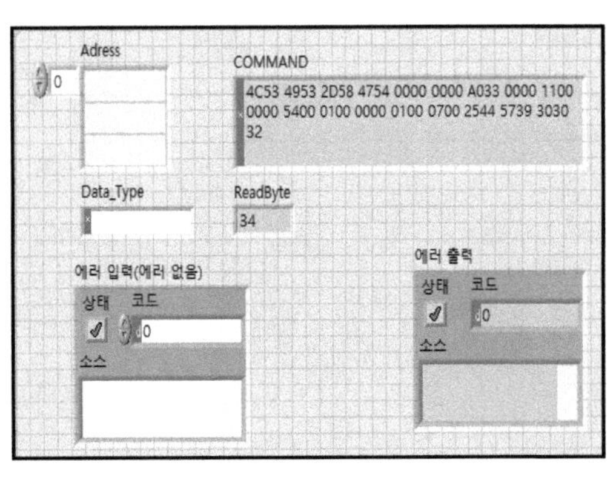

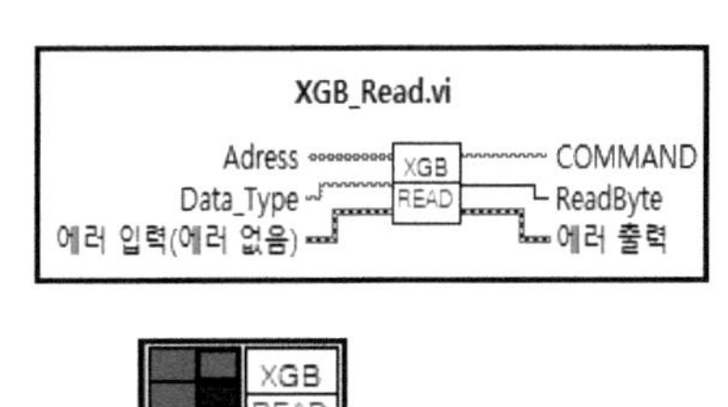

⑥ FEnet의 연속 읽기 Sub VI의 작성 [XGB_CON_Read]

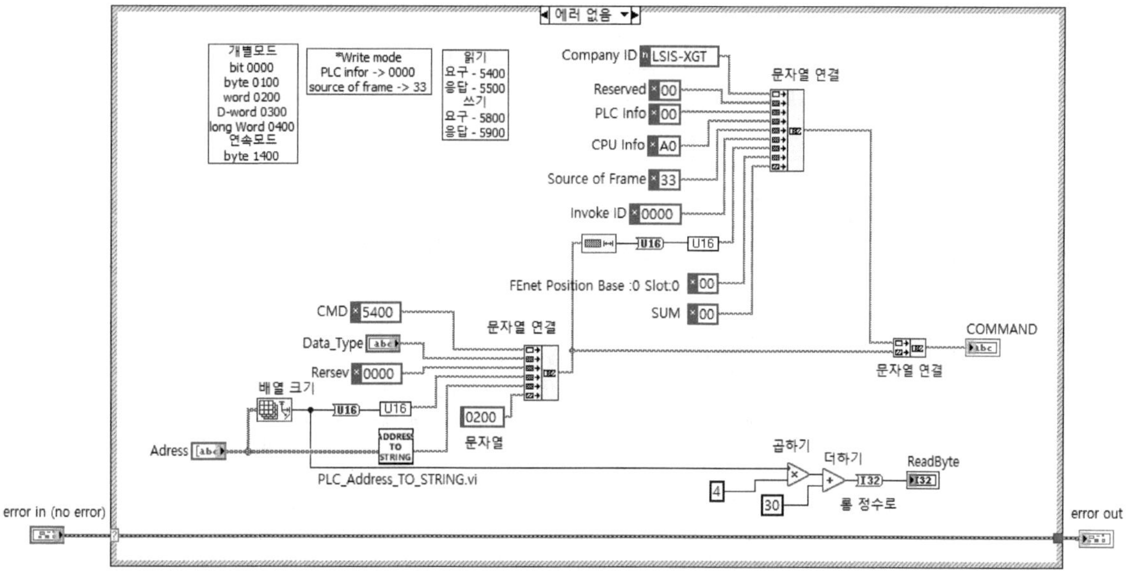

에러 없음의 경우

에러인 경우

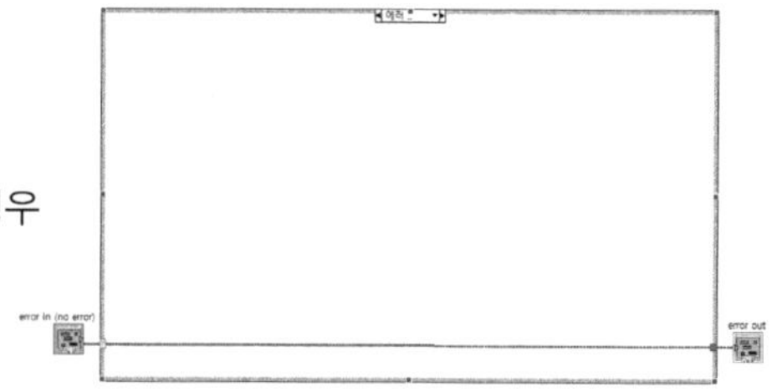

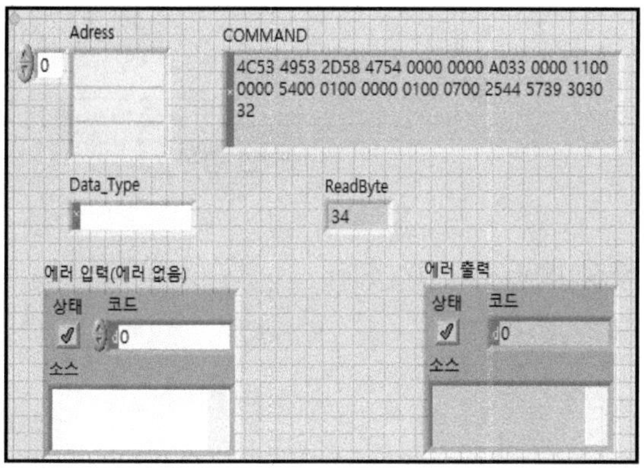

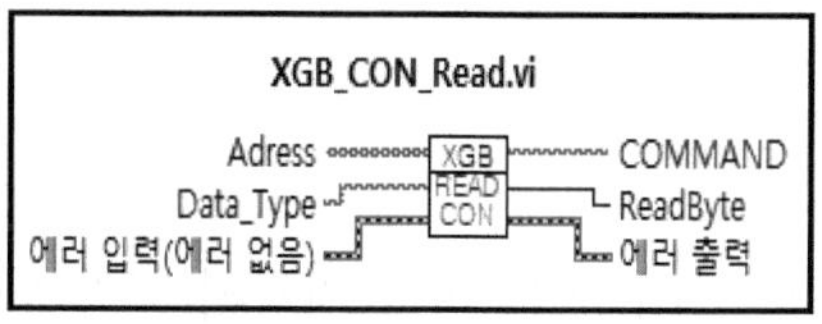

⑦ FEnet의 연속 읽기 자료의 문자열 배열 수정 Sub VI의 작성 [Sub_Text_To_Arr]

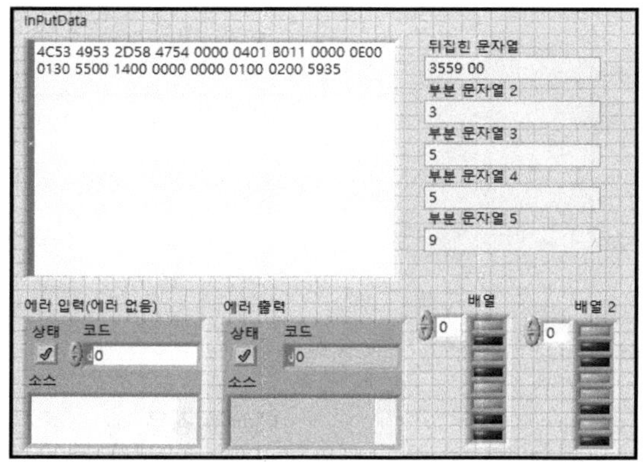

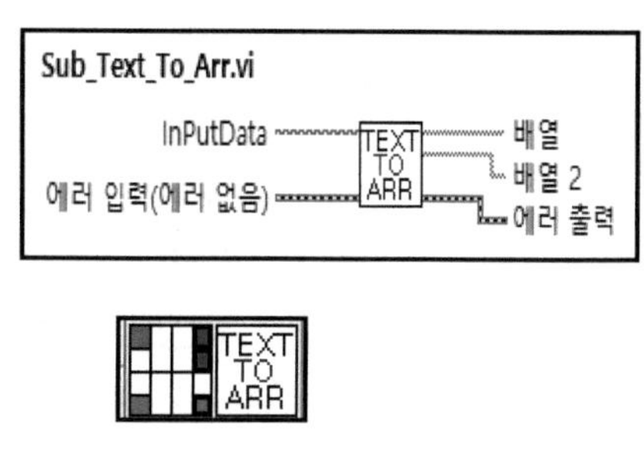

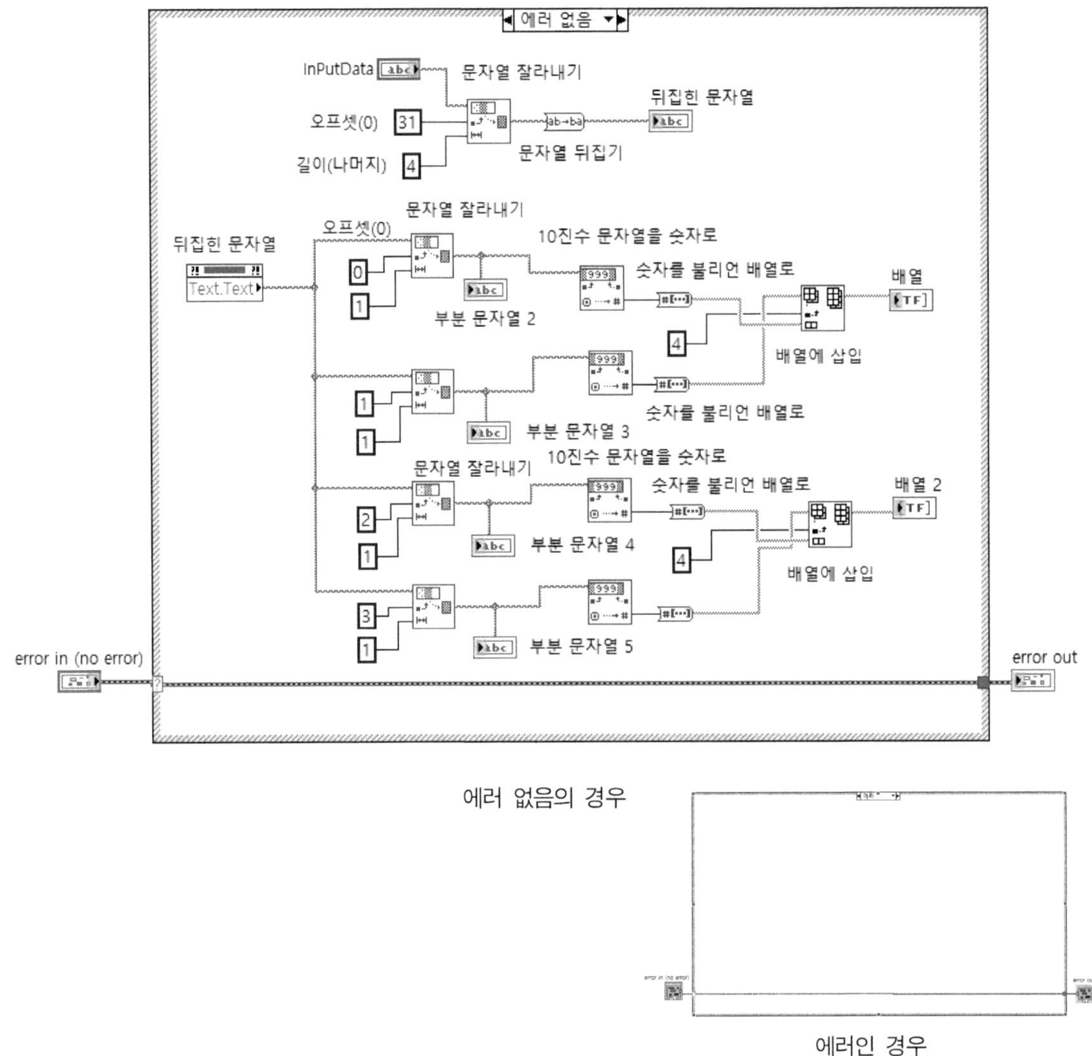

에러 없음의 경우

에러인 경우

⑧ FEnet의 연속 읽기 자료의 표시 Sub VI의 작성 [Sub_Arr_To_Ele]

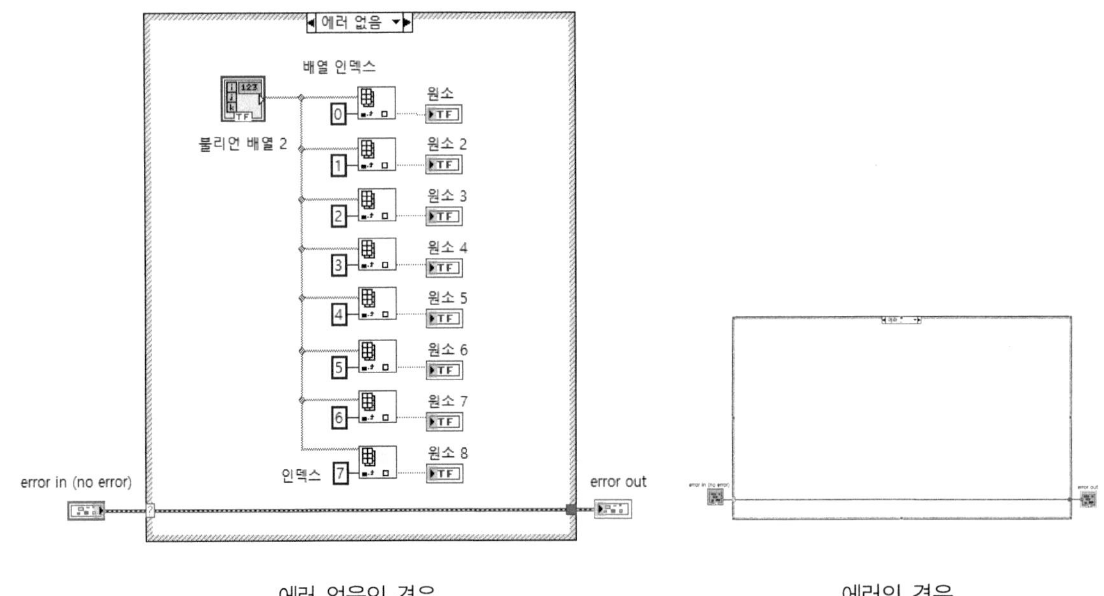

에러 없음의 경우

에러인 경우

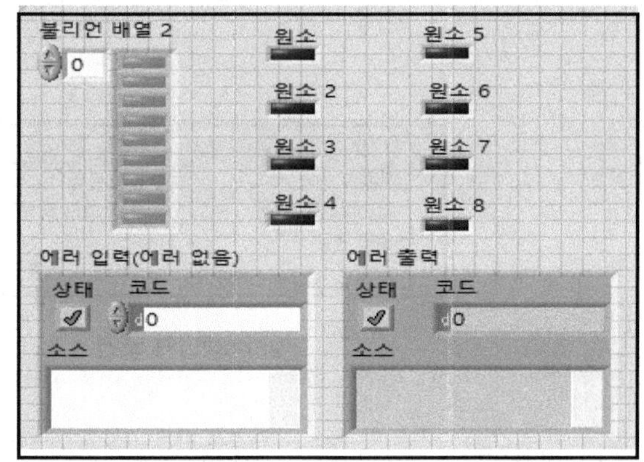

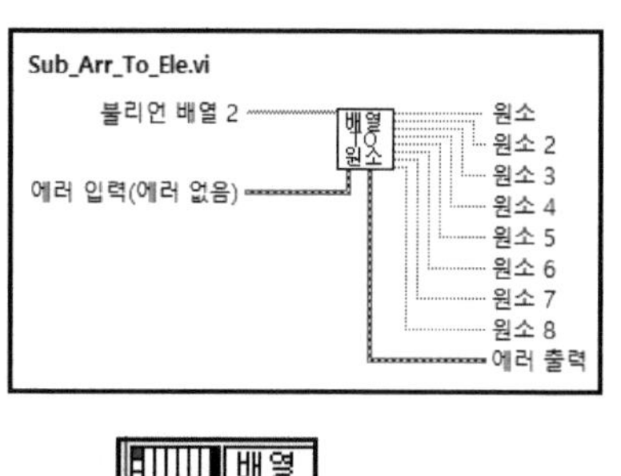

3) FEnet의 통신포트 설정

① TCP 설정방법, IP는 접속할 대상의 IP주소 192.168.0.100 입력한다.

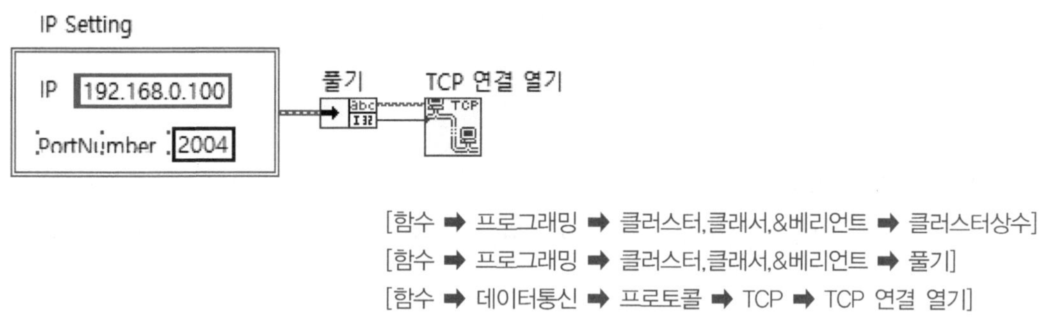

[함수 ➡ 프로그래밍 ➡ 클러스터,클래서,&베리언트 ➡ 클러스터상수]
[함수 ➡ 프로그래밍 ➡ 클러스터,클래서,&베리언트 ➡ 풀기]
[함수 ➡ 데이터통신 ➡ 프로토콜 ➡ TCP ➡ TCP 연결 열기]

② TCP 통신의 기본 구조 이해

이전에 했던 시리얼 통신과 같은 내용으로 통신구조는 동일하게 TCP설정/통신 루프/TCP 연결 닫기의 구조로 만들 수 있다.

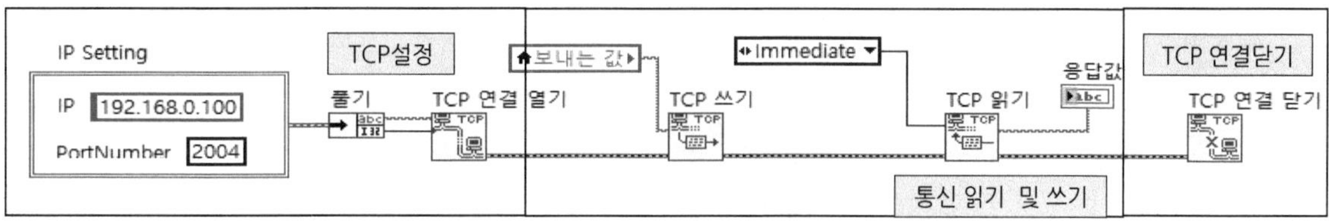

③ TCP 통신의 헤더 구조 이해

FEnet의 구조는 헤더+데이터의 프레임 구조로 나뉘어져 있다. 헤더는 PLC의 상태와 일치하게 맞추어야 하므로 PLC의 모델에 따라 달라질 수 있으며 FEnet의 헤더의 구조를 LabVIEW로 구현해 보면 다음과 같다.

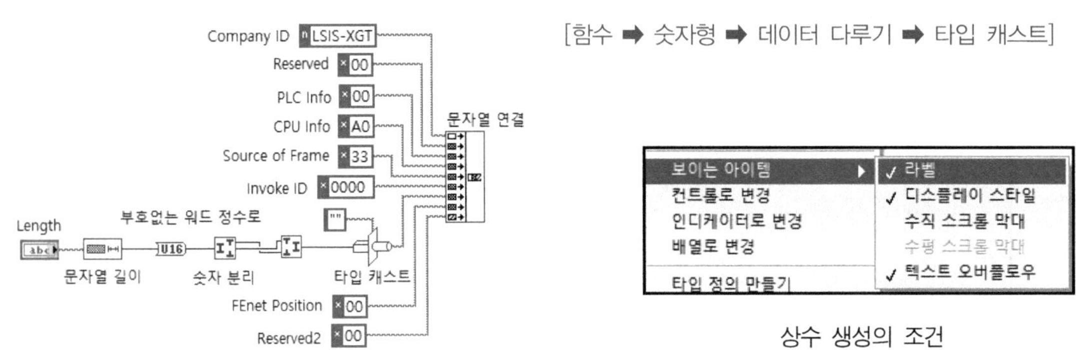

상수 생성의 조건

※ 주의 : 보이는 아이템의 '디스플레이 스타일'을 체크하여 디스플레이 스타일을 주의 깊게 확인하여야 하며, CPU Info의 경우 0xA0 로 시작이 0x이므로 16진수 디스플레이를 적용하지 않으면 인식하지 못한다.

일반 디스플레이	'₩' 코드 디스플레이
CPU Info	CPU Info ₩A0
암호 디스플레이	16진수 디스플레이
CPU Info *	CPU Info A0

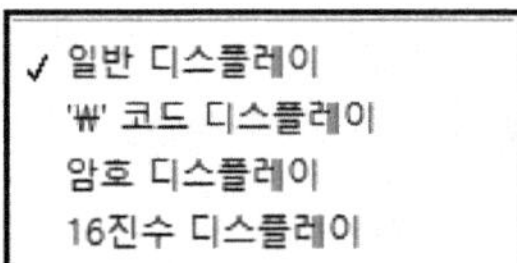

상수 생성의 조건

④ TCP 통신의 초기화

FEnet 프로그램 실행할 때 IP Address, IP Port, Ethernet 상태를 대기 상태로 초기화한다.

PLC Port I32 ➡ PLC Port Value ➡ PLC Port Value

[생성 ➡ 프로퍼티 노드 ➡ 값] [쓰기로 변경]

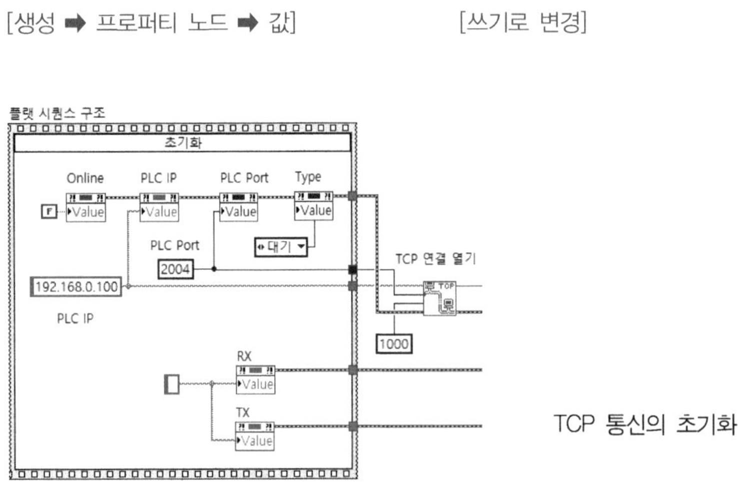

TCP 통신의 초기화

⑤ TCP 통신 절차 이벤트의 설정

FEnet 프로그램 실행할 때 이벤트에 의한 명령을 실행할 수 있도록 아래와 같이 11개의 이벤트로 프로그램한다.

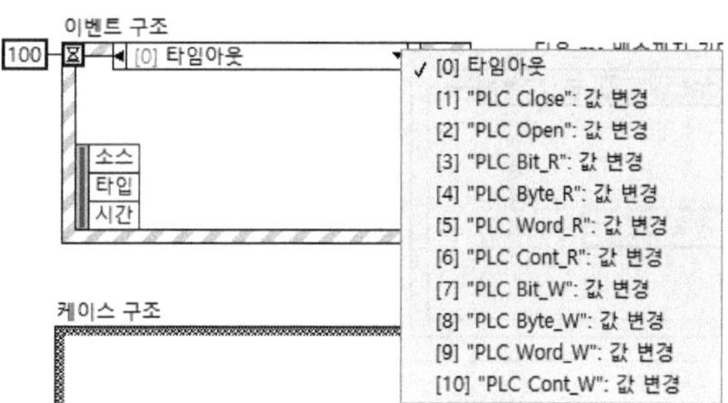

실행이벤트의 설정

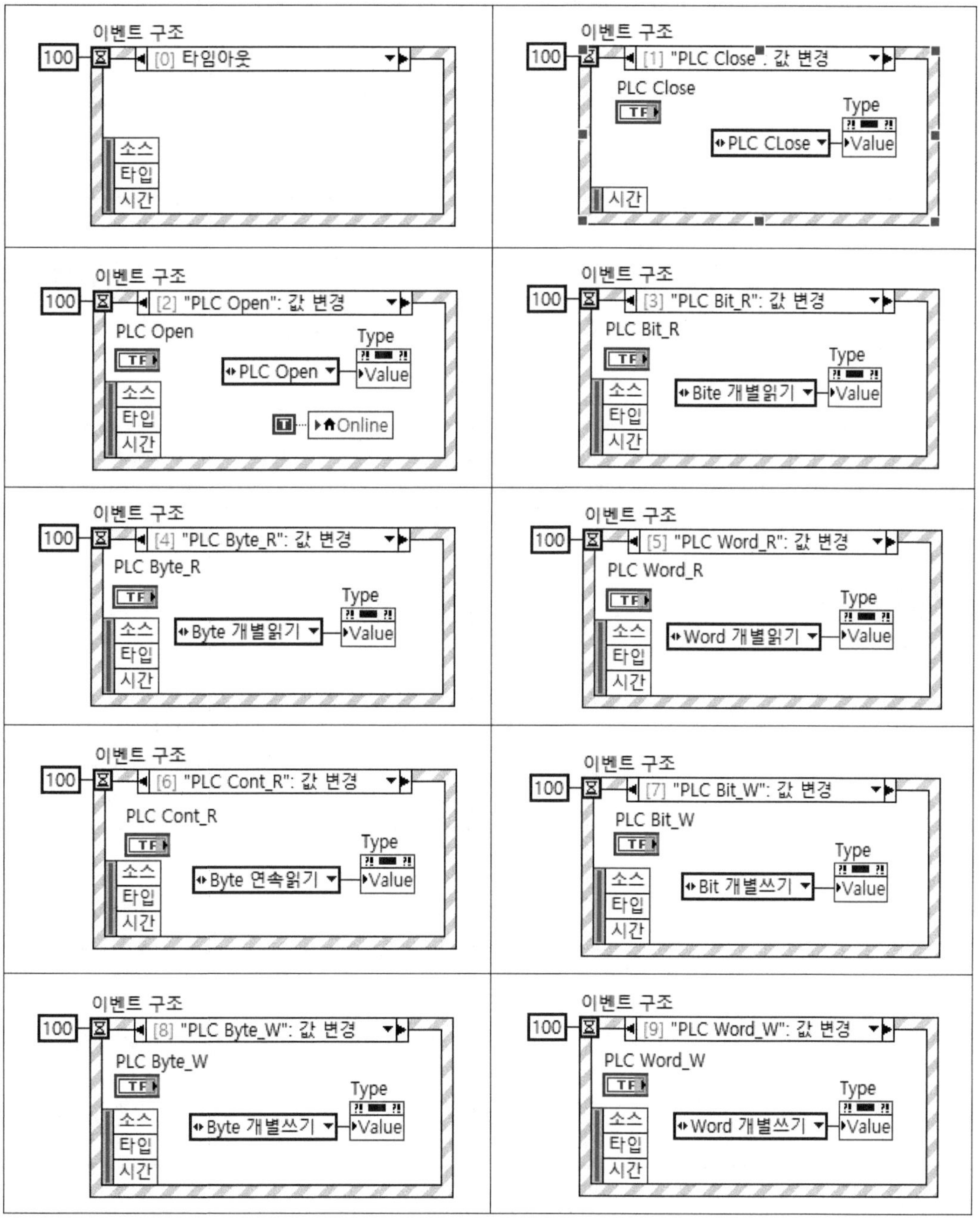

이벤트 구조 100 [0] 타임아웃 소스 타입 시간	이벤트 구조 100 [1] "PLC Close": 값 변경 PLC Close Type PLC CLose Value 시간
이벤트 구조 100 [2] "PLC Open": 값 변경 PLC Open Type PLC Open Value 소스 타입 시간 Online	이벤트 구조 100 [3] "PLC Bit_R": 값 변경 PLC Bit_R Type Bite 개별읽기 Value 소스 타입 시간
이벤트 구조 100 [4] "PLC Byte_R": 값 변경 PLC Byte_R Type Byte 개별읽기 Value 소스 타입 시간	이벤트 구조 100 [5] "PLC Word_R": 값 변경 PLC Word_R Type Word 개별읽기 Value 소스 타입 시간
이벤트 구조 100 [6] "PLC Cont_R": 값 변경 PLC Cont_R Type Byte 연속읽기 Value 소스 타입 시간	이벤트 구조 100 [7] "PLC Bit_W": 값 변경 PLC Bit_W Type Bit 개별쓰기 Value 소스 타입 시간
이벤트 구조 100 [8] "PLC Byte_W": 값 변경 PLC Byte_W Type Byte 개별쓰기 Value 소스 타입 시간	이벤트 구조 100 [9] "PLC Word_W": 값 변경 PLC Word_W Type Word 개별쓰기 Value 소스 타입 시간

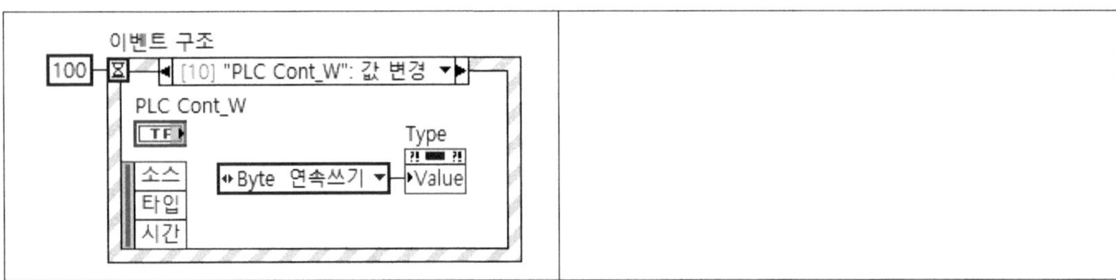

⑥ TCP 통신 읽기/쓰기 케이스 구조의 설정

FEnet 프로그램 이벤트에 의해 통신 명령이 실행할 수 있도록 아래와 같이 11개의 케이스 구조로 프로그램을 작성한다.

[함수 ➡ 대화상자&사용자 인터페이스 ➡ 에러 지우기]

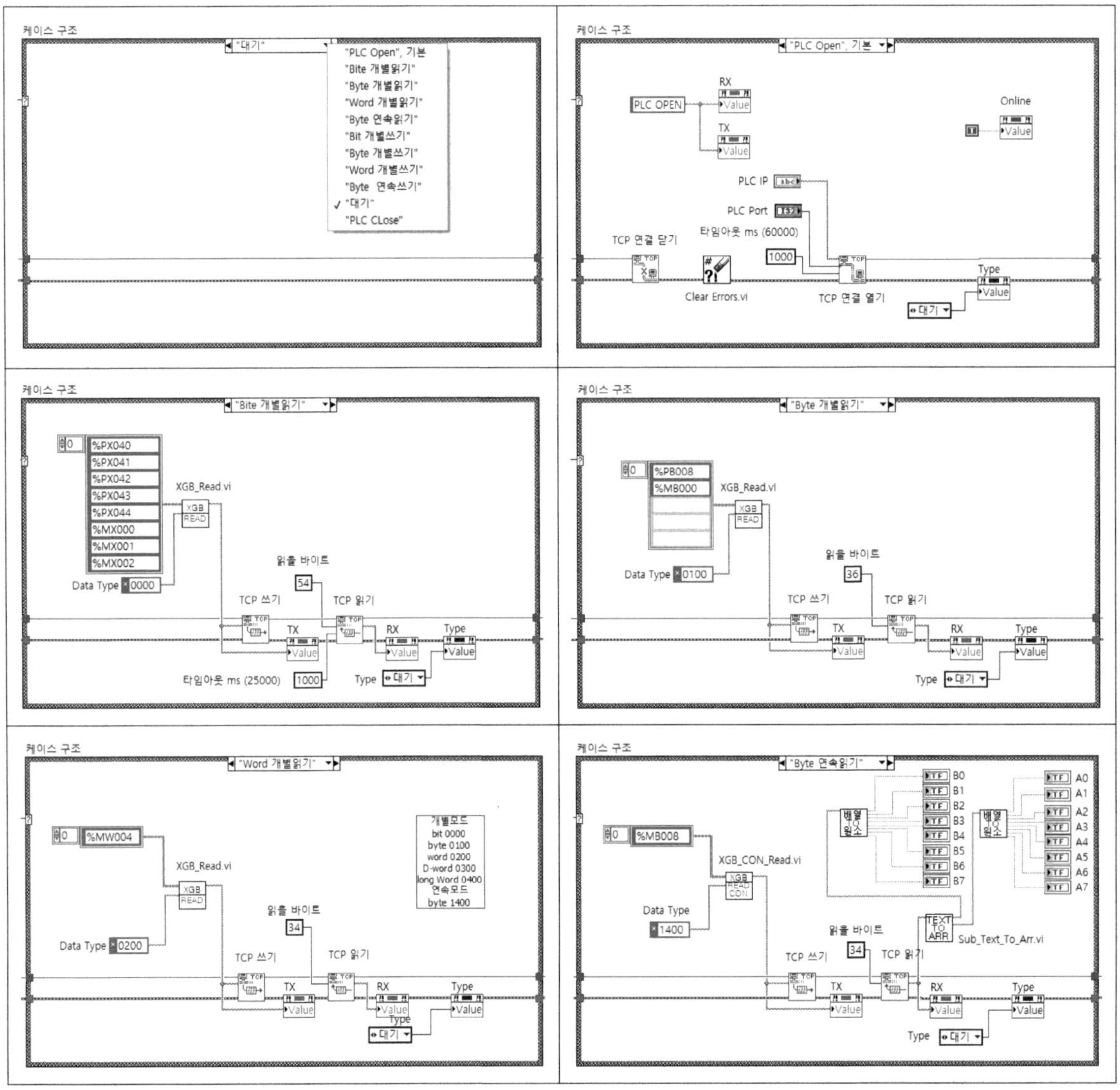

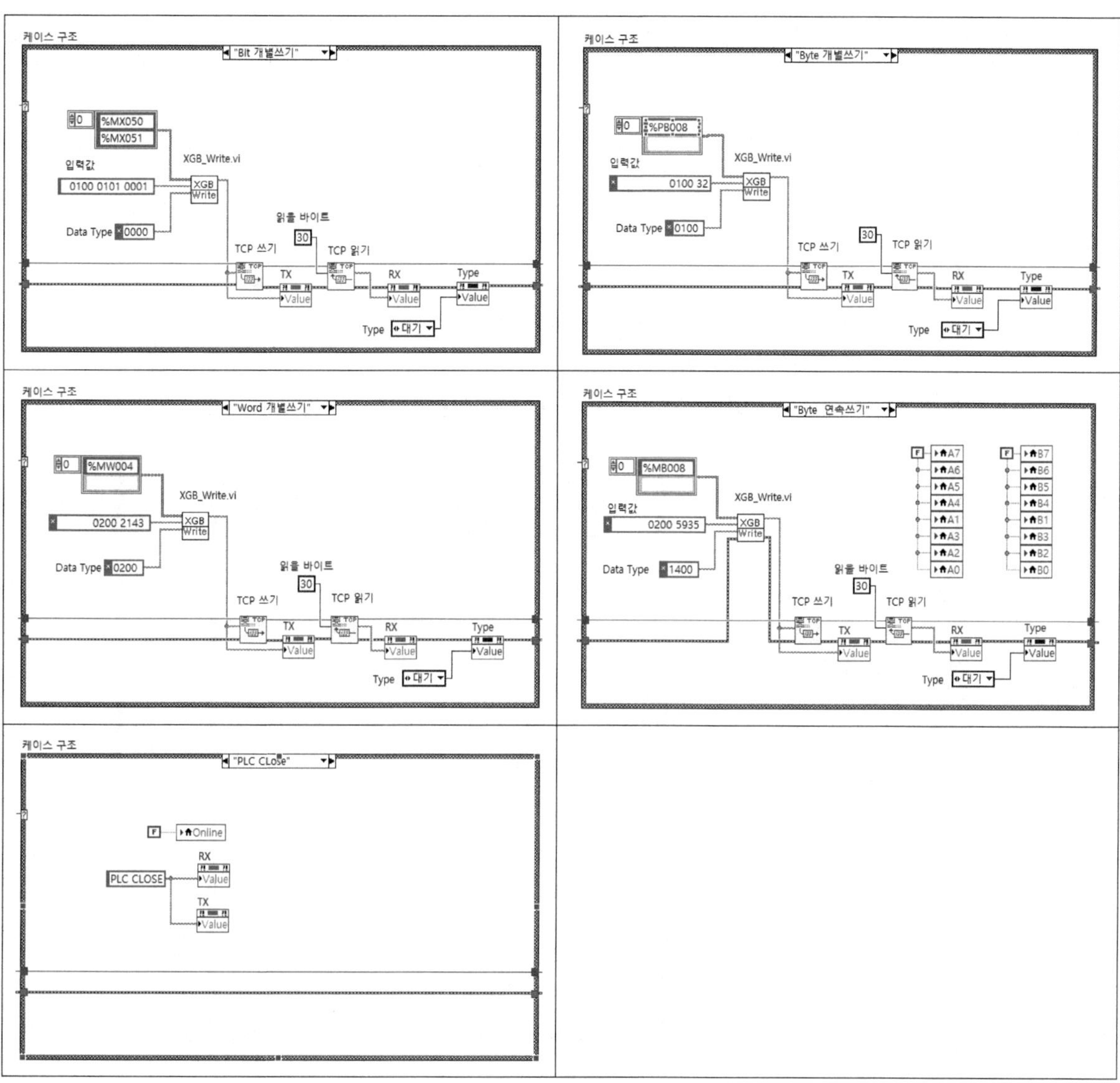
케이스 구조
"Bit 개별쓰기"
%MX050
%MX051
입력값
0100 0101 0001
XGB_Write.vi
Data Type 0000
읽을 바이트
30
TCP 쓰기
TCP 읽기
TX
RX
Type
Value
Type 대기
케이스 구조
"Byte 개별쓰기"
%PB008
입력값
0100 32
XGB_Write.vi
Data Type 0100
케이스 구조
"Word 개별쓰기"
%MW004
0200 2143
Data Type 0200
케이스 구조
"Byte 연속쓰기"
%MB008
입력값
0200 5935
Data Type 1400
A7 A6 A5 A4 A1 A3 A2 A0
B7 B6 B5 B4 B1 B3 B2 B0
케이스 구조
"PLC CLOSE"
Online
PLC CLOSE
RX
TX
Value

⑦ LabView를 이용한 FEnet 통신의 전체 구조

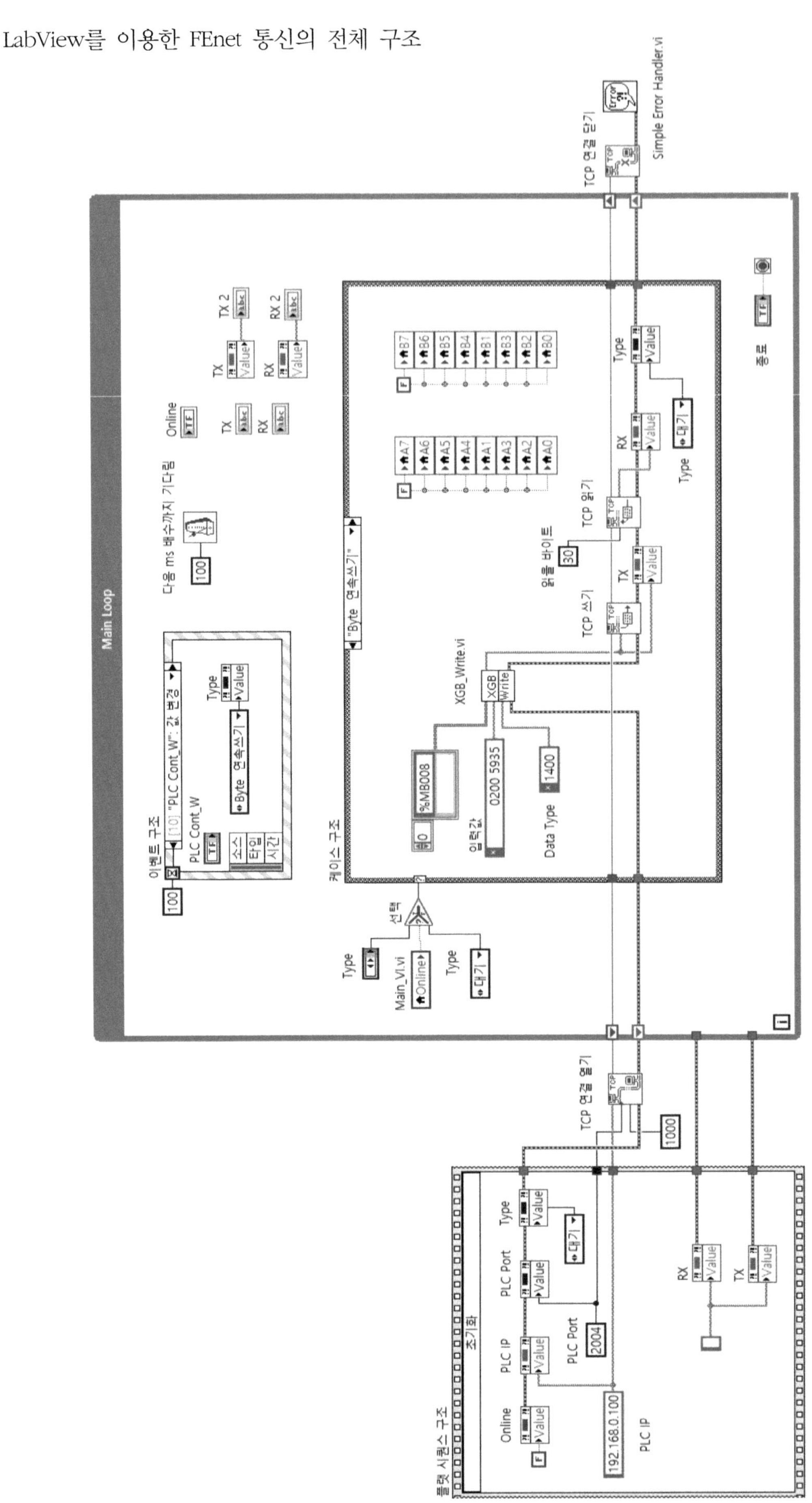

4) FEnet의 통신의 응답 특성 확인

Step.1 Bit 개별 쓰기와 읽기 응답 특성 확인

① Bit 개별 쓰기의 실행

```
4C-53-49-53-2D-58-47-54-00-00-00-00-B0-33-00-00-1E-00-01-FF-58-
00-00-00-00-00-02-00-06-00-25-4D-58-30-35-30-06-00-25-
                               M050
4D-58-30-35-31-01-00-01-01-00-01
    M051           Data
```

```
4C-53-49-53-2D-58-47-54-00-00-04-01-B0-11-00-00-0A-00-01-2C-59-
00-00-00-00-00-00-00-02-00    PLC(XGB) 정상 상태 응답
```

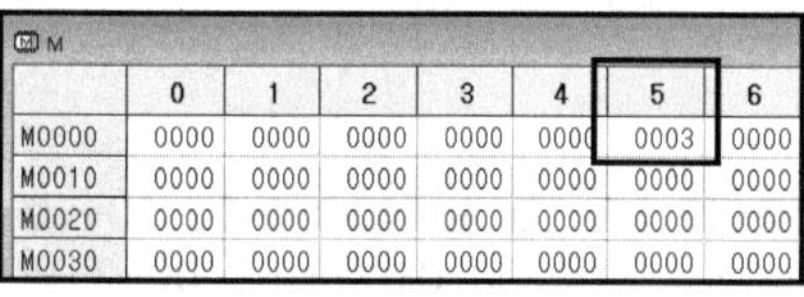

	0	1	2	3	4	5	6
M0000	0000	0000	0000	0000	0000	0003	0000
M0010	0000	0000	0000	0000	0000	0000	0000
M0020	0000	0000	0000	0000	0000	0000	0000
M0030	0000	0000	0000	0000	0000	0000	0000

XG5000의 디바이스 모니터

② Bit 개별 읽기의 실행

```
54-00-00-00-00-00-08-00-06-00-25-50-58-30-34-30-06-00-25-50-58-30-34-31-06-00-
                              P040                    P041
25-50-58-30-34-32-06-00-25-50-58-30-34-33-06-00-25-50-58-30-34-34-06-00-
      P042                   P043                    P044
25-4D-58-30-30-30-06-00-25-4D-58-30-30-31-06-00-25-4D-58-30-30-32
      M000                   M001                    M002
```

```
55-00-00-00-00-00-00-00-08-00-01-00-00-01-00-00-01-00-00-01-00-00-01-00-00-
                               P040     P041     P042     P043     P044
01-00-00-01-00-00-01-00-00
  M000     M001     M002
```

Step.2 Byte 개별 쓰기와 읽기 응답 특성 확인

① Byte 개별 쓰기의 실행

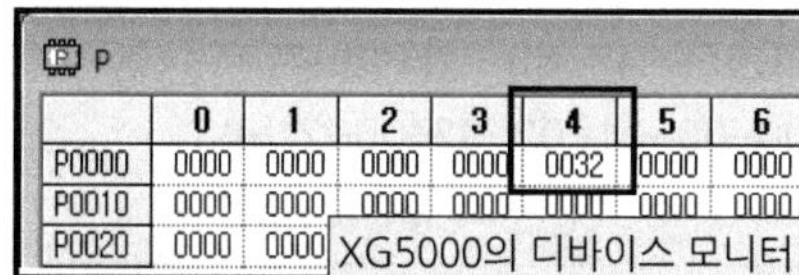

	0	1	2	3	4	5	6
P0000	0000	0000	0000	0000	0032	0000	0000
P0010	0000	0000	0000	0000	0000	0000	0000
P0020	0000	0000					

XG5000의 디바이스 모니터

```
4C-53-49-53-2D-58-47-54-00-00-00-00-B0-33-00-00-13-00-01-F2-
58-00-01-00-00-00-01-00-06-00-25-50-42-30-30-38-01-00-32
                         P0040~P0047(%PB008)   Data
```

```
4C-53-49-53-2D-58-47-54-00-00-04-01-B0-11-00-00-0A-00-01-2C-
59-00-01-00-00-00-00-00-01-00    PLC(XGB) 정상 상태 응답
```

② Byte 개별 읽기의 실행

4C-53-49-53-2D-58-47-54-00-00-00-00-B0-33-00-00-18-00-01-F9-54-00-01-00-00-00-02-00-06-00-25-50-42-30-30-38-06-00-25-4D-42-30-30-30
P0040~P0047 M0000~M0007

4C-53-49-53-2D-58-47-54-00-00-04-01-B0-11-00-00-10-00-01-32-55-00-01-00-00-00-00-00-02-00-01-00-32-01-00-00
P0040~P0047 M0000~M0007

Step.3 Word 개별 쓰기와 읽기 응답 특성 확인

① Word 개별 쓰기의 실행

4C-53-49-53-2D-58-47-54-00-00-00-00-B0-33-00-00-14-00-01-F5-58-00-02-00-00-00-01-00-06-00-25-4D-57-30-30-34-02-00-21-43
M040~M04F Data

4C-53-49-53-2D-58-47-54-00-00-04-01-B0-11-00-00-0A-00-01-2C-59-00-02-00-00-00-00-00-01-00 PLC(XGB) 정상 상태 응답

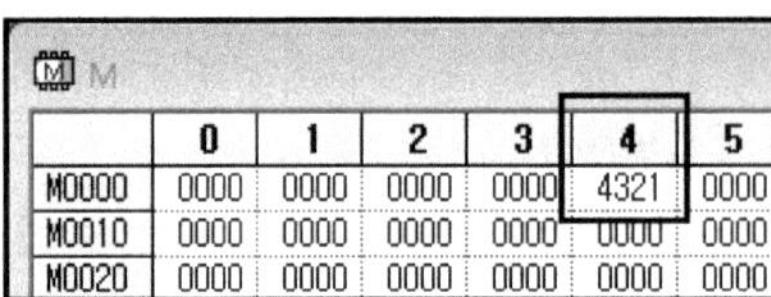

	0	1	2	3	4	5
M0000	0000	0000	0000	0000	4321	0000
M0010	0000	0000	0000	0000	0000	0000
M0020	0000	0000	0000	0000	0000	0000

XG5000의 디바이스 모니터

② Word 개별 읽기의 실행

4C-53-49-53-2D-58-47-54-00-00-00-00-B0-33-00-00-10-00-01-F1-54-00-02-00-00-00-01-00-06-00-25-50-57-30-30-34
M040~M04F

4C-53-49-53-2D-58-47-54-00-00-04-01-B0-11-00-00-0E-00-01-30-55-00-02-00-00-00-00-00-01-00-02-00-21-43
M040~M04F

Step.4 Byte 직접 변수 쓰기와 읽기 응답 특성 확인

① Byte 직접 변수 개별 쓰기의 실행

4C-53-49-53-2D-58-47-54-00-00-00-00-B0-33-00-00-14-00-01-F5-
58-00-14-00-00-00-01-00-06-00-25-4D-42-30-30-38-02-00-59-35
M040~M04F Data

4C-53-49-53-2D-58-47-54-00-00-04-01-B0-11-00-00-0A-00-01-2C-
59-00-14-00-00-00-00-00-01-00 PLC(XGB) 정상 상태 응답

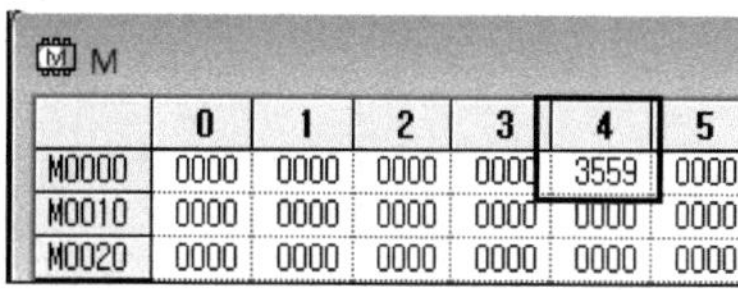

M

	0	1	2	3	4	5
M0000	0000	0000	0000	0000	3559	0000
M0010	0000	0000	0000	0000	0000	0000
M0020	0000	0000	0000	0000	0000	0000

XG5000의 디바이스 모니터

② 직접 변수 개별 읽기의 실행

4C-53-49-53-2D-58-47-54-00-00-00-00-B0-33-00-00-12-00-01-F3-54-00-14-00-00-00-
01-00-06-00-25-4D-42-30-30-38-02-00
M040~M04F

4C-53-49-53-2D-58-47-54-00-00-04-01-B0-11-00-00-0E-00-01-30-55-00-14-00-00-00-
00-00-01-00-02-00-59-35
M040~M04F,(3559)

A0	A1	A2	A3	A4	A5	A6	A7
상태A0	상태A1	상태A2	상태A3	상태A4	상태A5	상태A6	상태A7
B0	B1	B2	B3	B4	B5	B6	B7
상태B0	상태B1	상태B2	상태B3	상태B4	상태B5	상태B6	상태B7

VB/LabView를 이용한 프로그램의 설계 및 구성

CHAPTER 11

11.1 LVDT 센서를 이용한 축의 진원도 측정 프로그램[VB]

1) 하드웨어의 구성

본 장에서는 물리량 실험 장치를 이용하여 축의 진원도를 측정하고, 측정 데이터를 검출하고자 한다.

축의 진원도를 측정하기 위해 제품을 양 센터 ①에 거치하고, 선형 가변 변위 센서(LVDT, ②)를 이용하여 축의 진원도를 측정한다. 측정된 신호는 측정 데이터전송장치(PBX, ③)를 거쳐 시리얼 통신을 통해 메인 PC에 전달된다.

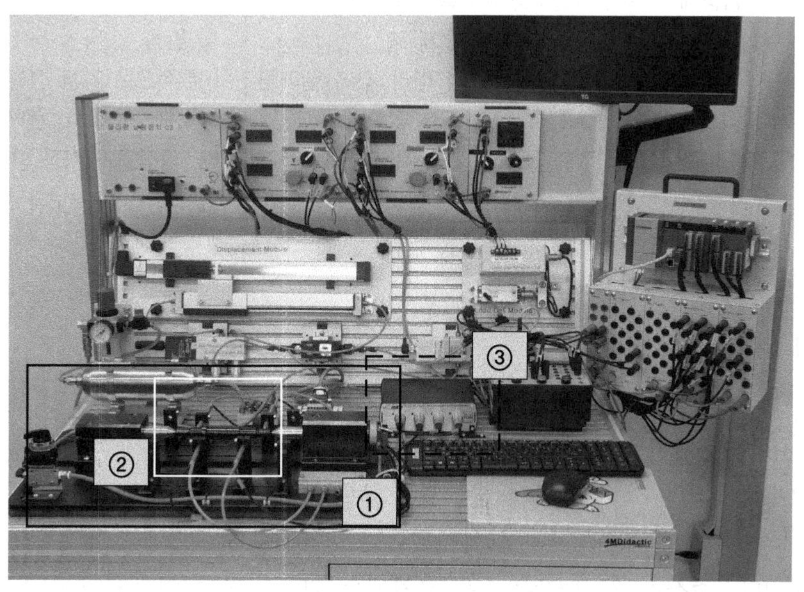

그림 11.1 물리량 실험 장치

2) 진원도 측정 ①

진원도는 원형 부품의 형상이 진원에서 벗어난 정도를 말하며, 진원도의 측정 방법은 크게 직경법, 3점 법, 반경 법으로 구분할 수 있다.

지름 법은 원형부분을 평행한 2개의 직선 사이에 끼울 때, 그 2개의 직선 사이의 거리를 측정하여 최대값과 최소값의 차로서 나타낸다. 축의 경우에는 외측 마이크로미터로, 구멍의 경우에는 내측 마이크로미터 등을 이용하여 여러 방향에서 측정한다. 진원도를 쉽고 빠르게 측정할 수 있으나, 외경의 경우 진원도 측정이 어렵고, 피 측 정물의 형상을 정확하게 파악하기 어렵다.

3점 법은 원형부분을 2점에서 지지하고 2점의 수직 2등분 선상에 검출기를 위치시킨 후 피 측정물을 360° 회전시켰을 때 지침의 최대 변위량으로 나타낸다. 까다로운 형상의 진원도 측정은 불가능하고, 대략적인 진원도 값만 측정할 수 있다.

반경 법은 측정 제품을 센터에 거치하고 측정 제품을 360° 회전시켰을 때 계측기의 최대치와 최소치의 차로 나타낸다. 원형 부품의 형상을 이론적으로 가장 정확하게 구할 수 있으나, 센터의 축선과 회전중심이 다를 경우에는 보정해 주어야 한다.

표 11.1 진원도 측정 방법

직 경 법(2 점 법)	3 점 법	반 경 법
$\frac{D_{max}-D_{min}}{2}$	$\frac{FIM}{2}$	FIM
- 단면의 지름을 여러 방향에서 측정 - 마이크로미터, 실린더게이지 이용 - 현장에서 간단하게 측정 용이 - 홀수 개의 편심 외경의 판단 어려움	- V블록과 다이얼게이지 이용 - 정반 상에서 쉽게 측정 - 요철의 각도에 따라 값이 달라짐 (V블록 각도 조절 필요) - 측정물의 형상과 지지점의 끼움각에 따라 측정값에 오차 발생	- 센터의 정밀도에 의해 측정값이 영향을 받음 - 이론적으로 가장 정확하게 측정 - 양 센터 불일치, 센터 구멍의 표면 상태, 공작물의 처짐 영향을 받음 - 실제의 진원도 보다 큰 값이 측정

3) 선형 가변 변위 변환기 ②

선형 가변 변위 변환기(Linear Variable Displacement Transducer, LVDT)는 기계적 변위를 전기적으로 증폭하여 선형 거리 차이를 측정하는 선형 변환기이다.

일반적인 LVDT는 3개의 원통 코일을 가지고 있다. 중앙의 1차 코일과 위와 아래에 있는 두 개의 2차 코일로 구성된다. 중심에 자리 잡은 1차 코일에는 교류전원이 인가되어 자기장을 발생한다.

B 코일 한 쌍은 서로의 코일에서 발생한 전류가 반대 방향으로 흐른다. A 전원으로 1차 코일에 전류가 흐르고, 변위가 발생해 실린더 형태의 자석 코어가 튜브 중심을 따라 이동하면 2차 코일에 유도전류가 발생하고, B에서 양단의 전압 차를 측정한다.

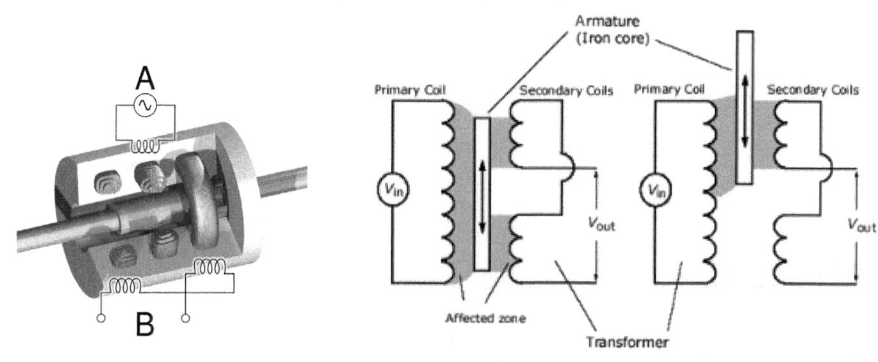

그림 11.2 LVDT 구조 (출처 : electrical4U.com)

본 장에서는 시험편의 진원도를 측정하기 위해 LVDT를 사용하여 4개의 위치에서 진원도를 측정하였다. 진원도는 벤치센터를 이용하여 반경법으로 측정한다.

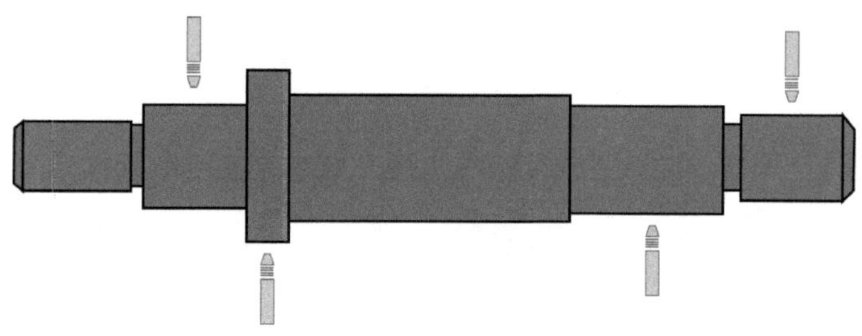

그림 11.3 진원도 측정 시험편 및 측정 위치

4) 측정 데이터 전송 장치 ③

LVDT에서 출력되는 전압의 크기가 작으므로 식별할 수 있는 수준으로 신호를 증폭할 필요가 있다.

측정 데이터 전송 장치는 LVDT에 정전압 교류전원을 공급하고 미소 교류전압으로 출력되는 센서의 신호를 증폭하여 변위 값으로 변환하고 USB 시리얼 통신을 통해 디지털 출력이 가능하다.

물리량실험 장치에 사용된 LVDT 인터페이스 장치는 4개의 LVDT 측정이 가능한 TESA의 BPX44를 사용하였다.

그림 11.4 Interface BPX44

5) BPX44 통신 프로토콜

① BPX44는 Plain ASCII 문자로 호스트와 메시지를 주고받으며 모든 문자는 개행문자(line separator)로 끝난다. BPX44는 개행 문자로 \r (CR, carriage return), \n (LF, line feed/new line)을 사용한다.

② 모든 메시지는 식별자(identifier character)를 가지며 명령어를 전송하면 응답 메시지에는 'o'를 회신하고 식별자와 파라미터는 Comma ' , '에 의해 구분된다.

예 'v' ➡ 'o,v'

③ 명령어 구조는 'r' 문자로 시작하고 접두사 '0x'로 16진수로 표시한다.

예 명령어의 구조

r,	0x00,	0x02,	0x28,	0x00, ...
Cmd starting	Send Time	Length of Cmd + Data	Cmd	Data

④ BPX44 기본 명령어 : 포트 연결할 때 다음 순서대로 초기화한다.

명령어	설명
h	Halt
s,0	Synchronize Command
c	Confirm Synchronization

• 단일 측정 시퀀스(Single Measurement Sequence)

측정 시퀀스	측정 명령 및 응답 특성
단일 측정	r, time, 0x02, 0x28, slot_nb - slot_nb = 0xff, 모든 슬롯
측정 응답	r, time, 0x05, 0x42, slot_nb, val1, val2, val3 - val1, val2, val3 : 2의 보수(two’ s complement format) - val1 = high(1) : 음의 값

• 연속 측정 시퀀스(Single Measurement Sequence)

측정 시퀀스	측정 명령 및 응답 특성
연속 측정	r, time, 0x05, 0x24, nbmeas1, nbmeas2, interval1, interval2 - nbmeas1, 2 : 측정 회수 - interval1, 2 : 측정 간격(ms)
측정 응답	r, time, 0x07, 0x48, meas_index1, meas_index2, val1, val2, val3 - val1, val2, val3 : 2의 보수(two's complement format) - val1 = high(1) : 음의 값

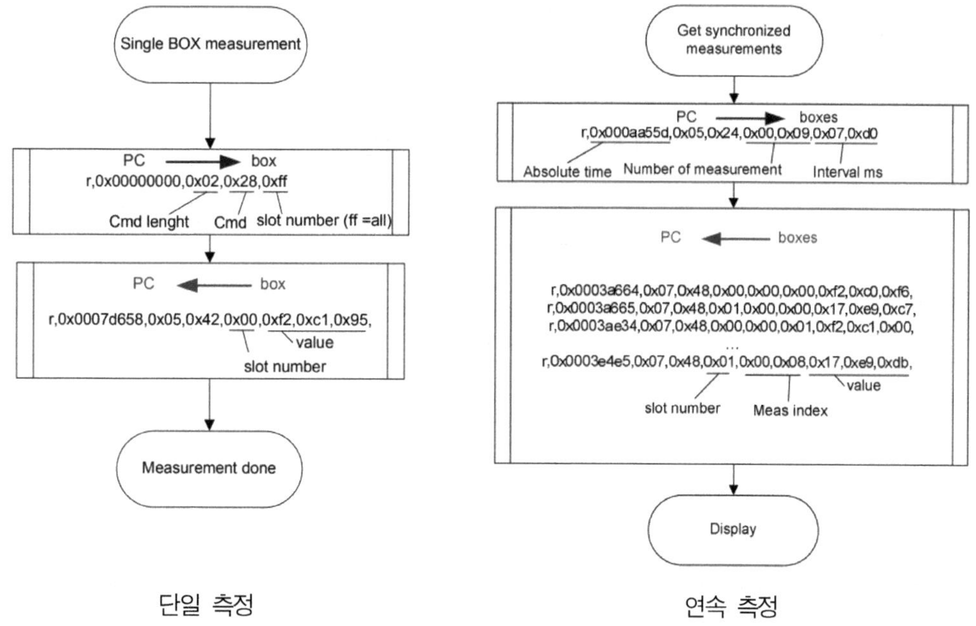

그림 11.5 단일 및 연속 측정 순서도

6) Visual Basic 2022를 이용한 제어프로그램의 작성

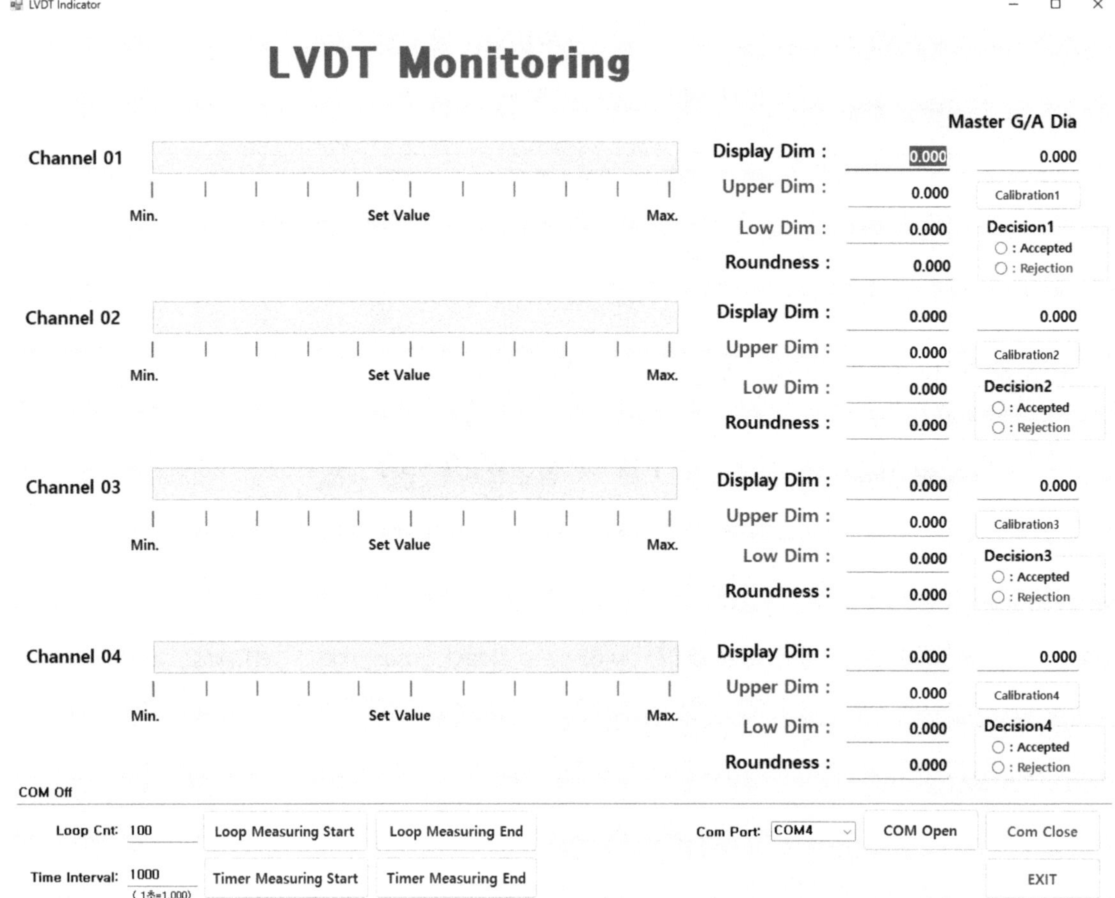

그림 11.6 LVDT 모니터링을 위한 메인 폼

폼에 대한 객체의 특성

개체 종류	개체 이름	개체의 기능
TextBox	TxtDim01	Channel01의 지름 측정값 표시
TextBox	TxtDim02	Channel02의 지름 측정값 표시
TextBox	TxtDim03	Channel03의 지름 측정값 표시
TextBox	TxtDim04	Channel04의 지름 측정값 표시
TextBox	TxtMaster01	Channel01의 기준기 치수 입력
TextBox	TxtMaster02	Channel02의 기준기 치수 입력
TextBox	TxtMaster03	Channel03의 기준기 치수 입력
TextBox	TxtMaster04	Channel04의 기준기 치수 입력
TextBox	TxtUptol01	Channel01의 상한치수 입력
TextBox	TxtUptol02	Channel02의 상한치수 입력
TextBox	TxtUptol03	Channel03의 상한치수 입력
TextBox	TxtUptol04	Channel04의 상한치수 입력
TextBox	TxtLowtol01~04	Channel별 하한 치수를 "0"으로 고정(Read Only : true)
TextBox	TxtDisdim01~04	Channel별 진원도 표시(Read Only : true)

폼에 대한 객체의 특성

개체 종류	개체 이름	개체의 기능
Button	BtnCalibration01~04	Channel별 치수 보정 값 입력
Button	BtnComopen	Serial 포트 오픈
Button	BtnComclose	Serial 포트 닫기
Button	BtnExit	프로그램 종료
Button	BtnTickManMesuring	전체 Channel, Loop Measuring 시작
Button	Btn_OFF	Loop Measuring 중지
Button	BtnTrm01Start	전체 Channel, 시간 단위 측정 시작
Button	BtnTrm01End	Loop 시간 단위 측정 중지
Button	BtnExit	전체 프로그램 종료
RadioButton	RbtnAccepted01~04	설정 범위 내 표시
RadioButton	RbtnRejection01~04	설정 범위 외 표시
Label	TxtSerial	Serial Port 등 설정 상태를 표시
ProgressBar	ProgressBar1~4	측정량 표시바 도표
Timer	Tmr01	측정 타이머로 사용
SerialPort	SerialPort1	BPX-44와 PC의 RS-232C 포트를 이용

① 전역변수 지원프로그램의 정의

```
Imports System.IO.Ports
Imports System.Net.Security
Imports System.Runtime.InteropServices.ComTypes
Imports System.Security
Imports System.Text.RegularExpressions
Imports System.Threading
Imports System.Windows.Forms.VisualStyles.VisualStyleElement
Imports System.Windows.Forms.VisualStyles.VisualStyleElement.ToolBar

Public Class MainFrame

 Public maseterGage10, maseterGage20, maseterGage30, maseterGage40 As Double
 Public maseterGage11, maseterGage21, maseterGage31, maseterGage41 As Double
 Public maseterGage12, maseterGage22, maseterGage32, maseterGage42 As Double
 Public startOffset10, startOffset20, startOffset30, startOffset40 As Double
 Public startOffset11, startOffset21, startOffset31, startOffset41 As Double
 Public startOffset12, startOffset22, startOffset32, startOffset42 As Double

 Public SystemEnd As String
 Public proVal00 As Double

 Private Sub MainFrame_Load(sender .......) Handles MyBase.Load

     cbComport.SelectedItem = "COM4"

 End Sub


End Class
```

Imports 문을 사용하면 지정된 네임스페이스에 포함된 형식을 직접 참조

'전역 변수설정

② Serial Port 열기

Private Sub BtnComopen_Click(sender...) Handles Btn...	
If SerialPort1.IsOpen = True Then	'통신포트가 열린 경우
MessageBox.Show("이미 열려 있어요")	
Exit Sub	'조건문 벗어나기
Else	
SerialPort1.PortName = cbComport.Text '"COM4" SerialPort1.Handshake = 0 SerialPort1.RtsEnable = True SerialPort1.BaudRate = 9600 SerialPort1.DataBits = 8 SerialPort1.StopBits = 1 SerialPort1.Parity = Parity.None	'통신포트의 인수 정의 '핸드셰이크 프로토콜을 가져오거나 설정 '전송 요청(RTS)을 활성화
End If	
SerialPort1.Open()	'통신포트 열기
If SerialPort1.IsOpen = True Then	'통신포트가 열린 경우
TxtSerial.Text = "OPEN OK"	'통신포트 열림 메시지
BPX44_Init()	'BPX44 초기화
Else	'통신포트가 열리지 않는 경우
TxtSerial.Text = "Port OPEN Error"	'통신포트 열림 에러 메시지
End If	
Catch ex As Exception	
MsgBox("Exception SerialPort1.Open()" + ex.Message)	'통신포트가 비정상인 경우
End Try	
End Sub	

③ BPX44 초기화

Private Sub BPX44_Init()	'BPX44 초기화
Dim txtData1 As String Dim txtSettime As String	
txtData1 = ""	
If SerialPort1.IsOpen = True Then	
Try	

```
            txtData1 = "h" + vbCr                           '시작 시퀀스 가져오기
            SerialPort1.Write(txtData1)

            txtData1 = "s,0" + vbCr                         '자료의 동기화
            SerialPort1.Write(txtData1)

            Do

                txtSettime = SerialPort1.ReadExisting() '

            Loop Until txtData1 <> ""

            txtData1 = "c" + vbCr                           '자료의 확인

            SerialPort1.Write(txtData1)                     '포트로 메시지 보내기

            txtData1 = "v" + vbCr                           'Fet Version

            SerialPort1.Write(txtData1)

        Catch ex As Exception

            TxtSerial.Text = ex.Message                     '통신상태가 비정상인 경우

        End Try

    End If

End Sub
```

④ 측정 치수의 오프셋

```
Private Sub BtnCalibration01_Click(....) Handles Btn....    '프로브 1번 측정 치수의 교정

  maseterGage10 = Val(TxtMaster01.Text)
  maseterGage11 = Val(TxtUptol01.Text)

  If maseterGage10 >= 5 Then                                '기준치수의 정의 최소 한계

    startOffset10 = maseterGage10

    If maseterGage11 >= 0.001 And maseterGage11 <= 1 Then   '상한치 치수 정의 한계

          startOffset11 = maseterGage11

    Else

         MsgBox("상한치수는 1mm 이하공차로 입력....")          '치수 상한치수의 한계

         Exit Sub                                           '조건문 벗어나기

     End If

   Else

      MsgBox("5mm 이상 측정 치수를 입력....")                  '기준치수의 정의 최소 한계

      Exit Sub                                              '조건문 벗어나기

    End If
```

maseterGage12 = Val(TxtDim01.Text)	'초기 치수 계측값의 저장
startOffset12 = startOffset10 - maseterGage12	'초기 치수 계측값의 변경
TxtDim01.Text = "0.0000"	'초기 치수 계측값의 도시
BtnCalibration01.Enabled = False	'교정 버튼의 사용 제한
End Sub	

Private Sub BtnCalibration02_Click(....) Handles Btn....	'프로브 2번 측정 치수의 교정
maseterGage20 = Val(TxtMaster02.Text) maseterGage21 = Val(TxtUptol02.Text)	
If maseterGage20 >= 5 Then	'기준치수의 정의 최소 한계
startOffset20 = maseterGage20	
If maseterGage21 >= 0.001 And maseterGage21 <= 1 Then	' 상한치 치수 정의 한계
startOffset21 = maseterGage21 Else	
MsgBox("상한치수는 1mm 이하공차로 입력....")	'치수 상한치수의 한계
Exit Sub	'조건문 벗어나기
End If	
Else	
MsgBox("5mm 이상 측정치수를 입력....")	'기준치수의 정의 최소 한계
Exit Sub	'조건문 벗어나기
End If	
maseterGage22 = Val(TxtDim02.Text)	'초기 치수 계측값의 저장
startOffset22 = startOffset20 - maseterGage22	'초기 치수 계측값의 변경
TxtDim02.Text = "0.0000"	'초기 치수 계측값의 도시
BtnCalibration02.Enabled = False	'교정 버튼의 사용 제한
End Sub	

```
Private Sub BtnCalibration03_Click(....) Handles Btn....        '프로브 3번 측정 치수의 교정

  maseterGage30 = Val(TxtMaster03.Text)
  maseterGage31 = Val(TxtUptol03.Text)

  If maseterGage30 >= 5 Then                                    '기준치수의 정의 최소 한계

    startOffset30 = maseterGage30

    If maseterGage31 >= 0.001 And maseterGage31 <= 1 Then       ' 상한치 치수 정의 한계

        startOffset31 = maseterGage31

     Else

        MsgBox("상한치수는 1mm 이하공차로 입력....")              '치수 상한치수의 한계

        Exit Sub                                                '조건문 벗어나기

      End If

    Else

       MsgBox("5mm 이상 측정치수를 입력....")                    '기준치수의 정의 최소 한계

       Exit Sub                                                 '조건문 벗어나기

    End If

    maseterGage32 = Val(TxtDim03.Text)                          '초기 치수 계측값의 저장

    startOffset32 = startOffset30 - maseterGage32               '초기 치수 계측값의 변경

    TxtDim03.Text = "0.0000"                                    '초기 치수 계측값의 도시

    BtnCalibration03.Enabled = False                            '교정 버튼의 사용 제한

 End Sub
```

```
Private Sub BtnCalibration04_Click(....) Handles Btn....        '프로브 4번 측정 치수의 교정

  maseterGage40 = Val(TxtMaster03.Text)
  maseterGage41 = Val(TxtUptol03.Text)

  If maseterGage40 >= 5 Then                                    '기준치수의 정의 최소 한계

    startOffset40 = maseterGage40

    If maseterGage41 >= 0.001 And maseterGage41 <= 1 Then       ' 상한치 치수 정의 한계

         startOffset41 = maseterGage41
    Else

       MsgBox("상한치수는 1mm 이하공차로 입력....")               '치수 상한치수의 한계

       Exit Sub                                                 '조건문 벗어나기

     End If

    Else
```

MsgBox("5mm 이상 측정치수를 입력....")	'기준치수의 정의 최소 한계
Exit Sub	'조건문 벗어나기
End If	
maseterGage42 = Val(TxtDim04.Text)	'초기 치수 계측값의 저장
startOffset42 = startOffset40 - maseterGage42	'초기 치수 계측값의 변경
TxtDim04.Text = "0.0000"	'초기 치수 계측값의 도시
BtnCalibration04.Enabled = False	'교정 버튼의 사용 제한
End Sub	

⑤ 타이머에 의한 치수 계측

Private Sub BtnTrm01Start_Click(.......) Handles BtnTrm....	
Dim timeinterval As Long	'타이머 간격 변수
timeinterval = CDbl(txtTimeInterval.Text)	
Tmr01.Interval = timeinterval	
Tmr01.Enabled = True	'타이머 사용
End Sub	

Private Sub Tmr01_Tick(.......) Handles Tmr01.Tick	'타이머의 사용
DataFetch00()	'계측 함수 호출
End Sub	

Private Sub BtnTrm01End_Click(...) Handles BtnTrm01End.Click	'타이머 정지 버튼
Tmr01.Enabled = False	'타이머 사용 중지
End Sub	

⑥ 측정 회수와 지연 타이머에 의한 계측

Private Sub BtnTickManMesuring_Click(....) Handles BtnTick...	'측정 회수 및 지연 타이머 버튼
Dim loopcnt As Long	'측정 반복 회수의 설정
loopcnt = CDbl(txtLoopCnt.Text)	
TxtSerial.Text = "Get single Measurement"	'측정 방법의 표시
TxtDisdim01.Text = "0.0000" TxtDisdim02.Text = "0.0000" TxtDisdim03.Text = "0.0000" TxtDisdim04.Text = "0.0000"	'진원도 표시 초기값
TxtDim01.Text = "0.0000" TxtDim02.Text = "0.0000" TxtDim03.Text = "0.0000" TxtDim04.Text = "0.0000"	'측정 치수 표시 초기값
SystemEnd = "ON"	
For indexA = 1 To loopcnt	'LOOP 카운터의 실행
DataFetch00()	'DataFetch00 함수 호출
DelaySystem(100)	'For 문 지연 타이머
If SystemEnd = "OFF" Then	'For 문의 종료
Exit For	
End If	
Next	
End Sub	

Private Sub Btn_OFF_Click(........) Handles Btn_OFF.Click	'측정 회수 및 지연 타이머 중지
SystemEnd = "OFF"	'종료 문자의 정의
End Sub	

⑦ DataFetch00 함수정의

```
Private Sub DataFetch00()

  Dim texTmsg00 As String                                    '측정명령의 전송변수
  Dim msg00 As String                                        '결과의 수신변수
  Dim arrinput00 As String()                                 '수신자료의 저장
  Dim arrsplit00 As String()                                 '수신자료의 분할
  Dim datastr00, datastr01, datastr02, datastr03 As String   '분할된 자료 저장변수
  Dim data00, data02, data03, data04, data05, data06, data07 As String   '분할된 자료 호출변수

  Dim proMax10, proMax11, proMax12, proMax13 As Double       '측정 최대값
  Dim proMin10, proMin11, proMin12, proMin13 As Double       '측정 최소값

  Dim Roundness10, Roundness11, Roundness12, Roundness13 As Double   '진원도 변수

  Dim maseterGage13, maseterGage23, maseterGage33, maseterGage43 As Double   '치수 환산 변수
  Dim maseterDim10, maseterDim20, maseterDim30, maseterDim40 As Double

  Try
   ..................................


 End Sub
```

```
Try

  texTmsg00 = "r,0x00,0x02,0x28,0xFF" & vbCr      'r, 0x00, 0x02, 0x28, slot_nb
                                                  (slot_nb=0xFF means all slots)
  SerialPort1.Write(texTmsg00)

  Do
        msg00 = SerialPort1.ReadExisting()        '수신확인 변수

        arrinput00 = SplitWords(msg00)            '배열을 문자열로

        For Each unitstr As String In arrinput00

              arrsplit00 = unitstr.Split(","c)

              data00 = arrsplit00(0)              'r,0x000f25b3,0x05,0x42,0x00,0x7f,
                                                  '0       1      2    3    4    5
              If data00 = "r" Then
                                                  0xff,0xff
                data02 = arrsplit00(2)            6    7
                data03 = arrsplit00(3)

                data04 = arrsplit00(4)
                data05 = arrsplit00(5)
                data06 = arrsplit00(6)
                data07 = arrsplit00(7)

                If data02 = "0x05" And data03 = "0x42" Then   '수신된 구조의 확인

                    datastr01 = Mid(data05, 3, 2)  '수신자료의 추출
                    datastr02 = Mid(data06, 3, 2)
                    datastr03 = Mid(data07, 3, 2)
```

datastr00 = datastr01 + datastr02 + datastr03	'수신자료의 연결
proVal00 = Hexa16bin(datastr00)	'2의 보수의 환산
If data04 = "0x00" Then	'slot=0번의 응답 변환
If proMax10 <= proVal00 Then	'최대치 자료의 취합
proMax10 = proVal00	
ElseIf proMin10 >= proVal00 Then	'최소치 자료의 취합
proMin10 = proVal00	
End If	
Roundness10 = (proMax10 - proMin10) / 4	'진원도에 적용
TxtDisdim01.Text = Format((Roundness10), "0.0000")	'진원도 표시
maseterDim10 = (proVal00 * 2) + startOffset12	'측정치의 환산
TxtDim01.Text = Format(maseterDim10, "0.0000")	'측정치의 표시
maseterGage13 = maseterGage10 + maseterGage11	'최대 측정치의 환산
If maseterGage10 <= maseterDim10 And maseterDim10_ <= maseterGage13 Then	'양품과 불량품의 선별
RbtnAccepted01.Checked = True	'양품을 체크박스에 표시
If maseterDim10 = maseterGage10 Then	'ProgressBar 최소치 표시
ProgressBar1.Value = 0	
ElseIf maseterDim10 = maseterGage13 Then	'ProgressBar 최대치 표시
ProgressBar1.Value = 100	
Else	
ProgressBar1.Value = (100 / (maseterGage13 -_ maseterGage10)) * (maseterDim10 - maseterGage10)	'ProgressBar 측정치 표시
End If	
Else	
RbtnRejection01.Checked = True	'불량품을 체크박스에 표시
End If	

ElseIf data04 = "0x01" Then	'slot=1번의 응답 변환
If proMax11 <= proVal00 Then	'최대치 자료의 취합
proMax11 = proVal00	
ElseIf proMin11 >= proVal00 Then	'최소치 자료의 취합
proMin11 = proVal00	
End If	
Roundness11 = (proMax11 - proMin11) / 4	'진원도에 적용
TxtDisdim02.Text = Format(Roundness11, "0.0000")	'진원도 표시
maseterDim20 = (proVal00 * 2) + startOffset22	'측정치의 환산
TxtDim02.Text = Format(maseterDim20, "0.0000")	'측정치의 표시
maseterGage23 = maseterGage20 + maseterGage21	'최대 측정치의 환산
If maseterGage20 <= maseterDim20 And maseterDim20_ <= maseterGage23 Then	'양품과 불량품의 선별
RbtnAccepted02.Checked = True	'양품을 체크박스에 표시
If maseterDim20 = maseterGage20 Then	'ProgressBar 최소치 표시
ProgressBar2.Value = 0	
ElseIf maseterDim20 = maseterGage23 Then	'ProgressBar 최대치 표시
ProgressBar2.Value = 100	
Else	
ProgressBar2.Value = (100 / (maseterGage23 -_ maseterGage20)) * (maseterDim20 - maseterGage20)	'ProgressBar 측정치 표시
End If	
Else	
RbtnRejection02.Checked = True	'불량품을 체크박스에 표시
End If	

ElseIf data04 = "0x02" Then	'slot=2번의 응답 변환
If proMax12 <= proVal00 Then	'최대치 자료의 취합
proMax12 = proVal00	
ElseIf proMin12 >= proVal00 Then	'최소치 자료의 취합
proMin12 = proVal00	
End If	
Roundness12 = (proMax12 - proMin12) / 4	'진원도에 적용
TxtDisdim03.Text = Format(Roundness12, "0.0000")	'진원도 표시
maseterDim30 = (proVal00 * 2) + startOffset32	'측정치의 환산
TxtDim03.Text = Format(maseterDim30, "0.0000")	'측정치의 표시
maseterGage33 = maseterGage30 + maseterGage31	'최대 측정치의 환산
If maseterGage30 <= maseterDim30 And maseterDim30 <=_ maseterGage33 Then	'양품과 불량품의 선별
rbtnAccepted03.Checked = True	'양품을 체크박스에 표시
If maseterDim30 = maseterGage30 Then	'ProgressBar 최소치 표시
ProgressBar3.Value = 0	
ElseIf maseterDim30 = maseterGage33 Then	'ProgressBar 최대치 표시
ProgressBar3.Value = 100	
Else	
ProgressBar3.Value = (100 / (maseterGage33 -_ maseterGage30)) * (maseterDim30 - maseterGage30)	'ProgressBar 측정치 표시
End If	
Else	
RbtnRejection03.Checked = True	'불량품을 체크박스에 표시
End If	

ElseIf data04 = "0x03" Then	'slot=2번의 응답 변환
If proMax13 <= proVal00 Then	'최대치 자료의 취합
proMax13 = proVal00	
ElseIf proMin13 >= proVal00 Then	'최소치 자료의 취합
proMin13 = proVal00	
End If	
Roundness13 = (proMax13 - proMin13) / 4	'진원도에 적용
TxtDisdim04.Text = Format(Roundness13, "0.0000")	'진원도 표시
maseterDim40 = (proVal00 * 2) + startOffset42	'측정치의 환산
TxtDim04.Text = Format(maseterDim40, "0.0000")	'측정치의 표시
maseterGage43 = maseterGage40 + maseterGage41	'최대 측정치의 환산
If maseterGage40 <= maseterDim40 And_ maseterDim40 <= maseterGage43 Then	'양품과 불량품의 선별
RbtnAccepted04.Checked = True	'양품을 체크박스에 표시
If maseterDim40 = maseterGage40 Then	'ProgressBar 최소치 표시
ProgressBar4.Value = 0	
ElseIf maseterDim40 = maseterGage43 Then	'ProgressBar 최대치 표시
ProgressBar4.Value = 100	
Else	
ProgressBar4.Value = (100 /_ (maseterGage43 - maseterGage40)) * (maseterDim40_ - maseterGage40)	'ProgressBar 측정치 표시
End If	
Else	'불량품을 체크박스에 표시
RbtnRejection04.Checked = True	
End If	
End If	
End If	
End If	
Next	
Loop Until msg00 <> ""	
Catch ex As Exception	
End Try	
End Sub	

⑧ 지연 타이머 함수(DelaySystem)

Private Sub DelaySystem(ByVal ms As Integer)
 	
Dim dtAfter As DateTime = DateTime.Now
Dim dtDuration As TimeSpan = New TimeSpan(0, 0, 0, 0, ms)
Dim dtThis As DateTime = dtAfter.Add(dtDuration)
 	
While (dtThis >= dtAfter)
 	
System.Windows.Forms.Application.DoEvents()
 	
dtAfter = DateTime.Now
 	
End While
 	
End Sub
	
	'현재의 시간 함수

⑨ Hexa16bin 함수에 의한 치수 보정

Private Function Hexa16bin(ByVal datastr As String) As Double
 	
If datastr <> "" Then
 	
Return ((Convert.ToUInt32(datastr, 16)) - 483585) / 967913
 	
Else
 	
Return 0
 	
End If
 	
End Function
	
	''2의 보수의 환산

그림 11.7 LVDT의 보정작업

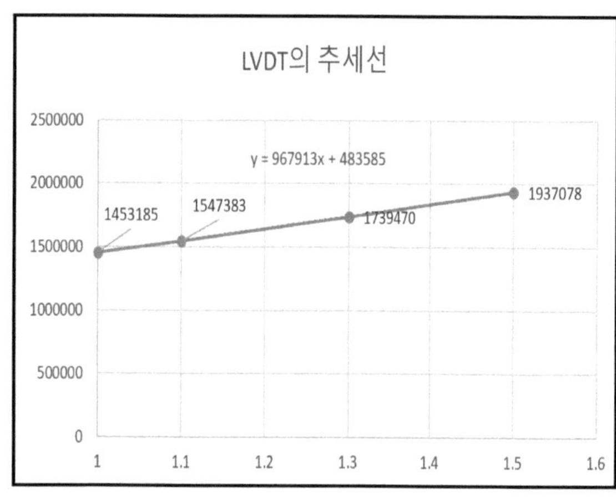

그림 11.8 LVDT의 보정작업추세선

※ LVDT 보정을 위해 게이지블록을 이용하여 치수 구간별 응답 값을 확인하여 보정에 반영하였다.

⑩ 문자열을 정규식 패턴으로 변환

Private Function SplitWords(ByVal s As String) As String() Return Regex.Split(s, "₩n") End Function	'System.Text.RegularExpressions '입력 문자열을 정규식 패턴으로 정의된 위치에 있는 부분 문자열 배열로 분할 한다.

⑪ 통신포트의 종료

Private Sub BtnComclose_Click(s....) Handles BtnComclose.Click	
If SerialPort1.IsOpen = True Then	'통신포트가 열린 경우
SerialPort1.Close()	'통신포트 닫기
TxtSerial.Text = "CLOSE OFF"	
Else	
TxtSerial.Text = "Ports that are already closed"	'통신포트 상태표시
End If	
Tmr01.Enabled = False	'타이머 사용정지
End Sub	

⑫ 프로그램의 종료

Private Sub BtnExit_Click(.......) Handles BtnExit.Click	
If SerialPort1.IsOpen = True Then.	'통신포트가 열린 경우
SerialPort1.Close().	'통신포트 닫기
Else	
End If	
End	'프로그램 종료
End Sub	
End Class	

※ 프레임 웨크 .NET 8 이상의 도구상자에서 Serial Component가 없는 경우에 통신포트의 이용은 System.IO.Ports Namespace의 Class를 사용하는 경우는 Class사용 선언하고 기존의 Component 프로그램 사용하지 않고 다음과 같이 사용합니다.

- COM PORT 사용 방식의 변경
  - 네임스페이스 선언 : System.IO.Ports
  - 전역 혹은 로컬 변수선언 : Public Shared serialport1 As New SerialPort

예

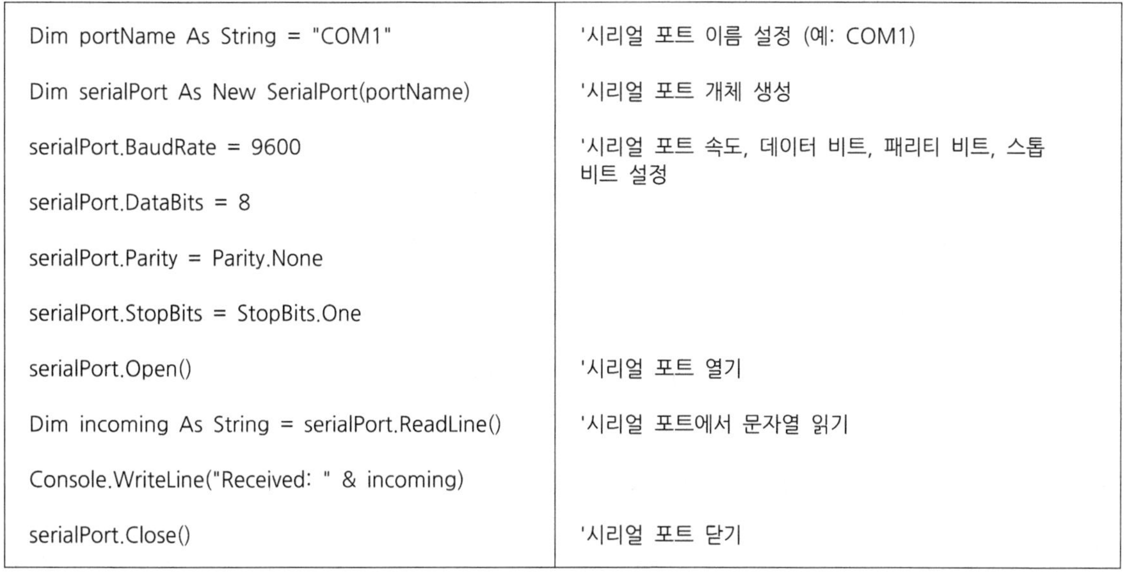

Dim portName As String = "COM1"	'시리얼 포트 이름 설정 (예: COM1)
Dim serialPort As New SerialPort(portName)	'시리얼 포트 개체 생성
serialPort.BaudRate = 9600	'시리얼 포트 속도, 데이터 비트, 패리티 비트, 스톱 비트 설정
serialPort.DataBits = 8	
serialPort.Parity = Parity.None	
serialPort.StopBits = StopBits.One	
serialPort.Open()	'시리얼 포트 열기
Dim incoming As String = serialPort.ReadLine()	'시리얼 포트에서 문자열 읽기
Console.WriteLine("Received: " & incoming)	
serialPort.Close()	'시리얼 포트 닫기

11.2 LVDT 센서를 이용한 축의 진원도 측정 프로그램[LabView]

1) LabVIEW를 이용한 시리얼 통신

신규 프로젝트를 생성한다. 시리얼통신.lvproj 로 저장한다.

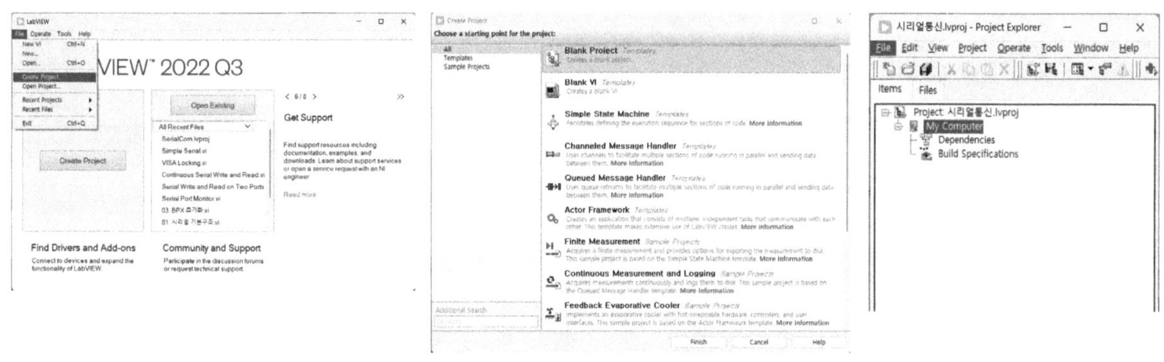

(a) New-Create Project (b) Blank Project (c) lvproj 생성

그림 11.9 프로젝트 생성

프로젝트가 생성된 폴더에 하위 폴더(control, FGV, SubVI)를 생성한다. 프로젝트 창의 My Computer에서 마우스 오른쪽 버튼(MB3)을 누르고 생성한 폴더를 추가한다. 하위폴더가 자동으로 추가된다.

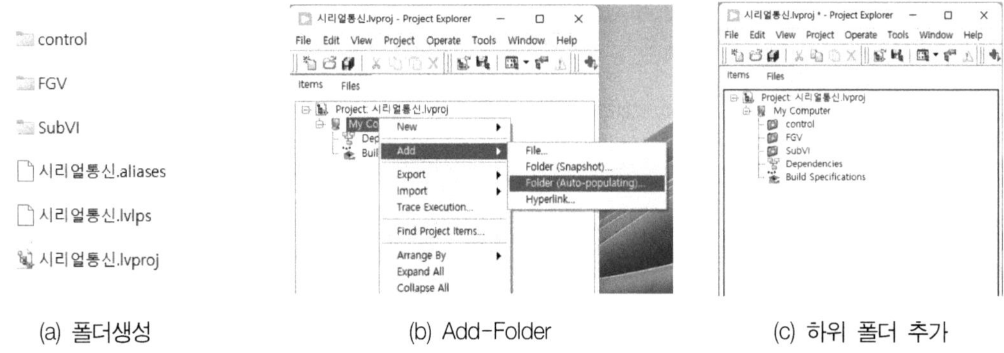

(a) 폴더생성 (b) Add-Folder (c) 하위 폴더 추가

그림 11.10 프로젝트 하위 폴더 추가하기

control 폴더에 컨트롤을 추가한다. 열거형 컨트롤을 추가하고 속성 창에서 설정, 읽기, 쓰기, 닫기 순으로 아이템을 추가한다. 시리얼.ctl 파일로 저장한다.

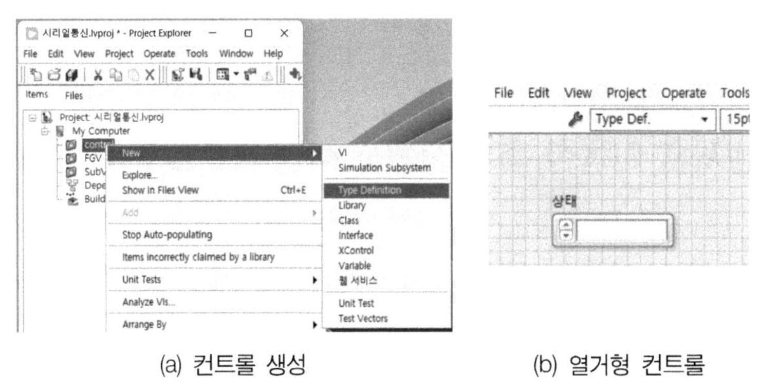

(a) 컨트롤 생성 (b) 열거형 컨트롤

(c) 아이템 추가

그림 11.11 열거형 컨트롤 생성

SubVI를 생성하고 시리얼_열기.vi 로 저장한다. 에러 입력을 케이스 구조에 연결하고 에러 출력 인디케이터와 연결한다. 파일을 복사해서 시리얼_읽기, 시리얼_쓰기, 시리얼_닫기 SubVI를 추가로 생성한다.

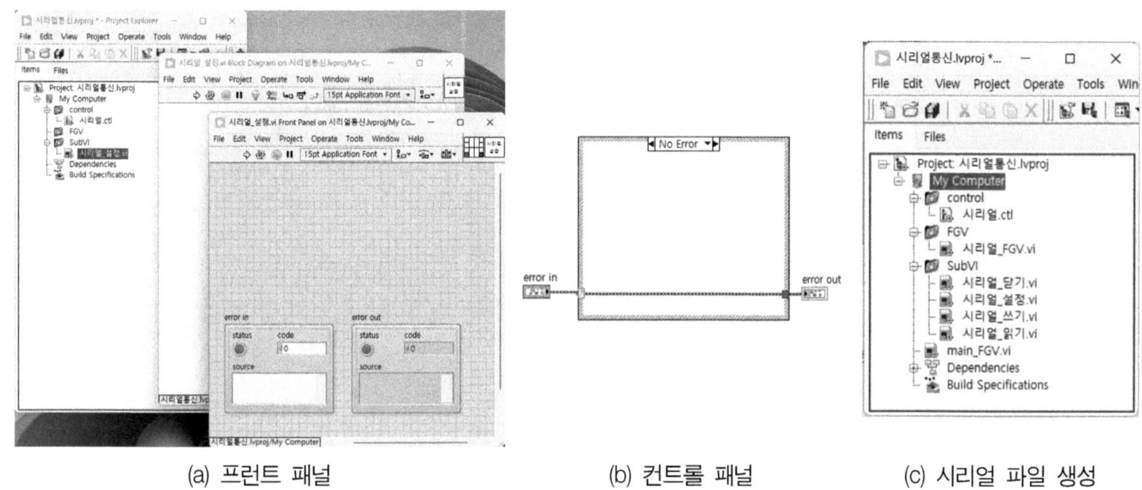

(a) 프런트 패널 (b) 컨트롤 패널 (c) 시리얼 파일 생성

그림 11.12 시리얼 통신용 SubVI 생성

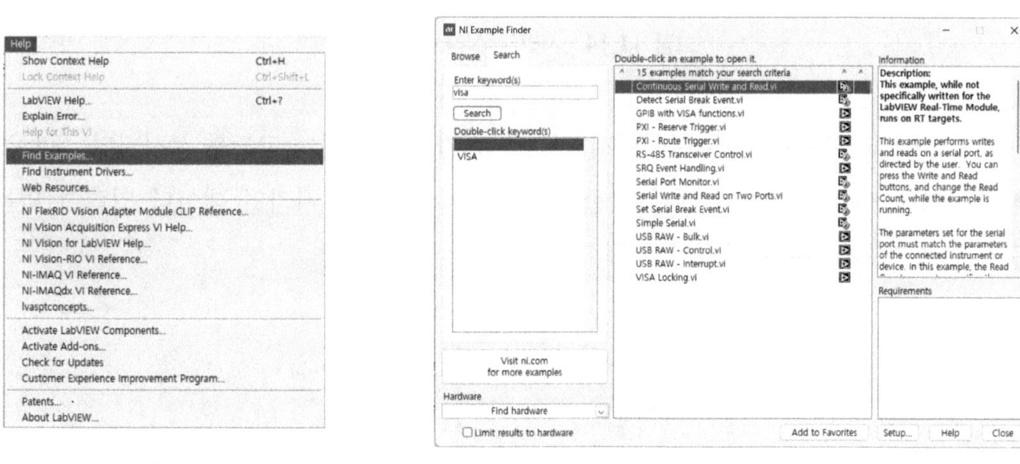

(a) Help-Find Example (b) Example Finder

그림 11.13 VISA 예제 열기

Help-Find Example을 눌러 검색어로 VISA를 입력한다. 예제 중 Continuous Serial Write and Read.vi를 열고 SubVI에 필요한 코드를 복사한다.

Continuous Serial Write and Read.vi에서 시리얼 설정에 해당되는 코드를 복사(Ctrl + C) 한다. SubVI 중 시리얼_설정.vi를 열고 복사한 코드를 붙여넣기(Ctrl + V) 한다.

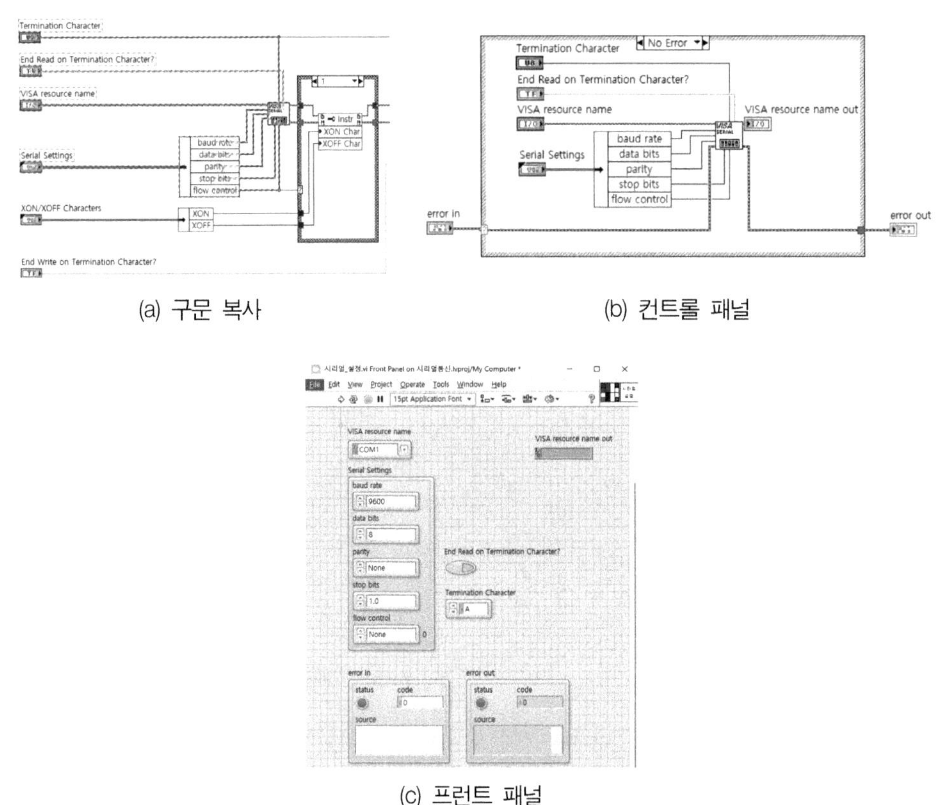

(a) 구문 복사

(b) 컨트롤 패널

(c) 프런트 패널

그림 11.14 시리얼 설정.vi 작성하기

Continuous Serial Write and Read.vi에서 시리얼 읽기에 해당되는 코드를 복사한다. SubVI 중 시리얼_읽기.vi에 복사한 코드를 붙여넣기 한다. 코드를 수정하여 시리얼 데이터 입력이 없는 경우 빈 문구가 출력되도록 수정한다.

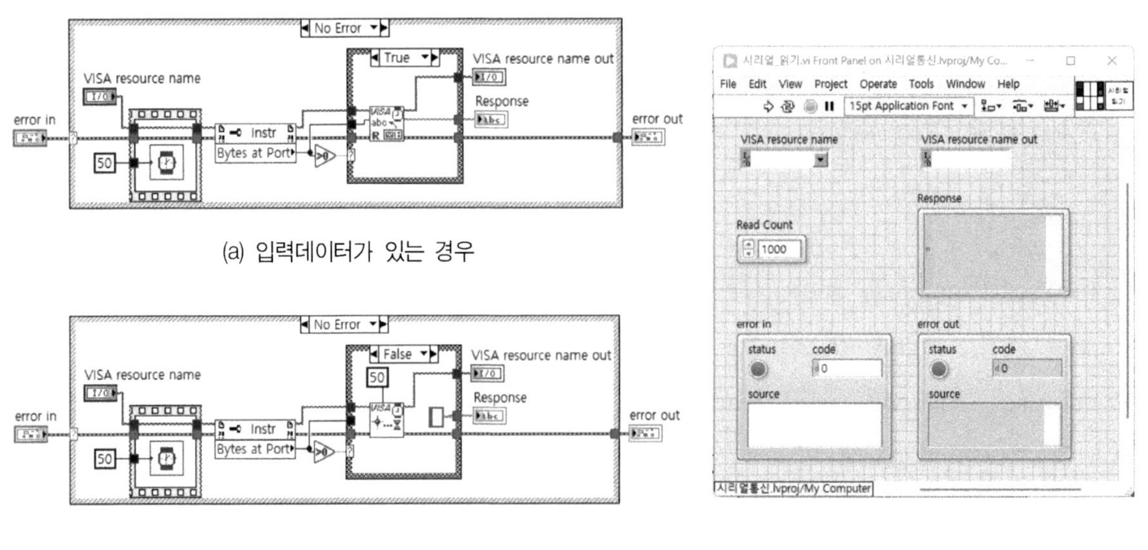

(a) 입력데이터가 있는 경우

(b) 입력데이터가 없는 경우

(c) 프런트 패널

그림 11.15 시리얼 읽기.vi 작성하기

동일한 방법으로 시리얼 쓰기.vi 와 시리얼 닫기.vi를 생성한다.

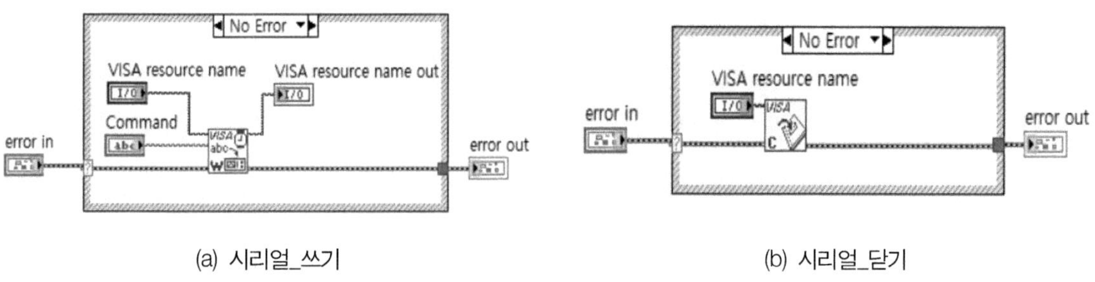

(a) 시리얼_쓰기 (b) 시리얼_닫기

그림 11.16 시리얼 설정 코드 작성하기

시리얼 FGV.vi를 생성한다. FGV(Functional Global Variable)은 데이터를 저장하고 접근하는 전역 함수형 메모리이다. FGV는 "While loop + Shift Register"로 데이터를 저장하고, 입력된 명령(액션)에 따라 데이터를 읽거나, 쓰거나, 초기화하는 구조를 갖는다. FGV는 내부의 시프트 레지스터를 통해 단일 진입점(single access point)를 만듦으로서 여러 루프가 동시에 접근해도 한 번에 한 곳만 데이터 수정이 가능해 전역변수(global variable)에서 발생할 수 있는 경쟁 상태(race condition)를 방지할 수 있다. 닫기 구문은 시리얼 통신을 닫기 전에 BPX44통신을 종료하기 위해 "h"코드 전송 후 시리얼 통신 닫기를 수행한다. 설정에 연결된 시리얼 포트 번호를 받도록 설정되어 있어 읽기, 쓰기, 닫기 SubVI를 호출할 경우 시리얼 포트 설정을 생략할 수 있다.

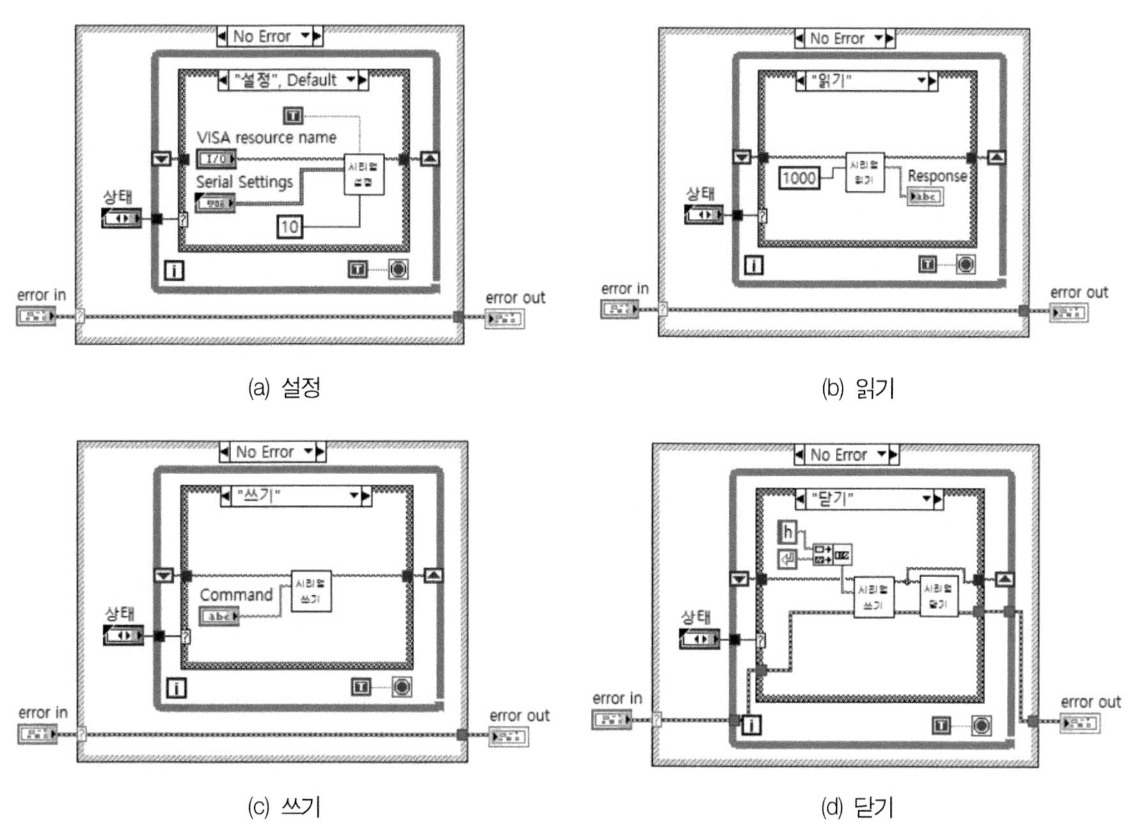

(a) 설정 (b) 읽기

(c) 쓰기 (d) 닫기

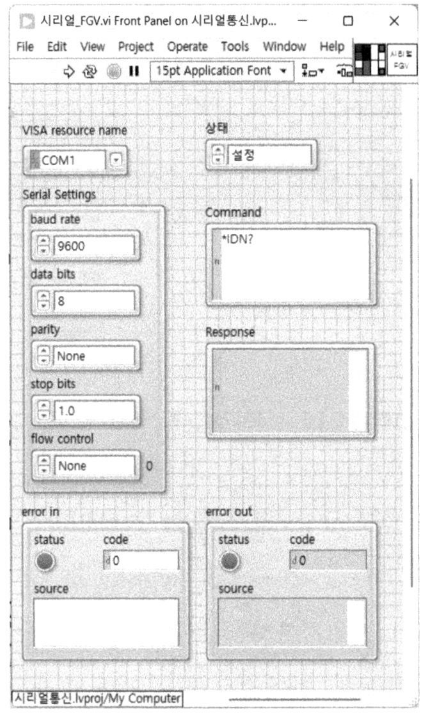

(e) 프런트 패널

그림 11.17 시리얼 FGV 코드 작성하기

시리얼 데이터를 보내고, 읽을 수 있는 main FGV.vi를 생성한다. FGV를 이용해 쓰기 버튼을 누를 경우 시리얼 통신을 통해 신호를 전송하고, 쓰기 버튼인 거짓인 경우에는 시리얼 통신을 통해 신호를 받는 프로그램을 작성한다.

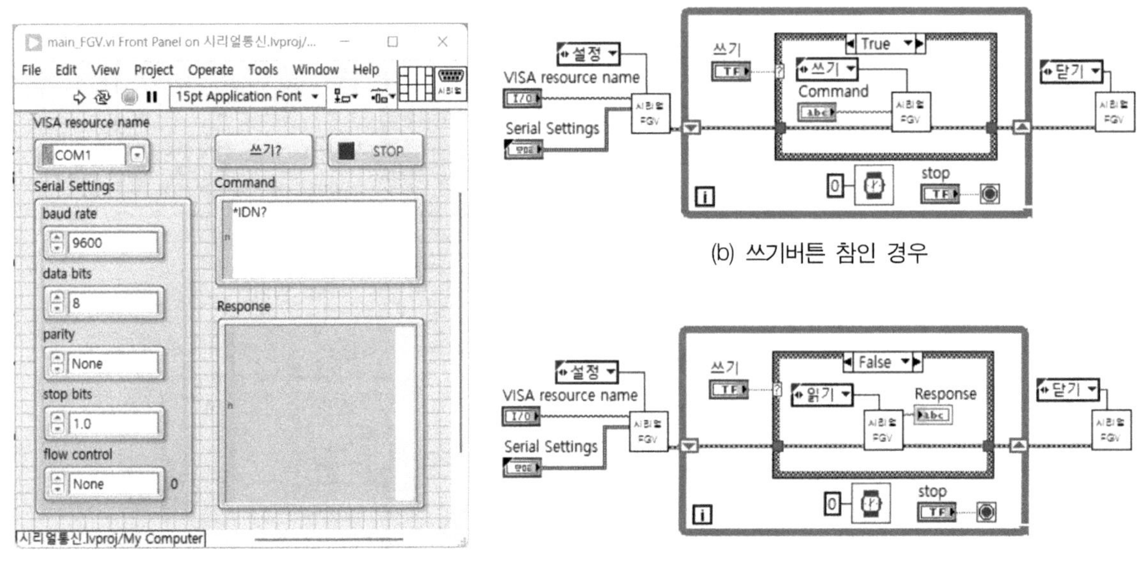

(a) main_FGV 프런트 패널

(b) 쓰기버튼 참인 경우

(c) 쓰기 버튼 거짓인 경우

그림 11.18 main FGV.vi 코드 작성하기

main FGV.vi를 복사해서 main FSM.vi 파일을 생성한다. FSM(Finite State Machine)은 프로그램의 흐름을 여러 상태(state)로 나누고, 각 상태의 조건에 따라 다음 상태로 전이(transition)하는 구조를 갖는다. 각 상태는 특정한 동작(코드 블록)을 수행하며, 다음 상태로의 이동은 조건(transition condition)에 따라 결정된다. FSM 구조에서는 현재 상태를 저장하기 위한 시프트 레지스터(shift register)와 상태별 동작을 정의하는 조건문(case structure), 상태를 정의하는 열거형 컨트롤(enum control), 프로그램 전체를 순환하면서 상태 전환을 반복하는 while loop 로 구성된다. FGV는 데이터 저장 및 공유를 하며, FSM은 상태 전환 및 동작 관리를 수행한다. 열거형 컨트롤에 대기 아이템을 추가한다.

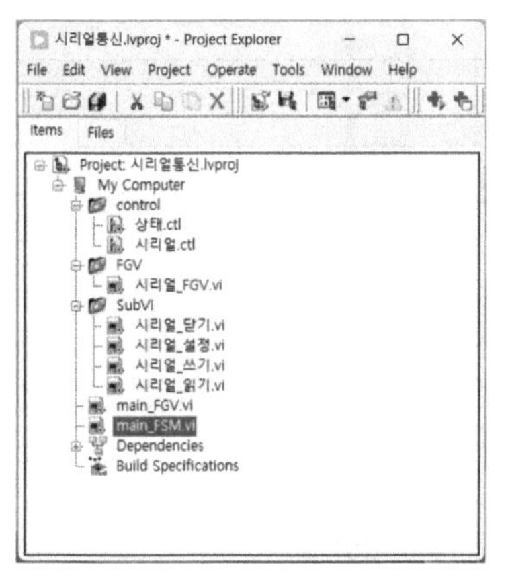

(a) main_FSM 파일 생성

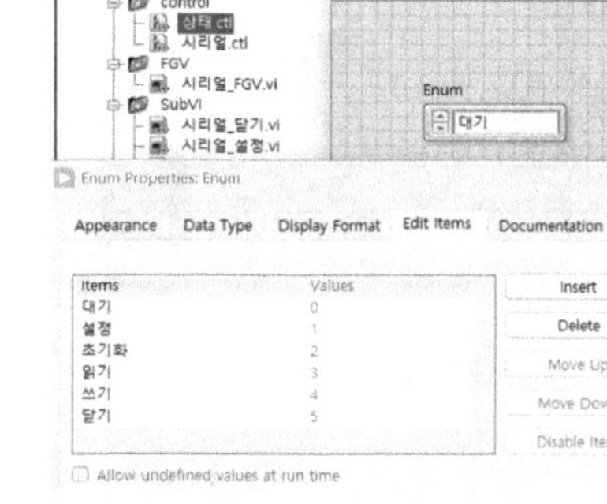

(b) 상태.ctl 생성

그림 11.19 main FSM.vi 생성하기

프로그램이 시작되면 대기 상태로 진입한다. 시리얼통신_열기 버튼을 누르면 설정 상태로 전이해서 시리얼 통신 설정 후 초기화 상태로 전이된다. 초기화 상태에서는 응답 데이터를 초기화하고 읽기 상태로 전이된다. 읽기 상태에서는 시리얼 데이터를 읽고 시리얼 쓰기 또는 닫기 버튼이 눌리는지 확인한다. 시리얼 쓰기 버튼이 눌리면 쓰기 상태로 전이되어 시리얼 포트로 데이터를 전송하고 다시 읽기 상태로 전이된다. 닫기 버튼이 눌린 경우에는 시리얼을 닫고, while 루프가 종료된다.

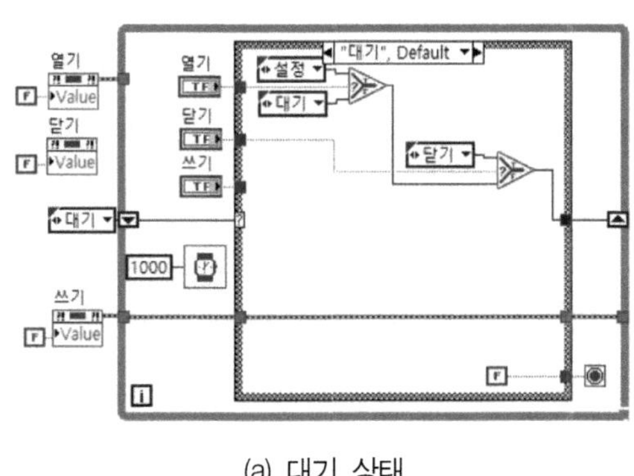

(a) 대기 상태

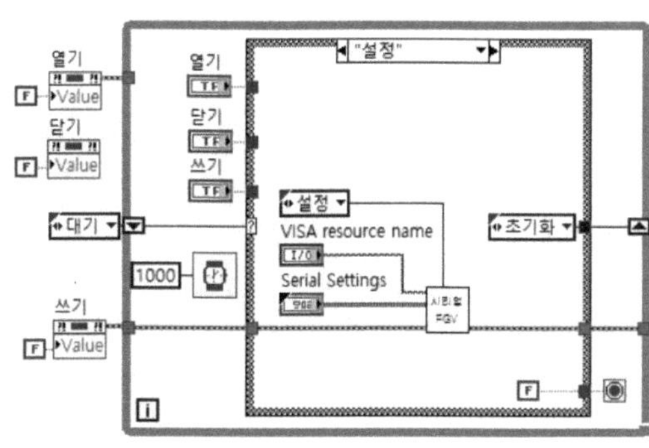

(b) 설정 상태

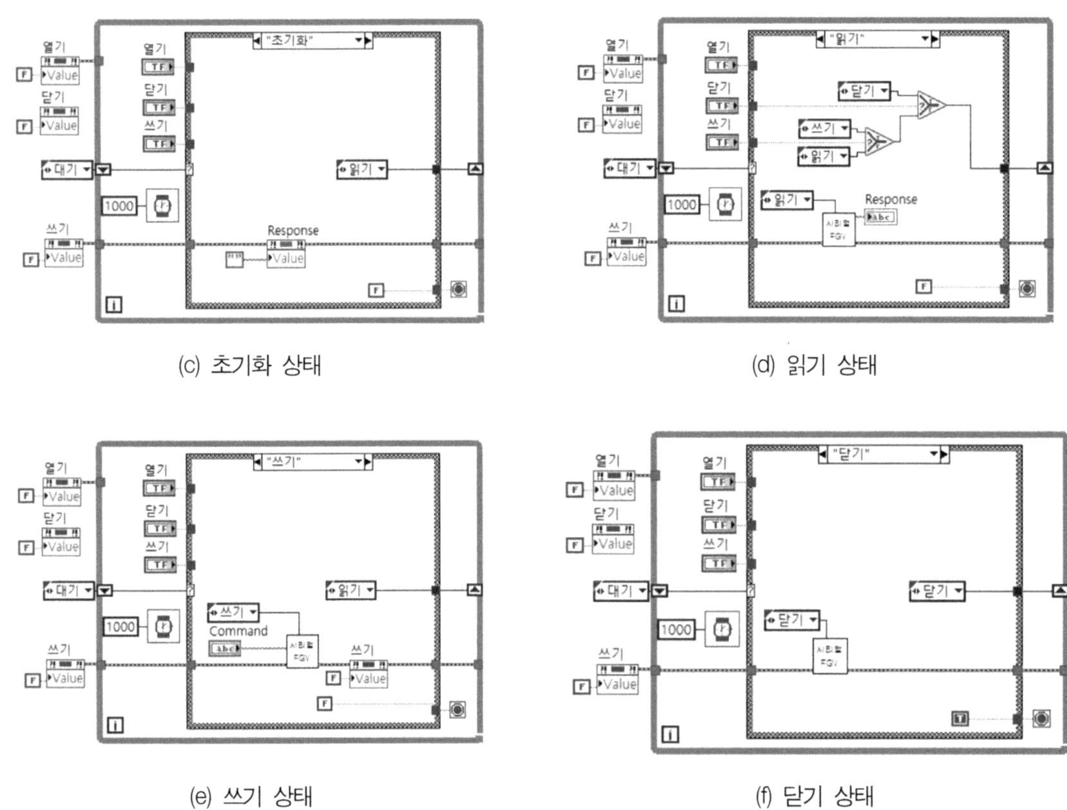

(c) 초기화 상태

(d) 읽기 상태

(e) 쓰기 상태

(f) 닫기 상태

그림 11.20 main FSM.vi 코드 작성하기

2) LabVIEW를 이용한 LVDT 데이터 읽기

LVDT를 이용해 진원도를 측정하기 위해 BPX44 데이터를 시리얼 통신을 통해 확인하는 프로그램을 작성해 보자. BPX44 초기화.vi 파일을 SubVI 폴더에 생성한다. 먼저 실행되고 있는 명령을 중단하기 위해 'h' 명령, 자료 동기화를 위해 's,0' 명령, 동기화 확인을 위한 'c' 명령, 버전확인을 위한 'v' 명령을 차례로 전송하고, BPX44에서 회신되는 데이터를 확인한다. 버전 확인 명령에 대해 'o,v'가 회신되는 경우 시리얼 통신이 정상적으로 연결되어 "OPEN OK" 구문을 출력하고, 그렇지 못한 경우에는 "Port OPEN Error"를 출력한다.

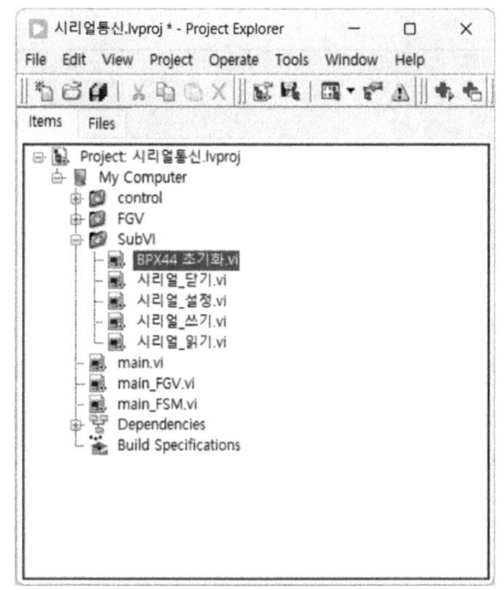

(a) 시리얼포트 열기 파일 생성

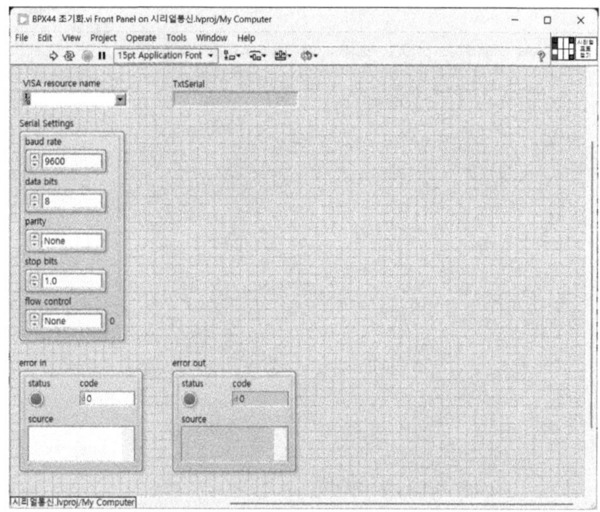

(b) 프런트패널

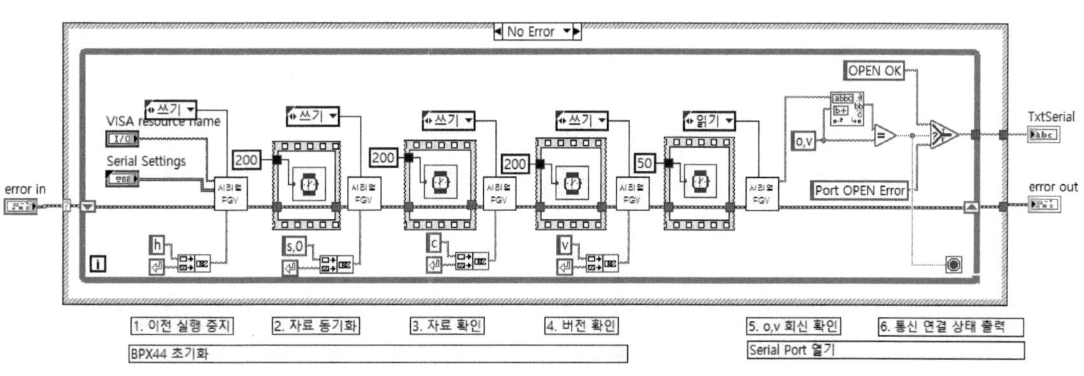

(c) 블록 다이어그램

그림 11.21 BPX44 초기화.vi 생성하기

시리얼통신 닫기와 프로그램 종료를 구분하기 위해서 상태 컨트롤에 닫기 아이템을 추가한다. 프런트패널에 시리얼통신 열기, 시리얼통신 닫기, 프로그램 종료 버튼을 각각 생성하고, 상태머신의 현재 상태(state)를 표시하기 위한 txtSerial 글상자를 배치한다. 시리얼통신 닫기(BtnComClose)을 비활성화한다. 시리얼통신 열기를 누르면 설정 상태로 전이되고, 시리얼 통신 포트가 이미 열려 있는 경우(error code : −1073807246)에는 "Port already opened" 문구가 표시되도록 하고, 시리얼 통신 닫기 상태로 전이된다. 에러가 없는 경우에는 상태표시창에 "설정"이 표시되고, 초기화 상태로 전이된다. BPX44를 초기화하고, 출력되는 구문이 "OPEN OK"인 경우 시리얼 통신 열기 버튼을 비활성화하고, 시리얼 통신 닫기 버튼을 활성화한다. 시리얼 포트가 정상적으로 열렸을 때 대기 상태로 전이된다.

(a) 상태.ctl 아이템 추가

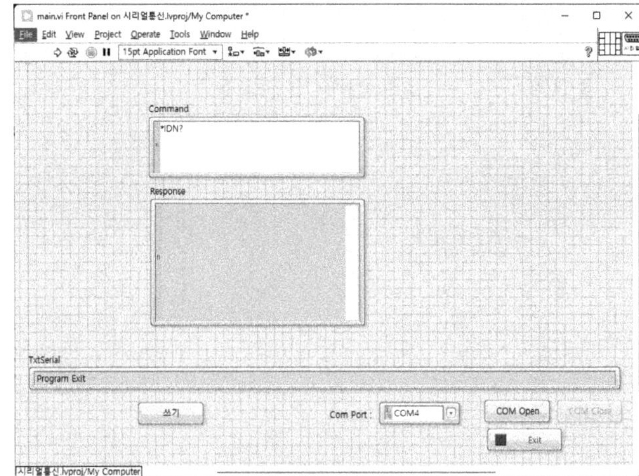

(b) 프런트패널

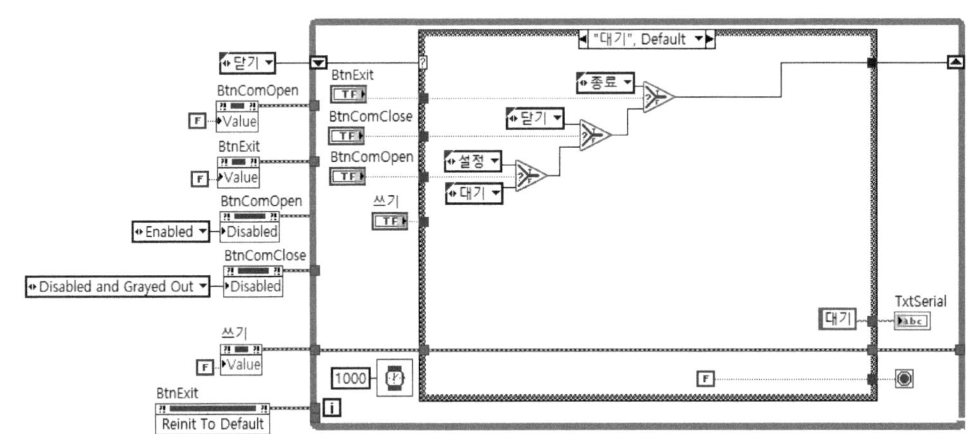

(c) 대기 상태

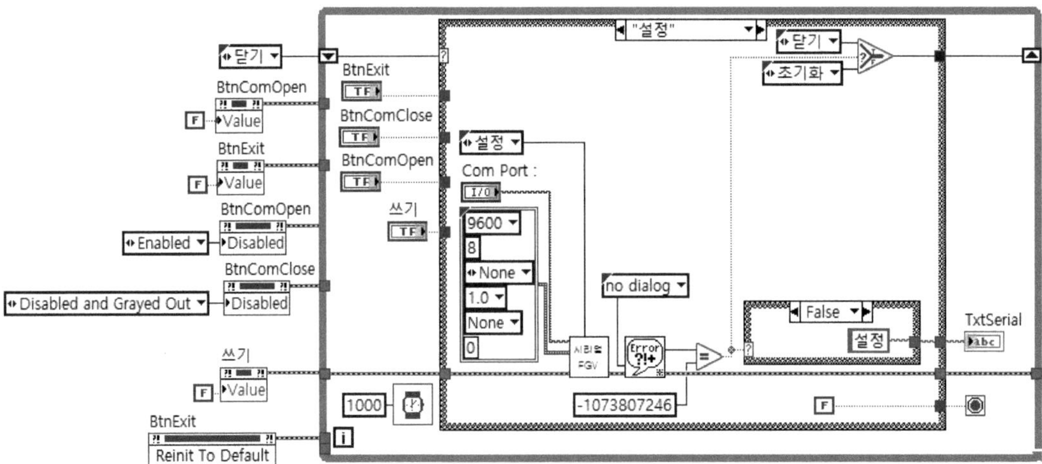

(d) 설정 상태

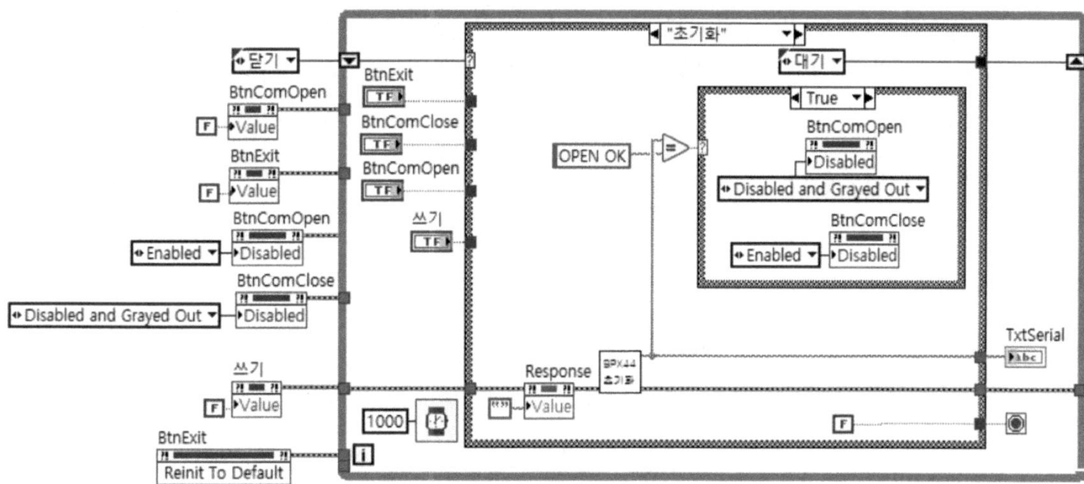

(e) 초기화 상태

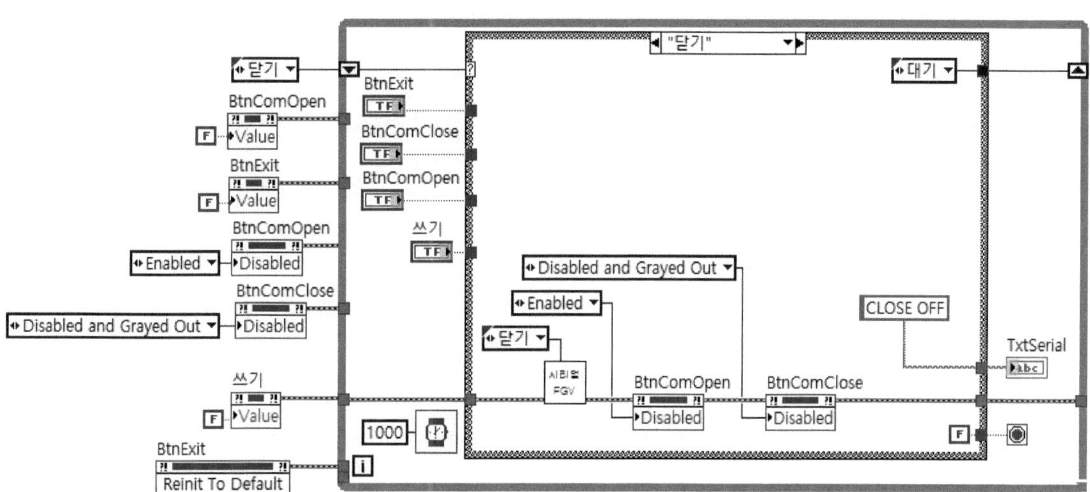

(f) 닫기 상태

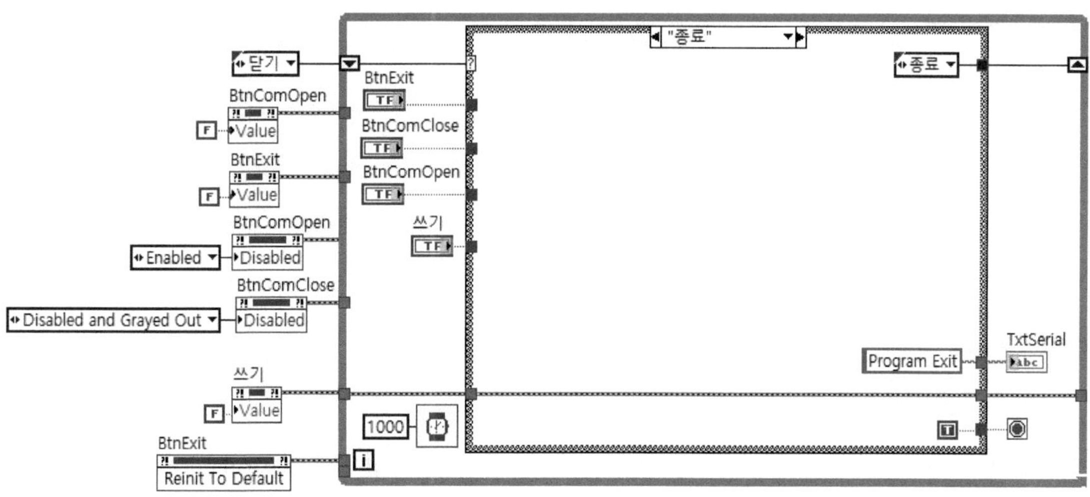

(g) 종료 상태

그림 11.22 BPX44 초기화.vi 생성하기

단일 측정을 위해 dataFetch.vi 파일을 생성한다. 단일 측정을 위한 커맨드(0x02)를 작성하고, 응답신호(0x05)를 확인한다. 4채널의 신호를 수집하기 위해, for loop문을 사용한다. 구분자로 comma (,)를 기준으로 배열 5, 6, 7 데이터를 이용하여, 10진수로 변환 후 보정곡선($y = 967913x + 483585$)을 이용해 데이터를 변환한다.

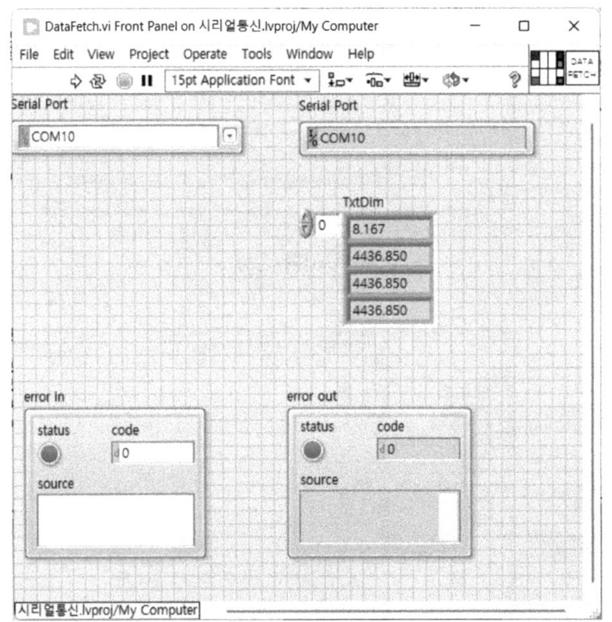

(a) 프런트패널

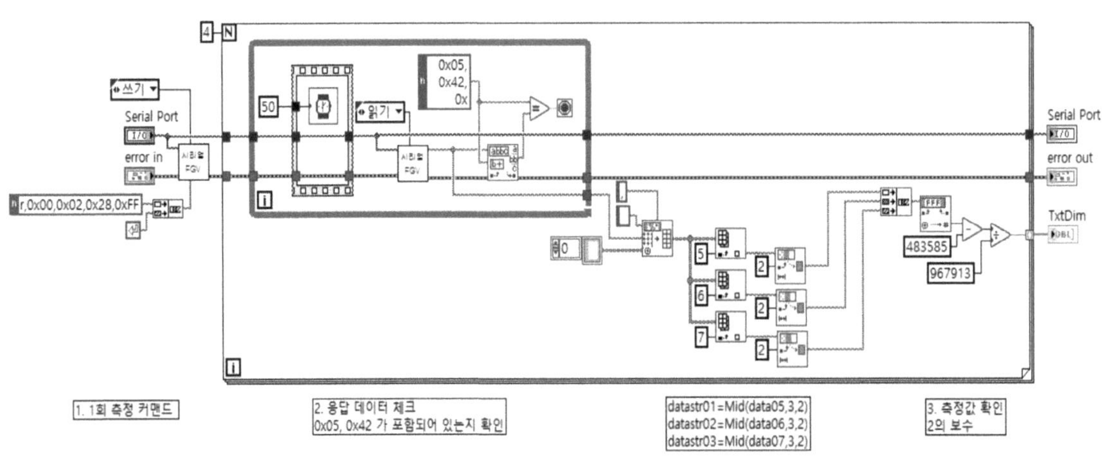

(b) 블록다이어그램

그림 11.23 dataFetch.vi 코드 작성하기

상태.ctl 컨트롤에서 읽기, 쓰기 대신 루프 측정과 타이머 측정으로 수정한다. 루프 측정은 정해진 카운트만큼 데이터 측정 후 정지한다. 타이머 측정은 정지 버튼을 누를 때까지 타이머 간격(timer interval)으로 데이터를 측정한다.

(a) 상태.ctl 아이템 수정

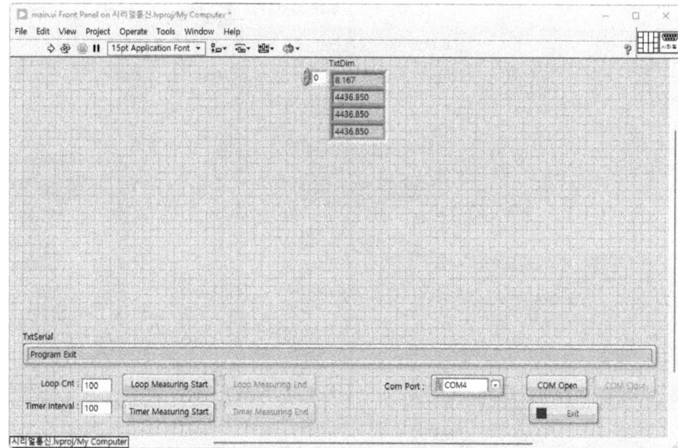

(b) 프런트패널

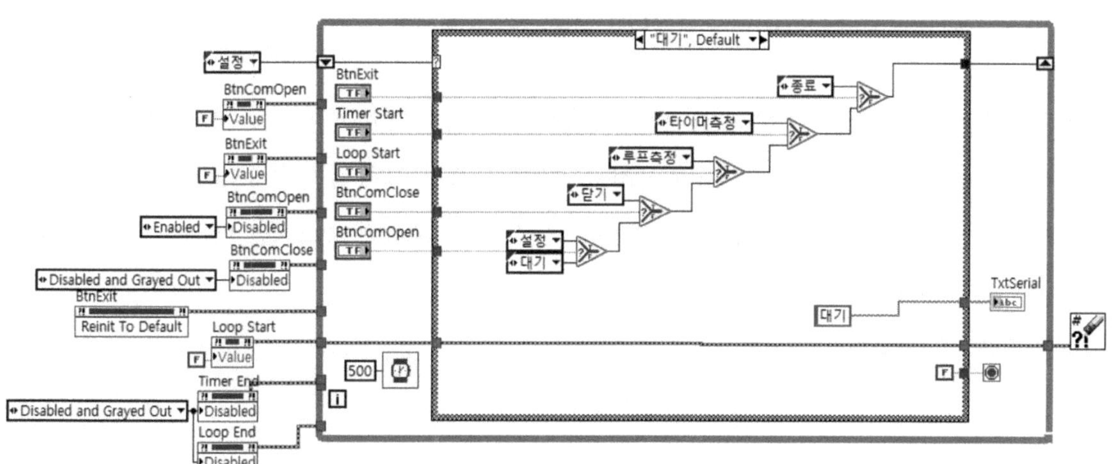

(c) 대기 상태

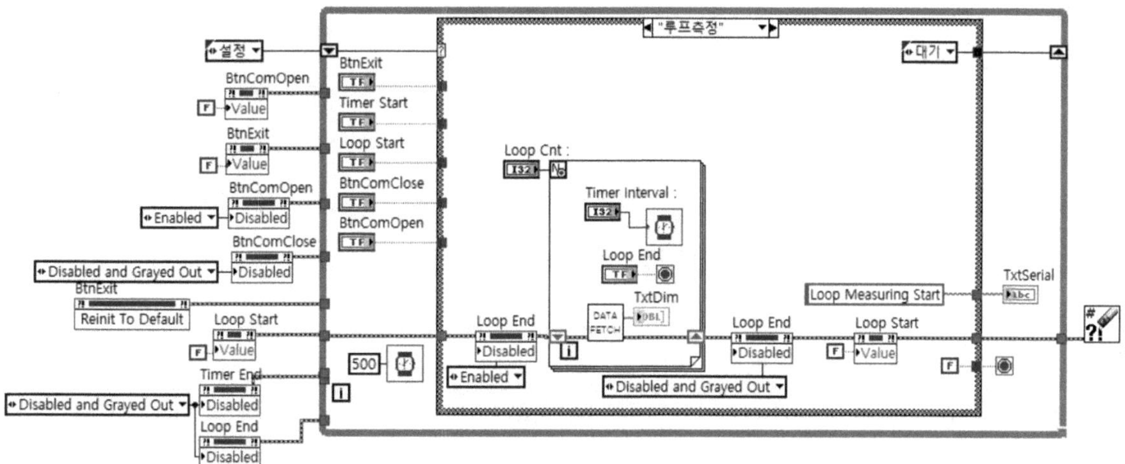

(d) 루프 측정

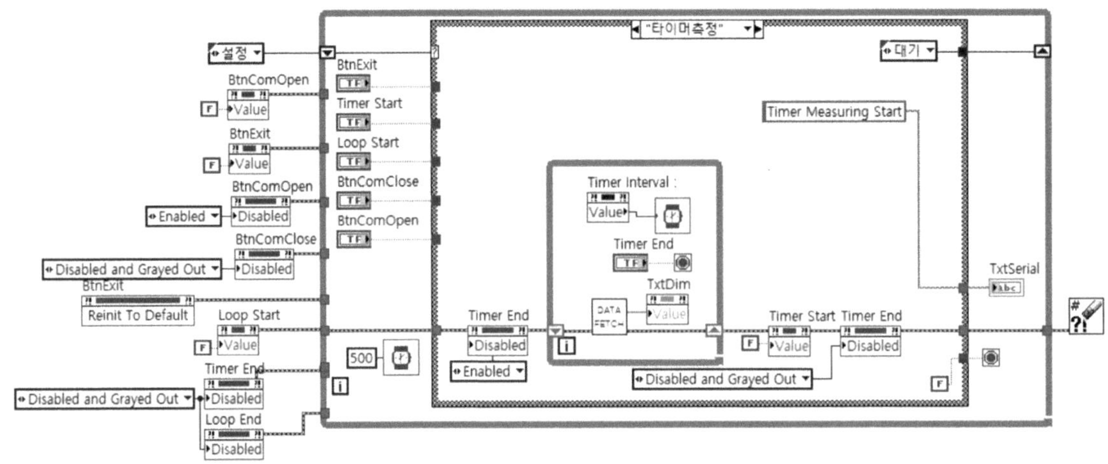

(e) 타이머 측정

그림 11.24 측정 프로그램 작성

측정데이터를 시각적으로 표현하기 위해서 프로그래스바(progress bar)를 사용한다. 컨트롤 폴더에 progressBar.ctl을 생성한다. 설정(properties) 창에서 슬라이더1의 "Fill style"을 "No Fill"로 선택한다. "Add" 버튼을 눌러 슬라이더2를 생성한다. 슬라이더2의 "Fill style"을 "Fill to Value Below"로 선택한다.

(a) progressBar 컨트롤 생성 (b) 슬라이더1 (c) 슬라이더2

그림 11.25 progressBar 컨트롤 생성

프로그래스 바를 설정하기 위해서 SubVI를 생성한다. 프로그래스 바의 채우기 스타일을 지정한다. 기준기 치수(txtMaster)를 기준으로 측정값(txtDim)의 차가 양수일 경우에는 기본적으로 "3 : Fill to Value Below"으로 설정하고, 음수일 경우 프로그래스 바의 스타일이 "4 : Fill to Value Above"로 아래쪽으로 채울 수 있도록 한다. 또한, 프로그래스 바의 최소값과 최대값은 기준기 치수에서 공차값(txtAllowTol)만큼 표시되도록 한다. 측정값이 허용공차 범위(txtAllowTol)내에 있을 경우에는 프로그래스 바가 초록색으로, 범위를 벗어난 경우에는 빨간색으로 표시되도록 설정한다.

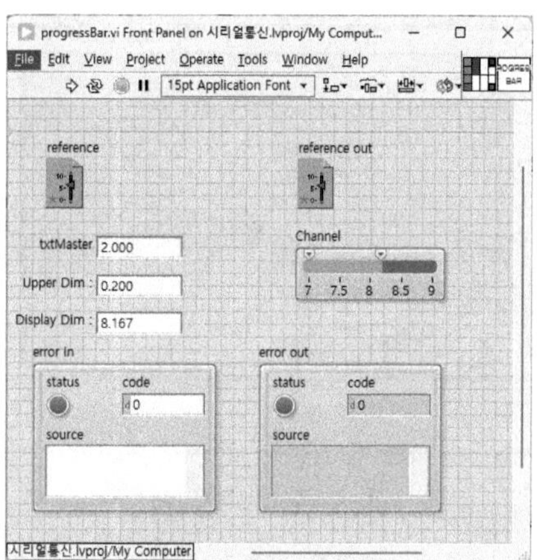

(a) 프런트 패널

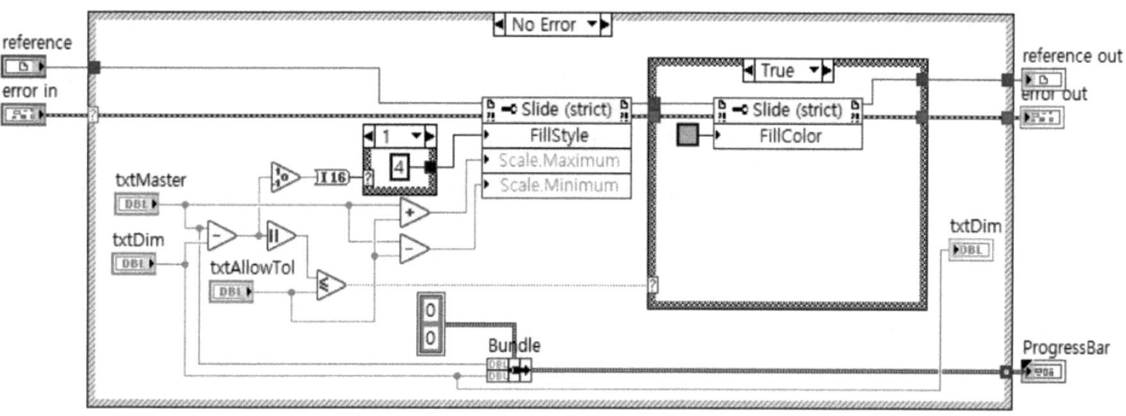

(b) 블록 다이어그램

그림 11.26 progressBar SubVI 생성

프로그래스 바를 적용하여 루프 측정 프로그램을 수정한다. 상한치수(txtUpTol01) 입력은 0.001 이상 1 미만을 입력하도록 입력값에 제한을 둔다.

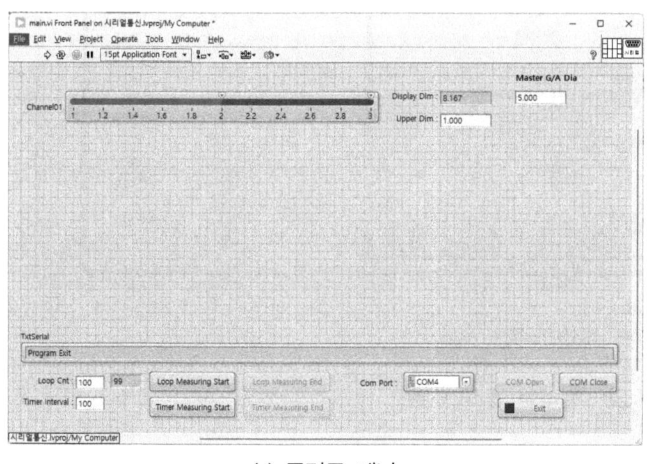

(a) 프런트 패널

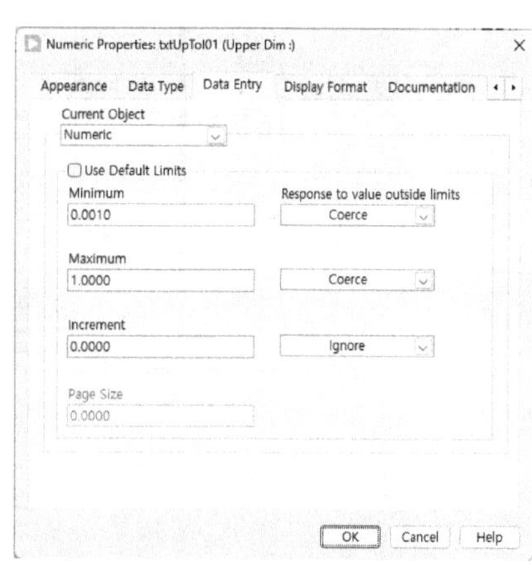

(b) 입력값 제한

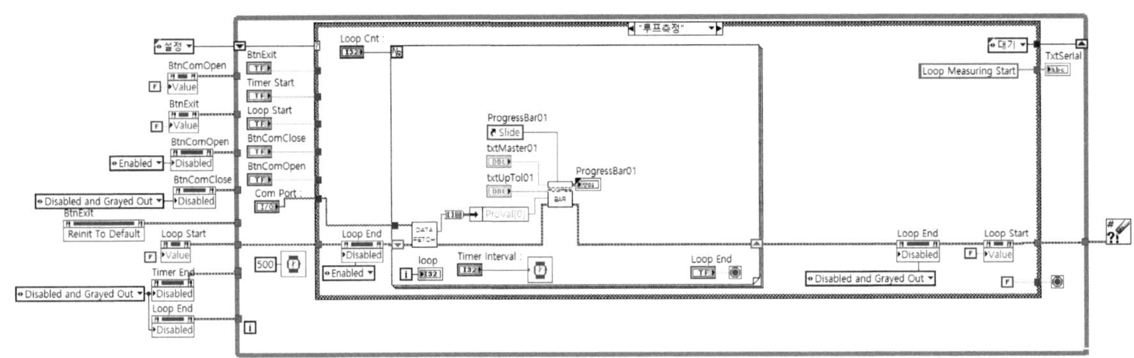

(b) 블록 다이어그램

그림 11.27 progressBar SubVI 생성

캘리브레이션 버튼을 누르면 프로브 측정값(proVal)을 기준기 값(txtMaster)으로 변환한다. 이를 위해 calibration.vi를 생성한다. 기준기 값에서 측정값을 빼고 오프셋 변수(startOffset)에 저장한다. 프로브 측정값에 오프셋 변수를 더해 프로브 측정값에에 다시 저장하여 데이터를 업데이트한다. 캘리브레이션 버튼이 안 눌린 경우에는 이전 프로브 측정값을 유지한다.

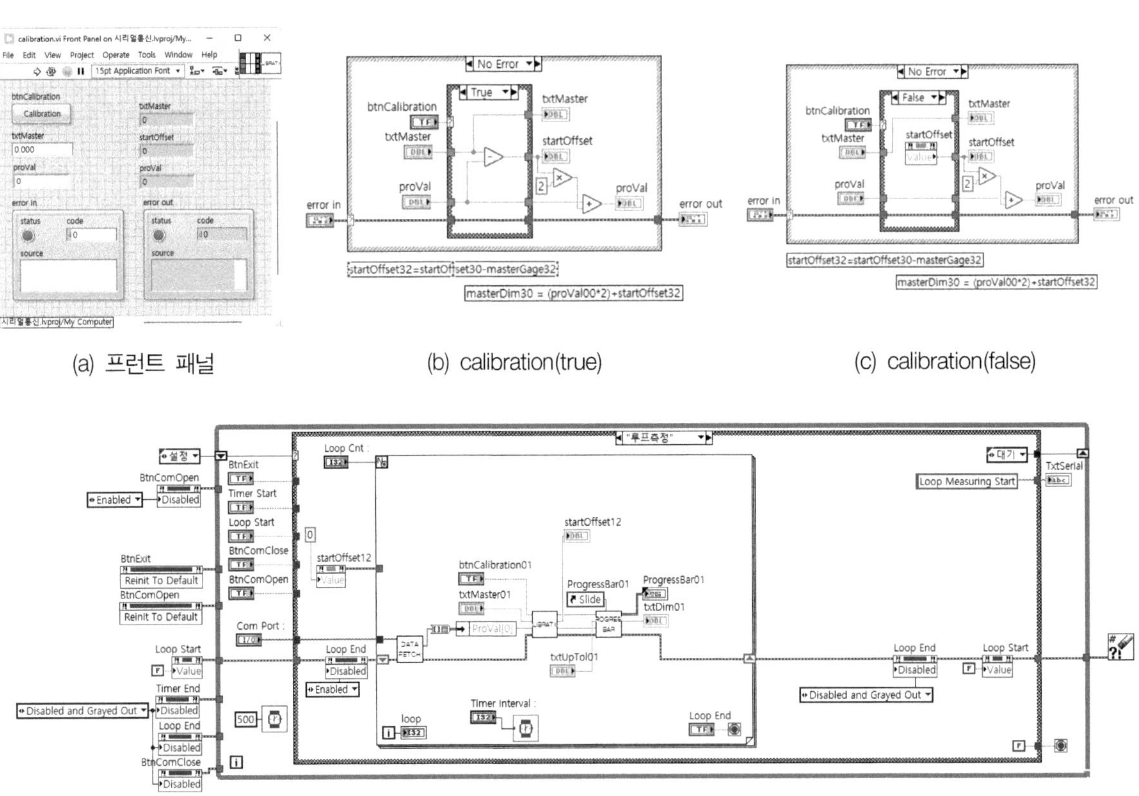

(a) 프런트 패널 (b) calibration(true) (c) calibration(false)

(d) 루프 측정의 수정(main.vi)

그림 11.28 프로브 측정값 보정

루프측정시작(Loop Measuring Start) 버튼을 누르면 Timer Interval(ms) 간격으로 Loop Cnt 횟수만큼 측정을 시작한다. Calibration 버튼을 누르면 측정값(txtDim)을 마스터 게이지(txtMaster)으로 변환하고 공차범위(Upper Dim)내에 있는지 확인 후 합격(Accepted)/불합격(Rejection)으로 구분하여 표시한다.

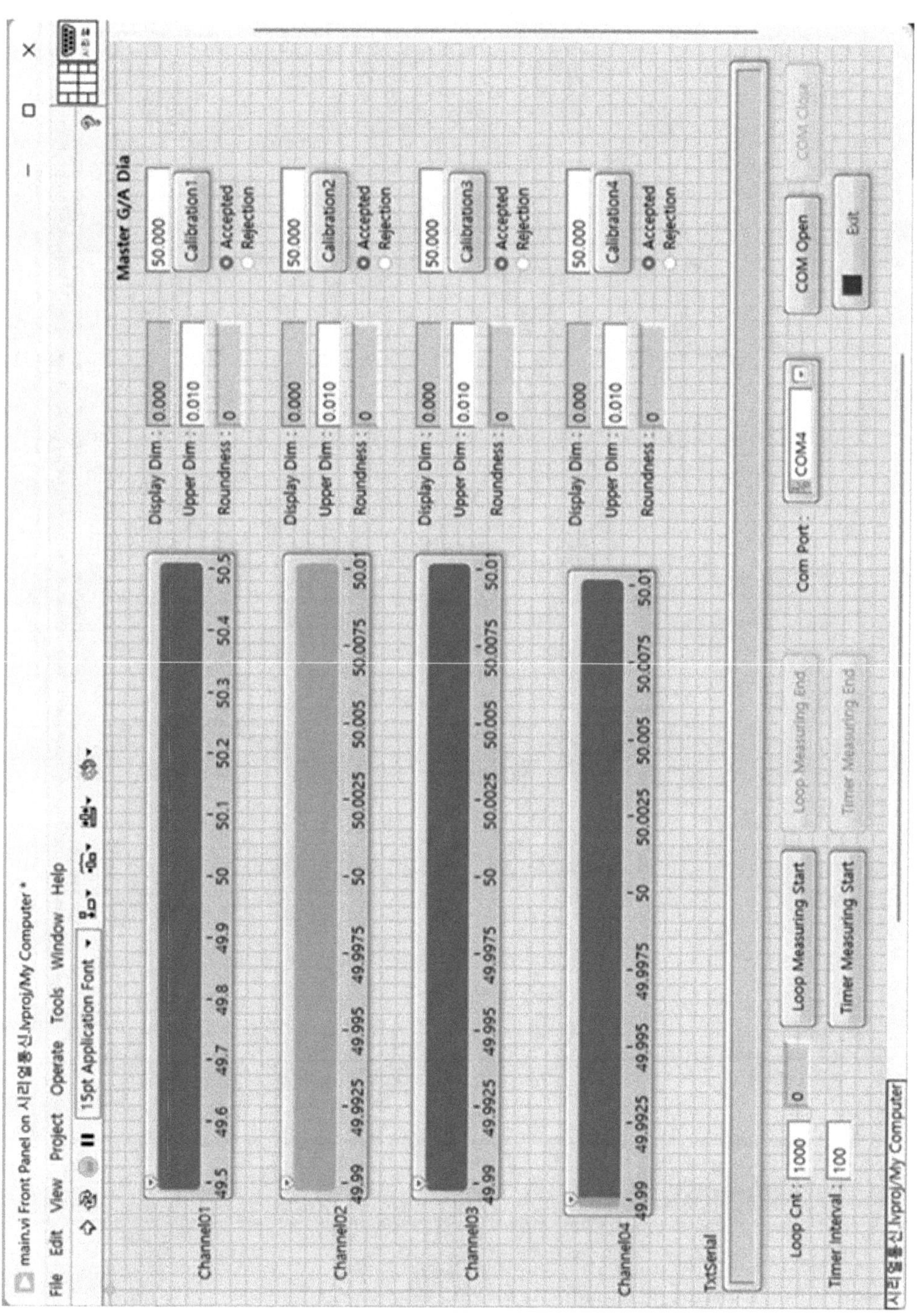

(a) 프런트 패널

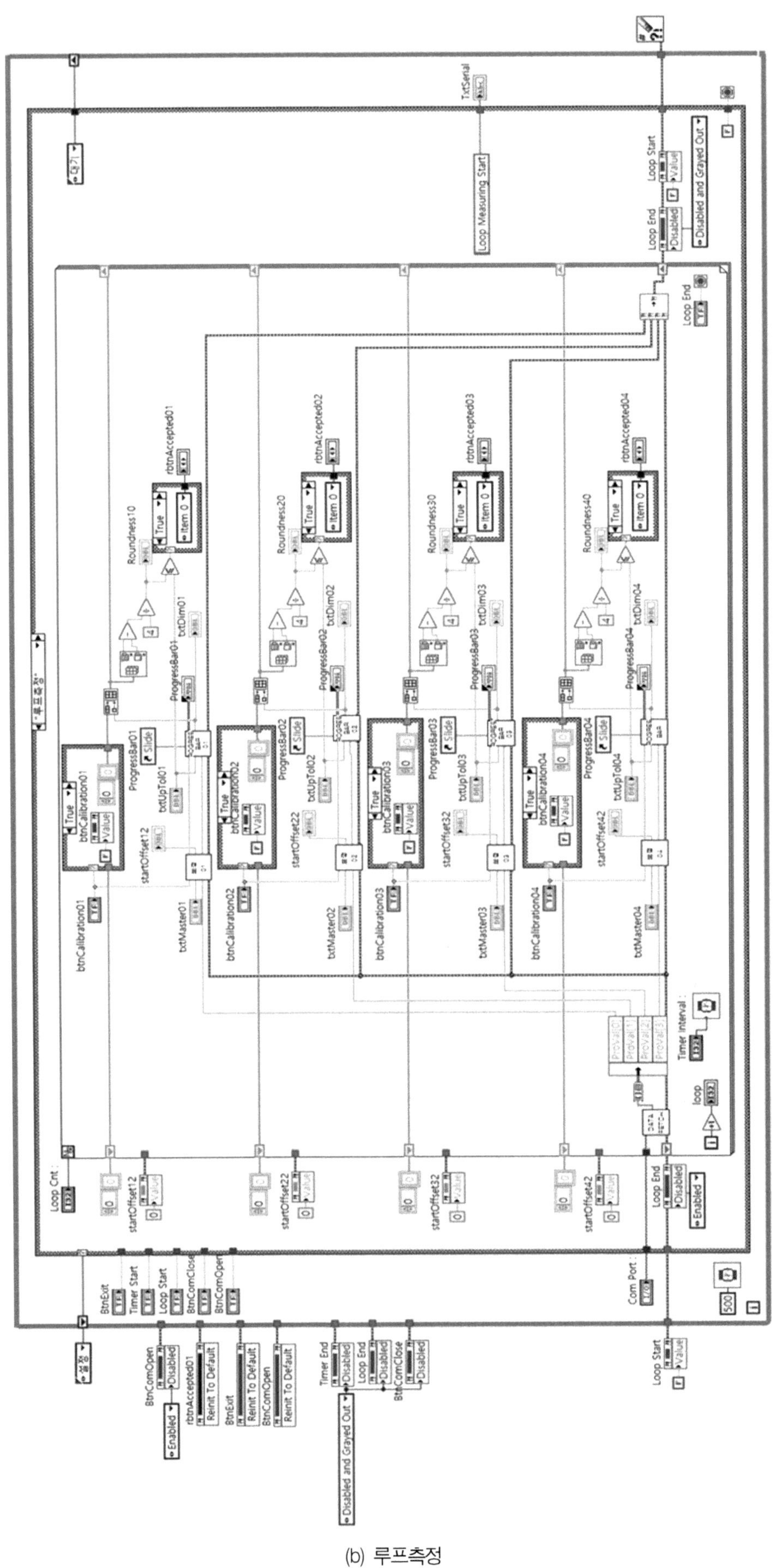

(b) 루프측정

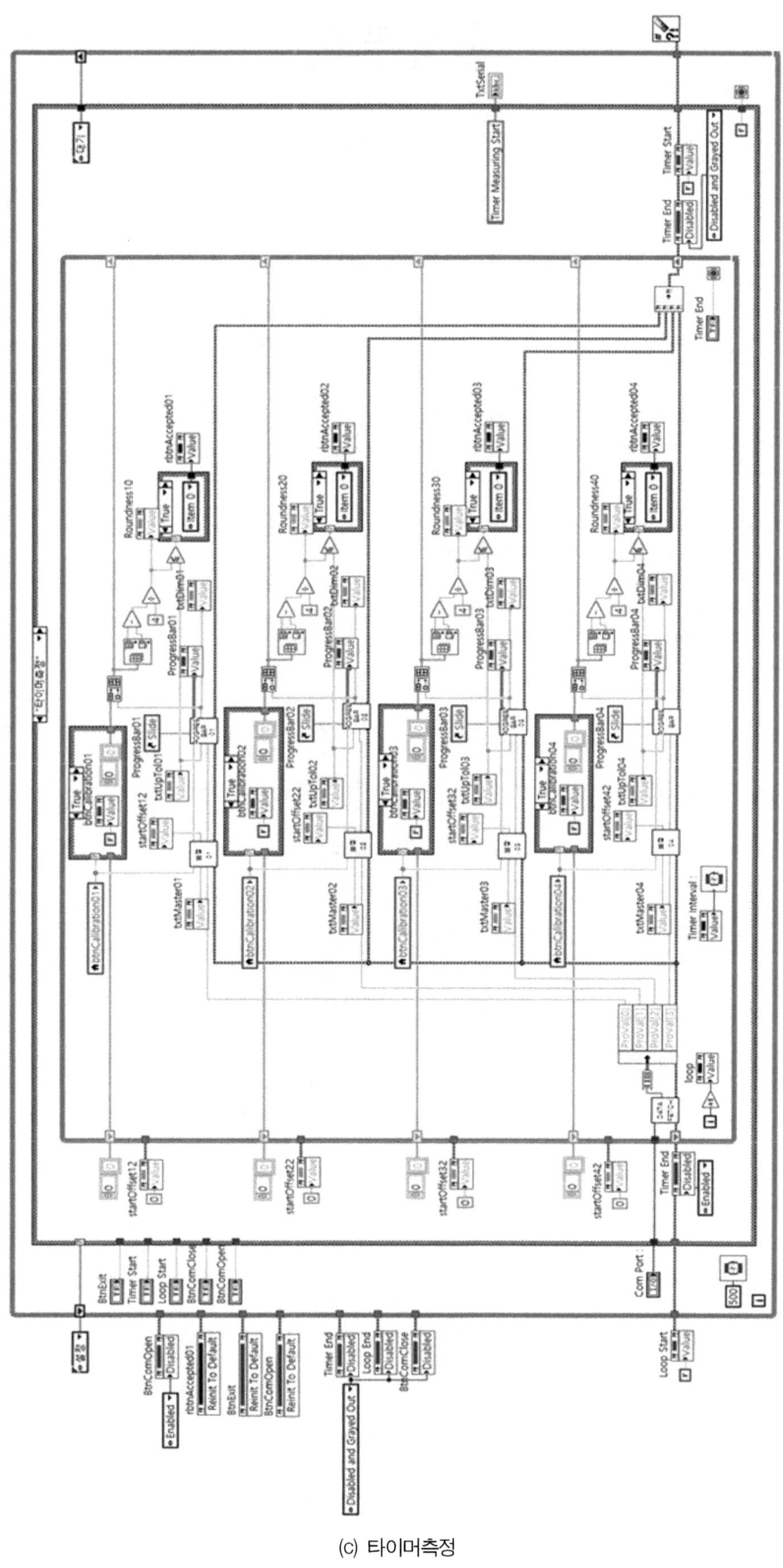

(c) 타이머측정

그림 11.29 main.vi 프로그램 작성

찾 아 보 기

【한글】

ㄱ

ㄴ

ㄷ

E

ㅍ

ㅎ

【영문】

A

B

C

D

E

F

M

N

O

P

X

Y

기타

저자 약력

신 현 성(공학박사)_apeshs@kopo.ac.kr

1986.12~1994.08　SNT 다이나믹스(주) 기술개발연구소
1994.08~현재　한국폴리텍대학 교수

1997.03~현재　중소기업청 현장애로기술 지도위원
2002.10~현재　한국산업기술평가관리원 심의위원
1997~2000　광주광역시 기능경기대회 기계설계/CAD 심사장
2028.08~현재　G-RISE 정책네트워크 협의회 위원

저서

Unigraphics NX2206을 이용한 알기 쉬운 모델링Ⅲ, 2024, 기전연구사
정밀측정 최적화 기술, 2022, 기전연구사
Unigraphics NX11을 이용한 알기 쉬운 기계해석, 2018, 기전연구사

김 광 호(공학박사)_ghkim@kopo.ac.kr

2010.05~2012.08　광주테크노파크 가전로봇센터
2012.06~2013.08　조선대학교 바이오파이너리센터
2021.04~현재　한국폴리텍대학 교수

저서

정밀측정 최적화 기술, 2022, 기전연구사
아두이노 제어 5축 가공기 제작 실습, 한국폴리텍대학

김 기 용(물리학 학사)_sdit02@hanmail.net

2014.08~현재　로앤비스 대표

프로젝트 실적

3D-VDT 시뮬레이터 구동 S/W 개발
모터 부하 측정시스템 제어 시스템개발
서점 및 가맹점 ERP 시스템개발
곡성 기차마을 예약, 발권, 기념품 판매장 관리시스템 개발
식품공장 지능형 공장 구축 및 고도화 사업 참여
QR(인증키) 사용한 게이트 출입 통제 관리시스템 개발
냉장창고 제어 이상 감시 시스템 개발
AI를 이용한 영상 이상 징후 감지(영상 분석, 객체 감지) 시스템개발
판매자료를 이용 AI 생산 예측 시스템 S/W 개발

후 기

본 교재는 광주광역시 RISE 사업 광주형 로컬 커스터마이징 청년 혁신 인재 양성사업의
교재 개발 지원비에 의해 개발되었음.

스마트공장 구현을 위한

AI 디바이스 활용

2026년 2월 25일 제1판제1인쇄
2026년 3월 5일 제1판제1발행

저 자 신현성, 김광호, 김기용
발행인 나영찬

발행처 **기전연구사**

경기도 하남시 하남대로 947 하남테크노밸리U1센터
B동 1406-1호
전 화 : 02)2235-0791/2238-7744/2234-9703
FAX : 02)2252-4559
등 록 : 1974. 5. 13. 제5-12호

정가 38,000원

ISBN 978-89-336-1083-1
www.kijeonpb.co.kr